W. und W. E. Petrascheck's Lagerstättenlehre

5. Auflage

Mineralische und Energie-Rohstoffe

Eine Einführung zur Entstehung und nachhaltigen Nutzung von Lagerstätten

von

Walter L. Pohl

Institut für Umweltgeologie
Technische Universität Carolo-Wilhelmina zu Braunschweig

mit 189 Abbildungen im Text

E. Schweizerbart'sche Verlagsbuchhandlung
(Nägele u. Obermiller) Stuttgart 2005

Dem Andenken an
Professor Dr. rer. nat. Dr. h.c. Eugen Stumpfl
gewidmet

ISBN 3-510-65212-6

Gedruckt auf alterungsbeständigem Papier nach ISO-9706-1994

Verlag: E. Schweizerbart'sche Verlagsbuchhandlung (Nägele u. Obermiller),
Johannesstraße 3A, D-70176 Stuttgart
E-mail: mail@schweizerbart.de
Internet: http://www.schweizerbart.de

Satz und **Druck:** Gebr. Knöller GmbH & Co KG, Stuttgart

VORWORT

Mineralische Rohstoffe sind das Fundament der Wirtschaft. Weise genutzt, schaffen Rohstoffe Wohlstand, Arbeit, eine lebenswerte soziale und natürliche Umwelt, und Frieden. Ein gutes Beispiel dafür ist das ölreiche Norwegen. Leider gibt es zu viele Regionen und Länder, wo der Rohstoffreichtum geradezu das Gegenteil bewirkt, wie etwa Tantal oder Öl in Teilen Afrikas. Auch dort aber sind Rohstoffe ein Potential, das dem Wohl der Menschen dienen kann.

Dieses Buch hat das Ziel, die geowissenschaftlichen Grundlagen der Bildung und Nutzung von Rohstofflagerstätten übersichtlich darzustellen. Auch seine früheren Auflagen waren als geologische Einführung zu Entstehung, Aufsuchung und Gewinnung mineralischer Rohstoffe konzipiert. Die Zielgruppe des Buches allerdings hat sich seit der ersten Auflage (W. & W.E. Petrascheck 1950) sehr verändert. Ursprünglich war es als eine knappe Einführung gedacht, vor allem für Bergbaustudenten. Danach entwickelte es sich zunehmend zum Standardlehrbuch für Studenten der Geowissenschaften und zu einem Vademecum für reisende Montangeologen und Bergingenieure. Mit der hier vorliegenden fünften Auflage habe ich mir die Aufgabe gestellt, auch Studierende und Praktiker der naturwissenschaftlichen Umweltfächer (Geoökologie, Geographie, Umweltchemie, etc.) anzusprechen, indem der wissenschaftliche Kern der eigentlichen Lagerstättenlehre durch wirtschaftliche, technische und Umweltaspekte aus dem gesamten Zyklus der Rohstoffgewinnung, von der Aufsuchung bis zur Nachsorge, erweitert wird. Daraus resultiert auch die Veränderung des Buchtitels.

Mit dem Rückgang der Zahl der Bergbaubetriebe in Mitteleuropa gibt es für Studierende, Dozenten und Anwender der Geowissenschaften immer weniger direkte Kontakte mit Rohstofflagerstätten und aktivem Bergbau. Viele werden aber im Laufe ihres Berufslebens mit lagerstättenkundlichen Fragen konfrontiert sein, sei es in der Landesplanung, im Verlauf von Genehmigungsverfahren und Umweltverträglichkeitsprüfungen, bei der Sanierung von Altlasten oder Bergschäden, bei der Einschätzung geogener, also natürlicher Schadstoffe, oder bei der Tiefenentsorgung klimaschädlicher, radioaktiver und toxischer Abfälle. Auch dafür soll das Buch einen Zugang zu dem notwendigen Grundwissen bieten.

Einer Frage muß sich heute jeder Autor stellen: Wie halte ich es mit englischen Fachwörtern? Dazu kommt bei einem Buch für Studierende der Wunsch, den Übergang zum Lesen der englischen Literatur zu erleichtern. Deshalb habe ich mich entschieden, gelegentlich englische Fachausdrücke in Klammern anzuführen sowie englische Abbildungslegenden zu belassen. Natürlich habe ich auch überlegt, ob ich neben den Literaturhinweisen zusätzlich Webadressen aufnehmen sollte, welche vertiefte Recherchen ermöglichen. Ich habe mich dagegen entschieden, einmal wegen der laufenden Veränderungen, die dem Internet inhärent sind, und dann auch deshalb, weil immer bessere Suchmaschinen angeboten werden, die jederzeit den aktuellen Stand erkunden lassen.

Der gesamte Text und die meisten Abbildungen wurden gründlich überarbeitet. Neu in dieser fünften Auflage ist vor allem das Einbeziehen von Umweltaspekten, von allgemeinen Fragen nachhaltiger Rohstoffgewinnung und des Entsorgungsbergbaues bis zu speziellen Hinweisen bei bestimmten Rohstoffen. Dem Wunsch des Verlages nach einem unveränderten Gesamtumfang folgend mußten einige Abschnitte gekürzt werden, um den neuen Inhalten Platz zu machen.

Wirklich revolutionäre lagerstättenkundliche Neuerkenntnisse gab es meiner Auffassung nach in den Jahren seit Erscheinen der vierten Auflage (1992) nicht. Auffallend ist allerdings die breite Anwendung magmatischer und metamorpher Modelle der Lagerstättenbildung, welche in der letzten Auflage noch verteidigt werden mußten. Die Anwendung neuer Methoden, etwa der Isotopengeochemie, der Mikrosonde, der Fluideinschlußforschung und der physikalisch-chemischen Modellierung und Simulation hat auf breiter Front große Fortschritte erbracht, welche ein besseres Verständnis der lagerstättenbildenden Systeme erlauben. Damit ist die frühere Auffassung einer gewissen Sonderstellung der Lagerstättengenese völlig aufgehoben. Sie wird heute als integraler Teil der dynamischen Prozesse der Erde betrachtet.

Braunschweig, im Jänner 2005 — Walter Pohl

INHALTSVERZEICHNIS

EINFÜHRUNG

Jede menschliche Gesellschaft braucht als Grundlagen für ihre physische Existenz ausreichend Wasser, produktive Böden, Energie in verschiedenen Formen sowie mineralische und organische Rohstoffe. Dazu kommt die Forderung, daß all dies in einem gesunden Lebensraum gewährleistet wird.

Die Lagerstättenkunde ist jene Teildisziplin der Geowissenschaften, die sich mit der wissenschaftlichen und praktischen Untersuchung mineralischer Rohstoffquellen beschäftigt. Im Lebenszyklus eines Bergbaues beginnt dies mit der Phase der Exploration bis zum Nachweis der Bauwürdigkeit und zur Einrichtung des Bergbaues. Dann folgen vielfältige Dienstleistungen während der eigentlichen Gewinnungsphase, da nur eine kontinuierliche geowissenschaftliche Bearbeitung des Bergbaues und seiner Umgebung gewährleistet, daß die Lagerstätte rationell ausgebeutet wird und daß eine Beeinträchtigung des Umfeldes durch Bergschäden, Wasserentzug, durch verschiedene Emissionen, durch instabile oder ökologisch bedenkliche Abraumhalden und, nach Schließung des Bergbaues, durch unzureichende oder falsche Verwahrung und Rekultivierung vermieden wird.

Die wirtschaftliche Entwicklung, vor allem der Industrieländer, bewirkt eine Verlagerung des Schwerpunktes der Lagerstättenforschung parallel zur Veränderung der Rohstoffindustrie, indem nichtmetallische Industrie- und Massenrohstoffe sowie Metalle der Hochtechnologie (Tantal) gegenüber den „alten“ Metallen (Kupfer, Eisen, Blei, Zink u.a.) an Bedeutung gewinnen. Daneben ist seit Jahrzehnten ein anhaltendes Wachstum des Goldbergbaues auffällig. Unter den Energierohstoffen (Erdgas, Erdöl, Kohle, Uran) dürften in den kommenden Jahrzehnten bei weiterem Wachstum nur geringe Verschiebungen der Verbrauchsanteile eintreten, vor allem wohl durch mehr Verwendung von „umweltfreundlichem“, weil relativ kohlenstoffarmem Erdgas. Als Chemierohstoff ist die Dominanz von Gas und Öl vor der Kohle für absehbare Zeit gesichert, trotz der wesentlich größeren Ressourcen der letzteren. Auch in geographischer Hinsicht verlagert sich der Bergbau zunehmend, in Europa an die Randgebiete des Kontinents (Finnland, Irland, Portugal), und von Europa weg in andere Kontinente. Besonders auffallend ist, daß China in den letzten Jahren bei vielen Rohstoffen eine marktbeherrschende Rolle errungen hat, aber von anderen auch große Mengen importiert.

Was sind Lagerstätten?

Lagerstätten nennt man jene natürlichen Anhäufungen nutzbarer Minerale und Gesteine, die nach Größe und Inhalt für eine wirtschaftliche Gewinnung in Betracht kommen. Mineral- und Gesteinskörper, die zu klein oder zu arm sind, um jemals abbauwürdig zu sein, nennt man *Vorkommen.* Da aber vielfach im Sprachgebrauch auch die Vorkommen mineralischer Rohstoffe als Lagerstätten bezeichnet werden, spricht man oft besser von *nutzbaren Lagerstätten.*

Lagerstätten sind im Grunde wertvolle Gesteine, weshalb ihre Bildung häufig mit Methoden der Petrologie untersucht wird. Viele kann man aber auch als lokal überdurchschnittliche Anreicherungen eines Stoffes in der Erdkruste auffassen, die durch dessen geochemische Eigenschaften wesentlich bestimmt sind (RAILSBACK 2003). Das Verhältnis des Gehaltes eines Stoffes in einer Lagerstätte zu seinem durchschnittlichen Gehalt in der *Kruste (Clarke values*, WEDEPOHL 1995) nennt man den *Anreicherungsfaktor*. So ist der mittlere Eisengehalt in der Kruste 4,3% – bei der Bildung einer Eisenerzlagerstätte mit 60% Fe kam also ein Anreicherungsfaktor von ~15 zur Auswirkung. Bei der Bildung einer Kupferlagerstätte mit 1% Cu und einem Durchschnittsgehalt von 0,0025% Cu in der Kruste ergibt sich der Faktor 400, bei der Bildung von Golderz mit 10 g/t aus normalen Gesteinen mit 0,002 g/t Au ein Anreicherungsfaktor von 5000.

Die *Ursachen der Stoffanreicherung*, also der Lagerstättenbildung, sind äußerst mannigfaltig. Letztendlich verantwortlich ist die dynamische Interaktion von Kern, Mantel und Kruste der Erde sowie der Hydro-, Bio- und Atmosphäre. Abkühlung und Entgasung des Erdinneren sowie Entmischung des Gesamtsystems im Verlauf des geologisch-geochemischen Kreislaufes bzw. der Verlagerung der Elemente sind beteiligt. Diese Vorgänge werden auch in der Lagerstättenkunde in *endogene* bzw. *exogene Prozesse* unterschieden, also solche, die aus der Dynamik im Erdinneren resultieren, im Vergleich zu jenen der Erdoberfläche. In seltenen Fällen haben auch *extraterrestrische Prozesse,* nämlich Einschläge von Meteoriten und Asteroiden, lagerstättenbildende Auswirkungen.

Die *Entstehung der Lagerstätten* beruht gewöhnlich auf einem komplexen Zusammentreffen unterschiedlicher Randbedingungen und Prozesse, die als *„lagerstättenbildendes System"* aufgefaßt werden können. Zeugen eines solchen, in der geologischen Vergangenheit wirkenden Systemes sind nur zum Teil der direkten Beobachtung zugänglich. Deshalb bestehen vielfach verschiedenartige Deutungen der wissenschaftlichen Befunde, also Bildungshypothesen, nebeneinander. Es ist die wissenschaftliche Aufgabe der Lagerstättenkunde, immer bessere *genetische Modelle,* also Gesamtbilder dieser Systeme zu entwickeln. Natürlich steht diese Weiterentwicklung in engem Zusammenhang mit dem Fortschritt in anderen Teildisziplinen der Geowissenschaften, die aber umgekehrt auch immer wieder befruchtende Anstöße aus der Lagerstättenkunde erhalten. Ein besonders faszinierender Aspekt der Lagerstättenkunde sind die Einblicke in geologische Systeme, die einzigartig und nur durch die Erze selber erkennbar sind. Die praktische Aufgabe der Lagerstättenkunde ist es, der Gesellschaft eine ausreichende Rohstoffversorgung zu garantieren, naturgemäß in interdisziplinärer Zusammenarbeit mit anderen Wissenschaftlern, Technikern und Finanzfachleuten.

Bergbau im Spannungsfeld zwischen Umwelt und Gesellschaft

> *Immer hat unter den Menschen eine gar große Meinungsverschiedenheit über den Bergbau geherrscht, indem die Einen ihm hohes Lob zollten, die Andern ihn heftig tadelten (Georgius Agricola 1556).*

Im 16. Jahrhundert wurden nicht nur nachteilige Auswirkungen auf die unmittelbare Umgebung des Bergbaues kritisiert, sondern auch moralische Aspekte, daß nämlich der Bergbau die Habgier der Menschen fördere. Die heute eher mäßige Verzinsung des Kapitals, das in Bergbaue investiert ist, spricht gegen das zweitgenannte Argument, doch die Ablehnung jeglicher Rohstoffgewinnung auf Grund der sichtbaren Inanspruchnahme von Landflächen und ihrer bleibenden Veränderung durch Bergbau ist allgemein verbreitet.

Sicherlich gibt es oft gute Argumente gegen die Rohstoffgewinnung an bestimmten Orten. Dem muß aber entgegengehalten werden, daß Lagerstätten eben nicht an beliebiger Stelle „eingerichtet" werden können, sondern daß diese Orte von der Natur vorgegeben sind. Manche Rohstoffe, z.B. Kiese und Sande, sind in Europa so knapp geworden, daß man für sie eigene Schutzgebiete (nämlich vor Verbauung) einrichten muß. Jeder von uns verbraucht mineralische Rohstoffe, sei es für Wohnbau, Heizung, das Auto, den Computer und unzählige andere Artikel des täglichen Bedarfes. Diese Rohstoffe müssen aber weiterhin produziert werden, wenn auch durch Rückführung (Recycling) ein Teil der primären Gewinnung ersetzt werden kann. Zudem ist die wichtige Rolle vieler Rohstoffe in der modernen Umwelttechnik zu vermerken, ebenso wie die zunehmende Bedeutung des Entsorgungsbergbaues, der zur sicheren Lagerung unvermeidbarer toxischer oder radioaktiver Abfälle unerläßlich ist.

Weiter ist zu bedenken, daß auch die favorisierten nachwachsenden Energieträger und die Nutzung der Sonnen- und Windenergie großen Flächenbedarf haben, und zudem selbst wieder den Konsum mineralischer Rohstoffe (Dünger, Metalle für Erntemaschinen und den Anlagenbau, Energieaufwendung für die Produktion, etc.) bedingen. Dies gilt auch für geothermale Energiegewinnung, welche zudem beträchtliche Probleme mit anfallenden Salzen bzw. Laugen und Schwermetallen (z.B. Quecksilber) hat. Einfache, völlig unschädliche Lösungen der angesprochenen Fragen gibt es also nicht. Insgesamt ist es unbestreitbar, daß eine Erhaltung unserer Lebensqualität und die Hebung jener der Mehrzahl der Menschen auf der Erde, denen oft das Nötigste fehlt, weiterhin sowohl eine gesicherte Rohstoffversorgung wie auch eine intakte Umwelt voraussetzen.

Bergbau ohne Auswirkungen auf die Umwelt ist nicht möglich. Neben der Minimierung von negativen Auswirkungen („Ökobergbau") darf jedoch nicht vergessen werden, daß die Veränderungen durch Massenbewegungen oft eine Chance bieten, eine bereicherte Landschaft zu hinterlassen. Man denke nur an die großen Tagebauseen in ehemaligen Braunkohlerevieren, oder an die Reize alter Steinbrüche oder Tongruben, die gerade in Industrieländern zu den wenigen Inseln naturnaher Ökotope gehören.

Gibt es aber überhaupt eine ausreichende Menge von Rohstoffen? Die Begrenztheit der Erde bedingt in der Tat eine physische Grenze der mineralischen Rohstoffe, insbesondere unter den jeweils geltenden wirtschaftlich-technischen Bedingungen. Erdöl mit Förderkosten unter 10 US $ pro Barrel, oder Kokskohle bis 500 m Tiefe, oder Uran mit Gewinnungskosten unter 30 US $/kg sind natürlich nur begrenzt vorhanden. Die Teilung derartiger bergwirtschaftlich definierter Reserven durch die Jahresproduktion (das ist die sogenannte „statische Reichweite" der Vorräte) hat seinerzeit den *Club of Rome* dazu geführt, die Erschöpfung vieler Rohstoffe für die Zeit von 1990–2000 vorauszusagen (Meadows 1974). Mittlerweile sollte es auch außerhalb von Fachkreisen bekannt sein, daß bergbauliche Reserven grundsätzlich und zu jedem Zeitpunkt nur für 10-20 Jahre im Voraus abgegrenzt werden, weil Vorräte für eine fernere Zukunft finanziell für eine Firma praktisch wertlos, bzw. durch die hohen Kosten für die unnötig frühe Detailuntersuchung sogar ein finanzieller Verlust sind. Die Vergangenheit hat mehrfach die Unrichtigkeit der Ankündigung eines Rohstoffmangels bewiesen, und es gibt keine Anzeichen dafür, daß Wissenschaft und Technik nicht imstande wären, den jeweiligen Rohstoffbedarf auch in Zukunft durch Neufunde oder natürlichen bzw. synthetischen Ersatz auszugleichen (Wellmer 2003). Dabei ist auch zu bedenken, daß für eine ferne Zukunft in den Ozeanen immense mineralische Ressourcen verfügbar sind (Rona 2003).

Die Weltkommission für Umwelt und Entwicklung hat im *Bruntland-Report* (1987) das Ziel einer nachhaltigen Entwicklung auch auf die nicht-erneuerbaren mineralischen Rohstoffe ausgedehnt. Es ist klar, daß dies mit wenigen Ausnahmen (Torf, Meersalz) nicht im eigentlichen, engeren

Sinne wie im Waldbau dadurch erreicht werden kann, daß nur der jeweilige Zuwachs entnommen wird (MADDOX 2000). Möglich und zweckmäßig sind nur die folgenden drei Ziele einer nachhaltigen Bewirtschaftung mineralischer Rohstoffe: 1. Sparsamer Umgang mit Rohstoffen, 2. Recycling und 3. Substitution höherwertiger Rohstoffe durch niedrigerwertige. Trotzdem aber wird die rasch wachsende Weltbevölkerung eine weitere Steigerung der Rohstoffproduktion benötigen (WELLMER & BECKER-PLATEN 2002). Um die dafür notwendige Akzeptanz der öffentlichen Meinung zu gewinnen, wird der Bergbau noch deutlicher als bisher dafür sorgen müssen, daß neben den wirtschaftlichen Vorteilen für alle Beteiligten und Betroffenen (stakeholders) auch die soziale und natürliche Umwelt gefördert wird. Die Realisierung all dieser Forderungen muß durch Forschung und Entwicklung abgesichert werden (u.A. Life-Cycle-Studien: AYRES et al. 2003). Wirtschaftlich widersinnig ist jedenfalls die idealistische Auslegung des Konzeptes der Nachhaltigkeit in dem Sinne, daß die heute lebenden drei Generationen zugunsten zukünftiger Generationen auf die Nutzung mineralischer Ressourcen verzichten sollten (GILPIN 2000).

Es sei nicht bestritten, daß es physische Grenzen für bestimmte Rohstoffqualitäten gibt; ebensowenig zu bezweifeln ist aber die Fähigkeit des Menschen, auf neue Probleme neue Antworten zu finden. Auch die Lagerstättenforschung hat dies in den letzten Jahrzehnten durch eine große Zahl neuer Funde von Lagerstätten mineralischer Rohstoffe, durch die ständige Vergrößerung der Reserven und des Rohstoffangebots bewiesen.

ERZLAGERSTÄTTEN

Wir verstehen in der Lagerstättenkunde unter Erzen metallhaltige Gesteine und Mineralgemenge, aus welchen mit technischen Methoden und mit wirtschaftlichem Nutzen Metalle oder deren Verbindungen gewonnen werden können.

Diese Begriffsbestimmung deckt sich mit jener des Bergbaues, obwohl gelegentlich auch unkonventionelle Rohstoffe zu Metallen verarbeitet werden können, wie etwa evaporitische Laugen (Lithium, Magnesium), geothermale Wässer (Zn), metallakkumulierende Pflanzen (Ni u.a., „phytomining") oder saure Bergbauwässer (Kupfer). Dagegen werden in der Mineralogie unter Erzen gewöhnlich die Erzminerale verstanden, also etwa Chromit oder Galenit (Bleiglanz). „Erzgesteine" oder eben kurz *Erze* sind aber für den Lagerstättengeologen und Bergmann auch eine Gangfüllung mit 10% Bleiglanz, der mit Karbonat und Quarz verwachsen ist, oder Serpentinit mit 40% Chromit. Die mit den Erzmineralen gebildeten und gemeinsam abgebauten „tauben", also nicht für die Metallgewinnung nutzbaren Minerale werden *Gangarten* genannt, auch dort, wo es sich nicht um die Füllung eigentlicher Gangspalten handelt.

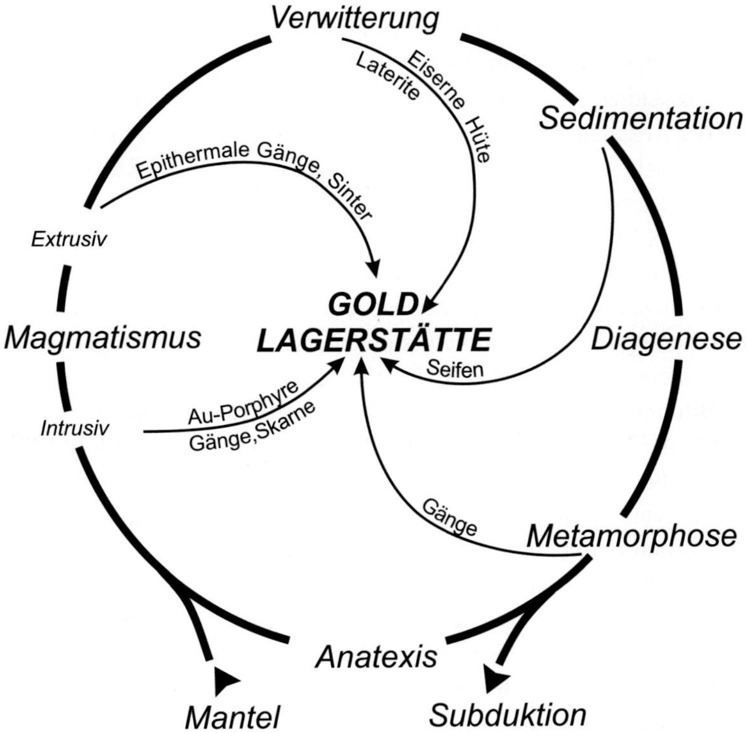

Abb. 1. Die Bildung von Goldlagerstätten im geologischen Kreislauf, als Beispiel der Vielfalt lagerstättenbildender Prozesse.

Die in der Definition ausgesprochene Forderung, daß die Metallgewinnung aus den Erzen mit Nutzen ausführbar sein soll, bedingt für den Metallgehalt eine untere, naturgemäß nach dem Stand der Technik und den wirtschaftlichen Rahmenbedingungen veränderliche Grenze. Solche Bauwürdigkeitsgrenzen werden im zweiten Abschnitt (Lagerstätten der einzelnen Metalle) als Richtzahlen genannt, obwohl sie im einzelnen für jede Lagerstätte verschieden sind.

Die Metallanreicherungen bilden sich im Laufe des geologischen Geschehens, beim Auf- und Abbau der Gesteine (Abb. 1). Die „Stauungsstellen" für die einzelnen Metalle im irdischen Kreislauf der Stoffe sind verschieden, abhängig von chemischen oder physikalischen Eigenschaften der Elemente oder ihrer Verbindungen. Daneben spielen die mannigfachen Faktoren der geologischen Dynamik eine maßgebliche Rolle.

Wie in den vorangegangenen Auflagen dieses Buches sollen im Ersten Abschnitt allgemeine Gesetzmäßigkeiten der Bildung von Erzlagerstätten erläutert werden. Im Zweiten Abschnitt werden die Lagerstätten der einzelnen Metalle systematisch behandelt, vor allem unter genetischen Gesichtspunkten, doch auch mit manchen Hinweisen für Anwendungen in der Praxis. Da dieses Buch auf Wesentliches beschränkt bleiben muß, sei hier der Hinweis auf die ausführliche Beschreibung tausender Erzlagerstätten durch Laznicka (1985, 1993) angefügt.

Erster Abschnitt

Die Bildung von Erzlagerstätten (Metallogenese)

Lange Zeit hat man den Vorgängen bei der Differentiation und Erstarrung magmatischer Körper die Hauptrolle bei der Entstehung der mannigfachen Typen von Lagerstätten zugeschrieben. Den verschiedenen Differentiationsstadien eines gabbroiden Ausgangsmagmas, reichend von frühmagmatischen Kristallisaten oder der Abscheidung metallreicher Teilschmelzen aus der mafischen Schmelze bis zur spätmagmatischen Abscheidung leichtflüchtiger Stoffe aus sauren Restmagmen waren jeweils bestimmte Metalle und Lagerstättentypen zuordenbar. Dieses von Lindgren (1933), Niggli (bis 1938), Schneiderhöhn (bis 1962), Stanton (1972), Guilbert & Park (1986) und vielen anderen entwickelte Schema der magmatogenen Lagerstättenbildung war aus chemisch-physikalischer und aus geologischer Sicht schlüssig und konsequent. Daneben hätten die geochemischen und geologischen Vorgänge der Verwitterung und der Sedimentation einerseits die magmatogenen Erzanreicherungen direkt umgeformt, andererseits aus den Gesteinen metallreiche und metallarme Komponenten abgetrennt und so zur Bildung verschiedener Arten von Verwitterungs- und sedimentären Lagerstätten geführt. Die Metamorphose schließlich hatte nach diesen Auffassungen die vorhandenen Anreicherungen im Wesentlichen ohne nennenswerte stoffliche Verschiebungen umgeformt.

Im Laufe der letzten Jahrzehnte haben die Vorstellungen von der Bildung der Erz- und Minerallagerstätten (der sogenannten Metallogenese) wesentliche Änderungen und Erweiterungen erfahren. Vor allem ist hier die Revolution im tieferen Verständnis der Dynamik von Erdkruste und Mantel zu nennen, welche die Theorie der Plattentektonik zur Folge hatte. Entstehung und Verteilung vieler Lagerstätten sind unter plattentektonischen Aspekten sehr viel faßbarer geworden. Mannigfache rezente Beispiele lagerstättenbildender Prozesse wurden erforscht. Ein besonderer Erfolg war in dieser Hinsicht der Ozeanforschung beschieden, die an mittelozeanischen Rücken hydrothermale Schlote gefunden hat, an welchen metallreiche Schlämme gebildet werden, die den Erzen altbekannter Lagerstätten (etwa auf Zypern) sehr ähnlich sind.

Die Ergebnisse kritischer Neubewertung vieler Lagerstätten mittels moderner geowissenschaflicher Methoden (Spurenelement-Analyse, Mikrosonde, Verteilung radiogener und stabiler Isotopen, Flüssigkeitseinschlußuntersuchungen usw.) haben sowohl zur Aufstellung neuer genetischer Gruppen geführt, wie auch vielfach eine andere Eingliederung in das genetische System notwendig gemacht. So wird heute der diagenetischen Entwässerung sedimentärer Becken ein bedeutender geochemischer Umsatz mit Bildung vieler Erz- und Minerallagerstätten zugeschrieben. Die Metalle werden dabei aus den Sedimenten (und manchmal aus dem Beckenuntergrund) hergeleitet, ohne Mitwirkung magmatischer Prozesse. Auch Lagerstätten im Verband mit magmatischen Gesteinen werden z.T. nur durch passive Lösung der Metalle durch zirkulierende Oberflächenwässer gedeutet, ohne Beteiligung einer magmatischen fluiden Phase. Schließlich wurde die Metamorphose als wichtiges lagerstättenbildendes Prozeß-System erkannt, da durch die Freisetzung großer Wassermengen Wertstoffe in Lösung gebracht und nach weitem Transport abgesetzt werden. Die Rolle von Salzen, Kohlenwasserstoffen, Riffen und Karstbildung für die Konzentration von Erzen wurde zunehmend erkannt und nachgewiesen.

Die Einteilung der Lagerstätten nach ihrer Entstehung, also eine genetische Klassifikation, ist wegen der immensen Vielfalt nur in sehr groben Zügen möglich. Einfacher ist eine Gruppierung nach Assoziationen und Typen, vorwiegend nach dem geologischen Milieu, Mineralbestand und Form der Lagerstätte (ROUTHIER 1963). In diesen ersten Abschnitt über Erzlagerstätten werden beide Gesichtspunkte ohne strenge Trennung einfließen, da eine allseits befriedigende, stringente Klassifikation der Lagerstätten nicht verfügbar ist.

Häufig verwendete Begriffe mit genetischem Inhalt sind:

- *syngenetisch*– gleichzeitig mit dem Nebengestein entstandene Erze, also insbesondere die sedimentären;
- *epigenetisch* – die Erze wurden in bereits vorhandenem Gestein abgesetzt (Gänge, metasomatische Erze etc.);
- *aszendent bzw. hypogen* – durch aufsteigende Lösungen gebildet (z.B. Mississippi Valley Pb-Zn);
- *deszendent bzw. supergen* – durch absinkende Lösungen entstanden (viele Verwitterungslagerstätten);
- *lateralsekretionär* – Bildung durch Stofftransport und Konzentration aus dem unmittelbaren Nebengestein;
- *endogen* – Konzentration durch Magmatismus oder Metamorphose;
- *exogen* – durch Verwitterung oder Sedimentation gebildet.

Die Bezeichnungen *stratiform (schichtartig)* und *stratabound (schichtgebunden)* haben hingegen keine genetische, sondern nur eine beschreibende Bedeutung. Eine ausführlichere Erklärung lagerstättenkundlicher Begriffe bieten WALTHER & VON GEHLEN (1999), JACKSON & BATES (1997), sowie das *AGI-Dictionary of Mining* (1999).

I. Magmatogene Lagerstättenbildung

Eine große und mannigfaltige Gruppe von Lagerstätten verdankt ihre Entstehung den verschiedenen Vorgängen bei der Bildung, Entwicklung, Platznahme und Kristallisation von Silikatschmelzen (Magmen) im oberen Erdmantel und in der Kruste.

Die Bildung der meisten post-archaischen magmatischen Gesteine kann heute sehr klar plattentektonisch definierten Milieus zugeordnet werden (FRISCH & LOESCHKE 1993): Gesteine der Ophiolitassoziation repräsentieren ehemalige mittelozeanische Rücken oder „back arc“ Becken, vielleicht auch frühe, primitive Anteile von ozeanischen Inselbögen. Reife ozeanische Inselbögen und vor allem aktive Kontinentalränder sind durch große Massen orogener Andesite und äquivalenter Tiefengesteine neben anderen Magmatiten gekennzeichnet. Die Kollision von Kontinenten führt zur Aufschmelzung von sialischer Kruste, so daß hier Granite überwiegen. Kontinentale Großgräben werden von bimodalen Magmatiten (Basalte und Rhyolithe) mit deutlich alkalischem Charakter begleitet. Innerhalb der Kontinente führt Dehnung zur Platznahme großer geschichteter basischer Intrusionen und zur Bildung subvulkanischer Alkali-Ringkomplexe und Diatreme, wobei letztere Material aus dem Mantel bis 200 km Tiefe liefern können (Kimberlite). Schon lange ist bekannt, daß ultrabasische Gesteine vorwiegend Erze von Ni, Cr und Pt führen, Gabbros und Norite Cu, Ni, Fe, Ti und V, Andesite und intermediäre Plutonite Cu und Au, und daß schließlich Granite durch Be, Li, Sn und W gekennzeichnet sind. Die Grundsätze dieser Verteilung wurden im wesentlichen durch das geochemische Verhalten der Spurenelemente bei der fraktionierten Kristallisation der Magmen erklärt (Goldschmidt, bis 1958). Die Anreicherung metallischer Elemente in Produkten der Frühkristallisation oder ihre Verfügbarkeit für eine Konzentration in der Restschmelze wird entweder direkt von der Entwicklung des magmatischen Systems kontrolliert, oder indirekt von der Stabilität des „Gastminerals" gegenüber späteren fluiden Phasen gesteuert.

Mittlerweile wird die Bildung magmatischer Gesteine sehr viel differenzierter unterschieden, da bei petrographisch gleicher Natur unterschiedliche Ausgangsgesteine, Aufschmelzraten, volatile Stoffe usw. vorgelegen haben können. Beispiele dafür sind die verschiedenen Basalte (mittelozeanisch, „intra-plate", Inselbögen, etc.), oder die S-, I-, A-Granitoide. Wie später gezeigt werden wird, sind vielen dieser Gesteinstypen spezifische Lagerstätten zuordenbar.

Beim Einschlag extraterrestrischer Körper können so hohe Temperaturen und Drucke auftreten, daß die Erdkruste und manchmal auch der oberste Mantel aufschmelzen. Solche *Impaktmagmen* können sich von anderen Magmen deutlich unterscheiden, da einerseits das totale Schmelzen ganzer Krustenteile zu anomaler chemischer Zusammensetzung Anlaß gibt (gewöhnlich liegt ja nur partielles Aufschmelzen unter Restitbildung vor), und da andererseits die auftreffenden Meteoriten und Asteroiden geochemische Anomalien induzieren können, insbesondere hinsichtlich der siderophilen Elemente (z.B. Pt, Ir, Co, Ni).

Die Entstehung von Erzen aus silikatischen Schmelzen steht also in unmittelbarem Zusammenhang mit deren geodynamischem Bildungsmilieu. Betrachtet man aber die dafür verantwortlichen Prozesse im Maßstab des einzelnen Magmenkörpers, kann man folgende Hauptgruppen unterscheiden:

Liquidmagmatische Lagerstätten sind solche, deren Erze im frühen, flüssigen Stadium bzw. während der Hauptkristallisation des Magmas ausgeschieden wurden.

Pegmatitische Lagerstätten entstehen aus silikatischen Restschmelzen mit hohen Gehalten volatiler und inkompatibler Elemente, welche nach fast vollständiger Konsolidierung eines Magmenkörpers noch liquid und mobil verbleiben.

Hydrothermale Lagerstätten bilden sich aus über- oder unterkritischen Fluiden, Lösungen und Gasphasen, die in allen Magmen auftreten, in denen der ursprüngliche Anteil volatiler Stoffe (H_2O, CO_2, B, F, Cl usw.) zu hoch war, um bei der Kristallisation in die Silikatminerale eingebaut zu werden. Deshalb fällt die Zeit der Separation fluider Phasen in der Regel in die Zeit der Kristallisation von Mineralen (feste Phasen) aus einem Magma.

Im Folgenden sollen diese Hauptgruppen der magmatogenen lagerstättenbildenden Prozesse besprochen und durch charakteristische Assoziationen erläutert werden. Allerdings wird es rasch klar werden, daß eine strenge Trennung der Prozesse häufig weder möglich noch sinnvoll ist, da in der Natur vielfache Übergänge eher die Regel sind.

Die liquidmagmatische Lagerstättenbildung

Oxydische (Magnetit, Ilmenit, Chromit), sulfidische (Ni, Cu) und Erze mit gediegenen Metallen (Pt, Pd, Au) werden vorwiegend in ultrabasischen und basischen, seltener (Magnetit) auch in intermediären und sauren silikatischen Schmelzen vor oder während der Hauptkristallisation gebildet. Darum werden solche Lagerstätten auch orthomagmatische Bildungen genannt. Natürlich müssen dabei Anreicherungsprozesse wirken, welche die allgemein niedrigen durchschnittlichen Metallgehalte aus der silikatischen Schmelze abtrennen und konzentrieren („*Segregation*"). Im einzelnen werden diese Vorgänge von einer Vielzahl verschiedener, doch von einander nicht unabhängigen Faktoren beeinflußt. Dazu gehören die Intrusionstiefe, begleitende Tektonik, Temperaturverlauf, fraktionierte Kristallisation, innere Dynamik und Fließen des Magmas, wiederholte Intrusionspulse, Fluidzufuhr von außen, Abpressen von Schmelze aus dem bei der Erstarrung sich bildenden Kristallbrei (filter pressing) und schließlich die Entmischung und eventuelle gravitative Saigerung von flüssigen oder festen Silikat- bzw. Erzphasen und von magmatischen Fluiden. Die Erzschmelzen können sich weiter trennen, z.B. durch Bildung Fe-reicher Kumulate und Cu-reicher residualer Liquide. Die Anreicherung von Spurenmetallen (PGM, Au, Ni, Cu u.a.) in einer Sulfidschmelze ist dann besonders hoch, wenn relativ wenig Sulfidschmelze mit sehr viel Silikatschmelze reagieren konnte.

Die meisten Lagerstätten dieser Gruppe werden in Tiefengesteinen gefunden, doch gibt es auch eruptive Äquivalente, etwa die Ni-Cu-Fe-Sulfide in komatiitischen Lavaströmen der archaischen Grüngesteinsgürtel (greenstone belts), oder die Magnetit- und Hämatitlaven bzw. Tuffe in andesitisch-rhyolitischen Vulkanen Chiles, Mexikos und Pakistans.

Die Grundformen der liquidmagmatischen Lagerstätten sind „Flöze" in geschichteten Magmatiten (z.T. als Kumulate gebildet), ferner linsige Körper und quergreifende Gänge, offenbar abhängig von der Morphologie des Segregationshorizontes und von dynamischen Faktoren. Massige und disseminierte Erze spiegeln die Effizienz der Entmischung wieder. In Strömungskanälen basischer Intrusionen können sehr komplexe Formen auftreten, wenn lokal durch Erweiterung oder Krümmung des Kanals eine Verminderung der Fließgeschwindigkeit mit begleitender Segregation der Sulfide eintritt (NALDRETT 1999; z.B. Voisey's Bay, Kanada – s. Nickel).

Die Bildung vieler liquidmagmatischer Erzkörper wird auf unterschiedliche Benetzbarkeit und damit Entmischung von Schmelzen (liquid immiscibility), sowie auf die höhere Dichte der Erzminerale (z.B. frühgebildeter Chromite) bzw. von Erzschmelzen zurückgeführt, wodurch unter dem Einfluß der Schwerkraft Anreicherungen bevorzugt an der Basis des liquiden Teils eines Magmenkörpers entstehen (gravitative Saigerung; SPARKS et al. 1993).

Ein sehr klares Beispiel dafür sind die Fe-Ni-Cu(-Pt) Sulfide der archaischen *Komatiitlavaströme* West-Australiens (Abb. 2). Diese ultrabasischen Laven waren infolge ihrer hohen Temperatur sehr flüssig (niedrige Viskosität) und deshalb geringmächtig (wenige m), und haben aus denselben Gründen bei hohen Fließgeschwindigkeiten über submarinen Vulkaniten und Sedimenten ihr Liegendes erodiert. In den so entstandenen Trögen liegen an der Basis massige Erze, die nach oben in Sulfid-Olivingemenge und schließlich in die charakteristischen oberflächennahen Partien mit strahligem Skelettwachstum von Olivin und Pyroxen (Spinifex-Texturen: SHORE & Fowler 1999) übergehen. Die Bildung selbständiger Sulfidschmelzen setzt Schwefelsättigung voraus; weiter vermindern niedrige Redox-Bedingungen den Einbau von Ni in Olivin, da dann Nickel in der Schmelze zu einem großen Teil als Ni° vorliegt (MORSE et al. 1991). PRENDERGAST (2003) beschreibt die Ni-führenden Komatiite Simbabwes als proximale, basisnahe Teile submariner Vulkane, welche bei geringer Höhe über 100 km Durchmesser erreichten.

Gravitative Saigerung erklärt wohl auch die meisten Aspekte der Erzbildung in *geschichteten basischen Intrusiven* (layered mafic intrusions: CAWTHORN 1996), obwohl Fließsaigerung durch Konvektionsströme (flowage differentiation; convective scavenging: RICE & VON GRUENEWALDT 1994), in-situ-Kristallisation am Boden der Schmelze, Mischung verschiedener Magmen und

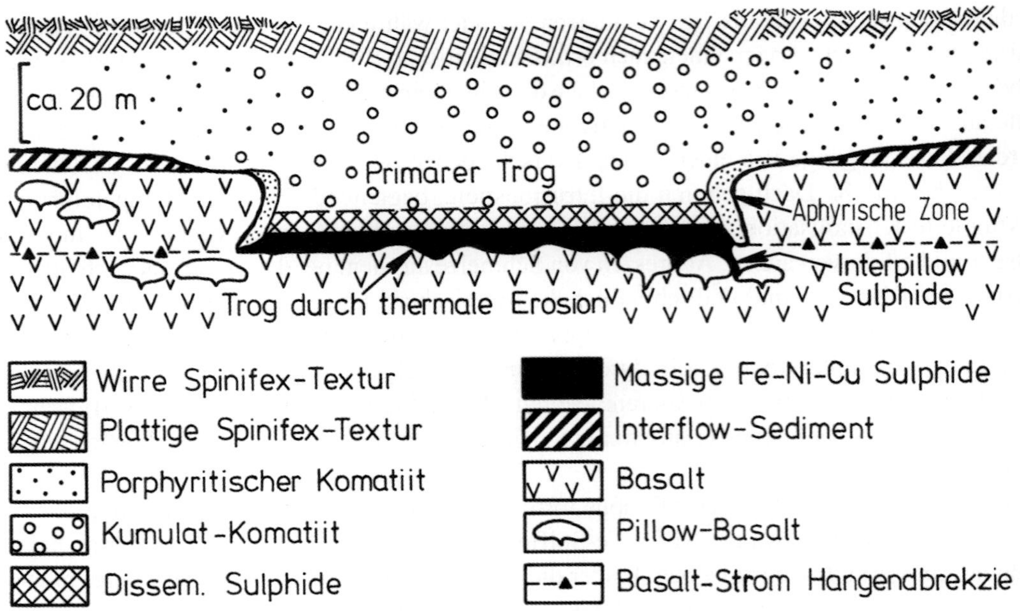

Abb. 2. Massige und disseminierte Nickelmagnetkies-Erzkörper an der Basis eines archaischen Komatiitlavastromes in Westaustralien sind das Produkt von Schwerkraft-Saigerung im schmelzflüssigen Zustand (nach GROVES et al. 1986).

Stoffzufuhr von außen (etwa durch Aufschmelzen von schwefelreichen Nebengesteinen) zusätzlich wichtig sein können. Dazu kommt die Ausbildung von Schichten verschiedener Dichte im Schmelzkörper (durch unterschiedliche Zusammensetzung und/oder Temperatur) und dadurch verursachte Diffusionsvorgänge (double-diffusive mixing) sowie schließlich die Bildung und Migration magmatischer Fluide. Die größte derartige Intrusion, gleichzeitig durch vielfältige und überaus reiche Vererzung ausgezeichnet, ist der Bushveld-Komplex in Südafrika.

Der *Bushveld Complex* umfaßt die rund 2 Milliarden Jahre alte „Rustenburg Layered Suite", welche die eigentlichen geschichteten ultrabasisch-basischen Gesteine enthält, sowie die wenig jüngeren Lebowa Granite mit Fluorit- und Zinnlagerstätten, die ebenso wie die Rooiberg Vulkanite des unmittelbaren Daches als aufgeschmolzene Kruste gedeutet werden. Nebengesteine der Intrusion sind die altproterozoischen Sedimente und Vulkanite der Transvaal Sequenz. Auf Grund der magmatischen Schichtung der bis 9 km mächtigen Rustenburg Suite werden vom Liegenden zum Hangenden folgende Zonen unterschieden: Die „Lower Zone" mit Dunit, Bronzitit, Harzburgit und schmalen Chromitflözen, die besonders lebhaft geschichtete „Critical Zone" mit Pyroxenit, Norit, Anorthosit und den bedeutendsten Chromitflözen, als deren Hangendgrenze das Merensky Reef (Pt, Ni, Cu) gilt, darüber die „Main Zone" mit Gabbronorit, und schließlich die „Upper Zone" mit Magnetitgabbro und Olivindiorit mit Magnetit-(-V-Ti) Flözen (Abb. 3). Infolge der allgemein überaus regelmäßigen Schichtung konnte eine sehr detaillierte lithostratigraphische Abfolge aufgestellt werden (VERMAAK & GRUENEWALDT 1986, EALES & CAWTHORN, 1996). In manchen Abschnitten allerdings gibt es bemerkenswerte laterale Fazies- und Mächtigkeitsunterschiede, die auf die Nähe von Zufuhrschloten hinweisen (MAIER & EALES 1994). Das Bushveld enthält die größten bergbaulichen Ressourcen der Welt an Chrom, Platinmetallen und Vanadium, sowie bedeutende Mengen von Ti-führendem Magnetit, z.T. mit Apatit, welche in ferner Zukunft erst wirtschaftlich nutzbar werden dürften.

Geschichtete basische Intrusiva treten in folgenden tektonischen Bereichen auf: 1. Archaische Grünsteingürtel; 2. in intra-kratonischen Gebieten; 3. an passiven Kontinentalrändern und 4. in aktiven orogenen Gürteln. Mit kontinentaler Dehnungstektonik, z.T. direkt mit großen Deckenbasaltprovinzen verbunden, sind nicht stratifizierte, komplexe ultrabasisch-basische Typ-2-Intrusionen mit sulfidischen Cu-Ni-PGM-Erzen (z.B. Noril'sk-Talnakh/Sibirien, das in einer großen Trapp

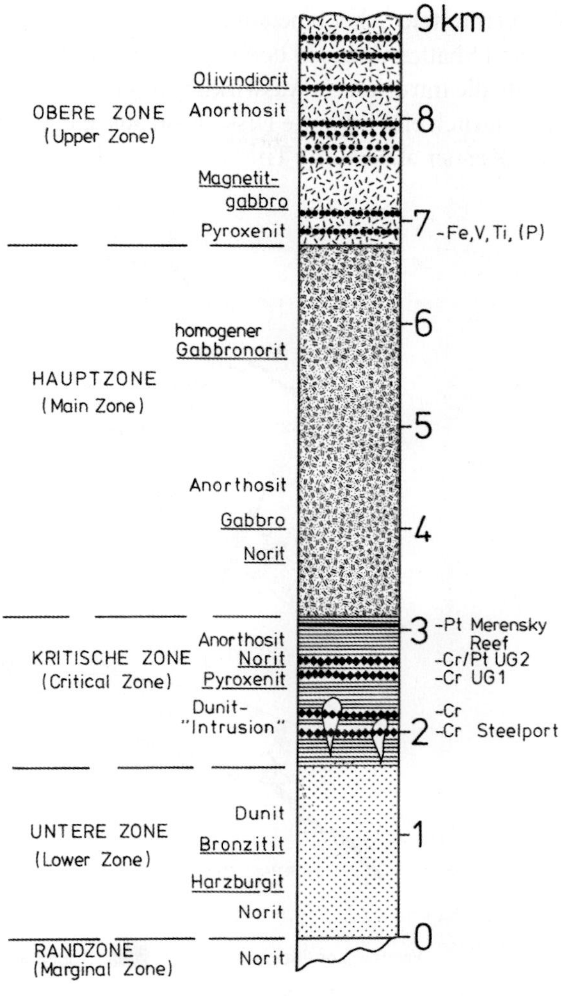

Abb. 3. Lithostratigraphisches Säulenprofil der mafischen Rustenburg Layered Suite im östlichen Bushveld, Südafrika, mit wichtigen Erzhorizonten (sehr vereinfacht). Die dominierenden Gesteine sind unterstrichen.

basalt-Provinz an der Perm-Trias-Grenze gebildet wurde: YAKUBCHUK & NIKISHIN 2004). Magnetitflöze in der Typ-1-Intrusion *Stella* in Südafrika wurden in jüngster Zeit als neue, vermutlich wirtschaftliche Pt/Pd-Ressourcen erkannt (MAIER et al. 2003).

Impaktmagmen mit liquidmagmatischen Lagerstätten sind selten. Hauptvertreter ist der 1,85 Milliarden Jahre alte *Sudbury Komplex*, welcher nach Noril'sk als zweitgrößter Nickelerz-Produzent (neben Cu und Platinmetallen) der Welt gilt. Es handelt sich um eine große Intrusion, deren Umrahmung aus archaischen Gneisen und altproterozoischen Vulkaniten und Sedimenten besteht. Die elliptische Form wird durch spätere orogene Einengung erklärt. Beckenförmig auf dem Intrusiv auflagernd sind hydrothermal veränderte (AMES et al. 1998), suevitische Brekzien, Tonschiefer und Turbidite (Whitewater Group). Die einzelnen Lagerstätten sind an die Liegendkontakte und an ausstrahlende Gänge (offsets) der Intrusion gebunden (Abb. 4). Vom Liegenden zum Hangenden, bzw. von außen nach innen werden folgende Zonen unterschieden: Norit, Gabbro und Quarzdiorit mit Duniteinschlüssen und den Ni-Cu-Sulfiden des sogenannten „Sublayer" und der Offsets, darüber die Norite der „Lower Zone", Gabbros der „Middle Zone" und Granophyre der „Upper Zone". Während die drei höheren Zonen als aufgeschmolzenes Krustenmaterial aufgefaßt werden (THERRIAULT et al. 2002), hat der Sublayer alle petrologischen Eigenschaften von basischen Kumulaten.

Weitverbreitete Schockmetamorphose in den Onaping-Brekzien sowie Brekziierung, Pseudotachylite und Shatter Cones in den liegenden Gneisen bis zu 80 km Entfernung von Sudbury waren der Anlaß, die Intrusion als Auswirkung des Einschlags eines Asteroiden zu deuten (DIETZ 1964). Dies hat natürlich eine lebhafte Diskussion ausgelöst, wird aber mittlerweile von der Mehrzahl der Sudbury-Kenner akzeptiert (THERRIAULT et al. 2002).

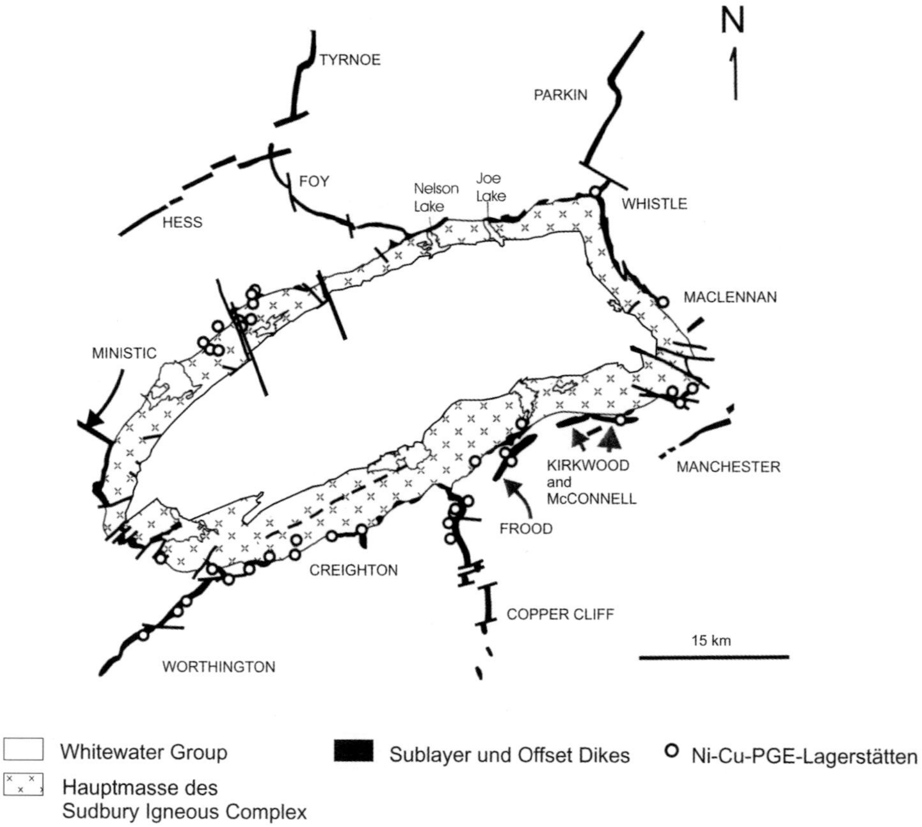

Abb. 4. Übersichtskarte der Impaktstruktur von Sudbury/Kanada, eines der größten Ni-Cu-Bergbaudistrikte der Erde.

Anorthosit-Ferrodioritkomplexe mit Erzen von Magnetit oder Hämatit und Ilmenit (mit den Gangarten Apatit, Graphit) gibt es nicht nur in höheren Teilen von geschichteten basischen Intrusionen, sondern aus bergwirtschaftlicher Sicht von überragender Bedeutung als große, eigenständige Plutone vorwiegend mittelproterozoischen Alters (ASHWAL 1993). Diese Anorthosite sind gewöhnlich grobkörnig, eher massig als geschichtet, und enthalten über 90% Andesin bis Labradorit. Begleitende Intrusionen von Troctolit, Ferrogabbro, Charnockit, Rapakivi-Granit und Ferrodiorit sind nicht selten. Letztere führen vor allem die genannten oxydischen Erze, die ihre Entstehung der Entmischung von Fe-Ti-P Schmelzen verdanken, welche in der Folge unter dem Einfluß der Schwerkraft nahe der Basis der Magmenkammer zu flözartigen disseminierten oder massigen Erzkörpern akkumulieren. Manche Erze bilden in liegenden Anorthositen oder Gneisen auskeilende Gänge, offenbar durch einen Durchbruch der Erzschmelze nach unten bedingt. Die resultierenden Erzgesteine (Nelsonite) bestehen aus Apatit, Magnetit, Ilmenit oder Rutil. Die Entstehung der Anorthosit-Ferrodioritkomplexe wird durch partielles Aufschmelzen von Zungen der Unterkruste im Mantel erklärt (DUCHESNE et al. 1999). Sie liefern bereits heute nahezu die Hälfte der Titanproduktion und enthalten einen vergleichbaren Anteil der Titanressourcen der Erde. Die Troctolite dieser Gruppe sind mit dem Auffinden der Ni-Cu-Lagerstätte Voisey's Bay (Kanada) als eigenständige Erzlieferanten erkannt worden.

Die Bildung *Fe-reicher Schmelzen aus intermediären bis sauren Magmen* ist ein interessanter Sonderfall liquidmagmatischer Lagerstättenbildung, da SiO_2-reiche Magmen sehr viskos sind und eine Segregation durch Saigerung physikalisch eigentlich nicht möglich sein sollte. Folgende Faktoren wirken dabei in verschiedenem Maße zusammen: Scherung durch langsame Konvektion des Magmas, wodurch der Erzschmelze Fließwege geöffnet werden, geringer Sauerstoffpartialdruck während der frühen Kristallisation, so daß das Eisen nicht durch vorzeitige Bildung disseminierter Magnetite verbraucht wird; hoher Na-Gehalt, der als Flußmittel für eisenreiche Schmelzen wirkt, sowie auch viel P, der ebenfalls die Eisenoxydbildung zu niedrigeren Temperaturen verschiebt. Deshalb bestehen solche Erze meist aus Magnetit und Apatit, wie zum Beispiel im Kiruna Distrikt (Schweden). Die beträchtlichen Fluor- und Chlorgehalte der Apatite wie auch das Auftreten von Amphibol, Skapolith etc. belegen die wichtige Rolle magmatischer Fluide (mit H_2O, Cl, F, CO_2, etc.) für Segregation und Mobilität dieser Erzschmelzen. Hohe Fluid- und Salzgehalte lassen natürlich an Parallelen zu Pegmatiten denken, und hier wie dort mögen Übergänge zu hydrothermalen Bildungen schwer abzutrennen sein (BORROK et al. 1998). Der ungewöhnliche Chemismus der Magmen und Fluide kann z.T. auf Assimilation evaporitischer Nebengesteine oder migrierender Salzlaugen zurückgeführt werden (BARTON & JOHNSON 1996). Kiruna wurde traditionell als intrusive Lagerstätte aufgefaßt; es gibt jedoch auch Argumente für eine vulkanische Entstehung. Extrusiv sind die Eisenerze von El Laco/Chile (s. jedoch Widerspruch von SILLITOE & BURROWS 2003) und vom Cerro de Mercado (Durango/Mexiko), wo sie als Laven, Gänge, Tuffe und Agglomerate in einer Caldera mit Rhyolit und Latit auftreten (LYONS 1988, Abb. 5). Viele Eisenerzlagerstätten dieser Gruppe wurden von HITZMAN et al. (1992) als Glieder einer neuen Typenklasse, nämlich der proterozoischen Eisenoxyd-(Cu-U-Au-SEE)-Lagerstätten eingeordnet.

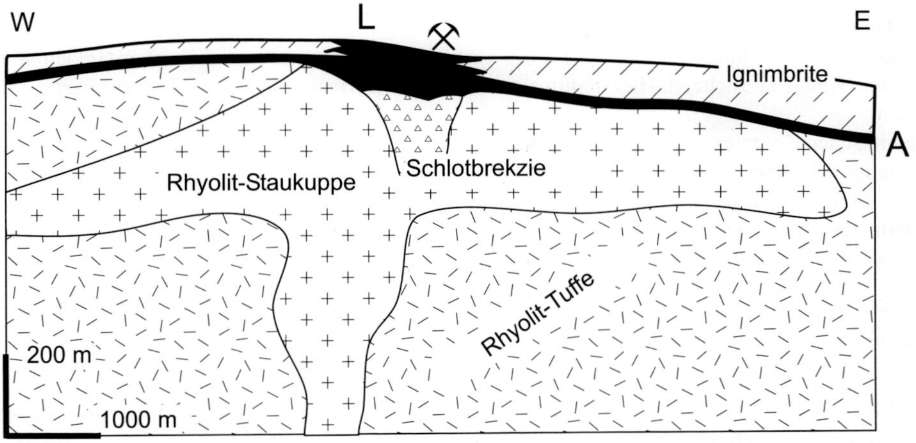

Abb. 5. Schematisches Profil der vulkanischen Eisenerzlagerstätte Cerro de Mercado/Mexiko (nach SWANSON et al. 1978).

Magnetitlaven über einem Eruptionsschlot (L) gehen lateral in Hämatit-Tuffe über (A, beide schwarz). Die vulkanische Abfolge besteht aus sauren Tuffen, welche von einer rhyolitischen Staukuppe intrudiert wurden. Die jüngste vulkanische Phase lieferte Ignimbrite.

Auch die tieferen Anteile der *Ophiolithe* führen liquidmagmatische Lagerstätten. Dazu gehören die diapirischen Dunitkörper mit Schlieren und massigen Chromitlinsen im deformierten refraktären Harzburgit (tectonized mantle) sowie die Chromitplatten der liegendsten (ultramafischen) Kumulate. Beide werden als Segregationsprodukte der aufsteigenden Mantelschmelze gedeutet. Die Metallogenese der Ophiolite wird weiter unten ausführlicher besprochen.

Konzentrisch zonierte, ultramafische Ringintrusionen werden nach Taylor (1967) als *Ultramafite vom Ural-Alaska-Typ* bezeichnet. Sie sind vor allem durch Chrom- und Platinvererzung in Duniten gekennzeichnet (Ural: Garuti et al. 2003). Weiter ist auch ein Teil der später behandelten Mineralisation der *Kimberlite* und der *Karbonatite* orthomagmatisch.

Lagerstätten der Ophiolithe bzw. der mittelozeanischen Rücken

Technische Entwicklungen haben in den letzten Jahrzehnten bedeutende Fortschritte in unserer Kenntnis der Geologie der Ozeane ermöglicht. Von besonderer Bedeutung für die Lagerstättenkunde war dabei die Entdeckung der „black smokers" der mittelozeanischen Rücken, das sind submarine Austrittstellen metallführender heißer Lösungen. Vergleichende Untersuchungen haben ergeben, daß die in alpidischen Gebirgen altbekannte Gesteinsassoziation der Ophiolithe der ozeanischen Kruste entspricht, welche an mittelozeanischen Rücken bzw. äquivalenten Dehnungszonen an der Rückseite von Inselbögen gebildet wird (Dilek et al. 2001), oder aber auch der Frühzeit der Bildung von intra-ozeanischen Inselbögen (primitive island arcs). Um diesen Zusammenhang zu bewahren, sollen im Folgenden die Lagerstätten der ozeanischen Kruste und der Ophiolithe im genetischen Kontext dargestellt werden.

Ophiolithe sind also Fragmente ozeanischer Kruste und des obersten Mantels, welche als Decken oder Schuppen kontinentwärts transportiert (obduziert) wurden. Diese tektonische Platznahme bedingt häufig eine Zerlegung der ursprünglichen Gesteinsabfolge, welche aber in Einzelfällen prachtvoll erhalten ist (Zypern, Oman, Dongwanzi/Nord-China im Archaikum, u.a.O.). Die vollständige Ophiolith-Sequenz umfaßt von oben nach unten:

- extrusive Basalte, gewöhnlich als Kissenlaven ausgebildet, deren Metamorphose von oben (Zeolith-Fazies) nach unten (Grünschieferfazies) zunimmt;
- den „sheeted dyke complex", überwiegend aus vertikalen und parallel zum zentralen Graben streichenden basaltischen Gängen bestehend. Hier dominiert die Grünschieferfazies; gegen das Liegende setzt Amphibolitfazies ein;
- den plutonischen Komplex, bestehend aus höheren intrusiven Gabbros, Dioriten, Tonaliten und Trondheimiten („Plagiogranite"), und tieferen Gabbros und Peridotiten, welche alle Merkmale von Kumulaten aufweisen (Kumulat-Sequenz); diese Gesteine sind nicht metamorph;
- den tektonisierten und durch partielles Aufschmelzen verarmten Mantel (depleted mantle), meist als mächtige Serpentinite (nach Harzburgit) mit Dunitlinsen vorliegend.

Verschiedene Sedimente, in der Regel aber überwiegend Radiolarite bzw. Kieselschiefer (cherts) überlagern die magmatischen Gesteine.

Die Entstehung der Ophiolith-Sequenz läßt sich durch Aufschmelzen primitiven Mantels unter den mittelozeanischen Rücken, Aufsteigen vieler einzelner Magmendiapire, deren Akkumulation zu größeren, seichten Magmenkörpern und weitere Entwicklung durch fraktionierte Kristallisation sowie durch episodische vulkanische Prozesse überzeugend modellieren. Mittelozeanische Rücken mit langsamer Querdehnungsrate bestehen aus Teilstücken mit hoher magmatischer Aktivität, welchen Bereiche mit reiner Rifttektonik und resultierender Mantelaufwölbung zwischengeschaltet sind. Die dabei produzierte ozeanische Kruste hat nur im ersten Fall den typischen Schichtenbau

(„Penrose-Kruste"); im zweiten Fall entstehen ausgedünnte Krustenflächen aus serpentinisierten Mantelperidotiten („Hess-Kruste"). Da diese letzteren wenig auffällig sind (z.B. gibt es keine „black smokers"), blieben sie lange Zeit unbeachtet.

Lagerstättenkundlich wichtig sind die ultramafischen Anteile der tieferen Penrose-Sequenz. Im tektonisierten Harzburgit liegen große Dunitkörper, in welchen Chromit oft bauwürdig angereichert ist, ebenso wie in den tiefsten, olivinreichen Anteilen der Kumulatsequenz. Die ersteren sind Produkte der Frühkristallisation einzelner aufsteigender Magmendiapire. Hier sind Dunite und Chromite duktil und durch Scherung zusammen mit ihrem Nebengestein stark deformiert, woraus die typische Linsenform entsteht. Die Chromite der ultramafischen Kumulate bilden eher plattenförmige Körper, welche kaum frühe Deformation aufweisen.

Die neugebildete, heiße Kruste wird durch große Mengen von Meerwasser konvektiv abgekühlt, wodurch einerseits die Ozeanboden-Metamorphose bewirkt wird, und andererseits aus den Basalten und Ultramafiten Metalle gelöst und zum Meeresboden transportiert werden (Abb. 6). Die submarinen Austrittstellen (black smokers) dieser hydrothermalen Systeme wurden in den letzten Jahren eingehend untersucht. Ausführliche Beschreibungen haben HERZIG & HANNINGTON (1995) sowie HALBACH et al. (2001) vorgelegt.

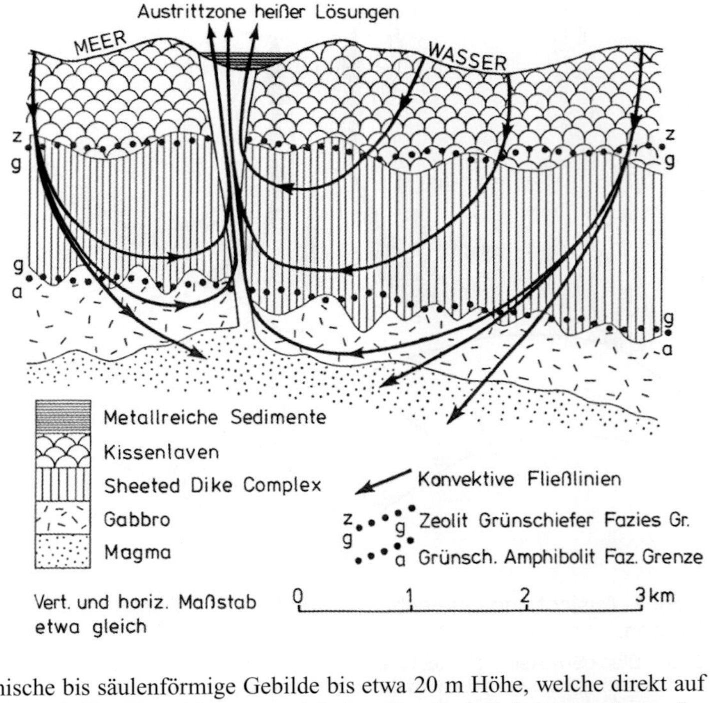

Abb. 6. Schema der Ozeanbodenmetamorphose durch Meerwasserkonvektion, sowie der Fokussierung der aufsteigenden heißen Lösungen durch apikale Teile der Magmenkammer und Störungen (GASS 1980). Am Meeresboden entstehen die hydrothermalen Schlote (black smoker).

Die hydrothermalen Schlote sind konische bis säulenförmige Gebilde bis etwa 20 m Höhe, welche direkt auf Basalten aufwachsen, und aus deren Öffnung heiße, klare Lösungen mit hohen Geschwindigkeiten austreten. Im Querschnitt sind das Röhren, deren Inneres aus Pyrit und Kupferkies besteht; nach außen überwiegen Zinkblende, Markasit, Baryt, Anhydrit und amorphes SiO_2 (Abb. 7). Oxydation der Sulfide durch Meerwasser erzeugt bunt gefärbte ockerige Zersetzungsprodukte, die am Fuß der Schlote liegen. Da durch die löcherigen Bauten auch frisches Meerwasser angesaugt wird, kann sich unmittelbar auf den Schloten und um ihren Fuß die beeindruckende Makrofauna aus großen Muscheln, leuchtendroten Würmern und Tiefseekrabben ansiedeln (VAN DOVER 2000). Die Basis der Lebenskette sind hyperthermophile Mikroben (überwiegend Archaea, z.B. *Pyrolobus fumarii*), welche bei Temperaturen um 105 °C in den Schlotwänden leben. Ähnliche Lebensgemeinschaften wurden z.B. im Bereich der kretazischen Sulfidlagerstätten im zyprischen Troodos-Ophiolit beschrieben (LITTLE et al. 1999). Die Austrittstemperatur der metallreichen Lösungen liegt meist bei 350 °C; tiefere Temperaturen haben „white smokers" und diffuse Austrittstellen warmer Wässer ohne nennenswerte Lösungsfracht. Die heißen Na-Ca-Cl-Lösungen der „black smokers" haben pH von 2 bis 5,5, Salzgehalte zwischen der Hälfte und dem Doppelten des Meerwassers, erhöhte Gehalte der oben erwähnten Elemente sowie von As, Cd, Li, Be, Cs, Mn, B, Cl, HCl, H_2S, CH_4 und enthalten manchmal auch flüssige Kohlenwasserstoffe. Unterschiede in der Lösungsfracht beruhen z.T. auf unterschiedlichen Protolithen, spiegeln aber auch wechselnde Bedingungen der Gesteins-/Wasserreaktion wieder. Gegenüber Eisen relativ erhöhte Kupfergehalte etwa enstehen unter leicht oxydierenden Verhältnissen, während ein sehr hohes Fe/Cu-Verhältnis durch niedrigen fO_2 bedingt ist (Seyfried & Ding 1993). Weitere Veränderungen sind durch Alteration und Mineralabsatz bei Annäherung der Lösungen an den Meeresboden bedingt. Das Mangan (aber auch Fe, ^3He) der austretenden Lösungen wird weit verfrachtet und ist im Ozeanwasser und im Tiefseesediment als ausgedehnter geochemischer Halo zur Lokalisierung hydrothermaler Zonen gut geeignet. Am Juan de

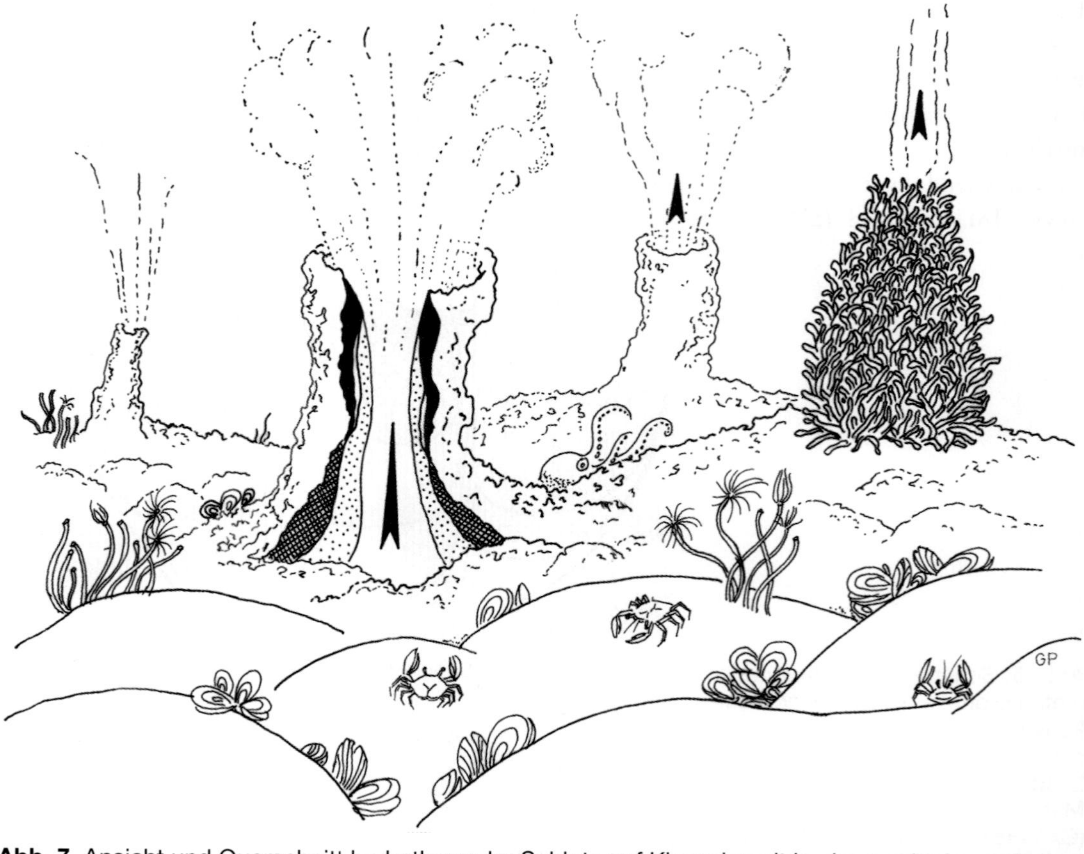

Abb. 7. Ansicht und Querschnitt hydrothermaler Schlote auf Kissenbasalt in einem mittelozeanischen Graben.

Links „Black Smoker" Schlote; Querschnitt: punktiert = Cu-Fe-Sulfide; schraffiert = verwitterte Sulfide; weiß = Talk und Sulfide; schwarz = Anhydrit und Sulfide. Rechts hinten ein „White Smoker", mit Baryt, Anhydrit und amorphem SiO_2.

Fuca Rücken wurden Hinweise gefunden, daß die Fluide vor dem Austritt einerseits in gasreiche, niedrigkonzentrierte Phasen und andererseits in metallreiche, deutlich höher chloridische Lösungen entmischen. Auch die unterschiedlichen Salzgehalte können durch solches „Aufkochen", gefolgt von erneutem Kondensieren der Dämpfe und unterschiedlicher Mischung der Produkte besser verstanden werden (Cathles 1993). Beim Austritt am Meeresboden aufkochende Fluide sind wegen der meist großen Tiefe selten.

Die heißen Lösungen mischen sich nach ihrem Austritt mit kaltem Meerwasser, wodurch ihre Fracht sofort ausgefällt wird. Überwiegt darin Fe, entstehen dunkelgraue Fahnen (plumes) von amorphen Eisensulfid- oder Fe-Mn-Hydroxydpartikeln, die bis zu einigen 100 m aufwärts und viele Kilometer lateral verfrachtet werden. Das sind die „black smokers". Bei vorwiegenden Zn-Gehalten bilden sich bläuliche, aus SiO_2, Baryt oder Anhydrit weiße Wolken (white smokers). Sogenannte „snow-blower vents" stoßen dichte Wolken von weißlichen Filamenten elementaren Schwefels aus, der durch schwefeloxydierende Bakterien aus H_2S produziert wird (TAYLOR & WIRSEN 1997). Insgesamt erlauben die chemische Zusammensetzung der Partikel ebenso wie anomale Gehalte des schlotnahen Meerwassers an ^3He, CH_4 und H_2S Rückschlüsse auf Temperatur und Zusammensetzung der ausströmenden Fluide (FEELY et al. 1994).

Die Aktivität der Schlote ist offenbar über lange Zeit konstant; gelegentlich aber gibt es in Zusammenhang mit der Intrusion frischer Magmenpulse in der Tiefe katastrophenartigen Ausstoß großer Mengen hydrothermaler Fluide, welche „megaplumes" genannt werden. Sie entstehen ferner durch Extrusion von Basaltlaven am Ozeanboden (PALMER & ERNST 1998). Auch tektonische Bewegungen bewirken Schwankungen der Temperatur und der Förderraten (JOHNSON et al. 2000). Gewöhnlich wird der geförderte Metallinhalt durch Meeresströmungen abgeführt und verdünnt; mittlerweile aber hat man am Mittelatlantischen Rücken bei 26°N einen flachen Hügel mit einem Durchmesser von 250 m und 50 m Höhe entdeckt, der aus Sulfidbrekzien, Anhydrit und Oxydationsprodukten der Sulfide besteht, worauf mehrere aktive Schlote aufwachsen (PETERSEN et al. 2000). Dies entspricht eher den äquivalenten Lagerstätten der obduzierten Ophiolite. Besonders kupferreich und damit den zyprischen Erzen ähnlich ist die Bent Hill Lagerstätte am San Juan de Fuca Rücken (ZIEHRENBERG et al. 1998). Schon länger bekannt sind die metallreichen Schlämme in mehreren Depressionen des Roten Meeres, welche eine weniger spektakuläre hydrothermale Aktivität aufweisen, da die Lösungen in geschichtete Laugenkörper einströmen (BLANC & ANSCHUTZ 1995). Mit einer Ausdehnung bis 60 km² und einer Mächtigkeit der metallführenden Sedimente bis 30 m (Atlantis II-Becken) sind das die größten submarinen Sulfidlagerstätten.

Die Entstehung der mittelozeanischen submarinen Hydrothermen wird heute überwiegend durch Konvektion von Meerwasser in der neugebildeten Kruste, vor allem wohl über oder an den Flanken (CATHLES 1993) seichter Magmenkörper bzw. an Lavaseen untermeerischer Calderen erklärt. Diese erzeugen den steilen geothermischen Gradienten (ca.150 °C/km), der auf Grund verschiedener Beobachtungen gefordert werden muß. Die notwendigen hohen Permeabilitäten sind durch die starke tektonische Zerlegung an den Flanken des zentralen Grabens der mittelozeanischen Rücken bzw. an den Calderarändern gegeben. Demnach wird das peripher bis >3 km Tiefe absinkende Meerwasser unter Anhydritabscheidung rasch erwärmt und reagiert mit den Basalten, welche dabei einer statischen Grünschiefermetamorphose unterliegen. Durch Reaktion mit den gesteinsbildenden Mineralen (Fe^{2+}) wird der Sauerstoff des Meerwassers rasch verbraucht, gleichzeitig bewirkt der Einbau von OH-Gruppen in die neugebildeten Minerale einen Anstieg der H^+-Konzentration im Fluid. Beides begünstigt die Lösung vieler Metalle. Zunehmende Alteration der Basalte erzeugt bei relativ niedrigem Wasser-/Gesteins-Verhältnis zuerst die Paragenese Albit-Epidot-Chlorit-Aktinolith. Das extreme Endglied sind Chlorit-Quarzgesteine. Von Sulfidlagerstätten in Ophiolithen sind solche Alterationshöfe lange bekannt. Weiterhin ist nicht auszuschließen, daß auch magmatische Fluide eine Rolle spielen. Darauf verweist u.a. der hohe ^3He- und CO_2-Anteil in den Fluiden, obwohl das Überwiegen des Meerwassers in diesen hydrothermalen Systemen durch geochemische Argumente gut belegt ist. Schließlich könnte ein Teil der Fluide auch durch prograde Metamorphose, also Dehydratation der früher hydrierten Basalte anläßlich erneuter Intrusion basaltischer Magmen in die ozeanische Kruste, mobilisiert sein. An Transformstörungen können auch Gesteine der tieferen Anteile der Ophiolitsequenz (Gabbros, Ultramafite) von hydrothermaler Alteration (z.B. Bildung von Cl-Serpentinit aus Peridotit) betroffen sein. Derartige hydrothermale Systeme sind besonders methanreich (FOUSTOUKOS & SEYFRIED 2004). An mittelozeanischen Rükken mit hoher Dehnungsrate erscheinen Intrusionen und untermeerische Vulkane bis etwa 10 km Abstand von den Grabenrändern (off-axis). Auch mit diesen sind hydrothermale Felder verbunden, die große Erzkörper zu bilden vermögen (FOUQUET et al. 1996).

Lagerstätten in Ophiolithen sind demgemäß primär Chromite vom „alpinen" Typus (wegen des gehäuften Auftretens in den alpidischen Ketten Südosteuropas so benannt) und exhalative Fe-Cu-Zn-Sulfide (± Au) mit eventuell unterlagernden Stockwerkerzen, welche nach den historisch wichtigen Lagerstätten auf Zypern als *Kieslagerstätten des Zypern-Typs* bezeichnet werden. Ebenso bedeutend, wenn auch mit der Entstehung der Ophiolite nicht unmittelbar verbunden, sind Magnesit, lateritische Ni-(Cr-Co-Fe)Erze sowie Asbest; seltener sind bauwürdige Lagerstätten von Pt-Metallen (LORD & PRICHARD 1997), Au (in Listvaeniten) und Talk.

Die Erzbildung in Alkalimassiven, Karbonatiten und Kimberliten

Allgemein sind diese Gesteine durch niedrige SiO_2- und hohe Alkali-Elementgehalte sowie durch ihr Auftreten in kratonischen Bereichen von Kontinenten gekennzeichnet. Sie sind anorogen entstanden und liegen im Bereich kontinentaler Großgräben, lithosphärischer Dehnungsstrukturen und über Wärmeanomalien im Mantel (hot spots, plumes, superplumes). Die meisten Gesteine dieser Gruppe können durch sehr geringes partielles Aufschmelzen des Mantels erklärt werden. Nicht selten sind aber Komplexe, deren saure Anteile sekundäre Aufschmelzung und Assimilation tiefer kontinentaler Kruste belegen, wie etwa die Granite vom A-Typ. Sehr selten gibt es Karbonatite in Assoziation mit ozeanischem Intraplattenvulkanismus.

Magmenbildung im sub-kontinentalen Mantel wird durch Druckentlastung und/oder Zufuhr volatiler und inkompatibler Stoffe ausgelöst (Mantel-Metasomatose), deren Herkunft möglicherweise aus subduzierter Kruste erklärt werden kann. In einem Bereich zwischen 120 und 260 km Tiefe bilden sich dabei die seichteren karbonatitischen und die tieferen kimberlitischen Schmelzen, mit hohen CO_2- und mäßigen H_2O-Gehalten, die als Diapire aufsteigen. Der hohe Gasgehalt erleichtert den raschen Aufstieg bis zur Eruption an der Erdoberfläche. Die Lage der heutigen Erosionsfläche bedingt die geologische Form der Massive. Im sub-vulkanischen Niveau sind das Ringkomplexe oder Diatreme, unerodierte rezente Vertreter der Alkali-Karbonatitmassive sind typische riftgebundene Schichtvulkane (zum Beispiel der Oldoinyo Lengai in Tanzania, BELL & KELLER 1995; Abb. 8). Kimberlite bilden an der Oberfläche Maare, ganz ähnlich jenen der Eifel.

Karbonatite sind magmatische Gesteine mit über 50% Karbonatmineralen, die nach der Natur der Karbonate (Kalzit, Dolomit, Ankerit) und den silikatischen Phasen (Biotit, Pyroxen, Amphibol, etc.) weiter unterteilt werden. Bei der Bildung der Karbonatit-Alkaligesteinskomplexe dürften fraktionierte Kristallisation und Entmischen der karbonatischen und silikatischen Schmelzen (Ijolite, Pyroxenite, Nephelinsyenite) in der Kruste eine wichtige Rolle spielen. Experimentelle und petrologische Arbeiten an afrikanischen Karbonatiten haben ergeben, daß bei erhöhtem pCO_2, T 930–1080 °C und 21–30 kbar Druck karbonatitische Schmelze im Mantel primär entstehen kann (BAILEY 1993). Besonders auffallend sind die extrem hohen Gehalte der Karbonatite an Seltenen Erden, mit starker Anreicherung der leichten Elemente des SEE-Spektrums. In Bezug auf ihre Erzführung werden folgende Typen von Karbonatiten unterschieden:

- Magnetit-Apatit-Karbonatite (Khibiny/Halbinsel Kola), oft mit Pyrochlor (Nb>Ta) und Zirkon (Hf); bzw. mit Fe-SEE-Nb in Bayan Obo/Innere Mongolei. Weltweit sind Apatite das wichtigste Produkt aus Karbonatitkomplexen;

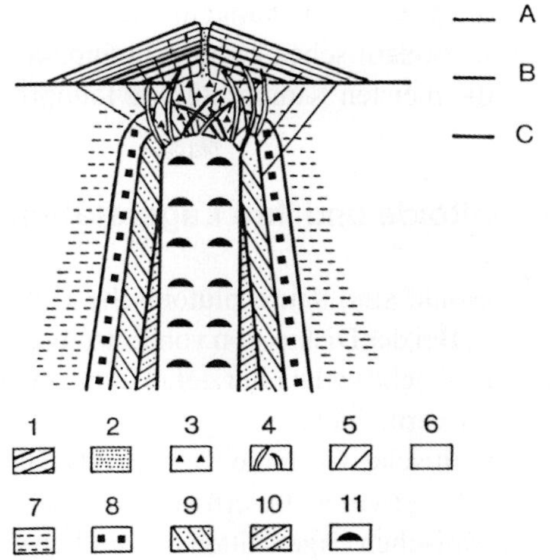

Abb. 8. Hypothetisches Profil eines Karbonatit-Komplexes (Kinnaird & Bowden 1991). Beispiele für verschiedene Erosionsanschnitte: A der aktive Vulkan Oldoinyo Lengai/Tanzania; B Napak/Uganda; C Chilwa Island/Malawi.

1: Phonolitische und nephelinitische Laven und Tuffe; 2: Natrokarbonatit; 3: Brekzien; 4: karbonatitische Ringgänge; 5: karbonatitische Kegelgänge; 6: Nebengestein; 7: fenitisiertes Nebengestein; 8: syenitischer Fenit; 9: Nephelinsyenit; 10: Ijolith; 11: Karbonatitkern.

- Seltene-Erden-Karbonatite, mit Bastnaesit (Mountain Pass/Kalifornien), Monazit, Strontianit;
- Karbonatite mit betont hydrothermaler Vererzung: Baryt, Fluorit, Mn, und Sulfiden (Cu: Palabora/Südafrika).

Daneben sind karbonatitführende Komplexe mit den charakteristischen Alkali-Pyroxeniten und Nephelinsyeniten wichtige Quellen von Fe-Ti-V, U-Th, und Industriemineralen wie Vermiculit, Apatit, Fluorit und Baryt, sowie auch Kalkstein (Notholt et al. 1990). Ein begleitendes Nephelin-Apatitgestein auf Kola ist der wichtigste Aluminiumerzdistrikt Russlands. Viele der genannten Rohstoffe bilden Schlieren liquidmagmatischer Entstehung, andere sind in pegmatitähnlichen Segregationen sowie in hydrothermalen metasomatischen Alterationszonen oder späten Gängen angereichert. Silikatische Nebengesteine sind fenitisiert, d.h. zu einem grünlichen Gestein aus Alkalifeldspat, Aegirin und Amphibol umgewandelt. Dies spiegelt den hohen Gehalt solcher Schmelzen an Alkalien und volatilen Phasen wieder, der bei der Erstarrung freigesetzt wird (Bühn & Rankin 1999).

Kimberlite sind petrographisch schlecht definierte Gesteine, da sie sehr variabel sind, und zudem meist als stark veränderte Brekzien oder Tuffe vorliegen. Grundsätzlich handelt es sich um porphyrische, SiO_2-untersättigte, K-reiche Peridotite mit Kristallen von Olivin, Phlogopit und chromführendem Pyrop in einer karbonatisierten und/oder serpentinisierten Grundmasse mit akzessorischem Mg-Ilmenit, Perowskit, Cr-Diopsid und dem alleine wirtschaftlich interessanten Diamant (Mitchell 1991). Auf Grund aus dem Mantel mitgeförderter Einschlüsse werden peridotitische (darunter jener bei Kimberley, Süd-Afrika) und eklogitische Kimberlit-Gruppen unterschieden. Eng verwandt sind die K-Mg-reichen, ultrabasischen Lamproite, welche durch Leuzit, Ti-Phlogopit, Klinopyroxen, Amphibol, Olivin und Sanidin gekennzeichnet sind. Sie haben durch die in jüngerer Zeit aufgefundene, sehr bedeutende Diamant-Lagerstätte Argyle in West-Australien an Interesse gewonnen. Kimberlite bilden die typischen subvulkanischen Schlotfüllungen (pipes), gelegentlich aber auch Sills und Gänge, Lamproite dagegen wegen ihres geringeren CO_2-Gehaltes häufiger auch intrusive Körper. Diamantführend sind Kimberlite überwiegend in alten Kratonen, vielleicht wegen der dort besonders komplexen und langen Entwicklung des subkontinentalen Mantels. Vergleichende Altersbestimmungen an Kimberliten und ihren Diamanten legen den Schluß nahe, daß die Entstehung letzterer nicht direkt mit der Bildung des eruptierten Magmas zusammenhängt, sondern daß sie oft lange nach ihrer Kristallisation als exotische Xenokristalle passiv aus dem Mantel hochgefördert wurden.

Schließlich sei hier angemerkt, daß vereinzelte Diamantfunde auch aus hochmetamorphen Gneisen, karbonatitischen Laven, Olivinbasalten, Andesiten und Ophioliten bekanntgeworden sind, und daß die meisten Kimberlite und Lamproite keine Diamanten führen.

Granitoide und ihre Lagerstätten

Granitoide sind saure plutonische Gesteine, welche über 20% Quarz enthalten (Streckeisen 1976). Bei der Diskussion von Entstehung und Abkunft von Magmen wird diese Bezeichnung allerdings oft sehr viel weiter gefaßt, wie auch stellenweise im Folgenden, um allzugroße Ausführlichkeit zu vermeiden.

Granitische Gesteine werden als Bausteine oder zur Erzeugung von Feldspatkonzentraten genutzt; verwittert liefern sie Quarzsande und Kaolin. Hier aber interessiert die Entstehung der magmatischen Lagerstätten in räumlichem und genetischem Verbund mit Granitoiden. Dies ist eine ungemein vielfältige Gruppe, zu welcher disseminierte Erze in den Magmatiten (Cu-, Au-, Mo-„Porphyre"), hochdifferenzierte, kleine vererzte Intrusionen (Sn-Greisen, Sn-Ta-Leukogranite: Abb. 9), Pegmatite (Li, Sn, Be), Skarne (Sn, W, Cu, Pb, Zn) und hydrothermale Gänge, Gangfelder und Stockwerkerzkörper mit Sn, W und Au (Abb. 10) oder mit unterschiedlichen weiteren Erzen und/oder Industriemineralen gehören.

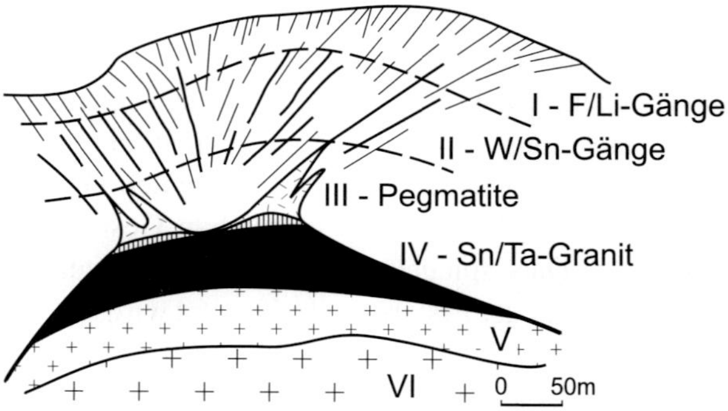

Abb. 9. Schematisches Profil der Granit-Pegmatit-Tantal-Lagerstätte Shuiximiao in SE-China (nach Zhu et al. 2001).
I – Fluorit-Lepidolit-Gängchen; II – W-Sn-Quarzgänge, III – Pegmatit-Aplit-Gänge und Stockscheider; IV – Sn-Ta-Nb-Erz (Albit-Topas-Granit); V – Albit-Mikroklin-Granit; VI – Mikroklin-Albit-Granit. Nebengesteine sind unterkarbone Kalksteine und Schiefertone.

Die Lagerstättenbildung ist von der Genese der Granitoide direkt abhängig: Die Natur der aufgeschmolzenen Gesteine (source rocks), die p/T-Bedingungen des Schmelzens, der Gehalt an Wasser und anderen flüchtigen Stoffen, die Intrusionstiefe, begleitende Tektonik, der Oxydationsgrad, eventuelle Assimilation von Nebengesteinen, die Entwicklung des Magmas durch Fraktionierung, die Abkühlungs- und Kristallisationsgeschichte einschließlich Fluidsegregation und schließlich übergeordnet die plattentektonische Situation – all dies und weitere Faktoren bedingen die Fähigkeit eines Granites, Rohstoffe zu konzentrieren. Natürlich sollte man bei Prospektion oder Untersuchung granitgebundener Lagerstätten diese Aspekte zu klären versuchen.

Zunehmend gestatten es spuren- und isotopengeochemische Methoden, über die vermutliche Quelle granitoider Schmelzen Aussagen zu machen. Folgende Möglichkeiten kommen in Betracht:

- Gesteine des oberen Erdmantels (Asthenosphäre, Lithosphäre);
- Magmatische und metamorphe Gesteine der tieferen kontinentalen Kruste;
- klastische Metasedimente bzw. deren metamorphe Äquivalente;
- Restite von Sedimenten oder Magmatiten, welche nach einer früheren Anatexis ein zweites Mal Aufschmelzung erfahren.

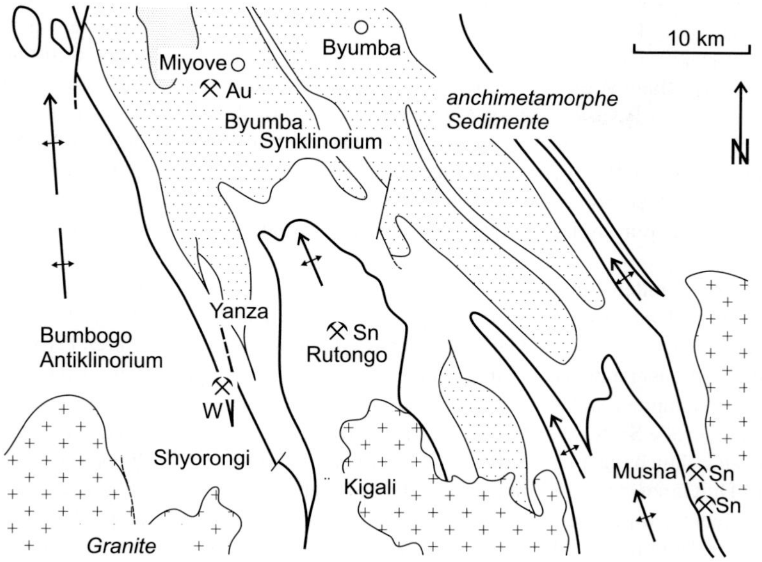

Abb. 10. Pegmatitische Sn- (Musha), sowie hydrothermale Sn-, W- und Au-Lagerstätten im sedimentären Dach mittelproterozoischer Granite des Kibara-Orogens, Rwanda (Pohl 1994). Rutongo hat eine kumulative Produktion von 30.000 t Zinnstein erbracht, Shyorongi ca. 2.500 t Wolframit. Miyove ist eine sehr kleine Au-Lagerstätte.

Vom Mantel abgeleitet sind die *M-Typ Granitoide*. Sie intrudieren als Plagiogranite und Quarzdiorite mit Gabbro verbunden den Krustenteil der Ophiolite, aber auch die mächtigen Vulkanite primitiver ozeanischer Inselbögen. Lagerstätten dieser Gruppe sind Cu-Au-Porphyre und hydrothermale Au-Erze.

Das Aufschmelzen tiefkrustaler, älterer magmatischer Gesteine, vorwiegend der weitverbreiteten basischen bis intermediären Intrusionen aktiver Plattenränder vom M-Typ ergibt die *I-Typ Granitoide* (Blevin & Chappell 1995). Da das Schmelzen durch Freisetzung von Wasser aus Biotit und Hornblende ausgelöst wird, sind solche Magmen wasserarm und können deshalb bis zur Oberfläche aufsteigen. Vulkanische Äquivalente (Andesit und Dazit) sind daher weit verbreitet. Geochemische I-Typ-Charakteristik kann allerdings auch durch Mischung von aufsteigenden Mantelmagmen mit anatektischen Schmelzen aus Metasedimenten der Unterkruste erworben werden. Tonalite und Granodiorite sind typische Vertreter der I-Typ Granitoide, wobei in großzügiger Auslegung der o.a. Definition nicht selten Gabbros bis Monzogranite eingeschlossen werden. Akzessorische Minerale sind oft Magnetit, Titanit und Sulfide, weshalb solche Gesteine als Magmatite der *Magnetit-Serie* bezeichnet werden (Ishihara 1981). Dies verweist auf vergleichsweise höhere Oxydation der Magmen bzw. deren Quelle. Es gibt jedoch auch reduzierte I-Typ Granitoide. Charakteristische Lagerstätten sind Cu-Mo-Porphyre, Mo-W-Cu-Skarne sowie hydrothermale Pb-Zn- oder Au- und Ag-Erze.

Wo durch kontinentale Kollision Sedimente in größere Tiefe verfrachtet werden, entstehen durch deren Ultrametamorphose und Anatexis *S-Typ Granite* (Clemens 2003). Diese sind allgemein leukokrate, SiO_2-reiche Gesteine monzogranitischer Natur, oft mit Muskovit neben Biotit. Sie enthalten akzessorisch Cordierit, Granat und Disthen, als opakes Mineral fast ausschließlich Ilmenit, weshalb S- (und A-) Granite zur *Ilmenit-Serie* (Ishihara 1981) gehören. Dies reflektiert einen geringen Oxydationsgrad der Magmen, bedingt durch den organischen Kohlenstoff der Quellsedimente. Das Wasser dieser Magmen stammt wohl vorwiegend aus Muskovit der Metasedimente. Da dieser gegenüber Biotit bei geringeren Temperaturen instabil wird, entstehen eher „nasse" Schmelzen, welche in größerer Tiefe steckenbleiben und erstarren. Deshalb gibt es kaum Vulkanite dieser Gruppe. Im paläozoischen Lachlan Fold Belt (Australien), wo S-Granite zuerst beschrieben wurden, sind mit extrem fraktionierten Gliedern der Intrusionsabfolge („Zinngranite") Sn-W-Lagerstätten verbunden.

Mehrfache Extraktion von Magmen aus denselben Gesteinen verändert mit deren Zusammensetzung auch die aus ihnen produzierten Schmelzen. Aus solchen Restiten entstehen vermutlich die *A-Typ Granitoide* (Eby 1992), wobei das A für „anomal, anhydrisch, alkalireich, Al-betont und anorogen" steht. Möglich ist aber auch eine Herkunft aus lithosphärischem Mantel (Turner et al. 1992). Wieder andere A-Typ Granite mögen aus extremer Fraktionierung von I- oder S-Magmen entstehen (Creaser et al. 1991, Taylor & Fallick 1997). Typisch für diese Gruppe sind Alkaligranite in kontinentalen Rifts, wie die jurassischen „jüngeren" Granite Nigeriens, oder die mittelproterozoischen Rapakivi-Granite mit ihren großen, von Plagioklas ummantelten perthitischen Kalifeldspäten. Auch zu solchen A-Typ Magmatiten gibt es vulkanische Äquivalente, nämlich die Sn-reichen Topasrhyolite in Krustendehnungsgebieten (z.B. im Tertiär von Mexiko). Zwei verschiedene Erzassoziationen sind mit A-Graniten verbunden: Nb, U-Th, Seltene Erden und untergeordnet Sn in Granitkuppeln mit ausgeprägter Na-Vormacht (Albitite u.ä.) sowie andererseits Sn, W, Pb, Zn, Flußspat etc., welche eher mit K-reichen Systemen, Silizifizierung, Turmalinisierung und saurer Alteration verbunden sind. Diese zweite Assoziation kann innerhalb der Magmatite auftreten (Greisen, Pegmatite, porphyrische Stockwerkvererzungen) oder außerhalb hydrothermale Gangfelder bilden.

Ein Sonderfall von Graniten mit A-Charakteristik sind die *HHP-* (high heat production) *Granite*, welche dadurch auffallen, daß sie lange nach ihrer Erstarrung erst hydrothermale Lagerstätten im Gefolge haben. Ein gutes Beispiel ist der unterdevonische Weardale Granit in Nordengland, der nach dem tieferen Perm die hydrothermalen Cu-Pb-Zn-Fluorit-Baryt Lagerstätten der North-Pennines lieferte. Man erklärt dies durch die erhöhten Gehalte von K, U und Th in solchen Graniten, welche durch radioaktiven Zerfall Wärme produzieren. Diese kann bei geeigneter begleitender Tektonik große Systeme tiefzirkulierender Grundwässer in Gang setzen, welche in der Tiefe erhitzt werden und Stoffe aufnehmen, die beim Aufstieg wieder abgesetzt werden. Allerdings ist dieses Modell auf große Plutone mit einem Durchmesser > 15 km und bedeutender Tiefenerstreckung beschränkt, weil sonst die Wärme zu rasch an die Umgebung abgegeben wird. Typische HHP-Granite sind nach heutiger Auffassung auch die postorogenen variszischen Zinngranite in Cornwall, welche deshalb auf die Möglichkeit der Erzeugung geothermaler Energie untersucht werden („Hot Dry Rock" Projekt: Pine & Green 1996). Das verdeutlicht eine gewisse geochemische Konvergenz der jüngsten Granite orogener Provinzen mit jenen, welche anorogen an Großgräben, in breiten Dehnungszonen und über kontinentalen „hot spots" auftreten (Turner et al. 1992).

Eine eindeutige Zuordnung von Graniten zu einem der oben genannten Typen ist in der Praxis allerdings nicht immer möglich, da in der geologischen Realität sehr häufig gemischte „source rocks" auftreten. Auch extreme Fraktionierung bedingt eine zunehmende Angleichung der Magmen (Taylor & Fallick 1997). Deshalb werden phanerozoische Granite (und in Analogie auch ältere) eher nach dem geologischen Milieu ihrer Entstehung klassifiziert: Inselbögen, aktive Kontinentalränder, post-orogene Hebung, kontinentale Kollision, Bildung von Großgräben (Pitcher 1997).

In vielen Granitprovinzen hat man eine zeitliche Entwicklung der Intrusionen festgestellt, die von frühen, geochemisch gewöhnlichen, großen Batholiten über Vorläufergranite zu kleinen spezialisierten und mineralisierten Granitkörpern überleitet.

Gegenüber *gewöhnlichen* haben *Vorläufergranite* erhöhte Gehalte von K, SiO_2 und granitophilen Elementen, sowie weniger Fe, Ti, Ca und Mg. In einer Granitprovinz sind sie stets älter als die spezialisierten Granite, mit diesen aber doch genetisch verwandt. *Spezialisierte* und *mineralisierte Granite* sind durch hohe Gehalte an Sn, W, Nb, Ta, Mo, U, Th, SEE, Li, Be und oft F („Topasgranite") oder P ausgezeichnet. Es handelt sich meist um aplitische Zweiglimmergranite, Alaskite und Leukogranite geringer Intrusionstiefe. Sie unterscheiden sich durch die Anreicherung der seltenen Elemente in Silikaten und Akzessorien bei spezialisierten Graniten, die dann auch „metallführend" genannt werden, gegenüber dem Auftreten eigenständiger Erze bei den mineralisierten Graniten.

Die extreme chemische Fraktionierung von Graniten mit Lagerstätten seltener, lithophiler Metalle (Sn, Ta, Li, etc.) ist besonders auffällig. Sie kann in manchen Fällen über gewöhnliche und Vorläufergranite bis zu normalen, geochemisch nicht angereicherten Krustengesteinen zurückverfolgt werden (Abb. 11). Diese zunehmende Spezialisierung der Magmen ist nicht völlig geklärt; mögliche, beteiligte Prozesse sind fraktionierte Kristallisation, aber auch Trennung sich entmischender Schmelzen, z.B. bedingt durch Fluidsättigung. In anderen Fällen werden geochemisch anomale Ausgangsgesteine angenommen, oder es wird sehr geringes partielles Aufschmelzen vermutet. Alte Ideen aufgreifend, daß nämlich mineralisierte Granite durch das Aufschmelzen älterer Metallanreicherungen in der tiefen Kruste entstehen, führen Tomkins & Mavrogenes (2003) die

Bildung von Magmen mit hohen Gehalten der chalkophilen Elemente Au, Ag, Bi, Sb, Hg und Tl auf Prozesse in der Quellregion der Magmen zurück.

Petrologisch wird die Entwicklung mineralisierter Granite in zwei Phasen vereinfacht beschrieben: Eine erste Etappe umfaßt die Elementfraktionierung zwischen Schmelze und sich bildenden Kristallen, gefolgt von einer zweiten Phase der Fraktionierung zwischen Schmelze und volatiler Phase.

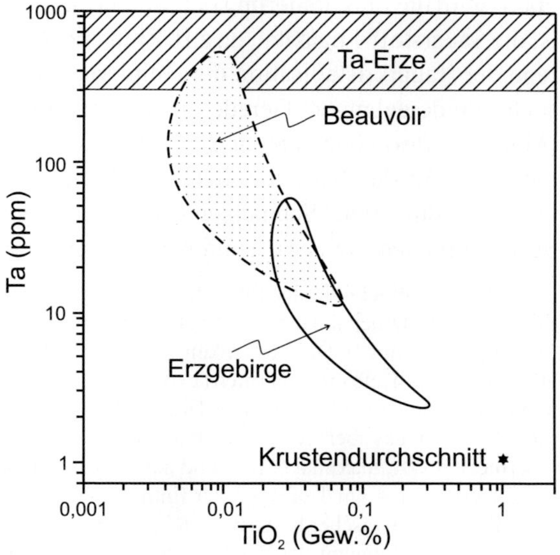

Abb. 11. Ta/TiO_2–Variation granitischer Gesteine aus dem nördlichen Zentralmassif/ Frankreich und dem Erzgebirge (nach LEHMANN 1993).

Deutlich ist die Anreicherung von Tantal (ein inkompatibles Element) durch zunehmende Differentiation der Magmen bis zu bauwürdigen Gehalten, bei gleichzeitiger Abnahme des kompatiblen Titans. Ferner erscheint eine Herleitung des Tantals aus geochemisch normaler Kruste möglich.

Das Verhalten verschiedener Elemente bei diesen Prozessen wird als *kompatibel* oder *inkompatibel* bezeichnet. Erstere werden in die sich bildenden festen Phasen eingebaut, wie etwa Eu in Plagioklas, wogegen letztere in der Schmelze verbleiben. *Lithophile Elemente* sind inkompatibel in Bezug auf Minerale, die bei der Bildung von Mantelmagmen eine wichtige Rolle spielen (Olivin, Pyroxen, Spinell, Granat). *LIL*-(Large Ion Lithophile) *Spurenelemente* wie Rb, Sr, K, Ba, Zr, Th, U und leichte SEE werden oft in späten, hochdifferenzierten Schmelzen aus Restiten angereichert, da sie in geringerem Maße in frühe, wasserreiche Magmen eintreten. Kationen mit höherer Ladung (+3 bis +6), wie Mo, Nb, Zr, Sn, W, Ta, U, Th, Y und SEE können einer Schmelze durch frühe Kristallisation von Biotit, Amphibol, Apatit, Zirkon, Monazit und Magnetit entzogen werden. Hohe Gehalte volatiler Stoffe verhindern das und bewirken Konzentration in späten fluiden Phasen. Auch *HFS*- (High Field Strength) *Elemente*, also solche mit hoher Feldstärke (Ti, Zr, Y, Ta, Nb, Hf, etc.) brauchen für den Transport in einer wässerigen Phase hohe Konzentration komplexbildender, volatiler Stoffe. Gewöhnlich sind sie fast immobil und werden deshalb bevorzugt als petrogenetische Indikatoren verwendet.

Demgemäß wird die Lagerstättenbildung der Granitoide vor allem durch zunehmende Differentiation sowie Bildung, Sammlung und Aufstieg *magmatischer volatiler Phasen* kontrolliert, welche seltene Elemente aufnehmen können. Vulkanische Gase, Flüssigkeitseinschlüsse in Mineralen und die Gasgehalte von vulkanischen Gläsern erlauben Aussagen zur Zusammensetzung solcher volatiler Phasen:

Zumeist überwiegt Wasser (bis maximal 8 Gewichts-% entsprechend 25 Mol-%: OCHS & LANGE 1999), der Menge nach gefolgt von CO_2, H_2S oder SO_2, HCl und HF sowie geringeren Mengen von N_2, H_2, CO, P, B, Br, CH_4 und O_2. Oft hat man beträchtliche Spurengehalte von Pb, Bi, Cd, Cu, Zn, Hg, Sb, Te, As, etc. und Al, Mg, Na und K gemessen – so liegt der exhalative Jahresausstoß des Ätna bei 2,5 t Pb und 250 t K. Das Verhältnis von SO_2/HCl bzw. SO_2/HF kann von 1 bis über 100 betragen; Vulkane über konvergenten Plattengrenzen fördern deutlich mehr HCl, so daß diese Verhältniszahl dort bei 1–10 liegt. Als Molekül tritt HCl allerdings nur bei sehr niedrigem Druck oder in wasserfreiem Gas auf. Über 200 bar ist Cl als Ion oder mit Na, K und Fe komplexiert im magmatischen Wasser gelöst, mit einer durchschnittlichen Konzentration von 3,5%, das sind ca. 6% (2–10%) äquivalent NaCl.

Nur bei Drücken über 1,3 kbar ist die Entwicklung gesättigter oder hypersalinarer Lösungen (bei 700 °C z.B. mit 84% NaCl) aus der Schmelze möglich.

Magmen, welche Erze abscheiden, sind also durch hohe Gehalte an volatilen Stoffen gekennzeichnet. Diese vermindern auch Dichte und Solidus-Temperatur und erhöhen gleichzeitig die Mobilität der Schmelze, da die Viskosität fluidreicher Magmen sehr niedrig ist (BAKER & VAILLANCOURT 1995). Durch die niedrige Temperatur und durch hohe Salzgehalte (AUDETAT & PETTKE 2003) wird die Fraktionierung der Metalle in die Fluide gefördert. Ein weiterer wichtiger Parameter ist die Sauerstoff-Fugazität, da z.B. Zinn und Wolfram im Falle hoher Sauerstoffverfügbarkeit während der Hauptkristallisation disseminierte akzessorische Minerale bilden und dann nicht mehr in späte Fluide gelangen. Gerade umgekehrt ist das Verhalten von Uran. Sauerstoffreiche Magmen (Magnetit-Typ) können mehr Schwefel lösen (als „Anhydritkomponente", s. auch STRECK & DILLES 1998), wodurch die resultierenden Fluide besonders große Cu-Au-Lagerstätten erzeugen können. In „reduzierten" Schmelzen vom Ilmenit-Typ hingegen entstehen durch frühe S-Übersättigung Sulfidtröpfchen, welche Cu und Au aufnehmen, so daß diese in späten Fluiden kaum vertreten sind.

Die Bildung einer volatilen Phase („Entgasung") während des Aufstieges silikatischer Schmelzen ist durch Sättigung infolge Druckabnahme bedingt, oder durch Dekompression infolge Aufbrechens von Wegsamkeiten im Dach („first boiling"). Die Löslichkeit von CO_2 wird bei manchen basaltischen Magmen schon ab etwa 70 (meist aber 10–15) km Tiefe unterschritten (LOWENSTERN 2001), so daß sich Bläschen mit flüssigem CO_2 bilden. Bei weiterem Aufstieg und entsprechender Druckentlastung dehnen sich diese aus, bis sie in Gas übergehen. Ähnliches gilt für Wasser, das aber weit länger in der Schmelze gelöst bleibt. In Abhängigkeit vom ursprünglichen Wassergehalt (meist 3–5%, maximal 6–8%) und der Cl-Konzentration beginnen saure Magmen unter etwa 260 MPa (ca. 9, meist jedoch um 4 km Tiefe) mit der Entmischung einer wässerigen fluiden Phase. Diese Wassersättigung führt normalerweise zu rascher Erstarrung. Kinetische Faktoren jedoch können weiteren Aufstieg der Schmelze ermöglichen. Die Ausdehnung der Fluidbläschen bewirkt dann zunehmend ein Aufschäumen der Schmelze, die damit die Fähigkeit zu kräftiger Konvektion erlangt. Die Fluide strömen nach oben ab; im Apex der Intrusion oder im Hangenden kann Lagerstättenbildung erfolgen. Die verbleibende Schmelze wird nun rasch erstarren.

Nach der Platznahme, also mit dem Ende des Aufsteigens und der ersten Entgasung, bewirkt die verstärkt einsetzende Ausscheidung fester Phasen erneut eine zunehmende Konzentration der volatilen Stoffe. Bei entsprechend hohen Gehalten, welche nicht mehr in Silikate eingebaut werden können, führt das ein zweites Mal zur Bildung einer freien, entmischten volatilen Phase („second boiling"). Diese unterliegt dabei einem zunehmenden *Druckaufbau*. Das kann zu so hohen Drücken führen, daß im Dach der Magmenkammer Überlagerungsdruck (eigentlich: die vertikale Gebirgsspannung) und Gebirgsfestigkeit überschritten und metallführende Fluide injiziert werden (also erneutes *„first boiling"*). Die Entmischung der volatilen Phase von *mesozonalen Intrusionen* (Platznahme bei Drücken >2 Kbar) tritt in einem sehr engen Temperaturintervall ein, weshalb diese bevorzugt fluidreiche Silikatschmelzen absondern, die zu *Pegmatiten* erstarren. Die seichteren *epizonalen Intrusionen* entgasen über einen weiten Temperaturbereich (FOURNIER 1999), wodurch miarolithische bzw. hydrothermal veränderte Granitoide entstehen, sowie vor allem die verschiedenen *hydrothermalen Lagerstätten* im weitesten Sinne.

Früher hat man zwischen Pegmatiten und hydrothermalen Bildungen eine *pneumatolytische oder pneumatogene Phase* der Vererzung unterschieden, welche überwiegend durch magmatische Gase bzw. überkritische Fluide mit besonderer Beweglichkeit und hohem Transportvermögen für seltene Elemente bewirkt worden wäre. Die Bildung von Zinngreisen, manchen Skarnlagerstätten u.a. wurde damit erklärt. Heute wird dieser Ausdruck in der Literatur selten verwendet und von einigen Autoren geradezu als überholt bezeichnet. Begründet wird diese Ablehnung unter anderem damit, daß die Dichte überkritischer Lösungen mit bis 2g/cm^3 oft so hoch ist, daß die Bezeichnung „Gas" wohl kaum zutrifft (ROEDDER 1984). Weiter gehen überkritische Fluide vielfach ohne Diskontinuität („Kondensation") in unterkritische Lösungen über, so daß eine Unterscheidung nach generellen Kriterien (z.B. früher: Bildung über der kritischen Temperatur reinen Wassers, also >374°C) nicht möglich ist. Es besteht aber kein Zweifel, daß überkritische Fluide von stofflich gleichartigen Flüssigkeiten im unterkritischen Zustand deutlich abweichende Eigenschaften haben: Ihre Dichte kann bei Veränderung von Druck oder Temperatur über einen weiten Bereich variieren; ihr pH-Wert ist höher (DING & SEYFRIED 1996), sie können viele organische Stoffe lösen, die Dissoziation des Wassers und die Diffusionskoeffizienten sind extrem hoch. Geologisch bedeutsam sind vermutlich besonders die Veränderungen der Dichte und damit der Reaktionsrate und der Gleichgewichtskonstanten, wodurch Stofftransport und Präzipitation unmittelbar betroffen sind.

Trotz der Ablehnung des Begriffes „Pneumatolyse" wird aber nicht bestritten, daß auch magmatische Gase oder Fluide geringer Dichte Metalle transportieren (z.B. Ätna: s.o.) und Erze bilden können. So enthalten die Kassiterit-Quarzgänge im Mole-Granit, N.S.W. (Australien) einerseits hochsalinare Laugeneinschlüsse (also „Liquid") mit erhöhten Gehalten von Mn, Fe, Zn, Pb und Sn, andererseits Einschlüsse geringer Dichte („Gas") mit rund 1% Cu. Verschiedene Befunde lassen auf eine kogenetische Entmischung beider Fluide aus dem Magma schließen, wobei Cu offenbar weit überwiegend in die Gasphase konzentriert wurde (HEINRICH et al. 1992). Eine breiter angelegte Untersuchung magmatisch-hydrothermaler Lagerstätten hat gezeigt, daß beim „Aufkochen" der magmatischen Fluide Cu, As, Au und B bevorzugt in die „Dampfphase" konzentriert werden, während Na, K, Fe, Mn, Zn, Rb, Cs, Ag, W, Sn, Pb und Tl in der salinaren Restflüssigkeit angereichert sind (HEINRICH et al. 1999).

Die Freisetzung magmatischer Fluide und hydrothermale Lagerstättenbildung sind somit Teil des Aufstiegs und der Erstarrungsgeschichte einer Intrusion. Die weitere Abkühlung bis auf Normaltemperatur ist oft mit dem Aufbau meteorischer, konvektiver hydrothermaler Systeme verbunden, welche ebenfalls Mineralisation bewirken können. Modellrechnungen ebenso wie Beobachtungen in der Natur belegen, daß dieser gesamte Zyklus für isolierte Einzelintrusionen 10.000 bis maximal eine Million Jahre dauert, geologisch also eher kurz ist. Im Falle multipler, zeitlich gestaffelter Intrusionen, womöglich mit lange fortdauerndem Tiefenmagmatismus, sind allerdings sehr langlebige hydrothermale Systeme möglich, da dann die Abkühlungszeit beträchtlich verlängert wird.

Skarn- und kontaktmetasomatische Lagerstätten

Kontaktbereiche von Intrusionen sind wichtige Milieus der Lagerstättenbildung, z.B. von Erzgängen. Nicht selten sind jedoch auch große, massige Erzkörper, die das kontaktmetamorphe Nebengestein der Intrusionen metasomatisch verdrängen. Sowohl der thermische Hof wie auch Stoffzufuhr aus der Intrusion können dabei wirksam sein. Während thermische, isochemische Einwirkung zur Bildung von Andalusit in Tonschiefern führt, ist das Auftreten großer, von Erzkörpern begleiteter Skarnmassen sowie kontaktnaher Erzkörper ohne Skarnbegleitung, welche Kalkstein oder andere Ca-Mg-reiche Gesteine verdrängen, ein eindeutiger Beleg für beträchtliche hydrothermale Stoffzufuhr.

Skarn ist ein alter schwedischer Bergmannsausdruck für die Gangart altproterozoischer Eisenerz- und Sulfidlagerstätten, welche aus grobkristallinem Andradit, Diopsid, verschiedenen Amphibolen, Skapolith, Quarz und Karbonat besteht. Sie sind schichtgebunden und gehen lateral in feinkörnige gebänderte Exhalite inklusive Eisenformationen über, welche in einer Serie von sauren und basischen Vulkaniten mit klastischen und karbonatischen Sedimenten liegen. Die Bildung dieser Skarne wird als metamorph („Reaktionsskarn"), heute genauer diagenetisch und (später) metamorph aufgefaßt, weil um frühgebildete Granate Kompaktionsstrukturen nachgewiesen werden können (OEN & LUSTENHOUWER 1992). Ähnliche „diagenetische" Skarne gibt es im Zusammenhang mit submarinen Sulfidlagerstätten, deren ursprüngliche Substanz als exhalatives Präzipitat von überwiegend Ca, Fe, Al und SiO_2 in einem reduzierenden, karbonatarmen Milieu verstanden werden muß. Die syn-diagenetische Bildung der Skarnminerale verweist auf extrem hohen Wärmefluß noch während der Sedimentation. Ursache dafür ist in der Regel synsedimentäre Intrusion von subvulkanischen Körpern, etwa von basischen Sills.

Im Gegensatz zu derartigen diagenetischen und Reaktionsskarnen steht die in der Lagerstättenkunde gebräuchliche Verwendung der Bezeichnung *Skarn*, worunter man die Produkte der Bildung eisenreicher Ca-Mg-Silikate aus Kalk- oder Dolomitstein durch ausgeprägte Zufuhr von SiO_2, Al, Fe und Mg im Kontakthof von Intrusionen versteht. In Nordamerika werden solche Gesteine oft *tactite* genannt.

Erzführende Skarne sind am häufigsten um intermediäre Intrusionen entwickelt, doch gibt es sie auch an Gabbro- oder Granitkontakten (LENTZ 1998). Die Platznahme eines heißen Magmenkörpers in „kühlen" Nebengesteinen erzeugt einen heißen Hof, dessen Isothermen nach außen wandern. In dieser *prograden Phase* werden überwiegend anhydrische Minerale wie Grossular-Andradit, Diopsid, aus Dolomit auch Forsterit, Periklas sowie ein Teil der Erze gebildet. Nach außen folgt gewöhnlich eine schmale Zone von Wollastonit, und schließlich isochemische Rekristallisation zu Karbonatmarmor. Der dafür verantwortliche Stofftransport aus dem erstarrenden Magma in die Nebengesteine wird vermutlich durch hypersalinare Schmelzen oder salinare Fluide sowie Gase bewirkt (BAKER et al. 2004). Zunehmende Abkühlung und Druckentlastung in der Intrusion führt in der Folge zur Segregation von wässerigen Fluiden bzw. hydrothermalen Lösungen. Diese bewirken im Hof eine *retrograde Phase*, welche durch die Bildung wasserreicher Silikate (Amphibol, Epidot, Klinochlor, Talk, Chlorit) und der Masse der Erze ausgezeichnet ist. Zuletzt kann es zu einer konvektiven Abkühlung durch externe, nichtmagmatische Wässer kommen, mit weiteren hydrothermalen Veränderungen.

Nach den betroffenen Nebengesteinen unterscheidet man Kalk- und Dolomitskarne. Infolge des Ca-Mg-Reichtums intermediärer, basischer oder ultrabasischer magmatischer Nebengesteine gibt es auch an solchen Kontakten nicht selten skarnähnliche Lagerstättenbildung. Die meisten Skarne liegen im Außenkontakt der betreffenden Intrusion *(Exoskarne)*. Seltener erfolgt Stoffaufnahme aus dem karbonatischen Nebengestein und damit Kalksilikatbildung in randlichen Zonen des magmatischen Körpers *(Endoskarne)*.

Natürlich sind auch Skarnlagerstätten durch die beteiligten Magmen und das geodynamische Milieu unterscheidbar: Skarne der Diorite primitiver Inselbögen sind vor allem Magnetitlagerstätten, z.T. mit bauwürdigen Gehalten von Cu, Co, und Au. Die Skarne an intermediären bis sauren, differenzierten *within-plate* Intrusionen aktiver Kontinentalränder zählen zu den wichtigsten Wolframlagerstätten (Nordamerika: Abb. 12). Andere im gleichen Raum, welche in jurassischen Inselbogen-Terranes entstanden sind, führen bedeutende Mengen von Cu, Fe, Zn-Pb-Ag, Mo, Bi und Au (RAY et al. 1995). Postorogene und riftgebundene Granite der Ilmenit-Serie erzeugen Zinnskarne mit As, Pb-Zn, W, Mo und zurücktretend Fe-Sulfiden (China). Obwohl in der späten hydrothermalen Phase vieler Skarnlagerstätten die Beteiligung meteorischer Wässer nachgewiesen wurde, belegt diese klare Zuordnung bestimmter Metalle zu gut definierten Magmentypen eine überwiegend magmatische Herkunft der Erze.

Skarnerzkörper haben eine charakteristisch irreguläre Form, die durch vielfältige Faktoren bedingt ist, insbesondere durch Lithologie und Strukturen der betroffenen Nebengesteine, welche unterschiedliche chemische und physikalische (z.B. Durchlässigkeit) Kontrollen erzeugen. Oft sind die Erze zoniert, etwa durch Vorherrschen von Cu am unmittelbaren Kontakt und Zunahme von Pb/

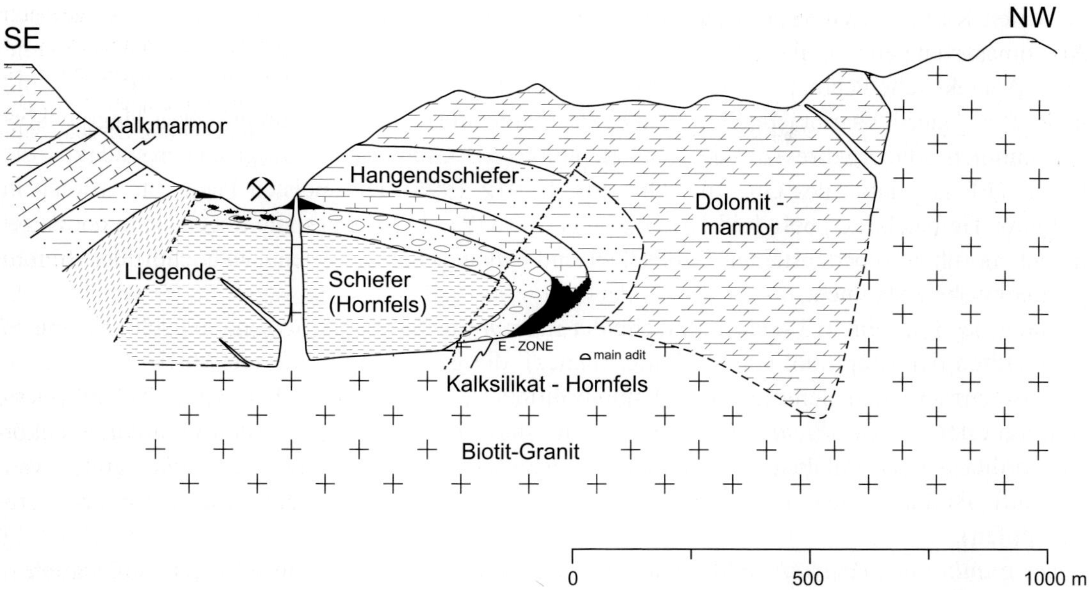

Abb. 12. Die Scheelit-Skarnlagerstätte CanTung, N.W.T., Kanada. Eine kontaktmetamorphe Scholle kambrischer Sedimente über einem Granitstock enthält zwei Erzkörper: Im Tagebau ist Scheelit mit Granat, Diopsid und Epidot, in der Ostzone untertage mit Pyrrhotin und Tremolit assoziiert (MIDDELAAR & KEITH 1990).

Zn nach außen. Prospektion und montangeologische Untersuchungsarbeiten müssen dies berücksichtigen.

Eng verwandt mit den Skarnlagerstätten sind die *kontaktmetasomatischen Lagerstätten.* Es handelt sich um Erze, die nicht direkt in der Kontaktzone oder mit Skarngestein verbunden (proximal), sondern in einem weiteren Abstand (distal) von einer Intrusion hydrothermal durch Verdrängung reaktiver Nebengesteine (auch hier meist Karbonate) entstanden sind. Dieser Zusammenhang ist in der tertiären Pb-Zn-Ag-Provinz Mexikos illustriert, wo eine Abfolge von proximalen Skarnerzen über schlauchförmige Erzkörper (chimneys) zu distalen Lagern (mantos) vorliegt.

Neben Metallen liefern manche Skarne/Kontaktlagerstätten auch Industrieminerale wie Wollastonit, Graphit, Asbest, Magnesit, Talk, Bor und Fluorit. Wichtige europäische Beispiele für Skarnlagerstätten sind neben den oben erwähnten schwedischen Eisenerzen die Magnetitlagerstätten des Urals (u.a. Magnitnaja Gora) und die Scheelitmine bei Salau in den französischen Pyrenäen.

Die Lagerstätten der Pegmatite

Das an leichtflüchtigen Stoffen und inkompatiblen Spurenelementen angereicherte Restmagma erstarrt in Form der Pegmatite. Diese sind durch Grobkristallinität, bisweilen auch durch Riesenkristalle, durch miarolithische Drusen, sowie durch Minerale mit seltenen Elementen ausgezeichnet. Von granitischen Magmen sind die meisten Pegmatite abgeleitet. Sie führen Orthoklas (Perthit), Mikroklin, Albit, Glimmer und Quarz als Hauptbestandteile, als häufige Begleiter Turmalin, Topas, Beryll, Zinnstein und Lithiumminerale. Wo solche Schmelzen Ultramafite intrudierten, entstanden durch SiO_2-Entzug die disthen-, korund- und anorthitreichen *Plumasite.* Von mafischen Magmen stammen die Gabbropegmatite mit Anorthit, Pyroxen, Titanomagnetit und bisweilen Karbonat, Glimmer und Sulfiden (z.B. das Merensky Reef des Bushveldes). Zu den Alkalimassiven gehören die seltenen Syenitpegmatite mit Mikroklin, Nephelin, Apatit, Nb/Ta und SEE. Anatektische Pegmatite (metamorphe „Segregationen") der höheren Amphibolitfazies sind in der Regel steril. Es gibt jedoch wohl auch Pegmatite, die nicht aus einem größeren Magmenkörper stammen, sondern direkt aus der Schmelzregion (z.B. Granulitzone) aufgestiegen sind (z.B. die U-Mo-SEE-Pegmatite des Grenville Orogens: LENTZ 1996). Die meisten Pegmatite wurden in mittlerer Tiefe gebildet, bei Fluid-Drücken über 200 MPa (2 kbar); deshalb liegen sie in der Regel in metamorphen Nebengesteinen. Sehr selten sind vulkanische Äquivalente zu hochdifferenzierten pegmatitischen Magmen.

Nach der Lage im P/T-Feld unterscheidet man *abyssale Pegmatite* (anatektische Linsen in Migmatiten der Amphibolit- und Granulitfazies), die gering fraktionierten *Muskovitpegmatite* (in disthenführenden Schiefern der Amphibolitfazies, meist granitischer Abkunft), die hochfraktionierten *Seltene-Elemente-Pegmatite* (aus stark differenzierten fertilen Graniten abgeleitet; cordierit- oder andalusitführende Nebengesteine) und *miarolitische Pegmatite* (granitische Abkunft; Bildungsdruck 1,5–2 kbar; sie führen optischen Quarz, Edelsteine und andere Kristallstufen).

Die *granitischen Pegmatite* bilden Gänge, Linsen oder ovale Stöcke, die homogen (einfache Pegmatite) oder sehr auffällig konzentrisch zonar (komplexe Pegmatite) aufgebaut sein können. In Bezug auf ihre Lage zum Pluton wurde mehrfach auch eine äußere Zonierung beschrieben, wobei Mineralogie und Vererzung eine klare Gliederung ermöglichen (Abb. 13). Einzelne Pegmatitkörper sind gewöhnlich wenige Zehner Meter mächtig und bis 200 m lang. Manche sind pegmatitische Granitkuppeln bzw. dachnahe Phasen solcher von mehreren km^2 Ausdehnung (z.B. der Zinnpegmatit von Manono/Zaire). Zu dieser Gruppe von endogranitischen Bildungen gehören auch die Rand- bzw. Stockscheiderpegmatite der erzgebirgischen Zinngranite.

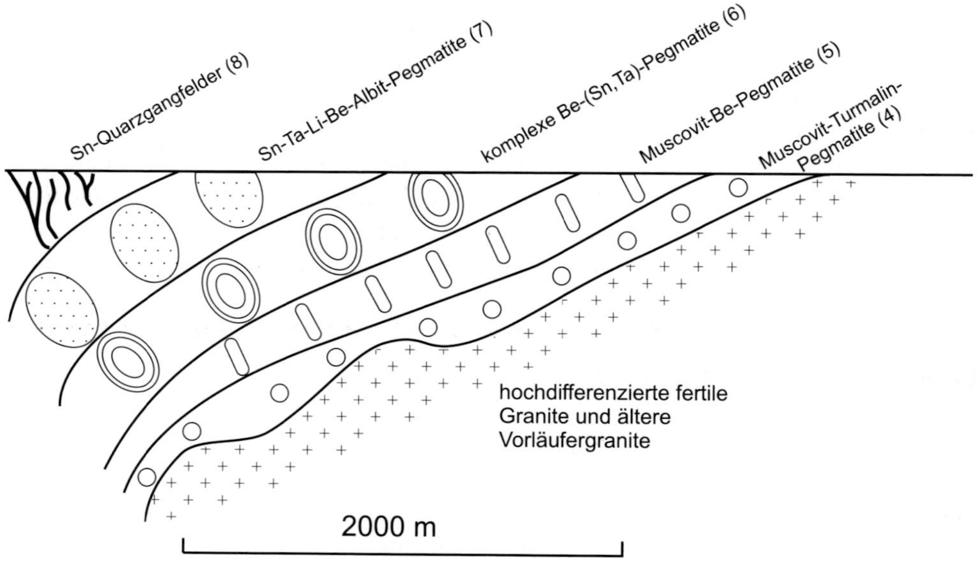

Abb. 13. Externe Zonierung von Seltenmetall-Pegmatiten und Sn-Quarzgängen um fertile Granite, welche mittelproterozoische klastische Sedimente intrudierten (nach Beobachtungen von VARLAMOFF 1972 in Rwanda (z.B. in Musha, s. Abb. 10).
Die Zahlen 4–7 bezeichnen VARLAMOFFs Feldklassifikation von Pegmatiten).

Die *interne Zonierung* komplexer Pegmatite (Abb. 14) entspricht einer Kristallisation von außen nach innen, so daß die jüngsten Phasen im Kern erscheinen. Man unterscheidet

- Kontaktzone, oft feinkörnig granitisch und nur wenig mächtig;
- Randzone, grobkristallin, eventuell mit bauwürdigem Muskovit und Beryll;
- Zwischenzonen, außen meist feinkörnig albitisch, innen mit großen Albiten (Cleavelandit) oder Mikroklin; hier sind die meisten Erze enthalten; und den
- Quarzkern, überwiegend aus reinem Quarz, doch auch mit Feldspat, Turmalin und Spodumen.

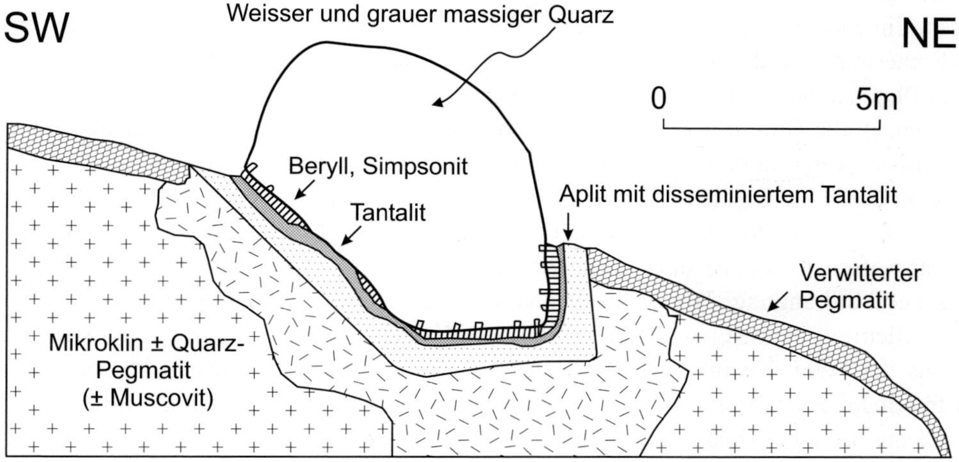

Abb. 14. Profil durch den archaischen Tantal-Pegmatit von Tabba Tabba nahe Port Hedland, NW-Australien, mit gut entwickelter interner Zonierung (SWEETAPPLE & COLLINS 2002); Simpsonit ist $Al_4(Ta,Nb)_3(O,OH,F)_{14}$.

Besonders bei flach lagernden Pegmatitkörpern sind diese Zonen oft asymmetrisch entwickelt; manchmal ist ihre Anordnung geradezu chaotisch. Quergreifende Spaltenfüllungen, metasomatische Massen und hydrothermale Quarzgänge können den Aufbau weiter komplizieren. Da die wässerigen Fluide durch die nach innen gerichtet ablaufende Kristallisation dort konzentriert werden, wirken sie vom Kern nach außen. Insbesondere vererzte Pegmatite sind deshalb oft weitgehend serizitisiert oder kaolinisiert und zeigen andere hydrothermale Umwandlungen früh gebildeter Minerale.

Im Gegensatz zu Graniten haben Pegmatite ausgeprägt anisotrope Texturen, vor allem sichtbar an den nach innen wachsenden Riesenkristallen (Amblygonit-Montebrasit, Beryll, Turmalin etc.), aber auch an Bänderung in den zuckerkörnigen Albititen, und an graphischen, skelettären oder radialstrahligen Kristallformen.

Eine Veränderung der Nebengesteine am Kontakt ist oft kaum erkennbar. In manchen Fällen findet man hydrothermale Alteration (z.B. Turmalinisierung, Propylitisierung), deren Entstehen mit dem Eintreten der Fluidsaturation der Pegmatitschmelze zusammenfällt. Dabei ist metasomatischer Austausch zwischen Nebengesteinen und Schmelze möglich (s. Plumasite). Insbesondere die häufige Ausbildung einer randlichen Turmalin-Kontaktzone wird mit solcher Stoffzufuhr (Fe, Mg) aus dem Nebengestein in die Pegmatitschmelze erklärt. Diese Alterationsbefunde sind ein Teil der Argumente dafür, daß Pegmatitmagmen zwar reich an volatilen Stoffen, paradoxerweiser jedoch trotzdem bis zur Annäherung an den Solidus wasseruntersättigt sind.

Die Beteiligung silikatischer Schmelzen und hochkonzentrierter wässeriger Fluide („hydrosalinare Schmelzen") im Liquidus-Bereich bei der Genese von Pegmatiten ist an Einschlüssen ebenso nachweisbar wie die spätere Entwicklung zu hydrothermalen Lösungen. Schmelzeinschlüsse sind eine wichtige Möglichkeit, die Natur der Pegmatitschmelze und ihre zeitliche Entwicklung zu untersuchen (THOMAS & WEBSTER 2000). Normale, unvererzte granitische Pegmatite kristallisieren bei Temperaturen zwischen 690–540°C, stärker fraktionierte mit hohen Gehalten von B, F, P, Cl etc. bis etwa 450°C. Die Anreicherung der typisch lithophilen Pegmatit-Erze und die Bildung der Edelsteine erfolgt bevorzugt in den hochfraktionierten Restschmelzen, welche zu den Zwischenzonen erstarren. Ein eher geringer Teil der Erze und seltenen Minerale wird bei weiter fallender Temperatur hydrothermal gebildet. Es muß angenommen werden, daß die meist kleinen Pegmatitkörper nach der Platznahme einer sehr raschen Abkühlung unterliegen. Daß es trotzdem zur Ausbildung der Riesenkristalle kommt, ist durch geringe Nukleationsbereitschaft und Viskosität sowie durch hohe Diffusionsraten in den hochfraktionierten Schmelzen bedingt.

Diskutiert wird die Ursache des zonaren Internbaues: Diese wurde durch fraktionierte Kristallisation in einem geschlossenen System erklärt, oder durch Zufuhr immer neuer Teilschmelzen in einem ganz offenen System, oder schließlich durch eine Kombination beider Modelle mit metasomatischer Verdrängung. Die weltweit ähnliche Zonierung komplexer Pegmatite spricht aber wohl vor allem für die erstgenannte Hypothese, wobei heute besonders die fraktionierte Kristallisation aus der Schmelze im Ungleichgewicht mit bereits gebildeten festen Phasen („disequilibrium fractional crystallisation") betont wird. Die ungewöhnliche Ausbildung fast monomineralischer Gesteine (z.B. Albitite) und die Anreicherung der Erze kann wohl zumindest z.T. durch Prozesse erklärt werden, die der metallurgischen Zonenraffinade (zone refining) entsprechen. Dabei werden diese Stoffe durch Restliquide aus dem sich außen bildenden halbfesten Kristallbrei entzogen und der innen liegenden Restschmelze zugeführt. Entgegen dieser allgemeinen Regel einer einmaligen Intrusion konnte allerdings in Hagendorf gezeigt werden, daß dieser Pegmatit durch zwei aufeinander folgende und chemisch unterschiedliche Schmelzen gebildet wurde (MÜCKE et al. 1990).

Die zonare Verbreitung unterschiedlicher Pegmatite um zentrale Intrusionen wird durch die mit steigender Fraktionierung zunehmende höhere Mobilität erklärt, da stärker spezialisierte Schmelzen niedrigere Solidustemperaturen, Dichte und Viskosität haben (CERNY 1991). Sie können deshalb weiter ins Nebengestein vordringen, so daß einfache, „normale" Pegmatite innerhalb oder nahe an der Intrusion liegen, während spezialisierte, komplexe Pegmatite und hydrothermale Lagerstätten in größerer Entfernung gefunden werden (Abb. 13). Der Fraktionierungsgrad von Pegmatiten kann durch Spurenelementanalysen von Muskowit (Cs, Ta, Nb, Zn, Li, U, Be, Ba) und Kalifeldspat (Cs, Rb, Na, Ba) gut charakterisiert werden (MORTEANI et al. 2000).

Nur wenige Untersuchungen haben sich mit den Einzelheiten der Ableitung der Pegmatite von den Mutterintrusionen beschäftigt. Meist wird dabei impliziert, daß späte, zunehmend spezialisierte Restmagmen pulsartig aus dem nahezu auskristallisierten Hauptkörper abgegeben werden. Es ist jedoch auch möglich, einzelne dieser Pulse direkt aus der Aufschmelzregion in der Tiefe herzuleiten (SHEARER et al. 1992).

Pegmatite können folgende Rohstoffe enthalten (MARTIN & CERNY 1992, SCHNEIDERHÖHN 1961, MORTEANI et al. 2000, SWEETAPPLE & COLLINS 2002): Erze von Be, Li, Rb, Cs, Ta>Nb, U, Th, SEE, Mo, Bi, Sn und W; die Industrieminerale Muskovit, Feldspat, Kaolin, Quarz und Fluorit; sowie Edelsteine und seltene Minerale (Smaragd, Topas, Turmalin, Rubin u.v.a.). Die Bauwürdigkeit ist allerdings durch generell kleine Vorräte und heterogene Verteilung der Rohstoffe stark eingeschränkt, so daß solche Lagerstätten oft nur in Ländern mit niedrigem Lohnniveau abgebaut werden. Die Reservenberechnung pegmatitischer Lagerstätten ist zudem besonders schwierig.

Hydrothermale Lagerstättenbildung

Hydrothermen oder Geothermen im engeren Sinne sind heiße Wässer, die an der Erdoberfläche ausfließen (Thermalquellen). Dort kann man vielfach die Neubildung von Mineralen und Erzen direkt beobachten. Der größte Teil hydrothermaler Lagerstätten wurde aber durch die Einwirkung wässeriger Lösungen oder Fluide in der Tiefe gebildet, bei Temperaturen von 700–50°C und Drukken von wenigen 100 bar bis >3 Kbar. Früher hat man bei der Bezeichnung „hydrothermal“ ausschließlich an kondensierte magmatische Lösungen unterhalb von etwa 400°C gedacht, da heiße Quellen vor allem in Vulkangebieten auftreten. Mittlerweile wurde durch isotopengeochemische Methoden nachgewiesen, daß selbst dort das Wasser oft meteorischer Abkunft ist, also ursprünglich aus Niederschlägen der jeweiligen Region stammt. Auch das heiße Wasser der Schlammvulkane (Salsen) in seichten Erdölfeldern ist nicht magmatisch, sondern ist diagenetisch verändertes Meerwasser der Beckensedimente (Formationswasser). Diese und viele andere Beobachtungen haben dazu geführt, daß *heute unter „hydrothermal“ alle natürlichen heißen Wässer und wässerigen Fluide ohne einschränkende Definition ihrer Abkunft verstanden werden*. Daraus ergibt sich, daß die folgende Beschreibung verschiedener Aspekte hydrothermaler Lagerstätten, obgleich hier unter dem Titel „Magmatogene Lagerstättenbildung“ eingeordnet, auch für Bildungen aus nichtmagmatischen Lösungen gilt.

Das Studium *rezenter Thermalquellen* und der Wässer von Bohrungen zur Gewinnung *geothermaler Energie* eröffnet den ersten Zugang zum Verständnis älterer bzw. tiefer hydrothermaler Lagerstätten. Besonders häufig sind chloridische, karbonatische und sulfatische heiße Wässer, doch kennt man auch solche mit überwiegender Lösungsfracht von SiO_2, Boraten, Nitraten, Sulfiden oder Phosphaten (Gallup 1998). Eingehend untersuchte rezente Beispiele metallführender Hydrothermen sind die bereits früher beschriebenen ozeanischen Black Smokers, die goldführenden heißen Wässer der geothermalen Tiefbohrungen Neuseelands (Simmons & Browne 2000) und die buntmetallreichen Laugen in Bohrungen von Salton Sea/Südkalifornien.

Salton Sea liegt im Graben des Imperial Valley, welcher der kontinentalen Fortsetzung des hier unter Nordamerika subduzierten Ostpazifischen Rückens entspricht. Hoher Wärmefluß bedingt bereits in geringer Tiefe aktive Amphibolitfaziesmetamorphose. Bohrungen zur Gewinnung geothermaler Energie haben hier in ca. 2 km Tiefe heiße Laugen (bis 330°C) mit 506 ppm Zn, 95 ppm Pb und 6 ppm Cu angetroffen, sowie mit Na, K, Ca, Cl, S und vielen weiteren Elementen. Die Lösungsfracht beträgt bis zu 26%. In naher Zukunft soll das Zink der Laugen nach deren Durchlauf durch die Kraftwerke mittels Ionenaustauscher gewonnen werden (ca. 30.000 t/Jahr). Isotopenanalysen ergaben eine Herkunft des Wassers aus dem Colorado River; offenbar sinkt es an Störungen in die Tiefe ab, wird dort erhitzt und nimmt aus den magmatischen und sedimentären Nebengesteinen Lösungsfracht auf. Werden solche metallbeladenen Wässer beim Aufstieg fokussiert, können Lagerstätten gebildet werden. Das Aufsteigen hydrothermaler Lösungen ist vor allem durch die geringere Dichte heißer gegenüber kalten Wässern bedingt. Durch ständiges Nachfließen kühler Wässer entstehen so Systeme *hydrothermaler Konvektion*.

Das geothermale Feld von *Broadlands-Ohaaki in Neuseeland* liegt in einer jungen Zone felsischer Vulkane und dient der Gewinnung elektrischer Energie. Mehr als 50 Bohrungen bis 2.600 m Tiefe wurden für die Erkundung und Ausbeutung des Feldes abgeteuft. Vor Beginn der Energiegewinnung gab es an der Oberfläche nur wenige Austritte heißer Wässer. Vielzitiert ist der Ohaaki Pool mit Kieselsinter und ockerigem Schlamm, welcher 85 ppm Au und 500 ppm Ag neben 10% Sb und hohen Spurengehalten von As, Hg und Tl führt. Dies ist im Grunde Golderz, sieht man von der geringen Menge ab. Das Feld ist ein exzellent untersuchtes, rezentes Beispiel für hydrothermale Lagerstättenbildung vom Typ schwefelarmer epithermaler Lagerstätten (Simmons & Browne 2000), obwohl die Lösungsfracht hier für die Nutzung eher von Nachteil ist.

Die *chemische Zusammensetzung* hydrothermaler Lösungen ist äußerst variabel; jene magmatischer Herkunft wurden bereits früher skizziert. Generell gilt, daß Cl und S die wichtigsten Anionen sind. Die Metalle sind in geringerem Maße als einfache Ionen oder als neutrale Ionenpaare gelöst;

meist werden sie in Form von komplexen Ionen in Verbindung mit Cl, dissoziierten OH^- Gruppen und Bisulfiden neben NH_3, H_2S und CO_3^{2-} transportiert. Der Anteil gelöster Stoffe in hydrothermalen Lösungen liegt zwischen 1 bis >50%. Auch die Gehalte einzelner Metalle sind äußerst unterschiedlich, von unter 1 bis über 1000 ppm. Vergleichende Untersuchungen zeigen, daß Komplexe wesentlich größere Metallmengen transportieren können, wodurch die für die Bildung einer Lagerstätte erforderlichen Wassermengen deutlich geringer sind, als dies bei einfach ionarer Lösung der Fall wäre. Schließlich ist anzumerken, daß in manchen Fällen auch Transport von Metallen in kolloidalen Partikeln stattfindet, also als Sol.

Die chemische Charakteristik hydrothermaler Lösungen kann verallgemeinert als Produkt der Wechselwirkung zwischen Wasser und Gestein aufgefaßt werden, in Raum und Zeit (Barnes 1998). Die wichtigsten Variablen sind dann der Ausgangszustand von Wasser und Gestein, das Wasser-/Gesteins-Massenverhältnis, T, P und Eh. Trotz der Vielfalt der einwirkenden Parameter und damit der Verschleierung der Entwicklungsgeschichte der Lösungen können zunehmend zeitlich-genetische Modelle im Detail belegt werden. Interessante Arbeiten dazu findet man vor allem in der Literatur zu geothermalen Wässern, z.B. May (1998) und Moore et al. (2000).

Mögliche *Phasenzustände* hydrothermaler Lösungen sind flüssig, gasartig (Dampf) und fluid („Gas" oder „Liquid" im überkritischen Zustand). Bereits in relativ geringer Tiefe sind die meisten hydrothermalen „Lösungen" eigentlich *superkritische Fluide*. Reines Wasser ist in überkritischem Zustand, wenn T>374°C und P>220 bar vorliegen; das ist der kritische Punkt. Dieser verschiebt sich mit zunehmender Lösungsfracht allerdings zu höheren Werten von T und P. Überkritische Fluide sind zum Unterschied von Lösungen sehr kompressibel (ähnlich Gas) und haben geringe kinematische Viskosität, wodurch eine hohe Transportfähigkeit bedingt wird (Eckert et al. 1996). Die Mischung von Wasser mit z.B. CO_2 oder CH_4 in Fluiden erhöht offenbar deren Lösungsfähigkeit wesentlich. Diese wird ferner durch Veränderungen des Druckes (und damit der Dichte) unmittelbar beeinflußt, so daß Lösung oder Ausfällung von Stoffen bei geringen Milieuveränderungen eintreten. In hochkonzentrierten, superkritischen Fluiden, die z.T. eine Struktur ähnlich Salzschmelzen haben, bilden sich polyatomare Ionen-Cluster wie $CuNa_2Cl_2^+$ oder $FeNa_2Cl_3^+$, bis zu Mega-Komplexen mit mehr als sechs monatomaren Ionen, die auch für den Transport von Metallen in sehr geringer Konzentration wesentlich sind (Oelkers & Helgeson 1993).

Der *pH-Wert* hydrothermaler Lösungen ist allgemein gering sauer bis gering alkalisch; niedriger pH wird unter anderem durch Bildung von Kaolin oder Topas aus Feldspäten angezeigt. Hydrothermale Tiefenwässer sind eher reduziert, bei Annäherung an die Erdoberfläche kann Oxydation durch Mischung mit Grundwasser oder Luftsauerstoff eintreten. Manche hydrothermale Lagerstätten fallen durch hohe Gehalte organischer Substanz in Form von Pyrobitumina (z.B. Kongsberg/Norwegen) oder flüssigen Kohlenwasserstoffen (Pine Point/Kanada) auf. Das belegt eine Verwandtschaft von Erdölwässern mit manchen hydrothermalen Lösungen. Untermeerisch austretende heiße Lösungen im Guaymas-Becken des Golfs von Kalifornien führen Öltropfen von 1–2 cm Durchmesser; die Austrittschlote bestehen vorwiegend aus Baryt. Spurengehalte von Kohlenwasserstoffen finden sich in fast allen hydrothermalen Bildungen, organisch-chemische Untersuchungen erlauben dann die Zuordnung zu verschiedenen genetischen Systemen (Jochum 2000). Auch organische Markierungsstoffe („biomarkers") ermöglichen in solchen Fällen mitunter Aussagen zu Herkunft und Migration der Lösungen.

Es ist sogar wahrscheinlich, daß manche hydrothermale Fluide durch *biologische Prozesse* in der Tiefe geprägt sind: Hyperthermophile Bakterien und Archaea, die aus den Black Smokers bekannt geworden sind, können mit absinkendem Meerwasser in große Tiefe gelangen. Bei Zumischung von organischen Substanzen (Öl oder Gas) reduzieren anaerobe Mikroben bei Temperaturen um

100°C das SO_4-Ion des Meerwassers zu H_2S, was aus Erdölfeldern mit Meerwasserflutung beschrieben wurde. Höhere H_2S-Gehalte aber erlauben Lösung und Transport größerer Mengen vieler Metalle.

Verschiedenartig sind die *Ursachen, die zur Ausfällung der Minerale aus den Lösungen führen*. Ihre Kenntnis ist für das Aufsuchen von Erzanreicherungen auch von größter praktischer Bedeutung. An erster Stelle gehören dazu Abkühlung und Druckabfall beim Aufstieg der Hydrothermen. Dann wird die Ausfällung durch die relative Stabilität der jeweiligen Metallkomplexe kontrolliert, wodurch etwa die häufige Abfolge Cu-Zn-Pb-Ag-Hg gut erklärt werden kann. Druckabfall ist dann besonders wirksam, wenn beim Aufstieg die Dampfdruckkurve unterschritten wird, was Aufkochen bewirkt. Dadurch verändern sich schlagartig mehrere chemische Parameter der Lösungen (Konzentration, pH, Eh, Stabilität der komplexen Ionen), die alle zur Fällung der Lösungsfracht beitragen. Solche relativ einfache Faktoren der Präzipitation kann man besonders gut in geothermalen Kraftwerken untersuchen, wo das Zuwachsen der Förderbohrungen und Rohre, deren Korrosion und das Zurückpressen der abgekühlten Wässer in die Speicher oft beträchtliche Probleme verursachen (Czerbichowski-Lauriol & Fouillac 1991).

Mineralabscheidung kann weiter durch das Zusammentreffen und Mischen zweier Lösungen bewirkt werden, deren Inhaltstoffe miteinander reagieren. Ein bekanntes Beispiel dafür ist der Schwerspat, der die Rohrleitungen in westfälischen Kohlengruben verstopfte. Das Ba kommt in chloridischer Lösung mit dem Nutzwasser aus Buntsandsteinaquiferen, das Sulfation mit dem Grubenwasser aus dem oxydierten Schwefelkies der Kohle. Ähnlich wird auch die Bildung vieler Barytlagerstätten erklärt, wonach das Ba in chloridischer Lösung aufsteigt und durch oberflächennahe sulfatische Wässer als $BaSO_4$ ausgefällt wird. Mitunter läßt sich Mineralabsatz aber auch durch Mischung der Hydrothermen mit normalem Grundwasser, also durch Verdünnung und Abkühlung begründen.

Von besonderer Bedeutung für die Erzabscheidung ist die Reaktion der hydrothermalen Lösungen mit dem Nebengestein oder bereits vorhandenen Erzmineralen. Treffen metallführende Lösungen auf sulfidische Minerale, so werden Metalle mit ausgeprägt elektropositivem Charakter, also „edlere" Erze ausgefällt, während die vorhandenen unedleren Metalle in Lösung gehen. Schematisch kann dies folgend geschrieben werden:

Fällung edlerer Metalle

$$CuFeS_2 + Cu^{2+}{}_{\text{Lösung}} \rightarrow 2CuS + Fe^{2+}{}_{\text{Lösung}}$$

Ein Ausschnitt dieser sogenannten Spannungsreihe edlerer und unedler Metalle lautet: Au > Ag > Cu > Zn > Fe. Aus diesem Grund führen die Erzgänge von Kongsberg (Norwegen) besonders reichlich gediegen Silber und Silberglanz, wo sie pyritreiche Lagen (sogenannte Fahlbänder) im Nebengestein durchsetzen. Auch die Golderzgänge des Mother Lode/USA werden beim Durchschlagen pyritführender Amphibolite veredelt. Die Präzipitation von Gold in der berühmten Golden Mile/Kalgoorlie/Westaustralien wird dadurch erklärt, daß sulfidische Lösungen mit dem Fe des doleritischen Gangnebengesteins Pyrit gebildet haben. Die so herbeigeführte radikale Veränderung der hydrothermalen Lösungen ließ gleichzeitig auch das Gold ausfallen.

Eine fällende Wirkung haben ferner organische Substanzen (Kohle, Kerogen, Öl, Gas), durch *Adsorption* und besonders durch *Reduktion*. Ein bekanntes Beispiel sind die dünnen Häute von Kupferreichsulfiden mit gediegen Silber auf fossilen, bituminösen Fischresten im Mansfelder Kupferschiefer. Die Golderzgänge von Ballarat/Australien und die metasomatischen Golderzkörper von Carlin/USA sind dort besonders reich, wo im Nebengestein kerogenreiche Lagen auftreten. Die Fällung der Sulfide der Mississippi Valley Lagerstätten, aber auch deren Baryt und Fluorit, ist ebenfalls z.T. durch Reaktion mit der organischen Substanz der karbonatischen Nebengesteine zu verstehen (Spirakis & Heyl 1995). Die Lösungen enthielten vermutlich unvollständig oxydierten Schwefel (z.B. Thiosulfate, $S_2O_3^{2-}$, Polysulfide, S_nS^{2-}, oder kolloidalen Schwefel, S^0), was hohe Metallgehalte ermöglicht. Kontakt mit organischer Substanz reduziert solchen Schwefel sehr rasch und bewirkt damit direkt die Sulfidbildung, indirekt auch die Präzipitation der Gangarten.

Reduktion ist zwar als Faktor der Erzmineralbildung besonders häufig, es gibt aber doch auch Ausfällung durch *Oxydation*, z.B. beim Eisen. Beim Transport in hydrothermalen Lösungen liegt in der Regel reduziertes Fe^{2+} vor, die Ausscheidung von Hämatit oder Magnetit erfordert Oxydation zu Fe^{3+}.

Vielfache Beobachtungen belegen schließlich die Erzfällung durch Eintreten hydrothermaler Lösungen in Karbonatgesteine. Hier wirken sicherlich mehrere Faktoren zusammen, so der pH-Umschlag („pH-Schock"), die größere Permeabilität gegenüber pelitischen Nebengesteinen, die Löslichkeit der Karbonate in sauren bzw. CO_2-reichen Lösungen und Mischung mit Formationswasser der Karbonate. Erzkörper in Karbonaten bilden Gänge, Füllung von Brekzien- oder Karstschläuchen (oft „hydrothermaler Karst"), annähernd schichtparallele plattenförmige Massen mit lappigen Umrissen („Mantos") und quergreifende wolkenartige Stöcke. Handelt es sich bei diesen letzteren um Sulfiderze, so ist klar, daß das Karbonat völlig aufgelöst und durch die Erze ersetzt wurde. Diesen Vorgang nennt man *Verdrängung oder Metasomatose*. Diese Bezeichnung gilt aber auch für jene Erze, die nur durch Kationenaustausch gebildet wurden, zum Beispiel Siderit aus Kalkstein.

Eine zunehmend wichtige Rolle bei der Untersuchung hydrothermaler Lagerstättenbildung spielen *geochemische Modellrechnungen* (Anderson 1996; Bethke 1996) und Laborversuche zu hydrothermalen Prozessen.

Nach heutigen Vorstellungen *können hydrothermale Fluide und Lösungen durch folgende geologische Prozesse entstehen:*

- Magmatismus (Abscheidung residualer Fluide),
- Aufheizung meteorischen, ozeanischen oder Formationswassers durch Konvektion an abkühlenden Intrusionen, an HHP-Graniten, jedoch auch an anderen Wärmeanomalien, z.B. an großen Störungen oder an heißen metamorphen Komplexen,
- Diagenese (Entwässerung von Sedimenten durch Anstieg von Druck und Temperatur bei zunehmender Überlagerung, Deckenüberschiebung, an Akkretionskeilen, etc.),
- Metamorphose (Entwässerung OH-Gruppen-führender Minerale durch prograde Reaktionen),
- Mischung verschiedener oben genannter Endglieder, entweder gleichzeitig oder in zeitlicher Abfolge im selben hydrothermalen System.

Dazu kommt *juveniles Wasser*, das aus dem entgasenden Erdmantel stammt. Die Unterscheidung dieser verschiedenen Möglichkeiten ist oft sehr schwierig, wie die anhaltende Diskussion der Entstehung vieler Lagerstätten zeigt. Neben geologischen werden heute zunehmend geochemische Argumente eingesetzt, vor allem betreffend Gehalte und Verhältnisse verschiedener Isotopensysteme (s. dort), auch von Edelgasen, welche bestimmte Quellen charakterisieren (z.B. ^{40}Ar die Kruste, ^3He den Mantel, Kendrick et al. 2001). Herkunft und Entwicklung hydrothermaler Lösungen können oft auch durch Gehalte und Verhältnisse von Halogeniden eingegrenzt werden. Z.B. kann das Br/Cl-Molverhältnis zur Klärung der Abkunft der oft hohen Salinität beitragen. Meerwasser hat Br/Cl von 1,54 x 10^{-3}, das ansteigt, sobald durch Eindampfung Halit ausgefällt wird. Für Wässer, welche ihre Salinität durch die Auflösung von Halit erworben haben, liegt dieses Verhältnis bei 0,1 x 10^{-3}. Da Iod durch organische Substanz stark angereichert wird, dient das I/Cl-Verhältnis dem Nachweis der Passage von Lösungen durch entsprechende Sedimente (Kendrick et al. 2001).

Bedingt durch die Allgegenwart von Fluiden in der Erdkruste (Fyfe et al. 1978) gibt es hydrothermale Lagerstätten in faszinierender Vielfalt. Dazu gehören Ganglagerstätten, metasomatische Erze in Karbonaten, Imprägnationslagerstätten („porphyrische" L.), Erzgänge und Erzschläuche (pipes), vulkanogene (im weitesten Sinne) terrestrische und submarine Exhalationen, stratiforme Buntmetallerze in marinen Sedimenten („Sedex"-Erze) und die schichtgebundenen Pb-Zn-Ba-F Lagerstätten in marinen Karbonaten. Soweit diese eher mit Magmatismus verbunden sind, werden sie im unmittelbar Folgenden behandelt. Jene Gruppen, die eher der Diagenese oder Metamorphose zugeordnet sind, sind dort näher beschrieben.

Isotopengeochemie: Herkunft von Wässern und Stoffen und Altersbestimmung hydrothermaler Lagerstätten

Eine völlig neue Dimension der Lagerstättenforschung ergibt sich aus der Anwendung isotopengeochemischer Methoden (Vallex & Cole 2001, Hoefs 2003, Dickin 1995). Sie ermöglichen Aussagen über die Herkunft von Wasser, Gasen und manchen Metallen der Hydrothermen, sowie auch über wechselseitige Reaktionen zwischen diesen und dem Nebengestein, über Bildungstemperaturen der Erze und schließlich über Mischungsprozesse verschiedener Lösungen. Besonders wichtig ist zudem die Möglichkeit der Altersbestimmung hydrothermaler Lagerstätten. Dadurch erst ist in vielen Fällen ein wirkliches Verständnis der genetischen Prozesse möglich. Oft ergeben sich jedoch so komplexe Verhältnisse, daß auch durch die Isotopengeochemie „endgültige" genetische Aussagen nicht erzielt werden.

Es werden *instabile (radioaktive) und stabile (nicht-radioaktive) Isotope* unterschieden. *Radiogene Isotope bzw. Tochterelemente* entstehen durch radioaktiven Zerfall radioaktiver (Mutter-) Elemente.

Die Isotope eines Elementes unterscheiden sich bekanntlich durch die Kernmasse und haben dieselbe Elektronenkonfiguration. Dadurch entstehen bei physikalischen, chemischen und biologischen Prozessen thermodynamische oder kinetische Isotopieeffekte, welche bei leichten Elementen zu einer *Isotopenfraktionierung* führen. Ein klares Beispiel ist die Verdunstung, bei der die leichteren Isotope infolge höherer Vibrationsenergie bevorzugt in die Dampfphase gehen. Auch Reaktionsrate und Bindungsstärke verschiedener Isotope eines Elementes sind unterschiedlich, worauf die Fraktionierung zwischen verschiedenen Mineralen und zwischen Lösung und Mineralen beruht. Da diese auch temperaturabhängig ist, sind manche Isotopensysteme (z.B. Schwefel, Sauerstoff) sehr empfindliche *Geothermometer*, allerdings nur dann, wenn auch tatsächlich ein Gleichgewicht erreicht wurde (Onasch & Vennemann 1995).

Die Messung unterschiedlicher Isotopenzusammensetzung erfolgt im Massenspektrometer im Vergleich zu einem Standard. Deshalb werden für die Fraktionierung der stabilen Isotope mehrerer hier wichtiger Elemente die Resultate als Abweichung (δ) von einem Standardwert in ‰ (Massenanteile in Tausendstel) in folgender allgemeiner Form errechnet:

Berechnung von Isotopenverhältnissen als Abweichung von einem Standard

$$\delta\ (‰) = 10^3\ [(R_{Probe} - R_{Standard}) / R_{Standard}]$$

R ist das Verhältnis $^{18}O/^{16}O$, D/H etc. Negative δ-Werte bedeuten eine Anreicherung des leichten Isotops im Vergleich zum Standard, positive ein Überwiegen des schweren.

Grundlage der ***Isotopen-Datierung*** hydrothermal gebildeter Minerale ist die folgende (vereinfachte) Gleichung, in der die Zeitabhängigkeit der Bildung eines stabilen Tochterelementes durch radioaktiven Zerfall eines instabilen, radioaktiven Mutterelementes zum Ausdruck kommt:

Bestimmung des Alters durch radioaktive Isotope

$$t = 1 / \lambda \times \ln (1 + T / N)$$

Dabei ist t die seit dem Beginn des radioaktiven Zerfalls (also seit der Bildung des Minerals) verstrichene Zeit, T die Zahl der Atome des Tochterelementes, N die Zahl der Atome des Mutterelementes, und Lambda die Zerfallkonstante des Mutterelementes ($\lambda = 0.693$ / Halbwertzeit). Die resultierenden *Zeitdaten oder Modellalter* können nur dann als *tatsächliche Alter* gelten, wenn neben anderen die besonders wichtige Bedingung erfüllt ist, daß das System während der gesamten Zeitspanne für Mutter- und Tochterelement geschlossen war (DICKIN 1995).

Das Alter hydrothermaler Lagerstätten wird zumeist an Gangart-Silikaten oder an Mineralen der Alterationszonen bestimmt, z.B. Kalifeldspat, Muskovit, Biotit, Serizit, etc., aber auch an hydrothermal gebildetem Monazit, Rutil, Titanit, Xenotym und Zirkon. Dazu eignen sich mehrere Isotopensysteme, wie U-Pb, Rb-Sr, Sm-Nd, K-Ar und $^{40}Ar/^{39}Ar$. Auch manche Erzminerale lassen die Anwendung einzelner der genannten Systeme zu (Columbit, Sphalerit, viele Sulfide, Scheelit, etc.). Aus sorgfältig vergleichenden Arbeiten wird jedoch zunehmend klar, daß viele Isotopensysteme durch jüngere thermische Ereignisse, z.B. migrierende Fluide auch relativ niedriger Temperatur stark beeinflußt werden (z.B. KERRICH & CASSIDY 1994, SELBY et al. 2002). Die geologische Signifikanz der Zeitdaten bzw. das „Modellalter" muß deshalb in jedem Falle sehr kritisch geprüft werden.

Das Bildungsalter der meisten Erzminerale, insbesondere der verbreiteten Sulfide, konnte lange Zeit nicht direkt bestimmt werden, weil die meisten Elemente der traditionellen Datierungsmethoden der lithophilen Gruppe angehören und nicht in das Sulfidgitter eingebaut werden. In jüngster Zeit jedoch wurde die Datierung von Sulfiden, Oxyden und Gold mit dem chalcophil-siderophilen Rhenium zur Anwendungsreife entwickelt (z.B. KATSUHIKO et al. 1993).

Es handelt sich um die sogenannte *Rhenium-Osmium-Methode.* Sie nutzt den β-Zerfall von ^{187}Rh zu ^{187}Os mit einer Halbwertzeit von 41,6 Ga. Besonders geeignet ist die Methode für die Altersbestimmung von Molybdänit, von Cu-Ni-Erzen, von Oxyden in Ultramafiten und von Goldlagerstätten. Ähnlich wie bei Bleiisotopen ist es zudem auch bei diesem System möglich, Rückschlüsse auf die Herkunft der Erzmetalle zu ziehen (STEIN et al. 2001).

Moderne Datierungsmethoden erlauben zunehmend auch konkrete Aussagen zur *Dauer der Lagerstättenbildung.* Für viele hydrothermale Lagerstätten gilt wohl, daß sie in sehr kurzer Zeit (einige Tausend bis wenige Zehntausend Jahre) innerhalb der Fehlergrenzen der Methoden entstanden sind. Zunehmend wird jedoch deutlich, daß manche hydrothermale Systeme unerwartet langlebig waren (Hunderttausende bis Millionen Jahre).

Besonders aufschlußreich für das Verständnis hydrothermaler Prozesse sind die ***stabilen Isotope des Wassers***, also ^{1}H und ^{2}H (Deuterium) sowie ^{16}O und ^{18}O. Als Standard gilt hier durchschnittliches Meerwasser (SMOW = Standard Mean Ocean Water). Durch Verdunstung davon abgeleitete Niederschlagswässer werden gegen die Pole und ins Innere der Kontinente immer „leichter", woraus sich die *meteorische Wasserlinie* ergibt (Abb. 15). In marinen salinaren Becken sind die verbleibenden Laugen natürlich „schwer". Durch Wechselwirkung meteorischen oder ozeanischen Wassers mit Gesteinen verändert sich der Wasserstoff kaum, der Sauerstoff der Fluide aber wird zunehmend schwerer, da ein Isotopenaustausch stattfindet. Solche Vorgänge konnten für viele geothermale Felder der Erde überzeugend nachgewiesen werden. Der Sauerstoff der Gesteine wird durch die hydrothermale Alteration leichter, wodurch das Kartieren der Bereiche der Fluideinwirkung möglich wird.

Die Wässer aus magmatischen, metamorphen und sedimentären Gesteinen belegen teils überlappende Felder, weshalb sie nicht immer klar unterschieden werden können. In älteren hydrothermalen

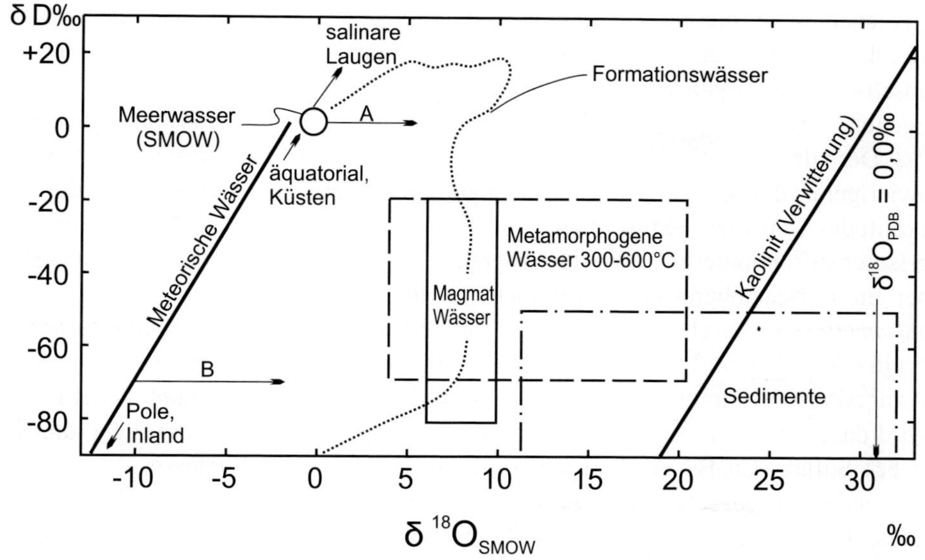

Abb. 15. Charakteristische Isotopengeochemie verschiedener, an hydrothermaler Lagerstättenbildung beteiligter Wässer.
(A – Veränderung des Meerwassers durch Isotopenaustausch mit Nebengestein der Konvektionssysteme; B – Veränderung meteorischen Wassers in einem geothermalen Feld; SMOW = Standard Mean Ocean Water).

Lagerstätten kann man die Herkunft des beteiligten Wassers nur eingeschränkt aus den Flüssigkeitseinschlüssen der Minerale bestimmen (Faure 2003). Günstiger ist die Verwendung jener Gangarten, die OH-Gruppen führen. Allerdings muß man dann die Fraktionierungsfaktoren zwischen Fluid und Mineral und weiter einen möglichen Isotopenaustausch mit späteren Lösungen berücksichtigen (etwa das früher erwähnte Fluten abkühlender magmatischer Körper durch meteorische bzw. Formationswässer). Die D/H-Fraktionierung zwischen hydrothermalen Lösungen und Mineralen wird zudem durch den Druck beeinflußt (Horita et al. 1999), insbesondere im Bereich der kritischen Temperatur des Wassers und bei dampfartigen Fluiden geringer Dichte (Driesner 1997).

C-Isotopie: Die Entstehung von Karbonaten wird an Hand der C- und O-Isotopenfraktionierung im Vergleich zum PDB-Standard (Belemniten aus der kretazischen Peedee Formation/Carolina/USA) untersucht. Dementsprechend haben marine Karbonate δ_{PDB}-Werte um Null, als Durchschnitt für juvenilen Kohlenstoff gilt -7‰, für Kerogene etwa -20 bis -30‰. Der Kohlenstoff hydrothermaler Karbonate liegt oft bei -6 bis -9‰, was als Hinweis auf eine tiefe Herkunft des CO_2 gilt. Die anorganische Isotopenfraktionierung von Kohlenstoff ist aber unter anderem von Sauerstoffpartialdruck, Temperatur, pH, Ionenstärke und C-Konzentration abhängig, so daß auch hier eindeutige genetische Modelle nicht immer erstellt werden können. Lehrreich sind diesbezüglich vergleichende Untersuchungen der großen Travertinlager nahe Florenz in Italien mit den 29–34°C warmen Quellen derselben Region, die rezenten Travertin bilden (Guo et al. 1996). Dort enthalten neugebildete Kalzite mit zunehmender Entfernung von der Austrittstelle der Lösung mehr ^{13}C, wozu sowohl einfache Entgasung ($^{12}CO_2$ entgast bevorzugt, $^{13}CO_2$ reichert sich in der Restlösung und damit im Kalzit an) wie auch bakterielle Fraktionierung beitragen. Im zweiten Fall entziehen die Bakterien der Lösung überwiegend ^{12}C, wodurch $\delta^{13}C_{Kalzit}$ gegenüber der abiotischen Zunahme noch deutlich ansteigt.

Schwefelisotope ermöglichen Aussagen zur Entstehung von Sulfiden und Sulfaten der Erzlagerstätten. Als Standard wird Troilit (FeS) des Cañon Diablo Meteoriten verwendet, dessen $^{34}S/^{32}S$-

Verhältnis jenem des Erdmantels etwa gleich ist. Deshalb haben Basalte und andere Mantelmagmen sowie davon abgeleitete Sulfidlagerstätten ein $\delta^{34}S$ um Null. Davon sehr deutlich verschieden ist Sulfidschwefel aus organischer Fraktionierung mit δ-Werten von -20 bis -30‰ (der sogenannte bakteriogene Schwefel; Canfield & Thamdrup 1993), sowie andererseits marine Sulfate mit +10 bis +30‰. Deshalb ist die Quelle des Schwefels sedimentärer Sulfidlagerstätten oft gut bestimmbar. Schwieriger ist das bei magmatischen und hydrothermalen Lagerstätten, da hier die ursprüngliche Herkunft des Schwefels gemischt sein kann, und weitere anorganische Fraktionierung stattfindet. Die Isotopenfraktionierung zwischen kogenetischen Sulfiden bzw. Sulfiden und Sulfaten ist dann aber ein oft brauchbares Geothermometer (Zheng 1991).

Strontiumisotope geben ebenfalls Hinweise zur Herkunft der hydrothermalen Lösungen. Es handelt sich um das radiogene ^{87}Sr, das aus ^{87}Rb entsteht, und das stabile ^{86}Sr. Die Anwendung dieses Systems zur Altersbestimmung von Gesteinen ist natürlich allgemein bekannt. In der Lagerstättenkunde wird das Verhältnis $^{87}Sr/^{86}Sr$ zur Charakterisierung jener Fluide verwendet, die Karbonate (Ca, Mg, Fe), Sulfate (Ca, Ba, Sr), Fluorit und Apatit gebildet haben. Voraussetzung für eine erfolgreiche Anwendung ist ein sehr geringer Rb-Gehalt des Probematerials. Das $^{87}Sr/^{86}Sr$-Verhältnis des Erdmantels, der kontinentalen Kruste und des Meerwassers sind deutlich verschieden. Letzteres zeigt eine systematische Variation in geologischer Zeit, die aber mittlerweile gut bekannt ist. Somit können zum Beispiel hydrothermale von marin-sedimentären Karbonaten unterschieden oder lagerstättenbildende diagenetische Prozesse in ihrem zeitlichen Ablauf verfolgt werden.

Besonders geeignet für Untersuchungen zur Herkunft der Erzmetalle sind die *Bleiisotope*. Irdisches Blei besteht aus vier stabilen Isotopen:

^{204}Pb ist nicht radiogen, und dient deshalb als Bezugsbasis.
^{206}Pb entsteht radiogen aus ^{238}U,
^{207}Pb aus ^{235}U und
^{208}Pb aus ^{232}Th.

Infolge der geringen Massendifferenz dieser Isotope spielt Fraktionierung durch geologische Prozesse beim Blei eine nur sehr geringe Rolle; wesentlich sind Bildung und variable Mischung der radiogenen Isotope. Beide sind vor allem durch Alter, Lithologie (Chiaradia & Fontboté 2003) und Geochemie (Uran- und Thoriumgehalte) der Quelle bestimmt. Letztere wird durch die sogenannten μ-Werte charakterisiert, das ist das Verhältnis $^{238}U/^{204}Pb$. Da U (und auch Th) ausgeprägt lithophile Elemente sind, sind sie in der kontinentalen Kruste (mit hohen μ-Werten) gegenüber dem Mantel stark angereichert. Die Entwicklung des heutigen Bleies begann mit der *primordialen oder meteoritischen* Zusammensetzung vor 4550 Ma, das wie die Schwefelisotopen aus dem Troilit des Cañon Diablo Meteoriten bestimmt wird. Durch gesetzmäßige Zunahme von radiogenem Blei in geologischen Reservoirs (Mantel, Unter- und Oberkruste) entstand das *normale Blei*, dessen Abtrennung von U und Th mit gleichzeitiger Konzentration als Bleiglanz in Lagerstätten dann eine direkte Altersbestimmung gestattet („Plumbotectonics", Zartman & Doe 1981). Solches Blei nennt man auch einphasig gebildet (single stage). Viele große Bleilagerstätten (Mt.Isa, Broken Hill/Australien, etc.) haben solches Blei, das nach Modellalter und Zusammensetzung einer einphasigen Extraktion aus einem sehr großen Reservoir, vermutlich der kontinentalen Unterkruste oder dem obersten Mantel entspricht. Andere Lagerstätten aber haben davon stark abweichendes *anomales Blei*, das durch mehrphasige Entwicklung (multi-stage) entsteht. Zwei extreme, charakteristische Fälle werden dann unterschieden, das Blei vom *J-Typ bzw. B-Typ*.

Der J-Typ ist nach der Lagerstätte Joplin im Mississippi Gebiet benannt. Dort ist das Bleiisotopenverhältnis durch große Mengen von radiogenem Pb charakterisiert, das zum Teil aus uranreichem kambrischem Sandstein sowie aus präkambrischem Grundgebirge stammt. Deren Gehalte an normalem Pb waren offenbar relativ gering, so daß überwiegend das leicht lösliche Blei der ehemaligen U-Th-Phasen von den migrierenden Lösungen aufgenommen wurde. Deshalb liegt das Modellalter des Bleies von Joplin in der geologischen Zukunft, obwohl die Lagerstättenbildung etwa an der Grenze Karbon/Perm erfolgte. Das Blei vom B-Typ ist nach Bleiberg/Österreich benannt. In diesem Fall ist das Blei nach seinem Modellalter scheinbar zu alt, nämlich paläozoisch, während die Lagerstätte in der Trias entstand. Hier vermutet man eine Herkunft des Pb aus Feldspäten des paläozoischen Grundgebirges, welche bis zu 50 ppm Pb, aber <1 ppm U+Th enthalten, so daß zur Aufnahme in die hydrothermalen Lösungen nur sehr wenig radiogenes Blei verfügbar war.

Allgemein ist deshalb festzuhalten, daß Bleimodellalter in ihrer Aussagefähigkeit zum Alter der Lagerstättenbildung nicht überbewertet werden dürfen, solange nicht andere bestätigende geologische Zeitbestimmungen vorliegen. Fast wichtiger für die Lagerstättenkunde sind die Möglichkeiten, auf Grund von Bleiisotopenanalysen Aufschlüsse über die Herkunft von Erzmetallen zu erhalten (z.B. Everett et al. 2003). Die häufigen Urangehalte des Bitumens hydrothermaler Lagerstätten scheinen allerdings eine Datierung ihrer Bildung durch Pb-Pb Methoden zuzulassen.

Zunehmend gewinnen viele andere Isotopensysteme für das Verständnis lagerstättenbildender Prozesse an Bedeutung. Offenbar ist dies etwa für Chlor (Eastoe & Guilbert 1992, Eggenkamp 1994), Stickstoff (Jia et al. 2003), Eisen (Beard et al. 2003) und Bor (Barth 1993). Subrezente geologische Prozesse (jünger als ca. 20 Ma) können mit den „kosmogenen" Nukliden ^{10}Be, ^{14}C, ^{26}Al, ^{36}Cl und ^{129}I untersucht werden (Muzikar et al. 2003).

Temperatur- und Druckbedingungen hydrothermaler Lagerstättenbildung

Temperatur und Druck bestimmen neben den geochemischen Faktoren wesentlich Lösung, Transport und Absatz hydrothermaler Erze und Minerale. Für die Messung der Bildungstemperaturen gibt es allerdings viel mehr Möglichkeiten als für die Bestimmung des jeweiligen Druckes, der meist nur auf Grund geologischer Rekonstruktion des hydrothermalen Systems abgeschätzt werden kann.

Häufig angewandte *„Geothermometer"* der Lagerstättenkunde sind:

- Mikrothermometrie an Flüssigkeitseinschlüssen in Mineralen,
- Spurenelementeinbau in Mineralen,
- verschiedene Modifikationen von Mineralen (z.B. α- und β- Quarz bei 573–600° C),
- Entmischungserscheinungen (z.B. Cubanitlamellen in Kupferkies bei Bildung über 205° C),
- Sauerstoff- und Schwefelisotopenfraktionierung in gleichzeitig gebildeten Mineralen, und
- Elementverteilung in kogenetischen Mineralen (z.B. Fe-Zn-S oder Au-Ag-S Systeme sowie der As-Gehalt in Arsenopyrit.

Daneben gibt es geologische Beobachtungen, die eine ungefähre Zuordnung nach heiß gebildeten (Zinnstein, Molybdänglanz, Wolframit, Arsenkies etc.), mitteltemperierten (Kupferkies, Magnetkies, Fe-reiche Zinkblende, Ni- und Co-Erze) und niedrigthermalen Erzen (helle, Fe-arme Zinkblende, Bleiglanz, Siderit, Antimonglanz, Baryt) erlauben, etwa durch die relative Lage zu einem intrusiven Herkunftszentrum. Es wäre aber ein Irrtum, nur auf Grund der Präsenz bestimmter Minerale eine Bildungstemperatur festzulegen; so kann etwa Magnetkies zwischen 25 und 870°C gebildet sein.

Alle geologischen Thermometer sind ungenau, da sie im einzelnen durch eine Vielfalt von Faktoren beeinflußt werden, deren Bedeutung in spezifischen Fällen oft nicht exakt berechnet werden kann. Die besten Methoden sind zur Zeit wohl die *Mikrothermometrie an Flüssigkeitseinschlüssen*

(Roedder 1984, Samson et al. 2003) und die temperaturbedingt unterschiedliche Fraktionierung der stabilen Isotope.

Bei der Bildung von Mineralen aus Fluiden und Lösungen entstehen an den Anwachsflächen Unregelmäßigkeiten, welche zum Einschluß geringer Mengen der „Mutterlösungen" führen *(primäre Einschlüsse)*. Häufig sind aber auch Einschlüsse, welche während der weiteren Entwicklung des hydrothermalen Systems in Mikrofrakturen der früh gebildeten Minerale eingedrungen und dort nach Verheilen verblieben sind *(sekundäre Einschlüsse)*. Alle diese Einschlüsse sind meist sehr klein (unter 100 µm), und werden in beidseitig polierten Dünnschliffen unter dem Mikroskop untersucht. Dabei sieht man oft eine wässerige Flüssigkeit mit einer Gasblase, die 10–40% des Volumens einnimmt (Typ 1 der Abb. 16). Bei Erhitzen der Probe in einer Heizkammer verschwindet das Bläschen bei einer bestimmten Temperatur, die man als *Homogenisierungstemperatur* T_h bezeichnet. Da die Gasblase durch Abkühlen und Schrumpfen des heißen Einschlusses bei gleichbleibendem Außenvolumen entstand, entspricht T_h im einfachsten Fall der *Bildungstemperatur* T_t. Auf Grund physikalischer Zusammenhänge kann man aber zeigen, daß T_h nur die Mindesttemperatur darstellt Um die eigentliche Bildungstemperatur zu bestimmen, bedarf es noch einer Korrektur durch Einbeziehen des Bildungsdruckes. Nur wenn es möglich ist, eine der beiden Größen (T_t, P_t) absolut festzulegen, kann in der Folge die jeweils andere exakt bestimmt werden.

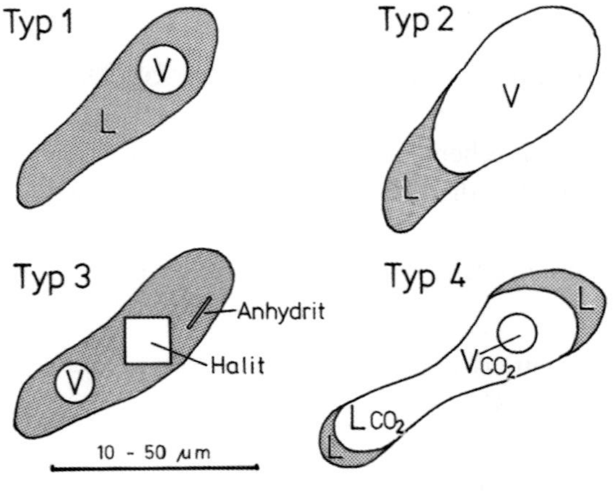

Abb. 16. Schematische Bilder vier häufiger Typen von Flüssigkeitseinschlüssen.
(L – wässerige Flüssigkeit; V – vorwiegend Wasserdampf mit wenig CO_2 etc.; L_{CO2} und V_{CO2} sind flüssiges bzw. gasförmiges CO_2).

Von Bedeutung sind ferner *Dichte bzw. Füllungsgrad* des Einschlusses sowie der *Salzgehalt* der Lösung (meist überwiegend NaCl, doch auch mit Mg, Ca, K etc.), eventuelle Tochterkristalle (häufig sind Halitwürfel), flüssige Kohlenwasserstoffe und schließlich der Gasgehalt (vorwiegend CO_2, doch auch CH_4, N_2 etc.).

Die meisten Flüssigkeitseinschlüsse in hydrothermalen Lagerstätten lassen sich in eine von vier Gruppen einordnen (Abb. 16):

Typ 1: Wasserreiche Einschlüsse mit geringer Salinität (0–23%), einem Wasserdampfbläschen und demgemäß einer Dichte nahe 1.

Typ 2: Bei ähnlichem Salzgehalt wie unter 1 nimmt Wasserdampf mehr als 60% des Raumes ein, so daß die Dichte gering ist. Kommen die Typen 1 und 2 (oder 2 und 3) kogenetisch vor, kann man auf ein Aufkochen der Fluide bei Unterschreiten des kritischen Zustandes bzw. der Dampfdruckkurve schließen.

Typ 3: Hochsalinare (bis über 50%) wässerige Einschlüsse mit großen Tochterkristallen und hoher Dichte. Außer im Zusammenhang mit Evaporiten entstehen solche Fluide wohl vorwiegend aus Magmen oder durch Konzentration der Salze im liquiden Rest von Fluiden oder Lösungen beim Aufkochen (Abb. 17).

Typ 4: CO_2-reiche Einschlüsse, bei Zimmertemperatur in flüssiger und gasförmiger Phase, mit einem geringen wässerigen Anteil.

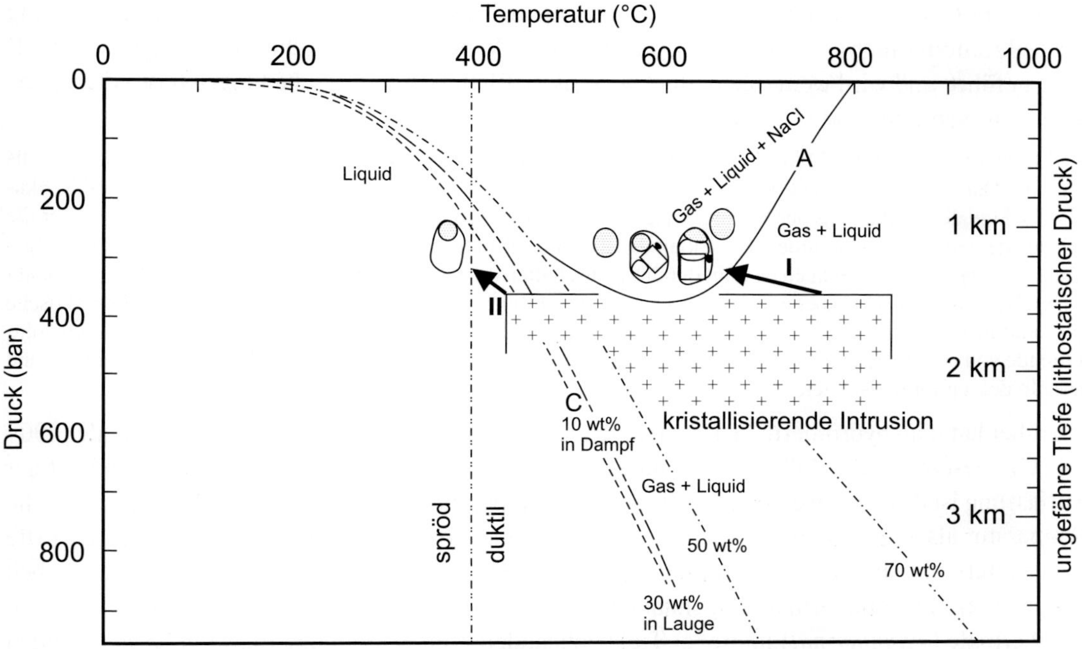

Abb. 17. Abgabe früher, heißer (I) und späterer, mitteltemperierter Fluide (II) aus einer epizonalen Intrusion, mit Darstellung der charakteristischen Flüssigkeitseinschlüsse (Brathwaite et al. 2001).

Kogenetische salzreiche (Typ 3) und gasreiche Einschlüsse (Typ 2) entstehen nach Pfad I über der Phasengrenze A, salzärmere (3–20 Gew% NaCl), liquide Typ 1-Einschlüsse nach Pfad II. Bezogen auf das P/T-Feld sind die strich-punktierten Linien Phasengrenzen für Liquid/Gas+Liquid bei verschiedenen Salzgehalten, die strichlierte Linie ist die kritische Kurve für 10% NaCl mit dem kritischen Punkt bei C.

Der Salzgehalt von Flüssigkeitseinschlüssen wird durch Gefrieren mittels flüssigem Stickstoff und Bestimmung des durch NaCl oder $CaCl_2$ erniedrigten Schmelzpunktes beim Auftauen näherungsweise gemessen (T_m Eis). Die Resultate werden in der Regel durch die Angabe der äquivalenten Gewichtsprozente NaCl (NaCl äquiv.%) ausgedrückt. Direkte chemische Analyse der Einschlüsse ist infolge der sehr geringen Mengen sehr schwierig; angewendet werden: Laugung, Evaporation der Einschlüsse und Analyse im Elektronenmikroskop, Infrarotspektroskopie sowie für molekulare Verbindungen direkte Messung mit der Laser-Raman-Sonde. Ein methodischer Durchbruch gelang diesbezüglich mit Einsatz der Laser-Ablation in Verbindung mit ICP-MS (Audetat et al. 1998). Vereint man dies mit hochauflösenden Untersuchungen der Abfolge der fluideinschlußführenden Minerale, z.B. durch SEM-CL (Scanning Electron Microscope-Cathodoluminescence: Rusk & Reed 2002), kann die chemische und physikalische Entwicklung eines hydrothermalen Systems mit größter Genauigkeit aufgelöst werden.

Eine gewisse Einschränkung der Methode ergibt sich aus der Notwendigkeit, für normales Licht transparente Proben zu verwenden, was viele Erzminerale ausschließt. Einige opake Oxide, Sulfide und Sulfosalze (z.B. Wolframit, Fe-reiche Zinkblende, Antimonit) sind jedoch für Infrarot transparent und können dann wertvolle Daten liefern. Weitere Probleme ergeben sich durch spätere Veränderung der Einschlüsse, falls diese einer erneuten Äquilibrierung bei anderen P/T-Bedingungen unterliegen (Bakker & Jansen 1991). So können metamorphe Scherung und Rekristallisation ältere Fluid-Einschlüsse völlig zerstören. Sogar die syn-metamorph gebildeten Einschlüsse in Mobilisaten sind in vielen Fällen durch Hebung und Druckentlastung dekrepitiert (z. B. Joma Mine, Norwegen: Giles & Marshall 1994). Trotz dieser Einschränkungen hat die breite Anwendung der Mikrothermometrie zu großen Fortschritten im Verständnis hydrothermaler Lagerstättenbildung geführt, und wird weiterhin helfen, wissenschaftliche und praktische Fragen (etwa die Unterscheidung vererzter und unvererzter Gänge) zu lösen.

Mit der Einführung der Mikrothermometrie von Flüssigkeitseinschlüssen galt die *Dekrepitationsanalyse* als überholt. Dabei wurden Mineralproben erhitzt und gleichzeitig in Abhängigkeit von der Temperatur die Zahl akustischer Signale des Platzens der Flüssigkeitseinschlüsse gemessen. Maxima wurden als grobe Indikation für die Bildungstemperatur angenommen. Es ist klar, daß dies infolge unterschiedlicher Zusammensetzung und Füllungsgrade der Einschlüsse, aber auch bedingt durch Eigenschaften des Gastminerals, exakte genetische Aussagen nicht zuläßt. Neuerdings konnte aber gezeigt werden, daß diese billige und wenig zeitaufwendige Methode für praktische Explorationsfragen sehr brauchbar sein kann: Im Cowra Golddistrikt, NSW, Australien, lassen sich dadurch goldführende von sterilen Quarzgängen deshalb leicht unterscheiden, weil die ersteren deutlich mehr CO_2 führen und deshalb dekrepitometrisch leicht identifiziert werden können (Mavrogenes et al. 1995).

Früher hat man hydrothermale Lagerstätten nach der Bildungstemperatur in katathermale (400–300°C), mesothermale (300–200°C) und epithermale (unter 200°C) unterschieden. Nach heutiger Auffassung ist das nicht weiter sinnvoll, da diese Temperaturbereiche nicht zutreffen. Zudem ist die Temperatur als Klassifikationskriterium wenig geeignet. Trotzdem werden die genannten Begriffe in der internationalen Literatur weiter verwendet, jedoch paradoxerweise im Sinne einer groben Tiefeneinteilung: Epithermale Lagerstätten sind demnach in geringer, mesothermale in mittlerer, katathermale (*hypothermal*) in großer Tiefe entstanden. Zur Bereinigung dieser unbefriedigenden Nomenklatur schlagen Gebre-Mariam et al. (1995) vor, ähnlich wie für Metamorphose und für die Intrusionstiefe von Granitoiden die Bezeichnungen epi-, meso- und hypozonal zu verwenden. Der Vorschlag gilt zwar nur für archaische epigenetische Goldlagerstätten, sollte jedoch zukünftig auf alle hydrothermalen Mineralisationen angewendet werden. Die den Begriffen zugeordneten P-T-Bedingungen sind folgende (maßgebend für eine Zuordnung sind Druck oder Tiefe, nicht die Temperatur):

Klassifikation hydrothermaler Lagerstätten

Epizonal	150–300° C	0.5–1.5 kbar	<6 km Tiefe
Mesozonal	300–475° C	1.5–3.5 kbar	6–12 km
Hypozonal	475–700° C	3–6 kbar	>12 km

Eine genaue Bestimmung des ***Bildungsdruckes*** hydrothermaler Lagerstätten ist allerdings nur selten möglich. Gewöhnlich beschränkt man sich auf geologische Einschätzungen auf Grund der vermuteten Tiefenlage und lithostatischer oder hydrostatischer Randbedingungen. Andere Möglichkeiten eröffnen sich durch Anwendung moderner Methoden der metamorphen Petrologie, fallweise kombiniert mit der Untersuchung von Flüssigkeitseinschlüssen und – natürlich nur in geeigneten Fällen – z.B. des Zinkblende-Pyrit-Magnetkies Geobarometers (Lusk et al. 1993). Letzteres beruht darauf, daß der FeS-Gehalt in Sphalerit dieser Paragenese bei Temperaturen zwischen 300 und 600°C nur vom Druck abhängt.

Mineralsukzession, Texturen und Strukturen hydrothermaler Lagerstätten

Die Ausscheidungsfolge der Minerale wird durch die früher besprochenen vielfältigen Randbedingungen der hydrothermalen Systeme beeinflußt. Zur Rekonstruktion dieser Faktoren ist die Untersuchung gleichzeitig gebildeter Minerale, der *Paragenese* bzw. deren Entwicklung in der Zeit, also der *paragenetischen Sequenz,* erforderlich. Dazu sind erzmikroskopische Methoden besonders geeignet, die aber durch makroskopische Beobachtungen an Handstücken, Haldenblöcken und im Aufschluß sinnvoll ergänzt werden müssen.

Die meist opaken Erze werden unter dem Mikroskop im polierten Anschliff untersucht. Damit kann man auch bei sehr feinen Verwachsungen mit optischen Methoden Minerale bestimmen. Zumeist wird in der Folge die Mikrosonde zur chemischen Analyse verwendet. Die Altersgleichheit oder zeitliche Folge der Minerale ergibt sich aus vielfältigen Beobachtungen, etwa der Entmischung, der Verdrängung entlang von Korngrenzen und feinen Rissen und vieler anderer Texturen und Strukturen, deren Deutung zu hoher Perfektion entwickelt wurde (Craig & Vaughan 1994, Mücke 1989, Ramdohr 1980, Stanton 1972).

Makroskopische Merkmale zur Altersfolge sind an Krusten, symmetrischen Gangfüllungen, Gangdurchkreuzungen und ähnlichen Bildungen klar erkennbar. Dazu kommen Beobachtungen von Farbe, Ausbildung und Tracht der Minerale sowie Untersuchungen von Fluoreszenz und Lumineszenz, welche zumindest teilweise auch im Aufschluß möglich sind. Da Quarz in fast allen hydrothermalen Lagerstätten präsent ist, sind Texturuntersuchungen an diesem Mineral besonders aufschlußreich (Dong et al. 1995). Zusammen mit den Ergebnissen der Mikrothermometrie, der Spuren- und Isotopengeochemie und geologischer Untersuchungen ist es dann möglich, den Ablauf der Mineralbildung in der Zeit (Abb. 18) bzw. mit weiteren Parametern, z.B. der Bildungstemperatur, darzustellen.

Der Absatz der hydrothermalen Erze ist in offenen Hohlräumen (Spalten, Schläuche, Höhlen) möglich („open space filling“). Oft aber handelt es sich um Verdrängung („replacement“) des älteren Nebengesteins oder früher gebildeter hydrothermaler Minerale.

Die *Füllung offener Hohlräume* beginnt in der Regel durch Nukleation an den Wänden bzw. Salbändern. Deshalb erfolgt die Anlagerung von außen nach innen. Durch die Veränderung der chemisch-physikalischen Randbedingungen im zeitlichen Ablauf entstehen gebänderte Erzkrusten, die in ähnlicher Weise um Nebengesteinsfragmente innerhalb der Gänge auftreten können (Kokarden- oder Ringelerze). In der Gangmitte finden sich die dann jüngsten Minerale, oft mit ineinandergreifenden Wachstums-Endflächen („comb structure“) oder Kristallrasen und Drusen. Begleitende Tektonik bewirkt nicht selten Zerbrechung der früh gebildeten Erze und Zementierung durch jüngere Minerale. Manchmal entsteht eine faserige Ausbildung von Mineralen quer zum Salband, wodurch Gleichzeitigkeit von Öffnung und Mineralabsatz belegt werden. In oberflächennahen Spalten werden gelegentlich auch klastische Sedimente gefunden, die durch hohe Fließgeschwindigkeiten der Lösungen erklärt werden. Dazu gehören Kiese („pebble dykes“) ebenso wie geschichtete Höhlensedimente aus Gesteinsmehl, Tonen und anderem hydrothermal gebildeten Material. Dort gibt es auch die als potentielle Erzkörper wichtigen *hydrothermalen Brekzien,* welche durch Druckaufbau nach Selbstversiegelung der Fließwege und durch nachfolgende phreatische Sprengung entstehen.

Hydrothermale Hohlraumfüllungen sind in der Regel grobkörnig kristallisiert. Manche Minerale treten aber in dichten, nierig-traubigen, gebänderten Krusten auf, oft auch mit Schrumpfrissen. Diese Texturen lassen eine Entstehung aus *Kolloiden* (Gel) vermuten. Dazu gehören die gelegentlich noch amorphen Stoffe Opal, Holzzinn und Garnierit, sowie die durch Reifung aus Gelen entstandenen

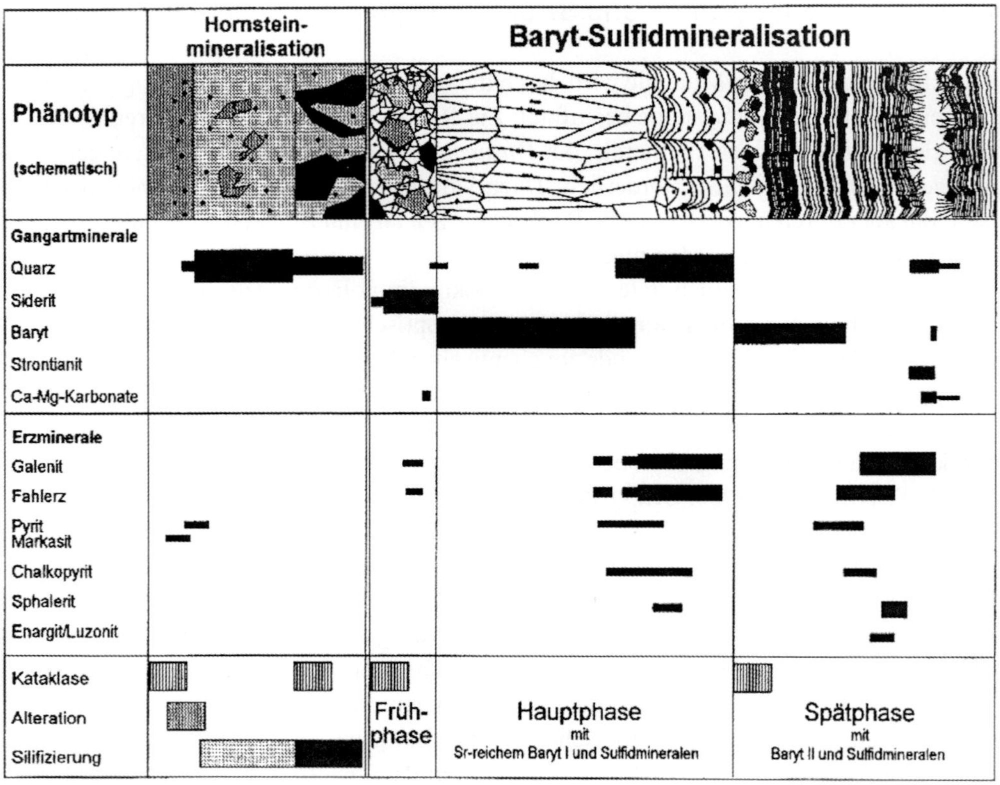

Abb. 18. Paragenese und paragenetische Abfolge der tertiären Blei-Silber-Baryt-Erzgänge in der Grube Caroline, Revier Freiamt-Sexau bei Freiburg (nach R. LANG in GERMANN et al. 1994).
Paragenesen einer bestimmten Gangbildungsphase sind vertikal abzulesen, horizontal ergibt sich die zeitliche Abfolge (von links nach rechts, Kristalle in Drusen sind die jüngsten Bildungen). Im Aufschluß fände man nach rechts eine sehr ähnliche Folge, allerdings naturgemäß spiegelbildlich.

Minerale Chalzedon, Schalenblende und Malachit. Hochkonzentrierte *Hydrosole* (das sind Kolloide aus Wasser mit dispergierten amorphen Feststoffen) entstehen vermutlich durch lokale Übersättigung und Gelbildung am Ort der Ausfällung aus normalen, untersättigten Lösungen. Das ist z.B. durch plötzliche Änderung von pH, T, P oder Eh denkbar. In Einzelfällen ist es aber auch möglich, daß tiefer gebildete, koagulierte kolloidale Partikel mit dem hydrothermalen Strom weitergetragen und erst in höheren Bereichen als „Gel"-Krusten abgesetzt werden (SAUNDERS 1990). Die gleichartige Ladung der kolloidalen Partikel bewirkt grundsätzlich elektrostatische Abstoßung, ebenfalls dispergierend wirkt Wärmenergie. Aggregatbildung kann durch van der Waals-Kräfte erklärt werden. Einfache Ionen geringer Ladung zwischen den Kolloidpartikeln sind unterschiedlich wirksam. Manche kolloidale Fluide zeigen jedoch Anziehung der Partikel über größere Entfernung, was am deutlichsten durch die Bildung „kolloidaler Kristalle" illustriert wird. Somit kann es auf verschiedenen Wegen zur Bildung eines stabilen Sols oder Gels kommen (Gele sind Sole mit einer gewissen mechanischen Festigkeit). Zumeist dürfte Neutralisation der Ladungen (Beimengung von Elektrolyten, pH-Änderung, Abkühlen, Mischung mit anderen Wässern) zum Ausflocken, zur Aggregation und zur Präzipitation führen. Ohne spezielle Untersuchung dieser komplexen Prozesse verwendet man statt „Gel" besser den beschreibenden Ausdruck „*kolloform*".

Die charakteristische Bänderung vieler aus Gel gebildeter Minerale kann z.T. durch äußere Einflüsse, z.T. aber auch durch *Selbstorganisation* erklärt werden. So deuten HEANEY & DAVIS (1995) die Bänderung von Achat, welche durch die rhytmische Abfolge von Chalzedon und Quarz bedingt ist, als Produkt hoher bzw. niedriger Polymerisation der Lösung an den Spitzen der wachsenden Chalzedonfasern. Der Polymerisationsgrad der Lösung fällt bei rascher Ablagerung von Chalzedon aus polymerer Lösung, wodurch das System zu langsamer Quarzbildung aus monomerer Lösung umschlägt. Danach wird die Konzentration der Lösung durch Diffusion wieder höher, bis es erneut zur Bildung einer konzentrierten polymeren Lösung kommt.

Vor kurzem wurde als weitere Möglichkeit der Bildung von kolloformem SiO_2 das Ausfallen aus *silicothermalen Fluiden* entdeckt (WILKINSON et al. 1996). Diese sind Liquide mit $\approx$ 90% SiO_2, welche in einem weiten Temperaturbereich (300 bis >750°C) mit einem wässerigen, überkritischen Fluid koexistieren. Sie sind möglicherweise die Erklärung für die große Häufigkeit amorpher SiO_2-Phasen in epithermalen Lagerstätten.

Verdrängung früherer fester Phasen tritt in fast allen hydrothermalen Lagerstätten auf. Es handelt sich um gleichzeitige Auflösung eines Minerals und Bildung eines anderen an derselben Stelle, oft ohne Volumenveränderung und unter Beibehaltung feinster Strukturen (Pseudomorphose). Für die Abfolge gibt es da keinerlei allgemeine Regeln. Typische Beispiele sind die Bildung von Kassiterit nach Orthoklas (Cornwall/England) oder sogar nach Crinoiden (New South Wales/Australien), Scheelit nach Wolframit, sowie die Verkieselung oder Pyritisierung von Pflanzengewebe in Kohlen. Nur wenn dieser Prozeß für die überwiegende Masse einer Lagerstätte von Bedeutung ist, nennt man sie *Verdrängungs- bzw. metasomatische Lagerstätte.* Bei karbonatischen Nebengesteinen ist das häufig besonders ausgeprägt. Die französische Schule unterscheidet von der Metasomatose die *Substitution,* bei welcher die Auflösung deutlich früher als die Mineralneubildung ist. Die Stoffzufuhr und der Abtransport des Gelösten sind in porösen und permeablen Gesteinen durch physisches Fließen möglich, eine wichtige Rolle dürfte aber auch Diffusion spielen, die in manchen Fällen sogar im Gegenstrom zum Antransport erfolgte. Das erklärt dann das Fehlen von sichtbaren Abstromerscheinungen.

Hydrothermale Nebengesteinsveränderungen

Bisher war vorwiegend von der Wirkung der Nebengesteine auf die Erzlösungen die Rede. Diese wirken aber umgekehrt auch auf die Nebengesteine ein und verändern sie in sehr kennzeichnender Weise. Die so entstehenden Nebengesteinsveränderungen (hydrothermale Alterationen), welche schmale Hüllen von wenigen Zentimetern bis zu weiten Höfen bilden können, geben häufig sehr wichtige Hinweise für die Lagerstättensuche und zur Höffigkeit eines Untersuchungsgebietes (LENTZ 1994). In manchen Fällen können sie durch Fernerkundung noch aus dem Weltraum erkannt und aufgesucht werden.

Die Veränderungen betreffen in verschiedener Kombination Farbe, Textur, mineralogische und chemische Zusammensetzung der Nebengesteine, einschließlich der Verhältnisse stabiler Isotope. Sowohl die Natur der Lösungen (pH, Eh, T, Druck, gelöste Stoffe) als auch jene der Nebengesteine (Mineralogie, Permeabilität, Porosität) kontrollieren das Endprodukt. Oft spielt Ionenaustausch eine wichtige Rolle, was natürlich Zufuhr und Abtransport von Stoffen impliziert (z.B. ANTHONY & TITLEY 1994). Von überragender Bedeutung ist die Wirkung des dissoziierten Wassers auf Silikate, einerseits durch Einbau von OH^--Gruppen, andererseits durch den Austausch von Kationen der Minerale gegen H^+ (Hydrolyse).

Die hydrothermalen Veränderungen betreffen aber auch Masse und Volumen des alterierten Körpers, wobei sowohl positive wie negative Bilanzen möglich sind. Methoden der Berechnung dieser Bilanzen beruhen auf der Verwendung hydrothermal immobiler Elemente (z.B. Zr, Ti), deren durchschnittliche Gehalte im unveränderten Ausgangsgestein und im Alterationsprodukt bekannt sein müssen. Daraus kann der Anreicherungs- bzw. Verdünnungsfaktor berechnet werden, mit dem in der Folge Abfuhr oder Zufuhr der mobilen Elemente bestimmt wird (z.B. Shriver & Mac Lean 1993).

Hydrothermale Lösungen sind infolge ihres Gehaltes an CO_2 und dissoziiertem Wasser oft sauer; sie verändern dann besonders leicht Karbonate, Zeolithe, Feldspatoide und kalziumreichen Plagioklas. Pyroxen, Amphibol und Biotit sind etwas beständiger, während Albit, Kalifeldspat und Muskovit relativ stabil sind. Quarz ist selten betroffen. Da viele Metalle in silikatischen Mineralen in erhöhten Spurengehalten primär enthalten sind, werden sie bei der hydrothermalen Alteration von Nebengesteinen in den Aufstiegszonen der Lösungen freigesetzt. Solche Prozesse sind vermutlich für Metallführung hydrothermaler Lösungen und damit für die Bildung einer großen Zahl von Lagerstätten von wesentlicher Bedeutung.

Beispiele für Elemente, welche in primären Mineralen „verborgen" sind, umfassen Cu und Zn in Biotit, Amphibol, Pyroxen, Magnetit; Pb in Kalifeldspäten und Uranmineralen; Sn in Glimmer und Ilmenit; W in Biotit; F in Amphibol und Glimmer; Ba in Glimmer und Feldspat. Genetische Lagerstättenmodelle müssen diese Beziehungen berücksichtigen.

Es gibt aber nicht nur Nebengesteinsveränderungen, die durch aufsteigende Hydrothermen (aszendent oder hypogen) verursacht sind, sondern auch Produkte absinkender Wässer (deszendent oder supergen). Dies gilt vorwiegend für oberflächennahe Zonen von Erzkörpern, die der Verwitterung ausgesetzt werden. Auch aktive hydrothermale Felder zeigen diese Erscheinung, wobei meteorische oder abgekühlte, oxydierte hydrothermale Wässer abwärts fließen. Dabei können starke Säuren entstehen, wodurch zum Beispiel die Alunitisierung und Kaolinisierung der Nebengesteine mancher oberflächennaher Goldlagerstätten erklärt wird (Arehart et al. 1992).

Nebengesteinsalterationen sind also in mehrfacher Hinsicht wichtige Studienobjekte der Lagerstättenkunde. Sie erlauben Aussagen zur Natur der hydrothermalen Lösungen, sie unterstützen die Lagerstättensuche, indem sie das Zielgebiet vergrößern und oft schon makroskopisch deutlich markieren, und sie ermöglichen eine Datierung der Vererzung, etwa durch die Neubildung von Kalifeldspäten oder Phyllosilikaten.

Es gibt eine große Zahl wichtiger *Typen der hydrothermalen Alteration* (Thompson & Thompson 1997). Sie sind zum Teil für bestimmte Lagerstätten charakteristisch, wie die regelmäßige Assoziation der porphyrischen Kupferlagerstätten. Andererseits neigen bestimmte Gesteine zu wiederkehrend ähnlicher Veränderung, zum Beispiel die Spilitisierung der Basalte, die Vergrünung (Propylitisierung) der Andesite und Diorite, die Listvaenitisierung der Ultramafite, und die Dolomitisierung von Kalkstein.

Hydrothermal gebildete Erzkörper, aber auch die zugehörigen Fließwege, zeigen oft einen deutlichen Hof erhöhter Reife der dispersen organischen Substanz (Kerogen) der Nebengesteine, bedingt durch den Wärmeeintrag (Heroux et al. 1996).

Von großer Bedeutung ist die *Zonierung von Alterationstypen*, die in vielen Lagerstätten beobachtet wurde. Das illustriert natürlich die Veränderung der Lösungen in Fließrichtung durch ihre Reaktion mit den Nebengesteinen, und erleichtert andererseits die Aufsuchung der zentral oder in bestimmten Zonen gelegenen Erzkörper. Sehr gut untersucht ist das bei den porphyrischen Kupferlagerstätten. Nicht selten ist auch die Ausbildung makroskopisch sichtbarer, rhytmisch gebänderter Zonen, welche durch Kopplung von Diffusion mit Ausfällungsreaktionen bedingt sind (Kapral & Showater 1995).

Die Benennung der einzelnen Alterationstypen erfolgt meist nach dem auffälligsten, neugebildeten Mineral, seltener sind eigens geprägte Gesteinsbezeichnungen. Einige Beispiele der hydrothermalen Alteration sind:

Verkieselung (Silifizierung); sie ist gekennzeichnet durch eine Durchtränkung des Nebengesteins mit Opal, Chalzedon oder Quarz, wodurch dieses einen quarzitischen Aspekt erhält. Besonders häufig ist Verkieselung bei epithermalen Au-Lagerstätten.

Argillitisierung (Vertonung) kann als extreme („advanced argillitisation") oder gemäßigte Variante („intermediate a.") auftreten. Im ersten Fall liegen zentral Alunit und Quarz, randlich Nakrit, Dickit, Kaolinit oder Pyrophyllit vor, mit variablen Anteilen von Serizit, Pyrit, Turmalin und Topas. Durch sehr saure Lösungen wurden in diesem Falle die Alkalien fast zur Gänze abgeführt. Dies ist eine sehr intensive, innerste Zone der Alteration durch starke Säuren, z.B. an manchen Zinn- oder Golderzkörpern. Bei gemäßigter Vertonung sind die Feldspäte in Kaolinit (näher zur Vererzung) und Montmorillonit (außen) umgewandelt. Erze sind hier selten; nach außen folgt oft eine Zone der *Propylitisierung.* Diese liegt oft als sehr weiter Hof um Erzkörper. Es handelt sich um eine komplexe Alteration mit Neubildung von Chlorit, Epidot, Albit und Karbonaten (Kalzit, Dolomit, Ankerit), welche ursprünglich in Diorit und Andesit beschrieben wurde. Bei Überwiegen eines der genannten Minerale kann man auch von Chloritisierung etc. sprechen und eventuell dadurch gekennzeichnete Subzonen auskartieren.

Serizitisierung ist eine der häufigsten Veränderungen von Al-reichen sauren Gesteinen (Granit, Gneis, Schiefer). Die Paragenese Serizit und Quarz (±Pyrit) ist ubiquit. Die beteiligten Lösungen waren jedenfalls sauer, Basen (Ca, Na, zum Teil auch K) sind aus dem Gestein abgeführt:

Serizitisierung von K-Feldspat

$$3\ \text{K-Feldspat} + 2\ H^+ \rightarrow \text{Serizit} + 2\ K^+ + 6\ SiO_2$$

Wo saure Lösungen reich an Fluor waren, wird Topas gebildet, und es entsteht *Greisen*, der außerdem oft noch Turmalin, Zinnwaldit und Lepidolit, sowie die Erze Zinnstein und Wolframit führt (Halter et al. 1996).

Dolomitisierung ist die gewöhnliche Alteration der Kalke um Blei-Zinklagerstätten (z.B. Navan/Irland: Braithwaite & Rizzi 1997). Kalzit, Dolomit und Ankerit (seltener Siderit und Magnesit) werden aber oft auch in silikatischen Nebengesteinen neu gebildet, besonders typisch in den Grüngesteinen der archaischen Goldlagerstätten (Eilu et al. 2001). Für die Unterscheidung der Karbonatminerale sind Färbetechniken empfehlenswert (Hitzman 1999).

Als *Listvenitisierung* bezeichnet man die hydrothermale Umwandlung von ultramafischen Gesteinen in Mg-Ca-Fe-Karbonate, Cr-Muskovit und Quarz, mit diversen akzessorischen Mineralen (Halls & Zhao 1995). Listvenite sind vor allem an mesozonalen Goldquarzgängen entwickelt.

Turmalinisierung schließlich ist in Zinn-, Wolfram- und Goldlagerstätten häufig. Besonders auffällig sind dann die zähen, verwitterungsresistenten Turmalinite, welche die Ausbisse solcher Erze markieren. In anderen Fällen findet man nur unter dem Mikroskop feinste Turmalinnadeln im Nebengestein.

Bei der hydrothermalen Alteration entstehen schließlich auch die *Metallspurenhöfe* um die Erzkörper, welche mittels lithogeochemischer Prospektionsmethoden aufgesucht und als relativ größeres Ziel benützt werden, um die doch meist sehr kleinen abbauwürdigen Körper aufzuspüren.

Die hydrothermal-metasomatischen Lagerstätten

Von metasomatischen Lagerstätten spricht man, wenn Erzkörper weit überwiegend durch hydrothermale chemische Umwandlung und Verdrängung (replacement) eines Gesteins entstehen.

Lokale metasomatische Umwandlungen, z.B. in oder an Gängen, sind allgegenwärtige Produkte hydrothermaler Prozesse, begründen aber keine Zuordnung zu dieser Gruppe. Metasomatische Lagerstättenbildung im Nahbereich von Intrusionen ist überaus häufig (s. Skarnlagerstätten). Hier geht es um jene Fälle, die keine Verbindung zu magmatischen Prozessen erkennen lassen.

Die in Erz umgewandelten Ausgangsgesteine sind zumeist Kalksteine mariner Sedimentfolgen. Eine große Zahl von Lagerstätten belegt weltweit diese Bevorzugung von Karbonaten gegenüber anderen Gesteinen. Dazu gehören viele Blei-Zinkerze, aber auch Gold- (Carlin/USA), Magnesit- und Sideritlagerstätten (Pohl 1988). Kontrolliert wird der Verdrängunsprozeß vor allem durch den pH der einwirkenden Lösung und die relativ geringere Löslichkeit der neugebildeten Minerale. Als Beispiel kann man die vereinfachte Reaktionsgleichung für die Sideritbildung aus Kalkstein folgend anschreiben:

Metasomatische Bildung von Siderit aus Kalkstein

$$CaCO_3 + FeCl_2\ (aq) \rightarrow FeCO_3 + CaCl_2\ (aq)$$

Hier handelt es sich also wohl überwiegend um einen Kationenaustausch, bei dem das Nebengestein Molekül für Molekül durch Erz ersetzt wird. Da Siderit ein geringeres Molekularvolumen hat, müßte bei dieser Reaktion eine Volumenabnahme erfolgen. Das kann man zwar in vielen Sideritlagerstätten an reichlicher Drusenbildung feststellen (Erzberg/Österreich; Ouenza/Algerien: Abb. 49), doch verläuft die Metasomatose ebenso häufig im Sinne des Austauschs gleicher Volumina (Abbildungsmetasomatose). Belegt wird das durch die Erhaltung feinster Strukturen des Nebengesteins (Schichtung, Bänderung, Fossilien, Stylolithen usw.).

Nicht alle metasomatischen Erze sind in einem bereits verfestigten Karbonatgestein durch spätere Lösungseinwirkung entstanden. Vielfach wirkten die metallbringenden Lösungen auf gerade abgelagertes Sediment, das wegen seiner großen inneren Oberfläche und Porosität besonders reaktionsfähig war. Dadurch entsteht ein Nebeneinander von sedimentären und metasomatischen Strukturen, das oft zu kontroverser Deutung geführt hat (s. Magnesit). Man nennt das *paradiagenetische Verdrängung* bzw. *Frühmetasomatose.*

In einzelnen Erzdistrikten sind metasomatische Lagerstätten in charakteristischer Weise an bestimmte stratigraphische Horizonte gebunden. Im Umkreis des Erzberges ist das der devonische Sauberger Kalk; die Siderite in Tunesien, Algerien und Nordspanien liegen im Urgonkalk der Unterkreide, die Blei-Zinkerze im Tri-State Distrikt/USA in Stromatolitenriffen der Bonneterre Formation der oberkambrischen Kalksteinfolge. Diese Bevorzugung bestimmter Schichten nennt man *selektive Metasomatose.* Die Gründe dafür können in chemischen, hydraulischen oder mechanischen Parametern, bzw. deren Kombination vermutet werden. Einerseits mag eine besondere Reaktionsbereitschaft vorgelegen haben, andererseits dürfte die jeweilige Permeabilität (durch Klüftung, Störungen, aber auch primär in Riffen, Oolithen etc.) sehr wichtig sein. Die Bevorzugung bestimmter stratigraphischer Horizonte war oft Anlaß für eine synsedimentäre Deutung der Metallkonzentration.

Für die Lokalisierung metasomatischer Lagerstätten sind nicht selten gering permeable Gesteinshorizonte bestimmend, welche die aufsteigenden Lösungen stauen und dadurch in den unterlagernden Kalken nahe der *Permeabilitätsgrenze* eine besonders intensive Umsetzung, also Vererzung bewirken. Berechnungen zeigen, daß metasomatische Prozesse dann begünstigt sind, wenn (1) in Fließrichtung große Temperaturdifferenzen und/oder (2) große Durchflußmengen vorliegen, oder (3) durch das P/T-Feld anomale Phasengleichgewichte begünstigt sind (Ferry & Dipple 1991).

Die Form der metasomatischen Lagerstätten ist durch das allmähliche „Hineinfressen" der mineralisierenden Lösungen in das Nebengestein bedingt, das z.T. durch die vorerwähnte Volumenabnahme erleichtert wird (induzierte Permeabilität). Es entstehen schichtgebundene (stratabound), wolkenförmige, unregelmäßig begrenzte massige Körper, aber doch meist in grober Anlehnung an Nebengesteinsstrukturen (Klüfte, Störungen, Schichtflächen). Dazu kommen lateral weit aushaltende schichtförmige (stratiform) Erzkörper entlang bevorzugter Horizonte.

Die Fließrichtung der hydrothermalen Lösungen bewirkt die Ausbildung sehr unterschiedlicher Grenzen: In der Fließrichtung breiten sich nach dem *chromatographischen Modell* die verschiedenen Mineral- und Isotopenaustauschreaktionen mit verschiedenen Geschwindigkeiten aus (Korzhinskii 1970). Unter der Annahme, daß die Reaktionen sehr rasch erfolgen, müßten sich deutliche, voneinander räumlich abgesetzte Reaktionsfronten ausbilden. An Grenzen, welche parallel zur Fließrichtung liegen (z.B. an der Grenze zwischen massigen, impermeablen, neben stark geklüfteten Kalksteinen), sind direkte Kontakte zwischen unverändertem Nebengestein und hochgradigen Metasomatiten möglich (Yardley & Lloyd 1995).

Oft hat gleichzeitig oder im Anschluß an die Verdrängung eine einfache Hohlraumfüllung von Spalten, Drusen und Karsthöhlen stattgefunden (teilweise im Sinne von Substitution, das ist Erzabsatz in Hohlräumen). Beispiele dafür sind die Quarz-Baryt-Fluoritgänge der nordafrikanischen Sideritlagerstätten oder Pb-Zn-Erzschläuche in Bleiberg/Österreich. Da darin geschichtetes Erz auftreten kann, haben solche Hohlraumfüllungen vielfach zu heißen Diskussionen über die deszendente oder aszendente Entstehung der Lagerstätten Anlaß gegeben.

Die porphyrischen Lagerstätten

Vor allem Kupfer, doch auch Molybdän, Zinn, Wolfram und Gold gibt es in riesigen hydrothermalen Lagerstätten, welche mit epizonalen Intrusionen porphyrischer Magmatite verbunden sind. Deshalb nennt man diese Gruppe porphyrische Lagerstätten, ohne aber damit eine porphyrische Verteilung der Erzminerale zu meinen. Infolge der großen Vielfalt ist eine allgemein gültige Definition sehr schwierig. Wichtige Merkmale sind:

- Die zentrale porphyrische Intrusion,
- die ungewöhnliche Größe der Erzvorräte,
- Vererzung hauptsächlich als Stockwerke und Brekzienschläuche,
- niedrige bis mäßige Metallgehalte im Erz, und
- eine deutliche Zonierung der hydrothermalen Alteration sowie der Vererzung in Bezug auf die vertikale Achse der Intrusion.

Die Porphyre dieser Lagerstätten sind seichte, meist zylindrische und oft subvulkanische Intrusionen in 500 bis 2000 m Tiefe. In der Regel handelt es sich um kalkalkalische Diorite (Andesit-Dazit), Monzonite (Latit) oder Granite (Rhyolith) vom I-Typ, seltener um adakitische oder alkalische Magmen, welche über Subduktionszonen auftreten, entweder an aktiven Kontinentalrändern oder in Inselbögen, gelegentlich in Kontinent/Kontinent-Kollisonszonen. Die Gesteine scheinen chemisch nicht außergewöhnlich zu sein, im Falle der Cu-Au-Lagerstätten sind jedoch besonders hohe Oxydationsgrade auffällig (Mungall 2002). Nur dies unterscheidet sie von der großen Masse nicht erzführender Magmen der konvergenten Plattenränder. Porphyre an aktiven Kontinentalrändern führen neben Cu auch Sn und Mo, jene der Inselbögen eher Au. Präkambrische Porphyrlagerstätten sind sehr selten.

Die durchschnittliche Größe ***porphyrischer Kupferlagerstätten*** liegt bei 450 Millionen Tonnen Erz, mit einem Metallgehalt von 0,64% Cu. Zinn-, Molybdän- und andere Porphyre sind etwas kleiner, doch eben auch ein Vielfaches anderer Lagerstättentypen. Die riesigen Tagebaue der porphyrischen Lagerstätten zeigen Erzkörper von mehreren km^2 Ausbißfläche; die Alterationshöfe um die Erze sind oft 10 bis 20 mal so groß. Die Metallgehalte sind generell niedrig, die großen Erzvorräte erlauben aber trotzdem wirtschaftlichen Abbau, wobei neben Kupfer auch bedeutende Mengen von Ag, Au, Mo, Re, Pb, Zn, Mn sowie As, Bi, Sn, W, U und Pt produziert werden.

Erze und hydrothermale Alteration zeigen eine charakteristische Zonierung. Bei porphyrischen Kupferlagerstätten ist die Abfolge nach dem sogenannten LOWELL-GUILBERT Modell (1970) von innen (unten) nach außen (oben) K-Alteration, Serizitisierung, Argillitisierung und Propylitisierung (Abb. 19). Allerdings spielt im einzelnen die Natur der Nebengesteine eine große Rolle, so daß von diesem Schema viele Abweichungen angetroffen werden. Sehr oft dürften porphyrische hydrothermale Systeme nach oben in epizonale Lagerstätten übergehen, bis zur Bildung heißer Quellen und entsprechender Erze (hot springs deposits) an der Erdoberfläche. An Kontakten mit karbonatischem Nebengestein entstehen gleichzeitig Skarnerzkörper. Porphyre mit niedrigem SiO_2/Alkaliverhältnis führen eher Bornit und Magnetit als Kupferkies mit Pyrit und sind reicher an Gold. Hier fehlen auch Serizit- und Argillit-Zone, so daß die K-Zone unmittelbar von Propylitisierung umgeben ist.

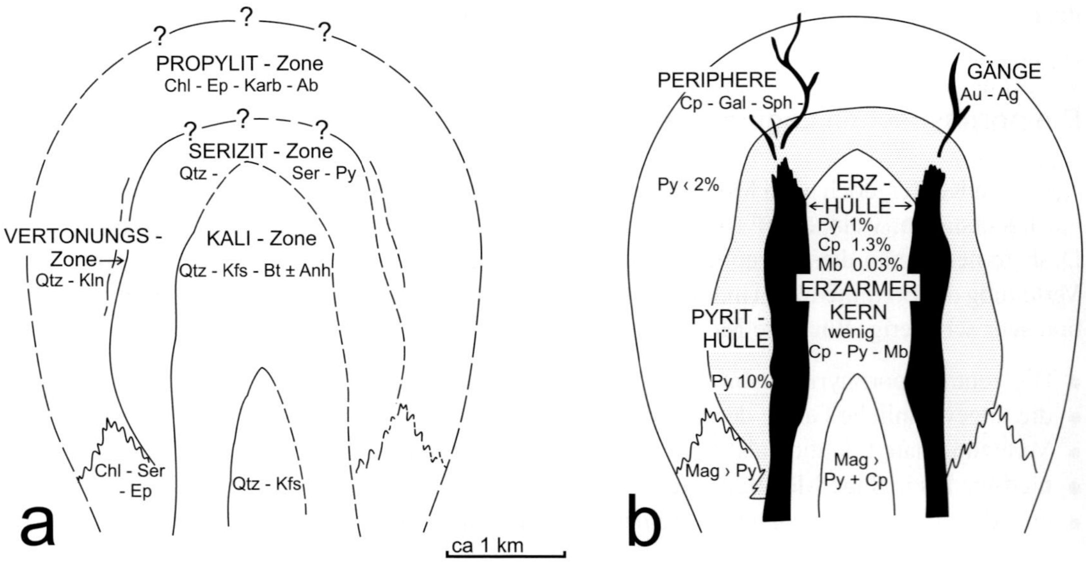

Abb. 19. Schema der hydrothermalen Alterationszonen (a) und der Vererzung (b) in einer porphyrischen Kupfer-Molybdänlagerstätte nach dem LOWELL-GUILBERT (1970) Modell. Diese Zonen sind nicht unbedingt gleichzeitig entstanden.

Erzbildung und hydrothermale Alteration erfolgten durch magmatische und meteorische Wässer, bei Temperaturen zwischen 400 und 800°C. Über 90% der Erze liegen in einem Spaltennetzwerk in der äußeren K-Zone und der Serizit-Zone vor („Stockwerk", Abb. 19), der Rest verdrängt silikatische Minerale („disseminierte Erze"). Nach oben und außen entwickelt sich oft ein Hof (Halo) von kleinen, aber reichen Buntmetall- oder Au-Ag-Ganglagerstätten, die ursprünglich alleine von Interesse waren. Schwefelisotope haben eine magmatische Signatur, wogegen die Wasser- und Sr-Isotope deutlich den Übergang von frühen magmatischen zu späten meteorischen Wässern belegen. Die beteiligten Fluide hatten anfangs eine sehr hohe Salinität von 40 bis über 60%, mit wechselnden Anteilen von K, Na, Ca, Fe, Cu etc. Dadurch enthalten die Einschlüsse viele Tochterminerale (Halit, Sylvinit, Anhydrit, Chalkopyrit, Hämatit, Fe-Chlorit, usw.). Analysen der Einschlüsse haben gezeigt, daß diese frühen Fluide ein Metallverhältnis aufweisen, das jenem der Gesamtlagerstätte sehr nahe ist. Dieser Befund wird als Beleg für die magmatische Ableitung der Metalle interpretiert (ULRICH et al. 1999), ebenso die Beobachtung der Koexistenz von Schmelz- und Fluideinschlüssen in frühem hydrothermalem Quarz (HARRIS et al 2003). Kogenetische liquide und gasförmige Einschlüsse belegen Aufkochen der Fluide; zusammen mit der allgegenwärtigen Brekziierung läßt dies auf hydrothermale „Sprengung" schließen. Diese entsteht durch magmatische Entmischung einer fluiden Phase, welche infolge des zunehmenden Innendruckes nach oben durchbricht und dabei retrograd aufkocht. Damit verbunden sind eine rasche Expansion einerseits und ein Temperaturabfall andererseits, welcher den Metallabsatz und die feinkörnige Kristallisation der Restschmelze bewirkt. In der Folge entwickeln sich große hydrothermale Konvektionsysteme, welche zunehmend durch meteorische Wässer gespeist werden. Diese kühlen die Intrusion weiter ab und bewirken z.T. Umlagerung der früher gebildeten Erze und weitere Nebengesteinsalteration.

Manche dieser Lagerstätten zeigen eine kräftige epithermale Überprägung, wobei u.U. die Kalizone eines Porphyrs durch Argillitisierung oder Serizitisierung betroffen ist. Ein Beispiel dafür ist die Goldlagerstätte Ladolam (Lihir, Papua Neuguinea). Diese Beobachtung eines extremen „Telescoping" läßt sich am besten durch rasche Erosion oder durch plötzlichen Kollaps des ursprünglichen Vulkangebäudes erklären (SILLITOE 1994).

Die Herkunft der Metalle der porphyrischen Cu-Lagerstätten ist vermutlich in tieferen basischen Magmenkörpern zu suchen (HATTORI & KEITH 2001), letztlich jedoch aus einem fertilen Mantel. Aus der abtauchenden ozeanischen Kruste aufsteigende Schmelzen und überkritische Fluide wirken oxydierend und führen deshalb zur Lösung der chalkophilen Metalle in den entstehenden Magmen. Absenz reduzierten Schwefels ist dafür eine Voraussetzung, da andernfalls Sulfidschmelzen entstünden, die sich auf dem weiteren Aufstiegsweg von dem silikatischen Magma gravitativ trennen müssten (MUNGALL 2002). In mittleren Tiefen erfolgt der Transfer der Metalle aus der basischen Schmelze in Form magmatischer Fluide in das subvulkanische, felsische Magma (Abb. 20), möglicherweise über den Zwischenschritt der Bildung einer sulfidischen Schmelze, wie neue Untersuchungen von Schmelzeinschlüssen in früh ausgeschiedenen Silikaten nahelegen (HALTER et al. 2002).

Die Ganglagerstätten

Erzgänge waren historisch bis in die Neuzeit die wichtigsten Lagerstätten. Bergbau und geowissenschaftliche Forschung wurden daran entwickelt, wie die grundlegenden Werke von AGRICOLA (1556) bis LINDGREN (1933) und SCHNEIDERHÖHN (bis 1958) zeigen. Die wirtschaftliche Bedeutung der meist kleinen, doch reichen Ganglagerstätten hat in den letzten Jahrzehnten gegenüber großen Armerzlagerstätten rasch abgenommen, da sie sich weniger für einen billigen, mechanisierten Abbau eignen. In Bezug auf einzelne Metalle, vor allem Gold, erleben aber Ganglagerstätten zur Zeit einen neuen Aufschwung.

Erzgänge sind zumeist hydrothermal gefüllte Spalten, seltener sind solche, die durch metasomatische Verdrängung des Nebengesteins, z.B. von einer Kluft ausgehend, entstanden sind (replacement veins). Die sie begrenzenden Flächen heißen *Salbänder*. Quer zur Schichtung des Nebengesteins liegende Gänge bezeichnet man als quergreifend, in den Schichtfugen liegende als *Lager-*

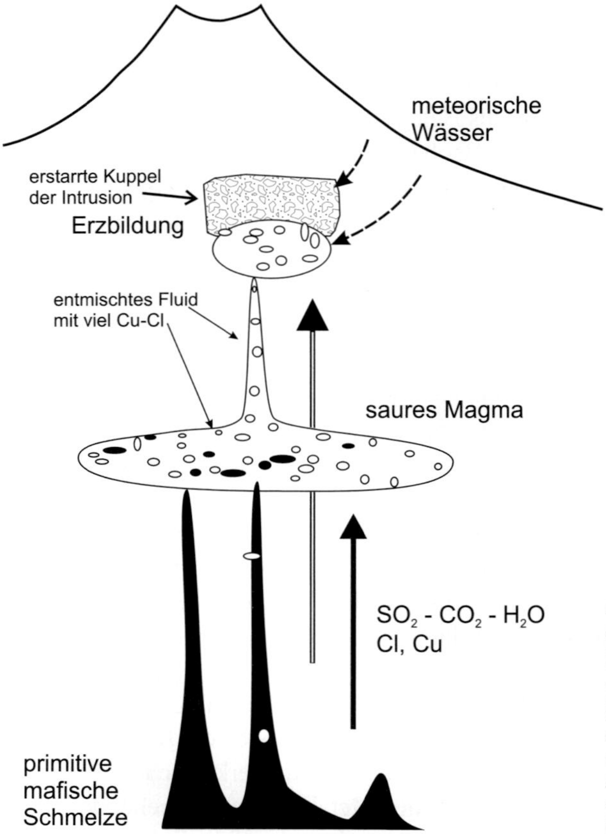

Abb. 20. Schematisches Konzept der Bildung einer porphyrischen Kupferlagerstätte (nach Hattori & Keith 2001).

Fluide aus einer tieferen, heißen, basischen Schmelze vermengen sich mit seichterem, felsischem Magma. Dies ist nun die scheinbare Quelle der Erzfluide, welche im festen Dach Brekziierung, Alteration und Vererzung verursachen, im Wechselspiel mit dynamischen Prozessen der Bildung eines Schichtvulkans.

gänge. Gänge spalten oft in einzelne Teile auf; diese sind die „Gangtrümer". Insbesondere verästeln sie sich nach oben (z.B. Silbererzgänge in Peru, Magnesitgänge in der Türkei).

Mächtigkeit (Dicke) und streichende Erstreckung (horizontale Länge) von Gängen können sehr unterschiedlich sein. Sehr reiche Gold-oder Silbererze können schon bei wenigen Dezimetern Mächtigkeit wirtschaftlich und damit bergbaulich interessant sein, Zinn und Wolfram ab etwa 1 m, Baryt und Flußspat sollten mindestens 2 m mächtig (also in Stollenbreite) vorliegen. Wohl der längste Erzgang der Erde ist der Mother Lode/USA, mit 120 km streichender Erstreckung. Gewöhnlich aber sind Erzgänge einige Zehner bis wenige Tausend Meter lang.

Ist für die Ausbildung der metasomatischen Lagerstätten die chemische Eigenart des Nebengesteins maßgeblich, so ist es für die Ganglagerstätten die mechanische. Kompetente Gesteine eignen sich natürlich besser zur Spaltenbildung als inkompetente. In den ehemaligen Bergbauen von Ramsbeck und im Siegerland waren die Gänge in den Grauwacken und quarzitischen Schiefern gut, in den Tonschiefern schlecht ausgebildet. Die zinnführenden Quarzgänge von Rutongo/Rwanda liegen fast ausschließlich in dichten Quarziten, und nur einzelne größere Gänge queren Quarzite und Schiefer (Abb. 21). Sehr spröde Gesteine, wie Rhyolithe oder Quarzite, neigen zur Bildung kurzklüftiger Beanspruchungszonen, die eher eine stockwerkförmige Vererzung bedingen. Viele Gänge, z.B. die Zinnerzgänge Cornwalls, sind von breiten Zonen begleitet, in welchen gehäuft Mikrofrakturen auftreten (Dominy et al. 1996). Gänge sind oft räumlich und genetisch eng mit Brekzienkörpern verbunden, welche Reicherze lokalisieren können (Jebrak 1997).

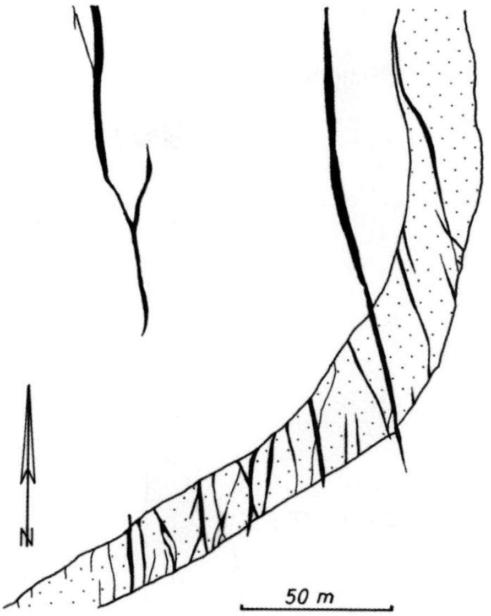

Abb. 21. Geologische Karte einer Sohle des Zinnbergbaues Rutongo/Rwanda (s. Abb. 10).
Die Zinnstein-Quarzgänge (schwarz) liegen bevorzugt in einer kompetenten Quarzitbank; besonders reich vererzt sind sie jeweils an deren Kontakten mit den einhüllenden Schiefern. Turmalinisierung und viel Muskowit markieren diese Reicherzfälle.

Spalten und brekziierte Felsmassen haben in der Regel eine weit höhere hydraulische Durchlässigkeit als die gewöhnlich gering leitenden Gesteine. Deshalb fokussieren sie Fluidströme in allen Skalenbereichen, vom einzelnen Gang bis zu Dehnungszonen in geologischen Großstrukturelementen (z.B. Gräben, Scherzonen: Weinberg et al. 2004).

Strukturen mit vielen Einzelelementen können vorteilhaft durch *Fraktalanalyse* untersucht werden, wobei die statistische Verteilung der Gangmächtigkeiten oder die Abstände zwischen Gängen bzw. Lagerstätten untersucht und in unerschlossene Bereiche bzw. in andere Maßstäbe extrapoliert werden können (Roberts et al. 1998, Marrett et al. 1999). Oft kann die fraktale Verteilung tektonischer Strukturen und Vererzungen, also ihre Ähnlichkeit vom mikroskopischen bis zum regionalen Maßstab, von bekannten Mineralisationen ausgehend für die Definition neuer Prospektionsziele nutzbar gemacht werden (Weinberg et al. 2004).

Die gebirgsmechanische und tektonische Deutung von Gangspaltensystemen ist für das rationelle Aufsuchen von Gängen und für die Ausrichtung von Verwerfungen von großer praktischer Bedeutung. Fast jedes Gangrevier hat hier seine eigenen Gesetzmäßigkeiten, die durch sorgfältige Kartierung und Untersuchung der Strukturen vom Makro- bis zum Mikromaßstab erkannt werden können.

Allgemein spiegelt die Anlage und Öffnung von Spalten, duktilen Scherflächen und bruchhaften Störungen die Raumlage der Gebirgsspannungen $\sigma_1 > \sigma_2 > \sigma_3$ während der Gangbildung wider (Abb. 22). Öffnung einer Spalte ist nur möglich, wenn die effektive Normalspannung σ' senkrecht zur Bruchfläche negative Werte annimmt. Dies kann durch Auftreten einer Zugspannung bedingt sein, oder durch hohen Fluiddruck, welcher die Gebirgsfestigkeit drastisch verringert bzw. überschreitet. Letzteres ist bei relativ oberflächennahen hydrothermalen Systemen nicht selten, wie im Abschnitt über porphyrische Lagerstätten gezeigt wurde. Tiefere hydrothermale Systeme zeigen oft eine enge Abhängigkeit von Druckaufbau in den Fluiden, Bewegung an der Gangstörung und Absatz von Erzen und Gangarten. Dies ist als „seismisches Pumpen" (seismic pumping bzw. fault valve cycling) bezeichnet worden (Sibson 1990).

Eine *tektonische Kontrolle* von Erzgängen durch Neubildung von Bruchspalten oder Erweiterung und Füllung älterer Trennflächen ist häufig so klar, daß über die gleichzeitig mit der Erzbildung ablaufenden tektonischen Prozesse Aussagen möglich sind. Dabei zeigt es sich, daß Gänge erwartungsgemäß besonders oft an regionale Deh-

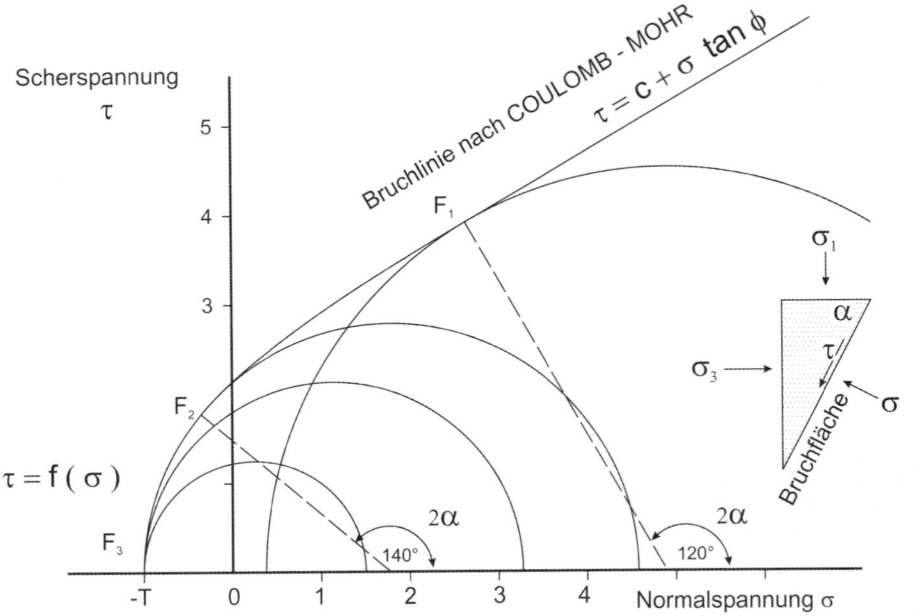

Abb. 22. Die Bildung von Scherbrüchen (F1), Scherspalten (F2) und Zugspalten (F3) und der jeweils zugehörige Bruchwinkel sowie die Lage der Gebirgsspannungen $\sigma_1 > \sigma_2 > \sigma_3$ im Mohr-Diagramm. Dreieck rechts ist der Querschnitt eines halben, zylindrischen Probekörpers mit der Spannungsgeometrie für den Fall F1.
Öffnung von Spalten ist nur bei negativer Normalspannung (Dehnung) bzw. bei hohem Fluiddruck u möglich, welcher zu reduzierten effektiven Spannungen führt ($\sigma_{eff} = \sigma - u$).

nungstektonik gebunden sind, also an Grabenbildung (Silber-Bleierzgänge der Rheintalgraben-Randbrüche, die Silbererze von Kongsberg bei Oslo, aber auch die Black Smokers der mittelozeanischen Rücken) und post-orogene Dehnung innerhalb großer Schollen (die Erzgänge von Freiberg/Sachsen, die Blei-Zinkgänge im Oberharz, u.v.a.). Es gibt aber auch Gänge, die während kompressiver Deformationsphasen gebildet wurden, also gleichzeitig mit Scherung, Faltung oder Überschiebung (die Goldquarzgänge West-Australiens: VEARNCOMBE 1998, Blei-Zinkerze von Ramsbeck/Sauerland, Zinn- und Wolframgänge in Zentralafrika, die goldreichen „saddle reefs" in gefalteten Schiefern in Victoria/Australien: WINDH 1995). Eine besondere Gruppe von Spaltengängen bilden jene, die schräg zu Transversalverschiebungen angeordnet sind („Fiederspalten"). Boudinage kann vom regionalen bis zum Aufschlußmaßstab erzführende Strukturen kontrollieren (FINDLAY 1998).

Besonders interessant ist die Untersuchung von Spaltenbildung (also des Spannungsfeldes) und Gangfüllung innerhalb eines Revieres nach der zeitlichen Abfolge. Vielfach nämlich hat eine Gangschar einer bestimmten Raumlage eine Paragenese, die sich von der eines anders gerichteten Systems unterscheidet. In Freiberg/Sachsen waren die älteren N-S streichenden Gänge kiesig-blendig, die jüngeren W-E streichenden aber fluor-barytisch mit silberreichem Bleiglanz. In Rwanda sind die früher gebildeten Wolframitgänge gefaltet und werden von späteren, undeformierten Gängen mit hier allerdings gleicher Paragenese durchschlagen (Abb. 23).

Die Verteilung der Erze in den Gängen ist in der Regel sehr inhomogen. Oft sind nur 1/4 bis 1/3 der Gesamtfläche überhaupt bauwürdig. Man nennt dieses Verhältnis, das auch auf das anteilige Volumen bezogen sein kann, den *Bauwürdigkeitskoeffizienten*. Auch innerhalb der vererzten Teile gibt es reichere und ärmere Partien; die metallreichsten darunter nennt man *Adelszonen, Adelsvorschübe* oder *Erzfälle*. Die letztere Bezeichnung gilt für steil einfallende Reicherzzonen (Abb. 24). Vor allem sind in Gangrevieren die Gangkreuze („Scharungen") erzreich, weil hier die stärkere Zer-

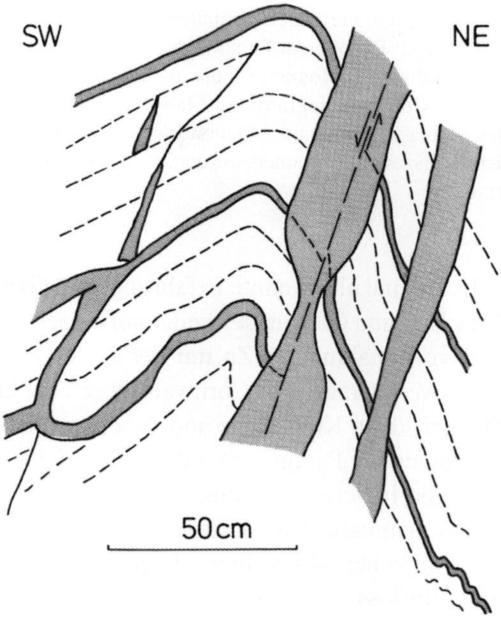

Abb. 23. Aufschlußskizze von Wolframit-Quarzgängen im Bergbau Kifurwe/Rwanda (nach FRISCH 1975).
Ältere, meist schichtparallele Gänge sind gefaltet, jüngere quergreifend und kaum deformiert. Die Bildung ist syn- bis spättektonisch, bei hohem Fluiddruck.

rüttung des Nebengesteins den Hydrothermen weitere Ausbreitung (zum Teil mit Dekompression) ermöglichte, eine große Nukleationsfläche darbot, und weil gelegentlich die sulfidischen Erze des älteren Ganges fällend auf die Erzlösungen des jüngeren wirkten . Im Freiberger Revier waren die Kreuze der jüngeren Pb-Zn-Gänge mit den älteren Pyrit-Zn-führenden besonders silberreich. Natürlich sind hier auch alle bereits früher besprochenen Nebengesteinseinflüsse wirksam, wie Fahlbänder, bituminöse Schichten, Karbonatbänder etc. Auch unbauwürdige, fast taube Gänge können an Kreuzungsstellen abbauwürdig werden.

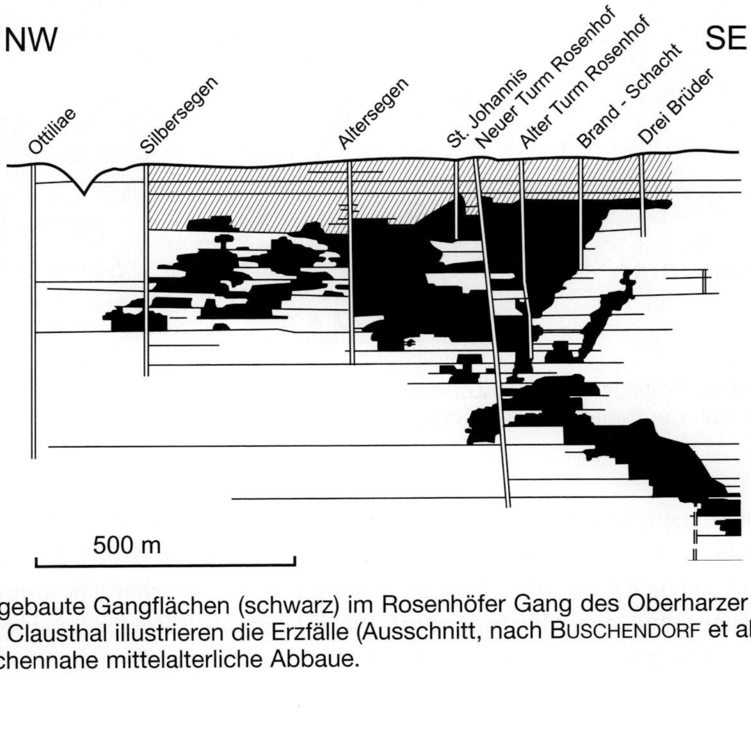

Abb. 24. Abgebaute Gangflächen (schwarz) im Rosenhöfer Gang des Oberharzer Pb-Ag-Zn-Reviers westlich von Clausthal illustrieren die Erzfälle (Ausschnitt, nach BUSCHENDORF et al. 1971). Schraffiert sind oberflächennahe mittelalterliche Abbaue.

Vielfach konnten auch Beziehungen zwischen der Morphologie der Gangfläche und Adelszonen nachgewiesen werden. Bezogen auf eine gedachte, etwa gangparallele Bezugsfläche haben Gänge immer „Mulden“, „Rinnen“ und „Aufwölbungen“, die in konstruierten „Höhenlinien“ dargestellt werden (im britischen Sprachgebrauch: Conolly-Diagramme). Man kann darin Erzgehalte, Gangmächtigkeit, Verschneidungen mit verschiedenen Nebengesteinen oder Querstörungen und dgl. mehr eintragen, womit weitere Aufschlüsse für die Ursachen der Adelszonen gewonnen werden. Es ist klar, daß all dies für die Aufsuchung neuer Erzvorräte größte Bedeutung hat.

Es ist eine altbekannte Erfahrung, daß Ganglagerstätten mit zunehmender Tiefe eine Änderung ihres Erz- und Gangartbestandes aufweisen oder vertauben. In Blei-Zinkgängen ist das sehr oft eine relative Zunahme des Zn mit der Tiefe (z.B. Oberharz). Die Barytgänge im Südharz vertauben durch Verquarzung. In Cornwall führen die Gänge zuoberst Siderit und Spekularit, darunter Blei-Zinkerz, dann Kupferkies und Arsenkies, und zutiefst Wolframit und Zinnstein (Abb. 25). Diese Zonierung der Paragenese mit der Tiefe ist neben anderen Faktoren eine Folge des Eintretens in die Bereiche höherer Bildungstemperaturen und -drucke. Besonders klar ist das bei der Lage über einem magmatischen Herd. Man nennt dies die *primären Teufenunterschiede*, da es sich um den ursprünglichen Mineralbestand und nicht um sekundäre, von der Oberfläche ausgehende Verwitterungseinflüsse handelt. Letztere werden weiter unten besprochen.

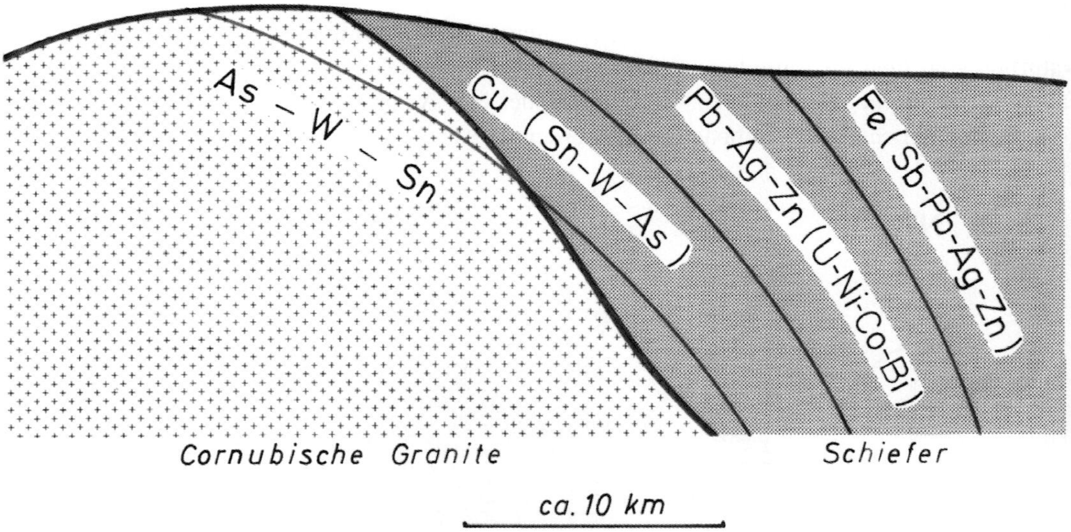

Abb. 25. Schematisches Profil der primären Zonierung der Erzgänge in Cornwall/England und des Ausstreichens der Zonen an der heutigen Oberfläche.

Ähnliche Veränderungen der Paragenese von Gängen, die mit zunehmender Tiefe eintreten, zeigen sich auch im horizontalen Schnitt mit der Annäherung an das Zentrum hydrothermaler Systeme. Dieses ist von innen nach außen mehr oder weniger konzentrisch mit bestimmten paragenetischen Assoziationen umgeben. Man bezeichnet das als *horizontale Zonierung oder zonare Verteilung,* wenn sich die Erze eines Distriktes in dieser Weise angeordnet finden.

Solche Zonen zeichnen also Paläo-Geoisothermen im Kartenbild nach, wie das im Vertikalprofil die primären Teufenunterschiede tun. Diese Beziehung kann man auch praktisch verwerten, indem sich aus einer zonaren Verteilung Rückschlüsse auf die zu erwartende Vererzungstiefe ziehen lassen. Natürlich dürfen zur Konstruktion der Zonierung nur gleich alte Paragenesen verwendet werden, da die thermische und geochemische Aureole während der Aktivitätszeit eines hydrothermalen Systems (meist einige Tausend bis Zehntausende Jahre) mehrfach zusammensinken und wieder aufgebaut werden kann, so daß sich Überlappungen (telescoping) ergeben können (AUDETAT et al. 2000).

Die vorerwähnten Erzgänge von *Cornwall*, deren Zinn und Kupfer angeblich bereits die Phönizier zu gewagten Handelsfahrten veranlaßte, zeigen diese Zonierung sehr klar (Abb. 25). Der Batholit von Cornwall besteht aus mehreren Granitgenerationen, welche am Ende der variszischen Orogenese (Karbon/Perm; von ca. 295 bis 270 Ma) über eine ungewöhnlich lange Zeitdauer intrudiert sind (CHESLEY et al. 1993). Die jeweils jüngsten Phasen der einzelnen Plutone sind geochemisch deutlich spezialisiert, mit erhöhten Li-, B- und F-Gehalten. Alle Granite enthalten soviel U und Th (im Durchschnitt ca. 11 bzw. 19 ppm), daß sie als HHP-Granite (überwiegend wohl vom S-Typ) einzuordnen sind. Das relative Alter der Vererzung der einzelnen Plutone ist unterschiedlich, manchmal synchron, in anderen Fällen bis zu 40 Millionen Jahre jünger als die Abkühlung des jeweiligen Granites. Ähnliches gilt für felsische Porphyrgänge, die Granite und Nebengesteine durchschlagen, und welche z.T. in tektonischen Strukturen parallel zu den Erzgängen liegen.

Die einzelnen hydrothermalen Ganglagerstätten Cornwalls liegen zoniert um „Emanationszentren" in den Graniten oder seltener in den paläozoischen Schiefern des Nebengesteins. Man kennt etwa 60 solcher Zentren, welche ungefähr elliptisch sind, mit einer langen Achse von rund 4 km Ausdehnung. Die Mineralisation dieser Bereiche, aber auch einzelner Gänge, ist allerdings nicht einphasig, sondern das Produkt unterschiedlicher und zeitlich aufeinander folgender hydrothermaler Systeme, die z.T. in vertikaler Zonierung, z.T. aber auch durch „telescoping" am gleichen Ort auftreten.

Die älteste Episode umfaßt mineralisierte Pegmatite sowie Gänge mit Greisen an den Salbändern und Brekzien, welche Sn und W neben reichlich Turmalin führen. Fluideinschlußuntersuchungen lassen vermuten, daß sie aus hochtemperierten magmatischen Fluiden entstanden sind, welche in eine wässerige, hochsalinare Phase mit Sn und in eine CO_2-reiche Phase mit $W \pm Sn$ entmischten. Die wirtschaftlich bedeutendste Episode der cornubischen Vererzung brachte polymetallische (Sn, Cu, Pb, Zn, Fe, As) Gänge mit Quarz, Turmalin, Chlorit und Fluorit, welche oft besonders deutlich vertikale Zonierung zeigen (Abb. 25). T_H der Fluideinschlüsse liegt zwischen 200 und 380°C. Die jüngste und letzte Mineralisations-Episode (Trias?) waren Quarz-Fluorit-Baryt-Gänge mit Pb, Zn, Ag und U, die sogenannten „cross-courses". Die Fluide waren Na-Ca-Cl-reich, ähnlich tiefen Formationswässern, mit T_H von 105–180°C. Cornwall hat bis zur Einstellung des letzten Bergbaues (South Crofty Mine) im Jahre 1998 insgesamt rund 1,75 Mt Sn, 1 Mt Cu und 0,13 Mt Zn geliefert.

Neben den Metallerzen sind die cornubischen Granite durch sehr bedeutende Kaolinlagerstätten ausgezeichnet, die als Schlote und horizontale Zonen eigenständig auftreten. Eine Bildung durch saure, heiße Wässer erscheint gesichert. Wie fast alle Lagerstätten Cornwalls – außer der frühen magmatischen Vererzung – sind aber auch die Kaolinite durch Einwirkung tiefzirkulierender Wässer meteorischer Abkunft entstanden, was Isotopenanalysen zeigen. So schließt man heute, daß die permische Hauptphase der cornubischen Vererzung durch Dehnung und tiefenmagmatische Prozesse (WINDLEY et al. 2003), spätere Phasen aber durch radiogene Wärmeproduktion der (HHP-)Granite bedingt sind. Demnach wurden in diesen Plutonen mehrfach hydrothermale Konvektionssysteme gebildet, welche durch absinkendes meteorisches Wasser oder Beckenfluide gespeist waren. In der Tiefe haben die heißen Lösungen Alteration der Granite und/oder Nebengesteine bewirkt und damit Metalle freigesetzt, die in den heutigen Erzgängen ausgefällt wurden.

Früher hat man die Zonierung der hydrothermalen Ganglagerstätten um große granitische Massive ausschließlich als Hinweis auf eine magmatogene Herkunft der Lösungen verstanden. Wie Cornwall zeigt, ist diese Auffassung zu schematisch. Dazu kommt, daß solche Batholite in der Regel mehrphasig entstanden sind, indem spätere Granite die älteren intrudieren. Fast immer sind in einer derartigen zeitlichen Abfolge die jüngsten Granitphasen jene, welche die hydrothermalen Systeme lokalisieren. Das gilt für die Zinngranite in Malaysia ebenso wie für die mineralisierten Granite des paläozoischen Orogens in Ost-Australien und für jene der mittelproterozoischen Kibariden in Zentralafrika (Pohl 1994). Auch die klassischen Zinn-Lagerstätten des Erzgebirges belegen diese Regel.

Gänge führen oft bestimmte, in einzelnen Distrikten oder sogar weltweit wiederkehrende Gesellschaften von Erzen und Gangarten. Vom Erzgebirge ausgehend wurde auf dieser Beobachtung aufbauend das Klassifikationssystem der *Gangformationen* entwickelt (z.B. die Pb-Zn-Ag-Formation in Freiberg; s. auch Stemprok & Seltmann 1994). Heute wird dieser Begriff kaum mehr verwendet.

Vulkanogene Lagerstätten

Es gibt eine große Zahl bedeutender Lagerstätten, deren Entstehung eng mit terrestrischem oder submarinem Vulkanismus verbunden ist. Zwei wichtige Vertreter dieser Gruppe haben wir schon früher kennengelernt: Die subvulkanischen Porphyr-Lagerstätten und die exhalativen Erze der Ophiolite (Cu-Zn-Au-führende massige Pyriterze vom Zypern-Typ). Hier sollen nun allgemeine Charakteristika vulkanogener Lagerstätten beschrieben und weitere Typen besprochen werden, vor allem die submarin gebildeten Kuroko-Lagerstätten der Inselbögen und die vorwiegend terrestrischen epithermalen Gold-Silber-Buntmetall-Erze der aktiven Plattenränder.

Das *Sieden oder Aufkochen von untermeerischen Hydrothermen* kontrolliert in besonderem Maße Form und Ort des Erzabsatzes (Finlow-Bates & Large 1978, Abb. 26). Wenn die Lösungen unter dem Meeresboden noch in den Aufstiegswegen sieden, entstehen disseminierte oder, häufiger, Stockwerkvererzungen. Aus dem Zusammenfallen von Aufkochen und Austreten ins Meerwasser resultieren massige Erzkörper. Erfolgt das Ausströmen ins Meerwasser unter der Siedegrenze, bilden sich Erze mit vorwiegend sedimentären Texturen, oft mit eingelagerten normalen Sedimenten. Lagerstätten, welche aus untermeerisch austretenden Hydrothermen entstanden sind, werden als *submarin-exhalativ* bzw. *submarin-hydrothermal* bezeichnet (letzteres deshalb, weil Exhalation im engeren Sinne eigentlich Gasaustritt bedeutet). Sofern der Erzabsatz eine überwiegend sedimentäre Komponente hat, etwa bei Ausfällung durch Mischung der Erzlösungen mit dem Meerwasser und nachfolgendem „Abregnen" der Präzipitate, nennt man solche Lagerstätten *sedimentär-exhalativ* (Sedex) *oder im Sinne der obigen Einschränkung sedimentär-hydrothermal* (Walther et al. 1999). Die so entstandenen Schichten von Erzen und „Gangart"-Mineralen nennt man insgesamt *Exhalite* oder *hydrothermale Sedimente*.

Die Möglichkeit der Lagerstättenbildung durch untermeerische vulkanische Exhalationen wurde schon von Elie de Beaumont (1847) erkannt. Wesentliche Beiträge zu ihrer Erforschung stammen zunächst von Schneiderhöhn, zuletzt vor allem von Stanton (1994 und viele frühere Arbeiten) und Ohmoto (1996, auch hier als Ergebnis langjähriger Forschung).

Nach Stanton (1994) lassen sich *submarine, vulkanogen-exhalative Lagerstätten* (volcanic-hosted massive sulfide deposits, VHMS) folgend beschreiben und genetisch deuten:

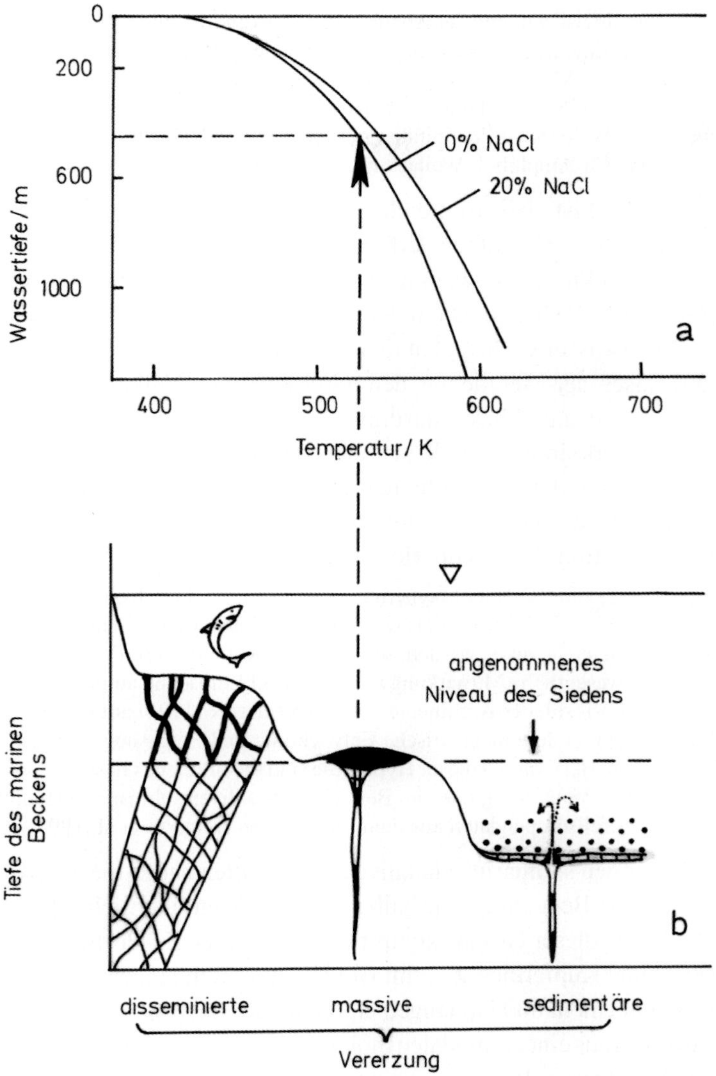

Abb. 26. Das Sieden („Aufkochen" – Bildung einer Dampfphase) submariner hydrothermaler Lösungen unter hydrostatischem Druckregime (a) und abgeleitete Formen submarin-exhalativ gebildeter Lagerstätten (b) (nach FINLOW-BATES & LARGE 1978).

In (b) wird Sieden bei 450 m Tiefe und bei 525 K (ca. 252°C) angenommen. Erhöhter NaCl-Gehalt würde bei gleicher Tiefe höhere Temperatur bedingen, damit Sieden eintritt.

Bei den Vulkaniten handelt es sich weit überwiegend um Andesite, Dazite und Rhyolite, seltener (beim Zypern-Typ) um Basalte. Die Erze sind in charakteristischer Weise über ganze Distrikte an bestimmte vulkano-stratigraphische Horizonte und damit an kurze, zeitlich einmalige Ereignisse gebunden (z.B. Caldera-Bildung: STIX et al. 2003). Die wichtigsten Metalle dieser Lagerstätten sind Fe-Cu-Pb-Zn, meist mit erhöhten Spuren von Cd-As-Sb-Bi, seltener auch Au-Ag. Polymetallische Lagerstätten sind oft vertikal zoniert, mit Fe-Cu unten, darüber Zn und Pb, überlagert von Baryt, Anhydrit oder dichten SiO_2-Exhaliten (chert, jasper). Diese *chemische Stratifizierung* ist z.T. durch eine zeitlich sich ändernde Zusammensetzung der hydrothermalen Lösungen zu erklären, z.T. durch sekundäre Mobilisation der löslicheren Komponenten (z.B. Zn) unter dem Einfluß der die initialen Erzsedimente von unten her durchströmenden hydrothermalen Fluide (ore refining). Bei der Ablagerung dürften kolloidale Texturen und Framboid-Pyrit vorgeherrscht haben, die mit zunehmender Diagenese und Metamorphose durch Sammelkristallisation überprägt werden. In der besonders gering metamorphen archaischen Lagerstätte *Sulphur Banks* im australischen Pilbara-Kraton wurden in solchen Kolloiden pyritische Filamente gefunden, die als fossile Bakterienkolonien gedeutet werden. Bänderung, syn-sedimentäre Gleitfalten und sogar gradierte Schichtung von Sulfiden wurden oft beschrieben. Ooide und Pisoide können dort auftreten, wo am Meeresboden ausströmende Lösungen gleichzeitig mit der Erzpräzipitation eine Agitation der Bodensedimente bewirken (HEIKOOP et al. 1996). Brekzien können durch hydrothermale Eruptionen erklärt werden; sie waren wohl oft durch Anhydrit zementiert, der aber zumeist während der Abkühlung des hydrothermalen Systems oder später durch Verwitterung wieder entfernt wird. Eine weit ausgedehnte Mn-Anomalie markiert den Erzhorizont in den Nebengesteinen und kann selbst nach kräftiger Metamorphose noch aufgefunden werden (STUMPFL 1979). Exhalative Systeme mit geringer Verfügbarkeit von Schwefel und Karbonat-Ionen bilden *stratiforme Skarne,* da dann die großen Mengen von hydrothermalen Fe- und Ca-Präzipitaten mit Alterung und Metamorphose eine Mineralgesellschaft aus Hedenbergit, Grossular, Ca-Amphibol, Wollastonit, Diopsid etc. ergeben (STANTON 1994).

Auffällig ist, daß eisenreiche Sulfide vorwiegend mit Basalten, Fe-Cu-Zn mit Andesit/Dazit und Fe-Pb-Zn mit Rhyolithen verbunden sind. Überraschend ist ferner, daß Ni und Co in solchen Erzen stark zurücktreten, obwohl die am weitesten verbreiteten Basalte von diesen Metallen die höchsten Spurengehalte haben. Da in den Erzlösungen nach Isotopenuntersuchungen in der Regel verändertes Meerwasser vorliegt, hat man die Bildung dieser Lagerstätten durch hydrothermale Konvektion und Lösen der Metalle aus den durchflossenen Vulkaniten erklärt (Abb. 6). Das reicht aber nicht aus, um die angeführte Zuordnung bestimmter Erze zu den verschiedenen vulkanischen Gesteinen allein zu erklären. Deshalb schließt STANTON (1994) auf eine wesentliche Rolle der magmatischen Entwicklung der Vulkanite, und er zeigt weiterhin auf Grund geochemischer Argumente, daß das Auftreten oder Fehlen bestimmter Elemente vor allem mit jeweils unterschiedlichem Ablauf von Kristallisation, Differentiation und Fluidproduktion der Magmen zusammenhängt.

Es fixiert zum Beispiel Magnetit (Spinell) u.a. Ti, V, Cr, Co und Ni, so daß diese Metalle nicht in eine volatile Phase der Magmen differenziert werden. Die hohen Ni-Anteile im Olivin der Basalte sollten durch hydrothermale Konvektion leicht gelöst werden; seine geringe Rolle in diesen Lagerstätten kann besser verstanden werden, wenn man eine wesentliche Mitwirkung magmatischer Entgasung annimmt, da Ni davon ausgeschlossen ist. Auf Grund einer Vielzahl solcher Argumente schließt STANTON (1994) auf einen gemischten Prozeß bei der Bildung dieser Lagerstätten, in dem magmatische Entwicklung und Entgasung über Laugung durch Meerwasser deutlich dominieren. Eine Bestätigung dieser Hypothese sind metallreiche Glaseinschlüsse in submarinen Andesiten des Manusbeckens bei Papua Neuguinea im Bereich eines aktiven submarinen Hydrothermalsystems (YANG & SCOTT 1996) und Schwefelisotopendaten aus dem Lau-Becken (HERZIG et al. 1998).

Unter den submarin exhalativen Lagerstätten haben die *Kuroko-Lagerstätten* eine besondere wirtschaftliche Bedeutung, weshalb sie auch wissenschaftlich sehr gut untersucht sind (OHMOTO 1996). Der Name dieser Gruppe kommt vom schwarzen Zn-Pb-Erz („Kuroko"), das zusammen mit Gelberz (Pyrit und Kupferkies, z.T. mit Gold: „Oko") seit langem in Japan abgebaut wurde. Die Lagerstätten liegen in einem 800 km langen Gürtel an der Basis miozäner grüner Tuffe, welche auf rhyolithischen Vulkanismus einer bimodalen tholeiitischen magmatischen Serie folgen. Dieser tritt in Zentren auf, die durch Calderen, Rhyolitbrekzien und resurgente Dome gekennzeichnet sind. Die Brekzien wurden vielfach als Pyroklastika submariner explosiver Eruptionen gedeutet. Mittlerweile kennt man explosive Pyroklastika von mittelozeanischen Rücken bis 1700 m Tiefe (FOUQUET et al. 1999). Geodynamisch war die Region einer starken Dehnung und Absenkung (Rift-Bildung) unterworfen und wird deshalb als Back Arc Becken der tertiären Inselbogenkonfiguration Japans aufgefaßt.

Die frühen, feinkörnigen Erze (Zn, Pb, Pyrit, Baryt) entstanden durch Exhalation ins Meerwasser gleichzeitig mit dem Aufsteigen der Rhyolithdome (Abb. 27). Danach wurden sie durch Reaktion mit heißen Lösungen weiter verändert, vor allem durch Stockwerkabsatz von grobkörnigem Pyrit, Kupferkies und Quarz. Diese Stockwerkerze können unter den exhalativen Sulfidlagern auch eigenständige Erzkörper darstellen; sie zeichnen die Aufstiegszonen der Hydrothermen nach. Die Wassertiefe lag bei rund 3500 m; die Temperatur der Lösungen stieg während der Erzbildung infolge der Intrusion der Rhyolithdome von 150 bis 350°C an. Die somit verursachte Aufwölbung und Versteilung führte zu komplexer Deformation der Erzlager. Sieden der Fluide konnte nicht nachgewiesen werden. Wasserisotope belegen verändertes Meerwasser, mit maximal 5% NaCl (äquivalent). Der Schwefel stammt ebenfalls aus dem Meerwasser, z.T. aber auch aus magmatischen Gesteinen. Die Bleiisotope entsprechen den Vulkaniten und unterlagernden Sedimenten. Sehr charakteristisch ist die hydrothermale Alteration im Liegenden der massigen Sulfiderze, mit einer um das Stockwerk angeordneten Zonierung von Chlorit/Serizit innen über Montmorillonit bis Zeolith nach außen. Die hydrothermalen Fluide waren demnach eher neutral, relativ reduziert und

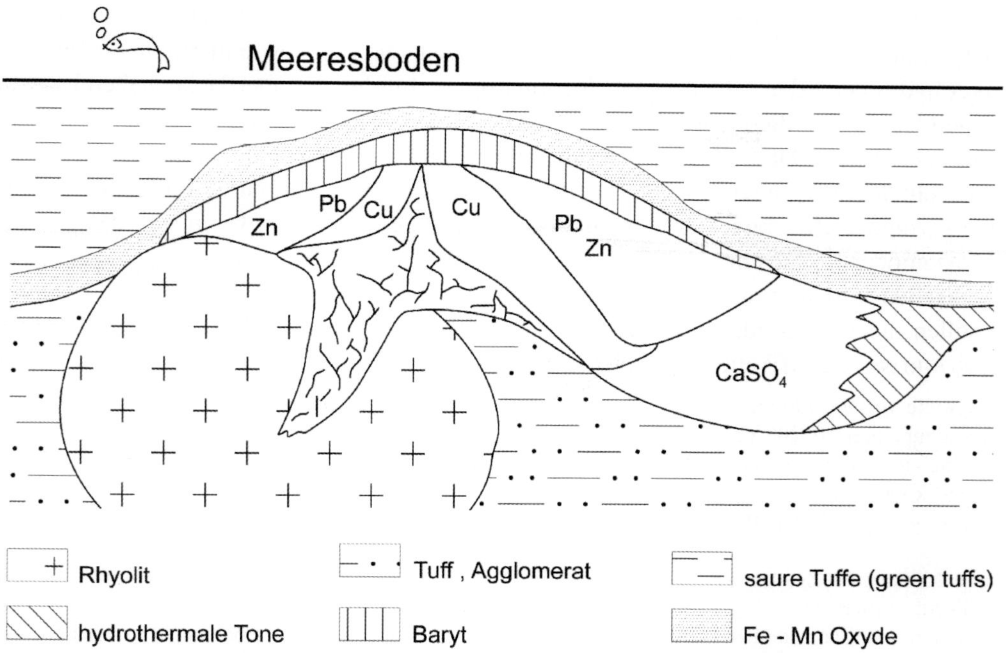

Abb. 27. Schematischer Querschnitt einer Kuroko-Lagerstätte (nach FINLOW-BATES 1980).
Weiße Flächen mit Cu, Pb und Zn sind exhalativ-sedimentäre, z.T. syngenetisch veränderte (zone refining) und rekristallisierte Sulfiderze. Zentral darunter liegen die pyritreichen Cu-(Au)-Stockwerkerze.

schwefelarm. Vereinzelt gibt es auch Belege für saure, eher oxydierte, schwefelreiche, magmatische Fluide vom „high sulfidation type" (SILLITOE et al. 1996, s. auch epithermale Lagerstätten).

Lagerstätten vom Kuroko-Typ entstanden seit dem Archaikum; sie sind deshalb weltweit verbreitet. Eine Bindung an konvergente Plattengrenzen kann allgemein postuliert werden, die bimodale Natur der Vulkanite und diverse geochemische Indizes verweisen allerdings auf die wesentliche Rolle von begleitender Extensionstektonik (LENTZ 1998). Rezente Äquivalente, nämlich metallführende submarine Hydrothermen in Back Arc-Becken, wurden in jüngster Zeit im Okinawatrog und im Manusbecken bei Papua Neuguinea (YANG & SCOTT 1996) gefunden. Eine ca. 9 Mt große, goldreiche Buntmetall-Lagerstätte östlich der japanischen Küste beschreiben IIZASA et al. (1999). Sie liegt in einer großen, submarinen rhyolitischen Caldera. Die hydrothermalen Systeme sind noch aktiv, mit unzähligen Black Smokers, die über Störungen zusammenwachsen und Mauern bilden.

Überwiegend Pyrit mit Kupferkies, Magnetkies und wechselnd geringen Gehalten von Zinkblende, Gold und Magnetit zeichnen die *Kieslager vom Besshi Typ* aus, die nach der Besshi Mine auf der japanischen Insel Shikoku benannt sind. Es gab dort etwa 100 ähnlicher Lagerstätten in einer vulkanosedimentären, epi- bis mesozonal metamorphen, in der Kreide tektonisierten Serie (Karbon bis Jura). Die Erzkörper bilden mit Basalten und Tuffen einen regionalen Horizont. Einzelne Erzkörper sind stratiforme Linsen, intern massig oder gebändert, und tektonisch zu Spindeln deformiert. WATANABE et al. (1998) erbringen vorläufige Hinweise auf eine Bildung im ozeanischen Bereich, mit späterem Einbau in den Inselbogen. Nach FOX (1984) hingegen werden Sulfidlagerstätten vom Besshi Typ in Dehnungsbecken früher Inselbögen oder in epikontinentalen Dehnungszonen gebildet. Ähnlich sind weltweit viele Kieslager in metamorphen Serien, etwa in den Alpen oder die „*Fahlbänder*" Norwegens.

Auch mit terrestrischem Vulkanismus sind wichtige Lagerstätten verbunden; früher schon erwähnt wurden die Fe-Oxyd-Laven und -Tuffe der intermediären Vulkanite und die subvulkanischen Porphyr-Erze. *Terrestrische subvulkanische Lagerstätten* entstehen in geringer, bis maximal 2000 m Tiefe als Erzgänge, metasomatische und Brekzienerzkörper sowie Imprägnationen, meist mit starker hydrothermaler Alteration der Nebengesteine. Infolge der oberflächennahen Lage der thermischen Herde sind die Geoisothermen eng aneinandergerückt, so daß ein steiler *geothermischer Gradient* besteht. Deshalb vertauben subvulkanische Lagerstätten oft in geringer Tiefe und haben nach unten konvergierende Erzkörper. Weiter sind dadurch die primären Teufenunterschiede über eine geringe Tiefe entwickelt bzw. oft sogar ineinandergeschoben, wenn sich das p/T-Feld durch Erosion oder Kollaps der Vulkane (Sillitoe 1994) oder durch das Aufsteigen einer neuen subvulkanischen Intrusion rasch veränderte.

Hier sollen die Au-Ag oder buntmetallreichen *epithermalen Lagerstätten* eingeführt werden. Nach Lindgrens Klassifikation (1933) sind diese wie folgt definiert:

- Bildungstiefe von 0–1500 m,
- Bildungstemperatur 50–200°C (s. aber unten),
- Lagerstätten in Sedimenten oder Vulkaniten, immer mit oberflächennahem Magmatismus assoziiert; oft durch Störungen kontrolliert,
- Erze vorwiegend in Gängen, Brekzienschloten und Stockwerken; seltener stratiform oder als Verdrängungskörper.
- Wichtige Metalle: Pb, Zn, Au, Ag, Hg, Sb, Cu, Se, Te, Bi und U, teilweise gediegen, sowie als Sulfide, Selenide und Telluride auftretend.
- Gangarten: Chert, Chalzedon und Quarzkristalle (Amethyst!), Chlorit, Epidot, Karbonate, Fluorit, Baryt, Adular, Alunit, Dickit, Rhodochrosit, Zeolithe.
- Hydrothermale Alteration: Geringe bis intensive Silifizierung, Kaolinisierung, Pyritisierung, Dolomitisierung, Chloritisierung.
- Erztexturen typisch für Hohlraumfüllung, oft kolloforme Bänderung.
- Zonierung sehr eng (telescoping); geringe Teufenerstreckung der Vererzung.

Insgesamt ist diese Charakteristik weiterhin für eine Zuordnung verwendbar, obwohl natürlich seit Lindgren viele neue Erkenntnisse gewonnen wurden. Diese betreffen vor allem die Natur der Fluide: Deren Temperaturen liegen zwischen 300–150°C, die Salzgehalte meist unter 3%. Isotopenuntersuchungen ergeben oft vorwiegend meteorische Herkunft des Wassers, mit <10% Anteil magmatischen Wassers. Der Erzabsatz erfolgte vielfach durch Sieden der Lösungen mit Annäherung an die Oberfläche, wobei Druckaufbau durch Selbstversiegelung der Wegsamkeiten infolge Mineralabsatzes oft zu hydrothermaler Explosion und Brekzienbildung führte. Dadurch entsteht eine Zyklizität, die sich auch in den Krusten und Kokarden der Gänge wiederspiegelt. Auch wo sich aufsteigende magmatische Gase oder kochende Fluide mit kaltem Grundwasser mischten, mußte die Lösungsfracht ausfallen.

Epithermale Systeme können in rezenten Vulkangebieten gut studiert werden (z.B. Taupo/Neuseeland: Giggenbach 1995). Daher weiß man, daß sie bevorzugt an konvergenten Plattengrenzen auftreten. Trotz der Häufung solcher Lagerstätten über den zirkumpazifischen Subduktionszonen erscheinen sie aber regelmäßig während der Dehnungsphasen und nicht bei Kompression (Orogenese). Vulkanische Graben- und Horstzonen (z.B. Basin and Range Provinz/USA) sind besonders günstig. Dort lokalisieren andesitische bis rhyolithische subvulkanische Dome oder resurgente Calderen die Lagerstättenbildung.

Wo epithermale Systeme an die Erdoberfläche austreten, bilden sich aus heißen Quellen erzführende Sinter oder hydrothermale Sedimente (hot springs type deposits). Da aus mitgeführtem Schwefel durch Oxydation starke Säuren produziert werden, sind manche Lagerstätten durch extreme Vertonung (Dickit, Alunit) schon im Gelände auffallend. Alunit (und andere Minerale extremer Argillitisierung) kann aber auch hypogen entstehen, wenn HCl- und S-reiche, oxydierte, magmatische Exhalationen sich in Grundwasser lösen und mit dem Nebengestein reagieren. Dieser „Alunit-Typ“ (high sulfidation type, überwiegend goldreich) epithermaler Lagerstätten wird von

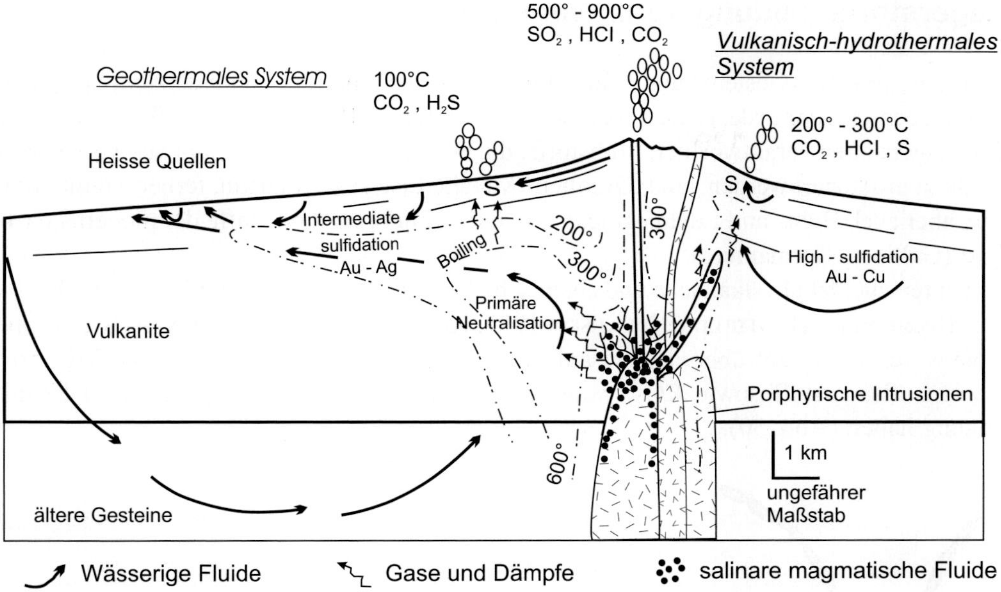

Abb. 28. Epithermale Lagerstättenbildung im Bereich eines Andesit-Vulkans (nach JOHN 2001). Rechts über subvulkanischen Porphyr-Intrusionen entsteht unter Einwirkung magmatischer Gase und Fluide eine „high-sulfidation" Au-Cu-Lagerstätte („vulkanisch-hydrothermales System"). Im linken Bildteil ist der Wasserkreislauf überwiegend meteorisch gespeist („geothermales System"). Die aufgeheizten Fluide nehmen ebenfalls vulkanische Gase auf, werden durch Reaktion mit dem Nebengestein neutralisiert und bilden nach Aufkochen „intermediate/low-sulfidation" Au-Ag-Erze. S – Bildung disseminierter Schwefellager.

einem „Adular-Serizit-Typ" (low sulfidation type, überwiegend Ag und Buntmetalle) unterschieden, welcher aus reduzierten und neutralen Lösungen entsteht (Abb. 28, WHITE & HEDENQUIST 1995). Rezente Bildung von „hot springs"-Präzipitaten mit hohem Gehalt an Au, Ag, Hg, Sb und As wurde aus den kalifornischen Coast Ranges beschrieben (PETERS 1991). In den heißen Quellen spielen hyperthermophile Mikroben (z.B. *Sulfolobus acidocaldarius*) eine wichtige Rolle.

Aus dem vorher Gesagten resultieren also deutliche Unterschiede zwischen submarinen und terrestrischen, mit Vulkanismus verbundenen Lagerstätten, obwohl vereinzelt Zwischenglieder auftreten (HANNINGTON 1997). Weiter ist es wichtig, die Entfernung von vulkanischen Zentren zu beachten: Alle hier besprochenen Lagerstätten sind unmittelbar an Vulkanbauten gelegen oder zumindest räumlich an aktiven oberflächennahen Magmatismus gebunden, sie sind also *proximal* angeordnet. Viele Lagerstätten ähnlicher Natur zeigen nur schwache syngenetische Einflüsse vulkanischer Herkunft, etwa als schmale Tuffeinschaltungen im Erz oder im unmittelbaren Nebengestein (Rammelsberg/Harz, Mt.Isa/Australien). Dann spricht man von *distaler Lage*. Eine direkte Entstehung solcher Erze durch Vulkanismus ist oft sehr fraglich.

Prospektion und Untersuchung vulkanogener Lagerstätten müssen in besonderem Maße Aufbau und Entwicklung der Vulkanbauten sowie die plattentektonische Situation der Magmengenese (SAWKINS 1990) einbeziehen.

II. Lagerstättenbildung durch Verwitterung

Verwitterung primärer Gesteine unter Bodenbildung ist nicht nur die Voraussetzung fast jeglichen höheren Lebens auf der Erde. Diese Prozesse sind auch für die Bildung einer großen Zahl wichtiger Rohstofflagerstätten verantwortlich. Rohstoffe, die zu einem bedeutenden Teil aus Verwitterungslagerstätten produziert werden, sind die „alten" Metalle Eisen und Mangan, ferner Aluminium und Kaolin, aber auch Bunt- und Edelmetalle, Uran, und schließlich Werkstoffe der modernsten Technologie (Gallium, Germanium).

Man unterscheidet physikalische und chemische Verwitterung, beide oft mit wesentlicher biologischer Beteiligung (Banfield & Nealson 1997, Köhler & Völsgen 1998, Abb. 29). Chemische Verwitterung beruht überwiegend auf der Reaktion zwischen Gesteinen und Wässern mit gelöstem Luftsauerstoff sowie CO_2, wobei Lage und Entwicklung im pH/Eh-Feld besondere Bedeutung haben (Abb. 30).

Abb. 29. Auf vielfachen Wunsch der Leser und Nutzer der 4. Auflage wird auch hier wieder ein Exemplar der berühmten *Petrophaga lorioti* (subspecies *melanodorsalis*) vorgestellt, stellvertretend für die große Zahl von Mikroben, welche bei Bildung und Abbau der Lagerstätten eine essentielle Rolle haben.

Lagerstättenbildung erfolgt in jedem Falle durch Konzentration der ursprünglich geringen Mengen wertvoller Anteile verwitternder Gesteine, entweder als Rückstand unter Abtransport des wertlosen Materials, oder durch Lösungstransport und Wiederabscheidung des Wertstoffes. Im letzteren Fall wird die Transportweite oft sehr gering sein (wenige Meter). Es gibt aber Lagerstätten, die nach sehr weiter Lösungswanderung entstehen, wie z.B. die Uranerze in Kalkkrusten (Calcrete) und Sandsteinen, oder Blei-Zinkerze in Karsthöhlen. Ein wichtiger Sonderfall der Lagerstättenbildung durch Verwitterung mit Lösungstransport ist die sekundäre Anreicherung ursprünglicher Armerze (primär sulfidisches Cu und Ag, oxydisches oder karbonatisches Fe, Mn).

Natürlich entstehen solche Lagerstätten bevorzugt dort, wo die Verwitterung infolge warmfeuchten Klimas und reicher Vegetation beschleunigt abläuft. Da Eisen und Aluminium relativ die geringste Löslichkeit haben, werden sie in tonig-sandigen, roten Böden der Tropen und Subtropen angereichert, welche man generell *Laterite* nennt. Diese sind von ihrer Verwendung als Baumaterial abgesehen wertlos. Damit *lateritische Erze* (von Al, Ni, Co, Fe, Mn, Cr, Au etc.) gebildet werden, müssen neben geeigneten Ausgangsgesteinen günstige morphologische, hydrogeologische und geochemische Bedingungen für Lösung, Transport und Ausfällung vorhanden sein (Valeton 1999). Dazu kommt der Zeitfaktor – langandauernde Verwitterung unter relativ gleichbleibenden Verhältnissen produziert eher reife Bodenprofile mit Erzanreicherung. Darum gibt es Verwitte-

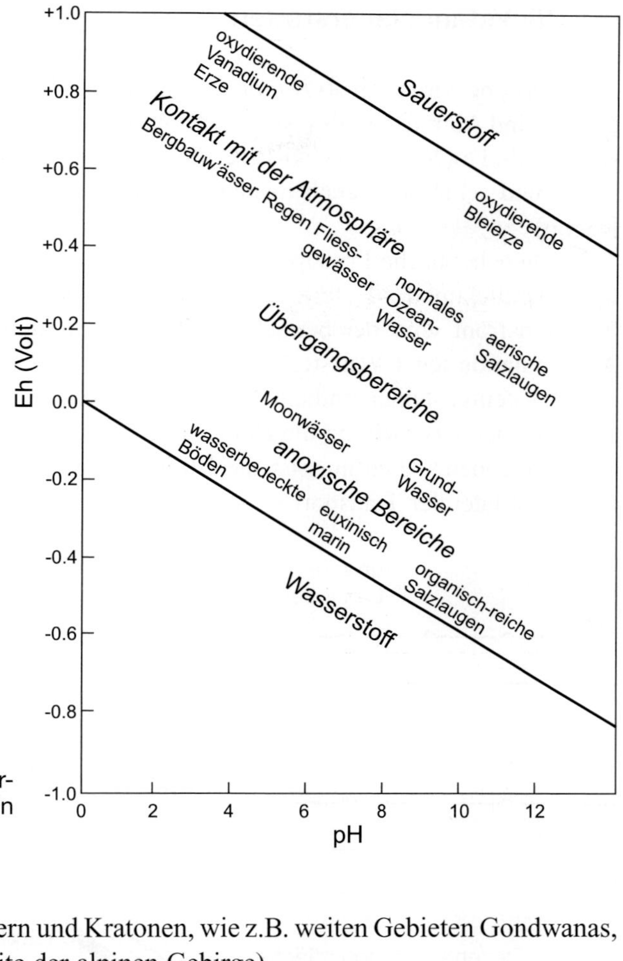

Abb. 30. Typische Eh/pH-Bedingungen oberflächennaher Wässer (nach SMITH & HUYCK in PLUMLEE & LOGSDON 1999).

rungslagerstätten vorwiegend in Tafelländern und Kratonen, wie z.B. weiten Gebieten Gondwanas, seltener in jüngeren Orogenen (z.B. Bauxite der alpinen Gebirge).

Laterite sind gut zonierte Böden mit einem obersten Auslaugungshorizont (A), darunter einer Ausfällungszone (B), dem zersetzten, aber noch erkennbaren Ausgangsgestein in situ (C) über unverwittertem Gestein (R). In Abhängigkeit vom Grundwasserspiegel besteht die Zone (B) oft aus einem oberen, kaolinitischen und hämatitfleckigen (mottled) Bereich, darunter findet man grünlich-graues smektitisches Material (saprolite). In (A) oder in (B) haben viele Laterite harte Krusten (duricrust) von SiO_2 (silcrete – die geologische Heimat der Edelopale), Fe- (ferricrete) oder Mn- (mangcrete) Oxyden und Hydroxyden. Dies wird durch jahreszeitlich wechselnde Trocken- und Feuchtperioden begünstigt, weil dann Evaporation unter eher alkalischen Bedingungen mit Lösung in saurem Sikkerwasser der Regenzeiten abwechselt. Typische Texturen lateritischer Böden umfassen gebänderte Krusten, Schrumpfungsrisse, Konkretionen, Pisolite und Oolite, dazu oft kleine, vertikale schlauchartige Strukturen, Liesegangringe usw. Neugebildete Stoffe sind oft kolloform, allerdings ist diagenetische Alterung zu Mineralen allgegenwärtig. Ein Beispiel ist die Umwandlung bzw. Entwässerung von Eisenhydroxydgel zu Goethit und Hämatit:

Alterung von Fe^{III}-Hydroxyd zu Goethit und Hämatit

$$Fe(OH)_3 \rightarrow FeOOH + H_2O$$

$$2FeOOH \rightarrow Fe_2O_3 + H_2O$$

Der wichtigste Faktor für effektive Auslaugungsprozesse ist Wasser in Verbindung mit guter Permeabilität und Drainage des Bodens. Lateritische Lagerstätten sind also eigentlich spezielle Böden, weshalb ihre Untersuchung Methoden der Bodenkunde einschließt. Relative und absolute Datierung der Lateritbildung ist oft schwierig; eine Möglichkeit eröffnet sich für hämatitführende Teile des Profiles mit der Anwendung paläomagnetischer Methoden. Dies erlaubt die Bestimmung der Paläo-Breitenlage. Die Wasserisotope neugebildeter Minerale (Goethit, Tone) lassen Aussagen zum Paläoklima zu.

Die Rückstandslagerstätten

Diese Gruppe wird auch als *residuale Lagerstätten* bezeichnet. Dazu gehören Seifen, welche durch Lösung und Abtransport des Nebengesteins resistenter Minerale entstehen, weiter Bauxite, lateritische Gold-, Fe-(Ni, Co) und Ni-Erze, die residuale Anreicherung von primären Eisen- und Manganerzen, und schließlich auch manche Lagerstätten von Industriemineralen (Phosphat, Magnesit, Kaolin).

Das geochemische Prinzip dieser Anreicherungen ist generell das Absinken einer Reaktionsfront, parallel mit der Tieferlegung der Landoberfläche durch Verwitterung und Abtragung. An der Reaktionsfront wird der betrachtete Wertstoff immobilisiert. Die Anreicherung entsteht durch Akkumulation jener Wertstoffmasse, welche in dem über der heutigen Landoberfläche befindlichen Gesteinsvolumen enthalten war (Abb. 31). Im Idealfall (im geschlossenen System) könnte man aus dieser Beziehung die Höhe der ursprünglichen Oberfläche für den Beginn der Verwitterung errechnen. Allerdings ist die Effizienz des Prozesses zweifellos weit geringer als 100%, zudem ist lateraler Transport sicherlich sehr häufig.

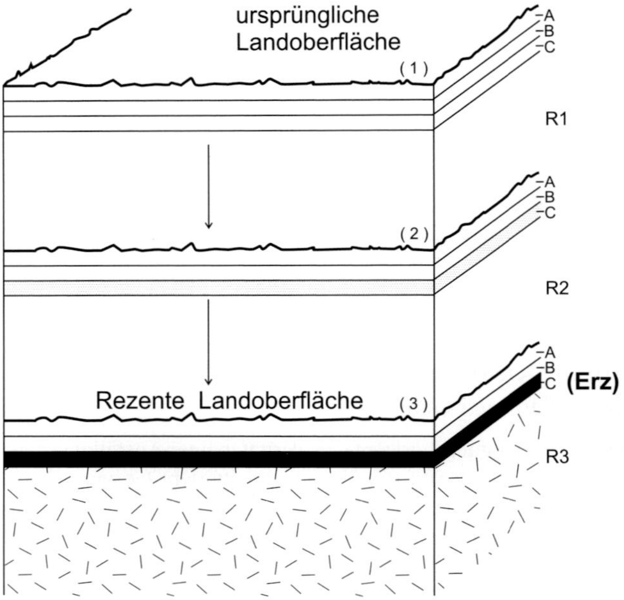

Abb. 31. Idealisiertes Schema der Bildung einer residualen Lagerstätte durch Anreicherung eines Wertstoffes an einer Reaktionsfront, z.B. Ni im C-Horizont (Saprolit), das aus einer ursprünglich darüberliegenden Gesteinsmasse akkumuliert wird.

(1) Beginn der Verwitterung, (2) Zwischenstadium, grau = noch unbauwürdige Anreicherung, (3) schwarz = bauwürdige Anreicherung nach Verwitterung eines mächtigen Gesteinsmantels (R1+R2). *Beachte jedoch, daß in Böden nicht nur vertikal, sondern auch lateral wirkender mechanischer oder Lösungstransport auftreten kann!*

Residuale Seifen liegen direkt über dem Ausgangsgestein, aus dem die Erze stammen. Das können Zinn- oder Goldquarzgänge sein, oder apatitführende Karbonatite, aus denen durch Weglösen der Karbonate wirtschaftlich gewinnbare Phosphatvorkommen resultieren. Solche Seifen gibt es nur in sehr flachem Gelände, da sonst Hangfließen und damit Bildung eluvialer Seifen einsetzt.

Bauxitlagerstätten entwickeln sich entweder in situ als Böden über Aluminium-Silikatgesteinen, oder nach Erosion von Bauxitdecken durch allochthone Sedimentation. Wie alle Böden werden Bauxite eher abgetragen als erhalten, so daß die meisten Lagerstätten mesozoisch und jünger sind. Junge Bauxite bestehen überwiegend aus Gibbsit, ältere haben zunehmend Böhmit und Diaspor. Nach der Morphologie des Bildungsraumes unterscheidet Grubb (1973) autochthone Hochlandbauxite (z.B. über den Dekkanbasalten Indiens, in Ghana und Guinea) und die zum Teil detritischen Tieflandbauxite. Dazu kommen die Karstbauxite (Mittelmeergebiet, Jamaica), welche auf verkarsteten Kalken liegen, in der Regel überlagert von transgressiven lakustrin-marinen Serien. Ihre Entstehung war lange umstritten, wobei eine Deutung als autochthone Bildung aus den Tonanteilen der Kalke gegen allochthone Zufuhr aus lateritischen Hochzonen stand. Mittlerweile ist die allochthone Herkunft zumindest der Vorläufertone dieser Bauxite auf Grund geochemischer und mineralogischer Argumente nachgewiesen. Die Anreicherung von Aluminium aus Gesteinen mit durchschnittlich 15% Al_2O_3 zu bauwürdigen Bauxiten mit mindestens 50% Al_2O_3 setzt Lösung und Abtransport des ebenfalls schwer löslichen SiO_2 und Fe voraus. Dies ist durch jahreszeitlich wiederkehrende, deutliche Veränderungen der pH/Eh Bedingungen im Boden möglich.

Eine interessante Entdeckung jüngerer Zeit sind die ***lateritischen Goldlagerstätten***, deren wichtigster Vertreter die Boddington Bauxit-Mine in West-Australien war, mit Ressourcen von 60 Millionen Tonnen Erz zu 1,6 ppm Au neben großen Au-armen (<1 ppm) Bauxitvorräten. Bauwürdige Goldgehalte lagen in bis 5 m mächtigen, oxydischen Fe-Al-Krusten und darunter in maximal 8 m mächtigem, klumpigem Fe-Al Laterit der B-Zone. Das Gold dieser Lagerstätte stammte aus Quarzgängen und damit assoziierten Alterationszonen des archaischen Grundgebirges. Mit einer Jahresproduktion von 2500 kg Gold war Boddington bis 2001 der größte Goldbergbau Australiens. Ähnliche, doch zumeist viel kleinere Lagerstätten sind weltweit verbreitet und stellen ein gesuchtes Prospektionsziel dar, weil Böden besonders billig untersucht, abgebaut und aufbereitet werden können.

Lateritische Eisenlagerstätten sind nach Reservenmenge und Fe-Gehalt selten wirtschaftlich wichtig. Immerhin können manche Laterite über basischen oder ultrabasischen Gesteinen lokal bauwürdig sein, obwohl Ni, Co und Cr oft so hohe Werte aufweisen, daß die metallurgische Verarbeitung des Erzes untragbar verteuert wird. Es besteht dann aber die Möglichkeit, daß Teile solcher Vorkommen oxydische Ni-Co Erze darstellen (Albanien, Griechenland). Lateritische Eisenerze bestehen aus oolitischem, rotem, gelbem oder braunem Hämatit und Goethit mit erhöhten H_2O, SiO_2 und Al_2O_3-Anteilen. Meist sind es autochthone oder lateral transportierte, wenige Meter mächtige deckenartige Krusten („ferricrete"). Solche Erze werden in Albanien, Guinea, Kuba und den Philippinen abgebaut.

Lateritische Nickellagerstätten sind wirtschaftlich überaus bedeutend (Gleeson et al. 2003). Sie entstehen durch Anreicherung von Ni (und Co) aus normalen ultrabasischen Gesteinen, wo diese einer intensiven und langdauernden tropischen Verwitterung unterliegen. Dieser Lagerstättentyp wurde 1863 von Garnier auf Neukaledonien entdeckt, und ab 1876 in Abbau genommen. Obwohl mittlerweile weltweit ähnliche Lagerstätten aufgefunden und abgebaut werden, bleibt Neukaledonien mit einer kumulierten Produktion von 3.5 Mt Nickel und mit sehr großen Reserven der größte derartige Erzdistrikt. Zur Zeit sind vier große Bergbaue in Betrieb, mit Reserven von ca. 1 Mio t Ni in Erz mit >2,7% Ni sowie 1 Mio t Ni in Erz mit 2,5–2,7% Ni.

Die Ultramafite von Neukaledonien gehören einer großen, im Eozän obduzierten Ophiolithdecke an, welche fast die ganze Insel unterlagert (Abb. 32). Frische und serpentinisierte Ultramafite haben gleichermaßen etwa 0,25% Ni (vor allem im Olivin) und 0,02% Co. Der Beginn der Lateritisierung der Hochflächen wird mit dem Miozän angenommen. Dadurch entstand ein reifes Lateritprofil, mit folgender Abfolge von oben nach unten (Abb.33):

- massige goethitische Eisenkrusten (engl. *ferricrete*; franz. *cuirasse*).
- Limonitzone mit residualem Mn, Cr und Al; durch Hämatit meist leuchtend rot gefärbt; erdige und konkretionäre Textur kann hier auftreten; diese Zone ist in der Regel durch starke Auslaugung von Mg, Ca, SiO_2, Ni und Co gekennzeichnet.
- Nontronitzone: ferrallitische, erdige rote oder gelbe Tone dominieren hier, doch gibt es auch Profile, in denen massive oder netzartige Verkieselung auftritt (als Opal, Chalzedon, Jaspis, etc.). Co kann als Asbolan („Erdkobalt", Wad-ähnlich) bauwürdig vorkommen. Ni und Mn sind ebenfalls gelegentlich wirtschaftlich angereichert. Mg ist in geringerem Maße abgeführt, SiO_2 etwa den Gehalten im Ausgangsgestein gleich.

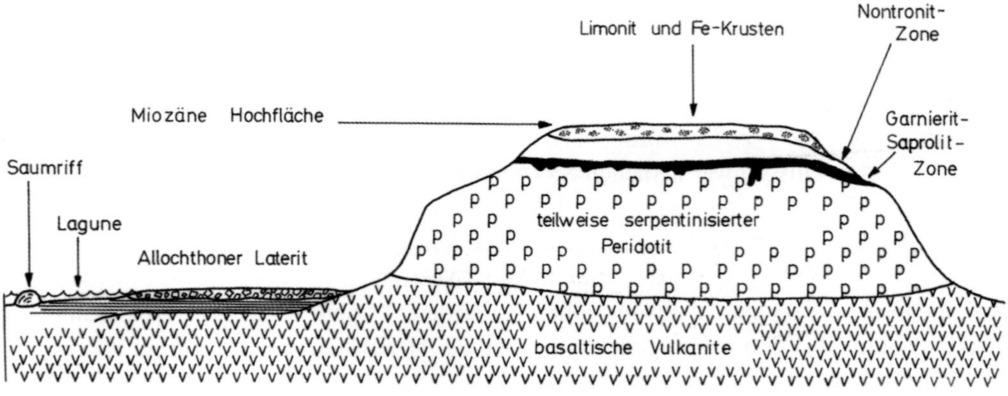

Abb. 32. Schematisches Profil der lateritischen Nickellagerstätten über peridotitischen Gesteinen der Ophiolithdecke in Neukaledonien.

- Saprolitzone: Dies ist die Zone der in situ verwitterten Ausgangsgesteine, mit deutlich erkennbaren Strukturen und Texturen der Ultrabasite, wobei die Umwandlung vor allem Klüften folgt und nach unten zunehmend frische Kerne einschließt, bis unverwittertes Gestein erreicht ist. Die Saprolitzone ist der eigentliche Nickelerzhorizont, worin grünlicher Garnierit mit oder ohne Chalzedon und Magnesit in Gängchen, Taschen und irregulären Massen auftreten. Olivin und Pyroxen wurden im Saprolit zu kolloformen Mg-Silikaten umgewandelt, welche zu Serpentin, Talk und smektitischen Tonen altern. Nickelgehalte bis 3% (als Vertreter von Mg^{2+} in den Mineralen) machen daraus das „garnieritische" Erz. Dieses kann vereinzelt in permeablen Störungszonen weit unter der normalen Verwitterungsbasis angetroffen werden.

	% MgO	Fe_2O_3	SiO_2	NiO
Eisenkrusten (Ferricrete)	0,5	84	2,0	1,2
Limonit und Nontronit	1,0	70	2,2	1,8
Saprolith	12,5	11,5	63,2	5,3
Peridotit (wenig verwittert)	42,7	9,11	41,3	0,3

Abb. 33. Bodenprofil einer lateritischen Nickellagerstätte vom wichtigsten, dem Silikat-Typ (Neukaledonien), mit typischen Elementgehalten (GLEESON et al. 2003).

Die Entstehung dieser Zonierung beruht auf der Zersetzung von Olivin, Pyroxen oder Serpentin durch saures Regen- und Bodenwasser. Nach Messungen in Lateritprofilen Neukaledoniens nimmt infolge dieser Reaktion der pH-Wert der Sickerwässer von 6 (oben) auf 8,5 (unten) zu. Das Ni der Bodenlösungen tritt durch Ionenaustausch bevorzugt in die sich im Saprolith neubildenden Mg-Hydrosilikate ein. Das Reaktionsbeispiel für die Bildung von Ni-Serpentin (Nepouit) aus Serpentin lautet:

Neubildung von Ni-Silkat in der Saprolitzone

$$Mg_3Si_2O_5(OH)_4 + xNi^{2+}aq \rightarrow (Mg,Ni)_3Si_2O_5(OH)_4 + xMg^{2+}\ aq$$

Das gelöste Mg wird in der Regel mit dem abfließenden Grundwasser weggeführt; gelegentlich aber bildet es im Fels unter dem Boden Kluftbeläge oder vielleicht auch stockwerkartige Lagerstätten von Magnesit (s. dort).

Oxydische Nickelerze entstehen durch Adsorption von Ni an amorphem Fe-Hydroxyd oder durch Einbau in Goethit der Eisenkrusten. Solche Erze sind seltener von wirtschaftlicher Bedeutung (Moa Bay/Kuba, Albanien, Griechenland).

Residuale Manganlagerstätten entwickeln sich durch lateritische Verwitterung über manganhaltigen Gesteinen. Sie sind zwar kleiner als die sedimentären Mn-Lagerstätten, führen aber oft Reicherze. Große Lagerstätten dieses Typs werden bei Postmasburg in Süd-Afrika, ferner in Gabun, Indien, Brasilien und Ghana abgebaut. Die Ausgangsgesteine (*protore*) sind Mn-führende Quarzite, Karbonate oder vulkanosedimentäre Serien mit vermutlich exhalativ-sedimentären Manganvoranreicherungen. Metamorphe, präkambrische Vertreter solcher Gesteine nennt man *Gondite*, welche überwiegend aus Quarz, Spessartin, Rhodonit und Rhodochrosit mit geringen Anteilen von Pyrit, Alabandit (MnS) etc. bestehen. Der Mn-Gehalt liegt meist unter 30%. Durch Verwitterung werden Karbonate und SiO_2 abgeführt; zurück bleiben residuale Manganoxydmassen, welche z.B. in Morro da Mina/Brasilien bis 200 m Tiefe abgebaut werden. Karbonat- und sulfidführende Gondite verwittern leichter als rein silikatische, die nur geringmächtige Erzkrusten entwickeln.

Lagerstätten der deszendenten Anreicherung

Besonders wirksam werden die von der Erdoberfläche ausgehenden, also *supergenen und deszendenten Alterationen* dort, wo sie vorhandene Erzvorkommen betreffen. Minderwertige primäre Erze (*protore*) werden dann durch die Sickerlösungen in tieferen Teilen des Verwitterungsprofiles angereichert. Wirtschaftlich besonders wichtig ist die deszendente Anreicherung von sulfidischen Kupfererzen, von oxydischen Eisenerzen und von vielen Uranerzen. Es handelt sich hier eine besondere Klasse der residualen Lagerstätten.

Die ***supergene Anreicherung von Sulfiderzen*** beruht auf der Oxydation der oberflächennahen Sulfide durch absinkendes Niederschlagswasser, Bodenluft und Mikroben. Chemolithotrophe, mesophile Bakterienstämme, wie z. B. *(Acidi-)Thiobacillus* oder *Leptospirillum ferrooxidans* oder extremophile Archaea wie *Ferroplasma acidarmanus* (Edwards et al. 2000) spielen dabei eine wichtige Rolle als „self-replicating catalysts“ (Sato 1992). Sie werden auch zunehmend zum oxydierenden Aufschluß sulfidischer Erze von Gold, Kupfer und Nickel vor Laugung eingesetzt.

In der Gesamtbilanz ist der Anteil anorganischer Verwitterung (z.B. Pyrit: Rimstidt & Vaughan 2003) relativ gering. Die Rolle der genannten Mikroorganismen bei der Sulfidoxydation ist sehr komplex und nicht vollständig erforscht. Einen guten Überblick bieten Nordstrom & Southam (1997). *Leptospirillum ferrooxidans* dürfte bei T>40° C und pH 0.7–1.0 durch Besiedlung der Sulfidoberflächen die eigentliche katalytische Zersetzung bewirken, und zwar durch Oxydation von Fe^{2+} zu Fe^{3+}, welch letzteres als Elektronenakzeptor eine gleiche Reaktion auf anorganischem Wege bewirkt. *Thiobacillus ferrooxidans* bevorzugt kühlere Verhältnisse mit etwas höherem pH. In einem weiteren Schritt kommt es in Kontakt mit Luftsauerstoff zur Ausfällung des Ferrihydroxyds (Schrenk et al. 1998).

Durch die Oxydation des Sulfidschwefels und von Fe^{2+} entstehen bei diesen Prozessen extrem saure Lösungen, die ihrerseits weitere Reaktionen bewirken. Für pyritreiche Kupfererze kann man dies schematisch folgend darstellen:

Summenformel der Oxydation von Pyrit und Chalcopyrit

$$2FeS_2 + 15\ O + 8H_2O + CO_2 \rightarrow 2Fe(OH)_3 + 4H_2SO_4 + H_2CO_3$$
$$2CuFeS_2 + 17\ O + 6H_2O + CO_2 \rightarrow 2Fe(OH)_3 + 2CuSO_4\ aq + H_2CO_3 + 2H_2SO_4$$

Kupfer, und in ähnlicher Weise auch Zn und Ag, gehen damit in Lösung und werden nach unten umgelagert. Die Eisenhydroxyde verbleiben infolge ihrer geringen Löslichkeit nahe der Oberfläche und bilden die typisch botryoidal-zelligen Limonit-Hämatitmassen des *eisernen Hutes* (*gossan*). Neben Fe gibt es darin in Abhängigkeit von der Metallführung der primären Sulfide residual angereichertes Gold (seltener Ag), Mn-Oxyde, sowie Spurenreste von Pb, Cu, Zn, Cd, Mo, Ni, As und Sb. Infolge des großen Massenverlustes sind Gossans oft Kollapsbrekzien. Eiserne Hüte sind auffällige und gesuchte Anzeichen für verborgene Sulfidlagerstätten. Sie können aber auch eigenständige Erzkörper sein, insbesondere bei Goldführung. Natürlich findet man oft supergene Limonite, die nicht mit wertvollen Erzen verbunden sind („*false gossans*"). Sorgfältige mineralogische (Blanchard 1968) und geochemische Untersuchungen erlauben jedoch eine Unterscheidung.

Unter dem eisernen Hut folgt in der Regel als Zeuge für die Passage starker Säuren eine gebleichte Auslaugungszone mit kräftiger Silikatverwitterung (z.B. Kaolin oder Alunit). Noch über dem Grundwasserspiegel finden sich Oxyde und Karbonate (z.B. Cuprit, Malachit und Azurit), z.T. auch gediegen Cu oder Ag. Selten ist diese Zone so mächtig entwickelt, daß große Erzkörper resultieren (Morenci/Arizona: Melchiorre & Enders 2003). Im Bereich des Grundwasserspiegels wird die eigentliche Reaktionsfront erreicht, in welcher exotherme Oxydation der primären Sulfide und Neubildung der Reicherze stattfinden. Unter dem Erzmikroskop kann man diese Prozesse an Hand der Verdrängungstexturen sehr gut nachweisen. Hier ist auch der bevorzugte Lebensraum der oben erwähnten thermophilen Mikroben, deren Reste am Kontakt von Chalcosin mit primären Sulfiden elektronenmikroskopisch nachgewiesen wurden (Sillitoe et al. 1996). Isotopenanalysen deuten auf Erwärmung bis nahe 100°C hin (Melchiorre & Williams 2001). Wichtig ist die Erhaltung der sauren Bedingungen. Wenn karbonatische oder andere basische Nebengesteine vorliegen, ist die sekundäre Anreicherung gering.

Gleichzeitig bewirken diese Oxydations/Reduktionsabläufe *galvanische Mineralinteraktionen* (Sikka et al. 1991) und damit den Aufbau eines *elektrochemischen Feldes* um den Erzkörper, welches für die geophysikalische Sulfidprospektion ein deutliches Ziel darbietet. In Weiterverfolgung des oben gewählten Beispiels verläuft die *Präzipitation* unter Bildung von Kupferglanz oder Covellin in folgender Weise:

Entstehung sekundärer Kupfer-Reicherze

$$5FeS_2 + 14CuSO_4\ aq + 12\ H_2O \rightarrow 7Cu_2S + 5FeSO_4\ aq + 12H_2SO_4$$
$$CuFeS_2 + CuSO_4\ aq \rightarrow 2CuS + FeSO_4\ aq$$

Damit werden die primären Erze metallreicher, nicht selten unter Ansammlung spektakulärer Reicherzkörper. Es gibt viele Lagerstätten, die ihre Bauwürdigkeit einer solchen supergenen, sekundären Anreicherung verdanken, während das primäre Erz zu arm ist. Das betrifft manche porphyrische Kupferlagerstätten; andere Bergbaue gewinnen sowohl das primäre wie das sekundäre Erz.

Viele Beobachtungen solcher sekundärer Verdrängungserscheinungen haben gezeigt, daß es „edlere" Metalle gibt, welche ausgefällt werden (Cu im obigen Beispiel), wogegen „unedlere" (oben Fe) in Lösung gehen, was bereits früher besprochen wurde. Dort wurden die elektrochemischen Gründe angeführt, die zur Erklärung herangezogen werden. Die edleren Metalle (Cu, Ag; Au jedenfalls) treten oft auch gediegen auf; das kann durch folgende Reaktion erklärt werden:

Bildung gediegener Metalle

$$2Ag^+ + 2Fe^{2+} \rightarrow 2Ag^0 + 2Fe^{3+}\ \text{(in Wasser mit } SO_4^{2-}\text{)}$$

Insgesamt ist heute klar, daß die Vorgänge in einem verwitternden Sulfiderzkörper auf einem komplexen Zusammenspiel verschiedener physikalisch-chemisch-biologischer Prozesse beruhen, deren Produkte oft nicht den Erwartungen thermodynamischer Berechnungen entsprechen. Solche Paragenesen lassen sich dadurch erklären, daß bei den niedrigen Temperaturen der Verwitterung die Aktivierungsenergie für viele Reaktionen nicht aufgebracht werden kann. Dadurch erweitern sich die thermodynamischen Stabilitätsgrenzen mancher Minerale in sogenannte *Persistenzfelder* (Sato 1992), die den geologischen Beobachtungen besser entsprechen.

Die Verwitterung sulfidischer Lagerstätten resultiert demnach in der Ausbildung einer vorwiegend ausgelaugten ***Oxydationszone,*** welche von der metallreichen ***Zementationszone*** und schließlich der ***primären Zone (protore)*** unterlagert wird (Abb. 34). Im Gegensatz zu der primären Teufenzonierung vieler Lagerstätten bezeichnet man diese als ***sekundäre Teufenunterschiede.*** Die Tiefe der Oxydation hängt von der Lage des Grundwasserspiegels ab, wobei einige Zehner bis Hundert Meter in kratonischen Gebieten häufig sind. Zutritt von oxydierendem Wasser ist aber auch in viel größerer Tiefe (Tsumeb Mine/SW-Afrika 750–1160 m; Lombaard et al. 1986) bzw. unter dem Grundwasserspiegel möglich (z.B. Bougainville), wo die Oxydation nur an besonders permeablen Fließzonen (Störungen, etc.) abläuft. Die Mächtigkeit der Zementationszone ist in der Regel relativ gering, doch variabel, da hier schwankende Grundwasserstände großen Einfluß haben. Somit muß für das Verständnis solcher Lagerstätten in Ergänzung geologischer Arbeiten eine Rekonstruktion der morphologischen und hydrologischen Entwicklung versucht werden.

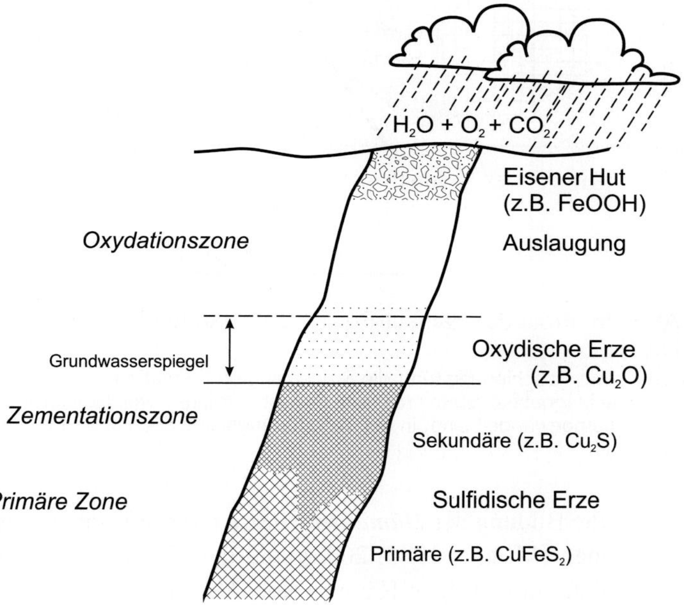

Abb. 34. Schematisches Profil supergener, sekundärer Zonierung mit deszendenter Anreicherung in einer tief verwitterten Cu-Sulfidlagerstätte.

Supergen angereicherte Eisenerzlagerstätten mit 55–65% Fe sind weltweit von überragender Bedeutung. Sie liefern den größten Teil der Eisenerzproduktion, vor allem auf der Basis der proterozoischen gebänderten Eisenformationen (BIF = „*banded iron ore formations*"), mit initial ca. 20–35% Fe. Manche Hämatit-Erzkörper sind von residualen, lateritischen Anreicherungen dadurch deutlich verschieden, daß sie bis Hunderte Meter unter die Erdoberfläche reichen können. Diese und weitere Beobachtungen haben die allgemeine Akzeptanz einer supergenen Bildung verhindert. Zumindest für die Entstehung der wirtschaftlich besonders interessanten Hämatitreicherze dominieren heute hydrothermale Modelle, mit oder ganz ohne Mitwirkung der Verwitterung.

Kaum bestritten ist das Modell der Verwitterungsanreicherung von BIFs zu den häufigen, allerdings im Vergleich zu Hämatitreicherzen geringerwertigen ***Martit-Goethit-Erzen*** (Morris 1985): Nahe der Oberfläche wird Eisen unter dem Einfluß organischer Substanzen gelöst und in die Tiefe abgeführt. Gleichzeitig wird ein elektrochemisches System aufgebaut, in dem die oberflächennahen Bereiche als Kathode, die tieferliegenden, oxydierenden BIFs als Anode fungieren. Dort wird

Magnetit in Martit (Hämatit nach Magnetit) oder Maghemit umgewandelt. Gleichzeitig erhöht diese Reaktion die Löslichkeit von SiO_2 um ein Vielfaches, wodurch es zu einer metasomatischen Verdrängung von Quarz durch FeOOH kommen kann. Es resultieren die weltweit verbreiteten „martitischen Eisenerze". Soweit diese durch Erosion freigelegt werden, findet weitere oberflächennahe Überprägung durch gewöhnliche Verwitterung statt.

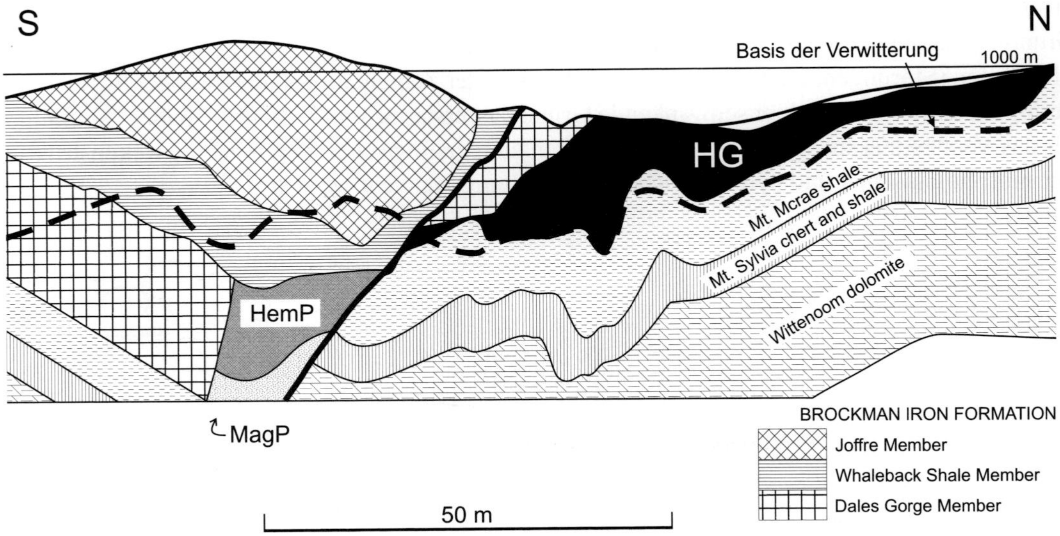

Abb. 35. Profil der Hämatit-Reicherzlagerstätte Mount Tom Price/Westaustralien (nach TAYLOR et al. 2001).
Nahe einer Abschiebung führt die Brockman Iron Formation der alt-proterozoischen Hamersley Gruppe in der Tiefe massige Magnetitkörper mit reichlich Phosphor (MagP), welche teilweise in feinblätterigen, phosphorreichen Hämatit (HemP) umgewandelt sind. In der Verwitterungszone (rechts) liegt ein phosphorarmer Hämatit-Reicherzkörper (HG) vor.

Für die Bildung der ***Hämatitreicherze*** (Abb. 35) gibt es jedoch drei kontroverse Modelle: Nach dem einen (MORRIS 1985, 2003) sind das alte Verwitterungsanreicherungen (s.o.), welche ihre Umbildung in blättrigen Hämatit einer Versenkungsmetamorphose verdanken. Belege für hydrothermale Genese wurden von BARLEY et al. (1999) sowie TAYLOR et al. (2001) vorgelegt, wonach diese immensen Eisenanreicherungen (bis >1 Milliarde Tonnen) ursprünglich in der Tiefe gebildet worden wären, vielleicht mit späterer oberflächennaher Verwitterung. In beiden Varianten hat Oxydation jedenfalls eine zentrale genetische Rolle. Eine dritte Hypothese sieht keinerlei Rolle von Oxydation bzw. Verwitterung, sondern beruht auf der Möglichkeit einer direkt hydrothermalen Hämatitbildung durch Lösung von Fe^{2+} aus Magnetit (OHMOTO 2003).

Infiltrationslagerstätten

Bei zunehmender Transportweite der metallführenden Lösungen vom Bereich aktiver Verwitterung zum Ort der Ausfällung in Gesteinen eines ganz verschiedenen geologischen Milieus spricht man von Infiltrationslagerstätten. Besonders klar ist das bei Uran, das aus uranführendem Granit, Gneisen oder sauren Tuffen gelöst und in Oberflächenwasser oder seichtem Grundwasser über Zehner bis Hunderte Kilometer verfrachtet wird, bis es in reduzierten, tieferen Grundwässern ausfällt.

Auch manche Lagerstätten von Kupfer, Eisen, Vanadium, Silber und Pb-Zn-Ba-F werden von einigen Wissenschaftlern nach diesem Modell gedeutet. Die Metalle können aus älteren Konzentrationen abgelaugt, oder aber auch durch Verwitterung ganz normaler Gesteine freigesetzt werden. *Selektive Verwitterung* verschiedener Minerale kann zu einer zeitlichen oder räumlichen Trennung von Metallen führen, indem etwa Plagioklas und Fe-Mn-Minerale Cu-Zn-U freisetzen, der stabilere Kalifeldspat aber Ba, Pb und SiO_2.

Infiltration wird hier im hydrogeologischen Sinne als deszendentes Zufließen von meteorischem Wasser in Poren und andere Hohlräume (z.B. Störungsbrekzien, Karst) eines bereits vorhandenen Gesteins verstanden (die resultierende Vererzung ist also epigenetisch). Jene Fälle, in welchen die Metallkonzentration gleichzeitig mit den Sedimenten entsteht, müssen davon deutlich unterschieden werden. Für die Erforschung von Infiltrationslagerstätten ist die Anwendung hydrogeologischer Methoden von großer Bedeutung.

Die Lösungsfracht der beteiligten Wässer ist äußerst gering. Eine entsprechende Konzentration des jeweiligen Wertstoffes bedarf deshalb einer sehr effizienten „Filterung“ bei Durchfluß großer Lösungsmengen. Diese wird durch ***geochemische Barrieren*** bewirkt, welche gewöhnlich „Fronten“ einer raschen Änderung von pH und Eh sind. Geologisch besonders wirksam sind auch hier Karbonate, H_2S oder SO_4 im Porenwasser, sowie organische Substanzen (Kohle, Bitumina).

Infiltrationslagerstätten des Urans sind besonders häufig, vielfältig und wirtschaftlich wichtig. Die chemische Verwitterung uranhaltiger Minerale setzt das Uran als sechswertiges Ion frei, das mit freiem SO_4^{2-},CO_3^{2-}, OH^-, Alkalien und Humaten komplexe Ionen bildet, welche im oxydischen Milieu weit verfrachtet werden. Geochemische Barrieren für solche Uranlösungen sind Phosphate, Arsenate, Vanadate und Karbonate der Nebengesteine, starke Reduktion, sowie Sorption durch Kolloide von Fe-Hydroxyden, Kieselsäure und organische Substanzen. Dementsprechend gibt es Uranlagerstätten dieser Entstehung in permeablen Sandsteinen und Konglomeraten (Typus Colorado Plateau/USA, oder auch Sandstein-Typ genannt), in Störungs- und Brekzienzonen, in Kohleflözen und Asphaltlagerstätten und schließlich in terrestrischen Kalkkrusten semiarider Gebiete (der „*Calcrete*“ Typus), bei welchem allerdings auch Evaporation eine wesentliche Rolle spielt.

Das *Colorado Plateau* ist ein präkambrischer Block, dem gering deformierte, 3000 bis 4000 m mächtige Tafelsedimente permischen bis eozänen Alters auflagern. Überwiegend terrestrische Sandsteine und Konglomerate sind in dieser Schichtfolge häufig. Vom Perm bis ins Tertiär enthalten sie eine große Zahl von U-Lagerstätten und Vorkommen, wobei die wichtigsten Reserven in Trias und Jura gefunden wurden (Sanford 1990). Unabhängig vom Alter der Nebengesteine liegt die Periode der Vererzung zwischen 80 bis 50 Ma. Die Form der Erzkörper ist verschieden; es gibt schichtförmige Linsen, Bänder, Taschen und die charakteristischen Erzrollen („roll fronts“: Abb. 36), oft in klarem Zusammenhang mit begrabenen Flußläufen. Immer sind die Lagerstätten unmittelbar an einer Oxydations/Reduktionsgrenze in permeablen Gesteinen gelegen, die durch einen Farbumschlag (rot/grau) schon im Gelände auffällt. Lokale Reduktion durch kohliges Material der Sandsteine erzeugte eher Erztaschen, aber auch die beeindruckenden, zur Gänze durch Uraninit vererzten Baumstämme. Die Herkunft des Urans wird in den zahlreichen sauren Tufflagen des Sedimentstapels vermutet, aber auch ehemalige Grundgebirgsinseln oder detritäre uranführende Minerale der Sande mögen beteiligt sein. Die Erze bestehen primär aus Pechblende, Uraninit, Vanadiummineralen und untergeordnet Sulfiden (Fe, Mo, Cu, Pb, Zn, Se, etc.). Eine junge Verwitterung, verursacht durch die Hebung des Plateaus, bewirkte vielfach erneute Oxydation, welche durch die grellbunten Farben der sekundären Uranminerale auffällt.

Dieses Beispiel macht deutlich, daß Infiltrationslagerstätten durch beckenwärts absinkende Wässer gebildet werden – ganz im Gegensatz zu den diagenetisch-hydrothermalen Lagerstätten, welche zwar ebenfalls an den Rändern sedimentärer Becken auftreten, doch durch einen aufsteigenden Lösungsstrom gebildet werden. Prospektion und montangeologische Untersuchungen müssen deshalb sedimentologische und paläo-hydrologische Modelle einbeziehen.

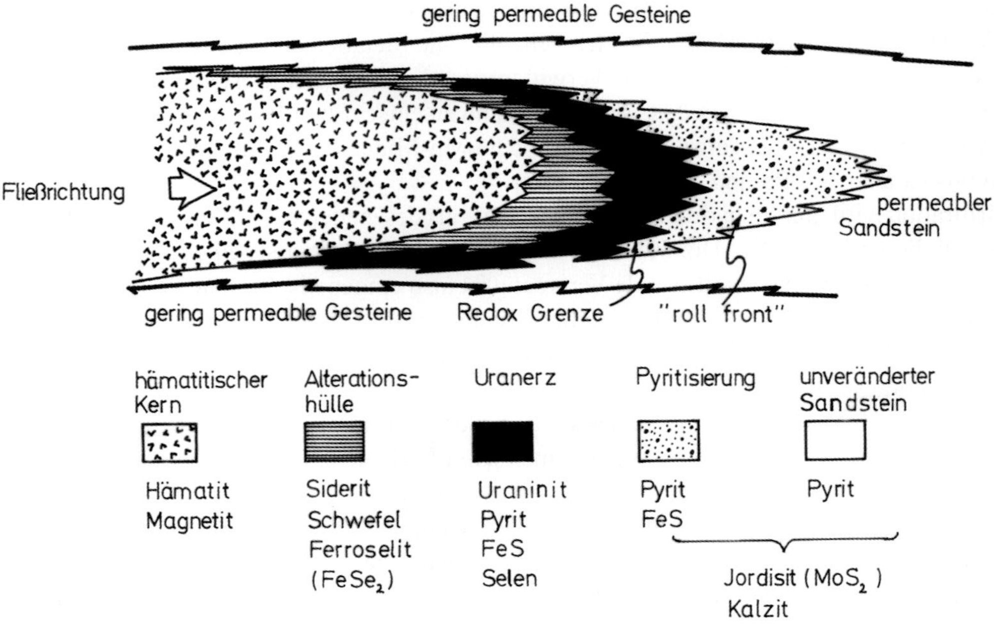

Abb. 36. Idealisierter Längsschnitt einer Erzrolle („roll front") in einer Uranlagerstätte vom Sandstein-Typ.

Ähnlicher Entstehung sind vermutlich ***Kupferlagerstätten in Sandsteinen***, die infolge ihrer Bindung an vorwiegend rote terrestrische Sedimente auch als „*Red Bed*"-Lagerstätten bezeichnet werden. Auch manche Bleierze in Sandsteinen („Knottenerze") zählen möglicherweise zu dieser Gruppe. Solche Lagerstätten haben heute geringe wirtschaftliche Bedeutung.

Die Bildung von ***Infiltrationslagerstätten durch Verkarstung von Karbonaten*** ist sehr umstritten; das Modell beruht vor allem auf Arbeiten französischer Forscher in Nordafrika. Eine gute Zusammenfassung findet man in Zuffardi (1976).

Nach Bernard (1973) gibt es drei Möglichkeiten der Erzlagerstättenbildung in Karst:

1. hydrothermalen Karst, der durch aszendente heiße Lösungen entsteht (z.B. die berühmte Carlsbad-Höhle in New Mexico, welche durch hypogene sulfatische Lösungen gebildet wurde: Polyak et al. 1998). Darin gebildete Erzkörper sind demnach Substitutionslagerstätten, wie jene Oberschlesiens (Abb. 37).

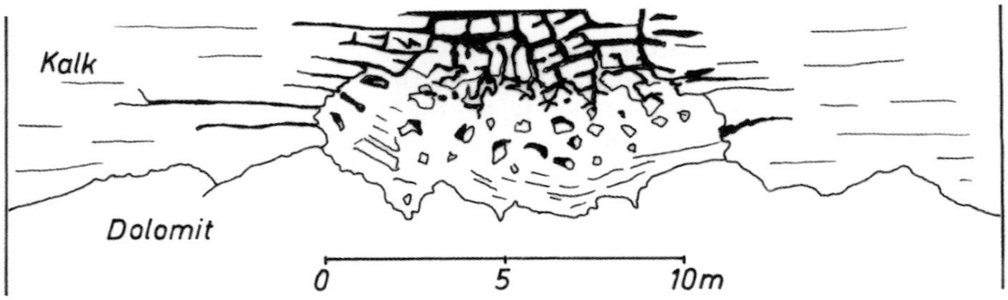

Abb. 37. Blei-Zinkerze (schwarz) in einem hydrothermalen Karstschlauch in Zechsteinkarbonat, Oberschlesien. Das Zerbrechen des Höhlendaches und abgestürzte Blöcke belegen die Gleichzeitigkeit von Vererzung und Karstbildung (Sass-Gustkiewicz 1996).

2. Karst sensu stricto, durch absinkende kohlensäurehaltige Oberflächenwässer gebildet, in dem davon unabhängig und später hydrothermale Erze ausgeschieden werden.
3. Karst sensu stricto, wo sowohl Verkarstung wie auch Zufuhr der Metalle supergen sind.

Nur der letztgenannte Fall entspricht der Definition einer Verwitterungslagerstätte. Nach BERNARD besteht ein Karstsystem aus der oberflächennahen Perkolationszone, der tieferen Zone permanenter Zirkulation und der Zone genereller Imbibition unter dem Grundwasserspiegel (Abb. 38).

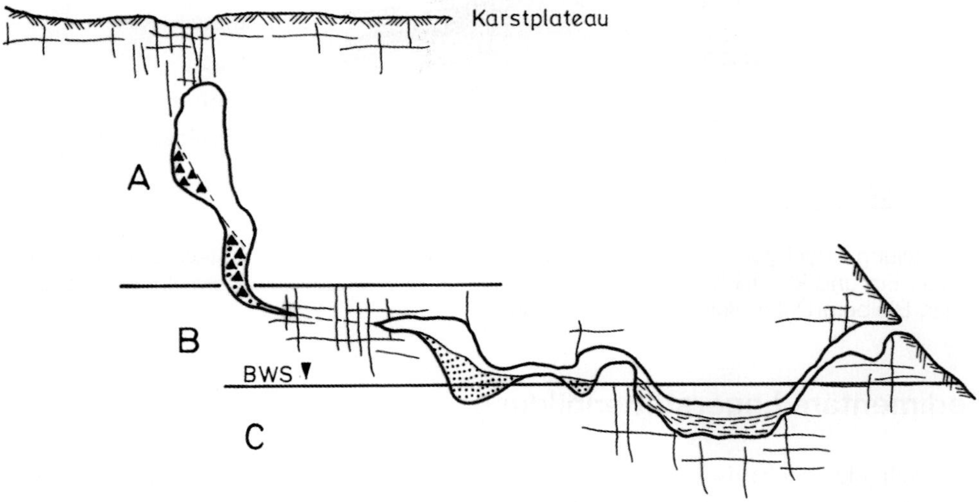

Abb. 38. Vereinfachter Querschnitt eines reifen Karstsystems (nach BERNARD 1973).
A – Perkolationszone; B – Zone permanenter Zirkulation; C – Imbibitionszone. BWS = Bergwasserspiegel.

Die *Perkolationszone* ist durch rasches Fließen, mechanische Erosion und grobkörnige Sedimente nahe der Oberfläche gekennzeichnet. Die unterirdischen Flußläufe der *Zone permanenter Zirkulation* werden durch Lösen des Karbonates gebildet; hier gibt es nur feinklastische Sedimente; falls Mineralisation auftritt, handelt es sich um Baryt. In der *Zone genereller Imbibition* stagniert das Wasser. Da hier organisches Material zersetzt wird, entwikkelt sich ein „mikro-euxinisches" Milieu, in dem durch Bakterien SO_4 zu H_2S reduziert wird. Sedimente sind sehr feinkörnig klastisch, meist aber chemisch. Charakteristisch ist eine frühe Verkieselung und Dolomitisierung der Nebengesteine; die Wände der Karsthöhlen sind von Limonit und Ton umkrustet, nach innen folgen Sulfide (Pb, Zn, Sb, Cu), Fluorit, Baryt, Kalzit, Dolomit und manchmal Vanadiumerze. Die Metalle werden nach BERNARD aus dem aufgelösten Kalk bezogen (Karbonate können z.B. 1 ppm Pb enthalten), aber öfter wird Zufuhr von Verwitterungslösungen aus anderen Gesteinen der weiteren Umgebung angenommen.

Dieses Modell ist an sich schlüssig. Trotzdem sind Zweifel berechtigt, da viele solcherart gedeutete Lagerstätten durch spätere Untersuchungen (z.B. der Flüssigkeitseinschlüsse) als hydrothermal gebildet erkannt wurden. Insbesonders betrifft das die heute als diagenetisch-hydrothermale Bildungen aufgefaßten Pb-Zn-Ba-F Lagerstätten vom Mississippi Typ (s. unten). Die Unterscheidung auf Grund herkömmlicher Methoden ist besonders schwierig; so können etwa die sedimentären, geopetalen Gefüge der Erze, Gangarten und eventueller klastischer Sedimente in den Karsthohlräumen (Abb. 39) sowohl aszendent wie auch deszendent begründet werden. Zudem ist in Oberflächennähe sogar gleichzeitiger Ablauf super- und hypogener Prozesse denkbar.

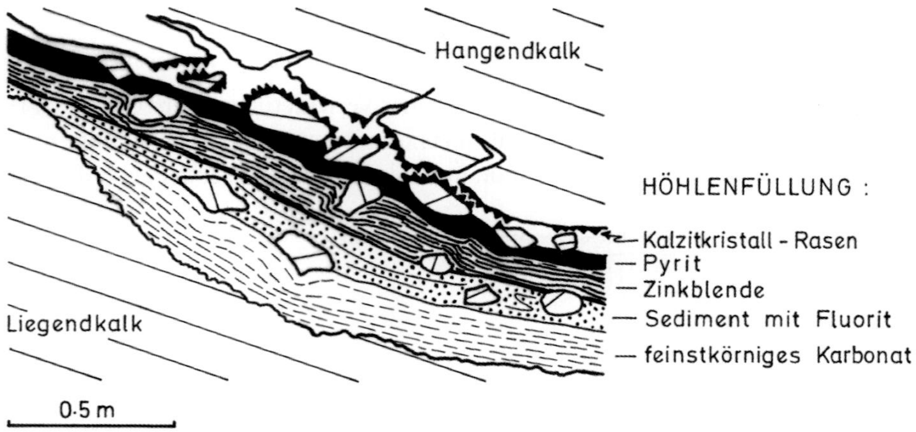

Abb. 39. Füllung einer hydrothermalen Karsthöhle mit später tektonisch verstellter, sedimentärer Bänderung von Erz und klastischem Material; auch hier ist das wiederholte Hereinbrechen des Daches erkennbar; Bleiberg/Österreich (nach SIEGL 1956).

III. Sedimentäre Lagerstättenbildung

Man unterscheidet mechanische, chemische und biogene Sedimente bzw. Sedimentgesteine; daneben gibt es ferner Einteilungen nach der Herkunft des Sediment-Materials (allochthon/autochthon) und nach Lokalität und Milieu der Sedimentation. Nach ganz analogen Kriterien können jene Rohstofflagerstätten klassifiziert werden, die durch sedimentäre Prozesse entstehen.

Allochthone, terrigene Rohstoffe von größter wirtschaftlicher Bedeutung sind Kies, Sand und manche Tone. Metallerze treten in dieser Gruppe in „Seifen" auf, welche vorwiegend als Anreicherungen schwer verwitterbarer Minerale durch fließendes Wasser entstehen.

Autochthone, also am Ort der Lagerstätte erst gebildete Rohstoffe, sind eine sehr variable Gruppe sedimentärer Lagerstätten. Dazu zählen chemisch-gefällte bzw. partiell biogene Stoffe wie Karbonate (Kalkstein, Dolomit, Magnesit), Evaporite (Steinsalz, Kalisalz, Gips), manche massige und die oolithischen „Eisensteine" sowie die gebänderten Eisenformationen, marine Phosphate, sedimentäre Sulfidlagerstätten und Manganerzflöze. Organische Bildung überwiegt für Kohle, Ölschiefer, Kieselgur, aber auch bei der Entstehung mancher Kalksteine. Zu den autochthonen Sedimenten werden oft auch die Verwitterungsböden gerechnet; deren wichtige Lagerstätten wurden im voranstehenden Kapitel beschrieben.

Viele sulfidische, oxydische, karbonatische und sulfatische Erz- und Minerallagerstätten entstehen durch autochthone Sedimentation nach *hydrothermaler Exhalation* ins Meerwasser und unmittelbar folgende Ausfällung. Alle derartigen Bildungen sind natürlich im weiteren Sinne sedimentäre Erze. Trotzdem werden sie in diesem Buch zum Teil anderswo behandelt, um das geologische Milieu ihrer Bildung zu betonen (z.B. Zypern Typ Sulfide unter „Lagerstätten der Ophiolite"; Kuroko und Besshi Typ unter „Vulkanogene Lagerstätten"). Hier werden aus der Gruppe exhalativ-sedimentärer Lagerstätten jene beschrieben, die in sedimentär dominiertem Milieu gebildet wurden, in sehr distaler Lage zu synchronem Vulkanismus oder ohne irgendwelche Anzeichen eines solchen. Das sind die eigentlichen *SEDEX-Lagerstätten* (sedimentary-exhalative).

Da Sedimentation fast ausschließlich in der *Biosphäre* stattfindet, ist auch die damit verbundene Bildung von Lagerstätten zumeist biogen beeinflußt. Das kann sehr direkt und leicht erkennbar sein, z.B. bei fossilreichen Phosphaten. Die biologische Mitwirkung bei der Bildung vieler anderer Lagerstätten ist aber oft bedeutend weniger augenscheinlich. So enthalten viele sedimentäre Sulfiderze nach Isotopenanalysen sehr leichten, „biogenen" Schwefel, auch wenn die Metalle hydrothermal-exhalativ gefördert wurden. Das läßt sich dadurch begründen, daß in abgeschlossenen marinen Becken mit hydrothermaler Aktivität sehr rasch Sauerstoffarmut eintritt, welche ein Massenwachstum anaerober Schwefelbakterien wie z.B. *Desulfobacter* oder *Desulfomaculum* (Boschker et al. 1998) ermöglicht. Diese reduzieren das SO_4 des Meerwassers zu H_2S, unter gleichzeitiger Kohlenstoff-"Mineralisation" (C_{org} wird in CO_2 bzw. Karbonate umgewandelt). Aus energetischen Gründen werden dabei bevorzugt Moleküle mit dem leichteren Isotop verwendet, so daß die aus H_2S und Metallionen gebildeten Sulfide isotopisch deutlich leichten, „biogenen" Schwefel enthalten. Voraussetzung ist ein Sulfatgehalt der Lösung >1 mM. Die frühesten Zeugen für biogene Sulfatreduktion wurden im Achaikum nachgewiesen (Shen et al. 2001). Besonders niedrige $\delta^{34}S$-Werte werden durch wiederholte Reduktions-/Oxydationszyklen erreicht (Canfield & Thamdrup 1994, Canfield & Teske 1996). Als „vererzte Bakterien" gelten die Framboide, das sind mikroskopisch kleine Kügelchen aus Sulfiden (meist Pyrit).

Bakterielle Sulfatreduktion

$$106(CH_2O)16(NH_3)(H_3PO_4) + 53SO_4^{2-} \rightarrow 106CO_2 + 16NH_3 + H_3PO_4 + 106H_2O + 53\ S^{2-}$$

(organische Substanz)

Die sedimentäre *Präzipitation* von Metallen und anderen Elementen wird vor allem von der Verfügbarkeit entsprechender Ionen sowie von pH und Eh kontrolliert. Die Ausfällung beruht oft auf einem Anionentausch, etwa wenn chloridische Metall-Lösungen in ein H_2S führendes Becken austreten, wodurch sich Sulfide abscheiden. Werden Metalle quer zu einer Eh-Zonierung transportiert, zum Beispiel von der Küste in ein euxinisches Meeresbecken, entstehen laterale Faziesänderungen der Präzipitate, mit der Abfolge oxydisch – karbonatisch – silikatisch – sulfidisch. Natürlich sind solche *Fazieszonen* besonders dann auffällig, wenn zonenübergreifend dasselbe Metall vorliegt, wie in manchen Eisenerzdistrikten. Bei polymetallischen Lagerstätten gibt es weitere Sub-Zonen innerhalb der genannten Hauptfazies.

Schwarzschiefer, im weiteren Sinne sehr feinkörnige Sedimente variabler Zusammensetzung (Quarz, Karbonat, Ton, etc.) mit bedeutendem Anteil an organischer Substanz, sind ein besonders wichtiges Milieu sulfidischer Erzlagerstätten. Solche Gesteine haben in der Regel erhöhte Spurengehalte von U, V, Ni, Co, Cu, Ag, As, Au, Mo, Phosphaten und vielen anderen Elementen. Zum Teil mögen diese Metalle gemeinsam mit detritären organischen Partikeln ins Meer gekommen sein, an welche sie adsorptiv gebunden waren. Dies setzt aber Transport großer Mengen von Pflanzenresten in ein Meeresbecken voraus, der oft wenig wahrscheinlich erscheint. Deshalb erklärt man die erhebliche Metallanreicherung in solchen Gesteinen durch die besondere Fähigkeit organischer Substanzen, im Meerwasser gelöste Metalle (besonders Ni, Co, Cu und Zn) zu fixieren, so gering die dort enthaltenen Spuren auch sein mögen. V, Mo und Cr hingegen werden nicht direkt durch die organischen Spezies gebunden, sondern durch Reduktion fixiert. Die ebenfalls erhöhten Gehalte von Schwarzschiefern an Ba, P und Cd werden als geochemische Belege für hohe biologische Produktivität im oberen Teil der Wassersäule aufgefaßt. Mn (manchmal auch Fe) ist gegenüber normalen marinen Peliten verarmt, weil es im reduzierenden Milieu des frischen Sedimentes in Lösung geht und mit den Porenwässern zurück ins Meer migriert.

Mit diesem Metallreichtum sind Schwarzschiefer jedenfalls potentielle Metallquellen für diagenetische oder metamorphogene Lagerstätten, sie sind aber an sich gewöhnlich nicht wirtschaftlich verwertbar (außer als Ölschiefer; siehe auch Erdölmuttergesteine).

Sulfiderzlagerstätten in Schwarzschiefern (vorwiegend mit den Metallen Cu, Sb, Pb, Zn, Ag und Au) sind eine sehr charakteristische Gruppe, die wohl zumeist exhalativ-sedimentär zu deuten ist, obwohl in Einzelfällen (z.B. chinesische Molybdänschiefer, s. dort) auch direkte Fällung aus normalem Meerwasser angenommen wird. Anders, nämlich als epigenetische Ausfällungen aus migrierenden heißen Lösungen diagenetischer Entstehung, werden heute die Metalle des mitteleuropäischen Kupferschiefers und der zentralafrikanischen Cu-Co Lagerstätten aufgefaßt (s. Diagenetische Lagerstätten).

Die *Abgrenzung* zwischen sedimentären und diagenetischen Lagerstätten bereitet manchmal beträchtliche Probleme, sowohl in der Klassifikation wie auch an konkreten Objekten. Definitionsgemäß liegt sedimentäre Bildung dann vor, wenn das jeweils wichtige Element bzw. Mineral syngenetisch mit den umgebenden Sedimenten konzentriert wurde. Wurde es erst während der Diagenese herangeführt, etwa durch Formationswässer, muß die Lagerstätte als diagenetisch entstanden eingeordnet werden. Diagenetische Umkristallisation bzw. isochemische Mineralneubildungen verändern eine sedimentäre Zuordnung ebensowenig wie spätere Metamorphose.

Eine zunehmend wichtige Rolle bei Prospektion und Untersuchung von sedimentären Lagerstätten spielen Methoden der modernen, dynamischen *Beckenanalyse* und der *Sequenzstratigraphie* einschließlich paläogeographischer Rekonstruktionen, welche zuerst für die Kohlenwasserstoffsuche entwickelt wurden (EINSELE 2000). Dadurch können z.B. Sedex-Lagerstätten der frühen Riftphase eines Beckens von jenen der Phase vorwiegend thermischer Absenkung unterschieden werden. Bei sehr genauer Kenntnis der stratigraphischen, faziellen und tektonischen Evolution eines Beckens sind sogar Voraussagen zu besonders erzhöffigen Lokationen und stratigraphischen Positionen möglich (RUFFELL et al. 1998).

Die Seifenlagerstätten

Seifenlagerstätten sind mechanisch gebildete Konzentrationen von schweren, verwitterungsresistenten Mineralen, welche in transportierten Böden sowie in fluviatilen und randlich marinen Bereichen entstehen. Äolische und glaziale Seifen sind zwar auch bekannt, doch selten. Man unterscheidet demnach eluviale, fluviatile und marine (besser Küsten- bzw. Strand-) Seifen sowie geologisch junge, quartäre (DUK-RODKIN et al. 2001) von fossilen Seifen.

Seifen sind wichtige *Rohstoffquellen* für Gold, Platinmetalle, Zinn, Titan (Rutil, Ilmenit), Zirkon, Seltene Erden (Monazit) und Edelsteine (Diamant, Granat, Rubin etc.). Voraussetzung für die Anreicherung dieser Minerale ist ihre mechanische und/oder chemische Beständigkeit gegen Verwitterung und Transportabrieb sowie die deutlich höhere Dichte, welche sie von normalen gesteinsbildenden Mineralen unterscheidet.

Im Folgenden ist die *Dichte* wichtiger Seifenminerale und ihrer Begleiter angeführt. Die Zahlen schwanken zum Teil erheblich, da bei Gold und Platinmetallen oft Legierungen auftreten und da andere Minerale variable chemische Zusammensetzung haben können.

Dichte häufiger Seifenminerale und einiger Begleiter

Quarz	2,6	Monazit	4,2-4,3
Feldspat	2,6	Magnetit	5,2
mafische Silikate	ca. 3	Scheelit	5,9-6,1
Diamant	3,5	Zinnstein	6,8-7,1
Granat	3,6-4,3	Wolframit	7,2-7,7
Topas	3,5-3,6	Columbit	5,1-8,2
Korund	3,9-4,1	Zinnober	8,0-8,2
Rutil	4,2-4,3	Platin	14-19
Zirkon	4,6	Gold	15,6-19,3
Ilmenit	4,0-5,0		

Auch eine wenig effiziente Schweretrennung scheidet die hellen Quarze und Feldspäte von den dunklen mafischen Silikaten und von Granat, Ilmenit und Magnetit. In dieser dunklen Fraktion („black sand"), die sich bei jedem Waschversuch von Sanden ergibt, sind die gesuchten wertvolleren Minerale angereichert.

Transport und Ablagerung von Mineralen in fließendem Wasser werden von Faktoren der *hydraulischen Äquivalenz* kontrolliert. Darunter verstand man ursprünglich die unterschiedliche Fallgeschwindigkeit von suspendierten Sedimentteilchen, was in gemeinsamer Ablagerung feinkörniger Partikel hoher Dichte und grobkörniger mit geringer Dichte resultiert. Daraus wird die Beobachtung verständlich, daß oft sehr feinkörnige Seifenminerale (z.B. Au) überwiegend in den grobkörnigen Partien der Alluvionen angereichert sind. Mittlerweile wurde erkannt, daß in den meisten Fällen zur Schwermineralanreicherung nicht nur unterschiedliche Sedimentationseigenschaften (also die Ablagerungs-Äquivalenz), sondern auch Unterschiede beim Übergang vom ruhenden zum bewegten Zustand (Aufnahme-Äquivalenz, Engl. selective entrainment) sowie mechanische Randbedingungen während der Bewegung beitragen (z.B. James & Minter 1999). Deshalb wird heute der Begriff hydraulische Äquivalenz in erweiterter Form verwendet. Neben der Dichte sind dabei auch Kornform, Korngröße, die Oberflächeneigenschaften und sogar elektrostatische Eigenschaften der Minerale wirksam.

Eluviale Seifen entstehen durch Bodenfließen hangabwärts von den primären Lagerstätten (Abb. 40). Dabei bildet sich unmittelbar über dem anstehenden Gestein eine meist geringmächtige Anreicherung der Erze (zum Beispiel Zinnstein) in einer Matrix von Schutt (z.B. Quarzfragmente), während leichte Körnungen in den oberen Teil des Bodenprofiles wandern. Dieses Material wird schließlich am Hangfuß von Bächen und Flüssen aufgenommen, wo es erneut konzentriert werden kann.

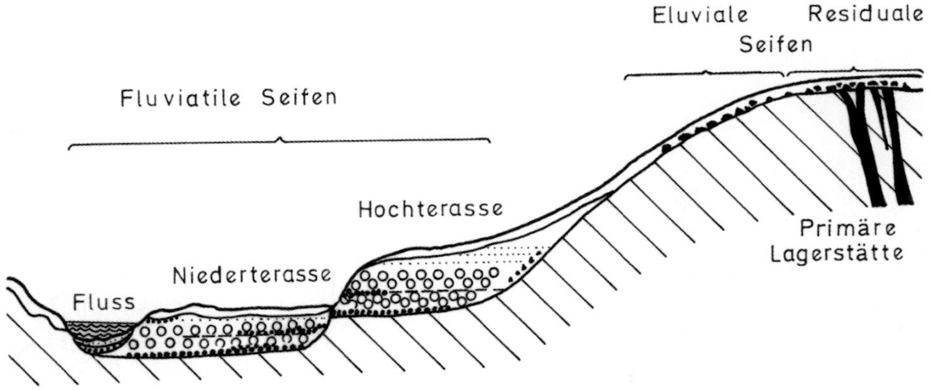

Abb. 40. Schematisches Profil durch ein Flußtal nahe einer primären Lagerstätte, aus der residuale, eluviale und fluviatile Seifen (schwarze Punkte) abstammen. Typisch wäre eine solche Situation z.B. für Zinnstein oder Gold.

Fluviatile oder alluviale Seifen gibt es in aktiven Gewässerläufen ebenso wie in älteren Flußterassen (Abb. 40). Die Seifen liegen an morphologisch gut definierbaren Stellen, wo sich die Strömungsgeschwindigkeit verändert, also hinter Querbarren oder Felsblöcken, am Innenrand (point bars) von Flußschlingen, an Kies- und Sandbänken, aber auch am Rande von Schilfgürteln, usw.. Wichtig ist auch das Absinken von Schwermineralen in die offenen Porenräume sandfreier Kiesbänke (Hattingh & Rust 1993), womit u.a. besonders hohe Goldkonzentrationen in den Witwatersrandkonglomeraten erklärt werden. Besonders in den obersten Teilen von Tälern ist aber oft das gesamte Volumen der Alluvionen abbauwürdig. Alluviale Seifen erstrecken sich selten über mehr als einige Kilometer im Verlauf eines Tales, da sowohl die Korngröße des Wertminerals als auch die Gehalte flußabwärts geringer werden.

Die größte Konzentration liegt meist unmittelbar über dem erodierten Untergrund („bed rock"), nicht selten aber auch über Feinsedimenten innerhalb der Alluvion („false bed rock"). Man kann das auf zweierlei Art erklären: Entweder arbeiten sich die schweren Seifenminerale durch eine bestehende Kiesschicht nach unten durch (die Theorie der „aktiven Schicht" nach BILIBIN 1938), oder man geht von einer dauernden völligen Umlagerung dieser Kiese aus, wodurch die Schwerminerale am Flußboden zurückbleiben, da sie weniger leicht wieder vom strömenden Wasser aufgenommen werden („lag deposit"). Die zweite Annahme ist wahrscheinlicher, bedenkt man den Einfluß der Hochwässer, welche die eigentliche Erosions- und Transportenergie in einem fluviatilen System darstellen. Sowohl die Suche nach abbauwürdigen Lagerstätten in Alluvionen wie auch die Nutzung solcher Sedimente als Proben für regionale geochemische Prospektion müssen hydraulische Modelle des Sedimenttransportes berücksichtigen. Immerhin dürfte bei Gold auch Lösung und Ausfällung durch Reduktion eine Rolle spielen, womit die Bildung ungewöhnlich großer Nuggets ebenso wie das Auftreten idiomorpher, undeformierter Goldkristalle in Alluvionen erklärt wird.

Alluviale Seifen werden weltweit vor allem auf Gold abgebaut; dabei sind zwar junge Seifen heute nicht mehr so wichtig, wie zur Zeit der reichen Funde in Kalifornien, Alaska oder in Victoria/Australien vor rund hundert Jahren, doch kommt noch heute beinahe die Hälfte der Jahresproduktion an Gold aus der fossilen Seife des *Witwatersrandgebietes*/Südafrika. Diese einzigartige Provinz ist wohl die bestuntersuchte Seifenlagerstätte der Welt (zu anderen Entstehungsmodellen s. „Gold"). Ein wichtiges Resultat dieser Arbeiten ist die Rekonstruktion der paläomorphologischen Situation (Abb. 41), so daß der Bergbau auf Grund geologischer Kartierung und präziser Zuordnung der Aufschlüsse zu definierten fluviatilen Faziesbereichen bedeutend rationeller betrieben werden kann.

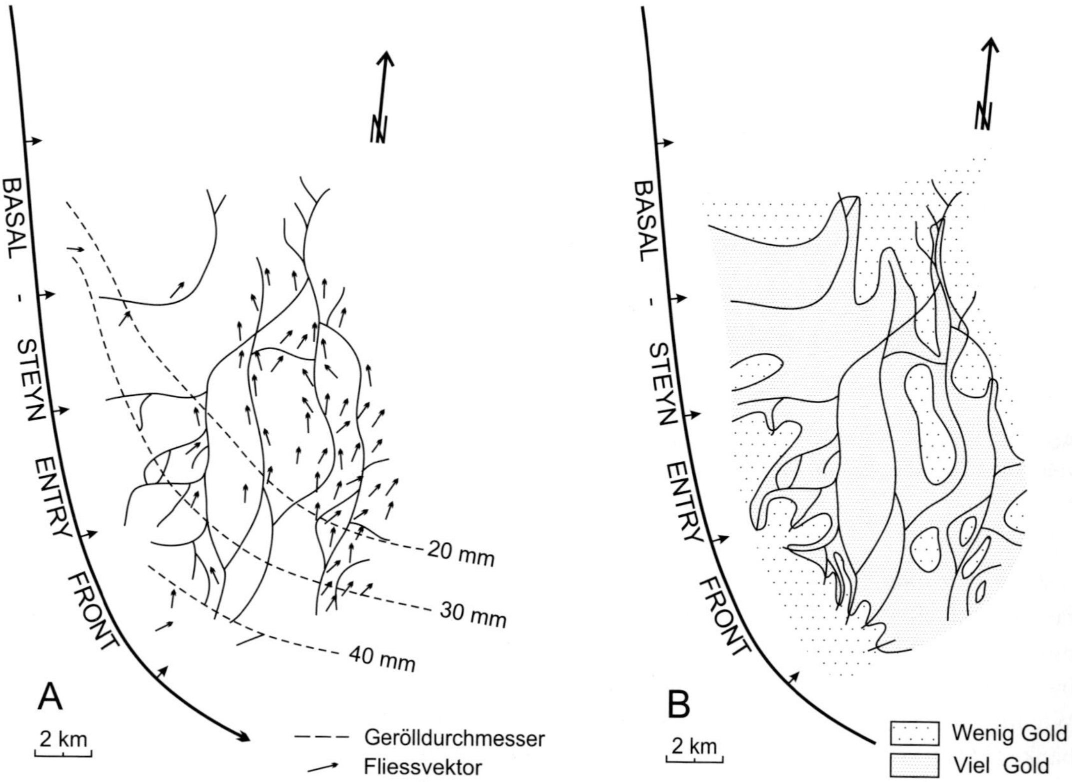

Abb. 41. A. Verflochtene Flüsse, Korndurchmesser und Strömungsrichtungen im alluvialen Fächer des Basal und Steyn Reefs im Bergbau Steyn, West Rand Goldfeld/Südafrika. B. Höhere Goldgehalte sind offenbar an den mittleren Bereich des Fächers gebunden (MINTER et al. 1986). Sowohl am Rand (entry front) wie auch zur Beckenmitte sind die Goldgehalte niedriger.

Die Herkunft der Seifenminerale ist aus wissenschaftlicher Sicht, doch auch für die Abschätzung des Reservenpotentials, von großem Interesse. Zunehmend wird der Versuch gemacht, Massenbilanzen zwischen dem Liefergebiet, das einer Hebung und Abtragung unterliegt, und dem Ablagerungsgebiet zu berechnen. Damit kann z.B. gezeigt werden, daß die große Goldmenge des Witwatersrand-Distriktes auch ohne Zuhilfenahme ungewöhnlich hoher Gehalte im Herkunftsgebiet erklärt werden kann (Loen 1992).

Marine oder besser Strandseifen verdanken ihre Bildung der Anreicherung schwerer Körner im Brandungsbereich. Seifenminerale und leichte Silikate liegen hier im annähernd gleichen Körnungsbereich vor, nämlich fast ausschließlich als Sande, so daß nicht die hydraulische Äquivalenz im engeren Sinne, sondern überwiegend die Aufnahme-Äquivalenz als kritischer Faktor auftritt. In diesem Milieu befördert nämlich die auflaufende Brandung im turbulenten Regime suspendierten Sand zum Strand, wo die Minerale kurz zur Ruhe kommen. Das laminar rückflutende Wasser nimmt bevorzugt die leichten Anteile mit, während die Schwerminerale liegenbleiben. Gezeiten, Wind, vor allem auch Stürme mit besonders starkem Wellengang und laterale Strömungen, spielen ebenfalls eine Rolle. Geologische Modelle mariner Seifenlagerstätten beziehen alle diese Faktoren ein, unterstützt von modernen, prozeßorientierten Untersuchungsmethoden der Küstenbildung (Roy et al. 2000, Hoefel & Elgar 2003).

Strandseifen gibt es bevorzugt an morphologisch stabilen Küsten; starke Erosion oder kräftige Sedimentation sind ungünstig. Einzelne Erzkörper sind lange Linsen oder streifenartige Schichten dunkler Sande, die an solchen Küsten über Hunderte Kilometer verteilt vorkommen. Die Herkunft des Materials aus einmündenden Flüssen ist oft sehr klar, doch gibt es auch Aufarbeitung älterer Sedimente. Schwankungen des Wasserspiegels bewirken nicht selten geringe Submersion oder Hebung der Seifen. Vergleichbare Bildungen sind fossil sehr häufig. Ein neuer Typ mariner Seifen wurde vor 10 Jahren in Sanden des *Murray Beckens* im Inneren Australiens entdeckt. Es handelt sich um große, flächenhafte Lagerstätten im Pleistozän einer Inlandsee, die in seichtem Wasser abgelagert wurden, aber deutlich unter der normalen Wellenbasis. Die SM-Anreicherung wird mit großen Stürmen bzw. dadurch erzeugten Grundwellen in Verbindung gebracht.

Strandseifen können bis 80% Schwerminerale führen. Wirtschaftlich außerordentlich wichtig sind ihre Gehalte an Rutil, Ilmenit, Zirkon, Monazit sowie lokal auch Diamant, Kassiterit und Magnetit. Gold und Platin sind in Strandseifen sehr selten.

Marine Seifen sind auch die ***Eisentrümmerlagerstätten*** in der Unter-Kreide des Harzvorlandes (z.B. Salzgitter), wo durch die Brandung eisenreiche Konkretionen und pyritisierte Fossilien der Juratone in Kolken zusammengeschwemmt wurden. Diese Erze sind heute wirtschaftlich ohne Bedeutung.

Autochthone Eisen- und Manganerzlagerstätten

Autochthone Eisen- und Manganerze sind chemische und teilweise biogene, marine Sedimente. Äquivalente terrestrische Bildungen, z.B. die Raseneisenerze der Torfmoore und die Kohleneisensteine, sind heute wirtschaftlich völlig bedeutungslos. Ein vermutlich wichtiger Rohstoff der Zukunft sind die Manganerzknollen und -krusten der Tiefsee, die ebenfalls chemisch-autochthoner Entstehung sind.

Die wichtigsten Vertreter dieser Gruppe sind die gebänderten Eisenerze mit dem Schwerpunkt im Alt-Proterozoikum sowie die oolithischen Eisen- und Manganerze des Phanerozoikums.

Die ***gebänderten Eisenerze*** („banded iron formations“ = BIF, Itabirite, Jaspilite, cherty iron formations) sind feingeschichtete (0,5–3 cm) und mikro-laminierte (<1 mm) Gesteine, die im einfachsten Fall aus Magnetit und Quarzlagen bestehen. Sie bilden Schichtpakete, die einige hundert Meter mächtig werden und lateral wenige bis Tausende Kilometer anhalten. Nach der Nebengesteinsgesellschaft unterscheidet man gebänderte Eisenerze vom Algoma Typ, die in vorwiegend vulkanischer Umgebung gebildet wurden, den Superior Typ, bei dem Schelfsedimente überwiegen, und den Rapitan-Typ, der mit glaziogenen marinen Sedimenten verbunden ist (JAMES & TRENDALL 1992).

Eisenerze vom Algoma Typ sind in den archaischen Grüngesteinsgürteln besonders häufig, doch findet man ähnliche Lagerstätten bis ins Paläozoikum. Die ältesten Vertreter kennt man aus dem Isua Gürtel auf Grönland (ca. 3800 Ma). Nebengesteine sind gewöhnlich Grauwacken, Tuffe und Vulkanite. Eine Gliederung in Oxyd-, Karbonat- und Sulfidfazies ist die Regel, Hämatite sind hier selten (Abb. 42). Die Ausdehnung einzelner Becken dieses Typs ist relativ gering, wenn man sie mit dem Superior Typ vergleicht, doch kennt man immerhin Formationen, die mehrere Tausend Quadratkilometer unterlagern. Die Vergesellschaftung mit Vulkaniten legt nahe, daß es sich um exhalative bzw. hydrothermal-sedimentäre Bildungen handelt (OFTEDAHL 1958).

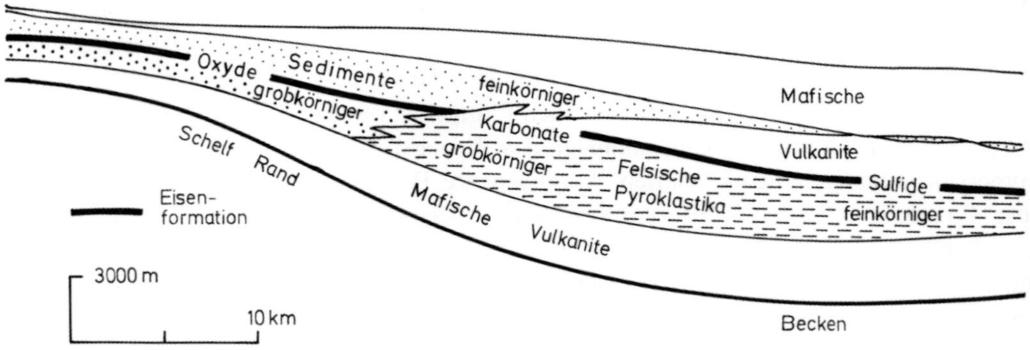

Abb. 42. Rekonstruktion des stratigraphischen Verbandes einer gebänderten Eisenerzformation vom Algoma Typ im archaischen Michipicoten Becken, Kanada (nach GOODWIN 1973).

Eisenerze vom Superior Typ liegen in Sedimentserien von Quarziten, Schwarzschiefern, Dolomiten, Tonen und Konglomeraten, z.T. mit Basalt und Rhyolit, die über ältere Gesteine transgredieren. Diese Gesellschaft deutet auf flache, epikontinentale Meeresbecken hin, wobei nicht zuletzt durch die wechselnde Fazies küstennahe und beckenwärtige Gebiete unterschieden werden können (JAMES & TRENDALL 1992). Diese Erze gibt es fast ausschließlich im späten Archaikum und im Alt-Proterozoikum, mit einer Häufung zwischen 2,4 und 1,9 Ga. Seit langem wird dies mit einem Wechsel von reduziertem zu oxydiertem Zustand der Atmosphäre in Verbindung gebracht („the great oxidation event“: HOLLAND 2002).

Eisenformationen vom Superior Typ unterlagern Gebiete von vielen Zehntausend Quadratkilometern. Bänderung und Lamination sind lateral bemerkenswert persistent. Oxyd-, Karbonat- und Silikatfazies sind die Regel; Sulfide spielen nur eine geringe Rolle. Eisenerze und SiO_2 wurden als feinster Schlamm (vielleicht auch Gel) abgelagert, doch gibt es auch Ooide, Konkretionen und biogene Texturen. Rippel und syn-sedimentäre Deformation wurden beobachtet. Primäre Minerale waren vermutlich amorphes SiO_2, FeOOH (landnah, oxydisch) sowie Magnetit, Siderit und Greenalit (landfern; in tieferen, anoxischen Becken), aus welchen diagenetisch und durch meist geringe

Metamorphose Quarz, Hämatit, Magnetit, Minnesotait, Stilpnomelan und viele andere Fe-Silikate entstanden sind. Diese primären Erze werden bei ausreichendem Magnetitgehalt als „Taconit" abgebaut; weit überwiegend aber sind Eisenformationen nur nach späterer Hämatitisierung der Magnetite als „martitische Erze" abbauwürdig. Die primären Erze haben ein Fe_2O_3 / SiO_2-Verhältnis von 0,98 – 1,26, bis 38% Fe, jeweils unter 3% Al_2O_3, MgO und CaO, sowie sehr geringe Gehalte an Mn, Ti, P und S. Sie sind dadurch sehr deutlich von anderen sedimentären Eisenerzen unterschieden.

Zumeist werden die gebänderten Eisenerze vom Superior Typ als chemische oder biogene Präzipitate aus dem Meerwasser interpretiert.

Die Herkunft des Eisens wird von vielen Forschern bei fast sauerstoffreier Atmosphäre (WIECHERT 2002) in einem noch sauerstoffarmen Ozean (KASTING 2001) vermutet, dessen gelöstes Fe^{2+} durch jahreszeitlich wechselnde Blüte von photosynthetischen Mikroorganismen und konsequente Sauerstoffproduktion ausgefällt wurde. Dieser Vorgang war vermutlich durch ein geringes Phosphat-Angebot limitiert (BJERRUM & CANFIELD 2002); er hat erst mit vollständiger Oxydation der Ozeane ein Ende gefunden. OHMOTO (2003) widerspricht jedoch diesem Modell einer sauerstoffarmen Atmosphäre und dem späten Auftreten von Cyanobakterien lebhaft und bringt Argumente für ein euxinisches Modell, in dem die Ausfällung der Fe-Minerale an der Grenzfläche reduzierten Tiefenwassers mit O_2-reichem Oberflächenwasser stattgefunden hätte.

KRAPEZ et al. (2003) legen jedoch Befunde vor, die auf eine Ablagerung von partikulären Fe-Oxyhydroxyden und Smektit aus Massenströmen hinweisen, die von fernen submarinen Vulkanflanken abglitten. Die Quarzbänder werden in diesem Modell als Produkt frühdiagenetischer Silifizierung der Tone aufgefaßt. Der Ursprung des Eisens kann demnach in submarin-exhalativen Systemen liegen (KIMBERLEY 1989, MORRIS 1993), z.B. im Sinne mittelozeanischer Rücken oder in Intra-Platten-Dehnungstektonik und Vulkanismus (BARLEY et al. 1997), oder in terrestrischer Verwitterung. Wahrscheinlich sind zeitlich und räumlich unterschiedliche Beiträge aus diesen Quellen (ALIBERT & MCCULLOCH 1993). Die weltweit geringen Spurenmetallgehalte der Superior-Typ-Eisenerze (MOREY 1992) sprechen aber doch eher für eine Herkunft aus homogenisiertem Ozeanwasser, ohne Bezug auf lokale, hydrothermale Zentren. Das SiO_2 ist mit größter Wahrscheinlichkeit von verwitternden Landmassen abzuleiten (HAMADE et al. 2003).

Gebänderte Eisenformationen vom Rapitan-Typ wurden zwischen 800 und 600 Ma abgelagert. Ihre geologische Umgebung ist jener der Superior-Erze sehr ähnlich, sie haben jedoch nur eine geringe wirtschaftliche Bedeutung. Auffällig ist die Vergesellschaftung mit eiszeitlichen Ablagerungen. Es wird vermutet, daß sich in eisbedeckten Meeren (Snowball Earth: HOFFMAN et al. 1998) durch Stagnation reduzierende Bedingungen eingestellt hatten, so daß Lösung von Eisen möglich war. Interglaziale führten zur Mischung mit sauerstoffreichem Wasser und zur Fällung Fe-Mn-reicher Sedimente (BEUKES & KLEIN 1992).

Oolithische Eisenerzlagerstätten werden nach den charakteristischen Lagerstätten im deutsch-französischen Jura bzw. im Paläozoikum der nördlichen USA auch als Minette oder Clinton Typ bezeichnet. Es sind immer Sedimente seichter Inlandmeere bzw. Schelfgebiete, die mit mergelig-tonig-sandigen Gesteinen wechsellagern. Maximal sind Mächtigkeiten bis 30 m und laterale Ausdehnung bis 150 km bekannt. Die gleichzeitige Bildung solcher Distrikte über weite Gebiete belegt die Bindung an relative Meereshochstände, wie YOUNG (1992) für die ordovizischen Vorkommen der west-mediterranen Provinz gezeigt hat.

Die Erze sind weder gebändert, noch enthalten sie ursprünglich kolloidale Kieselsäure. Charakteristisch sind Oolithe, Ooide und Onkoide, doch gibt es auch feinkörnige, „femikritische" Eisensteine („iron stones" sensu stricto). Intraklasten von Oolithstein in oolithischer Matrix, zerbrochene und wieder ummantelte Oolithe, Kerne aus Quarz, Phosphorit oder Fossilresten, Kreuz- und Schrägschichtung u.v.a. Texturen belegen Bildung in bewegtem Wasser. Seltener gibt es in der Minette auch Fe-Oolithe in bituminösen Mergeln. Oft sind mit den Erzen reiche Faunen unmittelbar vergesellschaftet; Eisenmetasomatose solcher Fossilien ist die Regel. Eine laterale Faziesdifferenzierung ist wenig deutlich, vielmehr enthalten einzelne Oolithe Anwachszonen, die wechselnd aus Goethit, Hämatit, Chamosit und Siderit (selten Magnetit und Pyrit) bestehen. Eisen und Phosphor sind gegenüber durchschnittlichen Krustenwerten rund 6-fach angereichert (Fe = 34%, P = 0,6%), ebenso wie Mn, As, V etc. Der beträchtliche Anteil von reduziertem Eisen der Oolithe in einem durch Fossilien belegten sauerstoffreichen Milieu ist ein ungeklärtes Paradoxon.

Das Nebeneinander von sedimentären und diagenetischen Texturen hat entsprechend gegensätzliche Theorien zur Bildung dieser Erze bewirkt: Diagenetische Metasomatose von ursprünglich aragonitischen Oolithen wurde bereits von Sorby (1857) vertreten. Viele Argumente sprechen aber für eine synsedimentäre Zufuhr und zumindest teilweise direkte chemische bzw. biochemische (Dahanayake & Krumbein 1986) Ausfällung des Eisens. Ein rezentes Beispiel für die Bildung von Eisenoolith haben Sturesson et al. (2000) aus der Nachbarschaft einer Vulkaninsel in den Philippinen beschrieben. Aus dem Fe-Al-Si-angereicherten Meerwasser entstehen dort oxydische Ooide. Als Herkunft des Fe nennen die Autoren mögliche submarine Hydrothermen, ins Meer abregnende Aschen oder die rasche Verwitterung frischer Vulkanite. Porrenga (1967) hat aus marinen Sedimenten des Niger-Deltas bis etwa 10 m Tiefe Goethit-Pellets und anschließend bis 50 m Tiefe chamositisches Sediment beschrieben. Damit ist die Möglichkeit einer unmittelbar sedimentären Bildung solcher Eisenerze nachgewiesen.

Zumeist nimmt man an, daß das Fe aus terrestrischen Verwitterungslösungen stammt, die durch tropische Urwaldströme ins Meer eingebracht wurden. In moorigen Wässern (also bei $pH < 5$) ist Eisen auch bei positivem Eh als Fe^{2+} löslich, oder es kann als Fe^{3+} an organischer Substanz oder Tonen adsorbiert sein, bzw. in kolloidaler oder Partikelform transportiert werden. Die Paläomorphologie mußte aber nennenswerte Erosion im Hinterland ausschließen, weil das Fe sonst in klastischem Sediment verdünnt worden wäre. Mit dem Eintritt ins Meerwasser ($pH > 7$) erfolgte Ausflocken und Präzipitation. Danach sind natürlich diagenetische Reaktionen in Abhängigkeit von Eh, pH und Ionenaktivität der Porenlösungen möglich (Harder 1989). Andere denkbare Quellen für das Fe sind an Küsten submarin ausströmende Grundwässer (James 1966) bzw. aus der Tiefe aufsteigendes Meerwasser der CO_2-Zone, das dort Fe lösen und in Küstenbereiche transportieren kann (Borchert 1960). Zuletzt erwägt Kimberley (1994) sogar aus großer Tiefe aufsteigende Hydrothermen.

Oolithische Eisenerze werden heute wegen ihres generell niedrigen Eisengehaltes und unerwünscht hoher Phosphor-, Aluminium- und SiO_2-Gehalte nur selten abgebaut. Die genetisch äquivalenten Manganerze sind jedoch von großer wirtschaftlicher Bedeutung. Fast die Hälfte der Weltproduktion dieses Metalles stammt aus solchen Lagerstätten, überwiegend jenen der Ukraine und Nord-Australiens.

Oolithische Manganerze bilden Flöze in küstennahen Tonen, Mergeln und Sanden (seltener in Karbonaten) epikontinentaler Meere. Die größte derartige Provinz ist das süd-ukrainische Oligozänbecken mit Lagerstätten um Nikopol. Dort liegt eine transgressive Abfolge vor, mit Paläoböden über verwittertem präkambrischen Kristallin, darüber einer kohleführenden limnischen Serie, und schließlich glaukonitführenden Sanden, dem Manganhorizont und marinen klastischen Sedimenten (Varentsov & Muzylev 2001, Abb. 43).

Das Manganflöz von *Nikopol* erreicht eine Mächtigkeit von 4,5 m und eine laterale Ausdehnung bis 250 km. Es besteht aus Oolithen, Konkretionen und erdigen Massen von Manganoxyden (Pyrolusit und Psilomelan), die beckenwärts in eine karbonatische Fazies mit Rhodochrosit und Manganokalzit und schließlich in bläulich-grüne Tone mit Mangankonkretionen übergehen. Andere vergleichbare Lagerstätten, etwa die kretazischen von Groote Eylant/Australien (Bolton et al. 1990), zeigen eine sehr ähnliche Zonierung. Diagenetische und spätere deszendente, lateritische Prozesse können in Detailuntersuchungen nachgewiesen werden.

Die Entstehung oolithischer Manganlagerstätten wird jenen des Eisens vergleichbar entweder durch Eintrag von Mn-führenden, terrestrischen Verwitterungslösungen ins Meer oder durch

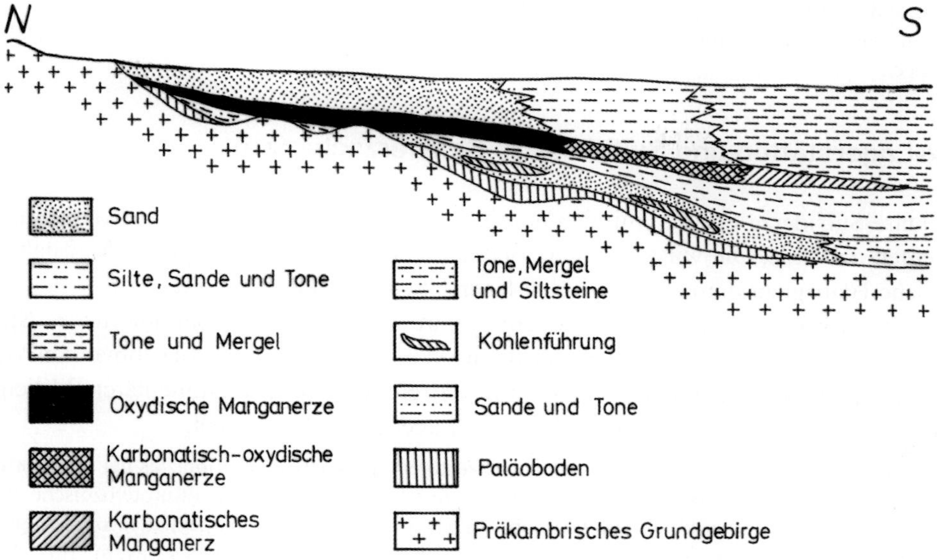

Abb. 43. Schematisches Profil durch die Manganerzlagerstätte von Nikopol/Ukraine (nach VARENTSOV 1964).

erhöhte Aktivität subozeanischer Hydrothermen erklärt. Für einzelne Lagerstättenbezirke bleibt allerdings die Trennung von Mn und Fe oft ungeklärt, da diese Metalle in der Kruste in einem durchschnittlichen Verhältnis von 1:50 vorliegen, und da ihr geochemisches Verhalten unter Oberflächenbedingungen fast identisch ist. Beide sind in reduzierter Form gut löslich, und werden durch Oxydation ausgefällt. Allerdings sind die Löslichkeitsgrenzen im Eh-pH Feld gegeneinander etwas verschoben, so daß die Metalle bei sehr eng umgrenzten Bedingungen sowohl beim Lösungsvorgang im Boden wie auch bei der Präzipitation im Meer getrennt werden können: Generell ist Mangan etwas löslicher als Eisen, so daß es früher gelöst und später ausgefällt wird. Die Ausfällung des Mangans erfolgt jedoch nicht wie beim Eisen unmittelbar beim Eintrag ins Meer, sondern durch Interaktion anoxischen, Mn-reichen Tiefenwassers mit sauerstoffreichen Randzonen, die während transgressiver Phasen besonders intensiv sein wird (ROY 1992).

Manganknollen und -krusten bedecken weite Flächen der Tiefsee unterhalb der CCD (Karbonatkompensationstiefe), wo pelagische Sedimente (zumeist Radiolarienschlamm) sehr geringer Sedimentationsrate auftreten. Die Knollen haben im Durchschnitt Kartoffelgröße und -form, doch gibt es auch sehr kleine und Platten bis über 1 m Durchmesser. Kobaltreiche Mangankrusten bedekken felsige Ausbisse im Bereich der mittelozeanischen Rücken und mancher ozeanischer Intraplattenvulkane. Diese Knollen und Krusten liegen oft weit entfernt von submarinen hydrothermalen Feldern, welche lokal ebenfalls Mn-reiche Sedimente bilden. Dazu gehören die Mn-Schlammhügel niedrigtemperierter Exhalationen an den Galapagos Inseln, wie auch die Mangan-Umber und $MnSiO_2$-Exhalite mancher Ophiolite (Zypern, Franciscan/Kalifornien/USA).

Wirtschaftlich interessante Manganknollenfelder sind die Clarion-Clipperton-Zone im Pazifik, das Perubecken und der zentrale Teil des Indischen Ozeans. Die Knollen enthalten 29% Mn, 5% Eisen, und 1,2% Kupfer, 1,37% Nickel, 1,2% Kobalt und 15% SiO_2 (LENOBLE 1996; daneben auch Pt und andere Metallspuren). Sie haben botryodale oder glatte Oberflächen und bestehen aus konzentrischen Schalen von amorphen und kristallinen Mangan- und Eisenhydroxyden, die in situ teilweise aus Porenlösungen der umgebenden Tiefseeschlämme („diagenetisch") bzw. durch Anlagerung kolloidaler Partikel oder gelöster Stoffe aus dem Meerwasser („hydrogenetisch") gebildet werden, wobei möglicherweise mikrobielle Einflüsse wichtig sind. Die Herkunft der Metalle ist vermutlich vorwiegend in hydrothermalen Exhalationen der mittelozeanischen Rücken zu suchen, doch könnten auch untermeerische Verwitterung der Serpentinite der Hess-Kruste, extraterrestrischer Staub oder das Meerwasser selbst einen Teil beitragen.

Sedex-Lagerstätten und Sulfiderze in Schwarzschiefern

Sedimentäre Sulfiderze gehören mit den porphyrischen Lagerstätten zu den größten Buntmetallproduzenten der Erde. Die wirtschaftliche Bedeutung unterstreicht den großen Maßstab und die geologische Häufigkeit der entsprechenden lagerstättenbildenden Prozesse.

Oben wurde schon festgehalten, daß sedimentäre Sulfiderze ein kontinuierliches Spektrum umfassen, das von deutlich vulkanogenen Bildungen in proximaler Lage zu submarinen Vulkanen über distale Situation (Vulkanismus durch Tuffe vertreten) bis zu rein sedimentärem Milieu reicht. Nur die beiden letztgenannten werden als Sedex-Lagerstätten bezeichnet.

Als *proximal* wären die Kuroko und Besshi-Erze einzustufen, wie auch die Sulfidfazies der Eisenformationen vom Algoma Typ, und mit etwas mehr sedimentbetontem Charakter die riesige alt-proterozoische Pb-Zn-Ag Lagerstätte von Broken Hill/Australien. *Distal* (Abb. 44) liegen die devonischen Lagerstätten von Meggen/Sauerland und des Rammelsberges (Werner 1989), das jung-proterozoische Bodenmais/Bayern, HYC/McArthur River/Australien und Sullivan/B.C./Kanada. Die mittel-proterozoische Lagerstätte Sullivan wird gelegentlich als Typus für sedimentär-exhalative Sulfide ohne magmatische Begleiterscheinungen genannt (*Sullivan type sulphide deposits*). Diese Wahl ist aber nicht sehr glücklich, da möglicherweise doch tiefliegende, nicht aufgeschlossene magmatische Körper bei der Bildung der syn-sedimentären hydrothermalen Systeme beteiligt waren (Campbell & Ethier 1983). Die Diskussion ist jedoch nicht abgeschlossen (Slack et al. 1998). Fast *ohne vulkanische Begleiterscheinungen* sind die Pb-Zn-Ag-Erze in alt-proterozoischen, karbonatisch-evaporitischen Schwarzschiefern von Mt. Isa/Australien und in den unterkarbonen Karbonaten Irlands. Hierher gehören nach der Auffassung mancher Forscher auch der permische Kupferschiefer Nordeuropas und die jung-proterozoischen Cu-Co-Erze Zentralafrikas, welche in diesem Buch aber der zur Zeit vorherrschenden Interpretation folgend als diagenetische bzw. metamorphogene Lagerstätten beschrieben werden.

Mit fast allen sedimentären Sulfidlagerstätten sind pelitische Sedimente mit hohen Anteilen an organischer Substanz, also Schwarzschiefer im weiteren Sinne, verbunden. Das kann durch Exhalation in euxinisches Milieu bedingt sein, oder aber auch durch „Vergiftung" eines marinen Teilbekkens durch große Mengen metallführender Fluide (Abb. 44). Andere Sedex-Erze liegen in karbonatischen Schluff- und Tonsteinen. Die Lagerstätten haben folgende gemeinsame Eigenschaften:

Die Erzkörper sind schichtartige und schichtgebundene („stratiform" und „stratabound") flözartige Linsen aus laminierten bis gebänderten Sulfiden, klastischem Material (schwarze Tonsteine, oder karbonatische Schluffe, selten mit Tufflagen), Baryt und anderen Exhaliten (SiO_2, Hämatit, etc.). Einzelne Erzlagen sind monomineralisch oder einfache Gemenge aus Bleiglanz, Zinkblende, Pyrit und Magnetkies, seltener auch Arsenkies und Kupfersulfide. Quer zur Schichtung sind scharfe Grenzen die Regel, während lateral die Metallführung insgesamt abnimmt, wobei gleichzeitig eine Faziesdifferenzierung beobachtet wird (oft Cu innen, dann Pb, Zn, Ba und Mn nach außen). Erhöhte Pyritführung und deutliche Manganomalien sind in weitem Umkreis der Lagerstätte feststellbar. Die Erze sind ursprünglich äußerst feinkörnig ($<5\ \mu m$), so daß eine wirtschaftliche Aufbereitung nur möglich ist, wenn durch Diagenese oder Metamorphose Kornvergrößerung eingetreten ist.

Ein bekanntes Beispiel für eine der feinkörnigen Erze wegen lange Zeit unverwertbare Lagerstätte dieser Gruppe ist die alt-proterozoische Lagerstätte *HYC* am *McArthur River in Nord-Australien*, mit bergbaulichen Ressourcen von rund 125 Millionen t Erz, das 13% Zn und 6% Pb enthält. Erst 1992, also 40 Jahre nach der Entdeckung der Lagerstätte, konnte auf Grund verbesserter Mahl- und Verhüttungstechnologien die Entscheidung zur bergbaulichen Gewinnung eines Lagerstättenteiles mit 26,6 Mt zu 14% Zn, 6,2% Pb und 63 g/t Ag getroffen werden.

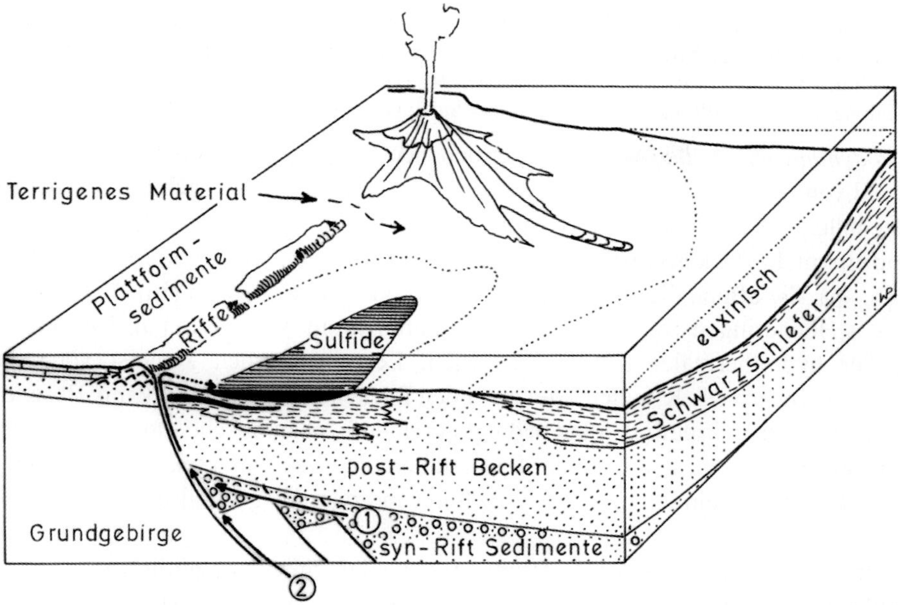

Abb. 44. Schematisches Blockbild zur Bildung einer exhalativ-sedimentären Sulfidlagerstätte in einem Schwarzschieferbecken.

Beachte die mehrphasige Dehnungstektonik, Lage der Riffe und den distalen Vulkanismus. (1) sind diagenetische Formationswässer der frühen Rift-Sedimente, (2) Lösungen tiefer Herkunft (magmatisches, metamorphes oder tief-zirkulierendes Meerwasser).

SEDEX-Lagerstätten beziehen nach allgemeiner Ansicht ihren Metallinhalt aus Sedimenten und/oder Grundgebirge der Becken, in welchen sie liegen. Mobilisation und Transport werden durch Formationswässer oder durch hydrothermale Konvektionszellen erklärt, welche überwiegend durch Meerwasser gespeist werden. Das chemische Milieu der hydrothermalen Fluide kann entweder oxydisch (SO_4-reich) oder reduziert (H_2S-reich) sein, in Abhängigkeit von der Natur der Beckenfüllung. Oxydierte, neutrale bis schwach saure Fluide entstehen in Sedimentserien mit Vormacht von Karbonaten, Evaporiten und hämatitführenden Sandsteinen (z.B. McArthur River), während dunkle Tonsteine und Sandsteine zur Ausbildung reduzierter, saurer Fluide führen (z.B. Rammelsberg, Cooke et al. 2000). Verschiedene Anteile von Pb-Zn-Cu in einzelnen Lagerstättendistrikten belegen ein unterschiedliches lithochemisches Ausgangsmaterial, aber auch variable Prozesse bzw. Bedingungen der Metallfreisetzung. Aussagen zur Herkunft der Metalle einzelner Lagerstätten sind vor allem auf Grund von Bleiisotopenanalysen möglich.

Strukturen und Texturen der Erze von Sedex-Lagerstätten belegen die synsedimentäre Bildung durch Ausströmen der Fluide am Meeresboden: Feinste Bänderung, gradierte Schichtung, häufiges Auftreten von Framboidpyrit, kolloforme Bänderung, Deformation des noch weichen Sedimentes, Umlagerung durch untermeerische Massenströme (HYC – Ireland et al. 2004), u.a.m. In Silvermines und Tynagh/Irland hat man fossile hydrothermale Schlote ähnlich jenen der mittelozeanischen Gräben gefunden, wodurch eine (teils) exhalative Entstehung weiter bekräftigt wird. Hydrothermale Alteration kennt man nur dort, wo im Liegenden der Erzkörper Zufuhrschlote aufgeschlossen wurden (etwa der „Kniest" am Rammelsberg, oder Turmalinisierung, Albitisierung und Verkieselung in Sullivan/Kanada). In den meisten dieser Lagerstätten sind Zufuhrschlote nicht bekannt, was durch Abfließen schwerer heißer metallführender Laugen vom Austrittort in benachbarte Depressionen des Meeresbodens erklärt wird (Sangster 2002).

Sedimentologische Untersuchungen haben ergeben, daß die Sulfide in geologisch sehr kurzer Zeit abgelagert wurden. Die Sedimentbecken hatten also keineswegs eine außergewöhnlich niedrige Sedimentationsrate, sondern die Sulfidsedimentation übertraf die Zufuhr klastischen Materials pro Zeiteinheit um ein Vielfaches. Nur deshalb war die Bildung *massiger Sulfidlager*, also fast reiner Sulfidgesteine, möglich.

Das *geodynamische Milieu* der hier besprochenen sedimentären Sulfidlagerstätten liegt zum Unterschied vom Kuroko oder Zypern Typ, welche an Plattengrenzen gebildet werden, innerhalb epikontinentaler Schelfbereiche. Dort sind Dehnungsstektonik, Grabenbildung, hoher Wärmestrom und thermale Beckensubsidenz mit den Sedex-Lagerstätten eng verbunden (Betts et al. 2003, Abb. 44). Sie öffnen die Aufstiegswege für Mantelfluide (Broken Hill: Plimer 1985), oder erlauben das Hochdringen von okkludierten Formationsfluiden (Slack et al. 1998) bzw. die Bildung großer hydrothermaler Konvektionszellen. Letztere werden zumeist von Meerwasser gespeist, das offenbar viele Kilometer tief unter den Beckenboden absinken kann. Besonders wichtig ist dabei erhöhter Wärmefluß, lokal bedingt durch tiefe magmatische Intrusionen oder regional durch Krustenverdünnung. Die Lage der Lagerstätten unterliegt einer tektonischen Kontrolle, die im Gelände kartierbar sein kann, oft aber auch nur indirekt aus geologischen Beobachtungen zu erschließen ist.

Infolge ihrer weiten geologischen Verbreitung, sowohl räumlich wie zeitlich, sind viele sedimentäre Sulfidlagerstätten metamorph. Geringe Metamorphose ist naturgemäß am häufigsten (Rammelsberg, Mt. Isa), doch kennt man solche Erze auch in Amphibolitfazies (Gamsberg/Südafrika u.v.a.) und in Granulitfazies (Broken Hill/Australien). Metamorphe Erze sind häufig lokal mobilisiert, wobei im Erzkörper und im unmittelbaren Nebengestein grobkristallisierte Sulfidgänge entstehen, die früher zu Unrecht als Beweis für eine epigenetische Zufuhr der gesamten Metallmenge aufgefaßt wurden.

IV. Diagenetische Lagerstätten

Seit langem ist der wesentliche Anteil der Diagenese an der Bildung von Erdöl- und Gaslagerstätten anerkannt. Erst in jüngerer Zeit jedoch wurde zunehmend klar, daß diagenetische Prozesse auch bei der Entstehung von Erzlagerstätten eine wichtige Rolle spielen. Bekannte Beispiele sind u.a. der europäische Kupferschiefer, die zentralafrikanischen Cu-Co-Lagerstätten, Pb-Zn mit Fluorit und Baryt vom Mississippi Typ, sowie Erze, welche durch migrierende Salzlaugen entstehen, z.B. jene in enger räumlicher Bindung an Salzdiapire (z.B. Pb-Zn und Siderit in Algerien).

Die grundlegende Überlegung dabei ist, daß die meisten Sedimente bei der Ablagerung große Wassermengen miteinschließen, welche im Verlauf der Diagenese vor allem durch mechanische Kompaktion, z.T. auch durch chemische Freisetzung oder durch Deformation ausgetrieben werden. So enthalten Sande bei der Ablagerung bis 40%, Tone bis 90% und Karbonate rund 50% Wasser. Bis zum Einsetzen der Metamorphose wird der Porenraum auf <1% reduziert, so daß der größte Teil der Wässer abgeführt werden muß, vorwiegend natürlich nach oben und gegen die Ränder der Sedimentbecken. Wie Erdölbohrungen gezeigt haben, erreichen solche Laugen schon in geringer Tiefe Temperaturen >100°C. Diese „Formationswässer“ führen bedeutende Mengen gelöster Stoffe, die in geeigneten geochemischen oder physikalischen „Fallen“ ausgefällt werden können. Die derart gebildeten diagenetischen Lagerstätten sind demnach *hydrothermal und epigenetisch.*

Nach Isotopenanalysen sind diese Wässer z.T. meteorischen Ursprungs, weit überwiegend aber okkludiertes Meerwasser, das während der Diagenese der Sedimente in Wechselwirkung mit diesen eine beträchtliche Veränderung erfährt (*Diagenese der Formationswässer*). Zumeist sind es Na-Ca-

Cl-Laugen mit erhöhtem Gehalt an HCO_3, K, I und Br. Dazu kommen gegenüber Meerwasser mehrfach höhere Anteile von Fe, Mn, Cu, Zn und vielen anderen Elementen. Mg und SO_4 hingegen sind zumeist deutlich verarmt, das erste durch Neubildung von Dolomit oder Chlorit, das zweite durch bakterielle Sulfatreduktion, wobei H_2S entsteht. Im Alt-Paläozoikum und in Jura-Kreide war das Meerwasser jedoch Mg- und Sulfat-arm, weshalb manche Beckenlaugen schon primär Na-Ca-Cl-dominant sind (LOWENSTEIN et al. 2003).

Forschungsarbeiten der letzten Jahre belegen, daß Mikroben bis in eine Tiefe von mehreren Kilometern und bis zu maximalen Temperaturen von 140°C nachgewiesen werden können (FREDERICKSON & ONSTOTT 1996). Ihre Rolle bei der Bildung von CH_4 aus CO_2 ist für die Enstehung „biogener" Gaslagerstätten nachgewiesen (s. dort). Methan-reiche „cold seeps", die durch frühdiagenetische Gasbildung und Entwässerung entstehen, sind Orte der Bildung submariner Barytlager (TORRES et al. 2003). Mikroben sind aber vermutlich auch für andere diagenetische Prozesse wichtig, z.B. wie *Geobacter metallireducens* für Fe(III)-Reduktion und Abbau organischer Substanz zu CO_2 (CHILDERS et al. 2002). In Abwesenheit von Mikroben, z.B. in größerer Tiefe, ist auch abiotische Schwefelreduktion durch Abbau organischer Substanzen (hier schematisch CH_2) nach folgendem Schema möglich:

Thermochemische Sulfatreduktion:

$$SO_4^{2-} + 3\,H_2S \rightarrow 4\,S^0 + 2\,H_2O + 2\,OH^-$$
$$4\,S^0 + 1{,}33\,(CH_2) + 2{,}66\,H_2O \rightarrow 4\,H_2S + 1{,}33\,CO_2$$

NaCl wird möglicherweise durch die Wirkung von Tonen als semipermeable Membran zurückgehalten und damit angereichert, häufiger entstehen hohe Salzgehalte durch Auflösung evaporitischer Anteile in den Beckensedimenten. „Reife", also tiefe Formationswässer sind deshalb oft konzentrierte NaCl-Laugen. Reifung und Umsetzung organischer Substanzen der Beckensedimente produzieren die Anteile von CH_4, CO_2, H_2, N_2 und höheren Kohlenwasserstoffen (Öl und Gas). Ursprünglich in den Wässern vorhandener, aber auch durch Disproportionierung von Wasser neugebildeter Sauerstoff wird durch Oxydation von Fe^{2+} bzw. von organischer Substanz verbraucht, so daß die Laugen sehr niedrigen Eh haben, wodurch viele Metalle hohe Löslichkeit erreichen. Einige Metalle werden in diesem Milieu vor allem als organische Komplexe transportiert (Ni, V, z.T. auch Zn und Cu), während andere, wie z.B. Pb und Fe in chloridischer Lösung vorliegen. Die besondere Rolle von NaCl-Laugen nach Auflösung von Evaporiten wirkt bis in den Bereich der Metamorphose und der Bildung magmatischer Lagerstätten hinein (iron oxide Cu-Au deposits).

Es gibt jedoch auch SO_4-reiche, also oxydierte Beckenfluide. Dies ist dann möglich, wenn die Wässer aus Serien mit überwiegend hämatitischen Sanden und Tonen, Kalkstein, Anhydrit und Salz stammen, wie z.B. im norddeutschen Rotliegenden. Auch derartige Fluide können Metalle wie Cu, Pb und Zn aufnehmen, transportieren und anreichern (Kupferschiefer), nicht aber z.B. Ba oder Fe.

Die Reaktion solcher Laugen mit den Beckensedimenten oder auch mit vulkanischen Anteilen des Schichtstapels führt demgemäß zur Lösung von Metallen, abhängig natürlich von den betroffenen Gesteinen, vom Chemismus der Wässer sowie von T, P, Eh und pH. In Kontakt mit Formationswässern wenig stabil sind z.B. Amphibol, Pyroxen, Olivin und Epidot, bei deren Alteration Metallionen freigesetzt werden. Wichtig ist ferner Ionenaustausch mit Tonen, und deren Umbildung. So ist Pb in klastischen Sedimenten vorwiegend an Kaolinit adsorbiert und wird bei Illitbildung frei.

Die Fließwege ausgepreßter Tiefenwässer werden durch hydrogeologische Parameter bestimmt, wobei permeable Gesteine und tektonische Auflockerungszonen sowie allgemein das Druckgefälle wichtig sind. Gewöhnlich wird ein langsam fließender, diffuser Kompaktionsstrom vorliegen, der seine Lösungsfracht mit zunehmender Abkühlung durch Porenzementation in seichteren Beckensedimenten absetzt oder ins Meerwasser austrägt. Lagerstättenbildung ist nur dort möglich, wo große Durchflußmengen rasch aufsteigender heißer Laugen in permeable Gesteine oder Strukturen fokussiert werden. Dann können bei fallender T, P, durch Reaktion mit dem Nebengestein oder durch Mischung mit chemisch abweichendem Wasser auf engem Raum die gelösten Stoffe ausfallen. Oberflächennahe Störungen, Riffe oder Karsthohlräume im Beckenrandbereich bzw. an Grundgebirgsaufbrüchen spielen oft eine wichtige Rolle. Im Gegensatz zu Erdöl- und Erdgaslagerstätten sind hier nach oben offene Fallen typisch, so daß im Bereich der Präzipitation gewöhnlich ein hydrostatisches Druckregime vorherrscht. Verschiedene geologische Modelle der *Beckenentwässerung und Fluidmigration* sind denkbar:

- Normale, diagenetische Entwässerung durch Kompaktion des Porenraumes in einem langsam fortschreitenden Prozeß.
- Episodischer Laugenausstoß durch Aufbau von Überdruck in wasserreichen Sandlinsen, welche von gering permeablen Tonen umhüllt sind, ebenfalls durch zunehmende Überlagerung (Fowler & Anderson 1991). Dieser Prozeß kann aktuogeologisch im Mississippi Delta beobachtet werden, allerdings ohne begleitende Lagerstättenbildung.
- Verdrängung tiefer, heißer Laugen durch Zufluß kalten Grundwassers aus erhöhten Beckenrandgebieten, wofür natürlich ausreichend permeable Gesteine im gesamten Becken vorliegen müssen (Daubree 1887).
- Tektonische Austreibung von Formationswasser durch Deckenüberschiebung, wobei das Fließen in diesem Fall gegen das Vorland gerichtet ist (Olivier 1986, Abb 45). Ein prachtvolles modernes Äquivalent dafür sind methanführende heiße Wässer, welche untermeerisch in rund 5 km Tiefe aus dem tertiären bis quartären Akkretionskeil an der Subduktionsfront der Atlantischen Platte östlich von den Kleinen Antillen austreten. Störungen im Austrittsbereich sind mit Rhodochrosit gefüllt. Die Herkunft der Wässer muß >25 km westlich angenommen werden, wo bei einer Überlagerung von ca. 2 km die Bedingungen der Methanbildung erreicht werden.

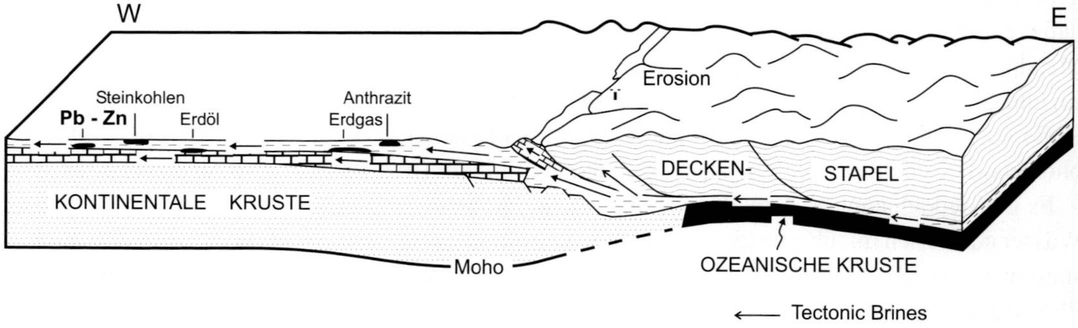

Abb. 45. Austreibung fluider Phasen ("tectonic brines") unter einem vorrückenden Deckenstapel gegen das Vorland (hier am Beispiel der Appalachen, verbunden mit der Bildung unterschiedlicher Lagerstätten, auch eines Teils der MVT-Sulfide, im mid-continent-Gebiet der USA: Oliver 1986). Wichtig ist auch der Zusammenhang mit Öl- und Gaslagerstätten sowie Anthrazitisierung von Steinkohlen.

- Pulsartige Methanproduktion in der Beckentiefe durch rasche Zunahme der Überlagerung oder der Gesteinstemperatur erzeugt Fluidüberdruck und konsequente Migration. Solche ungewöhnlich rasche Freisetzung von Methan setzt eine geologisch rasche Erhöhung der Beckentemperatur voraus, z. B. durch besonders hohe Sedimentationsraten. Ein interessantes alternatives Modell haben Eisenlohr et al. (1994) vorgestellt; demnach können eustatisch bedingte Meerwassertiefstände dann schnelle Beckenerwärmung bedingen, wenn dabei die Sediment-/Wassergrenze über die Thermokline (meist in 100–200 m Tiefe) zu liegen kommt. Letztere trennt Tiefenwasser von 4°C von deutlich höher temperiertem Oberflächenwasser (in den Tropen 20–25°C). Diese Temperaturdifferenz verlagert sich dann rasch in die Beckenfüllung und bewirkt dort kräftige Kohlenwasserstoffproduktion.

- Expulsion von Formationswässern durch Tiefenintrusionen, welche einen weiten Hof erhöhter Diagenese bewirken können. Dies kann in marinen Becken synsedimentäre SEDEX-Erze bilden (Abb. 44). Epigenetische Lagerstätten als Produkte solcher Lösungen fallen jedoch in die hier angesprochene diagenetische Gruppe. Als Beispiel sollen die Siderite und die Ba-Zn-Pb-Ag-Vererzungen in Zechsteinkarbonaten bei Osnabrück, ca. 8 km über dem basischen Körper des Bramscher Massives genannt sein.

Viele diagenetisch gebildete Lagerstätten fallen durch mm- bis dm-gebänderte Texturen der neugebildeten Mineralpräzipitate auf, die als *diagenetische Kristallisationsrhythmite* (diagenetic crystallisation rhythmites = DCR's) oder *Zebratexturen* beschrieben wurden. Man findet sie in Dolomiten, Evaporiten, in Spatmagnesit, in Siderit und besonders häufig in schichtgebundenen Pb-Zn-Ba-F-Lagerstätten von Plattformkarbonaten. Folgende Generationen bzw. Texturtypen werden unterschieden:

Generation I: Bänder aus dunklen, fein- bis mittelkörnigen, oft xenomorphen Aggregaten (meist metasomatisch veränderte Nebengesteine);
Generation II: Bänder aus hellen, bipolar oder geopetal orientierten, grobkristallinen und oft intern zonierten Mineralen (z.B. Satteldolomit);
Generation III: Füllungen verbleibender Hohlräume und Drusen, idiomorph (z.B. Galenit, Zinkblende, Fluorit), z.T. mit Asphalt oder schwerem Erdöl vergesellschaftet.

Die Entstehung von DCR's beruht vermutlich auf Metasomatose und Substitution, wobei Lösung und Ausfällung im Mikro- bis Mesomaßstab mehr oder weniger gleichzeitig abliefen.

Manche diagenetische Lagerstätten haben Eigenschaften, die einerseits auf eine syn-sedimentäre Entstehung hinweisen, andererseits aber eine epigenetische Deutung verlangen. Diese Ambivalenz zeigt sich besonders klar in der Erforschungsgeschichte des Kupferschiefers.

Der ***Kupferschiefer*** bildet im nördlichen Europa die Basis des transgressiven Zechsteins; er ist über mehr als 600.000 km^2 verbreitet. Überall enthält er erhöhte Buntmetallgehalte, wie alle Schwarzschiefer. Bergbauliche Anreicherungen sind jedoch auf den SE-Harz (Mansfeld, Sangerhausen), das Richelsdorfer Gebirge und auf Schlesien, also auf grundgebirgsnahe Lagen des Beckensüdrandes beschränkt.

Der Kupferschiefer ist natürlich kein Schiefer im Sinne der Petrographie, sondern ein gebänderter Tonstein aus Illit, Montmorillonit, Karbonaten, bis 30% organischer Substanz (Bituminit, Vitrain, Fusain und Exinit: KOCH 1997), Sulfiden, Anhydrit/Gips, Phosphaten und wenig Quarz. Unterlagert wird er meist von Rotliegend-Sanden, nicht selten auch von Konglomeraten. Randlich liegt er direkt auf gefaltetem variszischem Grundgebirge. Hangend folgen Zechsteinkarbonate und schließlich Evaporite. Im zentralen polnischen Becken erreicht seine Einmuldung über 7.000 m. Der Kupferschiefer ist nicht gefaltet, doch von vielen Störungen betroffen. Im SE-Harz-Revier waren Bereiche nahe von Störungskreuzen besonders reichlich vererzt.

Der Kupferschiefer zeigt nach seiner paläomorphologischen Lage verschiedene Fazies: In den Randbecken ist er geringmächtig (0,3–0,4 m in Mansfeld), reich an Fe, Al_2O_3 und organischer Substanz, während gegen Schwellen und Sandbarren die Mächtigkeit zunimmt (bis 4 m), parallel zu Gehalten an Quarz und Karbonaten. Die Schwellenfazies ist erzfrei und durch reichlich Hämatit gekennzeichnet, deshalb der alte Bergmannsausdruck „Rote Fäule“. Unmittelbar beckenwärts daran anschließend liegen in der Regel die reichsten Chalkosin-Erzkörper, allerdings mit vielen Ausnahmen (Rentzsch et al. 1997).

Der Kupferschiefer wird als euxinisches Sediment eines sehr seichten Meeres mit wenigen Metern Wassertiefe aufgefaßt, das aber sicherlich nicht durchwegs anoxisch war, wie die häufigen Fossilien, insbesondere Fische, Brachiopoden und Linguliden belegen. Zeitweise Vergiftung zumindest von Teilen der Wassersäule durch organische Überproduktion und nachfolgendes Massensterben ist aber wahrscheinlich. Bemerkenswert ist der geringe Sedimenteintrag in das Becken ebenso wie das ruhige Ablagerungsmilieu.

Die Sulfide des Kupferschiefers können verschiedenen Texturtypen zugeordnet werden, die zeitlich aufeinander folgen (Wodzicki & Piestrzynski 1994):

1. Sehr feinkörnige (0,02–0,06 mm), disseminierte Körner und Aggregate, oft auch Framboide (Schneiderhöhn 1926) oder Krusten an organischen Partikeln. Beteiligt sind überwiegend Pyrit, mit Spuren von Chalkopyrit, Bornit, Chalkosin und Markasit. Daraus resultieren Buntmetallgehalte von wenigen 100 ppm, die als synsedimentärer Eintrag aufgefaßt werden.
2. Vermutlich frühdiagenetische Umlagerungen sind Spindeln, Linsen, Konkretionen und linsige Lagen von Sulfiden parallel zur Schichtung. Hier werden Anreicherungen bis 2000 ppm Cu erreicht.
3. Die Hauptmasse der Erze (bis 3% Buntmetallgehalt) verdrängt gesteinsbildende Minerale, so daß Erzproben bis 90% Chalkosin enthalten können. Dazu kommen schichtparallele und querschlagende Gängchen. Erzminerale sind weit überwiegend silberreicher Chalkosin, daneben auch Digenit, Covellin, Bornit, Chalcopyrit, Sphalerit, Galenit, Pyrit und Hämatit.
4. Wo in Schwellenbereichen der Kupferschiefer primär fehlt, reichen deszendente Anhydritisierungszonen bis ins Weißliegende. Diese sind durch Chalkosin-Reicherze ummantelt, welche Quarz, Karbonate und Tone verdrängen.
5. Geringmächtige, quergreifende Spaltenfüllungen von grobkörnigen Sulfiden (Bornit, Chalcopyrit, Tennantit, Galenit, Sphalerit, Fe-Ni-Co-Sulfide und Arsenide) mit Baryt, Kalzit und Anhydrit bilden Gänge, die meist einer späteren (alpidischen?) tektonischen Phase zugeordnet werden. Sie liefern jedoch weniger als 1% der Erzmenge. Das sind die „edlen Rücken" der Mansfelder Bergleute.

Die Metalle Cu-Pb-Zn sind in dieser Reihenfolge sowohl horizontal um Schwellen mit Roter Fäule wie auch von unten nach oben zoniert, wobei Pb und Zn überwiegend in den Zechsteinkarbonaten liegen, welche im Bereich der Mineralisation dolomitisiert sind (Abb. 46). Erzkörper können

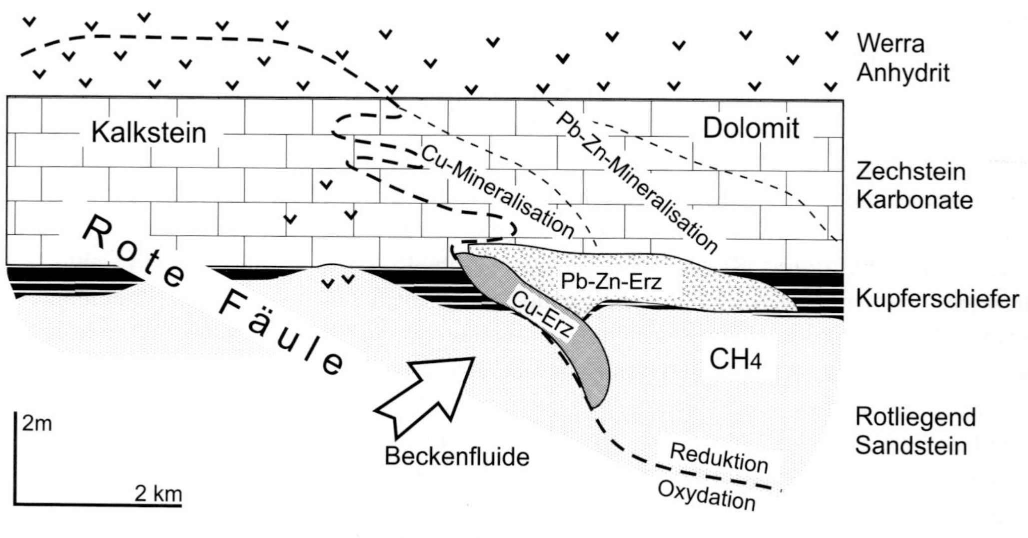

Abb. 46. Schematisches Bild einer Kupferschieferlagerstätte (Jowett 1992). Die Darstellung ist stark überhöht, wodurch die überwiegend stratiforme Ausbildung der Erzkörper im Aufschlußmaßstab nicht zum Ausdruck kommt.

vom gebleichten Rotliegend-Sandstein („Weißliegendes") über den eigentlichen Kupferschiefer bis in die hangenden Karbonate reichen. In Polen gibt es im Weissliegenden auch eigenständige Golderzhorizonte (PIESTRZYNSKI et al. 2002). Die Kupfergehalte der polnischen Lagerstätten liegen zwischen 1,2 und 2,8%, bei Erzmächtigkeiten von 1,2 bis >20 m, in Tiefen von 600 bis 1200 m. Aus dem Revier Mansfeld wurden bis zur Schließung im Jahre 1970 rund 1,5 Mt Cu produziert; im polnischen Schlesien werden 2003 die bergbaulichen Reserven mit 2,16% Cu in 735 Mt Erz beziffert, wovon etwa die Hälfte in Rotliegend-Sandstein liegt. Aus diesen Zahlen ist ersichtlich, welch große Metallmengen auf relativ kleinen Flächen (ca. 0,2% der gesamten Kupferschieferverbreitung) konzentriert sind. Neben Cu, Pb und Ag werden in Polen auch Au, Pd/Pt, Se und Schwefelsäure produziert.

Unzweifelhaft sind die häufigen Pyritframboide und andere Eisensulfide der schwarzen Tonsteine frühdiagenetisch gebildet (RENTZSCH et al. 1997). Sie werden von Cu-Sulfiden verdrängt, so daß diese später entstanden sein müssen. Viele Forscher waren der Meinung, daß die Buntmetalle syn-sedimentär in das Becken gelangt seien und daß diese Verdrängung durch diagenetische Umlagerung erklärbar sei. Dem steht entgegen, daß die Erzkörper im km-Bereich schräg zur Schichtung liegen, also eigentlich quergreifend und damit epigenetisch sind. Auch ihr ringförmiges Auftreten an inselartigen Sandbarren mit Roter Fäule im Zentrum ist mit sedimentärer Bildung nicht vereinbar.

Deshalb überwiegt heute die Meinung einer diagenetischen Bildung der Kupferschiefererze durch heiße, oxydische, d.h. sulfatische Ca-Mg-K-Cl-Formationswässer der variszischen Molasse, die ihren Metallinhalt aus tief versenkten permischen Vulkaniten und Sedimenten bezogen haben (OSZCZEPALSKI 2000). Diese Wässer mußten bei zunehmender Kompaktion unter den impermeablen Zechsteinschichten gegen die Beckenränder aufsteigen, wo die Metalle durch Druck- und Temperaturabfall, durch Mischung mit kühlen, alkalischen Grundwässern und vor allem durch Reduktion der Lösungen an organischen Substanzen und Fe-Sulfiden des Kupferschiefers (z.B. WODZICKI & PIESTRZYNSKI 1994), vielleicht auch durch Methan (JOWETT 1992) in den Sandsteinen ausgefällt wurden. Die Zonierung der Cu-Pb-Zn-Erze an den Schwellen und Beckenrändern ist mit diesem Modell gut vereinbar und entspricht den relativen Löslichkeiten der Sulfide (Abb. 46). Eine gewisse Rolle mag auch eine Funktion des Kupferschiefers als semi-permeable, reaktive Membran gespielt haben. Die zeitliche Einordnung der Vererzung ist nicht endgültig klar. Wahrscheinlich gilt auch hier, daß nicht langsame Kompaktion, sondern weiträumige tektonische oder magmatische Ereignisse auslösend waren. Paläomagnetische Untersuchungen an hämatitreicher Roter Fäule in Polen ergaben Hinweise auf ein Alter an der Perm-/Triasgrenze (NAWROCKI 2000). K/Ar-Altersbestimmungen an Illiten im vererzten Kupferschiefer deuten auf Obertrias hin (BECHTEL et al. 1996).

Eine Bestätigung erfährt dieses genetische Konzept durch isotopengeochemische Untersuchungen, da die vererzten Bereiche sich demnach sowohl von der normalen Ausbildung des Kupferschiefers wie auch von den Zonen mit Roter Fäule unterscheiden. So ist im Umkreis letzterer ^{13}C in der organischen Substanz deutlich angereichert, vermutlich durch bevorzugte Bildung und Abfuhr isotopisch leichter Oxydationsprodukte unter Einwirkung sauerstoffreicher Fluide. Der Schwefel der Sulfide ist durch bakterielle Reduktion von Meerwassersulfat erklärbar, mit $\delta^{34}S$ zwischen -40 bis -25‰. Dabei ist der Schwefel frühen Pyrites am leichtesten; später gebildete Sulfide haben schwereren Schwefel. Dieser Befund läßt entweder auf ein geschlossenes System schließen, in dem die verfügbare Sulfatmenge begrenzt war, oder auf die spätere Zufuhr ^{34}S-reicher Fluide (JOWETT et al. 1991), oder auf thermochemische Sulfatreduktion (SUN & PÜTTMANN 1998). O- und H-Isotopenuntersuchungen der Tone im Richelsdorfer Bezirk ließen nachweisen, daß die Vererzung durch Fluide mit $\delta^{18}O$ zwischen 3 und 6‰ und δD von -10 bis +3‰ erfolgte, vermutlich bei einer Temperatur von 130°C (BECHTEL & HOERNES 1993). Diese Charakteristika passen sehr gut zu diagenetischen Formationswässern. Interessant wäre es, die Verbindung zur Diagenesegeschichte der

Rotliegendsandsteine und Vulkanite im östlichen Teil des Norddeutschen Beckens herzustellen (McCann 1998), um Freisetzung und Migration der Metalle besser zu verstehen.

Dem Kupferschiefer ähnlich sind die präkambrischen stratiformen Kupferlagerstätten von White Pine/Michigan/USA und jene des zentral-afrikanischen Kupfergürtels (Zambia-Katanga). Auch ihre Bildung wird heute epigenetisch durch Beckenfluide (diagenetischer oder bei besonders tiefer Absenkung zusätzlich metamorpher Herkunft) gedeutet.

Sehr verschieden von Kupferschiefer und doch auch diagenetischer Entstehung sind viele ***Pb-Zn-Lagerstätten in marinen Karbonatgesteinen***. Diese Gruppe ist allerdings sehr heterogen; sie wird im üblichen Sprachgebrauch nach typischen Lagerstättenprovinzen und -distrikten weiter unterteilt. Man unterscheidet die Typen „***alpin***" (Mitteltrias in Kärnten-Italien-Jugoslawien), „***schlesisch***" (im Muschelkalk Polens), „***irisch***" (Unterkarbon in Irland), „***Mississippi Valley***" (im Paläozoikum der mittel-kontinentalen USA) und weitere. Die diagenetische Entstehung ist in einem weiten Sinne aufzufassen, da wohl immer tektonische Vorgänge, besonders aktive Krustendehnung (oder auch Orogenese), wesentliche genetische Faktoren waren. Gelegentlich wurden die Metalle weniger durch Diagenese aus Sedimenten, sondern überwiegend durch Lösung aus älterem Grundgebirge mobilisiert. In manchen Fällen konnten die Lösungen am Meeresboden ausströmen und bildeten damit Sedex-Lagerstätten (s. dort). Als im eigentlichen Sinne diagenetisch gebildet sollten aus dieser Gruppe nur jene Erze gelten, die überwiegend durch Formationswässer und epigenetisch entstanden sind.

Hier soll der ***Mississippi Valley Typ (MVT)*** als Beispiel für diagenetische Pb-Zn-Ba-F-Lagerstätten vorgestellt werden. Allgemein handelt es sich um schichtige oder zumindest schichtgebundene Erze, welche oft tektonische Brekzien oder kollabierte Karsthohlräume zementieren, oder quergreifende Gänge bilden (Leach & Sangster 1993). Manchmal kleiden sie offene Hohlräume im Karbonat aus. Bei dieser Gruppe sind DCR-Texturen (s.o.) besonders häufig.

Die Paragenese dieser Lagerstätten ist meist einfach. In der Regel findet man Galenit, ZnS, Baryt, Fluorit, Pyrit, Markasit, Kalzit, Dolomit, Aragonit, Ankerit, Siderit und oft kolloformen Quarz. ZnS erscheint typisch als Schalenblende (mit Sphalerit-Wurtzitbänderung), charakteristisch sind geringe Fe-und erhöhte Cd-Gehalte. Galenit enthält meist wenig Silber. Kupfer ist unbedeutend, es gibt keine Kupferlagerstätten dieses Typs. Ein weiter Dolomitisierungshof ist oft ausgeprägt. Die Bleiisotopenverhältnisse der verschiedenen Distrikte sind äußerst variabel, von normalem (Schlesien, Pine Point/Kanada) zu anomalem Blei (MVT: J-Typ; Goldhaber et al. 1995). Der Schwefel ist z.T. relativ schwer, also nicht immer biogen zu deuten. Die Strontiumisotopenverhältnisse der karbonatischen Gangart belegen im Verlauf der Diagenese zunehmende Zufuhr von radiogenem ^{87}Sr, das vermutlich aus Tonen und anderen Silikaten der Beckensedimente stammt (Brannon et al. 1991).

Die lagerstättenbildenden Lösungen hatten folgende Eigenschaften (Roedder 1984, Kendrick et al. 2002):

- Salzgehalte >15 und oft >20%, auf Grund der Br/Cl-Verhältnisse zumeist Meerwasser im Stadium der Halitabscheidung
- Na- und Ca-Chloride weit überwiegend; geringe S-Gehalte; z.T. erhebliche Metallführung; allgemein Cl>Na>Ca>>K>Mg
- Dichte immer >1, oft über 1,1
- Temperatur ca. 80–150°C
- Bildungsdruck generell niedrig, doch offenbar immer über dem jeweiligen Dampfdruck, da nie Kochen festgestellt wurde
- CH_4 in Gasbläschen und Öl in entmischten Tröpfchen häufig, dazu im liquiden Anteil der Flüssigkeitseinschlüsse gelöste Kohlenwasserstoffe.

Im MVT-Typusgebiet (mittlerer Westen der USA) sind an der Lagerstättenbildung Fluide unterschiedlicher Herkunft beteiligt. So ist zumindest eine Fluidphase der stratigraphisch nahe der Bekkenbasis gelegenen Lagerstätten (Viburnum) von jenen in jüngeren Nebengesteinen (Tri State) geochemisch unterscheidbar (VIETS et al. 1992). Dieser Unterschied hängt damit zusammen, daß erstere überwiegend Reaktionen im basalen Sandsteinaquifer wiederspiegeln, während die Tri State Fluide durch marine Karbonate und Tone geprägt sind. Dazu kommen Anteile magmatischer, fluorreicher Fluide aus südlicher Richtung (ROWAN et al. 2002). Die Ausfällung der Erze und Gangarten erfolgte vermutlich durch Mischung mit seichteren Wässern, welche gering oxydierten Schwefel führten. Dieser kann z.B. durch bakterielle Sulfatreduktion unter Nutzung der organischen Substanz der Karbonate entstanden sein (H_2S-Fluide: PLUMLEE et al. 1994, Abb. 47). Diese Mischung kann gleichzeitig die Entstehung der sekundären Porosität und der Hohlräume erklären:

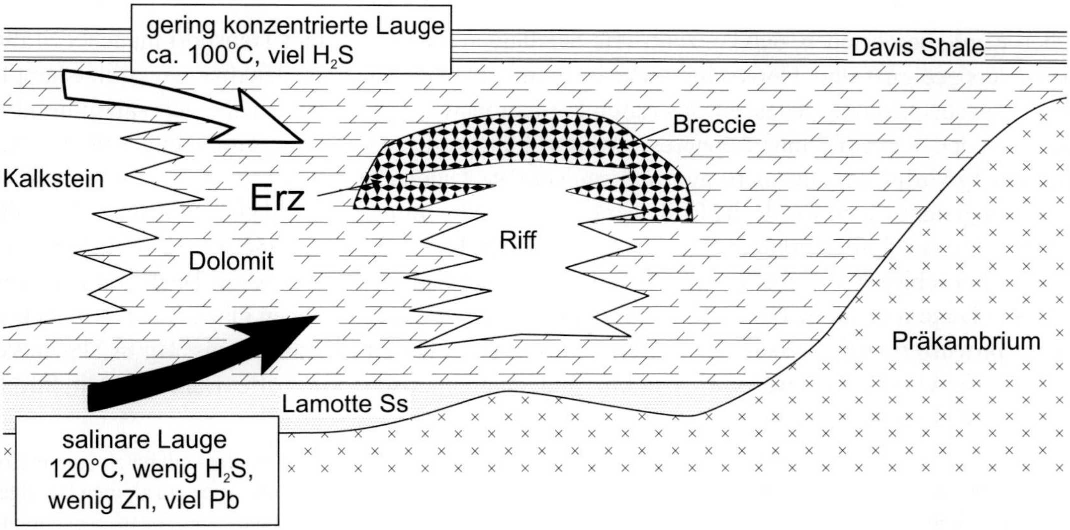

Abb. 47. Modell der Pb-dominierten Vererzung vom Mississippi Typ im Viburnum Trend, Missouri (PLUMLEE et al. 1994). Erzabsatz erfolgte durch Mischung von metallführenden tiefen Beckenlaugen mit H_2S-führenden Wässern der altpaläozoischen Karbonate. Charakteristisch ist die Fokussierung der aufsteigenden Fluide in das permeable Riff.

Sulfidfällung durch Beimengung von H_2S

$$Zn^{2+} + H_2S\ (aq) \rightarrow ZnS\ (s) + 2H^+$$

Calcitlösungsreaktion

$$CaCO_3\ (s) + 2H^+ \rightarrow Ca^{2+} + CO_2\ (aq) + H_2O$$

Einzelne Distrikte der Mississippi-Provinz haben unterschiedliche stoffliche Schwerpunkte. Die größten Bleimengen wurden 1955 im *Viburnum Trend/Missouri/USA* entdeckt. Zusammen mit dem „Old Lead Belt" bildet dieser einen hufeisenförmigen Gürtel um die präkambrischen St. Francois Mts., welche von paläozoischen Sedimentbekken umgeben sind. Auch zur Zeit der marinen Transgression im Oberen Kambrium waren dies Inseln, umgeben von Algenriffen und Lagunen, teilweise mit evaporitischer Fazies. Unmittelbar über dem Grundgebirge liegen quarzitische Sandsteine (Lamotte Sandstone); darüber folgen die kalkige Bonneterre Formation und bis ins Ordoviz überwiegend Dolomite mit einzelnen Tonsteinschichten.

Die meisten Erzkörper der Region liegen in der Bonneterre Formation, in der ein stromatolithisches Saumriff eine mikritisch-tonige Beckenfazies von küstennahen Oolithen trennt. Diese füllen auch Kanäle im Riff, bilden dessen unmittelbar Hangendes und finden sich in Schüttungsfächern außerhalb der Riffes. In den oolithischen Kalkareniten gibt es lange, küstenparallel streichende karstähnliche Kollapsschläuche. Die einzelnen Erzkörper liegen schichtgebunden in solchen Kollapsstrukturen und an Störungen (Abb. 47). Diese waren offenbar Zonen erhöhter Permeabilität, in welche die im Lamotte Sandstein aufsteigenden Fluide fokussiert wurden, weil der Sandstein gegen die Küste zu rasch an Mächtigkeit verliert und auskeilt.

Neben Bleiglanz enthalten diese Erze ZnS, Markasit, und eher untypisch für MVT-Lagerstätten, auch Chalkopyrit, Bravoit und Siegenit, als Gangarten Quarz und Dolomit. Die Vererzung erfolgte in mehrmals wiederholten Zyklen ähnlicher Paragenese. Eine angedeutete Zonierung von Cu-Pb-Zn ist mit der vermuteten Fließrichtung der hydrothermalen Lösungen vereinbar. Rb/Sr-Altersbestimmungen an Sphaleriten des Upper Mississippi Valley Distriktes ergaben ca. 270 Ma, also Gleichaltrigkeit mit der Alleghenian/Ouachita Orogenese der Appalachen (Brannon et al. 1992).

Erzlagerstättenbildung durch migrierende Salzlaugen

Oben wurde beschrieben, daß konzentrierte Salzlaugen für Lösung und Transport mancher Stoffe besonders geeignet sind. Unterschiedliche Herkunft solcher Laugen ist denkbar – aus eingedampften Meeresbecken oder Salzseen, aus reifen Formationswässern, vor allem aber aus salzführenden Anteilen der Beckenfüllung. Letzteres wird dort klar, wo Erze und Evaporite in enger räumlicher Beziehung vorliegen. Dies trifft auf *diapirgebundene Lagerstätten* zu.

Erst in jüngerer Zeit wurde die Rolle der besonderen hydraulischen und geochemischen Verhältnisse an Salzstrukturen erkannt (Rouvier et al. 1985, Kyle & Price 1986, Pohl et al. 1986). In den hochgeschleppten Nebengesteinen, in Hutbrekzien und im unmittelbaren Dach von Diapiren sind seit langem wichtige Öl- und Schwefellagerstätten bekannt. Daneben gibt es aber in manchen Diapirprovinzen auch Erzlagerstätten (Pb, Ag, Zn, Fe in Nordafrika und Texas; Hg in Slaviansk/Ukraine) bzw. Vorkommen (As, Sb, Cu, Mn) und nichtmetallische Rohstoffe (Baryt, Fluorit, Strontianit, in Kolumbien Smaragd).

In Tunesien und Algerien wird das südliche Vorland des Atlas-Orogens durch ein Becken mit mächtigen mesozoischen Sedimenten gebildet. An dessen Basis liegen bis 1000 m triassischer Evaporite, die dem alpinen Haselgebirge sehr ähnlich sind, da neben Salz und Gips auch reichlich Schollen und Fragmente von Tonen, Sanden und basischen Eruptiva beigemengt sind. Besonders hohe Absenkungsraten während der Kreide (bis 8000 m mächtig) leiteten einen syn-sedimentären Diapirismus ein, der erst im Eozän mit einer ersten orogenen Faltungsphase beendet war. Die meisten Mineralisationen liegen in triassischen Hutgesteinen und in Unterkreide-Kalken, wo diese unmittelbar über oder neben apikalen Teilen von Diapiren auftreten.

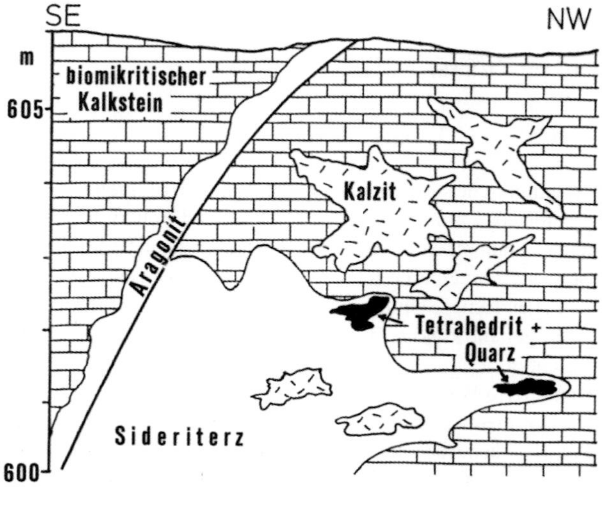

Abb. 48. Metasomatische Front des Sideriterzkörpers Douamis/Ouenza/Algerien.

Die Zeichnung zeigt den Rand eines großen Erzlagers. Deutlich ist die epigenetische Platznahme des Erzes unter Auslöschung der sedimentären Strukturen der Urgonkalke, dazu randlich etwas Antimonfahlerz, wie auch die angedeutete Kontrolle von Kalzit- und Quarztaschen durch Klüfte.

Die *Sideritlagerstätten von Ouenza und Jerissa* seien kurz beschrieben. Es handelt sich um metasomatische Erzkörper, die deutlich schichtgebunden in Apt-Kalken über Salzdiapiren entwickelt sind. Die Kalke sind sehr feinkörnig, nahezu lithographisch, und führen reichlich Rudisten. Sie entsprechen damit der sogenannten Urgonfazies der west-europäischen Kreide. Prachtvoll ist an den Rändern der Erzkörper eine metasomatische Front entwickelt, mit randlich noch erkennbaren sideritisierten Schichtfugen, Stylolithen und Fossilien sowie großen Taschen mit grobspätigem Kalzit, Quarz und Fahlerz (Abb. 48). Weiter innen sind die Erzkörper fast monomineralische, zukkerkörnige Sideritgesteine, allerdings mit Kalzit und Dolomit in drusigen Hohlräumen. Erz und Nebengesteine werden vereinzelt von Gängen mit Baryt, Fluorit und Karbonaten durchsetzt.

Zweifellos ist die Entstehung dieser Lagerstätten sehr komplex, da Halokinetik sowie Diagenese der Evaporite und der Nebengesteine in einem dynamischen Prozeß zusammenwirken. Auf Grund einer Massenbilanz-Abschätzung muß zwar angenommen werden, daß die Hauptmenge der beteiligten Wässer aus den Beckensedimenten stammen (Bouzenoune & Lecolle 1997), doch mögen auch Anteile von meteorischem Wasser und diagenetisch/metamorphen Devolatilisierungslaugen der Evaporite zugemischt sein. Eisen ist in sauren, reduzierten und hochkonzentrierten Salzlösungen bei erhöhter Temperatur besonders löslich. Ausfällung unter Sideritbildung ist hier durch Temperaturabfall und den pH-Schock bei Reaktion mit den Karbonaten gut erklärbar. Die Diapire sind in diesem Modell bevorzugte strukturelle und thermische Aufstiegswege für tiefe Formationswässer, wobei die Flanken zum Unterschied von vielen Öllagerstätten relativ permeabel waren (Abb. 49).

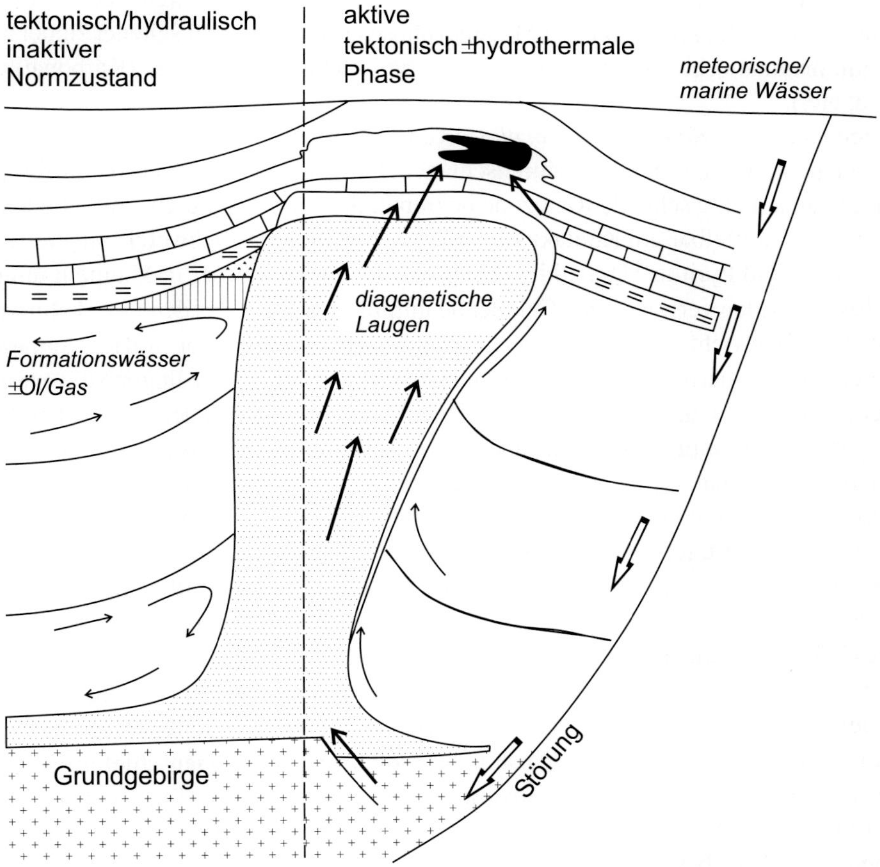

Abb. 49. Diagenetische Lagerstättenbildung durch hochkonzentrierte Salzlaugen/Formationswässer über Salzdiapiren, basierend auf Beobachtungen im Maghreb/Nordafrika (nach Pohl et al. 1986).
Pfeile stellen die vermuteten Fließwege der Formationswässer bzw der möglichen Anteile von meteorischen/marinen Wässern oder von Salzlaugen aus den Evaporiten dar. Lagerstätten (schwarz) von Erdöl, Fe, Pb-Zn, Schwefel, Baryt und Fluorit sind relativ häufig, seltener ist Mineralisation von As, Sb, Hg, Ag, Cu, Mn und Sr.

Eine interessante Frage ist die mögliche Voranreicherung von Metallen in Evaporiten. Wie anderswo erwähnt, können terrestrische Salzseen (Playas) in Grabenzonen anomale, ja zum Teil bauwürdige Gehalte von Li, W, U und anderen Metallen führen. Auch Sabkhas sind nach einem allerdings aktuogeologisch unbestätigten Modell geochemische Fallen für Metalle sowie F und Ba, die vom Festland angeliefert werden. Zukünftige Forschung an diapirgebundenen Lagerstätten wird die Möglichkeit der Umlagerung solcher Voranreicherungen berücksichtigen müssen.

V. Metamorphose von Erzlagerstätten

Erzlagerstätten in metamorphen Terrains können vor, während oder nach der Metamorphose entstanden sein. Hier sollen jene besprochen werden, die prä-metamorph gebildet wurden und deshalb von der Metamorphose umgeformt wurden – also die *metamorphen Lagerstätten*.

Als Haupttypen der Metamorphose werden gewöhnlich Regionalmetamorphose und Kontaktmetamorphose unterschieden; manchmal werden auch lokal an Störungen und Scherzonen auftretende dynamometamorphe sowie metasomatische Prozesse dazugezählt. Infolge ihrer geosynklinalen Position und Häufigkeit werden Lagerstätten in vulkano-sedimentären Serien besonders oft durch spätere orogene Deformation und Metamorphose erfaßt. Sehr viel seltener findet man metamorphe liquidmagmatische, granitgebundene oder typisch kratonische Erze (Karbonatite, Verwitterungserze, etc.).

Vorwiegend statische *Kontaktmetamorphose* von Erzen wurde überwiegend an magmatischen Gängen untersucht, welche Erzkörper durchschlagen. Die Einwirkung der erhöhten Temperatur ist dann naturgemäß auf eine schmale Randzone begrenzt, die vor allem durch deutliche Kornvergrößerung auffällt. Unmittelbar am Kontakt kann oft Mobilisation des Schwefels aus Sulfiden beobachtet werden, so daß Pyrit in Magnetkies (bei $T \geq 743°C$) bzw. dieser in Magnetit umgewandelt wird. Mit Eisensulfiden verwachsene Zinkblende nimmt Fe auf, bis das den P-T Bedingungen entsprechende Gleichgewicht erreicht ist. Solche Reaktionen verschiedener Sulfide können als Geothermometer oder Geobarometer zur Bestimmung der Metamorphosebedingungen verwendet werden. Dabei ist allerdings zu beachten, daß die Hochtemperaturformen der Sulfide bei Abkühlung regelmäßig in Niedertemperaturformen übergehen. Eisenoxyde zeigen am Kontakt Neubildung von Magnetit oder Hämatit, abhängig vom jeweiligen Sauerstoffpartialdruck.

Die kieselreichen Hämatitlager des Oberharzer Diabaszuges wurden im Kontakthof des Brockenplutons zu Magnetit, teilweise auch zu Pyrit und Magnetkies umgewandelt. Paragenesen von Eisenkarbonat und Quarz bilden Fayalit. Monomineralische Erze rekristallisieren unter Ausbildung typischer „Schaumgefüge“ (foam structures: Stanton 1972), im Erzanschliff daran erkennbar, daß jeweils drei Körner mit einem Grenzflächenwinkel von 120° aneinanderstoßen.

Regionalmetamorphose von Erzlagerstätten ist sehr häufig; Erze in Gesteinen der Zeolith-, Grünschiefer- und Amphibolitfazies sind besonders weit verbreitet. Seltener gibt es Lagerstätten in der Granulitfazies (z.B. Broken Hill/Australien). Solche in Glaukophanschiefern oder Eklogiten sind sehr selten; dazu zählen z.B. die Sulfidvorkommen in Ophioliten im Tauernfenster/Österreich.

Regionalmetamorphe Gesteine sind die Produkte von Durchbewegung unter erhöhtem Druck und Temperaturen. Dies bewirkt Kornvergrößerung und Schieferung oder Foliation, sowie gleichzeitig Neubildung jeweils stabiler Mineralparagenesen, allgemein begleitet von Devolatilisierung. Erze zeigen ein grundsätzlich ähnliches Verhalten.

Oxydische Erze, vor allem von Fe und Mn, reagieren unter metamorphen Bedingungen bereitwillig mit Karbonaten und Silikaten, wodurch etwa die früher erwähnten schwedischen „Reaktions-

Skarne“ entstehen. Sehr gut untersucht ist die metamorphe Entwicklung der präkambrischen Bändereisenerze. Magnetit und Hämatit sind dabei auch in feiner Wechselbänderung sehr stabil, so daß man auf eine geringe Beweglichkeit des Sauerstoffs schließen kann. Hämatit rekristallisiert allerdings zu schuppigem Spekularit, der glimmerähnlich parallel zur Schieferung liegt. Eisensilikate und Siderit sind sehr reaktiv, letzterer wird bei höherer Metamorphose unter Bildung von Magnetit oder Fayalit instabil.

Auch Mangan tritt in viele metamorphe Minerale ein; besonders häufig ist die Bildung von Spessartin, Rhodonit und Rhodochrosit. Solche Spessartin-Quarzgesteine („Gondite“) sind das typische Ausgangsmaterial für Verwitterungslagerstätten des Mangans. Erhöhte Mangangehalte metamorpher Silikate (Granat, Pyroxen, Stilpnomelan etc.) bewahren die weiten Manganhöfe exhalativer Sulfidlagerstätten und können zur Prospektion verwendet werden.

Sulfidische Erze sind chemisch weniger reaktiv; sie erlauben aber wichtige Beobachtungen bezüglich Deformation und Erwärmung, vor allem auch deren zeitlicher Abfolge. Auch für die bergbauliche Praxis wichtig ist die Kornvergrößerung dieser Erze bei der Metamorphose, da sie damit leichter aufbereitbar werden. Dies geht bis zum Auftreten „pegmatitischer“ Textur bei höheren Metamorphosegraden. Im einzelnen sind Rekristallisation und Deformation der Sulfide abhängig von Druck, Temperatur, begleitender Durchbewegung und von der Präsenz von Fluiden. Duktile Deformation durch Kriechen an bestimmten Gitterflächen charakterisiert Galenit, Stibnit (über 250°C) und Chalkopyrit (über 300°C), während Pyrit (Craig et al. 1998) und Arsenopyrit unter den gleichen Bedingungen vorwiegend spröde verformt werden. Besonders klar wird dies bei gebänderten Erzen, in denen Galenit Fließfalten mit Injektionsstrukturen bildet, während Pyrit bis zur Bildung von „Augen“ boudiniert wird. Gleichzeitig werden die Sulfidminerale ähnlich wie die Silikate bevorzugt eingeregelt, z.T. durch Drucklösung nach dem Riecke'schen Prinzip (Gu & McClay 1992). Falls die maximale Erwärmung allerdings nach der Durchbewegung folgt, werden die Spuren der Deformation durch Rekristallisation zu Schaumgefügen ausgelöscht. Die Mitwirkung von Fluiden führt zu lokaler Mobilisation der Sulfide, wodurch pegmatitähnliche lateralsekretionäre Spaltenfüllungen in Erz und Nebengestein entstehen. Bei höheren Metamorphosegraden (Sillimanitfazies) ist die Bildung von Sulfidschmelzen möglich, welche z.B. in Broken Hill/ Australien als Galenit-Ag-Gänge in der unmittelbaren Nachbarschaft der Erzkörper erstarrten (Mavrogenes et al. 2001).

Im Gegensatz zu Silikaten sind Sulfidminerale über weite metamorphe P-T Bereiche stabil, so daß zumeist nur geringe mineralogisch-chemische Veränderungen eintreten. Ähnlich zur Kontaktmetamorphose kann aber in manchen regionalmetamorphen Sulfiden eine Abnahme des Schwefelgehaltes unter Bildung von Pyrrhotin oder Magnetit aus Pyrit beobachtet werden. Allgemein bewirkt metamorphe Rekristallisation überwiegend nur Homogenisierung älterer Sulfide und damit einhergehend Mobilisation von Spurenelementen bzw. Neubildung eigener Mineralphasen derselben (Craig & Vokes 1992). Auch stabile Isotopensysteme der Sulfide können durch die Metamorphose neu eingestellt werden. Crowe (1994) z.B. berichtet, daß die S-Isotope in Chalcopyrit-Pyrrhotin-Gemengen äquilibriert werden, während in Quarz isoliert liegende Körner die vormetamorphen Verhältnisse bewahren.

Massige Sulfiderzkörper reagieren während der Deformation im Vergleich zu den Nebengesteinen eher duktil So entstehen die typischen Verdickungen in Faltenkernen, während die Schenkel ausgedünnt sind (Abb. 50). Es wurde aber auch das umgekehrte Verhältnis mit Boudinage der Sulfide beschrieben. Manche Erzkörper sind durch extreme Deformation zu achsenparallelen Spindeln umgeformt. Meist werden bei stärkerer Deformation die ursprünglichen räumlichen Verhältnisse der Erze zu Alterationshöfen und Nebengesteinen so stark verändert, daß diese nur sehr schwierig rekonstruiert werden können. Das erschwert natürlich sowohl die geologische Untersuchung der Lagerstätten wie auch die Prospektion und die genetische Deutung. Nicht zuletzt deshalb wurde der Durchbruch im wissenschaftlichen Verständnis der metamorphen vulkanogenen und Sedex-Lagerstätten erst in den letzten Jahrzehnten erzielt (Vokes 2000).

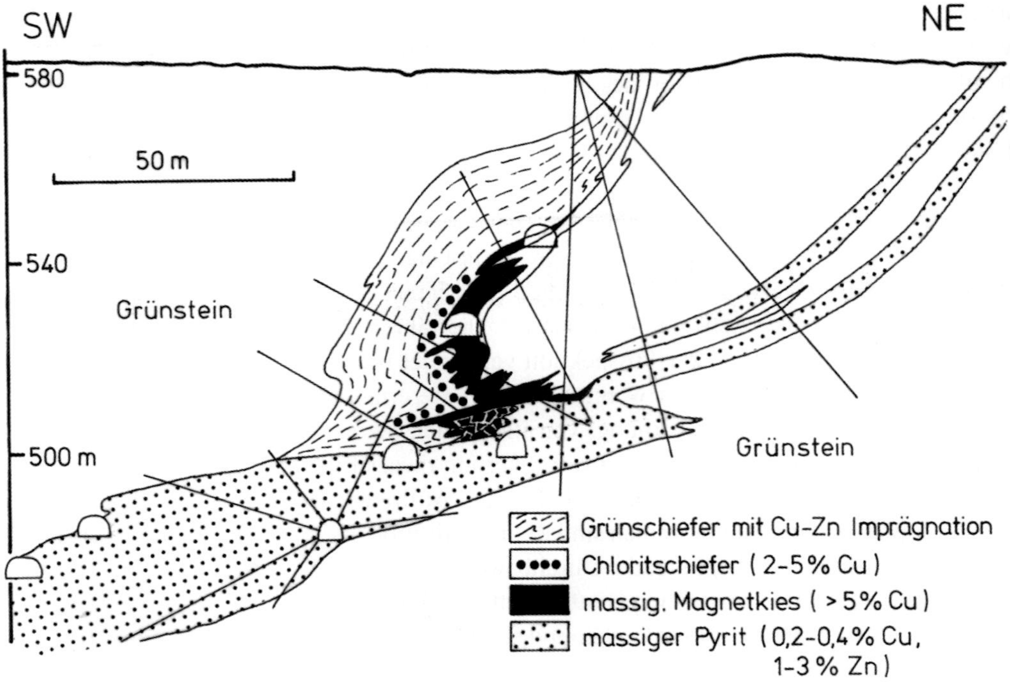

Abb. 50. Querschnitt der Joma Cu-Zn-Mine in Metabasalt nordöstlich von Trondheim/Norwegen: Beispiel für die orogene, syn-metamorphe Deformation von massigen Sulfiderzkörpern (BUGGE 1978).

Schwierig und doch sehr wichtig ist auch das Erkennen metamorpher Nebengesteine mit ungewöhnlicher mineralogischer Zusammensetzung als ehemalige Exhalite oder Alterationszonen (SPRY et al. 2000). Sehr charakteristisch sind Quarzite, z.T. Fe-Mn-haltig (aus Kieselsinter, Jasper oder Chert), Sillimanit-Korundgesteine (aus Alunit) und Cordierit-Anthophyllitschiefer (aus propylitisiertem Andesit oder Basalt; z.B. ROBERTS et al. 2003), um nur einige zu nennen.

Allgemein hat die Untersuchung metamorpher Lagerstätten ergeben, daß das Konzept einer im wesentlichen isochemischen Natur der Metamorphose richtig ist. Die stoffliche Mobilisation im Bereich von Erzkörpern ist fast ausschließlich auf volatile Elemente und Verbindungen (H_2O, CO_2, O_2, S) beschränkt. Die Metalle werden nur sehr lokal und in geringer Menge mobilisiert (VOKES 2000). Deshalb ist die frühere Vorstellung einer metamorphen „Regeneration" von Lagerstätten durch Lösung, Transport und Wiederabsatz von Erzen wenig realistisch. Sicherlich gilt aber weiterhin, daß Anatexis metallreicher Gesteine über magmatische Prozesse zur Lagerstättenbildung führen kann. Sehr wahrscheinlich ist dies für die bisher nur durch Bohrungen erschlossene Goldlagerstätte *Challenger* in Süd-Australien (TOMKINS & MAVROGENES 2002), in welcher migmatitische Leukosome mit rund 8 g/t Au vererzt sind. Rundliche Tröpfchen von Au und Sulfiden werden als erstarrte Erzschmelze gedeutet.

VI. Metamorphogene Lagerstätten

Unzweifelhaft eng mit der Kontaktmetamorphose an Intrusionen verbunden sind die Skarnlagerstätten. Erzlagerstättenbildung durch Regionalmetamorphose ist jedoch nach vorsichtigen früheren Vermutungen erst in jüngster Zeit allgemein anerkannt (SPRY et al. 2000). Metamorphogene Einordnung wird heute sehr häufig für „mesothermale“ bzw. „orogene“ Gold-Quarzgänge postuliert, aber auch manche Graphitgänge (Sri Lanka), Talklagerstätten (Rabenwald, Luzenac), metasomatische Siderite (Erzberg, Bakal/Rußland) und andere metallische Erze (z.B. Ag und Co in Bou Azzer/ Marokko, oder Ag, Pb, Zn im westlichen Kanada: BEAUDOIN & THERRIEN 1999) werden heute zu dieser genetischen Klasse gezählt. Immer handelt es sich um eine Entstehung aus wässerigen Lösungen bzw. Fluiden, also um hydrothermale und epigenetische Bildung.

Die Feststellung im vorhergehenden Kapitel, daß Regionalmetamorphose von Devolatilisierung abgesehen im wesentlichen isochemisch verläuft, muß hier nun eingeschränkt werden. Viele Beobachtungen an metamorphen Serien zeigen nämlich, daß während der Metamorphose beträchtlicher Stofftransport stattfindet. Hinweise darauf sind die überaus häufigen Quarz- und Karbonatgängchen epizonaler Gesteine, die gerichtete Anlösung von Fossilien und detritären Körnern, sowie die Lösungsschieferung parallel zu Achsenebenen. Daraus kann abgeschätzt werden, daß bereits geringmetamorphe Terrains bis zu 20% Massenverlust erlitten haben müssen. Mangels geeigneter Maßstäbe ist dies für höhere Metamorphosegrade kaum quantifizierbar, dürfte aber entsprechend hoch sein. Es kann nicht überraschen, daß Analysen von Haupt- und Spurenelementen metamorpher Gesteine die stoffliche Mobilität während der Metamorphose nachweisen lassen, sogar jener Elemente, die ihrer Immobilität halber in der Regel für die geodynamische Einordnung magmatischer Gesteine herangezogen werden.

Seit langem werden die Quarz- und Karbonatlinsen und -Gängchen niedrig-metamorpher Gesteine sowie die pegmatitischen Mobilisate höherer Metamorphose als Produkte einer lateralen Sekretion aus den unmittelbaren Nebengesteinen aufgefaßt. Diese Deutung ist schon dadurch belegt, daß die Paragenese der Spaltenfüllung die Zusammensetzung des jeweiligen Nebengesteins wiederspiegelt. So sind Quarzmobilisate für silikatische Metasedimente, Kalzitgänge (mit Epidot, Chlorit, Sulfiden etc.) aber für basische Metavulkanite typisch. Viele andere Stoffe oder Minerale werden ebenfalls in solchen syn- bis spät-metamorphen Dehnungsstrukturen ausgeschieden, gewöhnlich reiner und gut kristallisiert. Prachtvolle Beispiele sind die „alpinen Klüfte“ (MULLIS 1996) und manche Edelsteinlagerstätten. Die Lateralsekretion ist mit einer annähernd ausgeglichenen Massenbilanz zwischen Nebengestein und Gang verbunden, wobei mobilisierte Elemente in ersterem gegen den Gang zu deutlich abnehmende Gehalte aufweisen. Hydrothermale Alteration der Nebengesteine fehlt, da Fluide und Gestein in einem chemischen Gleichgewicht sind. Auch Systeme stabiler Isotope zeigen kein Ungleichgewicht zwischen dem Gang und seiner Umgebung; die Fluide sind also lokaler Herkunft. Sie bewegen sich unter dem Druckgefälle zur sich öffnenden Spalte durch Fließen an Korngrenzen oder durch Diffusion. Im wesentlichen handelt es sich um räumlich begrenzte, geschlossene Systeme, prinzipiell ohne Einträge von außen und mit unbedeutendem Stoffabtransport. Temperatur und Druck in der Spalte und in den Nebengesteinen sind während der Ruhephasen gleich, nur in Phasen aktiver Dehnung fällt der Druck in der Fiederspalte (Abb. 51). Der Fluiddruck ist im Ganzen lithostatisch. In einem solchen System ist die Bildung einer Erzlagerstätte nicht zu erwarten, da der dafür erforderliche große Massendurchfluß nicht möglich ist.

Andererseits gibt es in metamorphen Gesteinskörpern oft auffällige regionale Stoffzufuhr (z.B. Albitisierung in den Hohen Tauern). Auch die Veränderung von Sauerstoff-Isotopenverhältnissen der Gesteine läßt regionale Passage von metamorphen Wässern tiefer Herkunft erkennen (BEAUDOIN & THERRIEN 1999). Die Nebengesteine an den Salbändern der Gänge sind durch die hydrothermalen Fluide chemisch und mineralogisch alteriert. Ausgehend vom Gang sind Spurenmetall-Höfe ausgebildet. Solche Veränderungen können nur durch die Einwirkung migrierender Fluide erklärt werden, die das betrachtete System zum größten Teil verlassen haben. Sie stammen aus tie-

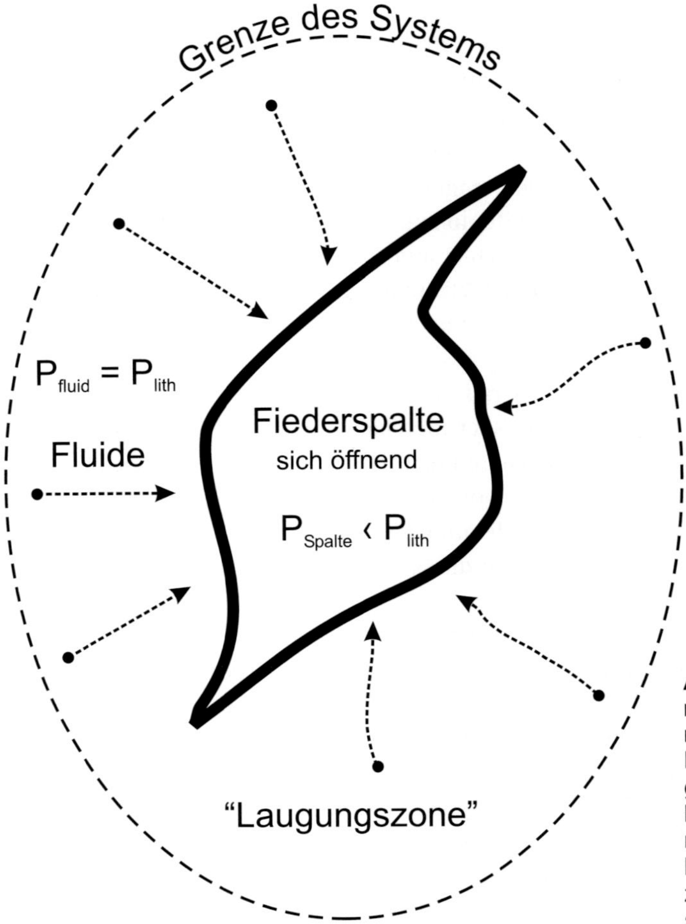

Abb. 51. Prinzipdarstellung der Lateralsekretion: Ausgelöst durch Spannungsveränderungen öffnet sich eine Fiederspalte, in die wegen des Druckgefälles ($P_{Spalte} < P_{lithostatisch}$) aus einem begrenzten Umfeld ("Laugungszone") metamorphe Fluide einströmen und hydrothermale Mineralfüllung absetzen. Ein solches System ist geschlossen.

feren Teilen des Gebirgskörpers, wo in Bereichen prograder Metamorphose durch endotherme Reaktionen riesige Mengen von Fluiden freigesetzt werden, wie einfache Berechnungen ebenso wie vergleichende Analysen metamorpher Gesteine zeigen (Hanson 1997, Abb. 52).

Metamorphe Fluide entstehen zum Unterschied von diagenetischen Wässern überwiegend durch „chemische Freisetzung" (Devolatilisierung), wobei zunehmende Metamorphose eine rasche Abnahme des Gehaltes an volatilen Elementen bedingt. So enthält Tonschiefer noch rund 4%, Glimmerschiefer nur 2% Wasser. Basalt nimmt zwar bei der Bildung von Grünschiefer bis 13% H_2O auf, Amphibolite aber enthalten nur mehr 2% Wasser. Mergelige Karbonate verlieren durch Kalksilikatbildung bis 40% CO_2. Abbau von organischer Substanz der Sedimente setzt H_2, CO_2, CH_4, N_2 und Wasser frei. Auch das „mineralische" NH_4^+, das während der Diagenese anstatt K^+ in viele Silikate (Tone, Glimmer, K-Feldspat) eingebaut wird, geht bei prograder Metamorphose als N_2 in die fluide Phase über, wodurch eine deutliche Abnahme des Gesamtstickstoffgehaltes im Gestein resultiert. Gleichzeitig wird der verbleibende Stickstoff isotopisch schwerer (Bebout & Fogel 1992). Salze und Anhydrit werden in der Regel gelöst und abgeführt; seltener bleiben Evaporithorizonte in Metasedimenten durch Skapolith- oder Albitführung, durch Reste von Anhydrit oder durch salzreiche Flüssigkeitseinschlüsse erkennbar.

Die Fluide in metamorphen Gesteinen liegen als OH-Gruppen und Flüssigkeitseinschlüsse vor, z.T. auch an Korngrenzen, offenen Klüften und in Poren. Die Flüssigkeitseinschlüsse bestehen bei niedrigmetamorphen Gesteinen vorwiegend aus H_2O, Cl, CO_2, CH_4 (z.B. in alpinen Klüften), H_2S und N_2 (Roedder 1984). Die häufigsten Kationen sind Na, Ca und Mg, die Salzgehalte liegen meist unter 5%. Höher metamorphe Gesteine enthalten Fluide mit H_2O, HF, F, CO_2, CH_4, CO, H_2 und HS^-. Tiefbohrungen in kristallinen Gesteinen haben ferner geringe Mengen hochsalinarer Fluide erbracht, deren Entstehung nicht immer geklärt ist. Im Schwarzwald konnte eine Ableitung aus Meerwasser wahrscheinlich gemacht werden (Stober & Bucher 1999). Granulite, Eklogite und Sillimanitschiefer sind im allgemeinen wasserfrei, führen jedoch z.T. reine CO_2-Einschlüsse, deren Herkunft ebenfalls noch erforscht wird. Vermutlich sehr häufig sind in ihnen Einschlüsse von Halit und Sylvin, welche durch „Austrocknung" geringer Mengen episodisch zufließender Krustenfluide entstehen (Markl & Bucher 1998). Auch bei der Bildung von Eklogit aus Granulit in Westnorwegen, also durch eine prograde Hydratationsreaktion, wurden hochsalinare Flüssigkeitseinschlüsse gebildet. Lagerstättenkundlich bemerkenswert ist die extreme Pb-Anreicherung in diesen Einschlüssen, vermutlich aus den Kalifeldspäten der Granulite (Svensen et al. 1999).

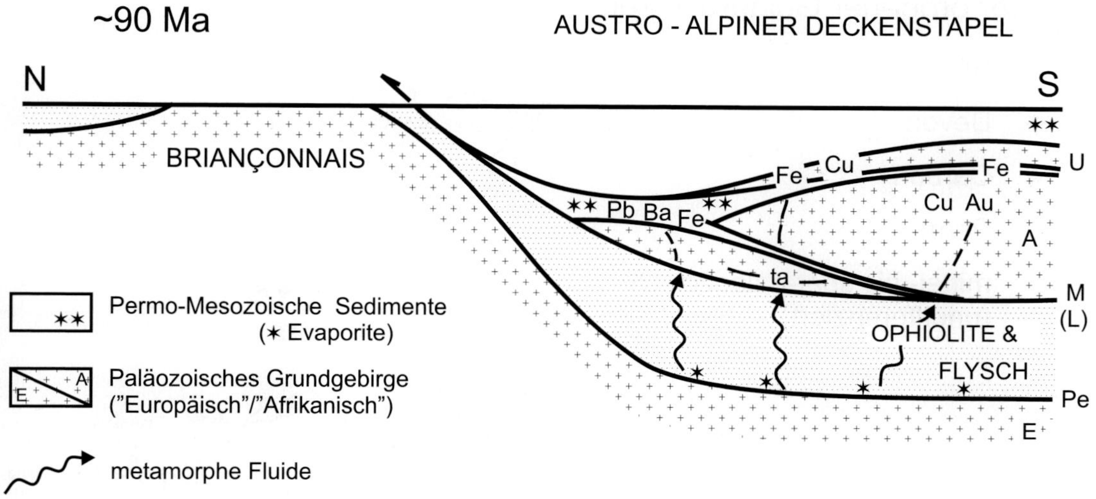

Abb. 52. Modell metamorphogener Lagerstättenbildung in den Ostalpen während der Oberkreide, als Produkt der Devolatilisierung penninischer Sedimente (mit Evaporiten) und Ophiolite.
ta – Talk von Rabenwald, Pe – Penninikum, L-M-U – Unteres, Mittleres und Oberes Ostalpin.

Berechnungen der Massenbilanz ebenso wie Isotopenuntersuchungen deuten an, daß metamorphe Fluide nicht ausschließlich aus prograder Devolatilisierung stammen, sondern daß vielfach auch externe (meteorische) Fluide einbezogen werden. Auch heiße, metamorphe Terrains können offenbar große hydrothermale Systeme ausbilden, vergleichbar den überschaubareren, intern und extern gespeisten Konvektionszellen an magmatischen Intrusionen. Solche Systeme können sehr langlebig sein (1 Million Jahre in Mt. Isa: Matthäi et al. 2004). Die unterschiedliche Herkunft hydrothermaler Fluide in einem Orogenquerschnitt wurde von Koons et al. (1998) am Beispiel der Neuseeländischen Alpen dargestellt.

Bei prograder Metamorphose werden also in der Regel Fluide freigesetzt, wobei wirtschaftlich interessante Spurenelemente entweder gleichzeitig mit H_2O, F und Cl aus dem Kristallgitter einzelner Minerale in Lösung gehen oder in der Folge durch Reaktion der migrierenden Fluide mit Nebengestein gelöst werden. Diese Vorgänge sind von Fluidmenge und Zusammensetzung sowie vom Gestein und von T, P, pH sowie Eh des Systems abhängig. Da metamorphe Komplexe über größere Entfernungen ähnlichen Pauschalchemismus aufweisen, müssen die abströmenden Fluide eine großräumig vergleichbare Zusammensetzung haben. Das führt zum Konzept von Fluidprovinzen. In den Ostalpen z.B. haben die während der eoalpinen Orogenese in der frühen Oberkreide ausschließlich in den ostalpinen Decken gebildeten Lagerstätten (z.B. Erzberg, Mitterberg, Schendeleck, Kleinkogel und Rabenwald) so ähnliche Einschlußfluide, daß eine „synorogene ostalpine Fluidprovinz" abgeleitet werden kann (Abb. 52, Pohl & Belocky 1994, 1999).

Interessant ist auch die Frage nach der zeitlichen Entwicklung der Fluidabgabe. Dabei sind zwei Denkmodelle möglich: Entweder werden alle aus dem Gestein gebildeten Fluide „aufgestaut" und später zur gleichen Zeit abgegeben („batch volatilization"), oder es entspricht der Fluidfreisetzung ein andauerndes, gleichzeitiges Abströmen („Rayleigh distillation"). In der geologischen Wirklichkeit werden wohl beide Prozesse in verschiedener Weise wirksam, vor allem in Abhängigkeit von physikalischen Randbedingungen (Scherung, Porendruck, Permeabilität, Temperaturgradient),

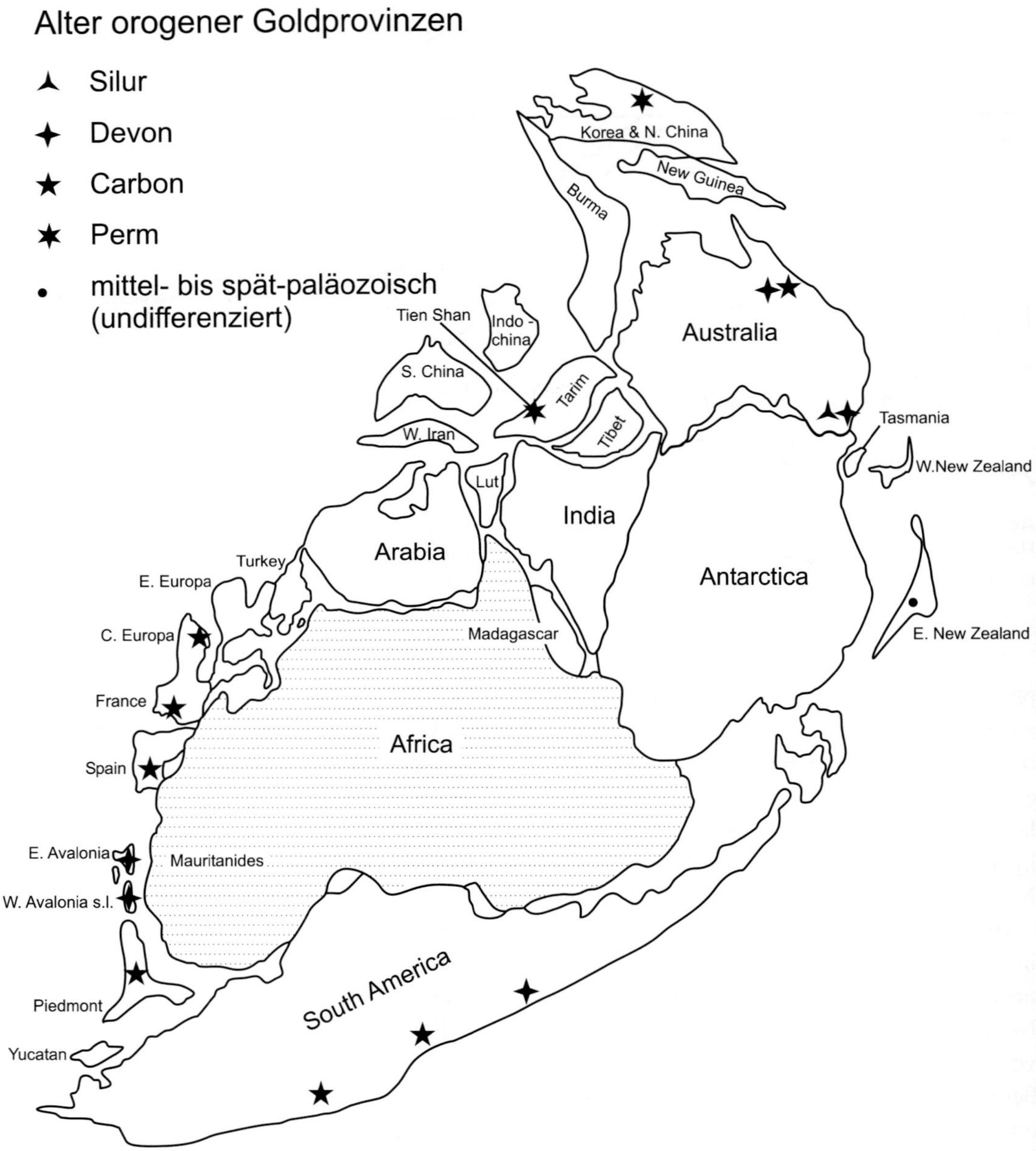

Abb. 53. Große mittel- bis spätpaläozoische Goldlagerstättenprovinzen in einer paläogeographischen Rekonstruktion Gondwanas und der benachbarten kontinentalen Platten des Paläotethys-Raumes für das Mittelkambrium (HAEBERLIN et al. 2002). Die Bindung an die orogenen Gürtel der Kontinentalränder ist offensichtlich (deshalb die Bezeichnung "orogene Goldlagerstätten").

also begleitender Tektonik und geologischem Aufbau. Die alpinen Klüfte z.B. sind Zeugen der Speicherung metamorpher Fluide bis in die Zeit nach dem Druck- und Temperaturmaximum. Lagerstättenbildung wird bevorzugt dann stattfinden, wenn große Mengen gestauter Fluide in geologisch kurzer Zeit nach oben abfließen können, also z.B. mit einsetzender Hebung, Scherung oder Dehnung metamorpher Komplexe. Annähernd gleichzeitige Bildung ähnlicher Lagerstätten in größeren Räumen belegt damit das Konzept von tektonisch ausgelösten Fluidpulsen.

Viele Goldlagerstätten werden metamorphogen gedeutet. Es sind in der Regel Goldquarzgänge mit Sulfiden von As, Sb und Fe, die fern von Intrusionen in Schwarzschiefern, Meta-Turbiditen oder in Gesteinen der Grünschieferfazies liegen. Ihre Entstehung fällt in eine Periode ausklingender Orogenese (deshalb die Bezeichnung „orogene Goldlagerstätten“, Abb. 53), oft mit post-metamorpher Aufwölbung, Dehnung oder tiefen Scherzonen korrelierbar. Es wird angenommen, daß der überwiegende Anteil der beteiligten Stoffe und der hydrothermalen Fluide durch Metamorphose freigesetzt wurde, jedoch z.T. unter Beimengung von Fluiden aus dem Mantel oder meteorischer Herkunft. Obwohl die Konzentration der lagerstättenkundlich wichtigen Elemente in solchen Lösungen sehr gering ist, können aus den großen Fluidmengen an geochemischen oder physikalischen Fallen bedeutende Erzkörper gebildet werden.

Die Fluide mit den gelösten Stoffen dürften in der Regel in breiter Front in Bereiche niedrigeren Druckes abströmen (Hanson 1997, Jamtveit & Yardley 1997). Geeignete tektonische Strukturen (Scherzonen, Störungen, Überschiebungen) fokussieren diesen diffusen Strom durch ihre höhere Permeabilität (Abb. 54). In solchen Zonen kann auch erneut verstärkte Lösung einsetzen, wenn die Fluide mit dem Gestein nicht in chemischem Gleichgewicht stehen. Im Bereich der unteren, duktilen Kruste prograder Metamorphose (ca. 15 km, jedoch temperaturabhängig) ist die Permeabilität sehr gering (0,25 m/Jahr, Beaudoin & Therrien 1999), die Fluide stehen unter lithostatischem Druck. Mit dem Eintritt in die spröde obere Kruste steigt die Durchlässigkeit (in Störungen 100–1000 m/Jahr), der Fluiddruck entspannt sich gegen den hydrostatischen Zustand. Bis zu dieser Tiefe ist auch Zufluß absteigender Wässer möglich (Ingebritsen & Manning 1999). Wegen dieser besonderen Bedingungen ist der duktil-spröde Übergangsbereich (ca. 425–375°C) häufig Ort der Lagerstättenbildung.

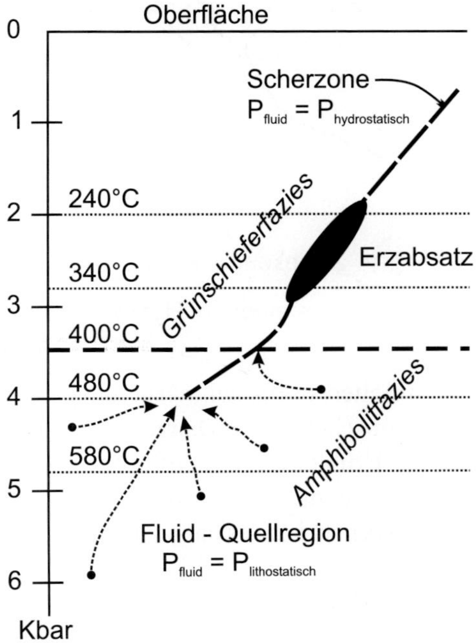

Abb. 54. Modell der Lagerstättenbildung durch prograde Metamorphose: Eine Scherzone ermöglicht durch erhöhte Permeabilität und durch Überleiten von lithostatischem zu hydrostatischem Druck die Fokussierung und das Hochströmen tiefer metamorpher Fluide. Erzabsatz tritt durch chemische oder physikalische Milieuveränderungen ein. Das System ist offen, der Massenstrom ist einseitig gerichtet.

Die bisher geschilderten Überlegungen betreffen fast ausschließlich Vorgänge bei der prograden Metamorphose. Viele geologische Beobachtungen, z.B. der Strukturbeziehungen, weisen aber darauf hin, daß die Platznahme metamorphogener Lagerstätten oft erst deutlich nach dem P-T-Maximum erfolgt. Die Geschichte des Aufsteigens und Abkühlens metamorpher Komplexe ist an retrograden, exothermen Reaktionen ablesbar, die unter erneuter Fluidzufuhr ablaufen (Haack & Zimmermann 1996, Yardley et al. 2000). Diese Fluide dürften wohl überwiegend aus einem oberflächennahen Reservoir kommen (z.B. meteorische Wässer), aus dem sie an geeigneten Strukturen absinken und somit hydrothermale Konvektionszellen aufbauen. Sie bewirken in der Tiefe retrograde Metamorphose und nehmen gleichzeitig Lösungsfracht auf, welche entlang der Aufstiegswege zu *retrograd-metamorphogenen Lagerstätten* konzentriert werden können (Pohl 1992, Abb. 55). Solche Konvektionszellen können bis zur spröd/duktilen Grenze reichen, wo auch Mischung mit prograd-metamorphen Fluiden möglich ist, wie Templeton et al. (1997) in den Neuseeländischen Alpen nachgewiesen haben. In den Ostalpen wurden im Tertiär viele Lagerstätten gebildet, die mit der eozänen Tauernmetamorphose korrelierbar sind. Dabei sind die Tauerngoldgänge im Pennin überwiegend durch aufgestaute, metamorphe Fluide entstanden, während der Erzbezirk Hüttenberg-Waldenstein besser durch eine Mischung von tiefen, metamorphen Fluiden mit oberflächennah gespeisten Konvektionssystemen erklärt werden kann.

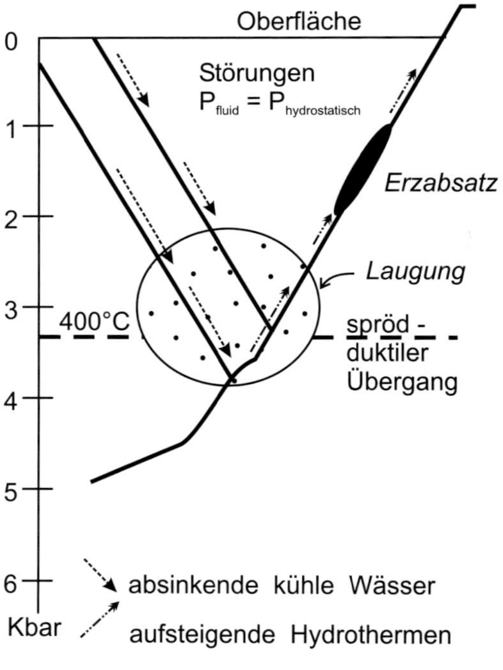

Abb. 55. Schema der Lagerstättenbildung durch retrograde Metamorphose: Dehnungstektonik öffnet Wege für absinkende kühle Wässer, die in der Tiefe mit den heißen metamorphen Gesteinen reagieren („Laugung") und als hydrothermale Fluide wieder aufsteigen. Der Druck ist zumeist hydrostatisch, es handelt sich um ein offenes Konvektionssystem.

Ein weiteres Beispiel, wiederum Gold betreffend, haben Craw & Chamberlain (1996) vorgestellt: Im schottischen Dalradian Belt haben die absinkenden meteorischen Wässer der metamorphen Abkühlungsphase offenbar eine den Gebirgskörper durchwandernde Oxydationsfront bewirkt, die zur Lösung von Spurengold führte. In Reduktionsbereichen der Aufstiegszone der Hydrothermen kam es dann zur Anreicherung von Gold (z.B. in der neuentdeckten Lagerstätte von Tyndrum).

Beide Modelle der *metamorphogen-hydrothermalen Lagerstättenbildung, das prograde und das retrograde,* sind aus heutiger Sicht zwar sehr plausibel, doch konkret für einzelne Lagerstätten immer noch schwer nachweisbar. Regionalmetamorphose ist an aktiven Kontinentalrändern (Anden), in Zonen kontinentaler Kollision (Alpen) und in Bereichen zu erwarten, wo Mantelmagmen an der Basis der kontinentalen Kruste Aufheizung bewirken (kontinentale Dehnungsbereiche und Großgräben). Dort findet aber in der Regel gleichzeitig Krustenaufschmelzung und Bildung anatektischer Magmen statt. Dies ist einer der Gründe, warum die Unterscheidung magmatischer und metamorphogener Lagerstätten in vielen Fällen so schwierig ist. Ein besonderes Problem liegt auch darin, daß in der Natur vermutlich sehr häufig Mischungen der beschriebenen Idealmodelle vorliegen. Die Untersuchung von metamorphogenen Lagerstätten bleibt ein weites Feld für zukünftige Forschung.

VII. Metallogenese – die Lagerstättenbildung in Zeit und Raum

Ganz allgemein nennt man die Bildung von Erzlagerstätten *Metallogenese,* wobei nicht selten neben den eigentlichen Erzen alle festen, anorganischen mineralischen Rohstoffe mit eingeschlossen werden (in diesem weiteren Sinne wird manchmal auch das Wort „Minerogenese" verwendet). Die Metallogenese verläuft konform mit der geologischen Entwicklung; wie diese ist sie durch die dynamischen Abläufe im Mantel, in der Erdkruste und im exogenen Kreislauf gesteuert. Diese bewirken *geotektonisch-magmatische Zyklen,* deren Zeitspanne Epoche (z.B. variszisch, alpidisch) genannt wird. Alle während einer großen tektonisch-magmatischen Epoche der Erdgeschichte gebildeten Vererzungen charakterisieren diese als *metallogenetische Epoche,* die wiederum in *Stadien* unterteilt wird.

Wenn ein Erdkrustenteil mit seinem Stoffinhalt durch Einsetzen eines neuen geotektonischen Zyklus versenkt, metamorphosiert und z.T. aufgeschmolzen wird, dann können dieselben Metalle in dem neuen Zyklus wieder erscheinen. So erklärt sich vermutlich die vielfache Beobachtung, daß in manchen Großgebieten der Erde zu verschiedenen Zeiten dieselben Metalle lagerstättenbildend auftreten (z.B. Cu im Paläozoikum, Mesozoikum und Tertiär in Arizona; Sn im Präkambrium, Paläozoikum, Jura und in der Kreide in Ostasien; Pb-Zn im Paläozoikum, in der Trias und im Tertiär in den mediterranen Gebieten). Man nennt das *metallogenetische Vererbung oder Metallpermanenz.*

Den tektonischen und metallogenetischen Zyklen mit jeweils ähnlichem Ablauf übergeordnet ist die nicht-umkehrbare erdgeschichtliche Entwicklung (Sleep 2001, Windley 1995). Diese bewirkte so starke Veränderungen des gesamten Systems Erde, von der Atmosphäre über die Biosphäre bis in den Mantel, daß entsprechende Auswirkungen auf die Metallogenese erwartet werden müssen. Einige Beispiele für solche *zeitgebundene Metallogenese* wurden früher schon erwähnt: Ni-Sulfid- und Au-Lagerstätten der Greenstone Belts (3800–2500, selten bis ca. 2000 Ma), gebänderte Eisenformationen vom Superior Typ (2200–1900 Ma), Ferrodiorite-Anorthosite mit Ti-Fe im mittleren Proterozoikum, granitgebundenes Zinn im späten Paläozoikum und im Mesozoikum; Uran vom Sandsteintyp in Kreide und Tertiär. Bei der Besprechung der einzelnen Metalle werden solche zeitliche Verteilungsmuster mehrfach festzustellen sein.

Eine interessante Denkmöglichkeit ist die Beeinflussung der metallogenetischen Prozesse der Erde durch *Einschläge extraterrestrischer Körper.* Früher wurde bereits diese Deutung des erzreichen Intrusivkomplexes von Sudbury/Kanada angesprochen (Dietz 1964). Das Bombardement der Erde mit solchen Körpern war in der Frühzeit (ca. 4500–3900 Ma) der geologischen Entwicklung besonders intensiv. Man muß aber annehmen, daß diese Massen durch Mantelkonvektion mehr oder weniger gleichmäßig verteilt wurden. Die Spuren dieser frühen Einschläge an der Erdoberfläche wurden durch die mittel- bis spätarchaische Krustenbildung (HAMILTON 2003) und danach durch Plattentektonik ausgelöscht. Immerhin aber sind weltweit rund 400 jüngere Einschlagstrukturen bekannt. Der Nachweis einer Verbindung mit der Verteilung von Lagerstätten ist jedoch bisher nicht überzeugend gelungen.

Die metallogenetischen Epochen sind auf definierte geotektonische Großräume bezogen; diese nennt man *metallogenetische Provinzen* (DE LAUNAY 1913). Zu deren Beschreibung gehören regionale, zeitliche und stoffliche Fakten, wobei letztere oft durch eine „Blutsverwandschaft“, also eine wiederkehrend ähnliche Metallgesellschaft der Einzellagerstätten und durch geochemische Spurencharakteristik ganzer tektono-stratigraphischer Einheiten, angezeigt wird.

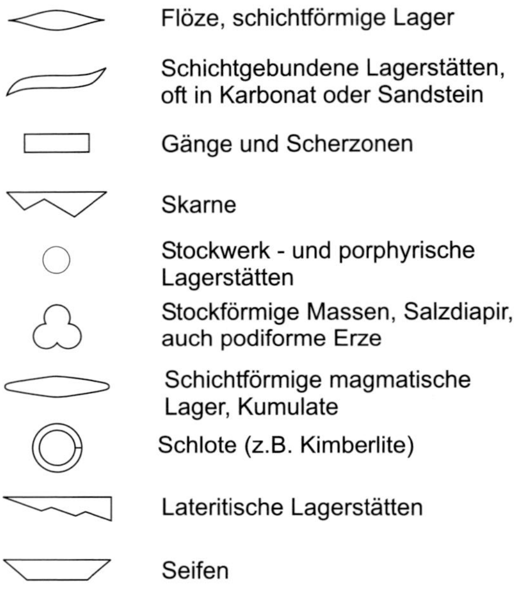

Abb. 56. Häufige Lagerstätten-Symbole metallogenetischer Karten für morphologisch-genetische Klassen.

Folgende ***Definitionen metallogenetischer Begriffe*** sind zweckmäßig (PETRASCHECK 1965):

- Eine *metallogenetische Provinz oder Erzprovinz* umfaßt die Gesamtheit der Erzlagerstätten, die in einem tektonischen Großabschnitt der Erdkruste während einer tektonischen Epoche, damit also auch während einer metallogenetischen Epoche, gebildet wurden, und die sich durch stoffliche Verwandschaft, gemeinsame Formen und ähnliche Vererzungsdichte auszeichnen. Sie entsprechen oft definierten geologischen Einheiten (z.B. das Erzgebirge). Erzprovinzen werden in der Regel größer als 100.000 km^2 sein.
- Ein *metallogenetischer Bezirk (Distrikt) oder eine metallogenetische Zone* ist ein räumlich abgrenzbarer Teil einer Erzprovinz. Damit umschriebene Lagerstätten werden in der Regel annähernd gleichzeitig gebildet und stofflich-genetisch eng verwandt sein. MARCOUX & JEBRAK (1999) unterscheiden *migrierende* und *stationäre Distrikte*. Letztere sind durch eine über geologische Zeit (>10 Ma) ortsgebundene energetische Quelle besonders ergiebig.
- Eine *Metallprovinz* umfaßt alle Lagerstätten desselben Metalles in einer regional-geologischen Einheit, gleichgültig, in welchen Epochen diese Lagerstätten gebildet wurden. Dies sind die Gebiete metallogenetischer Vererbung mit einem geochemisch ausgeprägten Spurenmetallreservoir, aus dem mehrfach Mobilisation stattfand. Andererseits postuliert LEHMANN (1993), daß

für die Ausbildung fertiler Granite geochemisch anomale Ausgangsgesteine nicht notwendig sind, der wichtigste kontrollierende Faktor wäre nur eine besonders wirksame Differentiation der ursprünglichen Magmen (Abb. 11). Man kann aber in Analogie zum chemisch sehr heterogenen Mantel vermuten, daß auch in der Kruste geochemisch anomale Zonen sehr wohl existieren, jedoch nicht notwendigerweise in einer einfachen Beziehung zum lagerstättenkundlich auffälligen Metall. Umweg-Beziehungen sind ebenso wahrscheinlich, z.B. erhöhte F-, Cl-, B- und Li-Gehalte der in der Tiefe zu späteren Zinngraniten aufschmelzenden Gesteine. Plant et al. (1997) zeigen, daß regionale geochemische Karten wichtige Rückschlüsse auf Metallführung und Metallogenese zulassen.

- *Metallogenetische Gürtel oder Großräume* umschreiben Krustenteile vergleichbarer geologischer Entwicklung, welche mehrere metallogenetische Provinzen, auch unterschiedlicher Epochen, enthalten. Beispiele sind die Alpen, der archaische Pilbara Nucleus des westaustralischen Schildes, oder das nordeuropäische Proterozoikum.
- *Metallotekte* sind jene geologischen Faktoren, welche innerhalb einer Provinz oder einer Zone zur Bildung und Lokalisierung von Lagerstätten führen; das sind z.B. Verschneidungen von großen Krustenlineamenten, metamorphe, vulkanische oder plutonische Herde, oder metallogenetisch bedeutsame Diskordanzen.

Abb. 57. Metallogenetische Übersichtskarte der Iberischen Halbinsel (Ausschnitt aus dem Blatt 9 des *Mineral Atlas of the World,* CGMW/Paris und NGU/Trondheim 1997, umgezeichnet).

Schrift- und Symbolgrösse in vier Klassen von EXTREM GROSS bis klein. Geologischer Hintergrund: H – herzynisch; A – alpin, P – Decksedimente. Symbole s. Abb. 56.

Die Verwendung metallogenetischer Begriffe ist im Schrifttum verschiedener Länder sehr variabel. Auch ist oft eine strenge Anwendung der oben definierten Begriffe nicht möglich, wie die Praxis der Erstellung metallogenetischer Karten lehrt. Besonders schwierig ist es in der Regel, die zeitliche Definition von metallogenetischen Provinzen und Zonen einzuhalten (Routhier 1980).

Metallogenetische Karten sollen metallogenetische Zusammenhänge, also insbesondere wichtige Einzellagerstätten, Distrikte, Provinzen und regionale Metallotekte übersichtlich und anschaulich darstellen. Dazu werden diese auf einer generalisierten geologischen Basiskarte geeigneten Maßstabs eingetragen. Grundlage für die metallogenetische Bearbeitung ist eine bergwirtschaftlich-metallogenetische Datenbank für alle darzustellenden Rohstoffe. Die Symbole für die Lagerstätten sollten nicht nach allzu engen genetischen Kriterien gewählt werden, die oft umstritten sind, sondern besser nach morphologisch-genetischen Grundformen und Typen (Abb. 56). Die jeweilige Metallführung wird durch Farbsignaturen gegeben, z.B. meist gelb für Au und Ag, blau für Pb-Zn, rot für Sn-W-Mo-Bi, usw. Die relative Größe der Lagerstätten oder der Bergbaudistrikte wird durch verschiedene Größe der Lagerstättensymbole ausgedrückt. Mittlerweile gibt es für die meisten Industrieländer metallogenetische Karten (z.B. Österreich: Weber & Ebner 1997), die aber nicht immer allen erläuterten Richtlinien folgen. Europa ist durch die „Metallogenetische Karte von Europa und benachbarter Länder“ in 9 Blättern im Maßstab 1:1,250.000 und durch das übersichtliche Blatt 9 des „Mineral Atlas of the World“ 1:10,000.000 (CGMW-NGU 1997, Abb. 57) abgedeckt. Einen Überblick zu der ersten gibt Emberger (1984).

Metallogenetische Karten dienen neben wissenschaftlichen Zwecken vor allem der Abschätzung unentdeckter Rohstoffressourcen und der großräumigen Lagerstättenprospektion. Von reinen *Lagerstättenkarten*, die ebenfalls weit verbreitet sind, unterscheiden sie sich durch die genetische Konnotation bei der Darstellung der einzelnen Lagerstätten sowie durch die Abgrenzung metallogenetischer Provinzen und Distrikte.

Metallogenese und Plattentektonik

Das fundamentale Konzept der Krustenentwicklung beruhte früher auf der eher fixistischen Vorstellung der im wesentlichen ortsgebundenen Bildung von Geosynklinalen und ihrer weiteren Entwicklung durch Deformation und Orogenese. Mittlerweile ist nachgewiesen, daß Orogene sehr oft aus verschiedenen Krustenfragmenten bestehen, die ursprünglich voneinander weit entfernt lagen. Daraus ergibt sich zwangsweise, daß solche Fragmente eine ältere, voneinander unabhängige Metallogenese aufweisen, die in der Folge aber mit zunehmender Verschweißung gemeinsame Züge annimmt.

Die Theorie der *Plattentektonik,* eine auf Ergebnissen der Ozeanographie und der Geophysik gegründete, weiterentwickelte Konzeption von Wegeners These der Kontinentalverschiebung, ermöglichte große Fortschritte im Verständnis der Entstehung und der räumlichen Verteilung der Erzlagerstätten auf der Erde (Sawkins 1990). Plattentektonik begann allerdings erst um ca. 2000 Ma, als Erdmantel und Kruste ausreichend abgekühlt waren (Hamilton 2003). Folgende plattentektonische Vorgänge sind metallogenetisch wirksam:

1. *Die Bildung intrakontinentaler Großgräben (Rifts), von Aulacogenen und Becken*

Rifts entstehen durch Dehnung kontinentaler Platten, begleitet von breitem Hochströmen heißen Mantelmaterials und Aufdomung (Tackley 2000). Damit verbunden gibt es punktuelle vulkanische Aktivität (hot spots: Foulger & Natland 2003). Oft bilden sich gleichzeitig drei unter 120° austrahlende Großgräben (triple junction). Zwei der Arme können durch weitere Öffnung bis zur Bildung eines neuen Ozeans gelangen, während der dritte oft in der Entwicklung zurückbleibt. Immerhin können auch dort mächtige Sedimente mit meist bimodalen vulkanischen Einschaltungen abgelagert werden, die nicht selten später kompressive Deformation und bedeutende intrusive Aktivität aufweisen; das sind die Aulacogene (Eriksson & Chuck 1985).

Vermutete Hot Spot-Lagerstätten sind jene des *Bushvelds*/S.A., die nigerianischen Sn-Granite und viele Alkalimagmatit- und Karbonatitdistrikte. Sobald die eigentliche Grabenbildung mit Versatz an den Randstörungen bis zu einigen Kilometern einsetzt (Scholz & Contreras 1998), entstehen unter Ausnutzung der permeablen Dehnungsstrukturen sehr häufig hydrothermale Konvektionssysteme. Im aszendenten Bereich an Grabenrändern bilden sich hydrothermale Lagerstätten von Pb, Zn, Mn, F, und Ba, teils in Form von Gängen und Imprägnationen in den Randschollen, teils als schichtige Ablagerungen in den Sedimenten der Grabenfüllung. In vielen Fällen waren die Gräben zuerst kontinentale, später marine salinare Senken. Beispiele sind die Pb-Zn Vorkommen und die Manganlagerstätten im Tertiär zu beiden Seiten des Roten Meeres und zumindest ein Teil der Pb-Zn-F-Ba-Gänge längs des Rheintalgrabens. An die kretazisch-tertiären afrikanischen Rifts sind Flußspatlagerstätten sowie Karbonatite und Alkali-Intrusionen mit Nb>Ta, SEE etc. gebunden. Submarine, kontinentale Gräben oder Halbgräben sind besonders höffige Zonen der Bildung von Buntmetall-Lagerstätten vom Sedex-Typ.

Einige Beispiele für die Mineralisation in Aulacogenen sind *Sullivan*/B.C./Kanada (im jung-proterozoischen Alberta Rift), der Pb-Zn-Cu-Distrikt von *Mt.Isa*/Queensland/Australien (mittelproterozoischen Alters), sowie die großen Lagerstätten von gediegen Kupfer in Basalten sowie von Kupferglanz in Feinsanden des Nonsuch Shale im Keweenawan Rift (USA, 1100–1000 Ma). Auch das panafrikanische Damara Orogen im südlichen Afrika ist vermutlich ein Aulacogen, allerdings mit sehr starker Einengungstektonik. Besonders wichtig sind dort die polymetallische Lagerstätte *Tsumeb* (Pb, Zn, Cu, Cd, Ge) und die granitgebundene Uranlagerstätte *Rössing*.

Große Erzlagerstättenprovinzen intrakontinentaler Becken sind der europäische Kupferschiefer, die Goldprovinz des Witwatersrandes und die Pb-Zn-Ba-F-Lagerstätten des Mississippi Typs in den USA.

Auch Lagerstättenbildung durch Dehnung oder Scherung der kontinentalen Kruste, z.T. begleitet von Mantelmagmen (underplating bzw. kontinentale Hotspots) sollen hier eingeordnet werden, obwohl eine direkte Zuordnung zu Grabenbildung oft nicht gegeben ist. Diese Prozesse können manchmal mit raschen Richtungsänderungen (loops) der Plattenbewegung korreliert werden, da es dann bevorzugt zur Anlage permeabler Strukturen mit Fluidkonvektion kommt. Als Illustration mögen die kretazischen Tiefenintrusionen im Niedersächsischen Tektogen mit den Siderit-Pb-Ag-Zn-Vererzungen im Raum Osnabrück erwähnt sein. Generell ist die *saxonische Vererzung* Mitteleuropas als Teil dieser Gruppe aufzufassen. Auch die weit verstreut liegenden Kimberlite der präkambrischen Kratone und die Diskordanzlagerstätten von U (±Au, Pt, Pd) in Kanada und Australien können hier zugeordnet werden. Als Produkt eines eozänen Manteldiapirs unter kontinentaler Kruste (Vorläufer des heutigen Yellowstone-Hotspot) werden neuerdings die großen Goldlagerstätten vom Carlin-Typ in Nevada aufgefaßt (Oppliger et al. 1997).

2. *Die Entwicklung passiver Kontinentalränder und die Trennung älterer Erzprovinzen*

Mit der Öffnung neuer Ozeane entstehen an den ehemaligen Grabenrändern beider Seiten passive Kontinentalränder, die oft mit epikontinentalen Meeren verbunden sind. Besonders häufig sind in diesem Umfeld Öl- und Gaslagerstätten sowie Phosphate und Evaporite. Beispiele für Erzlagerstätten in Schelfsedimenten sind die südrussischen Manganerze, marine Seifen und vermutlich die Eisenerze vom Superior Typ.

Wo Kontinente durch die Bildung neuer Ozeane getrennt sind, können ehemals zusammenhängende ältere Großstrukturen und damit auch Erzprovinzen an beiden Küsten vergleichend untersucht werden. Eine praktische Folgerung daraus ist, daß an gegenüberliegenden Meeresküsten von Ozeanen des atlantischen Typs ähnliche Lagerstätten vorkommen oder zu erwarten sind, was für die Aufsuchung grundsätzliche Hinweise gibt.

3. *Die Bildung neuer Kruste an den Mittelozeanischen Rücken (konstruktive Plattengrenzen)*

Dies ist der Bereich der früher beschriebenen Lagerstätten der Ophiolithe, obwohl vermutlich viele Ophiolithdecken eher aus Dehnungsbecken über Subduktionszonen (back arc basins) stammen, wie etwa auch jener von Zypern. Immerhin ist durch die Ozeanforschung belegt, daß an allen mittleozeanischen Rifts Zonen hydrothermaler Aktivität (black smokers etc.) existieren. Damit in Zusammenhang steht die proximale Präzipitation von oxydischen (Fe-Mn-Ocker) und sulfidischen Erzschlämmen (Fe, Cu, Zn) und die distale Bildung von Manganknollen und Krusten (mit wichtigen Gehalten von Cu, Ni, Co).

4. *Der Abbau von Lithosphärenplatten durch Subduktion (destruktive bzw. konvergente Plattengrenzen)*

Die ozeanische Lithosphäre wird durch Subduktion wieder in den Mantel zurückgeführt. Die eigentliche Subduktionszone ist durch Tiefseerinnen markiert, während sich auf der unterfahrenen Platte vulkanische Bögen (volcanic arcs) entwickeln. Zwischen diesen und den Tiefseerinnen werden mächtige Sedimentpakete von Flysch-Charakter abgelagert und zusammengeschoben (accretionary prism), die teilweise mit abgeschürften ozeanischen Sedimenten und Ophiolithschollen vermengt sind (tektonische Melange). Vulkanische Bögen in überwiegend ozeanischer Umgebung sind Inselbögen (island arcs), solche an aktiven Kontinentalrändern bilden andine Vulkanketten (continental arcs). Primitive Inselbögen sind geologisch jung und rein intra-ozeanisch entstanden (Tonga, Scotia). Andere sind Kontinenten vorgelagert, älter und haben teilweise kontinentalen Charakter (Japan, Kurilen). Wieder andere gehen im Streichen in kontinentale Kollisions-Orogene über (Sumatra-Malaysia-Himalaya). Andine Vulkanketten bauen sich über älterer Kruste auf; in den Amerikanischen Kontinenten ist diese weithin präkambrischen Alters. Hinter den magmatischen Gürteln entwickeln sich immer Dehnungszonen (back arc basins der Inselbögen), auch in Kontinenten (Molassebecken oder z.B. die Basin and Range Provinz der USA).

Jede so definierte plattentektonische Zone führt charakteristische Lagerstätten, wobei allgemein festzuhalten ist, daß die Mehrzahl der reichsten Erzprovinzen der Erde über Subduktionszonen liegen. Besonders auffällig ist dies für die Ränder des Pazifischen Ozeans, der größtenteils von geologisch langlebigen destruktiven Plattengrenzen umgeben ist. Der vielen aktiven Vulkane wegen spricht man hier vom „ring of fire“, mit welchem ein überwältigender metallogenetischer Reichtum verbunden ist. Interessant sind Versuche, solche metallogenetische Verteilungsbilder für ältere geologische Zeiten zu rekonstruieren (Haeberlin et al. 2002 – Abb. 53).

Lagerstätten von Inselbögen sind entweder *allochthon,* also mit ihrem Nebengestein durch Abscherung von der subduzierten ozeanischen Kruste in den Akkretionskeil eingebaut bzw. als Decke überschoben, oder *autochthon,* im Inselbogen selbst gebildet.

Zu den allochthonen Lagerstätten der Inselbögen gehören vor allem Ophiolithe mit Chromit (Kuba, Luzon) und abgeleiteten Platinseifen, Zypern-Typ Sulfide sind selten. Autochthone Lagerstätten erscheinen vor allem mit den großen Massen kalk-alkalischer bis potassischer Intrusionen und Vulkanite, wobei porphyrische Cu-Au Lagerstätten und die vulkanogenen Sulfidlagerstätten vom Kuroko und vom Besshi Typ besonders häufig und wirtschaftlich überaus wichtig sind. Untersuchungen im Umkreis der großen, geologisch sehr jungen (ca. 690 Ka) epithermalen Au-Lagerstätte *Lihir*/Papua-Neuguinea belegen eine Herkunft der Metalle aus dem Mantelkeil über der Subduktionszone (McInnes et al. 1999). Sn und Hg gibt es nur in älteren, komplexen Inselbögen. Mittelbar gehören auch lateritische Nickellagerstätten über Ophiolithen (Neukaledonien) zu dieser autochthonen Gruppe.

Lagerstätten an aktiven Kontinentalrändern zeigen eine deutlichere Zonierung hinsichtlich der zunehmenden Entfernung von der Subduktionszone als jene der Inselbögen. In Südamerika ergeben sich daraus langgestreckte Gürtel. In einem Streifen präkambrischen Grundgebirges entlang der Küste sind magmatisch-hydrothermale (Cu-Au)-Magnetit-Apatit-Lagerstätten in Diorit/Andesit vorherrschend (Sillitoe 2003, Oyarzun et al. 2003). Gegen Osten folgt eine Zone mit porphyrischen Cu-Mo-Au-Lagerstätten, dann die intramontanen Molassebecken des Altiplano mit epigenetischen Cu-Pb-Zn-Ag-Lagerstätten und schließlich ein Sn-W-Ag-Bi-Gürtel am Ostrand der Anden (Abb. 58). Diese Zonierung ist allerdings nicht einzeitig entstanden, sondern entspricht einer Abfolge von oberkretazischer Bildung im Westen zu miozänen Altern im Osten.

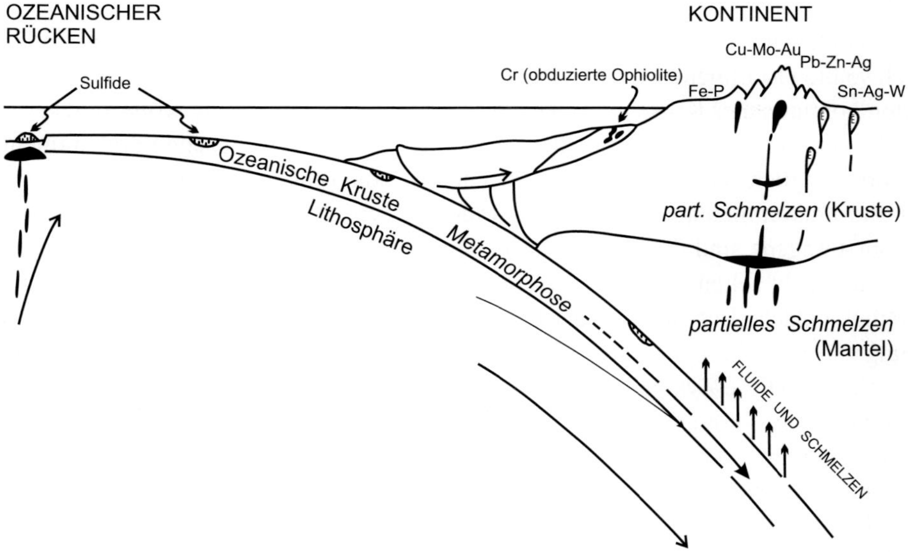

Abb. 58. Metallogenese an aktiven Kontinentalrändern mit Zonierung nach dem Beispiel der Anden/Südamerika.

Die Kordilleren Nordamerikas sind nach Geologie und Lagerstättenverteilung sehr viel komplexer aufgebaut, zum einen wegen des unter den Kontinent subduzierten ostpazifischen Rückens (womit z.B. die süd-alaskischen Goldlagerstätten erklärt werden – Haeussler et al. 1995), zum anderen wegen der Beteiligung einer großen Zahl von exotischen Krustenfragmenten (exotic terranes). Die metallogenetische Interpretation ist entsprechend schwierig.

Bildung und Verteilung von Lagerstätten über Subduktionszonen sind ursächlich mit dem Schicksal der abtauchenden, an den mittelozeanischen Rücken weitgehend hydrierten und oxydierten ozeanischen Krusten- und Mantelgesteine verbunden. Diese erfahren mit zunehmender Tiefe Metamorphose (Glaukophanschiefer- bis Eklogitfazies), Devolatilisierung und z.T. partielle Anatexis. Falls solche anatektische Schmelzen und superkritische Fluide (H_2O, Cl, S, CO_2 etc., dazu inkompatible Elemente) hohe O_2-Partialdrucke haben, wird bei Metasomatose und Aufschmelzung im überlagernden heißen Mantelkeil die Bildung von Sulfidschmelzen verhindert (Mungall 2002). Nur dadurch ist es möglich, daß Magmen mit hohen Gehalten an chalcophilen Metallen und Au in die Kruste aufsteigen können. Ferner kann an der Subduktionszone auch kontinentales Material mechanisch abgetragen („subduction erosion") und in die Tiefe verfrachtet werden, wo es aufschmilzt und zu den aufsteigenden Magmen beiträgt. Diese entwickeln sich durch komplexe Assimilations- und Kontaminationsprozesse weiter, bis sie als kalk-alkalische Magmen vorwiegend andesitisch-dioritischer Natur zur Oberfläche aufsteigen. Die porphyrischen Cu-Mo-Au-Lagerstätten sind direkte Produkte solcher Prozesse in und über der Subduktionszone (Richards 2003). Dies ist u.A. dadurch begründbar, daß ihr Auftreten und ihre Metallführung von der jeweiligen Kruste ihres heutigen Umfeldes (primitive und entwickelte Inselbögen, diverse aktive Kontinentalränder) weitgehend unabhängig ist. Ob allerdings die Erzmetalle überwiegend aus der subduzierten ozeanischen Kruste stammen, oder aus dem Mantelkeil, bleibt ungewiß. Die Zinnlagerstätten hingegen sind mit großer Wahrscheinlichkeit aus der kontinentalen Kruste abzuleiten, da sie nur dort auftreten, wo mächtige, ältere kontinentale Kruste vorhanden ist.

5. *Kontinentale Kollision*

Zur Gänze subduzierte Ozeane hinterlassen gewöhnlich eine durch Ophiolithe markierte Sutur im neu verschweißten Kontinent. Eine nach Schließung der Ozeane anhaltende, doch immer begrenzte Subduktion kontinentaler Kruste (Ampferer-Subduktion) erzeugt hohe Krustendicken, wodurch anatektische Granite vom S-Typ entstehen. Ähnliches gilt für überwiegend intrakontinentale Orogene mit ursprünglich sehr schmalen ozeanischen Becken (Alpen, mitteleuropäische Varisziden) und für rein intrakontinentale Orogene (Kibariden in Zentralafrika: Pohl 1994).

Kollisions-Orogene sind durch granitische Greisen- sowie Ganglagerstätten von Sn, W, U etc. ausgezeichnet, nicht selten auch durch vielfältige metamorphogene Lagerstätten, vor allem Gold. Die plattentektonische Entwicklung der Erdkruste ist in großen Zyklen abgelaufen, die mehrfach zur Bildung von *Superkontinenten* geführt haben, also zur Massierung aller Kontinente, wie zuletzt Pangaea im Perm. Diese Zyklen kann man mit der metallogenetischen Entwicklung in Beziehung bringen (Barley & Groves 1992).

Neben diesen relativ einfachen plattentektonischen Modell-Situationen gibt es auch heute sehr komplexe Interaktionsfelder, z.B. den Golf von Kalifornien, wo ein subduzierter ozeanischer Rükken in ein kontinentales Rift und dann weiter in eine intra-kontinentale Transformstörung (San Andreas Fault) übergeht. Solche Zusammenhänge sind für die geologische Vergangenheit sehr schwer zu rekonstruieren, so daß die wissenschaftlich faszinierende und praktisch nützliche plattentektonische Zuordnung von Lagerstättendistrikten nicht immer eindeutig gelingt.

Die metallogenetische Entwicklung Europas

Als Beispiel der regionalen metallogenetischen Betrachtung sei hier die metallogenetische Entwicklung Europas skizziert. Eine ausführliche Beschreibung einzelner Lagerstätten mit kurzer Charakterisierung ihres geologischen Rahmens sowie weiterführende Literatur findet man im Sammelwerk *Mineral Deposits of Europe* (Bände 1–5, (Bowie et al. 1979, Dunning et al. 1982, Dunning & Evans 1986, Dunning et al. 1989) und in Ridge (1990). Den Einstieg in die regionale Geologie Europas erleichtern Schönenberg & Neugebauer (1998).

Nordeuropa (Skandinavien) und Nordwesteuropa (Großbritannien) ist aus präkambrischen und altpaläozoischen Gesteinen aufgebaut. Die Orogene sind tief abgetragen, so daß vorwiegend tiefkrustale und geosynklinale, metamorphe oder metamorphogene Lagerstätten erhalten sind. Die Region besteht aus dem präkambrischen baltischen Schild und den altpaläozoischen Kaledoniden. Der baltische Schild enthält im Norden Finnlands und Schwedens einen archaischen Kern, an den gegen Südwesten die proterozoischen Gebirgsgürtel der Svekokareliden (ca. 2,0–1,54 Ga) und der Svekonorwegischen Provinz (850–1200 Ma) angelagert sind. Archaische Grüngesteinsgürtel liegen vor, doch mit bisher wenig bedeutender Mineralisation. Besonders reich an Lagerstätten sind die Svekokareliden, mit einem breiten Gürtel vulkanogener Sulfiderze (Cu, Zn, Pb, Au, Ni, Co) von *Boliden-Skellefte* in Schweden bis nach *Outukumpu-Pyhäsalmi* in Finnland und weiter zum Ladoga See in Russland. Das geologische Umfeld entsprach teilweise Inselbögen, teilweise ozeanischen Bedingungen (Gaal 1990, Sundblad & Parr 1994, Nironen 1997). Ebenfalls svekokarelisch sind die Magnetiterze von *Kiruna*/Norrbotten und die Buntmetall-Lagerstätten (Cu, Pb, Zn, Ag) in *Bergslagen*/Mittelschweden. Im jüngeren Proterozoikum ist alleine der magmatogene Fe-Ti-V-Distrikt von *Egersund*/SW-Norwegen (930 Ma) bedeutend. Zunehmendes Interesse finden Diamantfunde in Kimberliten Finnlands, orogene Goldlagerstätten (Sundblad 2003), und PGM in geschichteten basischen Intrusionen in ganz Skandinavien.

Die Kaledoniden sind die größte Erzprovinz der Region, mit einer Länge von rund 2700 km und einer maximal erhaltenen Breite von 250 km. Sie enthalten eokambrische bis silurische, magmatische und meta-sedimentäre Gesteine, mit einer großen Zahl verschiedener wichtiger Erzlagerstätten (Grenne et al. 1999). Herausragende Bedeutung haben hier vor allem die norwegischen metamorphen Kieslagerstätten mit Cu, Zn und wenig Pb, ursprünglich vulkanogen-sedimentärer Entstehung in Back-Arc-Becken oder in primitiven Inselbögen. Neuerdings wurden in Irland, in Wales und in Schottland bauwürdige metamorphogene Au-Lagerstätten aufgefunden. Längs der Ostfront des Orogens sind in kambrischen Quarziten stratiforme Blei-Imprägnationslagerstätten des Typus *Laisvall* aufgereiht, die als Produkte einer metamorphen Mobilisation aus autochthonen und parautochthonen Gesteinen unter den vorrückenden kaledonischen Decken gedeutet werden. In diesen Tafelsedimenten liegen in den unterordovizischen Alaunschiefern Schwedens auch potentielle Lagerstätten von Uran und Phosphor. Während der frühen Riftphase des Orogens erfolgte im Vorland die Platznahme des Alkali-Karbonatitkomplexes von Fen/S-Norwegen (ca. 550 Ma) mit Nb, Fe, Th und Ce, später bei *Sokli*/Finnland eines Karbonatites mit P, Nb und SEE (350 Ma).

Obwohl permokarbonen Alters, soll hier abschließend die magmatisch-tektonische Provinz des Oslograbens genannt sein, mit vielen ehemals wichtigen Lagerstätten von Ag (*Kongsberg*), Buntmetallgängen, Fe-Skarnen sowie Molybdänvererzungen in Granit und sauren Vulkaniten. Gleich alt ist auch die alkalische Ringintrusion von *Khibiny*/Halbinsel Kola, deren Apatit- und Nephelinerze für Rußland von größter wirtschaftlicher Bedeutung sind. Von großer Bedeutung sind die unterkarbonen Zn-Pb-Lagerstätten Irlands, die jedoch trotz ihrer Lage in den Kaledoniden ein Produkt variszischer Zeit sind.

Mitteleuropa und weite Teile Südwest-Europas sind durch das variszische Orogen unterlagert, allerdings mit großen Flächen, welche durch jüngere Plattformsedimente bedeckt sind. Der südliche Teil wird durch alpidische Gebirgsketten geprägt.

Die europäischen Varisziden sind ein komplexes Mosaik präkambrischer Mikrokontinente und paläozoischer geosynklinaler Tröge, die im Karbon endgültig deformiert und verschweißt wurden (Tait et al. 1997). Ophiolithe als Zeugen paläozoischer Ozeane sind selten; sie sind nur unbedeutend vererzt. Nur im Ural gibt es große Körper mit Chromit und Sulfidlagerstätten (Herrington et al. 2003) außerhalb der hier betrachteten Region. Mit silurischem Vulkanismus ist vermutlich die einzigartige Hg-Lagerstätte von *Almaden*/Spanien zu verbinden. Große, syn-sedimentäre Lagerstätten gibt es vor allem im Devon der Rhenoherzynischen Zone (vulkanogene Eisenerze im Lahn-Dillgebiet und im Harz, Zn-Cu-Pb-Sulfide und Baryt vom Sedex-Typ von *Meggen* und *Rammelsberg*). Im Unterkarbon entstanden die massigen Pyrit-Cu-Sn-Pb-Zn-Au-Erzkörper des „Südiberischen Kieslagerstättengürtels", die Kuroko-Lagerstätten ähnlich sind, und die irischen Zn-Pb-Lagerstätten. Variszische Orogenese und Metamorphose waren nur mäßig produktiv: Beispiele metamorphogener Lagerstätten sind die Siegerländer Sideritgänge. Nach der finalen Kollision und gleichzeitig mit beginnender post-orogener Hebung, Abtragung und Riftbildung, intrudierten ab 300 Ma in allen tektonischen Einheiten Granitkomplexe, deren jüngste Glieder metallogenetisch direkt oder mittelbar besonders produktiv waren: Sie brachten in den Sudeten Gänge mit As, Au und Cu, im sächsisch-böhmischen Erzgebirge Sn, W und U (Baumann et al. 2000), im französischen Zentralmassiv W, Sn, U, As, Li und F, in Cornwall Sn und Cu, in den Pyrenäen W, in NW-Iberien Au sowie in Portugal W und Sn. Gleichzeitig gab es weitverbreiteten Aufstieg tiefkrustaler C-O-H-N-Fluide, die z.B. im französischen Zentralmassiv Au-As-Sb-Vererzung bewirkten. Die Ursache für diese geologisch sehr kurze metallogenetische Phase („metallogenetic peak") war vermutlich Devolatilisierung der Unteren Kruste durch Granulitisierung (Marignac & Cuney 1999).

Mit dem weit verbreiteten Rotliegend-Vulkanismus sind kleine Cu-Ba Vorkommen verbunden. Allenthalben enthalten terrestrisch bis randlich marine Sedimente des Perms Uranvorkommen, überwiegend vom Sandsteintyp. Überragende Bedeutung haben natürlich die Cu-Erze des Kupferschiefers, deren Platznahme aber wohl erst im Mesozoikum stattfand.

Die mesozoisch-tertiären Gesteine der Plattformgebiete führen sedimentäre Eisenerze (Lothringen, *Salzgitter*). Erneute Krustendehnung setzte in der Trias ein, mit einer Kulmination durch die Ausbildung einer Trappbasalt-ähnlichen riesigen magmatischen Provinz im Bereich des späteren zentralen Atlantiks an der Trias/Jura-Grenze (Olsen 1999). Die Öffnung des Atlantischen Ozeans und orogene Vorgänge im Süden wurden durch tektonische und oft kryptische magmatische Aktivität im Plattformbereich begleitet, was in Mitteleuropa zur Bildung vieler kleiner Pb-Zn-F-Ba-Lagerstätten vom Typ der sogenannten saxonischen Vererzung Anlaß gab (Walther 1983). Ähnliche Metallotekte gelten auch für unzählige Ganglagerstätten im variszischen Grundgebirge (z.B. Schwarzwald, Zentralmassif) und im mesozoischen Deckgebirge, u.a. für die wichtigen Lagerstätten von Fe, Zn-Pb (*Reocin*: Velasco et al. 2003), Baryt und Fluorit in der Region Santander/Spanien.

Das *alpine und südliche Europa* ist geologisch durch alpidische Ketten geprägt, mit Hauptdeformationsphasen in der jüngeren Kreide und im älteren Tertiär. Allerdings sind als „Zwischengebirge" oder als Teile des Deckenstapels beträchtliche präkambrisch-paläozoische Bauelemente eingeschlossen, die voralpidische Lagerstätten enthalten. Es liegt also ein polyzyklisches Metallogen vor. Da vielfach Lagerstätten alpidischen Bildungsalters in älteren, also paläozoischen oder proterozoischen Gesteinen liegen, ist für manche Lagerstätten eine eindeutige und allgemein anerkannte Alterszuordnung bis heute nicht gelungen (z.B. Siderit/*Erzberg*/Österreich, Spatmagnesite in Österreich und Slowakei).

Geologische und metallogenetische Argumente zeigen, daß das innerhalb der alpidischen Orogene aufgeschlossene Grundgebirge eine komplexe und langandauernde plattentektonische Entwicklung einschließlich ozeanischer Subduktion erfahren hat. Einige wichtige Lagerstätten im voralpidischen Grundgebirge sind: Scheelit von *Mittersill*/Tauernfenster, Siderit im Devon der Ostalpen und der Süd-Karpaten, Spatmagnesite in alt- und jungpaläozoischen Kalksteinen in Österreich und Slowakei sowie viele kleine, heute nur wissenschaftlich interessierende Bunt- und Edelmetall-Lagerstätten. Die Mineralisation des alpinen Grundgebirges ist von jener der eigentlichen Varisziden nördlich der Alpen deutlich verschieden. Übergänge sind möglicherweise im Penninikum durch das Auftreten spezialisierter Granite (Be, Li, Sn, W, Mo) angedeutet.

Eine ergiebige Vererzung setzte im alpin-mediterranen Europa mit einer weit verbreiteten Dehnungsphase während der Trias ein (Jankovic 1997). Begleitender Vulkanismus hatte auf der Balkanhalbinsel das exhalative Eisenerzlager von *Vares*, die Hg-Lagerstätte von *Idria* und verschiedene Pb-Zn-Lager im Gefolge. Auch die großen Pb-Zn-Lagerstätten der südlichen Kalkalpen vom Typ Bleiberg wurden in der Trias gebildet. Ozeanische Kruste ist überwiegend erst im Jura nachgewiesen. Die später obduzierten Ophiolithschollen und -decken Südosteuropas sind bemerkenswert reich an Chromit, weniger häufig sind Zyperntyp-Sulfide.

Nach einer Umkehr des tektonischen Regimes zu Subduktion und Konvergenz, besonders während der kretazischen orogenen Phasen, intrudierten im inneren Karpatenbogen intermediäre und saure Magmen (Ciobanu et al. 2002), die in Siebenbürgen, im Banat, in Ostserbien und in Bulgarien porphyrische Cu- sowie Fe-Pb-Zn-Skarn-Lagerstätten (z.B. *Ocna de Fier* in Rumänien: Nicolescu et al. 1999) und kleinere Vererzungen von Fe, Mo und Bi brachten. In den slowakischen Karpaten und in den Ostalpen ist zwar kaum Kreide-Magmatismus, wohl aber eine verbreitete metamorphe Fluidwanderung nachweisbar, mit welcher vermutlich die Bildung von Siderit (*Erzberg*), Talk (*Rabenwald*) sowie kleineren Cu- und Baryt-Lagerstätten zusammenhing (Pohl & Belocky 1999, Abb. 52). Hebung und Abtragung weiter Gebiete ermöglichten die Bildung vielfältiger Verwitterungslagerstätten, u.a. von Bauxit (Südfrankreich, Griechenland) und Ni (Albanien, Griechenland). Die tertiäre „Tauernmetamorphose" ist als metallogenetische Phase faßbarer, mit der Bildung zahlreicher kleiner Au-Lagerstätten im Penninikum.

Tertiärer andesitischer und rhyolithischer Vulkanismus ist durch Gold- und Buntmetallerze im Karpatenbogen sowie durch Pb-Zn-Sb in den inneren Dinariden und in den Rhodopen ausgezeichnet. Dieser Magmatismus dauerte im Bereich der ägäischen Küsten und der Inseln Griechenlands bis ins Pliozän (z.T. ins Holozän), dort zunehmend mit Mn, Ba sowie Au als Begleiter der Sulfiderze verbunden. Im westlichen Europa sollen beispielhaft der jungtertiäre Granit der Insel Elba mit seiner Erzgefolgschaft (Pyrit-Magnetit-Hämatit), der Vulkanismus der Toskana mit der Hg-Lagerstätte von *Monte Amiata* sowie Flußspat, und der südspanische rhyolithisch-andesitische Vulkanismus mit Au-Ag-Pb-Zn (*Rodalquilar*, *Mazaron* etc., Abb. 57) genannt sein. Bemerkenswert ist ferner die große Sr-Lagerstätte *Montevives*/Spanien in messinischen Evaporiten der sub-betischen Zone; anderswo im westlichen Mittelmeergebiet führen diese Serien Stein- und Kalisalze sowie Schwefel.

Der nördlich und westlich der Alpen weit verbreitete, jungtertiäre bis holozäne Basaltvulkanismus ist das Produkt einer breiten *mantle plume*, welche von der Kern-/Mantelgrenze aufstieg (Goes et al. 1999). Damit in Verbindung stehen die großen Gräben Zentraleuropas, z.B. der Rheintalgraben mit lokalen Pb-Zn-Ag-Gängen. Insgesamt war diese Phase jedoch metallogenetisch wenig bedeutend.

VIII. Genetische Klassifikation der Erzlagerstätten und der Nicht-Erze

> „We can get so wrapped up in debating terms that we forget entirely about the subjects of our original interest: minerals, rocks, geology, and such..."
> Stephen A. Langford in GSA Today, Februar 2002

Verschiedene Aspekte können zur geowissenschaftlichen Klassifikation von Lagerstätten verwendet werden, z.B. der Stoffbestand, die Form, das engere geologische Milieu, die plattentektonische Zuordnung und eben die Entstehung. Da Erze im Sinne der Lagerstättenkunde metallreiche Gesteine sind, sind die genetischen Hauptgruppen petrogenetischen Prozessen zuordenbar, also dem Magmatismus, der Sedimentation, der Diagenese, der Metamorphose und der Verwitterung (Abb. 1). Wichtige Entwicklungsstadien der Klassifikation von Erzlagerstätten waren die Vorschläge von NIGGLI (1923, ausführlich 1948), LINDGREN (1933) und SCHNEIDERHÖHN (1941). Mittlerweile ist es selbstverständlich geworden, genetische Kriterien zusammen mit der lokalen, regionalen und plattentektonischen Situation in ein kohärentes System zu fassen.

Eine strikte genetische Gliederung der Erzlagerstätten nach einheitlichen Gesichtspunkten ist allerdings sehr schwierig. Das beruht darauf, daß die meisten Lagerstätten eine komplexe Stellung zwischen klaren Endgliedern einnehmen. So sind bei der Bildung von Kuroko-Erzen magmatische, hydrothermale, sedimentäre und diagenetische Prozesse so eng verwoben, daß jede Zuordnung zu einer dieser Hauptgruppen in Frage gestellt werden kann. Zudem sind die zur Gliederung verwendeten Prozesse selbst nur Denkmodelle, welche mit dem Fortschritt der Wissenschaft einer dauernden Veränderung unterliegen. Deshalb werden genetische Modelle von Praktikern in Bergbau und Exploration oft gering geschätzt, und es wird eine pragmatisch-empirische Klassifikation nach Typen (z.B. Kupferschiefer-Typ, podiforme Chromite, lateritische Nickellagerstätten), nach beschreibenden Modellen oder Gesteinsgesellschaften (z.B. „alkaline igneous association“ – LAZNICKA 1985, 1993) vorgezogen. Auch in diesem Buch werden solche Bezeichnungen häufig verwendet. Das hat den Vorteil, daß eine allgemein verstandene Kurzbezeichnung die Kommunikation erleichtert und daß außerdem wechselnde genetische Auffassungen nicht gleichzeitig Neubenennungen erfordern. Bei aller Kritik an genetischen Klassifikationen soll aber nicht übersehen werden, daß verbesserte genetische Konzepte immer wieder erfolgreich zur Auffindung neuer Lagerstätten beitragen.

Jeder Versuch einer rigiden Klassifikation aller Lagerstätten führt zu einer großen Zahl von Gruppen und Untergruppen, letztere manchmal mit nur einem einzigen Vertreter. Deshalb wird hier nur eine vereinfachte genetische Klassifikation der Erzlagerstätten vorgestellt, mit beispielhafter Zuordnung bisher besprochener Lagerstättentypen, gefolgt von einer äquivalenten Einteilung der Lagerstätten der wichtigsten, nicht-metallischen Rohstoffe.

Genetische Klassifikation von Erzlagerstätten

I. Magmatogene Erzlagerstätten
   1. Liquidmagmatische Lagerstätten:
      Cr in Ophiolithen und in geschichteten basischen Intrusiven; in den letzteren auch Pt/Au, Fe/Ti/V und Cu/Ni; Ti (Fe) in Anorthosit-Ferrodioritkomplexen.
   2. Pegmatite (Sn, Ta/Nb, Li, Be etc.)
   3. Hydrothermale Lagerstätten:
      Skarnerze (W, Sn, Cu etc.); kontaktmetasomatische Erze (Pb, Ag, Zn); Porphyrische Lagerstätten (Cu, Mo, Sn, etc.); sowie ein Teil der Ganglagerstätten (Sn, W) und der epithermalen Au-Ag-Lagerstätten.

II. Verwitterungslagerstätten
   1. Rückstandslagerstätten:
      Residuale Seifen (W, Sn); Bauxit, lateritische Ni-, Au- und Mn-Lagerstätten.
   2. Lagerstätten aus Verwitterungslösungen:
      deszendente Anreicherung von Cu, Ag, Fe; Infiltrationslagerstätten von U.

III. Sedimentäre Lagerstätten
   1. Allochthone:
      alluviale bis marine Seifen (Au, Sn, Ti, Zr).
   2. Autochthone:
      Altproterozoische Bändereisenerze (BIF's) und Manganerze (MnF's); oolithische Eisen- und Manganerze; Manganknollen und -krusten der Tiefsee; Sedex-Erze (Cu, Pb, Zn; z.B. Rammelsberg; nur Pb-Zn in Mt. Isa/Australien).

IV. Diagenetisch-hydrothermale Lagerstätten
   1. Kupferschiefer-Typ:
      europäischer Kupferschiefer (Cu); zentralafrikanischer Kupfergürtel (Cu, Co, Pb, Zn, U).
   2. Mississippi-Valley-Typ:
      Pb-Zn-Ba-F in marinen Karbonaten.
   3. Erzlagerstättenbildung durch migrierende Salzlaugen:
      Pb-Zn-Ba-F sowie Siderit, z.B. in Nordafrika.

V. Metamorphe Lagerstätten
   Diese Klasse ist für Erze von geringer Bedeutung, da Metamorphose sehr selten ursächlich für die Bildung einer Lagerstätte aus vorher wirtschaftlich nicht gewinnbaren Metallanreicherungen ist.

VI. Metamorphogen-hydrothermale Lagerstätten
   Goldquarzgänge in orogenen Akkretions-/Subduktions-/Kollisionskomplexen; zumindest ein Teil der zentralafrikanischen Cu-Co-Lagerstätten; Cu in Mt. Isa/Australien.

Genetische Klassifikation von Lagerstätten der Nicht-Erze

I. Magmatogene Lagerstätten
   1. Liquidmagmatische Lagerstätten: Apatit, Olivin, Diamant
   2. Pegmatite: Glimmer, Feldspat, Quarz, Edelsteine
   3. Kontaktlagerstätten: Andalusit, Wollastonit, Talk
   4. Hydrothermale Lagerstätten: Ganglagerstätten (Baryt, Fluorit, Talk), epithermale Lagerstätten (Kaolin)
   5. Vulkanogene Lagerstätten: Schwefel (proximal), Borate (distal).

II. Verwitterungslagerstätten
   1. Rückstandslagerstätten: residuale Seifen (Diamant, Disthen), Kaolin
   2. Lagerstätten aus Verwitterungslösungen: lakustrine (?) und fluviatile Magnesite, Laugen und Salze der Playa-Seen (Soda).

III. Sedimentäre Lagerstätten
   1. Allochthone: alluviale und marine Seifen (Diamant)
   2. Autochthone: Kohlen, Ölschiefer, Salze, Phosphate, Gips und Anhydrit, Diatomit, Sedex-Baryt, Zeolithe, vulkanische Tuffe, Sande und Kiese, manche Tone, Kalk- und Dolomitstein.

IV. Diagenetische Lagerstätten
   1. Erdöl, Erdgas, Asphalt
   2. Schwefel im Gipshut von Salzdiapiren
   3. Mississippi-Valley-Typ: Baryt-Fluorit in marinen Karbonaten
   4. migrierende Salzlaugen: Smaragd-Lagerstätten in Schwarzschiefern, Magnesit in marinen Karbonaten.

V. Metamorphe Lagerstätten: Graphit, Disthen, Sillimanit

VI. Metamorphogen-hydrothermale Lagerstätten: Asbest, Graphit (Sri Lanka), Talk.

Zweiter Abschnitt

Die Lagerstätten der einzelnen Metalle

Daten und Fakten zu den einzelnen Metallen stammen zumeist aus den folgenden Quellen: *Mining Journal, Mining Magazine, Mining Annual Review*, JACKSON & BATES (1997) und BERKMAN (2001). Um den Umfang des Buches zu minimieren, mußte die Zahl der Literaturzitate sehr eingeschränkt werden.

I. Die Eisen- und Stahlmetalle

Eisen

Erzminerale:

		max. Fe%	Dichte
Magnetit	$FeO.Fe_2O_3$	72,4	5,2
Hämatit	α-Fe_2O_3	70	5,2
Maghemit	γ-Fe_2O_3	70	4,8
Goethit	α-FeOOH	62	3,8-4,3
Lepidokrokit	γ-FeOOH	62	4,0
Siderit	$FeCO_3$	48,2	3,8

Fe-Silikate mit max. 40% Fe sind heute kaum von wirtschaftlicher Bedeutung. Magnetit enthält oft auch Ti, Mn, Mg, Al und V, Siderit Mn und Ca. Als „Martit" wird hämatitisierter Magnetit bezeichnet; „Eisenglimmer" ist grobschuppiger Hämatit, der auch Oligist oder Specularit genannt wird.

Die Bauwürdigkeitsgrenze bei Eisenerzen liegt bei etwa 32% Fe; allerdings werden heute meist Erze mit 55–60% Fe abgebaut. Eine Ausnahme sind magnetitische Erze, die auch bei niedrigeren Gehalten relativ billig zu hochwertigen Konzentraten angereichert werden können. Für den Einsatz in Direktreduktionsverfahren ist ein Gehalt über 67,5% Fe (nach Glühen) erforderlich.

Die Anforderungen für wirtschaftlich gewinnbare Eisenerze betreffen neben Lage, Größe etc. der Lagerstätte vor allem die chemische Zusammensetzung, den Körnungsanfall bei Abbau und Aufbereitung sowie das Verhalten beim Einsatz im Hochofen. Da Eisenerze nach Rohöl die zweite Stelle im internationalen Massenguthandel einnehmen, sind auch günstige Transporteigenschaften sehr wichtig. Deshalb, und natürlich auch zur Verbesserung der metallurgischen Prozesse, werden viele Feinerze in Grubennähe gesintert oder pelletiert, und nur Stückerz (6–32 mm Durchmesser) wird direkt verschifft. Die Sinterung kann auch wichtig sein, um vor dem Transport einen hohen Wassergehalt zu reduzieren. Für den Einsatz im Hochofen müssen die Erze günstige Abriebfestigkeit und als Schüttgut gute Gaspermeabilität haben.

Die chemischen Anforderungen an Eisenerze ergeben sich vorwiegend aus der Verwendbarkeit im Hochofenprozeß, da nur etwa 10% der Weltproduktion zur Direktreduktion eingesetzt werden. Gefordert werden ein Überwiegen von SiO_2 (saure Erze) oder von CaO + MgO (basische Erze), SiO_2/Al_2O_3 ca. 3, jedenfalls aber über 1, sowie möglichst geringe, gleichbleibende Phosphorgehalte, die in manchen Erzen aber einige Prozent P_2O_5 erreichen. Mn soll unter 2% liegen, Cr unter 1%, Ni unter 0,5%, S unter 0,2%, As, Cu, Zn und Pb unter 0,1%. Ti und V stören ebenfalls; bei entsprechend hohen Gehalten aber sind solche Erze dann für die Gewinnung dieser Metalle von großer Bedeutung. Ganz allgemein sollen Lieferungen über lange Zeit gleichbleibende Qualität haben; unter dieser Voraussetzung können auch einzelne nachteilige Eigenschaften ausgeglichen werden.

Im Vergleich zu den Mengen an Eisenerzen, welche zur Eisen- und Stahlherstellung verbraucht werden, sind andere Anwendungen minimal. Trotzdem erzielen manche Kleinbergbaue durch Produktion von Füllstoffen für Farben (Ocker, Eisenglimmer) oder für Toner zum Gebrauch in Kopiermaschinen etc. gute Gewinne. Die Anforderungen an Rohstoff und Aufbereitung sind dann sehr hoch;im einzelnen müssen sie durch Kontakte mit potentiellen Anwendern erkundet werden.

Das ***geochemische Verhalten des Eisens*** ist durch seine Stellung als Übergangsmetall (zusammen mit Cr, Mn, Co, Ni, etc.) und durch den hohen Durchschnittsgehalt in der kontinentalen Kruste (4,32%) gegeben. Besonders wichtig ist der unterschiedliche Oxydationsgrad in der Natur. Es gibt gediegen Fe^0, Ferro- (Fe^{2+}) und Ferri-Eisen (Fe^{3+}). Zumeist ist reduziertes Eisen mobil, oxydiertes Eisen immobil, woraus die Fixierung großer Eisenmengen im exogenen Kreislauf verständlich wird. Reduktion und Oxydation des Fe sind häufige Indikatoren des geologischen Milieus, wobei vor allem der Kontakt mit der Atmosphäre bzw. mit organischer Substanz kontrollierend wirken. Beispiele dafür sind die oberflächennahe Verwitterung (Oxydation) sowie die Bildung von gediegen Eisen in Basalten am Kontakt zu bituminösen Schiefern oder Kohleflözen, z.B. auf der Insel Disko, Grönland (Reduktion).

Da die überwiegende Menge der Eisenerze durch Verwitterung und/oder Sedimentation gebildet wurden, ist das geochemische Verhalten des Eisens in diesem Milieu besonders wichtig. Die Verwitterung eisenhaltiger Gesteine kann residuale Anreicherung, etwa zu lateritischen Lagerstätten, bewirken. Vielfach wird aber das Fe mobilisiert, wobei Transport in ionarer Lösung, als Hydroxyd-Partikel bzw. -Kolloide, adsorbiert an Tonschwebstoffen oder in Chelat-Bindung an organischer Substanz möglich ist. Ausfällung und Bildung von Eisenmineralen sind im pH/Eh-Feld gut definiert (Abb. 59). Durch eine laterale Gliederung des Sedimentationsraumes nach pH/Eh entstehen so die verschiedenen Eisenfazies-Zonen (Abb. 42). Biologische Aktivität im Sedimentationsbe-

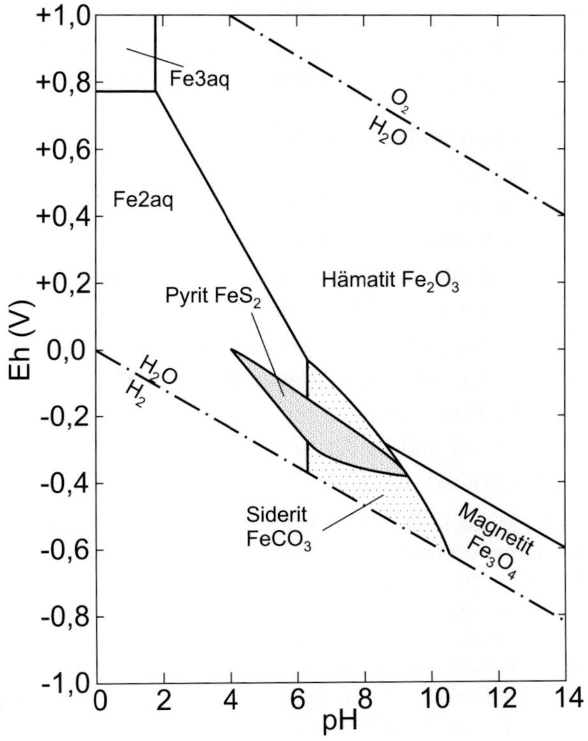

Abb. 59. Stabilitätsfelder oxydischer, sulfidischer und karbonatischer Eisenminerale in Wasser bei 25°C und 1 Atmosphäre (GARRELS & CHRIST 1965). Beachte, daß andere Randbedingungen, z.B. höhere S- oder CO_2-Gehalte, die Grenzen der Felder verschieben. Vergl. mit Abb. 30.

reich dürfte vielfach indirekt (durch O_2-Verbrauch oder durch O_2/CO_2-Produktion), seltener auch direkt (Eisenbakterien: Konhauser 1998, Pilze) zur Ausfällung beitragen. Biologische Prozesse können eine Fraktionierung der Isotope ^{56}Fe bzw. ^{54}Fe um $\delta\ ^{56}Fe$ bis ± 3‰ bewirken. Aber auch anorganische chemische Prozesse verursachen trotz des geringen Massenunterschiedes der vier natürlichen Fe-Isotope (54, 56, 57 und 58) eine meßbare Veränderung. Black-Smoker-Fluide z.B. fördern im Vergleich zu Sedimenten und Magmatiten deutlich leichteres Fe (Beard et al. 2003).

Hydrothermaler Transport von Eisen wird durch hohe Salzgehalte der Fluide begünstigt (Fein et al. 1992). Hohe Chlorgehalte sind möglicherweise häufig auf den Kontakt der Lösungen mit Evaporiten zurückzuführen (Barton & Johnson 1996). Viel Fe führen saure, reduzierte, chloridische Lösungen, in welchen Komplexe von $FeCl^+$ und $FeCl_2^0$ auftreten. Die maximale Löslichkeit von $FeCl_2$ in Wasser beträgt 39,2%. Sie wird durch steigende Salinität und Temperatur positiv, durch höheren Druck, fO_2 und pH negativ beeinflußt. Ausfällung erfolgt dementsprechend bei Mischung mit salzarmen Wässern (z.B. meteorischer Herkunft), bei Temperaturabfall, bei Sauerstoffzutritt und pH-Anstieg, oft durch Reaktion mit Karbonaten bedingt.

Eisenerzlagerstätten sind ungemein vielfältig und weit verbreitet. Mehr als drei Viertel der Reserven sind sedimentärer Entstehung, wobei der Anteil der präkambrischen gebänderten Eisenformationen (BIF's) weit überwiegt. Wissenschaftlich und/oder wirtschaftlich wichtige genetische Lagerstättentypen sind:

- liquidmagmatische (intrusive und extrusive) Lagerstätten;
- kontaktmetasomatische Körper (Skarnlagerstätten);
- hydrothermal-epigenetische Lagerstätten (Gänge);
- hydrothermal-metasomatische Stöcke (typisch: Siderite);
- vulkanogen/exhalative bzw. hydrothermal/sedimentäre Lager;
- residuale, „lateritische" Eisenlagerstätten;
- terrestrisch-sedimentäre Lager (Moore, Karst, Seifen);
- marin-sedimentäre Lagerstätten (BIF's, Minette, Trümmereisenerze und Strandseifen);
- Hämatitreicherze aus BIF's (Verwitterung, hydrothermal oder metamorph?)

Zu den ***liquidmagmatischen Eisenerzen im Verband mit Intrusionen*** gehören die Magnetitflöze der Oberen Zone des *Bushvelds*/Südafrika (Abb. 3). Das bedeutendste unter diesen ist der rund 1,8 m mächtige *Main Magnetite Layer* mit 1,6% V_2O_5 und im Tagebau gewinnbaren Reserven von über 1000 Millionen Tonnen (Mt) Erz. Viele kleine und mittlere Eisenlagerstätten liegen als Platten, Schlieren oder Gänge in Gabbro- und Noritmassiven (der „Gabbro-Typ"), oft allerdings mit störenden Ti-Gehalten in Magnetit. Wo solche Erze aufbereitet werden können, wird Titan zu einem wichtigen Nebenprodukt. Ein europäisches Beispiel dafür ist die *Tellnes Mine* in Südwest-Norwegen, die aus Bändererzen in präkambrischem Norit (ca. 920 Ma) etwa 2 Mt/a Roherz mit 18% TiO_2 liefert. Die Reserven betragen rund 300 Mt.; Lagerstätten vom „Anorthosit-Typ" führen eher Hämatit und Ilmenit und zählen infolge hoher Ti-Gehalte zu den Titanerzen, so daß hier das Eisen zum Nebenprodukt wird.

Die Magnetit-Apatiterze von *Kiruna* in Nordschweden wurden lange Zeit liquidmagmatisch vulkanogen oder als intrusive Erzschmelzen gedeutet. Heute wird oft eine magmatisch-hydrothermale Bildung ähnlich Olympic Dam (s. dort) erwogen (Hitzman et al. 1992). Eine alt-proterozoische Serie saurer Vulkanite enthält hier mehrere plattenförmige, grob schichtparallele Erzkörper, die eine Mächtigkeit von 200 m erreichen. Die Erze sind massig oder gebändert, gelegentlich mit angedeuteter Kreuzschichtung. Säulige oder dendritische Magnetite werden als Produkt rascher Abkühlung einer Schmelze gedeutet, vesikuläre Partien als Lavaströme, feingebändertes Erz als Tuffe, und Brekzienerz als pyroklastische Brekzie (Nyström & Henriquez 1994). Kleine Apophysen des Erzes durchschlagen sowohl das Liegende wie das Hangende. Diese Beobachtung wurde früher als Beweis für einen

Intrusionsverband angeführt, Altersbestimmungen zeigen, daß die Bildung der Erze jedenfalls in die Periode der Entstehung der Vulkanite fällt (ROMER et al. 1994). Die Auflösung der gegensätzlichen Deutungen könnte darin bestehen, daß sowohl Schmelzen wie Fluide in subvulkanischen bis extrusiven Prozessen beteiligt waren. Das Fördererz besteht aus Magnetit, Hämatit, Fluorapatit, Aktinolit, Tremolit und Klinopyroxen, mit etwa 55–65% Fe und 1–2% Phosphor. Die Vorräte des Distriktes bis 800 m Tiefe betragen etwa 3000 Mt, die Jahresförderung liegt bei 20 Mt. Damit ist Kiruna weit überwiegend der wichtigste Eisenerzproduzent Westeuropas.

Junge, eindeutig ***extrusive liquidmagmatische Eisenlagerstätten*** sind selten, doch lokal von großer Bedeutung. Hier erstarrten die spätmagmatischen eisenreichen Schmelzen als Laven, vulkanische Agglomerate und Tuffe, aber auch Zufuhrgänge und subvulkanische Intrusionen sind bekannt. Nebengesteine sind saure und intermediäre Vulkanite, welche Calderen oder Schichtvulkane aufbauen. Große Lagerstätten solcher Erze aus Magnetit, Hämatit, Apatit und dendritischem Pyroxen gibt es in Chile (*El Laco*: NYSTRÖM & HENRIQUEZ 1994, s. jedoch Widerspruch von SILLITOE & BURROWS 2003) und Mexico (*Cerro de Mercado:* Abb. 5, SWANSON et al. 1978, LYONS 1988), beide mit rund 1000 Mt Erzinhalt.

Kontaktmetasomatische Eisenlagerstätten entstehen im Kontaktbereich von Gabbros, Dioriten, Syeniten und Graniten, welche Karbonate intrudieren. Westeuropäische Lagerstätten dieses Typs sind heute unbedeutend, wie z.B. die Hämatitlagerstätten der Insel Elba in jurassischem Kalk. Weiterhin wirtschaftlich wichtige Skarnlagerstätten gibt es aber in Rumänien (*Ocna de Fier*) und im Ural, mit den Bergbauen *Sarbai, Gora Blagodat und Gora Magnitnaja*.

Die Erzkörper von *Gora Magnitnaja* liegen in unterkarbonischen Karbonaten mit Anteilen vulkanogener Sedimente, welche von einem porphyrischen variszischen Granit intrudiert werden. Das Erz ist grob stratiform, die unmittelbaren Nebengesteine sind Skarne und Kalkmarmore. Eine frühe anhydrische Paragenese der Vererzung umfaßt Magnetit, Granat und Pyroxen, gefolgt von Magnetit, Hämatit, Pyrit, Kupferkies, Quarz, Epidot und Kalzit. Der gesamte Erzinhalt der Lagerstätte lag bei 500 Mt, mit durchschnittlich 56% Fe, 0,8% Mn, 14,85% SiO_2, 1,82% CaO, 0,04% P und 1,94% S. Oberflächennahe Partien waren allerdings martitisiert und deshalb eisenreicher. Die vergleichbare Lagerstätte *Sarbai*/Kasachstan ist mit einem Erzinhalt von 1500 Mt noch größer; sie wurde 1948 durch Flugmagnetometrie aufgefunden. Interessant ist hier das Auftreten von Na-Cl-Skapolith als Gangart, wodurch die für die Bildung von Skarnlagerstätten charakteristische hydrothermale Phase besonders deutlich nachgewiesen ist.

Eine wichtige Provinz hydrothermaler bzw. Eisenskarnlagerstätten erstreckt sich über 130 km Länge in N–S Richtung am Innenrand der südlichen Karpathen von Rumänien *(Banat)* über Jugoslawien bis nach Bulgarien. Hier sind mesozoische und ältere Schichten geradezu siebartig von zahlreichen dioritischen bis granodioritischen Intrusivstöcken (den „Banatiten") durchlöchert, welche aus der spätkretazischen Subduktion des Vardar-Ozeans resultierten. Neben Eisenerzen (*Baisoara, Ocna de Fier, Dognecea*) gibt es auch Cu-Porphyre sowie Lagerstätten mit überwiegend Pb/Zn (CIOBANU et al. 2002).

Epigenetisch-hydrothermale Eisenerze kennt man vielfach im Umkreis von mafisch-intermediären kalkalkalischen Plutonen aktiver Plattenränder (Chile, Peru, Zentralamerika, Balkan, Japan), doch auch völlig ohne Bezug zu magmatischen Prozessen (Eisenerzgänge, sowie vor allem die metasomatischen Siderite, möglicherweise auch die hämatitischen Reicherze der BIF's – s. unten).

Ein Beispiel für die erste Gruppe ist die Lagerstätte *El Romeral* in Chile, deren Erzkörper in kretazischem Andesitporphyr und Metasedimenten im Bereich eines Dioritstockes liegen. Die größte Erzlinse ist 850 m lang und bis 250 m mächtig. Das Erz besteht aus siebartigem Magnetit mit Einschlüssen von Aktinolit, Klinozoisit, Titanit, Cl-Apatit, Andesin, Skapolith, Chlorit und Quarz, wobei diese Gangarten vielfach auch als Gangnetzwerk im massigen Erz auftreten. Offensichtlich verdrängen die Erze hydrothermal veränderte Nebengesteinspartien, welche durch Störungen begrenzt sind. Die Lagerstätte wird durch den Halo einer thermischen Amphibolitfazies umgeben, mit 475–50°C und 2 kbar. Das Eisen stammt aus stark gelaugtem Diorit (MENARD 1995). Lagerstätten dieser

Natur zeigen nahe Verwandtschaft zu metasomatischen Skarnlagerstätten und können als äquivalente Bildung in nicht-karbonatischem Milieu aufgefaßt werden.

Eisenerz-Ganglagerstätten sind heute bedeutungslos. Bekannte deutsche Beispiele sind die Roteisensteingänge des Harzes (etwa der Knollengang im Lauterberger Revier, MOHR 1993) und die Sideritgänge des *Siegerlandes,* die über mehr als 1000 m vertikaler Erstreckung abgebaut wurden.

Im *Siegerland* lag eine deutliche vertikale Zonierung vor, mit oberflächennahen Pb-Zn-Cu Erzen sowie stellenweise Hämatit, darunter Siderit, welcher in der Tiefe in Quarz überging. Allerdings wird diese Zonierung durch eine Mehrphasigkeit der Vererzung überlagert. Sideritbildung erfolgte durch Fluide mit <5 Gew.% NaCl äquiv. bei Temperaturen von 220–320°C und Drucken von 0,7 bis 1,4 kbar (HEIN 1993). Die Gänge liegen in den unterdevonischen Siegener Schichten, mit einer klaren tektonischen Kontrolle, die ihre Bildung gegen Ende der variszischen Hauptfaltung belegt. Deshalb, und auf Grund von SEE-Spektra und von stabilen Isotopendaten wird die Herkunft der Fluide aus Devolatilisierung tieferer Stockwerke während der variskischen Metamorphose postuliert (HEIN 1993). Der Distrikt hat bis zur Schließung der letzten Bergbaue im Jahre 1965 insgesamt rund 170 Mt Erz geliefert. Obwohl Gänge heute für die Eisengewinnung kaum in Betracht kommen, können sie als Indikatoren bzw. Prospektionhilfe für Erze von Uran, Gold u.a. Metallen nützlich sein.

Hydrothermal-metasomatische Sideritstöcke jedoch werden weiterhin in vielen Ländern abgebaut, obwohl sie wirtschaftlich von den überseeischen Billigerzen hart bedrängt werden. Bekannte Distrikte bzw. Lagerstätten sind *Erzberg*/Österreich, *Bilbao*/Spanien, *Ouenza*/Algerien und *Jerissa*/Tunesien sowie *Bakal*/Rußland. Eine kleine Lagerstätte dieses Typs lag in Zechsteinkalk am *Hüggel* bei Osnabrück.

Gemeinsam ist allen Lagerstätten dieser Gruppe das Auftreten in marinen Karbonaten epikontinentaler Plattformen präkambrischen bis mesozoischen Alters, welche mit klastischen Sedimenten und Evaporiten, seltener mit basischen Vulkaniten, wechsellagern. Die vererzten Karbonate sind auch in einzelnen Lagerstätten von unterschiedlicher Fazies, obwohl innerhalb der Distrikte meist ein bestimmtes stratigraphisches Niveau bevorzugt ist (Devonkalke um den Erzberg, Unterkreide-Kalke in Nordafrika und Bilbao). Die Erzkörper sind unregelmäßige Stöcke oder annähernd stratiforme Linsen, oft mit deutlicher tektonischer Kontrolle durch Störungen. Im einzelnen sind die Erzgrenzen jedoch meist quergreifend „wolkig" (Abb. 48). Nicht selten gibt es neben dem massigen Erz auch Gänge mit Siderit, Quarz, Baryt, Fluorit und Pb-Zn (Ouenza, Bilbao), welche Erz und Nebengestein durchschlagen. Die Kontakte der Siderite zum unveränderten Karbonat sind immer metasomatisch, wobei etwa in Jerissa noch einige Meter im Siderit Rudisten, Schichtflächen und Stylolithen deutlich erkennbar sind. Weiter innen allerdings findet man monomineralische, feinkörnige und massige Siderite, die zum Teil in reichlich auftretenden Drusen grobkristallinen Kalzit enthalten. Anderswo (Erzberg) sind nach außen Ankerit-Dolomithöfe entwickelt. Hangend- und/oder Liegendgrenze werden in vielen Fällen durch gering permeable und inkompetente Nebengesteine gebildet. Überall fehlt diesen Lagerstätten eine Zonierung nach Oxyd-, Karbonat- und Sulfidfazies, die in synsedimentären Eisenlagerstätten horizontal wie vertikal die Regel ist. Die umgebenden Karbonate sind gewöhnlich sehr reine, eisenarme Kalke; nichts deutet darauf hin, daß das Eisen sedimentär vorangereichert gewesen wäre.

Die bekannteste unter den mitteleuropäischen metasomatischen Sideritlagerstätten ist der *Erzberg/Steiermark.* Es handelt sich hier um die größte unter einer langgezogenen Kette von Spatlagerstätten in der nördlichen Grauwackenzone der Ostalpen, welche aus stark verschuppten und in zwei große Decken gegliederten paläozoischen Schichten besteht. Die Erzkörper am Erzberg liegen in Karbonaten silurischen bis unterkarbonen Alters. Das Liegende bildet ordovizischer Quarzporphyr („Porphyroid"), das Hangende – nur lokal erhalten – permische Brekzien und Konglomerate („Präbichlschichten") sowie die transgressiven Werfener Schiefer der Unteren Trias, mit welchen der mächtige marine Sedimentstapel der Nördlichen Kalkalpen einsetzt. Die paläozoischen Gesteine wurden sowohl variszisch wie auch alt-alpidisch deformiert und gleichzeitig von einer Metamorphose der Grünschieferfazies überprägt, deren jüngere Phase allerdings bereits in den Werfener Schiefern nach oben rasch ausklingt. Die vererzten Kalke sind durch den unterkarbonischen „Zwischenschiefer“ in zwei tektonische Schuppen gegliedert. Das Erz besteht aus hellem, massigem, selten gebändertem feinkörnigem Siderit sowie mehreren Generationen von Ankerit („Rohwand“). Dazu kommen Spurengehalte von Pyrit, Kupferkies, Fahlerz und Zinnober. Der Gesamtinhalt der Lagerstätte wird auf 500 Mt Siderit geschätzt, wovon mehr als die Hälfte abgebaut ist. Die Jahresproduktion beträgt etwa 2 Mt Roherz mit 32% Fe und 2% Mn.

Die Entstehung dieser Lagerstätte ist weiterhin in Bezug auf Metallherkunft, Vererzungsprozesse und -zeitpunkt umstritten, da viele Befunde infolge der mehrfachen Metamorphose vieldeutig sind (Schulz et al. 1997). Ergebnisse von Sr-Isotopenanalysen, von O- und C-Isotopenbestimmungen (Laube et al. 1995) sowie von Fluideinschlußuntersuchungen (Pohl & Belocky 1994) zeigen, daß nicht Meerwasser, sondern salzreiche, hydrothermale Fluide vermutlich metamorpher Entstehung die Siderite gebildet haben. Dies bestätigt frühere Auffassungen einer hydrothermal-metasomatischen Bildung, wahrscheinlich in alpidischer Zeit. Die zeitliche Einordnung erscheint auch dadurch bekräftigt, daß im weiteren Umkreis kleine hydrothermal-epigenetische Eisenlagerstätten bis in das stratigraphische Niveau der anisischen Rauhwacke (Trias) auftreten.

Allgemein kann man vermuten, daß solche Sideritlagerstätten durch Lösungen sehr unterschiedlicher Herkunft gebildet werden können. Denkbar sind metamorphe (salinare) Fluide (Erzberg: Pohl & Belocky 1994; Bakal/Rußland), Formationswässer und/oder migrierende Salzlaugen aus Beckensedimenten oder Evaporiten (Nordafrika: Pohl et al. 1986; Bouzenoune & Lecolle 1997) oder aus Salzlagunen (Erzberg: Prochaska 1999), sowie an Störungen tiefzirkulierendes Meer- oder meteorisches Wasser (Bilbao?). Nur magmatische Herkunft konnte bisher nicht wahrscheinlich gemacht werden.

Vulkanogen/hydrothermal-sedimentäre bzw. syngenetisch-exhalative Eisenlagerstätten haben als reine Eisenproduzenten ebenfalls an Bedeutung verloren. Zu dieser Gruppe gehören Pyritlagerstätten vom Kuroko und vom Zypern Typ, welche nur dann zur Eisengewinnung abgebaut werden, wenn aus dem Pyrit durch Röstung Schwefelsäure erzeugt wird. Das dabei anfallende Eisenoxyd kann bei geeigneter chemischer Zusammensetzung als Eisenerz verwendet werden. Weiter gibt es solche Exhalationslagerstätten auch in karbonatischer und oxydischer Fazies (*Lahn-Dill-Revier*/Deutschland; *Vares*/Jugoslawien; *Nisna Slana*/CZ; u.v.a.), wobei die gebänderten Eisenformationen (BIF's) vom Algoma Typ wirtschaftlich besonders wichtig sind. Natürlich findet man bei dieser Gruppe vielfache Übergänge zu Anteilen oder wirtschaftlichem Überwiegen anderer Metalle (Cu, Au, As, Thallium, Pb, Zn usw.).

Residuale bzw. lateritische Eisenlagerstätten sind über basischen oder ultrabasischen Gesteinen entwickelt, weshalb sie in der Regel erhöhte Cr-Ni-Co-Gehalte haben, welche eine Verwertung im Normalfall behindern. Dazu kommen hohe Al_2O_3 Anteile (bis 20%), allgemein relativ niedrige Eisengehalte, und ein hoher Wasseranteil (bis 30%), wodurch solche Erze bergwirtschaftlich wenig attraktiv sind. Bei ausgeprägt hoher Cr- oder Ni-Führung aber sind sie als Erze dieser Metalle abbauwürdig (Griechenland, Albanien, West-Australien).

Conakry/Guinea ist ein charakteristischer Vertreter dieser Gruppe. Über Dunit mit 10% Fe liegt dort eine harte, etwa 6 m mächtige Erzkruste (Ferricrete); das Liefererz hat 52% Fe, 12% Al_2O_3, 1,8% SiO_2, 0,25% P, 1,8% Cr, 0,15% Ni, 0,5% TiO_2 und 11% Wasser.

Eine überragende Bedeutung für den Eisenerzbergbau hat die Verwitterung dort, wo niedrig-prozentige primäre Armerze durch *supergene Anreicherung* zu hochwertigen Reicherzen konzentriert wurden. Dies kann natürlich alle genetischen Typen von Eisenlagerstätten betreffen, und eine gewisse Anreicherung der Erze durch Verwitterung im oberflächennahen Bereich ist eigentlich die Regel. Proterozoische gebänderte Eisenformationen vom Superior-Typ sind aber infolge ihrer weiten Verbreitung und der großen initialen Eisenmengen besonders wichtige Beispiele (Abb. 35, s.u.).

Terrestrisch-sedimentäre Eisenerzlagerstätten sind häufig, doch heute mit wenigen Ausnahmen völlig ohne Bedeutung, da solche Lagerstätten gewöhnlich sehr klein sind. Transport des

Eisens kann in Lösung oder mechanisch stattfinden. Durch Ablagerung bzw. Ausfällung entstanden die Raseneisenerze der Moore, die Karsterze von *Amberg-Auerbach*/Nordost-Bayern, die fluviatilen Erze West-Australiens sowie manche eluviale und fluviatile Seifen. Sehr selten gibt es gewinnbare Küstenseifen von Magnetit.

Wirtschaftlich wichtig sind aus dieser Gruppe heute nur die *fluviatilen Eisenerze* des Hamersley Beckens in West-Australien. Mehrere Flußläufe, die diese Eisenerzprovinz nach Osten und Norden verlassen, werden über viele Kilometer Länge von Tafelbergen begleitet, die durch auflagernde Eisenerze besonders erosionsresistent sind. Offensichtlich handelt es sich um die Füllung breiter Täler von (alttertiären) Vorläufern heutiger Flüsse (deshalb „channel iron deposits"), welche im Lauf der weiteren Entwicklung durch Reliefumkehr zu Hügeln wurden (Abb. 60).

Bergbaulich erschlossen sind solche Lagerstätten u.a. entlang des *Marillana Creek,* mit Ressourcen von über 3.500 Mt über 80 km Länge. Mehrere Bergbaue produzieren Erz mit 58% Fe, 0,04% P, 4,9% SiO_2, 1,3% Al_2O_3 und 10% H_2O. Das Erz besteht aus dicht gepackten Konkretionen, die aus Goethit und Hämatit aufgebaut sind. Zum Teil sind sie konzentrisch-schalig, oft auch strukturlos. Die Matrix enthält dieselben Eisenminerale, mit etwas Ton, Kalzit und Chalzedon, selten auch limonitisierten Pflanzenfragmenten. Die einzelnen Erzkörper sind bis 100 m mächtig. Im einzelnen wird zwar diskutiert, ob die Masse des Erzes durch direkte Präzipitation des Eisens aus Lösung oder durch Verdrängung klastischer Partikel entstanden ist, doch sind die fluviatile Genese und die Ableitung des Eisens aus den gebänderten Eisenformationen im Oberlauf der Flüsse unbestritten (STONE et al. 2002).

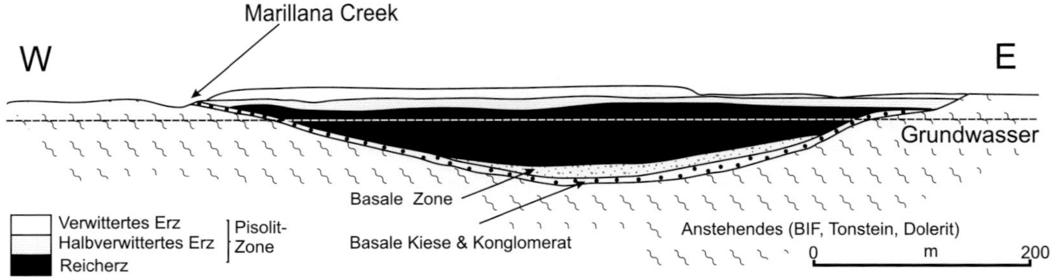

Abb. 60. Typischer Schnitt durch eine alttertiäre, fluviatile Eisenerzlagerstätte am Marillana Creek im Hamersley-Becken Westaustraliens (STONE et al. 2002).

Marin-sedimentäre Eisenlagerstätten stellen alle anderen genetischen Lagerstättentypen in Bezug auf Produktionsmenge wie auf verfügbare Ressourcen weit in den Schatten. Innerhalb der Gruppe sind wiederum die proterozoischen gebänderten Eisenformationen (BIF's vom Superior Typ) am bedeutendsten.

Gemeinsam ist allen Gliedern dieser Gruppe die Ablagerung der Eisenerze bzw. der Erzvorläufer als chemische oder teilweise biogene marine Sedimente. Grob unterscheiden kann man mit STANTON (1972) Eisensteine (ironstones s.l.) vorwiegend phanerozoischen Alters von den überwiegend geologisch alten gebänderten Eisenerzen (banded iron formations, kurz BIF's). Weitere, für letztere in der Literatur häufig benutzte Bezeichnungen sind *Takonit* (Magnetit-BIF's, welche im Gebiet des Oberen Sees/USA als primäre Armerze abgebaut und magnetisch konzentriert werden), *Itabirit* (metamorphe, und deshalb grobkörnige Hämatit-BIF's, Abb. 61), *Canga* (blockiges Erz im Ausbißbereich, das als eluviale Seife aufgefaßt werden kann) und *Jaspilit* (gering metamorphe, sehr feinkörnige primäre BIF's). Es ist aber wohl besser, die Gemeinsamkeit der gebänderten Eisenerze durch eine gleichbleibende Bezeichnung zu betonen, als metamorphe oder gar bergbauliche Unterschiede. Deshalb wird in diesem Buch allgemein der überwiegend verwendete Ausdruck „banded iron formation" mit der Kurzform BIF beibehalten.

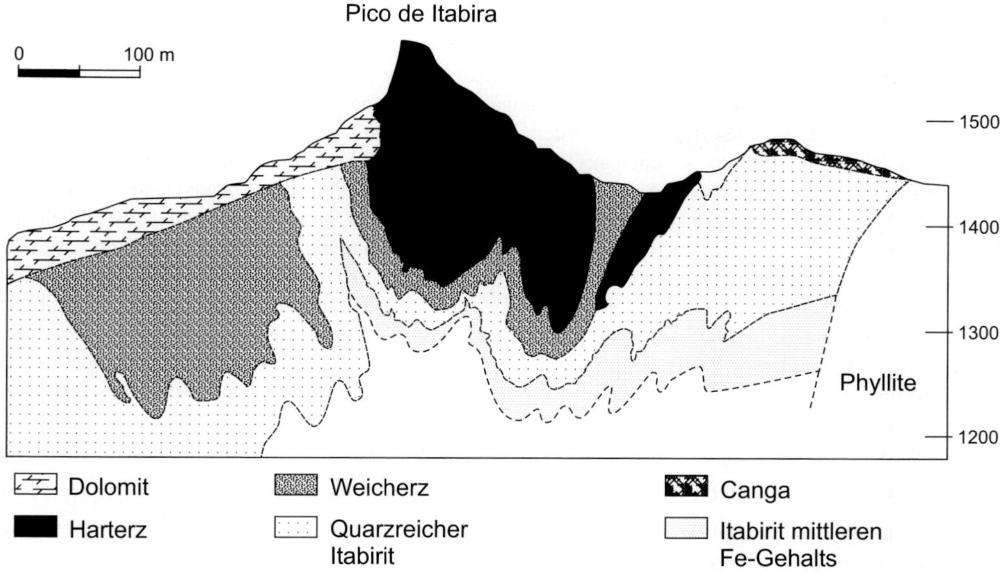

Abb. 61. Profil der alt-proterozoischen Hämatitreicherz-Lagerstätte Pico de Itabira, Brasilien (nach Klein & Ladeira 2000).

Protore-BIF ist Quarz-Itabirit (~40% Fe), als Medium-Itabirit mit erhöhten Fe-Gehalten (~58%). Sowohl Harterz wie Weicherz sind Reicherze mit ca. 67% Fe (Spier et al. 2003).

Vorkommen und Genese der sedimentären Eisenerze wurde bereits im Allgemeinen Teil (Kapitel III: Autochthone Eisen- und Manganerzlagerstätten) beschrieben. Hier soll beispielhaft eine der größten Eisenerzprovinzen der Welt zusammenfassend vorgestellt werden:

Das *Hamersley Becken* in der Pilbara-Region West-Australiens umfaßt rund 100.000 km^2; es wird von einer spätarchaisch/altproterozoischen Serie (2,77–2,41 Ga) von Sedimenten und Vulkaniten, der maximal 15 km mächtigen Mt. Bruce Supergruppe, aufgebaut. Diese Gesteine liegen im Norden diskordant über älterem Archaikum, im Süden werden sie von jüngeren präkambrischen Sedimenten bedeckt. Die Mt. Bruce Supergruppe besteht aus liegenden Konglomeraten (z.T. mit Gold, ähnlich dem Witwatersrand), Basalten, Tuffen und hangend Schwarzschiefer der Fortescue Gruppe, welche von der Hamersley Gruppe mit fünf wichtigen BIF-Horizonten und zwischengelagerten Tonschiefern, Dolomiten und sehr seltenen bimodalen Vulkaniten und Tuffen konkordant überlagert wird. Das Hangende bilden über einer durch hämatitführende Konglomerate markierten Diskordanz die mächtigen Grauwacken und Basalte der Wyloo Gruppe. Die Sedimente belegen Perioden ruhiger epikontinentaler mariner Sedimentation, während die Vulkanite möglicherweise Dehnungstektonik und Mantelmagmatismus andeuten, welche für hydrothermale Zufuhr der BIF-Elemente in das Meerwasser verantwortlich sein könnten (Barley et al. 1999). Metamorphose und Deformation dieser Gesteine sind im Norden gering, nach Süden aber deutlich bis zu Grünschieferfazies und vergenter Faltung zunehmend. Dort gibt es auch mehrere Granite, deren Intrusionsalter um 1700 Ma liegen.

Die bergbaulichen Eisenerzreserven des Beckens werden auf 22.000 Mt geschätzt, wozu etwa 18.000 Mt marginale Erze kommen. Ein Teil der ersteren sind Hämatitreicherze, welche jedoch nur etwa 0,1% der gesamten Eisenmenge darstellen. Der überwiegende Teil des Metalles liegt in den primären BIF's vor, welche hier bei 30% Fe und 50% SiO_2 auf weiteste Sicht nicht abbauwürdig sind. Neben den Hämatitreicherzen gibt es überwiegend Martit-Goethit-Erze sowie relativ geringe Mengen von pisolitischem (s.o.) und detritärem Erz (scree ore). Die Erzkörper nehmen im Ausbißbereich den Platz der BIF's ein (Abb. 35, 61). Eine Zufuhr von Fe ist durch Massenberechnungen mehrfach festgestellt worden. Die Erzkörper sind durch eisenarme Nebengesteine oder Störungen meist scharf begrenzt; sie folgen also dem Streichen und den orogenen Strukturen der BIF's. Maximale Mächtigkeiten liegen bei 70 m, die Länge beträgt oft mehrere km, so daß einzelne Erzkörper bis über 1000 Mt Erz enthalten (Mt. Whaleback). Alle Erze liegen nahe einer tertiären Verwitterungsfläche („Hamersley surface"), wovon ausgehend sie bis zu einer maximalen Tiefe von 400 m erbohrt wurden. Darunter folgen immer unveränderte, primäre BIF's.

Die BIF's der Hamersley Provinz bestehen aus Quarz, Magnetit, etwas primärem Hämatit, Siderit und geringen Anteilen von Fe-Silikaten sowie Apatit. Daraus entstanden Erze, welche selten überwiegend Hämatit, zumeist nahe der Oberfläche Martit und Goethit in wechselnden Mengen, sowie etwas Quarz, Opal und Kaolin enthalten. Teilweise Fe-Ausfällung aus Lösung erzeugte anstelle der ehemaligen Quarzbänder bevorzugt Goethit, welcher bei sehr reifem Erz wieder weggelöst ist. Diese Vorgänge waren in den einzelnen Lagerstätten unterschiedlich wirksam, wodurch die verschiedenen Erzqualitäten (nach Fe- und P-Gehalt, Porosität, Festigkeit, mineralogischer Zusammensetzung) genetisch erklärt werden können. Phosphor ist fast ausschließlich an Goethit gebunden, weshalb reine Hämatiterze praktisch P-frei sind, während goethitführende Erze bis zu 0,12% P enthalten, und damit hier bereits als phosphorreiche Erze gelten. Durchschnittliches Fördererz aus der Hamersley Provinz kann mineralogisch als Mischung von 70% Hämatit mit 23% Goethit, 5% Kaolin und 2% Quarz aufgefaßt werden; daraus ergibt sich eine chemische Zusammensetzung von 63,5% Fe, 4,3% SiO_2, 2% Al_2O_3 und 3% Glühverlust (i.W. Wasser).

Die Entstehung der Martit-Goethit-Erze aus BIF's in aller Welt wird zumeist als Ergebnis supergener Anreicherung aufgefaßt, während die blättrigen, oft kohäsionslosen Hämatitreicherze (Abb. 35 und 61) z.T. durch Versenkungsmetamorphose alter Verwitterungsbildungen (Morris 1985, 2003), z.T. durch spätere Oxydation in der Tiefe gebildeter, hydrothermaler Magnetit-, Hämatit- oder Sideritkörper abgeleitet werden (Taylor et al. 2001). Ohmoto (2003b) schlägt als dritte Denkmöglichkeit vor, daß diese Hämatite ohne Sauerstoffzufuhr durch Lösung des Fe^{2+} der Magnetite nach folgender Reaktion hydrothermal-metasomatisch entstanden sein können:

Bildung von Hämatit aus Magnetit durch hydrothermale Lösung von Fe^{II}

$$Fe_3O_{4(Mag)} + 2H^+ \rightarrow Fe_2O_{3(Hem)} + Fe^{2+} + H_2O$$

Die großen Lagerstätten der Hämatitreicherze erreichen 3.000 Mt fast reiner Eisenoxyde (*Carajas*/ Brasilien). Sie sind damit die größten Metallkonzentrationen der Welt. Bedeutende Provinzen altproterozoischer gebänderter BIF's mit Eisenerzlagerstätten gibt es neben Australien auch in Südamerika (Minas Gerais/Brasilien), Nordamerika (Lake Superior, Labrador Trog), Europa (Krivoj Rog, Kursk u.a./Rußland), Asien (Orissa, Goa/Indien) und in Afrika (Liberien, Angola, Transvaal).

Als wichtiger Vertreter der *oolithischen Eisenlagerstätten* in Deutschland und gleichzeitig als Typlokalität der *Trümmereisenlagerstätten* gilt der *Salzgitter-Distrikt,* der in mehreren stratigraphischen Niveaus der mesozoischen Schelfsedimente des Harzvorlandes Eisenerzlager enthält. Infolge ungünstiger geologischer Verhältnisse und schlechter Erzqualität mußten die Bergbaue allerdings aufgegeben werden, nachdem rund 340 Mt abgebaut worden waren. Immerhin verbleiben Ressourcen von bis zu 4.000 Mt Erz.

Oolithische Erze gibt es hier in Lias, Malm, sowie Unter- und Oberkreide, wobei sie zum Teil als unmittelbar Hangendes der Trümmererze auftreten, welche überwiegend in Unter- (das sind die eigentlichen Salzgitterer Erze) und Oberkreide vorkommen. Die Erzlager sind an den ehemaligen Küstensaum einer südlichen Landmasse und an kleinere Hochzonen gebunden, welche durch komplizierte Interaktion von Salzdiapiraufstieg, Tektonik und Meeresspiegelschwankungen entstanden sind. Es gibt Oolithflöze, die über große Flächen nachgewiesen wurden (vor allem im Malm), und die sehr lokalisierten „Kolke" und Rinnen, das sind syn-sedimentär absinkende, störungsgebundene Depressionen an Salzstockflanken, in denen oft Trümmererze zu großen Mächtigkeiten angehäuft wurden. Das Eisen stammt zumeist aus Toneisensteinkonkretionen und pyritisierten Fossilien des unteren und mittleren Jura, die während der Emersionsphasen freigelegt und oxydiert wurden. Bei erneuter Transgression wurden die Eisenerztrümmer durch Brandung und Strömungen in die Kolke und Rinnen bis maximal 120 m Mächtigkeit zusammengeschwemmt.

Die Erze bestehen überwiegend aus Goethit mit etwas Chamosit (Braunerz); in Salzstocknähe gibt es oft hämatitreiches „Roterz". Die Matrix der Trümmer und Oolithe ist wechselnd tonig, kalkig, mergelig, sideritisch oder ankeritisch. Die chemische Zusammensetzung des Fördererzes war entsprechend variabel. Als typisches Beispiel für die eigentlichen Salzgitterer Erze gilt folgende Analyse: 29% Fe, 26% SiO_2, 5% CaO, 0,1% Mn und 0,4% P. Als letzter offener Bergbau des Distriktes besteht heute nur der *Schacht Konrad*, allerdings nicht als Eisenerzproduzent, sondern mit der Bestimmung, als Endlager schwach bis mittel-radioaktive Abfälle aufzunehmen.

Weitere bekannte oolithische Eisenerzlagerstätten liegen in Lothringen (die *Minette* des unteren Dogger), in der Prager Mulde (Ordoviz), in Algerien (Gara Djebilet, Unterdevon) und im Clinton-Distrikt (Alabama/USA, Obersilur). Auch dieser Lagerstättentyp wurde jedoch durch die höherwertigen und in der Regel billigeren BIF-Erze fast völlig vom Markt verdrängt.

Die *Hauptproduzenten* von Eisenerzen, nach der Förderung gereiht, sind folgende Länder: China, Brasilien, Australien, GUS, Indien und die USA. Diese sechs Länder erzeugen zusammen rund 80% der Welteisenerzproduktion, die bei 1000 Millionen Tonnen pro Jahr liegt. Die bauwürdigen und potentiellen *Eisenerzvorräte der Erde* werden auf nahezu 800.000 Mt geschätzt. *Prospektion* auf Eisenerze geht in der Regel von geologisch oder aeromagnetisch kartierten Ausbissen aus. Geochemische Methoden sind aus naheliegenden Gründen nicht anwendbar. Ohnehin werden nur große (>100 Mt) bis sehr große (>1000 Mt Erzinhalt) Lagerstätten hochwertiger Erze aufgesucht, die zudem im Tagbau gewinnbar sein sollen.

Mangan

Erzminerale:

Pyrolusit	β-MnO_2	63% Mn	D = 1-2
Braunit	$3Mn_2O_3 . MnSiO_3$	64% Mn	4,8
Hausmannit	Mn_3O_4	72% Mn	4,8
Rhodochrosit	$MnCO_3$	49% Mn	3,6
z.T. mit Fe, Mg, Ca, Zn; oft hydrothermal i.w.S.)			
Manganit	MnOOH	62% Mn	4,3

Manganerze bestehen aus einer Vielzahl verschiedener Minerale, die hier nicht alle aufgezählt werden können. Zumeist sind es Mischungen unterschiedlicher Mn-(Hydro-)Oxyde, wobei harte Erze als Psilomelan, weiche als Pyrolusit, und unreine, erdige als Wad bezeichnet werden. Manganerze werden nach ihrer Verwendbarkeit als metallurgische, chemische und Batterieerze unterschieden. Bei der metallurgischen Verwendung soll der Mn-Gehalt über 46% liegen; seltener werden eisenreiche Manganerze mit 10–25% Mn abgebaut. Chemische und Batterieerze (battery grade) sollen 70–85% MnO_2 haben.

Über 90% des Mangans werden in der Stahlindustrie verbraucht, vorwiegend zur Entschwefelung und Sauerstoffkontrolle der Schmelze. Gewöhnlicher Stahl enthält danach 0,5–1,6% Mn. Spezialstähle für Eisenbahnschienen, Bergbaumaschinen und Brecher enthalten 11–15% Mn, wodurch die Widerstandsfähigkeit gegen Abrieb und Materialermüdung erhöht wird. Austenitische rostfreie Stähle schließlich enthalten ebenfalls Mangan neben Chrom und Nickel. Die Erzeugung von Trokkenzellenbatterien ist der nächstwichtige Markt für Mangan, wobei je nach den Anforderungen Batterieerz direkt (für Zink-Kohlenstoffbatterien) oder industriell hergestelltes „elektrolytisches" MnO_2 (für Alkali- und Lithiumbatterien) verwendet werden. Ein bekanntes chemisches Produkt aus Manganerzen ist $KMnO_4$, das zur Reinigung von Wasser verwendet wird. Mangan wird auch zur Herstellung von Ferriten gebraucht, die in vielen elektronischen Geräten wichtige Bauelemente sind. Bei den meisten Anwendungen sollen bestimmte Gehalte an Nichteisenmetallen (Ni, Pb, Cu,

Co etc.), Phosphor, Karbonaten, SiO_2 und Al_2O_3 nicht überschritten werden; eine entsprechende Aufbereitbarkeit kann dann wertbestimmend sein.

Das ***geochemische Verhalten des Mangans*** ist dem des Eisens vergleichbar, allerdings mit einer deutlich höheren Mobilität. Sein Anteil in der kontinentalen Kruste liegt bei 0,07%, das Mn/Fe Verhältnis beträgt ~0,02. Basische Magmatite haben die höchsten Mn-Gehalte (ca. 0,2%), welche ähnlich wie beim Eisen mit zunehmendem SiO_2 rasch fallen. Die Trennung von Mn und Fe läßt sich durch vergleichsweise geringere Stabilität fester Mn-Phasen im Eh/pH-Feld erklären, wonach die Präzipitation von Mn-Mineralen höhere O_2-Fugazität und/oder Alkalinität verlangt. Dadurch ist der typische distale Mn-Hof submarin-hydrothermaler Exhalationen verständlich, welche proximal große Mengen von Fe-Mineralen ablagern. Geologisch gesehen, können Fe und Mn entweder schon im Herkunftsbereich getrennt werden, also z.B. durch differentielle Verwitterung und Mobilisation, oder durch frühere Ausscheidung des Fe auf dem Transportweg, oder schließlich durch diagenetische Lösung und Wiederausfällung des Mn. Die deutliche Fazieszonierung vieler Eisenlagerstätten ist beim Mangan weniger häufig; manchmal gibt es aber doch eine Karbonat-Silikat-Oxyd-Abfolge, nie jedoch eine Sulfidfazies.

Mn^{2+} erscheint hauptsächlich in Mineralen magmatischer Gesteine (Fe-Mg-Silikate, Karbonate, selten Sulfide), wo es infolge des ähnlichen Ionenradius Fe^{2+}, Mg^{2+} und Ca^{2+} substituieren kann. Im sedimentären Zyklus und bei Verwitterung werden Minerale mit Mn^{4+} gebildet (Pyrolusit), während der intermediäre Oxydationsgrad Mn^{3+} durch teilweise Reduktion oder Oxydation entsteht (Braunit, Hausmannit), häufig in Zusammenhang mit Metamorphose oder hydrothermalen Prozessen. Das vierwertige Mn-Ion ist so klein, daß es kaum mit anderen Elementen austauschbar ist; deshalb sind solche Manganerze fast eisenfrei. Manganoxyde haben eine sehr hohe Sorptionsfähigkeit für Kationen. Deshalb sind bestimmte Assoziationen von Spurenelementen für unterschiedliche Entstehungsbereiche charakteristisch und können deren Rekonstruktion erleichtern (Nicholson 1992, Cabral et al. 2002).

Wichtige ***Lagerstättentypen des Mangans*** sind primär hydrothermal-exhalativer oder sedimentärer Entstehung (Frakes & Bolton 1992, Roy 1992). Eine Anreicherung, meist durch Verwitterung, ist oft Voraussetzung zur wirtschaftlichen Verwertbarkeit. Magmatische Mn-Lagerstätten gibt es nicht.

Hydrothermale Gang- und Verdrängungserzkörper haben heute nur lokale Bedeutung. Historisch interessant sind die oxydischen Manganerzgänge von *Ilfeld* im Harz und bei *Ilmenau* in Thüringen. Eine größere metasomatische Lagerstätte von Pyrolusit in Marmor liegt 25 km nördlich von *Drama* in Griechisch-Makedonien. Die Erzkörper sind vorwiegend steile Schläuche und Gänge, von welchen flache, schichtparallele Verdrängungslinsen abzweigen. Die Vererzung reicht bis über 200 m Tiefe. Wie bei den meisten hydrothermalen Manganlagerstätten hat das Erz erhöhte Buntmetallgehalte (Pb, Zn, Cu). Ähnlich ist die Lagerstätte von *Umm Bogma* auf Sinai in karbonischem Dolomit, hier vermutlich in genetischem Zusammenhang mit tertiären Randstörungen des Golfs von Suez, obwohl auch marin-sedimentäre Bildung vertreten wird (Elagami et al. 2000). Auch an jungen Störungen der Küsten des Roten Meeres gibt es viele kleine epigenetische Manganvorkommen.

Submarine ***hydrothermal-exhalative Manganerzlagerstätten*** sind überaus häufig. Ein räumlicher Zusammenhang mit vulkanischen Zentren ist meist, doch nicht überall erkennbar. Zu dieser Gruppe zählen aus genetischer Sicht die Mn-reichen Erzschlämme des Roten Meeres, die Manganerden („Umber") und Mangankieselschiefer vieler Ophiolithe (z.B. Zypern, Franciscan/Kalifornien), Manganlager in engem Verband mit Vulkangürteln über Subduktionszonen (Iberischer Pyritgürtel), präkambrische „Manganformationen", die den gebänderten Eisenerzen sehr nahe stehen und mit ihnen wechsellagern (Cabral et al. 2002), karbonatische Manganerze in Schwarzschiefern, sowie die proterozoischen Gondite, welche nur durch Verwitterung bergbauliche Bedeutung erlangen.

Weltwirtschaftlich von besonderer Bedeutung sind die präkambrischen Mangan-(Eisen-) Formationen (MnF): Sehr große Lagerstätten liegen in einem Teilbecken der alt-proterozoischen Transvaal-Sequenz im westlichen Griqualand Südafrikas. Es handelt sich um Sedimente und Vulkanite eines post-archaischen Plattformbeckens, mit sehr geringer Faltung und Metamorphose. Die Sequenz enthält im südlichen Afrika neben Mangan und BIF's vom Superior-Typ auch große Lagerstätten von Flußspat, Pb/Zn, Fe, Amosit- und Krokidolitasbest, Andalusit, Dolomit und Tonschiefer. Die Manganerzvorräte mit über 20% Mn in diesem sogenannten *Kalahari-Erzfeld* betragen etwa 13.000 Mt (die Ressourcen ~8 Mrd.t, das sind 50% aller terrestrischen Vorräte). Es wird vermutet, daß die ursprünglichen Manganschlämme als sehr distale, hydrothermal-exhalative Präzipitate abgelagert wurden (Cornell & Schütte 1995). Die spurengeochemische Ähnlichkeit zu Eisenformationen vom Superior-Typ läßt jedoch auch eine rein sedimentäre Entstehung zu, mit geringem hydrothermalem Anteil (Tsikos & Moore 1997). Ein geringer Flächenanteil (ca. 3%) im Nordwesten des Kalahari-Feldes enthält störungsgebundene Reicherze, welche über 80% der Mn-Reicherzreserven der Welt darstellen. Dies ist durch hydrothermale Laugung von SiO_2 bzw. von $CaCO_3$ und durch metasomatische Umlagerung von Mn bedingt. Strittig ist, ob diese Anreicherung noch während der synsedimentären hydrothermalen Prozesse (Cornell & Schütte 1995, Tsikos et al. 2003) oder bei der späteren altproterozoischen Deformation und Metamorphose der Sedimente entstanden ist (Gutzmer & Beukes 1995).

Der größte Bergbau in diesem Teilfeld ist *Mawatwan,* wo innerhalb einer Eisenformation über basischen Vulkaniten mehrere Manganerzflöze vorliegen. Abgebaut wird ein Flöz mit durchschnittlich 15 m Mächtigkeit, das störungsfern aus einer feinkörnigen, laminierten Paragenese von Braunit, Kutnahorit und Hausmannit mit Hämatit und Kalzit besteht (Mawatwan-Typ). Störungsnah angereichertes Erz hat 38–50% Mn, ist grobkristallin drusig, karbonatfrei und besteht überwiegend aus Hausmannit und Braunit (Wessels-Typ). Linsen aus grobspätigem Mn-Kalzit und Dolomit sind jedoch häufig. Die Lagerstätte enthält praktisch keine Mn^{4+}-Minerale.

Nur lokale wirtschaftliche Bedeutung haben die weit verbreiteten Anreicherungen von Manganoxyden und -karbonaten in marinen Sedimenten des europäischen Alpengürtels. Es handelt sich um Knollen, Linsen, Krusten und Hardgrounds, die in karbonatisch-klastische Folgen mit Bändern von Schwarzschiefern, Radiolariten, Phosphat und Chert eingeschaltet sind. Ein Beispiel für eine solche Lagerstätte ist *Urkut* im Lias des Bakony Waldes/Ungarn. Hier sind zwei Rhodochrositflöze mit 2–12 m Mächtigkeit über 8 km^2 bauwürdig entwickelt. Die Fixierung des Mangans erfolgte vermutlich aus sauerstoffreiem Tiefenwasser eines marinen Grabens durch komplexe, frühdiagenetische Oxydations- und Reduktionsprozesse im Sediment. Das Mangan wird aus exhalativen Hydrothermen an den Grabenrändern abgeleitet (Polgari et al. 1991).

Weit verbreitet, besonders in den Gondwana-Kontinenten, sind ***Verwitterungslagerstätten des Mangans.*** Die Ausgangsgesteine (protore) sind in der Regel vulkano-sedimentäre Serien mit manganreichen (bis ca. 30%) Horizonten wohl meist exhalativer Entstehung. Silikatische metamorphe manganführende Gesteine werden nach der indischen Typuslokalität „Gondite" genannt. Große Lagerstättenbezirke solcher Erze sind *Minas Gerais* (Brasilien), *Nsuta* (Ghana), *Moanda* (Gabun) und *Orissa* (Indien). Ein europäisches Beispiel ist *Jacobeni* im präkambrischen (?) Kristallin der Ostkarpathen Rumäniens.

Nsuta liegt in einer alt-proterozoischen vulkano-sedimentären Abfolge, die um 2100 Ma gefaltet und metamorphosiert wurde. Die Lagerstätte war durch heute erschöpfte, besonders hochwertige Verwitterungserze gekennzeichnet (Gesamtproduktion seit 1917 ca. 13 Mt). Heute werden geringerwertige Primärerze (>50 Mt) mit dem Hauptmineral Rhodochrosit abgebaut. Das sind ca. 50 m mächtige gebänderte Gesteine, welche feinkörnigen marinen Metasedimenten eingeschaltet sind. Genetisch handelt es sich um ein Mn-Äquivalent der gebänderte Eisenerze vom Algoma-Typ („karbonatische Manganformation": MÜCKE et al. 1999).

Die Entstehung ***marin-sedimentärer Manganerzlagerstätten*** (FRAKES & BOLTON 1992) wurde früher erläutert. Besonders wichtig sind die oligozänen Lager im Gebiet des Schwarzen Meeres (*Nikopol*/Ukraine, *Tschiaturi*/Georgien; Abb. 43) sowie die kretazischen Erze von *Groote Eylandt* in Nordaustralien (Abb. 62). Die ukrainischen Lagerstätten haben allerdings nur mehr tiefliegende, geringwertige karbonatische Erzvorräte, z.T. mit hohen Phosphorgehalten, während jene Australiens durch junge Verwitterung besonders hochwertig sind. Das Fördererz von Groote Eylandt hat 51% Mn, 3,1% Fe, 3,9% SiO_2, 4% Al_2O_3, 1,9% BaO und nur 0,16% P_2O_5. Die Vorräte liegen bei 300 Mt.

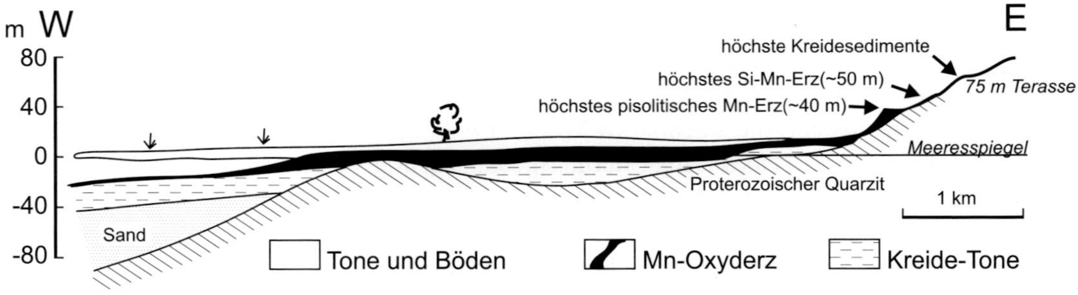

Abb. 62. Querschnitt der marin-sedimentären Manganlagerstätte von Groote Eylandt, Nord-Australien. Das Bild zeigt die flach einfallende manganerzführende Transgressionsserie der Unterkreide, welche über 150 km^2 abbauwürdig verbreitet ist (BOLTON et al. 1990).

Die Verteilung der *Manganreserven der Erde* ist sehr verschieden von den Verbrauchszentren. 78% der bergbaulichen Reserven liegen in Südafrika (Kalahari) und 14% im Gebiet des Schwarzen Meeres (Nikopol und Tschiaturi), so daß Europa, China, Japan und die USA den größten Teil ihres Bedarfs importieren müssen. Für eine fernere Zukunft sind die Manganknollen der Tiefsee riesige Ressourcen. Eine wirtschaftliche Verwertung ist aber nicht absehbar, auch deshalb, weil die nichtmarinen Reserven für rund hundert Jahre ausreichen.

Die *bergbauliche Weltproduktion* beträgt etwa 18 Mt Erz pro Jahr, wobei die wichtigsten Förderländer Ukraine, Südafrika, Gabun, Australien und Brasilien sind.

Chrom

Erzmineral: Chromit $(Fe,Mg)(Cr,Al,Fe)_2O_4$ D = 4,3–4,6
meist 45 bis 55, maximal 68% Cr_2O_3

Die Bezeichnung Chromit gilt ab 25% Cr_2O_3; bei geringerem Gehalt handelt es sich um chromhaltige Spinelle. Chromit hat 6–18% FeO, 0–22% MgO, 0–32% Al_2O_3 und 0–30% Fe_2O_3. Manche Chromite führen auch etwas Mn, Ti, V oder Zn. Die Zusammensetzung steht in enger Beziehung zum geologischen Vorkommen (IRVINE 1965, 1967). Chromiterze enthalten oft geringe Mengen von Ni-, Cu- und Fe-Sulfiden sowie Spuren von Platinmineralen, welche in Einzelfällen bergbauliche Bedeutung erlangen können (UG2 Chromitflöz im Bushveld; Nischni Tagil, Ural).

Abauwürdige Minimalgehalte von Chromerzkörpern liegen bei 20% Chromit, sofern diese Menge den Einsatz einer Aufbereitungsanlage lohnt. In der Regel werden aber massige Chromitite abgebaut, mit relativ geringen Gangartanteilen, vorwiegend Olivin bzw. Serpentin.

Die *Verwendung* von Chrom liegt weit überwiegend in der Produktion von rostfreiem Stahl (Cr 13–25%, ±Ni) und von Stahllegierungen mit besonderer Härte, Zähigkeit und Härtungsfähigkeit. Für diesen „metallurgischen" Einsatz werden überwiegend chromreiche Erze gefordert, aus welchen das industrielle Zwischenprodukt Ferrochrom erzeugt wird. Solche Erze liefern Simbabwe, Kasachstan, Albanien und die Türkei. Chromit mittleren Cr-Gehaltes wird in der chemischen Industrie, aber zunehmend auch im metallurgischen Bereich, eingesetzt. Beispiele chemischer Produkte sind verchromte Gebrauchsartikel, Pigmente, Holzschutz- und Gerbereisalze sowie reines Chrommetall, das zu Speziallegierungen für Luft- und Raumfahrzeuge verwendet wird. Für eher Cr-arme Erze mit >20% Al_2O_3 ist ein zunehmend wichtiger Anwendungsbereich die Erzeugung von feuerfesten, basischen Chromit-Magnesit- (eigentlich Periklas-) Steinen für die Ausmauerung von Hochöfen etc. Dazu werden niedrige SiO_2-Gehalte und Cr+Al>60% gefordert. Ähnliche Anforderungen gelten für den Einsatz als Gießereisand, wo Chromit als Ersatz für den teuren Zirkon gilt. Dieses sogenannte refraktäre Chromerz wird überwiegend aus ophiolitischen Lagerstätten (Philippinen etc.) gewonnen.

Chrom ist für Mensch und Tier ein essentielles Spurenelement; es ist jedoch in höheren Konzentrationen toxisch, insbesondere in Form von Chromaten. Letztere sind häufige, anthropogene Grundwasserkontaminanten, verursacht durch die verbreitete Verwendung von Chromsäure und ihren Salzen in Galvanik und Kleinindustrie, sowie von verchromtem Abfall in Deponien. Die Sanierung solcher Wässer ist durch reduzierende, permeable Barrieren möglich, welche in den Aquifer eingebaut werden. Eine Kontrolle deren Effizienz ist durch Isotopenanalysen vorteilhaft, da bei der Reduktion leichte Isotope bevorzugt reagieren (Blowes 2002, Ellis et al. 2002). Durch Ausfällung ensteht zumeist das unlösliche Cr^{3+}-Hydroxid $Cr(OH)_3$.

Die ***geochemische Stellung des Chroms*** ist einfach; es ist siderophil, im Erdkern angereichert und in der Kruste stark verarmt. Das Cr der Lagerstätten ist aus dem Erdmantel abzuleiten und darum ausschließlich an ultramafische und mafische Magmen gebunden. Beim Aufschmelzen des Mantels zu ultramafischen Magmen zeigt Cr einen Verteilungskoeffizienten von 1, d.h. primäre Schmelze und residualer Mantel haben dieselben Cr-Gehalte (ca. 2000–3000 ppm). Peridotite und Komatiite führen durchschnittlich 2800 ppm Cr, Gabbros und Basalte 200 ppm, Granite nur 5 ppm. In Gesteinen und in Böden liegt Chrom zum größten Teil als Cr^{3+} mit einem Ionenradius von 0,64Å (ähnlich Fe und Mg) vor.

Bei der *Verwitterung* chromhaltiger Gesteine freigesetztes Chrom bildet teilweise als Cr^{6+} das in Oberflächen- und Grundwasser sehr mobile Chromat-Anion $(CrO_4)^{2-}$, welches jedoch durch organische u.a. reduzierende Stoffe sowie manche Mikroben rasch immobilisiert wird (Nriagou & Nieboer 1988, Richards & Bourg 1991). Cr^{3+} verhält sich ähnlich wie Fe^{3+} bzw. Al^{3+}, weshalb sich Chrom in Böden in den organischen Substanzen (kaum aber in Kohlen) sowie in Fe- oder tonreichen Bodenhorizonten, also zumeist im B-Horizont, anreichert. Aus dem Meerwasser wird Chrom durch Reduktion und Absorption in Schwarzschiefern und Phosphoriten geochemisch angereichert. Auch Erdöl hat in der Regel erhöhte Chromgehalte. Chromit verwittert sehr viel langsamer als die Silikate, so daß über den Lagerstätten eluviale Blockhalden oder residuale lateritische Seifen vorkommen. Proximale, alluviale Lagerstätten sind häufig, Strandseifen jedoch sehr selten, obwohl Chromit als weit transportables Schwermineral bekannt ist.

Serpentinisierung und Metamorphose bewirken bei disseminierten Chromiten Mobilisation des Cr, die im Anschliff als hellerer, eisenreicher Rand der Körner erkennbar wird. Extreme Verarmung führt zu Chromeisenerzen (Ahito/Togo) bzw. Magnetitlinsen in Serpentinit (Vermion/Griechenland). Das abgeführte Cr tritt dann in engerer oder weiterer Umgebung in neugebildete Minerale ein, z.B. Kämmererit, Uwarovit, Fuchsit, Smaragd und Rubin. Cr-Lagerstättenbildung nach hydrothermalem Transport ist jedoch unbekannt.

Chromitlagerstätten sind typische Vertreter liquidmagmatischer Segregationslagerstätten. Charakteristische Nebengesteine sind Ultramafite, vor allem Dunit, Peridotite und die daraus entstandenen Serpentinite, seltener auch Norite und Anorthosite. Lagerstätten gibt es einerseits in geschichteten basischen Intrusionen mit weit aushaltenden Erzflözen („stratiforme Chromiterze" bzw. Bushveld-Typ), andererseits in Ophioliten, wo die Erzkörper durch Fließen und duktile Scherung linsen- und sackförmige Gestalt haben („podiforme Chromiterze" oder Alpiner Typ). Die Chromite dieser beiden Hauptgruppen unterscheiden sich deutlich in ihrer chemischen Zusammensetzung und durch eine verschiedene chemische Entwicklung mit der magmato-stratigraphischen Position (Abb. 63). Chemische Veränderungen durch Subsolidus-Prozesse während des Abkühlens oder durch Metamorphose bewirken jedoch häufig deutliche Abweichungen von der ursprünglichen Zusammensetzung. Selten sind bauwürdige Chromitalluvionen, wie z.B. im Ural, wo Chromit-Platinseifen vorkommen.

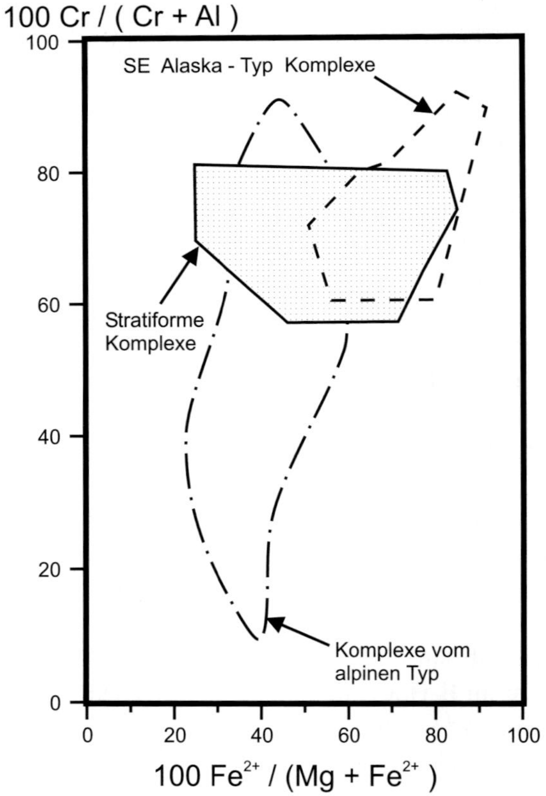

Abb. 63. Variation der Chrom-, Magnesium-, Eisen- und Aluminiumgehalte in Chromiten geschichteter mafischer Intrusionen, von Alaskiten und Ophioliten (nach IRVINE 1967).

Stratiforme Chromerze liegen in den ultramafisch/mafischen Kumulaten der basischen Intrusionen, im *Bushveld* wie früher beschrieben in der Unteren und in der Kritischen Zone. Es werden dort 29 verschiedene Chromitflöze unterschieden, von wenigen cm bis 2 m Mächtigkeit. Die Flöze haben viele „sedimentäre" Strukturen, u.a. fließende Übergänge in das Nebengestein, Linsen- und Keilform, syn-sedimentäre Gleitfalten, Erosionskanäle, sowie Aufspalten und Wiedervereinigung im Streichen. Die Chromitite bestehen aus feinkörnigen, rundlichen bis idiomorphen Chromitkristallen als typische Kumulate. Andere Körner überwachsen poikilitisch Kumulus-Silikate, während disseminierte Chromite oft in der Matrix um Kumulus-Olivin oder Pyroxen liegen. In vertikaler Abfolge sind die tieferen Chromite reich an Mg und Cr, während die höheren zunehmend Fe, Ti und V enthalten. Solche Beobachtungen belegen die genetische Deutung der Flöze als Produkte gravitativer Anreicherung. Die zyklische Wiederholung wird mit der Intrusion neuer Magmenpulse erklärt, welche als Fontäne bis zum Dach aufstiegen und dort felsisches Material assimilierten (Kinnaird et al. 2002). Dies erzwang die Auskristallisation der Chromite (und begleitend auch der Platinmetalle).

Die bergbaulichen Reserven des Bushveldes sind enorm, mit rund 2.300 Mt Chromit zu 50% Cr_2O_3 (Vermaak 1986). Genetisch vergleichbare, allerdings viel kleinere Lagerstätten gibt es im *Great Dyke* in Simbabwe und im *Stillwater Complex* in Montana. Bemerkenswert sind Chromitgänge (offsets), die bis 100 m ins Liegende (Sandsteine und Konglomerate) des Great Dyke durchbrechen. Weniger bedeutende Lagerstätten sind von archaischen, komatiitischen Intrusionen bekannt geworden (Rollinson 1997). Die größte Chromerzmine Europas, *Kemi/Finnland*, liegt in einer alt-proterozoischen geschichteten basischen Intrusion. Die Reserven werden 2002 mit 51 Mt zu 25% Cr_2O_3 angegeben.

Podiforme Chromerze liegen in Dunitlinsen des tektonisierten Mantels der Ophiolite bzw. in den tiefsten Teilen der mafischen Kumulate. Ihre Textur, Struktur und äußere Form wird durch die Lage in der Ophiolitstratigraphie bestimmt, z.T. natürlich auch durch spätere Deformation während und nach der Platznahme der Ophiolite. Allgemein handelt es sich um äußerst regellose, meist relativ kleine Erzkörper (zumeist 100.000 bis 1,000.000 t). Im Harzburgit des tektonisierten Mantels zeigen auch die Dunite mit ihren Chromitkörpern duktile Deformation und konkordante Einschlichtung ins Fließgefüge (Erzkörper 4 in Abb. 64). Diese Dunite und Chromite werden als refraktäre Frühkristallisate der aufsteigenden Magmendiapire aufgefaßt (Thayer 1969). Neuerdings wird Bildung durch metasomatische Reaktion aufsteigender Schmelzen mit den einhüllenden Harzburgiten erwogen; dabei gelangen die basaltischen Liquide durch Aufschmelzen von Pyroxen in das Feld der Chromit-($\pm$Olivin-) Präzipitation (Arai & Yurimoto 1994, Zhou et al. 1994). In der Zufuhrzone zur ophiolitischen Magmenkammer werden diskordante disseminierte (3) und massige Erze (2) gebildet. Die ultramafischen Kumulate schließlich enthalten konkordante Linsen und Platten (1). Nicht dargestellt sind in Abb. 64 die nicht seltenen quergreifenden Chromitgänge, die als abgepreßte oxydische Schmelze aufgefaßt werden müssen.

Folgende Texturen der podiformen Chromiterze sind unterscheidbar:

- Massiger, derber Chromitit, vor allem in den großen Erzkörpern vorkommend; unterscheidbar sind aus Chromitschmelze erstarrte Chromite mit Schaumgefüge, Chromitkumulate aus idiomorphen Einzelkristallen, und schließlich durch Scherung im Mantel betroffene, oft boudinierte Chromitite.
- Sprenkelerz, bestehend aus disseminierten oder zeilenförmig angeordneten Chromitkriställchen (dann als Kumulat gebildet) oder gelängten Aggregaten (tektonisiert) in hellgrünem, Fe-armem Dunit oder Serpentinit. Manchmal ist Kumulat-Chromit in netzartigen Strukturen angeordnet.
- Fleckenerz und das zonar aus Chromit und Olivin aufgebaute Kringelerz (Leoparderz, orbicular chromite), welche in Schlierenplatten liegen und gewöhnlich in einer Richtung längsgestreckt sind;
- Knötchenerz (nodular chromite), aus bohnen- bis pflaumengroßen Ovoiden bestehend, die gleichfalls meist parallel orientiert sind.
- Anti-Knötchenerz (anti-nodular ore) mit hellen Dunitlinsen in dichtem Chromit, und schließlich
- Brekzienerze.

Die Häufigkeit rundlicher Texturen in podiformen Chromerzen unterscheidet sie auffällig von stratiformen Lagerstätten, wo solche Erscheinungen fehlen. Ursache ist vermutlich liquide Entmischung von Olivin- und Chromitschmelze in den Erstgenannten, unter der Mitwirkung wässeriger Fluide (Matveev & Ballhaus 2002).

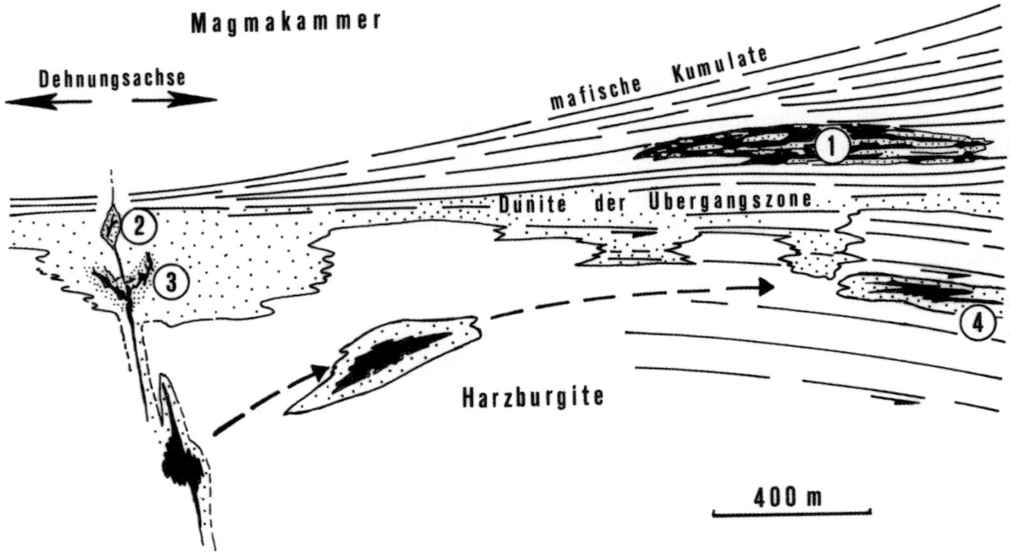

Abb. 64. Modell der Entstehung podiformer Chromiterzkörper in Ophioliten, hier am Beispiel von Maqsad/Oman (nach CEULENEER & NICOLAS 1985).

(1) stratiforme Körper in den Kumulaten; (2) diskordante Knoten- und Leoparderzkörper; (3) disseminierte diskordante Körper nach Segregation aus aufsteigendem Mantelmagma; (4) konkordante Körper in residualem, tektonisiertem Harzburgit.

Wieweit die gerichteten Gefüge der Erze auf Fließen oder Hochtemperaturscherung im Mantel zurückgehen, ist jeweils im einzelnen mit strukturgeologischen Untersuchungen des Nebengesteines zu klären. Solche Arbeiten in gut aufgeschlossenen Ophiolithen lassen in prachtvoller Weise die Manteldynamik an ozeanischen Dehnungszentren rekonstruieren (z.B. CEULENEER & NICOLAS 1985, CEULENEER et al. 1996). Möglicherweise sind podiforme Chromitlagerstätten hauptsächlich an Back-Arc-Ophiolithe und an die tiefere Kruste primitiver Inselbögen gebunden (ZHOU & ROBINSON 1997).

Die Chromite podiformer Lagerstätten sind chemisch von stratiformen Chromiten deutlich verschieden; sie haben höhere Mg/Fe und Cr/Fe-Verhältnisse und enthalten bis 62% Al_2O_3, letzteres mit zunehmend höherer Position in der Ophiolithstratigraphie positiv korreliert (Abb. 63).

Die historisch wichtigsten *Chromerzbezirke Europas* liegen auf der Balkanhalbinsel. Sie sind an paläozoische und mesozoische Ophiolite gebunden, die während der kretazischen Orogenese in den alpidischen Deckenbau einbezogen wurden. Hunderte von Lagerstätten sind bekannt (HIESSLEITNER 1951/52). Von Albanien abgesehen, sind jedoch die meisten mittlerweile erschöpft. Auch die Ophiolite der Türkei und Zyperns enthalten bauwürdige Chromitlagerstätten. Wissenschaftlich interessant und noch unerklärt ist das Fehlen von Chromitkonzentrationen in den penninischen Ophioliten der Alpen. Die paläozoischen Ophiolite des südlichen und mittleren *Urals* sind reich an außergewöhnlich großen Chromitlagerstätten (und bekanntlich auch an Platin). Im Kempirsai-Ophiolit (Kasachstan) liegt der größte dieser Erzkörper bei *Moledeschnoje*, mit einer Länge von 1,4 km, einer maximalen Mächtigkeit von 140 m und einem Erzinhalt von rund 90 Mt (MELCHER et al. 1999).

Andere Provinzen mit wichtigen podiformen Chromiten gibt es in den Philippinen, auf Kuba und Neu-Kaledonien.

STOWE (1994) weist auf die Zeitgebundenheit der Lagerstättentypen von Chromit hin: In Grünsteingürteln des frühen Archaikums (3,5–2,9 Ga) gibt es Chromerze, die den podiformen Lagerstätten sehr ähnlich sind. Bedeutende stratiforme Lagerstätten sind auf die Periode der frühen konsolidierten Kratone beschränkt (2,9–2,0 Ga). Ophiolitgebundene podiforme Lagerstätten schließlich sind von ca. 800 Ma bis in das Miozän gebildet und obduziert worden.

Die *Weltproduktion* von Chromit liegt bei 14 Mt pro Jahr. Die Hauptförderländer sind Südafrika (ca. 50%), Kasachstan (17%), Türkei und Indien. Die *Chromitreserven* der Welt sind sehr groß, doch aus der Sicht der Verbraucher ungünstig verteilt. Deshalb ist Chrom eines der strategisch kritischen Metalle. Ungefähr 84% der Reserven liegen in Südafrika, etwa 9% in Kasachstan. Podiforme Lagerstätten haben offenbar nur einen geringen Anteil.

Die *Aufsuchung von Chromiterz* der podiformen Lagerstätten ist schwierig und risikoreich, da leicht zu erkennende ausbeißende Körper kaum mehr vorhanden sind. Zur Prospektion nach verborgenen Erzen müssen vorwiegend geologische Methoden verwendet werden, ergänzt durch geochemische Analysen von Nebengesteinen und disseminierten Chromiten sowie durch detaillierte geophysikalische Aufnahmen (Gravimetrie, Magnetik). Besonders höffig sind olivinreiche Kumulate nahe Gabbro sowie Anhäufungen von Dunitlinsen im harzburgitischen Mantel. Alle Aufschlußarbeiten müssen die Streckungsrichtung der Erzkörper berücksichtigen, wie überhaupt eine strukturgeologische Bearbeitung und geologische Kartierung des weiteren Lagerstättenbereiches von eminenter Bedeutung sind. Die Aufsuchung stratiformer Chromitflöze ist naturgemäß einfacher; hier wird der Schwerpunkt auf der geologisch-petrologischen Untersuchung der höffigen Horizonte liegen.

Nickel

Erzminerale:

Pentlandit (Nickelmagnetkies)	$(Ni, Fe)_9S_8$	bis 35% Ni	D = 4,6–5
Nickelin (Rotnickelkies, Niccolite)	NiAs	44%	7,8
Garnierit	$(Ni, Mg)_6(OH)_8Si_4O_{10}$	25–30%	2,2–2,8

Pentlandit erscheint in der Regel als Nebengemengteil von Pyrrhotinerzen basischer und ultrabasischer Magmen. Er ist dort meist mit Kupferkies, wenig Kobalt und Spuren von Platin und Gold verbunden. Nickelin, z.T. mit erheblichen Sb-Gehalten, ist für hydrothermale Lagerstätten charakteristisch, zum Beispiel in den früher wichtigen Kobaltsilbererzgängen des sächsisch-böhmischen Erzgebirges. Garnierit ist kein definiertes Mineral, sondern ein Gemenge amorpher bis gering kristalliner Substanzen mit Ähnlichkeit zu Talk und Serpentin. Weitere Erzminerale der lateritischen Nikkellagerstätten sind Ni-Chlorit, Ni-Talk, Ni-Sepiolit und Ni-Montmorillonit sowie Ni-haltiger Goethit (Gleeson et al. 2003).

Bauwürdige Erzkörper haben mindestens 2% Ni, wobei aber die jeweiligen Eigenschaften des Erzes in Bezug auf Aufbereitung, metallurgische Verarbeitung und eventuelle schädliche Nebenelemente (Pb, Zn, Bi, As) einen starken Einfluß ausüben. Bei Sulfiderzen ist hoher Schwefelgehalt günstig, weil dann das energiesparende „flash smelting"-Verfahren eingesetzt werden kann. Lateritisches Nickel wird durch Säurelaugung unter hohem Druck (>4 MPa) und hoher Temperatur (>250°C) extrahiert. Häufiges Nebenprodukt lateritischer Nickelerze ist Kobalt.

Für die Verwendung maßgeblich sind die „sieben Tugenden" des Nickels: Das Metall hat mit 1453°C einen hohen Schmelzpunkt, es ist gut legierbar, formbar und leicht galvanisch zu verarbeiten, es bildet an der Luft ein stabiles Oxydhäutchen aus, wird von Alkalien nicht korrodiert, es wirkt katalytisch und es ist bei Raumtemperatur ferromagnetisch. Schließlich ist Ni in den meisten chemischen Verbindungen nicht toxisch. Daraus ergeben sich vielfältige Anwendungen, jedoch wird

Nickel überwiegend (>60%) zur Herstellung duktiler rostfreier Stahlsorten verwendet. Zunehmende Bedeutung hat es für die Erzeugung von Ni-Cd oder der nicht-toxischen Nickelhydrid-Batterien.

Das ***geochemische Verhalten des Ni*** wird durch seine durchschnittliche Verteilung in magmatischen Gesteinen deutlich: Ultramafite 0,1–0,6%, Basalte 0,016%, Granite 0,006%. Daraus ist ersichtlich, daß Nickel beim Aufschmelzen von Basalten im residualen Mantel zurückbleibt. Dies ist auch durch den ähnlichen Ionenradius und die gleiche Ladung von Mg^{2+} und Ni^{2+} verständlich, weil deshalb Ni vor allem in Olivin eingebaut wird. Zur Bildung von Sulfiderzen aus ultrabasisch-basischen Magmen ist ein ungewöhnlich hoher Ni-Gehalt nicht erforderlich, sondern nur Bildung einer eigenständigen Sulfidschmelze. Diese entzieht der silikatischen Schmelze Ni und andere Metalle, wie folgender Zusammenhang belegt: Die Verteilung der Gehalte eines Metalles (me) zwischen einer Sulfidschmelze (Sulf) und einer Silikatschmelze (Sil) wird durch den Verteilungskoeffizienten ($D_{me}^{Sulf/sil}$) in folgender Weise kontrolliert:

Verteilung eines Metalles zwischen koexistierenden Sulfid- und Silikatmagmen

$$Sulf_{me} = D_{me}^{sulf/sil} \cdot Sil_{me}$$

Die Größenordnung dieser Verteilungskoeffizienten (D) liegt in Abhängigkeit von einer Reihe von Faktoren für Ni bei 100 bis >5.000, für Cu 250–2.000, für Co 40–200, für Pt 1.000–100.000, für Pd 1500 und für Au von 480–19.000 (Peach et al. 1990). Daraus wird klar, daß alle diese Metalle in eine sulfidische Schmelze, die mit silikatischer Schmelze koexistiert, stark konzentriert werden. Zur Ausbildung einer Sulfidschmelze ist hoher Schwefelgehalt erforderlich. Dieser kann aus assimilierten Nebengesteinen bzw. Sulfaten stammen (Noril'sk: $\delta^{34}S$= +8 bis +12‰.), oder aus einem nicht-verarmten Mantel mitgefördert sein (Sudbury: $\delta\,^{34}S$ = +1,7‰.; Naldrett 1999).

Interessant ist in diesem Zusammenhang auch, daß Pb und Zn deshalb nicht in liquidmagmatische Sulfide eintreten, weil D für diese Metalle nur 0,1 bis 2,5 beträgt. Die charakteristisch geringen Kupfergehalte ultrabasischer Nickellagerstätten im Vergleich zu solchen in Noriten sind hingegen eine unmittelbare Folge der entsprechend unterschiedlichen primären Kupfergehalte der jeweiligen Magmen.

Nickellagerstätten sind also fast ausschließlich von basischen und ultrabasischen Magmen abzuleiten. Zum Teil handelt es sich um Produkte der liquidmagmatischen Entmischung sulfidischer Schmelze (sulfidische Nickellagerstätten), die zweite wichtige Gruppe ist jene der lateritischen Nickellagerstätten. Die Entstehung letzterer durch Verwitterung ultrabasischer Gesteine wurde im Teil I bereits beschrieben und illustriert (Abb. 32, 33).

Sulfidische Nickellagerstätten sind mit vulkanischen und intrusiven ultrabasisch-basischen Gesteinen verbunden. Über 95% solcher Erze (Reserven und Ressourcen) liegen in folgenden petrotektonisch unterscheidbaren Milieus (Naldrett 1999):

- noritische Intrusiva in Impaktstrukturen (das einzige Beispiel ist Sudbury/Kanada, Abb. 4);
- intrusive Äquivalente von Deckenbasalten, im weiteren Sinne mit kontinentaler Dehnungstektonik assoziiert (Noril'sk/Sibirien: Naldrett 1999, Arndt et al. 2003);
- troctolitische Anteile komplexer, mittelproterozoischer Anorthositplutone (Voisey's Bay, Labrador, Kanada: Scoates & Mitchell 2000);
- magmatische Gesteine der archaischen und alt-proterozoischen Grüngesteinsgürtel, wobei zwei Typen zu unterscheiden sind:
  a) tholeiitische Intrusionen (z.B. Pechenga/Halbinsel Kola) und
  b) ultramafische komatiitische Laven und Intrusionen (West-Australien). Allgemeines dazu wurde im Teil I einführend behandelt (s. auch Abb. 2).

- syn-orogene basische Intrusionen in phanerozoischen Gebirgsgürteln, allerdings nur lokal und mit weltwirtschaftlich unbedeutenden Erzkörpern (z.B. Rana/Norwegen in den Kaledoniden).

Der größte sulfidische Nickelerzbezirk der Welt ist *Sudbury/Kanada*. Seit der Entdeckung der ersten Erze beim Eisenbahnbau im Jahre 1883 wurden rund 40 Bergbaue entwickelt. Die abgebaute Erzmenge mit den z.Zt. bekannten Reserven liegt bei 930 Mt Erz mit über 10 Millionen Tonnen Ni-Metall. Heutiges Fördererz hat rund 1,4% Cu und 1,3% Ni sowie geringere Gehalte von 10 weiteren wirtschaftlich verwerteten Elementen. Die Suche nach neuen Erzkörpern erreicht heute bereits Tiefen bis 3.000 m. Der zuletzt neu erschlossene Bergbau *Nickel Rim South* beruht auf Ressourcen von 13,2 Mt mit 1,7% Ni, 0,04% Co, 3,5% Cu, 2,2 g/t Pd, 0,8 g/t Au und 1,9 g/t Pt.

Die meisten Erzkörper liegen im „Sublayer" an den Rändern der Intrusion, andere bilden gangartige Injektionen in das Liegende („Offsets"). Die Sublayer-Erzkörper liegen in Mulden („Embayments") des Liegenden, die als Setzungsterassen der Innenwand des Impaktkraters gedeutet werden (Abb. 65). Massige Sulfide liegen unmittelbar am Kontakt, wogegen zum Hangenden disseminierte Erze folgen. Die Kontakterze sind reicher an Ni, Cu, Pd und Au, während gegen das Innere der Intrusion die Gehalte an Co, Rh, Ru, Ir und Os steigen. Diese Zonierung entspricht einer fraktionierten Kristallisation der primären Sulfidschmelze während des Absinkens. Allgemein ist die vorliegende Paragenese (Pyrrhotin, Kupferkies, Pentlandit u.a.) das Produkt einer sekundären Entmischung und Veränderung primär bei 700–600°C ausgeschiedener Monosulfide von Cu-Ni-Fe-S.

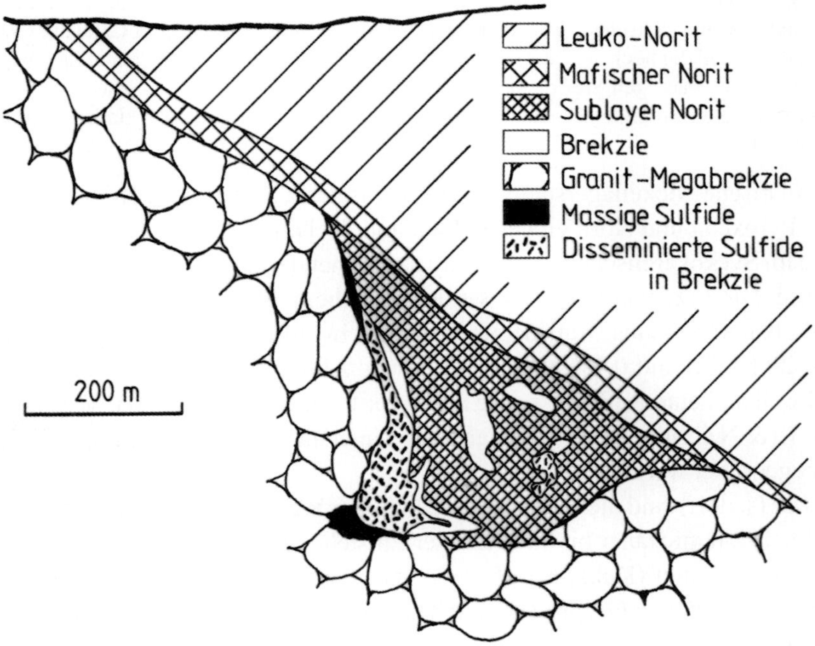

Abb. 65. Der Cu-Ni-Erzkörper Nr. 4 der Levack-Mine, Sudbury, Kanada, als Beispiel für die charakteristische Bindung an Mulden (Sackungsterassen des Impaktkraters) im Nebengestein des Intrusivkomplexes (nach MORRISON 1984).

Erst in jüngster Zeit, nach der Entdeckung (1993) der Lagerstätte *Voisey's Bay* in Labrador/Kanada, wurden proterozoische Anorthosit-Komplexe als Muttergesteine für magmatische Ni-Cu-Co-Sulfiderze erkannt. Die Erze von Voisey's Bay liegen in Zufuhrspalten einer Troctolit-Intrusion. Anders als in Sudbury ist die Platznahme der Sulfide nicht durch Schweresaigerung zu erklären, sondern durch die Strömungsdynamik des Magmas. Fallen waren durch die Morphologie der Fließwege bedingt. Die Erst-Segregation der Sulfidschmelze wird in größerer Tiefe vermutet. Es gibt disseminierte Sulfide, vererzte intrusive Brekzien und massige Sulfidlinsen. Erzminerale sind Pyrrhotin, Pentlandit, Chalkopyrit, Cubanit und Magnetit. Die Gesamtressourcen liegen bei 137 Mt mit 1,59% Ni, 0,85% Cu und 0,09% Co (Naldrett & Li 2000).

Die westaustralischen Nickelsulfid-Lagerstätten sind an komatiitische Vulkanite und an gang- bis plattenförmige Dunitintrusionen archaischer Grüngesteinsgürtel des Yilgarn-Nucleus gebunden. Bei *Kambalda* liegt eine mächtige Abfolge ultrabasischer Laven und geringmächtiger vulkanogener Sedimente vor, die in mehrere Zyklen unterteilt wird. Die Gesteine sind stark deformiert und durch Metamorphose in Amphibolitfazies betroffen. Einige Zehner Meter mächtige Komatiitströme der tieferen Zyklen führen an ihrer Basis mehrere Meter mächtige massige Ni-Fe-Sulfide. Gegen das Hangende gibt es in dunitischer Matrix disseminiertes Erz (Abb. 2). Bisherige Produktion und verbleibende Ressourcen liegen bei rund 25 Mt mit 3,3% Ni sowie verwertbaren Gehalten von Cu, Co und Platinmetallen.

Die Bildung dieser Erze wird durch folgende Prozesse erklärt: Die rasch fließenden, heißen Komatiitlaven haben an ihrer Basis Fe-sulfidreiche Sedimente erodiert und assimiliert, wodurch so hohe Sulfidkonzentration bewirkt wurde, daß der Schwefel nicht mehr in der Schmelze gelöst werden konnte. Es bildeten sich Sulfidtröpfchen und zusammenhängende Schlieren von Sulfidschmelze. Durch den Kontakt mit der Silikatschmelze mußten Metalle mit einem hohen Verteilungskoeffizienten in die Fe-Sulfidschmelze transferiert werden, wobei die Effizienz dieses Vorganges durch weitere Parameter beeinflußt wird (z.B. durch das Massenverhältnis Silikatmagma/Sulfidschmelze, die reaktive Oberfläche der Sulfidschmelze, Fluiddynamik, etc.: Lesher & Campbell 1993). Dadurch wird u.a. verständlich, daß die höchsten Ni-Gehalte in den disseminierten Tröpfchenerzen („blebby ores") gefunden werden, während die massigen Sulfide geringere Gehalte an chalcophilen Elementen haben. Es muß betont werden, daß demnach die Komatiite bei Aufstieg und Extrusion weder besonders metallreich waren, noch hohe Schwefelgehalte hatten.

Liquidmagmatische Nickellagerstätten in stock- bis schlauchartigen, syn-orogenen Intrusionen von Peridotit, Pyroxenit und Norit gibt es in Finnland. Es handelt sich um eine über 400 km lange, schmale Zone im Svekokarelischen Orogen, die nach einer der Lagerstätten als *Kotalahti Ni-Gürtel* bezeichnet wird. Die Erze von Kotalahti wurden 1954 beim Straßenbau entdeckt. Es handelt sich um disseminierte und brekziöse Sulfide, überwiegend in ultramafischer Matrix. Der Lagerstätteninhalt war ca. 20 Mt Erz mit 0,7% Ni und 0,27% Cu. Ähnlich sind die Lagerstätten *Hitura* sowie *Petsamo* in Karelien, heute Rußland, sowie *Jinchuan*/China (Li et al. 2004). Vergleichbar *Voisey's Bay* (Kanada: Li & Naldrett 1999) können diese Lagerstätten eher den Zufuhrschloten mafischer Intrusionen zugeordnet werden.

Nickellaterite (s. dort) sind die Basis für rund 40% der Weltproduktion dieses Metalles. Die meisten Lagerstätten sind miozäner bis sub-rezenter Entstehung und liegen naturgemäß in tropischen bis sub-tropischen Breiten (Kuba, Neu-Kaledonien, Australien, Philippinen), doch gibt es auch mesozoische Vertreter dieser Gruppe (Ural, Albanien, Griechenland: Eliopoulos & Economou-Eliopoulos 2000).

Einen interessanten Lagerstättentyp stellen die sedimentären *Karst-Nickelerze* von Ostgriechenland (*Larymna und Euböa)* dar. Auf Kalken der Trias und des Jura liegt dort diskordant marine Oberkreide, welche an ihrer Basis ein Transgressionskonglomerat hat. Dieses besteht vorwiegend aus Fragmenten von Hämatit/Limonit, örtlich auch mit Serpentinit und Hornstein. Es handelt sich also eigentlich um Trümmereisenerzlagerstätten, an deren Basis Ni bis 6% angereichert ist. Nickelsilikate bilden dort Äderchen und Nester sowie Krusten auf dem Kalk, besonders in Karsttaschen. Das Konglomerat ist 5–10 m mächtig, die Ni-reiche Lage 1–2 m. Das Fördererz enthält 1,1–1,4% Ni. Die Entstehung dieser Lagerstätten beruht auf der Abtragung der Nickellateritdecken umliegender Ophiolithe und Ablagerung in küstennahen Buchten des Kreidemeeres. Später fand im Konglomerat deszendente Lösung und Wiederausfällung des Nickels an der neutralisierenden Kalkunterlage statt.

Die bergbaulichen *Nickelressourcen* werden weltweit auf 230 Mt Metall geschätzt, wovon mehr als 70% lateritische Nickelerze sind. Bei einer Jahresproduktion von 1,2 Mt Ni (2002) ist eine langfristige Versorgung gesichert. Die wichtigsten Nickelproduzenten sind Rußland, Australien, Kanada, Neukaledonien und Indonesien. Immense weitere Ressourcen stellen die Manganknollen der Tiefsee dar, vor allem im zentralen Pazifik, mit geschätzten 800 Mt Nickel und Gehalten von 25% Mn, 1,5% Ni, 1,5% Cu und 0,2% Co.

Bei der *Suche nach Nickellagerstätten* sind geochemische Methoden besonders effektiv, sowohl durch direkte Bestimmung der Ni-Gehalte in Böden und Gesteinen, wie auch durch petrologische Untersuchung der Nebengesteine. Die meisten westaustralischen Lagerstätten wurden durch ihre eisernen Hüte erkannt, ebenso aber auch noch 1993 anläßlich einer Diamant-Prospektion die große Ni-Cu-Co-Lagerstätte Voisey's Bay in Labrador, die im Jahre 2006 beginnend ca. 120.000 t Ni-Metall pro Jahr liefern soll. Zur detaillierten Erkundung anomaler Bereiche werden magnetische und geoelektrische Methoden eingesetzt. Bohrungen und Schürfe müssen in engem Abstand (ca. 30 m) angesetzt werden. Die tiefen Erzkörper in Sudbury werden heute mit speziell entwickelten Bohrloch-EM-Methoden aufgesucht, die einen Radius bis 300 m erfassen. Lateritische Ni-Lagerstätten werden vor allem durch geologische Methoden und Erkundungsbohrungen aufgesucht.

Kobalt

Erzminerale:

Kobaltglanz (Cobaltit)	CoAsS	35% Co	D = 6,3
Speiskobalt (Smaltit)	$CoAs_3$	24%	6,4
Kobaltnickelkiese (Linneit-Siegenit)	$(Co,Ni)_3S_4$	bis 58%	4,8–5,8
Asbolan (Erdkobalt)	Co-Mn-Oxyd	bis 15%	3–4
Kobaltblüte (Erythrin)	$Co_3(AsO_4)_2.8H_2O$	37%	3
Heterogenit	CoOOH	61%	2–4,5

Es gibt heute kaum Bergbau, der monometallische Kobalterze gewinnt. Das Metall wird mit wenigen Ausnahmen (Bou Azzer in Marokko) als Nebenprodukt produziert. Das Ausbringen ist generell ungünstig, nur 50 bis maximal 75% des Co im Fördererz können wirtschaftlich angereichert werden. Kobalt wird zur Legierung von Magnet- und Schnellarbeitsstahl verwendet, zum größeren Teil aber in der chemischen Industrie mit einer Vielzahl unterschiedlicher Produkte. Rasch steigend ist der Bedarf für die Produktion hochwertiger Li-Co-Batterien. Metallisches Reinstkobalt dient der Herstellung von Superlegierungen für Düsentriebwerke (35–40% der Weltproduktion). Seit über 4600 Jahren wird Kobalt für die Blaufarbenherstellung eingesetzt (Hawkins 2001).

Geochemisch verhält sich Kobalt ähnlich wie Nickel; beide Elemente sind chalcophil und für ultrabasische und basische Magmatite charakteristisch. Ultramafite erreichen mit 150 ppm die höchsten durchschnittlichen Gehalte. Allerdings ist Kobalt seltener als Nickel, im Durchschnitt der Erdkruste mit 24 ppm etwa im Verhältnis Co:Ni~1:2. Wegen der jeweiligen Ähnlichkeit der Ionenradien geht aber das Nickel (0,69Å) eher mit dem Magnesium (0,66Å), das Kobalt (0,72Å) mit dem zweiwertigen Eisen (0,74Å). Manganknollen, besonders aber die Fe-Mn-Krusten der Tiefseeböden, führen auch weit entfernt von den hydrothermal aktiven mittelozeanischen Rücken bis 1,2% Co. Dies wird auf Fixierung des im Meerwasser gelösten Co^{2+} durch Oxydation zu Co^{3+} zurückgeführt. Im Nahbereich der Hydrothermen erfolgt zwar auch Fällung, aber die weit überwiegenden Mengen von Fe und Mn verdünnen Co zu sehr niedrigen Gehalten.

Kobaltlagerstätten sind in der Regel polymetallisch, insbesondere mit Cu, Ni, Ag, Fe und selten U verbunden, wobei Kobalt typische Gehalte von 0,1–0,4% erreicht (SMITH 2001). Mit der Ausnahme liquidmagmatischer Sulfide (Sudbury/Kanada, Norils'k, etc.) handelt es sich fast immer um hydrothermale Bildungen. Dazu zählen epigenetische Gänge sowie die mit Ophioliten oder submarinen mafischen Vulkaniten assoziierten syngenetisch-exhalativen Erzkörper (Outukumpu, Idaho/USA: BENDING & SCALES 2001). Schichtgebundene Kupferlagerstätten in Zaire und Zambia führen bedeutende Mengen von Kobalt. Zunehmende Bedeutung erlangt die metallurgische Abtrennung des Co aus lateritischen Nickelerzen.

Als Haupterz wurde Kobalt früher fast ausschließlich in hydrothermalen Co-Ni-Ag-Fe-(Bi)-S-(U) *Ganglagerstätten* abgebaut.

Im *Cobalt District (Ontario, Canada)* werden archaische Grüngesteine und eine alt-proterozoische metamorphe Serie klastischer Sedimente, die „Cobalt series", vom flachlagernden Nipissing-Diabas-Sill mit einem Bildungsalter von 2217 Ma intrudiert. In allen drei lithologischen Einheiten sind nordweststreichende Klüfte und Störungen mit arsenidischen Fe-Co-Ni-Ag-Erzen und oft sehr reichen Adelszonen mit gediegen Silber ausgebildet. Dieses letztere war bisher aus wirtschaftlicher Sicht wichtiger als Kobalt, da Co aus den arsenidischen Erzen mit herkömmlicher Metallurgie nicht wirtschaftlich gewonnen werden konnte. Insgesamt hat das Revier 15.552 t Ag produziert. Ein neues hydrometallurgisches Verfahren (COBATEC) ist ab 1994 die Grundlage für eine Intensivierung der Kobaltgewinnung. Gangarten sind Dolomit, Kalzit und Rhodochrosit. Die Erzgänge sind annähernd vertikal und sehr geringmächtig (im Durchschnitt 5 cm), mit einer maximalen Vererzungsteufe von 100 m. Besonders reiche Vererzung ist an eine mächtigere Ausbildung der Cobalt-Serie gebunden. Die hydrothermalen Fluide waren einphasig und hochsalinar; die Vererzung erfolgte durch Mischung mit niedrigsalinaren Wässern bei 290–50°C und 480–350 Bar (MARSHALL et al. 1993). Die Quelle der zugeführten Elemente bleibt trotz eingehender geochemischer Untersuchungen weiterhin unklar. Vermutet wird ein Zusammenhang mit dem magmatischen System des Nipissing-Diabases, jedoch ohne direkte Ableitung aus dem Sill.

Sehr bekannt sind die karbonspätigen Ag-Co-Gänge von *Kongsberg/Norwegen,* die permisches Alter haben. Ebenso wie Kongsberg sind die Bergbaue der ehemals reichen Fahlbandlagerstätten von *Modum* in Südnorwegen seit langem eingestellt. *Fahlbänder* sind sulfidimprägnierte konkordante Lagen oder Linsen in Metamorphiten, die im Ausbiß eine charakteristisch rostbraune Farbe haben. In Süd-Norwegen liegen sie in mittel-proterozoischen sveko-karelischen Gneisen und Migmatiten. Wirtsgesteine sind Quarzite, Glimmerschiefer und Amphibolite. Die Fahlbänder haben eine maximale Länge im Streichen von über 11 km und bis zu 400 m Mächtigkeit. Abbauwürdige Kobaltgehalte sind nur lokal in graphitreichen Zonen vorhanden. Vermutet wird eine primär vulkanisch-exhalative, syngenetische Entstehung kobaltführender Sulfide, welche in der Folge durch hydrothermale oder metamorphe Prozesse zu Erzkörpern mit 0,1% Co und 0,35% Cu konzentriert wurden. Bemerkenswert ist die erhöhte Uranitführung der Kobalterze (ANDERSEN & GRORUD 1998).

Sehr große Bedeutung für die Welt-Kobalterzeugung hat der *zentralafrikanische Kupfergürtel* mit Lagerstätten in Zambia und Zaire (Shaba, Katanga). Sowohl die schichtgebundenen Kupfererze wie auch quergreifende Gänge mit Cu und oft U in jung-proterozoischen Sedimenten führen bis zu 0,5% Co, hauptsächlich als Linneit bzw. Carollit ($CuCo_2S_4$, ANNELS & SIMMONDS 1984). Das Kobalt und ein nicht unbedeutender Gehalt an Platinmetallen sind auch hier ein Hinweis auf basische Muttergesteine. Die Entstehung wird z.T. durch Beckenentwässerung bei gleichzeitig hohem Wärmefluß im Verlauf der Bildung rift-ähnlicher Strukturen erklärt, z.T. durch syn- bis postmetamorphe Fluide (siehe „Kupfer").

Zunehmende Kobaltproduktion stammt schließlich aus *lateritischen Ni-Co-Lagerstätten* (Australien, Philippinen, Neu-Kaledonien, Moa Bay/Kuba, u.a.). Das Nickelerz von Greenvale bei Townsville/Australien z.B. enthält neben 1,6% Ni einen gewinnbaren Anteil von 0,12% Co. Interessant ist die Kobaltführung mancher vulkanogen-exhalativer Pyritlager, z.B. des Outukumpu-Distriktes in Finnland oder der Kupfermine Kilembe (Kasese, Uganda) mit durchschnittlich 1,35% Co in Pyrit, welches durch bakterielle Laugung extrahiert wird. In den Ni-Cu-Erzen von Sudbury/Kanada ist Kobalt mit Gehalten von 0,15–0,22% ein Nebenprodukt, mit dem größten Anteil im

Pentlandit. In einer ferneren Zukunft wird möglicherweise das Kobalt der marinen Mangankrusten und -knollen wirtschaftliche Bedeutung gewinnen.

Rund 40% der Kobaltproduktion der Welt (2000 ca. 35.000 t) stammen aus Zaire und Zambia, mit einem wachsenden Anteil aus Biolaugung früherer Aufbereitungsabgänge. Kanada (Sudbury) ist der drittgrößte Produzent. Rund 40% der Kobalterzeugung sind ein Nebenprodukt des Nickelbergbaues und damit vom Markt des letztgenannten Metalles abhängig. Die Weltreserven werden mit rund 4 Mt Co angegeben.

Molybdän

Erzminerale:

Molybdänit (Molybdänglanz)	MoS_2	60% Mo	D = 4,7
Wulfenit (Gelbbleierz)	$PbMoO_4$	26	6,5–7,5
Powellit	$CaMoO_4$	48	4,2

Molybdänit ist weit überwiegend das wichtigste Erzmineral des Molybdänbergbaues. Röntgenamorphes MoS_2 wird *Jordisit* genannt. Auch Scheelit enthält oft signifikante Mo-Anteile. Molybdänit kann mit der Re-Os-Methode sehr exakt datiert werden, das System widersteht auch sehr hohen Temperaturen (z.B. Selby & Creaser 2001).

Molybdänit ist praktisch die einzige Quelle für das seltene Metall *Rhenium,* dessen Gehalt als ReS_2 in MoS_2 bis 1,9% betragen kann. Rhenium zeichnet sich durch hohe Dichte, elektrische Leitfähigkeit und mechanische Festigkeit bei hohen Temperaturen aus. Neben der Anwendung als Katalysator zur Gasolin-Produktion wird es zum größten Teil zur Herstellung hochtemperatur-resistenter Legierungen (z.B. Rotorblätter für Jetantriebe) verwendet. Der bisher einzige Fund eines makroskopischen Rheniumminerals stammt aus Sublimaten eines 910°C heißen Fumarolen-Jets in einem Vulkankrater auf den Kurilen-Inseln (Korzhinsky et al. 1994), welche neben Rheniumsulfid auch Molybdänit, Halit, Sylvin und Magnetit enthalten.

Die Bauwürdigkeitsgrenze beträgt etwa 0,3% MoS_2 im Erz; bei großen Lagerstätten kann sie noch tiefer liegen. Etwa 75% der Molybdänproduktion ist ein Nebenprodukt aus porphyrischen Kupferlagerstätten, in welchen noch geringere Mo-Gehalte gewonnen werden. Mehr als drei Viertel der Molybdänproduktion werden zur Stahlveredelung verbraucht. Legierung mit maximal 16% Mo macht Stahl hitzefest sowie resistent gegen starke Säuren, welche zum Beispiel in Kohlenwasserstoffbohrungen oder bei der Rauchgasentschwefelung von Kohlekraftwerken anfallen. Auch gewöhnlicher rostfreier Stahl enthält rund 1% Mo. In der chemischen Industrie wird Mo als Katalysator und Schmiermittel sowie für Pigmente und Glasuren verwendet.

Geochemische Charakteristik: Das geochemische Verhalten des Molybdäns ist chalcophil-siderophil, angereichert wird es aber fast ausschließlich im hydrothermalen Gefolge saurer Magmatite. Die höchsten Durchschnittsgehalte haben basische Magmatite (1,4 ppm) und Granite (1 ppm). In magmatischen Gesteinen wird Mo in Magnetit, Titanit und Ilmenit (bis 500 ppm), in Biotit und Amphibolen, aber auch in Feldspäten diadoch aufgenommen, doch nur dann, wenn der Schwefelgehalt sehr niedrig ist. Im anderen Falle wird disseminierter MoS_2 gebildet. In den meisten endogenen Gesteinen liegt Mo 4-wertig, mit chalcophilem Charakter und damit relativ immobil vor. Hydrothermale Lösungen führen Mo vermutlich als Molybdänsäuren (H_2MoO_4) oder als Molybdat-Komplexe, dem Wolfram vergleichbar.

Der *Clarke-Wert* (Krustendurchschnitt) von Mo liegt bei 1,1 ppm; damit ist Molybdän seltener als U, Th, Sc oder viele der Seltenen Erden. Die meisten Sedimente enthalten sehr wenig Molybdän. Da es jedoch zu den biologisch essentiellen Spurenelementen zählt, ist es in organischer Substanz

(Kohle, Öl, Kerogen, Graphit) angereichert. Im Meerwasser ist Mo in Form des stabilen Molybdat-Anions MoO_4^{2-} gelöst, wird jedoch unter euxinischen Verhältnissen durch H_2S ausgefällt. Deshalb führen die meisten Schwarzschiefer bis 150 ppm Mo. Die stabilen Mo-Isotope werden gleichzeitig deutlich fraktioniert (Arnold et al. 2004).

Das Molybdän der Sedimente wird durch Verwitterung angeliefert, wobei es zu sehr mobilem, eher lithophilem Mo^{6+} oxydiert wird. Das dabei gebildete Molybdat-Ion MoO_4^{2-} wird von Fe-Mn-Al-Hydroxyden (z.B. den Manganknollen der Tiefsee), aber auch von den Kationen Pb (Wulfenitbildung), Cu, Ca, UO_2, Bi und Co sowie natürlich durch Sulfid-Schwefel (Jordisitbildung) und schließlich biochemisch in Enzymen der meisten Lebewesen fixiert. Molybdänglanz geht bei Verwitterung in gelben, zerreiblichen Molybdänocker oder bläulichen Ilsemannit über, welche leicht löslich sind, so daß die Oxydationszone von Molybdänlagerstätten verarmt sein kann. Trotzdem sind Böden und Pflanzen i.A. brauchbare geochemische Probemedien zur Suche nach verborgenen Lagerstätten.

Molybdänlagerstätten treten fast ausschließlich im hydrothermalen Gefolge monzonitischer und granitischer Magmen auf. Mit ersteren sind die Cu-Mo-Porphyre Chiles und der USA (Bingham/Utah, Butte/Montana, u.a.) verbunden, die hier nicht weiter behandelt werden sollen, da Mo in diesem Fall ein Nebenprodukt der Kupfererzeugung ist. Molybdänlagerstätten *sensu stricto* können nach der Form eingeteilt werden (Stockwerke – Imprägnationen – Skarne – Gänge), oder nach der Bildungstiefe (plutonisch – subvulkanisch) und der Lage der Erzkörper zur Intrusion (Exo-/ Endokontakt), sowie schließlich nach der Natur der kogenetischen Granitoide (ozeanische bzw. kontinentale alkalische Rift-Granite und subduktionsgebundene kalk-alkalische Granite). Der Produktion nach klein, jedoch wissenschaftlich sehr interessant, sind die 1971 entdeckten Molybdänlagerstätten Chinas in kambrischen Schwarzschiefern bis Algenkohlen. Es handelt sich um 5–15 cm mächtige sulfidreiche Flöze, die bei Gehalten von 4% Mo mit 4% Ni, 2% Zn sowie etwas Au, Ag und PGM abgebaut werden. Eine Entstehung durch synsedimentäre Exhalation wird erwogen (Coveney & Nansheng 1991). Lehmann et al. (2003) vertreten dagegen eine Bildung durch Präzipitation aus Meerwasser ähnlich den Mangankrusten der Tiefsee, ganz ohne eine Verbindung zu submarinen Hydrothermen. Auch manche *Uranerze* des Sandsteintyps führen Molybdänglanz als Nebenprodukt; so liefern z.B. die Lagerstätten bei Akouta/Nigerien jährlich rund 400 t Mo.

Einmalig ist der Einblick in die Quellregion Mo-fertiler Magmen im Rogaland, Norwegen (Bingen & Stein 2003). Hier wurde disseminierter Molybdänit und Wolframit in felsischen Mobilisaten abgebaut, welche durch Aufschmelzen während einer svekonorwegischen Granulitmetamorphose entstanden sind. Für die typischen ***Molybdänporphyre*** (z.B. Climax, USA) wird die folgende Entwicklung vermutet: Die Magmen stammen aus geochemisch anomalem, durch langanhaltende Subduktion angereichertem Mantel, so daß sie vermutlich bereits beim Aufschmelzen erhöhte Spurengehalte von K, Rb, Nb, Sn, W, Mo und F aufnehmen. Während des Aufsteigens in der Kruste und im batholitischen Niveau kommt es durch Fraktionierung zur Bildung wasserreicher Teilschmelzen mit extrem hohem SiO_2-Gehalt (ca. 75%) und reichlich Fluor, welche für Mo-lagerstättenbildende Systeme typisch sind. Kinetische Faktoren dürften dafür verantwortlich sein, daß diese Magmen trotz ihrer Wassersättigung bis in subvulkanische Bereiche intrudieren können. Durch die druckabfallbedingte Freisetzung der volatilen Phasen wird der Aufstieg von einem Aufschäumen des Magmas begleitet, wobei die Fluidblasen über 50 Vol.% Anteil erlangen können. Unter diesen Bedingungen ist kräftige Konvektion der Schmelze möglich, wodurch der Fluidinhalt großer Magmamengen in Oberflächennähe transportiert wird, während entgastes Magma wieder in die Tiefe absinkt (Shinohara et al. 1995). Die halogenreichen Fluide konzentrieren sehr effektiv sowohl Mo wie auch andere Spurenelemente der Schmelze. Die entmischten Fluide entweichen nach oben, wo von 600–400°C Quarz und Molybdänit ausgeschieden werden, oft unter gleichzeitigem Aufsieden der Fluide. Der hohe K-Anteil der Lösungen erzeugt die typische begleitende K-Metasomatose der großen Molybdänlagerstätten. Die überwiegend magmatische Ableitung der erzbringenden Fluide ist durch Pb-, O- und S-Isotopenuntersuchungen belegt. In der kanadischen Lagerstätte Endako dagegen ist eine frühe Mitwirkung meteorischer Wässer nachweisbar (Selby et al. 2000).

Die größte Molybdänlagerstätte der Erde war *Climax/Colorado,* 20 km nordöstlich von Leadville gelegen, mit ursprünglichen Reserven von 500 Mt Erz, das 0,25% Mo sowie etwas Zinn und Wolfram enthielt. Präkambrische Gneise und Granite werden hier durch eine N/S-streichende Verwerfung gegen karbonische Sedimente abgesetzt; es ist das eine der tiefreichenden Strukturen in der Randzone des Colorado-Plateaus. In das Präkambrium der Hochscholle sind nahe der Verwerfung an derselben Stelle im Tertiär (33–24 Ma) knapp nacheinander mindestens elf rhyolitische Stöcke intrudiert, unter denen zwei von haubenartigen Mineralisations- und Alterationszonen umgeben sind. Im Grundriß sind diese Zonen deshalb fast kreisförmig. Innen liegt jeweils eine Zone starker Verkieselung, nach außen/oben folgt die Erzzone mit einem Stockwerk von molybdänitführenden Quarzgängchen sowie Kalifeldspat, Biotit, Fluorit, Topas, Pyrit, Magnetit und distal mehr Huebnerit. Noch weiter außen folgen Serizitisierung, Vertonung und Propylitisierung. Die höchsten Teile der Intrusionen enthalten z.T. Stockscheider-ähnliche Strukturen, mit rhytmischer Bänderung aus Apliten und pegmatitischem Quarz und K-Feldspat (Abb. 66).

Climax lieferte lange einen großen Teil der Welt-Mo-Produktion. Geringe Reserven und durch Tiefbau steigende Kosten veranlaßten die Schließung des Bergbaues. Vorausschauende Prospektion führte aber zur Entdekkung mehrerer ähnlicher Lagerstätten (Henderson, Mt. Emmons-Redwell, ebenfalls in Colorado), die geologisch vergleichbar, doch bergwirtschaftlich günstiger sind.

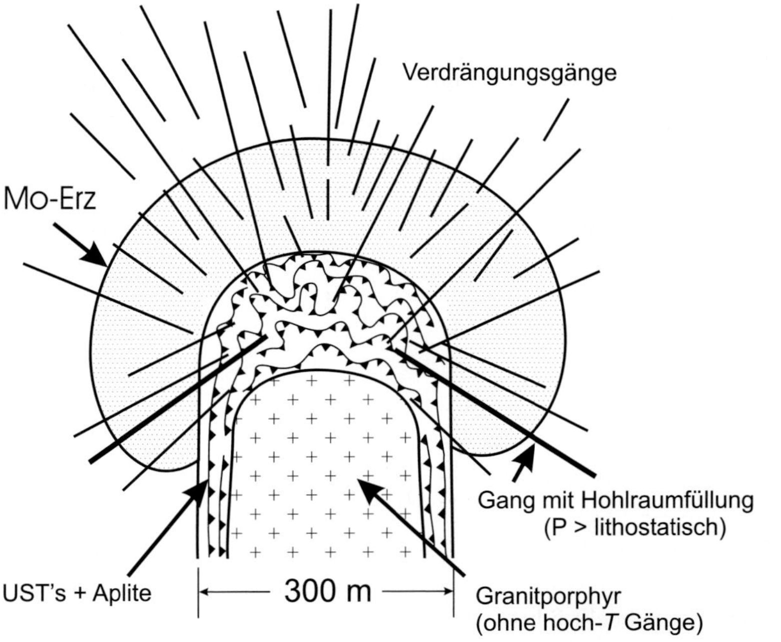

Abb. 66. Schematisches Profil einer Molybdän-Porphyrlagerstätte vom Typ Climax/Colorado (nach Shinohara et al. 1995).

Der zentrale Granitporphyr ist seitlich und oben durch Bänder von Stockscheiderpegmatit (UST's = unidirectional solidification textures) und Aplit umgeben, welche die Kristallisation des Magmas von außen nach innen reflektieren. Aus dieser Zone entwickeln sich nach oben, also überwiegend im Dach, radiale Verdrängungsgänge. Selten sind konzentrische Gänge, welche durch Füllung offener Hohlräume Fluidüberdruck belegen. Die Mo-Vererzung (grau) liegt haubenförmig über dem Granitstock.

Mo-Porphyre sind in vieler Hinsicht mit den Cu-Mo-Porphyren eng verwandt; trotzdem bestehen deutliche Unterschiede: Sie sind i.A. jünger (mittleres Tertiär), und werden deshalb nicht mit aktiver Subduktion, sondern mit nachfolgender Entspannung und beginnender Dehnung der Kruste in Zusammenhang gebracht. Der Charakter der Magmen entspricht eher dem A-Typ als dem I-Typ wie bei Cu-Porphyren. Sie sind also alkalireicher, aber auch deutlich saurer. Es gibt auch kaum Übergänge zwischen Cu-Mo-Porphyren und Mo-(W)-Porphyren des Climax-Typs, wenn man die Metallinhalte vergleicht.

Weitere porphyrische Molybdänlagerstätten gibt es in Kanada, in Ostgrönland (Mestersvig), in Zusammenhang mit den Banatiten des Balkans, sowie in China (Stein et al. 1997). Vergleichbar sind wohl auch Mo-Vorkommen in subvulkanischen und plutonischen Magmatiten im permischen Oslo-Rift.

Die wichtigsten europäischen Mo-Bergbaue lagen im Egersund-Distrikt SW-Norwegens; der größte darunter war die *Knabengrube.* Spät- bis posttektonische svekonorwegische Granite intrudieren dort mittelpräkambrische (Regionalmetamorphose 1030–973 Ma) Granulite, Gneise und Schiefer des Telemark Gneiskomplexes. Eine große Fahlbandscholle (6 km lang, bis 1 km breit) mit Amphiboliten und stratiformen, disseminierten Sulfiden enthält zahlreiche Mo-führende Aplite, Pegmatite, Quarzgänge und Mo-Disseminationen. Neben Molybdänit enthalten die Quarzgänge Pyrit, Kupferkies, Magnetkies, Kalzit, Fluorit und Muscovit. Mehrere Bergbaue haben von 1885 bis 1972 insgesamt 18.800 t MoS_2 erzeugt. Es verbleiben Reserven von 2,5 Mt mit durchschnittlich 0,15% MoS_2, welche aber auf lange Sicht nicht wirtschaftlich gewonnen werden können. Die Entstehung dieser Lagerstätten ist vermutlich durch metamorphe Mobilisation während eines granulitfaziellen Aufschmelzens zu erklären (Bingen & Stein 2003). Metallogenetisch bemerkenswert ist die Rekurrenz der Mo-Vererzung SW-Norwegens in den bereits erwähnten permischen Vorkommen, welche an Magmatite des Oslo-Grabens gebunden sind. Abbau fand aber überwiegend nur in Kriegszeiten statt.

Die *Hauptförderländer* von Molybdän (2002 ca. 130.000 t) sind Chile, USA und China. Es besteht seit langem eine bergbauliche Überkapazität, da der überwiegende Teil der Mo-Produktion vom Kupfermarkt abhängt, indem das Metall bei erhöhter Cu-Produktion als Nebenprodukt in größeren Mengen mitanfällt. Diese Faktoren, und schließlich auch die Wiederverwertung verbrauchter Mo-Katalysatoren der Erdölverarbeitung drücken die Preise. Wo dennoch *Prospektion* auf Molybdän betrieben wird, ist die Vorgangsweise jener der Suche nach Kupferporphyren sehr ähnlich, wobei auf der Grundlage geologischer Modelle geochemische und geophysikalische Methoden eingesetzt werden.

Wolfram

Erzminerale:

Wolframit	(Fe, Mn)WO_4	ca. 75% WO_3	D = 7,0–7,5
Scheelit	$CaWO_4$	bis 80%	5,9–6,1

Das eisenreiche Endglied der Wolframit-Mischungsreihe ist Ferberit (0–20% Mn), das manganreiche Hübnerit (80–100% Mn). Wolframite enthalten oft Spuren von Ca, Mg, Nb, Ta und Zn; Hübnerit auch Y, Ferberit Sc. Scheelit führt vor allem oft etwas Mo, wodurch die charakteristische blaue Fluoreszenz des reinen Minerals unter kurzwelligem UV-Licht in gelbe Farben übergeht. Oft verdrängt Scheelit früher gebildeten Wolframit. Seltener ist Ferberit nach Scheelit (Zentralafrika) – solche Pseudomorphosen werden Reinit genannt. Wolframminerale verwittern zu gelblichem Ocker, der aus Ferritungstit und Tungstit ($WO_3.H_2O$) besteht. Meist aber sind sie unter Oberflächenbedingungen recht beständig, so daß eluviale und kolluviale Seifen entstehen können. Gegen mechanische Beanspruchung sind Wolframit und Scheelit weniger widerstandsfähig, weshalb alluviale Seifen selten sind. In manchen Bergbaudistrikten (Erzgebirge, Cornwall) wurde eine Zunahme des Ferberitanteils im Wolframit mit fallender Bildungstemperatur festgestellt, was theoretischen Phasenbeziehungen bei konstanter Zusammensetzung der Lösungen entspricht. Da aber auch konträre Fälle bekannt wurden (Kara Oba, GUS), sind offenbar unterschiedliche Aktivität von Fe und Mn sowie die pH-Bedingungen kontrollierend, so daß sich Wolframite nicht allgemein als Geothermometer (oder Geobarometer) eignen.

Wolframerze werden in Gängen etwa ab 0,7% WO_3 abgebaut, große Erzkörper untertage ab 0,3%, im Tagbau sogar 0,1% (*Mt. Carbine*, Australien). Wolfram unterliegt allerdings sehr großen Preisschwankungen, so daß diese Bauwürdigkeitsgrenzen nur über längere Zeiträume gelten. Wolfram gilt als strategisches Metall. Seine Hauptverwendung liegt als Wolframkarbid in der Metallbearbeitung und der Herstellung von Schneide- und Bohrwerkzeugen, sowie wegen des hohen Schmelzpunktes (3387°C) des Metalles in der Elektroindustrie.

Der ***geochemische Charakter*** von Wolfram ist z.T. siderophil (durchschnittlich 1,24 ppm W in Eisenmeteoriten), doch vor allem lithophil: 2 ppm in Granit und Sedimenten, 0,5–1 ppm in basischen, 0,1–0,8 ppm in ultrabasischen Magmatiten. Wie viele Schwermetalle ist auch W in Schwarzschiefern angereichert. In Granitoiden findet sich Wolfram vorwiegend in Fe-Ti-Spinell, Glimmer und gelegentlich auch Feldspat geochemisch verborgen. Erhöhte W-Gehalte haben Nb-Ta-Minerale sowie vor allem viele hydrothermale Manganerze und die Manganknollen der Ozeanböden (Kunzendorf & Glasby 1992). Selten sind W-reiche eiserne Hüte („Gossans“), wie etwa jener der Lagerstätte *Fenglin* (Jiangxi/China), wo in Hämatit über einem stratiformen Ferberit-Pyrit-Cu-Erzkörper bis 1,5% W auftreten.

Genetisch interessant sind hohe Wolframgehalte in rezenten hydrothermalen Mangan- und Goethit-Sintern bei Golgonda und Sodaville, Nevada/USA. In den Laugen der intramontanen Evaporite von Searles Lake, Kalifornien, welche ihres Lithium- und Borgehaltes wegen ausgebeutet werden, ist W mit 70 ppm enthalten. Beckensedimente im Ochotskischen Meer führen bis 50 ppm W. Dies sind Hinweise darauf, daß Wolfram in Playasee-Sedimenten vulkanischer Provinzen auch stratiform lagerstättenbildend auftreten könnte bzw. auf eine ursprünglich vulkanisch-hydrothermale Abkunft des mit anatektischen Graniten verbundenen Wolframs.

In einem reduzierten, kristallisierenden Magma verhält sich Wolfram inkompatibel und wird deshalb in einer sich abscheidenden fluiden Phase angereichert (1–1.000 ppm). Transportiert wird Wolfram bevorzugt in Form von Wolframsäuren (z.B. HWO_4^-, H_2WO_4) oder Tungstaten (WO_4^{2-}) in mäßig sauren Lösungen (Wood & Samson 2000). Ausfällung (bei 500–200°C) durch Neutralisierung im Kontakt mit Karbonaten oder Ca-Plagioklasreichen Gesteinen ist deshalb häufig. Lagerstättenbildende Fluide enthalten neben Wasser und mäßigen NaCl-Gehalten (0–15%, selten bis 55%) auch etwas CO_2 (sowie N_2, CH_4). Die Löslichkeit von W steigt mit Druck und Temperatur, mit zunehmend saurem pH, mit niedrigen Ca-Fe-Mn-Aktivitäten und mit der Salinität (vor allem Cl) der Fluide. Inverse Verhältnisse kontrollieren die Präzipitation, wobei für die Bildung von Scheelit Reaktion mit kalziumreichen Gesteinen oder Lösungen besonders wirksam ist.

Wolframlagerstätten werden fast ausschließlich im hydrothermalen Gefolge granitoider Intrusionen gebildet. In den apikalen Teilen von Intrusionen gibt es Sn-W-Greisen (Erzgebirge) und die porphyrischen W-Lagerstätten mit Bi, Mo, und Sn. Wirtschaftlich bedeutend sind ferner Wolframit-Quarzgänge (Abb. 9, 23), Stockwerke und Brekzienschläuche im perimagmatischen Bereich sowie Scheelit-Skarnlagerstätten im Kontakthof mit Karbonaten (Abb. 12) oder basisch-ultrabasischen Magmatiten. Selten und von geringer wirtschaftlicher Bedeutung sind epithermale Wolframlagerstätten.

Allgemein ist die metallogenetische Assoziation von W und Sn (Erzgebirge, Cornwall: Abb. 25, Zentralafrika: Abb. 10), doch gibt es auch zinnarme Wolfram-Provinzen (westliches Nordamerika).

W und Sn gemeinsam erscheinen im Gefolge von A- und S-Typ-Graniten. I-Typ-Granitoide sind fast immer ohne Zinn, obwohl viele große W-Lagerstätten an solche Intrusionen gebunden sind. Trotz der klaren Bindung an granitoide Intrusionen haben Isotopenuntersuchungen ergeben, daß magmatische Fluide oft nur im Frühstadium überwiegen; häufig ist eine spätere Überprägung durch niedrig-temperierte meteorische Wässer. Untersuchungen stabiler Isotopen belegen jedoch Erzbildung durch Wässer magmatischer Herkunft (z.B. ZAW & SINGOYI 2000).

Die größten Wolfram- und Zinnressourcen der Erde liegen in einer ***W-Sn-F-U-Nb-Ta-SEE- und Cu-Mo-Provinz in Ostasien,*** welche als Teil des zircum-pazifischen metallogenetischen Systems aufgefaßt wird. Tausende bedeutender Wolframlagerstätten bilden einen breiten Gürtel, der von Kamtschatka über Korea, Japan, Ost-China und Malaysia bis nach Sumatra reicht. Besonders reich vererzt sind die chinesischen Provinzen *Jiangxi und Hunan,* weshalb China heute weltweit den Wolframmarkt kontrolliert. Alle bekannten Typen von Wolframlagerstätten sind dort vorhanden. Wirtschaftlich besonders wichtig sind Skarne (unter anderem jene der größten Scheelitlagerstätte der Welt: *Shizhuyuan in Süd-Hunan* mit über 1 Million Tonnen W sowie 500.000 t Sn, 300.000 t Bi, 130.000 t Mo und 200.000 t Be: HUAN-ZHANG et al. 2003), W-Porphyre und Wolframit-Quarzgänge. Die meisten großen Lagerstätten sind an sub-vulkanische oder intrusive yanshanische (mesozoisch bis altertiäre) Granitoide gebunden, die paläozoische bis mesozoische Sedimente und Vulkanite intrudieren. Die Granitoide sind vom S- oder I-Typ, wobei letztere eine mehr sulfidbetonte Mineralisation erzeugen. Die paläozoischen vulkanosedimentären Serien führen in bestimmten Horizonten stark erhöhte Metallspurengehalte und werden deshalb z.T. als „Source Beds" gedeutet. Sogar Basalte haben hier mehrfache Clarke-Gehalte, weshalb manche chinesische Autoren Anomalien im unterlagernden Mantel annehmen. Dies ist auch deshalb wahrscheinlich, weil die yanshanischen Granite nach der mitteltriadischen (indosinischen) Verschweißung älterer Mikrokontinente intrudiert sind und nach Isotopendaten ebenso wie die mit ihnen verbundenen Metalle aus einem LIL-angereicherten Mantel und aus der alten Unterkruste stammen (PAN & DONG 1999).

Die Wolframvorkommen in ***Europa*** gehören der variszischen Epoche an. Ehemals bedeutende Lagerstätten gab es sowohl in der saxo-thuringischen Zone des Nordstammes der Varisziden (Erzgebirge, Cornwall, Portugal), als auch im Südstamm (Pyrenäen, französisches Zentralmassif, Ostalpen). Nur wenige Lagerstätten sind heute noch in Abbau. Alle diese Vorkommen und Lagerstätten sind an karbonisch-permische Granite gebunden.

Die Scheelitlagerstätte im *Felbertal* bei Mittersill (Salzburg) liegt in der kambrischen Habach-Formation, die aus ultrabasischen, ophiolithischen Scherkörpern sowie basischen bis sauren Vulkaniten, sub-vulkanischen Intrusionen und Sedimenten eines primitiven Inselbogens besteht. Im Westteil der Lagerstätte werden diese Gesteine von variszischen I-Typ-Leukograniten („K1-3 Gneise") intrudiert, welche am Kontakt z.T. eine pegmatitische Randfazies mit großen Scheelitkristallen, Beryll, Molybdänit etc. zeigen, ganz vergleichbar den erzgebirgischen Randpegmatiten. Die basaltischen und gabbroiden Nebengesteine sind im Kontaktbereich teilweise in Biotitschiefer und -gneise umgewandelt. Kräftige variszische und alpidische Deformation sowie Amphibolitfazies-Metamorphose um 280 und 30 Ma („Tauernkristallisation") erschweren allerdings die Rekonstruktion der Intrusion und ihrer Kontakterscheinungen. Die Erzkörper sind im Westfeld stockwerkartig und bestehen aus einer Vielzahl meist geringmächtiger, gefalteter Scheelit-Quarz Gänge mit begleitenden Sulfiden (Cu, Mo, Bi, Zn, Pb, As etc.), Kassiterit, sowie Spuren von Au und Ag. Im Ostfeld waren die Erze z.T. große Linsen feinkörniger Quarzite mit einer Bänderung durch schmale Scheelitlagen, die der eigentliche Anlaß für die ursprüngliche Deutung als synsedimentäre Exhalite war. Diese Scheelitquarzite werden heute als überprägte, hydrothermale Hohlraumfüllung aufgefaßt (HÖLL & EICHHORN 2000). Das Ostfeld ist mittlerweile ausgeerzt und stillgelegt, im Westfeld werden untertage Erze mit durchschnittlich 0,5% WO_3 abgebaut. Die Jahresproduktion liegt bei rund 500.000 t Roherz bzw. 1800 t Scheelitkonzentrat (40% WO_3). Die Genese der Lagerstätte wird zuletzt auf hochdifferenzierte kambrische, nur z.T. auf die variszischen Granite zurückgeführt (HÖLL & EICHHORN 2000). Eine solche zeitlich weit gespannte, doppelte granitabgeleitete Vererzung erscheint problematisch. Infolge des „metamorphen Schleiers“, der auch die Erze remobilisiert hat, bleibt die Frage vorerst ungelöst.

In den französischen Pyrenäen liegt die mittlerweile stillgelegte Scheelit-Skarnlagerstätte *Salau* (Ariege). Ähnlich sind die nordamerikanischen „Taktit“ (=Skarn) Lagerstätten (z.B. *CanTung*/ Kanada, Abb. 12) sowie King Island/Tasmanien.

Ein weiterer europäischer Wolframproduzent ist Portugal, wo über 100 meist kleine Lagerstätten in den Randzonen variszischer Granitkuppeln liegen. Vor allem bedeutend ist *Panasqueira* im Nordosten des Landes, mit nahezu horizontalen Quarz-Wolframitgängen im Dach und Apex eines Biotit-Muskovit-Granites.

Die Nebengesteine sind sandige Metapelite und Grauwacken. Im unmittelbaren Lagerstättenbereich bildet der Granit eine kleine Kuppel, die aus Quarz-Muskovitgreisen mit einer Quarzkappe besteht. Die Gänge enthalten neben Quarz und Wolframit auch Zinnstein und Arsenkies, weiter Sulfide von Fe, Zn, Cu, Sn sowie Apatit, Siderit, Ca-Mg-Karbonate und Fluorit Die Abscheidungsfolge entspricht etwa dieser Reihe. Die Nebengesteine sind an den Gängen verkieselt, serizitisiert und turmalinisiert. Aus der Lage der Gänge muß man schließen, daß die Fluide hier zumindest zeitweilig unter höherem Druck standen, als der Auflast der Dachgesteine entsprach ($P_{Fluid} > P_{lithostatisch}$). Die Mine produziert jährlich etwa 2500 t Wolframitkonzentrat, 100 t Zinnkonzentrat und 1000 t Kupferkies.

In den bolivianischen Anden liegen zwischen La Paz und Oruro zahlreiche Quarzgänge und Turmalin-Brekzienschläuche mit Ferberit, Scheelit, Antimonglanz und anderen Sulfiden. Sie sind von mesozoischen und tertiären Monzoniten und Granodioriten abgeleitet.

Bei der *Suche nach Wolframlagerstätten* stehen geologische und geochemische Methoden im Vordergrund. Weltweit hat die Verwendung der tragbaren UV-Lampe zur Scheelitsuche im Aufschluß und vor allem in Alluvionen zu vielen Neufunden geführt. Die Wolframpreise sind allerdings eher niedrig, weshalb kaum Prospektion stattfindet und viele Bergbaue schließen mußten (z.B. Salau).

Die größten *Produzenten* von Wolfram sind China (2001 ca. 88% der Weltproduktion von rund 45.000 t), Kanada, Österreich und Portugal mit abnehmender Menge in derselben Reihenfolge. Die Ressourcenbasis allerdings zeigt eine andere Abfolge: China, Kanada, GUS, USA, Australien und Bolivien.

Vanadium

Erzminerale:

		% V_2O_5
Coulsonit (in Vanado-Magnetit)	FeV_2O_4	
Montroseit	VOOH	
Carnotit	$K_2((UO_2)_2 / V_2O_8) \cdot 3H_2O$	20
Tujamunit	$Ca((UO_2)_2 / V_2O_8) \cdot 5\text{-}8H_2O$	20
Vanadinit	$Pb_5(Cl / (VO_4)_3)$	19

Die Bauwürdigkeitsgrenze eigentlicher Vanadiumerze liegt bei 1% V. Da dieses Metall jedoch fast ausschließlich als Beiprodukt von Eisenerzen abgebaut wird, sind bereits Gehalte ab 0,02% V wirtschaftlich interessant. Das wichtigste V-Erz ist Coulsonit. Dieser ist als Erzmineral äußerst selten, findet sich aber häufig als eine Komponente von Ti-V-Magnetit, wobei die V-Gehalte der Fördererze großer Lagerstätten 2,8% erreichen können. Montroseit, Carnotit und Tujamunit sind Minerale der Uranlagerstätten vom Typ des Colorado Plateaus, wobei das Interesse überwiegend der Urangewinnung gilt. Vanadinit ist hier stellvertretend für viele ähnliche Minerale der Oxydationszone mancher Pb-Zn-Cu-Lagerstätten genannt, welche aber heute kaum mehr als bergbauliche Erze zur Verfügung stehen. Auch Patronit (VS_4) hat jede Bedeutung verloren; abgebaut wurde er früher in Asphaltausbissen bei *Minasraga/Peru.*

Die *Verwendung* des Vanadiums liegt vor allem (>85%) in Stahllegierungen für den Bau von Rohrleitungen, Druckkesseln, Brücken und Werkzeugen. Das dem Stahl zugesetzte Vanadium reagiert mit C und N durch Bildung kleiner Körner von Carbiden und Nitriden, welche dem Endprodukt bestimmte günstige Eigenschaften verleihen. Ti-Al-V-Legierungen werden im Flugzeugbau eingesetzt, Vanadiumkatalysatoren braucht man bei der Schwefelsäureproduktion.

Der ***geochemische Charakter*** des Vanadiums kann als siderophil und biophil bezeichnet werden. Natürliche V-Verbindungen haben drei-, vier- oder fünfwertiges Vanadium. Im magmatischen Bereich wird V^{3+} bevorzugt in Magnetit, Titanminerale und Chromit, in geringerem Maße in mafische Silikate eingebaut. Aus diesem Grund sinken die durchschnittlichen V-Gehalte von Mafiten (200 ppm) zu Graniten (15 ppm) stark ab. Besonders angereichert ist V in den liquidmagmatischen Magnetiterzen, ohne aber jemals eigene Minerale zu bilden. Da somit Vanadium in Mineralen der Frühausscheidung abgefangen wird, führen Pegmatite und hydrothermale Restlösungen äußerst selten Vanadium. Ausnahmen sind manche basische Pegmatite und durch Cr+V grüngefärbter Beryll, also Smaragd. Bei vielen Smaragdvorkommen dürfte allerdings Laugung bituminöser Nebengesteine vorliegen.

Die *Verwitterung* primärer Minerale mit V-Gehalten setzt dieses frei. In humidem Klima (bei eher sauren Bodenlösungen) ist V wenig löslich und wird ohne Konzentration mechanisch umgelagert. In sauerstoffreichen, alkalischen Wässern arider Klimabereiche aber werden V^{5+} oder V^{4+} als Vanadat-Oxyanion oder Vanadyl-Ion bis zu einigen 100 ppm gelöst und können weit transportiert werden (Wanty & Goldhaber 1992). Ausfällung erfolgt wie bei Uran durch Reduktion (besonders an organischer Substanz), durch Schwermetallkationen (Pb, Zn, Cu), durch UO_2^{2+} Ionen (Carnotit, z.B. Yelirrie/Australien) oder durch Einbau bzw. Adsorption an Eisen- und Aluminiumhydroxyden (Bauxite).

Sedimente führen im allgemeinen geringe V-Gehalte. Deutlich erhöht sind diese aber in bituminösen Gesteinen (Kupferschiefer, schwedischer Alaunschiefer), in sedimentären Eisen- und Manganerzen, in Bauxit, in Phosphoriten und in Eisenoxydpräzipitaten sowie in den Manganknollen der Tiefsee. Manche Proben der Erzschlämme in den Tiefen des Roten Meeres führen bis 1,3% V_2O_3.

Vanadium ist ferner ein charakteristisches Spurenmetall aller Erdöle. Ähnlich dem Eisen des Chlorophylls liegt es in Porphyrinen als metall-organische Verbindung vor, da manche Tiere und Pflanzen V als Sauerstoffträger brauchen. Z.B. haben Holothurien V-Gehalte in der Trockenmasse bis 1,15%. In Schweröl und Asphalt wird Vanadium angereichert, weshalb Erdölaschen mit maximal 20% V einen Teil der Weltproduktion dieses Metalles liefern. Auch Ölschiefer haben erhöhte V-Gehalte. Frühere Versuche, Öl und Vanadium aus dem unverwitterten, kretazischen Ölschiefer um Julia Creek (Australien) zu gewinnen, waren fehlgeschlagen. In der 20 m mächtigen Oxydationszone jedoch ist das V auf 0,25–0,45% V_2O_5 angereichert und eine wirtschaftliche Gewinnung im Tagebau möglich. Ein Bergbau befindet sich in Planung (2000).

Als eigentliche ***Vanadiumlagerstätten*** gelten heute nur die magmatischen Fe-Ti Erze mit >0,1% V. Als Nebenprodukt wird V aus manchen Uranerzen gewonnen, ferner aus sedimentären Fe-Mn Erzen, aus Phosphaten und Schwerölen. Andere Quellen (eisenreiche Bauxite, Patronit in Asphalt, Ölschiefer und Teersande, Vanadate oxydierter Pb-Zn-Cu Lagerstätten) sind unbedeutend.

Nahezu 50% der Weltreserven an Vanadium liegen in den Magnetitflözen des Bushveldes/Südafrika (Abb. 3).

Die obersten 1750 m der Intrusion enthalten 8% disseminierten Magnetit in Gesteinen, die aus Quarz und Olivin, sowie zurücktretend Klinopyroxen, Plagioklas, Hornblende, Biotit, Apatit und Orthoklas bestehen. Darin liegen mehr als 20 Flöze massigen Ti-Magnetites, dessen V-Gehalte von unten nach oben abnehmen (2,1 bis 0% V_2O_5), während TiO_2 von 12 auf 20% ansteigt. In der *Mapochs Mine* und im *Brits District* wird der rund 2 m mächtige Main Magnetite Layer im Tagbau abgebaut. Die Entstehung der Magnetitflöze ist nicht völlig geklärt. In Betracht gezogen wurden: Entmischung silikatischer und oxydischer Magmen, gravitative Saigerung von Magnetitkristallen, mehrfache Magmenzufuhr und periodische Zufuhr von Sauerstoff. Zuletzt traten Cawthorn & Molyneux (1986) für eine Bildung durch periodischen Druckaufbau und -entlastung in der Magmenkammer ein, da meßbare chemische Gradienten quer zu den Flözen nicht genügend deutlich seien, um eine Erklärung durch vorwiegend chemische Faktoren zuzulassen (vergleiche aber die Bildung der Chromitflöze). Interessant ist, daß das Vanadium der Oberen Zone des Bushveldes ausschließlich im Ti-Magnetit auftritt; die begleitenden Silikate führen sehr wenig V. Dies belegt die überaus effiziente Fällung des Vanadiums der Schmelze durch Magnetit.

Weitere Vanadiumlagerstätten vom Magnetit-Ilmenit-Typ gibt es in Norwegen (Rödsand), im Ural (Gusevogorsk-Katschkanar), in Chile (El Romeral), Indien (Orissa), China (Lanshan) und in Australien (Coates Siding und Buddadoo/W.A.). Eine intensivierte *Suche* nach solchen Lagerstätten hat zweifellos hohe Erfolgschancen, da titanreiche Eisenerze häufig ohne genauere Untersuchung in der Frühphase von Explorationsprojekten ausgeschieden wurden.

Die bergbauliche *Vanadium-Produktion* (im Jahr 2002 ca. 40.000 t) stammt zu 41% aus Südafrika, danach folgen Rußland und China. Rückstände aus ölbeheizten Kraftwerken, Schlacke aus Stahlwerken und das Recycling von Katalysatoren der Erdölindustrie erbringen einen hohen Anteil des Weltbedarfes (2002 ca. 80.000 t).

II. Buntmetalle

Kupfer

Erzminerale:

Chalkopyrit	$CuFeS_2$	34% Cu	D = 4,1–4,3
Enargit	Cu_3AsS_4	47	4,4
Chalkosin	Cu_2S	80	5,5–5,8
Digenit	Cu_9S_5	79	5,6
Covellin	CuS	66	4,7
Cuprit	Cu_2O	88	6
Malachit	$Cu_2(OH)_2CO_3$	57	4

Neben diesen wichtigsten Kupfererzmineralen gibt es eine Vielzahl anderer Kupferminerale, die nur historisch oder lokal größere Bedeutung haben. Wichtig ist die Unterscheidung der primär gebildeten (meist die erste, oben genannte Gruppe) von den durch sekundäre Anreicherung bzw. Zementation entstandenen (2. Gruppe) und schließlich der oxydischen Erzminerale (3. Gruppe) bzw. Paragenesen. Über 70% der heutigen Bergbaue gewinnen Chalkopyrit-Erz.

Bauwürdig sind kleinere Kupferlagerstätten bei Gehalten von 3–5% im Erz, während sehr große, im Tagbau gewinnbare Erzkörper ab 0,5%, bei Vorliegen weiterer Metalle (Mo, Au etc.) sogar ab 0,3% abgebaut werden. Sulfidische Kupfererze werden in der Regel durch Flotation zu Konzentraten mit 30 bis >60% Cu angereichert; diese werden durch metallurgische und elektrochemische Methoden zum *Kathodenkupfer* verarbeitet. Dabei fallen die oft wirtschaftlich wichtigen Edelmetalle (Au, Ag, PGM) im Anodenschlamm aus. Daneben haben viele Kupfererze gewinnbringende

Spurengehalte von Selen und Tellur. Hohe Schwefelgehalte im Konzentrat erlauben den Einsatz des energiesparenden „flash smelting" Verfahrens und nebenbei natürlich Gewinnung von Schwefel bzw. Schwefelsäure. „Oxyd"-Lagerstätten, alte Gruben, Aufbereitungshalden und niedrighaltiges Nebengestein auf Halden, demnächst aber auch sulfidische Primärerze, werden umweltschonend durch mikrobielle, chloridische oder sulfatische Laugung zur Kupfergewinnung verwertet. Aus solchen Lösungen kann Kupfer durch Zementation an Alteisen oder durch Elektrolyse nach weiterer Anreicherung durch organische Chemikalien (stripping solutions) billig gewonnen werden.

Die *Verwendung* von Kupfer ist durch die hohe Leitfähigkeit des Metalles für Wärme und Elektrizität geprägt, so daß über 50% des Verbrauches diverse Produkte der Elektroindustrie betreffen. Weiter finden das Metall und seine Legierungen (Bronzen: Cu + Sn; Messing: Cu + Zn) durch günstige mechanische Eigenschaften sowie Verwitterungsbeständigkeit eine breite Anwendung in der Bauindustrie, im Maschinenbau und im Fahrzeugbau. Kupfer ist zwar für Menschen, Tiere und Pflanzen lebensnotwendig und nur in hohen Konzentrationen toxisch, bekannt ist aber seine landwirtschaftliche Verwendung als Fungizid. Zunehmende Konkurrenz erfährt das „alte Metall" Kupfer durch Lichtfaserkabel und leitende Kunststoffe, trotzdem wächst der Verbrauch jährlich um einige Prozente.

Die maßgebende ***geochemische Eigenschaft des Kupfers*** ist seine große Affinität zum Schwefel, weshalb GOLDSCHMIDT für solches Verhalten das Wort „chalcophil" geprägt hat. Kupfer ist in sulfatischen Wässern mit Eh>0 gut löslich. Durch reduzierten Schwefel wird es äußerst effektiv unter Sulfidbildung gefällt, ebenso durch Karbonat-Ionen, wobei Malachit oder Azurit (bei höherem pCO_2) entstehen. Mit organischen Substanzen bildet Kupfer sehr stabile Komplexe, weshalb Schwarzschiefer, Kohlen und Erdölaschen immer erhöhte Cu-Gehalte haben. Adsorption an Tonen oder Mn-Fe-Hydroxiden (z.B. Manganknollen der Tiefsee) ist ebenfalls häufig. In der kontinentalen Kruste ist Cu mit durchschnittlich 25 ppm enthalten, wobei basische Magmatite 40–100, saure 1–40 ppm enthalten. Unter den Sedimenten haben Tone mit 70 ppm Cu die höchsten Gehalte, Karbonate mit 6 ppm die niedrigsten. Erzbildende hydrothermale Lösungen transportieren Cu in saurem Milieu und bei niedrigen Schwefelgehalten bevorzugt in Form chloridischer Komplexe, z.B. als $(CuCl)^\circ$ über 250°C, bei niedrigeren Temperaturen als $CuCl_3^{2+}$ oder $CuCl_2^-$. Bei hoher Schwefelkonzentration ist effektiver Transport nur im basischen Milieu möglich, z.B. als $CuS(HS)_2^{2-}$ (MOUNTAIN & SEWARD 1999). Häufige Kupfergehalte erzbildender Lösungen liegen zwischen 100 und 500 ppm. Aus Magma entmischte, schwefelreiche Gase enthalten bis 1% Cu, wobei vermutet wird, daß darin bisher unbekannte sulfidische Cu-Spezies bevorzugt konzentriert werden (HEINRICH et al. 1992). HCl-reiche vulkanische Gase können bis 280 ppm Cu transportieren (ARCHIBALD et al. 2002).

Für viele Kupferlagerstätten ist die deszendente Anreicherung des Cu bei der Verwitterung Voraussetzung für das Vorliegen bauwürdiger Gehalte (Abb. 34). Auslaugungszonen sind durch eiserne Hüte und saure Verwitterung von silikatischem Nebengestein gekennzeichnet, während bei karbonatischem Nebengestein keine wesentliche Metallverschiebung eintritt. Durch die auffällig bunten Cu-Karbonate werden im letzten Fall oft hohe Cu-Gehalte vorgetäuscht. Wegen der günstigen Gewinnbarkeit durch Laugung sind jedoch auch relativ arme Lagerstätten mit oxydischen Kupfermineralen attraktive Explorationsziele (CHAVEZ 2000). Verwitterungsböden enthalten durchschnittlich 20 ppm Cu; solche Kupferspuren spielen physiologisch für Pflanzen und Tiere eine wichtige Rolle.

Kupferlagerstätten sind sehr unterschiedlicher Entstehung und weit verbreitet. Die wichtigeren primären Typen sind:

- Cu zusammen mit Sulfiden von Ni und Fe sowie Pt in den früher beschriebenen basischen Intrusivkomplexen (z.B. Noril'sk, Sudbury, Abb. 4 und 65);

- porphyrische Cu-Lagerstätten mit rund 60% der Weltvorräte; Entstehung (Abb. 19 und 20) sowie geodynamische Verteilung (Abb. 58) wurden früher behandelt;
- Skarne und Verdrängungserzkörper, z.T. in unmittelbarem Zusammenhang mit Cu-Porphyren, z.T. in andesitischen Vulkaniten entwickelt (z.B. Bor in Serbien);
- Magmatisch-hydrothermale, schwefelarme Cu-Au/Fe-Oxyd-Lagerstätten, charakterisiert durch magnetitisch-hämatitische Gangart (Hitzman et al. 1992, Olympic Dam, „Cloncurry-Typ“ in Australien, Chile);
- Kupferführende Karbonatite (einziger Bergbau: Palabora in Südafrika, mit sehr großen Vorräten zu 0,56% Cu);
- Kupfererzgänge, z.B. die nur historisch wichtigen Cu-Sn-Gänge in Cornwall (Abb. 25), die Kupferkies-Siderit-Gänge des Siegerlandes, und der Quarz-Siderit-Kupferkiesgang von Mitterberg/Salzburg (die letztgenannten sind vermutlich metamorphogen);
- Vulkanogen- bzw. synsedimentär-exhalative massige Sulfidlager, in denen Cu oft zusammen mit Au, Zn ± Pb auftritt, so daß hier ein übergangsloser Zusammenhang mit Lagerstätten dieser Metalle vorliegt. Dazu gehören Lagerstätten vom Zypern-Typ, vom Kuroko Typ (Abb. 27) und vom SEDEX-Typ (Abb. 44), welch letztere allerdings meist mehr Zn und Pb als Cu führen (z.B. Rammelsberg);
- Diagenetisch gebildete, schichtgebundene und z.T. stratiforme Kupferlagerstätten in Sedimenten (Kupferschiefer, Abb. 46; White Pine/Michigan; zentralafrikanischer Kupfergürtel);
- Metamorphogene Lagerstätten (metasomatische Stöcke, z.B. Mt. Isa, Australien, viele Erzkörper im zentralafrikanischen Kupfergürtel).

Porphyrische Kupferlagerstätten gibt es in den westlichen USA (Bingham/Utah, Bisbee/Arizona, Ely/Nevada), in Mexico (La Caridad), in den Anden Chiles (Chucicamata als weltweit größter Kupferproduzent, La Escondida als jüngster Bergbau), in SE-Asien (Bougainville, Ok Tedi/Papua-Neuguinea), im Iran (Sar Cheshmeh) und nicht zuletzt auch in SE-Europa (Recsk/Ungarn, Medet/Bulgarien, Bor/Serbien und Deva/Rumänien).

Beispielhaft seien einige Zahlen zu *Bingham* (Maughan et al. 2002) genannt, der größten nordamerikanischen Kupfer- und Goldlagerstätte: Der Abbau begann 1863; heute liegt ein Tagbau von 800 m Breite und 4 km Länge vor, aus welchem insgesamt rund 11 Mt Kupfer extrahiert wurden, wobei etwa 5.000 Mt Gestein bewegt werden mußten. Die heutige Jahresproduktion liegt um 250.000 t Cu, 11 t Au, 81 t Ag, 4.000 t Mo und 520.000 t Schwefelsäure. Vom Gesamtinhalt der Lagerstätte wurden bisher nur rund 50% abgebaut. – Diese Zahlen illustrieren wohl am besten die ungeheure Größe und damit die wirtschaftliche Bedeutung dieses Lagerstättentyps.

***Kupferlagerstätten vom** Zyperntyp,* also in ophiolithischer Assoziation, sind häufig, aber wirtschaftlich wenig bedeutend. Der Name „Kupfer“ beruht auf dem uralten zyprischen Bergbau auf dieses Metall (es handelt sich um eine Abwandlung des lateinischen *aes cyprium,* später *cuprum,* also Metall aus Zypern), wofür die frühesten Nachweise aus dem 4. Jahrtausend vor Christus stammen. Mit dem Verfall des Römischen Reiches endete eine lange Blütezeit, und erst 1921 wurde der Bergbau wieder aufgenommen. Mittlerweile wurden mehr als 30 kupferführende Sulfiderzkörper gefunden und verschiedentlich in Abbau genommen.

Alle Erzkörper liegen in den Pillow-Laven des Troodos Ophiolithes, in der Regel im stratigraphischen Intervall zwischen den Unteren, hydrothermal veränderten, und den Oberen Pillow-Laven, welche wenig alteriert sind. Epidot-Quarzgesteine (Epidosite) in den Sheeted Dykes werden als Aufstiegszonen der hydrothermalen Lösungen interpretiert (Bettison-Varga et al. 1992). Die einzelnen Erzkörper sind vom Liegenden zum Hangenden zoniert: Über einer Stockwerkzone mit Quarz, Pyrit und Kupferkies in Chlorit-Quarzgesteinen folgt verkieseltes massiges Sulfiderz, das von der Hauptmasse des Sulfiderzkörpers überlagert wird. Es gibt „konglomeratische“ Erztypen mit sandiger Sulfidmatrix sowie hartes Kompakterz. Beide bestehen im wesentlichen aus Pyrit, der für die Schwefelgewinnung verwendet wurde, sowie Chalkopyrit und wenig Sphalerit. Die Kupfergehalte liegen zwischen 0,3–4,5%, die Tonnage einzelner Erzkörper von 50.000 t bis 20 Mt. Überlagert werden die Sulfide von der Ocker-Gruppe, das sind goethitische Gesteine, die seit der Antike als Farberde abgebaut werden. Sie sind von den Mn-Fe-führenden „Umber"-Schichten equivalenter Verwendung über den Oberen Pillow-Laven deutlich unterschieden. Beide sind natürlich exhalative Präzipitate, wie im Zusammenhang mit den „Black Smokers" sowie den Manganlagerstätten früher beschrieben wurde. Durch systematische Aufnahme der Raumlage basaltischer Gänge und von Störungen war es möglich, die Position der großen Sulfiderzkörper in fossilen Gräben nahe einer Transformstörung zu erkennen (Bettison-Varga et al. 1992).

Die zyprischen Sulfidlagerstätten sind heute erschöpft. Andere Lagerstätten dieses Typs sind *Ergani Maden* in der SE-Türkei und *Ermioni* im östlichen Peloponnes, beide auch mesozoischen Alters. Zumindest ein Teil der metamorphen Sulfiderze in den skandinavischen Kaledoniden muß ebenfalls zu dieser Gruppe gezählt werden (z.B. Joma, Abb. 50).

Bergwirtschaftlich sehr wichtig und zugleich geologisch äußerst interessant ist der Lagerstättendistrikt von *Outukumpu* in Finnland. In altproterozoischen Glimmergneisen der Svekokareliden liegen dort in einem strukturell definierten Horizont linsige Züge von Serpentiniten, welche als Reste einer Ophiolithdecke gedeutet werden. Zusammen mit den Serpentiniten findet man Talk-Karbonatgesteine (CO_2-Metasomatite), metamorphogene Skarne, fein laminierte Quarzite (ehemalige Exhalite) und Schwarzschiefer. Diese Gesteinsserie wird Outukumpu-Assoziation genannt. Cu-Co Reicherze lagen überwiegend im Quarzit. Der Outukumpu-Erzkörper war 4000 m lang und bis 400 m breit, mit einer durchschnittlichen Mächtigkeit von 10 m. Das Erz enthielt 3,5% Cu, 0,54% Zn, 0,29% Co und 20% S; der gesamte Metallinhalt betrug rund 1 Mt Cu. Ein ähnlicher, verborgener Erzkörper wurde 1965 durch lithogeochemische Methoden beim benachbarten *Vuonos* entdeckt und in Abbau genommen. Genetisch können diese Erze allerdings nicht ohne Einschränkung dem Zypern-Typ zugeordnet werden, weil sie nicht mit Meta-Basalten assoziiert sind. Vielmehr handelt es sich vermutlich um ozeanische Mantelgesteine, welche bei rascher Krustendehnung in einem marinen Rift freigelegt wurden (Hess-Kruste). Auch in einem solchen Milieu können offenbar produktive hydrothermale Systeme entstehen.

Vulkanogen-exhalativ sind vermutlich auch die riesigen Sulfiderzkörper des *Iberischen Pyritgürtels,* der über 250 km von Sevilla in Süd-Spanien bis nach Portugal streicht. Es handelt sich um einen südlichen Strang des variszischen Orogens, überwiegend mit Tonschiefern und Quarziten des Oberdevons, 50–800 m mächtigen Vulkaniten (oberstes Devon bis Unterkarbon) und schließlich oberkarbonem Flysch (Grauwacken und schwarze Schiefer in Kulm-Fazies). Die gesamte Serie wurde im mittleren Westphal deformiert, mit südvergenter Faltung, Aufschiebungen und Schieferung. Mehr als 80 Lagerstätten sind bekannt, sie liegen ausnahmslos im „vulkanosedimentären Sill-Sediment-Komplex". Der größte Teil der Basalte und Rhyolite wurde erst nach der Vererzungsphase intrudiert, zeitgleich mit dieser sind nur andesitische Tuffe und Schwarzschiefer. Unmittelbar nach der Ablagerung der stratiformen Erze folgen Radiolarite und „Manganformationen", das sind vermutlich distale Exhalite silikatischer, karbonatischer und oxydischer Fazies. Obwohl früher viele dieser Manganvorkommen abgebaut wurden, sind sie heute auf Grund der geringen Reserven unwirtschaftlich. Darüber liegen überwiegend rote, vulkanoklastische Sedimente. Die Intrusion der bimodalen Sills erfolgte während der Sedimentation der roten Sedimente, in unterschiedlicher stratigraphischer Position (Boulter et al. 2001).

Die bisher abgebaute Menge (ca. 280 Mt mit durchschnittlich 46% S, 0.7% Cu, 4% Pb+ Zn, 30 g/t Ag und 0.8 g/t Au) und die Reserven des Pyritgürtels liegen über 1300 Mt Erz, wobei einzelne Erzkörper über 500 Mt Inhalt erreichen. Damit ist dies die weltweit größte Provinz massiger Sulfiderze. In der Regel besteht das Erz weit überwiegend aus Pyrit, gefolgt von Chalkopyrit, Sphalerit und Galenit, mit geringen Anteilen von Arsenopyrit, Pyrrhotin, Tetrahedrit, Pb-Sulfosalzen, Kassiterit etc. Gangarten sind Silikate der vulkanischen Nebengesteine sowie hydrothermale Präzipitate, wie z.B. Chloritvorläufer, gelegentlich auch Baryt und Gips. Alle Erzkörper liegen in unmittelbarer Nachbarschaft zu Eruptivzentren, stratigraphisch meist in Schwarzschiefern über groben vulkanoklastischen Gesteinen. Proximale Erze sind massig und sehr feinkörnig, distale Erze oft durch pelitische Lagen gebändert oder durch submarine Gleitungen als Brekzien resedimentiert. Dazu kommen metasomatische Verdrängung früher hydrothermaler Präzipitate durch spätere Erzminerale sowie Stockwerk-Erzkörper im Liegenden der Sulfidlager, vor allem mit Chalcopyrit und Pyrit sowie mit den charakteristischen Spurenmetallen Bi und Co in wechselnd chloritisierten, serizitisierten und verkieselten Vulkaniten. Einzelne ausbeißende Lager hatten gut entwickelte eiserne Hüte mit bedeutenden Goldgehalten sowie reiche Zementationserze; beide spielen heute nur mehr eine geringe Rolle. Die Entstehung des Iberischen Pyritgürtels wurde zumeist mit den Kuroko-Lagerstätten verglichen, obwohl durchaus signifikante Unterschiede bestehen. Boulter et al. (2001) vertreten die hier dargestellte These, daß die Erzkörper hydrothermal-exhalativ in einem Sill-Sediment-Komplex entstanden wären, vergleichbar der heutigen Situation im Guaymas-Becken. Die Erzlösungen könnten aus tieferen Intrusionen stammen (Solomon et al. 2002).

Die wichtigsten Lagerstätten des Pyritgürtels sind Rio Tinto, Tharsis, Aznalcollar und das jüngst entdeckte Neves Corvo. *Neves Corvo* in Portugal ist durch seine höheren Buntmetallgehalte, insbesondere aber durch wirtschaftlich ins Gewicht fallende Zinnführung, wichtig: Neben Cu- und polymetallischen Erzen gibt es dort einen Zinnerzkörper mit 1,49% Sn, 14,97% Cu und 1,99% Zn (Richards & Sides 1991). Die Entdeckung dieses in 200–700 m Teufe verborgenen Erzlagers war ein Glanzstück moderner Prospektionsmethoden, hier einer Kombination geologischer Kartierung und Deduktion sowie regionaler gravimetrischer Messungen.

Magmatisch-hydrothermale Cu-Au-Fe-Oxyd-Lagerstätten werden vor allem durch die ungewöhnliche Kupfer-Uran-Lagerstätte *Olympic Dam* in Süd-Australien vertreten. Ihr Fund beruhte auf der Überlegung, daß Lagerstätten vom Typ des zentral-afrikanischen Kupfergürtels möglicherweise auch in der geologisch ähnlichen Adelaide-Geosynklinale entstanden sein könnten. Diese Idee wurde von einer jungen, tatkräftigen Bergbaugesellschaft in ein Explorationsprojekt umgesetzt. Beim Abbohren aerogeophysikalischer Anomalien fand man dann Erz. Olympic Dam liegt in groben, störungsgebundenen Brekzien eines mittelproterozoischen Grabens (ca. 1,6 Ga) innerhalb eines A-Typ-Granites (Abb. 67), unter 350 m steriler sedimentärer Überdeckung. Große hämatitische Brekzienkörper enthalten 2,5% Cu sowie Au, Ag, U und SEE. Die Ressourcen werden auf mehr als 2.000 Mt Erz geschätzt. Es handelt sich um magmatisch-hydrothermale (200–600°C) Vererzungen, welche jedoch kaum aus dem Gast-Granit abgeleitet werden können (Groves & Viel-

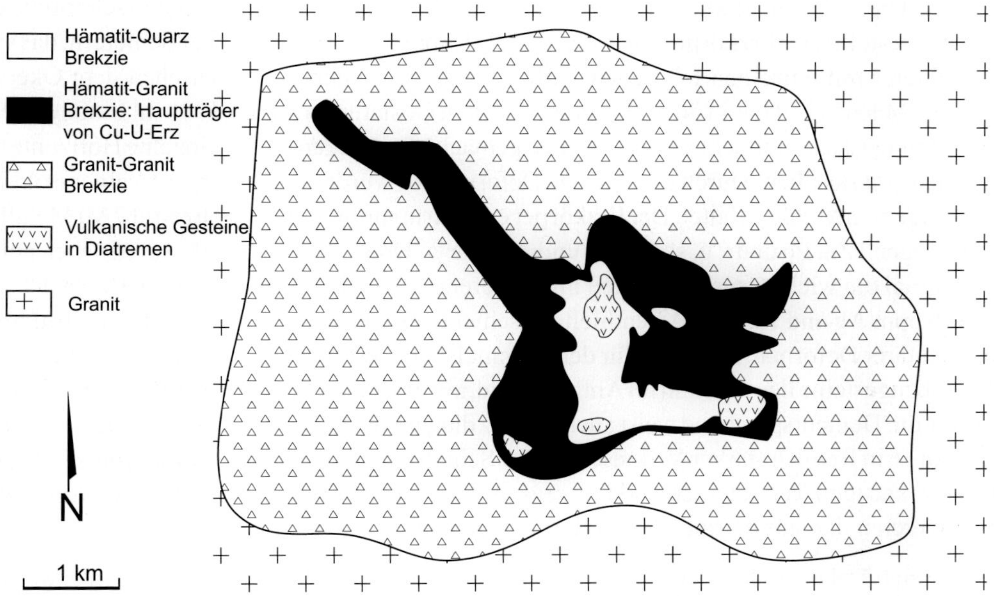

Abb. 67. Abgedeckte Karte der Brekzienschlote der Cu-Au-U-SEE-Lagerstätte Olympic Dam in Süd-Australien (nach Groves & Vielreicher 2001).

REICHER 2001). Mit den zentralafrikanischen Kupferlagerstätten besteht keine Gemeinsamkeit (Weiteres unter „Uran“). Hier liegt demgemäß der Fall einer erfolgreichen Exploration vor, die auf einem unzutreffenden geologischen Modell beruhte. Eng verwandt sind die Cu-Au-Lagerstätten vom *Cloncurry-Typ* (benannt nach einer mittel-proterozoischen Provinz in Queensland, Australien: WILLIAMS 1998). Sie sind kleiner als Olympic Dam. Sie entstanden, vermutlich in Zusammenhang mit spät-tektonischen Intrusiven, aus hochsalinaren hydrothermalen Lösungen. Eine Kontrolle durch Scherzonen oder Störungen ist allen gemeinsam, die Nebengesteine sind sehr unterschiedlich.

Einzigartig ist der ***kupferführende Karbonatit von Palabora*** (Phalaborwa) im nördlichen Transvaal/Südafrika. Es handelt sich um eine altproterozoische (2030 Ma) komplexe alkalische Intrusion in archaischen Granitgneisen mit elliptischer Form und zwei intrusiven Zentren. Das nördliche besteht aus einem Olivin-Vermiculit-Pegmatoid und ist die Basis der weltweit zweitgrößten Vermiculitgewinnung, das südliche Zentrum besteht aus Karbonatit mit Apatit („Phoscorit“) und Kupfererz. Die Vererzung ist z.T. mit ringförmig gebändertem Karbonatit verbunden, z.T. mit jüngeren, quergreifenden Karbonatitkörpern und -gängen. Damit ist eine Entstehung aus fluidreichem karbonatitischem Magma gesichert. Nach außen folgen auf den Karbonatit ringförmige Zonen mit Pyroxen-Vermiculit-Pegmatoid, Pyroxenit (die Hauptmasse) sowie randlichem, fenitischem Syenit (VERWOERD 1986). Zwischen Palabora und Olympic Dam haben GROVES & VIELREICHER (2001) eine genetische Verwandtschaft erwogen.

Der Kupfererzkörper ist schlotförmig, mit einem Durchmesser von 500 m und einer Tiefenerstreckung bis weit über 1200 m. Der Tagebau hat bis zum Jahre 2002 eine Tiefe von 760 m erreicht, darunter werden die zentralen Reicherze im Untertagebetrieb abgebaut, zunächst über weitere 500 m Tiefe mit 245 Mt Erz, das 0,69% Cu enthält. Der Cu-Gehalt im Tagebau war mit 0,48–0,57% zwar niedrig, durch beträchtliche Mengen von Nebenprodukten (Magnetit, Zirkonoxyd, Hafnium, Uran, Ag, Au und Platinmetalle) war jedoch ein wirtschaftlicher Betrieb gegeben. In einem benachbarten Tagebau wird Apatit gewonnen.

Als Vertreter für ***kupferführende Sedex-Lagerstätten*** soll hier der *Rammelsberg* bei Goslar/Harz genannt sein. Dieser Bergbau wurde 1988 nach mehr als 1000 Jahren Abbau wegen Erschöpfung der Reserven eingestellt. Der Erzkörper lag in den mittel-devonischen Wissenbacher Schiefern, das sind Schwarzschiefer mit einzelnen felsischen Tuffbändern, im Knickbereich zwischen dem Okertal-Hoch, wo die Mächtigkeit bis <150 m abnimmt, und dem Goslarer Trog mit >1000 m. Eine syn-sedimentäre Störung ist dadurch sehr wahrscheinlich gemacht. Im Becken gibt es einzelne Horizonte mit Lagergängen von Basalten. Durch die orogene Deformation wurde der Erzkörper zu einer isoklinalen, NW-vergenten Mulde gefaltet. Der Erzkörper enthielt ursprünglich 27 Mt Erz mit 7 Mt Metallinhalt, überwiegend Zn, Pb und Cu, sowie Ag und Au. Baryt, Dolomit und Ankerit waren neben pelitischem Material die wichtigsten Gangarten im Fördererz, das in den letzten Jahren 19% Zn, 9% Pb, 1% Cu, 160 ppm Ag und 1,2 ppm Au enthielt. Geschichtetes und laminiertes Erz, oft mit Strukturen syn-sedimentärer Deformation, waren für den Rammelsberg besonders charakteristisch. Die Diagenese der Nebengesteine liegt weithin im Anthrazitfeld, mit einzelnen Bereichen, in denen bereits Graphit vorkommt. Dementsprechend weist auch das Erz diagenetische Rekristallisation auf, mit lokaler Mobilisation. Ein Bereich starker Verkieselung der Schiefer im Liegenden des Erzkörpers, begleitet von stockwerkartigen Vererzungen und Quarzgängchen, von den Bergleuten Kniest genannt, wird als Zufuhrbereich der sub-marinen Hydrothermen gedeutet.

Der stratiforme Erzkörper des Rammelsberges zeigte die charakteristische vertikale Abfolge der SEDEX-Lagerstätten, mit vorwiegend Pyrit im Liegenden, gefolgt von kupferreichem, fleckigem „Melierterz“, über welchem die Pb-Zn Erze und schließlich Baryt lagen. Darüber und lateral nach außen folgten die zunehmend pelitischen Bändererze. Infolge der starken Deformation einschließlich Faltung, Scherung, Plättung und Verdickung im

Faltenkern bis 50 m Mächtigkeit bleibt jeder Versuch einer Abwicklung des Erzkörpers hypothetisch; immerhin aber kann man auf einen ursprünglich elliptischen Umriß mit einer langen Achse von etwa 1000 m und Mächtigkeiten von 10–30 m schließen. Die Enstehung des Rammelsberger Lagers durch syn-sedimentäre Exhalation von hydrothermalen Lösungen ist durch geologische Beobachtungen und geochemische Daten einschließlich Isotopenanalysen gut belegt (LARGE & WALCHER 1999). Ein Zusammenhang mit magmatisch bedingten Temperaturanomalien in der Tiefe ist durch die Hinweise auf distalen Vulkanismus wahrscheinlich, doch bisher nicht nachweisbar.

***Metamorphogene Kupferlagerstätten*:** Genetisch sehr interessant und wirtschaftlich bedeutend ist der Cu-Pb-Zn-Ag-Distrikt von *Mt. Isa* in Queensland/Australien. Die Erzkörper von Mt. Isa liegen in einem Block von 4,5 km Länge, 250 m Breite und 1000 m Tiefe; der geschätzte Gesamterzinhalt (Produktion seit 1931 plus Reserven) beträgt 200 Mt mit 3% Cu und 100 Mt mit 7% Pb, 6% Zn und 160 ppm Ag. Im Jahre 2000 wurde mit *Enterprise* der jüngste Bergbau bei Mt. Isa in Betrieb genommen, der bis 1.800 m Tiefe Erz mit 4% Cu gewinnen wird.

Mt. Isa liegt in einem mittel-proterozoischen Orogen (WILLIAMS 1998). Im Bereich des Bergbaues bilden evaporitische klastische Sedimente (ca. 1680–1590 Ma) über mächtigen basischen Vulkaniten eine schmale Synform, die an einer regionalen Störung gegen benachbartes kristallines Grundgebirge abgesenkt ist. Die Erzkörper sind an einen bestimmten lithostratigraphischen Horizont, den Urquhart Shale, gebunden; dies ist ein schwarzer, meist gebänderter dolomitischer Mergelstein. In der Tiefe grenzt er an einer flach einfallenden Störung an Meta-Basalte (Paroo fault, Abb. 68), deren Epidot-, Mg-Chlorit- und Rutilführung eine kräftige hydrothermale Alteration belegen. Von dieser Störung ausgehend ist auch der Urquhart Shale hydrothermal verändert. Wegen der vorherrschenden Minerale (Fe-Dolomit und Quarz) wird das resultierende grobkristalline und brekziöse Gestein „silica dolomite“ genannt. Die Kupfererze bilden stockwerkartige Gangzonen, massige Linsen oder unregelmäßige Verdrängungskörper im extrem verkieselten Breich nahe der basalen Störung. Es handelt sich um Pyrit, Chalkopyrit und Magnetkies mit geringen Mengen anderer Sulfide, u.a. von As, Zn, Pb und Co. Der gesamte hydrothermal veränderte Körper einschließlich der Kupfererze ist etwa 2,6 km lang und 530 m breit und enthält rund 20 Mt Kupfer. Seine äußere Hülle besteht überwiegend aus grobspätigem Dolomit.

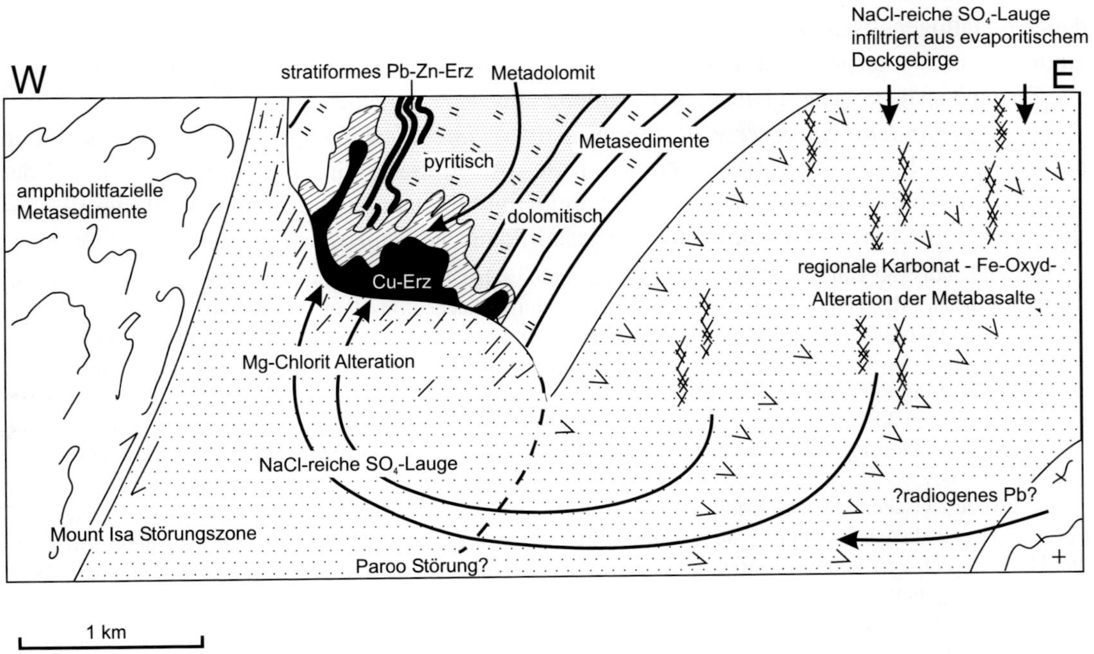

Abb. 68. Retrograd-metamorphogene Bildung der Kupfererze in Mt. Isa, Queensland, Australien, durch Konvektion oxydierter evaporitischer Laugen in grünschieferfaziellen kontinentalen Tholeiiten und Mischung mit reduzierten, S-reichen Fluiden (nicht dargestellt) im Bereich der heutigen Lagerstätte (HEINRICH et al. 2000).

Die Pb-Zn-Ag-Erzkörper liegen im Urquhart Shale außerhalb dieser Alterationszone, aber doch deutlich benachbart. Sie sind immer gebändert und laminiert, zeigen syn-sedimentäre Gleitfalten, und bilden eine Vielzahl von Erzlagen von 1 mm bis 1 m Mächtigkeit, welche über eine stratigraphische Höhendifferenz von 1000 m bekannt sind. Sie erreichen maximal 800 m laterale Distanz vom Silica Dolomite, wobei nach außen abnehmende Metallgehalte (mit maximalen Pb-Gehalten eher proximal und Zn etwas weiter vom Dolomit) beobachtet werden.

Die Entstehung dieser Lagerstätte ist unzweifelhaft das Produkt außergewöhnlich großer hydrothermaler Systeme. Ein plausibles synsedimentäres Modell geht von annähernd gleichzeitiger Bildung der Kupfer- und der Blei-Zinkerze an einer störungsgebundenen, submarinen Aufstiegszone aus (Finlow-Bates & Stumpfl 1979). Die Trennung der Metalle wäre durch Kochen und Abkühlung der Fluide während des Aufstieges verständlich, da dann Kupfer früher (und epigenetisch) ausfällt, während Pb und Zn ins Meerwasser ausgetragen und (syngenetisch) am Meeresboden abgesetzt werden. Pb-Modellalter der Erze von 1653 Ma erlauben diese Deutung ebenso wie die Alteration der unterlagernden Basalte und die hohen Br/Cl-Verhältnisse der Fluide, welche auf evaporitische Herkunft der Lösungen verweisen. Mittlerweile jedoch wurden im Silica Dolomite Fluideinschlüsse mit einer Bildungstemperatur der Fluide bis 300°C nachgewiesen, eine Druckabschätzung ergab 1–2 kbar. Auf Grund dieses Befundes sowie auch gefügekundlicher Daten und $^{40}Ar/^{39}Ar$-Altern von hydrothermal gebildeten Phyllosilikaten wird das syngenetische Modell abgelehnt, und eine spätorogen-metamorphogene, retrograde Bildung der Kupfererze unabhängig von den wohl weiterhin syn- bis diagenetisch zu deutenden Blei-Zinkerzen angenommen (Abb. 68; Heinrich et al. 2000, Betts et al. 2003, Chapman 2004). Eine Simulation des Systemes macht wahrscheinlich, daß die Energie für die hydrothermale Konvektion überwiegend aus dem hohen T-Gradienten zwischen den heißen Metamorphiten westlich der Mt. Isa-Störung und den kühleren Gesteinen im Osten stammte. Das System war möglicherweise über 1 Million Jahre aktiv (Matthäi et al. 2004). Die räumliche Koinzidenz von zwei enorm großen, jedoch zeitlich und ursächlich völlig verschiedenen metallogenetischen Prozessen ist zwar schwer akzeptabel, die vorgelegten Daten sind jedoch kaum anders zu interpretieren. Davis (2004) führt jedoch strukturgeologische Argumente an, welche für eine spät-orogene, gleichzeitige Bildung aller Erze sprechen.

Schichtgebundene Kupfererze in überwiegend sedimentärer Umgebung enthalten nach den porphyrischen Lagerstätten die größten Cu-Reserven. In dieser Gruppe wurden traditionell der europäische Kupferschiefer (diagenetisch, bereits im Allgemeinen Teil besprochen), die Kupferflöze von White Pine/Michigan und der zentralafrikanische Kupfergürtel zusammengefaßt

Der Bergbaudistrikt von *White Pine* ist durch sein geologisches Umfeld interessant; es handelt sich um ein mittelproterozoisches Rift (1,3–1,0 Ga) mit mächtigen olivintholeiitischen Basalten und geringen Anteilen von Andesiten und Rhyoliten sowie einer transgressiven, sedimentären Serie. Großflächig erzführend, mit einer Mächtigkeit von 5 m und 1,1% Cu-Gehalt, sind vor allem Siltsteine an der Basis des marinen Nonesuch Shale und unmittelbar unterlagernde Konglomerate an der Flanke eines älteren vulkanischen Massifs. Erzminerale sind überwiegend Kupferglanz und in 30–50 Ma jüngeren Störungen auch gediegen Kupfer. Die stratiforme Vererzung wird auf diagenetische Entwässerung fluviatil-vulkanoklastischer Serien der frühen Grabenfüllung zurückgeführt (Swenson & Person 2000).

Basalte und zwischengelagerte Konglomerate desselben Rifts in Teilen der Keweenaw Halbinsel am Lake Superior waren mit gediegen Kupfer (z.T. auch Silber) vererzt. Gangart waren Kalzit, Chlorit, Quarz, Epidot und Zeolithe. Die Vererzung erfolgte vermutlich gleichzeitig mit der jüngeren, strukturgebundenen Phase in White Pine. Typisch ist epigenetische Füllung offener Hohlräume. Die niedrigthermalen Lösungen werden aus der Versenkungsmetamorphose der Rift-Basalte bezogen. Der Distrikt lieferte über 6 Mt Kupfer.

Unter den schichtgebundenen Kupfererzen der Welt ist der *Kupfergürtel von Katanga/Kongo und Zambia* (mit Co, Ni, Pt, Au, U, Pb, Zn) auf Grund seiner wirtschaftlichen Bedeutung besonders bemerkenswert. Die Region hat bisher über 1000 Mt Erz mit ca. 2,7% Cu produziert. Sowohl primär sulfidische wie auch spektakuläre oxydische, karbonatische und Zementationserze werden abgebaut.

Die Erze liegen vorwiegend nahe der Basis einer bis 11 km mächtigen Sedimentfolge (die Katanga Supergruppe), deren tiefste Anteile (Roan-Gruppe oder Série des Mines) als Molasse des Kibara-Orogens (ab ca 900 Ma) bzw. als Sedimente eines passiven Kontinentalrandes aufgefaßt werden können. Es handelt sich um Konglomerate, Quarzite, Schiefer sowie Anhydrit und dolomitisch-magnesitische Karbonate als Zeugen mächtiger Evaporithorizonte. Diese Sedimente belegen ähnlich dem europäischen Rotliegenden und Zechstein den Übergang von terrestrischer Sedimentation über Playas und Sabkhas zu marinen Bedingungen. Die Roan-Gruppe wird durch das glaziogene „Grand Conglomérat" abgeschlossen – ein Tillit, dessen Material um ca. 760 Ma wohl durch Eisberge von den vergletscherten Kibara Bergen ins Meer getragen wurde. Über dem Roan folgen die überwiegend marinen sandig-pelitisch-karbonatischen Gesteine der Kundelungu-Gruppe. Die Lufili-Orogenese (560–550 Ma) beendete den sedimentären Zyklus; das heutige Bild der Region zeigt einen großen orogenen Bogen (Lufilian Arc) mit auswärts vergenten Falten und Deckenüberschiebungen. Von außen nach innen sind die Gesteine zunehmend metamorph, im Süden herrscht weithin Amphibolitfazies mit vereinzelten Eklogiten vor, und es gibt sehr viele Grundgebirgsaufbrüche.

Die Bildung des Katangabeckens erfolgte durch Krustendehnung, teilweise von Riftcharakter, gefolgt von einem breiten Ozean. Demgemäß gibt es in den tieferen Teilen beträchtliche Mengen vorwiegend basischer magmatischer Gesteine; saure Magmatite sind eher selten. Vom Lufilian Arc streicht ein Aulacogen mit sehr ähnlicher stratigraphischer Abfolge, aber geringer Deformation, nach Norden bis zum Victoria See; es ist interessant, daß hier keine Vererzung bekannt ist.

Die Erze des Kupfergürtels sind überwiegend schichtgebunden und liegen in allen Gesteinen des Roan, wobei die sandigen, dunklen Schiefer der „ore shales" besondere Aufmerksamkeit erregten, da sie als lithostratigraphischer Leithorizont über mehr als 100 km Entfernung auftreten. Daneben gibt es auch Erze in Karbonaten, Evaporiten und Sandsteinen, z.T. sogar als Bänder in deren Schrägschichtungslagen. In einzelnen Minen oder Bergbaudistrikten ist die stratigraphische Bindung sehr konstant. Andere Erzkörper sind strukturgebunden und haben eher epigenetischen Charakter. Ähnlich wie beim Kupferschiefer gilt auch für diese Region, daß paläogeographische Hochzonen an ihren Rändern bevorzugt Erze führen; die Beckenlagen sind nicht vererzt.

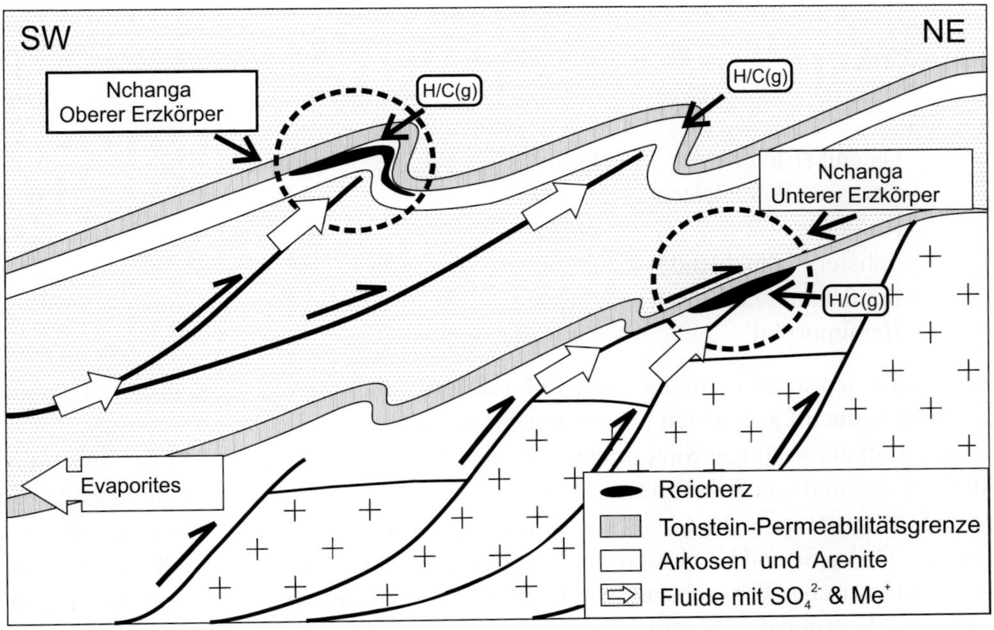

Abb. 69. Modell der Bildung der Lagerstätte Nchanga im zentralafrikanischen Kupfergürtel. Aufströmende, sulfatführende Beckenfluide (mit Cu, Co, etc.) werden an geeigneten Strukturen fokussiert. Gering permeable Metapelite über Sandstein bilden Fallen, in welchen CH_4 vorliegt (H/C(g)). Dieses reagiert mit dem Sulfat der Fluide unter H_2S-Bildung (thermochemische Sulfatreduktion), wodurch die Metalle aus den Lösungen gefällt werden (McGowan et al. 2003).

Die Entwicklung der genetischen Deutungen wurde von SWEENEY et al. (1991) zusammengefaßt. Die Erzkörper wurden früher als syngenetische Anreicherungen betrachtet, deren Metalle aus den an das marine Becken angrenzenden Hochzonen durch Verwitterungslösungen eingebracht worden wären. Die Ausfällung erfolgte demnach in sauerstoffarmen Bereichen oder in Sabkhasedimenten. Strukturbeziehungen und Altersbestimmungen (z.B. TORREALDAY et al. 2000) belegen jedoch, daß zumindest ein Teil der Lagerstätten syn- bis postorogen (700–500 Ma) entstanden ist. Deshalb wird heute überwiegend eine *epigenetische Entstehung* durch salinare Formationswässer bzw. metamorphe Fluide vertreten, welche aus der Beckentiefe durch Diagenese oder Metamorphose mobilisiert wurden, letztere durch basische Intrusionen oder Orogenese verursacht (Abb. 69, MCGOWAN et al. 2003). Die Metalle stammen nach diesem Modell aus magmatischen Gesteinen und Sedimenten der Beckenfüllung in der Tiefe. Diese Deutung ist auch deshalb wahrscheinlicher, weil Cu, Co und Pt auf Laugung überwiegend basischer Ausgangsgesteine hinweisen.

*Die **Suche nach Kupferlagerstätten*** bezieht in der Regel ein weites Spektrum der verfügbaren geologischen, geochemischen und geophysikalischen Methoden ein.

Die ***Jahresproduktion** von Kupfer* erreicht beinahe 14 Mt Metall, wozu den größten Teil Chile, die USA, Indonesien, und Australien beitragen. Die *bergbaulichen Weltreserven* betragen 308 Mt Cu-Metall (RTZ 1995); hier führen Chile, USA, und die GUS. Weit überwiegend handelt es sich um porphyrische (50%) und um Lagerstätten in Sedimenten (30%). Große Ressourcen sind zweifellos vorhanden, sowohl auf den Kontinenten (1600 Mt) wie auch in den Ozeanen (in Manganknollen 700 Mt). Infolge niedriger Metallpreise, geringen Verbrauchszuwachses, großer Reserven und z.T. nicht ausgenutzter Bergbaukapazität ist der Kupfermarkt sehr wettbewerbsgeprägt.

Blei und Zink

Erzminerale:

Galenit (Bleiglanz)	PbS	86% Pb	D = 7,5
Cerussit (Weißbleierz)	$PbCO_3$	77%	6,5
Anglesit	$PbSO_4$	68%	6,3
Sphalerit (Zinkblende)	ZnS	38–67% Zn	3,9–4,1
Smithsonit (Zinkspat)	$ZnCO_3$	52%	4,4
Hemimorphit	$Zn_4(OH)_2Si_2O_7.H_2O$	54%	3,5

Blei und Zink treten so häufig miteinander verbunden auf, daß sie besser gemeinsam zu besprechen sind, obwohl es auch Lagerstätten mit nur einem der beiden Metalle gibt.

Galenit ist oft ein wichtiger Silberträger, mit Gehalten von 0,01 bis über 1% Ag, teils im Gitter, teils durch Einschluß von Silbermineralen. Feinste Verwachsungen sind auch für Gehalte von Sb, Zn, Fe und Cu verantwortlich. Zinkblende kann im Gitter bis 20% Fe enthalten, ferner Mn, Cd (bis 5%), In, Ga, Tl, As, Se und Hg (LABRENZ et al. 2000). Gehalte an Cu, Sn, Ag, Pb und Au hingegen liegen in mechanischer Verwachsung vor. Die feinfaserige, glaskopfartige Schalenblende ist teils Sphalerit, teils hexagonaler Wurtzit. Smithsonit- und Hemimorphit-führende Erze (z.T. mit weiteren Mineralen) werden im Bergbau traditionell „Galmei“ (Calamin) genannt. Durch Hämatit und andere Beimengungen sind sie oft gelb bis rot gefärbt und haben manchmal erdige Konsistenz.

Blei- und Zinkerze werden ab 3, meist aber 6–10% Metallgehalt im Erz abgebaut, natürlich abhängig von den stark schwankenden Metallpreisen und anderen Randbedingungen.

Blei wird überwiegend zur Herstellung von Autobatterien (85%), als Anti-Klopfmittel in Benzin sowie für Baumaterialien, Farben, Glas (z.B. Computerbildschirme) und Munition verwendet. Das zunehmende Erkennen seiner Toxidität in der Umwelt (FERGUSSON 1990) führt zu vielfachen Anstrengungen zum Einsatz von Ersatzstoffen, zu strenger Kontrolle und zur Einschränkung des Verbrauches. Zink wird wegen seiner Korrosionsfestigkeit zur Oberflächenbehandlung („Galvanisierung") von Eisen und Stahl in der Bau- und Maschinenindustrie (Autos) gebraucht, ferner zur Herstellung von Legierungen (Messing u.ä.), Farben und Chemikalien. Eine Neuentwicklung sind Ni-Zn Batterien, welche das Ni-Cd ablösen sollen, weil Cd bekanntlich toxisch ist (FERGUSSON 1990). Cd wird für Zinkproduzenten zunehmend zu einer Entsorgungslast, da der Markt die anfallende Menge nicht mehr aufnimmt.

Die ***geochemische Stellung des Bleies*** ist durch Anreicherung in sauren Gesteinen gekennzeichnet: MOR-Basalte haben ca. 2 ppm, Gabbros durchschnittlich 5 ppm, Granite hingegen 20 ppm Pb, vor allem in Kalifeldspat. Dies beruht auf der häufigen Substituierung von K^+, Sr^{2+} und Ba^{2+} durch Pb^{2+} in den gesteinsbildenden Mineralen. Früher schon wurde auf die Bedeutung der radiogenen Bleiisotopen für absolute Altersbestimmungen und für die Untersuchung der Herkunft der Metalle hingewiesen. Ebenso wie Blei ist Zink chalkophil und lithophil, doch bedingt die besonders ausgeprägte Substitution von Zn^{2+} für Fe^{2+} und Mn^{2+} mit ca. 130 ppm höhere Gehalte in Basalten als mit 36–60 ppm in sauren magmatischen Gesteinen.

In hydrothermalen Lösungen werden Blei und Zink nicht als einfache Ionen, sondern bevorzugt als Chlorkomplexe transportiert, wobei ihre Löslichkeit mit höherem NaCl-Gehalt und Oxydationsgrad positiv korreliert ist. Bei niedriger Salinität überwiegen vermutlich $Zn(OH)^+$ und $PbCO_3^0$ bis etwa 300°C, darüber eher $Zn(HS)_2^0$ und $Pb(HS)_2^0$. Von der Natur der Lösungen abhängig wird die Präzipitation durch pH-Umschlag, Abkühlung, Verdünnung oder durch Beimengung von reduziertem Schwefel eintreten. Wenn Baryt als Gangart auftritt, kann man schließen, daß die Fluide reduziert, sauer und chloridisch gewesen sein müssen, da Ba nur dann mobilisiert und transportiert werden kann. Wo Baryt fehlt, kommen auch oxydische, neutrale bis alkalische Lösungen in Frage. Bei niedrigen Temperaturen dürfte die Ausfällung von Zn aus wässerigen Lösungen durch sulfatreduzierende Bakterien sehr häufig sein, oft begleitet von Dolomitbildung (LABRENZ et al. 2000, VASCONSELOS & MCKENZIE 2000).

Bei *Verwitterung* ist Bleiglanz stabiler als Zinkblende, da er sich mit dünnen Häutchen schwerlöslicher Bleisalze überzieht. Man sieht daher oft sulfidische Bleierze in karbonatischem Zinkerz eingebettet. Die Blei-Oxydationsminerale Cerussit und Anglesit sind schwer löslich und bleiben daher im Hut, während das Zink nur z.T. als roter Galmei in der unmittelbaren Oxydationszone verbleibt, zum großen Teil aber gelöst in die Tiefe wandert und sich dort als weißer Galmei wieder abscheidet. Solche nicht-sulfidischen Verwitterungserze tragen zur Zinkversorgung nicht unwesentlich bei (LARGE 2001). Sie sind bergbaulich wegen der besonders wirtschaftlichen Aufbereitbarkeit durch Laugung sehr attraktiv. Die höhere Mobilität von Zn wirkt sich auch für die geochemische Prospektion aus, da die Pb-Spurenhöfe um Lagerstätten sehr viel kleiner sind als jene von Zn. Selten ist eine sekundäre Anreicherung von Zn in Form von Sphalerit durch die Einwirkung sulfatreduzierender Bakterien (BAWDEN et al. 2003).

Blei- und Zinklagerstätten gibt es in folgenden genetischen Gruppen, nach wirtschaftlich abnehmender Bedeutung gereiht:

- syngenetisch-hydrothermale Sedex-Lagerstätten (Meggen, Rammelsberg, ?Mt. Isa: s. Kupfer, sowie Broken Hill, beide Australien)
- schichtgebundene, syn- und epigenetische, niedrig-temperierte hydrothermale Lagerstätten in Karbonaten (Mississippi Valley Typ, irischer Typ, alpiner Typ, salzdiapirgebundene Erze)

- schichtgebundene, epigenetisch-hydrothermale Lagerstätten in klastischen Sedimenten, z.T. diagenetisch (Imprägnationslagerstätten in Sandstein: Jinding/China, Laisvall, Aachen; als Beiprodukt im Kupferschiefer), z.T. prograd-metamorphogen (zentralafrikanischer Kupfergürtel)
- vulkanogene Lagerstätten (Kuroko Typ, Zypern Typ, Iberischer Pyritgürtel)
- kontakt-metasomatische (hoch-temperierte hydrothermale) und Skarnlagerstätten (Trepča/Serbien, Leadville/Colorado)
- Ganglagerstätten in diverser geologischer Umgebung (mit vorwiegend Quarz: Freiberg, Oberharz, Abb. 24; karbonatische Gangart: Przibram/CZ; mit Flußspat und Baryt: Schwarzwald: Abb. 18)
- Verwitterungslagerstätten (Pb-Karbonat in situ, z.B. Magellan Mine/Westaustralien; nicht-sulfidisches Zn meist deszendent verlagert).

Sedimentär-exhalative Buntmetall-Lagerstätten wurden nun schon mehrfach beschrieben (s. Sedimentäre Lagerstätten, Kupfer). Interessant ist die wechselnde Metallführung, so Zn-Pb-Cu-Ag im Rammelsberg und in Mt. Isa, wo das Cu allerdings unabhängig von Pb-Zn angereichert wurde (Abb. 68), aber nur Zn-Pb-Ag in HYC und Broken Hill/Australien und fast ausschließlich Zn und Pyrit neben Baryt in Meggen. Zweifellos reflektiert dies verschiedene Verfügbarkeit, Fluidchemismus und Ausfällungsbedingungen der jeweiligen Metalle, doch ist dieser Aspekt für einzelne Lagerstätten nicht immer klar.

Die Blei-Silber-Zink-Lagerstätte *Broken Hill* in New South Wales/Australien enthielt insgesamt etwa 200 Mt Erz mit einem durchschnittlichen Metallgehalt von 25%. Broken Hill liegt in kristallinen Gesteinen des Willyama Blockes, welche um 1600 Ma bis zur Granulitfazies metamorphosiert und verfaltet wurden. Die Gesteine im Lagerstättenbereich werden als „Mine Sequence" bezeichnet; darüber liegt infolge der antiklinalen Lage der Lagerstätte beiderseits granitischer Hangendgneis. Die Mine Sequence umfaßt Granitgneis, Amphibolit, Potosi-Gneis (vermutlich saure Meta-Vulkanite), gebänderte Eisenformationen (BIF mit hohen Gehalten von Pb, Zn, Mn und P) und andere Exhalite, Sillimanitgneis (Meta-Pelit) und den Lagerhorizont mit den Sulfiderzkörpern. Im Lagerhorizont gibt es Mn-reiche Granatquarzite, Lagen von blauem Quarz mit Gahnit ($ZnAl_2O_4$) und die stratiformen Lagerpegmatite mit grünlichen Feldspäten, welche bis 1% Pb führen. Alle diese Gesteine und die Erze haben Granulit-Metamorphose erlitten. Broken Hill ist deshalb das berühmteste und größte Studienobjekt für die Wirkung hochgradiger Metamorphose auf Sulfiderze. Bemerkenswert ist die Mobilisation der Sulfide, die auf wenige bis etwa 100 Meter Entfernung beschränkt ist.

Die Erzkörper bestehen aus Galenit und Fe-reichem Sphalerit, weiter Silbererzen, Pyrrhotin, Chalcopyrit und Arsenopyrit. Gangarten sind Quarz, Kalzit, Ca-Fe-Mn-Silikate, Granat, Fluorit, Gahnit und Wollastonit. Die Erzkörper haben unterschiedliche Paragenese: die „Zinklager" z.B. führen fast ausschließlich Zn-Erze. Die Entstehung der Lagerstätte wird auf submarine, syngenetische Exhalation metallführender Hydrothermen zurückgeführt. Möglicherweise wurden dabei die Erze unter dem Meeresboden gebildet, darüber die Exhalite (Parr et al. 2004). Die sedimentäre Fazies und der bimodale Vulkanismus (ca. 1690 Ma) weisen auf ein ensialisches Rift hin, das möglicherweise so großen Tiefgang hatte, daß auch Fluide aus dem Mantel mobilisiert wurden. Ein großräumiges Modell dazu, mit besonderer Betonung der Rolle von Playasee-Evaporiten, haben Cook & Ashley (1992) vorgestellt.

Niedrig-temperierte hydrothermale ***Blei-Zink-Lagerstätten in Karbonaten*** sind eine sehr vielfältige Gruppe, welcher eigentlich nur die karbonatischen Nebengesteine und hydrothermale Entstehung gemeinsam sind. Einige allgemeine Merkmale sind: Weit überwiegend paläozoisch-mesozoisches Alter, Lage in mächtigen Plattform-Karbonatserien, Kontrolle durch paläogeographische Faktoren, durch bestimmte lithologische Horizonte und durch Störungen sowie vielfältige Formen der Erzkörper (schichtig, gebändert, Gänge, als Matrix in Brekzien, Füllung offener Hohlräume, metasomatische Verdrängung). Die Paragenese umfaßt neben eher akzessorischen anderen Mineralen Galenit, Sphalerit und karbonatische Gangart. Die Nebengesteine sind meist dolomitisiert, oft auch zu „Jasperoid" verkieselt. Schwefelisotopendaten belegen in der Regel eine Ableitung des

Schwefels von Meerwassersulfat, zumeist wohl durch bakterielle Reduktion. Nach den wichtigsten Vertretern dieser Gruppe wurden verschiedene Typen benannt, da die Entstehung solcher Erze unterschiedlich gedeutet werden muß. Für alle gilt aber *ein gemeinsames negatives Merkmal*, nämlich das Fehlen magmatischer Prozesse, welche für die Entstehung der Lagerstätten verantwortlich gemacht werden könnten. Als *gemeinsames Positivum* kann festgehalten werden, daß Verwitterung solcher Erze zur Bildung wirtschaftlich interessanter Calamin-Lagerstätten führen kann und daß Altbergbaue wegen der karbonatischen Umgebung kaum saure Bergbauwässer produzieren. Damit ist die Gefahr von Schwermetallkontamination im Abstromgebiet naturgegeben sehr reduziert.

Pb-Zn-Lagerstätten vom *Mississippi Valley Typ (MVT)* wurden schon früher beschrieben (Diagenetische Lagerstätten, Abb. 47). Sie sind epigenetisch-hydrothermal aus diagenetischen Lösungen entstanden, welche oft mit Erdöl- bzw. Formationswässern verglichen werden. Einzelne Distrikte und Erzkörper sind durch permeable Gesteine und durch Strukturen kontrolliert, welche den Lösungsstrom fokussiert haben. Dazu gehören beispielsweise Auslaugungshohlräume, die an Karstschläuche erinnern (Abb. 39). Ähnlich dürften die polnischen Lagerstätten vom *schlesischen Typ* entstanden sein (Haijlen et al. 2003, Abb. 37).

Blei-Zinklagerstätten vom alpinen Typus sind Bleiberg-Kreuth (Österreich), Miess (Mezica, Slovenien), Raibl (Cave de Predil) und Salafossa (Italien) sowie eine große Anzahl kleiner Vorkommen in den nördlichen Kalkalpen Österreichs und Bayerns. Immer ist diese Vererzung an mittel-triadische Gesteine gebunden; in verschiedenen Lagerstätten sind jedoch unterschiedliche Horizonte bevorzugt. Das wahrscheinlichste genetische Modell ist eine *epigenetisch-hydrothermale Enstehung* noch während der Trias mit teilweiser Exhalation der Lösungen am Meeresboden, in Zusammenhang mit tektonischer Dehnung einer marinen Plattform, tiefgreifenden hydrothermalen Konvektionssystemen an den resultierenden Störungen, und erhöhtem Wärmestrom aus dem Mantel. Damit sind auch die distalen vulkanischen und intrusiven Zeugen am besten einzuordnen. Die meisten dieser Lagerstätten sind heute erschöpft.

Karbonatgebundene *Pb-Zn-Lagerstätten vom irischen Typ* liegen in Zentral-Irland an Störungen, an welchen eine unterkarbone Karbonatplattform über devonischem (Old Red) Sandstein und altpaläozoischen Metamorphiten dehnend beansprucht wurde. Diese Störungen haben hydrothermale Konvektionssysteme ermöglicht, deren allmähliches Tiefergreifen bis ins präkambrische Grundgebirge (Abb. 71) durch Bleiisotopenanalysen deutlich wird: Das Blei der stratigraphisch tiefsten, also der frühen Erzkörper, ist sehr radiogen, während höhere und damit jüngere Erzkörper weniger radiogene Isotope enthalten. Die Schwefelisotope belegen fast ausschließlich bakteriogen reduzierten Meerwasserschwefel, weshalb Fallick et al. (2001) kurz feststellen: *„no bacteria, no giant ore deposit“*. Die Erzkörper enthalten unterschiedliche Anteile von Cu-Ag-Pb-Zn und Baryt. Sie sind z.T. exhalativ-sedimentär (konkordante Erzkörper in Silvermines: Boyce et al. 2003, Abb. 70), zumeist aber klar epigenetisch in Brekzien und Gängen, die einige hundert Meter unter dem Meeresboden gebildet wurden (Reed & Wallace 2004). Da das Blei der Lagerstätten weit überwiegend aus dem altpaläozoischen Grundgebirge stammt, ist eine Bildung durch tief absinkendes Meerwasser während der unterkarbonen Beckenbildung und synsedimentären Dehnung am wahrscheinlichsten (Everett et al. 2003, Abb. 71). Bezogen auf die Fläche sind die irischen Lagerstätten die größte Zink- und die zweitgrößte Pb-Konzentration der Erde. Die größte Metallkonzentration enthält Navan (>70 Mt Zn+Pb). Die Lagerstätte Silvermines (Abb. 70) ist mit 18 Mt Erz zu 9% Zn+Pb und 23 ppm Ag deutlich kleiner.

Pb-Zn-Lagerstätten an Salzdiapiren bzw. durch Laugenmigration gebildet wurden ebenfalls früher eingeführt (Diagenetische Lagerstätten). Bekannt sind Beispiele aus Nordafrika, dem zen-

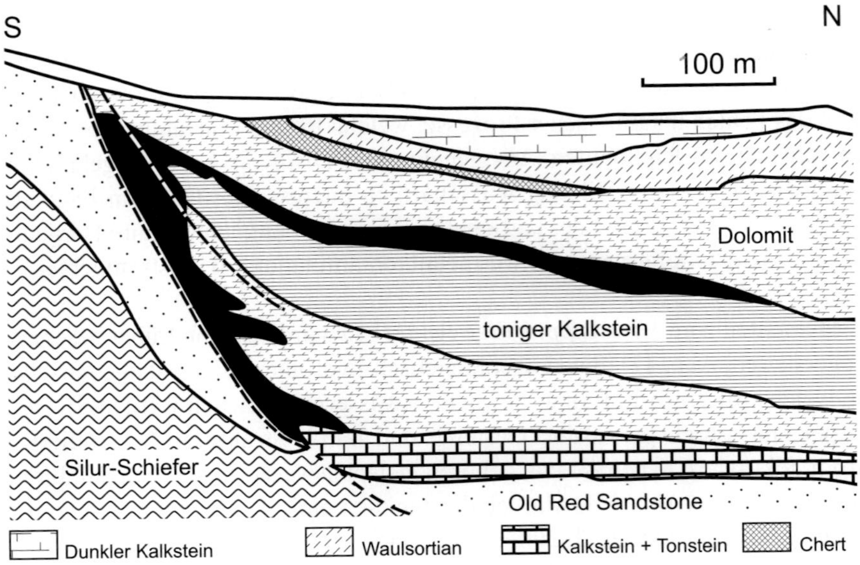

Abb. 70. Geologisches Profil der Zn-Pb-Ag-Lagerstätte Silvermines/Irland, mit störungsgebundenen, quergreifenden und schichtgebundenen Erzen in unterkarbonem Kalkstein und Mergel (JOHNSTON 1999). Erzkörper mit Zn-Pb-Ag-Baryt schwarz, Waulsortian bezeichnet stromatolitische Riffkalke.

tralafrikanischen Kupfergürtel und dem Golfgebiet der USA. In den nordafrikanischen Maghreb-Staaten (Marokko, Algerien, Tunesien) findet man sowohl stratiforme Lager wie auch Karst- und Ganglagerstätten, welche bevorzugt an Aufbrüchen der Trias-Evaporite liegen (ROUVIER et al. 1985). Die vererzten Formationen sind in Marokko vorwiegend der Jura, in Algerien und Tunesien die Kreide, seltener Tertiär. Besonders interessant ist in Marokko *Aouli* mit silberhaltigen, komplexen Pb-Zn Gängen im Grundgebirge und gleichgerichteten, in der Fortsetzung liegenden stratiformen, einfacher zusammengesetzten Erzkörpern im darüber liegenden Jurakalk von *Mibladen.* Lange Zeit wurden die meisten dieser Lagerstätten exogen und deszendent oder syn-sedimentär gedeutet, nun überwiegen hydrothermal-epigenetische Modelle. Wichtig erscheint hier der Querverweis auf die mitteleuropäische Pb-Zn-Ag Vererzung in Grundgebirge und Deckgebirge, welche heute ebenfalls auf *ein* metallogenetisches System unter Einbeziehung evaporitischer Formationswässer zurückgeführt wird (JOCHUM 2000).

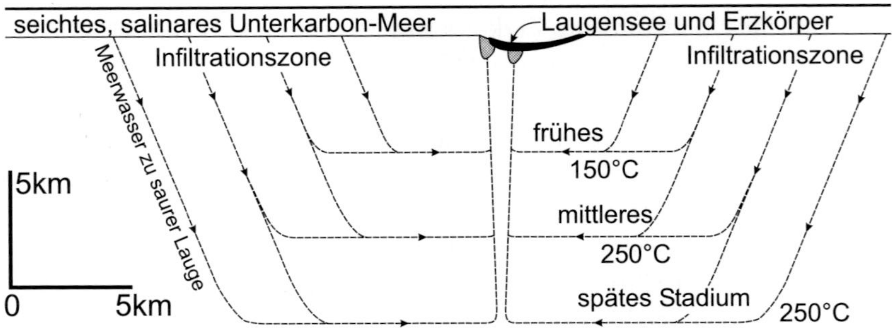

Abb. 71. Schema der Meerwasser-Konvektion an tiefgreifenden Störungen in den Irish Midlands, während der Bildung der großen Pb-Zn-Ag-Lagerstätten im Unterkarbon (EVERETT et al. 2003).

Vulkanogene Zn-Pb-(Cu-Au)-Lagerstätten wurden bereits früher vorgestellt (Kuroko-Typ: Vulkanogene Lagerstätten, Abb. 27; Zypern-Typ: Lagerstätten der Ophiolithe, Kupfer; Iberischer Pyritgürtel: Kupfer). Solche Lagerstätten haben in der Regel mehr Zn und Cu als Pb.

Imprägnationslagerstätten in Sandstein haben nur selten wirtschaftliche Bedeutung, sie sind aber genetisch sehr interessant. Europäische Beispiele gibt es in Schweden (Laisvall und Vassbo), in Deutschland (Maubach und Mechernich) und in Frankreich (L'Argentière). In all diesen Fällen schwankte die Interpretation zwischen exogen-syngenetischer Zufuhr und epigenetisch-hydrothermaler Platznahme nach der Ablagerung der Sande. Auf Grund verschiedener Argumente muß das zweitgenannte Modell gelten, wobei Herkunft und Eigenschaften der hydrothermalen Lösungen jenen der MVT-Lagerstätten sehr ähnlich sind. Die weltweit größte Zn-Pb-Lagerstätte dieser Gruppe ist Jinding, Yunnan, China, mit rund 220 Mt Erz (Kyle & Ning 2002).

Im unmittelbaren Vorland der kaledonischen Überschiebungsfront in Schweden liegen die Lagerstätten *Laisvall und Vassbo* neben Hunderten ähnlicher Vorkommen. Diese Provinz ist etwa 100 km breit und über 2000 km lang. Die Erzträger sind Quarzite und Sandsteine der Laisvall-Gruppe, einer auf Kristallin transgressiven Gesteinsserie eokambrischen bis kambrischen Alters, die z.T. noch in die tiefsten kaledonischen Decken miteinbezogen ist. Als Gleithorizont haben die mittel-kambrischen Alaunschiefer gedient. Die Paragenese besteht aus Galenit, Sphalerit, Pyrit, Baryt, Kalzit, Fluorit und Serizit. Die Erze verdrängen die Matrix der Sandsteine oder bilden poikiloblastische Kristalle. Die Erzkörper sind flözartig, wobei sowohl eine lithologische Kontrolle durch feldspatreiche Sande und einschließende impermeable Schiefer wie auch eine tektonische Kontrolle durch die Deckenüberschiebungen vorliegt. Der Erzinhalt von Laisvall vor dem Abbau wird auf 60 Mt Erz mit 4% Pb geschätzt; damit war Laisvall bis zur Schließung 2002 die größte europäische Bleilagerstätte. Die Lösungen hatten eine Temperatur von ca. 150°C und 23–26% Salzgehalt; Blei-Isotopenanalysen ergaben anomales Pb vom J-Typ. Die Entstehung der Lagerstätten wird durch Austreibung von „Formationswässern" durch Metamorphose unter den vorrückenden kaledonischen Decken erklärt (Grenne et al. 1999).

Kontaktmetasomatische hoch-temperiert hydrothermale und ***Skarn-Pb-Zn-Ag-Lagerstätten*** liegen bevorzugt an aktiven Kontinentalrändern und dort im Kontaktbereich von Granitoiden vom I-Typ. Sie sind in der Regel silberreich, weshalb hier auf das Kapitel „Silber" verwiesen sei.

Als europäisches Beispiel möge *Trepča* in Serbien kurz beschrieben werden. Paläozoische Karbonate werden hier von einem tertiären, subvulkanischen Trachytstock durchbrochen; die Erzkörper liegen dazu randlich, am Kontakt der Karbonate zu Serizitschiefern. Eine frühe, anhydrische Skarnbildung kann von der hydrothermalen Vererzungsphase getrennt werden. Die Erze sind massige Sulfide mit silberreichem Bleiglanz, Zinkblende mit über 12% Fe, Magnetkies und Pyrit. Spuren von As, Cu und Sb sind vorhanden. Gangarten sind Quarz, Karbonate und Baryt, insbesondere aber gibt es große Körper von Mn-Fe-Karbonaten. Die Lagerstätte enthielt ursprünglich rund 50 Mt Erz mit 6% Pb und 4% Zn.

Ganglagerstätten von Blei und Zink haben heute nur geringe wirtschaftliche Bedeutung, da die Gewinnungskosten im Verhältnis zu anderen Lagerstättentypen hoch sind. Im alten Bergbaurevier des Oberharzes wurde zuletzt bis 1994 bei *Bad Grund* Erz aus dem Silbernaaler Gangzug gewonnen.

Die Oberharzer Gänge sind Teile eines spät- bis post-orogenen, steil einfallenden Störungssystemes von Schrägabschiebungen, welche allgemein parallel zum Harznordrand liegen; das ist die „herzynische" Richtung (NW–SE). Die Störungen bewirken Versatz bis zu einigen Hundert Metern. Wo sie nach NW ins Perm verfolgt werden können, sind nur geringe Verstellungen belegt. Es gibt 19 solcher Bruchzonen, mit einer Länge bis 20 km und einer Mächtigkeit bis 70 m. Die Flächen sind wellig gebogen; Teile davon führen reiche Pb-Ag-Zn-Erze (Abb. 24). Die Nebengesteine der Oberharzer Gänge sind überwiegend Grauwacken und Kulm-Tonschiefer. Sie sind an den Gängen hämatitisiert, verkieselt, dolomitisiert oder ankeritisiert. Die Gangfüllung ist lagig bis drusig; folgende schematische Abfolge gilt allgemein: I. Nebengesteinsalteration, Siderit und etwas Chalkopyrit; II. kräftige Öffnung der Gänge und Absatz von Quarz, Sphalerit und wenig Galenit, Kalzit (u.a. Kokardenerze); III. vor allem Galenit, Silberminerale, weniger Sphalerit, mit Siderit, Quarz, Dolomit, Baryt und Kalzit; IV. lokal Drusen mit verschiedenen Sulfiden und Gangarten. Die Zinkerze der Phase II liegen gewöhnlich in der Gangmitte, die Bleierze (III) eher randlich. Die Lagerstätte Bad Grund lieferte bis zur Schließung rund 1Mt Pb, 2000 t Ag und 500.000 t Zn. Beträchtliche Vorräte sind noch bekannt.

Die Entstehung der Oberharzer Gänge ist nicht vollständig geklärt. Die tektonische Anlage beruht wohl auf spät-orogener, variszischer Relaxation. Blei- und Schwefelisotopen weisen auf eine Herkunft der Metalle aus den unterlagernden Gesteinen bzw. aus Nebengesteinen hin. Möglicherweise besteht ein Zusammenhang mit dem thermischen Ereignis an der Karbon/Perm-Wende, das auch die Intrusion von Harzburger Gabbro und Brockengranit bewirkte. Die früher vermutete direkte Ableitung aus dem Granit ist jedoch sehr unwahrscheinlich. Hohe Elektrolytgehalte der Flüssigkeitseinschlüsse lassen an eine Verwandtschaft zur saxonischen bzw. post-variszischen Mineralisationsphase denken, wobei der deszendente Ast der Konvektionssysteme durch die überlagernden permischen Evaporite geprägt wäre. Datierung von Alterationsmineralen deutet auf zumindest eine hydrothermale Aktivitätsphase während der oberen Trias hin (Schneider et al. 2003).

Die bergbauliche Produktion von Zink (ca. 9 Mt/Jahr) und Blei (2,7 Mt/Jahr) zeigt nur geringes Wachstum. *Reserven und Ressourcen* von Blei sind sehr groß; Australien, USA und Kanada stehen an der Spitze der Liste. Hauptproduzenten sind Australien, China, USA, Kanada und Mexico. Etwa 63% des Weltverbrauches von Pb (6,5 Mt/a) werden durch Recycling abgedeckt, ebenso ein beträchtlicher Teil des Zn-Bedarfs. Die Primärproduktion schwankt erheblich, da Blei überwiegend als Nebenprodukt von Ag- und Zn-Bergbau anfällt. Auch die Zinkressourcen sind sehr groß, insbesondere in Kanada, USA, Australien, Südafrika und in der GUS. Die größten Produzenten sind China, Australien, Peru und Kanada. Die *Suche nach Blei und Zink* ist durch die breite Anwendung geochemischer und geophysikalischer Methoden charakterisiert.

Zinn

Erzminerale:

Zinnstein (Kassiterit)	SnO_2	78%Sn	D = 6,8–7,1
Zinnkies (Stannit)	Cu_2FeSnS_4	27%	4,4

Die Kristallformen des Kassiterites sind für verschiedene Lagerstättentypen sehr charakteristisch. Bipyramiden und kurzsäulige Kristalle findet man in Pegmatiten, Greisen und hoch-hydrothermalen Gängen, lange Säulen und Nadeln in hydrothermalen Lagerstätten mittlerer Temperatur, und das glaskopfartige „Holzzinn" schließlich in oberflächennahen Gängen in Rhyoliten. Kassiterit enthält gewöhnlich Anteile von Fe, Ti, Nb, Ta, Zn, W, Mn, Sc etc., die z.T. bei der metallurgischen Verarbeitung abgetrennt und gewonnen werden. Zinnkies ist als Zinnerz mit Ausnahme von Bolivien bedeutungslos, jedoch in fast allen Zinnlagerstätten vorhanden.

Bauwürdige Zinngehalte im Erz primärer Lagerstätten betragen meist 0,3 bis 1,2% Sn, während Seifen bis unter 0,01% Sn wirtschaftlich genutzt werden können. Zinnstein wird bei genügender Korngröße durch einfache gravitative Aufbereitungsmethoden angereichert. Sehr feines „Staubzinn" und komplexe Sulfosalze mit Zinnkies verlangen höhere Investitionen für die Aufbereitungsanlagen und bewirken große Aufbereitungsverluste (bis 50%).

Die Verwendung von Zinn ist durch eine Kombination günstiger Eigenschaften äußerst vielfältig. Zinn ist ein ungiftiges, weiches, bei niedriger Temperatur schmelzendes Metall, dessen Eigenschaften sich durch Legierung sehr gut beeinflussen lassen. Die frühesten Funde von Bronze (Sn mit Cu) stammen aus Mesopotamien (ca. 3500 A.C.); Lötzinn (Sn mit Pb) war schon den Römern bekannt.

Messing (Sn mit Zn) sowie Legierungen mit Al, Si, Sb u.v.a. sind neueren Datums. Zinn-Zirkonlegierungen werden für bestimmte Reaktorbauteile verwendet. Der größte Teil der Zinnproduktion wird für Verzinnung verwendet, vor allem für Behälter von Lebensmitteln und Getränken sowie für die Herstellung von bleifreien Lötlegierungen. Zinnlegierungen finden sich in einer großen Zahl von Gegenständen des täglichen Lebens (Elektrogeräte, Fahrzeuge, Maschinen, Metallteile in Gebäuden). Zinnchemikalien reichen von SnF in Zahnpasta über das Amalgam (Ag, Cu, Zn, Sn, Hg) der Zahnmedizin bis zu Füllstoffen in Plastik und zu ungiftigen Holzschutzmitteln. Insgesamt ist Zinn das Metall mit den vielfältigsten Anwendungsgebieten.

*Das **geochemische Verhalten von Zinn*** ist ausgeprägt inkompatibel und lithophil. Ultramafite enthalten im Durchschnitt 0,15 ppm (Jochum et al. 1993), mafische Gesteine 1,2 ppm und saure magmatische Gesteine 3,5 ppm Sn. Diese Spurengehalte sind zum größten Teil in Magnetit, Ilmenit, Titanit, Granat und Glimmern enthalten. Daraus kann Sn durch reduzierte, saure, chloridische oder fluoridische Fluide mobilisiert werden, die sich während der Kristallisation spezialisierter saurer Magmen bilden. Dies wird durch Reaktion mit C-führenden, pelitischen Nebengesteinen unterstützt. Hochfraktionierte Granitschmelzen führen deutlich oft bis zum 50-fachen erhöhte Zinngehalte neben F, Li, B usw. Diese hohen Zinngehalte werden durch Fluidextraktion und Lagerstättenbildung erratisch verringert. Der geochemischen, mineralogischen und geologischen Charakterisierung solcher „Zinngranite“ sind viele Untersuchungen gewidmet (z.B. Breiter et al. 1999). Das Löslichkeitsverhalten von Sn in granitischen Schmelzen beschreiben Taylor & Wall (1992) sowie Linnen et al. (1996).

Zinngranite sind im geodynamischen Kontext primär an aktive Plattenränder gebunden, z.B. in der südostasiatischen Zinnprovinz (Burma-Indonesien), welche ca. 54% der bisherigen Weltproduktion geliefert hat (Schwartz et al. 1995), und im bolivianischen Zinngürtel (Lehmann et al. 2000). Charakteristisch sind jedoch auch die Zinnprovinzen von Kollisionsorogenen (europäisches Variszikum, afrikanische Kibariden: Pohl 1994, mesozoische Orogene der chinesischen Plattform: Abb. 9), wobei die Zinngranite in der Regel spät- bis postorogen auftreten. Drittens gibt es auch Zinnlagerstätten im Verband mit A-Typ-Granitoiden in anorogen mobilisierten Kratonen (jurassische Granite im Umfeld des Benue-Aulacogens/Nigeria, mittelproterozoische Granite der Provinzen Rondonia und Amazonas/Brasilien, vielleicht auch die Zinnporphyre des tertiären Dehnungsfeldes der Ostanden/Bolivien und Peru). Zinngranite sind zumeist vom S- oder HHP- bzw. Ilmenit-Typ. Allgemein wird aus diesen Beobachtungen geschlossen, daß das Zinn jedenfalls aus der kontinentalen Kruste stammen muß. Ein bestätigender Hinweis dafür ist neben den typischen hohen initialen Sr-Isotopenverhältnissen der meisten Zinngranite auch das Auftreten von Zinnlagerstätten in den Lebowa-Graniten des Bushveldes, die zeitgleich mit der basischen Intrusion aus der tiefen Kruste erschmolzen wurden. Zinngranite haben in manchen Provinzen viel Bor, so daß reichlich Turmalin auftritt, anderswo überwiegt Fluor. Mit den ersten (z.B. Kibariden, Bolivien, Cornwall) sind Sn-Brekzienschläuche und z.T. polymetallische Ganglagerstätten verbunden, während fluorreiche Systeme (z.B. Erzgebirge, Nigeria) eher Greisen und im Granit disseminierte Erze ausbilden (Lehmann et al. 2000).

Das vulkanische Äquivalent der fluorreichen Zinngranite sind *Topasrhyolite* („Ongonite“), die aus Mexiko, USA und der Mongolei beschrieben wurden. Mit solchen Gesteinen sind meist nur kleine Vorkommen von Holzzinn in Tuffen und anderen pyroklastischen Gesteinen verbunden. Topasrhyolite dürften aber in engem genetischem Zusammenhang mit vielen sehr wichtigen Playasee-Lagerstätten stehen (Li-Laugen, z.B. Searles Lake/Kalifornien; U in Playa-Tuffiten; Borate; Jod, usw. – Warren 1999).

In magmatischen Lösungen hoher Temperatur wird Zinn als reduziertes Sn^{2+} in Form chloridischer Komplexe transportiert, wobei mehr als 200 ppm Sn gelöst sein können (Heinrich 1990). Unter 350°C kann Zinn bei pH 2–7,5 u.a. auch als $Sn(OH)_2$ oder $Sn(OH)_4$ vorliegen. Die Bildung von Kassiterit erfolgt durch Zerstörung der metallführenden Komplexe, wobei plötzlicher Abfall von T und P sowie ein Anstieg der Sauerstoff-Fugazität und des pH durch hydrothermale Alteration der Nebengesteine verschiedentlich wirksam sind. Natürlich ist zur Bildung von SnO_2 Sauerstoff nötig, der aber nach folgenden Formeln aus dem Fluid selbst bezogen werden kann:

Präzipitation von Kassiterit aus hydrothermalen Lösungen

$$SnCl^{+} + 2H_2O = SnO_2 + Cl^{-} + 2H^{+} + H_2$$
$$4Sn(OH)_2 + CO_2 = 4SnO_2 + CH_4 + 2H_2O$$

Saure Alteration der Nebengesteine, also Greisenbildung, Serizitisierung, und bei geringerer Temperatur auch Kaolinisierung, ist deshalb für Zinnlagerstätten sehr typisch. Die Herkunft des Wasseranteils der zinnführenden Fluide granitischer Kuppeln ist zu Beginn meist rein magmatisch („juvenil"), während spätere Fluide zunehmend meteorisches („vadoses") Wasser führen.

Zinnstein ist gegen chemische *Verwitterung* sehr beständig und wird deshalb in eluvialen, alluvialen und marinen Seifen angereichert. Nur die mechanische Zerkleinerung beim Transport sowie Verdünnung durch andere Sedimente beschränken die Entfernung nutzbarer Seifen von der primären Lagerstätte. Meist wird die Bauwürdigkeitsgrenze bei wenigen km Abstand erreicht. Zinnkies hingegen wird rasch zersetzt, wobei Souxit (Varlamoffit, H_2SnO_3+aq), ein erdig-kolloidales „Mineral" entsteht.

Primäre Zinnlagerstätten umfassen wenige wirtschaftlich wichtige Typen (LEHMANN 1990). Dazu gehören:

- Granitgebundene Lagerstätten
  - apikale, hoch differenzierte Selten-Element-Granite (China, Abb. 9)
  - Greisenflöze in Granitkuppeln (z.B. Zinnwald)
  - Quarzgänge in und über Graniten (Rutongo, Abb. 10, 21; Cornwall, Abb. 25; Bolivien, Peru: Abb. 72)
  - Skarne/kontaktmetasomatische Erze in Karbonaten (Dachang/China)
  - Selten-Element-Pegmatite (Zentral- und Westafrika; Greenbushes/W-Australien)
- Zinnporphyre (Bolivien)
- Vulkanogen-hydrothermale Lagerstätten (Potosi/Bolivien, s. Silber).

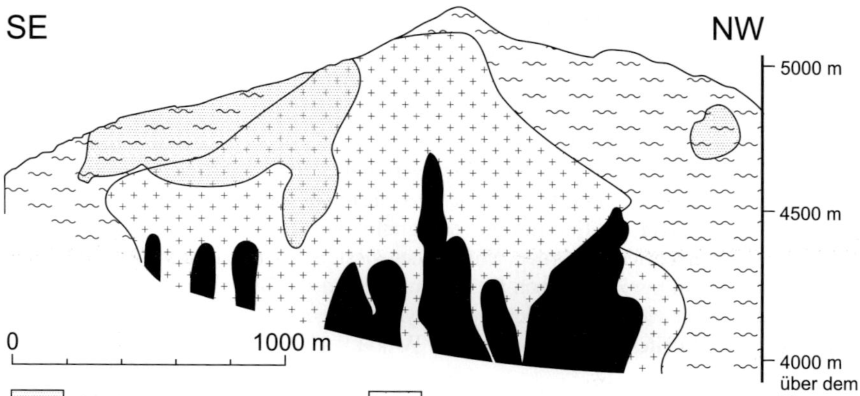

Abb. 72. Metallzonierung, Verteilung der bauwürdigen Flächen und Granit-/Schieferkontakt in einem Längsschnitt des San Rafael Ganges, Peru (MLYNARCZYK et al. 2003).

Interessant ist die Lokalisierung der Sn-Erze innerhalb des Granites, während die Cu-Erze überwiegend in den Schiefern des paläozoischen Daches abgebaut werden. Bemerkenswert ist die mit 1.200 m extrem große, vertikale Erstreckung der Vererzung.

Wichtig ist ferner *Zinn als Bei- oder Nebenprodukt* in manchen massigen Sulfiderzen. Viele Jahre lang kam die einzige Zinnproduktion Nordamerikas aus den Buntmetall-Lagerstätten Kidd Creek (Ontario) und Sullivan (B.C.). Ein aktuelles europäisches Beispiel wurde unter „Kupfer“ erwähnt: Neves Corvo in Portugal.

Für ***granitgebundene Lagerstätten*** ist neben Cornwall das klassische Zinnerzgebiet Europas das *sächsisch-böhmische Erzgebirge* (BREITER et al. 1999).

Es handelt sich um eine pultförmige Scholle (120 x 45 km) der variszischen sachsothuringischen Zone, bestehend aus präkambrischen bis altpaläozoischen Gesteinen, welche zuletzt um etwa 380 Ma (spätes Devon) gefaltet wurden. Das Erzgebirge und benachbarte Gebiete (Kaiserwald/Slavkovski les; Fichtelgebirge) wurden zwischen 330 und 290 Ma (spätes Karbon bis frühes Perm) von mehreren Granitgenerationen intrudiert. Die Batholite bestehen überwiegend aus frühen biotitischen Granodioriten und Monzograniten („Gebirgsgranit“), und jüngeren, kleineren Intrusionen von Topas-Biotit-Muskovit-führenden Syenograniten („Erzgebirgsgranite“). Die jüngsten Phasen der letzteren sind hoch spezialisierte, wegen ihrer Zinnwaldit-Führung sogenannte Lithiumgranite, die mit den Zinn-(und Wolfram-) Erzen in enger genetischer Verbindung stehen. Es gibt Greisenerze im Lithiumgranit, oft als Flöze ausgebildet (Zinnwald), ferner Gang-Greisenerze im älteren Granit, Kassiteritquarzgänge in den metamorphen Dachgesteinen und kleine Verdrängungserzkörper an Karbonaten.

Bekannte Greisen-Lagerstätten in Granitkuppeln des Erzgebirges sind Altenberg, Zinnwald/Cinovec und Krasno (Schönfeld-Schlaggenwald). Sn-W Gänge im Hangenden und Sn-Greisen innerhalb einer Granitkuppel wurden bei Ehrenfriedersdorf abgebaut. Die Entstehung von Greisen-Erzkörpern in Granitkuppeln wird seit langem durch die Sammlung aufsteigender spezialisierter Schmelzen und Fluide nach Art einer Fangglocke erklärt. Offenbar ist der Druck F-reicher Fluide relativ gering, weshalb die Vererzung überwiegend innerhalb der Granitkuppel stattfindet.

Ganglagerstätten: Das älteste Zinnbergbaugebiet Europas ist *Cornwall.* (s. Allgemeiner Teil). Wichtig ist die z. T. post-granitische Natur eines Teils der Vererzung (Fluidkonvektion durch HHP-Granite oder durch permischen Vulkanismus verursacht), und die Zonierung (Abb. 25). Eine ähnliche Zonierung mit Sn unten und Cu darüber zeigt die ungewöhnlich große (>1 Mt Sn-Metallinhalt) und reiche (4,7% Sn im Erz) Ganglagerstätte *San Rafael* in Peru, welche an einen spätoligozänen Granitstock gebunden ist (KONTAK & CLARK 2001, MLYNARCZYK et al. 2003; Abb. 72).

Zinnskarne und kontaktmetasomatische Erzkörper sind wirtschaftlich besonders bedeutend, da es sich um große Lagerstätten mit hohen Zinngehalten handelt. Wesentlich ist dabei das Zusammentreffen zinnführender Fluide eines fertilen Granites mit reaktionsbereiten Nebengesteinen im Dach. Ganz unterschiedliche Gesteine kommen hier in Betracht: Kalke, Dolomite, dolomitische Evaporite, Metabasalte, Ultramafite und sogar Schwarzschiefer. Distale Zinnskarne und Verdrängungserzkörper sind oft schichtgebunden. Vermutlich der größte Zinnbergbaudistrikt der Erde ist *Dachang*/Guanxi/China, wo mesozoischer Granit in devonischen Karbonaten und Kalkschiefern stratiforme Verdrängungserzkörper und Gangfelder erzeugte (Abb. 84, PASAVA et al. 2003, FAN et al. 2004a).

Die Erze von Dachang führen 0,8% Sn, 2% Zn und viel Pyrit; wichtige Nebenprodukte sind Pb und Ag. Die Ressourcen werden auf 100 Mt Erz geschätzt. Bereits die anhydrischen Skarnminerale (Granat, Pyroxen, etc.) einiger Lagerstätten enthalten hohe Zinngehalte, die eigentliche Zinnvererzung ist jedoch mit folgenden hydrothermalen Phasen verbunden. Dies ist ein wichtiger Hinweis darauf, daß die Entgasung und Fluidabgabe fertiler Zinngranite mehrphasig ist. Neben den Zinnerzen gibt es schichtgebundene Zn-Cu- und gangförmige W-Sb-Erzkörper.

Interessant sind die bolivianischen ***Zinn-Mantos***: das sind stratiforme Imprägnationen. In der Lagerstätte *Kellguani* liegen in unterdevonischen Tonschiefern und Quarziten 1–10 m (maximal 40 m) mächtige brekziierte Lagen mit Kassiterit und Pyrit, dazu etwas Siderit, Ankerit und Hämatit. Um die Erzkörper ist ein Hof von Turmalinisierung und Chloritisierung ausgebildet. Das Erz hat rund 0,5% Sn.

Zinnführende Pegmatite sind in der Regel eng mit spezialisierten Graniten verbunden. Im Vergleich zu hydrothermalen Ganglagerstätten sind sie tiefer entstanden, generell wohl in einem mesozonalen Intrusionsniveau. Überschneidung (telescoping?) wurde mehrfach bekannt (z.B. Musha/Rwanda: VARLAMOFF 1972), wo dann kassiteritführende Quarzgänge und Pegmatite in unterschiedlicher Altersfolge auftreten. Zinnpegmatite sind oft auf eine bestimmte Teilzone von Pegmatitfeldern beschränkt; VARLAMOFF hat das für die zentralafrikanischen Lagerstätten sehr schön dargestellt (Abb. 13). Zinnvererzung (z.T. auch mit Ta>Nb) gibt es dort nur in Pegmatiten mit Albit/Mikroklin, Spodumen, Muskovit, Lepidolith, Beryll und Quarz. Spurenelementgehalte der Muskovite mineralisierter Pegmatite unterscheiden sich von anderen sehr deutlich, besonders durch hohe Rb-Cs-Li-Sn-Gehalte. Wirtschaftliche Gewinnung von Zinnpegmatiten wird durch hydrothermale oder deszendente Kaolinisierung sehr begünstigt, da das resultierende weiche Gestein hydraulisch gewonnen werden kann und nicht unter hohem Kosten- und Energieaufwand gesprengt und zerkleinert werden muß.

Zinnporphyre sind den porphyrischen Kupferlagerstätten vergleichbar. Sie enthalten über 100 Mt Erz, allerdings mit Gehalten von nur 0,1–0,3% Sn, was zur Zeit für eine wirtschaftliche Gewinnung zu gering ist. Diese Klasse ist also eigentlich den geologischen Ressourcen zuzurechnen.

Entdeckt wurde sie im bolivianischen Zinngürtel (LEHMANN et al. 2000), wo einzelne Reicherzlagerstätten bisher über 500.000 t Sn geliefert haben (s.u.). Zinnporphyre sind subvulkanische, dazitische bis rhyodazitische Stöcke mit Phänokristallen von Quarz, Sanidin, Albit und Biotit, welche Brekziierung und hydrothermale Alteration erlitten haben. Letztere ist von innen nach außen zoniert: Turmalinisierung und Silifizierung im Kern werden nach außen von einer Turmalin-Serizitzone mit Kassiterit abgelöst; in der Umgebung folgt ein weiter Hof mit Propylitisierung. Einzelne Brekzienzonen mit höheren Kassiteritgehalten werden schon heute vielfach abgebaut. Ähnlich wie die porphyrischen Kupferlagerstätten sind auch die Zinnporphyre oft von einem Hof der oben erwähnten Reicherzlagerstätten umgeben. In Bolivien ist das die Gruppe der vulkanogenen Sn-Ag-Ganglagerstätten:

Diese ***vulkanogenen polymetallischen Zinnerzgänge*** sind in den östlichen Anden, überwiegend in Bolivien, entwickelt. Die Lagerstätten liegen zwischen den Städten Oruro und Potosi in tertiären, quarz-latitischen bis rhyolitischen Vulkanbauten, die oft in älteren Calderen situiert sind. Frühe, hochtemperierte (max. 530°C) Kassiterit-Quarzgänge werden von Sulfiderzen (Sn, Sb, Ag, Bi, Pb, Zn) mit den Gangarten Fluorit und Siderit sowie etwas Scheelit überprägt. Späte, kühlgebildete und erzarme Gänge führen Karbonate und Hydrophosphate. Viele dieser Lagerstätten sind durch hohe Silbergehalte ausgezeichnet und als Silberbergbaue bekannt (Cerro Rico de Potosi, s. Silber). Ein tieferes Niveau ist in San Rafael/Peru entwickelt, wo Stöcke von Monzograniten und Leucograniten von einem weiten Sn-Cu-Gangfeld umgeben sind (Abb. 72).

Die *Suche nach Zinnlagerstätten* ging ursprünglich von alluvialer Prospektion aus, indem das Entwässerungsnetz der geologisch definierten Hoffnungsgebiete systematisch beprobt und auf Vorkommen von Zinnstein untersucht wurde. Eluviale und ausbeißende primäre Lagerstätten waren danach leicht zu orten. Mit der Erschöpfung der leicht auffindbaren alluvialen Lagerstätten werden zukünftig durch Sedimente oder Vulkanite verdeckte Seifen größere Bedeutung erlangen (Abb. 73). Sehr effizient ist die geochemische Sn-Analyse von Sediment- und Bodenproben. Heute werden zunehmend gesteinsgeochemische Methoden verwendet, um Auftreten und Verteilung höffiger saurer Intrusionen zu erfassen. Verdeckte Zinngranitkuppeln werden mit geophysikalischen Methoden (z.B. Gravimetrie) lokalisiert und dann durch Bohrungen untersucht.

Wichtige *zinnproduzierende Länder* der Welt (ca. 200.000 t/Jahr) sind China, Indonesien, Peru, Brasilien, Bolivien, Australien und Malaysia, in Europa Portugal. Auch die Reserven, für Jahrzehnte ausreichend, entsprechen annähernd dieser Reihung.

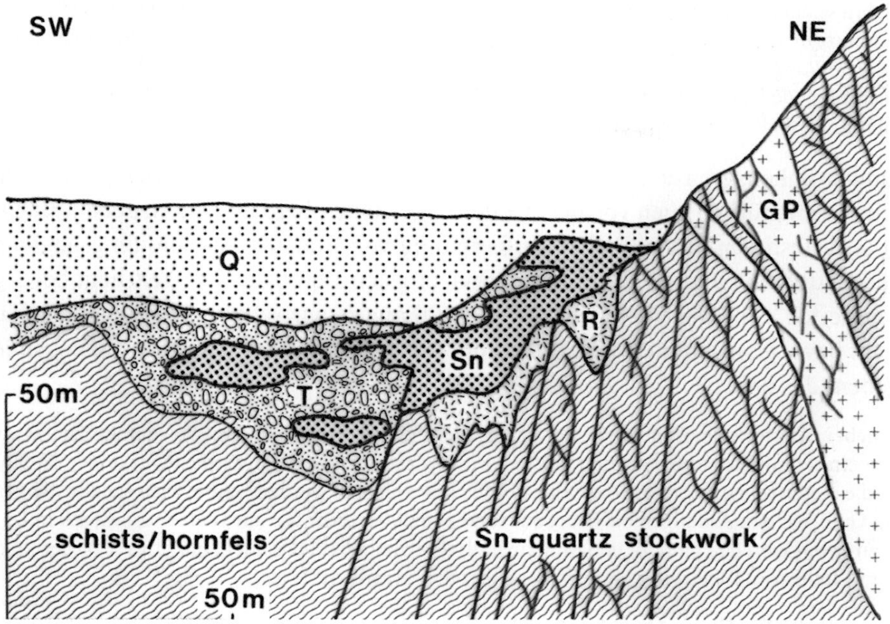

Abb. 73. Profil einer verdeckten Sn-Seife vom Escarpment-Typ in Nord-Jakutien (LAZNICKA 1985). Q = quartäre Alluvionen; T = tertiäre Kiessande; Sn = Zinn-Seife; R = Regolith, alte Böden; GP = Mesozoischer Granitporphyr.

III. Edelmetalle

Gold

Häufige Erzminerale:

Gediegen Gold	Au (Ag,Cu,Hg,Pd)	70–100% Au	D = 15–19,3
Sylvanit	$(Au,Ag)Te_4$	25	8,0–8,3
Calaverit	$AuTe_2$	42	9,3

Gediegen Gold enthält in der Regel 2–20% Silber (MORRISON et al. 1991), 0,1–0,5% Kupfer sowie geringe Anteile von Fe, Hg und Platinoiden. Schwarze Goldnuggets in Brasilien führen neben Cu bis zu 6% Palladium (Serra Pelada). Electrum ist Gold mit 20–50% Ag.

The beauty and the beast – working with gold and cyanide
AusIMM Bulletin 3/2003

Löslich ist gediegen Gold in KCN, NaCN und Hg, worauf die meisten Aufbereitungsprozesse beruhen. Dabei wurde früher das Freigold („free milling gold") durch Amalgamierung, heute jedoch meist durch Cyanid-Laugung, aus dem Erz gelöst und dann mittels Aktivkohle (früher auch Zink) ausgefällt, weiter konzentriert und erschmolzen. Mit der billigen Haufenlaugung (heap leaching) können auch sehr niedrige Goldgehalte bis 0,24 ppm (= g/t) wirtschaftlich gewonnen werden. Das gilt aber nur dann, wenn im Erz keine Cyanicide, also Cyanid-verbrauchende Bestandteile, vorkommen; das sind besonders S, Fe, Cu, As, Sb und Zn. Goldhaltige Sulfide und Telluride (sogenannte „refraktäre Erze") müssen i.A. durch Flotation und Rösten vorbehandelt werden, woraus sich höhere wirtschaftliche Grenzgehalte ergeben. Auch kohlige oder bituminöse Substanzen im Erz sind nachteilig. „Refraktäres" Gold ist oft in Form kleinster Einschlüsse (<10 µm) oder strukturell in Pyrit oder Arsenopyrit verborgen, wobei es durch Mahlung nicht mehr freigelegt werden kann. Röstung ermöglicht infolge Riß- und Porenbildung im resultierenden Eisenoxyd den Zutritt der Laugungsflüssigkeit. Neuerdings werden solche Erze mit hohen Konzentrationen von *Thiobacillus ferrooxidans* und *Leptospirillum ferrooxidans* versetzt, um die Sulfide zu oxydieren und das Gold für nachfolgende Haufenlaugung freizulegen. Die Verwendung von Cyanid kann bei Störungen zu Umweltschäden führen, weshalb weltweit nach Ersatz-Verfahren gesucht wird.

Die Bauwürdigkeitsgrenze von Golderz ist also einerseits von der Aufbereitbarkeit abhängig, andererseits aber natürlich auch von der Art der Lagerstätte (Tagbau, Untertagebau, Baggergewinnung von unverfestigten Seifen, Wiederaufbereitung von früheren Aufbereitungsabgängen, etc.). Der durchschnittliche Goldgehalt im Erz der wichtigsten Bergbaue der Welt liegt bei 3 g/t. Alluviale „Megaseifen" sind noch bei Gehalten von 200 mg/m^3 wirtschaftlich gewinnbar. Häufig wird das Gewicht bzw., genauer, die Masse von Gold (und Platin) in Unzen (Troy ounce, abgekürzt oz tr) angegeben, das sind 31,1034 g/oz tr.

Gold ist neben Kupfer sicherlich eines der ersten Metalle, das vom Menschen bewußt aufgesucht wurde. Die älteste Karte eines Goldbergbaues stammt aus der 19. Dynastie Alt-Ägyptens, nachdem in der 12. Dynastie um 2000 v.Chr. die ersten schriftlichen Hinweise auf Gold aufgezeichnet worden waren. Man schätzt die gesamte Produktion von Gold seit den Anfängen bis heute auf rund 130 000 t, das wäre ein Würfel von ca. 20 m Kantenlänge. Gold war immer ein Wert-, Schmuck- und Münzmetall. Auch heute gilt das noch; nur etwa 12% der Jahresproduktion werden in Industrie, Elektronik und im Dentalbereich verarbeitet.

Der ***geochemische Charakter*** des Goldes ist ausgeprägt siderophil, untergeordnet chalkophil. Dementsprechend hoch sind die durchschnittlichen Gehalte in Eisenmeteoriten mit 1 ppm, in der Erdkruste dagegen nur 0,0025 ppm. In magmatischen Gesteinen sind die Goldgehalte wohl überwiegend von den Fe-Gehalten und der Sulfidführung abhängig, die magmatische Differenzierung spielt dagegen nur eine untergeordnete Rolle. Ultramafite haben durchschnittlich 0,004 ppm, Gabbros 0,007, Diorite 0,005 und Granite 0,003 ppm Au. Analysen verschiedener Minerale magmatischer Gesteine haben gezeigt, daß das Gold wechselnd in Sulfiden, Magnetit, Biotit, Pyroxen oder Hornblende maximal angereichert sein kann. Zweifellos kontrolliert die jeweilige mineralogische Bindung die für die Lagerstättenbildung notwendige Freisetzung, die besonders aus Sulfiden rasch und leicht erfolgt. In manchen Sedimenten ist Gold angereichert. Sandsteine und Konglomerate führen im Durchschnitt 0,03, Kohlenaschen bis 0,1 und Öl- bzw. Schwarzschiefer bis 2 ppm Au. Auch die Sulfide der hydrothermalen Felder mittelozeanischer Rücken bzw. der Zypern-Typ-Lagerstätten enthalten bis zu 8 ppm Au. Das Gold/Silber-Verhältnis in der Erdkruste ist ~1:10, und des gleichen Ionenradius wegen sind Gold und Silber in vielen Mineralen austauschbar. Allerdings gibt es keine Sulfidminerale des Goldes; es bildet aber neben den häufigen Telluriden auch Antimonide, Selenide und Wismuthide. Goldgehalte in Sulfiden (bis einige 100 ppm) sind z.T. als sub-mikroskopische Einschlüsse zu erklären, teilweise wird das Gold aber auch in das Kristallgitter eingebaut.

Unter Oberflächenbedingungen ist Gold bekanntlich sehr schwer löslich. Genauer, es hat von allen Metallen im Kontakt zu Gasen oder Flüssigkeiten die geringste Reaktivität gegenüber Atomen oder Molekülen; deshalb ist es das edelste aller Metalle (Hammer & Norskov 1995). Die Bildung großer Nuggets aus feinem Berggold (Youngson & Craw 1993), die häufigen idiomorphen und unbeschädigten Goldkristalle junger Seifen und die Konzentration von Gold in Laterit, Bauxit und in der Zementationszone unter eisenen Hüten (Gossans) belegen aber zweifelsfrei die oberflächennahe Wanderung von Gold (I) bzw. (III) -Komplexen in Lösung oder mit Fe-Mn-Kolloiden. Gesteuert wird diese Löslichkeit durch die Verfügbarkeit von Cl, B, J, durch pflanzliche Cyanide sowie durch Eh und pH. Dabei spielen in den Tropen humose Säuren (insbesondere Fulvosäuren: Bowell et al. 1993) und Abbauprodukte organischer Substanzen (Carbonyl CO, NH_3, HCO_3) eine wichtige Rolle. Infolge der höheren Löslichkeit von Ag, Cu und Hg sind Zementations- und Seifengold gewöhnlich reiner als primäres Berggold. Die Ausfällung wird z.T. durch Reduktion an Bakterienfilmen erklärt (z.B. *Pedomicrobium* in den Seifen Alaskas: WATTERSON 1992). Goldpartikel in Seifen enthalten häufig sub-mikroskopische Einschlüsse von opaken Mineralen, die charakteristische Paragenesen bilden, welche genetischen Typen und damit bestimmten Herkunftsgebieten zugeordnet werden können (LEAKE et al. 1993).

In hydrothermalen Lösungen ist Gold nicht ionar gelöst, sondern bildet Komplexe mit Cl und S. Solche Fluide führen neben H_2O meist auch CO_2 (selten ist $CO_2 >> H_2O$: SCHMIDT-MUMM et al. 1997), das eine wichtige Rolle als pH-Puffer spielt (PHILLIPS & EVANS 2004). Typische NaCl-Gehalte sind eher niedrig, pH gering sauer bis neutral, E_h gering negativ, was durch die charakteristischen Fe^{2+}-Minerale (Pyrit) der Gänge und Alterationszonen belegt ist. Die Abscheidung des Goldes aus den Fluiden wird bei Transport in Thiokomplexen durch Temperaturabfall und Verringerung der Schwefel-Aktivität (Kochen, Sulfidbildung, etwa durch Reaktion mit Fe-reichen Nebengesteinen, Verdünnung, Oxydation) verursacht. Experimente zur Löslichkeit von Gold bei den hohen Temperaturen (ca. 550–725°C) magmatischer oder metamorpher Fluide (LOUCKS & MAVROGENES 1999) haben ergeben, daß unter überkritischen Bedingungen der Thiokomplex $AuHS(H_2S)_3°$ Träger hoher Goldgehalte der Lösungen ist. Da die Buntmetalle Pb, Zn und Cu in Lösungen mit reduziertem Schwefel nicht in nennenswerten Mengen transportiert werden können, ist dies als wesentlicher Grund für das häufige Auftreten reiner Goldlagerstätten festzuhalten. Das wichtigste Agens für die Ausfällung des Goldes ist dann Druck- oder Temperaturabfall. Bei geringen S-Gehalten, erkennbar an negativer Korrelation von Sulfid- und Au-Gehalten in vielen Lagerstätten, sind Chlor-Komplexe für den Transport von Gold dominierend. Dann wird Gold ausfallen, sobald Temperatur und/oder Chlor-Aktivität sinken, oder durch Entgasen von CO_2 der pH-Wert rasch steigt.

Adsorption des Goldes an Sulfidmineralen (Pyrit, Galenit, Sphalerit, Chalcopyrit, etc.) bzw. -Kolloiden ist ebenfalls ein häufiger Abscheidungsmechanismus. Jedenfalls werden bei der Bildung von Au°, also von gediegen Gold, auch Reduktions-/Oxydationsprozesse wirksam sein, da Gold als Au^+ oder Au^{3+} transportiert wird. Dies wird oft durch Konzentration von Gold am Kontakt mit reduzierendem Material deutlich (z.B. Schwarzschiefer: MATTHÄI et al. 1995, Kupferschiefer: PIESTRZYNSKI et al. 2002). Beim Ausfließen goldführender Lösungen (hot springs deposits) an der Erdoberfläche spielt weiter die Kopräzipitation mit As-Sb-Sulfid-Gelen eine wichtige Rolle (Broadlands/Neuseeland).

Die ***Genese primärer Goldlagerstätten*** läßt sich nach plutonischen, vulkanischen und metamorphen Prozessen einteilen. *Sekundäre Goldlagerstätten* entstehen durch Verwitterung und Bodenbildung (Laterit-Typus: *Boddington*/West-Australien) oder nach Transport durch Anreicherung in fluviatilen und marinen Seifen, welche sehr alt (*Witwatersrand*/Südafrika: Archaikum) bis sub-rezent gebildet sein können. Die extrem niedrigen Goldgehalte in den meisten Gesteinen haben zu Vermutungen geführt, daß Goldlagerstätten ihre Bildung oft einer Reihe aufeinanderfolgender geologischer Prozesse verdanken, deren letzter alleine für eine vollständige Erklärung nicht ausreicht. Deshalb werden sie manchmal nach dem geologischen Milieu, nicht nach genetischen Prozessen, unterschieden. Ähnliches gilt für den zunehmenden Gebrauch der Bezeichnung „orogene Goldlagerstätten", welche als Produkte regionaler Fluidsysteme während der Gebirgsbildung aufgefaßt werden (z.B. GOLDFARB 2002). Hier sollen aber in der folgenden Beschreibung von Goldlagerstätten doch genetische Kriterien im Vordergrund stehen (s. auch Abb. 1).

Plutonische Goldlagerstätten (LANG & BAKER 2001): Eine wichtige Entdeckung ist die Goldführung einer 60 m mächtigen Abfolge im klassischen Vertreter geschichteter basischer Intrusionen, nämlich in gebänderten Gabbros der sogenannten *Triple Group* der mittleren Zone der *Skaergaard-Intrusion* (ANDERSEN et al. 1998).

Gesucht hatte man eigentlich Platinmetalle, da in Ostgrönland sehr viele alttertiäre, geschichtete basische Intrusionen (und Flutbasalte) auftreten. Sedimentproben aus dem Entwässerungsnetz und in der Folge lithogeochemische Proben von Skaergaardgesteinen ergaben anomale Goldwerte, die rasch zur Entdeckung eines sulfidführenden, etwa 2 m mächtigen Bandes primärer Goldvererzung in der Intrusion führten. Bohrungen ergaben geschätzte Ressourcen von 91 Mt mit 1,8 ppm Au und eine ähnliche Größenordnung von Pd (-Pt) -Erz über eine Fläche von rund 25 km^2. In Übereinstimmung mit vergleichbaren Platinlagerstätten (s.dort) ist diese Goldmineralisation als *liquidmagmatisch* einzustufen.

Andere *plutonische Goldlagerstätten* sind Quarzgänge, Stockwerkerzkörper, Brekzienschlote, Gold-Porphyre und polymetallische Skarne, die an saure bis intermediäre Intrusiva gebunden sind. Die Mineralisation kann innerhalb (Cu-Au-Porphyre) oder außerhalb (Gänge, Stockwerkerze, Skarne) der magmatischen Körper liegen. In Cu-(Mo-) Porphyren ist Gold ein Nebenprodukt, das allerdings in vielen dieser Lagerstätten eine große wirtschaftliche Bedeutung hat. Bekannte Beispiele sind *Panguna*/Bougainville und *Ok Tedi*/Papua-Neuguinea sowie *Bingham*/USA. Reine Au-Porphyre sind seltener (z.B. Refugio-Distrikt in Nord-Chile: Muntean & Einaudi 2000). Auch die bedeutende Gold-(Molybdän-) Lagerstätte *Hemlo* in einem archaischen Greenstone Belt am Lake Superior, Kanada, ist vermutlich eher prämetamorph porphyrisch und nicht metamorphogen (Davis & Linn 2003). In Skarnlagerstätten wird Gold meist neben anderen Metallen abgebaut; wichtige Bergbaue dieses Typs sind *Fortitude*/Nevada/USA und *Nickel Plate*/B.C./Kanada, wo im Tagbau gewinnbare Reserven von 9 Mt mit 4,5 ppm Au nachgewiesen wurden. Über 100 ähnliche Lagerstätten sind alleine in Kanada bekannt. Die Magmatite sind Granite und Granodiorite, in deren Exokontakt an Karbonaten Sulfide von Fe, Cu, Zn, Ni, As etc. gebildet wurden, die das Gold enthalten. Eine sehr große, altpaläozoische Au-Stockwerklagerstätte in mittelproterozoischen Schwarzschiefern ist Sukhoi Log in Sibirien (Distler et al. 2004.)

In Nord-Queensland/Australien liegt die *Kidston Mine*, die einen mit Au vererzten Brekzienschlot abbaut. Permische Ring-Granite intrudierten hier proterozoische Metasedimente und Granite; zwischen den Graniten liegt der Schlot mit einer Fläche von 1300 mal 900 m. Felsit- und Porphyrgänge durchschlagen die Brekzie, deren Matrix Electrum, Pyrit, Arsenkies, Bleiglanz und Zinkblende mit Quarz und karbonatischer Gangart enthält. Die Brekzienfragmente sind serizitisiert und karbonatisiert; in der Randzone des Erzkörpers gibt es Au-Quarzgänge. Fluiduntersuchungen lassen hochsalinare Laugen, Gaseinschlüsse und gering salinare wässerige Einschlüsse unterscheiden. Goldvererzung ist mit den letztgenannten Fluiden verbunden, deren Entstehung durch Kondensation aus magmatischem Gas erklärt wird (Baker & Andrew 1991). Die Reserven betragen 90 Mt mit rund 2,5 ppm Ag und 1,7 ppm Au.

Die Anreicherung von Au in magmatischen Fluiden ist vermutlich nur dann möglich, wenn die Magmen zwar schwefeluntersättigt sind, aber doch hohe Schwefelgehalte haben. Frühe S-Sättigung würde nämlich zur Bildung von Sulfidtröpfchen in der Schmelze führen, welche das Gold des silikatischen Liquids äußerst effektiv konzentrieren. Das verfestigte Gestein enthält dann akzessorische Sulfide, ohne daß eine Lagerstätte vorliegt (mit der Ausnahme liquidmagmatischer Anreicherung, s.o.). Die Löslichkeit von S in einer Silikatschmelze wird durch hohe Sauerstoff-Fugazität begünstigt; deshalb sind oxydierte Magmen vom Magnetit-Typ besonders geeignet, um während der Fraktionierung und Kristallisation eine schwefelreiche volatile Phase zu bilden, welche das Gold konzentriert. Auch „reduzierte“ Ilmenit-Typ Granitoide kommen jedoch als Muttergesteine in Frage (Portugal, Kibara-Gürtel). Häufig ist weiter Ableitung von trachyandesitischen bzw. shoshonitischen Schmelzen, die vermutlich aus einem metasomatisch angereicherten lithosphärischen Mantel stammen. Diese sind nicht an normale Subduktion gebunden, sondern erscheinen in der Regel in Dehnungsphasen unmittelbar nach Subduktion, Akkretion und Kollision.

Plutogene Gold-Quarzgänge, welche nicht in sichtbarem Zusammenhang mit einer Intrusion stehen, sind schwer von metamorphogenen Mineralisationen zu unterscheiden. Früher hat man dieser Gruppe alle sogenannten „mesothermalen" Goldgänge zugeordnet, welche in plutonisch-metamorphen Provinzen in größerer Tiefe gebildet wurden, wie etwa in den Kordilleren von Alaska, Kanada und den USA, in den brasilianischen, afrikanischen, kanadischen und australischen Greenstone Belts und im pan-afrikanischen Orogen von Äthiopien, Sudan und Ägypten. In der Folge wurden viele dieser Lagerstätten als syngenetisch, dann metamorphogen gedeutet, und erst in jüngerer Zeit gibt es zunehmend Untersuchungen, welche für viele Lagerstätten eine Ableitung aus magmatischen Fluiden nachweisen. Auffällig ist für diese Teilgruppe die Assoziation mit W, Bi, As und Mo sowie ihr typisches Auftreten in W- und Sn-Erzprovinzen.

Die Bildung ***metamorphogener Gold-Quarzgänge*** erfolgt in vereinfachter Darstellung durch Entwässerung von Sedimenten oder Vulkaniten während einer prograden Metamorphose, also im wesentlichen synorogen oder in Verbindung mit großen Tiefenintrusionen. Kerrich (1999) beschreibt dieses Modell in folgender Weise: Die Extraktion von Gold aus den Gesteinen erfolgt durch Kristallwasser, das beim Übergang von der Grünschiefer- zur Amphibolitfazies bei Temperaturen von 500–600°C aus praktisch jedem einzelnen OH-führenden Mineralkorn freigesetzt wird. Bei Meta-Basalt entspricht dies einer Menge von etwa 5% H_2O, das abfließen muß. Da dieses Wasser aus den Mineralen kommt und an Korngrenzen weiterwandert, kann es feinverteilte Spurenmetalle lösen. Ein erhöhter H_2S-Anteil beschränkt die Aufnahme von Eisen und Buntmetallen, so daß Gold relativ angereichert wird. Diese Prozesse erfolgen unter lithostatischem bzw. tektonischem Druckregime.

Die spektakuläre Effizienz dieser Prozesse wird aus den folgenden Zahlen erkennbar (Kerrich 1999): Aus den Goldlagerstätten des Abitibi Greenstone Gürtels (Kanada) wurden bisher 4.000 t Au gewonnen. Zusammen mit sub-wirtschaftlicher Goldanreicherung enthält dieser Gürtel rund 40.000 t Gold. Nimmt man eine Laugung von 50% Au an, muß die Quellregion ein Volumen von 50 x 50 x 8 km gehabt haben. Dieses Volumen wurde durch rund 1.000 km^3 wässeriger Fluide von ca. 500°C gelaugt.

An großen Scherzonen (Weinberg et al. 2004) oder in tektonischen Hochzonen tritt ein Druckabfall ein, der den diffusen Entwässerungsstrom so fokussiert, daß große Fluidmengen hindurchströmen. Dies wird gewöhnlich im Bereich der Grünschieferfazies sein, also bei niedrigeren Temperaturen (300–400°C), wo die Abscheidung von Gold und Quarz erfolgt (Abb. 54).

Wichtig ist, daß diese Lagerstätten hydrothermal-epigenetisch sind, nicht lateral-sekretionär. Das ist durch die hydrothermale Alteration der Nebengesteine ebenso belegt (Campbell-McCuaig & Kerrich 1998), wie durch Isotopenverhältnisse, die von den Nebengesteinen stark abweichen. Dazu zählen z.B. Stickstoffgehalte und N-Isotope, welche für eine metamorphe Herkunft sprechen (Jia & Kerrich 1999).

Da jedoch Goldlagerstätten in metamorphen Terrains oft deutlich jünger als der Höhepunkt der Metamorphose sind, muß auch das Modell der retrograd-metamorphogenen Bildung durch Flutung der noch heißen Komplexe mit Oberflächenwässern während des Aufstiegs, der Dehnung und Zerscherung der Orogene in Betracht gezogen werden (Abb. 55). Neben den retrograden Reaktionen mag dabei eine durch den Gesteinskörper wandernde Oxydationsfront für die Mobilisation des Spurengoldes und seine Konzentration in hydraulisch wirksamen tektonischen Strukturen bedeutsam sein (Craw & Chamberlain 1996).

Die überwiegende Zahl der archaischen Goldganglagerstätten liegt in Gesteinen der Grünschieferfazies. In vielen Provinzen gibt es auch Lagerstätten in Gesteinen der Granulit- und Amphibolitfazies sowie in anchimetamorphen Serien. Groves (1993) hat für die westaustralische Provinz gezeigt, daß die jeweilige hydrothermale Alteration den metamorphen P/T-Bedingungen der Umgebung entspricht, und schließt daraus auf die Entstehung aus hydrothermalen Fluidsystemen, welche noch vor dem Abklingen der Metamorphose die ganze Kruste erfassen („crustal continuum model", Abb. 74). Da manche dieser Lagerstätten genetisch mit Granitoiden verbunden sind, wurde die neue Benennung „orogene Goldlagerstätten" gewählt (z.B. GROVES et al. 2003), die – natürlich bewußt – eine exakte genetische Zuordnung vermeidet.

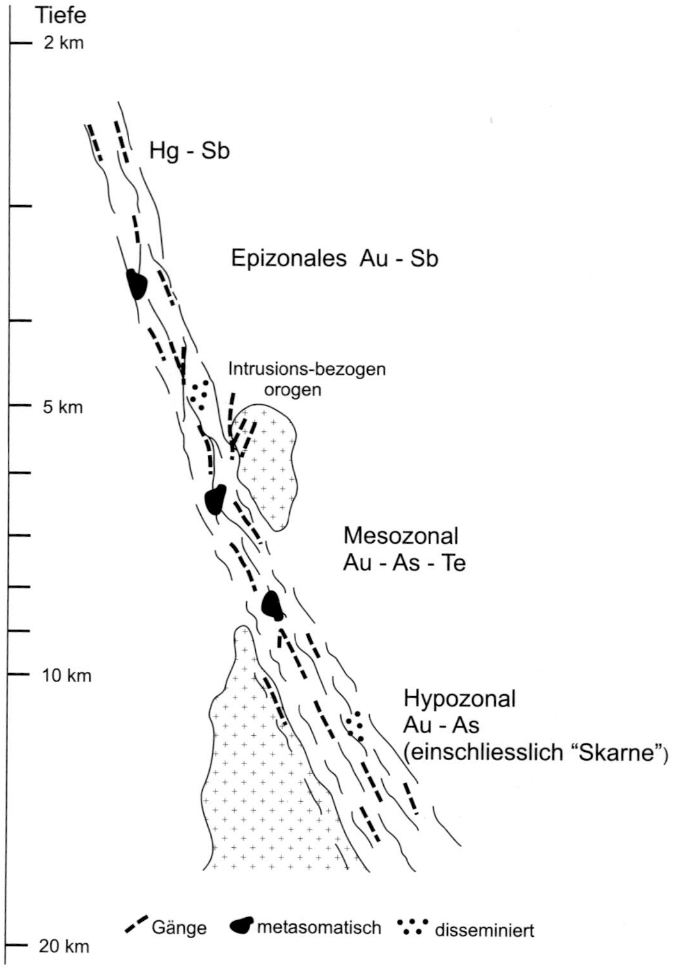

Abb. 74. Schema der orogenen Goldlagerstätten in dem "crustal continuum model" nach GROVES et al. (2003). Wichtig ist, daß die Mehrzahl dieser Lagerstätten (>95%) im Bereich der Grünschiefermetamorphose mesozonal vorliegt.

Die meisten Goldquarzganglagerstätten der archaischen bis alt-proterozoischen ***Greenstone Belts*** werden genetisch im Zusammenhang mit Metamorphose, mit magmatischer Aktivität und mit großen Scherzonen („orogen", hier metamorphogen oder plutonisch) gedeutet. Greenstone Belts bilden ein Netzwerk synklinaler Tröge in Gneis- und Granulit-Terrains der früh-archaischen Kontinentalkerne. Sie bestehen generell aus einer tieferen, km-mächtigen Serie primitiver basischer und ultrabasischer Vulkanite, welche von intermediären und sauren Vulkaniten sowie Sedimenten überlagert werden. Ihre Deformation ist durch Einsinken der basischen Vulkanitplatte in eine heiße Kruste gekennzeichnet, aus welcher gleichzeitig granitoide Schmelzen aufstiegen. Metamorphose in Grünschiefer- und Amphibolitfazies ist charakteristisch. Mit dieser thermischen Äquilibrierung ist offenbar die Freisetzung der goldführenden Fluide verbunden. Nach heutiger Auffassung sind Greenstone Belts nicht Produkte der Plattentektonik – die heiße Kruste hatte dafür nicht die erforderliche mechanische Festigkeit (HAMILTON 2003). Neben den bekannten Ni-Lagerstätten in Komatiiten sind Eisenerze und Buntmetalle in diesen Gürteln wichtig, vor allem aber weltweit bedeutende Goldlagerstätten.

Fast in allen Greenstone Belts sind Goldquarzgang-Lagerstätten bekannt, deren größte wohl die „*Golden Mile*" von Kalgoorlie/West-Australien ist, mit insgesamt ca. 2500 t Goldinhalt. Die Lagerstätte ist 4000 m lang und über 1500 m in die Tiefe erschlossen. Sie besteht aus einem System von Scher- und Bruchzonen in basischen Meta-Laven, an welchen Quarz-Karbonatgänge und mächtige Alterationszonen auftreten. Freigold im Quarz ist eher selten, das meiste Gold bildet rundliche Einschlüsse von wenigen μm Durchmesser in Pyrit; etwa 20% des Goldes liegt in Telluriden vor. Wichtiger als die Gänge selber sind deshalb die hydrothermal veränderten Nebengesteine, in welchen die Mineralparagenese Albit-Epidot-Aktinolith-Chlorit der Metadolerite und Pillow-Laven durch Serizit, Ankerit, Siderit, Quarz und Pyrit verdrängt ist. Gleichzeitig findet man hier erhöhte Gehalte von As, W, B, Sb, Pb und Zn. Fluid-Einschlüsse im Quarz mit CO_2 und geringer Salinität weisen auf Bildungstemperaturen von 300–400°C hin, bei 1–2 kbar. Infolge der Bindung des Goldes an neugebildeten Pyrit in eisenreichen Metabasalten wurde das Gold vermutlich in Sulfidkomplexen transportiert und bei der Pyritisierung freigesetzt. Die Quelle der zugeführten Metalle und der volatilen Phasen ist nur schwer einzugrenzen. Manches spricht für eine Ableitung aus tieferliegenden Komatiiten und ihren syngenetischen Exhaliten. Die Fließwege der großen hydrothermalen Systeme dürfen nicht starr vertikal gedacht werden; WITT et al. (1997) haben darauf hingewiesen, daß rasch angehobene, heiße metamorphe Körper Fluide ansaugen und damit auch eine laterale Bewegungskomponente erzwingen können (syn-metamorphic lateral fluid flow model).

Die Bedeutung ultrabasischer Vulkanite als „*source rocks*" für Goldlagerstätten wurde für viele Greenstone Belts wahrscheinlich gemacht. KEAYS (1995) zeigt, daß solche Magmen bis zur Eruption schwefeluntersättigt sind und deshalb ihre Metallgehalte im Gegensatz zu Basalten nicht an eine sich entmischende sulfidische Schmelze verlieren, die in der Regel in der Tiefe zurückbleibt. Komatiite, Pikrite und Boninite bilden erst bei ihrer Erstarrung Sulfide, die erhöhte Gehalte von Au, Pd, Pt, Ag, Cu, Ni, Zn, Se, Te und in geringerem Maße Pb, Mo, Sn, W und Bi führen. Diese Sulfide werden im Gegensatz zu Silikaten und Oxyden von heißen Fluiden leicht und rasch aufgelöst, so daß auch geringe Fluidmengen (z.B. bei metamorpher Entwässerung) relativ konzentrierte Erzlösungen erzeugen können.

Ultramafische Gesteine sind jedoch in Greenstone Belts und in vielen Ophioliten auch unmittelbare Nebengesteine von Goldlagerstätten (Barberton Mountain Land/Südafrika, Barramiya/Ägypten, Bou Azzer/Marokko, Ligurien/Italien). Scher- und Gangzonen sind dort von weiten Alterationen umgeben, die durch Karbonatisierung und K-Zufuhr geprägt sind. Ursprüngliche Peridotite liegen als Mg-Fe-Ca-Karbonate mit Fuchsit (Cr-Muskovit) und Quarz vor. Akzessorische Minerale sind Talk, Serpentin, Chlorit, Hämatit, Magnetit, Pyrit und residualer Chromit. Solche Gesteine werden *Listvenite* genannt (HALLS & ZHAO 1995). Weltweit sind mit ihnen Lagerstätten von Au, Ag, Hg, As, Co und Ni verbunden. Das Gold erscheint in der Regel in späten Quarzgängen und Pyritisierungshalos. Auch für diese Lagerstätten wird oft eine metamorphogene Entstehung angenommen.

Ebenfalls metamorphogen sind die Goldquarzgänge im Staat Victoria/Australien, mit den ehemals berühmten Lagerstätten von *Bendigo* und *Ballarat* (PHILLIPS & HUGHES 1996).

Nebengesteine sind hier Tonschiefer und Grauwacken kambrischen bis unterdevonischen Alters, die während der mitteldevonischen Taberabberan Orogenese gefaltet und verschiefert wurden. Frühe Gänge sind von Falten und Aufschiebungen kontrolliert und z.T. noch deformiert, spätere wurden während tektonischer Dehnung gebildet (JIA et al. 2000). Die Paragenese umfaßt Freigold, Pyrit, Arsenkies und Magnetkies in Quarz mit Ankerit und Albit. Nebengesteinsveränderungen sind in den Schiefern makroskopisch durch Bleichung, mikroskopisch durch Serizitisierung, Karbonatisierung und Pyrit-Arsenopyritsprossung erkennbar (BIERLEIN et al. 2000). Reicherzfälle an pyritischen oder graphitischen Schichten („indicator beds") enthielten große Goldeinschlüsse bis maximal 18,8 kg. Victoria hat seit 1851 insgesamt 2500 t Gold produziert, wovon etwa 40% aus den Quarzgängen kamen. Der größere Teil stammt aus oft überaus reichen Seifen mit vielen großen Nuggets, von denen das schwerste 71 kg wog. Die Lagerstätten in Victoria sind typische Vertreter der Goldlagerstätten in Schwarzschiefern bzw. in Turbiditen („*shale or turbidite hosted gold deposits*").

Metamorphogen sind schließlich wohl auch die tertiären Goldquarzgänge im Monte Rosa Gebiet in den Westalpen (PETTKE et al. 1999) und die vergleichbaren *Tauerngoldgänge* im Ankogel-Sonnblickgebiet/Österreich (POHL & BELOCKY 1999), deren bergbauliche Geschichte bis zur Kelten- und Römerzeit zurückreicht (GÜNTHER & PAAR 2000). Die Blütezeit des Abbaues lag im Mittelalter und der frühen Neuzeit; verschiedene Versuche einer Wiederbelebung in jüngster Zeit blieben erfolglos. Die Gänge liegen vor allem im Zentralgneis, schlagen aber in die hangende Schieferhülle durch. Sie sind jedenfalls jünger als die Hauptdeformation der Tauern, vermutlich oligozänen bis miozänen Alters. Die Gangstrukturen sind eigentlich schmale Scherzonen bzw. Verdrängungsgänge; sie streichen vorwiegend Nordnordost. Die Paragenese umfaßt Quarz, Pyrit, Arsenkies, Ankerit, Kupferkies und Bleiglanz. Das Gold ist sehr feinkörnig, sowohl im Quarz wie in den Sulfiden. Untersuchungen in den Hauptrevieren Radhausberg und Naßfeld von 1941–44 haben Bauwürdigkeitskoeffizienten von 0,25 (der Gangfläche) ergeben. Einer der damals vorgetriebenen Unterfahrungsstollen hat im Bereich der Goldgänge Klüfte mit Radon-Emanation angefahren, woraus sich der Kurbetrieb des Heilstollens von Böckstein bei Gastein entwickelt hat.

Die meisten großen, im weiteren Sinne metamorphogenen bzw. orogenen Goldlagerstätten sind auf drei Abschnitte der Erdgeschichte beschränkt; das ist das späte Archaikum (2,8–2,55 Ga), das Alt-Proterozoikum (2,1–1,8 Ga), sowie vom späten Proterozoikum (600 Ma) bis etwa 40 Ma vor heute. Dies sind Zeiten der Bildung der ersten Kratone von Superkontinenten oder orogener Gürtel durch Akkretion und Kollision (Abb. 53, Kerrich & Cassidy 1994).

Goldlagerstätten im Umfeld geologisch junger Vulkanite werden nach Lindgren (1933) als ***„epithermale Gold-Silberlagerstätten“*** bezeichnet. Dazu gehören viele historische, oft außerordentlich reiche Erzdistrikte, wie etwa das thrakische Gold der Griechen und Römer in Siebenbürgen/Rumänien. Heute liegt der Schwerpunkt des Bergbaues bei Armerzlagerstätten mit großer Tonnage, geographisch überwiegend in den jungen zirkumpazifischen Orogenen (z.B. *Ladolam*/Lihir). Seltener sind solche Lagerstätten in alten Gebirgsgürteln (z.B. *Mahd Ad Dhahab*/Saudi-Arabien im Jung-Proterozoikum). Immer handelt es sich um spät- bis post-orogene andesitische und rhyolitische, meist terrestrische Vulkanfelder mit einer komplexen magmatischen und strukturellen Entwicklung. Manche Lagerstätten liegen in Stratovulkanen, häufig ist die Assoziation mit Calderen und subvulkanischen Intrusivkörpern (Milos/Ägäis; Fidji, Pueblo Viejo: Abb. 75), in der Regel in Gebieten mit starker Krustendehnung (z.B. Basin and Range Province/USA). Gelegentlich sind die unmittelbaren Nebengesteine der Erzkörper klastische Sedimente oder Karbonate (*Pueblo Viejo*, *Carlin*/Nevada/USA: Hofstra & Cline 2000). Der Zusammenhang mit gleichzeitiger magmatischer Aktivität ist dann oft kaum erkennbar, was auch für den Carlin-Gürtel gilt, wo vielfach nur tiefzirkulierende meterorische Wässer nachweisbar sind (Henry & Boden 1998). Allgemeine Charakteristika der epithermalen Lagerstätten wurden früher beschrieben (Vulkanogene Lagerstätten). Für Golderze dieser Gruppe ist besonders die Assoziation mit „volatilen“ Metallen und Halbmetallen charakteristisch, das sind oft Hg, As, Sb, Te und Tl (Abb. 75). Die weltweit größte epithermale Au-Lagerstätte mit Ressourcen >1.300 t Au in Erz >1,5 g/t ist *Ladolam* (Insel Lihir, Papua Neu-Guinea):

Die Flanke eines pleistozänen Schichtvulkans mit Laven und Tuffen aus Trachybasalt, Trachyandesit bis Latit kollabierte ins benachbarte Meer, wodurch sich ein schwaches Au-Porphyrsystem unter Bildung großer phreatomagmatischer Brekzienkörper in ein gigantisches epithermales System verwandelte (Müller et al. 2002). Die Matrix dieser Brekzien ist von feinkörnigem, goldführendem Pyrit durchstäubt und enthält damit die größten Erzmengen. Daneben gibt es spätere Gänge mit der Paragenese Quartz, Chalzedon, Illit, Adular und Pyrit (also vom „low-sulfidation“ Typ), welche lokal bis 120 g/t Au enthalten. Die Vererzung erfolgte bei 160–200°C aus Fluiden mit niedrigem NaCl-Gehalt und magmatischer Herkunft.

In Europa liegen die klassischen Goldlagerstätten dieses Typs im inneren Karpathenbogen, insbesondere in *Siebenbürgen*/Rumänien. Berühmt ist das „Goldene Viereck“ der Montes Apuseni mit den Bergbauen um Brad, Sacarimb (Nagyag), Zlatna Stanija, Rosia Montana (Verespatak) und Baia de Aries (Offenbanya). Die Lagerstätten sitzen vulkanischen Schloten und subvulkanischen Intrusionen auf, an Kreuzungsstellen mit regionalen NW-SE Störungen. Manche Gänge greifen auch in die umgebenden tertiären Sedimente aus; an Kalkstein gibt es selten metasomatische Erzkörper. Die Vulkanite sind vorwiegend Andesite tortonisch-sarmatischen Alters. Fluide und Metalle werden aus tiefliegenden Intrusionen abgeleitet (Alderton & Fallick 2000). Neben den Gold-Silber-

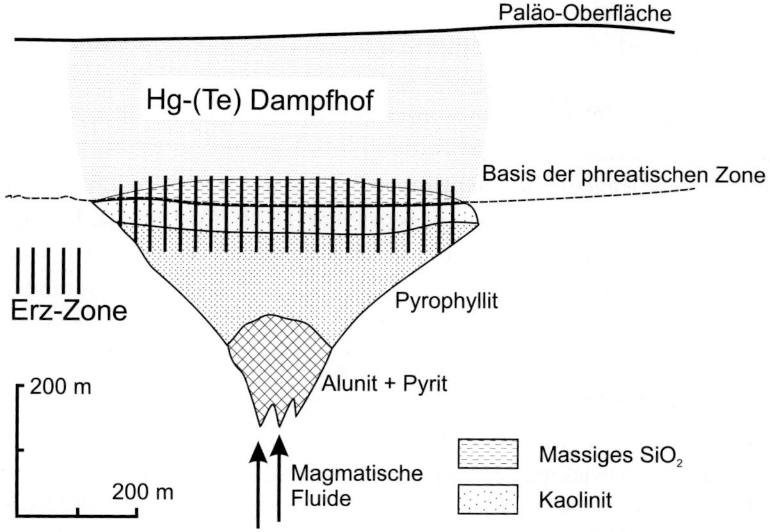

Abb. 75. Schematisches Bild der epithermalen, *high sulfidation* Goldlagerstätten von Pueblo Viejo/Dominikanische Republik in den früh-kretazischen Vulkanketten der Großen Antillen (nach KESLER et al. 2003).
Das Gold-Silber-Erz ist durch erhöhte Spurengehalte von As und Sb gekennzeichnet, während die besonders volatilen Elemente Te und Hg in der Gasphase weiter nach oben migrierten. Nebengesteine sind unterkretazische Sand- und Tonsteine, welche zusammen mit Andesit- und Quarzporphyr-Brekzien ein Diatrem-Maar füllen.

erzen hat man in jüngster Zeit auch Cu-Porphyre gefunden, doch stehen diese mit den ersteren nicht in einem unmittelbaren räumlichen Zusammenhang.

Die Lagerstätte *Sacarimb* ist besonders wegen ihrer Vielfalt von Telluriden bekannt. Sie liegt im Schlot eines abgetragenen Schichtvulkanes, der im wesentlichen aus mehreren Phasen von Amphibol-Biotit-Quarzandesiten besteht. Zwei konjugierte Gangsysteme sind entwickelt, deren unterschiedliche Paragenese eine zeitlich pulsierende Mineralisation belegt. Anfangs und in der Tiefe überwogen Buntmetallsulfide, gefolgt von Telluriden und Sulfosalzen und abschließend bzw. oben gediegen Gold, Arsen und Antimon. Hauptgangarten sind Quarz und Karbonate. Die Nebengesteine sind weithin propylitisiert.

Rodalquilar liegt in neogenen Vulkaniten der Sierra del Cabo de Gata (Spanien). Es handelt sich überwiegend um andesitische Stratovulkane und Calderen, zum Teil aber auch um rhyodazitische Stau- und Quellkuppen, deren Eruption weitflächige Ignimbritdecken erzeugte. Solche porphyrische Ignimbrite werden bei Rodalquilar von gangartigen Verquarzungszonen durchschlagen, deren Goldführung um 1880 entdeckt wurde. Es ist sehr feinkörniges Freigold, das in chalzedonartigem Quarz oder zusammen mit Alunit oder Goethit auftritt. Von innen nach außen folgen auf die zentrale Au-SiO_2-Zone Natroalunit-Jarosit-Goethit, Pyrophyllit, Kaolinit und Illit. In weitem Umkreis sind die Andesite propylitisiert. Ein Teil der Goldvererzung ist an Brekzienschläuche gebunden; interessant ist auch das Vorkommen von „pebble dykes", Amethystrasen und feingebändertem Kaolinit-Sediment in einigen Gängen. Es wird vermutet, daß dieses hydrothermale System von einem Caldera-Rand kontrolliert ist, der durch die Ignimbrite verdeckt wird; dazu kommt Lokalisierung durch seichte, hornblendeandesitische Intrusionen (ARRIBAS et al. 1995).

Viele massige Sulfidlagerstätten, sowohl vulkanosedimentäre (z.B. Kuroko und Zypern Typus) als auch SEDEX-Lagerstätten (Rammelsberg), führen Gold als wichtiges Nebenprodukt. Selten sind äquivalente, also ***submarin exhalative Lagerstätten*** mit Gold als Hauptprodukt. Syngenetisch-stratiforme Golderze wurden nach der Homestake Mine/S-Dakota/USA (2001 geschlossen) als Lagerstätten vom *Homestake Typ* bezeichnet. Neuere Forschung hat aber ergeben (CADDEY et al. 1991), daß die Vererzung in den sideritreichen Sedimenten von Homestake doch epigenetisch ist, weil zeitgleich mit der späteren Intrusion eines nahegelegenen Granites. Um Verwirrung zu vermeiden, sollte deshalb der Begriff „Homestake-Typ" nicht mehr verwendet werden. Ganz ähnlich hat sich die genetische Interpretation schichtparalleler Golderze in Kanada (*Hemlo* – „Golden Giant", DAVIS & LIN 2003) und Brasilien (*Morro Velho, Passagem*, etc.: LOBATO et al. 2001) gewandelt – sie alle werden heute als epigenetisch-hydrothermale Lagerstätten aufgefaßt.

Rezente und fossile *alluviale Goldseifen* haben etwa zu gleichen Teilen zwei Drittel der Welt-Goldproduktion geliefert. Rezente Seifen waren meist Anlaß für die Goldräusche des vergangenen Jahrhunderts (Kalifornien, Alaska: CRAIG & RIMSTIDT 1998; Australien), haben aber heute nur mehr lokale wirtschaftliche Bedeutung (Kolumbien, Mongolei). Unter den fossilen Seifen überschattet eine einzige (und einzigartige) Provinz alle anderen: das Witwatersrand-Becken in Südafrika. Seit der Entdeckung im Jahre 1884 wurden dort 50.000 Tonnen Gold produziert; heute sind es jährlich rund 400 t Au, sowie 3000 t U und 1000 kg Osmiridium. Abgebaut werden die Erze ausschließlich untertage, in Tiefen bis zu 3600 m. Die durchschnittlichen Au-Gehalte im Erz liegen bei 5 ppm.

Das *Witwatersrand-Becken* entwickelte sich zwischen 3074 und 2714 Ma, wobei im Herkunftsgebiet gleichzeitig Granite und saure Vulkanite gebildet und zum Teil hydrothermal überprägt wurden (ROBB & MEYER 1995). Die Füllung des Beckens wird als Witwatersrand-Triade bezeichnet. Vom Liegenden zum Hangenden sind das Quarzite, basische und saure Laven der Dominion-Gruppe, die Witwatersrand Supergruppe mit tieferen erzfreien Sedimenten, Laven und gebänderten Eisenformationen (West Rand Gruppe) und höheren alluvialen Fächern (die goldreiche Central Rand Gruppe), und schließlich die bimodalen Vulkanite der Ventersdorp Supergruppe, an deren Basis über einer tektonischen Diskordanz noch goldführende Sedimente abgebaut werden. Die Ventersdorp-Laven haben ein Alter um 2700 Ma. Das Becken hat die Form eines Halb-Grabens, mit einer Randstörung im Norden, die in später Witwatersrandzeit und zu Beginn der Ventersdorp-Periode besonders aktiv war. Die tektonische Überprägung verdankt das Becken der Kollision des Transvaal-Kratons mit dem Simbabwe-Kraton. Die Metamorphose der Gesteine bleibt in der Grünschieferfazies, unter 350°C, obwohl die Gesamtmächtigkeit der Triade 20 km erreicht. Das gesamte Gebiet wurde um 2023 Ma in den Vredefort Impaktkrater einbezogen (HAYWARD et al. 2003), der zu einer allgegenwärtigen Zerrüttung der Gesteine führte. Weite Teile des Beckens werden von Karroo-Schichten bedeckt.

Das Gold des Witwatersrandes liegt vorwiegend in quarzitischen Konglomeraten, deren sedimentologische Charakteristik in den letzten Jahrzehnten mit bauwürdiger Goldführung sehr genau korreliert werden konnte. Die höchsten Gehalte führen polymiktische, geröllreiche und mittelkörnige ehemalige Schotter innerhalb verflochtener Gerinne im Deltabereich von Flußmündungen (Abb. 41). Sowohl zu groben Schottern nach außen wie auch zu feinkörnigen Sedimenten gegen das Beckeninnere nimmt die Goldführung rasch ab. Seltener ist eine bedeutende Vererzung kohlig-bituminöser Bänder, die als „carbon leaders" bezeichnet werden. Gehalte von 7–22% flüchtiger Bestandteile in der organischen Substanz (häufig mit U und Th: Tucholith) lassen eine Deutung als Algenkohlen ebenso zu wie eine Entstehung aus migrierendem Erdöl. Die abgebauten Mächtigkeiten der Konglomeratbänke („reefs") liegen zwischen wenigen Dezimetern bis etwa 4 m. Nebengesteine sind Quarzite, Schiefer und goldarme Konglomerate.

Die Vererzung ist auf die Matrix der Konglomerate beschränkt. Besonders auffällig sind gerundete Pyritkörnchen, welche Au, Ag, Ni, Cu, Pb, Mo und verschiedene Silikateinschlüsse enthalten. Daneben gibt es aber auch diagenetisch-metamorph und hydrothermal gebildete Pyrite. Das Gold liegt als detritäres feines Freigold (50–100 µm Durchmesser) vor, mit etwa 10% Ag und 2% Hg und einem Re/Os-Alter von ca. 3030 Ma (KIRK et al. 2002). Lokal bedeutend ist auch Gold in Thucholit sowie als diagenetisch-metamorphes Mobilisat (FRIMMEL & GARTZ 1997) und sehr selten in späteren hydrothermalen Quarzgängen. Viele Goldpartikel haben Toroidform, was als Beweis für äolische Deformation der freiliegenden Kanten der Goldflitter gilt. Der größte Teil des Urans ist detritär in gerundeten Uraninit-Körnchen von 75–100 µm Durchmesser, die von radiogenem Bleiglanz „durchstäubt" sind. Oft ist Uraninit metamorph in Brannerit umgewandelt. Auch Thucholit enthält bauwürdige Urangehalte. Weitere Schwerminerale der Seifen sind Arsenkies, Chromit, Kobaltglanz, Zirkon, chloritisierter Granat und gediegen Osmiridium. Auffällig ist die Absenz von Magnetit und Ilmenit.

Die Deutung der Reefs als ehemalige, durch Diagenese und Metamorphose gering modifizierte Seifen ist in allen Einzelheiten gut belegt, obwohl auch hydrothermal-epigenetische, metamorphogene Modelle vertreten werden (zuletzt PHILLIPS & LAW 2000). Weiterhin aber ist die Frage nach der Herkunft dieser ungeheuren Goldkonzentration nicht völlig gelöst. Wahrscheinlich lag das Einzugsgebiet der Flüsse in Greenstone Belts, vielleicht aber zum Teil auch in den oben erwähnten hydrothermal veränderten Graniten. Die Geröllzusammensetzung der Konglomerate (Quarz, Quarzit, Schwarzschiefer und Kieselschiefer) erlaubt keine eindeutige Entscheidung. Ebensowenig endgültig geklärt ist das Argument, daß fluviatiler Transport von Pyrit und Uraninit über weite Strecken nur in einer sauerstoffarmen Atmosphäre möglich war. Eine große Zahl sehr detaillierter Arbeiten über die Witwatersrand-Provinz findet man in ANHÄUSSER & MASKE (1986).

Vergleichbare Gold- und Uran-führende präkambrische Konglomerate gibt es in der Serra de Jacobina (Brasilien; vielleicht aber doch epigenetisch? – TEIXEIRA et al. 2001), im Blind River Distrikt (Kanada) und in Westafrika (Tarkwa, Ghana), die aber alle eine wesentlich geringere Bedeutung haben.

Die ***Suche nach Goldlagerstätten*** stützt sich auf geologische Modelle und bezieht alle verfügbaren mineralogischen, geochemischen und geophysikalischen Methoden sinngemäß ein. Spezifische Probleme bei der Prospektion und Untersuchung von Goldlagerstätten gibt es bei der Probenahme und Analytik, weil Gold einerseits im Erz notorisch irregulär verteilt ist (der sogenannte „nugget effect"), und andererseits durch seine Dehnbarkeit auch bei der Analysenfeinmahlung im Probegut oft nicht homogenisiert werden kann. Für jeden Einzelfall sind geeignete Methoden erst durch Versuche zu erproben, bevor eine größere Kampagne in Angriff genommen wird. Beim Abbohren von Goldlagerstätten wird bevorzugt das Umkehrspülverfahren (reverse circulation drilling) angewandt, um eine Verunreinigung des Bohrkleins durch Erosion der Bohrlochwandung zu vermeiden. Kernbohrungen zur Kontrolle der Ergebnisse sind aber weiterhin unerläßlich. In wirtschaftlich kritischen Fällen muß auch Betrug durch „Salzung", wie etwa das Besprühen eines Bohrproduktes durch Goldchloridlösung oder die Beimengung von Fremdgold (wie im Fall BREEX in den Philippinen, im Jahre 1996), ausgeschlossen werden.

Bei geochemischen Suchmethoden nach Goldlagerstätten spielt das Konzept der ***Pfadfinderelemente*** eine wichtige Rolle, weil das Gold selbst mit den üblichen geochemischen Routineverfahren für große Probeserien (RFA, AAS) nur sehr aufwendig bestimmbar ist. Außerdem kommen die typischen Pfadfinderelemente weniger erratisch vor als Gold, bilden weitere Höfe und liegen in höheren Gehalten vor. Sie können sogar große tektono-stratigraphische Terrains als goldhöffig erkennen lassen (PLANT et al. 1997). Besonders geeignet sind die häufigsten Begleiter Ag, As, Bi und Sb, doch gibt es in Einzelfällen noch andere brauchbare Elemente, die jeweils durch Pilotprojekte definiert werden müssen. KNIGHT et al. (1999) haben gezeigt, daß die Au-Ag-Hg-Cu-Gehalte von Seifengold die Zuordnung zu den primären Lagerstätten erlauben, aus welchen die Partikel stammen. Damit können auch bisher nicht bekannte Lagerstätten indiziert werden.

Die größten *Goldproduzenten* sind Südafrika, die USA, Australien, China, Rußland, Peru, Indonesien und Kanada (2003). Bei wenig schwankenden, eher niedrigen Preisen (der Durchschnittspreis von 1400 AD bis heute wird mit 399.– US$/oz angegeben) wird die Gesamtproduktion von zur Zeit um 2.600 t pro Jahr weiterhin nur langsam steigen.

Silber

Erzminerale:

Gediegen Silber	Ag(Au,Cu,Hg,As,Sb,Bi)	bis 100% Ag	D = 10,5
Silberglanz	Ag_2S	87%	7,3
(Akanthit; Argentit nur über 179°C)			
Proustit	Ag_3AsS_3	65%	5,5
(lichtes Rotgültigerz)			
Pyrargyrit	Ag_3SbS_3	60%	5,8
(dunkles Rotgültigerz)			
Stephanit	$5Ag_2S.Sb_2S_3$	68%	6,2
Polybasit	$(Ag,Cu)_{16}Sb_2S_{11}$	bis 74%	6
Chlorargyrit (Hornsilber)	AgCl	75%	5,5
Tetraedrit	$(Cu,Ag)_3SbS_{3,25}$	bis 18%	4,6–5,1
(Ag-reiches Fahlerz = „Freibergit“)			

Bei den eigentlichen Silbererzlagerstätten liegt die Bauwürdigkeitsgrenze um 450 g/t; zumeist (>75% der Produktion) ist Silber aber Nebenprodukt der Gewinnung von Blei-, Zink-, Kupfer- und Golderzen. In Bleiglanz, Zinkblende, Pyrit, Kupferkies und Fahlerz ist Silber teilweise im Gitter, zum Teil auch in Form kleiner Silbermineral-Einschlüsse verborgen. Als Nebenprodukt ist es oft schon bei Gehalten von 50 g/t gewinnbar, nicht selten spielt ein wesentlicher Silbergehalt die entscheidende Rolle für die Abbauwürdigkeit einer Buntmetall-Lagerstätte. Silber-Telluride wie Hessit (Ag_2Te) und Empressit (AgTe) sind zwar in epithermalen und präkambrischen Goldlagerstätten nicht selten, doch als Silbererze nur sehr lokal wichtig.

Die *Verwendung* von Silber liegt in Elektronik und Photographie (ca. 2/3), der Rest in der Herstellung von Schmuck, Münzen und Tafelware.

Silber ist ein ***chalcophiles Element***. In Magmatiten und Sedimenten liegen die Durchschnittsgehalte zwischen 0,03 und 10 ppm, wobei Schwarzschiefer, Phosphorite und Ölschiefer die höchsten Werte ergeben. Die magmatische Differentiation ist ohne erkennbaren Einfluß. Basalte haben zwar die höchsten Spurengehalte, doch wird dies wohl vor allem durch den Sulfidanteil der Gesteine kontrolliert. Organische Substanz bindet Silber sehr stark durch Chelat-Bildung. Das führt z.B. zur Anreicherung in humosen Böden über Erzausbissen, wie auch gelegentlich in Kohlen. Ähnlich Gold wird Silber in hydrothermalen Lösungen nur z.T. als einfaches Ag^+-Ion, sondern häufiger in salinaren Lösungen in Chlor- oder in salzarmen Lösungen in Sulfidkomplexen transportiert (Stefansson & Seward 2003). AgCl ist in lagerstättenbildender Konzentration sogar in Wasserdampf magmatischer oder epithermaler Systeme löslich (Migdisov 1999). Die Wässer des geothermalen Feldes von Salton Sea/Süd-Kalifornien enthalten 0,8–2 ppm, schalige Sulfidabsätze in den Leitungsrohren aber bis zu 7% Silber. Die Erzschlämme im Atlantis II-Tief des Roten Meeres führen durchschnittlich 18 ppm Ag und 0,3 ppm Au. Subduktion und Aufschmelzung solcher metallreicher Sedimente sind vermutlich metallogenetisch grundlegend wichtig.

Bei Verwitterung oberflächennaher Sulfiderze geht Silber anders als Gold sehr leicht in Lösung, besonders bei pH<4 als Sulfat, Karbonat oder Chlorid. In der Zementationszone wird es infolge seines edlen Charakters durch Reduktion als gediegen Silber, Akanthit oder Hornsilber wieder ausgefällt:

Bildung von gediegen Silber im Übergangsbereich zwischen oxydierter und primärer Zone

$$Fe^{2+} + Ag^{+}_{\text{Lösung}} = Fe^{3+} + Ag^{0}_{\text{gediegen}}$$

Hornsilber bildet sich vor allem in ariden Gebieten beim Zusammentreffen silberführender Lösungen mit Halogenen (z.B. in der tieferen Oxydationszone von *Broken Hill*, S-Australien).

Silber erscheint in einer Vielzahl verschiedener *Lagerstättentypen,* die weit überwiegend epigenetisch-hydrothermal sind (GRAYBEAL et al. 1986). Typische Gangarten von eigentlichen Silbererzen sind eher Karbonate und Baryt als Quarz, anders als in Goldlagerstätten. Viele sind Ag-führende Glieder anderer Erzlagerstätten, insbesondere der Buntmetalle. Die Mehrzahl der eigentlichen Silberlagerstätten liegt in den Kordilleren des westlichen Nord- und Südamerika. Ein genetischer Zusammenhang mit der dort außergewöhnlich langlebigen konsumierenden Plattengrenze gilt als gesichert.

Silber gibt es als Hauptmetall oder als wichtiges Beiprodukt in folgenden *Lagerstätten:*

a) Ganglagerstätten
   1. Gänge, Stockwerke und hydrothermale Brekzien in enger Verbindung mit tertiären Vulkaniten und sub-vulkanischen Intrusionen, den epithermalen Goldlagerstätten entsprechend (*Guanajuato*/Mexiko, höheres Stockwerk in *Potosi*/Bolivien, ein jungproterozoisches Beispiel ist Imiter in Marokko: CHEILLETZ et al. 2002);
   2. Metamorphogen (?) in präkambrischen klastischen Meta-Sedimenten (*Coeur d'Alene*/USA);
   3. In Gängen der Ag-Co-Ni-As-Fe-S-U-„Formation“ (Erzgebirge, *Kongsberg*/Norwegen, *Cobalt*/Kanada);
   4. In polymetallischer Gesellschaft (mit Pb, Zn, Cu bzw. Sn, W, Zn) in Verbindung mit tertiären Vulkaniten und subvulkanischen Intrusionen (*Butte* und *Creede*/USA, tieferes Stockwerk in *Potosi*/Bolivien);
   5. Buntmetallreiche Gänge in paläozoisch-mesozoischen Nebengesteinen (*Clausthal*/Harz, *Pzribram*/Böhmen);
   6. Gänge in Assoziation mit kontaktmetasomatischen Erzen in Karbonaten.

b) Massige Sulfiderzlagerstätten mit Silber als Beiprodukt
   1. Pb-Zn-Ag-Erze in Karbonaten, wobei Skarne und hoch-temperierte hydrothermale kontaktmetasomatische Lagerstätten besonders silberreich sind (*Rudnik*/Serbien, *Leadville*/USA, *Bajiazi*/China, *Bismark Mine*/Mexiko: BAKER et al. 2004);
   2. Pb-Zn-(Cu)-Ag-Erze in Vulkaniten (Kuroko-Typ);
   3. Pb-Zn-(Cu)-Ag-Erze vom Sedex-Typ in marinen Sedimenten (*Rammelsberg*/Harz) oder in vulkanosedimentären Serien (*Cannington*/Australien: WALTERS & BAILEY 1998; *Broken Hill*/Australien);

c) Silber als Nebenprodukt in porphyrischen Kupferlagerstätten;

d) Disseminierte, schichtförmige und schichtgebundene epithermale Silberlagerstätten in tertiären Vulkaniten (*Round Mountain*/Co/USA);

e) Diagenetische Lagerstätten (z.B. im polnischen Kupferschiefer);

f) Infiltration im Bereich arider Metallkonzentration („red-bed“-Lagerstätten).

Viele der genannten Lagerstättengruppen sind in diesem Buch an anderer Stelle genauer behandelt, so daß hier nur einige speziell das Silber betreffende Beispiele illustriert werden sollen.

Silbererzgänge vom Typus (1) gehören zu den größten bekannten Silberproduzenten.

In *Guanajuato* (Mexiko) wurden seit der Entdeckung durch die Spanier im Jahre 1548 rund 35.000 t Ag und 175 t Au gewonnen. Davon kam der größte Teil aus einem 16 km langen Gang, der Veta Madre, der bis 2 km Tiefe vererzt ist. Es handelt sich um den Randbruch eines eo- bis oligozänen Grabens mit grobklastischen Sedimenten und mächtigen intermediären bis sauren Vulkaniten. In der Tiefe werden subvulkanische Intrusionen angenommen. Die Gangfüllung besteht aus Quarz, Kalzit, Bleiglanz, Zinkblende und Kupferkies sowie gediegen Silber, verschiedenen Silber-Sulfosalzen und Seleniden. Die hydrothermale Alteration der Nebengesteine umfaßt K-Metasomatose (Adular), Serizitisierung, Kaolinisierung und Propylitisierung, was möglicherweise auf eine Verwandtschaft zu hydrothermalen Systemen porphyrischer Kupferlagerstätten hinweist. Dieser Distrikt wurde seit Anbeginn geologischer Forschung als epithermal klassifiziert; heute wird er der „*low sulfidation*"-Unterklasse zugerechnet, mit Bildungstemperaturen bei 250–300°C (MANGO et al. 1991). – Andere Lagerstätten dieser Gruppe wurden sehr oberflächennah gebildet und leiten zum „hot springs"-Typ über. Zumeist folgt die Mineralisation im Anschluß an rhyolitischen Vulkanismus.

Der *Cerro Rico de Potosi* besteht aus einem dazitischen Dom mit begleitenden Tuffen und Explosionsbrekzien (CUNNINGHAM et al. 1996, Abb. 76). Unzählige Gänge durchschlagen die hydrothermal veränderten Vulkanite ebenso wie ältere Nebengesteine. Die bisherige Produktion wird auf 30.000 bis 60.000 t Ag geschätzt, mit mindestens ebenso großen verbleibenden Vorräten disseminierter Erze. Damit ist dies die größte Silberlagerstätte der Erde. Neben Silber wurden auch bedeutende Mengen von Sn und Zn sowie als Nebenprodukte Cu und Pb gewonnen. Deutlich ist eine hydrothermale Zonierung, im höher temperierten Zentrum mit Erz aus Zinnstein, Wolframit, Wismutglanz und Arsenopyrit, umgeben von einer Hülle mit ZnS, PbS und Silbermineralen. Primär überwiegen Tetraedrit und Argentit; allerdings ist der höhere Teil des Berges weithin oxydiert, so daß sekundäre, deszendente Paragenesen überwiegen. Im Kern sind die Dazite durch eine Quarz-Turmalin-Alteration überprägt, nach oben folgen extreme Vertonung und zelliger Quarz. Dies belegt extrem saure hydrothermale Alteration in „*high sulfidation*"-epithermalem Milieu (SILLITOE et al. 1998). Die Oxydationszone reicht vom Gipfel etwa 300 m in die Tiefe. Die gesamte bergbaulich erschlossene Teufe liegt bei 1150 m. Konglomerate und Rutschmassen am Fuß des Berges enthalten weitere große Silberreserven (BARTOS 2000).

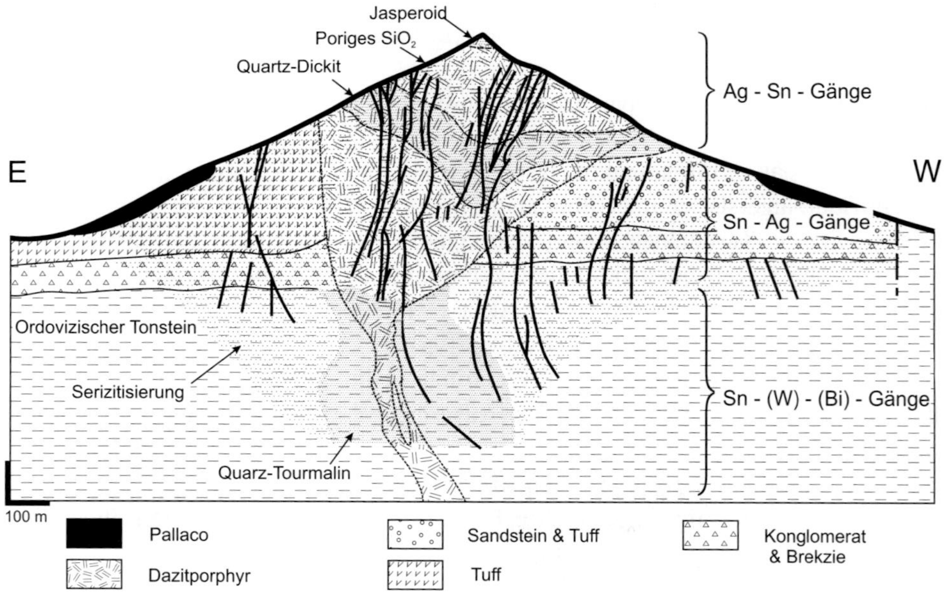

Abb. 76. Vertikale Zonierung der polymetallischen Silber-Zinnerzgänge des Cerro Rico de Potosi, Bolivien (nach BARTOS 2000).

Beachte die typisch epithermale Alteration im oberen Teil des Berges, während in der Tiefe ein Schlauch von Verkieselung und Turmalinisierung durch einen weiten Hof von Serizitisierung umgeben ist. *Pallacos* sind silberführende Rutschmassen.

Im Gegensatz zu vielen epithermalen Ag-Au-Lagerstätten, bei welchen die Hydrothermen hauptsächlich meteorisches Wasser enthielten, ist in Potosi ein überwiegender magmatischer Anteil nachgewiesen (CUNNINGHAM et al. 1996). Die Lagerstätte illustriert die typische vertikale Metallzonierung der bolivianischen Ag-Sn-Provinz, mit Ag, Sb (Sn) zuoberst, gefolgt von Cu, Zn, Sn (s. San Rafael, Abb. 72) und zuunterst Sn, W und Bi (SILLITOE et al. 1998).

Silbererzgänge vom Typus (2) im Distrikt *Coeur d'Alene* (Idaho) sind über eine Fläche von 50 mal 20 km bekannt.

Neben bedeutenden Mengen von Silber werden in *Coeur d'Alene* auch Pb, Au, Zn und Cu produziert. Nebengesteine sind klastische, gering metamorphe Sedimente der mittel-proterozoischen Belt Supergruppe, welche von kretazischen Monzoniten intrudiert wird. Der Distrikt befindet sich im Bereich großer regionaler Seitenverschiebungen, welche von manchen Autoren mit der Entstehung der Gangspalten in Verbindung gebracht werden. Die erzführenden Strukturen sind spätorogene, steile Aufschiebungen, welche unter den Bedingungen der Grünschieferfazies gebildet wurden (Wavra et al. 1994). Die Gänge liegen bevorzugt in kompetenten Quarziten; sie sind geringmächtig, die reichen Erze erlauben aber Abbau bis 2400 m Tiefe. Unterstützt wird das durch das ungewöhnliche Aushalten der Gänge, so ist etwa der Morning Star Gang 1300 m im Streichen und 2300 m im Einfallen erschlossen. Erzminerale sind Bleiglanz, Zinkblende, silberreicher Tetraedrit, Kupferkies, Pyrrhotin und Arsenkies in einer Gangart von Siderit und Quarz. Vertikale und horizontale Zonierung sind undeutlich, die Reicherzfälle liegen parallel zu den Bewegungsstriemen der Gangstrukturen. Die Bildungsbedingungen lagen bei 350°C und 1–3 kbar. Der Zeitpunkt der Vererzung ist auch mit modernen Methoden schwierig zu bestimmen: Es wird jedoch zunehmend wahrscheinlicher, daß ein Teil der Gänge (Zn, Pb) proterozischen Alters ist (ca. 1 Ga), während die eigentlichen Silbererzgänge sowie Sb und Au in der späten Kreide bis zum frühen Tertiär gebildet wurden (Eaton et al. 1995, Leach et al. 1998). Für beide Mineralisationsphasen wird eine metamorphogene Bildung vermutet, wobei die spätere durch thermischen Einfluß der kretazischen (laramischen) Intrusionen erklärt werden könnte.

Beispiele für Gänge vom Typ (3) sind unter „Kobalt" näher beschrieben.

Polymetallische Gänge (4) unterscheiden sich vom Typus (1) nur durch die erhöhte Buntmetallführung. Sehr oberflächennah entstanden ist *Creede*/Colorado, wo epithermale Gänge an eine Caldera gebunden sind. Jene von *Butte*/Montana sitzen einem intrusiven Quarzporphyr auf. Die Gänge Boliviens und Perus sind durch die seltene Paragenese von Silber mit Kassiterit und Zinnsulfiden auffällig.

Interessant ist die Frage, warum solche Ag-Lagerstätten bei aller Vergleichbarkeit mit epithermalen Goldlagerstätten doch deutlich gold- bzw. silberreiche Endglieder haben. Dies mag zum Teil durch eine vertikale Zonierung bedingt sein, da viele epithermale Golderze nach unten in silberführende Buntmetallsulfide übergehen. Da aber im westlichen Pazifik zwar viele große Goldminen dieser Klasse bekannt sind, aber mit unwesentlichen Anteilen von Silber, müssen doch auch grundlegende Unterschiede in der Metallführung der Muttergesteine und ihrer geochemischen Entwicklung angenommen werden. Auffällig ist, daß die bolivianischen Ag-Sn-Lagerstätten mit sauren vulkanischen Domen verbunden sind, welche aus reduzierten Magmen vom Ilmenit-Typ bestehen. Dies impliziert H_2S-reiche magmatische Fluide. Goldführende Porphyre sind dagegen meist vom Magnetit-Typ und ihre volatile Phase ist SO_4-dominiert.

Hoch-temperierte hydrothermale ***silberreiche Pb-Zn-Erze in Karbonaten*** (Typus b1) sind wirtschaftlich von großer Bedeutung. Niedrig-temperierte hydrothermale Pb-Zn Lagerstätten des Mississippi- und alpinen Typs sind dagegen generell silberarm.

Silberreiche Erze dieser Gruppe liegen im engeren oder weiteren Kontakthof von intermediären bis sauren Intrusionen, vor allem in China und den amerikanischen Kordilleren. In den letzteren sind Karbonate paläozoischen und mesozoischen Alters dort mineralisiert, wo sie von tertiären Plutonen intrudiert wurden. Die Erze enthalten Ag, Pb, Zn und Pyrit, dazu Mn, Cu, As, Sb und Au in wechselnden Anteilen. Gangarten sind Kalzit, Quarz und Dolomit, oft mit Baryt, Siderit, Fluorit, Rhodonit, Rhodochrosit und dem charakteristischen „Jasperoid". Die Alteration der Karbonate umfaßt proximale Skarnbildung und Rekristallisation, distal Dolomitisierung und Verkieselung (Jasperoid). Das Silber findet sich vorwiegend in Tetraedrit-Tennantit mit enger Bindung an Bleiglanz. Die Erzkörper sind zum Teil schichtgebunden (mantos), zum Teil quergreifende Erzschläuche (chimneys) und Gänge. Sie sind offenbar durch Paläo-Permeabilitäten der Karbonate kontrolliert, deren Anlage lithologisch, tektonisch oder durch Paläokarst bedingt war. Oft sind sie nach oben durch impermeable Nebengesteine begrenzt. Flüssigkeitseinschlüsse aus solchen Lagerstätten ergeben Bildungstemperaturen bis 500°C (in der anhydrischen Skarnphase: Baker et al. 2004); das beteiligte Wasser war deutlich magmatischer Herkunft.

Beispiele für solche Lagerstätten sind *Leadville*/Colorado, *Tintic*/Utah, *Providencia, Bismark* und *Encantada*/Mexiko, in Europa *Rudnik*/Serbien.

Auch in China gibt es silberreiche Gänge, Skarne und Imprägnationszonen, die im Kontaktbereich meso- bis känozoischer Granite ausgebildet sind, welche jungproterozoische und altpaläozoische Sedimente intrudierten. Gehalte bis zu 200 g/t Silber werden dort in Erzen von Sn, W, Cu, Pb, Zn, Sb und Bi als Beiprodukt abgebaut (Wu et al. 1993).

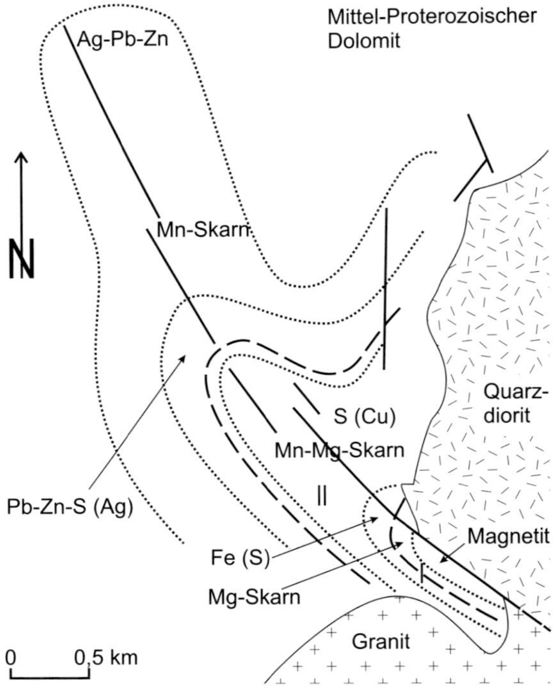

Abb. 77. Schematische Karte der Zonierung der Ag-Pb-Zn-Skarne im Kontaktbereich der jurassischen Quarzmonzodiorit-Intrusion von Bajiazi, China, entlang einer Störungszone (Zhao et al. 2003).

Punktierte Linien zeigen die Verteilung der Erzparagenesen: Proximal Magnetit, gefolgt von Fe(S) = Magnetit-Pyrit-Pyrrhotin, S(Cu) = Sulfide von Cu-Fe-Zn-Pb-Ag, danach distal Pb-Zn mit nach außen zunehmenden Ag-Gehalten.

Eine der größten Skarnlagerstätten in China ist *Bajiazi*. Die Gesamtreserven werden auf 220.000 t Zn, 150.000 t Pb und 1647 t Ag geschätzt, mit 186 g/t Ag im Erz (Zhao et al. 2003). Die Erze liegen im Kontaktbereich jurassischer Quarzmonzodiorite und proterozoischer Dolomite, entlang einer NW-streichenden Störungszone (Abb. 77). Über eine streichende Länge von 3,4 km bilden sie metasomatische Gänge (Abb. 78), Linsen und Massen. Vom Intrusivkontakt ausgehend zeigen die Skarne eine proximale Mg-Fazies mit Magnetit und Molybdänit, gefolgt von Mn-Mg-Skarn mit Sulfiden von Fe, Cu, Pb, Zn und Ag, und distal Mn-Skarn mit Ag, Pb und Zn. Diese Abfolge reflektiert die Reaktion der magmatischen Fluide mit dem Dolomit, bei gleichzeitig fallender Temperatur von >500 bis ~340°C. Pb-Isotopendaten zeigen eine Herkunft der Buntmetalle und wohl auch des Ag aus der tieferen Unterkruste.

Besonders wichtig als moderne Prospektionsziele sind *disseminierte Silbererze in sauren Vulkaniten* (d). Solche Erzkörper liegen schichtförmig und schichtgebunden in permeablen vulkanoklastischen oder darin eingelagerten klastischen Gesteinen, oft in Calderen oder über subvulkanischen Intrusionen. Die Erzgrenzen sind dann oft nicht geologisch, sondern analytisch bestimmt. Silber liegt gewöhnlich in sulfidischer Form vor, neben Fe, Zn, Pb und wechselnden Anteilen von Cu, Au, As, Sb und Mn. Hydrothermale Neubildungen sind Pyrit, Quarz, Opal sowie zurücktretend Serizit, Karbonate und Adular. Buntmetallärmere disseminierte Silberlagerstätten führen eher Gold; polymetallische Glieder sind daran arm. Letztere wurden etwas tiefer und bei höheren Temperaturen gebildet. Vielfach wurden solche Erze erst in jüngster Zeit neben altbekannten Reicherzkörpern erkannt.

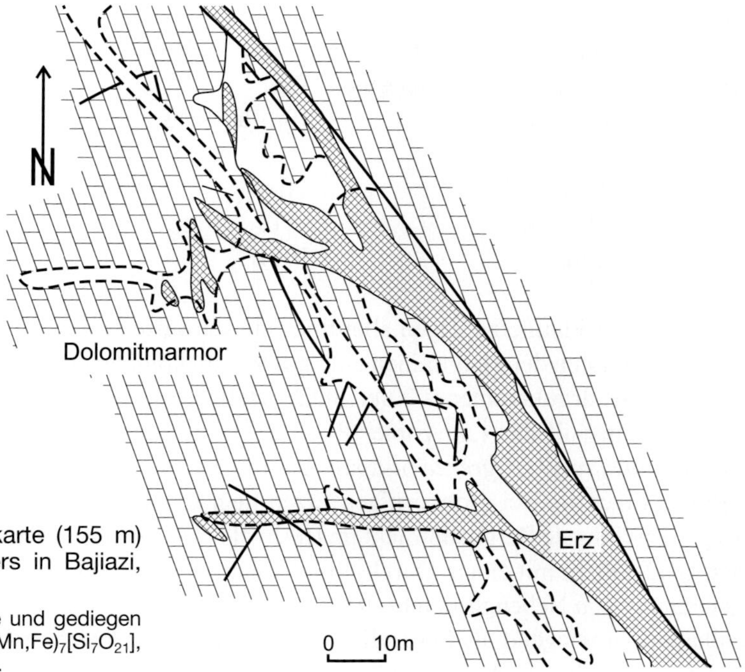

Abb. 78. Geologische Sohlenkarte (155 m) eines Ag-Pb-Zn-Skarnerzkörpers in Bajiazi, China (ZHAO et al. 2003).

Erzminerale sind Sulfide, Sulfosalze und gediegen Silber, Gangarten Pyroxmangit $(Mn,Fe)_7[Si_7O_{21}]$, Rhodonit, Spessartin und Phlogopit.

Red-bed-Lagerstätten: Ebenfalls eine interessante Entdeckung jüngerer Zeit ist eine präkambrische Lagerstätte diesen Typs, die *Troy Mine* in Montana.

Intragranulare eines weißen Quarzites der Belt Supergruppe enthalten hier Bornit, Digenit und Kupferglanz sowie gediegen Silber. Der Erzkörper ist etwa 20 m mächtig, und im Streichen über 1000 m erschlossen. Eine Metallzonierung mit der Abfolge Cu+Ag-Pb-Zn-Fe in Schräglage zur sedimentären Schichtung erinnert an den Kupferschiefer und besonders an den zentralafrikanischen Kupfergürtel. Deshalb werden auch diagenetische metallogenetische Modelle diskutiert. Erhöhte Metallgehalte in diesem lithostratigraphischen Horizont wurden über 1800 km^2 gefunden. Die sedimentäre Fazies der Gesteine entspricht einem marin beeinflußten Deltabereich. Der Troy Erzkörper erinnert in seiner Form an die „roll fronts" mancher Uranlagerstätten. Vieles spricht damit doch für eine Bildung als infiltrative Red-Bed-Lagerstätte. Unzweifelhaft ist eine solche Genese für den eher kleinen Silberbergbaudistrikt *Silver Reef*/Utah, wo ein Triassandstein lagenweise vererzt war, und zwar oberhalb der Grundwasserspiegels mit Hornerz, darunter mit Silberglanz und gediegen Silber. Besonders reich mineralisiert waren fossile Pflanzenreste, was auch sonst bei Ausfällung aus ariden Verwitterungslösungen die Regel ist. Schließlich hatten auch einige Uran- und Kupferlagerstätten dieses Typs in den westlichen USA gewinnbare Silbergehalte.

Die wichtigsten *Silberproduzenten* der Welt sind Mexiko, Peru, Australien, China, Polen, Chile, USA und Kanada (2003). Die Jahresproduktion beträgt etwa 18.500 t Ag-Metall, mit langsam steigender Tendenz. Große Reserven haben USA, Mexiko, Kanada, Südamerika und die GUS. Für die *Suche* nach Silberlagerstätten eignen sich besonders geochemische Methoden.

Platinmetalle

Die Gruppe der Platinmetalle (PGM) umfaßt Ru, Rh, Pd (Dichte ca. 12) sowie Os, Ir, und Pt (Dichte ca. 22), welche mit oft hohen Fe-Anteilen (Ferroplatin) legiert sein können.

Erzminerale:

gediegen Platin (Legierungen mit anderen Platinmetallen und Fe)			D = 14–19
Cooperit	PtS	ca. 82%Pt	ca. 9
Braggit	(Pt, Pd, Ni)S	ca. 59%Pt und 20%Pd	ca. 10
Sperrylith	$PtAs_2$	bis 54%Pt	10,5
Moncheit	$PtTe_2$		
Laurit	RuS_2		

Die PGM der Platinerze liegen allerdings nur teilweise in den o.a. häufigen Erzmineralen vor, da aus Konzentraten der Platinminen eine große Zahl komplexer PGM-Minerale bestimmt wurde und jährlich neue dazukommen (Cabri 2002). Vielfach gibt es mikroskopische Einschlüsse von PGM-Mineralen in Sulfiden („invisible" PGM's, z.B. im Merensky Reef) und in Chromit.

Die *Bauwürdigkeitsgrenze* primärer Platinmetall-Lagerstätten hängt sehr von der Aufbereitbarkeit des Erzes ab. Bei grobkörnigen Erzen liegt sie bei 3 g/t Pt-Äquivalent, sonst zwischen 5 bis 10 g/t. Das jüngste Bergbauprojekt im Bushveld (*Maandakshoek Mine*) wird Erz des 63 cm mächtigen UG2-Flözes mit einem Durchschnitt von 8,16 g/t gewinnen. Nach Verdünnung durch Hereingewinnung von Nebengestein bis 92 cm entspricht das 7,5 g/t PGE + Au. Die Sulfide von *Sudbury* enthalten vorwiegend als Sperrylith bis 1 ppm Pt+Pd, doch werden die Edelmetalle trotz dieses geringen Gehaltes als Nebenprodukt der Nickel-Elektrolyse in großem Umfang gewonnen. Seifenplatin ist im mechanisierten Großbetrieb ab 0,5 g/t gewinnbar (z.B. im russischen Fernen Osten). Auch Abgänge der Chromitaufbereitung im Bushveld mit 2,5 g/t PGM sind ein neuentdeckter Rohstoff. Verwendet wird Platin vor allem als Katalysator in der Petrochemie und in Kraftfahrzeugen sowie als Schmuckmetall, daneben auch in der elektronischen Industrie (LCD-Bildschirmglas) und für Dentallegierungen. Palladium und Rhodium dienen überwiegend der Herstellung von Abgaskatalysatoren für Automobile, daneben auch der Herstellung von Pd-Kondensatoren. Große Hoffnungen richten sich auf die breite Einführung der H_2-Brennstoffzelle (mit Pt-Elektroden) für Automobile.

Geochemie: Platinmetalle sind zusammen mit Au und Re *ausgeprägt siderophile Elemente*, wie schon ihre natürliche Legierung mit Eisen (4–21%) zeigt. Sie haben aber auch schwach chalcophilen Charakter, indem sie mit den chalcophilen Elementen Sb, As, Bi, S, Se und Te Verbindungen eingehen. Fe-Ni-Meteorite enthalten 1–10 ppm Platinmetalle wechselnder Zusammensetzung. Auch die platinreichen metasomatischen Fayalit-Dunitschlote („Horthonolite") des Bushveldes belegen deutlich den siderophilen Charakter der Platinelemente. Generell führen Ultramafite und manche Gabbros und Norite relativ hohe, Granite dagegen sehr niedrige PGM-Anteile (<0,5 ppb Pt und <0,2 ppb Pd). Lokalisiert sind geochemisch erhöhte Gehalte offenbar in Chromspinellen und in Sulfiden. Au-reiche porphyrische Kupfererze enthalten bis 0,05 g/t Pd+Pt (Tarkian & Stribrny 1999). Anomal erhöhte Werte wurden ferner an mittelozeanischen Erzschlämmen (in Pyrit und Markasit des Ost-Pazifischen Rückens bis 1%) und in ozeanischen Manganknollen und -krusten festgestellt. Auch Ölschiefer sind geochemische Fallen für Platinmetalle; im Kupferschiefer Schlesiens (Polen) sind Gold und Platin lokal abbauwürdig. Die Fraktionierung der Platinmetalle wird häufig durch das Verhältnis Pt+Pd/Ru+Os+Ir bzw. Pt/Pd sowie durch Normierung gegen CI-Chondrite charakterisiert. Demnach haben die Platinmetalle der Chromite im Mantelteil von Ophioliten gegenüber Chondriten etwa 0,1–1 mal Ru+Os+Ir und nur 0,01 mal Pt+Pd; im Merensky Reef und in Chromiten des Bushveldes aber sind Pt+Pd bis zum 4-fachen chondritischer Gehalte angereichert. Allgemein kann man festhalten, daß während der Kristallisation eines basischen Magmenkörpers Ir, Os und Ru eher in früh ausgeschiedenen Phasen angereichert sind, während Pd, Pt und Au in den verbleibenden Liquiden angereichert werden.

Traditionell werden Platinerze als ein Produkt der Frühkristallisation basischer und ultrabasischer Magmen angesehen, zeitlich mit Chromitbildung entweder überlappend oder wenig später folgend. Der Konzentrationsprozeß beginnt oft mit der Bildung einer (Fe-Ni-Cu)-Sulfidschmelze, welche zuerst in Form kleiner Tröpfchen im Silikatmagma verteilt ist. Da die PGM einen extrem hohen Verteilungskoeffizienten zugunsten einer Sulfidschmelze aufweisen, sind die Sulfidtröpfchen äußerst effektive PGM-Sammler, ohne Notwendigkeit anomaler PGM-Gehalte in der ursprünglichen Schmelze. Die Effizienz des Prozesses wird auch durch dynamische Vorgänge im Magmenkörper beeinflußt: Je länger die Sulfidtröpfchen in Schwebe und in Bewegung bleiben, umso mehr wird die Anreicherung begünstigt. Vermutlich spielt hier lebhafte Konvektion eine besondere Rolle (convective scavenging). Wenn diese in getrennten Schichten stattfindet, können die absinkenden Sulfidschmelzen mehrere solcher Konvektionszellen durchwandern und damit besonders PGM-reich werden (cascade enrichment: Rice & von Gruenewaldt 1994). Ein häufiges Element solcher Modelle impliziert die Mischung zweier oder mehrerer rasch aufeinanderfolgender Magmenpulse, wobei neu zugeführter Schwefel zur Bildung der Sulfidschmelze führt (Naldrett 1999). Für sulfidarme Magmen (z.B. *Bushveld, Stillwater*) ist dieses Modell jedoch nicht gut anwendbar. Wenn es bei geringen Schwefelgehalten im Magma nicht zur frühen Bildung einer Sulfidschmelze kommt, spielen Chromite (s. unten) und möglicherweise fluidreiche Restschmelzen bei der Anreicherung von Platin eine bedeutende Rolle. Letzteres ist bei den pegmatitischen Pyroxenitgängen der albanischen Ophiolite besonders klar.

Viele Wissenschaftler vermuten, daß Platinmetalle unter Mitwirkung komplexer Fluide konzentriert werden, welche sich in fertilen Magmen noch während der Kristallisation bilden (Stumpfl 1986, Boudreau & McCallum 1992) oder aus dem Liegenden zugeführt werden. Experimente lassen vermuten, daß solche Fluide bei Temperaturen um 1000°C sehr wasserarm, und chlor- bzw. salzreich sind; mit steigendem $f\,S_2$ werden dann Pt+Pd gegenüber Os-Rh deutlich angereichert (Fleet & Wu 1993). Dies könnte manche bisher schwer verständliche PGM-Fraktionierungsmuster in Platinlagerstätten erklären.

Schließlich gibt es aber auch eindeutig hydrothermale Quarz-Sulfidgänge im Bereich basisch-ultrabasischer Magmatite, welche Platinmetalle und auch Gold führen (Southern Alps/Neuseeland). Einzigartig sind die platinführenden Quarzgänge bei *Waterberg*/Transvaal/Südafrika, welche die sauren Vulkanite über dem Bushveld Komplex durchschlagen. Der Transport der Platinmetalle in hydrothermalen Lösungen erfolgt als Cl- oder Bisulfid-Komplexe, in niedrigtemperierten Wässern möglicherweise in Verbindung mit NH_4, Thiosulfat und mit organischen Substanzen. In reduzierten Lösungen und bei Temperaturen unter 300°C dürften Bisulfidkomplexe überwiegen; oxydierte, salinare Lösungen jedoch transportieren Pt und Pd als Chlorkomplexe (Xiong & Wood 2000). Aus solchen Lösungen werden die PGM besonders effektiv durch Reduktion ausgefällt, z.B. an der Basis des Kupferschiefers, wo die aufsteigenden, oxydierten Beckenlaugen des Rotliegenden reduziert wurden. In den zur Gewinnung geothermaler Energie genutzten, 300°C heißen Laugen von *Salton Sea*/S-Kalifornien z. B. sind Au, Pt, Pd und Rh jeweils mit etwa 1 ppb enthalten. Die Platinmetalle sind vermutlich als $(PtCl_4)^{2-}$ oder als $Pt(HS)_2$ gelöst. Bemerkenswert ist, daß sie beim Aufkochen während des Aufstieges der Laugen in den Bohrungen in Lösung bleiben – anders als Gold, von dem ein Teil ausfällt und das in den Abscheidungen an der Wand der Rohre bis 0,1% konzentriert ist (McKibben et al. 1990).

Wie Gold werden Platinmetalle bei der *Verwitterung* freigesetzt (besonders aus den komplexen Erzen) und mechanisch oder in Lösung begrenzt transportiert. In Oberflächenwässern sind

Hydroxi-Komplexe (z.B. $PtOH^+$), Thiosulfat- und organische Komplexe besonders häufig. Deshalb sind PGM (nicht selten zusammen mit Au) oft in Gossans, an der Basis von Lateriten (z.B. in den „Birbiriten" West-Äthiopiens, das sind verkieselte Dunite) oder in Seifen konzentriert. Dabei werden Pt (gegenüber Pd: OBERTHÜR et al. 2003) und die besonders immobilen Metalle Os+Ir relativ angereichert, weshalb das Verhältnis Pt/Os+Ir eine Aussage über die Maturität der jeweiligen Seife erlaubt. In diesem Zusammenhang ist es bemerkenswert, daß die Goldkonglomerate des Witwatersrandes eine Jahresproduktion von knapp 1000 kg Os und Ir (ohne Platin) liefern. Ausgefällt werden die Platinmetalle der Verwitterungslösungen durch Reduktion (z.B. an Fe^{2+}) oder pH-Änderung. Dadurch entstehen oft große Platinmetall-Kristalle. Platinseifen haben heute nur lokal wirtschaftliche Bedeutung (Kolumbien, Neuseeland, russischer Ferner Osten: Abb. 79).

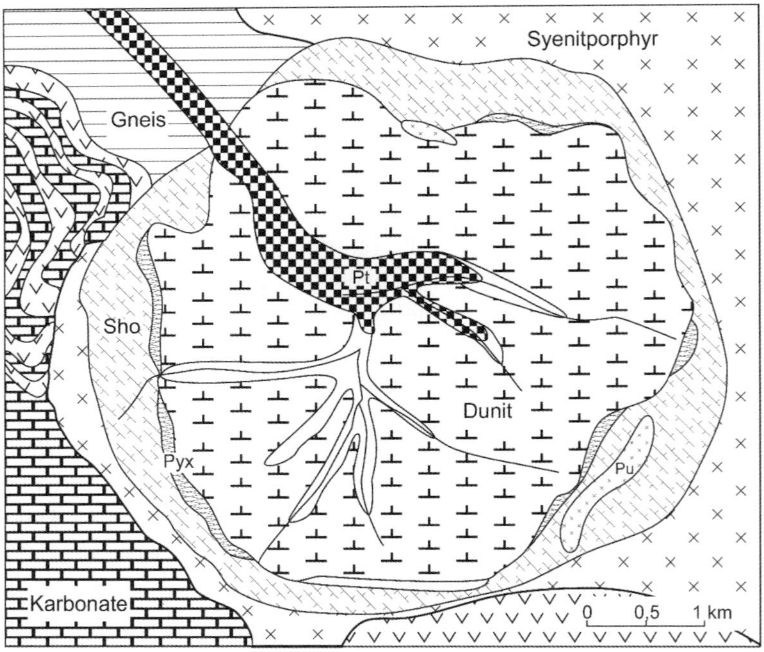

Abb. 79. Geologische Karte der Ringintrusion vom Ural-Alaska-Typ im Inagli Massiv, Aldan Schild, im Fernen Osten Rußlands, mit alluvialen Platinseifen (TOLSTYKH et al. 2002).

Wirtschaftlich bedeutende ***Platinmetall-Lagerstätten*** gibt es nur in ultrabasisch-basischen geschichteten Massiven (*Bushveld*/Südafrika, *Stillwater*/Montana/USA, *Great Dyke*/Simbabwe) und in den Ni-Cu-führenden Gabbros und Noriten (*Sudbury, Lac des Iles* und *Voisey's Bay* in Kanada, *Noril'sk*/Rußland). Weiter interessant sind platinführende Ultrabasite von Ophioliten (Albanien: Jura; nördlicher und mittlerer Ural: Silur; Äthiopien: Jung-Proterozoikum; Shetland: Altpaläozoikum – LORD & PRICHARD 1997), die an Komatiite gebundenen platinführenden Nickelsulfide, und ultramafische Intrusionen vom Alaska-Ural-Typ (z.B. der einzigartige platin- und chromitführende Dunitschlot in einem Alkali-Syenitringpluton von *Inaglinsk*/Jakutien/Rußland: Abb. 79, oder die zonierten ultramafischen Intrusionen Kolumbiens, aus welchen die Platinseifen der westlichen Cordillere abgeleitet werden: TISTL 1994). Nach Südafrika besitzt Simbabwe im Great Dyke mit geschätzten 1.600 Mt die wohl größten Platinerzressourcen der Welt, obwohl dort mit der Hartley Mine erst 1996 die bergbauliche Gewinnung einsetzte.

Aus dem *Bushveld*/Süd-Afrika kommen heute zwei Drittel der Welt-Gesamtproduktion von Platin (VERMAAK & VAN DER MERWE 2000).

In der früher beschriebenen lithostratigraphischen Abfolge sind die platinführenden Horizonte genau lokalisiert (Abb. 3). Dazu gehören vor allem das Merensky Reef und das UG2-Chromitflöz, die beide in der Kritischen Zone der *Rustenburg Layered Suite* liegen. Das Platin des Bushveldes wurde im Jahre 1924 vom deutschen Geologen Merensky entdeckt. Das nach ihm benannte Merensky Reef ist eine wenige Dezimeter mächtige Schicht eines pyroxenitischen „Pegmatoids", in dem die Pyroxene als Kumulus-Minerale und Plagioklas als Interkumulus-Bildung auftreten. Daneben gibt es sehr dünne Chromitbänder, stellenweise Olivin, aber auch Taschen mit Magnetit, Amphibol, Biotit/Phlogopit, Hellglimmer, Quarz und Talk, letztere als Zeugen der Einwirkung einer wässrigen fluiden Phase (WILSON et al. 1999). In bauwürdigen Bereichen führt das Reef 0,5 bis 2% Kupferkies und Magnetkies/Pentlandit, woran ein Teil des Platingehaltes gebunden ist. Durchschnittliche Gehalte der Platinmetalle liegen zwischen 4 und 8 ppm im Erz, wobei Pt (ca.60%) und Pd (ca.30%) weit überwiegen. Dazu kommt noch etwas Gold. Gediegen Ferroplatin und eine große Zahl verschiedener Minerale mit S, Te, As und Sb konnten bestimmt werden.

Einige Hundert Meter unter dem Merensky Reef liegt das UG-2 Chromitflöz, dessen Platinführung wirtschaftlich noch bedeutender ist. Fe-Cu-Ni Sulfide treten hier zurück; es überwiegen Legierungen und unterschiedliche Minerale der PGM. Auch alle anderen Chromitflöze des Bushveldes haben beträchtliche PGM-Gehalte. KINNAIRD et al. (2002) erklären dies (und die Bildung des Merensky Reefs) als Auswirkung jeweils zugeordneter neuer Magmenjets, die durch felsisches Material aus dem Dach der Intrusion kontaminiert wurden, wodurch Chromit und PGM ausfallen mussten: Abb. 80). Die wässerigen Fluide im Merensky Reef waren in diesem Modell nicht Agenten der Anreicherung der PGM, sondern nur lokaler Umverteilung während der Abkühlung des Systems.

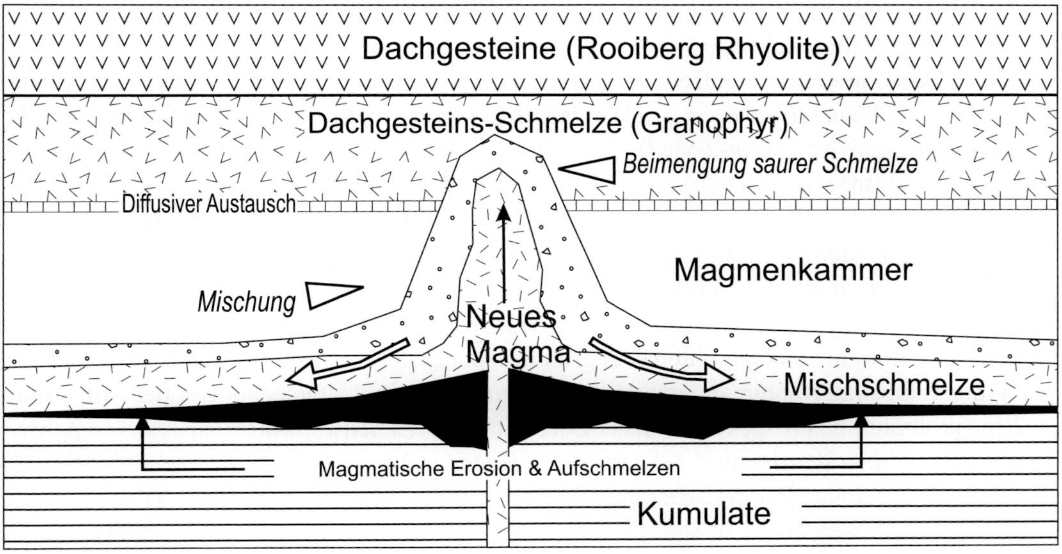

Abb. 80. Schematische Darstellung der Bildung der Chrom- und Platinerze im Bushveld/S.A., durch Injektion frischer Schmelze in die Magmenkammer und deren Mischung mit vorhandenen Magmen, was zur Ausfällung von Chromit und PGM führt, die auf den Kumulat-Boden absinken (KINNAIRD et al. 2002).

Auch das *Stillwater Massif*/Montana/USA ist eine anorogene geschichtete basisch-ultrabasische Intrusion von etwa 45 km Länge und maximal 5 km Mächtigkeit.

Infolge späterer Tektonik liegt hier nur ein Teil eines ursprünglich viel größeren Komplexes vor. Die Nebengesteine sind stark deformierte archaische Meta-Sedimente, deren Alter mit 3,1–3,7 Ga bestimmt wurde, die Intrusion hingegen erfolgte um 2,7 Ga. Vom Liegenden zum Hangenden besteht das Massif aus einer Basisserie (30–70 m Norite und Bronzitite), der Ultramafit-Serie (bis 2000 m Peridotite und Bronzitite mit Chromitflözen) und der gebänderten Zone (Kumulate mit wechselnder Zusammensetzung aus überwiegend Plagioklas mit Bronzit, Augit und selten Olivin). Der wichtigste Horizont mit Platinvererzung, das sogenannte JM-Reef, liegt im unteren Drittel der gebänderten Zone, und zwar dort, wo nach einer Unterbrechung wieder der erste Olivin auftritt. Lithologisch besteht dieser Horizont aus Troktolit, Norit und Anorthosit; wichtig ist die Beobachtung, daß er gegen die magmatische Schichtung im Liegenden unter einem geringen Winkel diskordant liegt.

Das JM-Reef führt über durchschnittlich 2 m Mächtigkeit etwa 0,5–2% Sulfide (Pentlandit, Magnetkies, Kupferkies und Pyrit), welche mit mineralogisch vielfältigen Phasen von Pt und Pd verwachsen sind. Durchschnittliche Gehalte im 1987 eröffneten Bergbau liegen bei 19 ppm, wobei Pd gegenüber Pt etwa dreifach konzentriert ist. Das Verhältnis Pt+Pd/Os+Ir+Ru ist 230, gegenüber 9,5 im Merensky Reef. Auch das JM-Reef führt Amphibole, Glimmer, Talk und Serpentin. Weiter gibt es auch im Stillwater Massif quergreifende Pegmatoide pyroxenitischer Zusammensetzung, die stockwerkartig mit Karbonat, Quarz und platinführenden Sulfiden vererzt sind. Dies erinnert natürlich an das Bushveld, doch wurde die Entstehung des JM-Reefs meist durch sekundäre Injektion eines schwefelreicheren Magmas und nachfolgende Entmischung und gravitative Saigerung der Sulfide erklärt. Auch hier aber mehren sich die Argumente für eine spät-magmatisch hydrothermale Genese. Ein besonders elegantes Modell haben Boudreau & McCallum (1992) vorgestellt: Demnach migrieren die in der erstarrenden Kumulatzone entstehenden magmatischen Fluide nach oben, bis sie in der heißeren Schmelze wieder gelöst werden. Schwefel und die PGE-Spurengehalte der Kumulatzone werden dabei aufgenommen und nach oben mitverfrachtet. Sie werden unter Sulfidbildung fixiert, sobald die Fluide in die Schmelze eintreten. Da sich diese schmale „Metallfront" mit fortlaufender Kristallisation zunehmend nach oben verschiebt, können darin die Spurengehalte großer Magmenvolumina angereichert sein.

Mit Magnetkies sowie Cu-Ni-Sulfiden verbunden sind PGM und Au in den Lagerstätten von *Sudbury* und *Lac des Iles*/Kanada, *Noril'sk*/Sibirien, *Montchegorsk* und *Pechenga*/Halbinsel Kola/Rußland, sowie einiger kleinerer Kieslagerstätten in den norwegischen Kaledoniden. Überall ist hier der Palladiumanteil hoch. Die Platinmetalle sind in diesen Lagerstätten wichtige Nebenprodukte der Buntmetallproduktion.

Wirtschaftlich nur von lokaler Bedeutung, doch genetisch sehr interessant ist die Platinvererzung des schlesischen *Kupferschiefers* in den Bergbauen *Lubin* und *Polkowice*. An der Grenze zwischen der Roten Fäule und der Cu-Ag-Zone findet man bis zu 1460 ppb Pt, 824 ppb Pd, 13,5 ppm Au und 160 ppm Ag (Stribny et al. 2000).

Die *Suche nach Platinlagerstätten* beruht auf der Auswahl höffiger magmatischer Körper und geologischen Modellen magmatischer Sulfid-Segregation und spät- bis post-magmatischer hydrothermaler Aktivität in ultrabasischen und basischen Intrusionen. Auch Chromit- (Ohnenstetter et al. 1999) und Magnetitflöze (Maier et al. 2003) der geschichteten basischen Intrusionen und chromitführende Teile von Ophioliten sind grundsätzlich höffig. Wichtig ist eine sehr genaue Kartierung der Lithostratigraphie, unterstützt durch geochemische Untersuchungen der Silikatminerale. Eine großräumige Prospektion solcher Bereiche ist durch Schwermineralanalyse von Alluvionen, aber auch durch geochemische Analyse von Bodenproben (Prendergast et al. 1998) möglich. Sulfidische primäre PGM-Lagerstätten können mit den Pfadfinder-Elementen Cu, Ni, Ag, As und Te aufgesucht werden, nicht aber jene mit gediegenen Legierungen (Potter 2002).

Die wichtigsten *Hauptförderländer* von Platinmetallen sind Südafrika und Rußland (jeweils zur Hälfte aus den Nickelerzen von *Noril'sk* und aus Seifen), mit zusammen über 90% der Weltproduktion (2002 ca. 204 t Pt und 226 t Pd). Die Reserven Südafrikas sind sehr groß (>80% der Welt), trotzdem wird in anderen Ländern aktiv exploriert. Der Bedarf wird allerdings in Zukunft zunehmend durch Recycling abgedeckt werden.

IV. Leichtmetalle

Aluminium

Erzminerale:

		% Al_2O_3	D
Hydrargillit (Gibbsit)	γ.-$Al(OH)_3$	65	2,4
Böhmit	γ-AlOOH	85	3
Diaspor	α-AlOOH	85	3,4
Alunit	$KAl_3[(OH)_6/(SO_4)_2]$	37	2,7
Nephelin	$KNa_3[AlSiO_4]_4$	36	2,6

Das Metall Aluminium (D = 2,699) wird in der Regel aus *Bauxit* gewonnen; das ist ein Gestein bzw. Erz mit 30–55% Al_2O_3 bestehend aus wechselnden Mengen von Gibbsit, Diaspor, Böhmit, Alumogel, sowie Kaolinit, Quarz, Hämatit, Goethit, Rutil und Anatas. Alunit und Nephelin (als Nebenprodukt des Apatitbergbaues) werden nur selten zur Al-Gewinnung eingesetzt. Bei der Laugung nach dem international üblichen Bayerverfahren sind Gibbsit-reiche Bauxite besonders leicht löslich, Diaspor am schlechtesten. Obwohl dieser Unterschied mittlerweile eine geringere technische Bedeutung hat, muß die Verteilung der einzelnen Erzminerale in der Lagerstätte genau untersucht werden. Weiter wichtig ist der Gehalt an „reaktionsfähiger" Kieselsäure (meist in Kaolinit), der nicht höher als 5% liegen soll. Quarz hingegen ist nicht laugbar und bleibt im Rückstand. Trotzdem sind allgemein hohe Gehalte an SiO_2 und Fe_2O_3 ungünstig. Bauwürdige Bauxite haben einen Al_2O_3-Gehalt von 35–55%. Al-Anreicherung durch Aufbereitung ist nicht möglich, weshalb nur selektiver Abbau die Einhaltung der Mindestgehalte garantiert. Kontakt- oder regionalmetamorpher Bauxit ist der Abrasivrohstoff *Smirgel*, bestehend aus Korund und Magnetit.

Aluminium ist das wichtigste Nichteisenmetall. Etwa 95% der Bauxitproduktion wird zu Aluminium weiterverarbeitet. Der besonders hochwertige Rest („chemical grade") mit >52% Al_2O_3 dient als Industriemineral zu Spezialzwecken (Abrasive, Zementzuschlag, Calciumaluminat-Zemente, Spezialkeramik, Glas, Chemikalien, Farben und Glasuren, feuerfeste Produkte). Die günstigen Eigenschaften des Aluminiums erlauben eine weitgestreute Verwendung, vom Flugzeugbau bis zur Herstellung von Verpackungsmaterial. Legierungen mit anderen Metallen, z.B. Li, Sc oder Mg, werden für spezielle Anforderungen eingesetzt.

Beim BayerProzeß wird Bauxit mit NaOH gelaugt; aus der Aluminatlösung wird $Al_2O_3.xH_2O$ gefällt, welches nach Entwässerung im Elektroofen unter Zugabe von Kryolith Na_3AlF_6, Flußspat, $LiCO_3$ und NaCl durch Schmelzelektrolyse zu metallischem Al reduziert wird. Bei der Laugung bleiben die unlöslichen Rückstände als extrem alkalischer (pH 13,5) „*Rotschlamm*" übrig, in dem Quarz, Hämatit, Goethit und die Elemente Sc, Ga, U, Th, SEE, P und Ti angereichert sind. Sc (Wiesheu et al. 1997). V und Ga werden gelegentlich aus Rotschlamm gewonnen – in der Regel ist er aber ein Abfallprodukt, das deponiert werden muß. Neuerdings wird meerwasserbehandelter und damit nur schwach alkalischer Rotschlamm (Bauxsol™) zur Abdichtung von Abfalldeponien, zur Neutralisierung saurer Bergbauwässer und zur Bindung toxischer Schwermetalle eingesetzt.

Aluminium steht zwar als *lithophiles Element* mit 8% (nach O und Si) an dritter Stelle in der Häufigkeitsreihe unter den Grundstoffen der Erdkruste, ist aber doch relativ selten zu bauwürdigen Lagerstätten angereichert, da der hohe Energieaufwand zur Gewinnung des Metalles Al-Gehalte voraussetzt, die in normalen Gesteinen nicht erreicht werden. Diese Anreicherung erfolgt durch Verwitterung unter humid-tropischen Klimabedingungen. Dabei entstehen die Al-reichen Bodenarten *Ferallit* (rot) bzw. *Allit* (gelb), bei unvollständiger Verwitterung die überaus häufigen *Laterite* (s. Rückstandslagerstätten). Aus den Alumosilikaten der primären Gesteine bildet sich zuerst Kaolinit, in der Folge durch weitere Hydrolyse kolloidales Aluminiumhydroxyd und kolloidale Kieselsäure. Der erste Vorgang erfordert generell pH<4, während Gibbsit bei pH>5,6 gebildet wird (Abb. 30). Deshalb ist das tropische Wechselklima günstig, da in der Trockenzeit aufsteigendes Bodenwasser alkalisch ist und damit SiO_2 löst, das dann zusammen mit Na, K, Ca etc. während der Regenzeit durch das absinkende Bodenwasser weggeführt wird. Bei niedrigen pH/Eh-Bedingungen kann auch Fe gelöst und abgeführt werden (Abb. 59), so daß eisenarmer Bauxit entsteht. Aus dem kolloidalen Aluminiumhydroxyd entstehen Gibbsit, Böhmit und Diaspor durch Alterung und Umlagerung, also durch diagenetische Prozesse im Boden.

Bauxitlagerstätten können *autochthon* oder *allochthon* vorliegen. Nach dem unterlagernden Gestein unterscheidet man *Laterit- oder Silikatbauxite* (über silikatischen Gesteinen) von den *Karst- oder Kalkbauxiten* (über verkarsteten Kalken bzw. in Karstdepressionen eingelagert).

Bei den ***Lateritbauxiten*** ist die Entstehung als autochthones Verwitterungsprodukt besonders häufig, obwohl auch in dieser Gruppe Umlagerung (Resedimentation) nicht selten ist (BARDOSSY & ALEVA 1990). Als mehrere Meter bis Zehnermeter mächtige Böden bedecken sie alte, meist mesozoisch-tertiäre Landoberflächen. Wo diese später zertalt sind, nehmen die primären Lagerstätten nur die erhaltenen Höhen ein. Von den Abbruchkanten aus werden Bauxitblockhalden gebildet, nach Transport in nahe gelegene Depressionen entstehen Lager von allochthonem, detritärem Bauxit (Abb. 81). Die mineralogisch-chemische Natur der Ausgangsgesteine spiegelt sich in der Bauxitqualität wieder; der indische Bauxit über Dekkanbasalt oder der westaustralische Bauxit über Dolerit haben hohe Gehalte an Eisen und Titan. Die Kaolinite und Smektittone unter den Bauxitlagern sind oft zusätzlich wirtschaftlich wichtig. So werden in *Weipa*/Australien jährlich 100.000 t hochwertiger Kaoline für die Papierindustrie erzeugt.

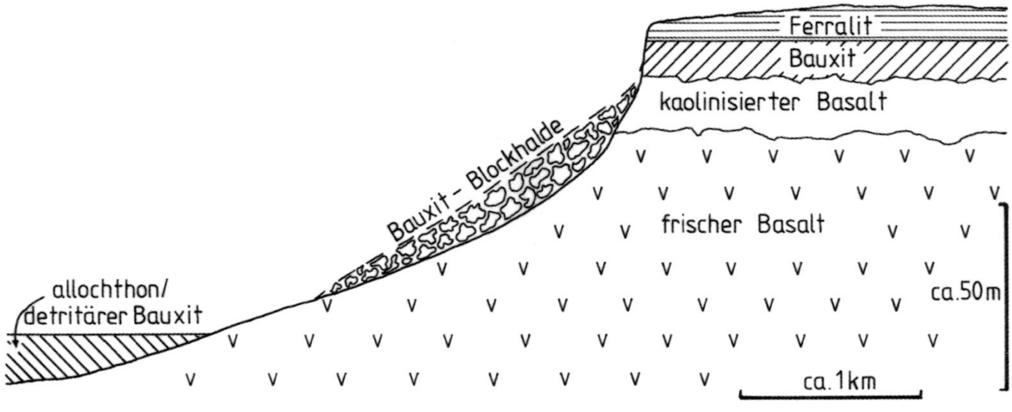

Abb. 81. Schematisches Profil unterschiedlicher Laterit-Bauxitlagerstätten im indischen Dekkanplateau.

Einige der größten Lateritbauxit-Lagerstätten der Erde liegen in Australien. Die vier wichtigsten Distrikte sind *Weipa* (Cape York Halbinsel), *Gove* (Northern Territory), *Darling Ranges* und *Kimberley* (Westaustralien).

Die Bauxite von *Weipa* bilden an der Küste leuchtendrote Kliffs, die schon von den Entdeckern Australiens beschrieben wurden. Erst im Jahre 1955 jedoch wurde während einer Übersichtspropektion für Erdöl (!) die potentielle Bedeutung erkannt (SCHAAP 1990) und im Jahre 1963 schließlich begann der Bergbau. Die unterlagernden Gesteine der Bauxite sind z.T. weiße Kaoline, allgemein tertiäre Arkosesande, Tone und Silte. Wo die Bodendecke landeinwärts über Kreide- und Jurasedimenten liegt, sind nur Laterite entwickelt. Gibbsit und Böhmit im Erz sind die vorherrschenden Al-Minerale, SiO_2 liegt zwischen 1–10%, der Eisengehalt ist wechselnd. Die geologischen Reserven von Weipa sind sehr groß; eine vorläufige Prospektion bis 30 km Entfernung vom Hafen ergab 350 Mt bauwürdiges Erz, im weiteren Umfeld werden über 3.000 Mt vermutet.

Die bedeutenden westafrikanischen Bauxitlagerstätten in Guinea, Ghana und Sierra Leone liegen über präkambrischen Phylliten, Grünschiefern und Gneisen. Auf der anderen Seite des Atlantik entsprechen diesen Lagerstättenbezirken die großen Reviere des Guiana Schildes, insbesondere jene von Surinam. Vergleichbar sind die im Amazonasbecken gelegenen Bauxitlager Brasiliens.

Weltweit liegen Lateritbauxite in feuchtwarmen Klimagebieten, welche seit dem späten Mesozoikum ihre Lage nur gering verändert haben. Ältere Bauxitdecken von wirtschaftlicher Bedeutung sind selten, weil geringmächtige, ausgedehnte Böden im Laufe der geologischen Geschichte kaum erhalten bleiben, sondern in der Regel abgetragen werden. Ausnahmen sind die im Folgenden beschriebenen Bauxite vom Typus Tikhvin (auch Tischwin geschrieben) und die Karstbauxite.

Allochthone ***Lateritbauxite vom Typus Tikhvin*** sind älteren Sedimenten eingelagert. Die namensgebenden Lagerstätten des Bergbaudistriktes von Tikhvin liegen im Unterkarbon des Moskauer Beckens, über eine Nord-Süderstreckung von 260 km. Das Liegende der Bauxite bildet flekkige, blaugraue, sandig-glimmerige Tone des obersten Devon und nur z.T. Mergel, Dolomite und Kalke des Tournais. Die Bauxite wurden im mittleren Visé abgelagert; geringmächtige unterkarbone und quartäre Sedimente bedecken den Bauxithorizont. Der westliche Teil des Distriktes war zur Zeit der Bauxitbildung Festland, mit breiten, gegen eine östliche littorale Zone entwässernden Tälern. Im Oberlauf der Täler liegen die bauwürdigen Bauxitlagerstätten, die demgemäß relativ schmale (bis 100 m), bis 40 m mächtige, langgestreckte Linsen sind. Das Erz ist rotbraun, ungeschichtet und nicht gradiert; es besteht aus Gibbsit, Boehmit und Kaolinit, mit sekundärem Kalzit. Es enthält 35–49% Al_2O_3 und bis 18% SiO_2. Es handelt sich offenbar um umgelagerte Verwitterungsprodukte der devonischen Tone.

Ganz verschieden von den Lateritbauxiten ist der vor allem im mediterranen Europa verbreitete Typ der ***Kalkbauxite.*** Selten handelt es sich dabei um ausgedehnte Lager, sondern meist um Füllungen von wannenartigen Mulden (Uvalas) oder trichterförmigen Taschen (Dolinen) verkarsteter Karbonate mesozoischen oder tertiären Alters (Combes 1984). Solche Bauxite bestehen gewöhnlich überwiegend aus Böhmit und Diaspor.

Mit der Verkarstung hängt ursächlich der Umstand zusammen, daß die Bauxithorizonte an Phasen der Emersion, also an Diskordanzen oder zumindest an Schichtlücken gebunden sind. Im mediterranen Europa sind dies die Grenzen Mitteltrias/Obertrias (z.B. Montenegro), Mitteljura/Oberjura (Griechenland), Oberjura/Unterkreide (Montenegro), Unterkreide/Oberkreide (Griechenland, Südfrankreich, Sardinien), sowie Oberkreide/Eozän (Dalmatien, Istrien, NW-Ungarn). Die liegenden Kalke sind marin, die Hangendschichten transgressive marine (Abb. 82) oder terrestrisch-lakustrine Sedimente, die gelegentlich Kohlen führen (*Gant* in Ungarn, *Laussa* in Österreich). Die Bildungsräume der Bauxitlager entsprechen littoralen Zonen, die Bildungszeiten der Absenkung tropischer Karstflächen nach Emersion. Karstbauxite können als Belege für das Zusammentreffen warmer, humider Klimaperioden („greenhouse conditions“) mit günstigen tektonisch-morphologischen Konfigurationen gelten (d'Argenio & Mindszenty 1995).

Form und Mächtigkeit der Lagerstätten sind durch das Karstrelief bedingt, das von Verlandungsdauer und Höhenlage des Karstplateaus zum Entwässerungssystem bestimmt ist. Eine Hochlage gegenüber dem hydrostatischen Niveau hat naturgemäß eine tiefere Verkarstung zur Folge. Die bis 80 m mächtigen Bauxitkörper in *Niksice Zupa* (Montenegro) und die 50 m tiefen Dolinenfüllungen des *Haute Var* (Provence) verdanken ihre Dimensionen

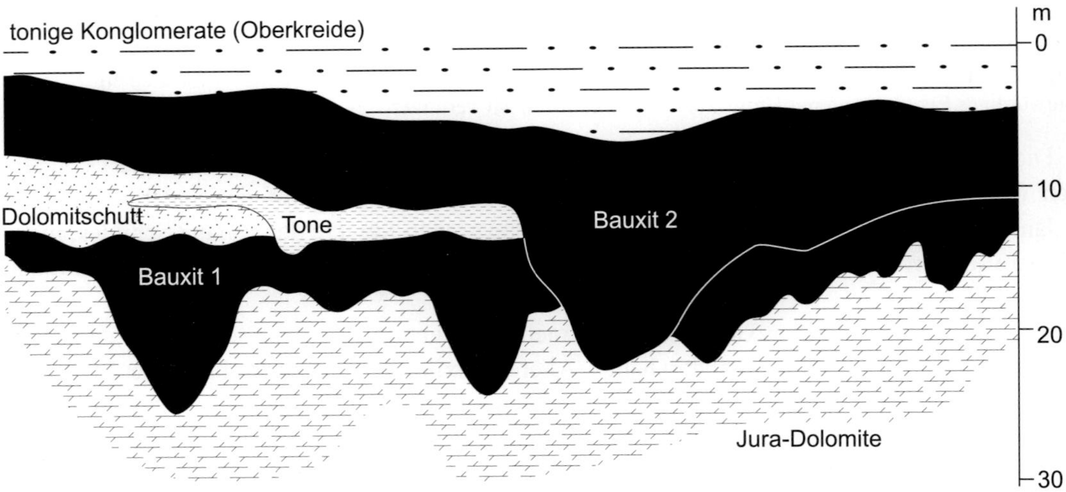

Abb. 82. Synthetisches Profil durch die Schichtfolge der Karst-Bauxitlagerstätte Uston (Languedoc, COMBES 1984).
Deutlich erkennbar sind zwei Hauptphasen der Bauxitsedimentation; dazwischen liegen mehrere Erosionsflächen und Ablagerung von Dolomitschutt und Tonlinsen.

der einstigen Hochlage gegenüber der entfernteren Meeresküste. Die Grundrißformen der Bauxitkörper zeigen meist eine bevorzugte Längsrichtung, entweder durch geologische Strukturen im verkarsteten Kalk bedingt, oder durch das Entwässerungssystem der Emersionsphase. Im *Iharkut*-Bezirk (Ungarn) lag das inzwischen weitgehend abgebaute Erz in einem tief eingeschnittenen Canyon.

Eine autochthone oder allochthone Entstehung der Karstbauxite wurde lange diskutiert. Die ältere „Terra Rossa Theorie", nach welcher der Bauxit unlöslicher, autochthoner Rückstand aus dem verkarsteten Kalkstein wäre, ist mit wenigen Ausnahmen (Sardinien: MACLEAN et al. 1997) widerlegt. Mineralogische und geochemische Untersuchungen haben fast überall ergeben, daß das Material der Bauxite nicht dem Tonanteil der Liegendkalke entspricht, sondern aus verwitterten Silikatgesteinen stammt. Der Eintrag in die Karstdepressionen ist unterschiedlich zu erklären, meist wohl durch fluviatilen Transport suspendierter mineralischer oder kolloidaler Partikel, z.T. vielleicht auch gelöster Aluminate, oder durch äolische Ablagerung von Tuffen und anderem Feinmaterial.

Ein Argument für autochthone Bildung der Karstbauxite war die Unvereinbarkeit fluviatiler Zufuhr klastischer Sedimente mit einer Karsthochfläche, über welche natürlich kein Fluß fließen kann. Es gibt zwar manchmal Kalkgerölle in Bauxit, doch löst diese Beobachtung lokaler Erosion nicht die gestellte Frage. Die Erklärung ist, daß die Bauxite in randlich marinen Positionen ruhiger Sedimentation erst nach erneuter Absenkung der Karstflächen auf Meeresniveau abgelagert wurden. So wurden im Parnass-Bauxit (Griechenland) marine Gastropoden und Foraminiferen, doch auch limnische Ostracoden, Fische und Pflanzenreste gefunden. Im höheren Teil eines montenegrinischen Bauxitlagers fanden sich Cerithien. Man kann also Lagunen nahe von Flußeinmündungen oder Ästuarien als typische paläogeographische Position der Bauxitsedimentation annehmen. Ob allerdings eigentlicher Bauxit abgetragen, transportiert und sedimentiert wurde, oder ob es sich um Tone handelte, die erst in weiterer Folge in situ zu Bauxit umgewandelt wurden. ist nicht immer klar. Das Auftreten nicht umgewandelter Tone zwischen Bauxithorizonten (Abb. 82) kann als Beleg für primäre Bauxitsedimentation aufgefaßt werden. Deutlich ist oft eine spätere erneute Hebung und Vertiefung der Karstdepressionen, wodurch der Bauxit eingesackt ist und den Kalk metasomatisch zu verdrängen scheint. In der Provence gibt es Fälle, wo diese spätere Verkarstung überkippte Bauxitlager betroffen hat und deshalb Bauxittaschen im Hangenden erzeugte. Dies kann ein Hinweis auf in situ-Bauxitisierung sein.

Große *Karstbauxit-Provinzen,* meist mesozoischen bis alttertiären Alters, liegen angrenzend an das Mittelmeer, in den karibischen Inseln, im Ural, in Vietnam und im südöstlichen China. In der Karibik (z.B. Jamaika) und im Südwest-Pazifik gibt es geologisch sehr junge Kalkbauxite.

Die *Verwendung* von Aluminium hatte gegenüber anderen Metallen über viele Jahre hohe Zuwachsraten. Dem entsprach eine andauernde Zunahme der Bergbauförderung, obwohl in der EU bereits rund 30% des Aluminiumverbrauchs durch Recycling abgedeckt werden. Die bergbauliche Bauxitproduktion fiel 2001 auf ~135 Mt (*annus horribilis).* Die größten *Reserven* haben Guinea, Australien, Brasilien, Jamaica, Indien und Kamerun, in dieser Reihenfolge abnehmend. Eine ausreichende Versorgung ist für mehr als 200 Jahre gewährleistet, die Reserven werden vom USGS auf 23.000 Mt geschätzt (Hostermann et al. 1990). Fast 90% der Reserven liegen als Lateritbauxite vor, weniger als 0,4% im Tikhvin-Typ, der Rest sind Karstbauxite.

Die *Suche nach Bauxitlagerstätten* beruht fast ausschließlich auf geologischen Methoden, da Bauxit geochemisch nicht geortet werden kann. Bei Karstbauxiten wird die unterschiedliche Leitfähigkeit von Nebengesteinen und Bauxit durch geoelektrische Messungen genutzt, bei eisenreichen Bauxiten sind auch magnetische Messungen aussichtsreich. Das makroskopische Erkennen von Bauxit ist oft schwierig, weil Farbe, Konsistenz und Gefüge äußerst variabel sind. Demgemäß müssen schon in der Frühphase der Suche mineralogische und chemische Analysen eingeplant werden. Zur mineralogischen Auswertung chemischer Vollanalysen liegt ein Vorschlag von Nyobe (1991) vor. Auch im Gelände anwendbar sind eine erste Einschätzung des Al_2O_3-Gehaltes durch Bestimmung des Glühverlustes oder durch colorimetrische Tests.

Magnesium

Nach der Häufigkeit in der Erdkruste liegt das Element Magnesium mit 2,2% Anteil an siebter, als Metall nach Si, Al und Fe an vierter Stelle. Für die Metallgewinnung werden zunehmend Gesteine mit überdurchschnittlichen Mg-Gehalten verwendet, daneben auch Meerwasser (0,3% $MgCl_2$), Playasee-Laugen (z.B. Totes Meer, Great Salt Lake bis 20% $MgCl_2$), sowie $MgCl_2$-Laugen, die als Nebenprodukt des Kalisalz-Bergbaues anfallen. Solche Quellen sind z.B. die Aufbereitung von Carnallit $KCl.MgCl_2.6H_2O$ (Rußland, Ukraine) und Lösungsbergbau von Carnallitit-Flözen (Veendam/Niederlande, zukünftig auch in der Republik Congo). Mögliche feste Ausgangsstoffe („Mg-Erze“) sind Ultramafite, Dolomit (ca. 12% Mg), Brucit $Mg(OH)_2$ und Magnesit (28% Mg). Letzterer kann in einem exothermen, also relativ energiesparenden Prozeß bei hohen Temperaturen direkt zu Magnesiumchlorid reduziert werden. Auch andere hydrometallurgische Prozesse erzielen durch HCl-Laugung $MgCl_2$, wonach zumeist elektrolytische Trennung in Mg-Schmelze und Chlorgas folgt. Das jüngste Großprojekt beruht auf der Magnesiumgewinnung aus Serpentin mit ca. 24% Mg, welcher in großen Mengen als Rückstand der früheren Asbestgewinnung billig verfügbar ist (Quebec/Kanada). Die kommerzielle Produktion hat im Jahre 2001 begonnen. Aus Flugasche der Braunkohlenkraftwerke im Latrobe Valley (Australien) soll in wenigen Jahren so viel Mg erzeugt werden, daß Australien insgesamt China als Anbieter übertreffen könnte.

Die Geologie einer Auswahl der genannten festen Rohstoffe wird in diesem Buch unter den Nichterzen (*Industrieminerale* bzw. *Salze)* besprochen.

Zur Zeit wird mehr als die Hälfte der Mg-Produktion durch Reduktion von Dolomit oder Magnesit mit Ferrosilicon (Pidgeon-Prozeß) oder Aluminium erzeugt (in China), der Rest mittels Schmelzflußelektrolyse von Magnesiumchlorid verschiedener Herkunft (in der westlichen Welt). Alle Verfahren sind sehr energieaufwendig, so daß die Magnesiummetallherstellung vor allem von günstigen Energiepreisen abhängig ist. Daneben ist die Entsorgung der anfallenden Abwässer und Schlämme wichtig. Nicht zuletzt deshalb sollen die eingesetzten Rohstoffe möglichst frei von Verunreinigungen (Schwermetalle, organische Substanz, SiO_2, etc.) sein.

Die *Verwendung* des besonders leichten Mg-Metalles (D = 1,74) liegt als Reinmetall oder Aluminiumlegierung zu etwa 40% im Automobilbau (Formgußteile, mit 15–20%/a rasch steigend, wegen der angestrebten Reduktion des Treibstoffverbrauches), in der Weltraum- und Flugzeugtechnik und in der chemischen Industrie, geringere Qualitäten gehen als Entschwefelungszusatz in die Stahlerzeugung.

Reserven von Ausgangsstoffen für die Mg-Herstellung sind nahezu unerschöpflich und weit verbreitet. Die wichtigsten *Produzenten* sind China (>50% der Welt), Kanada, Rußland, USA und Israel. Die Weltproduktion lag 2002 bei 470.000 t Magnesium-Metall, mit weiter steigender Tendenz.

V. Metalle für Sonderzwecke

Quecksilber

Erzminerale:

		% Hg	D
Zinnober (Cinnabarit)	HgS	86	8,1
ged. Quecksilber	Hg	100	13,6

Metacinnabarit (Hg,Fe,Zn)(S,Se), Schwazit $(Cu,Hg)_3SbS_{3-4}$ und Kalomel $HgCl_2$ sind andere häufigere Hg-Minerale, jedoch ohne eigenständige Bedeutung als Erz. Andere Sulfide/Sulfosalze (Sb, As, Cu, Fe) erscheinen oft als Begleiter, doch nur Sb und Au werden in einigen Quecksilberlagerstätten als Nebenprodukt gewonnen. Typische Gangarten sind Quarz, Karbonate und Baryt. Zinnober ist sehr verwitterungsbeständig und bildet lokal Seifen. Gediegen Quecksilber hypogener Entstehung enthält oft beträchtliche Anteile von Cu, Ag, Sb, Fe, As und Zn; sekundär-supergenes Quecksilber ist arm an solchen Spuren. Zinnober mit hohen Gehalten der genannten Elemente ist ein Hinweis auf Kondensation aus der Gasphase, in Kontrast zu hydrothermalem Zinnober (Barnes & Seward 1997).

Die Bauwürdigkeitsgrenze von Quecksilbererz liegt bei etwa 0,3% Hg. Häufige bergbauliche Gehalte sind 0,6–2% Hg. Verwendet wird das Metall bzw. seine Verbindungen vor allem zur Herstellung von Chlor und kaustischer Soda, zur Goldamalgamierung im Kleinbergbau (mit besonders drastischen Umweltfolgen, z.B. Hentschel & Priester 1990) sowie für Farben, Batterien und verschiedene chemische und pharmazeutische Produkte (z.B. Dental-Amalgam). Da es bei Dauereinwirkung oder höherer Konzentration sehr (neuro-)toxisch wirkt (Alloway 1990, Fergusson 1990), wird der Verbrauch in allen Bereichen zunehmend eingeschränkt. Wo ein Ersatz durch andere Metalle nicht möglich ist, wird möglichst vollständige Wiederverwertung angestrebt.

Das ***geochemische Verhalten*** des Quecksilbers ist chalkophil. In der Kruste und in magmatischen Gesteinen liegt der Gehalt bei 0,04 ppm. Tone und vor allem Schwarzschiefer haben deutlich höhere Hg-Gehalte als magmatische Gesteine, der Mansfelder Kupferschiefer z.B. 0,13 ppm. Auch Erdöl, Erdgas und Erdölwässer konzentrieren Hg. Im *Ölfeld Cymric* /Kalifornien enthält das Öl 21 ppm Hg. Das begleitende Gas ist Hg-gesättigt, so daß dieses bei Abkühlung und Entspannung in den Leitungen kondensiert, und das Lagerstättenwasser hat bis zu 0,2 ppm Hg. Weltweit haben viele geothermale Elektrizitätswerke Probleme mit Quecksilbergehalten im Dampf; jenes von *The Geysers*/Kalifornien z.B. produziert jährlich rund 50 kg Hg°. Aus diesen Zahlen ergeben sich auch Hinweise auf die Transportweise von Hg in geologischen Systemen: Seine Mobilität ist demnach eher in der Gasphase oder zusammen mit Kohlenwasserstoffen gegeben als in wässeriger Phase.

In Spuren ist Quecksilber in vielen Sulfiderzen vorhanden, da es Cu, Ag, Zn, Cd, Bi, Pb u.a. Metalle vertreten kann, weiter auch zusammen mit Erzen von Gold und Antimon sowie in Baryt und Sr-Vorkommen. Als sehr bewegliches, „verdampfendes" Metall ist es oft ein brauchbares Pfadfinderelement zur geochemischen Prospektion (z.B. Abb. 75). Man sollte aber die sekundäre Dispersion des Hg aus Quecksilberlagerstätten nicht überschätzen: In Idria ist die höhere tektonische Decke, die nachträglich auf den Lagerstättenkomplex überschoben ist, frei von Zinnober.

In *hydrothermalen Fluiden* >200°C wird Hg als HgS-Komplex in der wässerigen Phase und möglicherweise überwiegend als Hg° in der Gasphase transportiert. Zudem ist Hg° in heißen Wässern gut löslich (bei 300°C: 400 ppm), die Löslichkeit sinkt aber rasch mit der Temperatur (bei 100°C nur 0,5 ppm). Häufige Erdölgehalte von Hg-führenden Hydrothermen verweisen auf eine wichtige Rolle von Hg-komplexierenden organischen Molekülen (Fein & William-Jones 1997). Die Salzgehalte der Lösung dürften von geringem Einfluß sein. Da die meisten Quecksilberlagerstätten bei Temperaturen von 60–150°C gebildet wurden, sind für die Präzipitation vermutlich Kondensation von Hg° aus der Gasphase bzw. Bildung von HgS aus der wässerigen Phase verantwortlich. Die häufigste Quelle des Hg in Hydrothermen sind wohl klastische Sedimente mit reichlich organischer Substanz, aus welchen nach einer frühen Kompaktions-Entwässerung durch späte Diagenese bzw. beginnende Metamorphose Kohlenwasserstoffe und das stärker gebundene Wasser der Tone freigesetzt wurden. Die typische Bindung an Vulkanismus läßt vermuten, daß diese Vorgänge durch lokale subvulkanische Wärmequellen bedingt sind. Es ist jedoch auch möglich, daß das Hg durch Magmen aus dem Mantel oder der Kruste extrahiert wird.

Die Entstehung von ***Quecksilberlagerstätten*** kann an einigen aktiven geothermalen Emanationszentren der Erde beobachtet und untersucht werden. Annähernd lagerstättenbildende Hg-Förderraten wurden für *Ngawha*/Neuseeland und *Sulphur Bank*/Kalifornien beschrieben. Submarine hydrothermale Schlote mit hoher Hg-Förderung wurden vor der Küste Neuseelands entdeckt (Stoffers et al. 1999). Grundsätzlich zählen Quecksilberlagerstätten zu den epithermalen, also bei niedrigen Temperaturen und nahe der Erdoberfläche gebildeten Erzen. Mit maximal 800 m fand der tiefste Abbau in *New Almaden*/Kalifornien statt.

Der Bergbau *Sulphur Bank*/Kalifornien liegt in einem großen, flachen Hügel pleistozäner andesitischer Laven. Bis zum Grundwasserspiegel waren die Andesite völlig gebleicht und durch Zersetzung von HgS ausgelaugt. Das verbleibende Material war zelliger Quarz und elementarer Schwefel, welcher der Lagerstätte den Namen gab. Erst mit tieferen Aufschlüssen unter dem Grundwasserspiegel wurde der Quecksilbererzkörper erkannt; das beste Erz war mit sehr feinem Zinnober imprägnierter Störungsletten. An Klüften abseits der Hauptstörung waren die Andesite kräftig vertont, und darin fanden sich Taschen und Gängchen mit HgS, Pyrit, Markasit und etwas Stibnit sowie Quarz und Kalzit. Die Vererzung reichte nur etwa 100 m tief, durch quartäre Seesedimente bis in mesozoische Grauwacke. Die Gesamtproduktion ergab rund 5.000 t Hg.

Durch ^{14}C-datierte Hölzer in den Seesedimenten kann der Beginn der Hg-Vererzung von Sulphur Bank auf ca. 34.000 Jahre (vor heute) festgelegt werden. Immer noch entspringen im ehemaligen Tagbau thermale Quellen, die HgS, Markasit, Pyrit und Schwefel absetzen. Bemerkenswert ist das relative Zurücktreten von Cl in diesen Wässern, wogegen CO_2, B, NH_3 und I ungewöhnlich angereichert sind. Dazu kommen flüssige Kohlenwasserstoffe und

CH_4. Im Vergleich zu lokalen meteorischen Wässern sind D- und O-Isotopen deutlich schwerer, so daß hier zum Unterschied von vielen epithermalen Gold- und Silber-Lagerstätten (s. dort) Wasser sehr tiefer (metamorpher?) Herkunft vorliegen dürfte.

Sulphur Bank ist Teil eines großen Hg-Distriktes, in dem die Einzellagerstätten ringförmig um eine durch geothermale Aktivität markierte subvulkanische Intrusion von rund 30 km Durchmesser liegen. Trotzdem wird nicht magmatische, sondern metamorphe Herkunft der Fluide vermutet, möglicherweise in Zusammenhang mit der Überschiebung der Coast Ranges über mesozoische Sedimente. Lagerstättenkundlich ist die Bindung der meisten Lagerstätten an Serpentinite des Franciscan Complex interessant, daneben auch die typische hydrothermale Alteration dieser Gesteine zu einer Magnesit-SiO_2-Pyrit/Magnetit-Paragenese. Daraus läßt sich auf die Einwirkung eines CO_2-reichen wässerigen Fluids (mit Erdöl) schließen, in dessen Gasphase bei 200–240°C vermutlich Hg° transportiert wurde (Peabody & Einaudi 1992). Die kalifornische Quecksilberprovinz hat bis 1973 in bedeutendem Maße zur Weltproduktion beigetragen.

Der reichste Quecksilberlagerstättendistrikt der Erde mit rund 30% der Weltvorräte ist *Almaden* in Spanien, am Nordrand der erzreichen Sierra Morena gelegen.

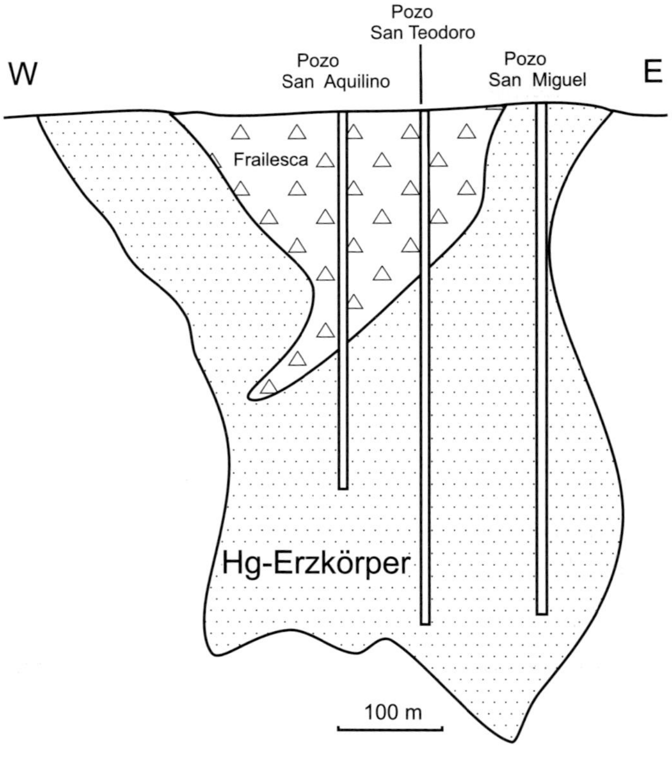

Abb. 83. Profil der Hg-Lagerstätte Almaden/Spanien (Hernandez et al. 1999). Der Erzkörper liegt im Criadero Quarzit (Silurbasis) unmittelbar unter basischen Pyroklastiten (*Frailesca*) und über ordovizischen Schiefern.

In einer Serie von altpaläozoischen Schichten sind steil stehende ordovizische Quarzite horizontweise mit Zinnober imprägniert. Diese Erzkörper haben mehrere hundert Meter im Streichen und im Einfallen. Darüber liegt eine silurisch-devonische vulkano-sedimentäre Serie mit Sills, Lavaströmen, Tuffen und Explosionsbrekzien („Frailesca") von stark veränderten alkalibasaltischen bis tholeiitischen Vulkaniten (Abb. 83). Mit ihnen verbunden gibt es diskordante Reicherzkörper (Jebrak et al. 2002). Der mittlere Hg-Gehalt im Quarzit beträgt 1%, in einzelnen Erzkörpern bis 20%. Isotopenanalysen der Alterationszone machen eine magmatische Herkunft der Fluide und damit eine Entstehung der Lagerstätte in Zusammenhang mit dem altpaläozoischen Vulkanismus wahrscheinlich, was durch $^{40}Ar/^{39}Ar$-Datierung bestätigt wird (Hall et al. 1997). Schwefelisotopenuntersuchungen lassen als

Schwefelquelle für Cinnabar und Pyrit ordovizische Schiefer vermuten. Insgesamt aber ist die Entstehung dieser extrem großen Lagerstätte, mit einem ursprünglichen Metallinhalt von ~250.000 t Hg, bis heute nicht voll erklärt. Möglicherweise spielte eine altpaläozoische Mantelplume eine zentrale Rolle (Hernandez et al. 1999).

Idria in Slowenien enthält stratiforme, z.T. syngenetische Erzkörper in mitteltriadischen (ladinischen) bimodal-pyroklastischen und sedimentären Gesteinen, während die älteren Schichten des Muschelkalks, des Perms und dunkle Schiefer des Karbons epigenetisch vererzt sind. Eine mehrphasige Tektonik mit Faltung, tertiärer Deckenüberschiebung und Störungen verschiedenen Alters hat den Bau der Lagerstätte sehr kompliziert gestaltet. Neben Zinnober gibt es einzelne große Taschen von gediegen Quecksilber (Lavric & Spangenberg 2003).

Die dritte große Lagerstätte in Europa ist *Monte Amiata* in der Toscana.

Hier sind im Bereich von quartärem Vulkanismus mit vielen Thermalquellen (oft mit Hg-Führung) Schichten des Rhät, des Jura, vor allem aber des Eozän mit Zinnober imprägniert. Das Erz tritt teils in schichtparallelen Linsen, teils in Klüften auf. Der Metallgehalt ist sehr ungleichmäßig (0,3-5% Hg). Eine Besonderheit sind Lagen detritären Zinnobers in pliozänen Sedimenten der näheren Umgebung, die von der primären Lagerstätte abstammen.

Hauptproduzenten sind Spanien, China, Algerien und Kirgistan. Die Bergbauproduktion ist seit vielen Jahren gleichbleibend gering (2002 ca. 2.500 t). Kleine Mengen stammen aus der Aufbereitung anderer Erze oder aus geothermischen Kraftwerken, überwiegend motiviert durch Umweltschutzbestrebungen. Die Hg-Reserven werden mit 120.000 t angegeben. Wiederverwertung spielt für die Versorgung eine sehr große Rolle. Deshalb gibt es kaum Prospektion.

Antimon

Erzminerale:

		%Sb	D
Antimonit (Antimonglanz, Stibnit)	Sb_2S_3	71	4,6
Tetraedrit (Antimonfahlerz)	$Cu(Ag,Fe,Zn)_3Sb(As,Bi)_{3,25}$	variabel	4,6–5,1

Weit verbreitet ist von den aufgeführten Erzmineralen nur Antimonit. Die anderen Minerale sind nur in Einzelfällen für die Antimonerzeugung bedeutsam, ähnlich wie gediegen Antimon sowie eine große Zahl antimonführender Sulfide, Sulfosalze, Oxyde, Antimonate und Antimonite. Die Verwitterung primärer Minerale erzeugt die auffällig bunten Antimon-Ocker (Senarmontit Sb_2O_3, u.a.). Antimonerze führen nicht selten Au, Ag, As und Hg; typische Gangarten sind Quarz und Karbonate.

Die *Bauwürdigkeitsgrenze* liegt bei 3% Sb. Manche Blei-, Silber- und Kupfererze erbringen Sb als Nebenprodukt der Verhüttung. Die *Verwendung* von Antimon liegt vor allem in Form von Sb_2O_3 als flammenhemmende Imprägnierung von Polymeren (ca. 65% der Primärproduktion), als Legierungsmetall in der Bleihärtung (Autobatterien, Bleirohre, Munition), weiter als Zusatz in Feuerwerk, Keramik und Glas sowie als Sb_2S_3 in Kupplungs- und Bremsbelägen.

Der ***geochemische Zyklus des Antimon*** ist ähnlich wie jener des Quecksilbers und z.T. auch des Arsens durch eher oberflächennahe hydrothermale Systeme charakterisiert. Dabei nimmt Antimon als chalkophiles Element lagerstättenkundlich eine Stellung ein, die etwa zwischen der des Quecksilbers und des Bleies liegt. Magmatische Gesteine enthalten durchschnittlich 0,2 ppm Sb, während pelitische Sedimente 1–2 ppm Sb führen. Antimon in hydrothermalen Lösungen stammt nicht in jedem Fall aus entgasenden Magmen, sondern kann auch durch metamorphe Mobilisierung aus Peliten, insbesondere Schwarzschiefern, freigesetzt werden.

In hydrothermalen Lösungen wird Sb vermutlich in Komplexen wie $Sb_2S_2(OH)_2$ oder als $H_2Sb_2S_4$ transportiert, wobei die Löslichkeit weit überwiegend nur durch die Temperatur kontrolliert wird (bei 300°C ca. 10.000, bei 100°C nur 1 ppm Sb). Weder pH, noch aH_2S oder fO_2 haben einen nennenswerten Einfluß. Die Ausscheidung wird deshalb durch fallende Temperatur, entweder durch adiabatische Kühlung bei Druckabfall, oder durch Mischung mit kaltem, oberflächennahen Grundwasser verursacht. Flüssigkeitseinschlüsse in Quarz oder Antimonit der Sb-Lagerstätten belegen deshalb, wie früher schon allgemein vermutet, Bildungstemperaturen im niedrig-thermalen Bereich. So wurden z.B. spätvariszische Antimonite im Armorikanischen Massiv (Frankreich) bei 140–160°C gebildet (Bailly et al. 2000). Es handelt sich also zumeist um *epizonale und epithermale Lagerstätten.*

Folgende *Lagerstättentypen des Antimons* werden unterschieden:

- Sedimentär-exhalative Erzlager von Antimonit, z.T. mit Scheelit und Gold, in vulkano-sedimentären Serien (z.B. *Woxi* und *Xikuanshan* in China), von sehr großer wirtschaftlicher Bedeutung.
- Verdrängungserzkörper in Kalkstein, oft am Kontakt gegen impermeable Schiefer, vorwiegend an Zerüttungszonen gebunden und mit starker Verkieselung verknüpft. Das Erz ist überwiegend nur Antimonit. Auch dieser Typ ist wirtschaftlich sehr bedeutend. Beispiele gibt es ebenfalls in China, *Zajaca*/Serbien, *Monte Amiata* in Italien (nahe Hg-Lagerstätten) und *Schlaining* in Österreich (Belocki et al. 1991). Dies sind überwiegend vulkanogen-epithermale Lagerstätten.
- Antimonerzgänge können vulkanogen-epithermal, aus Graniten, oder epizonal metamorphogen gebildet sein. Es gibt sie in Verbindung mit Goldlagerstätten (Südafrika, s. unten; Frankreich: *La Lucette* mit einer historischen Produktion von 42.000 t Sb und 8.300 kg Au), oder mit komplexen Buntmetallerzen (westliche Karpathen), oder mit Arsen und Thallium (*Alchar* in Makedonien) oder mit W und Sn (China, Bolivien: Dill 1998).
- terrestrische Sinterbildungen von thermalen Quellen in Gebieten junger Grabentektonik, von Vulkanismus begleitet (ein Teil der Erze von *Murat Dagi*, Türkei: Gokce & Spiro 1994).

Viele Antimonlagerstätten sind an junge Gebirgsketten gebunden, was wohl mit der weniger tief reichenden Abtragung derselben zusammenhängt, derzufolge oberflächennah gebildete Lagerstätten häufiger erhalten sind. Zahlreiche Antimonerzgänge und Verdrängungserzkörper liegen in tertiären Andesit- bis Rhyolitprovinzen. Jene im armorikanischen Massif *(La Lucette)* und im Moldanubikum (Böhmen) gehören jedoch vermutlich zur Gefolgschaft variszischer Granite. Zur selben Zeit, etwa an der Wende Karbon/Perm, wurden im variszischen Europa Hunderte von meist kleinen Antimonlagerstätten gebildet, deren Mehrzahl metamorphogen aufgefaßt wird (Wagner & Cook 2000). Ihre Platznahme fällt in die Umstellung zwischen variszischer Faltung und der anschließenden Dehnungsphase (Munoz et al. 1992). Ebenfalls metamorphogen und als epizonales Stockwerk der mesozonalen orogenen Goldlagerstätten (Abb. 74) werden die reichen Gold-Antimonerzgänge in Scherzonen des Murchison Greenstone Belt in Südafrika interpretiert.

In China gibt es einige große und Tausende von kleinen Sb-Lagerstätten, die wohl zumeist von den metallogenetisch auffallend produktiven mesozoischen Graniten abstammen (z.B. *Dachang*, Abb. 84; s. auch Wolfram, Silber, Zinn, Tantal). Eine interessante Sonderstellung haben die südchinesischen ***Sedex-Lagerstätten*** von Antimonit.

In der Lagerstätte *Woxi* (Gu et al. 2002) handelt es sich um geringmächtige (bis 1,5 m) Lager von Antimonit (mit Scheelit, Gold, Sulfiden, Quarz und Karbonaten) in einer jungproterozoischen Flyschserie. Begleitend treten Hämatitquarzite (Exhalite) und Meta-Tuffe auf. Trotz mehrfacher Deformation und grünschieferfazieller Meta-

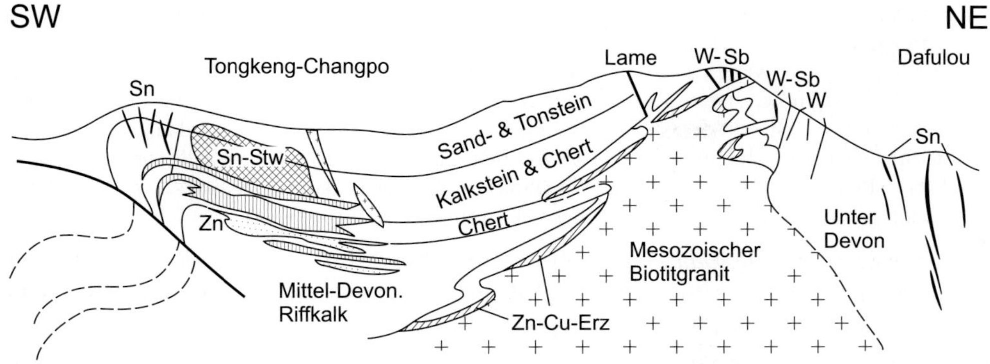

Abb. 84. Die kontaktmetasomatische, außergewöhnlich große Sn-Lagerstätte Tongkeng-Changpo bei Dachang mit Stockwerk- (Sn-Stw) und stratiformen Zinn- sowie Zinkerzkörpern wird von Gangfeldern mit Kassiterit-, Scheelit-Fluorit- und Wolframit-Stibnit-Erzen umrahmt. Am Granitkontakt sind Zn-Cu-Erze entwickelt (FAN et al. 2004a).

morphose sind sedimentäre Gefüge, vor allem Bänderung, z.T. gut erhalten. Diese Lagerstätte erinnert an die von MAUCHER (1965) definierte „vulkanosedimentäre Sb-W-Hg-Formation".

Xikuanshan (FAN et al. 2004b) ist die größte der chinesischen Sb-Lagerstätten. Zwei bis 5 m mächtige, flächenhaft über mehrere Tausend Meter ausgedehnte Erzlager liegen in dunkelgrauen Chertbänken einer oberdevonischen Wechselfolge von Schwarzschiefer und dunklem Mergel-/Kalkstein (Abb. 85). Die Erzlager bestehen aus Antimonit, Quarz und Calcit, andere Sulfide sind nur in Spuren vorhanden. Bis 200 m unter das stratiforme Erz reichen stockwerkartige Sb-Erzkörper, in welchen Baryt und Fluorit hinzutreten. Alle Nebengesteine haben erhöhte Sb-Gehalte. Schwefelisotope im Antimonit (6,6‰) weisen auf biogene Sulfatreduktion hin. Das devonische Milieu entsprach einer flachen marinen Plattform, weche durch synsedimentäre Dehnungstektonik deformiert wurde.

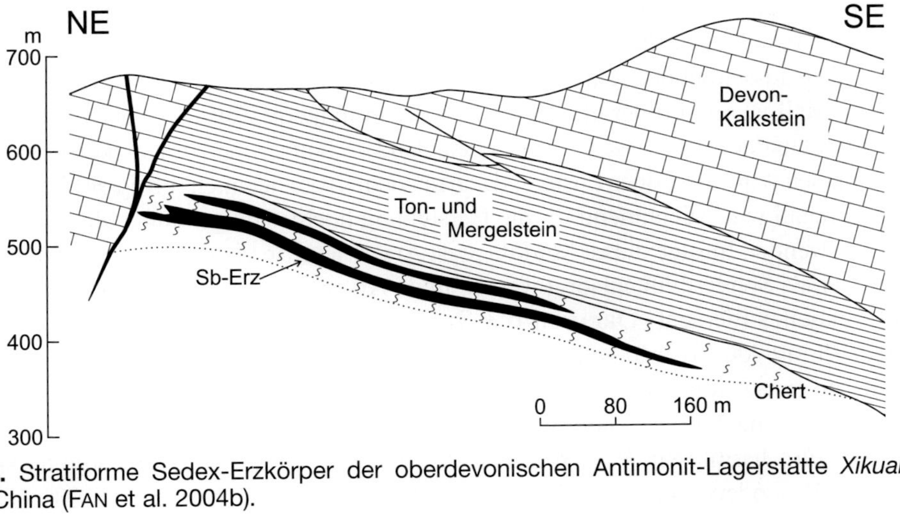

Abb. 85. Stratiforme Sedex-Erzkörper der oberdevonischen Antimonit-Lagerstätte *Xikuanshan* in Hunan, China (FAN et al. 2004b).

Die Antimonlagerstätten im *Murchison Greenstone Belt*/Südafrika liegen an einer 55 km langen Scherzone, der sogenannten „Antimony Line", entlang der alle Gesteine starke hydrothermale Veränderung erlitten haben. Besonders die Komatiite wurden zu auffälligen Talk-Karbonatmassen umgewandelt. Unmittelbare Nebengesteine der Erzkörper sind Quarz-Chloritschiefer, Quarz-Muskovitschiefer, Quarzite, Metabasalte und gebänderte Eisenformationen. Auch diese Gesteine zeigen eine Veränderung in Grünschieferfazies, doch mit einer deutlichen CO_2-Zufuhr.

Die Erzkörper sind Quarzgänge und Imprägnationzonen mit etwas Scheelit, Magnesit und Talk, welche ursprünglich auf Gold, nun aber primär auf Antimon abgebaut werden. Antimonerze sind Antimonit, Tetraedrit und komplexe Sulfosalze. $\delta\,^{34}S$-Werte deuten auf eine magmatische Herkunft des Schwefels hin (also wohl aus den Komatiiten mobilisiert), $\delta\,^{13}C$ ist mit -4,7‰ zu schwer für biogenen Kohlenstoff, so daß eine tiefe Herkunft (ähnlich wie bei den Goldlagerstätten der Greenstone Belts) wahrscheinlich ist. Deshalb wird angenommen, daß aus großer Tiefe aufsteigende (metamorphe) Fluide das Antimon aus pelitischen Gesteinen gelöst und in der Scherzone abgesetzt haben (Pearton & Viljoen 1986). Sehr ähnlich sind einige Erzkörper der jüngst sehr gut untersuchten orogenen Goldlagerstätte *Wiluna* in Westaustralien (Hagemann & Lüders 2003).

Die wichtigsten *Antimonproduzenten* der Erde sind China (2002 ca. 75% von weltweit insgesamt etwa 100.000 t), Südafrika, Bolivien und Rußland. Die Reserven werden auf 2–3 Mt Metall geschätzt. Ein beträchtlicher Teil des Metallverbrauches wird durch Rückgewinnung aus gebrauchten Autobatterien gewährleistet.

Arsen

Erzminerale:

		% As	D
Arsenkies (Arsenopyrit)	FeAsS	46	5,9–6,2
Löllingit	$FeAs_2$	73	7,4

Das Halbmetall Arsen tritt in vielen weiteren Mineralen zusammen mit S, Se, Te, Tl, Cu, Fe, Ni, Co und mit Elementen der Platingruppe auf. Arsenkies ist in Golderzen besonders häufig und dann oft als Träger der Goldgehalte interessant. Dieses Gold liegt z.T. in eigenständigen Einschlüssen vor, teilweise aber auch im Gitter mit vermuteter Au-As-Bindung, wobei Au-reiche Partien verschiedentlich in Wachstumszonen, in Rissen oder in der äußeren Partie von Arsenkieskristallen vorkommen. Viele Arsenkiese haben auch erhöhte Ni- und Co-Gehalte.

Arsen ist fast ausschließlich ein Nebenprodukt der Verhüttung anderer Erze („Hüttrauch" As_2O_3). Der Anfall ist viel größer als der Bedarf, der in jüngerer Zeit fast nur auf Schädlingsbekämpfungsmittel in der Landwirtschaft (in Deutschland verboten) und zur Holzkonservierung (als Kupferchromarsenat in wässeriger Lösung, das nach dem Trocknen nicht giftig ist) beschränkt ist. Reines Arsenmetall wird zunehmend für die Herstellung hochleistungsfähiger Halbleiter (Galliumarsenide) verwendet. Infolge dieser Marktlage ist Arsen heute in vielen Erzen ein unerwünschter Bestandteil, der als Sondermüll entsorgt werden muß. Arsen ist toxisch, in geringen Mengen aber ist es ein essentielles Element (Oremland & Stolz 2003). So enthält der gesunde menschliche Körper etwa 18 mg As, das infolge der geringen biologischen Halbwertzeit des Elementes (10–30 h) andauernd ersetzt werden muß. Arsenhaltige Böden können mit dem Farn *Pteris vittata* sehr effizient durch Bioremediation saniert werden. Ein Bakterium der Familie *Thiomonas* oxydiert das toxische As^{3+} zum harmlosen As^{5+}, womit in-situ-Sanierung von Wässern möglich sein wird (BRGM 2002). Besonders im Umkreis früherer Erzröst-Anlagen (z.B. Cornwall: Camm et al. 2003) ist As-Kontamination weit verbreitet.

Arsen ist als *chalkophiles Element* vorwiegend an die sulfidischen Erzlagerstätten gebunden. Die Hauptverbreitung haben Arsenkies und zurücktretend Löllingit in pyritreichen Kupfererzen (*Boliden*/Schweden; *Rammelsberg*), in Silbererzgängen (*Cobalt*/Ontario; *Kongsberg*/Norwegen), in Co-Ni-Erzen (*Bou Azzer*/Marokko), in vielen Goldlagerstätten (*Carlin*, USA) und in manchen Zinnlagerstätten (*Renison Bell*/Tasmanien, *Altenberg*/Erzgebirge). Arsenkies, *Realgar* (AsS) und *Auripigment* (As_2S_3) sind in epithermalen Lagerstätten (Au, Sb, Hg) in geringen Mengen häufig.

In hydrothermalen Lösungen ist $H_3AsO_3^0$.(aq) mit As^{+3} von pH 1–8 und T bis 275°C die vorherrschende Spezies. Geothermale Fluide führen oft bis 50 ppm As, mit unterschiedlichem Anteil von As^{+3} und As^{+5}. In hochtemperierten magmatischen oder hydrothermalen Gasphasen ist Arsen gegenüber der liquiden Phase in Form von $As(OH)_3$ angereichert (Pokrovski et al 2002).

Bei der Verwitterung von Arsenerz entstehen neben etwas Realgar und Auripigment Arsenate wie z.B. der grünliche *Skorodit* ($FeAsO_4.2H_2O$). In der Folge wird Arsen in Form leicht löslicher Arseniate (As^{+5}) abgeführt. Auch die häufigen Spurengehalte von As in vielen Lagerstätten können Bergbauwässer belasten (Zhu et al. 2003). In Brauneisenerzen, Toneisensteinen, Phosphoriten und Schwarzschiefern ist As geochemisch angereichert. Sedimente haben meist höhere Arsengehalte als magmatische Gesteine, mit den höchsten Werten in Peliten (13 ppm). Auch viele Kohlen haben signifikante As-Spurengehalte, z.B. 0,3–11 (maximal 1000) ppm in Rheinischer Braunkohle und 3–50 ppm in deutscher Kraftwerks-Steinkohle. Ein großes Umweltproblem sind die geogen hohen Arsengehalte im Grundwasser vieler holozäner Tiefland-Alluvionen (z.B. Ganges; Nordstrom 2002).

Der reichste Arsenerzbezirk Europas war der *Skellefte-Distrikt* in Schweden. Allein der Bergbau *Boliden* hat im Laufe der Jahre über 600.000 t As als Nebenprodukt der Kupfer-, Silber- und Goldgewinnung produziert. Der größte Teil des Arsens wurde aber nicht gebraucht. Es handelte sich um eine stark gefaltete und metamorphe Linse massiger Sulfide (weit überwiegend Pyrit und Arsenopyrit) in alt-proterozoischen Vulkaniten, deren Entstehung in einem subduktionsgebundenen Vulkangürtel vermutet wird.

Hauptproduzenten von Arsen sind China, Chile, Mexico, Peru und die Philippinen, die Welt-Jahresproduktion beträgt jedoch nur 30–40.000 t. Auf Arsen wird nicht prospektiert; es ist jedoch ein häufig benutztes Pfadfinderelement für die Goldprospektion.

Die elektronischen Metalle: Selen, Tellur, Gallium, Germanium, Indium, Cadmium, (Silicium)

Diese Elemente treten vorwiegend in sulfidischen Erzen als Nebenprodukt in Lagerstätten anderer Metalle auf. Sie werden nur in geringen Mengen gebraucht; entsprechend liegt die Weltproduktion für die einzelnen Metalle bzw. Halbmetalle bei einigen Hundert bis wenigen Tausend Tonnen pro Jahr. Eine Ausnahme bildet in dieser Hinsicht Cadmium mit einem Verbrauch von ca. 21.000 t/Jahr. Im englischen Sprachgebrauch zählen die elektronischen Metalle deshalb zu den „minor metals". Zusammen mit dem unter „Industrieminerale" behandelten Silizium ist dies jedoch ein rasch wachsender Bereich. Für die Verwendung als elektronische Funktionswerkstoffe ist ein sehr hoher Reinheitsgrad erforderlich, der nur durch besondere Raffinationsverfahren erreicht werden kann. Naturgemäß sind diese der eigentliche Schritt zur hohen Wertschöpfung, welche bei diesen Stoffen möglich ist.

Selen (Krustendurchschnitt 120 ppb) wird als Nebenprodukt überwiegend aus Kupferlagerstätten gewonnen. Es fällt bei der elektrolytischen Raffinade im Anodenschlamm an (ca. 2200 t/Jahr). Daneben gibt es erhöhte Se-Gehalte in Diskordanz- und Sandsteinlagerstätten des Urans (Abb. 36), ferner in epithermalen Au-Ag-Lagerstätten, in Skarnerzen und in manchen Buntmetall-Lagerstätten. Kupfererzkonzentrat von *Boliden* z.B. enthielt 1000 g Se pro Tonne, das vom *Rammelsberg* 40–65 g. Selen und Tellur vertreten in vielen Sulfiden teilweise den Schwefel, dessen geochemisches Verhalten sie weitgehend teilen. Selen ist in Schwarzschiefern mit viel organischer Substanz und in manchen Kohlen deutlich angereichert. Die Anreicherung des Selens gegenüber Schwefel ist unter oxydierenden Verhältnissen (bei Hämatitstabilität) besonders begünstigt (Simon et al.

1997, XIONG 2003). Eigentliche Selenminerale (z.B. $FeSe_2$, PbSe) sind selten; sie sind z.B. aus den Harzer Pb-Zn-Gängen bekannt. Selen findet vor allem als Halbleiter für photoelektrische Zellen (u.a. Solarstromanlagen), Kopiergeräte, in anderen elektronischen Produkten, sowie für die Glasfärbung (orange bis dunkelgelb) Verwendung. Selen ist in niedriger Konzentration essentiell für Mensch und Tier (deshalb wird es Viehfutter zugesetzt), hohe Aufnahme wirkt aber toxisch.

Tellur (Krustendurchschnitt 5 ppb) kommt in Form von Edelmetalltelluriden, z.B. Sylvanit $AgAuTe_4$, in den Golderzen Siebenbürgens, den Silbererzen Boliviens, in den Goldlagerstätten der westaustralischen Greenstone Belts sowie als Spurenanteil in Kohlen, Bleierzen und in vielen großen Kupfererzlagerstätten vor. Aus den letzteren stammt der größte Teil der Weltproduktion (~300 t/Jahr). Tellur wird zu 50% für Stahl- und Eisenprodukte, der Rest in Katalysatoren und elektronischen Bauteilen verwendet.

Gallium ist mit durchschnittlich 15 ppm in der Erdkruste ebenso häufig wie Blei, bildet aber nur sehr selten eigene Minerale (Gallit $CuGaS_2$). Die wichtigste Quelle für Ga sind heute Bauxite, da dieses Element in den meisten Alumosilikaten von Graniten und Alkaligesteinen das Aluminium zu einem Teil vertritt. Bei der Bauxitbildung wird es zusammen mit Al auf 30–60 ppm angereichert und kann im Bayer-Prozeß aus der Natriumaluminatlösung gewonnen werden. Dieser Weg liefert heute >95% der Weltproduktion von ca. 130t/Jahr. Auch viele Sphaleritkonzentrate, z.B. jene der Mississippi Valley Provinz in den USA, führen gewinnbare Gehalte von Gallium (wie übrigens auch Cadmium und Germanium). Ga, Ge und In sind in ZnS nicht direkt gelöst, sondern durch Valenzausgleich eingebaut. Gallium und Germanium sind auch in manchen Kohlen und Erdölaschen in erhöhten Spurengehalten vertreten. Verwendet wird Gallium zu über 80% in der Elektronik (z.B. Laserdioden). Erwartet wird eine Zunahme des Verbrauches zur Herstellung von elektronischen Bauteilen aus Galliumarseniden, möglicherweise auf Kosten von Silizium.

Germanium (Krustendurchschnitt 1,4 ppm) wird aus sulfidischen Kupfer- und Zinkerzen mit Gehalten von wenigen 100 ppm im Konzentrat gewonnen, so in *St. Salvy* (Frankreich), im *Tristate*-Bezirk (USA), in *Petsamo* (Rußland), früher auch in *Tsumeb* (Namibia; hier z.T. in beträchtlichen Massen als Germanit $Cu_3(Ge,Fe)S_4$ vorliegend), in *Bor*/Serbien und in *Bleiberg*. Mittlerweile wird der Ge-Markt (ca. 100 t/Jahr) jedoch von China beherrscht. Die chemischen Eigenschaften und das geochemische Verhalten des Germaniums sind jenen des Siliziums ähnlich. Angereichert ist Ge in Meteoriten, in terrestrischem Nickeleisen, in sedimentären Eisenlagerstätten und eisernen Hüten, in Sphalerit und Sulphosalzen sowie in Kohlen, Pegmatiten und Greisen. Verwendet wird Germanium zur Herstellung von Infrarotlinsen und optischen Fasern (ca. 65%), von Katalysatoren (20%), lebensmittelechten Plastikstoffen und elektronischen Bauteilen (u.a. Solarzellen).

Indium ist ebenfalls ein sulfidisch gebundenes Spurenelement (SCHWARZ-SCHAMPERA & HERZIG 1999) und tritt in Zinn- und höher temperiert gebildeten Zinkerzen auf, mit Gehalten bis 1000 g/t, im Vergleich zu durchschnittlich 50 ppb in der Erdkruste (ähnlich Ag mit 70 ppb). Indium findet als Halbleiter, als Oberflächenschutz bei Gleitlagern und zur Herstellung niedrigschmelzender Legierungen (z.B. Lötmaterial) Anwendung. Ein großer Teil der Weltproduktion (2002: 340 t) kommt aus China und Kanada, und wird für die Herstellung von Computerbildschirmen und Flüssigkristalldisplays verbraucht.

Cadmium schließlich ist ein weiteres Nebenprodukt der Zinkerzverhüttung. Durch Recycling nimmt die Primärproduktion (2002: 16.600 t) im Vergleich zum Verbrauch (2002: 21.000 t) seit Jahren ab. Eingesetzt wird Cd zur Oberflächenvergütung von Stahl und als Pigment, weit überwiegend (>60%) aber als Oxyd zur Herstellung von Ni-Cd Batterien. In Zukunft werden vermutlich Cd-S/Cd-Te Solarzellen große Bedeutung gewinnen. Cadmium ist allerdings sehr toxisch, so daß Verwendung und Rückgewinnung streng kontrolliert werden. Cd ist ein ausgeprägt chalcophiles

Element, mit einem Krustendurchschnitt um 0,1 ppm. Tone, Phosphorite und Manganknollen enthalten bis 25 ppm Cd. Sphalerit enthält Cadmium z.T. gelöst bis zu einem Maximum von 5% (durchschnittlich 0,3%); z.T. bildet das Element auf Zinkblende das Mineral Greenockit CdS.

Zu den wichtigsten elektronischen Rohstoffen zählt heute *Silizium*, aus welchem Computerchips hergestellt werden. Der Jahresverbrauch dieser Sparte liegt bei 7000 t (s. auch Quarz).

Wismut

Erzminerale:

		% Bi	*D*
gediegen Wismut	Bi	100	9,8
Bismuthinit (Wismutglanz)	Bi_2S_3	81	6,8

Die Oxydation dieser primären Wismutminerale erzeugt die erdigen, grünlich-gelben Wismutocker Bismutit $(BiO)_2CO_3$ und Bismit Bi_2O_3.

Wismut wird zunehmend für leichtschmelzende, bleifreie Lötmetalle, in der Elektrotechnik und beim Raketenbau sowie als Legierungsmetall für Aluminium, Stahl und Schmiedeeisen verwendet. Wismutsalze werden in der pharmazeutischen und kosmetischen Industrie gebraucht. Zunehmend wird eine Legierung von 97% Wismut mit 3% Zinn als ungiftiger Ersatz für Blei in Schrotpatronen verwendet.

Wismut ist insofern ein kurioses Element, als sein einziges Isotop ^{209}Bi durch α-Zerfall in das stabile ^{205}Tl zerfällt, allerdings mit einer Halbwertzeit von $2x10^{19}$ Jahren (de Marcillac et al. 2003). Sein durchschnittlicher Gehalt in der Kruste beträgt 0,085 ppm. Magmatischer Apatit, Minerale der Seltenen Erden, aber auch Bleiglanz enthalten oft erhebliche Wismutgehalte. Das geochemische Verhalten ist chalcophil.

Wismut erscheint häufig in Pegmatiten, in W-, Cu- und Pb-Skarnerzen und im hydrothermalen Gefolge saurer magmatischer Gesteine. Es ist weiter ein kennzeichnender Bestandteil der hydrothermalen Co-Ni-Bi-U-Ag-Gänge, z.B. im westlichen Erzgebirge *(Johanngeorgenstadt und Schneeberg)*. Eigentliche *Wismutlagerstätten* sind sehr selten; nur in Bolivien und in China werden Gänge und Verdrängungserzkörper z.T. ausschließlich auf Wismut gebaut.

Die größte derartige Lagerstätte ist *Tasna* in Südbolivien. Im Dach eines jungen sauren Intrusivstockes, vermutlich der Unterbau eines erodierten Vulkans, sind Tonschiefer zu einem Quarz-Turmalinfels alteriert. Darüber liegt starke Vertonung vor, welche die zahlreichen Gänge mit gediegen Wismut, Wismutglanz, Kupferkies und Wolframit, lokal auch Gold, begleitet. Anderswo in Bolivien (*Potosi*) erscheinen Wismuterze zusammen mit Ag und Sn.

Die größte Einzellagerstätte von Bi ist *Shizhuyuan,* China (s. Wolfram). Der Rest der Wismutproduktion wird als *Nebenprodukt* von Kupfer- und Bleierzen gewonnen, seltener zusammen mit Zinn, Zink, Molybdän, Kobalt, Gold und Silber. Für viele Erzkonzentrate gilt Wismut als schädliche, also zumindest wertmindernde Verunreinigung. Der überwiegende Teil der Weltproduktion von Wismut (ca. 7.000 t/Jahr) kommt aus China, Australien, Mexiko, Japan, Peru und Bolivien. Es gibt große Vorräte, vor allem in Ostasien.

Zirkonium und Hafnium

Erzminerale

		% ZrO_2	D
Baddeleyit	$(Zr, Hf)O_2$	bis 94	5,5-6
Zirkon	$ZrSiO_4$	bis 67,2	bis 4,6

Nur Baddeleyit wird als Nebenprodukt aus primären Lagerstätten gewonnen. Als äußerst beständiges Schwermineral ist Zirkon in vielen „Schwermineralsanden" enthalten; weit überwiegend ist er ein Beiprodukt der Gewinnung von Rutil- und Ilmenitseifen. Zirkon enthält 1,5 bis 4% Hafnium sowie maximal 4000 ppm Uran und 2000 ppm Thorium (Hanchar & Hoskin 2003). Zirkon ist deshalb für absolute Altersbestimmungen mit der U-Pb-Methode besonders gut geeignet. Der radioaktive Zerfall dieser Elemente bewirkt Zerstörung des Zirkongitters, Verfärbung, Hydratisierung und Abnahme der Dichte. Viele Zirkone enthalten wertmindernde Einschlüsse von Fremdmineralen (P, Fe, Ti etc.). Für Zirkonkonzentrate werden 65% ZrO_2 gefordert. Bauwürdige Seifen führen gewöhnlich 0,2–3% Zirkon.

Verwendet wird *Zirkon* als Beimengung zu Gießereisanden, zur Herstellung feuerfester Produkte und von Schleifmitteln. Die Hälfte des Verbrauchs betrifft die Produktion von Keramik, z.B. Fliesen und Sanitätsware, sowie von TV- und Computerbildschirmen (um die Röntgenstrahlung abzuschirmen). Kleine Mengen werden als Zirkonmetall und diverse Legierungen, in Chemikalien und als Füller, z.B. in Zahnpasten verbraucht. Zr-Metall ist besonders hitze- und korrosionsfest und wird deshalb in der chemischen Industrie, in der Raumfahrt und als Umhüllung von Kernbrennstäben eingesetzt.

Hafnium wird ausschließlich als Nebenprodukt der Zirkonverarbeitung gewonnen. Seine Anwendung liegt unter anderem in der Anfertigung von Kontrollstäben für Kernreaktoren und als Super-Legierungselement in Gasturbinen.

Zr ist als lithophiles Element (wie auch Ti und Hf) mit 160 ppm in der Kruste relativ hoch angereichert. Zirkon ist deshalb ein häufiges akzessorisches Mineral in magmatischen Gesteinen, besonders solchen, die Na-Plagioklase enthalten, sowie auch in vielen Metamorphiten. Primäre Anreicherungen gibt es in Alkalimassiven und seltener in sauren Vulkaniten (Castor & Henry 2000, s. Uran).

Zirkonlagerstätten sind fast ausschließlich marine Seifen. Baddeleyit gibt es in Alkaliplutonen (*Kovdor*/Rußland: Lehne 1990, mit Eisenerz und Phosphaten, s. dort) und Karbonatiten (*Palabora*: Zr-Produktion 2002 eingestellt). Kleine Lagerstätten sind manche Pegmatite (*Ampanobe*/Madagascar). Zukünftig könnte Zirkon auch als Nebenprodukt der Ölgewinnung aus kanadischen Teersanden, aus Phosphoritsanden und aus anderen großen sandverarbeiteten Betrieben anfallen.

Zirkonreiche *Küstenseifen* gibt es u.a. in der Geographer Bay südlich von Perth/Westaustralien. Klastische mesozoische Sedimente überlagern hier präkambrische Granulite und Gneise. Pleistozäne bis rezente Küstenlinien mit Brandungsplattformen und Kliffs sind in die mesozoischen Gesteine eingeschnitten, mit Höhen von 0–76 m über dem Meeresspiegel. Schwermineralsande liegen jeweils an der Basis dieser Strände. Die älteste und höchstgelegene Lagerstättengruppe ist *Yoganup,* bestehend aus langgestreckten linsigen Erzkörpern, die über 30 km Länge und 1500 m Breite auftreten. Alleine der Schwermineralinhalt des Yoganup-Niveaus übersteigt vermutlich 10 Mt.

Die Schwermineralsande von Yoganup liegen über mesozoischen und älteren pleistozänen Sedimenten (Abb. 86). Ihre Basis bildet ein grobes Brandungskonglomerat, gefolgt von schwarzen, tonigen Sanden mit Monazit und 15–20% Zirkonanteil in der Schwermineral(SM)-Fraktion, graufleckigen sandigen Tonen (10% Zirkonanteil) und gelbbraunen äolischen Sanden (6% Zirkonanteil). Die SM-Fraktion enthält durchschnittlich 65–80% Ilmenit, 10%

magnetischen Leucoxen, 10% nichtmagnetischen Leucoxen, 5–12% Zirkon, unter 1% Rutil und 0,2–1,1% Monazit. Die häufigsten Korngrößen sind 100–150 μm. Seewärts und nach oben nehmen die SM-Gehalte insgesamt sowie spezifisch die Monazit- und Zirkonanteile ab.

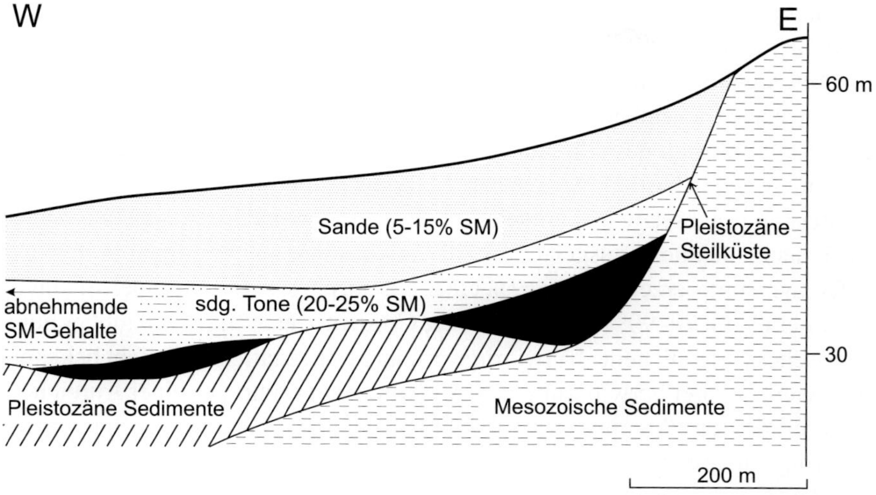

Abb. 86. Geologischer Aufbau der pleistozänen Schwermineralseife von Yoganup, West-Australien (WELCH et al. 1975).

Die Schwermineralfraktion besteht zu 80% aus Ilmenit und Leukoxen, 12% Zirkon, sowie Rutil, Monazit und Xenotim. Ilmenit ist von der Oberfläche ausgehend in Leukoxen umgewandelt, dessen Anteil demgemäß nach unten abnimmt. Schwarz = schwarze Sande mit 40–60% SM (Schwerminerale).

Die Jahresproduktion von Zirkon liegt bei rund 1,13 Mt (2003). Australien, Südafrika und die USA haben daran den größten Anteil, fast ausschließlich aus marinen Seifen. Die Ressourcen liegen bei 60 Mt; allerdings ist die Versorgung heute schon sehr knapp und wird in Zukunft noch schwieriger, weil die Bindung an Ti-Seifenabbau und deshalb an den Ti-Markt einschränkend wirkt. Zudem ist absehbar, daß das Zirkon/TiO_2-Verhältnis der Seifenlagerstätten von heute ~0,23 in Zukunft sinken wird, so daß bei gleicher Ti-Produktion weniger Zirkon anfallen wird.

Die *Prospektion* von Küstenseifen erfolgt durch Rasterbohrungen, welche auf Grund geologischer Modelle geplant werden (z.B. BELPERIO & BLUCK 1990). Dabei kann der geologische Aufbau der Küstensedimente zugleich mit der SM-Verteilung in zunehmend kleineren Abständen untersucht werden. Zentrale Faktoren der Beurteilung sind neben den SM-Gehalten Abraummächtigkeit, Feinkorn-(Schlamm)Anteil, sowie Korngrößen, Oberflächenzustand, Zusammensetzung und eventuell Oxydationsgrad (für Ilmenit) der SM-Minerale. Landschaftsschutz und Renaturierung sind für den Schwermineralbergbau besonders wichtig, da meist große Flächen betroffen sind.

Titan

Erzminerale

		%TiO_2	D
Rutil	TiO_2	>95	4,2
Anatas	TiO_2	>95	3,8–3,9
Ilmenit	$FeTiO_3$	52 (35–70)	4,5–5,0

Als neunt-häufigstes Element der Erdkruste (0,4% Ti bzw.0,7% TiO_2) kommt Titan in 46 verschiedenen Mineralen vor. Technisch wichtig sind jedoch nur die oben genannten. Zukünftig könnte auch Perovskit $CaTiO_3$ Bedeutung gewinnen.

Ilmenit enthält oft auch Cr, V, Mg und Mn, selten Nb und Ta. Höhere Gehalte an den färbenden Metallen sind qualitätsmindernd. Die weite Streuung der TiO_2-Gehalte ist durch die Verwachsung primärer Ilmenite im Gestein mit Hämatit bzw. Magnetit bedingt, welche durch Entmischung von Hochtemperaturphasen bei sinkender Temperatur begründet ist. Ilmenitkonzentrate magmatischer, primärer Lagerstätten haben deshalb nur 35–40% TiO_2. Titanführende Magnetite mit geringeren Gehalten sind nicht wirtschaftlich verwertbar; sie können allerdings Vanadiumerze sein (s. dort). Durch Verwitterung freigesetzte und umgelagerte Ilmenite sekundärer Lagerstätten haben bis 70% TiO_2, da das Eisen zunehmend ausgelaugt wird. Verwitterung solcher Ilmenite in situ, also innerhalb der Seifenlagerstätte, erzeugt *Leukoxen*, ein z.T. amorphes, z.T. Rutil- oder Anatasstruktur aufweisendes „Mineral" mit 70–90% TiO_2 (Mücke & Chaudhuri 1991). Rutil gibt es nur als verbreitetes akzessorisches Mineral; heute bauwürdige primäre Lagerstätten sind nicht bekannt. Die große Beständigkeit von Rutil bei Verwitterung und Abtragung aber führt zu seiner Anreicherung in Seifen. Rutil aus refraktären Eklogiten der Subduktionszonen hat hohe Nb/Ta-Spurengehalte.

Die Bauwürdigkeitsgrenzen liegen bei etwa 1% Ilmenit bzw. 0,1% Rutil in Seifen und anderen Lockergesteinen. Für die Gewinnung aus Festgesteinen sind etwa 10-fache Gehalte notwendig (*Tellnes* z.B. gewinnt Ilmenit-Erz mit 18% TiO_2).

Mehr als 90% des Titans werden als besonders opakes, ungiftiges und deshalb Bleioxyd verdrängendes weißes Pigment (TiO_2) zur Farbherstellung bzw. als Füllstoff verarbeitet. Weitere Anwendungen gibt es in der chemischen Industrie und als Flußmittel für Schweißstäbe, aber auch z.B. als UV-Filter in Sonnenöl. Da der Bedarf nicht alleine durch Rutil gedeckt werden kann, wird Ilmenit zur Produktion von „synthetischem Rutil" bzw. von „titania slag" eingesetzt. Im ersten Fall wird die Abtrennung des Eisens meist durch reduzierendes Schmelzen mit nachfolgender chloridischer (selten sulfatischer) Laugung bewirkt, wobei allerdings Entsorgungsprobleme entstehen. Der in jüngster Zeit in Australien entwickelte EARS-Prozeß ermöglicht Regeneration und Wiederverwertung der Salzsäure, während das Fe als Oxyd anfällt. Auch die häufigen U- und Th-Gehalte der Rohstoffe sind nicht unproblematisch. Titanmetall ist leicht (D = 4,5), jedoch sehr korrosionsfest sowie härter und zäher als Stahl. Die Produktion des Metalles ist allerdings sehr aufwendig, weshalb es so teuer ist (ca. 200 x Aluminium), daß reines Titan und unterschiedliche Legierungen überwiegend nur für den Bau von Flugzeugen und Raumfahrzeugen (aber auch Kameras, Laptops u.dgl.) verwendet werden.

Geochemie. Titan ist in vielen Gesteinen eines der Hauptelemente, wobei mafische (0,9–2,7% TiO_2) und alkalische magmatische Gesteine (0,1–3,3%) sowie Eklogite (1,0–6,0%) die höchsten Gehalte erreichen. Da für eine Gewinnung ausschließlich Titanoxyd-Minerale in Frage kommen, sind jene geochemischen Prozesse besonders interessant, die bei erhöhten Ti-Gehalten die Bildung von Oxyden begünstigen. So verändert zwar Metamorphose nicht die Ti-Gehalte, jedoch werden beim Übergang zur höheren Amphibolitfazies aus Titanit und Ti-haltigen Biotiten und Hornblenden der geringmetamorphen Gesteine Rutil und Ilmenit gebildet. Deshalb sind granulitfazielle Areale besonders wichtige Liefergebiete für Ti-Seifen. Eklogite ferrogabbroischer Zusammensetzung erreichen mitunter hohe TiO_2-Gehalte (>6%), die fast ausschließlich als Rutil vorliegen. Aus diesem Grunde werden solche Vorkommen (z.B. Piampaludo/Ligurische Alpen, Sunnfjord/Norwegen, Shubino/Ural) als zukünftige wichtige Titanressourcen betrachtet (Force 1991).

Titan gilt als geochemisch besonders immobiles Element, weshalb es in vielen petrogenetischen Untersuchungen als Bezugsbasis genutzt wird. Ein schöner Beleg dafür sind die Rutilgehalte der extrem alterierten und mineralisierten Zonen von porphyrischen Kupferlagerstätten. In den unveränderten Porphyren ist Titan an Titanit, Hornblenden oder Biotit gebunden. Da diese Minerale während der hydrothermalen Alteration instabil sind, sind sie im Alterationsprodukt nicht mehr vorhanden. An ihrer Stelle findet sich feinkörniger Rutil, wobei aber die ursprünglichen TiO_2-Gehalte des Gesteins unverändert bleiben.

Titanlagerstätten gibt es *primär* nur in magmatischen Gesteinen, die der Anorthosit-Ferrodioritreihe oder alkalischen Ringkomplexen angehören, *sekundär* in fluviatilen und marinen Seifen. Vor allem wichtig sind die Lagerstätten in Ferrodioriten und Gabbros. Es handelt sich um intrusive, selten geschichtete Massive, in denen Ti und Fe während der Abkühlung durch Bildung und Entmischen einer Oxydschmelze konzentriert werden. Diese Oxydschmelze sinkt zusammen mit Kumulatphasen an die Basis der Magmenkammer ab und bildet dort massige Flöze von Ilmenit (±Magnetit oder Hämatit) oder füllt Interkumulus-Porenräume. So entstehen disseminierte oder massige Erze in Form von Schlieren, Linsen, Flözen und unregelmäßigen Massen. Im bereits verfestigten Liegenden können Gänge auftreten. Oft handelt es sich bei den massigen Erzen um *Nelsonite*, das sind Ilmenit/Rutil-Magnetit-Apatitgesteine, die auf die schmelztemperaturerniedrigende Rolle des Phosphors verweisen. Beispiele für primäre Lagerstätten sind die Großlagerstätte *Lac Tio (Allard Lake)* und viele andere Bergbaue in Kanada, *Tahawus (Sanford Lake)* in den Adirondacks/USA, *Otanmäki* in Finnland und *Tellnes* in Norwegen (Duchesne 1999, s. auch „Eisen“).

Als Produkt gravitativer Saigerung von festen Ilmenitphasen wurde die finnische Lagerstätte *Koivusaarenneva* beschrieben (Kärkkäinen & Bornhorst 2003). Hier enthält eine sillförmige Gabbrointrusion mehrere Lager mit 15% Ilmenit und 6% Vanadium-Magnetit, welche sich während des lateralen Durchströmens abgeschieden haben.

Primäre Titankonzentrationen in Alkali-Ringkomplexen sind bevorzugt an Pyroxenite (Jacupirangite etc.) gebunden; daneben bestehen solche Komplexe aus miaskitischen Nephelinsyeniten, oft mit einem Karbonatitkern im Zentrum. Die Typuslokalität für Ilmenit ist ein solcher Komplex in den *Ilmenbergen* bei Miask/Ural. Die Erze sind meist Magnetit-Perovskitgesteine, die auch Rutil, Brookit, Titanit, und Apatit sowie Karbonate und Silikate führen können. Hohe Gehalte von Nb, Th und SEE in diesen Mineralen sind häufig, aber für die Verwendung als Titanerz nachteilig. Bauwürdig sind solche Erze zumeist nur dann, wenn sie in mächtigen lateritischen Verwitterungszonen ausgelaugt wurden, unter Anreicherung von Titan als Anatas. Eine bedeutende Provinz solcher Lagerstätten liegt in Brasilien (u.a. *Tapira/Minas Gerais)*, wo kretazische Ringkomplexe weit verbreitet sind, auch mit Lagerstätten von SEE und Phosphaten.

Marine Seifen sind für die Titanversorgung besonders bedeutend. Sie liefern etwa 55% der Welt-Titanproduktion und enthalten rund 45% der bekannten Ressourcen. Zudem ist die Qualität der Konzentrate anderen Lagerstättentypen überlegen, da es sich entweder um Ti-angereicherten Ilmenit/Leukoxen oder um Rutil handelt. Weiter erlaubt die unkomplizierte mineralogische Zusammensetzung der unkonsolidierten Sedimente eine besonders einfache und kostengünstige Aufbereitung des Rohmaterials, so daß die Bauwürdigkeitsgrenzen unter dem Ti-Durchschnittsgehalt der Erdkruste (4010 ppm) liegen können. Die Bildung dieser Lagerstätten beruht auf einem komplizierten Zusammenspiel von Liefergebiet, Verwitterungsgeschichte, fluviatilem Transport und der morphologischen Entwicklung der Küste. Die wichtigen Lagerstätten haben quartäres Alter und begleiten die heutigen Küsten als Zeugen ehemaliger Meereshochstände oder sie liegen an den holozänen Stränden. Abbauwürdige Sandkörper sind typischerweise 10 m mächtig, 1 km breit und über 10 km lang. Die Sande sind gut gerundet, mittel- bis feinkörnig und umfassen sowohl eigentliche Strandbildungen wie auch Dünengürtel. Jene älterer Entstehung zeigen Anzeichen späterer Verwitterung.

Neben Titanmineralen enthalten die Seifen naturgemäß viele andere Schwerminerale, die durch Aufbereitung abgetrennt werden, wobei nicht selten weitere nutzbare Minerale anfallen (häufig

Zirkon, aber auch z.B. Granat bei Port Gregory/Westaustralien). Als besonders schädlich im Titankonzentrat gelten heute radioaktive Minerale, wie Monazit (Th) und Xenotim (U).

Australien hat sowohl an der Ostküste (Queensland, New South Wales, Victoria) wie an der Westküste nördlich und südlich von Perth (Abb. 86) große Lagerstätten. Problematisch ist der hohe Chromitgehalt der Ilmenitkonzentrate im Osten (deshalb wurde meist nur Rutil gewonnen), welcher im Westen unter 0,03% liegt. Die größte Lagerstätte Südafrikas ist *Richards Bay* bei Durban, mit einem breiten Gürtel äolischer Sande, die Ilmenit, Monazit und etwas Leukoxen enthalten. Indien produziert überwiegend Ilmenit nahe *Quilon* in Kerala. Weitere Lagerstätten gibt es in Florida/USA, in Sri Lanka, Thailand und in Madagaskar.

Bauwürdige ***fluviatile Seifen*** von Titanoxyden sind selten. Das ist einerseits durch die meist zu geringe Größe fluviatiler Lagerstätten bedingt, da bauwürdige Titanseifen mindestens 1 Mt Konzentrat enthalten sollen. Andererseits enthalten solche Seifen in der Regel unverwitterten Ilmenit, so daß die Titangehalte der Konzentrate nicht attraktiv sind. Eine Ausnahme bilden einige wenige Lagerstätten, z.B. jene von *Gbangbama* in Sierra Leone, wo Rutil aus einem Granulitgebiet angereichert ist. Auch die malayischen Zinnseifen liefern als Nebenprodukt Rutil, der ein charakteristisches Mineral hochspezialisierter felsischer Magmatite ist.

Die Titanressourcen der Erde sind sehr groß, die Weltproduktion lag 2002 für Ilmenit bei 3,7 Mt und Rutil 470.000 t. Die führenden Produzentenländer sind Australien, Südafrika, Indien und USA. Eine Ausweitung der Produktion wird durch die Aufnahmefähigkeit des Marktes begrenzt. Trotzdem werden in aller Welt neue Lagerstätten gesucht und entwickelt. Weiterhin gilt die größte Aufmerksamkeit marinen Strandseifen. Da aber in vielen Ländern zunehmend andere Nutzungsformen der Küsten bevorzugt und bergbauliche Aktivitäten eingeschränkt werden, dürften in Zukunft primäre Lagerstätten (z.B. Rutil-Eklogite im *Sunnfjord*/Norwegen) oder Küstenseifen älterer Inlandmeere (z.B. im Pliozän des *Murray Beckens*, Australien: Roy et al. 2000) an Bedeutung gewinnen.

Seltene Erden (Lanthaniden)

Erzminerale

Monazit	(Ce,La,Y,Th) PO_4	bis 65% SEE-Oxyde	D = 5
Bastnäsit	(Ce,La,Eu) (CO_3/F)	bis 75%	5
Xenotim	YPO_4	ca.61%	4,5

Die Seltenen Erden (SEE) umfassen insgesamt 15 Elemente, wovon allerdings nur Ce, La, Nd, Pr, Sm, Gd und Eu wirtschaftliche Bedeutung haben. Infolge ähnlicher physikalischer und chemischer Eigenschaften sowie Verwendung wird Y meist den SEE zugezählt, seltener auch Sc. Die Elemente La bis Sm werden als leichte (LSEE) und Gd bis Lu als schwere Seltene Erden (SSEE) bezeichnet. Monazit und Bastnäsit enthalten überwiegend leichte SEE, während Xenotim vor allem SSEE liefert (Möller, Cerny & Saupe 1989). Das *Thorium* der Monazite ist zur Zeit als Nebenprodukt der Gewinnung von SEE die Hauptquelle für dieses Metall. Da ein großer Teil des Thoriums nicht verwendet werden kann (s. Uran), sondern entsorgt werden muß, ist es meist eine Umweltlast.

Monazit wird fast ausschließlich aus Seifen gewonnen, wobei er meist als Nebenprodukt der Gewinnung von Ilmenit, Rutil, Zirkon, Zinnstein oder Gold anfällt. Demgemäß werden oft sehr geringe Monazitgehalte abgebaut, die nicht selten unter 0,1% liegen. Die Wirtschaftlichkeit hängt dann vom kombinierten Schwermineralgehalt der Lagerstätte ab, der in der Regel 5–10% beträgt. Monazit ist durch seine γ-Strahlung in Bohrungen leicht festzustellen, so daß mit geringen Kosten

Näherungswerte für die SEE-Gehalte meßbar sind. Auch Xenotim wird in allerdings sehr geringen Mengen aus Seifen anderer Metalle, z.B. Zinn in Malaysia, gewonnen.

Bastnäsit ist das wichtigste Erzmineral primärer SEE-Lagerstätten. Dann werden Mindestgehalte von 2–6% gefordert, die im einzelnen aber vom Gehalt an den wertvolleren SEE abhängen. Bedeutende Mengen Seltener Erden sind in Apatiten der Karbonatite und alkalischer Magmatite enthalten, doch sind die Gehalte für eine wirtschaftliche Gewinnung meist zu gering. Nur in Rußland wurden bis 1998 die rund 0,85% SEE aus Apatit bzw. Loparit $(Na, Ce, Ca)_2(Ti, Nb)_2O_6$ der Phosphatlagerstätten von Kola angereichert.

Die *Verwendung* der Seltenen Erden begann vor über 100 Jahren mit der Herstellung von Leuchtmänteln für Gaslampen. Heute kann man nach dem Aufwand bei der metallurgischen Behandlung drei Einsatzgruppen unterscheiden: Annähernd 98% des Verbrauches betrifft sogenanntes *Mischmetall,* das die Gehalte der einzelnen SEE im ursprünglichen Erz übernimmt. Es wird bei der Stahlerzeugung, zur Herstellung von Katalysatoren in der petrochemischen Industrie, für Feuersteine und z.T. in der Glasindustrie verwendet. Die Abtrennung einzelner SEE ist sehr aufwendig und deshalb teuer. Anreicherung auf 60–90% ergibt Rohstoffe, die zur Färbung von Glas und Keramik sowie zur Herstellung von Magneten (z.B. $SmCo_5$) dienen. Extrem reine (>99,99%) Seltene Erdelemente werden nur in sehr geringen Mengen gebraucht. Dazu zählen die Anwendung von Eu und Y als Phosphor für Fernseh- und Computerbildschirme, Leuchtröhren und Röntgengeräte sowie für manche Laser. Schließlich gibt es Anwendungen in der Supraleitertechnik, als Wasserstoffspeicher und in Katalysatoren für Automobile. China hat mit Düngung durch SEE bedeutende Ertragssteigerungen in der Landwirtschaft erreicht.

Das ***geochemische Verhalten*** der Seltenen Erdelemente ist grundsätzlich sehr ähnlich, da sie zumeist in dreiwertigem Zustand stabile Verbindungen bilden. Ausnahmen sind Eu, das in der Natur zwei- oder dreiwertig, und Ce, das auch vierwertig auftritt, so daß diese Elemente unter dem Einfluß von variablem pO_2 im jeweiligen System von den anderen SEE beträchtlich abweichende Gehalte (Anomalien) haben können. Die Unterschiede in Atommasse und Ionenradien zwischen SSEE und LSEE bewirken weiter bei vielen geologischen Prozessen eine Fraktionierung, die häufig zu deren Erforschung verwendet wird. Grundsätzlich sind z.B. in hydrothermalen Systemen leichte SEE mobiler als schwere. Lagerstättenkundlich besonders wichtig sind spätmagmatische und hydrothermale Vorgänge, die bauwürdige Konzentration bewirken können.

Der durchschnittliche Gehalt an SEE (+Y) in der Kruste beträgt ~170 ppm, wobei Ce mit 60 ppm den höchsten Gehalt erreicht. Sie sind also in Widerspruch zu ihrem Namen um ein Vielfaches häufiger als z.B. Gold. Die SEE sind *lithophile Elemente.* In den meisten Gesteinen sind sie in akzessorischen Mineralen (Monazit, Titanit, Zirkon, Apatit) angereichert, obwohl auch Amphibole, Pyroxene, Feldspäte, Granat und Glimmer SEE enthalten. Die unterschiedlichen Ionenradien bewirken eine gewisse Selektivität vieler Minerale für schwere (Xenotim, Granat, Zirkon) oder leichte (Monazit, Bastnäsit) Seltene Erden. In *Fluiden und Lösungen* bilden die SEE mit den meisten häufigen Anionen Komplexe, so daß sie im Gegensatz zu anderen wichtigen geologischen Prozessen im hydrothermalen Bereich äußerst mobil sind (LOTTERMOSER 1992). Deshalb sind hohe Salz- und CO_2-Gehalte der Fluide besonders wichtige Faktoren der Mobilisation, des Transportes und damit der Anreicherung der SEE. Magmatische Gesteine, die eine bedeutende fluide Phase abgegeben haben (z.B. Zinngranite) oder von einer solchen durchströmt wurden, zeigen eine starke Verarmung vor allem der LSEE.

Lagerstätten der Seltenen Erden fallen in die folgenden Gruppen:

- Monazit-Apatit-Restschmelzen, vermutlich aus Anorthositen differenziert (*Steenkampskraal*, Südafrika);

- Pegmatite (Minerale Seltener Erden häufig, doch immer sehr kleine Lagerstätten);
- Skarnlagerstätten (z.B. Allanit des ehemaligen Uranbergbaues von Mary Kathleen in Queensland/Australien);
- Spätmagmatisch-hydrothermale Erzkörper in Karbonatiten (lange Zeit als weltgrößter SEE-Produzent die Lagerstätte *Mountain Pass*, Kalifornien/USA);
- Hydrothermal-metasomatische Erze in Dolomit (*Baiyan Obo*/N-China, mit den größten bekannten SEE-Reserven der Welt);
- Hydrothermal-metasomatische Magnetit-Apatiterze (*Pea Ridge*, Missouri);
- Hydrothermale Fluorit-Bastnäsit-Brekzienkörper (*Gallinas Mts.*/New Mexico);
- Lateritische, residuale SEE-Lagerstätten über Karbonatit (bisher kein Abbau, doch sehr große Reserven; Mrima Hill/Kenya, Araxa/Brasilien, *Mt. Weld*/W-Australien);
- Residuale Anreicherung in Tonen über verwittertem Granit, mit adsorbierten SEE-Gemischen, bei deutlicher Yttrium-Vormacht bzw. bemerkenswert hohen Anteilen von mittleren SEE (Sm, Eu und Gd: Guangdong und Jiangxi, S-China);
- Seifenlagerstätten (weit überwiegend Monazit in Küstenseifen, u.a. in Indien und China).

Der größte SEE-Bergbau der Welt war lange Zeit *Mountain Pass* /Kalifornien.

Ein Schwarm von präkambrischen, K-reichen Graniten, Syeniten und Shonkiniten intrudierte dort metamorphe Gesteine in einem Bereich von 10 x 2,5 km Ausdehnung. Syngenetisch mit dieser intrusiven Folge sind Karbonatitkörper und Gänge. Einer dieser Körper enthält stockwerkartige Gangschwärme mit der Paragenese Bastnäsit, Parisit, Kalzit, Dolomit, Siderit, Baryt und Quarz. Die SEE-Gehalte im Erz liegen bei 5–15%.

Bayan Obo (Baiyenabo) ist eine sehr komplexe Fe-SEE-Nb-Lagerstätte, deren Genese weiterhin umstritten bleibt.

Die Gesamtreserven umfassen 1.500 Mt Hämatit und Magnetit, 100 Mt SEE-Erz mit 6% SEE_2O_3 (Monazit und Bastnäsit), und 1 Mt mit 0.13% Nb. Die Nebengesteine sind proterozoische Sandsteine und Tonschiefer; der erzführende Dolomit wird von manchen Autoren als Karbonatit, von anderen als Sediment aufgefaßt. Jedenfalls gibt es einen Schwarm von eindeutigen Karbonatitgängen, die um 440 Ma intrudierten. Fluideinschlüsse in Erzmineralen und Gangarten zeigen erhöhte Salinität und CO_2-Gehalte, bei Drucken um 1 kbar sind Episoden von Phasentrennung und Aufkochen angedeutet. Die Natur der Fluide entspricht der von Karbonatiten und Alkalikomplexen bekannten Charakteristik (Smith & Henderson 2000).

Steenkampskraal /Südafrika war von 1952 bis 1963 der weltgrößte Produzent von Th und von SEE.

Es handelte sich um einen Gang aus eher feinkörnigem Monazit und Apatit, untergeordnet auch Zirkon, Sulfide, Magnetit und Quarz, welcher in mittel-proterozoischem Granitgneis liegt. Sowohl diese ungewöhnliche Paragenese wie auch begleitende Intrusionen von Anorthosit, Charnockit, Hypersthenit, etc. wurden während einer regionalen granulitfaziellen Metamorphose gebildet. Es wird vermutet, daß der Gang durch die Entmischung einer phosphatischen, wasserarmen Restschmelze aus anorthositischem Magma entstanden ist (Andreoli et al. 1994).

In den *Gallinas Mts. (New Mexico)* sind in Zusammenhang mit tertiären, sauren, alkalischen Vulkaniten Brekzienschläuche und Gänge entwickelt, die in permischen Sedimenten aufsitzen.

Fluorit ist dominierend, begleitet von Bastnäsit, Quartz, Baryt, Pyrit und Hämatit. Die Nebengesteine sind deutlich fenitisiert, danach folgt die hydrothermale Mineralisation. SEE und Fluor stammen aus entgasenden subvulkanischen Magmen, der Transport der SEE erfolgte in Form von Fluorkomplexen. Ca-führende Formationswässer bewirkten die Ausfällung von Fluorit und damit gleichzeitig die Bildung von Bastnäsit (Williams-Jones et al. 2000).

Eine bedeutende lateritische Rückstandslagerstätte über Karbonatit wurde bei *Mt. Weld* in Westaustralien entdeckt, mit 6,2 Mt Reserven mit 17% SEE + Y und einer Teilmenge von 1,7 Mt, welche sogar 26% Seltene Erden enthält. Bei der Berechnung wurde ein Mindestgehalt (cut-off grade) von

10% SEE in situ angewendet. Die hohen Gehalte resultieren aus supergener Anreicherung (Abb. 87, LOTTERMOSER 1995). Das SEE-Erzmineral ist überwiegend sekundärer, Th-armer Monazit. Hauptprodukt des geplanten Bergbaues wird Phosphat sein, mit Nb, Ta, Y und SEE.

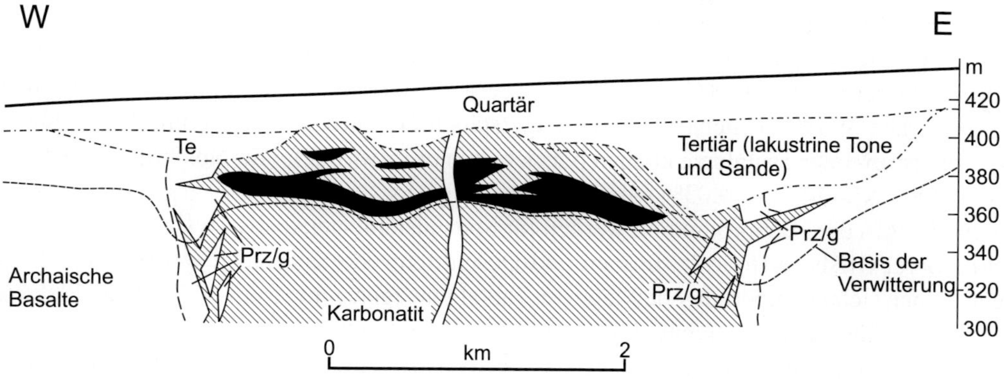

Abb. 87. Profil der residualen Phosphat-Nb-Ta-Y-SEE-Lagerstätte Mt. Weld in West-Australien (DUNCAN & WILLET 1990).

Die metallreichen Phosphate (schwarz) liegen in einer tiefreichenden, lateritischen Verwitterungszone über einem proterozoischem Karbonatitstock. Die überwiegend basaltischen Nebengesteine sind im Kontakbereich zu Phlogopit umgewandelt (Prz/g). Der vertikale Gang im Zentrum ist Dolerit.

Die *Hauptförderländer* von Erzen der Seltenen Erden sind China, USA, Indien und Rußland. Die Weltproduktion lag 2002 bei etwa 85.000 t SEE-Oxyden. China hat die größten *Reserven,* über 30% der Welt (ca. 88 Mt SEE-Oxyde), und dominiert mit ca. 88% der Produktion unangefochten den Weltmarkt. Potentielle Lagerstätten der SEE sind jedoch weit verbreitet. Der Verbrauch der einzelnen SEE ist sehr unterschiedlich. Es besteht ein Überangebot an leichten SEE, während für die schweren SEE (besonders Eu, Nd, Dy und Tb) rasch steigender Bedarf vorliegt. Deshalb findet trotz der großen Ressourcen aktive *Prospektion* nach neuen Lagerstätten statt, die aber entsprechende geologische und bergwirtschaftliche Kriterien erfüllen müssen.

Niob und Tantal

Erzminerale:

			D
Niobit (Columbit)	$(Fe,Mn)(Nb>Ta)_2O_6$	31–79% Nb_2O_5	min. 5,2
Tantalit	$(Fe,Mn)(Ta>Nb)_2O_6$	52 bis 86% Ta_2O_5	6,2–8,0
Pyrochlor	$(Na,Ca)_2(Nb,Ti,Ta)_2O_6(OH,F,O)$	56–73% $(Nb,Ta)_2O_5$ +3–6% SEE-Oxyde	4,2–4,5

Niobit und Tantalit sind die theoretischen Endglieder einer lückenlosen Mischungsreihe, welche insgesamt als Columbit bezeichnet wird. Zu beachten ist, daß die Bezeichnung Columbit auch in einem engen Sinn für die Niob-reichen Endglieder gebraucht wird, da vor 1949 in den USA für Niob der Name „Columbium" (Cb) gebraucht wurde. Vor der Entwicklung der Karbonatit-gebundenen Pyrochlor-Lagerstätten in Brasilien und Kanada war Columbit i.w.S. das wichtigste Erz für beide Metalle. Columbit enthält oft Spurengehalte von Mg, Bi, Sn, W, Ti, SEE und U. Da er initial praktisch bleifrei und gegen spätere Veränderungen sehr widerstandsfähig ist, kann dieses Mineral für die U-Pb-Datierung von Graniten und Pegmatiten verwendet werden (Romer & Wright 1992). Einschlüsse von Tantalit (und anderen Ta-Mineralen) in Zinnstein pegmatitischer Lagerstätten sind relativ häufig.

Pyrochlor ist ein sehr variables Mineral; statt Ca kann auch Ce eintreten (das ist der „Koppit"), weiter U. Sehr ähnlich ist der tantalreiche Mikrolith. Begleiter sind oft Minerale von Ti, U, Th und SEE. In der ehemaligen Sowjetunion wurde Niob fast ausschließlich aus Loparitkonzentraten gewonnen. Loparit ist Nb- und Ce-führender Perowskit ($CaTiO_3$), der in Nephelinsyeniten auf Kola vorkommt. Die Wirtschaftlichkeit dieser Lagerstätten ist allerdings gegenüber Pyrochlor sehr ungünstig. Niob- oder Tantalerze können bei Gehalten um etwa 0,3% (für Nb; Araxa allerdings hat Erz von 2,5% Nb_2O_5) bzw. 0,03% (für Ta) bauwürdig sein.

Mehr als 86% der Niobproduktion werden für Spezialstähle verwendet, welche für Hochdruck-Pipelinerohre, Offshore-Bohrplattformen und Düsentriebwerke eingesetzt werden. Nb-Ti-Legierungen eignen sich für superleitende Magnete. Tantal hingegen geht zu etwa 65% in die Elektronikindustrie, der Rest wird für Schneidstähle, für Sonderlegierungen (z.B. Gaskraftwerksturbinen), und zur Herstellung von Tantalcarbid sowie äußerst korrosionsfester Bleche für die chemische Industrie verbraucht. In der Elektronikindustrie dient Tantal der Erzeugung von besonders hochwertigen Kondensatoren für Laptops, Mobiltelefone, Autos und Flugzeuge (Andersson 1995).

Niob und Tantal haben bei Prozessen in der Erdkruste ein sehr ähnliches, lithophiles ***geochemisches Verhalten***. Niob ist mit durchschnittlich 19 ppm in der Kruste deutlich häufiger als Tantal (1,1 ppm). Beide Elemente sind in hoch differenzierten Graniten, in Alkalisyeniten, Alkaligraniten und in Karbonatiten sowie in Seltenmetall-Pegmatiten angereichert. Nb überwiegt gewöhnlich in Karbonatiten und Syeniten, Ta hingegen wird in Graniten und Pegmatiten konzentriert und war lange Zeit ein wenig gewinnbringendes Nebenprodukt des Zinnbergbaues. Ta und Nb sind im hydrothermalen Milieu extrem immobil. Columbit ist sehr verwitterungsbeständig, weshalb residuale und proximale fluviatile Seifen nicht selten sind.

Lagerstättentypen der beiden Metalle sind demgemäß:

- Nb>Ta: Lateritische Decken über Karbonatiten (*Mt. Weld*/Australien, Abb. 87; Araxa/Brasilien),
- Nb>Ta: Nephelinsyenite mit Pyrochlor (*Niobec*/Kanada); geringe Ta-Anteile können wegen des hohen Wertes wichtig sein (Motzfeld/Grönland), wertmindernd sind allerdings die häufigen Gehalte radioaktiver Minerale;
- Ta>Nb: Seltene-Element-Granite mit Tantalit und Kassiterit (Yichun/Süd-China als aktiver Bergbau: Yin et al. 1995; Abb. 9; potentiell u.a. Abu Dabbab/Ägypten; Beauvoir/Zentralmassif);
- Ta>Nb: Seltene-Elemente-Pegmatite vom Li-Cs-Ta-Typ mit Tantalit und Kassiterit (*Greenbushes*/Australien: s. Lithium, Abb. 88; Bernic Lake/Kanada; Marropino/Mosambik, Gatumba/Rwanda);
- Ta>Nb: Zinnseifen (Malaysia, Nigeria, Zentralafrika).

Alkalikomplexe mit Karbonatiten und Nephelinsyeniten liegen meist an den großen Gräben oder in Dehnungszonen der Kontinente. In über 90% dieser Lagerstätten werden allerdings nicht die primären, niedrighaltigen Gesteine abgebaut, sondern lateritische Rückstandsbildungen, die auf Grund der hohen Apatitgehalte (± Magnetit und Phlogopit) der Ausgangsgesteine reich an Phosphaten sind (s. auch Seltene Erden).

Columbit-führende *Granite und Pegmatite* sind zumeist Li- und albitreiche, hochdifferenzierte Restphasen von Graniten. Es handelt sich um Produkte extrem fraktionierter Schmelzen, welche Ta, Nb, Li, Be und in der Regel auch Sn konzentrieren. Neben diesen aus Schmelze gebildeten Albititen gibt es selten auch metasomatische Albitisierung (Schwartz 1992). Besonders intensive

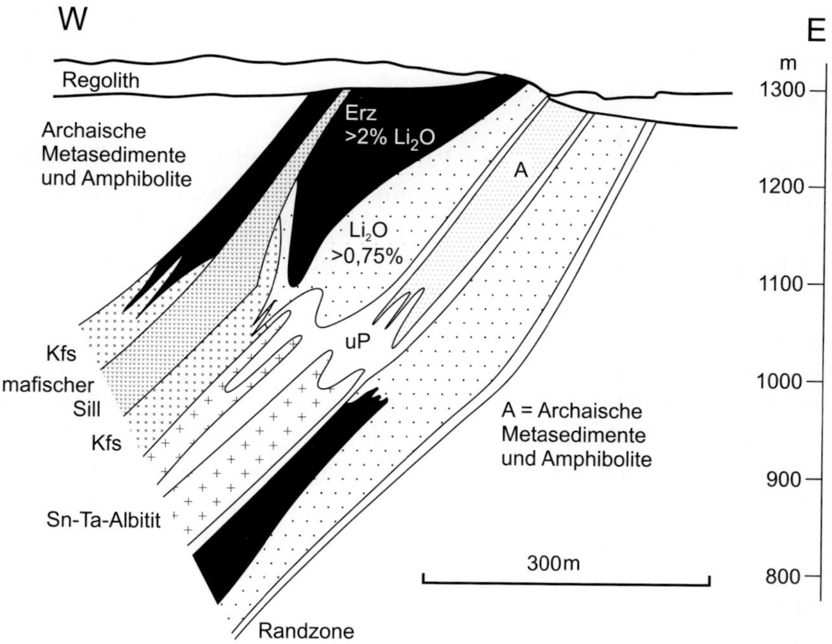

Abb. 88. Profil der Sn-Ta-Li-Lagerstätte Greenbushes in West-Australien (HATCHER & CLYNICK 1990). Beachte die komplexe interne Zonierung. uP ist undifferenzierter Pegmatit. Die Verwitterungszone (Regolith) enthält bereichsweise hochwertigen Kaolinit.

Untersuchungen waren in jüngerer Zeit der Genese des Li-Ta-Sn-Granites von *Beauvoir* im französischen Zentralmassif gewidmet. Es konnte gezeigt werden, daß die Vererzung dieses Leucogranites nur durch magmatische Prozesse (Fraktionierung) zustande kam. Metasomatose durch spätmagmatische Fluide konnte ausgeschlossen werden (RAIMBAULT et al. 1995). Beauvoir ist allerdings eine Kaolinlagerstätte, Kassiterit und Columbotantalit werden nur als Nebenprodukte gewonnen.

Die Lagerstätte *Abu Dabbab* ist im jung-proterozoischen Grundgebirge Ägyptens östlich des Nils gelegen. Die jüngsten Glieder einer Serie post-tektonischer Granite sind dort z.T. mineralisiert, z.T. mit zinn- und wolframführenden Pegmatiten und Quarzgängen assoziiert.

Abu Dabbab ist ein kleiner kegelförmiger Stock, dessen apikaler Teil durch die Erosion gerade freiliegt. Die Intrusion besteht im Kuppelbereich aus feinkörnigem Leukogranit mit überwiegend Albit, etwas Mikroklin sowie Quarz und Muskovit. Die Erze sind in den oberen 130 m des Stockes disseminiert; die Paragenese umfaßt Ta-reichen Columbit, Kassiterit, Pyrochlor, Monazit, Rutil, Zirkon, Magnetit, Galenit und Sphalerit. Die Gesamtressourcen werden mit 40 Mt zu 252 ppm Ta_2O_5, 116 ppm Nb_2O_5 und 0,01% Sn angeben. Die bergbauliche Entwicklung mit den Hauptprodukten Ta_2O_5 und Keramik-Feldspat ist z.Zt. (2003) in Vorbereitung. Ähnlich sind das nahegelegene Nuweibi (HELBA et al. 1997) sowie Ghurayyah in Saudi Arabien, das als die weltweit größte, potentielle Ta-(Zr-) Lagerstätte gilt (385 Mt Erz mit einem Inhalt von 94.000 t Ta_2O_5).

Tantal-führende *Pegmatite* sind weit verbreitet (Kanada, Brasilien, Afrika, Australien: Abb. 14, 88). Die zentralafrikanischen Vertreter dieser Gruppe sollen hier als Beispiel kurz vorgestellt werden: Es handelt sich um regional in vielen Einzeldistrikten auftretende Pegmatitfelder (z.B. Gatumba/Rwanda, Manono/Kongo), die mit spät-tektonischen mittelproterozoischen Zinngraniten des Kibara-Orogens assoziiert sind (Abb. 13). VARLAMOFF (1972) unterschied intern zonierte Pegmatite mit Lithiumerz, Beryll und (Nb+)Ta+Sn als Nebenprodukt von intern nicht zonierten, albitreichen Sn-Ta(-Nb)-Pegmatiten. Diese Körper führen Tantalit und Kassiterit als Erze, sowie Spodumen, etwas Lepidolith, Beryll und Muskovit. Abbau war meist nur dort wirtschaftlich, wo solche Gesteine hydrothermal oder durch Verwitterung zersetzt waren und deshalb hydraulisch gewonnen werden konnten.

Tantalitseifen sind gewöhnlich von solchen Pegmatiten abgeleitet; demgemäß handelt es sich fast immer primär um Zinnseifen, mit Ta(-Nb) als Beiprodukt. Die Zinnseifen Malaysias und Thailands führen Ta z.T. in Strüverit (eigentlich Tapiolit), das ist $(Fe,Mn,Ti)(Ta,Nb)_2O_6$, z.T. in enger Verwachsung mit Kassiterit, so daß die Tantalgewinnung aus den Schlacken der Zinn-Schmelzöfen erfolgte.

Die *Niobreserven* der Erde sind mit rund 10 Mt Nb-Inhalt im Verhältnis zum Jahresverbrauch von ca. 25.000 t (2002) sehr groß. Mehr als 90% davon liegen in Brasilien, das aus der Lagerstätte *Araxa* ca. 70% der Weltproduktion dieses Metalles erbringt. Die Tantalproduktion war lange Zeit durch die Gewinnung aus südostasiatischen Zinnschlacken dominiert. Infolge des Niedergangs des Zinnbergbaues in dieser Region führen heute primäre Lagerstätten (vor allem *Greenbushes* in W-Australien). Die *Tantal-Ressourcen* betragen vermutlich weit über 100.000 t Ta (davon liegen in W-Australien >50.000 t), bei einem Jahresverbrauch von rund 1.500 t (2002). Die hohen Ta-Preise in den Jahren 1999–2000 bewirkten weltweit verstärkte *Prospektion*, welche beachtliche Neufunde erbrachte (z.B. Kougarok in Alaska, mit einem Potential von 20–30.000 t Ta_2O_5). Zur Prospektion auf Nb- und Ta-Lagerstätten eignen sich Methoden der Schwermineralbestimmung in Flußsedimenten ebenso wie geochemische Flächenuntersuchungen (SWEETAPPLE 2000).

Lithium

Erzminerale

		% Li_2O	*D*
Amblygonit/Montebrasit	$(Li,Na)Al[(F,OH)\|PO_4]$	10	3–3,1
Lepidolith	$K_2Li_4Al_2[(F,OH)_2\|Si_4O_{10}]_2$	5	2,9
Petalit	$LiAlSi_4O_{10}$	5	2,4
Spodumen	$LiAl[Si_2O_6]$	8	3,2
Zinnwaldit	$K(Li,Fe,Al)_3(F,OH)_2(AlSi_3O_{10})$	5	2,9–3,1

Die Li-Gehalte der einzelnen Minerale sind durch Einbau weiterer Elemente of wesentlich geringer als die hier angegebenen. Lepidolith (auch Zinnwaldit) ist gleichzeitig das wichtigste Erz für die Gewinnung von *Rubidium,* das in allerdings kleinen Mengen zur Herstellung von Katalysatoren, Festkörperlasern und Leuchtstoffen gebraucht wird. Mit Petalit vergesellschaftet ist oft *Pollucit* $CsAlSi_2O_6.H_2O$, der als Caesiumerz abgebaut wird (Bernic Lake/Manitoba). Dieses Metall wird für Röntgenröhren, Scintillometer und Spezialgläser benötigt, neuerdings auch zur Produktion von Cs-Format für Bohrfluide. Beide Alkalimetalle, Rb und Cs, stehen geochemisch dem Kalium sehr nahe.

Bauwürdige Erze sollen mindestens 1% Li_2O enthalten, wobei allerdings die Beiproduktion anderer Erze (Sn, Ta, etc.) Vergleiche zwischen einzelnen Bergbauen sehr erschwert.

Lithium ist mit einer Dichte von 0,53 das leichteste Metall. Li-Karbonat aus Laugen wird überwiegend als Lithiumfluorid für die Aluminium-Schmelzflußelektrolyse, daneben für die Produktion des Metalles und diverser Li-Chemikalien verwendet. Für viele Anwendungen werden die Minerale bevorzugt, z.B. Spodumen und Petalit als Flußmittel für die Erzeugung von hitzefestem Glas, Keramik und Email. Einsatzgebiete für Li sind weiter Schmierfett, Arzneien sowie Lithium-Batterien. Ein relativ geringer Teil wird zu Al-Li-Legierungen für die Luft- und Raumfahrt verarbeitet. Lithium ist schließlich die Basis für die Herstellung von *Tritium,* das für thermonukleare Fusionsreaktoren und für Atomwaffen benötigt wird. Li dient in der Nuklearindustrie auch als Neutronenabsorber und Wärmeaustauscher.

Lithium ist als extrem lithophiles Element besonders in hoch differenzierten Graniten und Pegmatiten angereichert, wobei es in den letzteren zusammen mit Sn, Ta und Be lagerstättenbildend auftritt. Als Alkalielement bildet Li bei Verwitterung leicht lösliche Salze, wodurch erhöhte geochemische Gehalte in Peliten, in Formations- und Erdölwässern (z.B. 100–700 ppm in Arkansas und Texas) und vor allem in kontinentalen Salzseen resultieren. In manchen zu Montmorillonit veränderten Tuffen der westlichen USA ist Lithium stellvertretend für Mg deutlich angereichert („Hectorit"). Lithiumisotope eignen sich sehr gut als Tracer für hydrothermale Prozesse in der Erdkruste (Chan et al. 2002).

Eigentliche ***Lithiumlagerstätten*** beschränken sich auf zwei Typen:

- Seltene-Elemente-Pegmatite mit den oben angeführten Erzmineralen sowie oft Sn, Ta (>Nb) und Be als Beiprodukten (z.B. Greenbushes, W.A.)
- Li-führende Laugen von Salzseen bzw. Salaren (Salar de Atacama, N-Chile; Nevada).

Grosse *Lithiumpegmatite* werden in Westaustralien (Greenbushes), Kanada (Tanco/Bernic Lake) und in Zimbabwe (Bikita) abgebaut. Europa hat keine bergbauliche Gewinnung von Lithium, obwohl Zinnwaldit in vielen ehemaligen Zinnrevieren verbreitet ist.

Der Pegmatit von *Greenbushes* in Westaustralien (Abb. 88) enthält 8 Mt hochwertiges Spodumenerz mit 4% Li_2O sowie 42 Mt mit 3% Li_2O. Dazu kommen gewinnbare Gehalte von 0,27 kg/t Kassiterit und 0,0033 kg/t Ta_2O_5. Greenbushes ist zusammen mit dem benachbarten Bergbau Wodgina der weltgrößte Tantalproduzent. Die erzführenden Pegmatite sind bis 3 km lange Linsen in einer regionalen, archaischen Scherzone; die Intrusionsalter liegen bei 2530 Ma (Partington et al.1995). Der Bergbau liefert 50% des Weltbedarfs (2001: 160.000 t) an Li-Mineralen.

Lithiumlaugen sind naturgemäß billiger zu produzieren. Solche Lagerstätten gibt es in den USA (Clayton Valley/Nevada mit 250–300 ppm), in NW-China (Quaidam Salzbecken) und vor allem in Chile, neben vielen entwicklungsfähigen Vorkommen anderswo (Tibet, Bolivien, Peru, Argentinien, etc.). Es wird vermutet, daß das Lithium der Salzseen durch Verwitterung aus jungen Vulkaniten gelaugt ist (in Nevada aus Rhyoliten), oder aus vulkanischen Exhalationen stammt. Assoziation mit Boraten unterstützt die zweitgenannte These. Die Anreicherung durch Evaporation ist evident.

Die *Salar de Atacama* Chiles enthält rund 40% der bekannten Lithiumvorräte der Erde. Sie ist eine trockene Depression in 2300 m Seehöhe mit einer Fläche von 3.200 km^2. Die Beckensedimente enthalten in der zentralen Halitfazies Laugen mit 1510–6400 ppm Li (sowie Spuren von Rb und Cs) und mit beträchtlichen Mengen von Kalium und Bor. Diese Laugen werden aus geringer Tiefe gepumpt, danach in „Salzgärten" weiter konzentriert und schließlich in Form von $LiCO_3$, KCl, K_2SO_4 und H_3BO_3 vermarktet.

Die *Lithiumvorräte* der Welt sind sehr groß. Die Produktion von Li-Mineralen lag 2002 bei 195.000 t, wovon rund 50% aus Greenbushes stammten, gefolgt von Bikita und Tanco.

Beryllium

Erzminerale

		% Be	*D*
Beryll	$Al_2Be_3Si_6O_{18}$	14	2,8
Bertrandit	$Be_4(OH)_2Si_2O_7$	15,1	2,6

Beryll enthält neben den in der Formel erwähnten Elementen häufig auch Na, Li, Cs, OH und F. Die minimal bauwürdigen Gehalte im Erz liegen zwischen 0,2 und 0,5% Be. Durch Cr (bis 2% an Stelle von Al), z.T. auch V kräftig grün gefärbter, klarer Beryll ist der besonders gesuchte Edelstein Smaragd, während der himmelblaue Aquamarin seine Färbung dem Einbau von 0,1–0,3% Fe^{2+} verdankt.

Beryllium wird als Metall (D = 1,93) oder in Legierungen (vor allem mit Aluminium oder Kupfer) in elektronischen Bauteilen (~75%), ferner in der Elektroindustrie (z.B. als Oxyd für Isolatoren) sowie für besonders beanspruchte Flug- und Raumfahrzeugbauteile verwendet.

Beryllium ist ein lithophiles, inkompatibles Erdalkali-Element mit sehr geringem Gehalt in der Kruste (2,5 ppm; GREW 2003). Es wird ähnlich Lithium in extrem fraktionierten Restschmelzen (<0,05% der Ausgangsschmelze, EVENSEN & LONDON 2002) saurer Magmen angereichert. Deshalb ist Be in *Pegmatiten* relativ häufig, wobei Beryll oft als Beiprodukt von Spodumen- oder Muskovitabbau anfällt. In der Regel handelt es sich um zonierte Pegmatite, in welchen der Beryll meist in groben und oft riesigen Kristallen um den Quarzkern ausgeschieden ist (Abb. 13, 14). Unzonierte Pegmatite enthalten sehr feinkörnigen Beryll, wodurch die Konzentration beträchtlich verteuert wird. Beryllpegmatite wurden zumindest zeitweise in allen Pegmatitprovinzen der Welt abgebaut, u.a. in Kanada, den USA, in Brasilien, in Afrika, in Indien und in China.

Smaragde gibt es nicht selten in Be-Pegmatiten, welche in Cr-reiche Gesteine (z.B. Ultramafite in Pakistan: ARIF et al. 1996) intrudierten. Viele bedeutende Smaragdvorkommen der Erde liegen jedoch in Schwarzschiefern und sind hydrothermaler Enstehung.

Nach Menge (Produktion ca. 2 t pro Jahr) und Qualität nehmen die kolumbischen Lagerstätten den ersten Platz ein. Dort werden die Smaragde an Störungszonen in Schwarzschiefern einer kretazischen marinen Serie der östlichen Cordillere gefunden, welche auch Karbonate und Evaporite enthält. Die Paragenese der smaragdführenden Gängchen umfaßt Kalzit, Dolomit, Quartz, Fluorit, Pyrit und Muskovit, gebildet aus hochsalinaren Laugen (bis 40% NaCl äquiv.) bei T = 290–360°C und P = 1 kbar. Die Schwarzschiefer sind im vererzten Bereich gebleicht, karbonatisiert und albitisiert (Cenicero = „Aschenstein" als Leitgestein), so daß das Cr und V der Smaragde unmittelbar aus den Nebengesteinen stammen können. Die Fluide sind teils durch Auflösung von Halitit und Gips entstanden, teils haben sie den Charakter von tiefen Formationswässern bzw. Wässern schwach metamorpher Sedimente. Sie migrierten durch eozän-oligozäne orogene Kompression bzw. Halotektonik in die Lagerstättenbereiche. Unklar bleibt die exakte Herkunft des Be; vermutet wird Lösung aus den Schwarzschiefern im Lagerstättenbereich (GIULIANI et al. 1999) oder aus den Beckensedimenten, mit Transport in Form von Be-F-Komplexen (BANKS et al. 2000).

Eine epithermale, ***stratiforme, vulkanogene Berylliumlagerstätte*** liegt bei *Spor Mountain* in Utah/USA. Dort enthalten tertiäre Tuffite, welche von Topasrhyoliten abzuleiten sind, reichlich Klasten von unterlagernden paläozoischen Dolomiten, welche hydrothermal durch Bertrandit und Fluorit verdrängt wurden. Die Vorräte sind groß, bei einem durchschnittlichen Gehalt von 0,69% BeO. Sehr ungewöhnlich ist der *Berylliumskarn* am Kontakt des tertiären Rhyolit-Lakkolithen Round Top in W-Texas, der in Kreidekalke intrudierte.

Die *Reserven* von Beryllium liegen bei 380.000 t Be, zum größten Teil in USA, Brasilien, Rußland, China und Indien. Die Weltproduktion ist ca. 300 t Be in Erz pro Jahr, wovon etwa 82% durch Spor Mt. abgedeckt wird, danach folgen China und Brasilien.

Uran und Thorium

Häufigste bzw. typische Erzminerale:

Uran		
Uraninit (Pechblende)	UO_2	D = 7,5–9,0
Brannerit	$(U,Ca,Ce)(Ti,Fe)_2O_6$	6,3
Coffinit	$U(SiO_4)$	7,2
Autunit	$Ca(UO_2)_2(PO_4)_2.8\text{-}12H_2O$	3,2
Carnotit	$K_2(UO_2)_2V_2O_8.3H_2O$	4,1
Thorium		
Uranothorit	$(U,Th)SiO_4$	variabel
Thorit	$ThSiO_4$	bis 5,3
Thorianit	$(Th,U)O_2$	bis 9,7
Monazit	$(Ce,Th)PO_4$	bis 5,3

Es gibt eine sehr große Zahl von Uranmineralen, von welchen hier nur wenige wichtige genannt sind. Die ersten drei dieser Minerale enthalten Uran in reduzierter Form (U^{4+}), während die beiden folgenden als Vertreter einer großen Zahl von Mineralen mit dem Uranyl-Ion UO_2^{2+} bzw. Uran in der oxydierten Form U^{6+} angeführt sind. Die idiomorphe, grobkristalline Fazies von Uraninit i.e.S. ist wohl meist bei höheren Temperaturen gebildet. Erhöhte Gehalte von Th, SEE (meist Ce) und Ca sind charakteristisch. Die eher tieftemperierte, traubig-nierige oder sogar rußartige Pechblende dagegen zeigt sehr geringe diadoche Vetretung des Urans durch die genannten Elemente. Durch den radioaktiven Zerfall des Urans wird als stabiles Endprodukt weit überwiegend Pb^{206}, dazu etwas Pb^{207} gebildet. Dieses Blei liegt meist in Form von Bleiglanz-Einschlüssen vor. Auf seine Bedeutung für Herkunft und Altersbestimmung von Lagerstätten wurde im Allgemeinen Teil bereits hingewiesen. Mehrmalige Umlagerung des Uraninites vieler Lagerstätten, aber auch selektive Weglösung von Pb erschweren allerdings oft klare Aussagen zum ursprünglichen Bildungsalter. Abhängig von Entstehung und Alter enthält Uraninit meist 45–85% U.

Thucholith ist in den Konglomeraten des Witwatersrandes und in manchen Pegmatiten verbreitet; es handelt sich um komplexe kohlig-bituminöse Stoffe (Kerogene aus Algen, oder wahrscheinlicher Zeugen migrierender Kohlenwasserstoffe: PARNELL 1996) mit Uraninit, Pyrit und Galenit, nicht selten mit hohem Thoriumgehalt.

Als untere ***Bauwürdigkeitsgrenze*** bei großen Uranlagerstätten kann langfristig ein Gehalt von 0,2% U_3O_8 gelten, doch ist dies in extremer Abhängigkeit von technologischen Randbedingungen und vom jeweiligen Preis zu sehen. Deshalb werden Uranreserven vielfach in Bezug auf die Bauwürdigkeit bei bestimmten Produktionskosten bzw. erzielbaren Preisen (2004 ca. 30 US\$/kg U_3O_8) angegeben. Vor diesem Hintergrund ist es bemerkenswert, daß die demnächst in Betrieb gehenden Uranbergbaue in Kanada, *Cigar Lake und McArthur River*, große Reserven mit 14 bis über 30% U_3O_8 haben. Als Beispiel für sehr niedrige und dennoch bauwürdige Gehalte kann die *Calcrete*-Lagerstätte *Langer Heinrich* in Namibia gelten, wo zukünftig Erz mit 0,4 kg/t U_3O_8 gewinnbringend abgebaut werden soll.

Besonders wirtschaftlich ist auch bei niedrigen Gehalten (z.B. 0,12% U_3O_8 in der Lagerstätte Honeymoon/Süd-Australien) die *Urangewinnung durch in-situ Laugung*. Voraussetzung dafür ist ein oberflächennaher Erzkörper in permeablen, wassergesättigten Gesteinen, meist Sandstein, mit wasserundurchlässigem Hangendem und Liegendem. Dann wird durch Bohrungen Lösungsmittel (Wasser mit Natriumhydrogenkarbonat oder einfach CO_2, alternativ H_2SO_4, sowie O_2) eingepreßt und mit dem gelösten Uran aus Gewinnungsbohrungen abgepumpt. Diese Abbauweise beeinträchtigt die Oberfläche kaum; nach dem Ende der Gewinnung kann der Grundwasserleiter relativ einfach saniert werden (CATCHPOLE & KUCHELKA 1993).

Die meisten Uranerze jedoch werden bergmännisch gewonnen, gebrochen und gemahlen. Anschließend wird das Uran aus sauren Erzen durch Laugung mit heißer Schwefelsäure, aus basischen Erzen mit einem Gemisch von Soda und Bicarbonat extrahiert. Da das Radium-226 der Erze in seinem chemischen Verhalten dem Barium sehr ähnlich ist, ist es dabei praktisch unlöslich und verbleibt in den Aufbereitungsabgängen, die in der Regel nach Neutralisation in Absetzteichen dauergelagert werden. Falls die Schlämme Sulfide führen, welche durch Sauerstoffzutritt unter Säurebildung oxydieren, ist es möglich, daß ^{226}Ra aus dem Material gelöst und in die Biosphäre ausgetragen wird. Als Alpha-Strahler mit einer Halbwertzeit von 1620 Jahren ist ^{226}Ra jedoch ein Umweltrisiko, so daß seine Ausbreitung durch Sicherung reduzierender Bedingungen verhindert werden muß.

Verwendung von Uran: Uran wird im zivilen Bereich fast ausschließlich zur Erzeugung von elektrischer Energie in Kernreaktoren verwendet (Wilson 1996). Natürliches Uran besteht aus folgenden drei Isotopen:

Natürlich vorkommende Uranisotope

^{238}U	99,27 Gew.%	Halbwertzeit (a) =	4,468 x 10^9
^{235}U	0,72 Gew.%		0,703 x 10^9
^{234}U	0,0057 Gew.%		2,47 x 10^5

Uran 234 ist ein Tochterprodukt der Zerfallsreihe von ^{238}U, weshalb seine Häufigkeit vom radioaktiven Gleichgewicht mit diesem abhängt.

In herkömmlichen Reaktoren wird nur das ^{235}U verbraucht, nachdem es auf 1,3–4% angereichert wurde, wogegen Brutreaktoren auch den großen Energieinhalt des ^{238}U verwertbar machen. Die in den verbreiteten Leichtwasserreaktoren aus einer Tonne Natururan erzeugte Energie entspricht etwa jener aus 10.000 t Erdöl bzw. 15.000 t Steinkohle oder 50.000 t Braunkohle. Als Ersatz für die nukleare elektrische Energieerzeugung der BRD müßten demnach jährlich rund 50 Mt Steinkohle zusätzlich verbrannt werden.

Trotz dieser wenig realistischen Alternative werden Aspekte der Reaktorsicherheit, der Wiederaufbereitung verbrauchter Brennstäbe sowie der Entsorgung von strahlenden und toxischen Abfallprodukten in Wissenschaft und Öffentlichkeit sehr kontrovers diskutiert. Die Geowissenschaften sind naturgemäß dazu berufen, aus ihrer Kenntnis der geologischen Prozesse möglichst sichere Lösungen für eine Endlagerung anzubieten (s. auch „Deponie von Abfällen im Salz“).

Die *Verwendung von Thorium* liegt in geringem Maße beim Einsatz als Reaktorbrennstoff. Zu diesem Zweck wird Thorium durch Neutronenbeschuß in ^{233}U umgewandelt, das spaltungsfähig ist. Indien hat 1996 den ersten kleinen Reaktor diesen Typs zur Stromerzeugung in den Dienst gestellt, da das Land mit rund 400.000 t Th in Monazit von Küstenseifen potentielle Energiereserven für mehrere Jahrhunderte besitzt.. Nicht-nukleare Anwendungsgebiete sind die Erzeugung von Glühstrümpfen (ca. 50% des Verbrauchs), die Herstellung von Mg-Th-Legierungen für den Einsatz im Hochtemperaturbereich sowie in der elektronischen, chemischen und metallurgischen Industrie.

Der ***geochemische Charakter von Uran und Thorium im endogenen Bereich*** ist lithophil und granitophil. Uran erreicht mit 3,5 ppm (Th 18 ppm) in Graniten die höchsten Durchschnittswerte. Granite mit überdurchschnittlichen Uran- und Thoriumgehalten (HHP-Granite) sind als große, heiße Gesteinskörper eine potentielle, umweltfreundliche Energiequelle. In Cornwall und im Elsaß werden seit Jahrzehnten Forschungsprojekte betrieben, die zu einer Nutzung führen sollen. Als sehr große Ionen mit hoher Ladung verhalten sich U^{4+} und Th^{4+} geochemisch ähnlich wie die Seltenen Erden. Da sie sich inkompatibel verhalten, werden sie in Magmatiten kaum in gesteinsbildende Silikate eingebaut (falls doch, hauptsächlich in Biotit und Hornblende), sondern sind in akzessorischen Mineralen (besonders in Allanit, Monazit und Xenotim, weniger in Zirkon, Orthit, Apatit,

Titanit, Magnetit) oder in intragranularen Filmen präsent. Letztere, ebenso wie die durch Strahlungsschäden teilweise zerstörten Akzessorien, bewirken die leichte Löslichkeit großer Anteile (bis zu 90%) des gesamten U- und Th-Gehaltes der meisten Granite. In Vulkaniten verbleibt ein großer Teil des Urans im Glas, wodurch es ebenfalls leicht mobilisierbar ist.

Während der Erstarrung der Magmen in der Tiefe werden U und Th nicht selten in Restschmelzen und Fluiden angereichert. Die Verteilung von U und Th zwischen Schmelze und Fluiden hängt von der Zusammensetzung der fluiden Phase ab. Eine rein wässerige Phase nimmt kaum U und Th auf, mit zunehmendem Gehalt an F aber werden beide Metalle im Fluid angereichert. Wenn die fluide Phase von CO_2 und Cl dominiert ist, tritt eine Trennung von U und Th ein, wobei letzteres in der Schmelze bzw. im Schmelzrückstand verbleibt. Damit kann man sowohl die Verarmung der Granulite an U wie auch die hohe Anreicherung des Metalles in Karbonatiten erklären. U wird also im magmatisch-hydrothermalen Milieu offenbar als U^{+4} in Form von Chlor- und Karbonatkomplexen transportiert, Th und U gemeinsam aber als Fluorkomplexe (Keppler & Wyllie 1990). In hydrothermalen Lösungen niedrigerer Temperatur (<200°C) überwiegen vermutlich Uranyl-Karbonatkomplexe (in gering saurem bis alkalischem Milieu) oder Uranyl-Chlorkomplexe (in saurem Milieu; Kojima et al. 1994). Präzipitation von UO_2 aus solchen Lösungen wird dann durch Reduktion, durch Änderung des pH, oder durch Entgasung des CO_2 ausgelöst.

Das *geochemische Verhalten von Uran und Thorium im exogenen Bereich* (Burns & Finch 1999) ist vom endogenen Zyklus sehr verschieden, da Th ebenso wie die Seltenen Erden in Oberflächenwässern sehr wenig löslich ist. Hingegen führt die *Oxydation* von Gesteinsuran bzw. von primären Uranmineralen über braune, gelbliche und grünliche intermediäre Oxyde zum leicht löslichen Uranylion UO_2^{2+}, das in Oberflächenwässern und in seichtem Grundwasser weit transportiert werden kann. Eine Ausnahme sind die ziemlich verwitterungsbeständigen, also immobilisierend wirkenden Uranyl-Vanadate und -Phosphate. Der Transport des Uranyl-Ions in oberflächennahen Wässern in Komplexbindung mit Karbonat-, Fluorid-, Sulfat- oder Phosphatanionen ist sehr gut untersucht. Besonders anionische Uranyl-Karbonatkomplexe dürften für die Migration von Uran eine wichtige Rolle spielen. Neben Adsorption (z.B. an Tonmineralen, organischer Substanz, Fe-Mn-Al-Hydroxyden) ist Ausfällung des gelösten Urans durch Reduktion der häufigste Fall der Fixierung, wobei H_2S, Fe^{2+}, CH_4 oder organische Substanzen vor allem wirksam sind. In Laborversuchen, bei Raumtemperatur und in naturgemäß beschränkter Zeit, konzentrieren humose Substanzen gelöstes Uranyl äußerst effizient, jedoch ohne es sofort zu reduzieren (Wood 1996, Nakashima 1999). Wo in natürlichen Systemen doch rasche Reduktion eintritt, dürfte die direkte enzymatische Reduktion durch Bakterien weit verbreitet sein (Lovley et al. 1991). Die Regel ist spätere Reduktion des in organischer Substanz kationisch gebundenen Uranyl-Ions im Laufe der Diagenese. Torfe und Kohlen (Rotliegend: *Stockheim, Freital/Dresden;* Tertiär: *Wackersdorf*/Oberpfalz – Abb. 89, *Trimmelkam*/ Salzburg, s. Ziehr 1961), Phosphate (weltweit 40–250 ppm U) und Schwarz- bzw. Ölschiefer (ca. 300 ppm U im kambrischen Alaunschiefer von *Ranstad*/ Südschweden: Leventhal 1990; Kupferschiefer bis 180 ppm: Piestrzynski 1990) führen deshalb allgemein erhöhte, allerdings kaum wirtschaftlich nutzbare Urangehalte.

Normale Oberflächen- und Grundwässer enthalten im Durchschnitt weniger als 1 ppb Uran (Merkel et al. 2002). Sehr viel höhere Gehalte, bis zu mehreren Zehnern ppm Uran, treten dann auf, wenn solche Wässer mit uranreichen Gesteinen oder mit Erzen Kontakt hatten. Die jeweilige hydrogeologische Situation ist jedoch zu beachten. So führt der Krunkelbach im Bereich der Uranlagerstätte Menzenschwand nur 0,3 ppb Uran, was dem regionalen Durchschnittswert der Bachwässer im Schwarzwald entspricht. Im Meerwasser sind 0,003 ppm U gelöst, woher die Urangehalte der Phosphorite und der Schwarzschiefer stammen. Bei der Bildung von Evaporiten wird Uran in den Restlaugen der Gips- und Salzabscheidung deutlich angereichert.

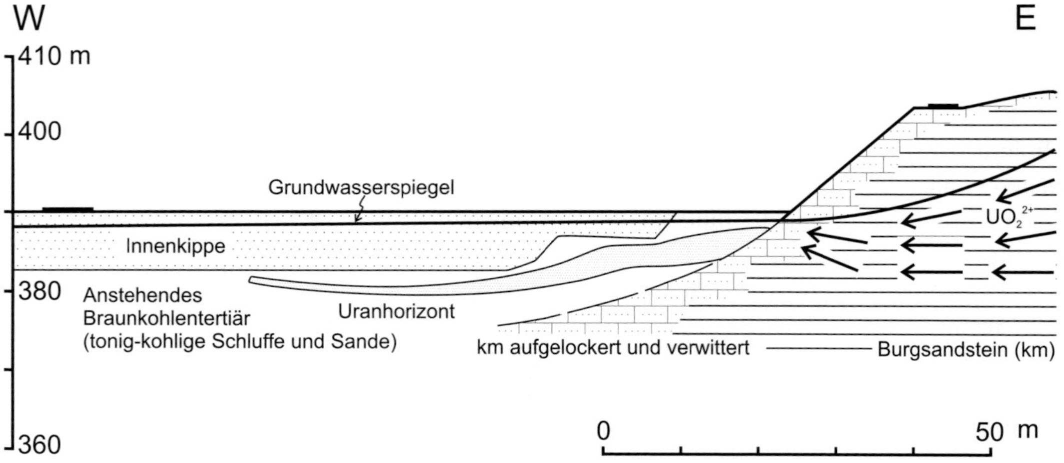

Abb. 89. Urananreicherung am Ostrand des ehemaligen Braunkohlentagebaues Wackersdorf. Aus dem U-führenden Sandstein des Mittleren Keuper fließen Grundwässer in die kohlig-tonig-sandigen tertiären Sedimente, in welchen das Uran durch Adsorption und Reduktion fixiert und auf einige Tausend ppm angereichert wird.

Thorium ist in Oberflächenwässern gewöhnlich immobil (abgesehen vom physischen Transport Th-führender Minerale in strömendem Wasser, sowie sehr selten in Komplexbindung mit Cl, Br, F oder I in Laugen), weshalb es im exogenen Kreislauf vom Uran in der Regel sehr effektiv abgetrennt wird.

Besonders interessant ist das einzigartige Vorkommen von „***natürlichen Kernreaktoren***“ im Bereich der Lagerstätten von *Oklo* in Gabun (JENSEN & EWING 2001, Abb. 90). Uranerze liegen dort an Bruchstrukturen in einer alt-proterozoischen transgressiven klastischen Sedimentserie über archaischen Graniten. An 14 Lokalitäten innerhalb der Lagerstätte wurden so große Pechblendemassen gebildet, daß Kernspaltung einsetzte. Als Neutronenbremse fungierten vermutlich Wasser, den modernen Leichtwassereaktoren vergleichbar, und Erdöl. Diese Prozesse wurden auf ca. 1950 Ma datiert und durch langlebige Spaltprodukte belegt. Die Entdeckung im Jahre 1972 erfolgte auf Grund der Verarmung der Erze an ^{235}U. Bemerkenswert ist, daß diese „Reaktoren“ nach dem Ausklingen der Kernspaltung bis heute fast unverändert blieben, trotz der oberflächennahen Lage und der generell hohen geochemischen Mobilität des Urans und vieler seiner Tochterelemente bzw. Spaltprodukte. Sie sind damit ein wichtiges natürliches Analogon zur Endlagerung radioaktiver Abfälle. Heute ist die Bildung eines natürlichen Kernreaktors nicht mehr möglich, da der Anteil des spaltbaren U^{235} in Natururan zu gering ist.

Thoriumlagerstätten entstehen praktisch ausschließlich durch magmatisch-hydrothermale Prozesse und durch mechanisch-sedimentäre Anreicherung von Th-führenden Mineralen. Abbauwürdige Konzentrationen können in Pegmatiten mit Uranothorit, Thorit, Orthit und Zirkon, in Karbonatiten (z.B. 0,01% im Erz von Palabora/Südafrika) sowie in hydrothermalen Gängen mit Thorit, Bastnäsit, Monazit und Apatit im Umkreis von Alkalimassiven und Karbonatiten (z.B. Iron Hill/Colorado) auftreten. Wirklich bedeutend sind zur Zeit jedoch nur die großen Küstenseifen mit dem Mineral Monazit (als Beiprodukt von Ilmenit und Zirkon).

Uranlagerstätten sind verschiedenen geologischen Prozessen, insbesondere dem magmatischen, hydrothermalen, Verwitterungs- und sedimentären Bereich zuzuordnen. Metamorphose und Diagenese im engeren Sinne dürften selten lagerstättenbildend wirksam sein. Da der Weg des Metalls von der Quelle bis zur betrachteten Lagerstätte in vielen Fällen nur unter Zuhilfenahme hypothetischer Modelle rekonstruiert werden kann, ist das Ziel einer fundierten und allumfassen-

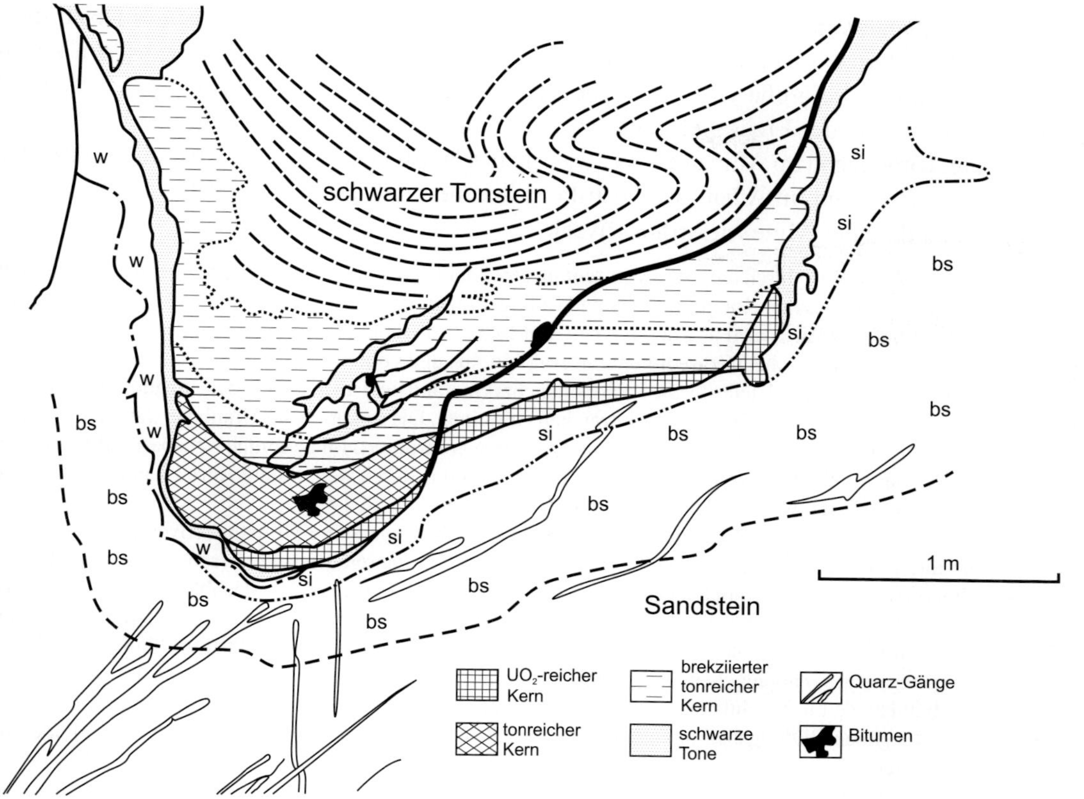

Abb. 90. Aufschlußbild des altproterozoischen Kernreaktors Rzoke im Uranbergbau Okelobondo in Gabun (nach JENSEN & EWING 2001).

Lokal war durch aszendente, U-führende Fluide am Kontakt zwischen Schwarzschiefern und Sandstein die kritische Masse mit ~15% UO_2 erreicht worden, als Neutronenbremse fungierten Wasser und Erdöl, das jetzt als Pyrobitumen vorliegt.

bs – bitumenreicher, w – weißer, gelaugter, si – silifizierter Sandstein.

den genetischen Klassifikation der Uranlagerstätten trotz vieler Versuche (zuletzt DAHLKAMP 1993) kaum erreichbar. Deshalb folgt hier eine kurze Beschreibung der wichtigsten Uranlagerstättentypen der Erde, nach ihrer derzeitigen wirtschaftlichen Bedeutung gereiht und ergänzt durch die heute bevorzugt anerkannten genetischen Modelle.

- Diskordanzlagerstätten (z.B. Athabasca-Distrikt/Kanada)
- Brekzienlagerstätten (Olympic Dam/Südaustralien).
- Sandsteinlagerstätten (Wind River Becken/Wyoming)
- Konglomeratlagerstätten (Witwatersrand)
- magmatische Lagerstätten (Rössing/Namibia)
- Disseminierte und Ganglagerstätten (Limousin/französ. Zentralmassif, Erzgebirge)
- Calcrete-Lagerstätten (Yelirrie/Westaustralien)

Bemerkenswert ist die *zeitliche Bindung* der meisten dieser Typen: Konglomeratlagerstätten sind archaisch bis alt-proterozoisch, Diskordanzlagerstätten mittel-proterozoisch, ebenso Olympic Dam. Die Sandstein- und Calcrete-Lagerstätten schließlich sind geologisch jung, überwiegend meso/känozoischen Alters. Magmatische und hydrothermale Lagerstätten sind zeitlich relativ unabhängig, obwohl regional bestimmte Perioden bevorzugt sind, wie etwa die spät- bis post-orogene Häufung von Uranlagerstätten im variszischen Europa zeigt.

Diskordanzlagerstätten liegen in alten Kratonen unmittelbar über oder unter der Diskordanz zwischen alt-proterozoischen Metamorphiten und flach-lagernden mittel-proterozoischen klastischen Sedimenten. Die große wirtschaftliche Bedeutung ist durch hohe Urangehalte vereint mit beträchtlicher Größe der Erzkörper gegeben. Diese Gruppe enthält nahezu 30% der bekannten Weltvorräte, vorwiegend im Alligator River Distrikt des Nord-Territoriums in Australien (Jabiluka, Ranger, Narbarlek) und im Athabasca-Distrikt/Saskatchewan/Kanada (Rabbit Lake, Cigar Lake, Key Lake und die neue Mine McArthur River).

Der *Athabasca-Distrikt* ist durch die weite Verbreitung einer bis 1500 m mächtigen, überwiegend terrestrischen, roten Sandsteinfolge mit basalen Konglomeraten und Einlagerungen von sauren Vulkaniten gekennzeichnet, welche Athabasca-Gruppe genannt wird und deren Ablagerungsalter ca. 1600 Ma beträgt. Das unterlagernde Grundgebirge enthält alt-proterozoische Metasedimente in Amphibolit- und Granulitfazies und archaische Gneisdome. Die Diskordanzfläche wird durch lateritische Paläoböden markiert und liegt auch heute noch annähernd horizontal. Die Metasedimente enthalten Bänder von graphitreichen Gesteinen. Die Lokation der Uranlagerstätten wird durch die Verschneidung von Störungssystemen mit Graphitschiefern kontrolliert. Im gesamten Athabasca-Becken können drei Perioden verstärkter Fluid-Zirkulation durch U-Pb-Alter und durch Neubildung von silikatischen Alterationsmineralen nachgewiesen werden: 1500, 950 und 300 Ma (Fayek et al. 1998).

Die Lagerstätte *Key Lake* (1982-1997) war bis zur Entdeckung der Lagerstätte McArthur River mit 2,15% U_3O_8 im Fördererz und mit großen Reserven (90.000 t U_3O_8) die größte Uranreicherzmine der Welt. Die erzführende Zone ist 15 bis 100 m breit, ebenso hoch und 3,6 km lang (Abb. 91). Das Erzmineral ist Pechblende mit etwas Coffinit; Begleiter sind bedeutende Mengen von Ni und As sowie Spuren von Co, Fe, Cu, Pb, Zn, Mo, S und Se. Vereinzelt finden sich im Erz Taschen von Thucholit. Ein ausgeprägter Alterationshof umfaßt Illitbildung, Chloritisierung, Verkieselung, Karbonatgängchen und Turmalinisierung. Die hydrothermale Alteration ist generell mit Reduktion verbunden, deutlich sichtbar durch den Farbumschlag von rot zu grün und grau. Mikrothermometrische Untersuchungen ergaben Bildungsbedingungen von 150–250°C und 0,75 kbar, bei Salzgehalten der Fluide von 30%NaCl-Äquivalent.

McArthur River übertrifft Key Lake deutlich. Die Gehalte dieser 1999 in Betrieb genommenen Lagerstätte liegen bei 21% U_3O_8, die geologischen Ressourcen werden auf 188.000 t Uranoxid geschätzt (Jamieson & Spross 2000).

Die Entstehung der Diskordanzlagerstätten ist hydrothermal und epigenetisch. Die Metalle können sowohl aus dem Grundgebirge wie aus dem Deckgebirge abgeleitet sein. Im Athabasca-Revier ist eine Herkunft aus Orthogneisen sehr wahrscheinlich, welche bis über 200 m unter der Diskordanz kräftige hydrothermale Alteration (und U-Laugung) aufweisen (Hecht & Cuney 2000). Die hydrothermalen Systeme stehen sicherlich in Zusammenhang mit den Störungen, indem an ihnen absinkende, sauerstoffreiche Formationswässer des Deckgebirges in der Tiefe erwärmt wurden und im Lagerstättenbereich durch Graphitschiefer oder durch Elektronentausch mit freigesetztem Fe^{2+} basischer Gesteine unter gleichzeitiger Hämatitbildung (Komninou & Sverjensky 1996) reduziert wurden. Damit ist auch bei diesem Lagerstättentyp die Ausfällung des Urans im wesentlichen eine Folge von Oxydations- und Reduktionsabläufen. Die hydrothermalen Systeme mußten nach der Initiierung durch die Tektonik solange konvektieren, bis die Mineralabscheidung jegliche Permeabilität beendete. Dies kann deshalb angenommen werden, weil Uranerze Wärme produzieren (s. HHP-Granite), so daß derartige hydrothermale Systeme von einer äußeren (bzw. tiefen) Energiezufuhr unabhängig sind.

Der Typ der ***Brekzienlagerstätten*** wird nur durch eine einzige, jedoch sehr große Lagerstätte repräsentiert, nämlich *Olympic Dam* bei Roxby Downs in Südaustralien (Abb. 67, s. auch Kupfer).

Es handelt sich um Brekzienkörper in einem mittelproterozoischen A-Typ-Granit (1590 Ma), überlagert von terrestrischen Sedimenten und sauren Vulkaniten einer Grabenfüllung. Vermutlich in Zusammenhang mit Grabentektonik und Vulkanismus wurden die Brekzien unmittelbar nach Erstarrung des Granites gebildet und hydrothermal mit Hämatit, Sulfiden, Quarz, Serizit und Fluorit imprägniert (Hitzman et al. 1992, Groves & Vielreicher 2001). Die Brekzienkörper haben bei steilem Einfallen eine große flächige Verbreitung (Abb. 67). Im bisher

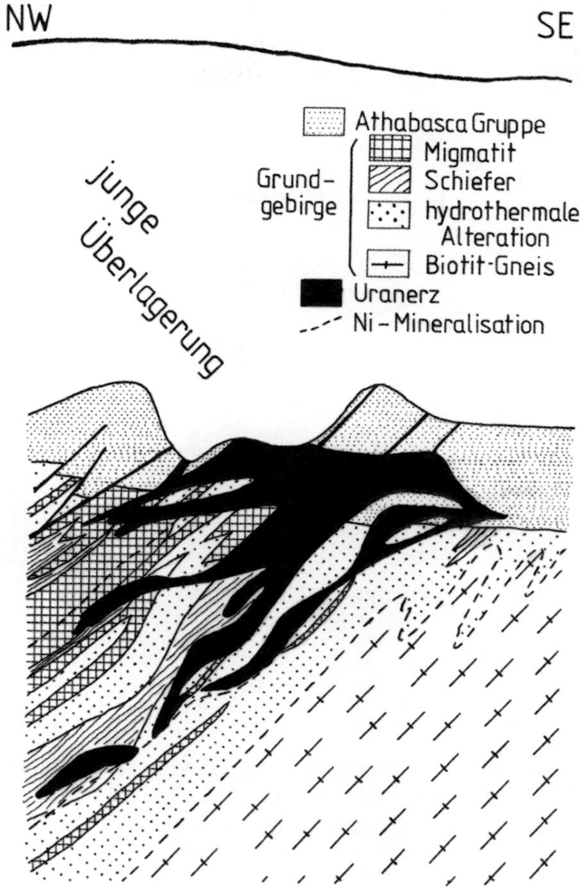

Abb. 91. Schematisches Profil der Diskordanz-Uranlagerstätte Key Lake im Athabasca Distrikt, Kanada (nach DAHLKAMP 1978).

erforschten Teil wurden bergbauliche Reserven von 450 Mt Erz mit 2,5% Cu, 0,08% U_3O_8, 0,6 g/t Au, 6g/t Ag und nicht unbedeutenden SEE-Gehalten nachgewiesen. Insgesamt wird der Metallinhalt auf über 1 Mt Uran neben 30 Mt Cu, 1200 t Au und 7000 t Ag geschätzt. Damit ist dies die größte U-Ressource der Welt.

Sandsteinlagerstätten sind weltweit verbreitet und sehr häufig. Die einzelnen Lagerstätten sind jedoch in der Regel relativ klein und haben niedrige Gehalte (0,1–0,2% U_3O_8). Fluviatile Arkose-Sandsteine epikontinentaler, semiarider Becken sind die häufigsten Wirtsgesteine. Das Uran entstammt sauren Vulkaniten oder Graniten, welche im Hinterland der Becken einer Verwitterung und Abtragung unterliegen. Das gelöste Uran der abfließenden Wässer migriert mit diesen in die Aquifere der Beckenfüllung. Die Randbedingungen der Mobilisierung, der Migration und der Ausfällung können durch Messung der U-Th-Nuklide und ihrer Tochterprodukte sehr genau festgelegt werden (z.B. REYNOLDS et al. 2003). Die Ausfällung erfolgt durch Reduktion, besonders typisch in Form der „Roll Fronts" (s. Infiltrations-Lagerstätten, Abb. 36), aber auch als schichtkonkordante Lagen und Linsen (SPIRAKIS 1996). Solche Lagerstätten wurden seit etwa 400 Ma häufiger gebildet. Die bedeutendsten Provinzen von Sandsteinlagerstätten des Urans sind das Colorado Plateau/USA (Tertiär) und das Agadez Becken in Niger (Karbon). Vergleichbar sind in Europa Lagerstätten und zahllose Vorkommen im Rotliegenden, z.B. Lodève bei Montpellier/Frankreich, Forstau in Österreich, Zirovski Vrh in Slowenien und viele andere, teilweise mit Übergängen zu kontinentalen Salzseen oder randlich marinen Lagunen. *Lodève* ist durch die Bindung des Urans an Bitumen in

Störungen, Klüften, Schluff- und Tuffbändern bermerkenswert, welches innerhalb der Muttergesteine (Schwarzschiefer des Autun) verblieben ist (Schlepp et al. 2001). In der Kreide der Elbtalzone entstand die Lagerstätte Königstein/Sachsen (Abb. 92).

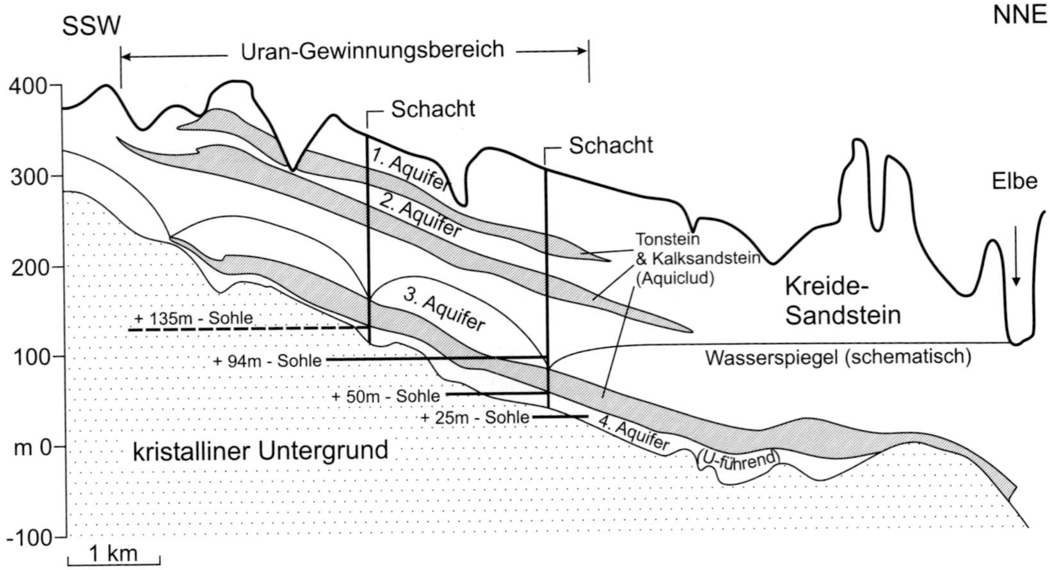

Abb. 92. Überhöhtes Profil der Sandstein-Uranlagerstätte Königstein/Sachsen, aus welcher mittels Lösungsbergbau von 1967 bis 1990 18.000 t Uran produziert wurden (Wismut 1992).
Erzhorizont (4. Aquifer) sind basale Sandsteine der Oberkreide über paläozoischem Granit und Granodiorit, mit disperser Pechblende und reichlich Pyrit. Die Sandsteine sind Grundwasserleiter, welche durch drei Geringleiter in vier Horizonte unterteilt werden. Das Bild zeigt den Zustand der Grundwasserabsenkung durch Bergbau. Sanierung erfolgt durch Spülung mit Frischwasser, weshalb weiterhin eine geringe Menge Uran produziert wird.

Das bestbekannte Beispiel für ***Konglomeratlagerstätten*** des Urans ist die spät-archaische Goldlagerstättenprovinz des *Witwatersrandes* in Südafrika (s. „Gold“). Das Uran des Witwatersrandes tritt in manchen Reefs als gerundete Körnchen mit einem durchschnittlichen Durchmesser von 75 µm auf. Es handelt sich um Uraninit, Coffinit und Brannerit (UTi_2O_6), wobei die letztgenannten als diagenetische bzw. metamorphe Umwandlungsprodukte von Uraninit aufgefaßt werden. Die Thucholithe dieser Seifen sind absätzige Pyrobitumen-Flöze von 0,2 bis 50 mm Mächtigkeit, als Algenmatten oder vermutlich aus Erdöl entstanden. Andere wichtige Konglomeratlagerstätten des Urans sind Elliot Lake/Ontario/Kanada und Jacobina in Brasilien. Allgemein wird der heute sehr seltene fluviatile Transport des Uraninites als Hinweis auf eine sauerstoffarme Atmosphäre in der Frühzeit der Erde gedeutet.

Magmatische Uranlagerstätten sind mit Graniten (Rhyoliten), Alkalimagmatiten und Karbonatiten verbunden. Selten ist Bildung von Uranerz direkt aus Schmelzen, da dann meist nur akzessorische, uranführende Minerale in geringer Konzentration gebildet werden. Diese können allerdings als Quelle für hydrothermale Lagerstätten dienen, sofern ein post-magmatisches System konvektierender Fluide ausgebildet wird, wie das in HHP-Graniten oft der Fall ist. In der Regel sind wirtschaftliche Anreicherungen magmatischer Entstehung im engeren Sinne nur in fluidreichen Restmagmen entwickelt. Dazu gehören manche Pegmatite (z.B. Madagaskar), die jedoch heute in Konkurrenz mit großen und/oder reichen Lagerstätten nicht mehr abgebaut werden können.

Eine der größten magmatischen Uranlagerstätten ist *Rössing* in Namibia. Dort wurden um 470 Ma eng gefaltete Metasedimente und basische Metavulkanite des panafrikanischen Damara-Orogens von post-tektonischen Alaskiten intrudiert. Das sind sehr helle, kalireiche Gesteine mit überwiegend pegmatitischer, daneben auch aplitischer und granitischer Fazies. Cordierit in Metapeliten und Skarne am Kontakt zu Metabasalten belegen Kontaktmetamorphose. Die Alaskite bilden steilstehende Gänge, teilweise parallel zur Schieferung der Nebengesteine, teilweise diese querend, ebenso wie wolkige Körper bis 100 m Mächtigkeit. Die Uranvererzung besteht fast ausschließlich aus kleinen (0,05–0,1 mm Durchmesser), rundlichen Körnern von Uraninit, der zusammen mit Biotit, Zirkon, Monazit, Apatit und Titanit im Alaskit disseminiert ist. Dazu kommen Fluorit, Sulfide (Fe, Cu, Mo, As) sowie Oxyde von Fe, Mn und Ti. Das U/Th-Verhältnis ist ungewöhnlich hoch (ca. 9:1), was ebenso wie das hohe initiale Strontiumisotopenverhältnis der Alaskite auf eine Herkunft aus Metasedimenten schließen läßt. Es wird vermutet, daß die Ausfällung des Urans der magmatischen Fluide durch Aufschmelzung eines Teils der basischen Nebengesteine bedingt ist, wobei Reduktion durch Fe^{2+} sowie steigender pH maßgeblichen Einfluß hatten (Berning 1986). Der durchschnittliche Gehalt des Erzes ist mit 0,035% U_3O_8 sehr niedrig.

Post-orogene (ca. 310 Ma), variszische (S-Typ-) Leukogranite in Frankreich (Armorikanisches Massif und Zentralmassif) enthalten vielerorts reiche Uraninitgänge oder disseminierte Erze mit einer komplexen Entstehungsgeschichte. Die Leukogranite zeigen Schlote und Gänge von sogenannten *Episyeniten*; das sind Gesteine mit 20–30% Porosität, welche durch die Auslösung von Quarz entstanden ist. Vermutlich in der Spätphase dieser magmatisch-hydrothermalen Prozesse wurden die Drusen teilweise mit Geoden von Adular, Quarz, Fluorit und von Dolomit gefüllt. Die Uranvererzung ist davon unabhängig und viel jünger, die Episyenite waren offenbar nur bevorzugte Fließwege. Die Uranzufuhr war mit niedrigtemperierter (ca. 100°C) Bildung illitisch-smektitischer Tone verbunden, welche durch Zufluß diagenetischer Wässer aus benachbarten sedimentären Becken im Dogger ausgelöst wurde (Patrier et al. 1997). Das Uran wurde vermutlich durch Laugung disseminierten Uraninites der fertilen Granite (12,5 ppm U) mobilisiert. Der wichtigste Uranbergbaudistrikt im Zentralmassif ist *Limousin,* wo in den Leukograniten vererzte Episyenitkörper sowie quergreifende Uraninitgänge liegen. Einzelne Erzkörper sind zwar klein, doch wurden bisher über 35.000 t U_3O_8.gewonnen, bei Gehalten von 0,1–0,6% U_3O_8. Auch im Fichtelgebirge und im Schwarzwald sind den französischen Lagerstätten vergleichbare Uranerzvorkommen weit verbreitet; bekannt ist z.B. *Menzenschwand* im Schwarzwald.

Die klassischen ***Ganglagerstätten*** des Urans haben ihre frühere Bedeutung weitgehend verloren. Dazu gehören jene des Erzgebirges, wobei Uraninit in *Joachimsthal* (Jachymov) zusammen mit Co-Ni-Ag-Erzen auftritt, im sächsischen Anteil jedoch mit Baryt, Quarz und Hämatit. Die letztere Paragenese ist weltweit für Uranerzgänge typisch, wobei die in oxydischem Milieu gebildeten Minerale früh erscheinen (Hämatit), danach folgt Uraninit und schließlich Pyrit. Diese Abfolge belegt zunehmende Reduktion im hydrothermalen System.

Calcrete-Lagerstätten des Urans sind u.a. in Westaustralien (Yelirrie: Cameron 1990) und in Namibia (Langer Heinrich) bekannt.

Durch hohe Evaporation im Unterlauf unterirdischer Entwässerungskanäle vor der Einmündung in Salzseen entstehen bei *Yelirrie* über dem in 4–5 m Tiefe liegenden Grundwasserspiegel metasomatische und konkretionäre Ca-Mg-Karbonate (Calcrete bzw. Caliche). Dieser Calcrete-Körper ist 9 km lang, bis 1,5 km breit und meist 4 m mächtig. Die Vererzung liegt im untersten Teil der Calcrete-Schicht und im liegenden tonigen Alluvium, überwiegend knapp unter dem Grundwasserspiegel. Nester und Krusten von Carnotit durchsetzen diesen Bereich, der Gesamtinhalt der Lagerstätte liegt bei 52.000 t U_3O_8, mit einem Durchschnittsgehalt von 0,15% (Cameron 1990). Uran und Kalium stammen zweifellos aus den verwitternden Graniten des Beckenrandes. Das Vanadium wird erst am Ort der Ausfällung, vermutlich aus basischen Gesteinen des Beckenuntergrundes zugeführt. Bemerkenswert ist dieser Lagerstättentyp nicht zuletzt deshalb, weil hier die Ausfällung des Urans nicht durch Reduktion erfolgt, sondern in sauerstoffreichem Milieu ausschließlich durch Bildung des schwer löslichen Vanadates. Calcrete-Bildung und Vererzung sind geologisch jung, zumeist aber liegt bereits radioaktives Gleichgewicht vor.

Andere Typen von Uranlagerstätten. Neben den genannten Haupttypen der Uranlagerstätten gibt es eine Zahl von wirtschaftlich untergeordneten Anreicherungen, welche nur zu Zeiten hoher Uranpreise bzw. mit Uran als Nebenprodukt genutzt werden. Von mehr als lokaler Bedeutung sind die häufig gewinnbaren Urangehalte mariner Phosphatlagerstätten. Dazu gehören etwa die ordovizischen Phosphatschiefer Estlands, mit Urangehalten von 40–90 ppm, jedoch sehr großen Reserven. Im Eisenerzbezirk von Krivoi Rog wurden uranführende gebänderte Eisenformationen abgebaut. Als Nebenprodukt wird Uran aus Kupferporphyren in Kazhachstan und in Chuquicamata/Chile gewonnen, sowie aus der Cu-V-Karstlagerstätte Tuya Muyun in Usbekistan. Rhyolit-Calderen enthalten nicht selten Uranerze, mit der größten Lagerstätte in Rußland (CHABIRON et al. 2003). Auch vertikale Brekzienschlote in den Black Hills (USA), die durch Salzablaugung entstanden sind, führten manchmal gewinnbares Uranerz. Aus Braunkohlenaschen wurde Uran im südlichen Ural angereichert. Erdölwässer des Feldes Ukhta im Pechora-Becken erbrachten einen nicht unbeträchtlichen Teil der russischen Uranproduktion. Rhyolitische Tuffe und vulkanogene, limnische Sedimente der *McDermitt-Caldera* (Nevada-Oregon) führen in Brekzien der Randstörung epithermale, z.T. zirkonreiche Uranerze (CASTOR & HENRY 2000). Allgemein sind mit den tertiären, U-Th-reichen Topasrhyoliten der westlichen USA viele kleine, überwiegend epithermale U-Lagerstätten und Vorkommen verbunden. Auch Playasee-Sedimente sind dort gelegentlich uranführend. Eine Skarnlagerstätte an einem Granitkontakt war Mary Kathleen in Queensland, Australien. Uranvererzte Albitite bzw. Albititgänge wurden in der GUS und in Brasilien abgebaut.

Genetisch interessant ist der Lagerstättenbezirk *Ronneburg in Thüringen,* aus dem zwischen 1950–1991 113.000 t Uran gewonnen wurden (LANGE 1995). Er liegt im Thüringer Schiefergebirge, im Kreuzungsbereich zwischen dem Bergaer Sattel und der großen Gera-Joachimsthaler Störungszone. Der größte Teil der Uranvererzung lag in Tonschiefern, Kieselschiefern und Kalken des oberen Ordovizium bis Unterdevon. Die Schiefer haben hohe Gehalte an organischem C (5–9%), Pyrit (S von 2–3,5%) und 30-50 ppm Uran. Die Erzkörper haben linsen- bis deckenförmige Gestalt, sind jedoch unabhängig von der Schichtung. Auflockerung durch Trennflächen aller Art, also Paläo-Permeabilitäten, sind die wichtigste Kontrolle. Pechblende, Chlorit, Karbonate, Sulfide und Arsenide sind die wichtigsten Minerale der Erzparagenese. Pechblende-Alter fallen in eine unterpermische bzw. in eine Gruppe zwischen 120–90 Ma. Die Bildung von Erzen mit einem Durchschnittsgehalt von 850 ppm U erfolgte durch supergene Prozesse, indem Uran durch absinkende meteorische Wässer aus einer 100 bis maximal 1000 m mächtigen Oxydationszone in tiefer liegende, reduzierende Gesteine verfrachtet wurde. Dort erfolgte Immobilisierung durch Reduktion, und Ausbildung einer 200 bis 400 m mächtigen Zementationszone.

Die ***Prospektion*** auf Uranerz ist vor allem durch die Anwendung verschiedener Strahlungmessmethoden geprägt. ^{238}U und ^{235}U ebenso wie ^{232}Th sind langlebige Alpha-Strahler, welche zusammen mit ^{40}K und den jeweiligen Zerfallsprodukten den größten Teil der natürlichen Radioaktivität verursachen. Unter den Tochternukliden tritt jeweils auch ein Gas auf. Für ^{238}U ist das ^{222}Rn (Radon), ein Alpha-Strahler mit einer Halbwertszeit von 3,8 Tagen (PHILIPSBORN 1990, ANDRE-JEHAN & FERAUD 2001). In der Zerfallsreihe von Thorium tritt ^{220}Rn (Halbwertszeit 51,5 Sekunden) auf, das Thoron genannt wird. Beide Gase sind durch Diffusion relativ mobil und werden zur Prospektion auf verdeckte Uranlagerstätten genutzt, deren Gamma-Strahlung die Überlagerung nicht durchdringen kann. In der Praxis wird über das Hoffnungsgebiet ein Raster von seichten Schlaglöchern gelegt, deren Bodenluft mit geeigneten Geräten (Emanometer, Radonsonde) auf den Radongehalt untersucht wird. Auch Wasserproben wurden gelegentlich mit Erfolg verwendet (Kanada).

Die Zerfallsprodukte von Uran und Thorium erreichen nach 300.000 bis 400.000 Jahren ein säkulares Gleichgewicht, wobei für ^{238}U die Nuklide ^{234}Th und ^{214}Bi eine besondere Rolle spielen, da sie unter Gamma-Strahlung weiter zerfallen. Da aber die Gamma-Strahlung eine höhere Durchdringung gewährleistet (bis etwa 1 m Gestein), beruhen darauf die geläufigsten Meßmethoden der Uranprospektion. Ähnliches gilt für Thorium. Unter der Voraussetzung des erreichten Gleichgewichtes ist somit ein Rückschluß von der γ-Strahlungsintensität auf die Gehalte von Uran und Thorium möglich. Fehlbestimmungen sind zu erwarten, wenn geologisch sehr junges Uran vorliegt, z.B. in postglazialen Torfmooren und fluviatilen Auesedimenten, oder wenn differentielle Laugung zwar das Uran, nicht aber seine Tochterprodukte aus der Lagerstätte entfernt hat (häufig im rückwärtigen Teil aktiver, also noch in Umlagerung befindlicher „roll fronts“).

Die verwendeten Strahlungsmeßgeräte sind heute seltener Geiger-Müller Zählrohre, sondern in der Regel Thallium-aktivierte Natriumiodid-Scintillationsdetektoren (Scintillometer), welche bei geeigneter Bauart auch die differentielle Messung der Gamma-Strahlung aus K, U und Th gestatten (Spectrometer). Diese Geräte werden z.T. für regionale Messungen aus der Luft verwendet (Aeroradiometrie), bei Flughöhen von 50–200 m, ferner auch auf Autos montiert, wobei jeweils große Gebiete rasch und billig erkundet werden können. Tragbare Geräte werden für schwieriges Terrain und für detaillierte Bodenmessungen eingesetzt. Für Bohrlochmessungen gibt es Sonden, welche häufig auch zur Bestimmung des Urangehaltes im Erz produzierender Bergbaue herangezogen werden. Daneben werden auch andere Methoden eingesetzt, z.B. das Verteilen von Dosen unbelichteten Filmes in Flachbohrungen, auf dem nach Entwicklung die Einschläge gezählt werden können (track etch). Ähnlich werden im Labor von polierten Handstücken Autoradiographien hergestellt, um die genaue Verteilung der strahlenden Minerale festzustellen. Natürlich sind zur Prospektion in Abhängigkeit von der geologischen Situation auch geochemische und geophysikalische Methoden geeignet.

Die ***Uranreserven*** der Welt in etablierten Bergbaudistrikten werden auf über 3 Mt Metallinhalt geschätzt. Der größte Teil der Reserven liegt in Australien, Kanada, Kazachstan, Südafrika, Brasilien, Rußland und in den USA. Von 1945 bis heute wurden weltweit ca. 1,9 Mt Uran gewonnen, wovon nur wenig mehr als die Hälfte für den zivilen Verbrauch bestimmt war Die Jahresbergbauproduktion beträgt rund 36.000 t U (2002), überwiegend aus Kanada, Australien, Niger, Rußland, Kasachstan und Namibia. Die Differenz zum Jahresbedarf der weltweit aktiven 438 Kernkraftwerke von etwa 65.000 t U wird aus Vorratslagern bzw. aus Waffenreduktionsprogrammen abgedeckt. Eine langfristig gleichbleibende Versorgung ist durch die großen Ressourcen gesichert, wofür allerdings neue Bergbaue erforderlich sein werden.

Spezifische Probleme des Uranbergbaues betreffen naturgemäß das Vermeiden jeglicher Strahlenbelastung der Mitarbeiter und der Umgebung während des Betriebes und nach der Schließung (z.B. Catchpole & Kuchelka 1993, Merkel et al. 2002). Die sichere Verwahrung stillgelegter Bergbaue ist sehr aufwendig. Besonders vorbildlich sind zweifellos die Arbeiten zur Sanierung der ehemaligen Uranbergbaue in Thüringen und Sachsen (z.B. Hagen & Lange 1995) sowie in Kanada und Frankreich (Daroussin et al. 1998). Noch kritischer erscheint in der öffentlichen Diskussion die sichere Entsorgung der radioaktiven Abfälle der Kernkraftwerke, obwohl dazu mittlerweile umfangreiche Forschungsergebnisse vorliegen (Hollister & Nadis 1998, Pusch 1994, Gibb & Attrill 2003, Chapman & McCombie 2003). Dabei ist zu bedenken, daß auch andere Wege der Energieversorgung jeweils spezifische Probleme schaffen, so daß eine Verteilung von Nutzen und Risiko auf alle derzeit verfügbaren Energieträger, also auch Uran, weiterhin empfehlenswert erscheint.

Eine wichtige Informationsquelle für alle Aspekte der Kernenergie, einschließlich der geologischen Grundlagen, sind die Veröffentlichungen der IAEO (International Atomic Energy Organization) in Wien.

NICHTMETALLISCHE ROHSTOFFE

Industrieminerale, Steine und Erden

Als *Industrieminerale* (industrial minerals) gelten jene industriell verwendeten festen Rohstoffe, die nicht der Herstellung eines Metalles dienen und welche im wesentlichen monomineralisch sind. Beispiele sind Talk, Glimmer oder Disthen. Als *Steine und Erden* (industrial rocks) werden überwiegend Massenrohstoffe der Bauindustrie bezeichnet, welche im geologischen Sinne als Gesteine vorkommen und oft Mineralgemenge sind (z.B. Granit, Sande und Kiese, Tone). Beide Gruppen gehören mit den Salzen zu den Nichtmetallrohstoffen (non-metallics). Eine klare Zuordnung ist aber in vielen Fällen nicht befriedigend, so daß hier auf eine entsprechende Untergliederung verzichtet wird. Infolge der heterogenen Zusammensetzung dieser Gruppe ist aber auch eine geologisch-genetische Einteilung nicht zweckmäßig. Aus diesen Gründen werden die einzelnen Rohstoffe in alphabetischer Folge beschrieben. Natürlich mußte aus der großen Zahl der hierher gerechneten Rohstoffe eine Auswahl getroffen werden, wobei wirtschaftliches und geowissenschaftliches Interesse gleichermaßen zu berücksichtigen waren.

Die Verwendung der Rohstoffe dieser Gruppe ist oft ungemein vielfältig, wobei die Anforderungen an Lagerstättenerkundung, Aufbereitung, Veredelung und Marktforschung besonders hoch sind. Anders als bei Metallerzen ist die Bewertung potentieller Lagerstätten oft erst dann möglich, wenn Aufbereitungsversuche in halbindustriellem Maßstab nachgewiesen haben, daß ein Produkt erzeugt werden kann, das alle Anforderungen der Kunden erfüllt. Weitere Einzelheiten sind Carr et al. (1994), Ciullo (1996), Harben & Bates (1990), sowie für Deutschland Eggert et al. (1986) zu entnehmen. Daten und Fakten zu den einzelnen Rohstoffen stammen zumeist aus den folgenden Quellen: *Mining Journal, Mining Magazine, Mining Annual Review, Industrial Minerals,* Jackson & Bates (1997) und Berkman (2001). Um den Umfang des Buches zu minimieren, mußte die Zahl der Literaturzitate sehr eingeschränkt werden.

Andalusit, Disthen und Sillimanit

Andalusit, Disthen (engl. kyanite) und Sillimanit sind Minerale gleicher Zusammensetzung (Al_2SiO_5) und nahezu gleicher Verwendung als refraktäre Rohstoffe mittleren Aluminiumgehaltes (50–63%) und mittlerer Basizität (zwischen Quartz und Magnesia), überwiegend für die Stahlproduktion sowie zur Herstellung von Spezialkeramik. Obwohl Sillimanit von den drei Mineralen die geringste Bedeutung hat, gilt im Englischen „sillimanite minerals“ als Bezeichnung der Gruppe. Der theoretische Al-Gehalt dieser Minerale ist 62,9% Al_2O_3. Verwachsungen bzw. feinste Einschlüsse anderer Minerale, die durch Aufbereitung nicht entfernbar sind, bewirken niedrigere Al-Gehalte des Verkaufsproduktes. Verlangt werden Konzentrate mit 56–60% Al_2O_3 und mit niedrigem Gehalt an Alkalien. Unerwünscht ist ein Fe_2O_3-Gehalt >1%. Grobkörnige Produkte werden bevorzugt.

Andalusit und Sillimanit haben eine sehr geringe thermische Expansion, so daß sie direkt in feuerfesten Massen verarbeitet werden können. Disthen hingegen expandiert beim Erhitzen um 16–18 Vol-%, so daß er gewöhnlich kalziniert wird. Für manche Anwendungen wird jedoch roher Disthen bevorzugt, z.B. zum Ausgleich des Schwindens von Tonen. Bei Temperaturen zwischen 1100–1650°C entsteht aus dem natürlichen $Al_2O_3.SiO_2$ ein Gemenge von 88% nadelig-strahligem *Mullit*, $3Al_2O_3.2SiO_2$, und 12% SiO_2 (Cristobalit, Glas). Mullit ist bis 1810°C thermisch, chemisch und mechanisch sehr stabil, so daß das Produkt in verschiedenen Formen als Auskleidung von Schmelzöfen für Stahl, andere Metalle und Glas sowie in Brennöfen von keramischen Rohstoffen und Zement eingesetzt werden kann. Mullit wird auch in großen Mengen aus Kaolin + Bauxit bzw. Quarz + Aluminiumoxyd synthetisch hergestellt. Natürliche Vorkommen von Mullit sind zwar bekannt (*Mull*, Schottland), doch der Menge nach völlig unbedeutend, weshalb bisher kein Abbau dieses Minerals stattfand.

Andalusit, Disthen und Sillimanit sind metamorphe Minerale, die in der Regel durch Regional- oder Kontaktmetamorphose aus Al-reichen Sedimentgesteinen entstehen. Das wissenschaftliche Interesse gilt oft der Natur der Ausgangsgesteine, z.B. der Frage, ob es sich um ehemalige Sedimente oder um fossile Böden handelt, und den genauen Bedingungen (T, P) der Umwandlung. Wichtig sind ferner die häufigen Pseudomorphosen der drei Minerale; weit verbreitet ist etwa Sillimanit nach Disthen (Ostafrika) oder Disthen nach Andalusit (Koralpe).

Pegmatite oder Quarzgänge mit Disthen (USA, Ostafrika), oder Andalusit+/-Korund in den Alterationszonen des *Skellefte* Erzbezirks in Schweden sind weniger gut in die skizzierte, jedem Geologen vertraute Stellung der drei Minerale im P/T-Feld der Metamorphose einzuordnen. Die Entstehung derartiger Lagerstätten bedarf jeweils individueller Untersuchung. Mögliche Erklärungen sind z.B. Entzug von SiO_2 und Alkalien durch Reaktion mit ultramafischen Nebengesteinen, oder erhöhte Fluorgehalte, welche Al_2O_3 durch Abfuhr von Alkalien relativ anreichern (Nabelek 1997).

Andalusit (D = 3,14) tritt hauptsächlich in kontaktmetamorphen Tonschiefern der Hornfelsfazies auf. Häufige unerwünschte Einschlüsse in Andalusit sind Staurolith, Chloritoid, Biotit, Serizit, Graphit, Fe-Oxyde und TiO_2. Hauptproduzent ist Südafrika, wo Andalusit im Kontakthof des Bushveldplutons früher aus Alluvionen, heute jedoch vor allem aus den primären Lagerstätten gewonnen wird (Abb. 93, Siegers & Lange 1991). Danach folgt Frankreich mit dem Bergbau *Glome* /Bretagne. Die Gehalte liegen dort bei ca. 15% Andalusit im Rohmaterial, das sind ordovizische Schiefer an einem Granitkontakt. Der Andalusit liegt in großen Kristallen vor (1–4 mal 10–40 mm). Das Haufwerk wird gebrochen und gemahlen. Die Herstellung der Andalusitkonzentrate erfolgt durch Starkfeldmagnetscheidung, Schwereflüssigkeitstrennung und z.T. Flotation.

Bei der Anwendung wird Andalusit vor Disthen bevorzugt, da energiesparende, direkte Verwendung möglich ist. Fast die gesamte Weltproduktion (2002 ca. 230.000 t) an Andalusit kommt aus Südafrika und Frankreich. Die Entwicklung weiterer Lagerstätten ist wohl nur vom Markt abhängig, da andalusitführende Kontakthöfe nicht selten sind.

Disthen (D = 3,6) ist als gesteinsbildendes Mineral in hochmetamorphen, kristallinen Gesteinen (Quarzit, Schiefer, Gneis) weit verbreitet. Auch manche Pegmatite und hydrothermale Quarzgänge führen Disthen. Abgebaut werden solche primäre Lagerstätten bei Gehalten über 20% Disthen. Infolge der hohen Stabilität bei Verwitterung wird Disthen aber auch in eluvialen und als Schwermineral in alluvialen und marinen Seifen angereichert und dann als Haupt- oder Nebenprodukt (z.B. von Ti-Sanden) gewonnen. Große primäre Lagerstätten gibt es in den östlichen USA, u.a. *Henry Knob*/South Carolina, wo ein Quarzitband in präkambrischen Gneisen über mehrere Kilometer im Streichen ca. 20% Disthen (und Pyrit) führte. Abbau ist heute auf die Lagerstätte *Willis Mountain* in Virginia beschränkt, aus welcher der größte Teil (2002 ca. 100.000 t) der Weltproduktion des Minerals (2002 ca. 150.000 t) stammt. Weitere Disthenproduktion gibt es in Indien, Simbabwe, Brasilien, Schweden, Spanien, Rußland und China. Indischer Disthen war für seine Grobkörnigkeit bekannt; wegen schwindender Reserven wird er aber seit Jahren nicht mehr exportiert.

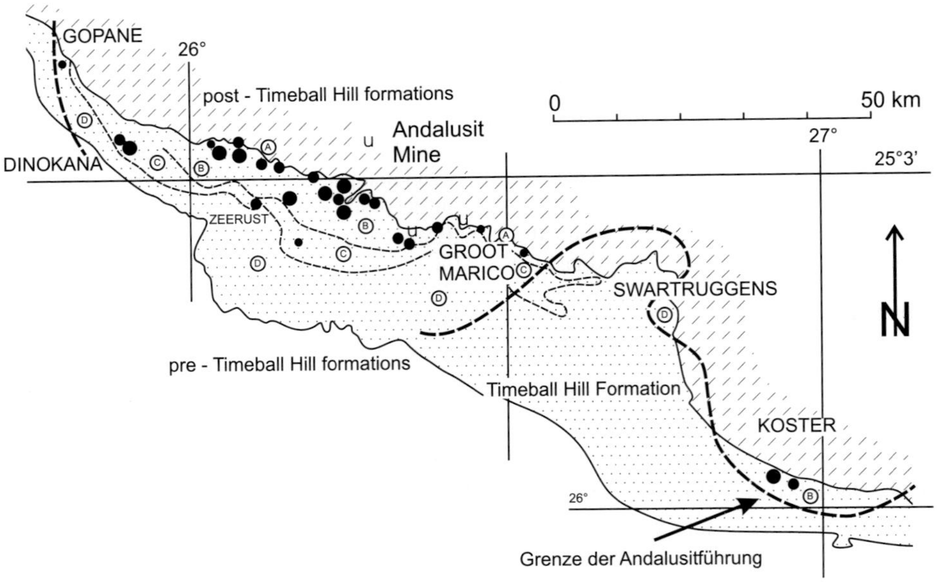

Abb. 93. Andalusit im südwestlichen Kontakthof des Bushvelds (HAMMERBECK in ANHÄUSSER et al. 1986).

Unter den hier aufgeschlossenen pelitischen Metasedimenten der altproterozoischen Transvaal-Serie ist die Timeball Hill Formation besonders andalusitreich, jedoch beschränkt auf die metamorphen Zonen: A – Chiastolith, Biotit, Cordierit, Epidot, (Andalusit) und B – Chiastolith, Biotit. Nicht höffig sind die Zonen C – Biotit (-Andalusit) und D – Fleckschiefer. Schwarze Kreise zeigen Andalusitgehalte <5%, 5-10%, und >10%.

Die russischen Lagerstätten liegen in archaischen Metasedimenten der Kola-Halbinsel, welche eine sehr komplexe metamorphe Entwicklung haben. Die Disthenschiefer enthalten neben Disthen Quarz, Sillimanit, Staurolith, Muskovit und Graphit. Abgebaut werden Bereiche mit >20% Disthen, welche in der über 200 km langen Schieferzone verteilt sind. Im ostafrikanischen Mozambique Gürtel, einem mehrphasigen proterozoischen Orogen, sind mehrere potentielle Lagerstätten bekannt. In Kenya wurde bis 1960 in *Murka* bei Voi Disthen aus grobblockigen Eluvionen sowie aus dem Ausbißbereich der primären Disthenquarzite gewonnen. Eine Wiederbelebung der Lagerstätte ist auf Grund der Lage in einem Nationalpark und der Höhe der erforderlichen Investitionsmittel fraglich. Auch in Österreich gibt es mehrere Vorkommen mit rund 20% Disthengehalt, hier in variszischen Metamorphiten (Koralpe, Millstätter Alpe, Brenner).

Sillimanit (D = 3,25) ist in metamorphen Gesteinen (Biotit-Sillimanit-Hornfels, Cordierit-Sillimanit-Gneis, Quartz-Glimmer-Sillimanit-Schiefer) und begleitetenden Quarzgängen sowie Pegmatiten weit verbreitet. Bauwürdige Anreicherungen sind aber selten, so daß Sillimanit von den Aluminiumsilikaten heute die geringste Bedeutung hat. Gewinnung gibt es in China, in Indien als Nebenprodukt von Schwermineralsanden und in geringen Mengen in Form der früher berühmten Sillimanitkugeln aus Assam, sowie rasch abnehmend in Südafrika (ebenfalls im Kontakthof des Bushveldes). Die indische Produktion lag 2002 bei 15.000 t.

Asbest

Chrysotilasbest („weißer Asbest")	$Mg_3Si_2O_5(OH)_4$	D = 2,5
Krokydolithasbest („blauer Asbest", „Cape blue", ein Riebeckit)	$Na_2(Fe^{2+}, Mg)_3Fe_2{}^{3+}Si_8O_{22}(OH)_2$	3,2
Amositasbest („brauner Asbest")	$(Fe>Mg)_7Si_8O_{22}(OH)_2$	3,1–3,25

Asbeste sind faserige Minerale der Serpentin- und Amphibol-Gruppe, welche durch hohe tensile Festigkeit, Biegsamkeit sowie chemische und Hitzeresistenz ausgezeichnet sind. Krokydolith und Amosit sind Handelsnamen; mineralogisch handelt es sich bei Amosit um Anthophyllit, Grünerit, Gedrit oder Cummingtonit. Gelegentlich gibt es auch asbestiformen Tremolit und Aktinolith.

Serpentinasbest stellt mehr als 99,5% der Weltproduktion, da die Verwendung von Amphibolasbest weltweit eingestellt wurde. Der Wert der Chrysotilasbeste ist in hohem Maße von der Faserlänge abhängig. Alle Asbeste widerstehen Dauertemperaturen bis 400°C und kurzen Spitzenbelastungen bis über 1000°C, weshalb daraus schon im antiken Griechenland Dochte für Öllampen erzeugt wurden. Ferner haben Asbestfasern eine höhere Zugfestigkeit als Stahldraht gleicher Dicke, so daß sie vielfach als festigende Füller eingesetzt werden (z.B. zunehmend in Asphalt). Auf Grund dieser und weiterer besonderer Eigenschaften von Asbest, unter anderem einer hohen chemischen Stabilität, gibt es über 3000 verschiedene Anwendungsbereiche. Technologisch werden zwei Hauptgruppen unterschieden: *Spinnbarer Asbest* zur Herstellung von Asbestkleidung, Asbestwolle, Kabelumkleidungen u.dgl. sowie *nicht spinnbarer Asbest* für Wärmeisolierung, zur Erzeugung von Dachpappe, Bremsbelägen, Fliesen, Feuerschutzplatten (z.B. für das Space Shuttle Columbia) und Asbestzement. Die wichtigsten Qualitätskriterien sind demgemäß Faserlänge und -stärke, Elastizität, Zugfestigkeit, chemische und thermische Stabilität und der Fe-Gehalt. Über 85% der Asbestproduktion werden für Asbestzementbaustoffe, überwiegend Platten und Rohre verwendet, welche infolge ihres niedrigen Preises vor allem in Ländern eingesetzt werden, die für die Versorgung der Bevölkerung mit erschwinglichen Wohnungen und Wasserzuleitungen rasch wirksame Maßnahmen treffen müssen (Südamerika, GUS, Indien, China, etc.).

Asbestlagerstätten gibt es 1. als hydrothermale Neubildung in Peridotit-Serpentinitkörpern, 2. als schichtparallele Bänder in metamorphen Eisenformationen und 3. in kontakt-metamorphen Karbonaten nahe von basischen Intrusionen. Letztere sind aber nur von lokaler Bedeutung. Bauwürdige Durchschnittsgehalte (Faseranteil im Gestein) liegen allgemein bei 5–6%, häufigste Faserlängen um 20 mm.

Peridotit-Serpentinit-gebundene Asbestlagerstätten bilden komplexe Stockwerkkörper in serpentinisierten, harzburgitischen Ultramafiten, welche mit wenigen Ausnahmen (Zimbabwe: Great Dyke; Südafrika: Barberton Greenstone Belt) Teile von Ophiolitdecken sind. Durch syn-tektonische Öffnung von Spalten, möglicherweise während der Obduktion der Ophiolithe, entstehen die wertvollen „cross-fiber"-Asbeste, mit einem Wachstum der Fasern quer zur Spaltenbegrenzung. Scherflächengebundene „slip-fiber"-Varietäten sind kaum brauchbar, wie auch die ungeordnet oder radial orientierten „mass-fiber"-Vorkommen selten abgebaut werden. Chrysotil bildet sich unter den Bedingungen der niedrigen Grünschieferfazies, natürlich unter Zufuhr von Wasser. Da Chrysotil ein extrem Fe-armes Mineral ist, entsteht aus Forsterit mit meist 10% Fe neben Chrysotil auch Magnetit.

Die größten Chrysotilasbest-Lagerstätten der Welt liegen bei *Thetford* in der Provinz Quebec/Kanada, im harzburgitischen Mantelteil ordovizischer Ophiolite der Appalachen (Hebert & Bedard 2000, Abb. 94).

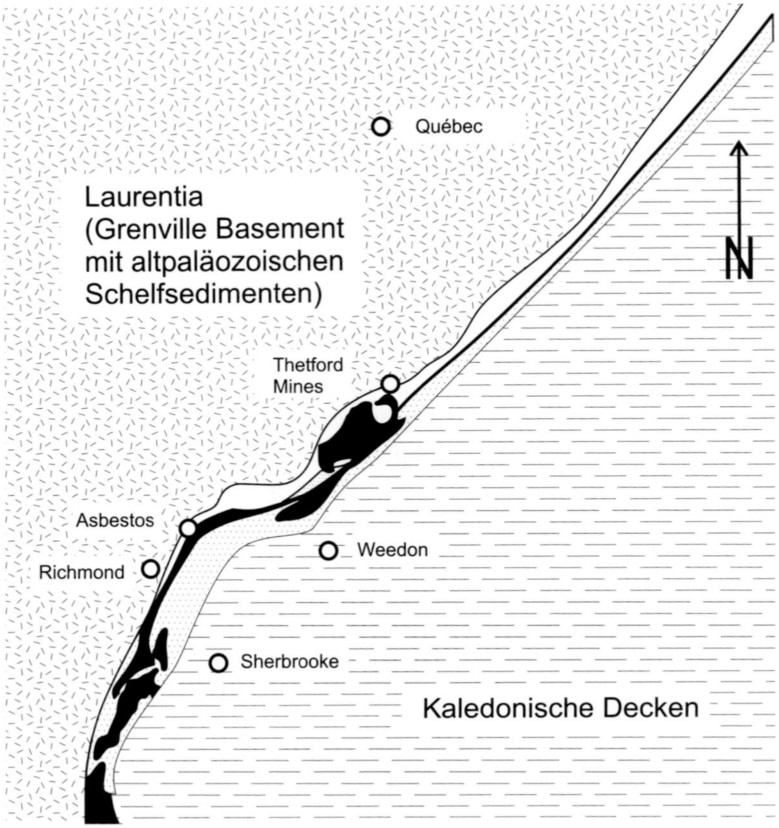

Abb. 94. Die asbestreiche Ophiolitzone (schwarz) bei Thetford südlich von Quebec/Kanada markiert als Zeuge des Iapetus Ozeans die Kollision zwischen den Kaledonischen Decken und dem laurentischen Kontinent (HEBERT & BEDARD 2000).

Westeuropäische Asbest-Bergbaue sind von geringer Bedeutung. *Balangero* nördlich von Turin/Italien ist in penninischen Ophioliten gelegen. Serpentinisierte Ultramafite führen dort in einer Scherzone von 1,5 km Länge und 250 m Breite ca. 5% kurzfaserigen Asbest. Die hydrothermale Paragenese umfaßt neben Asbest auch Karbonate, Magnetit sowie geringe Mengen von Sulfiden (Ni, Fe, Pb, Zn, Cu). Die Asbestbergbaue im *Troodos Massif*/Zypern sind seit langem stillgelegt. In Griechenland wurde 1981 die Lagerstätte *Zidani* bei Kozani aufgeschlossen. Sie enthält rund 100 Mt Rohmaterial mit 2,5% Asbest; die Gewinnung erfolgt im Tagebau.

Sehr groß sind die Lagerstätten in den Ophiolithen des Urals. Der bedeutendste Bergbau ist *Baschenovo* im zentralen Ural. Ein plattenförmiger Peridotitkörper wurde hier entlang von Störungen durch Gänge von Granit, Diorit und Aplit durchschlagen. Davon ausgehend sind die Peridotite serpentinisiert. Unmittelbar entlang der Salbänder liegen die asbestführenden Zonen, mit Mächtigkeiten von mehreren Zehner Metern. Die Lagerstätte ist 10 km lang und 1,3 km breit. Durchschnittliche Asbestgehalte sind nur 1–3%.

Asbestlagerstätten präkambrischer Eisenformationen (BIF's) wurden vor allem in Südafrika abgebaut. Die Lagerstätten liegen in der alt-proterozoischen Transvaal Supergruppe, die generell nur leicht gefaltet ist.

Amosit-Asbest, hier die faserige Modifikation von Grünerit, gibt es im Gebiet von *Penge* im nordöstlichen Transvaal. Lokalisiert sind die Erzkörper durch die Penge Eisenformation, in welcher bestimmte lithologische

Horizonte bevorzugt Asbest enthalten, allerdings nur in domartigen Aufwölbungen, die durch die Interferenz zweier Faltensysteme entstanden sind. Die spätere Faltung sowie eine regionale thermische Metamorphose werden auf die Einwirkung der Bushveld-Intrusion zurückgeführt (Beukes & Dreyer 1986a). Rosetten und dicksäulige Massen von Grünerit sind als normale metamorphe Produkte überall verbreitet; Amosit aber wurde offenbar nur dort gebildet, wo die syn-metamorphe Faltung Druckentlastung und vermutlich Fluidansammlung begünstigte. Manche Amosite dieser Lagerstätte haben Faserlängen bis 76 cm, was für eine wirtschaftliche Verwertung ebenso ungünstig ist, wie zu kurze Fasern. Die Erzkörper sind wenige Meter mächtig, aber mit großer flächiger Ausdehnung (maximal 3 x 1,5 km).

Geologisch sehr ähnlich sind die Krokydolith-Lagerstätten Südafrikas, die in einem 400 km langen Gürtel von Prieska bis Botsuana, und zwar ebenfalls in Eisenformationen der Transvaal Supergruppe liegen. Der größte Bergbau war *Pomfret* am Rande der Kalahari. Auch hier handelt es sich um flözartige Lager bis 2 km Länge und 1,5 km Breite. Die Na-Führung dieser Asbeste, die dem Riebeckit nahestehen, wird von basischen Tuffen abgeleitet, die der Eisenformation eingelagert sind (Beukes & Dreyer 1986b). Die Fasern sind mit 1–18 mm Länge wesentlich kürzer als die des Amosites; sie liegen an kompententen Bändern der Eisenformation, Sattelgängen vergleichbar. Die Aufbereitung des Rohmateriales mit durchschnittlich 12% Fasern erfolgte durch Brechen, Saugliften und Klassierung. Das Produkt ging fast ausschließlich in die Asbestzementherstellung.

Wirtschaftlich zwar wenig wichtig, aber genetisch interessant sind die ***Kontaktlagerstätten in Karbonaten.*** Am Rand des südafrikanischen Transvaal Beckens streicht der Malmani Dolomit aus, in den vielfach basische Sills gleichen Alters wie das Bushveld intrudierten. Im Hangenden der Sills ist der Dolomit über einige Meter in Serpentin und Talk umgewandelt. Mit dem Serpentin ist Chrysotilasbest verbunden (Anhäusser 1986).

Die *Hauptförderländer* von Asbest in der westlichen Welt sind Rußland, China, Kanada, Kasachstan, Brasilien und Zimbabwe. Rußland und China erbringen etwa 56% der Weltproduktion von 1,97 Mt (2002). Erzeugung und Verbrauch von Asbest gingen im letzten Jahrzehnt stark zurück, da die gesundheitlichen Risiken des Einatmens von Asbestfasern besonders bei der Verarbeitung von Asbestzementprodukten („Asbestose“, Kane 1993, Gibbons 2000) zu gesetzlichen Beschränkungen Anlaß gaben. Hohe Gefährdung entsteht vor allem durch das Einatmen langfaseriger (definiert als „asbestiform“ mit Länge/Dicke >3/1) Amphibolasbeste, weshalb diese in den meisten Ländern nicht verwendet werden dürfen und deshalb nicht mehr abgebaut werden. Gesundheitliche Gefahren durch Chrysotil sind weniger eindeutig nachgewiesen und werden unterschiedlich beurteilt. Für viele Anwendungsbereiche wurden mittlerweile Ersatzstoffe eingeführt (Wollastonit, Karbon-, Zellulose- und Keramikfasern, Glas- und Stahlfasern). Da aber Ersatzstoffe mit ähnlichen Eigenschaften und Anwendungsvorteilen in der Regel sehr viel teurer sind, besteht weiterhin ein hoher Asbestbedarf, weil ärmere Länder zunehmenden Bedarf an billigen Baustoffen haben.

Baryt

Baryt (Schwerspat, $BaSO_4$, D = 3,9–4,5, theoretisch 4,468) und Witherit ($BaCO_3$, D = 4,3, toxisch) sind die einzigen industriell verwerteten Bariumminerale. Im weit häufigeren Schwerspat kann das Ba durch Sr (0,1–5%), Pb oder Ca substituiert sein. Baryt ist oft mit Pb-Zn-Sulfiden, Fahlerz, Mangan, Antimonit, Flußspat, Karbonaten und Quarz vergesellschaftet, weshalb nicht selten neben Baryt auch andere Rohstoffe produziert werden. Erhöhte Spurengehalte von Hg sind in Baryt häufig, was bei Aufbereitung und Verwendung beachtet werden muß.

Da es sich bei Baryt um einen Rohstoff relativ geringen Wertes handelt, erfolgt die Gewinnung bevorzugt im Tagbau. Für einen untertägigen Abbau werden besonders günstige Qualität (Eignung als weißer Füllstoff oder zur blanc-fixe-Herstellung), eine Mindestmächtigkeit von 2 m und ein $BaSO_4$-Inhalt der Lagerstätte von mindestens 0,4–1,0 Mt gefordert. Baryt ist schließlich nicht zuletzt ein Nebenprodukt vieler Pb-Zn-Bergbaue.

Die *Verwendung von Schwerspat* liegt weit überwiegend in der Ölindustrie, da über 85% der Weltproduktion für die Einstellung der Dichte von Tiefbohrspülungen verbraucht werden. Andere Anwendungsgebiete sind die Herstellung von Schwerbeton, von Bariumkarbonat für die Glas- und Keramikindustrie, weiter als gering abrasiver, chemisch inerter Füller in Plastik, Papier, Kautschuk und Farben, und infolge der hohen Adsorptionsfähigkeit für harte Strahlung in Atomreaktoren, Röntgenlaboratorien, TV-Bildschirmen, u.ä. Bereichen. Chemisch gefälltes $BaSO_4$ (blanc fixe) wird als Röntgenkontrastmittel in der Medizin verwendet, zunehmend jedoch auch für Farben und andere spezielle Anwendungen. Möglichst hoher Gehalt an $BaSO_4$, hohe Dichte und gute Weißegrade sind die häufigsten Anforderungen an das marktfähige Produkt.

Geochemie. Das lithophile Erdalkali-Element Ba hat ein dem Ca sehr ähnliches geochemisches Verhalten. Ähnlich Blei tritt Ba^{2+} als inkompatibles LIL-Element in Vertretung von K^+ in viele gesteinsbildende Minerale ein, mit Gehalten bis zu einigen Prozenten. Deshalb haben MOR-Basalte etwa 92 ppm, während magmatische Gesteine mit höheren SiO_2-Gehalten und klastische Sedimente (Tone, Grauwacken) 500–800 ppm Ba enthalten (Durchschnitt der kontinentalen Kruste 584 ppm). Die Verfügbarkeit von Ba zur Freisetzung aus solchen Gesteinen im Laufe von Verwitterung, Diagenese oder hydrothermaler Veränderung ist demgemäß groß. Barytlagerstätten sind deshalb häufig, ebenso wie das Vorkommen von Baryt als Gangart in hydrothermalen Mineralisationen. In hydrothermalen Lösungen wird Ba überwiegend als Chlorkomplex ($BaCl_{2(aq)}$) transportiert, wobei ebenso wie für die Mobilisation des Gesteinsbariums (aus Feldspat, Glimmer etc.) reduzierte und saure Bedingungen gegeben sein müssen. Sobald solche Lösungen SO_4^{2-} Ionen antreffen, erfolgt Fällung als Baryt. Unter Oberflächenbedingungen ist Baryt sehr beständig, so daß die Lagerstätten durch Klippen und Blöcke von Schwerspat markiert werden. Interessant ist, daß Ba bzw. Baryt in pelagischen Sedimenten hochproduktiver Meereszonen bezogen auf Al deutlich angereichert ist. Witherit entsteht durch Fällung in extrem alkalischem Milieu (pH>10).

Zur genetischen Zuordnung von Baryten können die $SrSO_4$-Gehalte beitragen, welche allgemein bei syn-sedimentär bzw. früh-diagenetisch gebildeten Baryten geringer zu sein scheinen als bei höher-temperierten, hydrothermalen Ganglagerstätten. Die sehr niedrigen Rb/Sr-Verhältnisse in Baryt machen diesen auch zu einem günstigen Objekt für genetische und praktische Anwendungen der Sr-Isotopenanalyse. Demnach können stratiforme Baryte in zwei Gruppen unterteilt werden (Maynard et al. 1995): Die erste ist mit Pb-Zn-Erzen verbunden und hat deutlich radiogenes Sr (Abkunft von kontinentaler Kruste), während die zweite nicht mit Buntmetallen vergesellschaftet ist und ein niedriges $^{87}Sr/^{86}Sr$-Verhältnis zeigt (z.B. aus ozeanischer Kruste). Naturgemäß sind auch Schwefelisotopenuntersuchungen für die genetische Interpretation nützlich (z.B. Paradis & Lavoie 1996, Paytan et al. 2002). Dabei hat sich ergeben, daß sowohl biogener Spuren-Baryt der marinen Sedimente wie auch jener der vulkanisch-hydrothermalen Lager die S-Isotopencharakteristik des jeweiligen Meerwassers hat, wogegen jedoch Sedex-Baryte oft extrem schweren Schwefel enthalten (Abb. 95). Das wird mit frühdiagenetischer, bakterieller Sulfatreduktion erklärt, welche in abgeschlossenen Teilbecken oder im Sediment das schwere SO_4-Ion anreichert, während das neugebildete leichte H_2S durch Pyrit fixiert wird oder entgast (Clark et al. 2004).

Barytlagerstätten sind weit überwiegend hydrothermaler Entstehung. Da aber für alle Barytlagerstätten gilt, daß eine geochemische Barriere in Form des Zusammentreffens zweier Lösungen (reduziert mit Ba/oxydiert mit SO_4^{2-}) wirksam ist, sind auch genetische Modelle nach dem Schema von Infiltrationslagerstätten denkbar. Demnach würden migrierende meteorische Wässer kontinentaler oder frühdiagenetischer Herkunft deszendente Barytlagerstätten bilden. In diesem Sinne werden manche Karstbaryte (Sardinien) sowie schichtgebundene Barytlager in Evaporiten und in roten Sandsteinen gedeutet. An „cold seeps" der Kontinentalränder bilden sich sulfidarme Barytsinter, welche manchen paläozoischen Lagerstätten sehr ähnlich sind (Torres et al. 2003). Demgemäß unterscheidet man folgende Lagerstättentypen, nach abnehmender wirtschaftlicher Bedeutung gereiht (Clark et al. 1990):

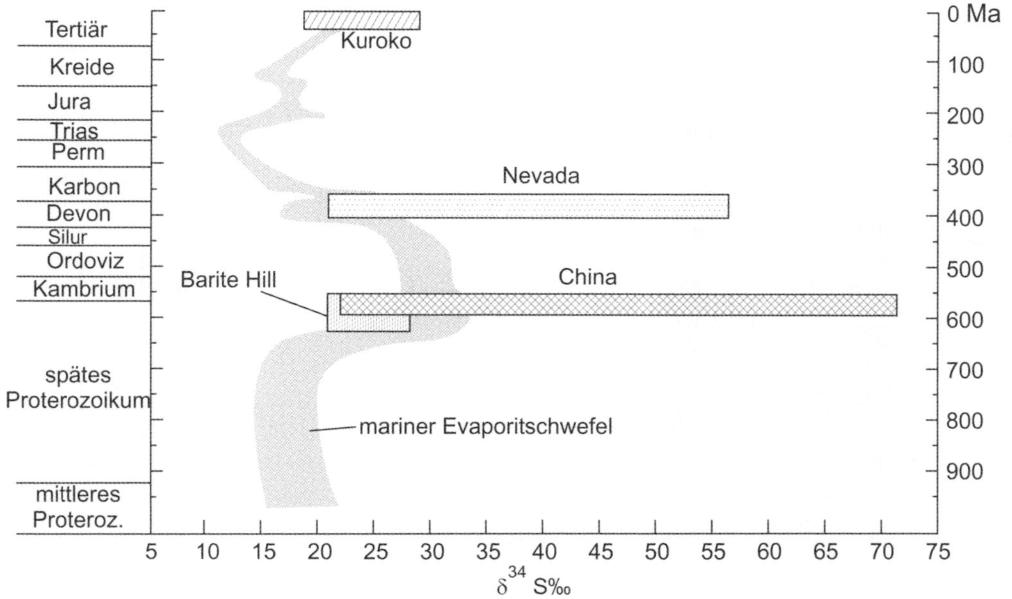

Abb. 95. Schwefelisotopenverhältnisse in marinen, stratiformen Barytlagerstätten im Vergleich zur Standardkurve mariner Evaporite (Clark et al. 2004).

Während der Schwefel vulkanisch-hydrothermaler Baryte (Kuroko, Baryte Hill/S-Carolina) direkt vom Meerwasser abgeleitet ist, führen die Sedex-Baryte z.T. extrem schweren Schwefel. Dies wird auf bakterielle Sulfatreduktion zurückgeführt.

- Submarin gebildete, hydrothermal-exhalative Barytlager (z.B. das Grauerz vom Rammelsberg/Goslar; Meggen im Sauerland; südchinesische Baryt-Witheritprovinz, sowie in Kuroko-Lagerstätten);
- Epigenetisch-hydrothermale Barytgänge, Karstfüllungen und metasomatische Körper in Karbonatserien (entspricht im weiteren Sinne dem Mississippi Valley Typ der Pb-Zn-Lagerstätten, z.B. Silvermines/Irland, Abb. 70; Appalachen in SW-Quebec: Paradis & Lavoie 1996; North Pennines/England);
- Hydrothermale Barytgänge in Nicht-Karbonaten (z.B. Bad Lauterberg/Harz; Dreislar/Sauerland);
- Terrestrisch gebildete, hydrothermal-sedimentäre Barytlager (eine Art Baryt-„Sinter"-Lagerstätten, z.B. Les Redoutières/Frankreich);
- Karstbaryte (z.B. Sardinien, Fleurus/Belgien, Marokko);
- Stratiforme Barytlager in evaporitischen Sedimenten (Dolomite, Sulfate; z.B. Pessens/Frankreich);
- Residuale Barytlagerstätten durch eluviale Verwitterung primärer Lager.

Submarine, hydrothermal-exhalative Barytlager sind durch große Vorräte gekennzeichnet. Baryt ist dort Gangart oder Nebengestein von Sulfidlagern vom Kuroko- (Abb. 27) oder vom Sedex-Typ (China, Nevada, Meggen, Rammelsberg, Abb. 44). Falls eine chemische Stratifizierung auftritt, ist Baryt entweder mit Galenit gleichzeitig oder unmittelbar darauf folgend gebildet. An Kuroko-Lagerstätten erinnert das vulkanische Milieu der Barytlagerstätten der griechischen Insel *Milos,* wo pliozäne vulkanische Tuffe an mehreren Stellen zu mächtigen Lagern, Schläuchen und Stöcken von metasomatischem oder disseminiertem Baryt umgewandelt wurden. Begleitende Kao-

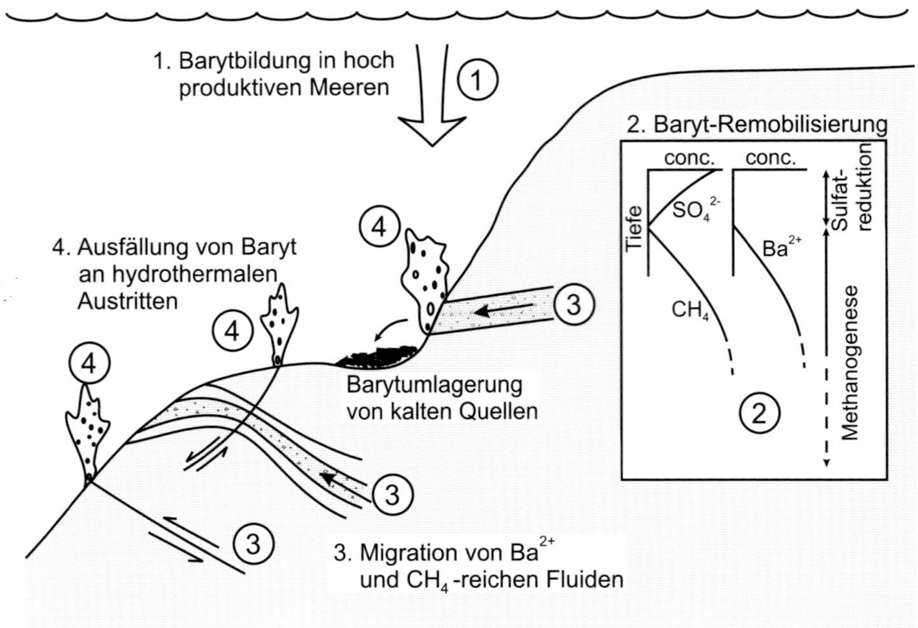

Abb. 96. Submarine Bildung von Barytlagern durch den Austritt frühdiagenetischer methanreicher Lösungen am Meeresboden ("cold seeps", TORRES et al. 2003).

1 – biogene Barytproduktion, 2 – Remobilisation von Ba durch Reduktion und Methanbildung im Sediment, 3 – Migration von Ba- und Methan-führenden Fluiden in permeablen Sedimenten oder an Störungen, 4 – an Austrittstellen (vents) Ausfällung von Baryt durch Mischung mit Meerwasser, Bildung von milchig-weißen Fahnen, Sedimentation, eventuell mechanische Umlagerung.

linlagerstätten belegen jedoch eine Übergangsstellung zu oberflächennaher, epithermaler Bildung. Sulfidarme Barytlager in marinen Schwarzschiefern und Cherts sind vermutlich ähnlich wie rezente Barytsinter durch den Austritt kalter Methan-reicher Lösungen am Meeresboden passiver Kontinentalränder entstanden (Abb. 96, TORRES et al. 2003).

Die süd-chinesischen Baryt- und Witheritlager treten in jung-proterozoisch-kambrischen marinen Schwarzschiefer-Chert-Sequenzen auf, jene Nevadas in ordovizisch-devonischen Sedimenten. Die oft auffallend lineare Anordnung der Lagerstätten spricht für Bindung an syn-sedimentäre Störungen (CLARK et al. 2004). In beiden Fällen handelt es sich um Sedimente passiver Kontinentalränder. Mit ca. 37 Mt Reserven ist *Mangampeta* in Süd-Indien vermutlich die größte Sedex-Barytlagerstätte der Erde.

Als Beispiel für ***hydrothermale Barytgänge*** möge hier die *Grube Wolkenhügel* bei Bad Lauterberg im Harz kurz beschrieben werden (STOPPEL et al. 1983).

Der Gang ist über 8,5 km Länge erkennbar, wovon ca. 1100 m abbauwürdigen Baryt enthielten. Baryt ist bis 350 m Tiefe nachgewiesen, mit durchschnittlicher Mächtigkeit von 11–14 m (maximal 30 m). Nebengesteine sind devonische und unterkarbone Grauwacken, Tonschiefer und Flinzkalke. Sie sind in verschiedener Weise durch hydrothermale Veränderung betroffen: Verkieselung, Bleichung und Zersetzung, Karbonatisierung, Chloritisierung und in geringer Tiefe auch Rötung durch Hämatitisierung. Der Gang besteht aus einem hangenden Trum mit sandigem Quarz und ausgelaugtem, mulmigem Karbonat, das nur vereinzelt Baryt führt, und dem Liegendtrum mit Baryt, massigem Quarz, Karbonat und geringen Mengen von Sulfiden (Kupferkies, Pyrit, Tetraedrit, etc.). Das Fördergut ist feinkörniger gebänderter bzw. grobkristalliner, weißer Baryt (89% $BaSO_4$, 3,4% $SrSO_4$, 6% SiO_2 und 1% $CaCO_3$). Die Lagerstätte enthielt insgesamt rund 6 Mt Baryt. Die Entstehung dieser Lagerstätte wird mit der oberkretazischen Tektonik im Harz und in seinem weiteren Umfeld in Verbindung gebracht. An aktiven Störungen absinkende, chloridbeladene Wässer des Deckgebirges hätten demnach in der Tiefe Ba aufgenommen, das beim erneuten Aufstieg in der Mischungszone mit kühlen, sulfatischen Lösungen abgeschieden wurde.

Genetisch besonders interessant ist die ***terrestrische Barytsinterlagerstätte*** *Les Redoutières* bei Chaillac am NW-Rand des französischen Zentralmassifs.

Über Graniten und Gneisen des Grundgebirges liegen hier terrestrische rote Schichten des untersten Lias, welche von marinen Kalken des mittleren Lias bedeckt sind. In den roten Schichten ist lokal ein maximal 20 m mächtiges Barytlager mit einem Inhalt von 4 Mt $BaSO_4$ entwickelt. Der Baryt ist durch Fe und Mn gelb bis rot gefärbt und eng gebändert, wobei gegen das Hangende Hämatit dominiert. Die Bänderung ist vielfach syn-sedimentär gestört, u.a. durch hydrothermale Brekziierung und durch Setzung und Entwässerung der schweren Präzipitate. Ein Vergleich mit terrestrischen, hydrothermalen Sinterbildungen liegt nahe, umsomehr, als in unmittelbarer Nachbarschaft ein Fluorit-(Baryt-) Gang aufgeschlossen ist. Geologische und geochemische Daten belegen einen genetischen Zusammenhang zwischen beiden Vererzungen, durch Mischung tiefer Ba-F-etc.-führender mit seichten SO_4-Wässern (Ziserman 1980).

Barytlagerstätten in Karst werden in ähnlicher Weise gegensätzlich gedeutet, wie die meist auch räumlich eng damit verbundenen Pb-Zn-Lagerstätten.

Die ehemalige Lagerstätte *Fleurus* liegt an der Nordflanke des Synklinoriums von Namur in einer Karstdepression in Kalken des Visé. Diese Doline hatte eine Füllung von früh-kretazischen terrestrischen, z.T. kohleführenden Sedimenten, welchen Baryt bis 25 m Mächtigkeit eingelagert war. Travertinartige Texturen und die Einlagerung von Sedimenten werden als Hinweise auf synsedimentäre Ausfällung des Barytes aufgefaßt. Das Barium stammt nach Dejonghe (1989) aus verwitterndem Oberkarbon der Umgebung, welches durch sulfatische Quellen aus dem Visé-Karst fixiert wurde. Die Lagerstätte hatte einen Inhalt von 1,1 Mt. Der Abbau wurde 1987 eingestellt.

Karstbaryte und Barytgänge in Marokko hingegen werden epigenetisch und als Produkte tiefer Beckenfluide gedeutet, welche im Zusammenhang mit der Öffnung des Atlantik in Trias und Jura mobilisiert wurden (Valenza et al. 2000, vergl. Abb. 49, 71).

Evaporit-Baryte: Die Lagerstätte von *Pessens* liegt im Süden des französischen Zentralmassifs, ähnlich wie Chaillac im transgredierenden Lias.

Dessen Basis besteht im Bergbaubereich aus stromatolithischen Dolomiten, Anhydrit und bunten Tonen, während im Norden gleichzeitig kohlenführende Sedimente, im Süden schwarze marine Tone abgelagert wurden. Baryt verdrängt als stratiforme Linse die Dolomite, wobei die Ausfällung durch eine sulfatische Barriere in diesem Sabkha-ähnlichen Bereich erklärt wird. Das Ba stammt entweder aus aufsteigenden Porenlösungen der marinen Tone, oder aus oberflächlich vom Lande her zufließenden Schwarzwässern. Der Bergbau wurde 1983 nach Produktion von 1,2 Mt Baryt eingestellt.

Produktion und Markt des Schwerspates sind eng mit dem Auf und Ab der Erdölindustrie verbunden. In der Zeit der Ölkrise erreichte die Weltproduktion durch verstärkte Bohrtätigkeit 8,3 Mt (1981), fiel aber mit dem Nachlassen der Prospektionsaktivitäten (2002: 5,77 Mt). Die größte Produktion haben China (~50%), Indien, Marocco, USA und Mexiko.

Bentonit (Smektitrohstoffe)

Montmorillonit $(Na,Ca)_{0,3}(Al,Mg)_2Si_4O_{10}(OH)_2.nH_2O$ D = 2–3

Bentonit bezeichnet Gesteine (und daraus erzeugte Industrieprodukte), welche neben anderen Tonmineralen sowie Quarz, Feldspat, Glimmer, vulkanischem Glas, kolloidaler Kieselsäure (Opal-CT) etc. etwa 60–90% Smektitminerale enthalten. Smektite umfassen die dioktaedrische Montmorillonitgruppe (Montmorillonit, Beidellit, Nontronit), die trioktaedrische Saponitgruppe (Saponit, Hectorit) und quellfähige Wechsellagerungsminerale, in denen die Smektitkomponente überwiegt. Alle diese Minerale haben eine hohe Ionenaustauschkapazität, nur einzelne jedoch die bemerkenswerte Fähigkeit, durch Wasseraufnahme auf ein mehrfaches Volumen zu quellen. Isomorphe Substitution von Al^{3+} durch Mg^{2+} bewirkt negativen Ladungsüberschuß, der durch die Aufnahme von Kationen (meist Ca, auch Na u.a.) in die Zwischenschichten ausgeglichen wird.

Hochwertiger, quellbarer (Na-) Bentonit wurde zuerst aus der Kreide von Wyoming/USA in einer marinen vulkanosedimentären Abfolge bekannt. Das Gestein wurde ursprünglich nach dem Fundort *Fort Benton* benannt.

Die Industrie klassifiziert Bentonite nach technischen Anforderungen, wie Thixotropie, Basenaustauschvermögen, Quellbarkeit, Adsorptionsfähigkeit, usw. (Christidis & Scott 1996). Man unterscheidet in der Praxis vor allem die selteneren quellbaren (in der Regel Na-Bentonite) von den häufigeren, nicht quellbaren (meist Mg- oder Ca-) Bentoniten. Letztere werden durch Behandlung mit $NaCO_3$-Lösung nutzbar gemacht („Aktivierung"). Rohbentonit ist ein weißes bis blau-grünliches toniges Gestein, das bei der Verwitterung hellgelb oder braun wird und kleinstückig zerfällt. In Wasser gelegt quillt er unter Volumenzunahme zu einem steifen gelartigen Brei, der durch Rühren leicht verflüssigt werden kann. Darauf beruht die überwiegende Verwendung als Zusatz zu Bohrspülungen in der Erdölindustrie.

Bentonit ist im Gelände oft übersehen worden, weil er einem dichten Mergel gleichen kann. Polyedrisch-kleinstückiger Zerfall im trockenen Zustand und seifig-schmierige Beschaffenheit nach Anfeuchtung wie natürlich das Quellen sind deutliche Merkmale. Proben zur Beurteilung der Verwertbarkeit eines Vorkommens dürfen nicht aus dem Ausbißbereich entnommen werden. Für einen wirtschaftlichen Abbau kommen mindestens 0,5 m mächtige Lager in Frage, wenn Überlagerung und horizontale Ausdehnung eine Gewinnung im Tagbau zulassen.

Verwendung. Bentonite werden vielfältig verwendet, wobei „Rohbentonite" und „sauer" bzw. „alkalisch aktivierte" Bentonite zu unterscheiden sind. Rohbentonit wird als Dickspülung in Tiefbohrungen, als Bindemittel zur Erzpelletierung, als bindiger Bodenzusatz, als Füllmasse in Farben und Kitten, als Baubentonit zum schalungslosen Abstützen von Baugruben, sowie für Form- und Kernsande in Gießereien verwendet. Säure-aktivierter Bentonit (Bleicherde) wird zur Entfärbung und Reinigung von Speiseöl, Wein und Bier, ferner als inerter Träger für Insektizide, als Feuerlöschpulver, als Katzenstreu (der größte Marktanteil) und als Ölbindemittel eingesetzt. Alkalisch aktivierter Bentonit wird weit überwiegend als thixotrope Spülung in Bohrungen und als Bindemittel von Formsand angewandt.

Zunehmend werden speziell ausgewählte oder konditionierte Bentonite auch im Umweltschutz eingesetzt, da die hohe Plastizität, geringe Permeabilität und hohe Quellfähigkeit eine wirksame Abdichtung bewirken. Zudem wird die Schadstoffmobilität durch die hohe Adsorptionskapazität vermindert. Anwendungsgebiete sind vor allem Altlastensanierung (z.B. durch Einkapselung) und die Abdichtung von unter- und obertägigen Deponien.

Die meisten ***Bentonitlagerstätten*** sind durch Alteration vulkanischer Gesteine, vor allem von glasreichen Tuffen entstanden. Es gibt aber auch marine und lakustrine Tone, welche einen hohen Anteil an Smektiten bzw. quellfähigen Mixed-Layer-Mineralen haben. Demgemäß lassen sich folgende Bereiche der Bildung von Bentonitlagerstätten unterscheiden:

- Alteration vulkanischer Tuffe in alkalischem Milieu, entweder unter Einfluß von Meerwasser (Benton/Wyoming, England: „Fuller's earth", Milos) oder terrestrischer alkalischer Wässer (Ostbayern);
- Hydrothermale, alkalische Alteration vulkanischer Gesteine (Almeria/Spanien: Decher & Friedrich 1991);
- Autochthone Verwitterung von basischen Tuffen, Basalten und Ultramafiten unter Bildung smektitreicher Böden;
- Smektitische Tone als marine (eozäner Ton bei Friedland/Mitteldeutschland) oder Playasee-Sedimente.

Die bedeutendsten Bentonitlagerstätten Mitteleuropas liegen in der ostbayerischen Molassezone im Bereich *Mainburg-Landshut-Malgersdorf.* Es handelt sich um lokale abflußlose Becken oder Talabschnitte innerhalb von Sedimenten der Oberen Süßwassermolasse, welche im obersten Baden und im Sarmat Bentonitflöze neben Schluffen, Feinsanden, Kalk- und Sandmergeln sowie Süßwasserkalken enthalten. Meist liegt vom Liegenden zum Hangenden eine Abfolge von gelbem über blaugrauem zu olivgrünem Bentonit vor, mit gleichsinnig abnehmendem Smektitgehalt. Eingeschaltet ist oft eine Lage verfestigten Bentonites („Platte"), welcher nur teilweise brauchbar ist. Die Herkunft des Ausgangsmateriales war lange Zeit umstritten. Heute wird eine Ableitung der rhyolitischen Glastuffe vom transsylvanisch-pannonischen Vulkanismus angenommen (Unger et al. 1990).

Zahlreiche Vorkommen von Bentoniten sind in der Steiermark bekannt, u.a. bei *Friedberg, Gossendorf* und im Kohlebecken von *Fohnsdorf.* Sie sind aus Tuffen entstanden, die ebenfalls mit dem jungtertiären latitischen Vulkanismus der Südsteiermark bzw. des westlichen pannonischen Beckens in Verbindung gebracht werden. Bedeutende Bentonitlagerstätten entstanden durch niedrig-hydrothermale Alteration tertiärer andesitisch-dazitischer Tuffe bei *Serrata* in der Sierra del Cabo de Gata/Almeria. Die einzelnen Tagebaue bilden einen weiten Gürtel um die Goldvererzung von Rodalquilar (s. Gold). Reich an Bentonitlagerstätten sind auch die tertiären Vulkangebiete des inneren Karpathenbogens in Rumänien und der Slowakei.

Aus jungen, dazitisch-rhyolitischen Tuffen sind die großen Bentonit- (und Kaolin-) Lager der ägäischen Inseln mit dem Schwerpunkt in der Inselgruppe von *Milos* enstanden. Dort kann man in manchen Aufschlüssen sehr schön beobachten, daß aus denselben andesitischen bis rhyolitischen Pyroklastika durch saure Wässer Kaolin, durch alkalische (Meerwasser?) aber Bentonit gebildet wird. Diese pH-Grenzen sind z.T. sehr scharf, oft aber infolge der späteren, hydrothermalen Genese des Kaolins durch Schläuche, Gänge und Stockwerktextur so komplex, daß selektiver Abbau zur Trennung von Kaolin und Bentonit sehr schwierig wird. Obwohl diese Alteration der Bentonite prinzipiell der industriellen Säureaktivierung gleicht, sind die Produkte wenig brauchbar, vor allem infolge von Alterungsprozessen (Kaufhold & Decher 2003).

Attapulgit (Palygorskit) $(Mg,Al,Fe^{3+})_2Si_4O_{10}(OH).4H_2O$ und *Sepiolith* (Meerschaum: $Mg_4Si_6O_{15}(OH)_2.6H_2O$) sind in ihren technischen Eigenschaften dem Bentonit sehr ähnlich (Galan 1996) und sollen deshalb hier Erwähnung finden, obwohl sie deutlich seltener sind. Die bedeutendste Sepiolithlagerstätte der Welt ist *Vallecas* nahe Madrid in unter- bis mittelmiozänen gipsführenden grünen Mergeln, welche als Playa-Sedimente aufgefaßt werden. Die Jahresproduktion liegt bei 0,5 Mt. Dieser tonig-erdige Sepiolith ist aber vom stückigen Meerschaum zu unterscheiden, aus dem in *Eskishehir/Türkei* Pfeifenköpfe und andere Gegenstände geschnitzt werden. Attapulgit wird weit überwiegend im Quincy-Attapulgus-Gebiet von Georgia und Florida/USA sowie ebenfalls in Spanien produziert (Kendall 1996), während die größten Reserven im Senegal bekannt sind. In China gibt es authochtone Montmorillonit-Palygorskitlager über Basalt und davon abgeleitete lakustrine Sedimente. Die Bildung von Palygorskit aus Montmorillonit wird durch evaporitische Pedogenese erklärt, mit Laugung von Na und Ca sowie Zufuhr von Mg und Si (Long et al. 1997).

Bor

Es gibt über ca. 230 borführende Minerale (Garrett 1998); von bergbaulicher Bedeutung sind von diesen vor allem:

		$\% B_2O_3$	D
Borax (Tinkal)	$Na_2B_4O_5(OH)_4.8H_2O$	36	1,7
Colemanit	$CaB_3O_4(OH)_3.H_2O$	51	2,4
Ulexit	$NaCaB_5O_6(OH)_6.5H_2O$	43	1,9
Kernit (Rasorit)	$Na_2B_4O_6(OH)_2.3H_2O$	51	1,9

Daneben werden auch einige Bor-Silikate und Playasee-Laugen zur Borerzeugung genutzt. Die wasserreichen Borate, vor allem Ulexit, werden oft durch diagenetischen Colemanit verdrängt. Es gibt jedoch auch direkte, epigenetische Ausfällung von Colemanit (Miranda-Gasca et al. 1998). Durch diagenetische Entwässerung entsteht aus primärem Borax sekundärer Kernit, welcher jedoch in Oberflächennähe bereitwillig wieder zu Borax hydratisiert.

Bor wird überwiegend als dehydrierter „Industrieborax" und als Borsäure gehandelt. Die Verwendung in den USA liegt infolge der vorherrschenden Leichtbauweise hauptsächlich in Feuerimprägnierung von Baustoffen und in der Herstellung von Glasfaserisoliermaterial. In Europa geht der größte Anteil in die Erzeugung von Na-Perborat, welches als Bleichzusatz in Waschmitteln dient. Weitere Anwendungen sind Emaillierung und Keramik, Glaserzeugung, Düngung, Metallurgie, Schleifmittelindustrie (Borazon ist härter als Korund) und Strahlenschutzbauten, wo Bor als Neutronenabsorber dem Beton zugesetzt wird. Eine interessante Zukunftsperspektive liegt in der Verwendung von $NaBH_4$ als Wasserstoffspeicher für Fahrzeuge, die mit einer Brennstoffzelle angetrieben werden.

Geochemie. Das geochemische Verhalten des Bors ist durch seine Anreicherung in marinen Peliten (100 ppm), in der magmatischen Gasphase (BF_3, BCl_3, etc.) und in terrestrischen heißen Quellen (als Borsäure, H_3BO_3) gekennzeichnet. Auch Evaporite haben erhöhte Borgehalte, insbesondere jene terrestrischer Becken. Die Erdkruste enthält im Durchschnitt 11 ppm B, Meerwasser 4,6 ppm.

Auf Grund von Isotopendaten kann vermutet werden, daß auch das Bor der Magmatite und der Hydrothermen und Fumarolen zumeist letztlich aus Peliten stammt. Der beträchtliche Massenunterschied zwischen ^{10}B und ^{11}B führt bei geologischen Prozessen zu kräftiger Fraktionierung, auch bei der Bildung verschiedener Borminerale (Swihart et al. 1996). Das Bor der terrestrischen Lagerstätten hat immer negative $\delta^{11}B$-Werte, während marine Borate im positiven Feld liegen. Diese Beobachtungen lassen erwarten, daß die Bildungsmodelle von Borlagerstätten durch Isotopenanalysen in Zukunft weiter verbessert werden.

Borlagerstätten entstehen überwiegend durch Exhalationen und Hydrothermen, welche ihren Salzinhalt in der Umgebung der Austrittstelle, besonders aber nach kurzem Lösungstransport in abflußlosen Salzseen arider Klimabereiche (Salare, Playaseen) absetzen. Solche Salzseen bzw. deren Sedimente kennt man aus der Türkei und aus Kalifornien/USA, Argentinien (Alonso et al. 1991), Bolivien, Peru und Tibet. In den wirtschaftlich bedeutenden Borlagerstätten sind vulkanogene, klastische oder evaporitische Sedimente der Salzpfannen horizontweise mit Bormineralen durchsetzt. Untergeordnet gibt es Borsalze auch in marinen Salzlagern (ehemals Staßfurt: Boracit $Mg_3ClB_7O_{13}$) und in Schlammvulkanen (Salsen), welche in manchen Erdöl- und Erdgasfeldern auftreten. Eine Besonderheit ist die große Bor-Skarnlagerstätte im Fernen Osten Rußlands.

Borate bilden oft absätzige, aber horizontbeständige Lager von einigen 100 m Ausdehnung, die auf mehrere Kilometer immer wieder auftreten können. Randzonen abflußloser arider Becken sind immer höffig, wenn Anzeichen für Vulkanismus vorhanden sind. Die zentralen Teile der Becken können in der Regel nur durch Bohrungen erkundet werden; hier ist auch auf gewinnbare Laugen zu achten. Borate in Gipsen oder Mergeln sind oft nicht leicht zu erkennen; charakteristisch sind große Spaltstücke von Colemanit (deshalb „Borspat") und die „Wattekugeln" (cotton balls) der Ulexite. Nachweisen läßt sich das Bor im Felde durch Betupfen mit einer Lösung von Quinalizarin in conc. H_2SO_4, welche bei Anwesenheit von Bor von violett zu blau umschlägt. Hilfreich kann auch die Grünfärbung der Lötrohrflamme durch B sein, sowie die Fluoreszenz einiger Borate im UV-Licht.

Große Borlagerstätten liegen in Kalifornien, im *Death Valley/Kern County* und im *Searles Lake* (Laugen).

Die Lagerstätten im Kern County enthalten derbe Massen von Kernit, Borax und Ulexit flözartig in miozänen Tonen und Silten über Effusivgesteinen. Das Lager wird bis 90 m mächtig; eine taube Überlagerung von 60–150 m erfordert z.T. Abbau untertage. Der Durchschnittsgehalt des Haufwerkes liegt bei 25% B_2O_3. Anderswo in Kalifornien wird auch Bohrlochlaugung angewendet, z.B. im neuen Bergbau *Fort Cady,* mit Reserven von 138 Mt B_2O_3 unter 410 m Überlagerung.

Europa hatte früher eine kleine Borsäuregewinnung aus den Dämpfen von *Larderello* in Toskana und aus den Salzen von Staßfurt. Eine vermutlich bauwürdige Neuentdeckung sind Colemanitflöze im miozänen Jarandol-Becken in Serbien (Obradovic et al. 1992), in dem seit längerer Zeit Magnesit (bei Bela Stena) und Braunkohlen (am nördlichen Beckenrand) abgebaut werden.

Dagegen sind die jungen vorderasiatischen Gebirgsketten reich an Borlagerstätten. Besonders in den jungtertiären, syn-vulkanisch gebildeten Becken der Türkei wurden seit 1950 viele Neuentdekkungen gemacht, die sich mit dem altbekannten Vorkommen von *Susurluk* zu einer Boratprovinz vereinen. Hier werden die größten Bor-Ressourcen der Welt vermutet.

Susurluk hat über 1 Mt Borminerale geliefert, ist aber mittlerweile erschöpft. Andere Bergbaue liegen bei *Bigadiç* und im Becken von Kütahya bei *Emet.* Bigadiç ist mit Gesamtreserven von 987 Mt Borat die größte Colemanit-Ulexit-Lagerstätte der Erde. Hier liegen zwei bis 30 m mächtige, ausgedehnte Borathorizonte zwischen basischen bis sauren vulkanischen Gesteinen und Tuffen. Die Borate sind hydrothermal-sedimentäre Präzipitate in gelblichweißen gebänderten Sedimenten eines Alkali-Sees, welche wechselnd Kalke, tonige Kalke, Mergel, Tone und Tuffe umfassen. In den boratreichen Lagen erscheinen zusätzlich Gips und Dolomit, als Hinweis auf Evaporationsphasen. Die Texturen der Borate belegen den Beginn des Wachstums im weichen Sediment (also synsedimentärfrühdiagenetisch). Weitere diagenetische Umlagerungen sind aber ebenso nachweisbar (Helvaci 1995). An den Beckenrändern dominiert eine Colemanitfazies, im Zentrum Ulexit (Helvaci & Orti 1998).

China hat auf der *Halbinsel Liaodong* bedeutende Borlagerstätten.

Ein breites alt-proterozoisches Riftbecken hat hier randlich eine miogeosynklinale Fazies mit klastischen Sedimenten und Karbonaten (inklusive Magnesite vom Veitsch-Typ, s. dort). Im zentralen Teil folgen über basalen Meta-Arkosen und Alkalirhyoliten magnesiumreiche Metasedimente und schließlich mächtige Meta-Turbidite. Die Borate liegen ausschließlich in den Mg-Karbonaten und -Silikaten (Magnesitmarmore ± Phlogopit, Forsterit-Diopsid-Felse und davon abgeleitete Serpentine, oft mit reichlich Magnetit). Es handelt sich um Linsen und Massen von Suanit $Mg_2B_2O_5$ und Ascharit (Szaibelyit) $MgBO_2(OH)$. Die Erzkörper erscheinen als Brekzien, Stockwerke, massige Stöcke oder schichtig-disperse Knollen der B-Minerale in den Metasedimenten. Infolge der amphibolitfaziellen Überprägung ist die Genese dieser Lagerstätten vieldeutig: Möglicherweise handelt es sich um synsedimentäre Exhalite, welche durch spätere Metamorphose und granitische Intrusionen umgeformt wurden. Wahrscheinlicher ist eine Ableitung von Playa-See-Sedimenten (Peng & Palmer 1995), und damit eine den geologisch jungen Lagerstätten vergleichbare Entstehung.

Die Skarnlagerstätte *Dalnegorsk* nahe Vladiwostok liefert etwa 80% des russischen Borbedarfes. Triaskarbonate wurden hier durch kretazische Granodiorite intrudiert. Abgebaut wird ein Skarn, welcher aus Danburit ($CaB_2Si_2O_8$), Datolith ($CaB(OH)SiO_4$), Wollastonit, Hedenbergit und Granat besteht (Crowe et al. 2001).

Die Weltjahresproduktion (2002) liegt bei 4,8 Mt von Bormineralen, überwiegend aus Türkei, USA, Rußland, Argentinien, Chile und China.

Diamant

Diamant (C, D = 3,5; Härte 10) ist ein wertvoller Edelstein; nur etwa 30% der Weltbergbauproduktion werden für industrielle Zwecke verbraucht. Vom natürlichen Diamanten werden folgende

Varietäten unterschieden: Der eigentliche *Diamant* (vorwiegend klare, unterschiedlich gefärbte Einzelkristalle und Kristallgruppen), *Bort oder Ballas* (feinkristalline, oft radialfaserige Massen und Kugeln) und *Carbonado* (koksartige feinkristalline Fragmente). In der Industrie wird Bort allerdings als allgemeine Bezeichnung für natürliche und künstliche Diamanten sowie Schleifabfälle verwendet, welche nicht als Schmucksteine geeignet sind. In Sierra Leone findet man *Coated Diamonds,* das sind Steine mit einer graphitreichen Hülle und einem klaren Kern.

Die Größe von Diamanten wird in Karat gemessen (1 ct = 200 mg); Industrielle Gewinnung ist ab etwa 5 mg möglich, sehr häufig sind Steine um 1 ct. Diamanten bis 300 ct sind nicht allzu selten, noch größere aber sind so außergewöhnlich, daß sie oft Namen erhielten (etwa der *Cullinan* mit 3106 ct). Der Wert von Schmuckdiamanten hängt von ihrer Größe, Transparenz, Färbung und anderen Faktoren ab. Industriediamanten kosten 13 US $/ct (Argyle), während seltene Schmucksteine Liebhaberpreise bis über 50.000 US $/ct erbringen können.

Industrieller Diamant ist vor allem ein Abrasiv, und wird zum Bohren, Schleifen, Sägen und Polieren verwendet. Neben der Härte ist dabei auch die besondere Widerstandfähigkeit gegen Chemikalien und große Hitze wichtig. Die Anwendungsgebiete sind ungemein vielfältig und reichen von der Mikrochirurgie über Erdölbohrungen bis zum Schneiden großer monolithischer Bausteine. Mehr als 90% dieses Marktes werden durch synthetische Diamanten abgedeckt.

Die *Bauwürdigkeit* von Diamantlagerstätten ist oft bereits bei Gehalten von unter 1 ct/t gegeben. Natürlich ist vor allem der Wert der produzierten Steine maßgeblich. In den meisten Minen werden Gehalte von 0,05–2,0 ct/t gewonnen, das sind 0,01–0,4 ppm. Einer der jüngsten Bergbaue, *Diavik*/NWT/Kanada, gewinnt im Tagbau Kimberlite mit 3,9 ct/t, bei einem Durchschnittswert von 96 $/ct. Die Diamantseifen bei Gbenko/Guinea sind mit 20 ppb Durchschnittsgehalt vermutlich das niedrigstkonzentrierte „Roherz" der Welt überhaupt. Dies ist nur möglich, weil fast ausschließlich wertvolle Schmucksteine >1 ct gewonnen werden.

Herkunft und Entstehung. Kohlenstoffisotopenanalysen von Diamanten ergaben ein $\delta^{13}C$ von -5 bis -35‰. Dies belegt eine sehr unterschiedliche, wahrscheinlich teilweise biogene Herkunft des Kohlenstoffs. Da auch S- und Pb-Isotope sulfidischer Einschlüsse eklogitischer Diamanten (s.u.) starke Abweichungen von normalen Mantelwerten zeigen, ist zumindest für diese Gruppe eine Entstehung durch Subduktion sedimentären Materials sehr wahrscheinlich (Eldridge et al. 1991). Der Fund eines Staurolith-Einschlusses in Diamant bekräftigt diese Auffassung (Daniels et al. 1996). Dagegen sprechen allerdings vergleichende Untersuchungen von C- und N-Isotopen (Catigny et al. 1998, Haggerty 1999).

Diamant entsteht bei Drücken über 45–60 kbar (>140 km Tiefe) und Temperaturen von 1.000–1.200°C nahe der Basis der kontinentalen Lithosphäre, unter extrem reduzierten Bedingungen und in Präsenz von CH_4-H_2O-H_2-Fluiden oder von Karbonatschmelze. Manche Diamanten wurden vermutlich im Unteren Mantel (>660 km: McCammon 2001) oder in Subduktionszonen (Griffin et al. 2002) gebildet. *Primäre Lagerstätten* waren lange nur aus subvulkanischen Schloten, Sills und Gängen von alkalischen Ultrabasiten (Kimberlite und Lamproite) bekannt, welche aus der Tiefe so rasch aufgestiegen sind, daß die Diamanten nicht resorbiert wurden. Capdevila et al. (1999) beschrieben erstmals den Fund wirtschaftlich interessanter Diamanten in altproterozoischen, metamorphen Komatiiten. Die Erosion von diamantführenden Gesteinen erzeugt *sekundäre Lagerstätten;* das sind weit überwiegend eluviale, alluviale und marine Seifen, welche vor allem Schmucksteine liefern. Nur wissenschaftlich interessant sind die Mikrodiamanten (Korndurchmesser <0,4 mm, bzw. <0,001 ct), welche in Ultrabasiten, Basalten, in Meteoriten, in hochmetamorphen Gneisen (z.B. Davies et al. 1993) und neuerdings sogar in Impaktgesteinen (Suevit im Nördlinger Ries) gefunden wurden. Es ist denkbar, daß manche Diamantseifen (z.B. jene der Carbonado-Fundstellen) durch Verwitterung und Abtragung solcher Trägergesteine entstehen.

Lagerstätten. Zuerst (um 1870) bekannt wurden die diamantführenden Explosionsschlote bzw. Diatreme Südafrikas, welche „pipes" genannt werden. Dazu gehört der heute größte Bergbau *Venetia*, sowie jene im Kimberley-Distrikt, welche für die Kimberlite namensgebend wurden. ***Kimberlite*** sind petrographisch äußerst komplexe, stark veränderte, K-reiche ultramafische Vulkanite, welche in einer meist karbonatisierten oder serpentinisierten Grundmasse aus Kalzit, Olivin und Phlogopit reichlich Einsprenglinge von Olivin, Phlogopit, Picroilmenit, chromreichem Pyrop und geringe Mengen des hier interessierenden Diamants führen (Mitchell 1991). Der rasche Aufstieg von Kimberliten ist vermutlich damit zu erklären, daß hohe Gasgehalte Fluidisierung bewirkten. Typisch ist die Ausbildung als Schlotbrekzie, meist mit vielen Fragmenten der Nebengesteine. Kimberlite bilden oft Felder mit Hunderten von Schloten und Gängen, von welchen in der Regel nur wenige abbauwürdig sind.

Zweifellos hatten Kimberlitpipes ursprünglich an der Oberfläche maarähnliche, weite Krater und Randwälle. Erstmals wurden aus Saskatchewan/Kanada *vulkanoklastische Kimberlite* beschrieben (Leckie et al. 1997). Unterkretazische Sedimente enthalten dort terrestrisch abgelagerte diamantführende Lapillituffe, welche von Olivinkristalltuffen überlagert werden. Erneute Transgression führte zu Diamantanreicherung in einer Brandungszone. Die Mine Ellendale in Nordaustralien gewinnt seit 2002 Diamanten aus lamproitischen Pyroklastiten. Reste der *Kraterzone* sind in Mwadui/Tanzania und in der Orapa Pipe/Botsuana erhalten. Meist aber hat die Erosion nach Platznahme der Kimberlite die tiefere *Diatremzone* freigelegt. Diese hat nach innen konvergierende, steile und relativ glatte Wände mit rundlichem Querschnitt. Die tiefste bergbaulich erschlossene Zone ist die *Wurzelzone,* mit sehr irregulärem Aufbau und hohen Anteilen von Nebengesteinsbrekzien. Sie geht in die Tiefe in zumeist unbauwürdige, schmale Gangspalten über (eine Ausnahme ist z.B. der Kimberlitgang von Snap Lake in Kanada). Das gesamte Profil mag ursprünglich bis zu 2000 m vertikale Erstreckung gehabt haben. Die bergbauliche Erschließung der südafrikanischen Kimberlite erreicht maximale Teufen um 1000 m.

Die meisten oben erwähnten Charakteristika treffen auf die gut beschriebene *De Beers Pipe* bei Kimberley/Südafrika zu (Abb. 97). Die Lagerstätte wurde 1871 entdeckt und hat rund 5 Tonnen (25 Mct) Diamant geliefert. Zuletzt im Tiefbau betrieben, wurden Durchschnittsgehalte von 20 ct/100 t abgebaut. Einzelne Kimberlitgenerationen sind sehr unterschiedlich vererzt: DB1 und DB2 führen nur 6,6 bzw. 3,5 ct/100 t, DB3 dagegen 60,8 ct/100 t.

Diamantführende Kimberlite und Lamproite ebenso wie die Diamanten selbst enthalten immer auch *Einschlüsse von Mantelgesteinen*. Man unterscheidet peridotitische (Olivin, Pyroxen, Cr-Pyrop; vertreten im Kimberley Distrikt, S.A., dazu auch Magnesit, Graphit und Anatas: Finch) von eklogitischen Typen (Pyrop-Almandin, omphazitischer Pyroxen, sowie auch Disthen, Coesit und Sulfide; z. Bsp. Argyle/Australien). Die peridotitischen Einschlüsse können weiter unterteilt werden. Das sind einerseits Klinopyroxen-freie, Mg-reiche harzburgitische Typen sowie Klinopyroxen-führende, Ca-reiche lherzolitische Einschlüsse. Ungewöhnlich ist das gemeinsame Vorkommen aller drei genannten Paragenesen in Diamanten der Premier Mine, S.A., wo die ältesten, archaisch gebildeten Diamanten harzburgitische Einschlüsse führen, jene mit alt-proterozoischem Alter lherzolitische, während die jüngsten, knapp vor der Bildung der Kimberlite (1180±30 Ma) entstandenen Diamanten eklogitische Einschlüsse enthalten. Es wird vermutet, daß die Harzburgite Residua aus Komatiitbildung sind, die Lherzolite in Beziehung zur Bildung der basaltischen Bushveldschmelzen stehen (Richardson et al. 1993), und daß eklogitische Einschlüsse aus subduzierter ozeanischer Kruste stammen.

Kimberlite sind mit Karbonatiten und anderen Alkalimagmatiten verwandt. Regional sind sie für alte Kratone charakteristisch, welche während des Frühstadiums des Entstehens neuer Ozeane einer Dehnung unterworfen waren. So werden die kretazischen afrikanischen Kimberlite einem System

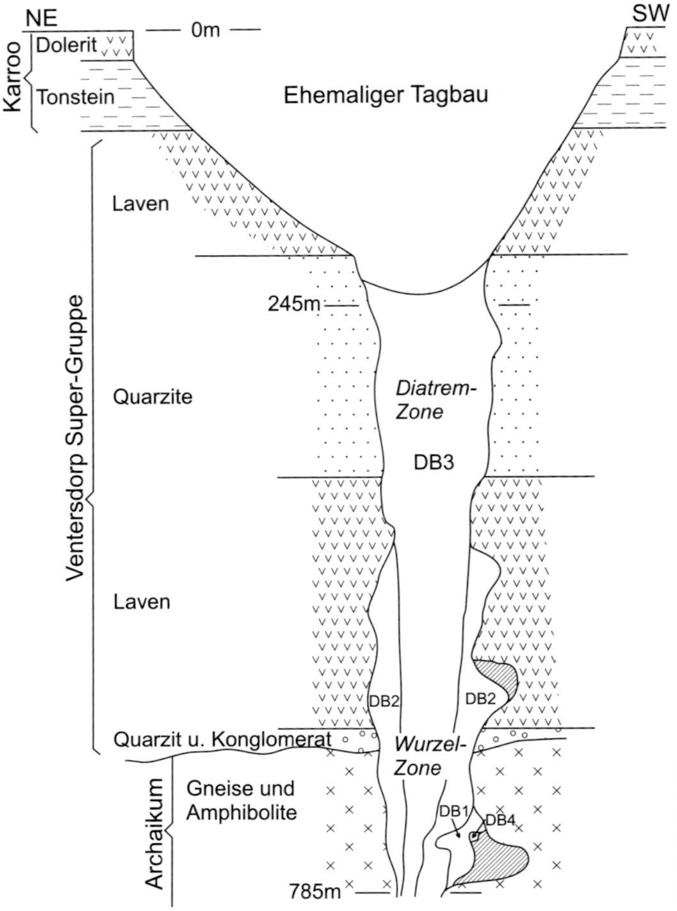

Abb. 97. Profil der De Beers Kimberlit-Pipe bei Kimberley, Südafrika (nach Clement et al. 1986). Schraffur: Brekzien der Wurzelzone; DB1-4 sind unterschiedliche Kimberlitgenerationen.

fundamentaler Störungen zugeordnet, welche mit den frühen Stadien der Entstehung des Atlantischen und des Indischen Ozeans in Zusammenhang stehen.

Erst in jüngerer Zeit wurden die ***K-Mg-reichen Lamproite*** als ebenfalls wichtige Muttergesteine für Diamanten erkannt (Argyle/Australien). Einsprenglinge und Grundmasse dieser vulkanischen oder intrusiven Gesteine bestehen aus Olivin, K-Richterit (ein Tremolit) und Diopsid, oft auch mit Phlogopit- und Sanidinführung (Peccerillo 1992). Zum Unterschied von Kimberliten sind offenbar besonders die diamantführenden Lamproite kieselsäuregesättigt. Dies wird durch Aufschmelzen unter erhöhtem Partialdruck von H_2O und F erklärt, während Kimberlite bei hohem pCO_2 entstehen.

In jedem Fall werden Diamanten in Kimberliten und Lamproiten als *Xenokristalle* aufgefaßt, die also nicht in jedem Fall im jeweiligen Magma gebildet wurden, sondern oft als exotische Fragmente aus dem Mantel aufgenommen und hochtransportiert. Altersbestimmungen an Diamanten im Vergleich zum magmatischen Muttergestein ergeben manchmal nahezu identische (Argyle), z.T. aber stark abweichende Bildungsalter, wie in den kretazischen (ca. 100 Ma) Orapa und Finch Pipes, deren Diamanten ein Bildungsalter von 990 und 1580 Ma haben. Es gibt jedoch experimentelle Belege, daß Diamanten aus fluidreichen, alkalischen und karbonatischen Schmelzen entstehen können.

Die größte primäre Diamantlagerstätte der Welt wird seit 1985 bei *Argyle* in NW-Australien abgebaut. Die AK1-Pipe ist ein Krater mit einer Fläche von 1,6 mal 0,6 km, welcher mit Lamproit-Lapillituffen gefüllt ist. Lamproitgänge durchschlagen die Tuffe. Das Alter der Lamproite liegt bei 1130 Ma. Die Diamanten haben eklogitische Einschlüsse und $\delta\ ^{13}C$ von -9 bis -12‰ PDB (Boxer & Jaques 1990). Die Reserven betragen 61 Mt Roherz mit einem Gehalt von 2,9 ct/t. Mit einer Jahresproduktion von 25 Millionen Karat liefert Argyle über 50% der Weltbergbauproduktion an natürlichen Industriediamanten. Der Edelsteinanteil liegt bei 5%, mit ungewöhnlichen Farben (cognac und lebhafte Rosatöne). Mit einem Alter von nur 20 Ma sind über 100 andere Vorkommen von Kimberliten und Lamproiten Westaustraliens die jüngsten, welche bisher bekannt wurden.

Diamantführende Seifen verdanken ihre Entstehung der großen mechanischen und chemischen Widerstandsfähigkeit des Minerals. Dadurch ist auch eine mehrfache Umlagerung möglich, womit vermutlich die bis heute oft unbekannte primäre Herkunft mancher Diamantseifen ebenso wie sporadischer Einzelfunde erklärbar ist. Es gibt fossile Seifen sehr hohen Alters, wie die unterproterozoischen Konglomerate von Vila Nova in Brasilien. Junge bis rezente Seifen können in höheren Flußterassen oder in den Talschottern liegen. Ein schönes Beispiel für einen engen Zusammenhang zwischen primärer und sekundärer Lagerstätte sind die Diamantseifen am Bow River/Westaustralien, welche flußabwärts der Argyle AK1 Pipe liegen. Die Vorräte mit durchschnittlich 0,3 ct/t sind sehr groß, bei einer Jahresproduktion (1991) von 960.000 ct. Der Edelsteinanteil beträgt 20%, wodurch die Erfahrung bestätigt wird, daß zunehmender Transport höhere Qualität der Steine bewirkt. Sehr bekannt sind auch die Edelsteinseifen am Orange River in SW-Afrika, die während der Kreide aus den Kimberliten im zentralen Südafrika erodiert und durch die komplexe Entwicklung des Flußsystems vom Tertiär bis ins Holozän mehrfach umgelagert wurden (de Wit 1999). Der erste Diamant Südafrikas (*Eureka* mit 21,5 ct) wurde 1866 am Ufer des Orange River gefunden.

Es gibt auch marine Küstenseifen, wie jene in Südwestafrika (Namibia). Kleinere Diamanten sehr guter Qualität liegen dort besonders im Mündungsbereich des Orange und des Olifants River über und unter Wasser, vor allem aber in submarinen älteren Strandterassen. Von dort aus wurden die Diamanten über mehr als 300 km Küstenlänge verfrachtet. Im Hinterland der Küste bei Gibeon sind zwar viele Kimberlitpipes vorhanden, bislang konnte jedoch keine Diamantführung nachgewiesen werden.

Die ***Suche nach Diamantlagerstätten*** stützt sich auf eine Kombination geologischer, geochemischer und geophysikalischer Methoden (Michel 1996). Eine großräumige Erkundung wird immer die Untersuchung der Schwerminerale im Entwässerungsnetz oder im Regolith enthalten, wobei Chromdiopsid, Chromspinell, Cr-führender Pyrop, Mg-Ilmenit (Picroilmenit), uranarmer Zirkon und natürlich Mikrodiamanten als Indikatoren für ausbeißende Kimberlite oder Lamproite dienen (Muggeridge 1995). Die charakteristischen Maar-ähnlichen Depressionen solcher Pipes können oft bereits im Satellitenbild oder in Luftphotos erkannt werden. Weitere Möglichkeiten der Lokalisierung potentiell diamantführender Gesteine sind geochemische Bodenbeprobung (Ni, Cr, Co) sowie Aero- und Bodengeophysik (Magnetik, Elektromagnetik, Gravimetrie). Der nächste Schritt gilt der Beurteilung der Diamantführung der aufgefundenen Kimberlite und Lamproite (Rombouts 2003). Dazu werden möglichst große Proben einem Aufbereitungsversuch unterzogen, wobei in der Regel mehrere Hundert Tonnen Material benötigt werden. Eine wissenschaftlich elegante Methode kann allerdings oft schon viele Kimberlite und Lamproite als nicht höffig ausscheiden: Läßt sich nämlich durch Bestimmung der p/T-Bildungsbedingungen von Manteleinschlüssen feststellen, daß die Magmen aus einem Bereich außerhalb des Stabilitätsfeldes von Diamanten stammen (z.B. aus einer Tiefe <100 km oder T>1400° C), so ist eine Diamantführung ausgeschlossen. Nach dem völlig unerwarteten Fund der großen Diamantlagerstätte Argyle in West-Australien, das bis dahin wie viele andere Gebiete als nicht höffig galt, kam es weltweit zu einer anhaltenden Zunahme der Exploration. Neufunde, vor allem in Kanada (Lac de Gras, NWT), Finnland und sogar in den USA (Kelsey Lake, Colorado) waren die Folge. Trotzdem sind von den bisher bekannten 5000 Kimberliten in aller Welt nur 60 abbauwürdig, und unter diesen nur 15 wirklich bedeutend.

Auch Diamantseifen werden durch Aufbereitungsversuche an Kiesproben aufgesucht und mit großen Probemengen im Detail untersucht. Sorgfältige sedimentologische Untersuchungen sind notwendig, um Exploration und Abbau rationell zu steuern. Besonders kritisch ist die *Bewertung* der Diamanten eines Neufundes. Als Regel gilt, daß dazu ein Paket von mindestens 2000 ct Makrodiamanten vorliegen muß, da Mikrodiamanten nicht bewertet werden können.

Die *Produktion* natürlicher Diamanten lag 2001 bei 120 Mct (2,4 t). Botswana, Australien, Rußland, Congo und Südafrika lieferten der Menge nach den größten Anteil. Etwa zwei Drittel der Produktion kamen aus primären Lagerstätten, der Rest aus Seifen. Die Reihung nach dem Wert lautet: Botswana, Rußland, Südafrika und Angola. Die bergbauliche Produktion kann die Nachfrage nach hochwertigen Industriediamanten nicht befriedigen. Ein überwiegender Anteil (über 95%, 1999 ca. 1.000 Mct) wird heute durch Hochdrucksynthese industriell hergestellt, in einer Metallschmelze bei T>1.400°C und P>50 kbar. Die Produktion synthetischer Schmucksteine ist immer noch unwirtschaftlich.

Diatomit

Diatomit (auch Kieselgur, Diatomeenerde, Infusorienerde genannt) besteht aus den mikroskopisch kleinen (5–150 µm) Skeletten von einzelligen Kieselalgen (Diatomeen). Nach Form und physikalischem Verhalten unterscheidet man Stäbchen, Scheibchen, Tonnen, Schiffchen. In der Regel enthält die Gur auch feinkörnige klastische Sedimentanteile (Quarz, Ton, vulkanische Asche), die bei der Aufbereitung entfernt werden. Störend sind Karbonatanteile >5% sowie für manche Anwendungen auch Tongehalte. Kieselgur ist ein kreidiges oder bindiges Gestein von weißer bis grünlicher Farbe, bei höherem Anteil an organischer Substanz oder Pyrit/Markasit kann sie auch grau bis schwarz sein. Die Rohgur enthält bis 60% Wasser und wird für verschiedene Verwendungen bei 100°C getrocknet oder bei 800°C kalziniert. Bei letzterem wird die organische Substanz verbrannt, und es entsteht ein hellrosa oder weißes Produkt.

Die Diatomeenskelette bestehen zwar aus relativ hartem Opal bzw. Cristobalit, sind aber sehr fragil, so daß sie als eher mildes Abrasiv wirken. Entsprechend behutsam müssen sie bei der Aufbereitung behandelt werden, um unerwünschte Zerkleinerung zu vermeiden. Dies gilt besonders für die Erzeugung von Filtergur, weshalb hauptsächlich mit Windsichtung im heißen Luftstrom gearbeitet wird. Kalzinierte Diatomeen sind fester, so daß eine schärfere Politur erzielt wird.

Die *Verwendung* der Kieselgur beruht vor allem auf dem hohen Kieselsäuregehalt, der geringen Dichte (0,2–0,6) und der hohen Porosität. Sie wirkt deshalb wärme- und schalldämmend und adsorbierend für Flüssigkeiten. Anwendungsbereiche sind demgemäß Isolierung und Filterung, als Füller in Gummi, Plastik, Farben und Bitumen, sowie als Pudermittel in Stickstoffdünger und Insektiziden. Geringe Mengen werden in der kosmetischen Industrie und als feinstes Poliermittel verbraucht. Dem Alltag am nächsten liegt vermutlich die breite Anwendung (neben Sepiolith etc.) als Katzenstreu, oder als Absorber für Öl und Treibstoffe an Tankstellen oder nach Unfällen.

Diatomeen brauchen für das zur ***Lagerstättenbildung*** notwendige Massenwachstum ein großes Angebot an gelöstem SiO_2. Dieses kann entweder aus Thermalquellen stammen, die besonders in vulkanischer Umgebung auftreten (Island), oder aus verwitternden Gesteinen durch Oberflächen- und Grundwasser zugeführt werden (Niedersachsen), oder durch Einwehung von Glastuffen in lakustrine bzw. randlich marine Becken freigesetzt werden (Molererde/Dänemark, Lompoc/Kalifornien). Die meisten Kieselgurlagerstätten der Erde werden jedoch in jungen Vulkangebieten gefunden.

Die größten europäische Lagerstätten liegen im *französischen Zentralmassif*, im Bereich basaltisch-andesitischer Vulkane, die um die Wende Pliozän-Pleistozän aktiv waren. Bei *Murat* handelt es sich um die Füllung eines Maarkraters. Island erzeugt Kieselgur aus dem *Myvatn-See,* in dem rezente Diatomitbildung durch Zuströmen geothermaler Wässer beobachtet werden kann. Spanien hat in Verbindung mit tertiärem Vulkanismus viele miozäne und pliozäne Diatomitlagerstätten, infolge der Assoziation mit marinen Mergeln jedoch meist von geringer Qualität. Im marinen tieferen Helvet (Ottnang) einer Randfazies der niederösterreichischen Molassezone bedeckt das Kieselgurlager von *Limberg* eine Fläche von mehreren Quadratkilometern. Es handelt sich um 3–7 m mächtige, dünnschichtige, bankweise opalisierte Gur, welche zur Zeit nicht abgebaut wird.

Eine genetische Sonderstellung nehmen die Kieselgurlagerstätten der *Lüneburger Heide* ein, die während der Eem und Holstein-Interglaziale in Seen subglazial geformter Rinnen gebildet wurden. Einzelne Lagerstätten sind weniger Zehner Meter mächtig und erstrecken sich über mehrere Kilometer Länge. Das Gestein ist fein gebändert und besonders im liegenden Teil durch organische Substanz und Pyrit schwarz bis olivgrün gefärbt. Über dem Grundwasserspiegel treten durch spätere Oxydation graue bis weiße Varietäten auf. Die Gesamtvorräte in diesem Gebiet liegen über 12 Mt bauwürdiger Rohgur, die Gewinnung wurde allerdings 1994 eingestellt. Die Entstehung dieser Lagerstätten wird auf verstärkte Kieselsäurezufuhr in die warmzeitlichen Seen durch Verwitterung zurückgeführt (Benda & Paschen 1993).

Die dänische ***Molererde*** ist eozänen Alters. Die Vorkommen liegen im nördlichen Jütland und bestehen aus einer marinen, maximal 60 m mächtigen Wechsellagerung von heller Kieselgur und vertonten Aschentuffen, die oft durch Gletschereinwirkung gefaltet und gestört vorliegt. Hohe Fe- und Ton-Gehalte verhindern eine Verwendung als Filtermaterial. Deshalb werden hier z.T. Steine gepreßt und gesintert, welche als Dämmbaustoffe Verwendung finden. Große Mengen werden auch zur Präparation (coating) von Düngemitteln und als Absorber exportiert.

Tripel (Tripoli) wird ähnlich wie Diatomit als Polier- und Füllmittel verwendet. Ursprünglich wurde diese Bezeichnung auch für Kieselgur gebraucht, in Anlehnung an das namensgebende Vorkommen in Nordafrika. Heute versteht man unter Tripel feinstkörnige, weiche chalzedonische oder Quarzpelite, die durch Zersetzung (Verwitterung?) von Hornstein in Kalken oder von Kieselschiefer entstehen. In Deutschland gibt es schmale Tripelbänder (10–25 cm) im mittleren Muschelkalk des Kraichgaues und am Odenwald, mit Korngrößen <3 μm, die bis 1966 bei Pforzheim abgebaut wurden.

Kieselerde ist in Deutschland aus Lagerstätten in der Umgebung von *Neuburg* an der Donau bekannt. Es handelt sich um ein feinstkörniges, weißes Gestein (67% kleiner 20 μm) aus Quarz und Opal mit etwas Kaolinit, das weit überwiegend aus Kieselschwammresten besteht. Die Kieselerde hat unterturones Alter, und bildet mächtige Füllungen von Karstdepressionen in Malmkalken. Auch aus Kieselerde werden überwiegend Füllstoffe und Poliermittel hergestellt.

Feldspat

Orthoklas, Mikroklin	$KAlSi_3O_8$	D = 2,53–2,56
Albit	$NaAlSi_3O_8$	2,61
Anorthit	$CaAl_2Si_2O_8$	2,76

Feldspäte sind Hauptgemengteile der meisten magmatischen (aber auch metamorpher und sedimentärer) Gesteine und gehören deshalb zu den häufigsten Mineralen. Eine wirtschaftliche Gewinnung setzt allerdings voraus, daß es sich um die oben zuerst genannten Alkalifeldspäte bzw. Mischglieder (Kalinatronfeldspäte, Perthite) beider handelt. Diese sind in sauren oder alkalischen Magmatiten zu erwarten Die meisten intermediären und basischen Gesteine führen Ca-reiche Feldspäte (Mischglieder von Albit und Anorthit: Plagioklase), die wichtige erwünschte Eigenschaften nicht haben und deshalb wirtschaftlich seltener von Bedeutung sind.

Kalifeldspat hat theoretisch 64,8% SiO_2, 18,3% Al_2O_3 und 16,9% K_2O, doch ist immer ein Na-Gehalt vorhanden, sowie wenig Ca und oft feine Hämatitschüppchen (deshalb die typische rosa Farbe). Albit besteht aus 68,8% SiO_2, 19,4 % Al_2O_3 und 11,8% Na_2O. Teilweise Kaolinisierung ist meist unschädlich.

Die *Verwendung* von Feldspat liegt hauptsächlich (ca. 85%) in der Erzeugung von Keramik, Glasuren und Glas. Zunehmend werden Feldspäte auch als Füllstoffe in Plastik, Farben und Gummi sowie als milde Abrasive eingesetzt. Die Anforderungen an Rohstoff und Aufbereitungsprodukte sind dementsprechend sehr unterschiedlich (LORENZ & GWOSDZ 2003): Die Keramikindustrie braucht das Material als leicht schmelzendes Flußmittel und wünscht deshalb möglichst hohen Alkaligehalt und geringe freie Kieselsäure, meist auch niedrigen Fe-Gehalt. Die Glasindustrie verwendet die Feldspäte sowohl als Flußmittel wie als billiges Regulativ für den Aluminiumgehalt, der dem Glas verbesserte Haltbarkeit verleiht. Die naheliegende Verwendung anderer, Al-reicherer Minerale, z.B. Bauxit, Kaolin, Disthen usw., scheitert entweder an höheren Kosten oder an unzulässig hohen Fe-Gehalten. Das gebräuchliche Flußmittel der Glasindustrie ist Soda, so daß der Alkaligehalt der Feldspäte eine geringere Rolle spielt.

Ursprünglich wurden Feldspäte fast ausschließlich aus grobkristallinen *Pegmatiten* gewonnen, wobei durch Handscheidung ein reines Produkt erzielbar war. Mittlerweile dominiert die Erzeugung von Feldspatkonzentraten durch Flotation, Magnetscheidung etc., wobei weiterhin Pegmatite, zunehmend jedoch Granite und andere magmatische Gesteine als Rohstoffbasis dienen. Beispiele sind *Nephelinsyenite* (Brasilien, Kanada, Norwegen, Rußland, Türkei), *Aplite* (Japan, Elba), *Alaskite* (USA), *Albitite* (Vysoki Kamen/Böhmen/CZ), *Phonolite* (Eifel), *Rhyolite* (Saar-Nahe) und *Cornish Stone* (vergruster Granit in Cornwall). Als Füllstoff wird in Norwegen auch weißer *Anorthosit* abgebaut, obwohl dieser für Glas oder Keramik ungeeignet ist. Der größte K-Feldspat-Pegmatit der Welt ist *Pippingarra* bei Port Hedland, Westaustralien, mit 1,5 km Länge und bis 200 m Breite.

Prospektive Lagerstätten müssen Mindestanforderungen in Bezug auf Größe, annähernd konstante Rohstoffqualität und Aufbereitbarkeit erfüllen. Stets werden niedriger Fe-Gehalt und hohe Alkalianteile kritische Eigenschaften sein. Eine frühzeitige Abstimmung mit möglichen Verbrauchern ist anzuraten. Die *Weltproduktion* von Feldspat lag 1998 bei 11,5 Mt, bei einer jährlichen Zunahme (1972–1998) von rund 6%. Die größten Produzenten sind China, Italien, Türkei und USA.

Fluorit

Fluorit (Flußspat)	CaF_2	D = 3,18	max. 48,9% F

Fluorit enthält fast immer Spuren von Seltenen Erden, die als Aktivatoren für die namensgebende Fluoreszenz (und Thermolumineszenz) sowie z.T. für die Färbung des Minerals verantwortlich gemacht werden. Andere häufige Kationen in Fluorit sind Sr und Y, seltener sind Al, Ba, Cd, Mg, Mn, Na, K und U+Th. Unterschiedliche Gehalte dieser Elemente sind für einzelne Lagerstättentypen in Flußspatprovinzen charakteristisch und können für die Exploration verwendet werden. Die charakteristische tiefviolette Farbe vieler Fluorite wird oft auf Urangehalte bzw. genauer auf strahlungsbedingte Kristallgitterdefekte zurückgeführt.

Der Fluorbedarf der Industrie wird heute fast ausschließlich durch Fluorit gedeckt (LORENZ & GWOSDZ 2003). Bis 1987 wurde aus der einzigartigen Lagerstätte Ivigtut in W-Grönland natürlicher *Kryolith* Na_3AlF_6 gewonnen. Mittlerweile wird in Aluminiumhütten nur mehr synthetischer Kryolith eingesetzt. Die bei der Phosphatdüngererzeugung aus *Fluorapatit* anfallende Hexafluorokieselsäure H_2SiF_6 wird in Zukunft vermehrt zur Deckung des Fluorbedarfes bei der Kryolithsynthese verwendet werden.

Große Fluoritlagerstätten mit mehreren Mt Erz enthalten gewöhnlich 15–20% CaF_2, kleine 30–40%. Häufige Begleitminerale sind Quarz, Karbonate, Baryt, Bleiglanz und Zinkblende, welche durch Aufbereitung abgetrennt werden müssen. Ein seltener Begleiter ist *Sellait* MgF_2, der makroskopisch leicht mit Flußspat verwechselt wird (Grube Clara bei Wolfach).

Flußspat wird als Flußmittel bei Hüttenprozessen verwendet, vor allem in der Eisen- und Stahlerzeugung. Die Eignung als „Hüttenspat" (metallurgical grade) hängt von der Körnigkeit sowie von niedrigen Gehalten an SiO_2, S und Pb ab. In der chemischen Industrie (Flußsäure, u.a. auch fluorhaltige Treibgase, Verarbeitung durch Lösung in H_2SO_4 mit dem Nebenprodukt Anhydrit) und für die Kryolithsynthese wird ein CaF_2-Gehalt über 97% bei sehr niedrigen Sulfid- und Phosphorgehalten gefordert („Säurespat"; acid grade). Diese beiden Gruppen sind annähernd zur Hälfte die Hauptverbraucher von Flußspat. Weitere Anwendungsbereiche gibt es in der Keramik, bei der Glaserzeugung, und schließlich für Material höchster Reinheit und Transparenz in der optischen Industrie zur Herstellung von Linsen.

Fluor ist ein für die Ernährung essentielles Element. U.a. führt Fluormangel zu Zahnschäden (weshalb Trinkwasser auf einen Gehalt von 0,7 bis 1,2 ppm F eingestellt werden sollte), sehr hohe Fluorgehalte in der Nahrung verursachen jedoch Gesundheitsschäden. Aus diesem Grunde hat man große Anstrengungen unternommen, um den Fluorverbrauch zu senken und möglichst große Rückgewinnungsraten zu erreichen. Dies und das Verbot bestimmter fluorhaltiger Treibgase (Halone und CFC's = Chlorofluorocarbone), welche in der höheren Atmosphäre Ozon abbauen, wirkt sich vor allem auf die Säurespatproduktion abschwächend aus. Es wird aber erwartet, daß neu entwickelte, unschädliche Treibgase (HFC's = Hydrofluorocarbone) zu einem neuen Aufschwung des Fluoritbergbaues führen werden.

Geochemie. Fluor ist vor allem ein Element des Erdmantels; in Phlogopit von Kimberliten findet man bis 8500 ppm F. Auch Karbonatite und Alkaligesteine haben sehr hohe Fluorgehalte, oft in Form von Fluorapatit, welcher sehr häufig zu bergbaulich nutzbaren Schlieren angereichert ist (z.B. Kola/Rußland, s. Phosphate). Mit einem Durchschnittsgehalt von 525 ppm in der Kruste ist Fluor das häufigste Spurenelement. Fluor ist in allen Magmen enthalten. In Magmatiten steigt allgemein sein Gehalt von basischen (370 ppm) zu granitischen (850 ppm) Gesteinen, jedoch im Einzelnen abhängig von der Entgasungsgeschichte des jeweiligen Körpers. Metapelite führen durchschnittlich 500 ppm F, Karbonate 330 ppm, Meerwasser nur 1,3 ppm. In gesteinsbildende Minerale tritt F^- hauptsächlich für OH^- ein. Deshalb sind vor allem Glimmer, Amphibole, Apatit, Tone und andere OH^--führende Minerale Träger von geochemischen Fluorgehalten. Fluor ist also in vielen Gesteinen reichlich verfügbar. Es ist deshalb verständlich, daß Fluorit als Gangart in hydrothermalen Lagerstätten sehr häufig ist und daß Fluoritlagerstätten weit verbreitet sind.

Vulkanische Gase führen Fluor in Form von HF°, das infolge seiner Agressivität starke Alteration der Nebengesteine bewirkt. Die aus abkühlenden Magmen freigesetzten Mengen können enorm sein. Die Fluorabgabe der Fumarolen im Valley of the Ten Thousand Smokes/USA an die Atmosphäre wird z.B. auf 200.000 t pro Jahr geschätzt. Fluorführende hydrothermale Lösungen enthalten unterschiedliche Anteile von F^-, HF°, HF_2^-, SiF_6^{2-}, CaF^+ und BF_4^-; sie sind oft sauer, weshalb dann die Abscheidung von Flußspat durch Reaktion mit Kalkstein oder mit Ca-führenden Lösungen bzw. mit Ca-Mineralen der Nebengesteine erfolgt, wodurch naturgemäß der pH-Wert rasch ansteigt. Flüssigkeitseinschlüsse vieler Flußspatlagerstätten haben meist mittlere bis höhere Salinität und führen Na-Ca-Mg-Cl. Vielfach wurde versucht, die Entstehung von Flußspatlagerstätten durch Spurenelementanalysen einzugrenzen, natürlich auf Grund der Überlegung, daß die physiko-chemischen Bedingungen der Flußspat-Präzipitation den Einbau von Spurenelementen kontrollieren müssen.

Fluorit ist gegenüber Verwitterung sehr beständig; deshalb bildet er im Ausbiß Härtlinge bzw. bei Lösung von Gangart und Nebengestein residuale Anreicherungen, welche bergbauliche Bedeutung erlangen können (z.B. in den unten erwähnten Lagerstätten des Malmani-Dolomites).

Die Bildung von ***Fluoritlagerstätten*** ist zum Teil eindeutig mit magmatischen Prozessen verbunden, entweder mit Karbonatiten oder mit Graniten bzw. Rhyoliten. In Greisen und Pegmatiten findet sich Fluor in Topas, Glimmern und Kryolith, aber auch in der Form disseminierter Flußspatkörner sowie in vielen anderen akzessorischen Mineralen. Solche Vorkommen sind jedoch wirtschaftlich von geringer Bedeutung. Die Bildung eigentlicher Lagerstätten findet in der Regel im unmittelbaren Dach der Intrusionen statt, durch Reaktion der magmatogen-hydrothermalen Fluide mit dem Nebengestein (z.B. im Dach der Bushveld-Granite, Südafrika, oder in einem brekziierten Rhyolitstock sowie Kalkstein in Zaragoza/Mexiko). Die meisten Flußspatlagerstätten lassen jedoch keinen direkten Zusammenhang mit magmatischen Prozessen erkennen. Hierher gehören fluoritreiche Lagerstätten des Mississippi-Typs, weiter hydrothermale Gänge und metasomatische Körper in Grund- und Deckgebirge (Mitteleuropa), deren letztendliche Fluorquelle auch heute noch diskutiert wird, und schließlich schichtgebundene Fluoritlagerstätten in Sedimenten, bei welchen syngenetische und epigenetische Bildung möglich ist.

Magmatisch-hydrothermale Flußspatlagerstätten werden in Mexiko, Südafrika, Kanada und in China abgebaut.

Die Lagerstätten Südafrikas *(Zwartkloof, Buffalo)* liegen im unmittelbaren Dach der Bushveldgranite, sowohl in kontaktmetamorphen Transvaalsedimenten wie in den rhyolitischen Roibergfelsiten. Es handelt sich um Gangsysteme, welche zum Teil einer Aufblätterung des quarzitischen Nebengesteins (Leptit) entlang der Schichtflächen entsprechen (Buffalo), zum Teil quergreifende Strukturen benützen (Zwartkloof). Manche Gänge sind monomineralisch, oft aber enthalten sie auch Siderit, Quarz, Chlorit und etwas Sphalerit. Hohe Gehalte an Uran und SEE sind charakteristisch. Die vulkanogene Lagerstätte *Las Cuevas* bei Zaragoza in Mexiko ist der weltweit größte Flußspatbergbau, mit Reserven von 28–30 Mt zu 84,5% CaF_2.

Die größte Fluoritlagerstätte der Karbonatit-Assoziation ist *Amba Dongar* in Indien mit ca. 12 Mt Erz zu 30% CaF_2. Am Kontakt zwischen einem kretazischen Karbonatit und den fenitisierten Nebengesteinen treten dort zahlreiche Gänge mit Fluorit, Baryt, Chalcopyrit, Dickit, Galenit und Pyrit auf. Die Entstehung ist durch Mischung fluorführender magmatischer Fluide mit Ca-reichen Formationswässern der sedimentären Nebengesteine erklärbar (Palmer & Williams-Jones 1996). Kontaktmetasomatische Bildung in karbonatischen Nebengesteinen liegt in der Lagerstätte *Mato Preto*/Brasilien vor (Tochtrop et al. 1997).

Diagenetisch-hydrothermal gedeutete Flußspatlagerstätten sind weit verbreitet. Im eigentlichen Typusgebiet der Mississippi-Lagerstätten (s. dort) liegt der Illinois-Kentucky Distrikt/USA, der den größten Teil der Fluoritproduktion der USA geliefert hat. Aus der räumlichen Zuordnung darf allerdings nicht *a priori* eine gleichartige Bildung wie jene der Pb-Zn-Lagerstätten abgeleitet werden. Die geologische Position ebenso wie geochemische Modellierung (Plumlee et al. 1995) machen es sehr wahrscheinlich, daß dieser Distrikt in Zusammenhang mit der HF-CO_2-Entgasung permischer Alkalikomplexe entstanden ist, welche allerdings nur sehr vereinzelt aufgeschlossen sind. Plumlee et al. vermuten, daß die aufsteigenden magmatischen Gase in den Laugen der Beckensedimente gelöst wurden, wonach die Fluide entlang von Störungen migrierten und die großen Fluoritgänge, die metasomatischen Mantos in Kalken und die Brekzienerzkörper des kryptovulkanischen Hicks Dome gebildet haben. Aus diesem Beispiel wird klar, wie schwierig die vollständige Erfassung aller genetischen Faktoren der Lagerstättenbildung ist.

Bemerkenswert ist die ausgedehnte Flußspatprovinz bei Marico im westlichen Transvaal/Südafrika mit dem Bergbau *Witkop*. Die Lagerstätten Transvaals liegen im Malmani-Dolomit der altproterozoischen Transvaal Supergruppe unmittelbar unter einer Diskordanzfläche, wo Dolomit durch Tone, Cherts mit einer gebänderten Eisenformation, Brekzien und Konglomerate der Pretoria-Gruppe überlagert wird. Die Dolomite sind an der Diskordanz stark verkarstet, wodurch eine Emersionsphase belegt ist. Der Flußspat imprägniert in stratiformen Körpern stromatolithischen Dolomit der Karstzone („algal ore“), geringere Mengen werden aus Kollapsbrekzien gewonnen, wo das Ausgangsmaterial schwarzer Dolomit war („block spar“). Gangarten sind Quarz, Kalzit, Dolomit, Pyrit, Talk, Tremolit und etwas Zinkblende. Mit nur 16% Fluoritgehalt ist das Erz relativ arm; die Möglichkeit der Gewinnung im Tagebau ist für die Wirtschaftlichkeit ausschlaggebend. Die Ressourcen des Distriktes sind allerdings sehr groß. Wenn man ein Minimum von 10% CaF_2 ansetzt, liegen sie bei 1000 Mt. Die Entstehung der Lagerstätten fällt in den Zeitraum nach der Ablagerung der Pretoria-Gruppe, da Fragmente aus Malmani-Dolomit in deren Basisschutt unvererzt sind, und vor der Intrusion des Bushveld Massives, weil das Erz durch dessen Kontakthof metamorphosiert wurde (Talk, Tremolit, Graphitbildung aus Erdöltröpfchen). Damit ist eine genetische Verwandtschaft mit dem Mississippi-Typ sehr wahrscheinlich. Es wird vermutet, daß diagenetische Laugen das Spurenfluor der Sedimente mobilisiert und in der Folge unter der impermeablen Überlagerung an der Diskordanz abgesetzt haben. Dies geschah im Zusammenhang mit einer großräumigen Fluidmobilisation um 2,0 Ga, welche durch die Kheis-Orogenese am Westrand des Kapvaal-Kratons ausgelöst wurde (Duane et al. 1991).

Eine deutliche stratigraphische bzw. lithofazielle Bindung von Flußspatvorkommen und -lagerstätten an Gesteine mit regional anomalen F-Gehalten ist eine wiederkehrende Beobachtung. Dies trifft auf Morvan am Rande des französischen Zentralmassivs (Trias) ebenso zu wie auf Mexiko (Kreidekalke), auf die alpine Mitteltrias (Gutensteiner Schichten, Wettersteinkalk) und auf die zentrale russische Tafel (Karbonsandsteine). In Deutschland wurde der Zechsteindolomit (Ca2 und Ca3) in Hessen und Thüringen als regional mineralisiert erkannt, mit der Lagerstätte *Caaschwitz* und den Vorkommen von *Eschwege* und *Sontra*. Eine genetische Aussage ist aus dieser Schichtgebundenheit jedoch nicht abzuleiten. Sowohl syn-sedimentär-exhalative wie auch epigenetisch-hydrothermale Deutungen sind möglich.

Hydrothermale Gang- und Verdrängungslagerstätten können demnach verschiedenen geologischen Prozessen zugeordnet werden. Neben den bereits besprochenen magmatischen und diagenetischen Lösungen sollen hier Riftbildung (z.B. Kenya, CZ) und die komplexe Metallogenese tektonisch aktivierter Kratone (varizisches Europa) genannt sein. Es ist durchaus möglich, daß auch in diesen Fällen tiefe magmatische Entgasung eine ähnliche (Teil-) Rolle spielt, wie im oben genannten Beispiel des Illinois-Kentucky-Distriktes.

Die Fluoritkörper des *Kerio Valley* in Kenya liegen am westlichen Randbruch des Ostafrikanischen Grabens. Am Fuß des rund 1300 m hohen Abbruchs streichen proterozoische Marmore, Gneise und Quarzite aus. Die Marmore enthalten unmittelbar im Störungsbereich metasomatische Fluoritkörper, die im einzelnen durch Querbrüche lokalisiert sind. Neben Resten der Nebengesteine führen die Erze Chalzedon, Adular, Pyrit und Chlorit, also eine typisch epithermale Paragenese. Kaolinisierung von feldspatführenden Nebengesteinen ist die auffälligste hydrothermale Alteration. Im weiteren Umkreis gibt es miozäne und rezente, basaltische und Na-rhyolitische Vulkane sowie Fumarolen und heiße Quellen, welche hohe Fluorgehalte haben. Ob das Fluor unmittelbar aus entgasenden Magmen stammt, oder aus Tuffen und Sedimenten der Riftfüllung mobilisiert wurde, bleibt allerdings offen.

Mit der östlichen Fortsetzung des Egergrabens in Tschechien ist die Flußspatlagerstätte von *Jilove* bei Teplitz verbunden. In der Nähe der Erzgebirgsstörung treten hier neogene Basalte auf. Damit in Zusammenhang sind heiße Quellen zu sehen, die noch heute Aragonit, Baryt und Fluorit abscheiden. Der Fluorit von Jilove bildet Gänge und Kluftfüllungen in unterturonen Quadersandsteinen. Interessant ist das völlige Fehlen von Baryt; Gangarten sind Limonit und Opal. Die Abscheidung fand bei Temperaturen um 120°C statt. Das Alter der Vererzung ist möglicherweise pleistozän.

Das variszisch konsolidierte Europa wurde im Laufe seiner Entwicklung mehrfach „reaktiviert", was auf großräumige tektonische Prozesse zurückgeführt werden kann (z.B. die Öffnung des Atlantik im Jura, die Bildung der tertiären Gräben, etc.). Dadurch wurden wiederholt im Grundgebirge und im Deckgebirge hydrothermale Lösungen generiert, welche unter anderem bedeutende epigenetische Flußspatlagerstätten zur Folge hatten. Die oben genannten Vorkommen des Morvan und Gänge im Zentralmassif bei *Chaillac* können diesem Typ ebenso zugeordnet werden wie jene West-Asturiens, West-Irlands (O'Connor et al. 1993) oder die deutschen Lagerstätten *Grube Clara*/Wolfach und *Käfersteige* bei Pforzheim im nördlichen Schwarzwald (Meyer et al. 2000). Das Nabburg-Wölsendorfer Revier im Oberpfälzer Wald hingegen ist permo-triadischen Alters, zeitlich in unmittelbarer Folge nach dem variszischen, post-tektonischen Magmatismus.

Weltweit werden jährlich etwa 4,2 Mt Flußspat gewonnen, davon kommt mehr als die Hälfte aus China, gefolgt von Mexiko, Mongolei, Südafrika und Rußland. Die *Prospektion* auf Fluorit stützt sich wesentlich auf geochemische Analysen mit der ionenselektiven Fluorsonde, weil selbst bauwürdige Flußspatanteile im Gestein sehr häufig makroskopisch nicht erkannt werden können. Gesteine, Böden und Wasser können dazu genutzt werden. Weiter ist Fluor ein sehr brauchbares Pfadfinderelement zur Prospektion auf alle fluorführenden Lagerstätten, z.B. Pb-Zn-Ba in Karbonaten, aber auch für Zinngranite.

Gips und Anhydrit

Gips	$CaSO_4.2H_2O$	D = 2,3
Anhydrit	$CaSO_4$	2,96

Abgebaut werden nahezu monomineralische Vorkommen dieser Minerale. *Gipsstein* enthält neben Gips oft Anteile von Anhydrit, Ton und Karbonat, weiter bituminöse Substanz, authigene Quarze und lösliche Salze. *Anhydritstein* besteht aus Anhydrit, Ton, Quarz, Bitumen und Karbonat; lösliche Salze sind darin naturgemäß häufiger als in Gips. *Alabaster* ist sehr feinkörniger, massiger und reiner (>99%) Gips, welcher schneeweiß und durchscheinend oder schwach gefärbt zu ornamentalen Anwendungen verarbeitet wird. Er entsteht unter humiden Bedingungen durch deszendente Lösungsumlagerung in Oberflächennähe. In ariden und semi-ariden Klimaten gibt es aszendente Umlagerung, mit der Bildung von Gipskrusten (Gypsite, Gypcrete).

Da Gips und Anhydrit für die Verwendung nicht angereichert werden können, müssen die Rohsteine bestimmten Anforderungen genügen (LORENZ & GWOSDZ 1998). Dazu gehören u.a. der Reinheitsgrad (Gips- bzw. Anhydritgehalt mindestens 70–80%), der Karbonatgehalt (meist <5%; MgO<2%) und der Anteil löslicher Salze (NaCl, $MgCl_2$, $MgSO_4$; <0,02%). Zumeist wird auch eine möglichst weiße Farbe (d.h. geringer Fe-Gehalt) gewünscht.

Aus Gips werden weit überwiegend Produkte für die Bauindustrie erzeugt (Baugips), z.B. Putze und Platten. Große Mengen werden auch für die Zementproduktion und zur Bodenverbesserung in der Landwirtschaft verbraucht. Besonders reine Spezialgipse, u.a. für medizinische Anwendungen oder als Füller (z.B. für Papier), ebenso Alabaster, haben bei hohen Erlösen nur geringe Anteile an der Gesamtproduktion. Baugips wird weit überwiegend durch „Brennen“ bei 120–160°C entwässert; dabei entsteht das Halbhydrat $CaSO_4.1/2\ H_2O$ (Bassanit), das leicht wieder Wasser aufnimmt und rasch erhärtet („Stuckgips“). Bei Temperaturen um 500°C wird Gips „totgebrannt“; das ist „Estrich- oder Putzgips“, der nur sehr langsam erhärtet.

Anhydrit wird ebenso wie Rohgips dem Zementklinker zur Verzögerung des Abbindens beigemischt. Im deutschen Kohlenbergbau wird gips- und tonfreier Anhydrit in großen Mengen zum Abdämmen von Strecken verwendet („Bergbauanhydrit“).

Die ***Entstehung von Gips- und Anhydritlagerstätten*** als chemische Sedimente eindampfender mariner oder festländischer Wässer bedingt ihre häufige Assoziation mit Dolomit, salinaren Tonsteinen oder mit Salzgesteinen (s. Salze). Faziell nehmen die Sulfate dabei den Platz zwischen Karbonaten und Halit ein. In Abhängigkeit von Temperatur und Salzgehalt der Laugen wird zumeist Gips, selten Anhydrit primär ausgefällt. Untersuchungen in rezenten Sabkhas zeigen, daß Gips unmittelbar nach der Bildung in Anhydrit umgewandelt werden kann und daß bei Zutritt meteorischer Wässer aus diesem Anhydrit wieder Gips entsteht. Bei zunehmender Überlagerung wird Gips mit dem Ansteigen der Temperaturen schon in einem frühen Stadium der Diagenese bei 60–70°C in Anhydrit entwässert (JOWETT et al. 1993). Dabei werden bedeutende Wassermengen (Gips enthält 20,9% H_2O) sowie ein großer Teil des Strontiums der Gipse freigesetzt, welches in benachbarten Gesteinen als *Coelestin* $SrSO_4$ in Klüften, Drusen, Lagen oder metasomatischen Körpern bis zur Abbauwürdigkeit angereichert sein kann (im Keuper bei Bristol, England; im Messin von Montevives bei Granada, Spanien). Insgesamt sind die Texturen der Gipse und Anhydrite also Produkte der sedimentären Bildung und der früh- bis spätdiagenetischen Veränderungen, und damit sowohl von der paläogeographischen Lage wie auch von der Versenkungsgeschichte abhängig (Kasprzyk & Orti 1998).

Ein tieferes Verständnis der Genese von Gips und Anhydrit kann durch Isotopenuntersuchungen (D, O, S) erreicht werden. Früher schon wurde auf die zeitabhängige Entwicklung von $\delta\ ^{34}S$ des Meerwassers („Nielsen-Kurve", Abb. 95) und damit mariner Sulfate hingewiesen. Stabile Isotopendaten ermöglichen aber auch Aussagen zu Milieu und Bedingungen von Ablagerung und Diagenese der Sulfate. So konnte für die Gipse und Alabaster des Pariser Beckens gezeigt werden, daß sie nicht unmittelbar aus tertiärem Meerwasser ausgeschieden wurden, sondern durch Laugung älterer, permischer und triassischer Evaporite entstanden sind. Die messinischen Gipse des Mittelmeerraumes hingegen sind fast ausschließlich aus tertiärem Meerwasser abzuleiten. Die Isotopenverhältnisse im Kristallwasser der Gipse erlauben meist eine klare genetische Zuordnung der Herkunft der beteiligten Wässer.

Sehr viele Gipslagerstätten verdanken ihre Entstehung der Hydratation von Anhydritstein, welcher im Laufe der geologischen Entwicklung an die Erdoberfläche gelangt ist. Mit dem Zutritt meteorischer Wässer wird eine Vergipsung eingeleitet, welche mehrere Zehner Meter Tiefe erreichen kann. Gleichzeitig bewirkt die leichte Löslichkeit von Gips die Bildung von Dolinen, Höhlen und Schlotten, welche insgesamt als *Gipskarst* bezeichnet werden. Die Prozesse der Vergipsung und der Ablaugung werden durch die Morphologie, die Lagerung und die Ausbildung der Ausgangsanhydrite wesentlich beeinflußt. Die Karsthohlräume werden z.T. durch Kollapsbrekzien gefüllt, welche überwiegend aus Gips und Dolomit, doch auch aus eingeschwemmtem Fremdmaterial bestehen. Oft sind sie durch calcitischen Zement verkittet. Durch weitere Verwitterung (Auslösung von Fragmenten) entstehen dann die typischen *Rauhwacken* (Schaad 1995).

Bedeutende Gipslagerstätten gibt es in Deutschland am westlichen und südlichen Harzrand, am Nordostrand des Rheinischen Schiefergebirges und im Richelsdorfer Gebirge (Zechstein, Reimann 2000). Weitere Abbaue finden sich in Thüringen (Röt), westlich der Weser (Muschelkalk) und in Franken (Keuper). Österreich hat große permische Lagerstätten bei Puchberg am Schneeberg, am Grundlsee und in Grubach bei Golling, karnische in Vorarlberg.

In Süd-Australien gibt es entlang der ariden Küste unzählige Salinas, welche durch den nacheiszeitlichen Anstieg des Meerwasserspiegels entstanden sind. Die Täler pleistozäner Dünengürtel wurden dadurch zu Lagunen, welche durch unterirdisch zufließendes Meerwasser gespeist werden (Abb. 98). Die Sedimentfüllung dieser Lagunen besteht überwiegend aus Gips, nahe der Basis in Form fester Selenitmassen, daneben gebänderte Gipssande. An den Rändern ist oft eine Aragonit-Fazies entwickelt. In Trockenphasen entstanden Gipsdünen, welche als Gypsite vorliegen. Alle diese Gipse werden abgebaut. Um den Salzgehalt zu verringern, werden die Produkte mehrere Jahre aufgehaldet und den Niederschlägen ausgesetzt.

Gips und Anhydrit sind billige Rohstoffe und Lagerstätten sind weit verbreitet. Trotzdem werden nicht unbedeutende Mengen international gehandelt. Die Weltbergbauproduktion erreicht vermutlich mehr als 100 Mt. Bedeutende Mengen von Gips fallen bei der Phosphorsäureherstellung (s. Phosphate), bei der Entsäuerung von Industrieabwässern (z.B. TiO_2-Erzeugung) und bei der Rauchgasentschwefelung an, vermutlich bereits mehr als aus der primären Gipsgewinnung. Diese artifiziellen Produkte ersetzen vielfach Naturgips, wobei allerdings nachteilige Eigenschaften, wie unzulässig hohe Gehalte an Schwermetallen, Restphosphor, Uran und Radium, Säuren und Chlor bzw. zu feines Korn, beachtet werden müssen.

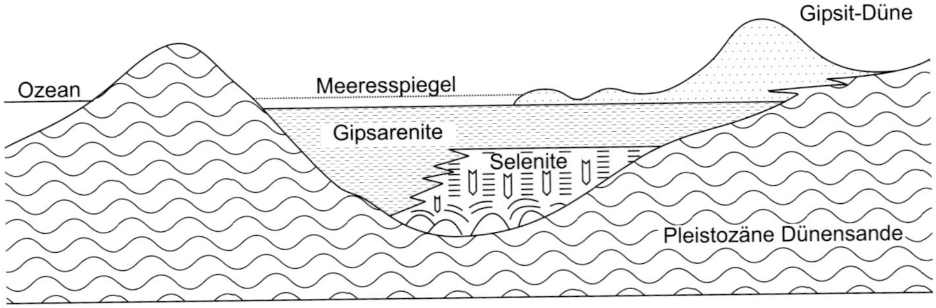

Abb. 98. Schematischer Aufbau einer holozänen gipsreichen Küstensalina in S-Australien (BARNES 1990).

Da Gips und Anhydrit in der Regel im Tagbau oder in oberflächennahem Tiefbau gewonnen werden, beschränkt sich die *Prospektion* auf geringe Tiefe. Geologische Karten sowie im Gelände Gipskarstmorphologie und sulfathaltige Quellen (Bestimmung durch $BaCl_2$-Lösung) geben erste Hinweise. In der Folge sind Tiefenerstreckung und Reinheitsgrad der Lagerstätte durch Bohrungen zu untersuchen. Dabei ist die Basis der deszendenten Vergipsung ebenso festzustellen, wie das Ausmaß einer eventuellen Beeinträchtigung durch die Füllung von Karstschlotten und Dolinen. Enge Bohrabstände sind anzuraten, da die Vergipsungsgrenze oft sehr komplexe Formen aufweist. Abbau im Bereich von Gipskarstlandschaften kommt zunehmend in Nutzungskonkurrenz mit dem Bestreben, diese in ihrer Eigenart zu erhalten.

Glimmer

Muskovit	$KAl_2(OH,F)_2(AlSi_3O_{10})$	D = 2,8
Phlogopit	$KMg_3(F,OH)_2(AlSi_3O_{10})$	2,8
Vermiculit	$Mg_{0,7}(Mg,Fe,Al)_6(OH)_2(Si,Al)_8O_{22}.8H_2O$	2,15

Nur diese drei Minerale der Glimmergruppe sind wirtschaftlich wichtig (MADHUKAR & SRIVASTAVA 1995). Vermiculit steht im streng mineralogischen Sinne den Smektiten näher, soll aber infolge seiner Entstehung aus Biotit oder Phlogopit hier behandelt werden. Biotit hat infolge seines erhöhten Fe-Gehaltes bisher keine Anwendung gefunden. Auch Phlogopit hat in der Regel einen geringen Fe-Gehalt, mit Biotit beteht bei ansteigenden Fe-Anteilen eine lückenlose Mischungsreihe.

Muskovit und Phlogopit sind in ihrer Verwendung eng verwandt. Allerdings ist Muskovit weniger hitzebeständig, da schon ab 400–500°C Wasserabgabe einsetzt, während Phlogopit bis 850–1000°C stabil ist. Deshalb wird Phlogopit für Anwendungen bei hohen Temperaturen bevorzugt. Beide Minerale werden in dünnen Tafeln in der Elektrotechnik und Elektronikindustrie verwendet. Dieser Einsatz beruht auf den besonderen Eigenschaften der Minerale, u.a. Biegsamkeit, hohe Beständigkeit bei Hitzeschock und sehr geringe elektrische Leitfähigkeit. Moderne elektronische Geräte haben allerdings einen sehr geringen Glimmeranteil, so daß der Bedarf relativ gering ist (ca. 6.000–9.000 t/Jahr).

Für diese Verwendung geeigneter tafeliger Muskovit (sheet mica) wird aus ***Muskovitpegmatiten*** gewonnen, welche vielfach neben Quarz und Feldspat auch Turmalin, Beryll, Tantalit und Spodumen führen. Die Glimmerkristalle liegen oft als „Bücher“ am Salband der Pegmatite, gelegentlich aber auch als Linsen oder Taschen im Inneren der Körper. Besonders günstig sind regelmäßig zonierte Pegmatite (Abb. 14), da dann Aufsuchung und Gewinnung einfacher sind. Abbau und Zubereitung umfassen sehr viel Handarbeit, weshalb die Produktion von Glimmerplatten aus Hochlohnländern unbedeutend ist. Wichtige Muskovit-Lagerstätten liegen in China, Indien (80% der Weltproduktion), Rußland, Madagaskar, Simbabwe und Brasilien. Tafeliger Phlogopit ist viel seltener als Muskovit; er findet sich in pegmatit-ähnlichen Pyroxenitgängen, welche Gneise oder Granite durchschlagen (Madagaskar, Kanada).

Die *Prospektion* auf Tafelglimmer in Pegmatiten stützt sich auf geologische Beobachtungen (z.B. sind Al-reiche Nebengesteine günstig) und geochemische Analysen (typisch für glimmerreiche Pegmatite sind höhere Gehalte von Rb, Cs, Li, Be, etc.), um höffige Pegmatite von sterilen zu unterscheiden. Infolge der irregulären Verteilung der Muskovite sind Bohrungen zur weiteren Erkundung wenig aussichtsreich. Schurfgräben, bergmännische Schurfarbeiten und Probeabbau sind vorzuziehen.

Mahlglimmer: Wesentlich größere Mengen von Muskovit und Phlogopit werden durch Massenabbau von Pegmatiten oder anderen glimmerführenden Gesteinen (z.B. vergruste oder kaolinisierte Granite, Alaskite, Glimmerschiefer, phlogopitisierte Peridotite) gewonnen, z.T. auch als Nebenprodukt der Kaolin-, Feldspat- oder Li-Ta-Produktion. Diese Gesteine werden gemahlen (deshalb „ground mica“), wonach der Glimmer trocken oder naß konzentriert wird. Trockenmahlung ergibt ein schmierendes Produkt, das für Dachpappe und als Zusatz zu Bohrspülungen eingesetzt wird. Naßmahlung erzeugt dünnere, glänzende Plättchen, die für Farben (z.B. *metallisé* Lacke für Autos), Edelputze und als Füller in Plastikwaren und Gipsplatten Verwendung finden. Die Jahresproduktion gemahlener Glimmer liegt weltweit bei 260.000 t, überwiegend aus USA, China, Kanada, Finnland und GUS.

Als Rohstoff für Mahlglimmer ist schließlich ergänzend das Gestein *Leukophyllit* zu erwähnen. Diese Bezeichnung ist nur im Deutschen üblich, die englische Literatur kennt sie nicht. Es handelt sich um hydrothermale Alterationsprodukte feldspatführender Gesteine, z.B. Orthogneise, Aplite oder saure Vulkanite. Die Leukophyllite bestehen aus feinkörnigem Muskovit (Serizit) und Mg-Chlorit mit Quarz; das heißt, daß die Feldspäte zur Gänze serizitisiert sind. Die Bergbaue erzeugen aus diesem Rohmaterial, das auch diverse akzessorische Minerale enthält, ein Glimmerkonzentrat, welches in Papier, Verputzmörtel, Kunststoff und Farben als Füller eingesetzt wird. Zwei Leukophyllit-Lagerstätten werden in Österreich abgebaut, Aspang/Wechsel und Kleinfeistritz/Weißkirchen. Ähnlich ist die Serizit-Lagerstätte von La Crocetta auf Elba (Maineri et al. 2003).

Der Leukophyllit von *Aspang* entstand aus permischem Quarzporphyr („Porphyroid“) der unterostalpinen Wechseleinheit. Paläozoische Schiefer werden dort von Phylliten, Porphyroid und Quarziten überlagert. Grobgneise der nächsthöheren Decke folgen im Hangenden. Diese Deckengrenze hat offenbar metamorphe Fluide fokussiert, welche die Verglimmerung der sauren Vulkanite und z.T. auch der Phyllite verursachten (Prochaska et al. 1997). Es handelt sich um flach einfallende Lager von 10–40 m Mächtigkeit, deren Glimmeranteil etwa 20% beträgt. Die Jahresproduktion liegt bei 45.000 t Verkaufsprodukt, das im Handel fälschlich als Kaolin bezeichnet wird. Der Bergbau *Kleinfeistritz* produziert eine geringe Menge sehr hochwertiger Füllstoffe aus einer maximal 20 m mächtigen flachen Scherzone in mittelostalpinen Gneisen. Die Entstehung des Leukophyllites dieser Lagerstätte ist der für Aspang beschriebenen vergleichbar.

Vermiculit läßt sich aus Biotit oder Phlogopit durch Einbau von Wasser in die Gitterzwischenschichten und durch Abfuhr von Kalium ableiten. Diese Hydratisierung kann offenbar hydrothermal oder durch tropische Verwitterung nahe der Erdoberfläche erfolgen. Der Name des auffällig gold-braunen Minerals leitet sich davon ab, daß das Zwischenschichtwasser bei Erhitzen leicht wieder ausgetrieben wird. Auch in der Lötrohr- oder Gasfeuerzeugflamme blähen sich beim Verdampfen des Wassers die Einzelkörner zu wurmförmigen Gebilden auf. Das Ausmaß der Volumenvermehrung ist ein Maß für die Qualität; gefordert werden mindestens 6-fache Exfoliation, manche Sorten expandieren 50-fach. Ein zweites, wichtiges Kriterium ist die Freiheit von Asbest. Von den Bergbauen wird ein feinkörniges (16–0,25 mm Korndurchmesser) Konzentrat erzeugt, das ein Raumgewicht von 640–1000 kg/m^3 hat. In der Nähe der Verbrauchsmärkte erfolgt dann in Rohröfen bei etwa 870°C die Herstellung des Endproduktes mit 52–192 kg/m^3.

Das expandierte Gut ist also äußerst leicht und deshalb wärmeisolierend, wegen der großen Oberfäche zudem adsorbierend. Hohe thermische Stabilität bei gesundheitlicher Unbedenklichkeit fördert in vielen Anwendungsbereichen die Verdrängung von Asbest durch Vermiculit. Der größte Teil der Weltproduktion wird in der Bauindustrie zur Wärme- und Schalldämmung sowie in der Landwirtschaft zur Bodenverbesserung und im Gartenbau als Torfersatz verwendet. Diese Anwendungsbereiche sind mit jenen des Perlites fast identisch. Geringere Mengen werden als industrielle Füllstoffe und für die Umwelttechnik verwendet, z.B. als Ölabsorber.

Vermiculitlagerstätten sind an ultramafische Gesteine gebunden, die durch hohe Fluidgehalte oder später einwirkende hydrothermale Lösungen glimmerreiche Partien enthalten. Diese Glimmer (Biotit oder Phlogopit) wurden dann weiter zu Vermiculit hydratisiert. Wenige große Lagerstätten (Südafrika, USA) versorgen den Weltmarkt mit jährlich rund 500.000 t Rohprodukt.

Große Lagerstätten haben die USA in Virginia, Südkarolina und in Montana. Einer der größten Vermiculit-Bergbaue der Welt war *Libby* in Montana (Abb. 99). Präkambrische Metasedimente wurden hier durch einen Ringkomplex mit kretazischen Pyroxeniten und Nephelin-Syeniten intrudiert. Der zentrale Bereich der Pyroxenite ist durch Biotitisierung und Bildung von Vermiculit umgewandelt. Eine Entstehung durch hydrothermale Fluide in Verbindung mit dem Syenit ist damit sehr wahrscheinlich, zumal Vermiculit bis über 300 m Tiefe auftritt. Vermiculit aus Libby war allerdings asbesthaltig, was maßgeblich zur Einstellung der Produktion beitrug.

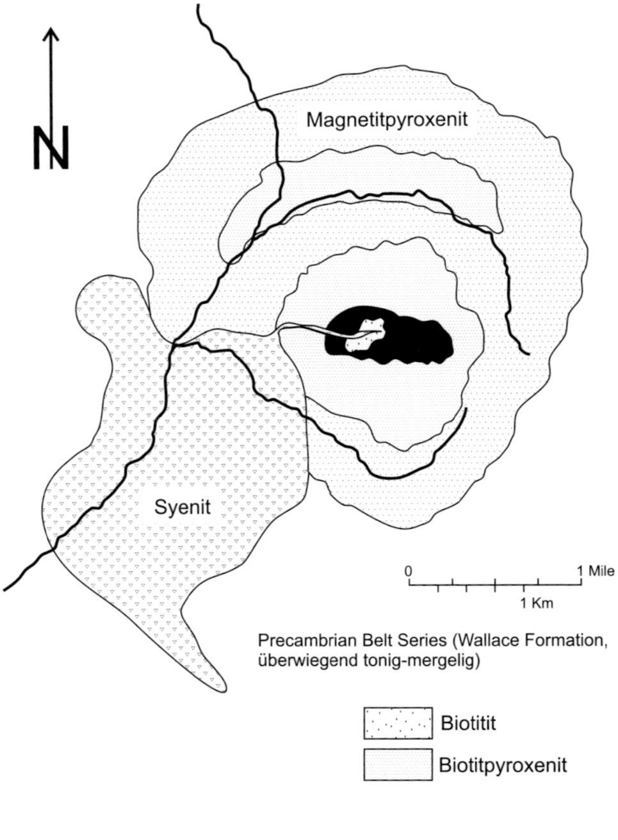

Abb. 99. Die Vermiculit-Lagerstätte im Rainy Creek Complex, nahe Libby/Montana (nach BUSH 1976). Aus Biotit-Pyroxenit gebildeter Vermiculit (schwarz) liegt ringförmig um einen Schlot von Biotitit.

In *Palabora* (Südafrika) werden in einem pyroxenitisch-syenitischen bis karbonatitischen Alkaligesteinskomplex neben Kupfer (s. dort), Zirkon, Magnetit und Apatit aus pegmatitischen Phlogopit-Diopsid-Apatit-Olivingesteinen rund 200.000 t Vermiculit pro Jahr gewonnen. Abbauwürdig ist Material über 15% Vermiculitgehalt mit Korngrößen >0,45 mm. Die Vermiculitisierung des Phlogopites reicht generell nur bis 50 m Tiefe, weshalb eine Entstehung durch Verwitterung angenommen wird. Allerdings wurde Vermiculit in einzelnen Bohrungen bis 400 m Tiefe angetroffen, so daß eine hypogene, hydrothermale Entstehung nicht auszuschließen ist.

Eine kleinere Lagerstätte ist *Kovdor*, in Rußland nahe der finnischen Grenze gelegen. Der Kovdor-Komplex besteht aus ähnlichen Gesteinen wie jener von Palabora. Hauptsächlich wird hier Magnetit abgebaut.

Kleine und kleinste Vermiculit-Lagerstätten findet man häufig in Pegmatiten, welche ultramafische Gesteine durchschlagen. Durch Reaktion der sauren, wasserreichen Schmelze mit dem Nebengestein entstehen dabei korund- oder disthenführende Pegmatite („Plumasite"; in Kenya mit Rubin oder Saphir), deren randliche Alterationszonen eine charakteristische Abfolge von außen Anthophyllit und innen Phlogopit/Chlorit oder eben Vermiculit zeigen.

Graphit

Natürlicher Graphit (C, D = 2,1 bis 2,3, theoretisch 2,27) enthält oft Spuren von Kohlenwasserstoffen und Stickstoff. Im Graphitkonzentrat findet man ferner unterschiedliche Mengen anderer Minerale, die in Anlehnung an die Kohlen nach Bestimmung durch Verbrennung als „Asche" bezeichnet werden.

Wichtige Eigenschaften des Graphites sind Schmierfähigkeit (durch geringe Härte und Widerstand gegen Gittertranslation), hohe Leitfähigkeit für Wärme und Elektrizität, sowie seine Stabilität gegen Säuren und Temperaturen bis 3000°C (ohne Sauerstoffzutritt). Für die Verwendung sind vor allem Korngrößen und Kohlenstoffgehalte der Konzentrate maßgeblich. Nach ersteren werden im wirtschaftlichen Sprachgebrauch der höherwertige *Flinz- oder Flockengraphit* (flake graphite) mit >1 bis minimal 0,018 mm Blättchendurchmesser bzw. der billigere, sehr feinkörnige, sogenannte *amorphe Graphit* unterschieden. Häufig gehandelte Sorten sind ferner Graphitstaub (<100 µm) und stückiger, kristalliner Graphit („Ceylon lumps"). Niedrige C-Gehalte ab 40% sind für manche Anwendungen zulässig, doch werden meist Gehalte über 85, oft sogar über 90% C gefordert. Sulfidgehalte sind unerwünscht, wie auch abrasive oder im anvisierten Einsatz reaktive Gangartminerale.

Die untere *Bauwürdigkeitsgrenze* bei den Flinzgraphiten beträgt 3–5% Graphitanteil im Gestein, bei den amorphen Graphiten 45%. Die Anreicherung erfolgt durch Flotation oder naßmechanische Methoden, seltener Windsichtung. Zur Erzeugung sehr reiner Sorten werden die Konzentrate durch chemische Behandlung bis C>99,9% raffiniert. Da Graphit sehr verwitterungsbeständig ist, werden besonders bei Flinzgraphiten oberflächennah zersetzte Partien von Lagerstätten bevorzugt abgebaut. Die Abtrennung der empfindlichen Graphitflocken aus unverwitterten, harten Gesteinen ist sehr aufwendig und erfordert daher deutlich höhere Gehalte (z.B. 16–18% C in Lac Knife/Quebec).

Graphit wird in großen Mengen für die Herstellung von Schmelztiegeln, zum Aufkohlen von Stahl und zur Auskleidung von Gußformen verwendet. Bei der Eisenverhüttung werden quarzreiche Graphite als saurer, reduzierender Zuschlag eingesetzt. Ferner wird Graphit als Schmiermittel, Füllstoff für Farben, Elektrodenmaterial, statt Asbest in Bremsbelägen und zum geringsten Teil für Bleistifte angewendet. Flocken werden zunehmend mit Magnesit zu refraktären Steinen und Mörteln verarbeitet. Kleine Mengen hochreinen Graphites werden in der Elektrotechnik (z.B. Li-Ionen-Batterien), als Neutronenbremse in Kernreaktoren und zur Herstellung von Urankarbid-Brennelementen benötigt. Synthetischer Graphit bzw. Graphit-ähnliche Substanzen (carbon black) werden für spezielle Anwendungen (z.B. Karbonfasern, Färbung, Oberflächenschutz, Elektronik) aus Erdölkoks im Elektroofen bei 2.600 bis 3.000°C erzeugt. Sie stehen z.T. in Konkurrenz mit amorphen natürlichen Graphiten.

Graphitlagerstätten liegen fast ausschließlich in regional- oder kontaktmetamorphen Gesteinen. Die meisten großen Vorkommen sind im engeren Sinne *metamorphe Lagerstätten,* deren Graphit in situ aus synsedimentärer organischer Substanz, also aus Kohlen, Kerogen oder Kohlenwasserstoffen entstanden ist. Experimente zeigen, daß zur Herstellung von Graphit, z.B. aus Anthrazit, hohe Temperaturen (ca. 2000°C bei 1 bar) notwendig sind. Voll geordneter Graphit metamorpher Gesteine wurde in der Regel bei 300–500°C und 2–6 kbar gebildet, also unter Bedingungen der Amphibolitfazies. Gleichzeitige Durchbewegung fördert die Graphitbildung im Experiment (BUSTIN et al. 1995) und vermutlich auch bei der Regionalmetamorphose. Weitere Einflußfaktoren umfassen die Natur des Ausgangsmaterials, die Zusammensetzung der fluiden Phase, die Reaktionszeit und die begleitenden Minerale, welche als Katalysatoren wirken können.

Graphitführende Pegmatite, hydrothermale Gänge und Scherzonengraphite kann man als eine zweite Gruppe *epigenetischer Graphitlagerstätten* zusammenfassen. In diesem Fall wurde der Kohlenstoff in fluiden Phasen transportiert; schematisch kann dies in folgender Form erklärt werden:

Bildung von Graphit aus Fluiden

$$\begin{array}{ccc} \text{Mobilisation} & & \text{Transport} \\ 2C + 2H_2O & \rightarrow & CH_4 + CO_2 \\ & \text{Ausfällung} & \\ CH_4 + CO_2 & \rightarrow & 2C + 2H_2O \end{array}$$

Die Entstehung solcher Fluide wird oft mit Metamorphose in Zusammenhang gebracht (LUQUE et al. 1998).

Die ursprüngliche Herkunft des Graphit-Kohlenstoffs wird durch Isotopenanalysen untersucht (HOEFS 2003). Es ergeben sich Gehalte von $\delta^{13}C$ von -2 bis -23‰, wodurch eine überwiegend biogene Herkunft des Kohlenstoffs aus organischer Substanz einerseits (stark negative Werte) und Beimengung von Kohlenstoff, welcher durch Kalksilikatbildung bei der Metamorphose freigesetzt wird, andererseits (Werte nahe Null) wahrscheinlich sind. Graphit ist als akzessorisches Mineral in magmatischen Gesteinen nicht selten. Isotopenanalysen solcher Graphite haben mehrfach gezeigt, daß dieser Kohlenstoff wohl meist aus organischer Substanz sedimentärer Nebengesteine stammt (z.B. LUQUE et al. 1992).

Regionalmetamorphe Graphite kennt man in Europa vor allem in den Ostalpen und in der Böhmischen Masse.

Die alpinen Graphitlagerstätten liegen im Oberkarbon der östlichen Grauwackenzone, vom Semmering bis Rottenmann/Steiermark. Wichtige Bergbaue sind *Kaisersberg*/Leoben und *Sunk*/Trieben. Die Nebengesteine sind Phyllite, Tonschiefer, Quarzite und Konglomerate, in welche die Graphitflöze als deutliche Abkömmlinge ehemaliger Kohlen eingelagert sind. Starke Faltung und Zerscherung sind allerdings charakteristisch. Es handelt sich hier um feinkristalline „amorphe" Graphite, welche zum Teil noch den Charakter von Meta-Anthraziten haben und vor allem für Gießereizwecke vermarktet werden.

Die Vorkommen der Böhmischen Masse liegen in der moldanubischen Bunten Serie, welche durch Amphibolite, Karbonatmarmore und andere Metasedimente möglicherweise altpaläozoischen Alters gekennzeichnet ist. Graphit gibt es darin von den Ost-Sudeten bis zum Bayerischen Wald. Bekannte Bergbaubezirke liegen bei *Horn* und *Mühldorf* im niederösterreichischen Waldviertel, bei *Cerna* (Schwarzbach) und *Krumlov* (Krumau) in der Umgebung von Budweis, sowie nördlich von Passau *(Kropfmühl).* Die meisten Lagerstätten enthalten feinkörnige Flockengraphite, doch gibt es immer auch Partien, welche mehr den Charakter „amorpher" Graphite haben.

Die moldanubischen Graphite können als metamorphe „Ölschiefer“, also ehemals bituminöse Gesteine aufgefaßt werden, wie mehrfache Untersuchungen gezeigt haben. Sie sind äußerst mineralreich; typische Nebengemengteile sind Alkalifeldspat, Plagioklas, Quarz, phengitischer Muskovit, Turmalin (Dravit), Disthen, Mg-Kalzit und Dolomit, Rutil, Korund, Apatit, Pyrit, Magnetkies und Kupferkies. Hohe Spurengehalte von Ni, Co, Cr, Mo, V, Se, Cu, Zn und Ti bestätigen die genetische Deutung.

Ähnliche Lagerstätten in metamorphen Sedimenten gibt es im Grenville Orogen in Kanada (z.B. *Graphite Lake*/Huntsville/Ontario mit besonders großen und reinen Flocken) und in Madagaskar, das früher einmal die wichtigste Quelle hochwertigen Flinzgraphites war.

Kontaktmetamorphe Graphitlagerstätten haben oft besonders große Reserven, allerdings infolge der geringen Blättchengröße von niedrigerem Wert. Laterale Übergänge zu Kohlen oder Anthrazit sind nicht selten erhalten.

Die größte derartige Lagerstätte ist wohl *La Colorada*/Sonora/Mexico, deren Graphit aus triassischen Kohlenflözen im Kontakthof eines Granites entstanden ist. Mehrere bis zu 8 m mächtige Flöze liegen hier in gefalteten Sandsteinen, welche von weißen Granitgängen durchschlagen werden. Neben weichem, amorphem Graphit gibt es auch Naturkoks und Anthrazit.

Epigenetische Graphitlagerstätten treten als Spaltenfüllungen oder Imprägnation von Scherzonen auf. Am bekanntesten sind jene in jungproterozoischen Granatbiotitgneisen der Insel *Sri Lanka* (Ceylon).

Maximal 100 m lange und bis 125 cm mächtige Gänge treten in Schwärmen auf; sie führen grobkristallinen Graphit mit Quarz, Pyroxen, Kalzit, Apatit und Pyrit. Zum Teil stehen sie in deutlichem Verband mit Pegmatitgängen. Vermutet wird eine Herkunft des Kohlenstoffs aus tieferen Zonen, in welchen Granulitmetamorphose stattfand. Die C-reiche volatile Phase steht möglicherweise in engem Zusammenhang mit der Intrusion charnockitischer Magmen (Farquhar & Chacko 1991).

Weltweit werden jährlich etwa 700.000 t natürlichen Graphites erzeugt, überwiegend in China, danach weit abfallend Indien, Mexico, Brasilien, Madagascar und Kanada. Die bergbaulich verfügbaren Reserven werden auf 74 Mt geschätzt, wovon 64 Mt in China liegen. Die Entwicklung neuer Bergbaue wird durch die marktbeherrschende Stellung der Volksrepublik China verzögert; weltweit mußten in den letzten Jahren viele Bergbaue eingestellt werden. Kurzfristig entwicklungsfähige Lagerstätten sind u.A. in Kanada und Nord-Korea bekannt.

Zur *Suche* nach Graphitlagerstätten werden kombiniert geologische, geochemische und geoelektrische Methoden verwendet. Allgemein ist zu beachten, daß neben dem Nachweis wirtschaftlich interessanter Graphitgehalte und entsprechender Reserven frühzeitig Qualität und Aufbereitbarkeit untersucht werden müssen. Da hochwertige Graphitprodukte gegenüber Massenware einen vielfachen Erlös erbringen, ist die erzielbare Produktpalette von entscheidender Bedeutung.

Kaolin

Kaolinit	$Al_2Si_2O_5(OH)_4$	D = 2,1 (Aggregate) 2,6 (Kristalle)
Dickit	wie K.	
Nakrit	wie K.	
Allophane	$xAl_2O_3.ySiO_2.zH_2O$	1,9

Die erstgenannten drei Kaolinminerale sind dioktaedrische Phyllosilikate. Sie enthalten 39,5% Al_2O_3, 46,5% SiO_2 und 14% H_2O, entsprechend einer Formel $Al_2O_3.2SiO_2.2H_2O$. Das Kristallwasser entweicht bei unterschiedlichen Temperaturen; bei Kaolinit von 390–450°C, bei Dickit zwischen 510 und 575°C. Dies deutet eine gewisse Abfolge der Bildung mit zunehmender Temperatur an, obwohl eine scharfe Trennung nicht möglich ist. Kaolinit entsteht i.A. bei Verwitterung und bei niedrigtemperierter hydrothermaler Alteration (50–150°C), Dickit und Nakrit („Kandite“) hydrothermal bei höherer Temperatur (ca. 150–200°C). Makroskopisch kristalliner Nakrit ist der typische Kaolin hochhydrothermaler Zinnerze, z.B. im Erzgebirge. Allophane sind röntgenamorphe Gele, die vor allem in Verwitterungsböden vorkommen. Mit dem in hochwertigen Produkten unerwünschten Halloysit (Hydro-Kaolin $Al_2Si_2O_5(OH)_4.2H_2O$) zusammen sind sie vermutlich nicht selten Vorläufer der eigentlichen Kaolinminerale. Halloysit und Allophan können jedoch gelegentlich als eigenständige Rohstoffe Verwendung finden.

Kaolingesteine bestehen aus Kaolinmineralen, eventuell Illit, sowie je nach Natur der Ausgangsgesteine aus deren unveränderten Mineralen, z.B. Quarz, Turmalin und Glimmer. Häufige Akzessorien sind Anatas, Goethit oder Hämatit, und Crandallit-Goyazit (Ca-Sr-Hydrophosphate). Für die Verwendung werden die Kaoline naß (durch Aufschlämmung) oder trocken konzentriert. Besonders störend, durch Färbung sowie als Träger oft unerwünschter Schwermetallgehalte (As, Pb, Cd, Hg), sind Eisenhydroxyde, deren Abtrennung z.B. durch Laugung oder durch hochleitende Starkfeldmagnetscheider möglich ist. Die Produktion eines mineralogisch reinen Kaolinitkonzentrates wird nur für wenige Anwendungen angestrebt, da assoziierte andere Minerale (Illit, Serizit) gewöhnlich nicht stören. In einzelnen Fällen enthalten „Kaoline“ des Handels überhaupt keine Kaolinminerale (z.B. jene von Aspang/Wechsel; s. Glimmer).

Abbauwürdige Kaolingesteine enthalten bis 60% „Wasch- oder Feinkaolin“. Kleinere Gehalte als 10% werden kaum ausgebeutet. Die Verwendbarkeit der Aufbereitungsabgänge (gewöhnlich Quarzsande, auch Feldspat und Glimmer) kann die Wirtschaftlichkeit einer Lagerstätte entscheidend beeinflussen. Tone mit hohem Anteil an Kaolinit, die jedoch nicht plastisch sind oder nicht weiß brennen, sind Ball Clay (ca. 70% Kaolinit), hochfeuerfester Ton und Flint Clay (s. Tone).

Kaolin wird weit überwiegend (45%) als feinstkörniges, hochweißes Material zur Füllung und Beschichtung von Papier verwendet. Auf diesen Markt drängen aber auch Kalziumkarbonat, Talk und Gips, die jedoch nicht in allen Anforderungen an die Eigenschaften von Kaolin heranreichen. Andere hochwertige Kaoline werden als funktionelle Füller in Farben, Gummi, Plastikprodukten, Medikamenten und als Hauptbestandteil von Porzellan (china clay) verwendet. Geringere Qualitäten, die meist aus Trockenaufbereitungen stammen, braucht die Erzeugung von Keramik minderer Qualität, von refraktären Massen, Zement, Dünger usw. Zur Beurteilung der Eignung des Kaolins einzelner Lagerstätten für bestimmte Anwendungen sind mineralogische und technologische Untersuchungen erforderlich.

Kaolinlagerstätten sind in der Regel aus feldspatführenden Gesteinen (Granite, Granulite, Rhyolite, Andesite, Arkosen) oder aus illitreichen Tonen entstanden, deren Al-Silikate kaolinisiert wurden. Dieser Prozeß wird durch saure Wässer in Gang gesetzt, wobei nach folgender Formel durch Hydrolyse überschüssige Alkalien (Na, K, Ca) und manchmal auch SiO_2 in Lösung abgeführt werden:

Kaolinbildung aus Kalifeldspat

$$\underset{\text{Feldspat}}{2\ KAlSi_3O_8} + 9\ H_2O + 2\ H^+ \rightarrow \underset{\text{Kaolin}}{Al_2Si_2O_5(OH)_4} + 2\ K^+ + \underset{\text{„Kieselsäure“}}{4\ H_4SiO_4}$$

Der letztere Vorgang verbindet die Kaolinisierung mit der Entstehung von Bauxitlagerstätten. Die Einwirkung saurer Wässer auf geeignete Gesteine beschränkt sich im Grunde auf zwei Bereiche, nämlich *autochthone Verwitterung* und *hydrothermale Veränderungen.* Seltener sind umgelagerte und damit *sedimentäre Kaoline* ebenso wie Sande mit einer Porenfüllung von Kaolin, die durch infiltrierende Wässer abgesetzt wurde *(Kaolinsande)*. Die Unterscheidung zwischen Kaolin unterschiedlicher Entstehung ist neben geologischen Argumenten auch durch die O- und H-Isotopenzusammensetzung des Kristallwassers möglich (z.B. HARRIS et al. 1999).

Verwitterungslagerstätten von Kaolin bilden lateral ausgedehnte autochthone Decken über unverwittertem Ausgangsgestein. Wie alle mächtigen, reifen Bodenbildungen sind sie in warmfeuchten bzw. wechselfeuchten Klimazonen besonders gut entwickelt, weshalb die Assoziation mit Laterit, Bauxit und kohleführenden Diskordanzen als Regel gelten kann. Im letzten Fall sind vielfach eisenarme Kaoline entstanden, da organische Säuren Fe lösen. Andernfalls findet man im Kaolin oft Beläge von Goethit, unter reduzierenden Bedingungen Konkretionen von Siderit und Pyrit. Verwitterungskaoline sind nicht selten reich an Halloysit. Beispiele für Verwitterungslagerstätten sind *Karlsbad/CZ,* die großen Lagerstätten Brasiliens und der USA (AUSTIN 1998).

Die hochwertigen Kaoline des Amazonasbeckens wurden in den letzten 20 Jahren erschlossen. Sie sind Teil einer alten lateritischen Peneplain, welche über Kreidesedimenten, magmatischen Gesteinen und präkambrischem Kristallin entwickelt ist. In den Lagerstättenbereichen wurde typischerweise der B-Horizont durch spätere Erosion freigelegt und danach unter Moorbedeckung weiter veredelt (DA COSTA & MORAES 1998). Die Reserven betragen >500 Mt. Die größten deutschen Lagerstätten deszendenter Entstehung liegen im Raum *Amberg*, z.T. als Verwitterungsdecke über Kristallin, z.T. in Form kaolinisierter Arkosen des auflagernden Buntsandsteins.

Sedimentäre Kaolinlagerstätten sind ein wichtiger Teil der weltweit größten Kaolinprovinz im Südosten der USA (Georgia und South Carolina). Die Lagerstätten liegen in transgressiven Sedimenten der Oberkreide und des Alttertiärs am Rande der Piedmont-Provinz. Der Kaolin (und Bauxit) in der Oberkreide entstand in situ aus Tonen, während die tertiären Lagerstätten überwiegend durch Umlagerung der älteren Kaoline und durch Kaolinisierung von Bauxit gebildet wurden (HARBEN & BATES 1990). Deutsche kaolinitreiche Tone werden im Westerwald und im Taunus gewonnen.

Hydrothermale Alterationslagerstätten von Kaolin findet man sowohl in feldspatführenden Vulkaniten wie auch in Tiefengesteinen. Epithermale Kaolinisierung von Laven, vulkanogenen Brekzien und Tuffen wurde bereits früher als typische Alteration vieler Goldlagerstätten beschrieben. Solche Kaoline kommen naturgemäß auch ohne Zusammenhang mit Erzen vor; sie enthalten jedoch manchmal beträchtliche Anteile von entwertendem Halloysit. Kaolinisierung von plutonischen Magmatiten ist in auffälliger Weise mit spezialisierten Graniten verbunden. Die fluide Phase solcher Magmen ist durch kräftige Säuren gekennzeichnet (H_3BO_3, HCl, HF), welche in den Granitkuppeln oder ihrem Dach Greisenbildung und Kaolinisierung bewirken.

Der größte derartige Lagerstättendistrikt ist *Cornwall*, dessen Reserven auf 5.000 Mt Rohmaterial zu 10% Kaolin geschätzt werden. Bisher gewonnen wurden rund 100 Mt Waschkaolin. Es handelt sich um Zonen kaolinisierter Granite, die mehrere Hundert Meter Länge, bis 150 m Breite und über 250 m Tiefenerstreckung haben. Sie liegen in variszischen Graniten, deren jüngste Glieder spezialisierte Lithiumgranite sind. In den Gruben des Granites von *St. Austell* sind die Kaolinisierungszonen deutlich an Scharen von Sn-W-Quarzgängen gebunden. Unmittelbar an den Gängen sind schmale Greisen-Salbänder entwickelt, während die Kaolinbildung weit ins Nebengestein ausgreift. Bei der Kaolinisierung wurden Plagioklase bevorzugt angegriffen, während die Kalifeldspäte eher serizitisiert sind. Die Quarzkörner sind meist lappig angelöst. Nimmt man Konstanz des Al_2O_3-Anteils im Gestein an, ist eine Abfuhr von SiO_2 (-27%), Fe_2O_3 (-59%), MgO (-27%), CaO (-88%), Na_2O (-98%), K_2O (-33%) und F (-56%) zu errechnen. Das Gesamtvolumen ist um rund 28% vermindert. Die Kaolinisierung veränderte nicht nur die Granite, sondern auch saure Gänge („Elvans"), welche die Quarzgänge durchschlagen. Damit ist zumindest für die Lagerstätte *Goonbarrow* eine Datierung der Kaolinbildung auf 280±2 Ma möglich. Es gibt jedoch anderswo auch Hinweise auf eine deszendente Entstehung, z.B. O- und H-Isotopendaten der Kaolinite, welche eindeutig meteorische Herkunft des Wassers belegen. Dieser Widerspruch wird dadurch aufgelöst, daß die Lagerstättenbildung in zwei Etappen gegliedert wird: Eine erste, hydrothermale Kaolinisierung wurde später durch Verwitterung überprägt (DOMINY & CAMM 1998).

Die *Weltproduktion* von ca. 25 Mt Kaolinkonzentrat pro Jahr wird durch die USA (7,5 Mt/a), Großbritannien (2,3 Mt), Brasilien und China (beide 2,1 Mt) dominiert. In naher Zukunft wird eine Versorgungslücke vermutet, da der Verbrauch rascher steigt als die Ausweitung der bergbaulichen Kapazitäten (BRISTOW 1995). Die heute weltweit bekannten, gewinnbaren Kaolinreserven sind mit rund 20 Mrd. t im Vergleich zur Produktion enorm hoch.

Karbonatgesteine: Kalkstein, Mergel und Dolomitstein

Calcit (Kalkspat)	$CaCO_3$	D = 2,6–2,8 (theoretisch 2,7)
Dolomit	$CaMg(CO_3)_2$	2,85–2,95 (2,876)

Hier werden nur jene Karbonatgesteine besprochen, die nicht als Baustein oder Bruchstein Verwendung finden. Industriell verwertete Karbonate sind weit überwiegend ursprünglich marine Sedimente (GOTTHARDT et al. 1996). Seltener sind geeignete Vorkommen terrestrischer (Calcrete), lakustriner, hydrothermaler (Travertin) oder magmatischer (Karbonatite) Entstehung. Fast immer sind sedimentäre Karbonate durch Diagenese verfestigt bzw. verändert. Metamorphe Varietäten, also Kalk- und Dolomitmarmore, sind für die Produktion hochweißer Füllstoffe besonders wichtig. Für die Prospektion nach geeigneten Lagerstätten und zu deren Untersuchung und Beurteilung sind auch genetische Untersuchungen, insbesondere mit den Methoden der Karbonatpetrologie, zweckmäßig (WRIGHT 1992).

Karbonatgesteine sind äußerst wichtige Massenrohstoffe für Industrie, Bauwirtschaft, Landwirtschaft und Umweltschutz (GOTTHARDT et al. 1996, LORENZ & GWOSDZ 1998). Aus diesem Grund bedürfen bekannte und potentielle Lagerstätten eines ausdrücklichen Schutzes im Rahmen der Landesplanung, z.B. durch Erstellung von Rohstoffsicherungskarten.

Karbonatgesteine werden in der Regel zur weiteren Verwendung in Öfen verschiedener Konstruktion bei 800–1050°C gebrannt (also vor Erreichen des Schmelzpunktes „kalziniert", oder „entsäuert"; OATES 1998). Dabei entsteht Branntkalk, CaO (oder MgO) sowie CO_2. Der Gewichtsverlust liegt bei reinem Kalzit bei 43,8%, in der Praxis verbraucht die Herstellung von einer Tonne CaO zwischen 1,4-2,2 t Kalkstein. Das Produkt wird danach für den Handel meist fein gemahlen und zu $Ca(OH)_2$ hydratisiert. Zementmergel (bzw. ein Gemisch von Kalkstein und Ton) hingegen wird gesintert, das heißt bis zum beginnenden Schmelzen (>1280°C) erhitzt. Das Produkt heißt hier Zementklinker, bestehend aus Tricalciumsilikat und Tricalciumaluminat bzw. Tetracalciumaluminoferrit (ST. JOHN et al. 1998). Nur ein geringer Teil der Karbonatgesteine wird ungebrannt verwendet, z.B. als langsam wirkender landwirtschaftlicher Dünger oder zur Bekämpfung von Waldschäden durch sauren Regen.

Kalkstein besteht überwiegend aus Calcit (selten Aragonit) und enthält daneben wechselnde Mengen von Fe, Mg, Quarz, Ton, Pyrit und organischer Substanz. Riffkalke sind oft sehr rein, da frei von klastischen Einschwemmungen, können aber störende Dolomitgehalte aufweisen. Gebankte Kalke sind eher durch Ton verunreinigt, wodurch sie in Mergel übergehen, oder durch Quarz („Kieselkalke"). Eine effiziente Feldmethode zum Erkennen nicht-calcitischer, meist unerwünschter Bestandteile ist kurzes Eintauchen in verdünnte Salzsäure, welche Dolomit und Silikate langsamer löst als Calcit. An Hand einiger gleich behandelter Vergleichsproben, deren chemisch-mineralogische Zusammensetzung bekannt ist, läßt sich so eine erste Abschätzung der Eignung rasch und billig durchführen.

Die Qualitätsanforderungen an Kalkstein betreffen neben den chemisch-mineralogischen Eigenschaften auch Brennverhalten, Mahlbarkeit, etc., natürlich abhängig von der geplanten Verwendung. Niedrige MgO-Grenzwerte gelten z.B. für den Einsatz bei der Stahlerzeugung, für die Herstellung von Calciumcarbid, und für die Wasserentsäuerung. Allgemein werden möglichst geringe Gehalte an SiO_2, Al_2O_3 und Fe_2O_3 gefordert. Im Hochofen und bei der Stahlerzeugung sind Sulfide und Phosphate unerwünscht. Bei Brenn- und Hüttenprozessen freiwerdende Alkalien (vor allem aus Salzen) sind auf maximal 0,05% beschränkt. In der Regel werden einzelne Teile einer Lagerstätte unterschiedlich sein (u.a. auch durch Verwitterung), so daß Produkte verschiedener Reinheitsgrade für diverse Anwendungsgebiete hergestellt werden müssen, um eine möglichst wirtschaftliche Nutzung des Gesamtvorrates zu erreichen.

Kalkstein gehört vermutlich zu den vielseitigsten Rohstoffen unserer Gesellschaft. Über 70% werden in der chemischen und metallurgischen Industrie verbraucht (Stahl-, Papier-, Zuckererzeugung), einschließlich großer Mengen für die Rauchgasentschwefelung und Abwasserbehandlung. Bauwirtschaft (Zement) und Düngererzeugung teilen sich die Restmenge.

Zunehmend ist der Bedarf an hochwertigen *karbonatischen Füllstoffen,* der einen besonders hohen Weißegrad voraussetzt. Dieser wird naturgemäß durch Anteile dunkler Minerale oder Kluftbeläge vermindert, z.B. Fe- oder Mn-Oxyde, organische Substanz, Pyrit usw. Weißmahlende Silikate (z.B. Muskovit) stören nicht. Europa hat viele geeignete Vorkommen, wobei Kreide, andere Kalksteine und Kalkmarmore (in dieser Reihenfolge mit zunehmendem Weißegrad) besonders häufig abgebaut werden (Linderström-Lang et al. 1995, Tegethoff 2001).

Mergelkalkstein (75–90% $CaCO_3$) und ***Mergelstein*** (40–75% $CaCO_3$) sind die wichtigsten Zementrohstoffe (Hewlett 1997). Zemente sind hydraulische (das heißt, bei Wasserzusatz erhärtende) Bindemittel, welche durch Brennen und folgende Feinmahlung unter Zusatz von Gips- oder Anhydrit hergestellt werden. Da Gesteine der erforderlichen Zusammensetzung (Naturzementmergel) selten sind, werden heute in der Regel Kalke, Mergel, Ton, Quarzsand ± Eisenerz in den erforderlichen Anteilen vermengt. Das Rohmehl für den meistgebrauchten Portlandzement soll 75% $CaCO_3$, 3% Fe_2O_3, maximal 4% Dolomit und ein Verhältnis von SiO_2 zu Al_2O_3 von 3 bis 6 haben. Schwefel-, Alkali- und Phosphorgehalte sollen sehr gering sein. Aus den Mengenverhältnissen ergibt sich, daß Zementwerke möglichst nahe an einem geeigneten Kalkstein- oder Zementmergelbruch errichtet werden. Die anderen Gemengteile können aus weiterer Entfernung zugeführt werden.

Ein Beispiel für ein Naturzement-Mergelvorkommen ist das oligozäne Becken von *Häring/Tirol*, wo nahe der transgressiven Basis über einem Kohlenflöz eine 5–6 m mächtige Bank von „Naturzement" untertage gewonnen wurde. Heute werden am selben Ort auch benachbarte sandige Mergel im Tagbaubetrieb gewonnen, der Kalk kommt aus einer triadischen Lagerstätte in nächster Umgebung.

Unter den vielen Spezialzementen sind für Anwendung in Berg- und Tunnelbau die Calcium-Aluminat-Zemente (*Fondu*) besonders wichtig. Sie werden aus einer Mischung von Kalkstein und Bauxit, mit Al_2O_3-Gehalten von 40–50% durch Aufschmelzen und nachfolgendes Mahlen erzeugt. Nach Wasserzugabe hydratisiert das Fondu-Mehl zu Calcium-Aluminiumhydrat und Al-Hydrat, ohne Entwicklung von freiem Ca-Hydroxid, wie bei Portlandzement. Solcher Beton ist säure- bzw. sulfatfest, härtet sehr rasch aus und erzeugt im Gegensatz zu Portlandzement keine hoch-alkalischen Grubenwässer.

Dolomitsteine bestehen aus Dolomit sowie möglichst geringen Anteilen von Calcit und den oben bei Kalkstein genannten akzessorischen Mineralen. Dolomitlagerstätten sind aus genetischen Gründen wesentlich seltener als Kalklagerstätten. Dolomite sind bekanntlich kaum jemals primäre Sedimente, sondern sie entstehen meist durch Dolomitisierung von kalkigen Ablagerungen. Diese Umwandlung ist in der Regel durch frühe diagenetische Prozesse bedingt (s. Magnesit), kann aber auch spätdiagenetisch oder hydrothermal verursacht sein. Unvollständige Umwandlung oder teilweise Re-Calcitisierung sind so häufig, daß für eine wirtschaftliche Verwertung ausreichend reine Dolomitsteine seltener verfügbar sind als dolomitarme Kalke.

Verwendet werden Dolomite als Rohstein (Eisenverhüttung, Landwirtschaft), in gebranntem Zustand (als rasch wirkender Dünger, zu Abwasserbehandlung, Glaserzeugung) und als Sinter (nach Brennen bei 1600–1950°C) in Form basischer refraktärer Massen oder Steine zur Auskleidung von Öfen in der Eisen-, Stahl-, Zement- und Branntkalkproduktion. Hochreine Dolomite werden in einzelnen Fällen zur Herstellung von Mg-Metall genutzt (z.B. Inwood, Manitoba). Die Anforderungen an den Rohstoff sind demgemäß sehr unterschiedlich; am höchsten sind sie für die Glasherstellung (Fe-Gehalt) und für die Feuerfestindustrie (hoher MgO-Gehalt, Al_2O_3 und Fe_2O_3 unter 1,5%, SiO_2<0,5%). Ähnlich wie bei Kalkstein ist eine Verbesserung des Rohproduktes durch Aufbereitung nicht möglich (außer Waschen), so daß die Lagerstättenerkundung besonders enge Abstände der Aufschlüsse (Kernbohrungen) erfordert. Selektiver Abbau muß unterschiedliche Qualitäten von Lagerstättenteilen berücksichtigen. Die Eignung zur Sinterung ist nur beschränkt durch petrologische Methoden erkennbar; entscheidend ist immer ein großtechnischer Versuch.

Magnesit

Das Mineral Magnesit $MgCO_3$ hat eine Korndichte von 2,9–3,2 (theoretisch 3,0). Bei der Reservenabschätzung einer Lagerstätte rechnet man für Spatmagnesitfels mit 2,7 t/m^3, weil Poren, häufige Dolomitgehalte und tektonische Auflockerung das Raumgewicht reduzieren. Brucit ($Mg(OH)_2$) hat z.T. ähnliche Verwendung wie Magnesit, vor allem im Umweltbereich, wegen besonders hoher Säure-Neutralisierungkapazität. Es gibt nur wenige Lagerstätten dieses Minerals (China, USA); zumeist wird es aus Meerwasser und gebranntem Dolomit hergestellt.

Für die technische Verwendbarkeit des Magnesites entscheidend sind die Gehalte an Fe, Ca, Al und SiO_2. Da der Ionenradius von Fe^{2+} dem von Mg^{2+} ähnlich ist (0,83 gegen 0,75Å) haben Spatmagnesite meist einige Prozente $FeCO_3$. Eisenreichere Magnesite (Breunnerit 10–30%, Mesitinspat und Pistomesit) und Übergänge zu magnesiumreichen Sideriten sind eher selten. Manche kryptokristalline Magnesite und manchmal auch Spatmagnesit (Entachen, Salzburg) führen Hämatit als feines rötliches Pigment, was als Beleg für eine Bildung in sauerstoffreichem Milieu aufgefaßt wird. Erhöhte Ca-Gehalte sind in der Regel durch beigemengten Dolomit bedingt. Dazu gehören Reste des magnesitisierten Nebengesteins oder später gebildete grob-spätige, weiße Dolomite in Drusen und Gängen („Redolomit“, „Roßzähne“). In sedimentären kryptokristallinen Magnesiten gibt es auch Laminae von Kalk oder Dolomit. SiO_2 begleitet Magnesit als Quarz oder Chalcedon, aber auch in vielen Silikatmineralen, wie Talk, Phlogopit, Sepiolit, Enstatit, Ton u.a., wodurch ein eventueller Al-Gehalt bedingt ist.

Natürlicher Magnesit wird nur für die Mg-Metallgewinnung im Rohzustand verwendet. Für alle anderen Verwendungen wird er grundsätzlich durch Erhitzen zu Magnesiumoxyd (Magnesia, MgO) kalziniert. Refraktäre, bei 1600–2000°C „totgebrannte“ Sinter-Magnesia wird vor allem als basischer Ofenbaustein in der Stahlindustrie verwendet; das sind etwa 75% der Magnesiaverwendung. Refraktärer Magnesit guter Qualität sollte nach dem Kalzinieren über 95% MgO und unter 1,5% CaO, 1% Fe_2O_3+Al_2O_3 sowie 1,5% SiO_2 enthalten. Kryptokristalliner Magnesit entspricht diesen Anforderungen häufiger als Spatmagnesit, welcher oft einer zusätzlichen Aufbereitung bedarf. In jüngerer Zeit wird für besondere Ansprüche der Stahlindustrie aus totgebrannter Magnesia durch Schmelzen in elektrischen Bogenöfen die besonders dichte, körnige „fused magnesia“ erzeugt, allerdings noch in geringen Mengen (ca. 550.000 t/a). „Electric grade fused magnesia“ wird als isolierendes Pulver für den Bau von Heizelementen eingesetzt.

Der Rest der Rohmagnesite wird bei 600–1000°C zu chemisch reaktiver, „kaustischer“ Magnesia verarbeitet, woraus Bodenzementmassen, Isolierplatten, Zusätze zu Viehfutter und Mineraldünger sowie Füllstoffe für Papier und Plastik hergestellt werden. Wichtig ist die Anwendung zur Entsäuerung und Sanierung geschädigter Waldböden, zur Entschwefelung von Verbrennungsgasen und zur Wasserreinigung. Dieser Umwelt-Einsatz ist in den Industrieländern zum größten Marktanteil für kaustische Magnesia geworden.

Eine wichtige Konkurrenz für natürlichen Magnesit ist „Meerwasser-Magnesit" (etwa 16% der Welt-Magnesiaproduktion), der in einer Reaktion von Dolomit oder Kalkstein mit Carnallitlauge, mit Meerwasser (0,13% Mg) oder mit evaporitischen Laugen (z.B. Totes Meer) erzeugt wird. Dieser „synthetische" Magnesit hat zwar gegenüber natürlichen Vorkommen höhere MgO-Gehalte, erfordert aber einen deutlich größeren Energieaufwand.

Magnesitlagerstätten (POHL & SIEGL 1986, POHL 1990,) wirtschaftlicher Bedeutung gibt es in archaischen bis paläozoischen marinen Karbonaten (Spatmagnesit, Typus Veitsch), in ultramafischen magmatischen Gesteinen, die durch CO_2-reiche Fluide verändert wurden (kryptokristalliner oder „Gel"-Magnesit, Typus Kraubath), sowie in kontinentalen limnisch-fluviatilen Sedimenten (ebenfalls feinkristallin, z.T. gebändert, knollig, z.T. in sinterartigen Massen; Typus Bela Stena).

Lagerstätten vom ***Typus Kraubath*** (benannt nach dem heute stillgelegten Bergbau Kraubath/Steiermark) sind als Gänge, stockwerkartige oder irreguläre Körper und als deckenartige Massen in Ultramafiten, vor allem Dunit, Peridotit und daraus entstandenen Serpentiniten, entwickelt. Meist sind das Teile von Ophiolitmassiven, doch gibt es auch in geschichteten basischen Intrusionen Magnesitvorkommen, wie etwa im Bushveld (Südafrika). Bei den meisten Lagerstätten dieses Typs ist eine Bindung an alte Landoberflächen deutlich, wobei Decken und Stockwerke wenige Zehner Meter tief reichen, wogegen Gänge bis zu mehreren Hundert Meter Tiefe nachgewiesen wurden. Magnesit-Gänge können bis zu 45 m mächtig werden (Mantudi, Euböa) und sind bis zu einer Länge von 4 km im Streichen bekannt (Susehiri, Türkei). An Gängen und Stockwerken ist das ultramafische Nebengestein zu einem feinkörnigen Gemenge von Serpentin, Chlorit, Deweyllit, Montmorillonit, Nontronit und Goethit umgewandelt – der typische „braune Serpentinit" solcher Magnesitlagerstätten.

Der Magnesit in Ultramafiten ist schneeweiß, kryptokristallin (mit Korngrößen im Mikrometer-Bereich, doch gibt es auch körnige, faserige Ausbildung, selten pinolitartige Texturen), und zeigt Porzellanglanz sowie muscheligen Bruch (deshalb „bone magnesite"). Sehr charakteristisch sind ptygmatische Faltung kleiner Gängchen und blumenkohlartige Knollen und Trockenrisse, welch letztere ein sehr wasserreiches Gel (Magnesiumhydrokarbonate wie z.B. Nesquehonit?) als Ausgangsmaterial vermuten lassen.

Die Entstehung von Lagerstätten des Typus Kraubath ist grundsätzlich durch Reaktion der Ultramafitite mit CO_2-reichen wässerigen Fluiden zu erklären. Schematisch kann diese Reaktion in folgender Form geschrieben werden:

Magnesitbildung aus Dunit

$$\underset{\text{(Forsterit)}}{Mg_2SiO_4} + CO_2\ aq \rightarrow \underset{\text{(Magnesit)}}{2\ MgCO_3} + SiO_2\ aq$$

Bei einer Umwandlung (Metasomatose) in situ müsste dabei eine beträchtliche Volumenzunahme erfolgen. Da entsprechende Texturen in der Regel ebenso fehlen wie z.B. Reste der Chromite im Magnesit, ist zumindest beschränkter Transport des Mg in Lösung und Hohlraumfüllung anzunehmen. Die Kieselsäure muß jedenfalls zur Gänze abgeführt werden, da andernfalls unbrauchbare „verkieselte" Magnesite entstehen. Die Herkunft der Lösungen ist vermutlich sehr unterschiedlich. Möglich ist die Tiefenzirkulation von Verwitterungslösungen, oder es handelte sich um aufsteigende kohlensaure Hydrothermen (POHL 1990, FALLICK et al. 1991). Das CO_2 aszendenter Fluide kann vulkanogenen Ursprungs sein, oder durch Diagenese bzw. Metamorphose (z.B. ABU-JABER & KIMBERLEY 1992a) unterlagernder Sedimente entstehen. Denkbar wäre auch Lösung und Transport von Mg durch vorwiegend chloridische Lösungen und Magnesitbildung bei oberflächennahem Zusammentreffen mit CO_2-haltigem Grundwasser. Wichtig erscheint hier die Beobachtung, daß viele kalifornische Quecksilbervererzungen mit der Bildung von Magnesit-SiO_2-Stockwerken in den serpentinitischen Nebengesteinen verbunden sind (PEABODY & EINAUDI 1992).

Die Untersuchung stabiler C- und O-Isotope in solchen Magnesiten ergibt $\delta^{13}C_{PDB}$-Werte zwischen 3 und -20‰, sowie $\delta^{18}O_{SMOW}$ überwiegend zwischen 19 und 36‰ (FALLICK et al. 1991, ZEDEF et al. 2000). Die genannten Autoren schließen aus solchen Daten jugoslawischer und türkischer Magnesite, daß das CO_2 drei möglichen Quellen entstammt, die in einzelnen Lagerstätten unterschiedlichen Anteil haben: entweder aus Atmosphäre und Böden, oder aus der Oxydation organischer Substanz tieferliegender Sedimente, oder schließlich aus Auflösung oder thermischer Zersetzung mariner Karbonate. Das Wasser wäre in allen Fällen meteorischer Herkunft, mit unterschiedlich tiefen Konvektionszellen.

Dieses Modell hat den Vorzug, die bisherigen Widersprüche der genetischen Interpretation der Isotopendaten aufzulösen. Demnach sind Magnesitlagerstätten des Typus Kraubath in der Regel aszendente, niedrig temperierte hydrothermale Bildungen (ABU-JABER & KIMBERLEY 1992a, b).

Lagerstätten vom ***Typus Bela Stena***, also kryptokristalline Magnesite in limnischen oder fluviatilen Sedimenten, sind mit den vorgenannten durch viele Übergänge verbunden. Häufig sind Knollen oder Gängchen von Magnesit in Sedimenten, welche die Ultramafite überlagern. Im Tertiär von *Eskishehir* (Türkei) bilden die Meerschaumlager deutliche Streifen, die in der Fortsetzung von Magnesitgängen in Ultramafiten liegen. Im Becken von *Aiani-Kozani* (Griechenland) sind die Austrittstellen hydrothermaler Lösungen durch große Sintermassen von Hydromagnesit $Mg_4(OH)_2(CO_3)_3.3H_2O$ und Huntit $CaMg_3(CO_3)_4$ mit wenig Magnesit in linearer Anordnung gekennzeichnet. Lateral gehen diese in Flöze über, die den limnischen Sedimenten (Ton, Silt, Dolomit, Kalkstein) eingelagert sind. Da die Karbonate hohe Weißegrade aufweisen, werden sie als Füllstoffe abgebaut (STAMATAKIS 1995). Im Alkalisee *Salda Gölü* in der südwestlichen Türkei bilden sich ufernah Stromatolithe aus Hydromagnesit, deren Abtragungsprodukte in tieferem Wasser als feinkörnige Sedimente abgelagert werden (BRAITHWAITE & ZEDEF 1996).

Im miozänen Jarandol-Becken bei *Bela Stena* (Serbien) liegt eine mächtige, konkordante Linse von teilweise massigem, teilweise laminiertem Magnesit in einer Abfolge von feinkörnigen klastischen Sedimenten und zeolitisierten andesitischen Tuffen mit mehreren boratführenden Schichten (OBRADOVIC et al. 1992). Scharf abgegrenzte Magnesitflöze liegen in limnischen Sedimenten bei Bozkurt/Denizli in der Türkei.

Kryptokristalline Magnesitknollen in fluviatil-limnischen Sedimenten am Rande eines ultramafischen Hügellandes bilden die große Lagerstätte *Kunwarara* im östlichen Queensland (Australien). Die Knollen liegen im oberen Teil einer 40 m mächtigen Beckenfüllung; sie verdrängen rote Feinsande und graue Schluffe. Das magnesitführende Becken ist mehr als 60 km lang, abbauwürdige Bereiche scheinen fluviatile Mäander abzubilden. Die Entstehung der Magnesite wird durch seitlich zufließendes Mg-führendes Grundwasser erklärt (Abb. 100). Vermutlich spielten bei der Präzipitation der Magnesite jahreszeitlich oder klimatisch bedingte Trockenphasen eine wesentliche Rolle. Demnach handelt es sich hier um eine Infiltrationslagerstätte.

Alle diese Beobachtungen belegen Zufuhr des Magnesiums aus unterlagernden oder die Becken umrahmenden Peridotiten, mit unterschiedlich tiefen Migrationspfaden der Mg-führenden Wässer.

Spatmagnesit vom ***Typus Veitsch*** (ebenfalls nach einer heute erschöpften Lagerstätte in der Steiermark benannt) bildet große Stöcke oder stratiforme Linsen in marinen Plattformserien proterozoischen und paläozoischen, seltener archaischen Alters, welche Dolomit, Kalk, schwarze und graue Pelite, Sandstein, Konglomerate und oft basische Vulkanite umfassen. Deformation und Metamorphose können sehr unterschiedlich sein. So liegt die Lagerstätte Eugui-Asturetta (Spanien) in anchimetamorphen Gesteinen, die Mehrzahl im Bereich der Grünschiefermetamorphose, Namdechon (Korea) und die Lagerstätten der Provinz Liaoning/China in höherer Amphibolitfazies, und Snarum (Norwegen) in Granulitfazies, falls dieses schwer zu deutende Vorkommen allerdings überhaupt zum Typus Veitsch gehört.

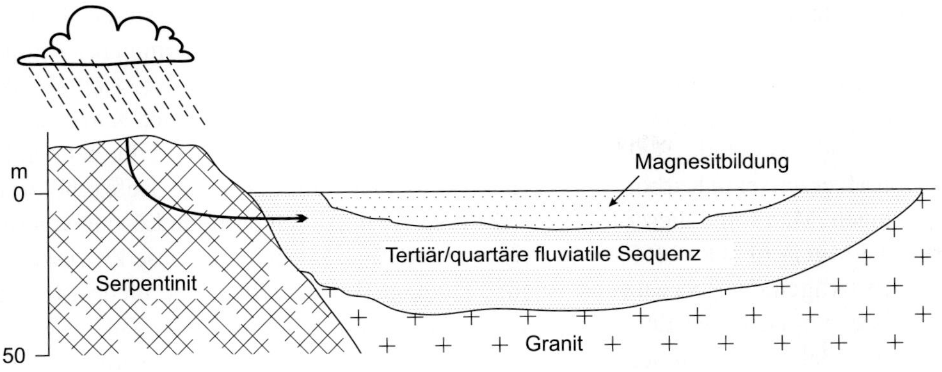

Abb. 100. Einfaches schematisches Modell der Bildung der fluviatil-limnischen Magnesitlagerstätte Kunwarara in Queensland, Australien (WILCOCK 2000).

Das Magnesitgestein dieser Lagerstätten ist weiß, grau, schwarz, gelblich, rötlich oder braun und zuckerkörnig bis grobkristallin. Wo tonige oder organische Matrix sowie Talk oder Dolomit einzelne Kristalle isolieren, findet man oft „Pinolite"; das sind längliche Kristalle, deren Wachstum entweder ungerichtet ist oder Rosetten bildet, oder auch von Schichtflächen, Stylolithen oder Klüften ausgehend monopolare oder bipolare Gefüge erzeugt. Die Kristalle verdrängen dabei die dunkle Matrix. Neben einer reliktischen Schichtung zeigen viele Spatmagnesite unterschiedliche sedimentäre Gefüge, z.B. Kreuz- und Schrägschichtung, Ripple Marks, intraformationale Erosion und synsedimentäre Brekzien, Einschaltung von Kalk-, Dolomit- und Hornsteinbänken, Konglomeraten sowie möglicherweise sogar Trockenrisse. Pyrit und andere Sulfide sowie Bitumen sind in geringer Menge häufig, Hämatit und kohlige Pflanzenreste jedoch selten. Die meisten der oben erwähnten Texturen sind sedimentären bis frühdiagenetischen Ursprungs, andere mögen spätdiagenetisch (z.B. Stylolithen) oder metamorph entstanden sein. Im Kontakt zu den Nebengesteinen sind metasomatische Verdrängungen charakteristisch. Das betrifft nicht nur Karbonate, wie etwa die fossilreichen Dolomite der Veitsch, sondern manchmal auch Metapelite, Quarzit und Hornstein. Daneben gibt es auch Einlagerungen von unverändertem Kalkstein (Asturetta). Allgemein liegt ein dolomitischer Alterationshof vor.

Die *Entstehung der Spatmagnesitlagerstätten* ist vermutlich auf unterschiedliche Weise möglich. In der jahrzehntelangen Diskussion haben sich zwei „Lager" gebildet, welche epigenetische, hydrothermale Zufuhr des Mg einerseits, sedimentäre bzw. eigentlich früh-diagenetische Magnesitbildung im marinen Milieu andererseits vertreten. In beiden Modellen handelt es sich um Mg-Metasomatose von Kalk- oder Dolomitvorläufern, welche durch folgende Reaktion schematisch beschrieben wird:

Magnesitbildung aus Calcit durch Mg-Metasomatose

$$CaCO_3 + Mg^{2+} aq \rightarrow MgCO_3 + Ca^{2+} aq$$

Chloridische Lösungen sind dabei das wahrscheinlichste Transportmedium. Lösung, Transport und Magnesitbildung werden vor allem durch Temperatur, Druck, Salzkonzentration, relative Mg-Ca-Aktivitäten und vermutlich oft durch NH_3-Gehalte (aus bakterieller Sulfatreduktion unter Zersetzung organischer Substanz stammend) kontrolliert.
Die Reaktion

Ammonium-gesteuerte Magnesitbildung

$$MgCl_2 + 2\,NH_3 + CO_2 + H_2O \rightarrow MgCO_3 + 2\,NH_4Cl$$

ist seit langem aus der Sodaproduktion mit dem Solvay-Verfahren bekannt (WAESER 1926). DEELMAN (2001) hat demonstriert, daß dabei geringe Oszillationen der Lösungszusammensetzung die Bildung von Magnesit favorisieren.

Auch höhere Temperatur begünstigt die Bildung von (Dolomit und) Magnesit. Die Herkunft der Mg-Lösungen im hydrothermalen Modell wurde sehr verschieden angenommen: Magmatische Intrusionen in der Tiefe, Metamorphose von Karbonaten oder Ultramafititen, Kontaktmetamorphose von Dolomit, sowie spätdiagenetische Formationswässer aus Mg-reichen Karbonaten. Manche Dolomite (WILSON et al. 2000) und möglicherweise auch Magnesite sind durch laterales Einströmen von Meerwasser in Karbonatplattformen entstanden, falls dort in der Tiefe erhöhte Temperaturen vorlagen. Man sollte dieser Liste die Mg-Freisetzung durch partielle Lösung von Carnallit anfügen ($KCl.MgCl_2.6H_2O \rightarrow KCl_s + MgCl_{2aq}$). Vermutlich können alle diese Prozesse Spatmagnesit bilden. Allgemein überwiegend ist für Spatmagnesit sicherlich eine niedrig-temperierte, hydrothermale, epigenetische Entstehung, die der Diagenese zuzuordnen ist. Zuletzt wurden aus Eugui/Spanien Belege für ein solches Modell der Magnesit-Metasomatose bereits lithifizierter Karbonate berichtet (LUGLI et al. 2000).

Auch sedimentär bis früh-diagenetische Modelle der Spatmagnesitbildung stehen jenen der Dolomitbildung sehr nahe. Als primäres Sediment wird Magnesit aus kinetischen Gründen ähnlich Dolomit nur sehr selten gebildet, zum Beispiel in anoxischem Milieu unter Mitwirkung sulfatreduzierender Bakterien (VASCONCELOS et al. 1995), oder durch Evaporation aus $CaSO_4$-armem proterozoischem Meerwasser (FRANK & FIELDING 2003). Frühdiagenetische Entstehung ist aber z.B. in den Sabkhas des Arabischen Golfes weit verbreitet. Demnach wären hochsalinare Bedingungen für die Magnesitausscheidung günstig. In den meisten Spatmagnesitlagerstätten gibt es aber keine begleitenden Evaporite oder Hinweise auf Sabkhas, obwohl gelegentlich etwas Anhydrit oder Gips auftreten (Sunk/Steiermark, Asturretta/Spanien, Liaoning/China: s. auch *Borate*), und altproterozoische Magnesitvorkommen am russischen Weißen Meer in Sabkha/Playa-Sedimenten liegen (MELEZHIK et al. 2001). Als Normalfall ist jedoch subtidale Lage der Bildung der Vorläuferkarbonate der Magnesite anzunehmen. Magnesitbildung trat dort ein, wo Mg-angereicherte Restlaugen aus benachbarten Emersionsflächen mit starker Evaporation zufließen konnten (POHL 1990). Neuere Untersuchungen an der Lagerstätte Satka im Ural bestätigen ein solches Modell (ELLMIES et al. 1999). Auch die Spatmagnesite im Jung-Proterozoikum bis Kambrium in British Columbia, Kanada, sind an evaporitische Bereiche von Plattformkarbonaten in Beckenhochlagen gebunden (SIMANDL & HANCOCK 1996). Die hohe Konzentration von Stickstoff in tieferen Horizonten arider Böden (WALVOORD et al. 2003) verweist auch hier auf eine mögliche Rolle von oszillierenden NH_3-Gehalten der Lösungen.

Magnesit ist äußerst verwitterungsbeständig und bildet deshalb auffallende blockige Ausbisse von leuchtend-weißem (Fe-armem) bzw. bei Fe-Gehalten gelblich-bräunlichem Gestein. Grobkristalline Spatmagnesite sind dann leicht erkennbar, feinzuckerkörnige könnten aber mit Dolomit verwechselt werden. Die *Prospektion* wird vor allem mittels geologischer und mineralogischer Methoden erfolgen.

Die *Magnesitreserven* der Erde sind sehr groß, und viele Bereiche sind noch unzureichend untersucht. Allerdings betrifft das vor allem Spatmagnesit, die Reserven kryptokristalliner Magnesite sind deutlich geringer. Die wichtigsten Produzenten sind vor allem China (50% der Welt) und Rußland, danach Türkei, Brasilien sowie die Slowakei. Die Weltproduktion liegt bei ca. 20 Mt Rohmagnesit im Jahr (2002).

Olivin

Olivin (Peridot) $(Mg,Fe)_2SiO_4$ D = 3,2–4,4

Olivin wird vereinzelt als Halbedelstein gefunden (St. Johns Island im Roten Meer). Ab 1930 begann man, ihn wegen seines hohen Schmelzpunktes zur Erzeugung feuerfester Materialien zu verwenden. Dafür sind allerdings naturgemäß Forsterit (Schmelzpunkt 1890°C, D = 3,2) bzw. Mg-reiche Glieder der Mischungsreihe geeigneter als Fayalit (1205°C).

Mittlerweile ist die Rolle des Olivins in der Feuerfestindustrie gesunken, da Magnesit meist bevorzugt wird. Der größte Teil der Olivinproduktion wird nunmehr an Stelle von Dolomit als Schlackenbildner in der Eisenerzeugung verwendet, wobei höherer Eisengehalt zulässig ist. Weitere große Mengen werden zu wärmespeichernden Ziegeln in elektrischen Heizgeräten gesintert; auch hier allerdings hat Magnesit an Vorsprung gewonnen. Wichtig ist ferner die Verwendung als Gießereisand, wo Olivin gegenüber Quarzsanden eine günstigere, nämlich geringere Wärmeausdehnung zeigt. Er ist allerdings Zirkon- und Chromitsanden in Bezug auf die Widerstandsfähigkeit gegen Hitzeschock unterlegen. Olivinsande können schließlich als Abrasiv (ohne Silikosegefahr) verwendet werden.

Wirtschaftlich interessant sind vor allem reine Forsteritfelse (Dunite), mit möglichst geringen Gehalten an Pyroxen und hydratisierten Mineralen (Serpentin, Talk). Sofern solche Minerale in Klüften oder Störungen auftreten, können sie durch Aufbereitung entfernt werden. Die jedem Geologen vertraute, unter dem Mikroskop sichtbare Serpentinisierung von Olivinkörnern an Mikrofrakturen ist sehr nachteilig, da diese Minerale bei Erhitzung Wasserdampf abgeben. Aus diesem Grunde sind brauchbare Dunite trotz der weiten Verbreitung des Gesteines nicht allzu häufig.

Die größte Olivinproduktion Europas stammt aus Norwegen, weitere Lagerstätten gibt es in Italien, Schweden, Österreich und in Spanien. Der Abbau einer Großlagerstätte nördlich von Nuuk, Grönland, wird zur Zeit (2003) vorbereitet.

Die wichtigste Olivinlagerstätte Norwegens und der weltweit größte Produzent (3,2 Mt/a) ist *Aheim* im Präkambrium im Süden des Landes. Die Nebengesteine sind polymetamorphe altproterozoische Gneise. Darin liegt ein großer ultramafischer Körper, vor allem aus Duniten und Eklogiten aufgebaut. Die mineralogische Zusammensetzung des Olivingesteines ist: 91,3% Forsterit, 6,8% Enstatit, 0,9% Serpentin, 0,7% Chromit und 0,4% Spinell. In Österreich wird Olivin in einem Steinbruchbetrieb im paläozoischen Ophiolit von *Kraubath* abgebaut. Da der Serpentinanteil hier für eine direkte Verwendung als Gießereisand oder Feuerfestprodukt zu hoch ist, wird das Roherz bei 1650°C kalziniert.

Phosphate

Apatit $Ca_5(F,OH,Cl)(PO_4)_3$ ca. 40% P_2O_5 D = 3,2

Apatit ist chemisch äußerst variabel. Ca kann durch Mn, Sr, Na, Mg, U oder SEE teilweise ersetzt sein, statt F und (OH) kann Cl eintreten, und (PO_4) ist manchmal z.T. durch (CO_3), (SiO_4) oder (SO_4) vertreten. Deshalb gibt es für verschiedene Apatitvarietäten eine große Zahl diverser Namen (Kohn et al. 2002). *Phosphorite* nennt man apatitreiche Verwitterungsbildungen und sedimentäre Gesteine, welche neben anderen Mineralen (Karbonat, Tone, Quarz, Pyrit, Glaukonit) und organischer Substanz mehr als 18% P_2O_5 ursprünglich amorph-kolloidales, später feinkörnig rekristallisiertes Phosphat enthalten. Dieser kryptokristalline Apatit wird oft Kollophan oder Frankolit genannt. Frankolite sind eine sehr heterogene Gruppe von Karbonat-Fluorapatiten.

Der Phosphatgehalt eines Gesteines wird in % P_2O_5 ausgedrückt; daneben gibt es die Angabe als Tricalciumphosphat (= 2,185 x P_2O_5) und als elementarer Phosphor (= 0,436 x P_2O_5). Abbauwürdige Mindestgehalte sind 15–30% P_2O_5. Nachteilig sind erhöhte Anteile von

Karbonat, Eisenoxyden, Kerogen oder Tonen, welche z.T. bei der Verarbeitung einen höheren Schwefelsäureverbrauch verursachen und deshalb durch Aufbereitung (meist Flotation) entfernt werden müssen.

Apatite und Phosphorite werden möglichst selektiv abgebaut (als „direct shipping ore") oder durch verschiedene Aufbereitungsmethoden auf ~30% P_2O_5 angereichert. Solche Apatitkonzentrate enthalten mehrere Elemente, die z.T. als Nebenprodukt gewonnen werden können (U, Th, F, V, SEE: Dill & Kantor 1997), während andere dem Phosphordünger eine aus ökologischer Sicht unerwünschte „geochemische Erbschaft" mitgeben können (Cd, Cr, Pb, Hg, As, Se). Zum Teil handelt es sich dabei um Elemente, welche nicht im Apatit, sondern in begleitender organischer Substanz oder in Pyrit enthalten sind. Besonders problematisch ist der erhöhte Cd-Gehalt westafrikanischer Phosphate (Senegal bis 75 ppm, Togo bis 55 ppm), wogegen jene aus Marokko und Florida mit 22 bzw. 8 ppm gering belastet sind. Eine Abtrennung der toxischen Schwermetalle bei der Aufbereitung würde erhebliche Kosten verursachen, weshalb Lagerstätten mit erhöhten Gehalten kaum wirtschaftlich verwertbar sind, während jene mit besonders niedrigen Anteilen (z.B. die Cd-freien Fluorapatite der Kola-Halbinsel) besonders gesucht sind.

Als essentieller Bestandteil von DNA, RNA und vielen anderen biologischen Bausteinen ist Phosphor neben Kalium und Stickstoff einer der Hauptnährstoffe für das Pflanzenwachstum. Deshalb werden über 90% der Weltphosphorproduktion zur Erzeugung von Dünger verbraucht. Dabei wird das Konzentrat in einem nassen Prozeß mit Schwefelsäure reagiert, wodurch Posphorsäure und Gips („Phospho-Gips") entstehen. Die Phosphorsäure wird in der Folge mit Ammonium oder mit Phosphoritkonzentrat zur Herstellung der verbreitetsten Dünger Ammoniumphosphat und Doppelsuperphosphat reagiert. Unbehandeltes Rohphosphat ist zumeist für die Pflanzen nicht nutzbar, da Apatit nur sehr langsam verwittert. Biogene Phosphorite sind jedoch etwas besser löslich und werden manchmal als Direkt-Dünger (Rohphosphordünger) eingesetzt. Ein geringer Teil der Phosphate wird zu elementarem Phosphor, Viehfutterzusatz und diversen Chemikalien verarbeitet, u.A. zu Detergentien.

Ein wichtiger Aspekt der Verarbeitung von Rohphosphat ist die Entsorgung des anfallenden *Phosphogipses*. Dieser enthält Radionuklide aus der U-Zerfallsreihe, wobei Radium, Polonium und Radon besonders beachtet werden müssen. Deshalb kann dieser Gips oft nicht als Baustoff verwendet werden und wird als nutzloser Abfall aufgehaldet. In Florida betragen die „Vorräte" dieses Materials mittlerweile nahezu eine Milliarde Tonnen. Finnische Phosphogipse aus Siilinjärvi werden jedoch als Papierfüller verwertet.

Geochemie. Phosphor ist ein Bestandteil aller Magmen, mit Schwerpunkt im basischen (1400 ppm) bis intermediären (1660 ppm) Bereich. Das Element ist inkompatibel, wird jedoch in der Regel bei ausreichendem Ca-Gehalt der Schmelze schon früh als Apatit ausgeschieden. In Ca-armen Schmelzen, z.B. in vielen S-Typ-Graniten und Pegmatiten, kann es jedoch zur Anreicherung in Restschmelzen und späten Fluiden kommen. Beispiele extremer P-Anreicherung sind die spektakulären Magnetit-Apatiterze (z.B. Kiruna) ebenso wie Apatitschlieren und -brekzien in Karbonatiten. Dieser Apatit enthält viel Fluor und/oder Chlor. Durch Verwitterung führen Flüsse und Meerwasser reichlich Phosphor; letzteres oft soviel (50–100 ppb), daß man von Phosphat-Übersättigung ausgehen kann. Trotzdem beruht die Ausfällung von Apatit aus dem Meer weit überwiegend auf Einbau in marine Biomasse. Daraus resultiert ein ständiger Regen von Phosphor in abgestorbener organischer Substanz auf den Meeresboden, wo dieser schließlich durch komplexe frühdiagenetische Reaktionen als karbonatischer Fluorapatit immobilisiert wird. Phosphatreiche subrezente Sedimente sind von vielen Kontinentalrändern bekannt; am Kontinentalschelf SW-Afrikas und vor Peru ist rezente Phosphatbildung nachgewiesen.

Phosphatlagerstätten gibt es als marine (selten lakustrine) Sedimente, als Derivate von Guano (Nauru und Weihnachtsinsel) und als Anreicherungen in magmatischen Gesteinen (zumeist Karbonatite und Alkalimassife).

Sedimentäre Phosphorite bilden den größten Teil der Weltreserven (>90%) und erbringen auch den überwiegenden Teil der Weltproduktion. Immer handelt es sich um Sedimente relativ seichten Wassers (bis vielleicht 200 m Tiefe), die Linsen oder weit ausgedehnte Flöze bilden, welche lateral in nicht-phosphatische Gesteine übergehen. Die Nebengesteine können tonig (oft Ölschiefer), kalkig oder sandig sein; Chertbänder sind sehr charakteristisch. Eine Position in wenig deformierten Plattformserien ist die Regel (N-Afrika), doch gibt es auch stark gefaltete (Kara Tau/Kazachstan, Mittelwesten der USA) oder metamorphe (Sibirien: Guliy 1995) Phosphatschichten. Viele solcher Lagerstätten sind erst durch Verwitterung bauwürdig geworden, meist indem leicht lösliche (z.B. kalkige) Matrix weggelöst bzw. Phosphat in Lösung umgelagert wurde. Mechanische Umlagerung und Konzentration von Phosphatknollen ähnlich den Eisenerzen von Salzgitter steht z.T. mit synsedimentärer Emersion und Verwitterung, z.T. mit submarinen Bewegtwasserphasen in Zusammenhang. Insgesamt ist ein rascher Wechsel hochenergetischer und niedrigenergetischer Zustände („Baturin-Zyklus") für Räume der Phosphoritbildung charakteristisch.

Phosphorite sind sehr unterschiedlich ausgebildet; sie sind hart bis weich-erdig; siltig-sandig, konglomeratisch, knollig, pelletoid bis sehr feinkörnig und strukturlos, von grauweißer, grünlicher oder brauner Farbe. Neben Kollophan/Frankolit enthalten sie oft Knochenreste oder Fischzähne, weiter Dolomit, Calcit, Chalcedon, Kerogen und Pyrit, sowie unterschiedliche Anteile an detritischen Komponenten (Quarz, etc.). Manche Phosphorite bestehen weit überwiegend aus phosphatisierten Knochenbrekzien und Koprolithen. Auf Grund ihrer makroskopischen und mikroskopischen Variabilität sind Phosphorite ein Eldorado sedimentologischer Forschung (Glenn et al. 1994).

Die Entstehung mariner Phosphorite wird z.T. durch Hochströmen kalten, nährstoffreichen Tiefenwassers an Kontinentalrändern erklärt (oceanic upwelling, Burnett & Riggs 1990). Die Phosphorite epikontinentaler Flachmeere sind nicht durch Upwelling, sondern durch fluviatilen P-Eintrag zu erklären (Glenn et al. 1994). In beiden Fällen kommt es zu einer synergetischen Steigerung der Lebensdichte, z.B. durch die Nahrungskette Phytoplankton – Fische – Vögel. Die zum Boden abregnende organische Substanz ist reich an Phosphor; weitere Anreicherung ist am Boden und im Bodensediment möglich, z.B. durch Bildung von konkretionären Peloiden aus Porenlösungen und schließlich durch das Ausspülen feiner Matrix der Pellets. Besonders die phanerozoischen Phosphatlager sind häufig eigentlich klastische Sedimente, deren Konzentration durch Meeresströmungen erfolgte. Schon während der Bildung einzelner Phosphoritflöze ist eine wiederholte Zyklizität dieser genetischen Einzelelemente erkennbar. In der Folge werden die phosphatreichen Sedimente lithifiziert, oft durch frühen Apatit- oder Karbonatzement und spätere diagenetische Silifizierung oder seltener Pyritisierung.

Die frühesten marinen Phosphatlagerstätten sind aus dem Alt-Proterozoikum bekannt (Sibirien). Zeiten einer deutlichen Häufung sind Kambrium (Asien, Australien), Perm (Phosphoria Formation in Nordamerika: Piper & Link 2002), Oberkreide-Eozän (Saudi-Arabien bis Westafrika, mit dem dzt. Schwerpunkt in Marokko; nördliches Südamerika) und Miozän (südwestliche USA: Florida). Diese Zunahme in jüngerer geologischer Zeit hängt sicherlich mit der biologischen Entwicklung zusammen.

Eine der ältesten Lagerstätten liegt in altpaläozoischen Tafelsedimenten des *Mt. Isa-Gebietes* in Queensland/Australien, mit Ressourcen von über 2.000 Mt zu 17% P_2O_5 einschließlich 40 Mt zu 31%, welche direkt verkauft werden könnten. Eine große kretazische Lagerstätte, die zur Zeit (2003) bergbaulich erschlossen wird, ist *Al Jalamid* in Saudi-Arabien. Die Reserven liegen bei 213 Mt, in einem über 18 km^2 verbreiteten Horizont mit 6,5 m Mächtigkeit, der 21% Phosphat enthält. Im westlichen Europa gibt es keine bauwürdigen marinen Phosphate, obwohl viele Vorkommen bekannt sind, welche früher z.T. abgebaut wurden.

Magmatische Phosphatlagerstätten sind weltweit mit Alkaligesteins- und Karbonatitkomplexen (Abb. 87) sowie mit geschichteten basischen Intrusionen verbunden.

Eine bedeutende Lagerstätte dieses Typs ist *Palabora* in Südafrika, ein ultramafisch-karbonatitischer Komplex mit bemerkenswerter Vielfalt der abgebauten Rohstoffe (Cu, Zr, Magnetit, Vermiculit). Die Jahresproduktion beträgt etwa 3,5 Mt Fluorapatit-Konzentrat. Abgebaut werden apatitreiche Pyroxenite und der sogenannte Phoscorit, welcher den zentralen Karbonatitschlot umhüllt. Typischer Phoscorit besteht aus 25% Apatit, 35% Magnetit, 18% Kalzit und 22% Phlogopit, Serpentin und Kupfererz. Höhere Apatitgehalte sind klar mit relativer Zunahme von Phlogopit korreliert, was auf den Einfluß residualer Fluide auf die Konzentration von P hinweist. Durchschnittliche P_2O_5-Gehalte im Phoscorit liegen bei 10%. Durch Bohrungen ist eine Tiefenerstreckung bis mindestens 1000 m nachgewiesen.

Einen ähnlichen Lagerstättendistrikt gibt es auf der Halbinsel Kola im Alkalikomplex von *Khibiny* (Rußland). In Zusammenhang mit spät-variszischer Plattformreaktivierung (300–280 Ma) wurde hier in archaisch-proterozoischer Umgebung ein subvulkanischer Ringkomplex von etwa 35 km Durchmesser gebildet (Abb. 101). Von außen nach innen, bzw. vom Älteren zum Jüngeren findet man Nephelinsyenite, Ijolithe, Apatit-Nephelinite und Foyaite. Die Apatit-Nephelinite bilden konkordante intrusive Körper bis 20 km Länge und 250 m Mächtigkeit, welche vermutlich sehr spät in eine Ringspalte injiziert wurden. Sie bestehen aus Apatit, Nephelin, Ägirin und Hornblende sowie Sphen und Titanomagnetit. Es gibt fleckige, gebänderte und netzartige Erzvarietäten. Neben Apatit (~9 Mt/a) werden hier auch Nephelin als Aluminiumrohstoff und Baddeleyit (Zr) gewonnen.

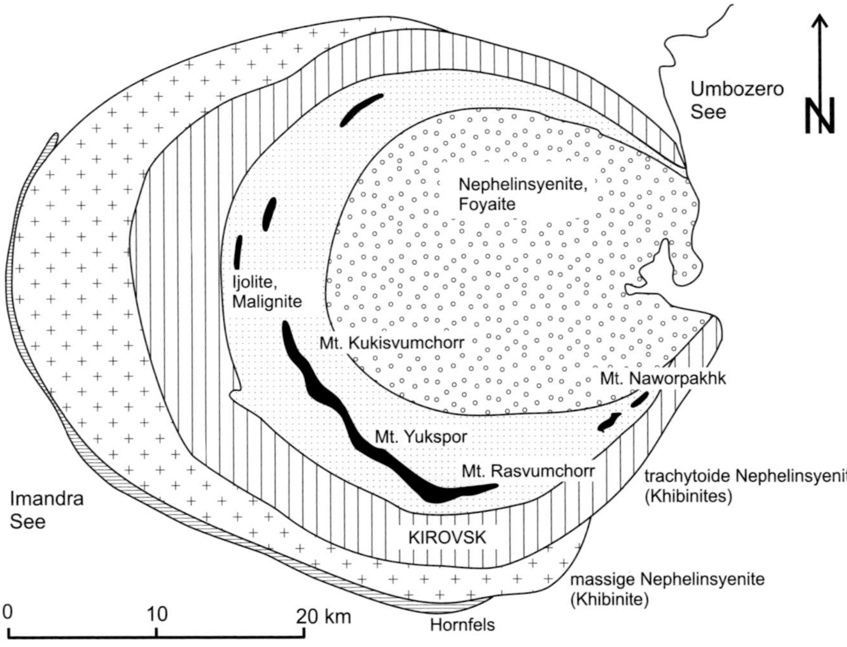

Abb. 101. Generalisierte geologische Karte der Alkali-Ringintrusion von Khibiny, Kola, Rußland, mit den Apatit-Nephelin-Horizonten (schwarz).

Im Osten Kanadas liegt der kambrische *Sept-Iles Komplex*, mit 80 km Durchmesser eine der größten geschichteten basischen Intrusionen der Welt. Der größte Teil davon liegt jedoch unter dem Meer. Drei magmatische Zyklen werden unterschieden, der älteste schließt mit der 250 m mächtigen kritischen Zone, die eine etwa 100 m mächtige Magnetit-Ilmenit-Apatit-reiche (nelsonitische) Schicht enthält. Sie wird als Produkt einer Entmischung im liquiden Zustand interpretiert (Cimon & McCann 2000). Die Reserven betragen rund 110 Mt mit 15% Apatit und 16% Ilmenit.

Phosphatressourcen sind weltweit verteilt und mit 200 bis 300 Milliarden Tonnen sehr groß. Die *Weltphosphatproduktion* liegt bei 148 Mt/a (2002). Die größten Bergbauprovinzen sind NW-Afrika

(Marokko), Florida/USA, die Halbinsel Kola, Nordfinnland mit der archaischen Karbonatitlagerstätte *Siilinjärvi* und der Kara Tau-Distrikt in Kazachstan. Infolge der Stagnation der weltweiten Landwirtschaft sind bestehende Produzenten nicht ausgelastet und der Anreiz zur Neuerschließung von Lagerstätten ist gering. Die *Suche nach Phosphatlagerstätten* hat von geologischen Modellen auszugehen. Apatit und Phosphorit sind im Felde schwer zu erkennen, wenn nicht z.B. Knochenbruchstücke und Fischzähne als Hinweise sichtbar sind. Der häufige Urangehalt der Phosphorite und auch vieler magmatischer Apatiterze ermöglicht regionale Prospektion oder Lokalisierung in Bohrungen durch Radiometrie. Photogeologische und magnetische Analysen erlauben die Ortung von Alkali-Ringkomplexen.

Quarz

Quarz SiO_2 $D = 2{,}65$

Quarz steht hier für die Gruppe der SiO_2-Minerale, welche neben dem allgegenwärtigen Quarz (Bildung über 120°C) und Chalcedon (unter 180°C) auch Tridymit, Cristobalit, Coesit, Stishovit und Kieselglas (Opal i.w.S.) umfaßt. Als bergbaulich gewonnener Industrierohstoff ist aber eigentlicher Quarz vor allem wichtig. Dabei sind Kristallinität und chemische Reinheit von überragender Bedeutung. Natürlicher Quarz ist zwar eines der reinsten Minerale, enthält aber doch immer Punkteinschlüsse, unter welchen H_2O, AlOH und LiOH dominieren. Unterschiedliche Mengen dieser Einschlüsse sind durch kinetische Faktoren während des Kristallwachstums bedingt. Im Kristallquerschnitt definieren sie Sektoren (Ihinger & Zink 2000).

Verwendung finden *Quarzkristalle* primär in der elektronischen und optischen Industrie. Die überwiegende Menge wird als Frequenzkontrolle in Radiosende- und Empfangsystemen und als Oszillatoren in Uhren gebraucht. Die dafür maßgebenden Eigenschaften des Minerals sind Piezoelektrizität und hohe akustische Härte. Voraussetzung für *elektronischen Quarz* sind unverzwillingte, fehlerfreie, sehr reine Kristalle. Da die natürliche Versorgung sehr beschränkt ist, werden solche Kristalle heute fast ausschließlich hydrothermal in Autoklaven gezüchtet. Damit ist der Markt für Naturquarze vor allem auf geeignete Keime (*Lasca*) für die synthetische Herstellung reduziert. *Optischer Quarz* muß sehr transparent und ebenfalls unverzwillingt sein. Benötigt wird Quarz hier für UV-transparente Prismen und Zellen bzw. für bestimmte Linsen, etwa zur Verwendung bei hohen Temperaturen (bis 1100°C).

Aus sehr reinem (>98–99% SiO_2), stückigem Rohmaterial wird *Quarz von chemischer Qualität* gewonnen. Die Weiterverarbeitung erfolgt einerseits zu Halbleitern, Glasfasern und photovoltaischem Werkstoff („Solarsilizium"), andererseits zu Produkten der chemischen Industrie (Silicagel, Silane, Silikone, etc.).

Halbleitersilizium wird aus Quarzrohstoffen durch Schmelzreduktion mit Kohlenstoff und danach Reaktion mit Chlor zu flüssigem Siliziumtetrachlorid hergestellt, das mehrfach destilliert wird. Durch Zusatz von Mg wird daraus elementares Si gefällt, das nun einer mehrfachen Raffination durch Zonenschmelzen unterworfen wird. Das ultrareine Endprodukt erreicht 99,99999% Si. Ultrareines Silizium ist ein nicht-leitendes Halbmetall. Für die elektronische Verwendung als Halbleiter wird es mit Spuren anderer Elemente (P, Sb, B, In, etc.) versetzt, welche die „Konstruktion" negativer oder positiver Transistoren auf kleinstem Raume ermöglichen. Diese Technologie ist bekanntlich das Rückgrat der heutigen Computertechnik.

Quarz metallurgischer Qualität wird zur Herstellung von Quarzglas, Si-Legierungen (mit Cu, Al), Si-Metall, Si-Karbiden und Ferrosilicium für die Eisen- und Stahlproduktion verwendet. *Fumed Silica* wird bei hohen Temperaturen erzeugt, vor allem als Füllstoff für Silcongummi und Farben.

Lagerstätten geeigneter Quarzrohstoffe sind Pegmatite, hydrothermale Quarzgänge (z.B. der bayerische Pfahl mit ~150.000 t Jahresproduktion) und hochreine Quarzite (siehe dort) oder Quarzsande (Blankenburg et al. 1994, Lorenz & Gwosdz 1999). Der größte Produzent natürlicher Quarzkristalle ist Brasilien. Sehr reine Quarzrohstoffe sind so selten, daß ausreichende Größe und gute Aufbereitungscharakteristik potentieller Lagerstätten günstige Voraussetzungen für eine Betriebsaufnahme sind. Zugang zu spezifischen Märkten ist hier noch mehr als bei anderen Industriemineralen nur durch Integration mit der weiterverarbeitenden Industrie erreichbar. Bei der Verarbeitung von Quarz muß die Gefahr des Einatmens feiner Stäube ausgeschlossen werden (Silikose).

Quarzit

Quarzite sind harte Sedimentgesteine oder deren metamorphe Äquivalente, die überwiegend aus Quarz bestehen. Traditionell unterscheidet man im deutschen Sprachraum Felsquarzite von Braunkohlenquarziten (Lorenz & Gwosdz 1999).

Felsquarzite sind metamorphe Quarzsandsteine. Sie sollen dicht und massig sein, mit möglichst geringen Kornanteilen über 2–3 mm, da größere Körner die Verwendbarkeit stark einschränken. Die Textur solcher Quarzite ist massig bis gering schiefrig. Die Quarzkörner sind äquidimensional bis gering länglich, mit klaren Korngrenzen, woraus eine einfache Mosaiktextur resultiert. Im Dünnschliff ist häufig eine starke kataklastische Struktur erkennbar. Durch Gitterstörungen bedingt können Quarzite bis 28% röntgenamorphe Anteile enthalten. Unerwünscht sind für die meisten Anwendungen Gehalte von Glimmer, Feldspat, Granat, Pyrit, Goethit usw., welche 4% übersteigen. Quarzite sind meist stark klüftige bis brekziöse Gesteine; das erleichtert zwar die Gewinnung, führt aber oft zu Verunreinigung an Klüften und Störungen. Einlagerungen anderer Gesteine (Schiefer, etc.) müssen durch selektiven Abbau sorgfältig ausgehalten werden.

Braunkohlenquarzite (Zementquarzite) sind sehr feinkörnig bis dicht. Klastische Quarzkörner sind durch ein kieseliges Bindemittel zementiert, das mineralogisch Opal, Chalcedon oder feinkristalliner Quarz sein kann. Solche Gesteine sind sehr hart, fühlen sich glatt an und liefern beim Anschlagen scharfkantige Fragmente mit hornsteinartiger Bruchfläche. Der kieselige Zement belegt Lösung und Wiederausfällung von SiO_2. Dies verweist entweder auf migrierende alkalische Grundwässer (in wechselfeuchten Klimazonen sehr häufig; Bildung von „Silcrete") oder auf Transport durch Komplexbildung mit organischer Substanz. Das charakteristische Auftreten dieser Quarzite im Braunkohlentertiär Mitteleuropas spricht natürlich für die zweite Deutung, ebenso die Eisenarmut solcher Gesteine. Die hohe Löslichkeit von SiO_2 im tieferen Teil eines Torflagers wurde durch Bennet et al. (1991) analytisch und mineralogisch nachgewiesen. Wo solche Wässer in liegende Quarzsande abwandern, ist die Bildung von Braunkohlenquarziten möglich.

Große konkretionäre Blöcke und Platten von Zementquarziten kennt man vorwiegend aus eozänen und oligozänen Sanden in Mitteldeutschland und Böhmen. In erodierten Randbereichen der Braunkohlenmulden blieben sie als Findlingsquarzite liegen. Diese wurden früher gewonnen, die heute verbliebenen Reste sollten als landschaftsprägende Elemente geschützt werden. In primärer Lagerstätte sind Zementquarzite aus genetischen Gründen oft mit hochwertigen Sanden vergesellschaftet; eine Gewinnung beider Rohstoffe ist dann zweckmäßig.

Heute werden fast ausschließlich Felsquarzite abgebaut. Gesucht sind Reinstquarzite mit mehr als 96% SiO_2 für die Feuerfestindustrie, höherwertige auch für Verwendungen, welche unter „Quarz" beschrieben wurden. Beim Einsatz für Ofenauskleidungen und feuerfeste Massen ist während des Brennvorganges eine möglichst gleichvolumige Umkristallisation in Cristobalit erwünscht, der über 1200°C stabil ist.

Für die Erzeugung von Silicium-Metall (silicon metal) und Ferrosilicium (zusammen weltweit ~4 Mt im Jahr 2003) wird Quarzit in elektrischen Lichtbogenöfen bei >1780°C durch Graphitelektroden reduziert. Dabei ist hohe chemische bzw. pyrometallurgische Reaktivität erwünscht, welche mikroskopisch für undulös auslöschende oder kataklastisch beanspruchte Quarzkörner vorausgesagt werden kann, da diese bei Zerkleinerung und thermischem Schock im Ofen eine große Reaktionsoberfläche entwickeln. Auch erhöhte Löslichkeit in NaOH korreliert positiv mit günstiger Reaktivität. Nachteilige Verunreinigungen sind vor allem Al, Fe, P, Ti und Ca. Von diesen können nur Al und Ca problemlos durch Schlackenbildung entfernt werden.

Eine große Felsquarzitlagerstätte wird bei Saalburg/Taunus abgebaut; in Österreich werden vielfach permo-triadische Quarzite gewonnen (Semmeringquarzit, Radstädter Quarzit).

Quarzsande und Kiese

Quarzsande (0,06 bis 2 mm Korndurchmesser) und Kiese (2–63,2 mm) sind die wichtigsten Rohstoffe aus der Gruppe der sedimentären, nicht bindigen Lockergesteine (Blankenburg et al. 1994). Nach ihrer Verwendung werden sie wie folgt unterteilt:

- *Industriesande* (Glassande, Kieselmehl, Schleifsande, Emailsande, Ölsande, Formsande, Filtersande)
- *Bausande* (Betonzuschlagsande und -kiese, Mörtelsande, Putzsande, Schüttsande, Frostschutzsande, Sande zur Herstellung von Kalksandstein).

Die Verwendung natürlich vorkommender Sande und Kiese ist von ihren Eigenschaften abhängig (Reinheit von Fe, Kalk, Ton, Salzen, humosen oder bituminösen Stoffen; Schwermineralgehalt; Korngröße, Kornform usw.). Manche abträgliche Eigenschaften können aber durch Aufbereitungsmethoden gemindert werden (Waschen, Klassieren, Attrition, Flotation u.a.). Wichtig ist ferner eine genügende Größe und gleichbleibende Charakteristik der Lagerstätte sowie die Gewinnungsmöglichkeit im Tagbau. Dabei steht die Lage zum Grundwasserspiegel im Vordergrund, ebenso eine Vielzahl anderer, die Umwelt betreffender Fragen (Lorenz & Gwosdz 2002).

Von den ***Industriesanden*** sind die Glas- und Formsande die wichtigsten Verwendungsgruppen (Lorenz & Gwosdz 1999). Hochwertige Glassande müssen chemisch sehr reine Quarzsande sein, mit Fe_2O_3<0,025%, TiO_2<0,03%, Al_2O_3<1%, CaO und MgO<0,03%. Manche Spurenelemente (bzw. akzessorische Minerale) sind günstig oder stören nicht (Zr, Zn, Sr, Be, Te), andere vermindern die Brauchbarkeit (Ba, Mn, V, Cr, Cu). Die Korngröße soll zwischen 0,1–0,5 mm liegen, eckige Kornformen sind bevorzugt. Verschiedene Glassorten bedingen allerdings unterschiedliche Anforderungen, so daß z.B. für grünes Flaschenglas bis 4% Fe_2O_3 toleriert werden.

Quarzsande sind der Menge nach mit max. 74% Anteil am Glas-Rohmehlgemenge die wichtigsten Rohstoffe für die Glaserzeugung. Weitere benötigte Hauptkomponenten sind Soda (Na_2O), gebrannter Kalk/Dolomit und Aluminiumoxyd. Dazu kommen eventuell Läutermittel (z.B. Natriumsulfat), Entfärber (z.B. Salpeter), oder Färbemittel. Hitzefestem Glas wird B_2O_3, optischen Gläsern zur Härtung K_2O zugesetzt. PbO erhöht die Attraktivität von Dekorglas. Farbgläser werden durch Zugabe von färbenden Metalloxyden erzeugt, z.B. CoO für blaues „Kobaltglas" und Cr_2O_3 für orangefarbenes Glas.

Die besten *Glassande* sind in mehrfach umgelagerten, reifen Sedimenten zu finden, da dann der besonders verwitterungsbeständige Quarz (bis >99%) sowie wenige Schwerminerale (z.B. Zirkon) angereichert sind. Die meisten Sandlagerstätten sind mariner, fluviatiler oder äolischer Entstehung. Die häufige Nähe zu kohleführenden Schichten oder Emersionsflächen lässt vermuten, daß dies ein wichtiges genetisches Element der hohen natürlichen Qualität ist. Absinkende Moor- oder Tropenwaldwässer mit reichlich gelöstem organischem C (dissolved organic carbon – DOC) führen zu Reduktion und mikrobieller Methanbildung in den Sanden, wodurch z.B. Eisen als Fe^{2+} mobilisiert wird. In geologischen Perioden erhöhter CO_2-Gehalte der Atmosphäre (Abb. 155) steigt der DOC-Export (Freeman et al. 2004). Günstige hydraulische Verhältnisse im Aquifer, d.h. langdauernder Durchfluß, erlauben Abtransport der gelösten Stoffe. Fossile Küstensande werden besonders häufig gewonnen, z.B. aus der subherzynen Kreidemulde nördlich des Harzes in Niedersachsen und Sachsen-Anhalt. Rezente Äquivalente müssen aber durch Waschen mit Süßwasser entsalzen werden. Am Nordrand der österreichischen Molassezone, also entlang der tertiären Küste der Böhmischen Masse, liegen im Oligozän mehrere Quarzsandlagerstätten (Linzer Sande, Melker Sande). Diese Sande werden durch Attrition und Flotation weiter veredelt. Ein großer Anteil der Produktion wird allerdings zu Schaumbetonsteinen und zu gesinterten Dachziegeln verarbeitet. Bekannt ist ferner der Glassand von Hohenbocka (Sachsen), welcher fossile Dünen unter der Erdbraunkohle des Senftenberger Revieres bildet.

Kieselmehl wird gewöhnlich aus hochreinen Quarzsanden durch metallfreies Mahlen erzeugt. Mehle unterschiedlicher Korngrößen bis <3µm haben eine breite Anwendung als funktionelle Füller, z.B. in Keramik, Farben und Plastik. Deutsche Lagerstätten bzw. Hersteller liegen bei Frechen, Haltern und Weferlingen.

Schleifsande werden in großen Mengen zum Sandstrahlen eingesetzt, in Konkurrenz mit Granatsand und Schlackensand. Der Anteil der Granatsande in dieser Verwendung steigt an (1999 ca 110.000 t im Jahr), da sowohl Quarz (Silikose) wie auch Schlacken (As, Pb, etc.) gesundheitsgefährdend sein können.

Formsande (Gießereisande) sind etwas klebende Sande, aus welchen Kerne und Formen für die Metallgießerei hergestellt werden. Wichtige Eigenschaften für diese Verwendung sind: Gehalt an natürlichen Bindemitteln (Ton, Schluff), Feuerfestigkeit, Kornverteilung, Druckfestigkeit, Scherfestigkeit und Gasdurchlässigkeit. Gleichkörnigkeit ist erwünscht, Karbonat- und Glimmergehalt schädlich. Da diese Eigenschaften in natürlichen Vorkommen sehr stark schwanken, werden Gießereisande zunehmend durch Beimengung verschiedener Bindemittel (Ton, Kunststoff, etc.) zu hochreinen Glassanden „synthetisch" hergestellt. Neben Quarzsanden werden zunehmend auch höchstwertige Chromit-, Zirkon- oder Olivinsande verwendet.

Die wichtigste Verwendung der ***Bausande und -kiese*** ist jene als Betonzuschlagstoff. Dazu eignen sich Vorkommen geringerer Qualität und breiterer Kornzusammensetzung. Solche *Kiessande* („Schotter") sind in glaziofluviatilen Endmoränenkörpern sowie in eiszeitlichen Terassen und Talfüllungen größerer Flüsse weit verbreitet. Infolge der hohen Nutzungskonkurrenz in Flußtälern, z.B. durch Besiedlung, Landwirtschaft, Naturschutz, Verkehr, Grundwassernutzung etc., sind mittlerweile die Gewinnungsmöglichkeiten für diese Rohstoffe stark eingeschränkt (Abb. 102). Trotz Substitution durch Altbeton, Bruchkies und Splitt aus überseeischen Großsteinbrüchen u.ä. besteht weiterhin ein sehr hoher Bedarf. Deshalb ist die Ausweisung potentieller Lagerstätten und deren Schutz im Rahmen der Landesplanung von höchster Priorität (Langer & Stein 1998).

Über die erforderlichen Eigenschaften der Zuschlagstoffe („aggregates") zu Normalbeton (2200–2500 kg/m^3) gibt es eine Fülle von Publikationen und Normen (Primel & Tourenq 2000). Wichtig für die Beurteilung sind der Stoffbestand (Quarz und quarzreiche Gesteinsfragmente sind günstig; verwitterte, schiefrige, also mürbe Fragmente nicht; Ton- oder Mergelanteile sowie alkalireaktive Hornsteine, Opalanteile oder Flinte und Kohlepartikel sind schädlich: Scott 1993), die Kornverteilung (durch Siebkurven dargestellt; sie kann in Grenzen durch Klassieren und Mischen eingestellt werden) und die Kornform (rundliche Fragmente sind besser als ausgeprägt plattige).

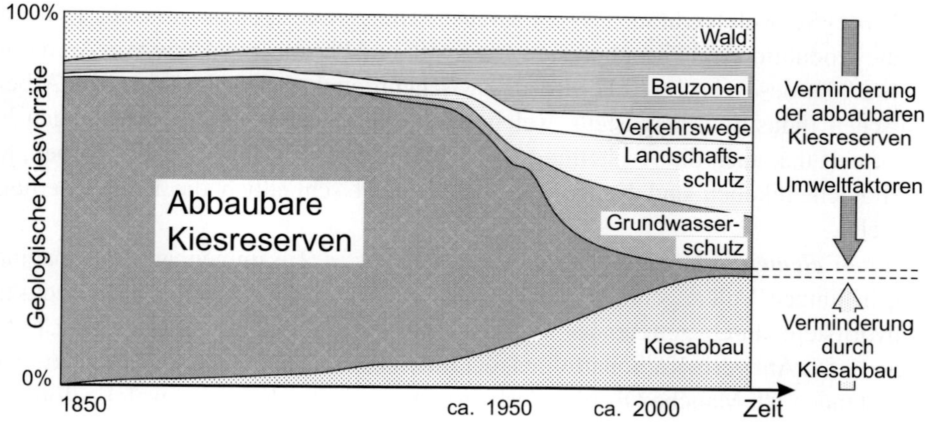

Abb. 102. Unterschiedliche Ansprüche und Nutzungskonkurrenz vermindern die geologischen Kiesressourcen derart, daß verbleibende Hoffnungsflächen geschützt werden müssen.

Hoher Gehalt an Überkorn („Steine" >63,2 mm Durchmesser) ist ebenso ungünstig wie hoher Feinsandanteil. Weitere Anforderungen betreffen die Druckfestigkeit und die Frostsicherheit. Eine möglichst geringe Überlagerung durch unbrauchbaren Abraum, gleichbleibende Eigenschaften über größere Lagerstättenteile, genügende Größe und ein für die gewählte Abbaumethode (trocken oder naß) günstiger Grundwasserspiegel sind Voraussetzungen für eine wirtschaftliche Gewinnung. Schon bei der Planung des Abbaues muß die spätere Rekultivierung bzw. Renaturierung als Erholungs- oder Naturschutzgebiet berücksichtigt werden (Stein 2000, Fahlbusch 2003).

Die *Untersuchung* von Sand-/Kiessandvorkommen sollte durch Bohrungen und Schürfe erfolgen. Die Aufschlußabstände sollen unter 200 m liegen, bei inhomogenen Lagerstätten naturgemäß deutlich enger. Trockenbohrungen großer Durchmesser sind vorzuziehen, da bei Spülbohrungen ein eventueller Feinkornanteil ungewollt verloren werden könnte. Pro Bohrmeter sind mindestens Proben von 5–10 kg erforderlich; es ist aber unbedingt darauf zu achten, daß bei höherem Grobkornanteil genügend große Proben entnommen werden, um wirklich repräsentative Daten zu gewinnen. Eine maximale Korngröße von 50 mm Durchmesser verlangt erfahrungsgemäß bereits eine Probenmasse von 250 kg. Die bodenmechanischen Eigenschaften bedingen bestimmte Böschungsneigungen, und damit das gewinnbare Gesamtvolumen einer Lagerstätte.

Schwefel

α-Schwefel	S	D = 2,07
β-Schwefel	S	2,08

Orthorhombischer α-Schwefel ist bei niedrigen Temperaturen stabil (deshalb „sedimentärer" Schwefel), während der monokline β-Schwefel nur über 95°C, und zwar besonders aus Schmelze entsteht („vulkanischer" Schwefel). Der Schmelzpunkt liegt bei 113–120°C. Durch Alterung geht monokliner in orthorhombischen Schwefel über.

Bauwürdige Lagerstätten elementaren Schwefels haben etwa 15–50% S im Rohmaterial. Daraus wird durch mehrmaliges Verdampfen oder Umschmelzen ein Verkaufsprodukt mit >99,5% S hergestellt.

Etwa 62% des Schwefelverbrauches sind durch die Düngererzeugung verursacht. Es handelt sich dabei um die Produktion von Phosphorsäure aus Apatit und Phosphoriten bzw. von Ammoniumsulfat. Aus etwa 90% des Rohschwefels wird als Zwischenprodukt Schwefelsäure („das Arbeitspferd der chemischen Industrie“) hergestellt, welche vielfältigste industrielle Anwendungen hat. Auf Schwefel basiert u.a. auch die Herstellung von Schädlingsbekämpfungsmitteln, Farben, Medikamenten, Photochemikalien und Kautschuk, nicht zuletzt schließlich die Konservierung vieler Lebensmittel.

Lagerstätten elementaren Schwefels gibt es einerseits in Zusammenhang mit magmatischer Entgasung in jungen Vulkangebieten, andererseits als Produkt bakterieller Sulfatreduktion von Gips-/Anhydritstein durch zutretendes Erdöl oder Erdgas. Deutlich seltener ist z.T. flüssiger Schwefel in tiefen Anhydrit-Karbonatfolgen, der durch thermochemische Sulfatreduktion (s. Diagenese) entstanden ist. Manche Öl- und Gasbohrungen haben solchen Schwefel gefördert.

Vulkanogener Schwefel bildet sich in Mengen untergeordneter wirtschaftlicher Bedeutung in vulkanischen Massiven als Sublimationsprodukt von Solfataren, an H_2S-Fumarolen oder an hydrothermalen Schwefelquellen (z.B. *Vulcano*/Italien). Nach den folgenden Formeln ist dies ein einfacher Oxydations-/Reduktionsprozeß:

Abiotische Bildung elementaren Schwefels

$$2\ H_2S + 3\ O_2 \rightarrow 2\ SO_2 + 2\ H_2O$$

$$2\ SO_2 + 4\ H_2S \rightarrow 6\ S^0 + 4\ H_2O$$

Der freigesetzte Schwefel resublimiert unmittelbar als Feststoff, z.T. an der Austrittstelle, oder in der Zufuhrspalte bzw. in porösen Gesteinen. Durch spätere Erwärmung über Schmelztemperatur kann es zur Bildung der spektakulären Ströme geschmolzenen Schwefels kommen, die von einigen Vulkanen bekannt sind (Chile, Japan). Abgebaut werden jedoch selten massige Schwefelerze, sondern zumeist disseminierter Schwefel in vulkanischen Gesteinen.

Sedimentärer, genauer eigentlich ***diagenetischer oder biogener Schwefel*** entsteht durch Reduktion von SO_4 in Gestein (Gips, Anhydrit) durch anaerobe Bakterien, also in sauerstoffarmer Umgebung. Solche Bakterien sind *Desulfovibrio desulfuricans* und *Clostridium nigrificans.* Als Energiequelle brauchen sie organische Substanz, welche zumeist im Laufe der Diagenese zuwanderndes Erdöl oder Erdgas ist. Die Bakterien assimilieren gelöstes $(SO_4)^{2-}$ und Kohlenwasserstoffe in ihr System und scheiden H_2S und CO_2 aus. Die folgende Formel beschreibt diesen Prozeß unter Verwendung von Methan:

Bakterielle Bildung elementaren Schwefels

$$SO_4^{2-} + CH_4 \rightarrow HS^- + HCO_3^- + H_2O$$

$$2HS^- + 0{,}5\ O_2 \rightarrow 2S^0 + H_2O$$

Das HS^- wird zu elementarem Schwefel oxydiert, während das HCO_3^- mit dem freigesetzten Ca des Sulfates unter Bildung von sekundärem Kalzit reagiert. Die Oxydation von HS^- kann durch Reaktion mit SO_4 erfolgen, oder durch Mischung mit sauerstofführenden Wässern, aber auch durch autotrophe Bakterien, welche das entstehende CO_2 nutzen. Die Beteiligung biologischer Prozesse an diesen Vorgängen läßt sich u.a. dadurch nachweisen, daß die leichten Isotope ^{32}S und ^{12}C in den Produkten (Schwefel, Kalkstein) gegenüber dem Ausgangsmaterial (Gips, Kohlenwasserstoffe) deutlich angereichert sind. Aus dem ursprünglichen Gips/Anhydrit entsteht dabei stöchiometrisch etwa ein Viertel Schwefel, der Rest ist weißer, massiger oder zelliger Kalkstein.

Schwefel in sulfatischen Sedimenten wurde bis etwa 1930 aus vielen Bergbauen in Süditalien und in Sizilien gewonnen, deren Bedeutung mittlerweile aber stark zurückgegangen ist. Damals wurde die Wirtschaftlichkeit dieser Bergbaue durch die neuentwickelten Salzdomlagerstätten an der Golfküste der USA und Mexikos bedrängt.

Die Schwefellagerstätten *Siziliens* liegen in miozänen (messinischen) evaporitischen Gesteinen des Beckens von *Caltanisetta*. Von unten nach oben besteht die Schichtfolge aus bituminösen Diatomiten („Tripoli"), Kalkstein, darauf Gips/Anhydrit und gipsführende Sandsteine, dann Halit und Kalisalze, welche wiederum von Sulfaten und Sandsteinen bedeckt sind. Die Serie ist kräftig gefaltet und durch Störungen zerlegt. Die Lagerstätten sind immer mit den Sulfaten verbunden und bilden ausgedehnte Lager von 1–2 m Mächtigkeit (maximal 30 m), welche aus schichtungsparallelen Schnüren und Taschen von Schwefel bestehen. Der durchschnittliche Gehalt liegt heute bei 20–25% S, die sicheren Reserven werden auf 5 Mt geschätzt, mit einer sehr viel größeren Ressourcenbasis. Das Roherz wird im Tiefbau gewonnen, bei einem Minimalgehalt (cut off) von 15% S.

Der Schwefel der *Golfgebiete* im südlichen Nordamerika tritt im Hut diapirischer Salzstöcke auf, die von miozänen und pliozänen Kalken, Sanden und Tonen ummantelt werden. Ursprünglich suchte man in den aufgeschleppten Nebengesteinen nach Erdöllagerstätten; dabei wurden die Schwefellager entdeckt. Heute kennt man auf dem Lande und im Golf (offshore) annähernd 100 solcher Lagerstätten. Der schwefelführende Hut ist 40 bis 120 m mächtig, mit Linsen, Lagern und – seltener – Spaltenfüllungen von elementarem Schwefel (Abb. 103). Der Gehalt liegt bei 20–40%, die Reserven sind trotz einer immensen bisherigen Produktion immer noch sehr groß.

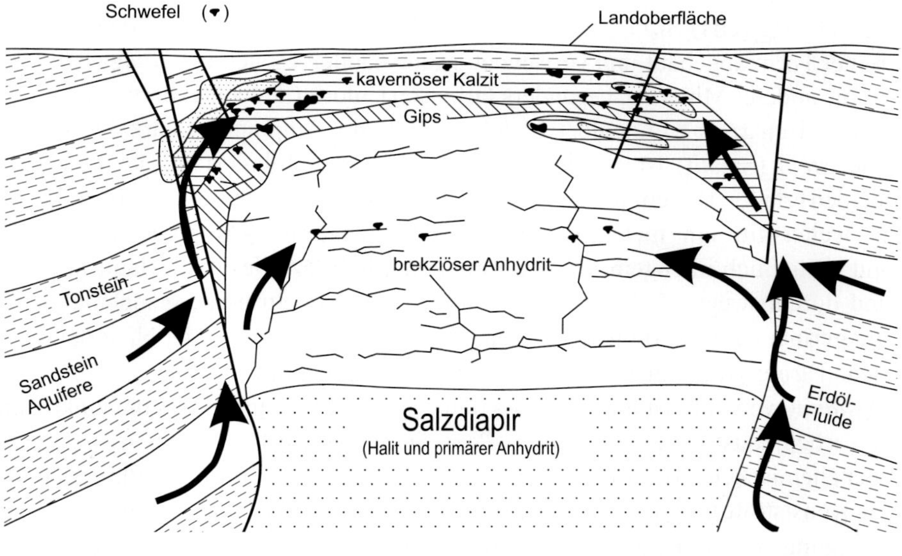

Abb. 103. Schema der Bildung einer Schwefellagerstätte in Salzdomen der Golfküste/USA mit Darstellung der Fließwege Erdöl- oder Erdgas-führender Formationswässer.

Die Gewinnung erfolgte durch das FRASCH-Verfahren, wobei durch eine Bohrung heißes Wasser mit 150–165°C unter hohem Druck (ca. 1 MPa) in die Lagerstätte eingepreßt wird. Dadurch schmilzt der Schwefel in situ und wird in geschmolzenem Zustand an die Oberfläche gefördert. Die Ausbeute beträgt annähernd 75%. Die steigenden Energiekosten und diverse Umweltprobleme beeinträchtigen allerdings zunehmend die Wirtschaftlichkeit auch dieser Lagerstätten, weshalb sie im Jahre 2000 eingestellt wurden. Vergleichbare Produktion gibt es weiterhin in Polen und Irak.

Die größten Schwefellagerstätten Europas liegen über 1500 km Länge am nördlichen Karpathenrand, in Polen, Rumänien und in der Ukraine (Galizien). Allein der polnische Anteil soll 20% der Weltreserven von elementarem Schwefel enthalten. Die Lagerstätten sind an evaporitische Serien der jungtertiären Füllung des Vorlandbeckens gebunden, wobei auch hier migrierende Kohlenwasserstoffe für die Schwefelbildung Anlaß gaben (PARAFINIUK et al. 1994). Deshalb haben diagenetisch-biogene Schwefellagerstätten nach der Lokalisation manche Ähnlichkeit mit Erdölfallen, allerdings ohne Abdichtung durch gering permeable Schichten. Es ist im Gegenteil sogar notwendiger Bestandteil des geeigneten Bildungsmilieus, daß eine Verbindung zu meteorischen Wässern und damit die Möglichkeit beschränkter Sauerstoffzufuhr und der Impfung mit Bakterien besteht.

Die *Weltproduktion* von Schwefel lag 2002 bei 60 Mt, wovon aber nur 1 Mt eigentlicher Schwefelgewinnung durch das Fraschverfahren oder aus bergmännischem Abbau von gediegen Schwefel stammen. Große Mengen fallen als Nebenprodukt an, z.B. aus Sauergas (23 Mt), aus Ölraffinerien (17 Mt) und aus Rauchgasentschwefelung (1 Mt). Aus Pyrit werden jährlich rund 6 Mt Schwefel erzeugt. Weitere 15 Mt kommen aus der metallurgischen Verarbeitung von sulfidischen Erzen der Nichteisenmetalle, in Form von Schwefelsäure oder -Oxyden. Der grundsätzlich steigende Düngerbedarf der Welt verursacht zwar zunehmenden Schwefelbedarf, dennoch wird der Anteil der bergbaulichen Gewinnung weiter abnehmen.

Talk

Das Mineral Talk $Mg_3(OH)_2Si_4O_{10}$ mit der Dichte 2,7–2,8 und der Härte 1 wird nur selten in mineralogisch reiner Form abgebaut und verwendet. Meist handelt es sich um *Talkgesteine,* die neben Talk eine Reihe anderer Minerale, besonders farblosen Chlorit („Leuchtenbergit" bzw. „Rumpfit", ein Mg-reicher, eisenarmer Klinochlor), Magnesit, Dolomit, Amphibol, Quarz, Pyrit etc. enthalten können. *Speckstein* (Steatit) ist ein dichtes, ungeschiefertes Talkgestein, das eine Bearbeitung durch Schneiden erlaubt. Das englische Wort *soapstone* wird unterschiedlich verwendet, sowohl für Speckstein, weiter für ein metamorphes Talk-Glimmer-Chlorit-Amphibol-Pyroxen-führendes Gestein, und schließlich in engem Sinne für ein amphibolitfazielles Talk-Magnesitgestein. *Talkschiefer* sind durchbewegte Talkgesteine mit linsig-blättriger Struktur; manchmal werden auch Gesteine mit geringer Talkführung so genannt. Geringe Gehalte an Fe oder Ni verleihen dem Talk eine grünliche Farbe; graugrüner Talk enthält in der Regel Chlorit.

Die *Verwendung* von Talk ist ungemein vielfältig; große Mengen werden in Feinkeramik, Elektrokeramik, Farbenindustrie (zur Streckung), Papierindustrie (zur Harzstabilisierung), Feuerfestindustrie, in der chemischen Industrie (als Träger für Schädlingsbekämpfungsmittel, als funktioneller Füllstoff für Kunststoffe), in der kosmetischen und pharmazeutischen Industrie, Gummiindustrie und zur Erzeugung von Dachpappe verbraucht. Dementsprechend unterschiedlich sind die Anforderungen an den Rohstoff bzw. an die Aufbereitungsprodukte: Die Papier- und Füllerverwendung verlangt hohe Pulverhelligkeit (Weißegrad), keramische Qualitäten müssen hohe SiO_2- und MgO-Gehalte sowie günstiges Brennverhalten haben, während für kosmetische Zwecke absolute Freiheit von nadeligen (asbestiformen) Mineralen gefordert wird. Letztere stören zwar bei vielen Anwendungen nicht, bedingen aber aufwendige Vorkehrungen bei Gewinnung und Verarbeitung. Der eigentliche Talkgehalt ist in vielen Bereichen von relativ zurücktretender Bedeutung; besonders wichtig sind dagegen Farbe bzw. Weißegrad, das Erreichen sehr kleiner Korngrößen durch spezielle Mahl- und Sichtungsmethoden sowie das Erzielen hoher spezifischer Oberfläche der Produkte. Der wirtschaftliche Erfolg einer Grube hängt vor allem davon ab, daß der Aufbereitung durch eine detaillierte montangeologische Bearbeitung gleichbleibendes Rohmaterial zur Verfügung steht, aus dem marktfähige Produkte in konstanter Qualität erzeugt werden können (Grange 1995). Auch in großen Lagerstätten (z.B. Trimouns) spielt heute noch Handscheidung zur Abtrennung erster Qualitäten eine große Rolle.

Talklagerstätten entstehen durch hydrothermale Umwandlung von magnesiumreichen Ultramafiten oder von Karbonatgesteinen (Dolomit, Magnesit), zumeist metamorphogen in Zusammenhang mit Regionalmetamorphose, seltener durch Kontaktmetamorphose. Während die Bildung von Talk als metamorphem Mineral, z.B. aus kieseligen Dolomiten, im Wesentlichen in einem eher geschlossenen System unter höherem (lithostatischen) Druck erfolgt, sind die eigentlichen Lagerstätten in charakteristischer Weise an Scherzonen oder Brüche gebunden. Dies verweist auf offene hydrothermale Systeme und geringe (hydrostatische) Drücke. Dementsprechend muß hier mit Zu- und Abfuhr von Materie gerechnet werden. Hydrothermale Synthese von Talk wurde bei Temperaturen über 300°C mehrfach erzielt, bei tieferer Temperatur ist die Reaktionsgeschwindigkeit im Labor zu langsam. In der Natur findet man allerdings Talk auch als diagenetisches Mineral (in Evaporiten) und in den Saprolith-Zonen von Böden über Ultramafiten (s. Ni-Laterite).

Die hydrothermale ***Bildung von Talk aus Ultramafiten*** kann man schematisch folgend beschreiben:

Hydrothermale Bildung von Talk aus Dunit

$$\underset{\text{Forsterit}}{4Mg_2SiO_4} + H_2O \rightarrow \underset{\text{Talk}}{Mg_3(OH)_2Si_4O_{10}} + 5Mg^{2+} + 2{,}5O_2$$

Aus dieser Formel ist ersichtlich, daß entweder Mg abgeführt oder neben Wasser zusätzliches SiO_2 von außen zugeführt werden muß. Solche Talke enthalten oft Amphibole, bei höherem CO_2-Angebot auch Karbonat. Chlorit und Serpentin sind gewöhnliche Begleiter. Erhöhte Spurengehalte an Ni, aber auch Cr, sind für Talk aus ultramafischen Ausgangsgesteinen typisch. Manche Ophiolithe enthalten ungeheure Mengen an Talk-Karbonatgestein (z.B. jene des pan-afrikanischen Orogens in Saudi Arabien und Nordost-Afrika), die aber kaum verwertet werden können. Eigentliche Talklagerstätten ultramafischer Massive sind gewöhnlich klein, absätzig und von rasch wechselnder Qualität. Solche Lagerstätten werden u.A. in mesozoischen Ophiolithen Norditaliens gefunden, z.B. im *Val Malenco*, wo auch langfaseriger Asbest abgebaut wird. Weltweit kommen etwa 30% der Talkproduktion aus Lagerstätten in Ultramafiten.

Große und bedeutende Talklagerstätten in Ultramafiten werden im Osten Finnlands abgebaut. Sveko-karelische Ophiolite wurden durch metamorphe Fluide in Talk-Breunnerit-Soapstone mit >50% Talk sowie Talkschiefer umgewandelt. Bei *Lahnaslampi* wird ein vertikal linsiger Körper mit einem Querschnitt von 200 x 500 m abgebaut, mit einem Inhalt von >30 Mt. Geringe Gehalte von Ni-Sulfiden ergeben nach Flotation eine Beiproduktion von ~1000 t Ni-Konzentrat.

Karbonatgebundene Talklagerstätten liefern dagegen rund 70% der Weltproduktion. Aus Dolomit und Magnesit kann Talk durch Reaktion mit hydrothermalen SiO_2-Lösungen gebildet werden. Für Magnesit ist dies klar, aber auch bei dolomitischem Ausgangsmaterial ist es nicht notwendig, das Mg von außen herzuleiten, wie folgende Formel zeigt:

Hydrothermale Bildung von Talk aus Dolomit

$$6CaMg(CO_3)_2 + 8SiO_2(aq) + 2H_2O \rightarrow$$
$$2Mg_3(OH)_2Si_4O_{10} + 6Ca^{2+}(aq) + 12CO_2 + 3O_2$$

Für die Entstehung größerer Talkmengen ist ein offenes System mit Abtransport von Ca und CO_2 unbedingt erforderlich, da die Reaktion sonst rasch zum Stillstand käme. Theoretisch wäre die Talkbildung nach obiger Formel mit einer Volumenabnahme von ca. 14% verbunden, die ähnlich wie die Sideritmetasomatose zumindest teilweise durch drusige Texturen belegbar sein sollte. Da aber eine Verringerung der Volumina bei der Talkbildung in der Regel nicht nachweisbar ist, wird von vielen Forschern eine hydrothermale Zufuhr von Mg^{2+} neben SiO_2 angenommen. Auch die lokale Verdrängung von Kalkstein oder von nicht-karbonatischen Nebengesteinen (z.B. Quarzit und Radiolarit in nordspanischen Lagerstätten: TORNOS & SPIRO 2000) durch Talk wird als Hinweis auf Mg-Zufuhr aufgefaßt. Man spricht dann von *Magnesiummetasomatose* (s. auch Spatmagnesite). Vermutlich gibt es beide Möglichkeiten der Ableitung des Mg in Karbonattalk – aus dem lokalen Umfeld oder Zufuhr durch hydrothermale Lösungen. Hohe Salzgehalte der hydrothermalen Lösungen vieler karbonatgebundener Talklagerstätten werden damit erklärt, daß die vertalkten Dolomite und Magnesite entweder residuale Teile weitgehend weggelöster Evaporitserien sind, oder daß die hydrothermalen Lösungen auf ihrem Migrationsweg Salze aufgelöst haben.

Talke in Karbonatgesteinen sind in der Regel von besserer Qualität als jene in Ultramafiten. Häufige Gangarten sind Chlorit und Karbonat. Die Spurenelementgehalte solcher Talke sind sehr niedrig. Da Dolomite infolge ihrer Klüftigkeit generell permeabler sind als Magnesite, sind in ersteren besonders große Lagerstättenkörper zu finden. Magnesit-Talk ist eher auf Scherzonen, Störungen und Kontaktsäume zum Ausgangsgestein beschränkt.

Die größte dolomitgebundene Talklagerstätte in Europa ist *Trimouns/Luzenac* in den französischen Pyrenäen (Moine et al. 1989). Die talkführende Zone erstreckt sich in 1700 m Höhe am Ostabfall des Massivs von St. Barthelemy über 5 km Länge; sie wird von kristallinen Schiefern und Migmatiten unterlagert (Abb. 104). Über dem Kristallin liegt eine epizonal metamorphe Serie von Dolomit (Ordoviz), Serizitschiefer (Silur) und Kalkmarmoren mit Quarzitbändern (Devon). Die Grenzfläche entspricht einer jungpaläozoischen Deckenüberschiebung, die in alpidischer (pyrenäischer) Zeit transtensional nachbewegt wurde. Die ordovizischen Dolomite sind z.T. in Talk umgewandelt, so daß in der Talkzone zahlreiche Blöcke von Dolomit, Quarzit, Glimmerschiefer, Gneis und Pegmatit von Talk „umflossen“ sind. Die Mineralisation erreicht eine Mächtigkeit bis 80 m und fällt mit 40–80° nach Osten ein. Der liegende Anteil der Lagerstätte besteht aus 70–90% grauem Chlorit und 10–30% Talk, während reiner Talk (>80%) nur im Hangenden (Dolomit) auftritt. Das chloritreiche Gestein ist deutlich aus den silikatischen Nebengesteinen durch Mg-Zufuhr entstanden (Moine et al. 1989), während der Talk aus Dolomit abzuleiten ist, wie der beobachtbare Übergang von gebändertem Dolomit in gleichermaßen gebänderten Talk beweist. Fluideinschlüsse in unterschiedlichen Mineralen belegen Bildung bei ca. 300–350°C und 2–3 kbar, aus hochsalinaren (bis 30 Gew.% NaCl) Fluiden. Das hydrothermale System war mit einer Aktivität über ca. 15M Jahre ungewöhnlich langlebig, bedingt durch gleichzeitige pyrenäische Tektonik, Fluide und Metamorphose (Schärer et al. 1999). Die nachgewiesenen Reserven von Trimouns liegen bei 20 Mt.

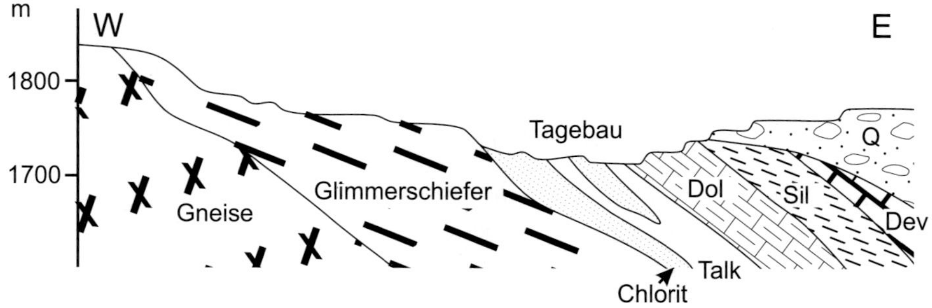

Abb. 104. Vereinfachtes geologisches Profil durch die Talklagerstätte Trimouns/Luzenac in den französischen Pyrenäen (nach Schärer et al. 1999).

Chl – Chloritfels nach Glimmerschiefer und Pegmatiten; Tlc – Talk nach Dolomit; Dol – ordovizischer Dolomit; Sil – silurische Schwarzschiefer; Dev – devonische Kalkmarmore; Q – Quartär und Aufschüttungen.

Das ausgedehnte Chlorit-Talklager von *Rabenwald/Steiermark* liegt an einer flach östlich einfallenden Scherzone im unterostalpinen Kristallin. In der Scherzone werden große residuale Blöcke von Spatmagnesit von stark deformiertem Talk umflossen. Die liegenden Grobgneise sind über einige Meter Mächtigkeit zu „Kornstein“ umgewandelt, das ist ein lokaler Ausdruck für feinkörnige Quarz-Phengit-Chloritgesteine, welche z.T. auch

Disthen führen. Dies verweist ebenso wie Ergebnisse der Mikrothermometrie auf eine Bildung bei 500–550°C und 8–9 kbar (MOINE et al. 1989). Vermutlich gelten jedoch diese extremen Bedingungen nur für eine frühe Phase der tektonischen Entwicklung, während die Talkbildung später bei 350–400°C und 3 kbar erfolgte (POHL & BELOCKY 1999). Ein Zusammenhang mit Fluidsystemen der tiefen, kretazischen, alpidischen Deckentektonik und Metamorphose ist wahrscheinlich.

In einzelnen Fällen haben Granitintrusionen zur Ausbildung talkbildender hydrothermaler Systeme geführt. Naturgemäß ist nicht zu erwarten, daß aus sauren Magmen Mg-führende Fluide entmischt werden. Talkbildung in diesem Milieu ist durch die Einwirkung von SiO_2-Lösungen auf Dolomite erklärbar (z.B. in der ehemaligen Specksteinlagerstätte *Göpfersgrün im Fichtelgebirge:* HECHT et al. 1999).

Auch in Korea gibt es Talklagerstätten in enger genetischer Verbindung mit Granit (SHIN & LEE 2002). Bei *Hwanggangri* intrudierte ein kretazischer Granit kambro-ordovizische Metasedimente, unter Ausbildung eines weiten Skarnhofes. In der anhydrischen Phase entstanden aus Dolomiten Mg-führende Kalksilikate, welche durch nachfolgende magmatische Fluide bei T <400°C im Bereich permeabler Strukturen in Talk umgewandelt wurden. Auch hier wird die Herleitung des Mg aus Dolomiten vermutet.

Die *Suche nach Talklagerstätten* geht in der Regel von bekannten Ausbissen aus. Talk ist recht verwitterungsbeständig, so daß er durch geeignete Methoden (z.B. Röntgendiffraktometrie) auch in autochthonen oder wenig transportierten Böden über verdeckten Talklagern aufgefunden werden kann. Bei den weiteren Arbeiten ist es wichtig, möglichst früh nicht nur Form und Menge der Lagerstätte, sondern auch die Qualität zu untersuchen.

Ein Mineral sehr ähnlicher Verwendung wie Talk ist *Pyrophyllit* $Al_2(OH)_2Si_4O_{10}$, der durch hydrothermale Zersetzung von sauren vulkanischen Gesteinen entsteht. Bedeutende Vorkommen gibt es in Japan, Südkorea und USA. Internationale Statistiken unterscheiden oft nicht zwischen Talk und „related minerals“ wie Pyrophyllit. Die eigentliche Talkproduktion liegt vermutlich bei 2,6 Mt/a, überwiegend aus USA, Finnland, Frankreich und Brasilien.

Tone

Tone sind sedimentäre, bindige Lockergesteine mit einem erheblichen Kornanteil kleiner als 0,002 mm. Diese Tonfraktion besteht überwiegend aus verschiedenen Tonmineralen (Kaolinit, Illit, Montmorillonit, Chlorit, mixed-layer-Minerale, u.a.; VELDE 1992). Die Gesteine (Ton, Tonstein etc.) enthalten ferner unterschiedliche Mengen von feinkörnigem klastischen Material (Quarz, Glimmer, Feldspat), biogene Anteile (kalkige Mikrofossilien, Bitumen, kohlige Substanz) und diagenetische Neubildungen (Markasit, Pyrit, Karbonat, Phosphat, etc.). Hochwertige Tone mit überwiegenden Kaolinit- oder Montmorillonitgehalten, welche durch Verwitterung oder hydrothermale Alteration in situ gebildet werden, wurden bereits an anderer Stelle besprochen. Hier sollen jene Tone behandelt werden, die zumeist nach Erosion limnisch oder marin resedimentiert wurden und auf Grund ihrer Natur als Mineralgemenge vor allem zu gesinterten (gebrannten) Produkten verarbeitet werden. Grundsätzlich bestehen Tongesteine aus drei Mineralgruppen, welche die Verwendung bestimmen: Der *Tonmineralanteil* liegt zumeist zwischen 35–55%, *inerte Füllstoffe* (z.B. Quarz) von 25 bis 45%, reaktive Füllstoffe bzw. *Flußmittel* (Illit, Feldspat) zwischen 25 und 55%. Man unterscheidet zwei Hauptgruppen, nämlich feuerfeste und nicht feuerfeste, keramische Tone. Die Eigenschaften natürlicher Tone werden allerdings heute sehr oft durch Beimengung bestimmter Komponenten (Kaolin oder Bauxit zur Erhöhung der Schmelztemperatur; Quarz- oder Feldspatmehl zur Magerung; Bariumkarbonat zur Vermeidung von Ausblühungen; etc.) „eingestellt“.

Tonlagerstätten werden durch terrestrische Verwitterung und nachfolgende Umlagerung gebildet. Manche sind autochthone oder gering umgelagerte Böden (Kaolin, Lehm). Der größere Teil der Lagerstätten entstand aber nach kurzem Transport in limnisch-fluviatiler Umgebung. Vielfach wurde auf dieser sekundären Lagerstätte der Eisen- und Alkaligehalt durch saure, humose Wässer verringert, woraus höherwertige, feuerfeste (kaolinreiche) Tone resultieren. Diese hat man deshalb bevorzugt unter Mooren bzw. Kohleflözen zu suchen. Beispiele dafür sind zahlreich, etwa im Karbon Englands („fire clay“), oder im Tertiär Böhmens. Wesentlich seltener sind nutzbare Tone, welche im Meer abgelagert wurden.

Feuerfeste Tone (fireclay) haben einen Schmelzpunkt von mindestens 1580°C, was vor allem von entsprechend hohen Gehalten an Al_2O_3 abhängt. Stoffe, die ein Schmelzen bei niedrigen Temperaturen bewirken („Flußmittel“ wie Ca, K, Na; z.T. auch Fe), sollen unter 3% Anteil haben. Man unterscheidet hier SiO_2-reiche, „saure“ Tone, die sich als Formtone eignen, von Al_2O_3-reichen, die z.B. zur Schamotteherstellung günstig sind. Zu den Letzteren zählen besonders kaolinitische und bauxitische Tone. Für die Beurteilung von Vorkommen feuerfester Tone sind geologische, mineralogische und technologische Untersuchungen erforderlich. Kritische Eigenschaften, die mittels meist genormter Methoden geprüft werden, sind Plastizität, Brennverhalten, Sinterverhalten, Schmelzpunkt, Schamottierbarkeit und Eigenschaften der Schamotte. Diese wird bekanntlich zur Auskleidung von Feuerräumen gebraucht, während aus sauren Tonen Ziegel, Fliesen und Sanitärkeramik besonderer Qualität hergestellt werden.

Feuerfeste Tone werden in Deutschland aus tertiären Schichten gewonnen, mit regionalen Schwerpunkten im Westerwald und in Bayern (Oberpfalz) vom Fichtelgebirge bis zur Donau. In England werden vielerorts Schiefertone unter karbonen Kohlenflözen abgebaut (flint clay).

Keramische, nicht feuerfeste Tone und Lehme erweichen und sintern unter 1520°C. Dem entspricht ein geringerer Al_2O_3-Gehalt und ein höherer Anteil an Eisen und Alkalien. Nach abnehmender Wertigkeit unterscheidet man hier folgende Untergruppen:

- *Feinkeramische bzw. Töpfertone* müssen plastisch oder gießfähig sein, gute Trocknungseigenschaften aufweisen (keine Rißbildung) und günstige Brenneigenschaften mit heller ($Fe_2O_3<1\%$) oder roter ($Fe_2O_3>7\%$) Brennfarbe haben. Solche Tone enthalten einen hohen Anteil von Kaolinit, Illit, Glimmer und Montmorillonit; grobkörnige Minerale (Fe, Karbonat) oder Gesteinsfragmente sind unerwünscht. Da solche Tone zum Unterschied von Kaolin (Porzellan) einen porösen Scherben ergeben, müssen die Produkte glasiert werden. Ein bekannt guter Töpferton liegt bei *Stoob* (Burgenland), wenige Kilometer von einer Kristallininsel entfernt, in pannonischen Schichten. Dieser Ton ist sehr feinkörnig, hochplastisch und brennt hellgelblich bis rötlich. Entstehung durch Umlagerung einer ehemaligen Verwitterungsdecke auf dem nahen Kristallin ist wahrscheinlich. Ähnliches gilt für große Kaolin-Illitlagerstätten im tieferen Teil alttertiärer Bekken in Devon/England. Diese hellbrennenden Tone werden als hochwertige plastische Zuschlagstoffe (ball clay) für die Keramikproduktion (Fliesen, Sanitärbereich, etc.) verwendet.
- *Grobkeramische Tone* sind gegenüber feinkeramischen stärker verunreinigt (Pyrit, Eisenhydroxyde, Karbonat, Kohle) und enthalten mehr Grobkorn. Die Anforderungen sind damit relativ gering, am höchsten für die Erzeugung von Dachziegeln und Klinkern (vor allem Frostbeständigkeit), am geringsten für Hintermauerungsziegel.
- *Lehm* ist ein eisenreicher, daher brauner oder gelber, mehr oder weniger sandiger Ton, oft mit reichlichem Anteil von zersetzten und frischen Gesteinsfragmenten. Lehm ist entweder ein Verwitterungsprodukt von tonigen bzw. aluminiumsilikatreichen Gesteinen in situ (also ein Boden) oder umgelagertes, allochthones Verwitterungsmaterial (Hanglehm, Auelehm). Lehm ist das

gebräuchlichste Material zur Ziegelherstellung. Rote Brennfarbe ist in manchen Regionen erwünscht, weshalb hohe Eisengehalte nicht stören. Bei gleichzeitig hohem Kalkgehalt allerdings wird diese rote Farbe unterdrückt, es entstehen dann gelblich-graue Farben. Natürlich kann die Brennfarbe durch geeignete Zusätze beeinflußt werden: Kohle oder Sägespäne z.B. ergeben schwarze, Mn-Oxyde dunkel-purpurfarbene Produkte. In Niedersachsen wird verwitterter, mittelpleistozäner Lauenburger Ton zu den beliebten roten Ziegeln und Klinkern verarbeitet. Im unverwitterten Material stören allerdings erhöhte Gehalte an CaO, Siderit und Pyrit, so daß es nur sehr eingeschränkt verwertet werden kann.

Blähtone haben die Eigenschaft, bei rascher Erhitzung auf 1100–1200°C unter starker Volumenzunahme zu expandieren. Das Rohgut wird gewöhnlich zerkleinert und pelletisiert. Aus diesen rundlichen Aggregaten entstehen durch Brennen feste Kügelchen bis 5 cm Durchmesser mit einer dichten, glasigen Außenhaut, einem zelligen Innengefüge und einem sehr geringen Raumgewicht (rund 330 kg/m^3). Wegen dieser Eigenschaften ist Blähton ein wichtiger Zuschlagstoff für Leichtbeton sowie ein schall- und wärmedämmender Schüttstoff. In Industrie und Handel läuft das Produkt z.T. unter dem Namen LECA („light expanded clay aggregate").

Blähende Tone sind in der Regel sandfrei und eisenarm, also „fette", plastische Tone, meist überwiegend aus Illit und Smektit bestehend. Da die Bildung einer dichten, glasigen Außenhaut vor dem eigentlichen Expandieren notwendig ist, sollen sie bei niedrigen Temperaturen schmelzen, so daß bis zu 30% Flußmittelgehalt erwünscht ist. Der Blähvorgang wird vermutlich durch Reduktion von Fe^{3+} in Reaktion mit organischer Substanz bewirkt, wobei CO_2 entsteht. Ähnlich wirken die Entgasung von Calcit oder von Pyrit. Es gibt auch stärker verfestigte Tone mit guten Bläheigenschaften, ja sogar paläozoische Tonschiefer werden als Rohstoff eingesetzt. Deshalb wird die Brauchbarkeit besser durch halbindustrielle Versuche als durch mineralogische Analysen festgestellt. In Österreich werden bei *Fehring* in der Steiermark pliozäne Süßwassertone zur Leca-Produktion abgebaut, welche mit Basalttuffen und Tuffitschluffsteinen die Füllung eines Maares bilden. Diese Tone bestehen aus Muskovit, Illit, Montmorillonit, Kaolinit, Vermiculit und mixed-layer-Mineralen. Tone einer benachbarten Lagerstätte wurden hingegen in einem küstennahen, brackischen Milieu abgelagert.

Dichtungstone werden seit langem im Grund- und Wasserbau zur Reduktion der Durchlässigkeit eingesetzt (z.B. im Kern von Schüttdämmen). Neuerdings liegt der Schwerpunkt ihrer Anwendung in der Anlage und Sanierung von Altlasten und Deponien, wo geeignete Tone als hydrologische und geochemische Barriere eingebaut werden, um das Grundwasser vor Verunreinigung zu schützen. Wichtige Eigenschaften sind dabei die hohe Kationenaustauschkapazität der Tone, ihr hohes Adsorptionsvermögen, die Quellfähigkeit (bei Smektitanteil), die hohe Plastizität und die geringe Permeabilität. Infolge der komplexen Vorgänge in solchen mineralischen Barrieren sollten diese mehrschichtig aus Tongesteinen unterschiedlicher mineralogischer Zusammensetzung aufgebaut werden. Aus Kostengründen werden Dichtungstone gewöhnlich nicht aufbereitet. In Norddeutschland wird vielfach kretazischer, Montmorillonit-Illit-reicher Ton aus Dolgen im Hämeler Wald verwendet (Abb. 105), im Süden dagegen toniger Mergel aus der Oberen Süßwassermolasse.

Große Tonvorkommen (>1 Mt) von homogener Zusammensetzung sind bei günstiger Lage immer potentielle Lagerstätten. Die *Untersuchung* von Tonvorkommen ist allerdings besonders schwierig, weil die Zusammenhänge zwischen dem Rohmaterial und den erzielbaren Produkten sehr komplex sind (Lorenz & Gwosdz 1997). Es ist deshalb notwendig, sehr detaillierte geologisch-mineralogische Untersuchungen durchzuführen, um die verfügbaren Reserven genügend verläßlich einer bestimmten Qualität bzw. Anwendung zuordnen zu können. Die technologischen Tests sind zudem so aufwendig, daß nicht beliebig viele Proben geprüft werden können. Selbst die gewöhnlich als unbegrenzt eingeschätzte Ressourcenbasis der „gemeinen" Ziegeltone muß heute angezweifelt werden. Deshalb gehören auch Tone zu jenen oberflächennahen Rohstoffen, die im Rahmen der Landesplanung geschützt werden müssen.

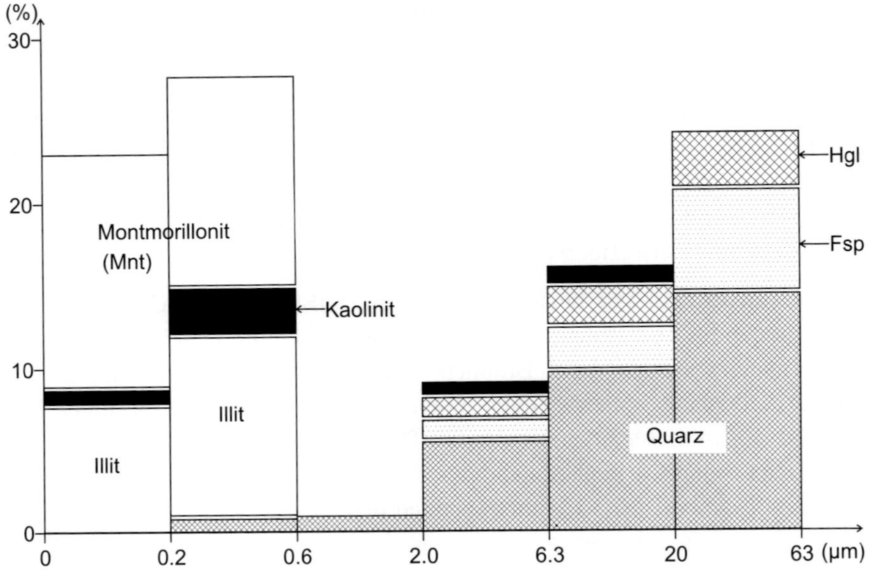

Abb. 105. Korngrößenverteilung des kretazischen Dichtungstones von Dolgen am Hämeler Wald östlich von Hannover und Mineralanteil der einzelnen Kornfraktionen (Ustrich 1991).

Vulkanische Tuffe, Bimssande, Perlit und Trass

Vulkanische Tuffe, oder besser vulkanoklastische Gesteine sind weitverbreitete Massenrohstoffe der Bauindustrie. Die chemische und mineralogische Zusammensetzung ist naturgemäß äußerst variabel. Unverfestigte Aschen (<2 mm Korndurchmesser) und Lapilli (bis 64 mm) werden bevorzugt abgebaut und als Betonzuschlagstoffe verwendet. Körnung, Festigkeit und Fehlen von betonschädlichen Eigenschaften (Salzgehalt, Sulfat, alkalireaktive Gläser) sind wichtige Qualitätskriterien (Lorenz & Gwosdz 2000). Zur Erkundung der Lagerstätten sind vulkanologische Untersuchungen vorteilhaft, um die Einstufung der Lager in der vulkanischen Entwicklung und ihre mögliche horizontale und vertikale Verbreitung zu klären.

Bimssande (Pumice) sind vulkanische Lockergesteine, die zumeist aus aufgeschäumten intermediären bis sauren Schmelzen entstehen. Die Einzelkörner bestehen aus vesikularem, vulkanischem Glas. Die Porosität erreicht bei sauren Ausgangsgesteinen 90%. Bevorzugt werden Korngrößen von 2–16 mm Durchmesser, also eigentlich Lapilli; der Feinkornanteil soll möglichst gering sein. Aufbereitung durch Klassierung ist natürlich möglich. Frisches, unzersetztes Material mit hoher Festigkeit der Einzelkörner wird vorausgesetzt, mit Ausnahme jener Bimse, die puzzolanische Eigenschaften haben. Das Schüttgewicht soll deutlich unter 1,0 t/m^3 liegen. Aus Bims werden durch Beimengung von Zement oder Branntkalk Leichtbausteine hergestellt, die sich durch hohe Wärme- und Schalldämmwerte auszeichnen. Besonders gesucht sind Bimslapilli von 80–120 mm Durchmesser, welche in großen Mengen zur artifiziellen Alterung (stone-washing) von Jeans-Kleidung gebraucht werden. Industriellen Bimsabbau gibt es in Deutschland (Neuwied), in der Türkei, in Griechenland, Island und in den USA.

Vulkanoklastische Gesteine unterliegen nach ihrem Absatz verschiedenen Veränderungen, welche überwiegend durch den Einfluß von sauren (hydrothermalen) oder alkalischen (Meer, Playaseen) Wässern bei erhöhter (hydrothermale Alteration) oder bei Oberflächentemperatur (Alterung,

Verwitterung) gesteuert werden. Auch dabei werden nutzbare Minerale und Gesteine gebildet. Zu ihnen gehören Bentonite und Zeolithe, denen eigene Abschnitte gewidmet sind, aber auch Massenrohstoffe wie Perlit und Trass, die im Folgenden kurz beschrieben werden.

Perlite sind hydratisierte glasreiche vulkanische Gesteine, meist aus sauren Laven oder Staukuppen, seltener aus pyroklastischen Ausgangsgesteinen entstanden (Shackley & Allen 1992). Sie sind oft schon makroskopisch durch die zwiebelschalenartige „perlitische Textur" gekennzeichnet, die auf Ausdehnung des Glases bei der Wasseraufnahme beruht. Das Wasser diffundiert in Molekülform nach innen, wobei im Austausch Na^+ und später auch K^+ nach außen abgeführt werden. Die Sättigung wird bei etwa 3% H_2O erreicht. Sowohl Obsidian (mit sehr wenig Wasser) wie auch Pechstein (mit viel Wasser) sind von Perlit zu unterscheiden; es gibt jedoch Übergänge.

Durch rasches Erhitzen auf 900–1150°C bei Atmosphärendruck kann dieser Wassergehalt unter gleichzeitigem Erweichen und Aufblähen des Materiales ausgetrieben werden. Geblähter Perlit ist ein weißes, leichtes, beständiges, nichtverrottbares Material, das vor allem als Zuschlagstoff für Leichtbeton mit hoher Wärme- und Schallisolation Verwendung findet. Weitere Anwendungsgebiete sind Farben, Keramik, Gießereisande, Bohrschlämme, Filter, Abrasive, Hydropon-Pflanzenkultur sowie als lose Füllung in Isolierungen und Verpackungen. Die Verwertbarkeit eines Rohstoffes wird durch Bestimmung des Blähwertes untersucht, das ist das Verhältnis zwischen den Litergewichten des rohen und des geblähten Produktes. Schon im Gelände kann man die Eignung prospektiver Gesteine testen, indem man Körnchen von 1–2 mm Durchmesser mit der Lötlampe erhitzt. Mindestens 6–10fache Volumenzunahme ist dabei erwünscht; häufig ist 20-fache Expansion. Typische Handelsware wiegt etwa 80 kg/m^3.

Bedeutende Perlit-Lagerstätten gibt es in vielen Regionen mit saurem Vulkanismus, u.a. in USA, Armenien, China und Griechenland (zusammen 80% der Weltproduktion 1997 von rund 2,4 Mt Fertigware). Kleinere Produzenten sind Türkei, Ungarn in den Tokayer Bergen, Slowakei, Italien und Japan. Die größten und hochwertigsten Lagerstätten Europas, möglicherweise sogar der Welt, liegen in der Ägäis, insbesondere auf den Inseln Milos und Kos.

Trass ist nicht petrographisch, sondern nur durch seine Eigenschaften definierbar. Er gehört zur Gruppe der ***Puzzolane,*** welchen ihren Namen einem Naturzementvorkommen bei Puzzuoli/Italien verdanken, das bereits in römischer Zeit genutzt wurde. Diese Rohstoffe ergeben nach Vermengung mit Kalk oder Portlandzement sehr feste, wasserunlösliche Verbindungen. Neben Trass umfassen natürliche Puzzolane u.a. auch glasreiche, z.T. zeolithische vulkanische Aschen, Hornsteine, Kieselschiefer, kalzinierte Diatomite und Ölschiefer. Wesentlich ist der Anteil an reaktionsfähigen SiO_2- und Al_2O_3-Anteilen. Als Trass bezeichnet man Tuffe und Tuffite (seltener auch Laven), die durch Zersetzung puzzolanische Eigenschaften haben. Trass wird in feingemahlenem Zustand als Zuschlagstoff für Zement oder Kalkmörtel verwendet, welchen er die Eigenschaft verleiht, auch unter Wasser zu erhärten. Bei entsprechender Dosierung wird die Bildung von $CaCO_3$ vermieden, so daß Anlösung durch saures Grundwasser oder durch Meerwasser nicht möglich ist. Die Eignung zersetzter Tuffe als Trass kann nicht durch mineralogische Untersuchung, sondern nur durch Herstellung von Probekörpern und Versuchsserien festgestellt werden.

Trasslagerstätten gibt es bei *Andernach* am Laacher See/Eifel, am *Nördlinger Ries* und bei *Gossendorf* in der Steiermark. Der „rheinische Trass" aus Andernach entstand aus phonolitischem Bimstuff des Laacher Sees, der in ein nahegelegenes limnisches Becken abregnete. Das Gestein besteht aus Analcim, Chabasit und SiO_2-Glasphasen. Es bildet ein Lager mit rund 9 m Mächtigkeit, das eine Fläche von 8 mal 2,5 km einnimmt. Der „bayerische Trass" ist zersetzter *Suevit,* ein Impaktgestein bestehend aus sedimentären und kristallinen Fragmenten sowie Glasbomben in einer montmorillonitischen Matrix, dessen Material überwiegend aus dem kristallinen Untergrund des Nördlinger Ries stammt. Der „österreichische Trass" (Steiermark) entstand durch hydrothermale Alteration von Trachyandesit; er besteht aus Alunit und Cristobalit (Opal, Quarz, Chalcedon, Tridymit). Bemerkenswert vielfältige Anwendungen, unter anderem in der Umwelttechnik, findet der zeolithreiche Phonolit vom Kaiserstuhl.

Wollastonit

Wollastonit $CaSiO_3$ D = 2,8–3,0

Ca ist sehr oft durch einige Prozente Fe, Mg oder Mn substituiert. Dies vermindert allerdings den Wert des Materials, entweder durch Beeinträchtigung des Weißegrades, oder durch nachteilige elektrische, physikalische und chemische Eigenschaften. Gangarten von Wollastonit sind häufig Diopsid, Tremolit (Vorsicht vor asbestiformen Varietäten), Vesuvian, Grossular, Andradit, Graphit, Quarz und Kalzit.

Zur Bauwürdigkeit wird ein Gehalt von über 30% Wollastonit im Rohmaterial gefordert (Lorenz & Gwosdz 2003). Verkaufsfähige Nebenprodukte (z.B. Granatsand) ermöglichen die Gewinnung geringerhaltiger Lagerstätten.

Wollastonit ist ein wertvoller Füllstoff für die Herstellung von Keramik, Plastikwaren, Farben, Klebstoffen, Isolierstoffen, keramikgebundenen Abrasiven und Bauelementen. Vielfach wird Wollastonit infolge seiner faserigen Natur als Ersatz für Asbest eingesetzt (Farben, Feuerfestprodukte, Schweißmaterial). Für die Verwendbarkeit maßgeblich sind die Faserigkeit nach Mahlung (Länge/Faserquerschnitt) und der Weißegrad, neben der niedrigen chemischen Reaktivität, dem extrem geringen Glühverlust und der alkalischen Reaktion in aufgeschlämmtem Zustand.

Wollastonit entsteht als Produkt der Kontaktmetamorphose von Kalkstein (Skarnbildung), wobei das SiO_2 entweder aus kieseligen Beimengungen des Sedimentes stammt, in der Regel aber durch hydrothermale Lösungen zugeführt wird. Wollastonitbildung erfolgt bei Temperaturen von ~600°C (in 2 km Tiefe) bis über 700°C (in 8 km Tiefe). Dies entspricht den Bedingungen der höchst-temperierten Hornblende-Hornfelsfazies und der Pyroxen-Hornfelsfazies. Wollastonitbildung durch isochemische Regionalmetamorphose ergibt nur sehr geringe Gehalte, die nicht wirtschaftlich genutzt werden können. Die Wollastonitbildung kann durch folgende Reaktion beschrieben werden:

Kontaktmetasomatische Wollastonitbildung

$$\text{Calcit} + SiO_2\ (aq) = \text{Wollastonit} + CO_2$$

Die notwendige Abfuhr des CO_2 verlangt ein offenes System, da die Reaktion sonst rasch zum Stillstand kommt. Deshalb sind Quarz und Calcit im geschlossenen System bis in die Granulitfazies stabil. Die fluide Phase muß weit überwiegend aus Wasser bestehen. Zudem sind relativ hohe Wasser-/Gesteinsverhältnisse erforderlich, die wohl zumeist durch die Passage magmatischer Fluide gewährleistet werden.

Brauchbare Wollastonitlagerstätten sind selten. 1943 wurden die Lagerstätten im mittel-proterozoischen Grenville Orogen der *Adirondack Mts.* im Staate New York als erste industriell erschlossen. Bis heute liefern sie einen bedeutenden Anteil der Weltproduktion.

Die meisten Wollastonitlagerstätten der Adirondacks liegen im Kontaktsaum eines Anorthosites. Die Lagerstätte *Valentine* und viele kleine Vorkommen sind an eine quartz-syenitische Intrusion gebunden (Gerdes & Valley 1994). Die intrudierten Metasedimente liegen hier in Granulitfazies vor. Kalkmarmore sind am Intrusivkontakt über 60 m Breite in Skarn umgewandelt, welcher aus grobkristallinem Wollastonit mit geringen Anteilen von Calcit, Diopsid und sekundärem Prehnit besteht. Die Vorräte liegen über 7 Mio t Rohmaterial. Die Kontakte zwischen Skarn und Kalkmarmor sind sehr scharf. Sauerstoffisotopen-Untersuchungen haben ergeben, daß der Kalkmarmor bis unmittelbar zum Skarn unverändert ist. Da die Marmore absolut quarzfrei sind, muß das zur Skarnbildung erforderliche SiO_2 durch hydrothermale Fluide eingebracht worden sein.

Finnland hat im Süden bei Lapeenranta eine bedeutende Wollastonitlagerstätte, welche im Verband mit den schon lange abgebauten Kalksteinvorkommen von *Ihalainen* liegt. Es handelt sich um eine große Scholle von Kalkmarmor mit Leptitbändern innerhalb einer ausgedehnten Intrusion von mittelproterozoischem Rapakivi-Granit. Die Marmore werden von Gängen granitischer, pegmatitischer und basischer Zusammensetzung durchschlagen. Die gesamte Scholle unterlag einer starken thermischen Metamorphose, wodurch es im Marmor stellenweise zur Bildung einer Paragenese von Wollastonit, Quarz, Grossular, Diopsid und Serpentin kam. Der durchschnittliche Wollastonit-Gehalt im Rohmaterial ist 25–30%; durch Mahlen und Flotation wird ein Konzentrat mit >90% Wollastonitanteil und einem sehr geringen Fe-Gehalt hergestellt. Die Reserven werden auf mehr als 30 Mt eingeschätzt.

Wollastonit ist ein relativ neues Industriemineral mit rasch steigender Produktion, welche 1999 bei 500.000 t lag. China, USA, Indien und Finnland sind die größten Produzenten. In Spanien gibt es potentielle Lagerstätten (GALAN & CALIANI 1997; Abb. 106). Beträchtliche Tonnagen werden synthetisch aus Branntkalk und Quarzsand hergestellt (Cyclowollastonit, u.a. auch in Deutschland). Die Prospektion beruht vor allem auf geologischen Modellen. Da viele Vorkommen keine ausreichende Qualität liefern, sind Aufbereitungsversuche in einem sehr frühen Projektstadium empfehlenswert (GRACIA et al. 1999).

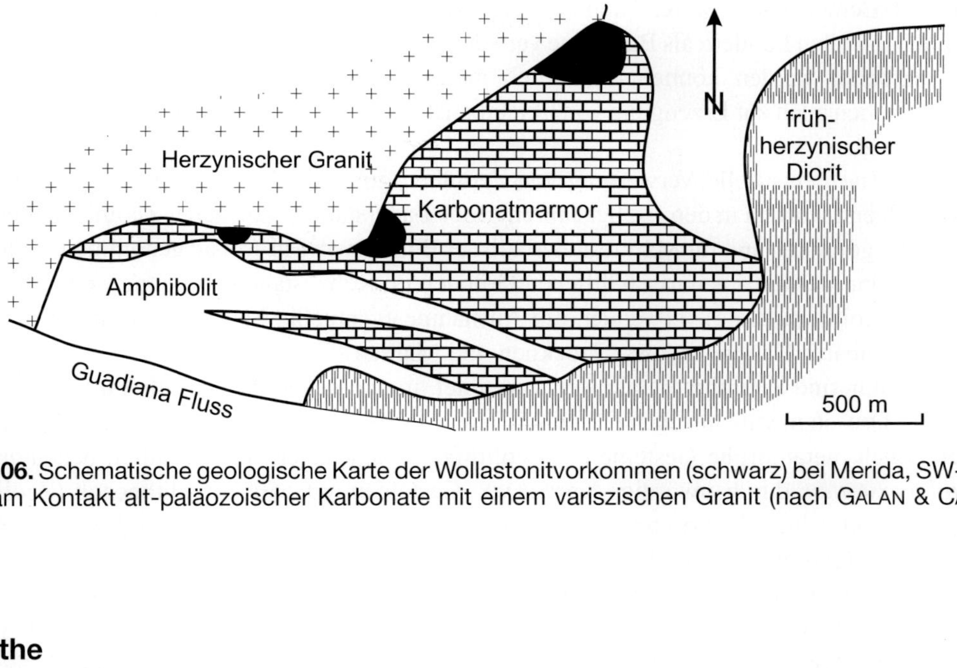

Abb. 106. Schematische geologische Karte der Wollastonitvorkommen (schwarz) bei Merida, SW-Spanien, am Kontakt alt-paläozoischer Karbonate mit einem variszischen Granit (nach GALAN & CALIANI 1997).

Zeolithe

Phillipsit	$KCa(Al_3Si_5O_{16}) . 6H_2O$
Chabasit	$Ca(Al_2Si_4O_{12}) . 6H_2O$
Erionit	$NaK_2MgCa_{1,5}(Al_8Si_{28}O_{72}) . 28H_2O$
Ferrierit	$(Na, K)Mg_2Ca_{0,5}(Al_6Si_{30}O_{72}) . 20H_2O$
Klinoptilolith	$(Na, K)_6 (Al_6Si_{30}O_{72}) . 20H_2O$
Mordenit	$Na_3KCa_2(Al_8Si_{40}O_{96}) . 28H_2O$

Dies sind die bergbaulich wichtigsten von über 70 Zeolithmineralen, welche in der Natur vorkommen (BISH & MING 2001). Weiter gibt es synthetische Zeolithe, die bei erhöhter Temperatur aus gesättigten Kaolinit-Lösungen durch Reaktion mit NaOH, Wasserglas, etc. ausgefällt werden. Dann bilden sich zuerst Gel-Agglomerate, in welchen Nukleation und schließlich Kristallisation von Zeolith stattfinden (MINTOVA et al. 1999). Allgemein definiert sind Zeolithe kristalline Verbindungen mit Zeolith-Struktur und der Fähigkeit zum Kationenaustausch sowie reversibler Hydratisierung. Die Zeolith-Struktur ist durch dreidimensionale anionische Tetraedergerüste mit Mikroporen gekennzeichnet, in welchen sich das Wasser befindet. Dieses kann durch Erhitzen auf 150–400°C ausgetrieben werden und wird bei Raumtemperatur wieder adsorbiert. Deshalb ist thermogravimetrische Analyse zur Identifizierung von Zeolithen besonders geeignet.

Die *Verwendung der Zeolithe* ist im wesentlichen durch die Mobilität von Wasser und Kationen in den Poren und Kanälen des Gerüstes gegeben. Manche Zeolithe lassen eine Diffusion von Gasen oder Molekülen durch die Porenräume zu („Molekularsiebe"). Einige typische Anwendungsbereiche sind: Stickstoffbindung bei der Wasseraufbereitung, Geruchsbeseitigung (Katzenstreu u.ä.), Bindung von ausgeflossenem Öl oder Benzin und von radioaktiver Kontamination (zur Reinigung von Wasser, aber z.B. um Chernobyl auch von Milch; ferner zur Einbettung von Abfallbehältern in Endlagern), Filterung von Ölen, Rauchgasentschwefelung, sowie Einsatz als Füllstoffe in Papier, Düngemitteln, Zement, Zahnpaste und Ionenaustauschern. Synthetische Zeolithe werden in großen Mengen als Waschmittelzusätze statt Natriumphosphat und als Katalysatoren bei organischen Synthesen (z.B. Benzin aus schweren Ölen oder aus Methanol) gebraucht. Zeolithisierte Tuffe werden schließlich in vielen Ländern als Bausteine verwendet, da solche Gesteine im bergfeuchten Zustand leicht bearbeitet werden können und durch natürliche Trocknung aushärten. Zeolith-haltige Gesteine werden auch zur Erzeugung von Leichtbaustoffen und Puzzolanzementen in großen Mengen eingesetzt.

Die moderne industrielle Verwertung von Zeolithen ging zuerst von synthetischen Produkten aus. Danach erst wurden in den 1950er Jahren große Lagerstätten natürlicher Zeolithe in den USA und in Japan gefunden und für Märkte außerhalb der Bauindustrie in Abbau genommen. Natürliche Zeolithgesteine werden aus wirtschaftlichen Gründen im Rohzustand (also ohne weitere Konzentration der Zeolithminerale) verwendet, mit Ausnahme eventueller Säurebehandlung zum Entfernen austauschbarer Kationen, sowie Trocknen und Mahlen.

In der Natur sind Zeolithminerale weit verbreitet, in der Regel aber nur als Füllungen kleiner Klüfte und Drusen in vulkanischen Gesteinen bzw. als früh-diagenetische Minerale in vielen Sedimenten. Auch metamorphe Gesteine der Zeolithfazies sind lagerstättenkundlich bedeutungslos. *Zeolithlagerstätten*, d.h. bauwürdige Körper von Gesteinen mit >50% Zeolithgehalt (Zeolithite), sind überwiegend durch hydrothermale Alteration von vulkanischen Gesteinen oder durch frühdiagenetische Zersetzung vulkanischer Gläser meist unmittelbar nach deren Ablagerung als Vulkanoklastika entstanden, besonders in terrestrischen Salzseen (Hall 1996). Manche Ignimbritdecken sind teilweise oder gänzlich zeolithisiert (z.B. Tokayer Berge/Ungarn). Es wird vermutet, daß dieser Vorgang durch Hydratation der Ignimbrite unmittelbar nach der Ablagerung stattfand. Zeolithite werden überwiegend bei erhöhter Temperatur (50–300°C) und bei pH 8–10 gebildet (Hall 1998). Hydrothermen und Grundwässer in terrestrischen Vulkangebieten sind gewöhnlich sauer bis extrem sauer. Dies erlaubt keine Bildung von Zeolithen. Daher müssen geologische Faktoren wirksam werden, welche zu alkalischen Milieubedingungen überleiten. Bei der Ablagerung von Tuffen in alkalischen Inlandseen ist das vorgegeben. Möglich ist auch Freisetzung von Alkalien aus den Gläsern selbst, oder Zustrom alkalischer Wässer von außen, z.B. aus tieferliegenden (Yellowstone) oder überlagernden Kalken. Zeolithe sind in der Regel geologisch jung (Tertiär-Quartär), da sie durch Alterung in dichtere Silikatminerale umgewandelt werden. Das Überwiegen bestimmter Zeolithminerale ist vom Ausgangsgestein abhängig, wird jedoch auch von anderen Faktoren bestimmt, wobei der Chemismus der Porenwässer eine dominierende Rolle spielt.

Erionitlagerstätten liegen vorwiegend in sedimentären bzw. vulkanosedimentären Gesteinen alkalischer Inlandseen, z.B. in den westlichen USA. Meist handelt es sich um rhyolitische Tuffschichten, welche durch Einwirkung der Playasee-Wässer zeolithisiert wurden. Gelegentlich wird auch niedrig-temperierte hydrothermale Alteration von Tuffen vermutet. Die attraktiven Erosionslandschaften Kappadokiens in der Türkei sind aus erionitischen

Rhyolitignimbriten geformt. Wegen der nadeligen (asbestiformen) Struktur des Minerals bewirkt dies bei der Bevölkerung eine erhöhte Lungenkrebsinzidenz.

Auch ***Mordenit*** ist in Playa-Sedimenten sehr häufig (z.B. Green River Becken, Wyoming/USA); besonders charakteristisch ist er für Alterationszonen oberflächennaher hydrothermaler Systeme, mit Bildungstemperaturen um 100°C. In Bulgarien werden oligozäne Lagerstätten abgebaut, die durch Absatz von Tuffen in Meerwasser entstanden sind.

Klinoptilolith ist in Sedimenten von Alkaliseen sehr weit verbreitet; auch er entsteht durch Umwandlung zumeist rhyolitischer Glastuffe. Diese Alteration ist oft zoniert, mit einer zentralen Zone höchster pH-Werte, in welcher Alkalifeldspat gebildet wird; nach außen folgt eine Analzim-Zone, dann die breite eigentliche Zeolithzone mit Erionit, Klinoptilolith und Mordenit. Am Rande findet man Chabasit und Phillipsit. Außerhalb des Sees, wo das Grundwasser fast normale Zusammensetzung hat, sind die Gläser frisch oder teilweise in Montmorillonit umgewandelt. Dieselbe Zonierung findet sich oft auch in vertikaler Abfolge, da das absinkende Bodenwasser in Playasedimenten nach unten zu immer alkalischer wird. Damit kann man die genannte Abfolge als zeitliche Entwicklung auffassen. Manche der großen boratführenden Neogenbecken der Türkei enthalten im Liegenden der Borate bedeutende Phillipsit-Lagerstätten. Klinoptilolith-Lagerstätten sind überaus häufig, weshalb für dieses Produkt viele Anwendungsgebiete entwickelt wurden.

Ähnlich ist die Entstehung von ***Ferrierit- und Chabasitlagerstätten***; ein bekanntes Beispiel für letztere ist der „Trass" vom Laacher See in der Eifel, wo Tuffe in einem 8 km langen und 2,5 km breiten Becken teilweise zeolithisiert sind. Große Chabasit-Lagerstätten gibt es auch in jungen Vulkaniten bei Rom und Neapel, sowie wiederum in Playaseen der westlichen USA.

Zeolithgesteine werden in Bulgarien, China, Kuba, Ungarn, Italien, Japan, Korea, Südafrika, Jugoslawien, GUS und USA in größeren Mengen gewonnen. Prospektiv sind weltweit junge vulkanische Gebiete und besonders benachbarte Playaseebecken mit Tuffeinschaltungen. Ältere Äquivalente sind äußerst selten, doch hat man im Karbon von New South Wales/Australien bauwürdige Lagerstätten von Zeolithiten mit Heulandit und Mordenit gefunden (Flood 1991). Da Zeolithgesteine nur mit mineralogischen Methoden erkannt und identifiziert werden können, sind zweifellos weitere große Vorkommen durch gezielte Suche aufzufinden.

Salzlagerstätten

Im lagerstättenkundlichen Sprachgebrauch sind Salze wasserlösliche Minerale oder Gesteine, welche in der Natur durch Verdunstung (Evaporation) entstehen. Sie bilden chemische Sedimente. Nach der Lage des Bildungsraumes unterscheidet man marine und terrestrische Salzlager (Warren 1999). Durch Diagenese der Salzsedimente entstehen Salzgesteine (Evaporite), welche am Gesamtvolumen der kontinentalen Erdkruste mit etwa 0,06% beteiligt sind. Davon sind rund 50% Sulfate (weit überwiegend Gips und Anhydrit, deren Rolle als Rohstoffe unter „Industrieminerale" behandelt wird) und 50% Salze (vorwiegend Steinsalz).

Steinsalz (Halit) ist nicht nur ein Bestandteil der Nahrung für Mensch und Tier (ca. 20% des Verbrauches), sondern auch ein wichtiger Rohstoff für die chemische Industrie, welche etwa 60% der Weltproduktion weiterverarbeitet. Davon wird der Großteil zur Herstellung von Chlor, Soda und Natronlauge verbraucht, welche vor allem in der Glas-, Papier-, Kunststoff-(PVC) und Aluminiumindustrie eingesetzt werden. Manche dieser Anwendungen, besonders die Produktion von Organochloriden, sind potentielle Risiken für die Umwelt (Thornton 2000). Beträchtliche Mengen von Salz (ca. 13%) werden ferner für die Eisbekämpfung auf den Straßen verbraucht. Salzlagerstätten sind sehr häufig und weit verbreitet, auch ist die Salzgewinnung durch natürliches Eindampfen des Meerwassers in Salzgärten so einfach, daß Salz ein sehr billiger Rohstoff ist, dessen Erlös nur kurze Transportwege zum Verbraucher zuläßt. Im Jahr 2002 erreichte die Weltproduktion 225 Mt, wozu über 110 Länder beitrugen. Die größten Anteile davon kamen jedoch aus den USA, China und Deutschland. Die Vorräte sind praktisch unbegrenzt, da eigentliche Lagerstätten von Salzgestein weltweit verbreitet sind, wozu der Inhalt der Weltmeere und der Salzseen kommt. Zur Zeit werden alle drei genannten Ressourcen genutzt.

Im Gegensatz dazu sind *Kalisalze* selten und nur in wenigen Ländern in bauwürdigen Konzentrationen vorhanden. Die Hauptproduzenten sind Kanada (Saskatchewan) und Rußland, gefolgt von Weißrußland, Deutschland, Israel, USA, Jordanien und England. Israel und Jordanien beziehen ihre Produktion durch Evaporation von Laugen aus dem Toten Meer, wobei neben Kaliumchlorid auch Bromide und Magnesiumchlorid anfallen. Die Hauptverwendung der Kalisalze liegt in der Düngung landwirtschaftlicher Kulturen (>93%), sie sind aber auch Rohmaterial für die chemische Industrie (Seife, Waschmittel, Glas, Baustoffe). Als untere Bauwürdigkeitsgrenze kann man etwa 10% K_2O ansetzen. Die häufigsten Kalisalze sind Chloride (ca. 90%, weit überwiegend Sylvin). Sulfate machen etwa 4% der Weltproduktion aus, der Rest umfaßt Rohsalze und teilweise aufbereitete Salze. Im Jahre 2002 wurden weltweit 27 Mt Kalisalze (K_2O-Basis) erzeugt. Die gewinnbaren Vorräte werden auf 10.000 Mt geschätzt (Käding 1995).

Da in Land- und Forstwirtschaft ein zunehmender Bedarf an Magnesiumdünger besteht, wird neuerdings auch *Kieserit* $MgSO_4.H_2O$ gewonnen, welcher in vielen Kalisalzflözen als Nebengemengteil auftritt (z.B. Sigmundshall bei Hannover). Weitere *Nebenprodukte* der Gewinnung bzw. Verarbeitung von Kali-Salzen sind gelegentlich *Rubidium und Caesium* (50–1700 ppm in Kalisalzen), *Bor* (als Staßfurtit, etc. in Kaliflözen) und *Brom* (statt Cl in Chloriden bis etwa 5000 ppm eingebaut). Aus der Carnallit-Aufbereitung anfallende *Magnesiumchloridlaugen* können zu Magnesium-Metall oder zu Magnesit verarbeitet werden. Die Aufbereitung von Salzen erfolgt durch physikalische, thermische oder durch Heißlöseverfahren.

Terrestrische Salzlagerstätten bzw. Laugen können viele verschiedene Rohstoffe führen. Neben den oben genannten häufigeren Salzen gibt es bauwürdige Anreicherungen von *Lithium, Boraten, Iod, Brom und Soda,* um nur einige typische Stoffe zu nennen.

Evaporite sind auch deshalb lagerstättenkundlich wichtig, da sie als impermeable Gesteine Öl- und Erdgasfallen bilden, sowie Träger wichtiger Schwefellagerstätten sind (Melvin 1991). Beziehungen zwischen Evaporiten und Erzlagerstätten wurden bereits früher angesprochen (s. Diagenetische Lagerstätten).

Zunehmende Bedeutung gewinnen Salzlagerstätten als Orte billig herstellbarer *Vorratslager* (besonders als Speicherkavernen für Erdgas und Erdöl) sowie in Form von *Entsorgungsbergbauen* als Endlager für toxische und radioaktive Abfälle. Unterschiedliche Einwände gegen diese letztere Nutzung waren in den letzten Jahren Anlaß zu einer stark intensivierten Salzforschung, die viele neue Erkenntnisse erbrachte.

I. Die Salzminerale und Salzgesteine

Salzminerale

		D	
Halit	NaCl	2,16	
Kalisalze			$\%K_2O$
Sylvin	KCl	1,99	63
Carnallit	$KCl.MgCl_2.6H_2O$	1,60	17
Kainit	$4KCl.4MgSO_4.11H_2O$	2,1	19

Langbeinit	$K_2SO_4.2MgSO_4$	2,82	23
Polyhalit	$K_2SO_4.MgSO_4.2CaSO_4.2H_2O$	2,77	16
Bischofit	$MgCl_2.6H_2O$	1,59	
Blödit (Astrakanit)	$Na_2SO_4.MgSO_4.4H_2O$	2,23	
Boracit (Staßfurtit)	$MgCl_2.5MgO.7B_2O_3$	2,90	
Epsomit	$MgSO_4.7H_2O$	1,67	
Glauberit	$Na_2SO_4.CaSO_4$	2,84	
Gaylussit	$CaNa_2(CO_3)_2.5H_2O$	1,99	
Kieserit	$MgSO_4.H_2O$	2,57	
Natrit (Soda)	$Na_2CO_3.10H_2O$	1,42	
Tachhydrit	$2MgCl_2.CaCl_2.12H_2O$	1,66	
Trona	$Na_3H(CO_3)_2.2H_2O$	2,17	

Dies sind ausgewählte, geologisch wichtige oder charakteristische Minerale aus der großen Zahl von Salzen, die in der Natur bekannt sind. Halit und die als zweite Gruppe angeführten Kalisalze (Sylvin vor Carnallit) sind von weit überragender wirtschaftlicher Bedeutung. Die Minerale der dritten Gruppe sind nur z.T. (Kieserit, Trona und Soda) von wirtschaftlichem, vornehmlich aber von genetischem Interesse.

Die ***Salzgesteine*** sind überwiegend aus wasserlöslichen Salzmineralen bestehende Gesteine. Die wirtschaftlich bedeutenderen Kalisalzgesteine (Potassite) enthalten immer mehrere Salzminerale, wodurch folgende Varietäten entstehen: *Sylvinit* = Sylvin + Halit; *Hartsalz* = Sylvin + Kieserit (Anhydrit, Langbeinit) + Halit; *Carnallitit* = Carnallit + Kieserit + Halit. Carnallitit ist sehr oft „konglomeratisch" ausgebildet, indem rundliche oder eckige Fragmente von Steinsalz und Sulfaten in einer Carnallitmatrix vorliegen („Trümmercarnallitit"). *Kainitit* ist oft sekundärer Entstehung, z.B. wo Kaliflöze einer partiellen Laugung unterlagen. Jener von Caltanisetta/Sizilien z.B. wird jedoch als primäres Sediment aufgefaßt. Chloridische Potassite werden als *Chlorid-Typ* bezeichnet, solche mit Sulfatanteilen (Kieserit etc.) als *Sulfat-Typ.*

Steinsalz *(Halitit)*, Gips und Anhydrit bilden häufig nahezu monomineralische Gesteine, welche in großen Massen abgebaut werden. Aber selbst im einheitlichen „älteren Steinsalz" des deutschen Zechsteins bestehen die dunklen dünnen Schichten, die sogenannten Jahresringe, aus Anhydrit, Polyhalit oder Ton. Sehr reines Salzgestein wird von den Bergleuten als *Speisesalz oder Kernsalz* bezeichnet. Ein oft chaotisches Gemenge von Steinsalz, Ton, Dolomit und Anhydrit wird im alpinen Salzbergbau *Haselgebirge* genannt. Durch die häufig lebhaften Farben der Gesteine wird die innere Verformung der Salzlagerstätten besonders deutlich. Einzelne Farben sind nicht grundsätzlich für bestimmte Salzminerale oder -gesteine kennzeichnend, obwohl etwa Carnallit und Polyhalit in der Regel leuchtendrot sind. Die Farben sind vielmehr auf Beimengungen oder auf Gitterdefekte zurückzuführen (SONNENFELD 1995). Graufärbung z.B. wird durch Beimengung von Ton oder Bitumen, bisweilen auch durch Schwefelkies, verursacht. Die häufige Rotfärbung der Salze geht auf Einlagerung von Hämatitnadeln oder -plättchen zurück. Die auffällig blauen Halite können im Labor durch Bestrahlung erzeugt werden, wodurch kleine Partikel von metallischem Natrium entstehen. In der Natur dürfte dieser Effekt durch diagenetische Lösungen bewirkt werden, welche Brom aus dem Halit lösen.

Die meisten Salzgesteine enthalten geringe Mengen (<0,5%) *organischer Substanz,* welche wohl zumeist von Algen, aber auch von Bakterien oder von eingetragenen Resten terrestrischer höherer Pflanzen (z.B. Pollen), abstammt. Höhere Kerogen-Gehalte findet man bevorzugt in den tonig-anhydritischen Begleitgesteinen der Salze.

Neben der chemischen Analyse werden Salzgesteine durch *Dünn- und Anschliffe* petrographisch untersucht und beschrieben. Zur Mineralbestimmung eignen sich weiter Körnerpräparate, Schweretrennung, selektive Lösung und Röntgendiffraktionsmethoden. Beimengungen von Kalisalz im Salzgestein erkennt man leicht durch Aufsprühen einer Lösung von Mg-Dipikrylamin, das bei Kalium eine sofortige Rotfärbung bewirkt, mit einem tragbaren Scintillometer auch durch erhöhte Gammastrahlung. Auch die petrographische und mikrothermometrische Untersuchung wässeriger und gasförmiger Einschlüsse ist aufschlußreich.

Flüssigkeitseinschlüsse. Salzgesteine in flach lagernden Serien enthalten meist >1% H_2O, in Diapiren in der Regel unter 0,1%, jeweils in Form von mikroskopischen und sub-mikroskopischen Flüssigkeitseinschlüssen. Im Salz der Diapire sind die Fluide oft an die Korngrenzen gewandert, während wenig deformierte Salze eher noch intrakristalline Einschlüsse an Wachstumszonen zeigen (z.B. Horita et al. 1996). In solchen Einschlüssen permischer Salzkristalle aus Carlsbad/New Mexico haben Vreeland et al. (2000) lebensfähige „Sporen" von Bakterien nachgewiesen. Rekristallisation von Salzgesteinen ist jedoch häufig, so daß ursprüngliche Laugeneinschlüsse im engeren Sinne nur in sorgfältig ausgewählten Proben erwartet werden können. Oft überwiegen Einschlüsse, die zu verschiedenen Zeiten während der Diagenese der Salze eingefangen wurden. Messungen des Salzgehaltes durch Gefrieren ebenso wie die Bestimmung der Homogenisierungstemperatur an Einschlüssen in Salzmineralen lassen nur beschränkte Aussagen zu. Zunehmend jedoch werden sorgfältig ausgesuchte Einschlüsse zur Bestimmung von Paläotemperaturen (= T_H nach kräftiger Abkühlung) genutzt (Roberts & Spencer 1995). Verläßlichere Daten versprechen Einschlüsse in diagenetisch gebildeten, stabileren Mineralen, z.B. in Sulfat oder authigenem Quarz (Attia et al. 1995). Neuerdings wird die chemische Zusammensetzung der Fluideinschlüsse mittels ICPMS und bei Temperaturen <-190° mittels EDS-Elektronenmikroskop gemessen (z.B. Garcia-Veigas et al. 1995). Damit eröffnen sich völlig neue Wege der Interpretation (Zimmermann 2001).

Gase in Salzen. Im Salzbergbau wurden immer wieder Gasausbrüche beobachtet, verursacht durch Gaseinschlüsse im Salz, welche unter hohem Druck stehen. Bekannt ist diesbezüglich das *Knistersalz* des Werragebietes, dessen CO_2- und N_2-Gehalt mit tertiären Basaltgängen zusammenhängt. Anderswo kommt fast reines CH_4 vor (Wielicka/Polen), oder Stickstoff (Kaspisches Becken/GUS; Carlsbad/New Mexico/USA), manchmal auch H_2S (deutscher Zechstein). Geringere Mengen solcher Gase sind in praktisch allen Salzen enthalten (Potter 2004). Auffällig ist die Disparität zwischen Gasen aus oxydierendem (N_2, O_2, CO_2) bzw. reduzierendem Milieu (N_2, Alkane, H_2, H_2S). Die Herkunft der Gase ist unterschiedlich zu erklären.

Die ***geochemische Untersuchung*** von Salzen ist für genetische und praktische Fragestellungen nützlich.

Brom. Eine besondere Rolle als Indikator für den Eindampfungsgrad spielt das Verhältnis Br/Cl, da Brom in der Lauge angereichert wird (Verteilungskoeffizient Halit/Lauge ca. 0,12–0,3). Deshalb enthält früh ausgeschiedener Halit wenig Br (~50 ppm), während Halit der Kaliflöze erhöhte Gehalte hat (bis 600 ppm; Abb. 107). Damit ist der Bromgehalt in Halit ein ausgezeichnetes Prospektionsmittel für Kalisalze. Systematische Untersuchungen von mächtigen Halitserien in Norddeutschland haben ergeben, daß die Bromgehalte eine stratigraphische Einordnung unterstützen. Weiter können Massenbilanzen (Zufluß, Abfluß, Evaporation) der Salzbeckenentwicklung abgeleitet werden. Es gibt aber auch schwierig zu deutende Abweichungen der Bromgehalte vom erwarteten Verhalten, welche auf verschiedene Einflüsse zurückgeführt werden, z.B. Umkristallisation, diagenetische Laugenwanderung, kinetische Effekte, Einfluß meteorischer Wässer, und auf wechselnde Bromaktivität (Siemann & Schramm 2002). Nicht-marine Salze sind gewöhnlich bromarm.

Isotopengeochemie der Evaporite. Mehrere Isotopensysteme tragen wesentlich zum Verständnis der Bildung und Umbildung (Diagenese bis Metamorphose) der Evaporite bei. Ein Beispiel ist *Bor*, das ähnlich Brom bei höherem Eindampfungsgrad angereichert wird und dessen Isotopenfraktio-

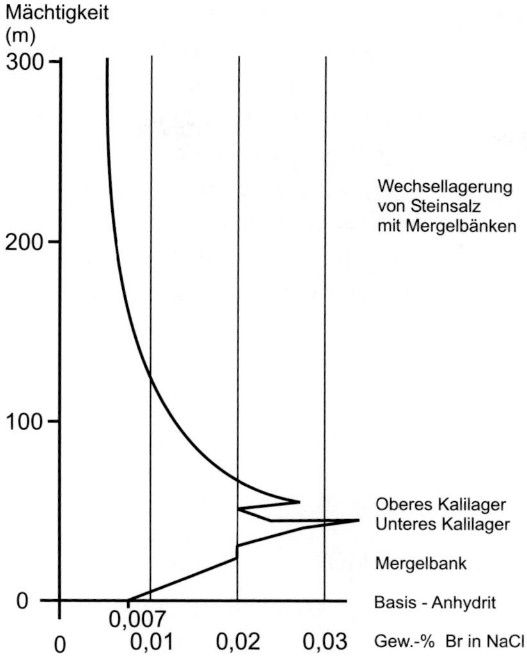

Abb. 107. Bromgehalte im Halit der oligozänen Salzformation im Oberrheintalgraben (nach BAAR & KÜHN 1962 und MANGER 1961).

nierung ($^{10}B/^{11}B$) die Unterscheidung mariner und terrestrischer Evaporite erlaubt (VENGOSH et al. 1992; BARTH 1993), auch noch nach der Abfuhr leicht löslicher Salze und Bildung von Turmalin. Zahlreiche Bestimmungen der *Schwefel*-Isotopenverhältnisse rezenter und fossiler Sulfate (meist Anhydrit) führten zur Erstellung der sogenannten *Nielsen-Kurve,* welche die in der Erdgeschichte wechselnde Schwefelisotopie der Weltmeere wiederspiegelt (Abb. 95). Diese Veränderungen beruhen vor allem auf der Bevorzugung schweren Schwefels bei der Bildung großer Sulfatmassen, wodurch etwa im Zechstein das $\delta^{34}S$ der Ozeane ein Minimum erreicht, sowie auf der überwiegenden Bindung relativ leichten, sulfidischen Schwefels bei der Ablagerung mariner Tone, mit gegenteiligem Effekt. Solche Verhältnisse gelten für die Zeit nach etwa 2100 Ma; davor wurde der Schwefelzyklus durch atmosphärische Prozesse kontrolliert. Besser als die Calciumsulfate eignet sich der Baryt der Tiefseesedimente als stabiler Zeuge für die Rekonstruktion der S-Isotopenverhältnisse (PAYTAN et al. 2004). *Chlor-Isotope* erlauben die vertiefte Untersuchung geologisch junger Salzablagerungen, da neben zwei stabilen Isotopen das kosmogene, radioaktive ^{36}Cl mit einer Halbwertszeit von 301.000 a vorkommt. Auch die stabilen Cl-Isotope erlauben wichtige genetische Aussagen, selbst nach kräftiger Deformation der Salze (EASTOE & PERYT 1999). Unter anderem konnte damit nachgewiesen werden, daß tiefe Laugen in Nebengestein der Palo Duro Halite in Texas nicht durch (meteorische) Salzlösung entstanden sind, sondern ursprüngliche, permische Restlaugen sind (EASTOE et al. 1999). Komplexe sedimentäre und diagenetische Bedingungen schließlich können durch *Strontium-Isotope* erforscht werden (SCHREIBER & TABAKH 2000).

Die O- und H-Isotopen des *Wassers der Fluid-Einschlüsse* im Salz ermöglichen Aussagen zum Entstehungsraum (terrestrisch/marin) und zu post-sedimentären Fluidwanderungen im Salzgestein, wobei der letztere Aspekt für die Beurteilung der Langzeitstabilität von Deponien toxischer oder strahlender Stoffe im Salz besonders wichtig erscheint. Die Isotopie des Ozeanwassers wird durch Evaporation im Vergleich zu SMOW (Abb. 15) zu höheren Gehalten an ^{18}O bzw. D verschoben. Das Wasser des heutigen Roten Meeres etwa hat $\delta^{18}O \approx +2‰$ und $\delta D \approx +11‰$. Weitere Verdunstung ab Beginn der Halitbildungsphase führt aber zu einer Verarmung der Restlauge an den schweren Isotopen, da aus hochsalinaren Laugen bevorzugt „schweres" Wasser verdampft. Dieser „Salzeffekt" beruht auf bevorzugter Bindung der leichten Wassermoleküle in Hydratationssphären der Ionen und auf einer Veränderung der Wasserstruktur, welche durch gelöste Salze bewirkt werden. Die Stärke dieser Effekte hängt direkt von der Konzentration der Lauge ab; bei derselben Konzentration vom jeweils in der Lösung dominierenden Salz ($CaCl_2$>$MgCl_2$>$MgSO_4$>KCl = NaCl>Na_2SO_4; HORITA et al. 1993). Insgesamt führt das zur charakteristischen Eindampfungsschleife der Wasser-Isotopen (Abb. 108). Davon abweichende Werte können durch Beimengung von meteorischem Wasser, von Formationswässern der Nebengesteine, oder von Dehydrationswasser frühgebildeter Gipse erzeugt werden.

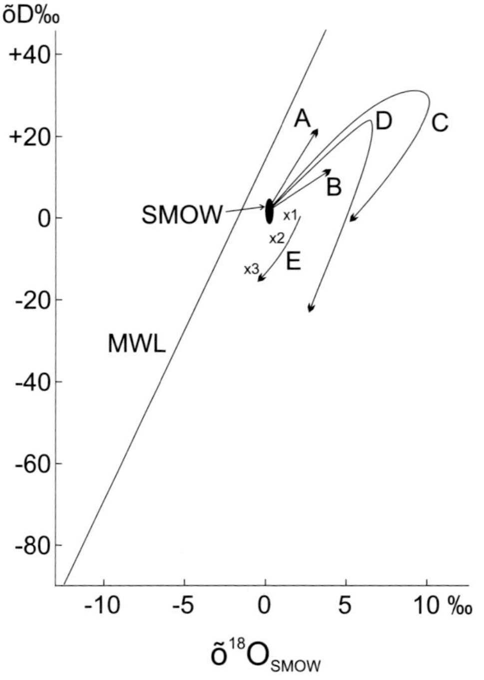

Abb. 108. Veränderung der H- und O-Isotopen des Meerwassers bei Evaporation (KYSER & KERRICH 1990).

Kurve A zeigt initiale Veränderungen in humidem, Kurve B in aridem Klima. C und D illustrieren Experimente und natürliche Systeme mit Eindampfung bis zur Halitfazies. Kurve E beruht auf Messungen in Salzgärten auf Bonaire Island in der Karibik, wobei die Probe x_1 vor der Gipsabscheidung, x_2 vor der Halitabscheidung, und x_3 nach Halitabscheidung (also im beginnenden K-Mg-Stadium) entnommen wurde. SMOW = Standard Mean Ocean Water, MWL = Meteoric Water Line.

Die ***Impermeabilität*** der Salzgesteine gegenüber Wasser, Erdöl und Erdgas bedingt ihre Rolle als undurchlässige Begrenzung von Kohlenwasserstoffspeichern (s. dort). Dies, weiter der häufige stratigraphische Verband von Evaporiten mit Muttergesteinen und schließlich der Einfluß der Temperaturanomalien an Salzstöcken auf die Kerogen-Maturität, erklären das hohe Interesse der Erdölindustrie an Evaporiten. Permeabilitätsmessungen an Halitit der Asse bestätigten die extrem niedrige Durchlässigkeit solcher Gesteine (in situ und unverritzt $<1.10^{-21}m^2$), entspanntes (dilatiertes) Salz an Stollenwänden ergab Werte um $1.10^{-16}m^2$, also immer noch nur 1.10^{-4} Darcy (PEACH 1991). Die genannten Werte sind anderswo in derselben Größenordnung vielfach bestätigt.

II. Die Bildung der Salzlager

1. Die Salzbildung in der Gegenwart

Beispiele für rezente Salzabscheidung sind die Salzseen Kaliforniens und Utahs, die Sabkhas an den Küsten des Arabisch-Persischen Golfes, die Salzbucht des Karabugas an der Ostküste des Kaspi-Sees und die Salzseen von Turkestan, Tibet und Kleinasien. Es gibt aber zur Zeit keine großen marinen Becken, in denen Evaporite gebildet werden. Deshalb wird seit USIGLIO (1849) die Bildung mariner Evaporite hauptsächlich in künstlichen Salinen (Salzgärten) bzw. im Labor studiert. Da jedoch in Salinen die Erzeugung monomineralischer Salze im Vordergrund steht, wird die Rückreaktion zwischen konzentrierten Laugen und früherem Präzipitat bewußt verhindert. In der Natur kontrollieren jedoch vielfach gerade diese Rückreaktionen die mineralogische Zusammensetzung der Salzgesteine.

Der mittlere Salzgehalt des offenen Meeres beträgt 3,5%, das sind 35 g Salz auf 1000 g Wasser. Die wichtigsten Kationen sind Na^+, K^+, Mg^{++} und Ca^{++}, die Anionen Cl^-, SO_4^{--} und HCO_3^-. $CaSO_4$ und $MgSO_4$ liegen möglicherweise z.T. als nichtionisierte Verbindungen vor. Demnach kann man pro Liter Meerwasser mit D = 1,025 folgende Zusammensetzung der Salze errechnen: 27,2 g NaCl, 3,35 g $MgCl_2$, 2,25 g $MgSO_4$, 0,74 g KCl, 0,12 g $CaCO_3$ und 1,27 g $CaSO_4$. Die Konzentration in Salzlagunen ist etwa zehnmal so hoch, da der Sättigungspunkt für NaCl bei 25°C bei einem Gehalt von 26,7% liegt. Die Menge gelöster Salze im Weltmeer wird auf $4{,}8.10^{16}$t geschätzt. Alleine die bekannten paläozoischen Salzvorkommen enthalten im Vergleich dazu $6{,}1.10^{15}$t NaCl (also 16% des NaCl im heutigen Meerwasser).

Bei ungestörtem Eindampfen geht die Abscheidung der Salze in der Reihenfolge der zunehmenden Löslichkeit vor sich. Zuerst sedimentieren Kalzit oder Aragonit (diagenetisch oft zu Dolomit umgewandelt), dann Gips oder Anhydrit, Steinsalz, und zuletzt die Kali- und Magnesiumsalze (Abb. 109). Infolge der hohen Löslichkeit dieser letzteren ist es nur in seltenen Fällen zu ihrer Ausfällung gekommen; häufig mögen sie auch später wieder weggelöst worden sein.

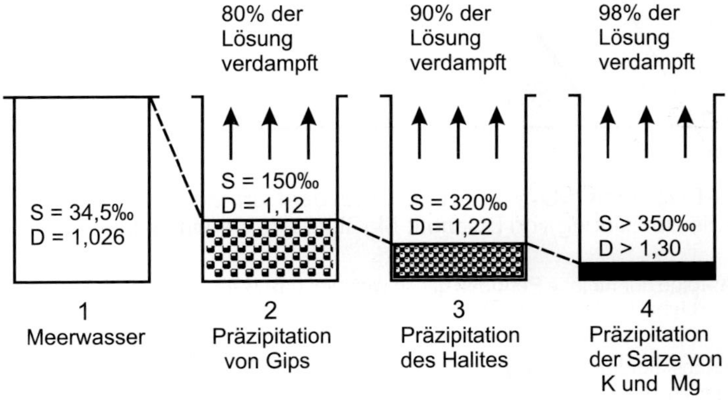

Abb. 109. Anschauliches Schema der wichtigsten Stufen der Bildung von Evaporiten durch Verdampfung von Meerwasser (nach J.-M. ROUCHY 2001). S ist die Salinität der Lösung, D ihre Dichte.

Die Präzipitation der Salzminerale bei zunehmender Konzentration der Laugen wurde nach USIGLIO von VAN'T HOFF und von D'ANS durch große Experimentserien weiter untersucht. Eine Zusammenschau dieser Arbeiten gab BRAITSCH (1971). Thermodynamische Modellierung durch

EUGSTER et al. (1980) und HARVIE et al. (1984) hat die meisten der früheren Ergebnisse bestätigt.

Veränderungen ergaben sich für die Mg-K-Salze: Die o.a. früheren Autoren hatten angenommen, daß die Ausscheidungsfolge nach der Halitphase Bloedit, Epsomit, danach Epsomit und Kainit, und abschließend, bis zum fast vollständigen Eintrocknen (bei 0,4% Restlauge), Carnallit und Kieserit wären. Nach EUGSTER et al. (1980) modifiziert die Bildung von Polyhalit oder die häufige Polyhalitisierung von früherem Anhydrit die Laugen derart, daß zuerst nur Epsomit und dann Carnallit-Kieserit ausgeschieden werden (Abb. 110). Entscheidend sind die Rückreaktionen zwischen Bodenkörper und Lauge (Abb. 111), welche jedoch in der Natur auch nicht immer vollständig ablaufen. Wird die Restlauge vollständig eingedampft, folgt in beiden Fällen die terminale Paragenese Bischofit-Carnallit-Kieserit-Halit-Anhydrit. Bestätigt werden diese Berechnungen dadurch, daß Bloedit und Kainit als primäre Minerale in Salzlagerstätten sehr selten sind. Kainit kann jedoch dort gebildet werden, wo wie in Caltanisetta/Sizilien die Bildung von Polyhalit durch SO_4-Mangel (bedingt durch Ca-Überschuß) behindert wird (GARCIA-VEIGAS et al. 1995).

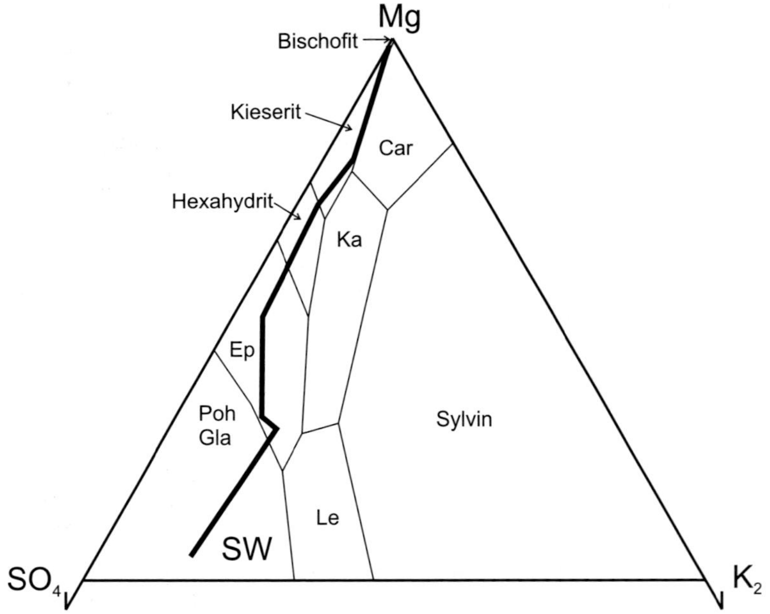

Abb. 110. Jänecke-Diagramm ($SO_4 + K_2 + Mg = 100$) der Normalabscheidungsfolge aus Meerwasser vom Halitstadium bis zur Bildung von Bischofit $MgCl_2$ (dicke schwarze Linie, verändert nach EUGSTER et al. 1980).

Beachte, daß diese Abfolge nur für jene Perioden gilt, in welchen das Meerwasser $MgSO_4$-reich war (s. Abb. 113). SW = Meerwasser, Poh = Polyhalit, Gla = Glauberit, Le = Leonit, Ka = Kainit, Car = Carnallit.

Von dieser Normalabscheidungsfolge gibt es jedoch für die K-Mg-Salze in der Natur viele Abweichungen. Gründe dafür sind z.B. Mg-Verarmung der Restlaugen durch frühere Dolomitisierung oder durch Bildung Mg-reicher Tone, Entzug von SO_4 durch bakterielle Reduktion, dazu noch früh- bis spätdiagenetische Veränderungen der primären Paragenese durch Fluide oder durch steigende Temperatur. Weiter komplexieren durch Algenblüte angereicherte N-Hydride (z.B. Urea) das $MgCl_2$ der Laugen, so daß dieses nicht für die Bildung von primärem Carnallit zur Verfügung steht. Geht man von einer konstanten Meerwasserzusammensetzung aus (s. aber unten), können derartige Prozesse die primäre Bildung von Sylvinit und von langbeinitischem Hartsalz erklären, welche die überwiegend bergbaulich genutzten Kalisalze sind (z.B. im westlichen Kanada). Sekundärer, früh- oder spätdiagenetischer Sylvin wird jedoch häufig durch die Einwirkung Mg-untersättigter Laugen auf Carnallit gebildet. Tachhydrit ist

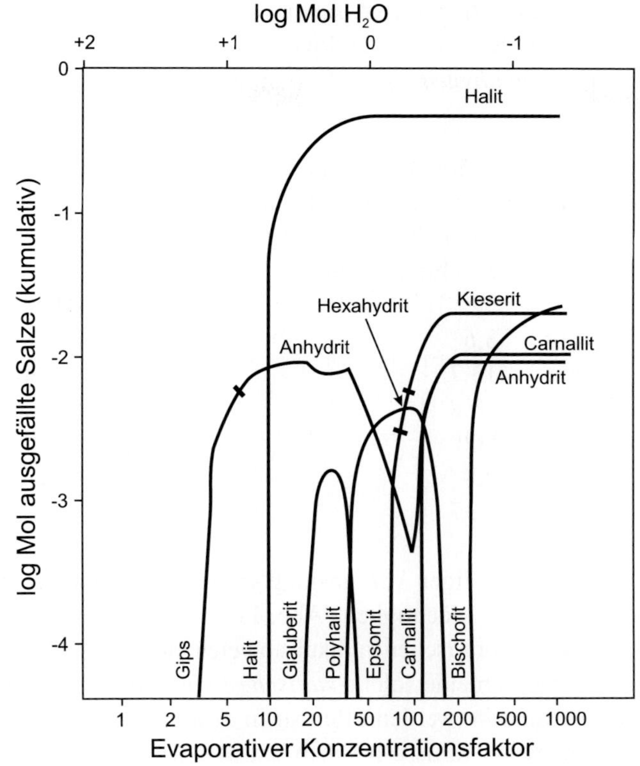

Abb. 111. Kumulative Bildung und resorptive Rückreaktion der wichtigsten Minerale bei Evaporation rezenten Meerwassers (HARDIE 1991).

nicht Teil der rezenten marinen Ausscheidungsfolge; für seine Entstehung werden $CaCl_2$-reiche Laugen benötigt, z.B. durch Auflösung früher gebildeter Anhydrite oder durch höhere Förderung der mittelozeanischen Hydrothermen. Tachhydrit-führende Kalisalze sind weltweit für kretazische Evaporite typisch.

Die *progressive Salzabscheidungsfolge bzw. Phase* entspricht demgemäß dem chemophysikalischen Verhalten der Salzminerale, welches man beim Eindampfen von Meerwasser im Labor und in Salzgärten beobachten kann. In der Natur endet die Salzabscheidung selten nach einmaligem Eindampfen; in aller Regel folgt auf die höchste erreichte Eindampfungsstufe wieder eine niedrigere, worin sich natürlich Verdünnung durch Wasserzufuhr ausdrückt. Dieser „Rückschritt" wird als *rezessive Phase* bezeichnet. Beide Phasen werden zu einem *salinaren Zyklus* zusammengefaßt, wobei viele Salzbecken mehrere solcher Zyklen umfassen.

Eine vollständige *progressive Serie* läßt sich mittels typischer Minerale in *Salzzonen* gliedern, welche nach der Faziesregel vertikal aufeinander folgen oder horizontal nebeneinander liegen können:

Unten

1. ***Gips-Zone*** (Ablagerung von Gips, nach Diagenese Anhydrit)
2. ***Halit-Zone*** (Halit, Gips, basische Mg-Karbonate; Diagenese: Halit, Anhydrit, Dolomit, Magnesit)
3. ***Mg-Sulfatzone*** (Epsomit, Halit, Glauberit, Polyhalit, basische Mg-Karbonate; Diagenese: Kieserit, Halit, Polyhalit, Anhydrit, Magnesit)
4. ***entweder Sylvinit-Zone*** (Sylvin, Halit; Diagenese: Sylvin, Halit)
   oder Carnallitit-Zone (Carnallit, Hexahydrit, Halit, Gips, Polyhalit; Diagenese: Carnallit, Halit, Kieserit, Anhydrit)

5. ***entweder Bischofit-Zone*** (Bischofit, Borate, Carnallit, Hexahydrit, Halit, Gips; Diagenese: Borazit, Kieserit, Anhydrit)
oder Tachhydrit-Zone (Sylvin, Tachhydrit).
Oben

In einem *geschlossenen Meeresbecken bzw. System*, in welchem Meerwasser ohne Zufluß von außen verdunstet, ergibt sich theoretisch folgendes Mächtigkeitsverhältnis der abgeschiedenen Salze, auf 100 m Halitit bezogen (Braitsch 1971):

Mächtigkeit (m)	Evaporite
38	Bischofit (Halit, Kieserit, Carnallit)
3,6	Carnallit (Halit, Kieserit)
13,7	Epsomit, Hexahydrit, Kieserit
10,8	Halit, Blödit, Epsomit
100	Halitit
4,8	Gips (3 m Anhydrit)
0,37	Calcit

Nach vollständiger Verdunstung einer Meerwassersäule von 1000 m verbleibt eine Salzschicht von nur 18 m Mächtigkeit (Abb. 112). Weder die hohen Mächtigkeiten vieler Salzlager, noch die von den theoretischen radikal abweichenden tatsächlichen Anteile (z.B. der Kalisalze), können deshalb durch eine solche *statische Evaporation* in geschlossenen Becken erklärt werden. Natürliche Evaporite werden offenbar in *dynamischen und begrenzt offenen Systemen* gebildet, in welchen sowohl Zuflüsse frischen Wassers wie auch Abflüsse hochkonzentrierter Laugen eine Rolle hatten.

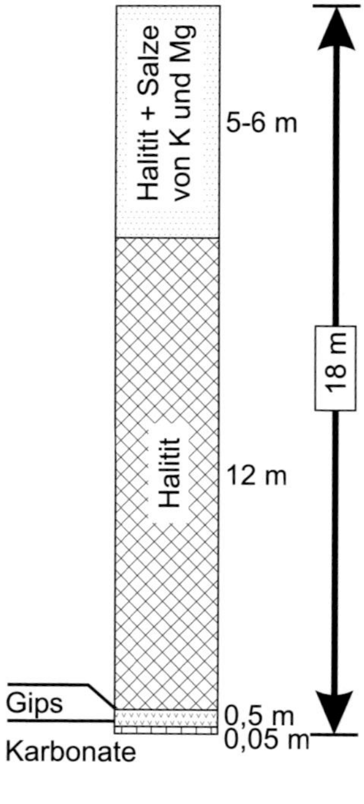

Abb. 112. Evaporation einer Meerwassersäule von 1000 m im geschlossenen System führt zur Ablagerung einer Salzschicht von 18 m Mächtigkeit, woran die K- und Mg-Salze mit fast 6 m beteiligt sind. Das belegt, daß Salzlager in offenen Systemen mit Zufluß und Abfluß gebildet werden.

Zusammensetzung und Salinität des Meerwassers waren seit dem späten Präkambrium kräftigen Schwankungen unterworfen (Horita et al. 2002), weshalb viele dieser allgemeinen Beobachtungen nicht ohne weiteres auf die geologische Vergangenheit übertragen werden können. Durch unterschiedliche Einträge vom Lande her bzw. durch variable Förderung der mittelozeanischen Hydrothermen sind beträchtliche Veränderungen der chemischen Zusammensetzung entstanden. Unbestreitbar sind z.B. säkulare Schwankungen des Mg/Ca-Verhältnisses, der Na-und SO_4-Konzentration, welche zu systematischen Variationen der Mineralogie von Kalisalzen geführt haben (Chlorid-/Sulfatfazies: Hardie 1996, Horita et al. 2002). Während des späten Präkambriums, in der Permotrias und vom Tertiär bis heute sind $MgSO_4$-Salze als Zeugen hoher Mg/Ca-Verhältnisse (>2,5) und erhöhter Na-Konzentration typische Bestandteile von Potassiten, während gegenteilige Verhältnisse vom Kambrium bis zum Devon und in der Kreide chloridische K-Mg-Ca-Salze zur Folge hatten (Abb. 113).

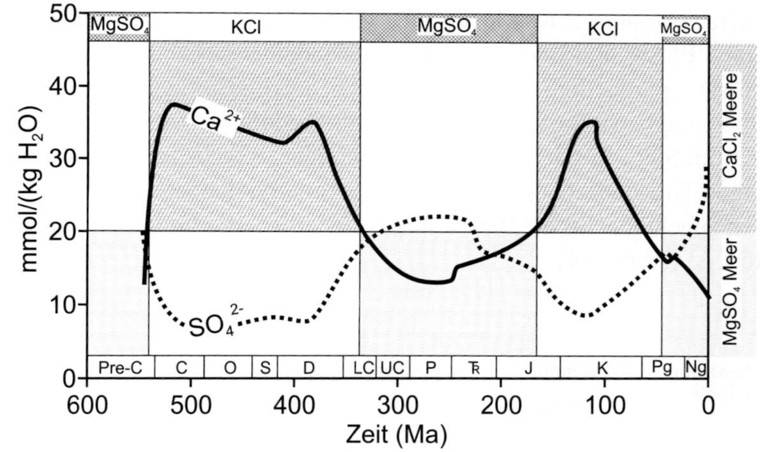

Abb. 113. Sekulare Variation der Konzentration von Ca^{2+} und SO_4^{2-} in Meerwasser während des Phanerozoikums (Lowenstein et al. 2003). Daraus resultiert die auffällige Zeitgebundenheit von sulfatischen und chloridischen Kalisalzen.

Terrestrische Salzablagerungen sind variabler als marine, da lokale Einflüsse im Einzugsgebiet das Ionenangebot bedingen. Manche Minerale, wie Soda, Trona, Mirabilit und Thenardit sind nur in den Erstgenannten als primäre, gesteinsbildende Ausscheidungen bekannt.

Klimatische Bedingungen

Salzbildung findet nur statt, wenn die Verdunstung höher ist als Zufluß und Niederschläge. Sie ist daher an die ariden und semi-ariden Gebiete der Erde gebunden, meist zwischen 10–40° geographischer Breite. Warme Klimazonen entsprechen diesen Bedingungen eher als kalte, doch gibt es lokal auch Trockengebiete mit Salzbildung in höheren Breiten und kaltem Klima (z.B. Tibet). Halit kann bereits bei einer relativen Luftfeuchte über 65% entstehen, K-Mg-Salze aber nur unter 35% (Schreiber & Tabakh 2000).

Marine Salzbildung ist in der Gegenwart und wohl auch in der Vergangenheit vor allem in den sub-tropischen Hochdruckzonen möglich, so daß Salze als paläogeographische und paläoklimatische Indikatoren gelten können.

Räumliche Bedingungen

Das in der Gegenwart gebildete Salz kann aus festländischen oder marinen Wässern abgeschieden sein. **Terrestrische Salze** sind z.B. die weit verbreiteten Ausblühungen der Wüstenböden, die ihre Entstehung dem aufsteigenden und verdunstenden Grundwasser verdanken (Oberflächenkalke/ Caliche/Calcrete, Gipskrusten, Salzkrusten). Die Mächtigkeit dieser Krusten ist gering, was auch für die entsprechenden fossilen Bildungen gilt. Terrestrisch sind auch die Salzsümpfe, das sind mit salzigem Tonschlamm gefüllte Becken. Beispiele sind die Salzsümpfe der Kirgisensteppe zwischen Wolga und Ural, der Große Kewit im Iran und die Schotts Nordafrikas.

Festländischen Ursprungs sind auch die Wässer und Sedimente der nicht mit dem Meere in Verbindung stehenden ***Salzseen (Playaseen oder Salinas)***. Die Bezeichnung gilt ab einer Salzkonzentration von 5000 ppm, da dies die Lebensfähigkeit der meisten Süßwasserorganismen begrenzt. Salzseen liegen im hydrographisch tiefsten Bereich abgeschlossener Entwässerungssysteme, nicht selten in großen Grabenzonen (Totes Meer u.v.a.), aber auch im tibetischen Hochland. Der Wasserzufluß erfolgt durch Flüsse und Bäche, welche am Rande der Becken alluviale Schuttfächer aufbauen. Gegen innen folgen sandige und tonige Flächen, die ringförmig um den eigentlichen Salzsee liegen. Dieser Übergang bewirkt oft Grundwasserstau, wodurch es zur Bildung randlicher Quellen kommt, die Travertin, SiO_2, Si-Al-Schlämme und ähnliches absetzen. Die trockenen Schlammflächen (Playas) zeigen Trockenrisse, Salzausblühungen und frühdiagenetisch gebildete Salzkristalle, welche nach innen zunehmen, bis die Bänderung des Sedimentes durch die zahlreichen Neubildungen völlig zerstört ist (Abb. 114).

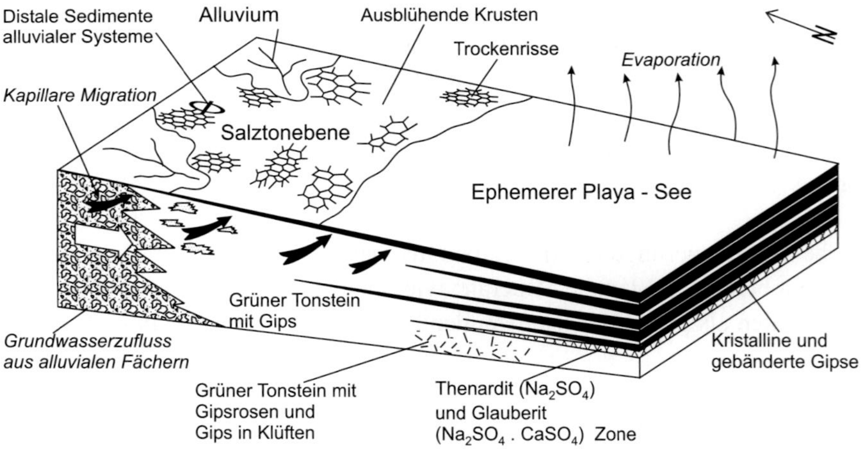

Abb. 114. Schematisches Blockdiagramm der Ablagerungsbedingungen spät-miozäner Playasee-Sedimente im Beypazari Becken, Zentral-Anatolien (YAGMURLU & HELVACI 1994). Dieses Becken enthält bedeutende Lagerstätten von Braunkohle, Trona, Ölschiefer und Gips.

Typische Sedimente des eigentlichen Salzsees sind gebänderte Karbonate, Gips, Halit, schwarze Tone, Trona usw. Diese Bänderung spiegelt klimatische Schwankungen wieder. Im Toten Meer z.B. zählt man in den letzten 70 Jahren 15–20 Warven, welche durch Hochwässer des Jordanflusses erklärt werden. Die Wassertiefe solcher Seen ist meist sehr gering, das Tote Meer erreicht jedoch 400 m Tiefe. Im Sediment erfolgt häufig Neubildung von FeS_2 (durch Sulfat-Reduktion), von Fe-Phosphaten sowie von H_2S und CH_4, welche sich zu Gasblasen sammeln und fossil als Fenstertexturen erhalten sein können. Trotz der erhöhten Salinität bzw. Alkalinität gibt es viele Organismen, die in diesem Milieu leben können (Algen, halophile bzw. alkaliphile Mikroben, besonders Archaea, u.v.a.), so daß manche fossile Playaseen reichlich Ölschiefer enthalten (z.B. das eozäne Green River Basin, westliche USA).

Salzseen sind in der Regel deutlich alkalisch. Es gibt jedoch auch saure Salzseen, z.B. Lake Tyrell in Victoria, Australien, dessen Wasser eine Schwefelsäurelösung mit pH 2–4 ist. Verursacht wird dies durch ein Einzugsgebiet mit Sulfidverwitterung, jedoch mit äußerst geringer Säurepufferungskapazität. Im Perm des mittleren Westens der USA wurden ähnliche Verhältnisse festgestellt, mit pH-Werten von Flüssigkeitseinschlüssen in Halit bis <0 (Counter Benison et al. 1998).

An den Rändern des Dabusun Salzsees im Qaidam Becken, das in Tibet (China) nördlich des Tibetischen Hochlandes liegt, wurde rezente Bildung von Kalisalzen beschrieben (Casas et al. 1992). In gebändertem tonig-halitischem Sediment findet sich dort grobkristalliner Carnallit als Zement in Halitit bzw. in Form von Verdrängungskristallen im Ton. Dies wird dadurch erklärt, daß die Verdunstung der Beckenlauge an der Oberfläche zu hoher Mg- und K-Konzentration führt. Die schweren Laugen sinken nach unten, wo sie leichtere, da geringer konzentrierte Porenwässer verdrängen. Durch die gleichzeitige Abkühlung wird in Tiefen von 0–13 m Carnallit ausgeschieden. Die Autoren vermuten, daß ein ähnliches genetisches Modell für viele der großen, in geologischer Vergangenheit gebildete Kalisalzbecken zutrifft.

Die Herkunft der in Salzseen angereicherten Stoffe ist unterschiedlich: Ein großer Teil stammt gewöhnlich aus der Verwitterung in der Umgebung anstehender Gesteine und wird durch Oberflächen- oder Grundwässer eingebracht (Abb. 114). Dies ist z.B. für die neogenen Evaporite der Atacama in Nord-Chile nachgewiesen (Pueyo et al. 2001). Als Sonderfall ist die Auflösung älterer Evaporite interessant, die z.B. an vererbten Isotopenverhältnissen der neugebildeten Sulfate erkannt werden kann. Nicht selten sind ferner Einträge durch vulkanische und hydrothermale Prozesse (W, F, B, Li, Tuffe als Ausgangsmaterial für Zeolithe, etc.).

Für die lagerstättenkundliche Beurteilung rezenter und fossiler Salzseen ist eine sedimentologische Untersuchung unerläßlich (Yagmurlu & Helvaci 1994). Wichtige Rohstoffe in diesem Milieu sind Soda, Mirabilit/Thenardit Na_2SO_4, Borate, Iod, Strontium, Nitrate, Zeolithe, Tone, Sepiolith, Ölschiefer, sowie Lithium, Magnesium, Wolfram und Uran. Die Gewinnung der Salze erfolgt oft durch Abpumpen der Laugen (Iod, Li, Mg, KCl, NaCl) und nur z.T. durch Abbau der Sedimente (Trona in den USA).

Marine Salzbildung kann man heute an vielen Küsten beobachten, wobei zwei Grundformen auftreten – die Salzlagunen und die Sabkhas. Erstere sind abgeschnürte Seitenbuchten des Meeres, welche nur durch einen engen, seichten Kanal oder eine permeable Barriere mit frischem Meerwasser gespeist werden (Abb. 98, 115A). Sabkhas sind die lebensfeindlichen Salzebenen, welche über weite Strecken die arabische Küste am Persischen Golf charakterisieren.

Sabkhas im engeren Sinne sind breite, sehr gering meerwärts geneigte, sandige Salzflächen, die an ariden Küsten über der Hochwassermarke entwickelt sind. Besonders gut untersucht sind die Sabkhas von Abu Dhabi. Hohe Evaporation bewirkt ein Ansaugen des Porenwassers gegen die Sabkha-Oberfläche, so daß im Sediment und an dessen Oberfläche Gips/Anhydrit, Dolomit/Magnesit und Halit ausgeschieden werden. Die Herkunft des Wassers und der zugeführten Salze wurde bisher im angrenzenden Meer vermutet, entweder durch gelegentliche Überflutung (sea-water flooding model) oder durch laterales Ansaugen von Meer- und Grundwasser (evaporative pumping). Moderne hydrogeologische, quantitative Untersuchungen belegen jedoch, daß der größte Anteil der gelösten Stoffe aus Laugen stammt, die vom Lande her zufließen (ascending brine model, Wood et al. 2002). Meerwasser spielt nur eine untergeordnete Rolle. Auch Sabkhas sind deshalb kein brauchbares Modell, um die Bildung großer Salzlager zu erklären.

Marine Salzlagunen hingegen sind weltweit häufig und erlauben die aktualistische Beobachtung vieler sedimentärer Phänomene, die aus Salzlagerstätten beschrieben wurden.

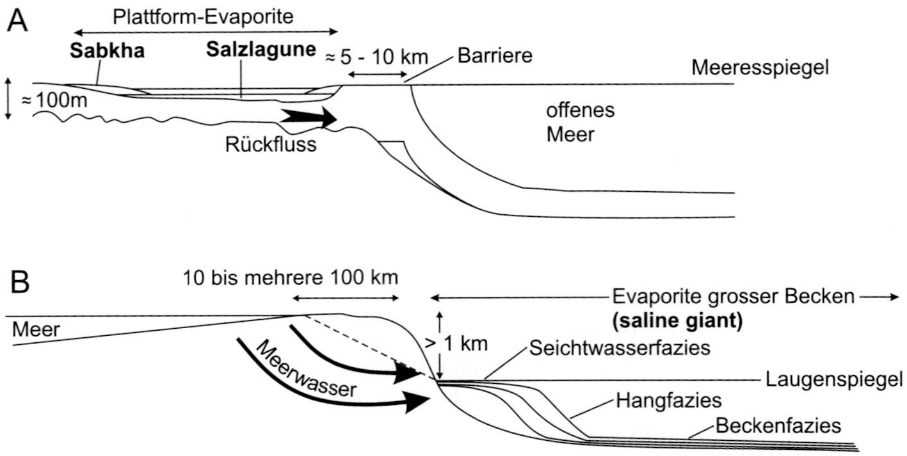

Abb. 115. Salzlagunen (saltern, salinas) an Küsten (A) sind weltweit verbreitet; es gibt jedoch kein rezentes Beispiel für die ungeheuer großen Salzbecken (B, saline giants) der geologischen Vergangenheit (WARREN 1999).

Das klassische Beispiel dafür ist seit OCHSENIUS (1877) die *Karabugas-Bucht* (Kara Bogas Gol) am Ostrand des Kaspischen Meeres. Diese Bucht war 1956 maximal 3,5 m tief; sie wird vom Kaspischen Meer durch eine Schwelle getrennt, welche durch einen 100–500 m breiten Verbindungskanal unterbrochen war. 1977 wurde dieser Kanal durch einen Damm geschlossen, um den Wasserspiegel des Kaspischen Meeres zu stabilisieren. In der Zeit davor führte die hohe Verdunstung in der Bucht zur Bildung von schweren, konzentrierten Laugen, welche die tieferen Teile der Wanne einnahmen, und neues Meerwasser floß durch den Kanal zu. Nachdem um die Jahrhundertwende bei 15 m Wassertiefe nur Gips gebildet worden war, wurden in den 50-er Jahren Halit, Glauberit, Epsomit und Mirabilit ($Na_2SO_4.10H_2O$) ausgeschieden. Nach dem Dammbau war die Bucht trocken gelegt; der wieder ansteigende Wasserspiegel des Kaspischen Meeres erzwang 1992 jedoch einen Dammdurchstich. Mirabilit stellt den wirtschaftlich wichtigsten Rohstoff dieser Salzlagerstätte dar. Obwohl die Karabugas-Bucht aus historischer Sicht als Modell für marine Evaporit-Becken dient, darf nicht vergessen werden, daß das Kaspische Meer eigentlich zu den abflußlosen, terrestrischen Salzseen gezählt werden muß. Das ist auch der Grund für die von marinen Evaporiten abweichende Mineralgesellschaft der Salze. Wichtig ist die Beobachtung, daß die höchste Konzentration der Oberflächenlaugen zwar im Norden der Bucht erreicht wurde, daß aber die Reihenfolge der Abscheidungszonen entgegengesetzt verläuft, mit der höchsten Konzentrationsstufe im Südwesten. Dies beruht auf dem Absinken der schweren Laugen in den tiefsten Beckenteil bei gleichzeitiger Abkühlung.

Charakteristisch sind in Salzlagunen über längere Zeiträume wechselnde Wasserstände, so daß im Profil Seichtwasserbildungen (Algenmatten und subaquatische Evaporite, etc.) mit sub-ärischen Sedimenten wechsellagern. Solche Evaporite werden einer *randlich marinen Seichtwasserfazies* zugerechnet, zum Unterschied von jenen, die in tiefem Wasser (>5m) und in zentralen Teilen sehr großer Becken gebildet werden. Letztere haben kein rezentes Äquivalent, sie sind nur aus der geologischen Vergangenheit bekannt.

Charakteristische Sedimente der *Seichtwasser-Evaporite* sind laminierte Sulfate, entweder in geringer Wassertiefe mit Algenmatten wechselnd gebildet, oft auch sandig und klastischen Ursprungs, mit gradierter Schichtung oder als Dünensande abgelagert (Abb. 98). Weiter gibt es grobe Brekzien durch Aufbrechen von Krusten (Tempestite), und in-situ gewachsene poikilitische oder Verdrängungskristalle. Im weichen Sediment entstehen frühdiagenetisch knollige weiße Gipse oder bei höherer Salinität Anhydrite, welche das Nebengestein so weit verdrängen können, daß nur schnurartige dunkle Umrisse verbleiben („Mosaik" oder „chicken wire texture"). Ähnlicher Entstehung sind die Gekrösegipse (enterolithic textures), das sind gedärmeartige Sulfatlagen. Auch

Magnesit kann so gebildet vorkommen (s. dort). Selenitische (also klare) Gipskristalle mit typischen Schwalbenschwanz-Zwillingen werden mehrere Meter lang (Abb. 98). Sie wachsen palisaden- oder rosettenförmig im obersten Sediment, wodurch Kristallrasen oder kleine Hügel entstehen. Der mehrfache Wechsel von sub-aquatischer zu sub-aerischer Bildung (eventuell aber auch klimatisch kontrollierte Salinitätsrhytmen: PERYT 1996) bewirkt eine charakteristische Abfolge dieser Erscheinungen. Aus Struktur und Textur von Gipsen oder von Anhydriten können demgemäß wertvolle Aussagen zum sedimentären Milieu abgeleitet werden.

Halit wird entweder an der Laugenoberfläche oder am Lagunenboden abgeschieden; er bildet sich ferner sub-ärisch oder sub-aquatisch im Sediment (z.B. Tonwürfelsalz) oder durch klastische Umlagerung. An der Laugenoberfläche beginnt die Halitkristallisation mit der Bildung sogenannter *Hopper-Kristalle („Schiffchen“)*, das sind an Würfelkanten bevorzugt zweidimensional gewachsene Skelettkristalle. Diese können direkt absinken, sobald sie zu schwer werden, oder sie vereinigen sich zu Salzplatten, welche ebenfalls nach einiger Zeit zu Boden sinken und dort detritären Halitit bilden. In geringer Wassertiefe (<2m) am Boden ausgeschiedener Halit hat oft *Chevron-Textur,* welche durch Palisaden aus vertikal angeordneten, länglichen Kristallen auffällt. Beide Halitformen zeigen unter dem Mikroskop durch Flüssigkeitseinschlüsse deutliche Anwachszonen. Wellenbewegung an flachen Ufern bildet *Halitpisoide. Halitooide* entstehen unter Mitwirkung von Bakterienkolonien (CASTANIER et al. 1999). Durch frühdiagenetisches Ausscheiden meist klareren Halites werden verbleibende Hohlräume des klastischen Halitites rasch geschlossen, weshalb Halitite schon wenige Zentimenter bis Dezimeter unter der Sedimentoberfläche verfestigt sind.

Im südlichen Toten Meer wurden Eindampfungsbecken angelegt, deren erste Stufe der Abscheidung von Halit dient, während in der zweiten Stufe Carnallit ausgefällt und gewonnen wird. In den ersteren, mehrere 100 km^2 großen und einige Meter tiefen Becken bilden sich polygonale Salzriffe, möglicherweise durch Aufwuchs auf alten Teepee-Strukturen (TALBOT et al. 1996). Solche Salzriffe wurden bisher in marinen Salzserien zwar nicht beschrieben, sind aber durchaus zu erwarten.

2. Die Salzbildung in der geologischen Vergangenheit

Die Salzbildung ist – ähnlich wie die Kohlenbildung – im Laufe der Erdgeschichte an bestimmte Zeiten und Zonen gebunden. Spuren von Halit sind zu allen Zeiten entstanden, aber diese lokal beschränkten, salinaren Fazies sind nicht gleichwertig den großen Salzlagerstätten der Erde mit ihren Hunderte von Metern umfassenden Steinsalzserien und den eingelagerten Kaliflözen, deren Hauptvertreter im Perm und im Tertiär zu finden sind. Arides Klima und entsprechende tektonische Formung der Sedimentationsräume sind die Voraussetzungen der Lagerstättenbildung.

Zeiten der Evaporitbildung

Im Archaikum sind Spuren von Evaporiten extrem selten. Die ältesten evaporitischen Gesteine kennt man aus den Isua-Gesteinen Grönlands. Auch in 3,3 bis 3,5 Ga alten Kieselschiefern des Pilbara-Kernes Westaustraliens hat man Pseudomorphosen nach Halitkristallen gefunden. Anhydrit sowie Albitit und Skapolith, welche als Hinweise auf metamorphe Evaporite gelten, sind aus vielen proterozoischen Gebieten bekannt. Die ältesten erhaltenen Halitite gibt es im Proterozoikum Australiens. Vermutlich jung-proterozoischen Alters sind jene der Salt Ranges in Pakistan sowie das tiefste Salz (Hormuz Salt) im Iran und in Oman. Diese mächtigen Salzlager markieren vermutlich das Ende einer im Präkambrium 1,5 bis 2-fach höheren Salinität des Meeres (Knauth 1998).

Mit dem Kambrium setzt häufigere Salzbildung ein, u.a. im östlichen Sibirien (dies ist der größte unter den *salt giants* der Erde), Pakistan und am Persischen Golf. Im Silur des Baltikums, der USA und Australiens finden sich salinare Schichten. Devon-Salze gibt es in Kanada, Estland und in der Ukraine. Im Perm entstanden die weit verbreiteten Salz- und Gipslager der mittwestlichen USA, die großen Salzlager des Ural-Vorlandes und der Ukraine sowie die deutschen Zechsteinsalze. Permotriadisch sind Salzlagerstätten in den Ostalpen und in Thüringen, mitteltriadisch die Muschelkalksalze SW-Deutschlands, obertriadisch die Salze der nördlichen Sahara, Großbritanniens und Spaniens, jurassisch Salzschichten im Golfgebiet der USA und im Nordkaukasus, kretazisch die Salze und Gipse des Amazonas-Gebietes, des Khorat-Plateaus in Indochina und Ägyptens. Im Alttertiär wurden die wichtigen Steinsalz- und Kalilager des Ebrobeckens in Spanien und des Oberrheintales sowie Steinsalzvorkommen in Ägypten und in Kleinasien gebildet. Ins jüngere Tertiär schließlich gehören die Salzlagerstätten des Karpatenvorlandes, des Roten Meeres, Mesopotamiens, Südpersiens u.a. Die jüngsten großen marinen Salzlagerstätten sind die messinischen Evaporite des Mittelmeerraumes.

Die stratigraphische Einstufung von Salzen ist vor allem durch paläontologische Untersuchungen von begleitenden Sedimenten möglich. Daneben sind oft eingewehte Sporen und Pollen der Salze brauchbar. Radiometrische Methoden, insbesondere mit den Systemen K/Ar, K/Ca, Rb/Sr und U/He, ergeben teilweise sedimentäre, teils diagenetische Alter.

Die Bildung großer Salzlager fällt in die Perioden des generellen Rückzuges der Meere im Anschluß an die Hauptphasen der Gebirgsbildung. Obwohl sicherlich orogenetische Vorgänge in mehrfacher Hinsicht für die Evaporitbildung günstige Voraussetzungen schaffen, wie insbesondere Bildung von Superkontinenten (vor allem Pangäa im Perm), ferner Abschnürung von Meeresteilen (Molassebecken), oder epirogenetische Bewegungen im entfernteren Vorland, so ist doch nicht zu übersehen, *daß viele Orogene in ihrer Frühzeit ein Evaporitstadium zeigen* (Alpen, Pyrenäen etc.). Dies offenbar deshalb, weil die Bildung jener Gebirge, die ältere kontinentale Kruste queren, notwendigerweise mit Dehnung und Grabenbildung beginnt. Diese aber enthalten oft nahe der Basis der Sedimentfüllung mächtige Evaporite (z.B. das Rote Meer). Transgression kann dann zur Evaporitbildung führen, wenn seichte Meere in das Innere der Kontinente vorstoßen, z.B. in der Kreide des Khorat-Plateaus Indochinas.

Bildungsbedingungen fossiler Evaporite

Es wurde bereits darauf hingewiesen, daß heute keine großen Räume der Bildung mariner Salze bekannt sind. In der geologischen Vergangenheit aber sind viele solcher Becken nachgewiesen. Dazu gehören epikontinentale Meere (z.B. europäischer Zechstein) und sich öffnende Großgräben vor dem eigentlich ozeanischen Stadium (Rheintalgraben Abb. 116, Rotes Meer; passive Kontinentalränder, z.B. Westafrika). Auch das Eindampfen abgeschnittener Meere oder von Meeresteilen führt zu mächtigen Salzablagerungen. Ein spektakuläres Beispiel ist das Mittelmeer, das nach Hsü (1972) im späten Miozän (5,96–5,33 Ma: Krijgsman et al. 1999) durch Trockenlegung der Straße von Gibraltar fast völlig eingedampft ist. Dabei bildeten sich am Boden dieses tiefen Beckens die bis 2000 m mächtigen „messinischen" Evaporite, wobei zuerst die randlichen Seichtwasserbildungen (z.B. Sizilien), und in der Folge die Evaporite im Hauptbecken entstanden (Clauzon et al. 1996). Für solche sehr große Salzbecken wurde der Ausdruck „saline giant" geprägt (Abb. 115B).

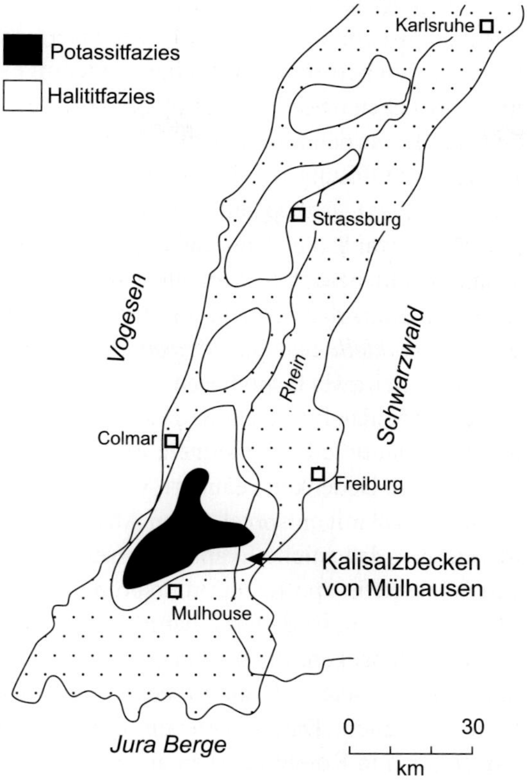

Abb. 116. Tertiäre Evaporite im Oberen Rheintalgraben mit Kalisalzen vom Chlorit-Typ.

Fossile Evaporite weisen oft sedimentgeologische Merkmale auf, welche auf eine Bildung in tieferem Wasser hinweisen, im Gegensatz zu den Seichtwasser-Evaporiten rezenter Salzlagunen. Besonders auffällige Belege für Sedimentation in *Tiefwasserfazies* sind Turbidite (eventuell bei Dichteschichtung in der Wassersäule mit besonderen sedimentologischen Merkmalen: Rimoldi et al. 1996) und Massenströme (ostalpines Haselgebirge), sowie die regelmäßige Bänderung vieler Salze, die in manchen Fällen über 100 km Entfernung verfolgbar ist (deutscher Zechstein). Laminite der Seichtwasserfazies hingegen sind lateral sehr beschränkt, meist keilen einzelne Lagen schon im Aufschluß erkennbar nach wenigen Metern aus.

Die dunklen Bänder der Tiefwasser-Halitite bestehen überwiegend aus Sulfaten, mit etwas Karbonat und organischer Substanz. Die Mächtigkeit liegt bei 1–10 mm und ist lateral sehr persistent. Die Schichtflächen sind eben. Manchmal enthalten sie knolligen oder nadeligen Anhydrit nach primärem Gips. Dickere Sulfatbänder können zu entsprechend mächtigeren Knollenlagen reorganisiert sein.

Die Halite der Tiefwasserfazies entstehen vermutlich an der Laugenoberfläche oder bei Laugenschichtung auch tiefer, von wo sie zum Boden abregnen. Vom Rand in die Tiefe abfließende heiße Laugen können zu direkter Ausscheidung durch Abkühlung am Boden des Beckens führen. Auch lateraler Feststofftransport durch Massenströme, welche von den Beckenrändern abfließen, ist möglich. Laminierte Halitite, in welchen klare und milchig getrübte Lagen wechseln, entstanden möglicherweise aus Hopper- und Chevronsalzlagen. Die Bänderung (Warven) der Salzgesteine wird im deutschen Zechstein und manchmal auch im Englischen als „Jahresringe" bezeichnet, nach der ursprünglichen Vorstellung einer Kontrolle durch jährliche Trocken- und Feuchtperioden. Neueste Arbeiten belegen, daß dies tatsächlich richtig sein kann, indem während humider Perioden „regressiv" Gips und Karbonate gebildet werden, in Trockenzeiten aber Halitit (z.B. permische Evaporite in Texas: Kirkland 2003). Mögliche Ursachen sind jedoch auch Klimaschwankungen mit längeren Abständen, welche durch astronomische Oszillationen kontrolliert wurden.

Paläogeographie. Die räumliche Verteilung der einzelnen Evaporit-Zonen innerhalb einer Salzformation ist von Gesetzmäßigkeiten beherrscht, welche eine gerichtete Zunahme der Salzkonzentration gegen bestimmte Beckenteile oder oft einfach in das Beckenzentrum bewirken. In austrocknenden Becken ohne Verbindung zum offenen Meer finden sich die frühen Präzipitate (Karbonate und Gips) nahe den Rändern, die leichter löslichen Salze in der Mitte der Becken (bulls eye pattern). Becken mit Öffnung zum Meer entwickeln eine tropfenförmige Verteilung der verschiedenen Evaporitgesteine (tear drop pattern). Die Rekonstruktion der hydrologischen Verhältnisse fossiler Evaporitbecken muß allerdings die Möglichkeit verschiedener Richtungen von Frischwasserzufluß und Laugenstrom beachten. Laterale Faziesänderungen werden zunehmend in der Prospektion vor allem auf Kalisalze benützt, um die höffigen Gebiete abzugrenzen.

Beckenmodelle und Isolationsmodelle. Die großen Mächtigkeiten vieler fossiler Salzserien lassen sich durch zwei Hypothesen erklären: Entweder handelte es sich um syn-sedimentär absinkende Becken, wie das für mächtige Folgen klastischer Sedimente als Regel gelten kann, oder es waren vorgeformte, tiefe Depressionen, die langsam aufgefüllt wurden. Gegen die erste Hypothese wurden vielfach Bedenken geäußert, weil die Sedimentationsrate der Halite so hoch sei (rezent bis 14 cm/Jahr), daß mit entsprechenden Absenkungsraten nicht gerechnet werden könne. Berücksichtigt man ferner, daß solche Evaporitmassen zumeist in Tiefwasserfazies vorliegen, ist die Folgerung, daß mächtige Evaporite nur in ursprünglich tiefen Becken entstehen können. Begleitende tektonische Absenkung ist dadurch natürlich nicht ausgeschlossen. Zweifellos gibt es auch ursprünglich seichte Salzbecken, in welchen jedoch weniger mächtige Evaporite abgelagert werden. Sowohl tiefe wie auch seichte Evaporitbecken können ganz oder teilweise Flachwasser- und Tiefwasserevaporite enthalten. Daraus ergeben sich die folgenden geologisch häufigen Beckenmodelle, die jedoch auch in Kombinationen auftreten (Abb. 117):

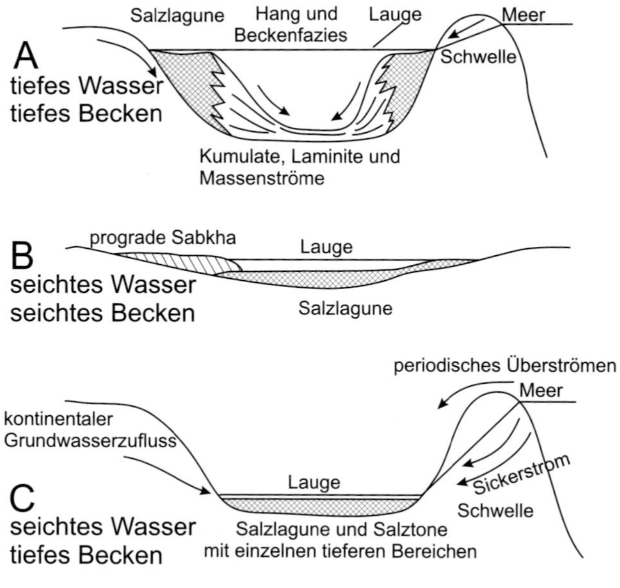

Abb. 117. Schematische Beckenmodelle für tiefe und seichte Evaporitbecken sowie mögliches Auftreten von Tiefwasser- und Seichtwasserfazies der Sedimentfüllung (nach KENDALL 1992).

- Tiefe Becken mit Evaporiten in Tiefwasserfazies (z.B. Zechstein)
- Tiefe Becken mit Evaporiten in Seichtwasserfazies (Messin im Mittelmeer)
- Seichte Becken mit Evaporiten in Seichtwasserfazies (Danakil-Graben).

Eine interessante Frage ist das scheinbar paradoxe Vorherrschen bestimmter Evaporitgesteine bzw. Salzfolgen in vielen Becken, wo Hunderte Meter mächtige, fast monomineralische Evaporite (meist Sulfate oder Halitit) auftreten. Offenbar ist es dazu notwendig, daß über längere Zeit ein annähernd gleichbleibender Salinitätsgrad vorlag, ohne Abscheidung der höher salinaren Salzfolgen. Schon OCHSENIUS hatte angedeutet, daß dazu ein Rückstrom der hochkonzentrierten Laugen ins offene Becken notwendig sei. Später wurde erkannt, daß dieser Rückstrom in geringer Tiefe unter dem zuströmenden Frischwasser (near surface reflux) oder durch permeable Gesteine der Barriere erfolgen kann (seepage reflux, Abb. 115A). Wo aus geologischen Gründen ein solcher Rückstrom nicht möglich ist, z.B. in eintrocknenden tiefen Becken, muß die Konstanz des Salinitätsgrades durch ein ausgewogenes Verhältnis zwischen Frischwasserzustrom und Evaporation erklärt werden (Abb. 115B). Zunehmend wird versucht, solche Massenbilanzen rechnerisch zu erfassen.

Die Salze des deutschen Zechstein (oberes Perm). Als Beispiel für Tiefwasserfazies-Evaporite (aber nicht völlig frei von Seichtwassersedimenten) und als wichtigstes Salinar Mittel- und Nordwesteuropas soll hier der Zechstein zusammenfassend beschrieben werden.

Nach der variszischen Orogenese entwickelte sich in Mitteleuropa über den gefalteten älteren Gesteinen im obersten Karbon eine Landoberfläche, welche von mittleuropäischem Perm („Dyas“, MENNING 2000) und jüngeren Formationen bedeckt ist. Der untere Teil (Rotliegend) reicht bis weit in das Oberperm hinein. Er besteht aus kontinentalen roten Sandsteinen, Konglomeraten und Peliten, in manchen Regionen mit Dominanz von sauren Vulkaniten, Kohlen oder Playasee-Sedimenten. Diese Sedimente erreichen in Norddeutschland über 1500 m Mächtigkeit. Im Gebiet der unteren Elbe und weiter nordwestlich wurden in einem großen Playasee mächtige Halitite mit rotbraunen Tonen abgelagert. Die Dünensande der Umrahmung dieses Salzsees sind wichtige Reservoirgesteine für Erdgas, das aus oberkarbonen Kohlen stammt.

Die wichtigsten Salzlager aber gehören dem Zechstein (Obere Dyas) an. Zu dieser Zeit überflutete das Meer ausgehend vom arktischen Ozean durch einen relativ schmalen Meeresarm in der Nordsee, vermutlich infolge Bildung eines Grabens zwischen Norwegen und Grönland, ein breites Becken von Ost-England über Norddeutschland bis Polen (Abb. 118). Die in dieser Zeit abgelagerten Sedimente bilden die *Salzformation des Zechstein.* Sechs bis (?)acht Zyklen (Z1 bis Z8) bzw. Serien werden unterschieden, deren jeder mit einem klastischen Sediment beginnt. Dies war am Rand des Beckens z.T. konglomeratisch, gegen das Innere wird es über Sand bis Ton zunehmend feiner. Darüber folgt jeweils die eigentliche Evaporitfazies, die mit Karbonat beginnt, und über Sulfat, Halit bis zu Potassiten reicht. Diese (überwiegend im deutschen Beckenteil entwickelten) Kalisalze galten lange Zeit als die einzig bedeutenden auf der Erde. Darüber folgt gewöhnlich abschließend eine rezessive, gering mächtige Serie von Halit und Anhydrit. Eine neuere sequenzstratigraphische Untergliederung ergibt eine Unterteilung in ZS 1-8 (STROHMENGER et al. 1996), die mit den klassischen Zyklen nicht übereinstimmt. In der folgenden Tabelle wird die (vereinfachte) traditionelle stratigraphische Gliederung wiedergegeben, wobei die Mächtigkeiten auf die Typus-Gebiete der Serien bezogen sind.

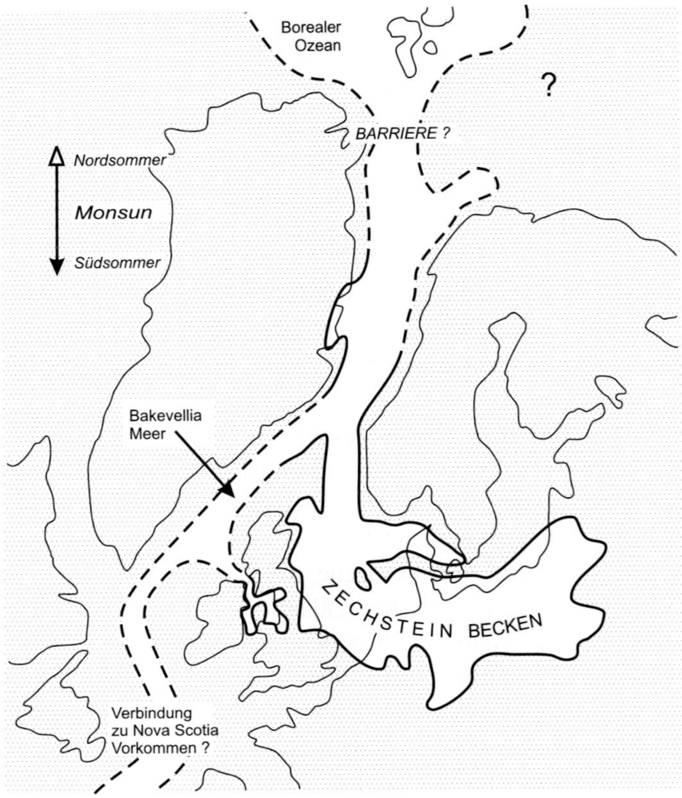

Abb. 118. Paläogeographische Skizze des Zechsteinbeckens in einem rekonstruierten Teil Pangäas vor der Öffnung des Atlantischen Ozeans (nach TAYLOR 1986). Das Becken lag bei ca. 15° nördlicher Breite. Infolge der großen Landmasse war das Klima extrem trocken, mit jahreszeitlich wechselnden Monsunwinden.

Untertrias

Obere Dyas:

Zechstein 8 (?)	überwiegend rote Sande, Schluffe und Tone (Obere Fulda-Folge/Bröckelschiefer, wenige m)
Zechstein 7	überwiegend rote Sande, Schluffe und Tone, mit Anhydrit und Salz (Untere Fulda-Folge/Bröckelschiefer, wenige m)
Zechstein 6	Friesland-Ton, Salz, Anhydrit
(Friesland-Serie, 3–4,5 m)	
252 Ma	
Zechstein 5	Oberer Grenzanhydrit
(Ohre-Serie, 7,5–11 m)	Oberer Schluffstein
	Grenzanhydrit
	Ohre-Steinsalz
	Lagenanhydrit
	Salzbrockenton
Zechstein 4	Oberer Allerton
(Aller-Serie, 34–130 m)	Grenzanhydrit
	Aller-Steinsalz
	Aller-Anhydrit (Pegmatit-Anhydrit)
	Unterer Aller-Ton (Roter Salzton)
253 Ma	

Zechstein 3	Oberer Leine-Ton
(Leine-Serie, 150–345 m)	Leine Steinsalz (mit Kaliflözen Riedel und Ronnenberg)
	Hauptanhydrit
	Leine-Karbonat (Plattendolomit)
	Unterer Leine-Ton (Grauer Salzton)
254,5 Ma	
Zechstein 2	Oberer Staßfurt-Ton
(Staßfurt-Serie,	Oberer Staßfurt-Anhydrit (Deckanhydrit)
210–750 m)	Decksteinsalz
	Kaliflöz Staßfurt
	Staßfurt-Steinsalz
	Unterer Staßfurt-Anhydrit (Basalanhydrit)
	Staßfurt-Karbonat (Ca2: Hauptdolomit oder Stinkschiefer)
Zechstein 1	Oberster Werra-Anhydrit
(Werra-Serie, 200–420 m)	Oberstes Werra-Steinsalz
	Oberer Werra-Anhydrit
	Oberer Werra-Ton
	Oberes Werra-Steinsalz
	Kaliflöz Hessen
	Mittleres Werra-Steinsalz
	Kaliflöz Thüringen
	Unteres Werra-Steinsalz
	Unterer Werra-Anhydrit
	Anhydritknotenschiefer
	Werra-Karbonat (Zechsteinkalk)
	Unterer Werra-Ton (Kupferschiefer)
258 Ma	Werra-Konglomerat (Zechsteinkonglomerat)

Rotliegendes (Untere Dyas)

Am Beckenrand und in anderen Seichtwasserbereichen, z.B. am Harzrand, wurden mächtige Karbonat- und Sulfatriffe abgelagert. Im Zechstein 1 (Ca1) überwiegen Bryozoenriffe, im Zechstein 2 (Ca2) und 3 Algenbänke. Gegen tiefere Beckenbereiche entwickeln sich aus diesen hellen Karbonaten zunehmend dunklere, gebankte und geringer mächtige Kalke oder Dolomite. Im Beckentiefsten sind diese Horizonte dann durch geringmächtige, bituminöse „Stinkschiefer“ vertreten (A2, Abb. 119). Aus solchen Gesteinen sind einige kleinere Öl- und Gaslagerstätten abgeleitet. Besonders im Zechstein 2 ist dieser laterale Fazieswechsel gut erkennbar; aus dem hellen Hauptdolomit wird Stinkdolomit bzw. Stinkschiefer. Ooidische und onkolithische Karbonate der Randfazies, besonders im Hauptdolomit, sind Träger einiger bedeutender Lagerstätten von Erdgas, das aus oberkarbonen Kohlen stammt. Solches Gas ist oft reich an H_2S (bis 35%) und N_2.

Die randlichen, der Küste nächstliegenden Karbonatgesteine werden beckenseitig meist von einem bis 500 m mächtigen Wall von Anhydrit bzw. Gips begleitet (Abb. 119). Randliche Sulfate, aber auch z.B. die „Klippen“ des Hauptanhydrits im Beckeninneren (Bäuerle et al. 2000) zeigen Texturen von Seichtwasserevaporiten oder Sabkhafazies, während gegen Tieflagen Gleitmassen und turbiditartige Gesteine geschüttet wurden. Weiter beckenwärts liegt gering mächtiger, sehr dünn laminierter brauner oder schwarzer Anhydrit. Halitit erreicht im Zechstein 1 nur in lokalen Becken 300 m, in Z2-Z4 aber wurde im ganzen Becken Halit abgelagert, wobei die Evaporite insgesamt eine Mächtigkeit von etwa 1200 m erreichen. Funde von Chevron-Resten in Halitit deuten darauf hin, daß zumindest ein Teil der mächtigen Salze in geringer Wassertiefe abgelagert wurde (Pape et al. 2002). Die Potassite und Magnesiumsalze zeigen den Höhepunkt der Salinität an, bei minimaler Wassertiefe. Knollige, gekröseartig gefaltete oder brekziierte Kieseritbänder der Kaliflöze sind

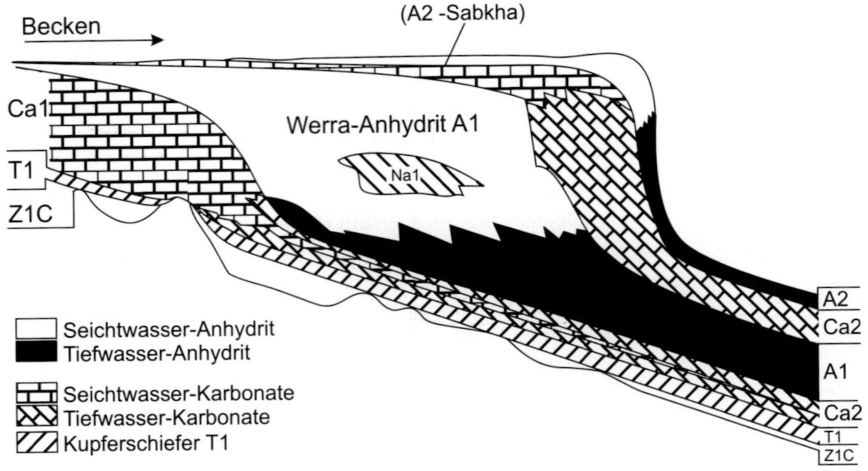

Abb. 119. Charakteristische Ausbildung eines Sulfatwalles am Südrand des Zechsteinbeckens (Warren 1999).

ebenso Anzeiger gelegentlicher Emersion wie unipolare Carnallitkristallrasen, die Vorläufer des Kieserites verdrängend im weichen Schlamm gewachsen sind (Z2-Carnallitflöz in der Asse). Die Kaliflöze sind gewöhnlich nur Lager von 2 bis 15 m Mächtigkeit innerhalb großer Steinsalzkörper. Das Staßfurt-Flöz (Z2) ist besonders weit verbreitet; es ist aus dem nördlichen Dänemark und nordöstlichen England in ähnlicher Ausbildung wie im Typusraum Sachsen-Anhalt bekannt. Wo die Flöze nicht voll ausgebildet sind, findet man nicht selten eine Schicht roten oder orangefarbigen Halitites (z.B. das Z3-Ronneberg-Flöz in der Asse). Dies kann als Oxydationshorizont aufgefasst werden, bedingt durch die fast vollständige Austrocknung des Beckens während der Kalisalzbildung.

Die Evaporite des Zechstein wurden in der Unter-Trias durch die bis 1000 m mächtigen, überwiegend terrestrischen roten Sedimente des Buntsandstein bedeckt.

Die Beckenränder von Tiefwasser-Evaporiten zeigen oft eine verdickte Randfazies von Karbonaten, Sulfaten, klastischen Sedimenten und nur z.T. Halitit, während im Beckeninneren relativ geringe Ablagerung erfolgt. Dabei entstehen instabile, steile Hänge, von welchen Massenströme ins Becken abgleiten, deren Sedimente mit klassischen Turbiditen gut vergleichbar sein können. Ein prachtvolles Beispiel für Evaporite mit starker Prägung durch gravitative Massenströme sind die ostalpinen Salzlagerstätten.

Das permische Salz der Ostalpen: Die Salzlagerstätten der Nördlichen Kalkalpen sind spät-permischen Alters. In diesem stratigraphischen Niveau gibt es in den Ostalpen viele Anhydrit- bzw. Gipslagerstätten, aber nur zwischen Hall in Tirol und Bad Aussee im Salzkammergut ist eine Salzformation entwickelt. Es handelt sich um Ablagerungen an einem passiven Kontinentalrand des Tethys-Ozeans. Etwa gleichaltrige Sedimente der permischen, festländischen Umrahmung sind als Verrucano bzw. Präbichlschichten bekannt; das sind Zeugen alluvialer Fächer, von Schichtflutebenen, sowie von Playas und siliziklastischen Sabkhas. Beginnend im späten Mittleren Jura kam es zur Bildung von Decken, an deren Stirn mächtiger turbiditischer Wildflysch abgelagert wurde. Die permotriadischen Evaporite und marine Schelfsedimente (Hallstadt-Fazies) wurden als km-große Schollen (Olistolite) in diesen Wildflysch eingebettet (Frisch & Gawlick 2003).

Die Salzformation wird *Haselgebirge* genannt. Das charakteristische Gestein ist neben großen Massen von Sulfaten und gelegentlichen reinen Halititen eine Brekzie von Ton-, Anhydrit-, Dolomit- und Halit-Komponenten in einer plastisch deformierten Matrix von Halitit. Detailaufnahmen in den österreichischen Salzbergbauen haben bisher nur eine lithologische Untergliederung des Haselgebirges ergeben (SCHAUBERGER 1986): Den größten Anteil an der vielleicht 1000 m erreichenden Gesamtmächtigkeit haben *Grüntongebirge* (rötlicher Halitit und grünlicher Salzton) und *Rotsalzgebirge* (rotes Salz, schwarzer Salzton, höchster K-Mg-Gehalt). Sie wurden vermutlich gleichzeitig in verschiedenen Faziesräumen abgelagert, das erstere in küstennahem Seichtwasser mit reichlich terrigener Sedimentzufuhr, das Rotsalzgebirge wohl in Bereichen gelegentlich extremer Austrocknung. Das *Bunte Salztongebirge* (rötlich-weißes Salz mit grünem und rotem Salzton) schließlich ist nach SCHAUBERGER ein Aufarbeitungsprodukt der beiden erstgenannten Typen. Das *Grausalzgebirge* (grauer Halitit mit roten und grauen Tonbrocken) deutet mit seiner reduzierten Fazies auf Bildung in tieferem Wasser hin. Relative Altersbeziehungen dieser vier lithologischen Haselgebirgstypen sind unklar (KELLERBAUER 1996). Wahrscheinlich handelt es sich um Produkte zeitlich und räumlich wechselnder fazieller Bedingungen, wobei die häufige Rotfärbung für ein Überwiegen von sauerstoffreichen Seichtwasserbereichen spricht. Die mächtigen Anhydrite und dolomitischen Anhydrite sind sicherlich liegende und randliche Anteile der Evaporitfolge. S- und Sr-Isotope belegen Bildung aus permischem Meerwasser (SPÖTL & PAK 1996).

Nach Bromanalysen (50–350 ppm, SPÖTL 1989) gibt es vereinzelt Proben, in welchen die Bedingungen der Mg-Sulfat-Zone und der K-Salzbildung angedeutet sind. Es gibt jedoch keine Kalisalzflöze. Polyhalit ist in eingeschütteten Fragmenten von Sulfaten oder Tonen nicht selten, was als Hinweis darauf gelten kann, daß in den randlichen Seichtwasserevaporiten in kleinen Lagunen oder bei Emersion hohe Salinitätsgrade erreicht wurden. Da die alpinen Salzkörper sicherlich mehrfach Laugendurchströmung erfahren haben, könnte das Fehlen von K-Mg-Salzen alternativ durch spätere Auflösung begründet werden.

Das Haselgebirge ist zweifellos auch eine tektonische Melange, entstanden während des Deckentransportes der Hallstatt-Zone über die eigentlichen Nördlichen Kalkalpen im oberen Jura (SPÖTL 1989) und danach während der Deformation des Wildflysches (Hallstatt Melange). Bereits SCHAUBERGER wies jedoch darauf hin, daß das Haselgebirge auch viele Merkmale einer sedimentären Brekzie aufweist. Begründet wird dies mit der Kontinuität, welche die einzelnen Haselgebirgsarten trotz aller Deformation bei der Aufnahme der Lagerstätten erkennen lassen. So sind z.B. die Melaphyre in Hallstatt an einen bestimmten Horizont des bunten Haselgebirges gebunden und durch die ganze Grube hindurch verfolgbar. Desgleichen spricht die teils rundliche, teils eckige Form der Tonbrocken für deren Transport in einem Massenstrom. Auch die oft mehrere Zentimeter großen, klaren und runden „Salzaugen“ im Halitit sind klastisch zu deuten. Dazu kommen Beobachtungen, welche auf Bildung der Ton- und Gipsgerölle in Seichtwasserfazies und z.T. in Sabkhafazies verweisen (kreuzgeschichtete Sulfate, Mosaiktexturen von Knollenanhydrit, Sulfatkissen, welche möglicherweise ehemalige Selenithügel sind, Polyhalitisierung von Anhydrit, Calcrete-Reste, Karneolgerölle, sowie das häufige Auftreten von Ton mit klaren Salzwürfeln). Die Fragmente der Brekzie führen auf Klüften Beläge von Faser- und Blättersalz. All dies ergibt das Bild eines salinaren Beckens der Halitzone, in welches aus randlichen siliziklastischen Sabkhas und von Sulfatwällen Massenströme abglitten (Abb. 120).

Fazies und Verteilung der marinen Sedimente, welche über den Salzen abgelagert wurden, lassen schon in der Trias zumindest die Bildung von Salzkissen, vielleicht auch von einzelnen Diapiren, vermuten. Durch Faltung und Deckenbau der nördlichen Kalkalpen wurden die Salzlager teilweise ausgewalzt, teils zu mächtigen Linsen und Stöcken verdickt (Abb. 121). Der Innenbau dieser „Salzberge“ weicht allerdings erheblich von jenem der typischen Salzstöcke wenig deformierter Gebiete ab.

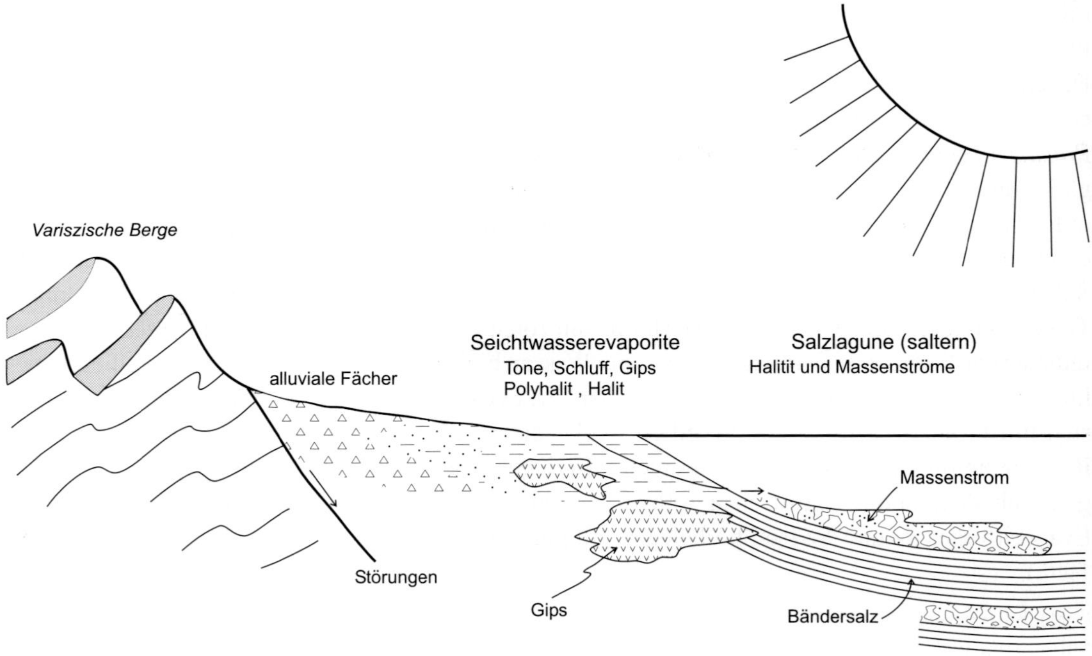

Abb. 120. Modellvorstellung zur Entstehung des ostalpinen Haselgebirges.

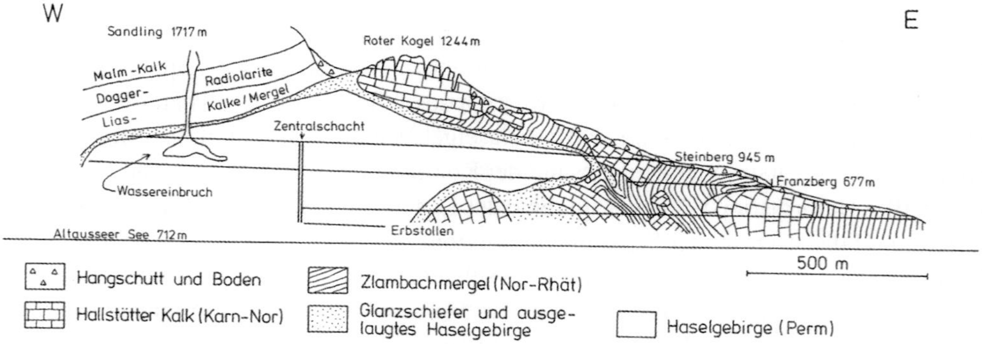

Abb. 121. Die Salzlagerstätte Bad Aussee/Salzkammergut (nach Werksunterlagen).
Der Haselgebirgskörper liegt deutlich über dem Vorfluter-Niveau und ist durch eine geringmächtige Hülle von Tonstein ("Glanzschiefer") vor Auslaugung geschützt. Ein Wassereinbruch im Bereich alter Laugwerke im Westen konnte durch Abdichtung aufgefangen werden.

Der Salzgehalt des Haselgebirges wurde früher in bergbaulich angelegten Hohlräumen, den Laugwerken, mit Frischwasser ausgelaugt. Armes Haselgebirge enthält 30–40% NaCl, mittleres 40–60%, reiches 60–70%. Daneben gibt es kleinere Massen reinen „Kernsalzes". Heute erfolgt die Salzgewinnung im alpinen Salzbergbau überwiegend aus Bohrungen, in welche Wasser eingepumpt wird, welches das Salz löst und als Lauge gefördert wird (Bohrlochsole-Gewinnungsmethode).

III. Die Umformung der Salzlager

1. Die Umformung der Salzgesteine

Diagenese und Metamorphose der Evaporite

Wie andere Sedimente unterliegen auch Salzgesteine vom Zeitpunkt ihrer Bildung an im Laufe der weiteren geologischen Entwicklung der Umwandlung durch Umkristallisation, Neubildung von Mineralen sowie unter dem Einfluß von Formationswässern auch chemischen Veränderungen. Diese *Diagenese der Salzgesteine* wurde von manchen Autoren als Metamorphose bezeichnet, mit der Begründung, daß ein charakteristisches Merkmal der Metamorphose das vollständige Erreichen einer neuen Mineralparagenese sei; dies träfe aber bei Salzen in der Regel zu. Hier soll aber im Folgenden doch von der Diagenese der Salze die Rede sein, umsomehr, als zunehmend auch in metamorphen Sedimenten Reste von Evaporiten entdeckt werden, deren sprachliche Abgrenzung andernfalls unklar wäre.

Kalziumsulfat wird primär als Gips, seltener als Anhydrit abgeschieden. Gips wird im Verlauf der Diagenese jedenfalls in Anhydrit umgewandelt, so daß sedimentäre oder diagenetische Anhydrite vorliegen können (Jowett et al. 1993). Die Unterscheidung ist manchmal durch petrographische Methoden möglich, z.B. durch Nachweis von Pseudomorphosen von Anhydrit nach Gips. Auch aus den Strontiumgehalten sind solche Schlüsse möglich, da Anhydrit nach Gips geringere Sr-Anteile führt. Anhydrit ist allgemein sowohl mechanisch wie auch chemisch sehr stabil. $CaSO_4$-untersättigte Laugen können jedoch Anhydrit lösen und durch Salzminerale ersetzen, wie metasomatische Bilder im unmittelbar Hangenden des Z2-Carnallitflözes in der Asse belegen.

Halitite: Neugebildetes Salzsediment ist ein lockerer „Brei" aus Salzkristallen mit hohem Porenanteil, der mit Laugen gefüllt ist. Auch Salzkrusten haben große Laugen-Einschlüsse. Untersuchungen in rezenten Salzbecken haben gezeigt, daß diese Porenräume sehr rasch verringert werden, so daß in geologisch kürzester Zeit bzw. in einer Tiefe von wenigen Metern lithifiziertes Salzgestein vorliegt. Kompaktion und Füllung der Poren durch frühdiagenetische Ausscheidung weiterer Salze sind hier wirksam. Unter zunehmenden P/T-Bedingungen folgt Rekristallisation, oft mit der Ausbildung von „Schaumgefügen".

Die *Diagenese von Potassiten* hat seit langem besonderes Interesse hervorgerufen, woraus viele theoretische und geologische Arbeiten resultierten (z.B. d'Ans 1969 und frühere Arbeiten, Braitsch 1971). Darin wird traditionell zwischen Diagenese unter Lösungszufuhr aus der Umgebung bei gleichbleibender Temperatur („Lösungsmetamorphose") sowie einer Diagenese durch Temperaturerhöhung („Thermometamorphose") unterschieden.

Lösungen, die in Salzgestein eindringen oder darin durch Dehydratation (z.B. aus Gips) entstehen, sind notwendigerweise nach kurzen Fließwegen NaCl-gesättigt und damit immobilisiert. Ein weiteres Fließen ist möglich, wenn NaCl-Laugen auf die leichter löslichen K- und Mg-Salze treffen. Sie schaffen sich dort durch Lösung Permeabilität, die natürlich wiederum durch Sättigung an den umgebenden Salzen auf Null absinkt. Es gibt jedoch überaus häufige Zeugen der diagenetischen Durchströmung von Salzkörpern, wie z.B. die Bildung von Sylvin aus Carnallit im Werra-Distrikt (Abb. 122). Diese Fakten stehen in scharfem Gegensatz zu der extrem niedrigen hydraulischen Durchlässigkeit von Salzgestein, welche durch Messungen ebenso wie durch geologische Beobachtungen belegt ist. So bleiben Gas, Öl und Laugeneinschlüsse über Jahrmillionen im Salz eingeschlossen. Die Erklärung für diesen Widerspruch kann nur darin liegen, daß zeitlich eng begrenzte Ereignisse, wie z.B. Störungstektonik und tertiärer Vulkanismus im Werra-Gebiet, durch plastische Deformation der Salze (Peach 1991) unter Druck- und/oder Temperaturpotentialen eine vorübergehend erhöhte Durchlässigkeit bewirken können.

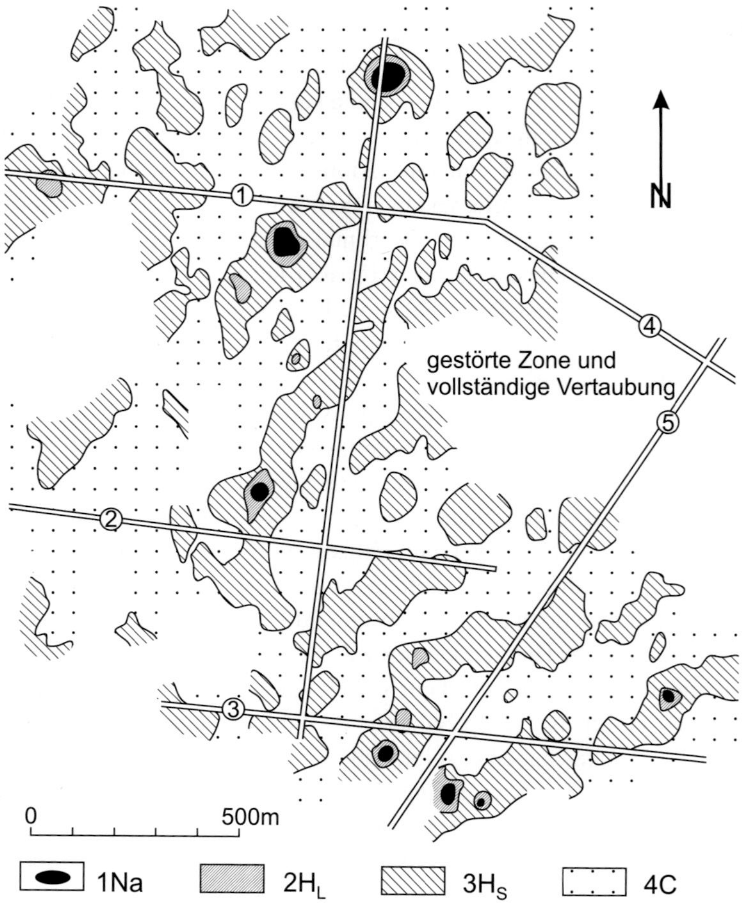

Abb. 122. Fazieskarte des Kalisalzflözes Thüringen (Zechstein 1) in der Grube Herfa/Hessen (nach Werksunterlagen). Residualer Halitit (1Na), langbeinitisches Hartsalz (2H$_L$), sylvinitisches Hartsalz (3H$_S$) vertreten in Hochzonen den "Becken"-Carnallitit (4C).

Die *Lösungsdiagenese der Potassite* läßt sich durch folgendes Beispiel erläutern: Wenn sulfatfreier Carnallit von einer halitgesättigten, jedoch Mg-armen Lösung durchströmt wird, so wird aus dem Carnallit durch inkongruente Lösung von $MgCl_2$ Sylvin gebildet. Aus dem Carnallitit eines Kaliflözes entsteht damit Sylvinit oder Hartsalz. Bei weiterer Durchströmung wird zunehmend auch KCl abgeführt, so es daß schließlich zu einer Vertaubung des Kaliflözes kommt, das nunmehr durch geringmächtigen Halitit vertreten wird. Dieser kann manchmal die auffällige Rotfärbung vieler Kaliflöze erben.

Als *Thermodiagenese* werden Salzumwandlungen bezeichnet, welche im Labor durch Temperaturerhöhung herbeigeführt werden können. Es handelt sich vielfach um Dehydratation, so daß eine Abfuhr der entstehenden Lösungen vorausgesetzt werden muß. Eine Vielzahl solcher Reaktionen sind bekannt (siehe u.a. d'Ans 1969 und frühere Arbeiten), welche zugleich als geologische Thermometer gelten (allerdings z.T. auch druckabhängig). Einige Beispiele sind:

Mirabilit ($Na_2SO_4.10H_2O$)	→ Thenardit (Na_2SO_4) (bei 32,4°C)
Epsomit	→ Hexahydrit (bei 26°C)
Hexahydrit	→ Kieserit (bei 31°C)
Carnallit (+Halit)	→ Sylvin + $MgCl_{2aq}$ (bei 32 MPa bis 167,5°C, druckabhängig)

Die Unterscheidung sedimentärer, früh-diagenetischer und spätdiagenetischer Umwandlungen von Kalisalzen und der begleitenden Sulfate ist manchmal sehr schwierig. Ein Beispiel der Eingrenzung von Bildungsdruck und der Temperatur bestimmter diagenetischer Salzparagenesen in der Asse geben GIES & HERBERT (2000). Manche Salzminerale (z.B. Polyhalit, s. Abb. 112) sind metastabil gegenüber gering veränderter Laugenzusammensetzung, so daß bereits während der Ablagerung im obersten Bodenkörper Umbildung oder teilweise Rücklösung erfolgen. Die Verteilung von Carnallitit, Hartsalz und Vertaubungszonen im schwach gewellten Flöz Thüringen im Werra-Revier (Abb. 122) entpricht oft Höhenunterschieden (Carnallitit gibt es ausschließlich in den Tieflagen), z.T. aber auch Störungszonen. Die Interpretation dieser Beobachtungen liegt wahrscheinlich in Störungstektonik und Fluidmigration, welche mit dem tertiären Vulkanismus verbunden waren. Andere Ursachen, wie z.B. frühdiagenetische Prozesse, können jedoch nicht völlig ausgeschlossen werden.

Die Untersuchung der Diagenese *karbonatischer oder silikatischer Anteile von Salzformationen* erlaubt eine zusätzliche Einengung der Umwandlungsbedingungen. Dazu gehört die Bildung von Chlorit aus Kaolinit und Montmorillonit, von Phengit aus Illit, von Mg-reichen Turmalinen, von Albit aus NaCl und Ton, bei Zutritt von Mg-Lösungen auch von Talk oder Sepiolith aus Silikaten sowie von Magnesit aus Dolomit. Sehr charakteristisch für viele Evaporite sind authigene Quarzkristalle, die sich besonders gut zur Mikrothermometrie eignen. Evaporite führen vielfach feinfaserige SiO_2-Aggregate (z.B. in „chert"-Bändern), die aus Lutecit mit Gehalten von >20% Moganit bestehen. Diese Phasen können auch nach Weglösung der Salze als Beleg für evaporitische Entstehung dienen (HEANEY 1995).

Kontaktmetamorphose von Salzgesteinen, z.B. am Kontakt zu Basaltgängen im Werra-Gebiet, wurde vielfach beschrieben. Auffällig sind Kainitbildung bis maximal 80 m Entfernung, im Nahbereich auch völlige Vertaubung von Kaliflözen zu residualem Halitit, sowie im unmittelbaren Kontaktbereich die Neubildung vieler Minerale.

Regionalmetamorphe Gesteinsfolgen enthalten kaum jemals Salze. Anhydrit ist jedoch nicht selten, sogar in der Amphibolitfazies. Die Salze werden demgemäß in der Regel mit dem Fluidstrom der metamorphen Entwässerung abgeführt, und es bedarf eingehender Untersuchungen, um die vormals evaporitische Natur eines metamorphen Gesteines nachzuweisen. Als entsprechender Hinweis gelten Häufungen von Mineralen mit ungewöhnlichen Gehalten von Na, Mg, Cl, B und SO_4, wie z.B. Skapolith (u.a. FRIETSCH et al. 1997), Lapislazuli (Lazurit), Mg-Turmalin, Phlogopit und zum Teil Albit (z.B. COOK & ASHLEY 1992). Als Produkt der Hochdruck-Metamorphose von Evaporiten wurden die Weißschiefer gedeutet; das sind ungewöhnliche Talk-Disthengesteine. Gesteinsanalysen von Metapeliten evaporitischer Folgen zeigen oft hohe Mg-, Li- und F-Gehalte sowie deutlich erhöhte Li/Mg- und B/Al-Verhältnisse. Die abströmenden Salzlaugen bewirken im weiten Umfeld Albitisierung oder Skapolithisierung sowie unterschiedliche Vererzungen (s. Erzlagerstättenbildung durch migrierende Salzlaugen, Abb. 49, 52).

Deformation der Salzgesteine

Jede Salzlagerstätte läßt durch Faltenbildung und Fließstrukturen die außerordentliche Verformbarkeit der Salzgesteine auch in jenen Fällen erkennen, wo die umgebenden Sedimentgesteine eine geringe tektonische Beeinflussung zeigen. Kalilager sind häufig schon in flachlagernden Salzlagern intern gefaltet. In Salzdiapiren zeigen sie durch „vorauseilendes Fließen" verdickte Sättel und ausgedünnte Schenkel, wodurch sich Deformationsbilder ergeben, die jenen von Marmoren in metamorphen Serien sehr ähnlich sind.

Hohlräume im Salzbergbau „wachsen zu", bis im Laufe einiger Zehner bis Hunderter Jahre nur mehr Grubenholzreste im Salz von ehemaligen Stollen zeugen. Dies unterstreicht, daß Evaporite in ihrem Deformationsverhalten als hochviskose, Newton'sche Flüssigkeiten angesehen werden können. Längerandauernde, schwache Differentialspannungen führen zu plastischem Fließen, rasche Beanspruchung bei relativ hoher Spannungsdifferenz bewirkt bruchhafte Verformung (Hunsche & Hampel 1999). Das Fließen der Salzgesteine wird wegen der geringen Geschwindigkeit als Kriechen bezeichnet. Abhängig von der relativen Größe von Scher- und Normalspannung kann Kriechen zu Volumenzunahme (Dilatanz) oder Volumenabnahme (Kompression) führen. Der erste Fall wird im Umfeld bergbaulicher Hohlräume häufig auftreten. Dilatanz bewirkt erhöhte mechanische Schädigung, höhere Durchlässigkeit, und kann mit dem Bruch enden. Die früher erwähnte episodisch höhere Durchlässigkeit von Salzkörpern gegenüber einem diagenetischen Fluidstrom könnte z.T. durch dilatante Beanspruchung erklärt werden.

Kriechen der Salze ist makroskopisch bruchlos und rißfrei. Unter dem Mikroskop kann man jedoch nach Anätzung erkennen, daß die einzelnen Körner durch eine Vielzahl von Mikrostrukturen in Subkörner zerlegt werden, deren Verschiebung die Gesamtdeformation bewirkt. Solche Mikrobrüche in Einzelkornbereich springen in benachbarte Körner über, wodurch das für Salze typische Kriechen durch *Versetzungsklettern* unter Polygonisierung des Korngefüges entsteht. Daneben tritt auch Kriechen durch *Lösungstransfer, Korngrenzenmigration und Diffusion* auf. Als dritte Komponente des Kriechens gilt das *Migrieren von Dislokationen*, das sind eindimensionale Kristallgitterdefekte (Miguel et al. 2001). Erhöhter Gebirgsdruck, insbesondere auch Fluiddruck, aber auch schon höhere Luftfeuchte der Grubenwetter sowie höhere Temperatur, begünstigen die plastische Deformation der Salze. Eine untere Grenze der zum Fließen notwendigen Beanspruchung (Differentialspannung) gibt es nicht. In geologischen Zeiträumen kriecht Salz jedenfalls, wie etwa die unter dem eigenen Gewicht zerfließenden Salzgletscher im Iran belegen. Die Fließrate der Salzgletscher steigt zudem nach geringen Regenfällen rasch an.

Jede Veränderung des Spannungsfeldes (z.B. das Auffahren eines Hohlraumes), von Temperatur oder Feuchtigkeit bewirkt eine Reaktion der Kriechrate („transientes Kriechen"), welche erst nach Anpassung an die neuen Milieuparameter zum Normalzustand zurückkehrt („stationäres Kriechen"). Für die Beschreibung des Kriechens der Salze wurden unterschiedliche nicht-lineare physikalisch begründete Stoffgesetze formuliert, die z.T. auf folgender Beziehung beruhen (Hunsche & Hampel 1999):

Kriechen eines Salzgesteines

$$\varepsilon^* = A \,.\, exp\,[-Q/(R.T)].\sigma^n$$

ε^* = Kriechrate; A = Strukturparameter (Salztyp); Q = Aktivierungsenergie; R = universelle Gaskonstante; T = Temperatur in K; σ = Spannungsdifferenz (MPa); n = Spannungsexponent (meist 5-7). A, Q und n werden durch Anpassungsrechnungen an Versuchsergebnisse ermittelt. Das gesamte Verformungsverhalten von Salzgesteinen, von der elastischen Deformation über Kriechen bis zum Bruch, wird durch komplexe Stoffgesetze beschrieben (KIEHL et al. 1998, SWIFT et al. 2001).

Versuche und bergmännische Erfahrung haben ergeben, daß unterschiedliche Halitite sehr verschiedene Kriechraten haben, z.B. kriecht das Ältere Steinsalz (Z2) schneller als das Jüngere Steinsalz (Z3). Dies kann in Einzelfällen durch unterschiedliche Korndurchmesser oder durch die Art der Einlagerung von Anhydrit- und Tonpartikeln erklärt werden. Carnallitit hat insgesamt ein dem Steinsalz ähnliches Kriechverhalten, jedoch mit einer etwa 10-fachen Kriechrate und mit Bruch bei deutlich geringerer Deformation. Dies führte im Kalibergbau mehrfach zum gebirgsschlagartigen Zusammenbruch ganzer Grubenfelder, begleitet von kräftigen Einsturzbeben. Der Vorgang dürfte in Form einer Kettenreaktion ablaufen, indem der Kriechbruch eines ersten Pfeilers zu einer Überlastung der benachbarten Pfeiler führt, die ihrerseits brechen.

Deformierte Salze können zwar ein gerichtetes Korngefüge annehmen, sie rekristallisieren aber bereitwillig, so daß die Spuren der Deformation, z.B. Foliation in der Asse und im Khorat-Plateau (EL TABAKH et al. 1999), makroskopische Risse, oder im Dünnschliff sichtbare Gleitebenen sowie Druckverzwilligung rasch verheilen. Deshalb findet man nur äußerst selten *Trennflächen im Salz* (Störungen, Spalten, Klüfte, Schieferung). In der Regel sind Trennflächen nur dadurch erhalten bzw. erkennbar, daß sie durch sekundäre Salze (Fasersalz, Bischofit, Carnallit, Sylvin, Anhydrit), Gas, Laugen oder Öl gefüllt sind.

Trotz des allgemein plastischen Charakters der Deformation von Salzgesteinen haben manche Lagerstättenteile eine auffällige Brekzienstruktur (Trümmer-Carnallitit, Trümmer-Halit, etc.). Möglicherweise sind es besonders fluidarme Bereiche, welche bei starker Beanspruchung zu bruchhaftem Verhalten neigen. Festigkeit und Deformationsverhalten des alpinen Haselgebirges sind vom Salzgehalt abhängig (KELLERBAUER 1998).

Unterschiedliches Deformationsverhalten kennzeichnet also die verschiedenen Salzgesteine und noch auffälliger die eingelagerten Tone, Sulfate und Karbonate der Evaporite. Dabei äußern sich die verschiedenen mechanischen Eigenschaften durch ein abweichendes *Kompetenzverhalten*: Salzgesteine fließen in der Regel (Sylvinit > Carnallit > Halit), während Sulfate, Tonstein und Karbonate gleichzeitig unter Bildung von Klüften, Spalten oder Boudins bruchhaft reagieren. So sind bei den charakteristischen Salzgesteinsfolgen die Voraussetzungen für eine disharmonische Tektonik gegeben, wobei sich die Salze insgesamt im Vergleich zu Nebengesteinen extrem inkompetent verhalten.

2. Formen der Salzlagerstätten

In wenig gestörten Gebieten und bei geringer Überlagerung bis ca. 1000 m Deckgebirgsschichten bildet das Salz einfache *Schichtplatten.* Das ist z.B. der Fall beim devonischen Kalisalz in Saskatchewan (Kanada), beim Permsalz im Mid-Continent-Gebiet (USA), oder in kleinerem Maßstab im Werra-Gebiet/Hessen (Abb. 123) und im Eichsfeld zwischen Harz und Kyffhäuser. Aber auch diese im Großbau flach und konform gelagerten Salzschichten zeigen in ihrem Innenbau nicht selten liegende Falten als deutlich sichtbare Folge jener Beanspruchung, die im starren Deckgebirge darüber höchstens Bruchstrukturen hervorgerufen hat.

Extensionstektonik führt im allgemeinen zu verstärkter Umlagerung von Salzkörpern, wobei sowohl die Belastungsänderung wie auch die Öffnung von Fließwegen an Störungen eine Rolle spielen. Im Leinetalgraben bei Göttingen führte dies dazu, daß Zechsteinsalz im Grabenbereich verdickt ist und von Störungen ausgehend einige Kilometer weit in das stratigraphisch höhere Rötsalinar einströmte. Dadurch entstand ein sogenanntes Doppelsalinar.

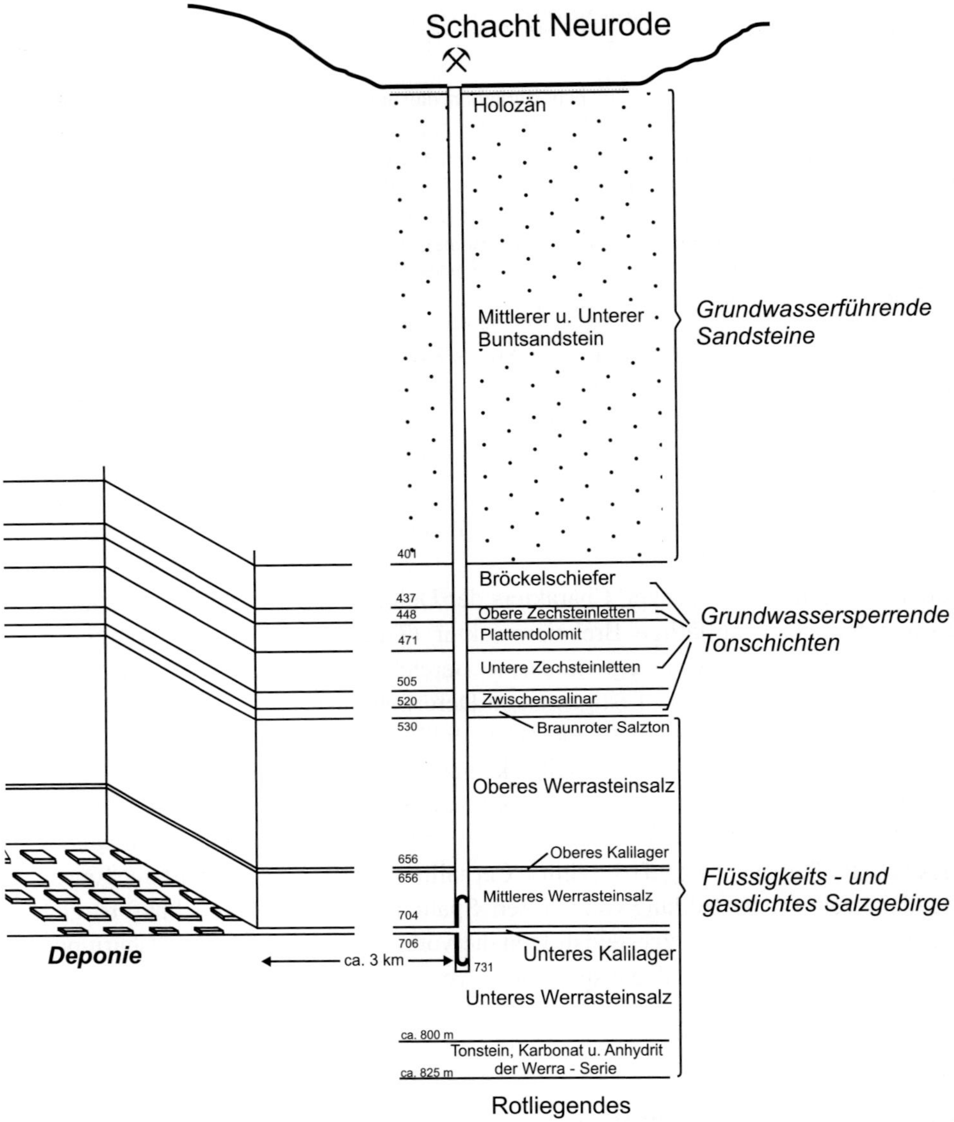

Abb. 123. Geologisches Profil des Kalisalz-Bergwerkes Herfa-Neurode im Werra-Gebiet, Hessen, mit der Deponie für industrielle toxische oder ätzende Abfälle (nach Werksunterlagen).

Unter dem Einfluß *kompressiver Tektonik* bewegt sich das Salz bei mäßiger Faltung in die Bereiche geringeren Druckes, also in die Sattelkerne. Die salzführende Schichtserie bildet dabei oft den Gleit- und Ausgleichshorizont zwischen dem gefalteten Deckgebirge im Hangenden und dem starren, nur blockartig zerlegten Grundgebirge im Liegenden. Dies ist besonders schön im Jura-Gebirge zu sehen. Sehr ähnliche Bilder hat auch die Erdgaserkundung aus dem nordostdeutschen Raum ergeben, wo kretazische Inversionstektonik wirksam war (Kossow et al. 2000). Der Ansammlung des Salzes in den Sätteln (Salzkissen) entspricht eine Abwanderung bzw. Auspressung aus den dazwischen liegenden Mulden.

Salze in *alpinotypen Deckengebirgen* bilden häufig basale Abscherungs- und Gleithorizonte, was am Beispiel des Haselgebirges in den Ostalpen vielfach belegt ist. Die Formen der Salzlagerstätten in solchen Bereichen spiegeln eine kaum auflösbare Abfolge von eigenständigem Aufstieg, tektonischer Einpressung und möglicherweise spätem Diapirismus wieder. Das Wesen derartiger Lagerstätten ist die Kombination des Formenschatzes der alpinen Deckentektonik mit dem der injektiven Salztektonik (Abb. 121).

Die charakteristische Form von Salzlagerstätten epikontinentaler Plattformserien und von passiven Kontinentalrändern ist der *Salzstock* oder *Salzdom* bzw. *Diapir.* Hier hat das Salz sein ursprüngliches Dach durchstoßen und ist einer magmatischen Intrusion vergleichbar ins Hangende aufgestiegen (Abb. 124). Durch das aufwärts strömende Salz sind die durchbrochenen Schichten duktil geschleppt und aufgebogen, oder es sind Bruchschollen zur Seite gestemmt und gelegentlich sogar überkippt worden. Teile des nicht-evaporitischen Daches können als „Propfen" mehrere Kilometer nach oben gehoben werden (Perthuisot & Rouvier 1992). Solche Beobachtungen werden als Auswirkungen von meist frühem *aktivem Diapirismus* gedeutet, entsprechend dem Aufstieg und Durchbruch eines Salzkörpers bis zur Sedimentoberfläche.

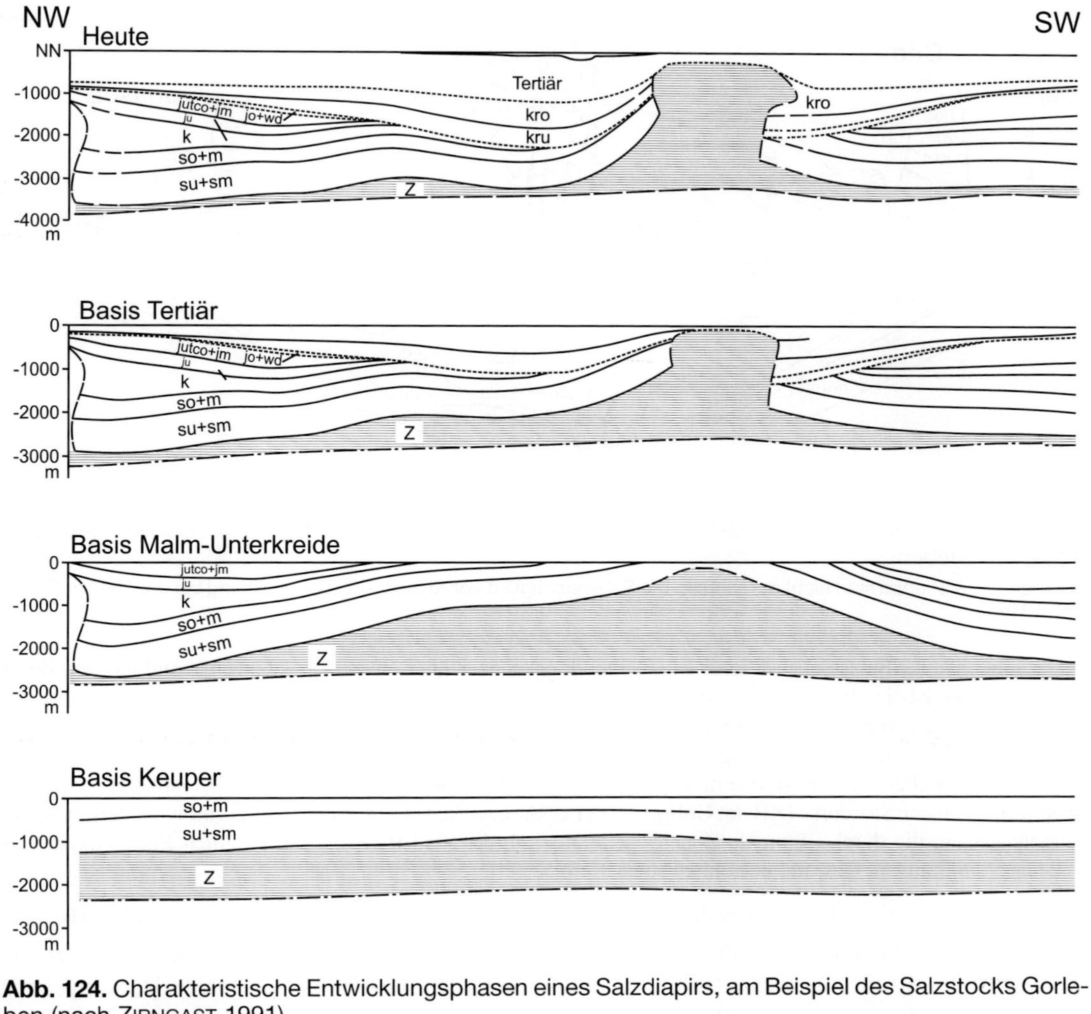

Abb. 124. Charakteristische Entwicklungsphasen eines Salzdiapirs, am Beispiel des Salzstocks Gorleben (nach Zirngast 1991).

Am Ende des Jura hatte die Struktur das Salzkissenstadium erreicht, das Diapirstadium mit Durchbruch durch die Hangendschichten begann in der Unterkreide, weiterer Ausbau dauerte mit abnehmender Fließgeschwindigkeit bis in das Tertiär an. Am NW-Rand der Profile liegt der früh gebildete Salzstock Dömitz.

Der folgende *passive Diapirismus* beschreibt die Interaktion zwischen weiterem Salzzustrom und Sedimentation. In den obersten Bereichen, die durch geringere Horizontalspannungen gekennzeichnet sind, verbreitern sich die Salzstöcke oft pilzartig, so daß sie im Profil S-förmig gekrümmte Flanken haben. Im Niveau des überwiegend seitlichen Fließens können benachbarte Diapire über Salzzungen (salt tongues) zu einer Salzdecke (salt canopy: JACKSON et al. 1991) zusammenfließen. Untermeerisch ausfließende Salzgletscher werden oft unter jüngeren Sedimenten als weit ausgedehnte, allochthone Salzschichten (allochthonous salt sheets) erhalten. Der Aufstiegsschlot kann sich unter dem Diapir wieder schließen, wodurch der Zusammenhang mit dem Nährgebiet völlig unterbrochen wird („pinched-off salt domes“: JACKSON et al. 1998). Die Formen diapirischer Salzstrukturen sind extrem vielfältig (Abb. 125).

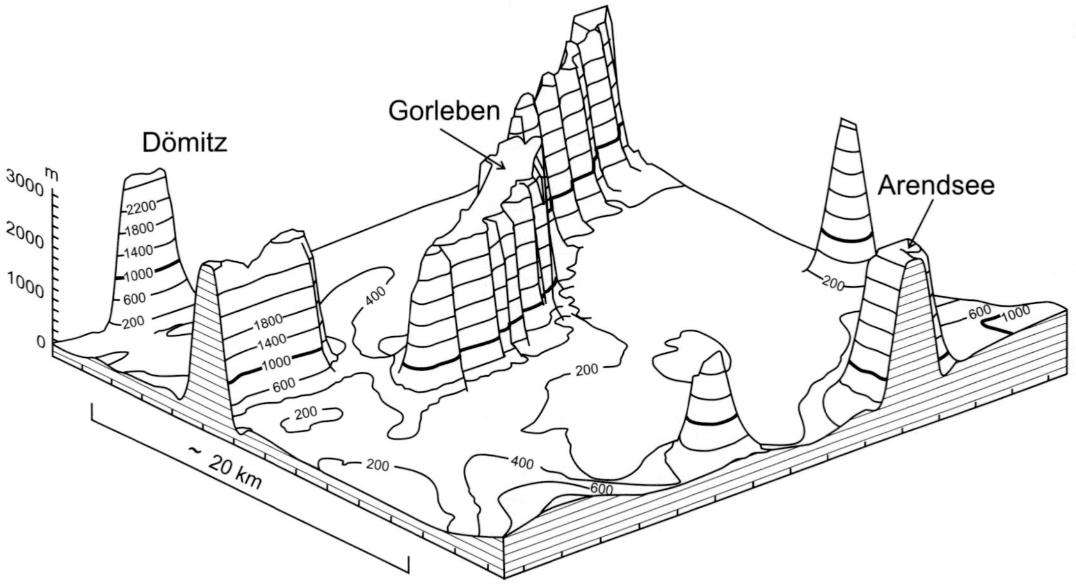

Abb. 125. Beispiel eines Salzstrukturfeldes in Norddeutschland – Diapirformen im Bereich des Salzstockes Gorleben.

Überhänge der Diapire sind nicht dargestellt. Die Salzmächtigkeit vor Kissen- und Diapirbildung lag bei 1400 m (ZIRNGAST 1991).

Der Innenbau der Salzstöcke ist durch Fließtektonik gekennzeichnet. Besonders kennzeichnend für viele deutsche Salzstöcke ist eine Internfaltung mit steilstehenden Achsen, welche Kulissenfaltung genannt wird. Trotz der extremen Formänderung der Salzformation bei der Bildung von Diapiren, von Platten zu einem pfropfen- oder wallförmigen Körper, ist die ursprüngliche Schichtenfolge fast immer noch gut erhalten. Gewöhnlich liegen die ältesten, ursprünglich tiefsten Anteile im Zentrum, ummantelt von den jüngeren, ursprünglich höheren Schichten (Abb. 126). Manche Salzdome (z.B. im Golfgebiet der USA) bestehen aus mehreren zeitlich aufeinanderfolgenden Salzintrusionen, die durch „anomale Zonen“ getrennt sind; das sind Bereiche mit reichlich Einschlüssen von Nebengestein, Laugen, Gas und manchmal sogar Erdöl.

Die *Wärmeleitfähigkeit* von Salzgesteinen ist mit 6 Wm^{-1} $°C^{-1}$ etwa drei mal größer als jene gewöhnlicher Nebengesteine (1,5–2,5 Wm^{-1} $°C^{-1}$). Daraus resultiert ein in Diapiren meßbar erhöhter Wärmestrom mit entsprechenden Temperaturanomalien. Gegenüber normalen Beckengesteinen ergibt sich daraus im oberen Teil des Diapirs erhöhte Temperatur, während die Basis kühler ist, als die Umgebung. Dies hat Rückwirkungen auf die Maturität von kerogenführenden benachbarten Gesteinen (THOMSEN & LERCHE 1991) und auf das Fluidregime im Bereich von Diapiren.

Hinsichtlich der tektonischen Position und damit auch hinsichtlich der Entstehung gibt es mehrere Arten von Salzaufbrüchen. Ein Teil derselben sind vergente und durchbrochene Sattelkerne orogen gefalteter Bereiche. Das gilt für die rumänischen (besonders in der Nähe der Karpaten), tunesisch-algerischen und für viele persische Salzstöcke. Vergleichbare Strukturen (z.B. Asse) gibt es auch im nördlichen Harzvorland, das zwar keine orogene Faltung im engeren Sinne erlitten hat, aber während der Kreide durch kräftige Einengungstektonik (unter „Inversion“ älterer Dehnungsstrukturen) betroffen war. Ein anderer Teil der Salzstrukturen sind von unten mit Salz gefüllte Gräben (Leinetalgraben) oder Schollenrandbrüche (Allertal-„Graben“), in Niedersachsen oft mit nachfolgender Inversion gekoppelt. Diese Formen überwiegend tektonisch bedingter Salzaufbrüche sind längsgestreckt, bilden *Salzmauern* und sind im Kartenbild zu *Salzlinien* angeordnet. In Norddeutschland ergibt sich dadurch das schematische Bild NE-SW streichender Transpressionsstrukturen mit Salzmauern, gekreuzt von N-S streichenden Transtensionsstrukturen mit Einzeldiapiren.

Daneben gibt es Salzaufbrüche, die keinen erkennbaren Zusammenhang mit Tektonik haben und deren Aufstieg offenbar vorwiegend autonom erfolgt ist. Diese Salzstöcke zeichnen sich durch rundlichen oder elliptischen Grundriß, durch eine scheinbar regellose Anordnung und durch sehr wenig gestörte Lagerung ihrer Umgebung aus. Hierher gehören z.T. die Salzstöcke der südlichen USA, des spanischen Keupers und ein Teil jener Norddeutschlands. Um die Erklärung der *Entstehung nicht-tektonischer Salzdiapire* wurde lange gerungen:

In Übereinstimmung mit der erstmals von ARRHENIUS & LACHMANN (1912) formulierten Theorie wird heute von der überwiegenden Zahl der Salzgeologen der Dichteunterschied zwischen Salzgesteinen und klastisch-karbonatischen Hangendgesteinen für den Aufstieg der Diapire verantwortlich gemacht. Halitreiches Salzgestein hat nach der frühdiagenetischen Sammelkristallisation eine gleichbleibende durchschnittliche Dichte von 2,2. Jene frisch abgelagerter Sedimente liegt bei 1,6 bis 1,9, nach voller Kompaktion aber zwischen 2,6 bis 2,8. Demnach tritt im Laufe der Entwicklung eines Beckens irgendwann eine *Dichteinversion* auf, ähnlich der instabilen Schichtung von Öl unter Wasser, welche natürlich einem stabilen Zustand zustrebt. Die bereits erwähnte, für das Fließen von Halitit erforderliche äußerst geringe Spannungsdifferenz bewirkt in dieser Situation, daß das Salz in Bereiche geringeren Druckes abströmt. Ursachen dafür können tektonisch angelegte Höhenunterschiede (z.B. durch Störungen des Liegenden) sein, aber auch rein sedimentäre Faktoren sind möglich, wie etwa ursprünglich unterschiedliche Höhenlage des Salzes (Abb. 124) oder laterale Fazies- und damit Dichteunterschiede im Hangenden.

TRUSHEIM (1957) hat am Beispiel norddeutscher Salzstrukturen die Entwicklung von Diapiren aus flachlagernden Salzschichten folgend gegliedert (Abb. 124): Nach dem Eintreten der *kritischen Überlagerung* (genauer: der Dichteinversion) beginnt das Salz in Niederdruck-Bereiche abzufließen, wodurch ein sich zunehmend wölbendes *Salzkissen* entsteht. Durch die Aufdomung des unmittelbar Hangenden und das laterale Abströmen des Salzes bilden sich *primäre Randmulden* (minibasins), deren Einmuldungszeit Rückschlüsse auf die Bewegungsphasen des Salzes erlaubt. Darauf beruhend kann die Aufwölbung solcher Salzkissen auf einige mm pro Jahr geschätzt werden. In der Folge beginnt mit dem Durchbruch der Salze durch das Hangende das *aktive Diapirstadium.* Dieses ist von erneut verstärkter Einmuldung der unmittelbaren Randbereiche begleitet, wodurch die *sekundären Randmulden* entstehen. Das Salz intrudiert das Hangende, wobei generell nach oben breitere Querschnitte, also verkehrte Tropfenformen entstehen. Im einzelnen wird die Form oft durch die begleitende bruchhafte Zerlegung des Daches kontrolliert. Der Durchbruch kann mit hohen Aufstieggeschwindigkeiten des Salzes verbunden sein, welche möglicherweise Meter pro Jahr erreichen. Im *passiven Diapirstadium* verlaufen Salzzustrom und Sedimentation ungefähr parallel, wodurch sich der Diapir weiter hochbaut. Über dem Diapir sind geringe Sedimentmächtigkeiten typisch, daneben entstehen viele Diskordanzen und z.T. weitere Randmulden. Der Aufstieg ist weitgehend abgeschlossen, sobald der Salzvorrat im Untergrund aufgezehrt ist. Manche Salzstöcke erreichen die Oberfläche in Form einer *Salzextrusion,* was aus Persien im ariden Klima rezent bekannt ist (JACKSON et al. 1991). In Norddeutschland kam das jedoch wohl nur vereinzelt submarin vor. Ähnliches wurde von den nord-afrikanischen Trias-Diapiren beschrieben (PERTUISOT & ROUVIER 1992), von denen manche entlang regionaler Diskordanzen über 1000 m weite zungenförmige Apophysen haben, die vermutlich durch submarine Extrusion entstanden sind.

Eine im Zusammenhang mit den Ursachen des Salzaufstieges viel diskutierte Frage ist die nach dessen Zeitlichkeit. Dachte man früher an episodische und überwiegend mit tektonischen Phasen verbundene Diapirbildung, so wurde später eine eher autonome Bildung der Diapire in den Vordergrund gerückt. Für letzteres hat TRUSHEIM (1957) die Bezeichnung *Halokinese* eingeführt, als deutlichen Gegensatz gegen die mit regionalen tektonischen Abläufen verbundene *Salztektonik.* Eine ganz klare Trennung von Halotektonik und Halokinese ist jedoch kaum möglich, da verstärktes Fließen der Salze fast immer in tektonisch aktive Perioden fällt (in Norddeutschland Jura/Kreide, späte Kreide, Eozän-Oligozän: KOSSOW et al. 2000). Daraus folgt, daß das Hochströmen des Salzes zwar in erster Linie einem isostatisch bedingten Auftrieb infolge einer inversen Dichtelagerung zuzuschreiben ist, daß aber tektonische Vorgänge oft der eigentliche Auslöser sind (DAUDRE & CLOETINGH 1994, NALPAS & BRUN 1993).

3. Die Verwitterung und deszendente Umwandlung der Salzlagerstätten

Die Salzlagerstätten werden auf Grund der leichten Löslichkeit der Salzgesteine durch Oberflächen- oder Grundwasser abgelaugt. An der Oberfläche sind Evaporite nur in ariden Klimabereichen anzutreffen, im humiden Klima werden sie rasch bis zur unteren Begrenzungsfläche des zirkulierenden Grundwassers weggelöst. Es bildet sich dann eine mehr oder weniger ebene, annähernd horizontale Fläche, der *Salzspiegel,* welcher das Salzlager nach oben begrenzt (Abb. 126). Bei stärkerem Einfallen einer solchen Fläche am Ausgehenden von Salinarformationen spricht man von einem *Salzhang,* der durch einen geneigten Grundwasserstrom oder seitlich anströmendes Wasser entsteht. Die Ablaugung der Salze erreicht oft beträchtliche Tiefen; in der Asse z.B. liegt der Salzspiegel 200–300 m unter der Oberfläche des Hügelzuges bzw. 150–170 m unter den nahegelegenen Geländemulden bzw. den Vorflutern.

Die Weglösung des Salzes im Untergrund, *Subrosion* genannt, bedingt einen Volumenschwund, der ein Nachsacken des Deckgebirges und eventuell Bildung von Erdfällen zur Folge hat. Wenn das Deckgebirge nicht zu mächtig ist, so bilden sich infolgedessen über den Salzstöcken Depressionen aus, die mit Wasser (Arendsee in der Altmark: Abb. 127) oder mit jüngeren Ablagerungen des Tertiärs und Quartärs gefüllt sind.

Die *Ablaugungsrate,* gewöhnlich deutlich <1 mm pro Jahr betragend, hat für die Abschätzung der Langzeitsicherheit von Deponien im Salz eine große Bedeutung. Ermittelt wird sie aus Grundwasserströmungs- und Massenbilanzmodellen, aus geomorphologischen Analysen, aus der Absenkung von Leithorizonten der jungen Überlagerung und aus der Rate der Gipshutbildung (BALZER & KRONE 2000).

Die Ablaugung der Salze führt natürlich zu einer Versalzung des Grundwassers, weshalb das Tiefengrundwasser in salzreichen Becken zumeist als schwere Lauge vorliegt. Bei geeigneten hydraulischen Verhältnissen können salzreiche Wässer an der Oberfläche austreten. Ihre frühe Nutzung zur Salzgewinnung spielt heute keine Rolle mehr, vielfach aber haben sich daraus Heilbäder entwickelt. Übertrifft der Salzaufstieg eines Diapirs die Ablaugungsrate, so entstehen morphologische Hochzonen, welche in der Küstenebene am Golf von Mexiko „Isles“ genannt werden. Ähnliche Erscheinungen gibt es bei Lüneburg, Segeberg, Helgoland und im Umkreis von Posen/Polen.

Die Anhydrit- und Toneinlagerungen des Salzes bleiben als Rückstandsbildungen über dem Salzspiegel zurück, welche oft noch bestimmten Schichtgliedern der Salzformation zugeordnet werden können. Aus Anhydrit entsteht in der Regel Gips. Hohe Salzgehalte der Laugen in Verein mit erhöhten Temperaturen können allerdings das Gleichgewicht in den Stabilitätsbereich von Anhydrit verschieben, so daß im Hut Anhydritrückstände und neugebildeter, „katatektischer“ Anhydrit (als Hornanhydrit, Linienanhydrit, Anhydritbrekzie oder als feinkörnige Kristallsande) aufgefunden werden. Darüber, also in Bereichen geringerer Salzsättigung, liegt brekziöser Gips, z.T. mit Neubildungen von grauen, leistenförmigen Gipskristallbändern, in Klüften auch Marienglas. Der so entstehende ***Gipshut (cap rock)*** ist für die Erkennung und für die bergbauliche Erschließung der Salzlagerstätten sehr bedeutungsvoll (Abb. 126 bis 128). Die Mächtigkeit der Gipshüte beträgt einige Meter bis >100 Meter. Anders als bei normalen Sedimenten sind die tiefsten Teile der Gipshüte, also die Bildungen unmittelbar über dem Salzspiegel, die jüngsten Anteile, die obersten die ältesten. Am Salzspiegel sind gelegentlich Laugengerinne ausgebildet, welche Lösungsrückstände als klastische Sedimente ablagern. Deshalb sind die tieferen Teile von Gipshüten z.T. rhythmisch geschichtet. Da die Wässer z.T. auch seitlich an den Diapirflanken absickern können, bildet sich vielfach ein *Anhydrit- oder Gipsmantel* (Abb. 126 bis 128). Wenn Kohlenwasserstoffe in den Hut zutreten, kann es durch Sulfatreduktion zur Bildung von sekundärem Kalzit und Dolomit, von Sulfiden oder von Schwefellagerstätten kommen (Abb. 103). Isotopenuntersuchungen des Kristallwassers neugebildeter Gipse erlauben naturgemäß eine klare Zuordnung der beteiligten Wässer, welche in der Regel meteorischer, seltener mariner Herkunft sind.

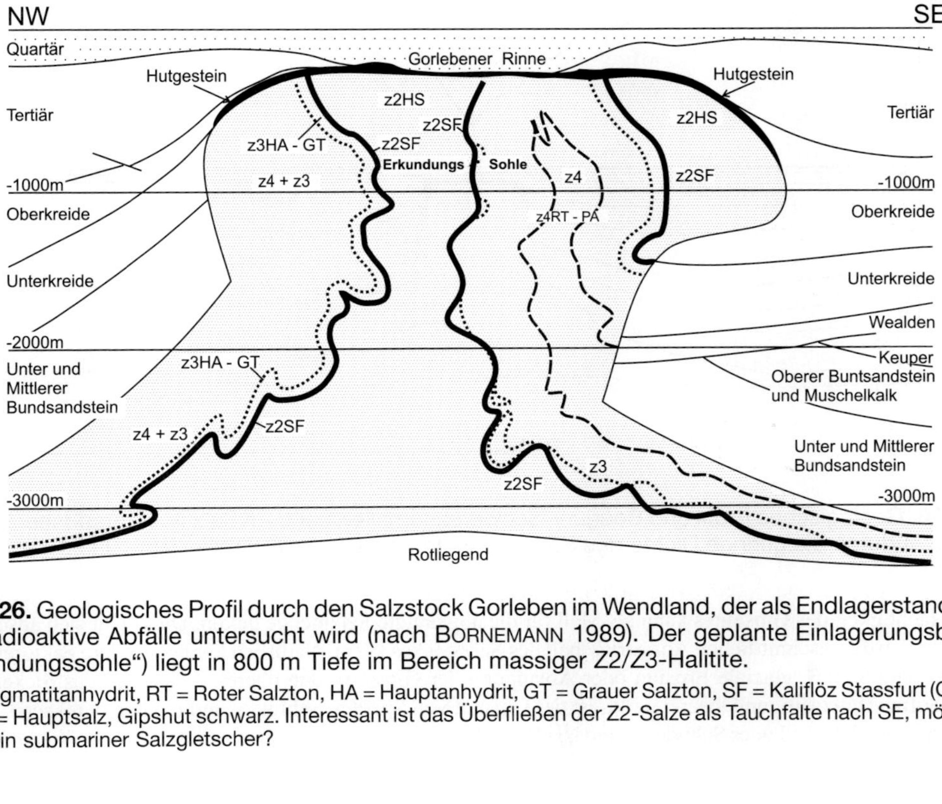

Abb. 126. Geologisches Profil durch den Salzstock Gorleben im Wendland, der als Endlagerstandort für hochradioaktive Abfälle untersucht wird (nach BORNEMANN 1989). Der geplante Einlagerungsbereich („Erkundungssohle“) liegt in 800 m Tiefe im Bereich massiger Z2/Z3-Halitite.

PA = Pegmatitanhydrit, RT = Roter Salzton, HA = Hauptanhydrit, GT = Grauer Salzton, SF = Kaliflöz Stassfurt (Carnallitit), HS = Hauptsalz, Gipshut schwarz. Interessant ist das Überfließen der Z2-Salze als Tauchfalte nach SE, möglicherweise ein submariner Salzgletscher?

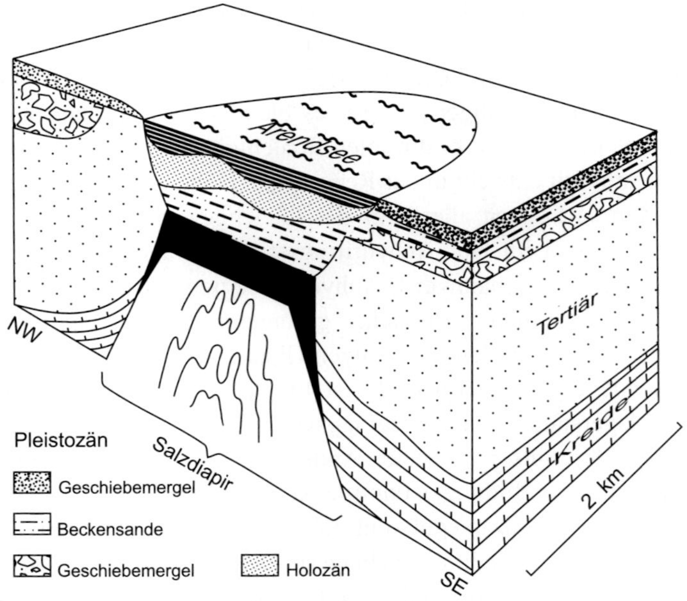

Abb. 127. Schematische Darstellung des Salzstockes Arendsee/Altmark, mit der Bildung eines Sees infolge starker pleistozäner bis rezenter Subrosion. H = Halitit, A = Anhydrit, schwarz = Gipshut.

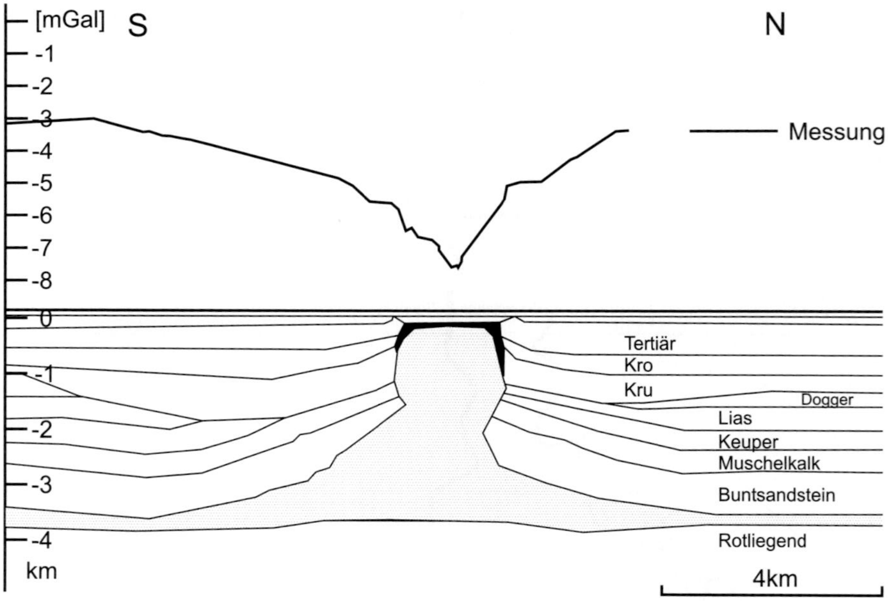

Abb. 128. Geologisches Profil und Bouguer-Schwereanomalie über dem Salzstock Arendsee/Altmark, verursacht durch die geringe Dichte des Salzkörpers (nach GABRIEL & RAPPSILBER 1999).

Die Mächtigkeit des Gipshutes kann als Maß für die abgelaugte Salzmenge gelten. Diese läßt sich abschätzen, wenn man den durchschnittlichen Anhydritgehalt des Salzstockes kennt. Natürlich können weitere Faktoren modifizierend wirken, z.B. glaziale Erosion oder Ablaugung der Gipse. In den oberen Teilen, wo das Sickerwasser infolge Sulfat-Untersättigung lösend wirkt, ist der Gipshut von Spalten, Schlotten und Höhlen durchsetzt, welche Wasser, aber auch Geröll oder Schwimmsand aus Erdfällen enthalten können. In den tieferen Teilen treten konzentrierte Salzlaugen auf. Der Gipshut ist deshalb für das Schachtabteufen schwierig, zumal wegen der Salzlaugen beim Gefrierverfahren besonders tiefe Temperaturen erreicht werden müssen. Günstiger sind tonige Rückstandsbildungen, die sich über dem Salz sowohl aus primären Tonanteilen, als auch aus eingebrochenen Deckschichten, wie Geschiebemergeln u.dgl. zusammensetzen können. Man nennt das *Lettenhut.* Das tonreiche alpine Haselgebirge ist in der Regel von einem residualen Tonmantel gegen die gewöhnlich wasserführenden Nebengesteine abgegrenzt. Diese Gesteine werden wegen ihrer häufig starken Durchbewegung *Glanzschiefer* genannt.

Veränderungen unter dem Salzspiegel: Bei reichlichem Zufluß ungesättigter Wässer sind die Kaliflöze bis >100 m unter dem Salzspiegel deszendent verändert. Unmittelbar am Salzspiegel sind die K- und Mg-Salze meist völlig weggelöst, es verbleibt nur Rückstands-Halitit, allerdings oft noch durch Rotfärbung (Hämatit) als Kalilageräquivalent erkennbar. Kieserit wird zu Hexahydrit rehydratisiert. Gegen die Tiefe folgt eine *Sylvin-Fazies*, bei Kieserit-führenden Carnallititflözen eine Zone von Knollen und Krusten mit Schönit ($K_2Mg[SO_4]_2.6H_2O$), darunter der *Kainithut*. In Gorleben wurde das Carnallititflöz unter der eiszeitlichen Rinne vereinzelt erst 140–170 m unter dem Salzspiegel unverändert angetroffen.

IV. Montangeologische Arbeiten im Salzbergbau

Aufsuchung und Untersuchung von Salzlagern

Grundsätzlich ist die gezielte geologische Aufnahme die Basis jeder Prospektion und Exploration. Mit Hilfe von Luftphotos und Geländetraversen werden Stratigraphie und Tektonik eines höffigen Gebietes untersucht. Indirekte Indikationen auf Evaporite, wie etwa die Karstmorphologie über Gips oder versumpfte Senken über Salz, können in diesem Stadium ebenso wie direkte Hinweise in Form von Salzfaziesgesteinen, Salzquellen, Salzbiotopen, etc. festgestellt werden. Ergänzend können eventuell geochemische Methoden zur Auffindung salzhaltiger Grundwässer eingesetzt werden.

Ist das genauer zu untersuchende Gebiet durch diese ersten Arbeiten definiert, so werden in der Folge vor allem geophysikalische Erkundungsmethoden angewendet. Sehr effizient sind gravimetrische Methoden zur Abgrenzung von Salzstöcken bei ausreichend ausgeprägtem Dichteunterschied zwischen Evaporiten und Nebengesteinen (Abb 128). Reflexions- und Refraktionsseismik werden zur Feststellung der Tiefenlage des Salzspiegels und der Lage der Salzstockflanken verwendet. Von der Erdoberfläche aus eingesetzte geophysikalische Methoden eignen sich allerdings kaum zur Erkundung des Innenbaues von Salzstöcken. Flachliegende Salzlager sind überwiegend durch geologisch-paläogeographische Untersuchungen und nachfolgende Bohrungen aufzufinden.

Ein spezifisches Problem von Bohrungen im Salzgestein ist die leichte Löslichkeit der Salze; dementsprechend muß für eine geeignete Abdichtung gegen Oberflächen- und Grundwasser gesorgt werden, und die Spülflüssigkeit muß mit NaCl oder bei Bohrungen in Kalilagern auch mit KCl, $MgCl_2$ und $MgSO_4$ gesättigt sein. Die Bohrkernaufnahme von Salzgestein wird durch durchfallendes Licht sehr erleichtert. Die litho-stratigraphische Aufnahme wird in der Regel durch geophysikalische Bohrlochmessungen ergänzt, wobei insbesondere die natürliche Gammastrahlung, Schallgeschwindigkeiten, Dichte und Neutronenporosität wertvolle Daten liefern. An Kernen und am Bohrklein ungekernter Abschnitte sollten Bromanalysen eingeplant werden, da sie stratigraphische Hinweise liefern.

Kalilager sind selbst in flach lagernden Salinaren oft durch lateralen Fazieswechsel (Abb. 122), durch interne Faltung und durch Wellung relativ inhomogen, so daß für eine ausreichende Vorerkundung 2–3 Bohrungen pro km^2 erforderlich sind. Die Erkundung des Innenbaues von Diapiren erfordert ein ungleich dichteres Bohrnetz, wobei anfangs nur etwa 10–20 m unter den Salzspiegel abgeteuft wird. Orientiertes Kernen vorausgesetzt, ist damit bei bekannter Stratigraphie die Erstellung einer geologischen Horizontkarte und erster Schnitte möglich. Diese Bohrungen können zugleich für geophysikalische Messungen verwendet werden. Auf Grund dieser Vorerkundung werden in Abhängigkeit vom Projektziel (Abbau, Endlagerung, Bohrlochlaugung) einzelne tiefere Bohrungen geplant.

Zur weiteren Prospektion und vor allem auch zur Abschätzung von Reserven werden in der Folge Beckenmodelle entwickelt, welche die einzelnen Beobachtungen (Stratigraphie, Strukturen, Geochemie, Isopachenkarten, Diagenese, etc.) zu einem ganzheitlichen Bild vereinen (SONNENFELD 1991).

Geologische Arbeiten im Salzbergbau

Grundlage aller bergbaulichen Arbeiten ist eine gründliche, detaillierte *geologische Grubenkartierung.* Sie führt zur Erstellung eines lithostratigraphischen Normalprofiles der Schichten, welches möglichst durch geochemische Analysen und physikalische Parameter ergänzt wird. Aus der Kartierung ergeben sich räumliche Darstellungen in Profilen und Blockbildern, welche für eine rationelle Bergbauplanung unabdingbar sind. Einlagerungen von Nebengesteinen (Dolomit, Anhydrit, Ton, Basalt) sowie Zonen tektonischer Beanspruchung müssen besonders beachtet werden, da sie oft mit Gefahren durch Wasser- und Laugenzuflüsse oder Gasausbrüche verbunden sind. Die Qualität von Kaliflözen wird durch Isopachenkarten, Isokalinenkarten (Linien gleichen K_2O-Gehaltes) und durch Fazieskarten dargestellt.

Die eigentliche Salzgewinnung findet heute oft durch die Anlage von *Solungskavernen* statt. Dabei wird untertage oder von der Oberfläche aus eine Bohrung ins Salinar abgeteuft, durch deren Innenstrang Süßwasser eingepreßt wird, während durch die äußere Rohrtour die entstandene Sole abgepumpt wird. Völlig vergleichbar ist die Anlage von *Speicherkavernen* für Öl oder Erdgas. Bei der Anlage und Laugung einer Solungskaverne müssen verschiedene geologische Parameter beachtet werden, die die beabsichtigte Nutzung beeinträchtigen können. Besonders wichtig sind die Einhaltung eines Sicherheitsabstandes von Nebengesteinseinlagerungen, das Vermeiden von Auskesselungen an Kaliflözen und die Voraussage einer eventuellen Absenkung der Oberfläche. Der Fortschritt der Laugung einer Kaverne wird heute in der Regel durch echometrische Messungen kontrolliert.

Die Bohrlochlaugung des alpinen Haselgebirges ist durch den hohen Rückstand an Unlöslichem („Laist") gekennzeichnet, so daß einer Verwendung als Speicherkavernen enge Grenzen gesetzt sind. Nach Laugung von 1 m^3 Gestein mit 30% Unlöslichem verbleibt ein Hohlraum von 0,52 m^3, bei 60% Unlöslichem füllt dieses den Hohlraum fast zur Gänze. Tiefliegende Kalisalzflöze in Kanada und USA werden seit langem erfolgreich durch Bohrlochlaugung abgebaut. Spezifische Probleme treten bei Carnallit auf, da es leicht zu einer inkongruenten Laugung unter Neubildung von Sylvin kommt. Sylvinreiche Salze haben dagegen ein sehr günstiges Laugungsverhalten.

Salzgewinnung durch *bergmännischen Abbau* der Salzgesteine bedingt in erster Linie ingenieurgeologische bzw. gebirgsmechanische Untersuchungen zur Stabilität der Hohlräume (JEREMICS 1994). In der Regel soll hier ein Zubruchgehen verhindert werden, weil dies Wegsamkeiten für Wässer aus den Nebengesteinen öffnen könnte. Die Bemessung der Pfeiler zwischen Abbaukammern bzw. der Salzfesten darf nicht nur auf der Basis des gebirgsmechanischen Verhaltens der Salzgesteine erfolgen, sondern muß auch geologische Strukturen und Spannungszustände im Deckgebirge berücksichtigen.

Wasser- und Laugenzuflüsse gehören zu den größten Gefahren des Salzbergbaues. Nach der Herkunft unterscheidet man zwischen Zuflüssen aus dem Nebengestein, Laugeneinschlüssen im Salinar und bergbaulich bedingten Wässern.

Am gefährlichsten sind Zuflüsse aus dem Nebengestein, wobei es sich um Oberflächenwasser, um seichtes Grundwasser oder um tiefere Formationswässer handeln kann. Alle diese Wässer haben ein großes Lösungsvermögen, so daß die Fließwege im Salz ständig erweitert werden und ein Abdichten in der Regel nicht möglich ist. Die wichtigste Vorkehrung ist das Einhalten genügend großer Salzfesten zum wasserführenden Nebengestein. Infolge Nichtbeachtung dieser Regel sind früher z.B. viele Schächte im Staßfurter Revier abgesoffen, weil man den Kainithut der Kaliflöze zu nahe bis an den Salzspiegel heran abgebaut hatte. Ein seltenes Beispiel erfolgreicher Abdichtungsarbeiten nach Einbruch von Oberflächenwässern gelang im Salzbergbau Aussee/Steiermark (Abb. 121). Besonders geeignet sind in solchen Fällen Abdichtungsinjektionen (SCHWERTER 1992).

Laugen, welche im Salinar eingeschlossen sind und durch Bohrungen oder bergmännischen Vortrieb angefahren werden, sind meist wenig bedrohlich. Immerhin können Einbrüche größerer Laugenmengen beträchtliche Schäden anrichten, weshalb zu ihrer frühzeitigen Lokalisierung nach Möglichkeit geophysikalische Methoden genutzt werden. Auch NaCl-gesättigte Laugen lösen aber Kalisalze, weshalb jede zufließende Lauge beprobt und untersucht werden sollte. Bestimmt werden Zuflußrate und -menge, Temperatur, Druck (nach Schließung des Bohrloches: WEBER et al. 1998) und die chemische Zusammensetzung. Bei gleicher Zusammensetzung können isotopengeochemische Analysen des Wassers die unterschiedliche Herkunft erkennen lassen (BOTRELL et al. 1996). Auf Grund dieser Daten ist eine Beurteilung der möglichen Gefährdung durchzuführen.

Bergbaulich bedingte Wässer sind Kondensate der einziehenden Wetter, ferner Bohrspülungen und Feuchtigkeit im Versatz. Sie sind gewöhnlich unbedenklich.

Die *Gefährdung des Salzbergbaues durch Gase* ist unterschiedlich. Früher schon wurde festgestellt, daß alle Salzgesteine Gase führen, vor allem N_2, O_2, Kohlenwasserstoffe, CO_2 und H_2S, welch Letzteres ab 0,007 Vol.% in der Atemluft toxisch wirkt. Die Gefährdung beruht überwiegend auf dem Auftreten großer Taschen von gasreichem Salz, wobei solches „mineralgebundenes" Gas oft unter hohem Druck steht und zu Zertrümmerung oder Ausbrüchen der betreffenden Bereiche führt, sobald sie angefahren werden. Einer der größten bekannten Ausbrüche ereignete sich im Kalibergbau Menzengraben im Werra-Fulda Revier, unter Freisetzung von 700.000 t CO_2 und 65.000 t Salz. Eine geophysikalische Ortung gasreicher Salze ist bisher nicht gelungen, obwohl zumindest die Feststellung von Einlagerungen wie Ton, Anhydrit und Basalt, in deren Nähe oft Gase auftreten, hilfreich ist. Bei Anfahren solcher Bereiche werden vor allem Entgasungsbohrungen gesetzt und arbeitstechnische Maßnahmen getroffen, um die Gefährdung von Grubenpersonal zu begrenzen.

Auch die *hydrogeologische und ingenieurgeologische Überwachung* des Umfeldes des Salzbergbaues obliegt dem Montangeologen. Insbesondere ist darauf zu achten, daß das natürliche hydrologische Regime im Bereich des Salzspiegels nicht nachteilig verändert wird. Wird hier verstärkt Lauge abgezogen, z.B. durch Entwässerung, fließt naturgemäß Wasser geringeren Salzgehaltes nach, wodurch die Laugung verstärkt wird. Dies aber kann zu Oberflächensenkung oder Erdfällen mit beträchtlichen Schäden führen, wie man aus der früher praktizierten Gewinnung „natürlicher Lauge" durch Abpumpen vom Salzspiegel in Lüneburg, Stade und Hannover-Badenstedt gelernt hat. Ein sehr interessantes Problem ist auch die Versenkung von Restlaugen der Kalisalzaufbereitung in tiefe geologische Speicher, so z.B. in Thüringen und Hessen bevorzugt in den Plattendolomit (Z3). Halden von Nebengesteinen oder von Aufbereitungsrückständen der Kalisalzverarbeitung (*Salzhalden*) schließlich müssen umweltschonend verwahrt werden (z.B. KÖHLER 1999). Daraus resultierende Salzgewässer und Sümpfe können allerdings sehr wertvolle Bio- und Geotope sein (RICHTER 2001).

Aspekte der Nutzung von Salzlagern zur Lagerung von radioaktiven oder toxischen Abfällen werden im Kapitel *Entsorgungsbergbau* beschrieben.

AUFSUCHUNG UND BEURTEILUNG VON LAGERSTÄTTEN MINERALISCHER ROHSTOFFE, UMWELTSCHUTZ UND ENTSORGUNGSBERGBAU

Die freie Verfügbarkeit der benötigten Rohstoffe ist für unsere Zivilisation eine wesentliche Voraussetzung. Um dies zu gewährleisten, müssen die durch Bergbau in Anspruch genommenen Reserven laufend ersetzt werden. Dazu kommt ein Mehrbedarf, der durch die ansteigende Weltbevölkerung und deren wachsenden Lebensstandard bedingt ist. Natürlich ist das nicht für alle Rohstoffe gleich, im Durchschnitt aber kann man mit einem steigenden Rohstoffbedarf von 5% pro Jahr rechnen.

Es gilt also, für die abgebauten Rohstoffmengen möglichst gleichwertigen Ersatz zu finden. Dazu müssen Teile der zunächst nur vermuteten mineralischen Ressourcen der Erde in bergbauliche Reserven verwandelt und zum Abbau vorgerichtet werden. Folgende Hauptphasen dieser Tätigkeit werden unterschieden: *Aufsuchung* potentieller Lagerstätten (Exploration), *Erkundung* solcherart lokalisierter höffiger Stellen und deren *Entwicklung* bis zum produzierenden Bergbau im Falle positiver Ergebnisse. Im Einzelnen werden naturgemäß nicht immer alle diese Stadien durchlaufen; so kaufen sich Firmen oft in früher aufgefundene Vorkommen ein, oder es werden neue Lagerstättenteile im Umkreis existierender Bergbaue erschlossen.

Eine gesicherte Rohstoffversorgung ist aber nicht nur von der geologisch-technischen Verfügbarkeit abhängig, sondern mehr noch von wirtschaftlichen, institutionellen und rechtlichen Randbedingungen. Allgemein kann man sagen, daß die freie Marktwirtschaft sich auch diesbezüglich als sehr erfolgreich erwiesen hat. Trotzdem ist die Verfügbarkeit aller benötigten Rohstoffe keine Selbstverständlichkeit. Sie muß durch geowissenschaftlich-technologische Fortschritte ebenso wie durch politische und wirtschaftliche Planung auf nationalem und internationalem Niveau andauernd neu gewährleistet werden.

Alle Aktivitäten, die der Rohstoffversorgung dienen, von der Suche bis zur Schließung von Bergbauen, müssen in Bezug auf die drei Kriterien *umweltschonend, nachhaltig und sozialverträglich* optimiert werden. Dies schließt den Dienst an der Gesellschaft durch die Bereitstellung von *Entsorgungsbergbauen* mit ein, welche analog zur Natur (z.B. die langlebigen Spaltprodukte der natürlichen Kernreaktoren in Gabun, Abb. 90) schädliche Stoffe geologisch langfristig von der Biosphäre fernhalten.

In den folgenden Kapiteln sollen die wichtigsten angewandten geowissenschaftlichen Konzepte und Methoden im Lebenszyklus einer Lagerstätte, von der Aufsuchung bis zur Schließung, gerafft vorgestellt werden. Weniger noch als in anderen Teilen dieses Buches wird eine ausführliche oder gar vollständige Abdeckung angestrebt. Für eine weiterführende Beschäftigung mit diesen Aspekten muß die zitierte Spezialliteratur herangezogen werden. Einen Einstieg ermöglichen Berkman (2001) und Evans (1993, 1998).

I. Die wirtschaftlichen Rahmenbedingungen

Eine wirtschaftliche Gewinnung von Rohstoffen setzt voraus, daß sämtliche anfallende *Kosten* (für Aufsuchung, Untersuchung, Entwicklung, Abbau und Aufbereitung, z.T. Transport, aber auch Finanzierungskosten, Steuern, Förderabgaben, Umweltschutz, Schließung) durch die *Erlöse* abgedeckt sind und daß zusätzlich ein *Gewinnanteil* verbleibt. Aus volkswirtschaftlichen (z.B. Deviseneinnahmen) und sozialpolitischen Gründen (Erhaltung von Arbeitsplätzen) und zur Sicherung einer eigenen Rohstoffbasis werden in vielen Ländern bestimmte Bergbausparten staatlich gestützt, obwohl sie auf dem freien Weltmarkt nicht bestehen könnten, da die oben genannte Grundbedingung nicht zutrifft.

Die möglichen Erlöse sind durch die *Rohstoffpreise* bedingt. Preise entstehen im Normalfall durch das freie Wechselspiel von Angebot und Nachfrage. Dies gilt auf dem Rohstoffsektor für viele Metalle (Gold, Blei, Zinn, etc.). Dadurch bedingt sind allerdings häufige und starke Schwankungen der Preise, die eine vorausschauende Kalkulation der Erlöse eines Bergbaues sehr erschweren (Abb. 129). Hier liegt eines der größten Risiken für neue Bergbauprojekte, das durch die lange Vorlaufzeit bis zum ersten Verkauf der Produkte (meist 5–9 Jahre) gravierend verstärkt wird. Andere Rohstoffproduzenten können durch Verträge mit den Abnehmern (Eisen, Kohle, viele Industrieminerale) oder in Einzelfällen durch nahezu monopolistische Strukturen mit langfristig stabilen Preisen rechnen.

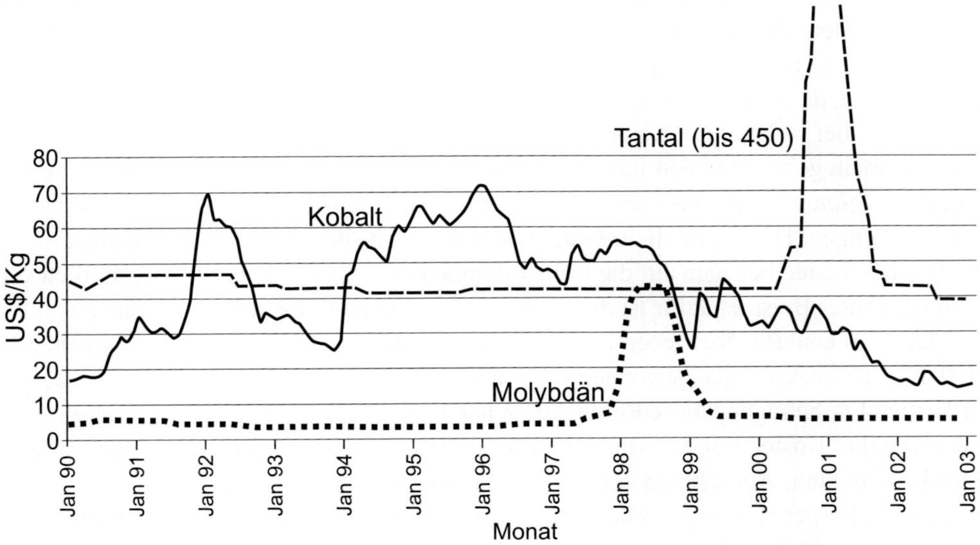

Abb. 129. Preisentwicklung 1990–2003 für drei Metalle; beachte die Volatilität für Co, während Ta und Mo nur selten vom langjährigen Niveau abweichen (WELLMER 2003).

Eigentlich montangeologische Aspekte der Wirtschaftlichkeit bzw. der *Abbauwürdigkeit* einer Lagerstätte betreffen Reserven, geologische Verhältnisse und Aufbereitbarkeit. Geographische Lage, Infrastruktur, schließlich Umweltauflagen und andere oben genannte Kostenfaktoren sind in die Beurteilung miteinzubeziehen, da nur die Gesamtheit aller Faktoren eine endgültige Entscheidung zuläßt. Schließlich werden Kriterien der *Nachhaltigkeit* des Projektes überprüft, ob also ausreichende Beiträge zum Wirtschaftswachstum, zur Erhaltung des ökologischen Gleichgewichts und zum sozialen Fortschritt zu erwarten sind.

Die *Reserven,* also die nach Menge und Rohstoffgehalt definierte Substanz einer Lagerstätte, sind der wichtigste Faktor. Bei großen, reichen Lagerstätten werden alle anderen Schwierigkeiten überwindbar sein, während geringhaltige oder kleine Vorkommen auch bei noch so günstigen anderen Bedingungen keinen Betrieb ermöglichen. Bei der Besprechung der einzelnen Rohstoffe wurden oft minimale oder durchschnittliche Gehalte und z.T. typische Lagerstättenbeispiele mit ihren Kenndaten genannt. Für metallische Erze z. B. sollen folgende minimale Reserven (Metallinhalt der Lagerstätte bei dem angegebenen Metallgehalt im Erz) vorhanden sein:

Eisen	1,000.000 t Fe	60% Fe
Mangan	30.000 t Mn	45% Mn
Kupfer	50.000 t Cu	3% Cu
Zinn	1.000 t Sn	1% Sn
Gold	1 t Au	0,001% Au

Dies ist dadurch verständlich, daß die für Bergbau und Aufbereitung notwendigen Investitionen abgedeckt sein müssen, bevor überhaupt an einen gewinnbringenden Betrieb gedacht werden kann. Die Größenordnung solcher Investitionen liegt schon bei kleinen Bergbauen bei 50 Millionen US $, sehr große Bergbaue, z.B. große Kupferminen, kosten bis über 1.000 Millionen US $. Bereits bei der Planung von Aufsuchungsprojekten sind daher solche Richtzahlen zu berücksichtigen.

Die tatsächlich vorliegende Reservensituation bestimmt die *optimale Größe* des Bergbaues, die in produzierten Tonnen pro Tag oder Jahr ausgedrückt wird. Eine sehr hohe Produktion bedingt eine Verkürzung der Betriebsdauer, welche bei den meisten Bergbauen zwischen 3 bis 30 Jahren liegt. Die Wirtschaftlichkeitsberechnung erfolgt durch einen Kostenvergleich für verschiedene Raten der Jahresproduktion, da die Investitions- und die Betriebskosten mit diesen schwanken. Gewählt wird dann jene Rate, bei welcher die Kosten am niedrigsten ausfallen.

Ganz allgemein geht seit vielen Jahren die Entwicklung in Richtung auf die Ausbeutung *großer Lagerstätten („giants") mit relativ armen Erzen,* womöglich im Tagbau, anstelle des Abbaues kleiner Anreicherungen. Dies ermöglicht hohe Investitionen, insbesondere für Mechanisierung, welche die Betriebskosten bezogen auf die Rohstoffeinheit (also pro t Cu, Fe etc.) wesentlich vermindert. Ein bekanntes Beispiel dafür ist die Senkung der unteren Bauwürdigkeitsgrenze von Kupfer, die bei kleineren Untertagebetrieben bei 3% liegt, während im Tagbau aus porphyrischen Lagerstätten 0,4% Cu wirtschaftlich gewonnen werden können, sofern die Vorräte mehrere hundert Millionen Tonnen Erz betragen. Diese Entwicklung hat die Einstellung vieler kleiner Bergbaue verursacht, welche ihre Kosten mit den von den Großen vorgegebenen niedrigen Rohstoffpreisen nicht mehr decken konnten. Ausnahmen sind manche kleine, jedoch sehr günstig, z.B. durch Laugung gewinnbare Erzkörper (Cu, oxydische Zn-Erze, lateritisches Au, etc.). Eine bemerkenswerte Entwicklung ist schließlich auch der zunehmende Trend zur Ko-Produktion mehrerer Rohstoffe aus einer Lagerstätte, mit dem Ziel einer möglichst umfassenden Nutzung (z.B. Ton-Sand-Kohle, oder Tantal-Kaolin-Felspat-Quarzsand, etc.).

Auch die *geologischen Verhältnisse* sind für den Aufwand bei Erkundung und Abbau wesentlich. Form, Lage und Variabilität der Erzkörper ebenso wie gebirgsmechanische oder hydrogeologische Eigenschaften der Nebengesteine haben Einfluß auf die Wirtschaftlichkeit. Ungestörte Rohstofflager gleichbleibender Qualität (z.B. Kohlenflöze) erlauben weite Bohrabstände bei der Erkundung und sind nach anfänglicher Anpassung der Abbau- und Aufbereitungsmethoden sowohl technisch wie auch wirtschaftlich langfristig planbar. Stark deformierte Lagerstätten (z.B. metamorphe Sulfide) oder sehr absätzige Erzkörper (viele Verdrängungserze, etwa Pb-Zn in Karbonaten) bedingen durch die rasch wechselnden geologischen Verhältnisse in Erkundung und Betrieb hohe Kosten.

Ähnlich ungünstig sind fast immer gebräche Nebengesteine (z.B. durch hydrothermale Vertonung) oder große Wasserzuflüsse.

Die *Aufbereitbarkeit* eines Rohstoffes ist Vorbedingung einer wirtschaftlichen Verwertung. Hier spielen Korngrößen, Verwachsungsgrad und die mineralogische Charakteristik des zu konzentrierenden Rohstoffes und der Gangarten eine Rolle. Dazu kommen Vorteile oder Nachteile, die durch Neben- oder Spurenelemente im Konzentrat auftreten können. Bei Golderzen etwa kann Freigold (free-milling gold), also ausreichend grobkörniges gediegen Gold, durch billige Schwereaufbereitung angereichert werden. Ist das Gold sehr feinkörnig, muß Cyanid-Laugung angewendet werden, die wesentlich höhere Investitions- und Betriebsausgaben voraussetzt. Die Verwendung von Cyaniden verlangt zudem besondere Vorkehrungen für den Umweltschutz, welche in jenem Fall noch zusätzlich verteuert werden, wenn das Gold in submikroskopischer Verwachsung mit Sulfiden vorliegt. Dann nämlich muß das Erz vor der Laugung oxydiert (z.B. geröstet) werden, wodurch Folgeprobleme mit den Hüttenabgasen entstehen (SO_2, As, Sb, Hg, etc.).

Geographische Lage und Infrastruktur bedürfen hier keiner näheren Erläuterung. Klima, Höhenlage, Besiedlung, Nutzungskonkurrenz, Verfügbarkeit von Wasser, Energie und Transportmöglichkeiten sowie Umweltschutzauflagen sind die wichtigsten Momente. Sie bestimmen in hohem Maße die Mindestanforderungen an Gehalt und Größe der jeweils gesuchten Lagerstätte. Eine wichtige Rolle spielt schließlich das politisch-soziale Umfeld, das die Sicherheit langfristiger Investitionen entscheidend beeinflußt.

II. Die Aufsuchung von Lagerstätten

„In my view the greatest value is added by the geologist who starts with nothing other than some ideas and goes out into the desert and finds an orebody“.

J.K. Ellis (Chairman of BHP Australia, 1998)

1. Vorerkundungen

Jede Suche nach Lagerstätten mineralischer Rohstoffe beginnt mit der Sammlung und Auswertung früherer geowissenschaftlicher, metallogenetischer und montangeologischer Arbeiten. Schon eine gute geologische Karte erlaubt im Grunde eine Abschätzung *möglicherweise vorhandener Rohstoffe.* So sind vulkano-sedimentäre Serien grundsätzlich höffig in Bezug auf Buntmetall-Lagerstätten. In Granitkuppeln wird man Zinn oder Wolfram vermuten, Playaseen in jungen Vulkangebieten können Zeolithe, Borate oder Lithiumlaugen führen. Viele, auch jüngste Prospektionserfolge beruhen deshalb nur auf einer klugen Neuinterpretation publizierter geologischer Karten und deren Beschreibung. Die Erwähnung eines Alunitvorkommens auf der Insel Lihir, Papua Neuguinea, in einem Kartierungsbericht z.B. war der Anlaß für eine Untersuchung der Region auf mögliche epithermale Goldvorkommen. Gefunden wurde die bedeutende porphyrisch-epithermale Lagerstätte *Ladolam,* mit einem Metallinhalt von rund 41 Tonnen Gold.

Es ist erstaunlich, daß diese Bedeutung einer *systematischen geologischen Landesaufnahme* für die Rohstofferkundung, aber genauso auch für Projekte, welche Wasser oder Umwelt betreffen, in der Öffentlichkeit nicht verstanden wird. In Industrieländern mag man erwarten, daß interessierte Firmen entsprechende Eigenleistungen erbringen, in Ländern der Dritten Welt sind jedoch vielfach nur mehr jene Entwicklungshilfeprojekte zu finanzieren, die kurzfristige Verbesserung der Symptome der Unterentwicklung versprechen. Der ungeheure langfristige

Nutzen von geowissenschaftlichen Kartierungsprogrammen für die Wirtschaft eines Landes muß den Verantwortlichen wieder eindringlicher klargemacht werden.

Die Auswahl von Zielgebieten für die Exploration beginnt nicht selten mit großräumigen geologischen Modellen, indem in der wissenschaftlichen Literatur Bereiche günstiger Randbedingungen gesucht werden. Das können große Sedimentbecken mit synsedimentären Dehnungsphasen und gut entwickelten reduzierten sowie oxydierten Kompartimenten sein (Buntmetalle), oder geochemisch-strukturell und geodynamisch definierte magmatische Gürtel (Zinn), oder alte Kratone mit Scher- und Dilatationszonen (Gold). Große Lagerstätten sind in der Regel dort entwickelt, wo auch der geologische Bau großzügig angelegt ist.

Jedenfalls aber wird nach dem Abschluß der Vorerkundung ein Plan für die eigentlichen Sucharbeiten zu erstellen sein, in dem geowissenschaftliche, logistische, bergrechtliche und finanzielle Komponenten sowie Aspekte der physischen und sozialen Umwelt berücksichtigt sind. Grundlegend wichtig ist, daß Exploration aus finanzieller Sicht eine Investition ist, weshalb die Erfolgschancen gegen die Risiken abgewogen werden müssen.

2. Geologische Methoden

„About thirty years ago there was much talk that geologists ought only to observe and not theorise. How odd it is that anyone should not see that all observation must be for or against some view if it is to be of any service!“

Charles Darwin (Letter from the Beagle, September 18, 1861).

Geologische Konzepte und Methoden sind eine unerläßliche Grundlage für die Suche nach Lagerstätten (MARJORIBANKS 1997). Sie sind zugleich Ausgangspunkt und der gemeinsame Rahmen, in dem die einzelnen unterstützenden Methoden (Fernerkundung, Geophysik, Geochemie, etc.) zusammengefaßt und interpretiert werden.

In der Lagerstättensuche werden heute meist folgende Wege mit Erfolg begangen:

- größere Gebiete werden systematisch abgesucht, ohne oder mit Beschränkung auf bestimmte Rohstoffe (grass roots exploration);
- es werden Gebiete ausgewählt und untersucht, die in ihrer geologischen Charakteristik bekannten metallogenetischen Provinzen ähnlich sind;
- bekannte Lagerstättenbereiche oder Bergbaudistrikte werden auf Grund besserer geologischer Kenntnisse neu bewertet, so daß neue Lagerstätten vermutet werden dürfen; und
- bei der Suche nach bestimmten Rohstoffen wählt man Zielgebiete, in welchen die gleichen geologischen Bedingungen vermutet werden können, wie sie von produzierenden Lagerstätten bekannt sind.

Einige spektakuläre Erfolge der letzten Jahrzehnte können hier als Beispiele angeführt werden:

Ein jung-proterozoisches Becken im südlichen Australien wurde als Zielgebiet für eine großräumige Prospektion ausgewählt, weil eine dem zentralafrikanischen Kupfergürtel vergleichbare Entwicklung vermutet wurde. Gefunden wurde die riesige Cu-U-Lagerstätte Olympic Dam (s. dort). Dadurch angeregt, unternahm eine andere Firma eine Neuuntersuchung präkambrischer Gebiete in den USA und fand dabei die Fe-SEE-Lagerstätte Pea Ridge in Missouri.

Der Bergbau Mt. Isa/Australien (s. dort) gehört zu den größten Buntmetallagerstätten der Erde. Geologisch motivierte Suche in der unmittelbaren Umgebung erbrachte den Aufschluß der nur wenig kleineren Hilton Mine. Hier paßt sehr gut der Satz „If you are hunting elephants, go to elephant country“.

Daß neue Konzepte auch in gut untersuchten Gebieten erfolgreich sein können, bewiesen jene Geologen, welche auf Grund des Lagerstättenmodells für das Pt des Bushveldes bekannte große geschichtete basische Intrusionen ins Visier nahmen. Neben vielen anderen Neufunden erwies sich die in allen Lehrbüchern der Petrologie beschriebene, wissenschaftlich vielfach untersuchte Intrusion von Skaergaard in Grönland dadurch als zukünftige Au-Pt-Lagerstätte.

Es gibt aber auch heute noch überraschende Zufallsfunde: Während einer Diamant-Prospektion wurde 1994 im östlichen Labrador/Kanada ein kleiner Eiserner Hut entdeckt. Die Lage in einem olivinführenden Gabbromassifs veranlaßte eine elektromagnetische Untersuchung und damit die Lokalisierung der außergewöhnlich hochprozentigen sulfidischen Nickellagerstätte *Voisey's Bay.* Die bisherigen Bohrungen wiesen Gesamtressourcen von 137 Mt Erz mit 1,59% Ni, 0,85% Cu und 0,09% Co nach (Naldrett & Li 2000).

Die Lage der irischen Buntmetallagerstätten ist stratigraphisch (meist an der Basis der Waulsortian Kalke, Unterkarbon) und tektonisch (durch syn-sedimentäre „growth faults") kontrolliert. Geochemische und geophysikalische Untersuchungen eines störungsnahen Abschnittes, in dem der höffige Horizont bis 300 m tief liegt, ergab rasch interessante Anomalien. Danach wurden Kernbohrungen angesetzt; erst die siebte Bohrung erschloß Erz. Bald (1994) waren 22 Mt Erz mit 11,5% Zn, 1,9% Pb und 26g/t Ag nachgewiesen. Unter dem Namen *Lisheen* ist eine neue Mine entstanden.

Früher war die Entdeckung neuer Lagerstätten Bergleuten, Geologen oder Laienunternehmern zu verdanken, die im Gelände systematisch nach Erzausbissen oder sonstigen Anzeichen für Rohstoffvorkommen, z.B. Eisernen Hüten suchten (Engl. „prospecting": Locke 1921). Diese wurden dann nach ihrer möglichen Ausdehnung in der Tiefe eingeschätzt und durch weitere Schurfmethoden untersucht. Heute tritt die Bedeutung dieser Vorgehensweise stark zurück, da große Gebiete der Erde bereits mehrfach auf diese Weise begangen wurden und deshalb immer weniger Neufunde oberflächennaher Lagerstätten zu erwarten sind. Große Firmen bedienen sich deshalb zur Auffindung verborgener Lagerstätten wie in einigen der oben erwähnten Beispiele geologischer Konzepte und moderner, systematischer Suchmethoden (Sillitoe 1995).

Das Wesen dieser Konzepte sind beschreibende und genetische Modelle von Lagerstätten, deren geologisch, geochemisch und geophysikalisch meßbare Parameter zu einem *Explorationsmodell* ausgebaut werden. Während der Arbeiten wird in einem schrittweisen Vorgehen nach jenen Orten gesucht, wo möglichst viele dieser Parameter zutreffen, welche sich also vom normalen Hintergrund abheben. Man spricht deshalb auch von *Anomalien,* welche aber keineswegs immer in der Tiefe verborgene Lagerstätten anzeigen. Die Untersuchung eines größeren Gebietes ergibt in der Regel eine große Zahl solcher Anomalien, die in der Folge nach ihrer Höffigkeit gereiht und untersucht werden. Dies kann allerdings nicht schematisch ablaufen, da die neu geschaffenen Aufschlüsse und Messungen Rückwirkungen auf das Explorationsmodell haben, welches laufend angepaßt werden muß. Letzteres ist wohl auch ein wesentliches Problem für den Einsatz von Computerprogrammen, welche bei der Gewichtung der einzelnen Anomalien helfen sollen. Gut brauchbar sind Geowissenschaftliche Informationssysteme (GIS), welche die Korrelation, kombinierte Visualisierung und Interpretation unterschiedlicher Datensätze erlauben und damit helfen, die Übersicht über die große Menge verschiedener Messungen zu bewahren.

Wie oben skizziert, folgen geologische Aufsuchungsprogramme einer Strategie, welche vom regionalen zum lokalen Maßstab, von anfänglich relativ billigen zu aufwendigeren Untersuchungsmethoden und von modellhaften Vorstellungen zu Messung und Beschreibung von Fakten gerichtet ist. Für einzelne Rohstoffe ist diese Arbeitsabfolge recht unterschiedlich; als allgemeiner Rahmen kann folgende Auflistung gelten:

1. Regionale Erkundung (reconnaissance exploration)

Hier wird das Ziel verfolgt, große Gebiete auf ihr Lagerstättenpotential zu überprüfen, höffige Lokalitäten für eine genauere Untersuchung aufzufinden und Teilgebiete geringer Höffigkeit auszuscheiden. Dazu werden Methoden eingesetzt, die eine rasche Beurteilung großer Flächen erlauben: Geologische Interpretation von Satellitenbildern und Luftphotos, aerogeophysikalische Flächenmessungen, Schwermineralbeprobung von Flußsedimenten (z.B. zur Suche nach Diamanten) sowie regionale geochemische Beprobung. Unabdingbar sind begleitende geologische Übersichtsaufnahmen und genauere Begehung jener Lokalitäten, die Hinweise für eine mögliche Lagerstättenführung erbrachten.

2. Detailuntersuchung von höffigen Lokalitäten (detailed follow-up exploration)

In dieser Phase, z.T. aber in der Praxis bereits mit den regionalen Untersuchungen übergreifend, sollen höffige Lokalitäten (Anomalien, „prospects“) soweit untersucht werden, daß eine erste Bewertung der angedeuteten Lagerstätte möglich ist. Dazu sind Angaben über den geologischen Aufbau, die Umrisse und den ungefähren Inhalt des Lagerstättenkörpers erforderlich. Zu diesem Zweck werden nun auf kleiner Fläche relativ engmaschig geologische Kartierung, geochemische und geophysikalische Untersuchungen, seichte Schurfarbeiten und Bohrungen eingesetzt. In den meisten Fällen ergibt sich während dieser Arbeiten, daß das Potential der Lokalität zu gering ist. Für die verbleibenden, weiterhin als günstig eingeschätzten Vorkommen schließt diese Phase mit einer montangeologischen Wirtschaftlichkeitsstudie (pre-feasibility study) ab, in welcher die Chancen eines erfolgreichen Abbaues durch Vergleich mit ähnlichen, aktiven Bergbauen vorläufig beurteilt wird.

3. Untersuchung der Funde und endgültige Bewertung (evaluation)

In dieser Phase werden die Bohrungen verdichtet, erste bergmännische Aufschlüsse dienen der Gewinnung von Großproben und Daten zum gebirgsmechanischen Verhalten, und Aufbereitungsversuche erlauben Aussagen zu den geeigneten Methoden, dem zu erwartenden Ausbringen und zur Qualität des erzielbaren Produktes. Damit erst ist eine genaue Reservenberechnung möglich, weiter eine wirklichkeitsnahe Planung des zukünftigen Bergbaues und der notwendigen Aufbereitung, ebenso eine Festlegung des Ausbaues der erforderlichen Infrastruktur. Investitions- und Betriebskosten können berechnet werden, die wahrscheinlichen Erlöse sind abschätzbar. Notwendige Vorkehrungen zum Schutz der Umwelt können geplant und die Aufwendungen beziffert werden. Diese Untersuchungen müssen von einem Team gemacht werden, das aus Montangeologen, Bergleuten, Metallurgen, Bergwirtschaftlern und weiteren Fachleuten besteht. Die Ergebnisse werden in einer umfassenden Wirtschaftlichkeitsstudie (feasibility study) dargestellt, welche die endgültige Entscheidung über die Betriebsaufnahme erlaubt.

Das *Risiko* der Untersuchungen in den Phasen 1 und 2 ist sehr hoch, oder anders ausgedrückt, die Erfolgsrate ist relativ klein. Professionelle Firmen rechnen mit *einem* signifikanten Neufund auf hundert Vorkommen, die näher untersucht werden. Noch schlechter ist die Chance, einen wirtschaftlich herausragenden Neufund zu machen. Sie liegt bei etwa 1:1000 bis 1:2000. Um die Kosten der letztlich erfolglosen Untersuchungen möglichst gering zu halten, werden die Suchmethoden durch Verbesserung der metallogenetischen Konzepte und durch Weiterentwicklung der Explorationstechnik laufend optimiert.

Im Krisenjahr 2002 wurden weltweit nur etwa 1,9 Milliarden US $ für Exploration fester Rohstoffe (ohne Kohle und Industrieminerale) ausgegeben (1997 waren das ~5, 2003 2,4 Milliarden). Fast die Hälfte davon war der Suche nach Gold und Platin zuzuordnen, der Rest überwiegend für Kupfer, Nickel, und Diamanten, nur ein kleiner Teil für andere Metalle und Minerale. Ein geringer Teil der Gesamtausgaben fiel in die Kategorie der „grass roots exploration“, der größte Anteil war für bergbaunahe Sucharbeiten bestimmt.

3. Geologische Fernerkundung und Auswertung von Luftphotos

Der Begriff Fernerkundung (remote sensing) bezeichnet Techniken, welche für Messung und Interpretation der Interaktion zwischen Materie und elektromagnetischer Energie aus größerer Distanz eingesetzt werden. Ein Teil dieser Techniken (z.B. Aeromagnetik, Gammastrahlenmessungen) wird allgemein der Geophysik zugerechnet. Die geologischen Methoden der Fernerkundung beruhen auf der Verwendung elektromagnetischer Wellen, welche von Flugzeugen oder Satelliten aus erfaßt und hinsichtlich des geologischen Aufbaues der Erdoberfläche ausgewertet werden (Sabins 1999). Der Einsatz von Luftphotos in der Geologie ist eine Fernerkundungsmethode, welche seit Jahrzehnten selbstverständlich ist. Mit der Verfügbarkeit der ersten Bilder des US-amerikanischen Erderkundungssatelliten Landsat (ERTS-1) im Jahre 1972 jedoch wurde eine völlig neue Dimension der Fernerkundung allgemein zugänglich. Mittlerweile ist die geologische Auswertung von Satellitenbildern bzw. von technisch vergleichbaren Flugzeugaufnahmen als Unterstützung für großräumige Untersuchungen Routine geworden.

Der brauchbare Bereich des elektromagnetischen Spektrums reicht von 0,3 Mikrometer bis ca. 50 cm Wellenlänge, umfaßt also sichtbares Licht, nahes und fernes („thermisches") Infrarot sowie Mikrowellen (Abb. 130). Gemessen wird jene Strahlung, die von der Erdoberfläche abgegeben wird. In der Regel nutzt man durch Sonnenlicht angeregte Abstrahlung (passive Fernerkundungsmethoden), seltener werden Radarmessungen im Mikrowellenbereich eingesetzt, bei welchen sowohl Anregung wie Registrierung vom Flugzeug oder vom Satelliten (z.B. ERS-1,2) aus erfolgen (aktive Methoden).

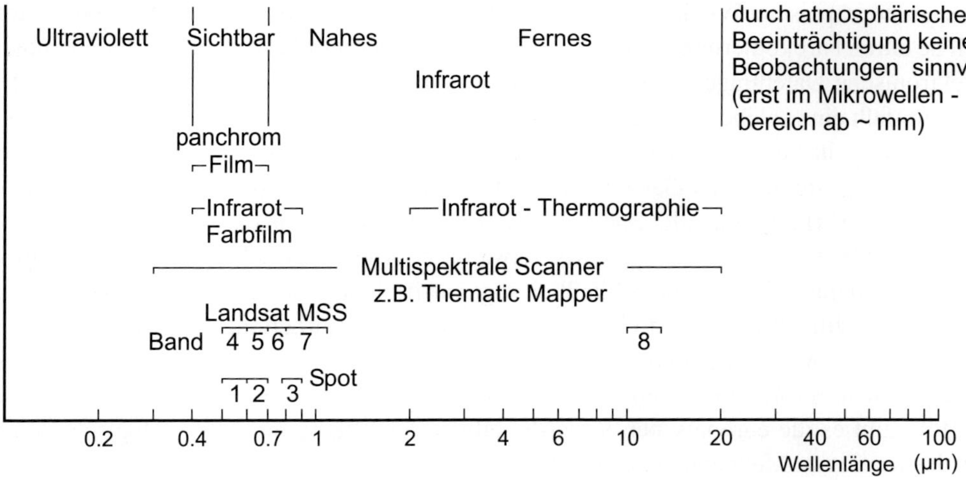

Abb. 130. Bandbereiche häufig genutzter geologischer Fernerkundungsmethoden im unteren elektromagnetischen Spektrum.

Verschiedene Gesteine, Böden und Pflanzen reflektieren einfallende Strahlung unterschiedlich, was durch unser subjektives Farbempfinden bereits für das sichtbare Licht klar ist. Überdeckt man den Meßbereich von 0,3 bis etwa 20 Mikrometer mit bis zu 20 einzelnen Spektralbändern („hyperspektrales Kartieren"), erhält man charakteristische Reflexionskurven, welche sogar die Indentifizierung von Mineralen und Gesteinen, Böden, hydrothermalen Alterationen, eisernen Hüten und die Unterscheidung von gesunden und geschädigten Pflanzen zulassen. Zwischen 15–20 und 1000 Mikrometer ist die atmosphärische Beeinträchtigung zu stark, um auswertbare Messungen zu erlauben. Radarmessungen werden gewöhnlich im 3 cm- und im 25 cm-Band durchgeführt. Diese Wellen durchdringen Wolken und Vegetation, ermöglichen aber nur morphologisch begründete Aussagen über die anstehenden Gesteine. Deshalb werden Radarmessungen meist in Urwaldgebieten verwendet, um genaue topographische Aufnahmen zu liefern, welche vor allem strukturgeologisch ausgewertet werden können. Ein neuartiges Radarsystem wurde für das amerikanische Space Shuttle entwickelt, das geringmächtige (1–2 m), lockere Oberflächensedimente durchdringt. Die Anwendung für hydrogeologische Fragestellungen in Wüstengebieten konnte in Ägypten überzeugend nachgewiesen werden. Auf einer DC-8 montiert hat sich das System seit 1997 für Kartierung und regionale Exploration in Australien bewährt.

Grundlage für die moderne Fernerkundung war die Entwicklung von optomechanischen Radiometern in den 60-er Jahren; davor waren nur photographische Filme mit einem relativ engen Empfindlichkeitsbereich verfügbar. Die neue Technologie ermöglichte den Bau von *multispektralen Scannern (MSS),* welche gleichzeitig für dasselbe Meßfeld („Pixel“, bei LANDSAT eine Bodenfläche von 30 x 30 m) mehrere Ausschnitte („Bänder“) des elektromagnetischen Spektrums getrennt erfassen. Die Meßwerte werden digital registriert und können deshalb direkt im Computer verarbeitet werden. Vergleichswerte für Böden und Gesteine können mit der neuen Generation von tragbaren Spektroradiometern schnell und sehr exakt direkt im Gelände bestimmt werden.

MSS-Technik und hyperspektrales Kartieren werden zwar auch von Flugzeugen aus eingesetzt, jedoch sind nur Satellitendaten weltweit für jedermann verfügbar. Am weitesten verbreitet werden Daten der LANDSAT-Reihe (1–7) genutzt; der längst-dienende, nach über 20 Jahren noch voll funktionsfähige Erdbeobachtungssatellit ist LANDSAT 5 (*1984). Höhere Auflösung (Pixel von 10 x 10 m) haben die Bilder der französischen SPOT-Reihe, welche auch Stereo-Auswertung erlauben. Weitere Systeme sind die indische IRS-Reihe und der japanische ASTER (1999). Verfügbar sind entweder photographische Wiedergaben einzelner Spektralbänder in Schwarz-Weiß oder Farbbilder, welche durch Farbkodierung mehrerer Spektralbänder hergestellt werden (colour composites), oder elektronische Datenträger mit dem gesamten digitalen Datensatz für ein Bild (Szene). Bei LANDSAT umfaßt eine solche Szene einen Bereich von 185 x 185 km. Schon eine visuelle geologische Auswertung, insbesondere der Bilder im nahen Infrarot-Bereich, ist für alle großräumlichen geologischen Fragestellungen äußerst nützlich. Der volle Informationsinhalt der MSS-Daten wird jedoch nur durch Verknüpfung aller Spektralbänder genutzt. Man kann dann Kontraste oder lineare Strukturen verstärken, bestimmte Signaturen (etwa für eiserne Hüte) sichtbar machen, topographische Korrekturen durchführen, und schließlich sogar artifizielle Stereopaare (ähnlich Luftbildern) herstellen. Nicht zuletzt können in eine solche digitale Bildverarbeitung mittels GIS Daten von anderen Satelliten sowie topographische (z.B. DEM's – digital elevation models), geophysikalische und geochemische Informationen einbezogen werden.

Seit 1991 gibt es die europäischen Radar-Satelliten der ERS-Reihe. Für geologische Verwendung ist das wichtigste Meßgerät dieser Satelliten ein aktives Radarsystem, das in der Betriebsweise als *Synthetic Aperture Radar* unabhängig von Beleuchtung oder Wolkenbedeckung 100 km breite Bilder der Erdoberfläche mit einer Auflösung von 30 m erzeugt. Besonders hochauflösende Daten mit vergleichbaren Sensoren wird der japanische ALOS (2004) liefern.

In geologisch bereits gut untersuchten Gebieten haben sich die Satellitenbilder als Mittel zum Erkennen großräumiger Strukturen (Lineamente) besonders bewährt. In der ersten Welle der Begeisterung über solche neuentdeckte Großstrukturen wurde deren Bedeutung für die Lokalisation von Lagerstätten zweifellos überschätzt. Als Teil der geologischen Entwicklung eines untersuchten Gebietes sind sie aber jedenfalls wichtig, und natürlich gibt es viele eindeutig strukturgebundene Lagerstätten, die nunmehr rationeller aufgesucht werden können. In geologisch wenig detailliert erforschten Bereichen der Erde, das sind vielleicht 75% der Landoberfläche, sind MSS- und vor allem TM-Daten (Pixel 30x30 m) heute eine unerläßliche Hilfe für eine rasche und wirtschaftliche geologische Kartierung großer Flächen, im Maßstab von 1:20.000 bis 1:1,000.000., und damit für eine effiziente und erfolgreiche Explorationsarbeit. TM-Daten eignen sich besonders für das Erkennen von eisernen Hüten und von hydrothermalen Tonen und Alunit. Die großen Kupferlagerstätten Collahuasi und Ujina im nördlichen Chile wurden damit aufgefunden (Sabins 1999).

Die *geologische Auswertung von Luftphotos* wird für kleinere Flächen angewendet, welche im Detail bearbeitet werden sollen. Eine systematische Deckung mit Schwarz-Weißbildern im Maßstab von 1:20.000 bis 1:50.000 ist für die meisten Länder verfügbar. Die Aufnahmen erfolgen mit panchromatischem Film und Spezialkameras vom Flugzeug aus. Durch Überlappung der Bilder in Flugrichtung von 60% (seitlich 30%) können diese stereoskopisch betrachtet und ausgewertet werden. Damit ist es möglich, topographische, vor allem aber photogeologische Karten herzustellen, welche durch Bodenaufnahmen korrigiert und ergänzt eine hervorragende Grundlage für Explorationsarbeiten darstellen. Mittlerweile werden zunehmend Farbfilme oder Infrarot-Farbfilme eingesetzt, die eine weitere Verbesserung der geologischen Aussagekraft erbringen. Allerdings müssen solche Befliegungen für spezifische Projekte eigenständig finanziert werden. Für manche Gebiete der Erde sind mittlerweile auch Serien-Photos in kartographischer Qualität verfügbar, welche von bemannten Raumfahrzeugen aus gemacht wurden. Neu sind die digitalen panchromatischen und Farbbilder der Satelliten IKONOS (1999) und QUICKBIRD (2001), welche mit einer Auflösung von 0,6–4 m die Bearbeitung von Flächen im Maßstab 1:10.000 erlauben.

Die besten Ergebnisse bei der Anwendung von Fernerkundungsmethoden erzielt man in ariden und semi-ariden Klimagebieten mit geringer Bodenbedeckung und Vegetation. In humiden Gebieten ist das Kartieren von lithologischen und strukturellen Merkmalen zumindest erschwert, Alterationshöfe können kaum erkannt werden. Falls die gesuchten Lagerstätten mit anomalen Schwermetallgehalten verbunden sind, ist jedoch das Erkennen geschädigter Vegetation möglich, da gestreßte Pflanzen eine von gesunden abweichende Reflexionscharakteristik zeigen.

4. Geochemische Methoden

Eine erste Zusammenfassung des Wissens über Verteilung und Mobilität der natürlichen Elemente in den uns zugänglichen Teilen der Erde hat V.M. Goldschmidt geschrieben; das Werk wurde posthum im Jahre 1954 publiziert. Eine moderne, umfassende und voluminöse Darstellung haben Holland & Turekian (2003) vorgelegt. Beide Publikationen sind hervorragende Quellen für geochemische Arbeiten, auch bei angewandten Fragestellungen in der Lagerstättenkunde oder in Umweltfragen. Spezielle, neuere Literatur ist unten angegeben.

Geochemische Methoden der Lagerstättensuche beruhen auf der Beobachtung, daß die meisten Lagerstätten von weiten Höfen umgeben sind, in welchen bestimmte Elemente angereichert sind oder wo systematische Abweichungen von der normalen Elementverteilung vorliegen. Analysiert werden dabei Proben von Gesteinen, Böden, Pflanzen, Wässern und Gasen (Abb. 131) sowie rezente Sedimente in fließenden und stehenden Gewässern. Durch graphische und statistische Auswertung der ermittelten Daten werden Bereiche („geochemische Anomalien") definiert, welche möglicherweise Lagerstätten enthalten.

Die Definition geochemischer Anomalien aus einer großen Zahl von Meßwerten wird durch Untersuchung statistischer Verteilungsmuster vorgenommen (Wellmer 1998). In einfachen Fällen (Abb. 132) kann man bereits graphisch zwischen den häufigen, normalen Konzentrationswerten (Untergrund, „background") und den seltenen möglichen und wahrscheinlichen Anomalien unter-

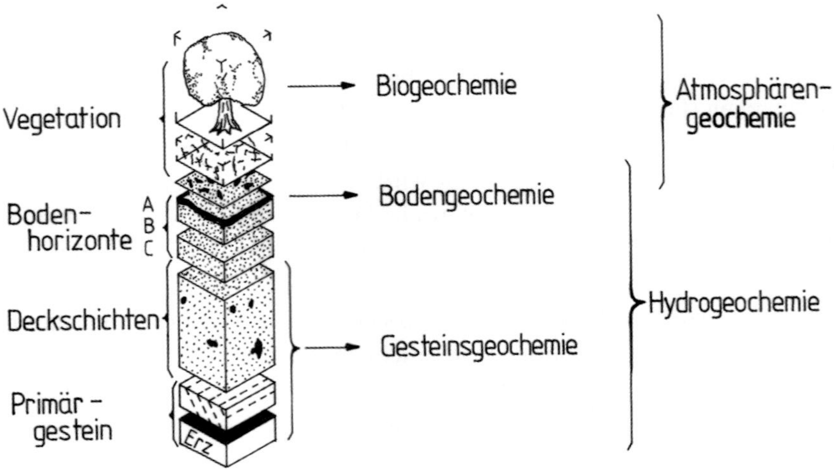

Abb. 131. Verschiedene Probemedien der geochemischen Exploration verborgener Lagerstätten.

scheiden. Geologische Voraussetzung ist allerdings ein relativ homogener lithologischer Hintergrund, da z.B. Ultramafite in einer Metasediment-Serie notwendigerweise Ni-Anomalien bewirken müßten. Wo solche Verhältnisse vermutet werden, sind die verschiedenen Probengruppen („Populationen“) getrennt auszuwerten oder statistisch aufzugliedern. Schwellenwerte (threshold) entsprechen den oberen Grenzen der variablen normalen Elementgehalte; oft ist ein niedrigerer regionaler Schwellenwert von einem höheren im Umkreis von Lagerstätten zu unterscheiden. Ersterer dient dann bei großräumigen Untersuchungen der Lokalisierung von höffigen Zonen, letzterer wird innerhalb derselben zur Aufsuchung möglicher Erzkörper verwendet.

Primäre geochemische Anomalien sind der Entstehung der Lagerstätte zugeordnet; sie entstehen durch *primäre Dispersion* der Elemente. Als Beispiel mögen hydrothermale Erzlagerstätten dienen: Während der Abscheidung der Metalle im eigentlichen Erzkörper dringen die hydrothermalen Lösungen in die Nebengesteine ein und bewirken dort Alterationen (s. dort), welche chemische Zufuhr und Abfuhr umfassen. Porphyrische Kupferlagerstätten etwa haben um die zentrale Cu-Mo-Au-Zone lateral und vertikal eine Hülle mit erhöhtem Pb-Zn und schließlich einen weiten Hof mit den besonders mobilen Elementen As, Ag, Sb, Hg, Tl, Te und Mn. Solchen dreidimensionalen Spurenhöfen stehen andere gegenüber, die wie bei den Sedex-Lagerstätten fast nur in einer Schicht auftreten und deshalb zweidimensional sind. Auf die weite Ausdehnung des Mn-Halos um Sedex-Erzkörper wurde früher hingewiesen. Primäre Spurenhöfe vergrößern das Zielgebiet außerordentlich und erlauben somit größere Abstände der Probenahme (und niedrigere Kosten) bei einer ersten großräumigen Suche. Daraus wird auch deutlich, daß nicht nur das eigentlich gesuchte Element der geochemischen Exploration dient und analysiert wird, sondern daß auch andere Elemente (vor allem typische Begleiter, sogenannte „Pfadfinderelemente“) verwendet werden.

Sekundäre geochemische Anomalien entstehen durch Prozesse, welche nach der Bildung der Lagerstätte wirksam waren. Meist handelt es sich um oberflächennahe Mobilisation, Verwitterung und Erosion, wodurch Elemente aus der Lagerstätte oder aus ihrer Hülle in Böden, Pflanzen, Grundwasser und Bodengas bzw. bodennaher Luft angereichert sind. Durch Erosion gelangen gelöste Stoffe oder klastische Partikel aus dem Lagerstättenbereich in Wasserläufe, wo sie nicht selten bis zu großer Entfernung von der Quelle nachgewiesen werden können. Deshalb ist die Beprobung von jungen Sedimenten der Fließgewässer eine sehr effektive Explorationsmethode. Diese nach-

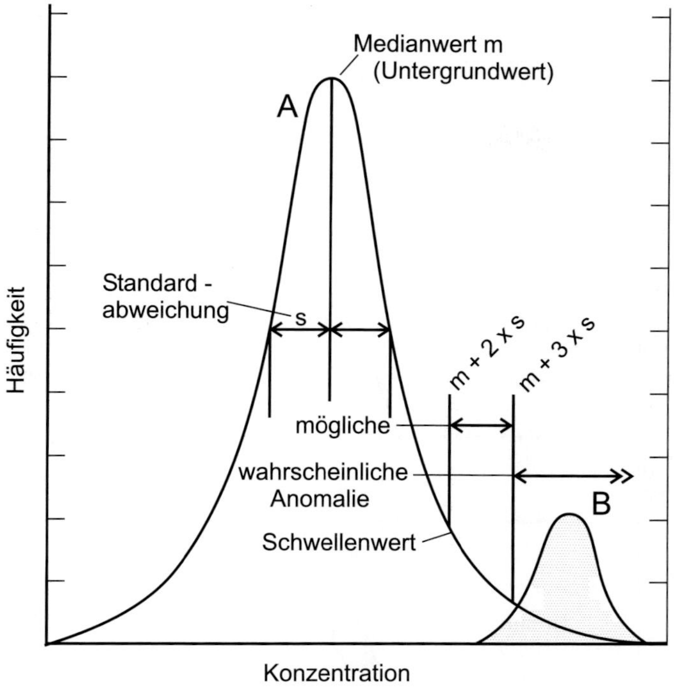

Abb. 132. Häufigkeitsverteilung zweier Populationen von geochemischen Daten.
Typisch ist vielfach eine lognormale Verteilung von Meßwerten. Population A kann als normaler geologischer Untergrund angesehen werden (z.B. Serpentinitmassen eines Ophiolites), Population B als Ausdruck einer mineralisierten Zone (z.B. chromitführende Dunite).

trägliche, teilweise Umverteilung von Elementen eines Lagerstättenkörpers nennt man *sekundäre Dispersion.* Dabei ist die unterschiedliche Mobilität verschiedener Elemente von großer Bedeutung, weil wiederum der anomale Bereich deutlich vergrößert ist, wenn man besonders mobile Elemente betrachtet. Sucht man z.B. polymetallische Erze mit Pb, Zn und Cu, wäre das besonders mobile Zn für großräumige Untersuchungen mit geringer Probendichte geeignet, während Cu und Pb bei dichterer Probenahme das eigentliche Erz andeuten (Abb. 133).

Die Mobilität der einzelnen Elemente bei Prozessen der sekundären Dispersion wird durch die komplex wirkenden Faktoren Klima, Vegetation, geologischer Untergrund, Hydrogeologie und Relief beeinflußt. Russische Autoren haben dafür den Namen *Landschaftsgeochemie* geprägt. Die vom Menschen unbeeinflußten geochemischen Naturlandschaften sind mittlerweile vielerorts durch Industrie, Landwirtschaft und Besiedlung verändert, was bei geochemischen Sucharbeiten zu erhöhter Aufmerksamkeit in Bezug auf eine eventuelle *anthropogene Kontamination* zwingt.

Das sichere Erkennen von Anomalien wird durch einen hohen *Kontrast,* d.h. durch möglichst große Unterschiede zwischen Untergrund- und anomalen Gehalten, erleichtert. Beeinflußt wird der Kontrast durch primäre Gehalte der Lagerstätte im Vergleich zu den Nebengesteinen, durch die relative Mobilität der Elemente und durch Verdünnung mit taubem Material. Deshalb beginnen geochemische Explorationsarbeiten immer mit einer *Orientierungsphase,* welche u.A. zu klären hat, welches Probenmaterial die meisten Aussichten auf hohe Kontraste bietet. Besonders starke Einflüsse auf den Kontrast haben bei Lockersedimenten die gewählte Korngröße, der Bodenhorizont und die Laugungstechnik. Falls sich dabei das eigentlich gesuchte Element als sehr kontrastarm herausstellt, kann eventuell ein besser geeignetes Pfadfinderelement identifiziert werden.

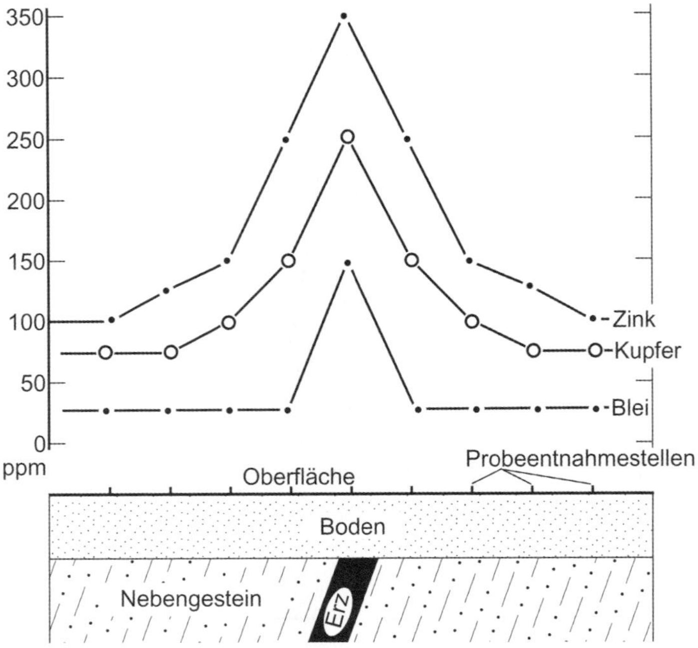

Abb. 133. Die unterschiedliche sekundäre Dispersion von Zink, Kupfer und Blei im Boden über einer Buntmetallagerstätte in silikatischen Nebengesteinen.

Geochemische Explorationsprogramme. Geochemische Methoden werden sowohl großräumig (regional) eingesetzt, um höffige Teilbereiche großer Flächen abzugrenzen, wie auch in kleinen Zielgebieten (detailliert), wo Lagerstätten vermutet werden. Im ersten Fall erfolgt die Beprobung entlang von Straßen oder Wasserläufen in Abständen von 1 km und mehr. Detaillierte Programme sind meist als Beprobungsnetz ausgelegt, wobei die Einzelabstände nach der Natur der erwarteten Lagerstätte 10–100 m betragen. Dieses Netz (grid) wird in der Regel auch für die geologische Detailkartierung und für die geophysikalischen Arbeiten verwendet. Jedem Programm muß eine Orientierungsphase vorausgehen, welche neben der zuvor angesprochenen Probenart und den günstigsten Beprobungsabständen auch die zweckmäßigen analytischen Methoden bestimmt. Danach erfolgt die endgültige Planung, auch hinsichtlich organisatorischer Fragen. In der Explorationspraxis werden besonders häufig Gewässersedimente, Böden und Gesteine beprobt. Diese, aber auch einige andere Methoden sollen im Folgenden kurz näher beschrieben werden.

Gewässersedimente sind in Landschaften mit einem dichten Entwässerungsnetz besonders gut geeignet, um mit weiten Probenabständen Zonen anomaler geochemischer Charakteristik zu entdecken. Wo keine geeigneten Gewässer existieren, werden regional Böden (Teile Australiens, Afrikas) oder Seesedimente (Kanada, Finnland) beprobt. Eine Sedimentprobe aus einem aktiven Flußbett wird als durchschnittliche Probe des flußaufwärts gelegenen Einzugsgebietes aufgefaßt. Liegt darin eine Lagerstätte, so werden Spuren der Mineralisation oder des Dispersionshofes entweder in Partikelform oder in Lösung in den Fluß gelangen. Um möglichst gleichartige Proben zu erhalten, wird üblicherweise Feinsediment genommen und daraus durch Siebung eine möglichst homogene Feinfraktion (meist -80 mesh = <180 μm) zur Analyse abgetrennt. Gleichzeitig können größere Proben für eine Untersuchung der Schwermineralspektren gewonnen werden, welche nicht selten weitere Hinweise ergeben. In besonderen Fällen, z.B. zur Vermeidung des Verlustes von feinstem Gold bei der Probenahme oder in manchen umweltgeochemischen Problemstellungen, werden Gefriermethoden eingesetzt (PETTS et al. 1991). Organische Substanzen oder Fe-Mn-Schlämme und Krusten in Gewässern adsorbieren gelöste Metalle mehr als Tonminerale, weshalb solche Proben bei der Auswertung getrennt behandelt werden müssen. Gewässersedimente, ebenso wie andere regional eingesetzte Probemedien, werden heute in der Regel auf viele Elemente analysiert, auch auf solche, die mit den gesuchten Lagerstätten nicht direkt korreliert sind. Bei der Probenahme sind begleitende pH-Eh-Messungen des Wassers anzuraten, da die Mobilität vieler Elemente durch stärkere Schwankungen dieser Parameter beträchtlich beeinflußt wird.

Bodenproben zur geochemischen Aufsuchung verdeckter Lagerstätten erfordern eine detaillierte Voruntersuchung, da sowohl die Faktoren der Bodengenese (z.B. BUTT et al. 2000) wie auch variable Elementmobilitäten über den Erfolg der Arbeiten entscheiden. Grundsätzlich muß geklärt werden, ob es sich um autochthone oder um transportierte Böden handelt. Bei ersteren wird der geeignetste Horizont zu erkunden sein (oft ist das der B-Horizont, da dort Ausfällung vieler Elemente eintritt). Allochthone Böden sind gewöhnlich wenig brauchbar, Ausnahmen für diese Regel wurden jedoch mehrfach beschrieben. So hat man im B-Horizont transportierter Böden über Nickelmineralisationen in West-Australien unerwartete Ni-Anomalien gefunden. Diese kamen dadurch zustande, daß tiefwurzelnde Pflanzen das Ni in ihrer Blattmasse angereichert hatten, wonach das beim Zerfall der organischen Substanz freiwerdende Ni in den Boden ausgewaschen wurde. In Gebieten mit sehr tiefer, lateritischer Verwitterung haben sich die oberflächennahen lateritischen Knollen oder Pisolithe als besonders geeignet herausgestellt (SMITH et al. 2000).

Gesteine oder ausgewählte *Minerale* werden vor allem im Rahmen geochemischer Detailuntersuchungen beprobt. Bei Gesteinen ist – ebenso wie bei Erzen – in Abhängigkeit von der maximalen Korngröße der Minerale besonders auf eine ausreichende Probenmasse zu achten (GY 1992, PITARD 1989). Dieser Explorationsmethode müssen sehr konkrete geologische Modelle zugrunde liegen. Als Beispiele seien genannt: Die Suche nach spezialisierten Graniten durch regionale Beprobung einer Granitprovinz, die Unterscheidung höffiger und nicht-mineralisierter Porphyre durch Analyse des Cu-Gehaltes in Biotit, und das Erkennen von Seltenmetall-Pegmatiten durch Analyse von Muskoviten. Besondere Bedeutung gewinnt die Gesteinsgeochemie bei der Verfolgung absätziger Erze untertage oder in Bohrungen: Zonar angeordnete typische Veränderungen der Haupt-, Neben- und Spurenelemente (s. hydrothermale Alteration) können dann genutzt werden, um die relative Lage von Aufschlüssen zum Erzkörper zu erkennen, und um damit weitere Aufschlußarbeiten gezielter vorzunehmen. *Isotopenanalysen* werden zunehmend als Ergänzung analytischer Methoden eingesetzt. Z.B. ergibt die Kartierung der Verteilung stabiler Isotopen (O, H, C) im Umkreis epigenetischer Vererzung oft sehr deutliche, für die Exploration brauchbare Anomalien (NESBITT 1996).

Bodenluft oder *bodennahe Luft* kann beispielsweise durch Hg-(H_2S-, SO_2-) Gehalte Hinweise auf tiefliegende Sulfid- und Goldlagerstätten geben, erhöhte Radongehalte lassen Uranmineralisation vermuten (KLUSMAN 1993, HALE 2000). Neuerdings konnte in Schweden nachgewiesen werden, daß aus Sulfiderzen in mehreren Hundert Meter Tiefe aufsteigende Gase meßbare Mengen von Cu, Zn, Ag, S, Cl und As an die Oberfläche bringen. Die Probenahme ist allerdings umständlich und langwierig, was für die meisten Bodengasmethoden gilt. Versuche, Gasmessungen (Hg, H_2S, Kohlenwasserstoffe) mittels Helikopter oder Flugzeug für größere Flächen wirtschaftlich zu gestalten, ergaben mittlerweile positive Resultate.

Biogeochemische Methoden haben den Vorteil billiger Probenahme (es ist kein Aufgraben oder Bohren notwendig), und trotzdem können mit der Analyse von Pflanzenteilen geochemische Informationen über den Untergrund erhalten werden. Das rührt daher, daß Wurzeln Böden und deren unterlagerndes Gestein ebenso wie das enthaltene Wasser „beproben". Es ist allerdings notwendig, sich auf eine Art und da wiederum auf bestimmte, möglichst gleich alte Pflanzenteile (z.B. zweijährige Zweige) zu beschränken, damit vergleichbare Ergebnisse erzielt werden. Unter diesen Voraussetzungen können durch „Phyto-Exploration" regionale und lokale Anomalien vieler Metalle oder begleitender Pfadfinderelemente aufgefunden werden.

Wasserproben aus Quellen, Brunnen, Bohrungen und Gewässern sind nur in wenigen Fällen für systematische Sucharbeiten geeignet. Die allgemein sehr niedrigen Elementgehalte (meist nur einige ppb) werden durch verschiedenen pH und Eh stark beeinflußt. Dazu kommt die Gefahr von Kontamination der Proben bis zur eigentlichen Analyse.

Analytische Methoden der Explorationsgeochemie. Die im Felde aufgesammelten Proben werden getrocknet, gesiebt oder feingemahlen. Für die eigentliche Analyse wird danach eine Teilmenge meist durch Lösung vorbereitet, wobei partielle Lösung (durch schwache Säuren) oder Totallösung (z.B. Flußsäure) üblich sind. Die Entscheidung zwischen beiden Möglichkeiten ergibt sich aus der Bindungsform der gesuchten Elemente in der Probe. Falls man eher schwach adsorbierte Metalle (z.B. an Tonen) bestimmen möchte, ist partielle Lösung zielführend. Im Gitter eingebaute Elemente (z.B. Ba im Muskovit distaler, metamorpher Sedex-Gesteine) verlangen naturgemäß Totallösung. Bei speziellen Fragen finden zunehmend Methoden der *sequentiellen Lösung* Anwendung, bei welchen dieselbe feste Ausgangsprobe mit einer Reihe unterschiedlich wirksamer Lösungsmittel reagiert wird. Die Entscheidung über die beste Aufbereitungsmethode muß im Orientierungsprogramm erreicht werden. Übliche analytische Labormethoden der Explorationsgeochemie sind *Atomabsorptions-Spektralphotometrie* (AAS) und *Plasma-Emissionsanalyse* (ICP). Kolorimetrische Methoden, Röntgenfluoreszenzanalyse u.a. werden heute für große Probeserien seltener verwendet.

Weiterhin aktuell sind kolorimetrische und andere einfache geochemische Bestimmungen für den Feldgebrauch, wobei semiquantitativ Elemente (As, Cu, Zn, Mo, W, Ni) oder Ionen (SO_4^{2-}) bestimmt werden können. Andere Methoden dienen nur dem Erkennen von Mindestgehalten, z.B. bei Phosphat oder bei Bauxit. Diese Feldmethoden eignen sich besonders für Programme mit begrenzter finanzieller und technologischer Ausstattung bzw. in Gebieten schlechter Infrastruktur. Es sollte aber nie darauf verzichtet werden, die Einsatzentscheidung an Hand von ausgewählten Proben mit einem erfahrenen Geochemiker vorzubereiten.

Explorationsgeochemische Analysen müssen nicht unbedingt den wahren Wert des gesuchten Elementgehaltes in der Probe ergeben, das heißt, *absolute Genauigkeit (accuracy)* wird nicht unbedingt angestrebt. Abweichungen von +/-30% werden oft toleriert, sofern der relative Fehler annähernd gleich bleibt. Letzteres bedeutet eine *hohe Präzision,* die sich durch gut reproduzierbare Ergebnisse auszeichnet. Dies ist erforderlich, weil die Unterschiede zwischen Anomalien und Untergrund sehr gering sein können. Insgesamt ist die Fehlerkontrolle ein wesentlicher Aspekt aller geochemischen Programme. Fehlermöglichkeiten gibt es sowohl bei der Probenahme wie auch bei der Analyse; zur Kontrolle ersterer wird empfohlen, ca. 20% der Probenahme zu wiederholen. Analytische Fehler werden durch mehrfache Analyse, möglichst auch in verschiedenen Labors, überprüft. Auf Grund der so erhaltenen Vergleichswerte läßt sich der Gesamtfehler bzw. der Vertrauensbereich für die Ergebnisse errechnen.

Darstellung und Interpretation. Geochemische Explorationsdaten werden am besten auf Karten dargestellt, indem die Meßergebnisse an den Probepunkten eingetragen werden. Unter Beachtung der statistischen Verteilungsparameter werden dann Linien gleicher Gehalte gezeichnet, welche die räumliche Lage anomaler Lokalitäten ergeben. Die meist sehr große Zahl von Daten, besonders bei Multi-Elementanalysen, bedingt in der Regel eine Verarbeitung im Computer, wodurch Speicherung, statistische Manipulationen (u.a. multivariate Statistik) und die Erstellung geochemischer

Karten erleichtert werden. Die Ergebnisse von Analysen können im einfachsten Fall als unterschiedlich große Punkte wiedergegeben werden (ähnlich Abb. 93). Beispiele für komplexe Darstellungsmethoden sind die geochemischen Atlanten, welche mittlerweile für viele Länder bzw. geologische Großräume vorliegen (z.B. Birke et al. 1995).

Geochemische Umweltuntersuchungen: Der Einsatz geochemischer Methoden endet nicht mit der Indikation und Quantifizierung eines Lagerstättenkörpers, sondern erreicht im Stadium der Detailuntersuchungen bis zur Betriebsaufnahme einen zweiten Höhepunkt, weil der vorbergbauliche (natürlich geogene, oder bereits anthropogen veränderte) Umweltstatus der Wässer und Böden dokumentiert werden muß. Diese Studie wird eine zentrale Grundlage für betriebliche und behördliche Entscheidungen zum Umweltmanagement des Bergbaues bis zu Schließung und Verwahrung sein.

Im übrigen sollten Methoden und Erfahrungen der geochemischen Exploration mehr als bisher auch auf die Untersuchung nicht-bergbaulicher anthropogener Kontamination übertragen werden. Allzu oft werden analytische Resultate ohne Bezug auf natürliche (geogene) Randbedingungen bzw. Hintergrundgehalte interpretiert.

5. Geophysikalische Methoden

Die unterschiedlichen physikalischen Eigenschaften von Erzen, Mineralen, Fluiden und Gesteinen sind die Basis für geophysikalische Explorationsmethoden (Lowe et al. 1999, Keary et al. 2002). Man unterscheidet passive Methoden, welche natürliche physikalische Felder nutzen (Magnetismus, Schwere), von aktiven Methoden, bei welchen der Einfluß des Untergrundes auf künstliche Felder gemessen wird (elektrische Leitfähigkeit, Seismik). Die Interpretation magnetischer und gravimetrischer Messungen in die Tiefe liefert eine unendlich große Mannigfaltigkeit an Lösungen; gleicherweise zeigt die geoelektrische Meßmethode eine große Bandbreite „äquivalenter" Untergrundmodelle. Deshalb erzielt man konkrete Interpretationen erst in Korrelation mit geologischen Modellen, also durch einschränkende Zusatzinformationen. Bei der Suche nach festen mineralischen Rohstoffen werden meist geophysikalische Methoden mit einer Tiefenreichweite von einigen Hundert Metern angewandt; sie erweitern damit die Aussagekraft geologischer und geochemischer Daten bis in eine Tiefe, welche für die meisten Lagerstätten gleichzeitig eine wirtschaftliche Grenze der Gewinnbarkeit darstellt.

Wo Anreize bestehen, über diese mit normaler Oberflächengeophysik erkundbare Tiefe hinauszugehen, werden auf Grund geologischer Modelle tiefe Bohrungen mit geophysikalischen Bohrlochmessungen kombiniert, welche einen möglichst weiten Raumbereich um das Loch erfassen. Auf Grund dieser Vorgangsweise wurden in Kanada in jüngster Zeit mehrere Buntmetall-Lagerstätten gefunden, in Tiefen von 300–1300 m. Neueste Entwicklungen (2003) erzielen hochauflösende Widerstands-Daten bis 2 km Tiefe.

Geophysikalische Messungen ergänzen andere Explorationsmethoden in allen Maßstäben. Regionale geologische und geochemische Arbeiten werden durch geophysikalische Aufnahmen vom Flugzeug oder Helikopter aus unterstützt (Magnetik, Elektromagnetik, Radiometrie, Gravimetrie), während detaillierte, lokale Messungen am Boden den Einsatz einer sehr großen Breite verschiedener Methoden mit entsprechend größerer Meßgenauigkeit, Meßdichte und letztlich Aussagekraft erlauben. Noch genauer sind Bohrlochmessungen (Hatzsch 1994), welche zusammen mit geologischen Kernaufnahmen eine hohe Informationsdichte gewährleisten.

Die Messungen ergeben vielfach einen *Untergrund*, der für die Gesteine der Region charakteristisch ist, wovon sich *Anomalien* abheben, die auf physikalischen Kontrasten beruhen. Die jeweilige

Höhe der Anomalie ist a) vom Kontrast zwischen Nebengestein und anomalem Material abhängig, b) von Größe, Lage und Form des anomalen Körpers, und c) von der Tiefenlage des Körpers. Erkennen und Interpretation von geophysikalischen Anomalien sind deshalb in vielen Fällen ähnlich schwierig wie bei schwachen geochemischen Indizien.

Es gibt heute eine große Zahl verschiedener geophysikalischer Explorationsmethoden und jede Methode ist in vielen Varianten verfügbar. Hier können nur Kurzbeschreibungen häufig angewandter Methoden gegeben werden; Details sind in der Literatur zu finden. Die Auswahl bestimmter Methoden wird vom geologischen Modell der gesuchten Lagerstätten ebenso beeinflußt wie von äußeren Bedingungen. Regionen mit Dauerfrost oder solche, die nur bei gefrorenem Boden Zugang erlauben, gestatten z.B. keine Plazierung von Elektroden im Boden. Semiaride Gebiete mit elektrolytreichem, gut leitendem Grundwasser beschränken die Tiefenreichweite der meisten elektrischen Methoden.

Magnetometrische Methoden. Messungen des Magnetfeldes an der Erdoberfläche sind am Boden sehr einfach mit tragbaren Instrumenten auszuführen, zur Messung in Bohrungen und vom Flugzeug aus (Airo et al. 2004) gibt es entsprechende Sonden. Im Geländeeinsatz allgemein gebräuchlich sind das Protonen-Präzessionsmagnetometer zur Messung des Totalfeldes und das Fluxgate-Magnetometer (Förster-Sonde), welches die Messung von vertikaler und horizontaler Komponente und ebenfalls des Totalfeldes ermöglicht. Die Intensität des Magnetfeldes wird in Nanotesla (früher Gamma) gemessen (1 nT = 1 Gamma). Das Totalfeld der Erde hat in Abhängigkeit von der geographischen Breite Werte zwischen 31.000 (Äquator) bis 63.000 nT (Pole). Tägliche Schwankungen erreichen 10–30 nT; durch Sonnenfleckenaktivität erzeugte magnetische Stürme können 1000 nT überschreiten. Für die Exploration werden meist kräftige Abweichungen vom Normalfeld gesucht, die häufig durch Minerale mit einer hohen Suszeptibilität wie Magnetit, Ilmenit, Hämatit oder Pyrrhotin verursacht sind. Eisen- oder Sulfiderzlagerstätten, aber auch Kimberlite mit Anteilen dieser Minerale können deshalb durch magnetische Messungen entdeckt werden. Flächenhafte Messungen (meist mit Flugzeug oder Helikopter) eignen sich aber auch sehr gut als Unterstützung für die geologische Kartierung, besonders bei überwiegender Bedeckung durch Böden, Moränen etc. Die Darstellung der Ergebnisse erfolgt gewöhnlich in Karten oder in Profilen im gleichen Maßstab wie die geologischen Unterlagen, um vergleichende Interpretation bzw. für Modellrechnungen die Wahl möglichst realistischer geologischer Modelle zu erleichtern.

Elektrische Methoden. Hier werden elektrische Leitfähigkeit bzw. der Widerstand von geologischen Körpern sowie natürliche Potentiale gemessen, um verborgene Lagerstätten zu erkunden. Gesteine und Minerale haben sehr unterschiedliche Widerstandswerte, wobei Sulfiderze, Metalle und Graphit besonders hohe Leitfähigkeit aufweisen. Dieser Kontrast wird für die Exploration genutzt. Wichtig sind ferner elektrische Aktivität und die dielektrischen Eigenschaften verschiedener Minerale. Die elektrischen Methoden beruhen immer auf der Plazierung von Elektroden (z.B. Stahlstäben) in den Boden, teils um elektrische Ströme in den Boden einzuleiten, teils zur Messung solcherart erzeugter oder natürlicher Potentiale. Damit sind die Messungen arbeitsaufwendig und langsam, weshalb sie nicht regional, sondern nur lokal angewendet werden.

Die *Eigenpotentialmethode* (self-potential, SP) nutzt die lokal eng begrenzten, elektrochemischen Vorgänge an verwitternden Erzkörpern. Soweit es sich um gute Leiter handelt (Sulfide, Graphit, Magnetit), fließen Ströme vom oxydierenden Teil nahe der Oberfläche in den reduzierten Teil unter dem Grundwasserspiegel. Die resultierenden Potential-Anomalien über den Erzkörpern sind negativ. Die Messungen erfolgen mittels zweier unpolarisierbarer Elektroden und einem Spannungsmesser von hohem Widerstand. Weiträumige, natürliche Potentialfelder in der Erde werden mit *Tellurischen* oder *Magnetotellurischen Methoden* untersucht; praktische Anwendungen gibt es überwiegend in der Erdölindustrie.

Bei den *Widerstandsmethoden* wird über zwei Elektroden Strom in den Boden eingeführt; die dadurch bewirkte Veränderung des elektrischen Potentials an der Oberfläche wird über zwei andere Elektroden stromlos gemessen. Für die Anordnung (Konfiguration) der Elektroden gibt es verschiedene Standardverfahren. Seitliches Versetzen der Elektroden mit gleichbleibendem Abstand entlang von Netzlinien (electrical profiling) ist als relativ rasche Methode für das Abgrenzen von Sand-, Kies- und massigen Erzlagerstätten sowie zum Erkennen von Störungen oder steilstehenden Gesteinskontakten geeignet. Vergrößerung des Elektrodenabstandes bei gleichbleibendem Zentrum ergibt Informationen über die vertikale Abfolge verschiedener Schichten (electrical sounding). Wo Bohrungen vorhanden sind, können Elektroden auch untertage plaziert werden; damit sind wesentliche Verbesserungen der Ergebnisse möglich. Durch Widerstandsmessungen können insbesondere zusammenhängende Körper von Sulfidmineralen, wasserführende Kiese (indirekt also auch Zinn- oder Goldseifen) und Graphit durch ihre hohe Leitfähigkeit leicht erkannt und auskartiert werden.

Die Methoden der *Induzierten Polarisation* (IP) werden in der Explorationspraxis überaus häufig eingesetzt; sie eignen sich vor allem zur Lokalisierung disseminierter Sulfiderze, doch auch für hydrogeologische Untersuchungen tonhaltiger Grundwasserleiter. Bei diesen Methoden wird über Elektroden ein Strom in den Boden geleitet. Sind dort isolierte Partikel von elektronischen Leitern (gediegene Metalle, Sulfide, Graphit) vorhanden, werden diese aufgeladen. Die Entladung kann man nach dem Abschalten des anregenden Stromes über zwei Potentialelektroden messen. Sie ergibt ein Maß für die Zahl (genauer: Summe der Oberflächen) metallisch leitender Partikel im Boden und somit Hinweise für die Intensität der Mineralisation. Verwendet werden Systeme auf Wechselstrombasis (frequency domain) oder mit Gleichstrom (time domain); auch hier sind verschiedene Elektrodenkonfigurationen möglich. In einzelnen Fällen wurde über erfolgreiche Anwendung bis 600 m Tiefe berichtet.

Auch *elektromagnetische Methoden* (EM) zählen zu den häufig angewandten geophysikalischen Explorationsverfahren. Ihr spezifischer Vorteil ist, daß kein physischer Kontakt (also durch Elektroden) zum Boden hergestellt werden muß, weshalb sie am Boden und vom Helikopter/Flugzeug aus auch über Eis, Wasser, gefrorenen oder ariden Böden angewendet werden können. Ungünstig sind nur hochleitetende Deckschichten, z.B. Salzseen. Üblicherweise wird über eine mit Wechselstrom gespeiste Senderschleife ein elektromagnetisches Feld erzeugt, das in den Boden eindringt. Ist dort kein Leiter vorhanden, mißt die Empfängerschleife das unveränderte primäre Feld. Falls die primären Wellen einen guten Leiter antreffen, werden darin Ströme induziert, welche selbst wiederum ein alternierendes elektromagnetisches Feld erzeugen. Dieses ist das gesuchte Signal für mögliche Erzkörper. Sulfiderze (z.B. Ni-Cu in Voisey's Bay, Kanada), Graphit und wassergefüllte Störungen sind mögliche, häufige Ursachen von elektromagnetischen Anomalien.

Gravimetrische Methoden bei der Aufsuchung von Lagerstätten beruhen auf der Messung des natürlichen Schwerefeldes der Erde, wobei die Beschleunigung g als Maßeinheit dient (früher 1 gal = 1 cm/sec^2; heute Schwereeinheit „gravity unit" g.u. = 1 Mikron/s^2; 1 mgal = 10 g.u.). Moderne Gravimeter erreichen eine Meßgenauigkeit von 0,1 g.u. Der meßbare Wert für g an einem bestimmten Ort hängt von der Dichte der unterlagernden Gesteine, aber auch von der geographischen Breite, der absoluten Höhe (auf +/-3 cm einzumessen) und vom Relief ab. Da in der Lagerstättensuche fast immer Dichteunterschiede im Untergrund festgestellt werden sollen, müssen die anderen genannten Einflüsse durch rechnerische Korrekturen ausgeschaltet werden. Die korrigierten, „residualen" bzw. Bouguer-Schwerewerte werden in Profilen oder Karten dargestellt (Abb. 128). Durch Modellrechnungen können in der Folge Form, Dichte und Tiefe jener Körper abgeschätzt werden, welche Anomalien verursachen. Anomalien können allerdings durch eine unendlich große Mannigfaltigkeit geologischer Bedingungen verursacht sein, weshalb diese möglichst gut bekannt sein sollen.

Die Messungen können mittels tieffliegender Flugzeuge, am Boden, im Meer und untertägig durchgeführt werden. Regionale gravimetrische Karten werden neben rein wissenschaftlichen Zielsetzungen am häufigsten als Unterstützung für die Kohlenwasserstoffsuche hergestellt, dienen aber auch der Erzexploration (Hildenbrand et al. 2000). Für feste mineralische Rohstoffe ist die Methode dann geeignet, wenn besonders schwere (Chromit, Sulfide) oder besonders leichte Körper (Salzstöcke: Abb. 128) gesucht werden. Einer der größten wirtschaftlichen

Erfolge der Gravimetrie in jüngerer Zeit war die Entdeckung der Lagerstätte Neves Corvo im Iberischen Pyritgürtel (s. dort; Leca 1990).

Radiometrische Messungen. Durch den Zerfall bestimmter Tochternuklide von Uran, Thorium und Kalium wird Gamma-Strahlung emittiert, die mit tragbaren Geräten am Boden, aber auch vom Flugzeug oder Helikopter aus (Airo et al. 2004) oder mittels Bohrlochsonden gemessen werden kann. Heute werden fast ausschließlich Spektrometer eingesetzt, welche die Unterscheidung der drei genannten Elemente und eine Rückrechnung auf ihre Gehalte im Gestein ermöglichen. Die hohe geochemische Mobilität von K und U im Vergleich zum fast immobilen Th ist der Grund für die zumeist gewählte Darstellung als Karten der Verhältnisse U/Th bzw. K/Th. Die Anwendung ist sehr vielfältig; neben der Exploration auf Kernenergierohstoffe und Kalisalze können kaliumreiche Gesteine, z.B. Granite oder Zonen einer hydrothermalen K-Alteration aufgesucht werden. Aeroradiometrische Aufnahmen sind zugleich eine wichtige Kartierungshilfe, da verschiedene Gesteine sehr unterschiedliche Gehalte an U, Th und K haben. Sinnvoll ist der Einsatz allerdings nur in Regionen mit sehr geringer Bodenbedeckung, da der größte Anteil der messbaren Strahlung aus den obersten 10–30 cm stammt. Weiteres wurde unter „Uran“ beschrieben (s. dort).

Bemerkenswerte ***neuere Entwicklungen*** in der Explorationsgeophysik sind u.a. tomographische Methoden, welche mit verschiedener Anregung (Radar, seismische, akustische oder Radiowellen) zwischen Bohrlöchern und/oder Grubenaufschlüssen gelegene Gesteinskörper „durchleuchten“. Damit sind größere Bohr- bzw. Auffahrungsabstände möglich, was große wirtschaftliche Bedeutung hat, und zudem wird die Wahrscheinlichkeit des „Übersehens“ von Erzkörpern stark reduziert. Weiter ist eine rasche Zunahme des Angebotes an multifunktionellen geophysikalischen Systemen zu beobachten, welche zugleich oder in unmittelbarer Folge Messungen mehrerer physikalischer Parameter erlauben.

Geophysikalische Bohrlochmessungen. Die meisten geophysikalischen Methoden wurden mittlerweile sinngemäß für die Anwendung auch in den üblichen Explorationsbohrungen mit relativ kleinem Durchmesser (im Vergleich zu Kohlenwasserstoffbohrungen, für welche sie ursprünglich entwickelt worden waren) adaptiert (Hatzsch 1994, Abb. 134, s. Kohlenwasserstoffexploration). Jüngste Entwicklungen sind Neutronenaktivierungssonden, welche die Analyse von Haupt- und Nebenelementen der Bohrlochwände ermöglichen (CSIRO, Australien).

Die heute übliche Kombination mehrerer geophysikalischer Methoden bedingt durch die große Datenfülle den Einsatz elektronischer Datenverarbeitung und geeigneter Software. Dies erfordert eine hohe Spezialisierung der beteiligten Personen, im Normalfall durch ein Studium der Geophysik. Darüber darf aber nicht vergessen werden, daß Geophysiker und Geologen bei der Interpretation der Daten eng zusammenarbeiten müssen, damit das eigentliche Ziel der Arbeiten, nämlich die Definition höffiger Gesteinskörper, mit möglichst großer Effizienz erreicht wird. Geophysikalische Methoden werden schließlich auch zur Untersuchung bergbaulicher Umweltprobleme eingesetzt (z.B. Ackman 2003).

6. Bohrungen und Schürfe

The difference between successful and unsuccessful exploration companies is a dramatic difference in the amount of diamond drilling they do.

S. Muessig 1998

Nachdem durch geologische, geochemische und geophysikalische Methoden mögliche Lagerstätten identifiziert wurden, müssen die Erzkörper durch physische Aufschlüsse geprüft und umrissen werden. Zumeist werden zu diesem Zweck Bohrungen eingesetzt, die durch Schürfe an der Oberflä-

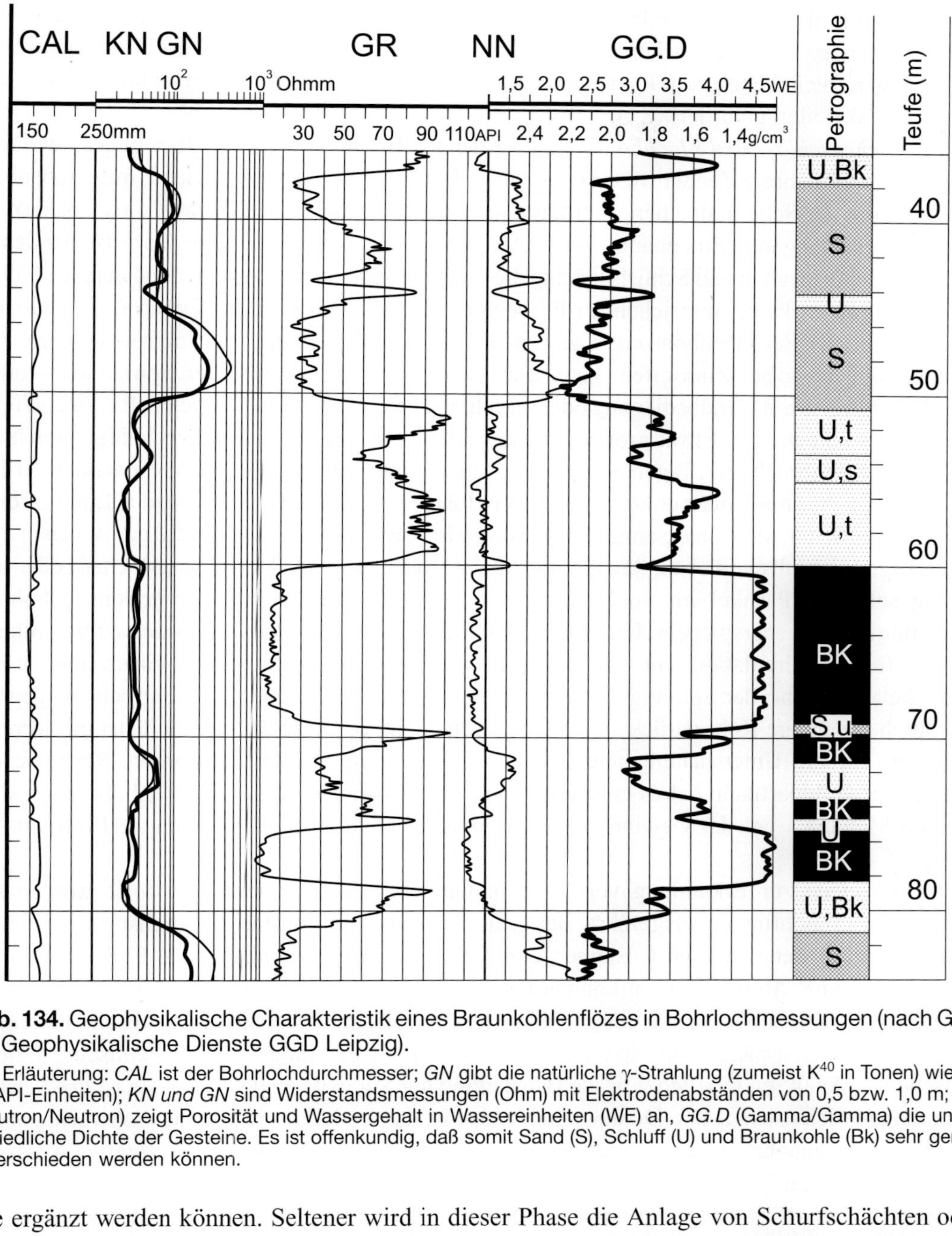

Abb. 134. Geophysikalische Charakteristik eines Braunkohlenflözes in Bohrlochmessungen (nach Ges. für Geophysikalische Dienste GGD Leipzig).

Zur Erläuterung: *CAL* ist der Bohrlochdurchmesser; *GN* gibt die natürliche γ-Strahlung (zumeist K^{40} in Tonen) wieder (in API-Einheiten); *KN und GN* sind Widerstandsmessungen (Ohm) mit Elektrodenabständen von 0,5 bzw. 1,0 m; *NN* (Neutron/Neutron) zeigt Porosität und Wassergehalt in Wassereinheiten (WE) an, *GG.D* (Gamma/Gamma) die unterschiedliche Dichte der Gesteine. Es ist offenkundig, daß somit Sand (S), Schluff (U) und Braunkohle (Bk) sehr genau unterschieden werden können.

che ergänzt werden können. Seltener wird in dieser Phase die Anlage von Schurfschächten oder Stollen vorgesehen, obwohl die Gelegenheit zur Entnahme von Großproben in jedem Fall die Aussagekraft der Untersuchungen erhöht. Auch diese Arbeitsphase dient der Ausscheidung jener Anomalien und Lokalitäten, welche den Ansprüchen an eine bergbaulich nutzbare Lagerstätte nicht entsprechen, mit dem Ziel der Identifizierung der höffigsten Projekte. Für letztere endet sie mit einer vorläufigen montangeologischen Bewertung (pre-feasibility study).

Vom geologischen Modell des vermuteten Lagerstättenkörpers ausgehend, wird ein *Untersuchungsplan bzw. Bohrprogramm* aufgestellt, in dem die erforderlichen Schurfarbeiten in Karten und Profilen festgelegt sind. Dazu gehören auch Angaben zur gewünschten technischen Ausführung und zur Reihenfolge (Priorität) der Arbeiten, wobei hier schon auf sinnvolle Zwischenbewertungsziele hingewiesen werden kann. Da ein Bohrprogramm aus betrieblicher Sicht eine Investition darstellt, wird nicht selten vom Planenden eine Gegenüberstellung von Untersuchungskosten und erwarteten Vorteilen gefordert.

Oberflächenschürfe und Flachbohrungen werden zur Erkundung sehr seichter Lagerstättenteile eingesetzt. Oft mehrere Zehner Meter lange Schürfgräben z.B. werden per Hand, mit Grabenbaggern oder mit der Schubraupe hergestellt, um nach dem Abräumen oberflächennaher Lockermassen zusammenhängende Probenahme und detaillierte geologische Aufnahme des Anstehenden zu gestatten. Schürfgruben und Schürfschächte dienen hauptsächlich der Probenahme in jenen Fällen, wo durch Bohren keine ausreichenden Probemengen gewonnen werden können (z.B. Diamant- oder Goldseifen). Für Flachbohrungen gibt es unterschiedliche Geräte. Wenn man unzerstörte Proben benötigt, etwa bei Zinnseifen, kann man Schappe, Ventilbüchse oder Spirale verwenden, jeweils wahlweise mit Handbedienung oder maschinell ausgerüstet. Im letzteren Fall können Tiefen bis 60 m erreicht werden. Etwas größere Tiefen sind mit Schlagbohr- und Rotarybohrgeräten möglich, die im Steinbruch- und Tagebaubetrieb zur Herstellung von Sprenglöchern verwendet werden. Diese liefern aber nur Bohrmehl (trocken) oder Bohrschmandt (naß). Dabei wird z.T. mit offenen Löchern gearbeitet, also ohne Standrohre (casing). In solchen Fällen werden die gewonnenen Proben infolge Nachfalls von oben, Anlagerung an der Bohrlochwand, Ausspülungslöchern oder Saigerung schwerer Partikel im Spülungsstrom (Gold!) nicht unbedingt den jeweils gebohrten Abschnitt exakt wiederspiegeln. Um dieses Problem zu lösen, wurden Bohrsysteme mit Umkehrspülung (reverse circulation) entwickelt. Dabei bestehen die Bohrstränge aus einem inneren und einem äußeren Rohr; der Spülungsstrom wird zwischen beiden Rohren zur Bohrlochsole gepreßt und durch das innere Rohr zurück an die Oberfläche geführt. Diese Bohrmethode ist mittlerweile besonders für die Untersuchung von Goldlagerstätten zum Standard geworden. Versuche mit Radiotracer-Goldpartikeln haben ergeben, daß in Lockermaterial Auger-Trockenbohrungen allen anderen Methoden bei der Gewinnung repräsentativer Goldgehalte überlegen sind (Clarkson 1998).

Tiefbohrungen zur Erkundung von Lagerstätten fester mineralischer Rohstoffe werden fast immer als Kernbohrungen ausgeführt. Bei geeigneten, das heißt festen, möglichst nicht mürben, stark klüftigen oder vertonten Gesteinen ergibt dies eine zusammenhängende Probe der durchbohrten Gesteine. An den Kernen können Petrographie, Strukturen und genaue Gesteinsgrenzen festgelegt werden, zur Kontrolle der geophysikalischen Modelle werden physikalische Parameter bestimmt, und nach Sägen oder Spalten der Kerne in Längsrichtung sind geochemische, mineralogische u.a. Analysen möglich. Für die Beurteilung der Signifikanz der Resultate ist der *Kerngewinn* maßgeblich (Annels & Dominy 2003), das ist das Verhältnis der tatsächlich vorliegenden Kernlänge zur gebohrten Länge. Niedriger Kerngewinn stellt in der Regel quantitative Aussagen (zum Erzgehalt, zu Erzgrenzen, usw.) in Frage, weshalb in Verträgen mit Bohrfirmen fast immer ein Kerngewinn >90% festgelegt wird. Zur Kontrolle des Kerngewinns und als Orientierung für die genaue Teufenzuordnung müssen Beginn und Ende jeder Kernfahrt (core run) vom Bohrmeister durch unverwitterbare Marken in den Kernkisten deutlich gekennzeichnet werden. Ein wiederkehrendes Problem ist der Mangel geeigneter Lagerräume für die relativ voluminösen Kernkisten. Bedenkt man die hohen Kosten, welche für die Gewinnung der Kerne aufgewendet werden mußten, sollte die nachfolgende Archivierung eigentlich selbstverständlich sein. Zu oft aber wird gegen diese Grundregel verstoßen, mit der Folge, daß eine später oft erwünschte Neubearbeitung infolge veränderter Fragestellung nicht möglich ist, und daß eventuell sogar neu gebohrt werden muß.

Bohrungen für die Erkundung fester mineralischer Rohstoffe werden zumeist nur bis in Tiefen von wenigen Hundert Metern durchgeführt. Bei sehr gut bekannten geologischen Verhältnissen (und der Erwartung wirtschaftlicher Funde auch in großer Tiefe, z.B. Witwatersrand, oder Sudbury) werden Kernbohrungen bis 4000, vereinzelt sogar bis über 5000 m Tiefe abgeteuft.

In Anbetracht der hohen Kosten der meisten Bohrungen muß aus den gewonnenen Proben ein Maximum an Information erarbeitet werden. *Geologische Kernaufnahmen* (core logging) bzw. Untersuchungen des Bohrkleins sind jedenfalls erforderlich, wobei in der verfügbaren Zeit möglichst viel Detail dokumentiert werden soll. Viele große Firmen und geologische Ämter haben dazu Standardverfahren entwickelt, vor allem auch, um Datenverarbeitung und graphische Darstellungen mittels Computer durchführen zu können. Empfehlenswert ist ein Arbeitsmaßstab von 1:100 (1 cm = 1 m), der eine genaue Wiedergabe aller wesentlichen Einzelheiten gestattet. Zur Unterscheidung von makroskopisch ähnlichen Mineralen sind Färbetechniken zu empfehlen (Hitzman 1999). Ein Spektrometer zur automatisierten Mineralbestimmung an Kernen und Bohrklein wurde vor kurzem (2002) von CSIRO/Australien vorgestellt. Wenn aus der Kernkiste Proben für Laboruntersuchungen entnommen werden, ist an ihre Stelle ein Holzblock mit der Probenummer zu legen. Farbphotographien der Kerne, meist jeweils einer Kiste, dienen ebenfalls einer vollständigen Dokumentation.

Zur Ergänzung und Objektivierung der geologischen Beschreibung von Bohrungen, insbesondere wenn nicht gekernt wurde oder der Kerngewinn sehr niedrig lag, sind *geophysikalische Bohrlochmessungen* unerläßlich (Abb. 134). Die Wahl der Methoden ist im Einzelfall vom Rohstoff bzw. von den Nebengesteinen abhängig. Bei Schräg- und Tiefbohrungen (über ca. 200 m) sollte unbedingt durch Vermessung der genaue Verlauf des Loches festgestellt werden, da erfahrungsgemäß vielfach gegenüber der Planung bzw. Ausrichtung der Bohrung an der Oberfläche beträchtliche Abweichungen vorkommen. Für Reservenberechnung und Bergbauplanung ist jedoch die exakte Kenntnis der Lage von Erzkörpern, aber auch von Störungen oder wasserführenden Zonen entscheidend.

Unterstrichen wird diese Forderung durch folgenden Fall: Im Jahre 1989 wurde die neuentdeckte Lagerstätte Louvicourt/Quebec/Kanada durch Bohrungen bis 830 m Tiefe untersucht, die Reserven wurden auf über 30 Mt Erz mit 3,1% Cu und 1,34% Zn geschätzt. Bergmännische Erschließung und ein Untertage-Bohrprogramm von 80.000 m Länge ergaben in der Folge (1994) eine Verminderung der Reserven auf 15,7 Mt, nach Angaben der Firma wegen großer Abweichungen der Obertagebohrungen.

Grundsätzlich sollten Bohrungen so geplant werden, daß Erzkörper möglichst in einem rechten Winkel durchteuft werden. Das heißt, daß man bei steillagernden Erzkörpern möglichst horizontal, bei flachen vertikal bohrt. Lokale Bedingungen, z.B. steiles Gelände mit entsprechender Einschränkung erreichbarer Bohransatzpunkte, können Abweichungen von dieser Regel erzwingen. Soweit freie Wahl besteht, werden Bohrungen meist als Fächer an Netzlinien angeordnet, wobei oft die bereits für Geochemie und Geophysik verwendeten Profilschnitte gewählt werden. Die Abstände zwischen den Bohrungen sind nach der erwarteten Ausdehnung und Raumlage der Erzkörper sowie der vermuteten Variabilität im Streichen auszulegen. Große, stockförmige Lagerstätten werden durch senkrechte Bohrungen in quadratischen oder rechteckigen Netzen untersucht. Bei einem solchen unidirektionalen Abbohren kann allerdings ein falsches Bild entstehen, falls die Verteilung der Erze nicht isotrop ist. In der porphyrischen Cu-Au-Lagerstätte Bougainville (Papua-Neuguinea) etwa wurden die Gehalte auf Grund vertikaler Netzbohrungen zu gering eingeschätzt, wie man beim späteren bergbaulichen Aufschluß erkannte, weil senkrechte Reicherzzonen statistisch ungenügend erfaßt worden waren.

Die Entscheidung über Weiterführung oder Abbruch der Erkundungsphase ist besonders schwierig. Natürlich wird bei jeder einzelnen Bohrung zu überprüfen sein, inwieweit die in sie gesetzten Erwartungen erfüllt wurden. Negative Resultate dürfen aber nicht zu früh zur Aufgabe des Projektes verleiten. Unter den Beispielen, daß das

Festhalten an einem Bohrprogramm trotz erster Enttäuschungen lohnend sein kann, ist Olympic Dam, wo erst die zehnte Bohrung bauwürdiges Erz angetroffen hat. Es sollte aber andererseits selbstverständlich sein, daß jede neue Bohrung sofort untersucht wird, und daß die Ergebnisse in eine laufende Verbesserung des ursprünglichen Konzeptes einbezogen werden müssen. Ein starres Festhalten am anfänglichen Untersuchungsplan ist ebenso schädlich wie eine zu rasche Einstellung der Arbeiten auf Grund erster negativer Resultate.

Mit dem Abschluß eines Bohr- und Schürfprogrammes ist ein Bericht vorzulegen, der 1. eine kurze technische Beschreibung der Arbeiten enthält, 2. detaillierte geologische, geophysikalische und geochemische Aufnahmen bzw. Daten umfaßt, und 3. eine dreidimensionale Darstellung aller wesentlichen Parameter der potentiellen Lagerstätte bietet. Darauf beruhend ist 4. eine erste montangeologische Bewertung (pre-feasibility study) möglich, welche in der Regel auf Vergleichen mit wirtschaftlichen Kennzahlen ähnlicher Lagerstätten beruht. Falls diese Bewertung positiv ausfällt, wird danach durch eine multidisziplinäre Gruppe die umfangreiche eigentliche Bewertung (feasibility study) in Angriff genommen.

III. Die Untersuchung und Bewertung von Lagerstätten – Montangeologische Arbeiten im Bergbau

Während die Lagerstättenkunde sich vor allem mit genetischen und oft sehr theoretisch-wissenschaftlichen Fragestellungen beschäftigt, ist die Montangeologie unter Einbeziehung vieler anderer Disziplinen der Praxis zugewandt. Die montangeologischen Aufgaben in der Phase der Untersuchung und Bewertung einer neuen Lagerstätte, aber auch im Betriebsgeschehen eines laufenden Bergbaues (Abb. 135) bis zu Schließung und Verwahrung sind ungemein vielfältig (Marjoribanks 1997, Berkman 2001). Einige der wichtigeren Beispiele sind:

- Planung, Leitung und Auswertung von Bohrprogrammen, geochemischen und geophysikalischen Untersuchungen sowie von bergmännischem Hoffnungsbau zum Nachweis von Erzreserven;
- Geologische Kartierung aller Grubenräume und Tagebau-Aufschlüsse im Detail (meist 1:100 bis 1:500) sowie Herstellung einer geologischen Oberflächenkarte des Bergbaubereiches (1:1.000 bis 1:10.000); Aufnahme von Bohrungen und Schürfen; Anlage und Sicherung des aktuellen Standes eines systematischen geologischen Karten- und Schnittwerkes;
- Beprobung von Schürfen und von Erzkörpern, die für den Abbau vorgerichtet werden, im täglichen Betrieb (grade control);
- mineralogische Untersuchung und Bewertung der Erze in Bezug auf ihre Aufbereitbarkeit;
- Berechnung und montangeologische Bewertung der Reserven;
- Erstellung und laufende Verbesserung eines beschreibenden bzw. genetischen Lagerstättenmodelles;
- Ingenieurgeologische Untersuchung und Beurteilung der fels- oder bodenmechanischen Eigenschaften von Gesteinen und Erzen, aber auch von Halden, Dämmen u.dgl. (wichtige Quellen dazu sind Hoek & Bray 1981 für Tagebaue, sowie Hoek & Brown 1982 für Tiefbau);
- Montangeologische Beiträge zur Lösung von Bergschadensproblemen (z.B. Absenkungen über Verbruchzonen) und zu Schließungs- und Verwahrungsmaßnahmen;
- Lösung von durch den Bergbau verursachten oder diesen nachteilig beeinflussenden hydrogeologischen Problemen;
- Sammlung und Bewertung umweltgeologischer Daten, anfangs für die gesetzlich vorgeschriebene Umweltverträglichkeitsprüfung, danach für das laufende Umweltmonitoring und -Management des Bergbaues.

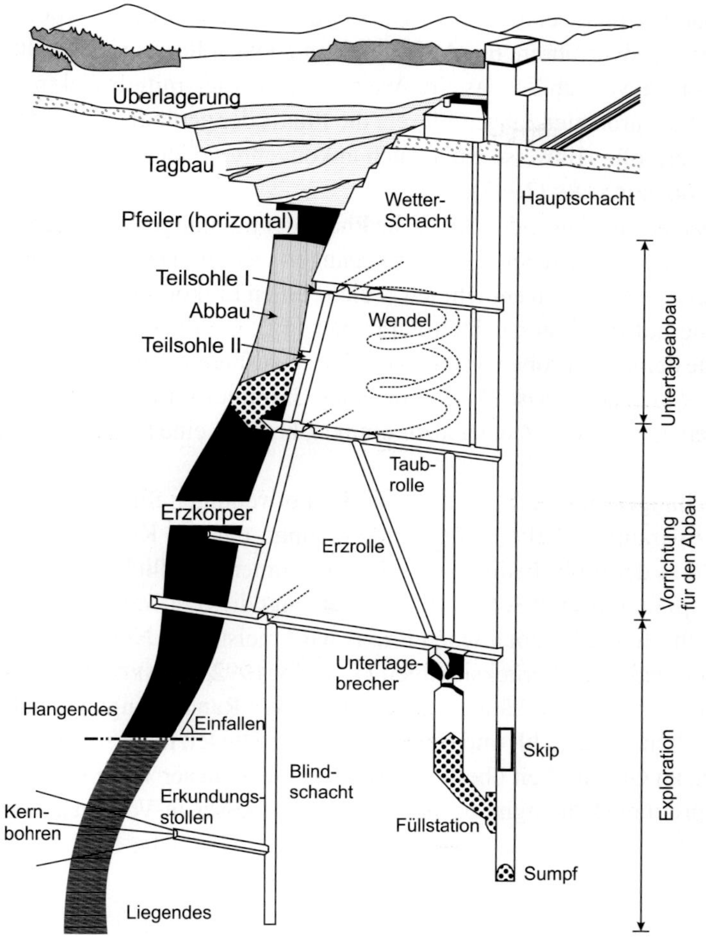

Abb. 135. Schematischer Schnitt eines Bergbaues, der einen plattenförmigen, steil einfallenden Erzkörper anfangs im Tagbau, jetzt im Tiefbau gewinnt.
Beachte die Gliederung des Tiefbaues in einen Abschnitt (1) aktueller Produktion, (2) der Vorrichtung für zukünftige Produktion, und (3) der Exploration mit dem Ziel der Definition neuer Reserven.

Natürlich werden viele dieser Aufgaben in Zusammenarbeit mit anders spezialisierten Fachleuten zu lösen sein. Nur jene mit einer überwiegend montangeologischen Komponente können hier kurz umrissen werden. Für diese und für benachbarte Tätigkeitsfelder bleibt McKinstry (1948) eine exzellente Fundgrube.

1. Kartierung und Probenahme

Die *geologische Kartierung* aller natürlichen und künstlichen Aufschlüsse im Bergbau und in seinem Umfeld ist die wichtigste Aufgabe des Montangeologen. Nur durch eine vollständige und jeweils aktuelle geologische Dokumentation ist gesichert, daß Lösungen für angewandte Fragestellungen auf der erforderlichen breiten Grundlage gefunden werden können. Die eigentliche Aufnahme sollte möglichst detailliert erfolgen (z.B. im Maßstab 1:100), während das systematische geologische Karten- und Schnittwerk für den Bergbau am besten in jenem Maßstab angelegt wird, der für die bergbaulich-markscheiderische Darstellung gewählt wurde. Große Bergbaue haben in der Regel ein Standardverfahren für Aufnahme und Darstellung entwickelt. Auch dafür wird zunehmend ein Format verwendet, das eine Weiterverarbeitung mittels elektronischer Datenverarbeitung gestattet. Es würde hier zu weit führen, die Praxis der geologischen Kartierung im Bergbau zu beschreiben. Wertvolle Hinweise dazu, auch unkonventioneller Art, findet man in McKinstry (1948) und in Marjoribanks (1997).

Die *Probenahme* ist eine besonders kritische Phase der montangeologischen Arbeit, da hier nicht selten wirtschaftlich schwerwiegende Fehler begangen werden. Das Ziel jeder Probenahme ist es, eine möglichst geringe Masse zu entnehmen, welche einen Erzkörper oder Abbaublock oder Gangabschnitt in Bezug auf den untersuchten Parameter (z.B. Goldgehalt) möglichst wahrheitsgetreu repräsentiert. Eine derartige Probe wird in der Folge so aufbereitet, daß am Ende stellvertretend für eine erhebliche geologische Masse Bruchteile eines Grammes für die eigentliche Analyse verwendet werden können. Um diesem Ziel nahezukommen, hat man eine Reihe von Konzepten und Techniken entwickelt.

Viele Untersuchungen beschäftigen sich mit der notwendigen minimalen *Probemenge,* welche die Repräsentanz garantiert. Schon früh wurde erkannt, daß die Korngröße des zu beprobenden Materiales die Masse der Probe bedingt, daß aber auch unterschiedliche Verteilung der Erzminerale eine große Rolle spielt. Extreme Schwierigkeiten erzeugt dies bei Golderzen, wo man bildhaft vom *Nuggeteffekt* spricht. In der bergbaulichen Praxis wird meist nach Nomogrammen verfahren, welche beide genannte Faktoren berücksichtigen (z.B. Gy 1992, Pitard 1993, Berkman 2001).

Die *Technik der Probenahme* hängt von verschiedenen Randbedingungen ab; es gibt u.a. Pickproben, Schlitzproben, Bohrmehl- und Bohrkernproben. Die letzteren sind als zusammenhängende Proben den ersten an Genauigkeit überlegen, doch hat jede dieser Techniken besondere Probleme, die vor einer Beprobungskampagne bedacht oder noch besser in Vorversuchen überprüft werden müssen.

2. Die Schätzung der Substanzmenge und ihrer nutzbaren Gehalte

Eine rationelle Rohstoffgewinnung und -versorgung bedarf natürlich auf allen Ebenen, vom einzelnen Bergbaubetrieb bis zur nationalen Volkswirtschaft, schließlich auch für grenzübergreifende strategische Planung grundlegender Zahlen über die technische und wirtschaftliche Verfügbarkeit von Rohstoffen.

Die Gesamtmengen der Rohstoffe werden als ***mineralische Ressourcen*** (gesamte geologische Vorkommen) bezeichnet. Diese werden nach der zunehmenden geologischen Gewißheit über ihre Menge und Qualität und nach ihrer technisch-wirtschaftlichen Nutzbarkeit bzw. Abbauwürdigkeit weiter unterteilt; eine entsprechende Matrix, nach dem Erfinder im englischen Sprachraum McKelvey-Box benannt, ist die Basis für heute in verschiedenen Varianten international übliche Klassifikationen. Seit einigen Jahren wird versucht, die Begriffe international einheitlich zu definieren (Rendu & Miskelly 2001).

Nach McKelvey (1973) gibt es *prognostische* (noch unbekannte, „undiscovered") und *entdeckte* („identified") ***Ressourcen. Reserven*** sind nur jener Teil der Ressourcen, der nach Menge und Qualität genau bekannt und unter Beachtung aller Randbedingungen als bauwürdig eingestuft ist.

Die Abschätzung von *prognostischen Ressourcen* ist besonders wichtig, wenn allgemeine Aussagen zur zukünftigen Verfügbarkeit von Rohstoffen gemacht werden sollen. Allzuoft haben Zukunftsforscher nur die jeweils bergbaulich ausgewiesene Reservenmenge für ihre Berechnungen eingesetzt, woraus das völlig falsche Bild einer Erschöpfung der Rohstoffvorräte in wenigen Jahrzehnten erwächst (z.B. Club of Rome). Zahlenangaben über unentdeckte Ressourcen werden z.B. durch Extrapolation der bekannten Rohstoffmengen in geologisch-bergbaulich gut untersuchten Gebieten auf geologisch ähnliche, weniger erschlossene Regionen gewonnen. Bergwirtschaftlich-metallogenetische Datenbanken, geologische und metallogenetische Karten sind dafür eine grundlegende Voraussetzung.

Statistische Methoden spielen bei der Ressourcenprognose eine große Rolle. Für viele Metalle gelten die Erkenntnisse von LASKY (1950), daß nämlich sowohl die Metallgehalte in Erz und Gesteinen wie auch die jeweiligen Tonnagen eine log-normale Verteilung ergeben *(Lasky's Law).* Wenn man diese Datenpaare in einem log/log-Diagramm aufträgt, fallen sie auf eine Gerade, deren Steigung durch einen Exponenten D>1 und <3 bestimmt ist. Damit ergibt sich eine fraktale Beziehung (TURCOTTE 1997) von der Form

Fraktale Verteilung von Rohstoffmassen und zugehörigen Gehalten

$$C_{ore} / C_{min} = (M_{min} / M_{ore})^{D/3}$$

c_{ore} ist der durchschnittliche Metallgehalt der Tonnage M_{ore}, C_{min} der geringste einbezogene Gehalt der zugehörigen Masse M_{min}, D die fraktale Dimension. M_{min} kann z.B. jene Gesteinsmasse sein, aus welcher die Anreicherung erfolgte (etwa im metamorphogenen Bildungsmodell von Goldlagerstätten aus Kruste mit Clarke-Gehalten). Man kann damit für jeden beliebigen Gehalt die zugehörige Masse errechnen und, nach Abzug abgebauter Anteile, die verbleibenden Ressourcen abschätzen.

Entdeckte mineralische Ressourcen resultieren aus Exploration und Detailuntersuchungen. Sie werden überwiegend auf Grund geologischer Daten mit zunehmendem Bekanntheitsgrad in *vermutete (inferred), indizierte (indicated)* und *gemessene (measured) Ressourcen* unterteilt (RENDU & MISKELLY 2001). Letzteres bedeutet, daß Masse und Gehalte sehr genau eingeschätzt werden können.

Mineralische Reserven sind grundsätzlich nur jene Teile einer gemessenen oder indizierten Ressource, deren Gewinnbarkeit durch Untersuchungen aller wichtigen Randbedingungen nachgewiesen ist (RENDU & MISKELLY 2001). Dazu zählen Abbau, Aufbereitung, Wirtschaftlichkeit, Gesetzesrahmen, Umwelt, soziales Umfeld und staatliche Vorgaben. Mineralische Reserven werden in die Klassen *wahrscheinlich (probable)* und *sicher (proved)* eingeordnet, wobei die erstgenannte einen geringeren Konfidenzgrad hat.

Im einfachsten Fall können sichere und wahrscheinliche Reserven sowie indizierte Ressourcen einer Lagerstätte durch den *Aufschlußgrad* unterschieden werden: Für eine homogene, plattenförmige Lagerstätte (z.B. ein Flußspatgang oder ein sedimentäres Erzlager) gilt, daß sichere Reserven von vier oder mindestens von drei Seiten aufgeschlossen – oder wie man sagt – beleuchtbar sein müssen (Abb. 136). Es sind also darunter jene Gang- oder Lagerteile zu verstehen, die zwischen dem Schacht und den Hauptsohlen liegen. Die wahrscheinlichen Reserven müssen von mindestens zwei Seiten beleuchtbar sein, wobei auch Bohrungen verwendet werden dürfen. Wenn der Erzkörper auf der tiefsten Sohle noch unverändert ansteht und keine Beobachtungen für ein rasches Auskeilen sprechen, ist eine Klassifikation des unmittelbar anschließenden Lagerstättenteils als wahrscheinlich gestattet. Indizierte Ressourcen werden überwiegend auf Grund des geologischen Lagerstättenmodelles und einzelner Aufschlüsse abgeschätzt, naturgemäß mit weiten Fehlergrenzen. Diese Kategorie ist weder als Basis für eine Kreditgewährung durch Banken noch für bergbauliche Planung ausreichend.

Für die Berechnung bzw. Einschätzung von Menge und Qualität mineralischer Ressourcen einer Lagerstätte sind sechs grundlegende Arbeitsschritte erforderlich:

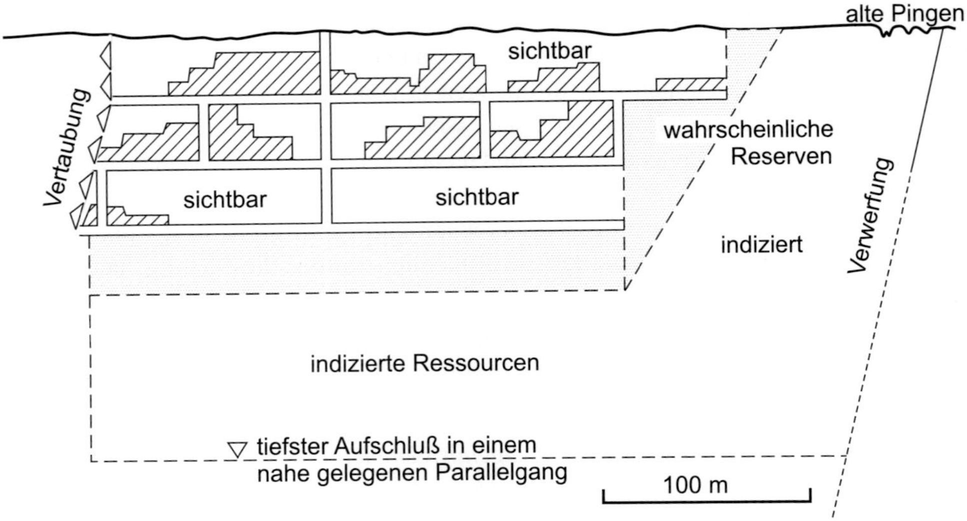

Abb. 136. Sichtbare (sichere) und wahrscheinliche Reserven sowie indizierte Ressourcen eines Erzganges. Schraffierte Flächen sind bereits abgebaut.

- Beschaffung einer genügenden Menge von Daten der erforderlichen Qualität,
- Erarbeiten eines gut begründeten geologischen Lagerstättenmodelles,
- Statistik der analytischen Daten mit dem Ziel, die Gehaltsverteilung in der Lagerstätte zu verstehen,
- Wahl eines geeigneten Interpolationsmodelles für die Gehalte, das sowohl Statistik wie Geologie berücksichtigt,
- Berechnung von Tonnage und Gehalt, entweder global oder falls erforderlich, für einzelne Teile der Lagerstätte, und
- Berichterstattung unter Angabe der Ressourcen-Kategorie und der jeweiligen Gewißheit der Zahlen.

Hinter jedem dieser Punkte stehen umfangreiche technische und wissenschaftliche Fragenkomplexe, die hier nur sehr beschränkt angesprochen werden können. Immer muß beachtet werden, daß die Ressourcenberechnung nie ohne Ungewißheiten und Annahmen möglich sein wird (deshalb im Englischen „resource estimation"), wogegen die Nutzer die resultierenden Zahlen als Fakten auffassen und daraus oft schwerwiegende finanzielle oder organisatorische Entscheidungen ableiten. Reservenberechnungen sind aber im Grunde nichts anderes als numerische Modelle von Erzkörpern. Wie alle derartigen Modelle in den Erdwissenschaften darf man sie nicht für absolut richtige Abbilder der Natur halten (Oreskes et al. 1994).

Jedes Industrieland hat für die Berechnung und Klassifizierung von Reserven bestimmte Normen, die eingehalten werden müssen. International weithin als beste Lösung anerkannt ist das in Australien entwickelte System („JORC-Code": Edwards 2001). Im Streben nach einer international einheitlichen Klassifizierung, die eine Vergleichbarkeit der nationalen Rohstoffdaten gestatten sollte, hat eine Arbeitsgruppe des Wirtschafts- und Sozialrates der Vereinten Nationen im Jahre 1997 einen weiteren Vorschlag vorgelegt. Danach werden wie bisher Angaben zum geologischen Kenntnisstand („geologische Achse") und zum Grad der Bauwürdigkeit („Bauwürdigkeitsachse") gemacht. Neu ist die Aufnahme einer dritten Achse, welche den bergtechnisch-bergwirtschaftlichen Untersuchungsstand wiedergibt („Feasibility-Achse"; Abb. 137). Diese Information ist für

Investoren besonders wichtig. Es bleibt abzuwarten, ob dieser Versuch zu weltweiter Abstimmung mehr Erfolg haben wird, als ein früherer Anlauf der UN im Jahre 1979. Ein anderer Vorschlag für eine solche dritte Achse kommt vom BGS (British Geological Survey), in dem die *bergbauliche Verfügbarkeit* (accessability) aus der Sicht umweltrechtlicher und sozialpolitischer Faktoren in den Vordergrund gestellt wird (Cook & Harris 1998). Damit wäre deutlicher sichtbar, welche Vorräte für die Versorgung mit mineralischen Rohstoffen tatsächlich verfügbar, bzw. welche durch andere Ansprüche blockiert sind.

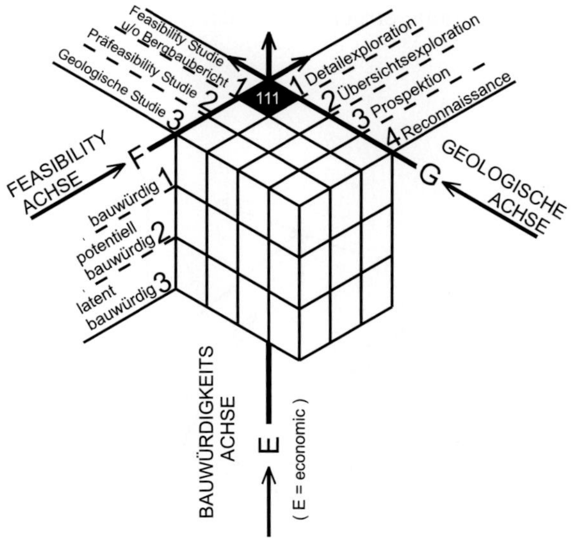

Abb. 137. Die neue, dreiachsiale Klassifikation mineralischer Ressourcen der Vereinten Nationen (UN Economic and Social Council 1997).

Die eigentliche ***Berechnung von Quantität und Gehalt einer Lagerstätte*** ist nach Typus, Form, Inhalt und Aufschlußmethode sehr unterschiedlich (Annels 1991). In einfachen Fällen, z.B. bei homogenen, plattenförmigen Körpern (etwa ein Chromit- oder Kohleflöz), ist folgende Formel anwendbar:

Einfache Berechnung der Tonnage in situ

$$Q = F \cdot D \cdot M$$

Will man den ausbringbaren Metallinhalt ausdrücken, also die Metallmenge nach Abzug von Abbauverlusten, Sicherheitspfeilern und Aufbereitungsverlusten, ist folgende Erweiterung erforderlich:

Einfache Berechnung des ausbringbaren Metallinhaltes

$$P = Q \cdot G \cdot A \cdot V$$

Dabei bedeuten:

Q = Erzmenge in situ (t)
F = Abbaufläche (m^2)
M = Durchschnittsmächtigkeit (m)
D = Raumgewicht des Erzes (t/m^3)
P = ausbringbarer Metallinhalt (t)
G = durchschnittlicher Metallgehalt im Erz (%)
A = Korrekturfaktor für Abbauverluste
V = Korrekturfaktor für Aufbereitungsverluste

Vielfach muß auch eine Verdünnung des anstehenden Erzes beim Abbau berücksichtigt werden, falls das Mitgewinnen von Taubmaterial nicht vermeidbar ist. Dies kann Menge und Eigenschaften des Fördererzes ungünstig beeinflussen und damit die Kosten signifikant erhöhen.

In der Regel ist es zweckmäßig, unterschiedliche Bereiche einer Lagerstätte (Teilfelder, Blöcke) abzugrenzen und einzeln zu berechnen. Viele Rohstoffkörper werden auf Grund geologischer Praxis in Serienprofilen (*wire frames*) dargestellt. In einem solchen Fall werden die Erzflächen F_1, F_2 bis F_x in den einzelnen Schnitten planimetriert, worauf mit den Abständen $b_{1\text{-}2}$ etc. die Volumina der Abschnitte errechnet werden (Abb. 138):

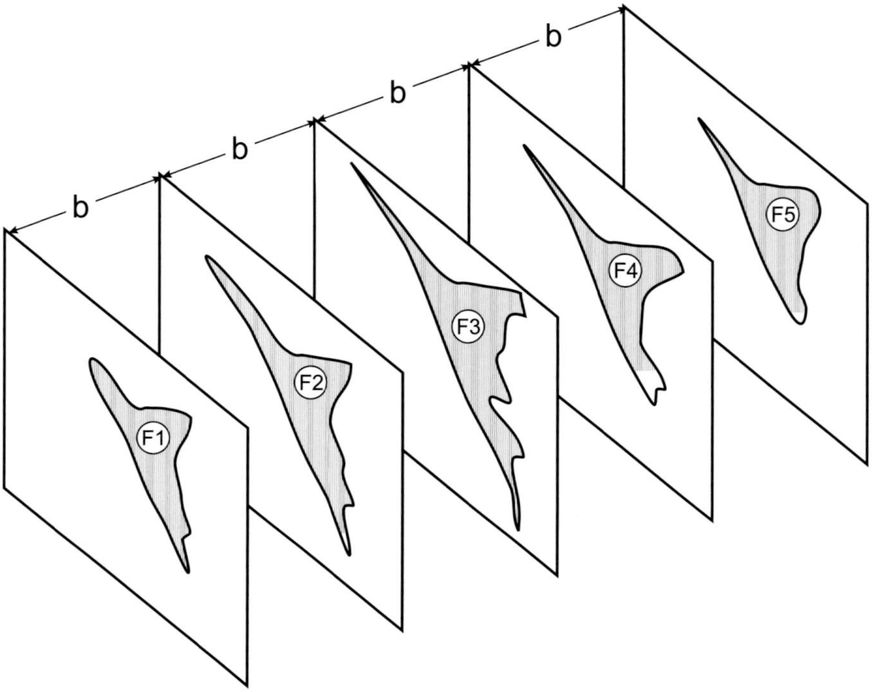

Abb. 138. Serienschnitte eines Erzkörpers zur Berechnung der Reserven, genauer, des Volumens mit der Profilmethode.

Einfache Berechnung des Lagerstättenvolumens aus Serienprofilen

$$\text{Volumen (m}^3) = 0{,}5 \cdot (F_1 + F_2) \cdot b_{1\text{-}2} + 0{,}5 \cdot (F_2 + F_3) \cdot b_{2\text{-}3} + \ldots \text{ usw.}$$

Wechselnde Lagerstättenverhältnisse müssen bei Vorratsberechnungen durch *Wichtungsverfahren* berücksichtigt werden. Dies ist immer notwendig, wenn aus verschieden mächtigen Beprobungsabschnitten (z.B. Schlitzproben quer zu einem Gang, Kernproben) oder bei stark variablem Raumgewicht des Erzes Durchschnittsgehalte errechnet werden sollen. Für ein Erz mit variabler Dichte gilt z.B.

Bestimmung des Durchschnittgehaltes unter Wichtung nach Mächtigkeit (M) und Dichte (D)

$$G_w = \frac{M_1 \cdot D_1 \cdot G_1 + M_2 \cdot D_2 \cdot G_2 + usw.}{M_1 \cdot D_1 + M_2 \cdot D_2 + usw.}$$

Ein besonders interessantes Problem ist die Bestimmung des *bauwürdigen Mindestgehaltes* (*cut-off grade*) einer Lagerstätte (LANE 1997). Definitionsgemäß ist das jener Gehalt, bei dem die Gewinnungs- und Aufbereitungskosten vom erzielten Erlös gerade noch gedeckt werden. Man kann umgekehrt auch fragen, wo genau liegt der Unterschied zwischen taubem Nebengestein und Erz? – Die Antwort ist oft schwierig, da neben den gegebenen geologischen Parametern auch zeitabhängige Faktoren (z.B. schwankende Metallpreise) berücksichtigt werden müssen. Selbst unterschiedliche Gewinnungskosten innerhalb eines Bergbaues, z.B. durch differierende Transport- oder Abbaukosten, bedingen eine spezifische Anpassung des Mindestgehaltes. Neuerdings wird gefordert, daß der Mindestgehalt so gewählt werden soll, daß der NPV (net present value) der Lagerstätte maximiert wird.

Zunehmend werden in der Praxis der Reservenberechnung *geostatistische Verfahren* angewendet, die von MATHERON (1971), KRIGE (1981) u.a. entwickelt wurden, ursprünglich zur Verbesserung der Prognosegenauigkeit bei Goldlagerstätten. Die Geostatistik unterscheidet sich von normaler Statistik durch die Berücksichtigung der Erfahrung, daß geologische Parameter (z.B. die Mächtigkeit eines Kohlenflözes) vom Ort der Messung abhängig sind, während etwa jeder Wurf eines Würfelspiels vom vorhergehenden unabhängig ist. Man spricht deshalb von *ortsabhängigen Variablen* (*regionalized variables*). Je geringer die Abstände einzelner Meßpunkte sind, desto größer ist die Abhängigkeit, das heißt die Möglichkeit, den betrachteten Parameter an diesem Punkt aus benachbarten Messungen zu berechnen.

Zur Untersuchung der Ortsabhängigkeit werden *Variogramme* berechnet (Abb. 139), wobei die jeweiligen Abstände sowie beliebige Meßwerte (z.B. % Erzgehalt, Mächtigkeit, oft auch Gehalt x Mächtigkeit, etc.) verwendet werden können. Variogramme werden u.a. genutzt, um optimale lagerstättenspezifische Proben- oder Bohrlochabstände zu ermitteln, weiter zur statistischen Begründung von Vorratsklassen sowie zur Ermittlung der Gehalte von Einzelblöcken bei der Vorratsberechnung. In letzterem Zusammenhang sind sie die Basis für geostatistische Berechnungsweisen, die als *Kriging* bezeichnet werden (MATHERON 1971, ISAAKS & SRIVASTAVA 1990).

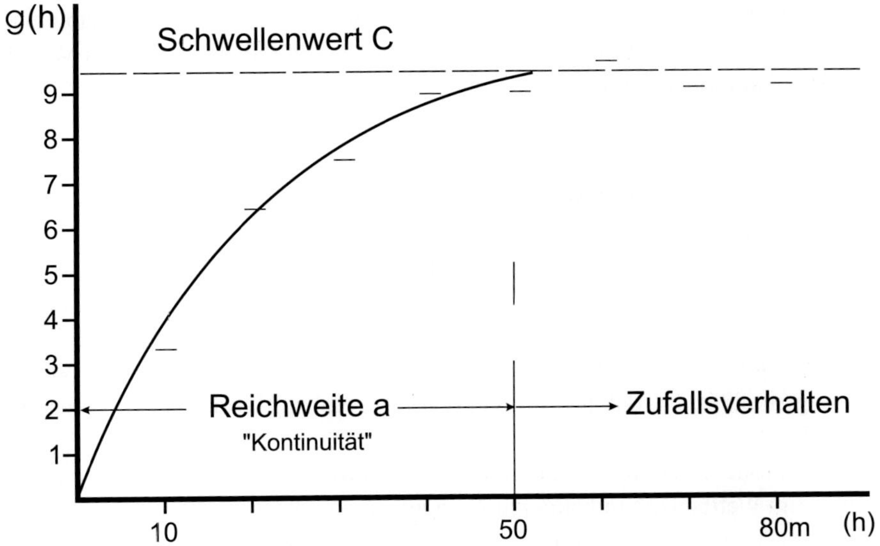

Abb. 139. Beispiel eines einfachen experimentellen Semi-Variogrammes, das die Wahl optimaler Probeabstände eines Erzkörpers ermöglicht.

γ(h) ist die abstandsabhängige Varianz von Proben, welche in 10-m-Schritten entnommen wurden. Mit Überschreiten der Reichweite (a) erreicht die Varianz jene der Gesamtpopulation (C), eine Ko-Varianz ist nicht mehr gegeben. Optimale Probenabstände müssen deshalb kleiner als (a) sein.

Überaus wichtig ist, daß geostatistische Methoden nicht ein Ersatz für genaue geologische Datenerhebung und Interpretation sind, sondern nur ein allerdings sehr wichtiges Rechenwerkzeug. So ist es z.B. völlig sinnlos, ein Variogramm verschiedener geologischer Homogenbereiche oder stark gefalteter Körper ohne Abwicklung der Deformation zu berechnen. Die Praxis hat auch gezeigt, daß manche Erzkörper für eine Berechnung durch Kriging nicht geeignet sind, und daß „manuelle" Methoden in solchen Fällen weiterhin mit vollem Recht eingesetzt werden. Große, erfahrene Bergbaufirmen kontrollieren die geostatistisch errechneten Reserven einer Lagerstätte in jedem Fall durch konventionelle Methoden (Sinclair & Blackwell 2002). In Australien wurde auf Grund unzulässig hoher Abweichungen zwischen vergleichenden Probeläufen mit kommerziellen Software-Paketen die Forderung erhoben, jeder Reservenmitteilung eine manuell errechnete Variante anzuschließen (Swain 1997). Ein Vergleich der Produktion der Uranlagerstätte *Key Lake* (1982–1997, s. Uran) mit früheren Reservenberechnungen zeigte, daß systematisch die Tonnage zu gering und die Urangehalte zu hoch eingeschätzt worden waren. Diese Abweichungen werden nachträglich auf eine ungeplante Verdünnung des Erzes durch Mitgewinnung von ~25% Nebengestein zurückgeführt (Mistry et al. 1999).

Ein interessanter Sonderfall der Reservenberechnung liegt bei alluvialen Gold- oder Diamantseifen vor, welche sehr erratische Gehalte haben. Schlitzproben an den vier Wänden eines Schurfschachtes sind da oft voneinander ebenso verschieden wie vom Gehalt der Gesamtmasse aus dem Schacht. Dies weist darauf hin, daß der Einflußbereich von Proben sehr klein ist, weshalb in solchen Lagerstätten übliche statistische Methoden zumeist versagen. Langjährige Untersuchungen in großen Seifenlagerstätten haben ergeben, daß zum Unterschied vom Gehalt die Siebkornkurve des Wertminerales sehr beständig ist. Wird diese zur Bewertung mit herangezogen, resultieren deutlich bessere Reservenangaben als aus einfachen Goldgehaltsanalysen.

Zusammenfassend soll darauf hingewiesen werden, daß die Reserven einer Lagerstätte naturgemäß großen Einfluß auf die wirtschaftliche Bewertung haben, sei es bei der Entscheidung zur Neueinrichtung eines Bergbaues, bei der Einschätzung des Wertes einer Bergbaufirma auf dem Aktienmarkt, beim Verkauf oder bei Kreditaufnahmen. Demgemäß ist die Berechnung von Reserven eine Aufgabe, die einen hohen professionellen Standard („competent person"), Unabhängigkeit und ethische Integrität voraussetzt. Beispielhaft sind diesbezüglich die einschlägigen Vorschriften der australischen Bergbauindustrie (AusIMM 1999, Edwards 2001).

3. Bewertung von Lagerstätten

Das häufig gebrauchte Wort „Bodenschätze" verführt vielfach dazu, auch bergbaulich unerschlossenen und womöglich unentdeckten mineralischen Rohstoffen einen *wirtschaftlichen Wert* zuzumessen. Dies ist deshalb falsch, weil Lagerstätten erst durch ihre Nutzbarmachung Einkommen für die Investoren, die dort Beschäftigten, die Zulieferer und indirekt für den ganzen Wirtschaftsraum schaffen. Richtig ist natürlich, daß große, unentwickelte Rohstoffvorkommen ein *wirtschaftliches Potential* darstellen.

Bergbau-Investitionen, also die Finanzierung eines Projektes in der Hoffnung auf zukünftige Gewinne, stehen im Wettbewerb mit anderen Anlageformen. Der *Jetztwert oder Barwert* (P, present value) eines zukünftigen Einkommens (A) ist jener Summe äquivalent, welche heute zu bestimmten Zinskonditionen (i) angelegt werden müßte, um in der gegebenen Zeitspanne (n) den Zielwert zu erreichen. Man muß also das zukünftige Einkommen *abzinsen* (discounting). Ohne Berücksichtigung anderer Faktoren (z.B. Verteilung des Einkommens auf mehrere Jahre oder Jahrzehnte) verfährt man nach folgender Formel:

Bewertung eines zukünftigen Einkommens durch Abzinsung

$$P = A / (1+i)^n$$

In Zeiten hoher Zinsen sinkt der Jetztwert von zukünftigem Kapital rasch auf Null ab. Bei einem Zinsniveau von 15%/Jahr z.B. hat zukünftiges Einkommen bereits bei 15 Jahren Wartefrist nur einen Barwert von 0,12.A. Bei den derzeit mäßigen Anlagezinsen von ca. 7% liegt der Barwert mit 0,36.A allerdings deutlich höher. Da Bergbau in der Marktwirtschaft naturgemäß mit anderen Anlagemöglichkeiten konkurrieren muß, resultiert daraus die schon mehrfach angesprochene Tatsache, daß die Entwicklung bergbaulicher Reserven über eine Periode von mehr als 20 Jahren hinaus in den meisten Fällen als wirtschaftliches Fehlverhalten gelten muß. Den (meist hohen) Aufwendungen für Exploration und Entwicklung (in Australien etwa im Durchschnitt der letzten Jahre 50 Millionen $ für einen neuen Bergbau) stünde dann nämlich ein minimaler Jetztwert gegenüber.

Dazu kommt die Ungewißheit der Einschätzung zukünftiger Zinssätze und Erlöse (also des Bergbaueinkommens). Hier wird meist mit Durchschnittszahlen der letzten Jahre gerechnet, obwohl dies natürlich bestenfalls für die nahe Zukunft mit hoher Wahrscheinlichkeit zutrifft. Weiter erschwerend wirkt die Volatilität mancher Rohstoffpreise (extreme Beispiele sind Wolfram, Zinn, aber auch Kobalt, Blei, Zink, Gold, Öl; Abb. 129), während z.B. viele Industrieminerale wesentlich geringere Preisschwankungen erleben. Es folgt daraus, daß eine Kobaltlagerstätte parallel zum gewählten Preis einen sehr hohen oder sehr geringen Jetztwert haben kann. Da der Zeitpunkt hoher Preise aber nicht vorhergesagt werden kann, unterliegen sowohl Einschätzung wie auch eine eventuelle Investition (z.B. Kauf der Lagerstätte) einem sehr hohen *Risiko.* Neben Risikofaktoren, die den Markt des Produktes betreffen, gibt es technische, politisch/soziale und fiskalische Risiken. Sie müssen für bestimmte Projekte identifiziert und in Form einer *Risikoanalyse* in die wirtschaftliche Einschätzung einbezogen werden. Erhöhtes Risiko resultiert natürlich immer in einer geringeren Bewertung, rechnerisch z.B. durch die Anwendung erhöhter Abzinsungssätze.

Auf den beschriebenen Grundüberlegungen basierend wurden unterschiedliche *Methoden der Investitionsanalyse* entwickelt, welche zur Beurteilung von Bergbauprojekten herangezogen werden können (RUDENNO 1999). Da Bergbauprojekte in den ersten Jahren fast nur Kosten verursachen, während Erlöse überwiegend in späteren Phasen anfallen, werden in der Bewertungspraxis die jährlich anfallenden Ausgaben (C, costs) den erwarteten Einnahmen (R, return) gegenübergestellt *(cash flow analysis)*. Die Einzelsummen werden danach abgezinst, und ihre Summe ergibt den gegenwärtigen Nettowert *(net present value = NPV)* im Jahre 0.

Bewertung eines Bergbauprojektes durch cash-flow-Analyse mit Abzinsung

$$NPV = (R_0 - C_0) + \frac{R_1 - C_1}{(1+i)} + \frac{R_2 - C_2}{(1+i)^2} + \frac{R_n - C_n}{(1+i)^n}$$

Ein positiver NPV bedeutet, daß die erwarteten Einnahmen die vermuteten Ausgaben übersteigen, so daß die Investition günstig erscheint. Im andern Fall sollte das Projekt wohl abgelehnt werden. Als griffige Richtzahlen werden weiter oft die interne Verzinsungsrate *(internal rate of return = IRR)* und die Rückzahlungsperiode *(payback period)* herangezogen. Die IRR wird bestimmt, indem in obiger Formel jener Wert i errechnet wird, der einem NPV = 0 entspricht. Die Rückzahlungsperiode ist die Zahl der Jahre, die benötigt werden, um die Investitionen der Anfangszeit durch Nettoerlöse auszugleichen. Damit ist klarer, von welchem Zeitpunkt an eigentliche Gewinne erwartet werden können. Typische Rückzahlungsperioden für viele Bergbaue liegen zwischen 3 und 8 Jahren.

Die Phase der Entwicklung und Bewertung eines Bergbauprojektes schließt mit der Erstellung einer *Durchführbarkeitsstudie* (feasibility study) ab. Darin werden folgende Teilaspekte ausführlich behandelt: Geologie und Reserven, Bergbau und Aufbereitung, Infrastruktur, Aufschließungs- und Baupläne, Kosten, Marktanalyse, Cash-flow Analyse, sozialer, rechtlicher und fiskalischer Rahmen, Finanzierung und umweltrechtliche Fragen, sowie Schließungsplan einschließlich Rekultivierung oder Renaturierung des Geländes.

IV. Umweltschutz im Bergbau

Es ist unbestreitbar, daß der Bergbau in der Vergangenheit sehr viele Umweltsünden begangen hat, allerdings nicht verschieden von allen anderen menschlichen Aktivitäten. Die älteste anthropogene Schwermetallpollution stammt aus der Kupferzeit (ca. 2500 vor unserer Zeit), belegt durch Untersuchungen im Ästuar des Rio Tinto, Spanien (LEBLANC et al. 2000). Parallel zur allgemeinen Entwicklung des Umweltbewußtseins in den westlichen Industrieländern haben jedoch mittlerweile auch die Bergbaue hohe Investitionen getätigt, um ihre unmittelbare Umwelt möglichst wenig zu beeinträchtigen und den Ansprüchen der Nachhaltigkeit zu folgen. Nach Beendigung des Abbaues wird sogar oft eine bereicherte Landschaft hinterlassen. Man denke nur an die Refugien für seltene Pflanzen und Tiere in aufgelassenen Steinbrüchen, Tongruben und Braunkohletagebauseen, welche anderswo in unserer Kulturlandschaft keinen Platz mehr finden. Bürger und Medien haben diese grundlegende Veränderung der Industrie bisher kaum zur Kenntnis genommen, natürlich auch unter dem Eindruck tatsächlich beängstigender Bilder aus vielen Entwicklungs- und Schwellenländern und aus dem europäischen Osten. Mit zunehmender Demokratisierung und steigendem Lebensstandard vieler dieser Nationen entwickelt sich aber auch dort die Bereitschaft zu Investitionen in den Umweltschutz.

Sanierung von Altlasten ebenso wie ökologische Verbesserung der produzierenden Bergbaue sind jedoch nur möglich, wenn aus anhaltendem quantitativen und qualitativen Wirtschaftswachstum Mittel dafür bereitgestellt werden können. Dieses Wachstum setzt die Verfügbarkeit von mineralischen Rohstoffen voraus, natürlich unter Bewahrung einer lebenswerten Umwelt.

Im Folgenden sollen spezifisch bergbaucharakteristische Umweltbeeinträchtigungen genannt werden, die bei *Umweltverträglichkeitsprüfungen* (GASSNER & WINKELBRANDT 1997, KAUSCH & RUHRMANN 2001) von neuen oder produzierenden Bergbauen beachtet werden müssen, welche aber z.T. genauso bei der Schließung von Betrieben und bei der Sanierung alter Bergbaugebiete von Bedeutung sind. Untersuchung, Beurteilung und Beseitigung vieler Probleme betreffen die Böden, den geologischen Untergrund, die Wasserqualität und den hydrogeologischen Haushalt im Bereich von Bergbauen. Deshalb ist der Montangeologe besonders berufen, neben anderen Fachleuten an diesen Arbeiten maßgeblich mitzuwirken. Es soll aber auch ausdrücklich gesagt sein, daß der Geologe eine besondere Verantwortung dafür trägt, im Sinne des Vorsorgeprinzips (FOSTER et al. 2000) mögliche Umweltgefährdungen rechtzeitig zu erkennen und gemeinsam mit dem Management auf entsprechende Vorkehrungen hinzuwirken.

Mögliche Umweltbeeinträchtigungen durch Bergbau im weitesten Sinne sind:

- *sichtbare Veränderungen der Landschaft (objektiv und subjektiv)*
  - temporär: Flora und Fauna (z.B. Abholzung), Verlegung von Wasserläufen, Drainage von Feuchtgebieten, Bodenabtrag, Anlage neuer Straßen, etc.
  - bleibend: „Wunden“ in der Landschaft; neue Wasserläufe, Teiche (Harz) oder Stauseen; Senkung, Kippung oder Hebung der Oberfläche; Halden von Abraum, Taubgestein oder Aufbereitungsabgängen; Tagebauseen, Schlammteiche, Absetzbecken, etc.

- *Auswirkungen auf das aquatische bzw. hydrologische Umfeld*
  - meist temporär: Bergbau als „Brunnen“ wirksam (Abb. 140), mit Einwirkung auf benachbartes Grundwasser, Heilquellen oder Wasserversorgungsanlagen; ferner Ableitung von belastetem Wasser in Vorfluter mit Schwebstoffen, gelösten Stoffen, sauren Bergbauwässern durch verwitternde Sulfide (AMD – acid mine drainage, z.B. VAN GEEN et al. 1997, YOUNGER & ROBINS 2002, DOLD & FONTBOTE 2001; zur Bildung vergleiche „Deszendente Anreicherung von Sulfidlagerstätten“ im Allgemeinen Teil).
  - bleibend: Zum Teil wie vorstehend, dazu die typischen Begleiterscheinungen des Kohlentiefbaues (mögliche Vernässung von Senkungsgebieten, Veränderung des hydraulischen Gefälles, etc.) und des Kohlentagebaues (Restseen, Durchsickerung von Abraum- und Bergekippen mit Ausbildung saurer Wässer, Böschungsrutschungen). Auch wenn keine toxischen oder säurebildenden Stoffe vorliegen, wie z.B. in Restseen von Kiessandgruben, erfährt durchfließendes Grundwasser chemische Veränderungen (CO_2-Entgasung, Oxydation, etc.), deren Auswirkung auf unterliegende Grundwasserentnahmestellen sorgfältig untersucht werden muß.

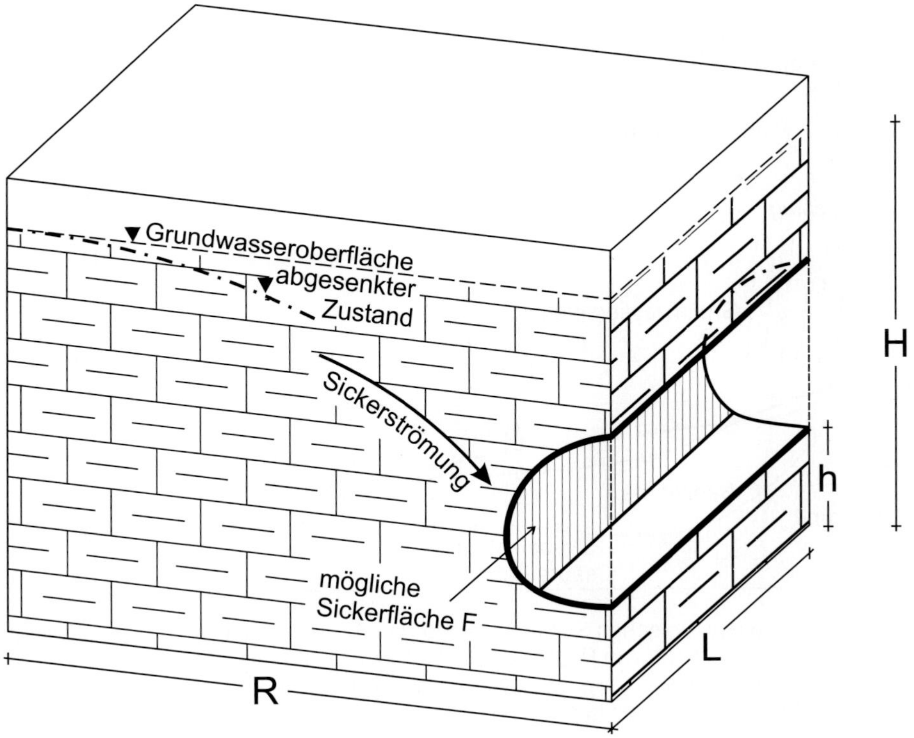

Abb. 140. Drainagewirkung eines Bergbaues, hier am Beispiel eines Stollens dargestellt (WITTKE 1990).
Nach Leerlauf-Entwässerung des unmittelbaren Deckgebirges stellt sich eine stetige Sickerströmung ein. Die zulaufende Wassermenge Q (in m^3s^{-1} pro Laufmeter, ohne vertikal einsickerndem Regenwasser) kann nach folgender Formel abgeschätzt werden: $Q = 2k.(H\text{-}h/R).F$ (k = Gebirgsdurchlässigkeit in ms^{-1}, H und h in m siehe Skizze, F = Sickerfläche in m^2, L = Länge der Sickerstrecke in m).

- *Bergschäden* im traditionellen Sinne sind durch den Bergbau direkt verursachte nachteilige Einwirkungen auf die Umgebung, welche den Betroffenen ersetzt werden müssen. Häufig sind Absenkungen über flächenhaftem, untertägigem Abbau von Kohle, aber auch über Gas- und Ölfeldern, wodurch Setzungsschäden an Straßen, Gebäuden, etc. entstehen können. Durch

Absenkung des Grundwassers können Brunnen trocken fallen. Da solche Schäden auch ohne bergbauliche Einwirkung auftreten, kommt es oft zu juristischen Auseinandersetzungen und Gutachterstreit über die jeweils zutreffende Ursache. Vor diesem Hintergrund, vor allem zur vorbeugenden Vermeidung, hat sich die wissenschaftlich-technische *Bergschadenskunde* entwikkelt (KRATZSCH 1997).

- *Einbruch von Grubenhohlräumen nach der Schließung*
  Instabile Altbergbaue können Bauwerke und Menschen gefährden, Grundwasser schädigen, usw. (z.B. GOETZ et al. 1994, FENK & AST 2004).
- *Gefahren durch Abraum- und Taubgesteinshalden und Aufbereitungsabgänge*
  - unter Umständen Belastung von Wasser durch Schwermetalle (Abb. 141) oder durch Arsen und Radium (Uranbergbau: HÄHNE 1995); Gefahr von Rutschungen, Schlammströmen, Dammbrüchen, etc.;
  - pyritreiche Schwarzschiefer (reactive shale) können ebenso wie Kohlentone (Brandschiefer) durch Selbstentzündung in Brand geraten;
  - besonders gefährlich ist der Ausbruch von feinkörnigen Flotationsschlämmen aus den Absetzbecken, da sie als Schlammströme schwere Schäden anrichten können und zudem oft durch toxische Inhaltsstoffe belastet sind (RITCEY 1990). Die bekanntesten derartigen Unfälle in jüngster Zeit betrafen die Buntmetallmine Los Frailes im südiberischen Pyritgürtel (April 1998) und die Wiederaufarbeitung eines Schlammteiches zur Goldgewinnung bei Baia Mare in Rumänien (Februar 2000).

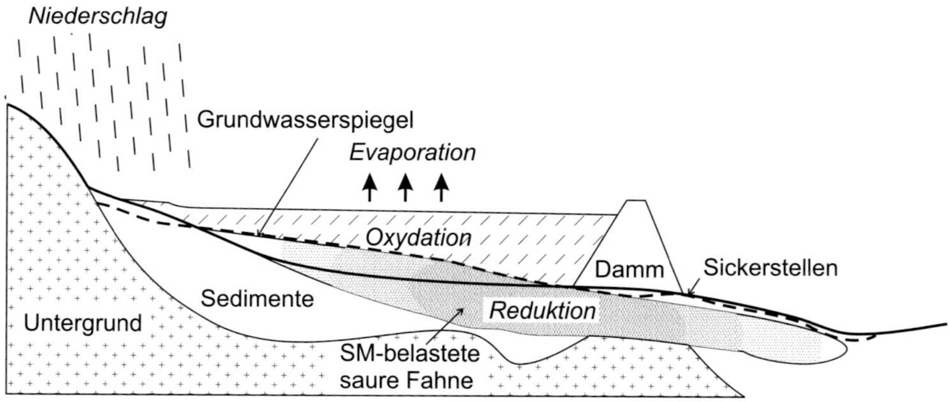

Abb. 141. Querschnitt eines typischen Schlammteiches zur Ablagerung feinkörniger Aufbereitungsabgänge (nach ALPERS & NORDSTROM in PLUMLEE & LOGSDON 1999a).
Pyrit- und schwermetallhaltiges Material mit geringer Säurepufferungskapazität (wenig Ca, Mg) gefährdet die Umwelt, da es zum Austrag kontaminierter Wässer (grau) kommen kann.

- *Belastung der Umwelt durch toxische Schwermetalle* (ALLOWAY 1990, FERGUSSON 1990, PLUMLEE & LOGSDON 1999a), wobei oft nicht das bergbauliche Hauptmetall, sondern Spurenelemente wirksam werden können. Das betrifft z.B. Hg, Se und Te im Abraum über epithermalen Golderzkörpern (Abb. 75).
- *Gasaustritte*
  Besonders aus stillgelegten Kohlenbergbauen ist das Ausfließen von CO_2 in benachbarte Senken oder Kellerräume bzw. das Aufsteigen von Methan eine latente Gefahr (THIELEMANN et al. 2001). Uranbergbau-Halden, Schlammbecken und Altbergbaue können Radon emittieren.

- *Staubbelästigung*
  - besonders häufig im Tagebau- oder Steinbruchbetrieb.
- *Erschütterungen*
  - Sprengen, Einbruch von Kavernen, Schwerverkehr.
  - Schäden durch einbruchsinduzierte Erdbeben (Gibowicz & Kijko 1994).
- *Gefahren durch Aufbereitungsanlagen*
  - z.B. bei Verwendung von Cyaniden (Smith & Mudder 1995), Säuren, Alkalien, organischen Chemikalien, Hg, etc.. Weltweit sind viele Flüsse infolge früherer industrieller oder aktueller artisanaler Goldgewinnung aus Seifen durch Amalgamierung mit Hg kontaminiert, was z.T. zur rezenten Neubildung Hg-reicher Au-Rinden an Seifengold führt (McCready et al. 2003).
- *Gefahren durch Abgase der metallurgischen Verarbeitung* (Coppin et al. 1996)
  - Ausstoß von CO_2, CO, SO_2, SO_3, H_2S, NO, NO_2, F, Dioxinen
  - Verseuchung umliegender Böden mit toxischen Spurenmetallen wie Se, Cd, Hg, etc.
- *soziale Folgeschäden*

  Sehr große Bergbaue, besonders Tagebaue, verändern die Landschaft so grundlegend, daß Lebensweise und Gesellschaftsstrukturen der Anwohner tiefgreifend betroffen werden. Führung und Mitarbeiter der Bergbaugesellschaft müssen in solchen Fällen das ethische Handeln in den Vordergrund stellen, mit dem Ziel des vollen Ausgleichs aller Nachteile. Andernfalls wird die Beschränkung auf die bare Einhaltung der Gesetze von den Betroffenen oft als ungerecht empfunden, mit negativen Folgen für das Projekt. Auch die Schließung von Bergbauen kann schwerwiegende soziale Konsequenzen haben, weshalb heute gilt, daß bereits im Planungsstadium eines Bergbauprojektes für eine sozial- und umweltgerechte Schließung Vorsorge zu treffen ist.

Mittlerweile gibt es einen reichen Schatz von Erfahrungen bei der Lösung der genannten Problembereiche ebenso wie viele Beispiele moderner Bergbaue, welche sich problemlos in ihr Umland einfügen, aber auch scheinbar unlösbare Problemfälle, wie z.B. jener der Cu-Au-Mine *Ok Tedi*, Papua-Neu Guinea. Wegen der Lage in steilen Bergen, einer starken Erdbebengefährdung und hoher Niederschläge ist es dort nicht möglich, Halden und Schlammteiche für Aufbereitungsabgänge und Abraum anzulegen. Täglich werden etwa 80.000 t solchen Materials in den Ok Tedi River eingespült, wodurch im Nahbereich Talböden aufgefüllt und flußabwärts über einige 100 km erhöhte Schwebfrachten und Kupferbelastung bewirkt werden (Hettler et al. 1997). In solchen Fällen muß letztlich eine Abwägung zwischen dem gesamten Nutzen und den nachteiligen Auswirkungen erfolgen.

Abraum und Aufbereitungsabgänge vieler Bergbaue sind eine potentielle Quelle von Umweltschäden, da durch Verwitterung toxische Elemente (Schwermetalle, As, Se, etc.), saure Wässer (ARD – acid rock drainage) und/oder radioaktive Nuklide freigesetzt werden können (Jambour et al. 2003). Geologische, morphologische, klimatische und bergbauliche Randbedingungen sind in jedem Einzelfall unterschiedlich und müssen untersucht werden. So ist zum Beispiel das *Säurebildungspotential* von der Mineralgesellschaft abhängig: Viel Säure produzieren Arsenopyrit, Pyrit, Chalcopyrit, Pyrrhotin, Markasit und Sphalerit, während Bleiglanz, Kupferglanz und manche Sulfate diesbezüglich eher harmlos sind (Jennings et al. 2000). Viele Sulfate sind allerdings nur in Trockenwetterphasen stabil, werden aber in Regenzeiten unter Freisetzung von Schwermetallen und Säure gelöst (Alpers et al. 2000). Mögliche Gegenmaßnahmen umfassen Kalkung zur Anhebung des pH-Wertes und damit Immobilisierung vieler Metalle, Verhinderung des Zutrittes von Wasser und Sauerstoff durch Abdeckung und Bepflanzung oder durch Überstauen, und schließlich Behandlung der Sickerwässer, wobei oft konstruierte Feuchtbiotope eingesetzt werden (Younger

2000, Abb. 142). Dabei spielen Phytoplankton und Mikroorganismen (LEDIN & PEDERSEN 1996) eine wichtige Rolle, deren Gedeihen durch ein ausreichendes Nahrungsangebot (organische Substanz, Phosphor) gesichert werden muß. Biomasse und Schlämme dieser „Reaktoren" müssen allerdings bei „Sättigung" ausgetauscht und entsorgt werden. Unterirdisch abfließende, belastete Sickerwässer werden nach Möglichkeit durch *permeable, reaktive Barrieren* gereinigt. Ein wohlgeplantes Wassermanagement muß den gesamten Lebenszyklus jeden Bergbaues begleiten, von der Feasibility-Studie bis zur Nachsorge nach der Schließung (YOUNGER & WOLKERSDORFER 2004).

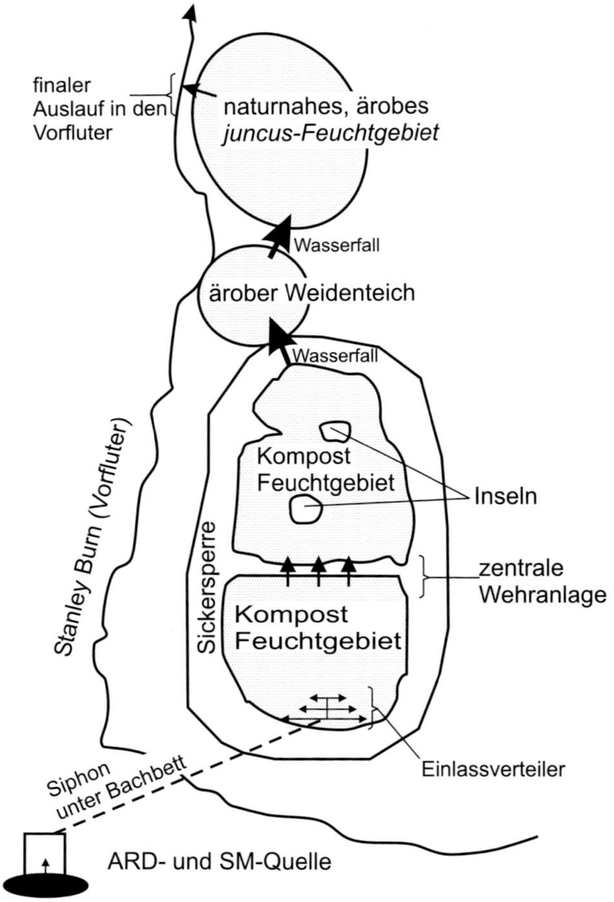

Abb. 142. Schema des konstruierten Feuchtbiotops Quaking Houses/Newcastle, U.K., das der Behandlung von sauren Sickerwässern aus Abraumhalden des Kohlenbergbaues dient (*Materials World* October 2003).

Die austretenden Wässer (ARD) haben pH~4,5 und sind mit SO_4, Fe, Al, Mn und Zn belastet. Belüftung und Mikroben, deren Gedeihen durch ein Kompost-Pferdemist-Gemenge gefördert wird, sind die Hauptagentien. Bei der Abgabe in den Bach hat das gereinigte Wasser pH 6,7. *Juncus* sind Binsen.

Interessante Ansätze zur Dekontaminierung bergbaulich oder durch Hütten belasteter Böden eröffnen sich durch die Nutzung metall-akkumulierender Pflanzen. Geeignete Arten werden mit landwirtschaftlichen Methoden angesiedelt und regelmäßig abgeerntet, bis akzeptabel niedrige Metallgehalte im Boden erreicht sind (*Phytoremediation*: WHITING et al. 2002). Die bisherigen Erfolge dieser Methode haben zu den ersten Großversuchen geführt, natürliche, metallhaltige Böden (z. B. Ni im Umkreis von lateritischen Nickellagerstätten, mit bestimmten *Alyssum*-Arten) gewinnbringend zu bewirtschaften (*Phytomining*).

Richtlinien für einen umweltverträglichen Bergbau enthalten die „Berlin Guidelines" (N.N. 1992). Einen Überblick zum Stand geochemischer Forschung und Lösungen ermöglichen FILIPEK & PLUMLEE (1999). Methodische Ratschläge präsentieren SENGUPTA (1993), WARHURST & NORONHA (1999) und PLUMLEE & LOGSDON (1999b). Eine Übersicht zur Rohstoffgewinnung im

Tagebau, zu Rekultivierung und Folgenutzung sowie über deutsche Gesetze und Regelwerke bieten Wohlrab et al. (1995).

Bergbauschließung sowie Sanierung, Renaturierung und Rekultivierung von Bergbau-Altlasten: Die Schließung von Bergbaubetrieben folgt seit langem rechtlichen Vorgaben, welche eine Gefährdung Dritter (z.B. durch offene Schächte) ausschließt und eine Nachnutzung der freiwerdenden Flächen ermöglicht. Dies umfaßt im wesentlichen technische Maßnahmen (Aston 2001). Neu ist die Vorgabe, die Umwelt dauerhaft vor schädlichen Auswirkungen zu schützen. Es besteht eine gesetzliche Pflicht zur Sanierung (Frenz & Kummermehr 2000). Das Ziel ist die Herstellung einer Landschaft, die für Industrie, Land- oder Forstwirtschaft geeignet ist (Rekultivierung, Broll et al. 2000), wo möglich mit naturnahen Teilbereichen (Renaturierung). Gewässer sollen in den Zustand normaler Oberflächenwässer gebracht werden, also geeignet für Fischzucht, Wassersport und dergleichen. Dafür ist eine Vorhersage der geochemischen Entwicklung wichtig (z.B. Davis 2003), unter Berücksichtigung hydrogeologischer Modelle, etwa zur Berechnung der Füllungsdauer von Tagebauseen und des hydraulischen Umfeldes nach Erreichen des finalen Wasserspiegels (Fontaine et al. 2003).

V. Entsorgungsbergbau

Mit dem Auftreten unzähliger Lagerstätten und Vorkommen von toxischen oder radioaktiven Stoffen in der uns technisch zugänglichen Lithosphäre belegt die Natur, daß eine langfristig sichere Entsorgung (Endlagerung) vergleichbarer Abfälle der Industriegesellschaft durch Entsorgungsbergbau möglich ist. Heute besteht Konsens, daß Endlagerung gefährlicher Stoffe ausschließlich mit technischen Systemen an der Erdoberfläche nicht vertretbar ist, weil die Langzeitsicherheit damit nicht gewährleistet werden kann. Der immense Vorteil einer *Tiefenentsorgung* ist die Umhüllung der Abfallstoffe durch große Gesteinskörper, die einen Schutz gegen die Einwirkung exogener geologischer Prozesse (Verwitterung, Erosion, etc.) und gegen zufällige oder gewollte menschliche Interaktion bieten. Da außerdem mit zunehmender Tiefe sowohl Wasserführung wie auch die Fließpotentiale rasch abnehmen, ist eine Dispersion der Schadstoffe verhindert oder zumindest auf geologische Zeitskalen beschränkt.

Tiefenentsorgung simuliert demgemäß mit technischen Mitteln (*„konstruierte Lagerstätten“*) jene Bedingungen, welche die Erhaltung von Rohstoffkörpern in der Geosphäre ermöglichten. Die wichtigsten Randbedingungen sind

- ein mäßig reduzierendes Milieu (*natürliche Analoga* für diese Forderung sind Lagerstätten von sulfidischen Erzen, Kohlen, Erdöl und Erdgas, Uran und von Spaltprodukten natürlicher Kernreaktoren, Abb. 90);
- keine oder extrem geringe hydraulische Durchströmung;
- vorhandenes Wasser soll in chemischem Gleichgewicht mit den einhüllenden Gesteinen stehen (Formationswässer); keinesfalls dürfen rasch absinkende, sauerstoffbeladene meteorische Wässer zutreten; und
- tektonisch gestörte Bereiche sind deshalb zu vermeiden (an Störungen kann Oxydation bis in große Tiefen auftreten, welche mehr als das 10-fache der oberflächennahen Verwitterung erreichen können).

Es gibt unterschiedliche Formen der Tiefenentsorgung (Abb. 143). Zumeist handelt es sich um vorhandene oder eigens zu diesem Zweck angelegte Bergbaue, seltener um Laugungskavernen im

Salz. Tiefe Bohrungen werden in der Öl-und Gasindustrie überaus häufig zum Versenken von Salzlaugen (Lagerstättenwasser) und zum Einpumpen von CO_2 verwendet (KLUSMANN 2003). Letzteres wird möglicherweise zukünftig weit verbreitet für klima-neutrale Energiegewinnung aus Kohle eingesetzt werden. Bohrungen dienen schließlich nicht selten der Entsorgung von Industrieabwässern. In bergigen Gebieten können Tunnel oder Kavernen verwendet werden.

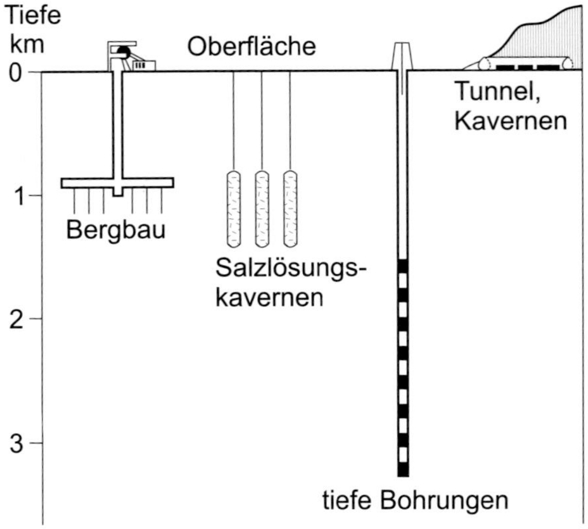

Abb. 143. Technische Varianten der Tiefenentsorgung von Schadstoffen (nach HERRMANN & KNIPPING 1993).

Fast immer folgt die Tiefenentsorgung dem *Multibarrierenkonzept* (Abb. 144). Für den Abfall werden in der Tiefe geeignete Hohlräume hergestellt, oder es werden unterirdische Hohlräume von Rohstoffgewinnungsbetrieben verwendet. Die *erste Barriere* besteht in der Konditionierung des Abfalls in der Weise, daß die Stoffe möglichst geringe Reaktivität und Mobilität aufweisen (z.B. Veraschung, Verglasung, keine Flüssigkeiten). Die *zweite Barriere* umfaßt Maßnahmen für die Einhüllung des Abfalles und die Verfüllung des Hohlraumes, um die Dispersion der Schadstoffe chemisch und physikalisch/mechanisch zu verhindern (z.B. Stahlbehälter, Bentonitmantel, etc.). Die *dritte Barriere* betrifft die geotechnische Sicherung der Hohlräume und die Herstellung sicherer Verschlüsse der Zugangswege (Stollen, Schächte). Sie dient damit der Sicherung der Langzeitfunktion der *vierten Barriere*, das ist die geologische Umhüllung.

Die *geologische Barriere* muß in Abhängigkeit von der Gefährlichkeit der Schadstoffe unterschiedlichen Bedingungen entsprechen. Die höchsten Anforderungen werden naturgemäß für die Entsorgung radioaktiver Abfälle erhoben. Dafür wird möglichst große Mächtigkeit und Homogenität gefordert, sowie absoluter Schutz vor zirkulierendem Tiefenwasser. Geeignete Gesteinskörper können mächtige Halitite sein (Gorleben, Carlsbad/New Mexico), oder Tonsteinserien (Schacht Konrad), oder Granite (Äspö/Schweden) bzw. Vulkanite (Yucca Mtn./Nevada). Die tatsächliche Auswahl hängt letztlich von der regionalen Verfügbarkeit ab.

Für die Tiefenentsorgung von minder gefährlichen Abfällen in Untertage-Rohstoffgewinnungsbetrieben bzw. für die Nutzung einer geologischen Barriere in Tagebaubetrieben (meist Tone in Braunkohlemulden) gibt es sehr viele Beispiele und reiche Erfahrungen (KNISSEL 1999, SCHADE 2000, ASTON 2001). So werden z.B. Asche und Filterstäube aus Kraftwerken und Müllverbrennungsanlagen im Kali- und Salzbergbau oder im Kohlenbergbau entsorgt. Toxische Industrieabfälle nehmen z.B. die Kalibergbaue Zielitz bei Magdeburg und Herfa-Neurode/Hessen auf (Abb. 123). Das Gebot der vorrangigen Abfallverwertung wird oft zugleich durch Einsatz der Abfälle als

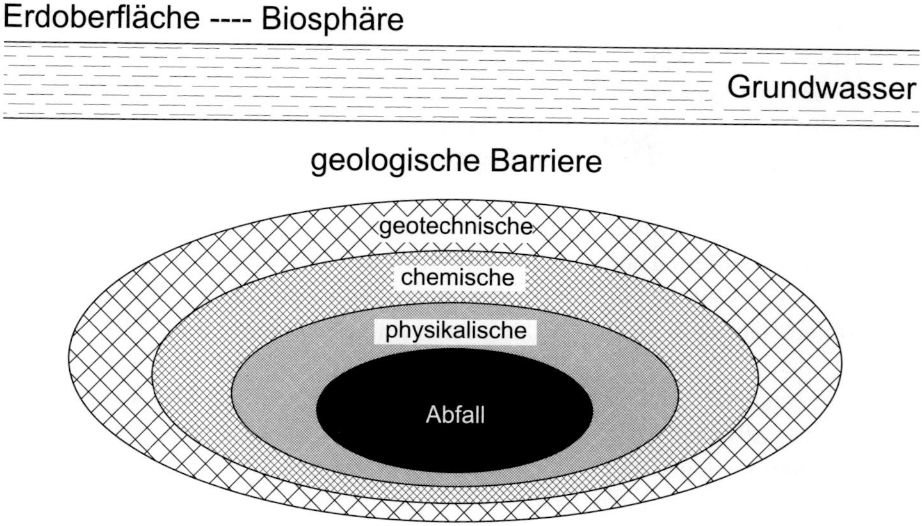

Abb. 144. Schutz der Biosphäre und des Grundwassers vor gefährlichen Abfallstoffen im Multibarrierenkonzept. Zentral wichtig für die Tiefenentsorgung ist die geologische Barriere, welche durch weitere Maßnahmen (konstruktive Barrieren) unterstützt wird. Chemische Barrieren sind z.B. Beton als alkalische Löslichkeits-Barriere, physikalische Barrieren z.B. impermeable Behälter.

Versatzmaterial zur Stützung unterirdischer Hohlräume erfüllt. Der Endlagerung von schwach und mittel radioaktiven Abfällen dienten in der Vergangenheit die ehemaligen Salzbergbaue Morsleben/Helmstedt und Asse/Braunschweig.

Auch der ehemalige Eisenerzbergbau *Schacht Konrad* bei Salzgitter soll in Zukunft schwach und mittel radioaktive Abfälle aufnehmen. Dies ist ein nahezu idealer Entsorgungsbergbau. In einer breiten Mulde neben einem Salzstock liegen hier in über 1000 m Tiefe Sedimente des Oberen Jura, welche im kalkig-sandig-tonigen Korallenoolith oolithische Brauneisenerzflöze führen. Das abgebaute Erzlager hatte eine Mächtigkeit von 6–18 m mit ca. 33% Fe. Zwischen 1965 und 1976 wurden 6,7 Mt Erz produziert. Da die erzführenden Schichten keine Verbindung zur Oberfläche haben und durch 750–1000 m überkonsolidierte Kreidetonsteine abgedeckt werden (Abb. 145), sind sie absolut trocken.

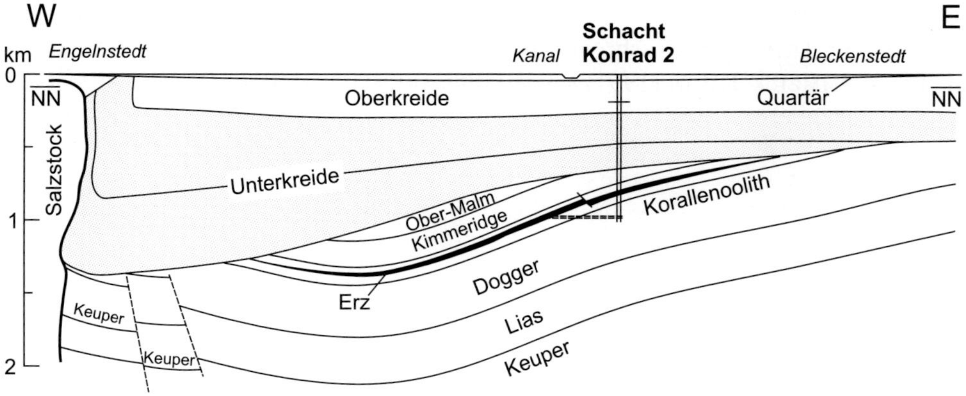

Abb. 145. Geologisches Profil durch die Bleckenstedter Mulde nahe Wolfenbüttel/Salzgitter im Harzvorland, mit dem Endlager für schwach und mittel radioaktive Abfälle im ehemaligen Eisenerzbergbau *Schacht Konrad* (nach Firmenunterlagen).

Mächtige Salzformationen bieten für die Deponierung von toxischen oder strahlenden Abfällen besonders günstige Voraussetzungen. Ihre Impermeabilität gewährleistet einen sicheren Abschluß von der Hydro- und Biosphäre, welcher durch das „Zufließen" nach der Einlagerung verbleibender offener Hohlräume weiter gesichert wird. Diese durch Salzgestein und eventuell ebenfalls dichtend wirksame Überlagerung (z.B. Tone) gebildete geologische Barriere wird durch verschiedene technische Barrieren ergänzt.

Entsorgungsbergbaue im Salinar für hoch-radioaktive und wärmeentwickelnde Abfälle bedürfen einer besonders detaillierten und sorgfältigen geowissenschaftlichen Untersuchung und Betreuung. Beispielhaft sind zweifellos die enormen wissenschaftlichen und technischen Erkundungsarbeiten am Salzstock Gorleben (Abb. 126). Einige wichtige erdwissenschaftliche Aspekte solcher Arbeiten sind:

- Die *Auswahl geeigneter Salzlagerstätten* zur näheren Untersuchung. Dabei sind neben technischen und wirtschaftlichen Voraussetzungen sowie einer ersten Einschätzung der Umweltverträglichkeit primär geologische Parameter zu berücksichtigen.
- Die *„tektonische Stabilität"* eines Salzstockes wird insbesondere über die Aufstiegsrate überprüft. Aktive Diapire haben Aufstiegsraten zwischen 0,01 bis 0,5 mm/Jahr. Stabile, also tektonisch inaktive Stöcke weisen eine Aufstiegsrate nahe Null auf, was durch exakte geodätische Vermessung über einen längeren Zeitraum belegt werden kann. Erwünscht ist ferner eine belegbare Abnahme des Aufstiegs während der jüngeren geologischen Vergangenheit, also etwa seit dem Jungtertiär. Damit wird eine eventuell täuschende, kurze Stillstandszeit eines generell noch instabilen Salzstockes erkannt. Große Anhydritschollen können infolge ihrer hohen Dichte nach Bildung des Salzstockes wieder absinken, was bei der Situierung von Endlagern berücksichtigt werden muß (Koyi 2001).
- Die *hydrologische Stabilität* eines Salzstockes wird durch das Fehlen signifikanter Ablaugung in der Gegenwart und in der jüngsten geologischen Vergangenheit belegt. Der Salzstock Arendsee (Abb. 127) ist demnach völlig ungeeignet. Entscheidend sind nicht nur morphologische, sondern in erster Linie Untersuchungen des Gipshutes und der hydrogeologischen Situation (z.B. Gorleben: Klinge et al. 2002).

Aus diesen und vielen weiteren Untersuchungen ergeben sich schließlich die Einzelbausteine zur Beurteilung der Sicherheit der geologischen Barrieren über die geforderte Isolationszeit der Schadstoffe von der Biosphäre, welche für manche Nuklide mehr als 100.000 Jahre beträgt. Daraus ist ersichtlich, welch große Verantwortung der Geowissenschaftler in diesem Arbeitsbereich übernimmt. Zu diesem Thema gibt es sehr viele Forschungsberichte und Publikationen; einen Einstieg ermöglichen Gömmel & Kühn (1997) sowie Herrmann & Knipping (1993).

FOSSILE ENERGIEROHSTOFFE

Fossile Energierohstoffe sind Kohle, Erdöl und Erdgas sowie Teer (Schweröl) und Ölschiefer. Zu Beginn des 20. Jahrhunderts hatte die Kohle den Gipfelpunkt ihrer Bedeutung als Energierohstoff erreicht; seither haben Öl und Gas den Anteil der Kohle an der Weltenergieversorgung zurückgedrängt. An der Primärenergieversorgung der Welt (ca. 9.300 Mt Öl-Äquivalent/Jahr) hat Erdöl einen Anteil von 44%, Erdgas 26%, Kohle 25%, Kernenergie 2,4%, Wasserkraft 2,5% und andere erneuerbare Energien (überwiegend geothermale Energie) <0,2% (Chow et al. 2003). Als wasserstoffreiche Energierohstoffe haben Gas und Öl den Vorteil, daß ihre Verbrennung im Vergleich zu Kohle geringere Mengen des Treibhausgases CO_2 freisetzt.

Der *Energieverbrauch* wächst weltweit um rund 2% jährlich, fast ausschließlich in den Entwicklungs- und Schwellenländern (vor allem China, Indien und Südostasien). Dieses Wachstum kann nur zu einem geringen Teil durch andere Energieträger aufgefangen werden, weshalb z.B. die Kohlenproduktion in China von 2001 auf 2002 um 29% angehoben wurde. Auch vermehrter Einsatz von Kohle wird jedoch den zukünftigen Weltenergiemehrbedarf allein nicht abdecken können. Da die Einführung neuer Energietechnologieen aus verschiedenen Gründen mehrere Jahrzehnte braucht, muß mittelfristig auch mit einer Steigerung der Produktion von Kernenergie gerechnet werden. Wie schon heute, werden die meisten neuen Reaktoren in den Schwellenländern und in „jungen" Industriestaaten gebaut werden, da der Energiebedarf der „alten" Industrieländer fast gleich bleibt. Die sogenannten „alternativen" Energiequellen (Wasserkraft, Biomasse, Solar-, Wind-, geothermale Energie) werden zu dem immensen Bedarf nur in geringem Maße beitragen können. Z.B. lautet eine optimistische Voraussage, daß der Anteil geothermaler Energie an der Weltenergieversorgung bis zum Jahre 2020 von z.Zt. 0,13 auf 1% steigen könnte. Allein ein heute nicht absehbarer technischer Durchbruch könnte diese Einschätzungen radikal verändern.

Die einander widersprechenden Ziele einer nachhaltigen und gleichzeitig rasch wachsenden Energieversorgung der Erde können deshalb nur erreicht werden, wenn in den Industrieländern durch Innovation und höhere Effizienz geringerer Energieverbrauch angestrebt wird, wodurch den Entwicklungs- und Schwellenländern hohes Wachstum ermöglicht wird. Dafür ist es erforderlich, keine Option auszuschließen (auch nicht Kernenergie oder große Staudämme: SMIL 2003).

Kohle

Black coal, green future...
Materials World 11/3, 2003

Kohle wird heute fast ausschließlich zur Erzeugung elektrischer Energie und zur Herstellung von Koks für die Metallverhüttung verwendet, untergeordnet auch für andere industrielle Prozesse (z.B. zur Erzeugung von Wasserstoff) und zur Raumheizung. Mit der zunehmenden Verteuerung der natürlichen Kohlenwasserstoffe (Erdöl, Erdgas) wird vermutlich die *Kohlehydrierung* an Wirtschaftlichkeit zunehmen, also die Erzeugung flüssiger Kohlenwasserstoffe (oder von Wasserstoff) mittels Kohle. Südafrika deckte lange seinen Treibstoffbedarf aus Kohle, andere ölarme Länder mit bedeutenden Kohlenreserven beginnen diesem Beispiel zu folgen (z.B. Australien, China).

Wenn demnach zukünftig eine beträchtliche Ausweitung der Kohlenproduktion zu erwarten ist, muß die Frage nach den *Kohlenressourcen* gestellt werden. Die heute bekannten wirtschaftlich gewinnbaren Reserven betragen rund 1.000 Milliarden Tonnen SKE. Davon sind >50% Steinkohle und Anthrazit, der Rest Braunkohlen (BP Statistical Review of World Energy 2002). Eine Steinkohleneinheit (1 SKE) entspricht einer Tonne guter Steinkohle mit einem Energieinhalt von 29,3 GJ, Braunkohlen können mit etwa 0,3 SKE angesetzt werden (maßgebend für die genaue Umrechnung ist der jeweilige Energieinhalt).

Die Weltkohlenproduktion lag 2002 bei 4.800 Mt, woraus sich eine statische Lebensdauer der Kohlenvorräte von mehr als 200 Jahren errechnet (Abb. 146). Weiter ansteigende Jahresproduktion wird die Vorräte möglicherweise rascher erschöpfen, trotzdem aber reichen alleine die heute bekannten Kohlenreserven weiter in die Zukunft als konventionelles Öl (~40) und Gas (~70 Jahre). Zusätzliche Vorräte werden zweifellos in Zukunft erschlossen. Immense Energievorräte würden verfügbar, sofern nur ein Teil der heute nicht gewinnbaren Ressourcen durch verbesserte Bergbautechnologien oder durch in-situ-Vergasung nutzbar gemacht werden kann.

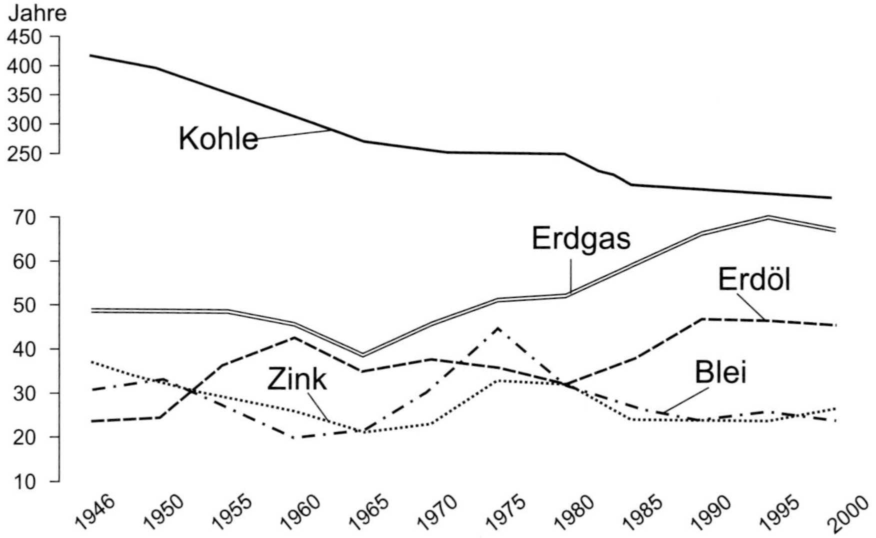

Abb. 146. Entwicklung der Lebensdauer-Kennziffern (Reserven geteilt durch Jahresproduktion) der Energierohstoffe Kohle, Erdöl und Erdgas, im Vergleich zu Blei und Zink, von 1945 bis 2000 (WELLMER 2003).

Mehr als 55% der Kohlenreserven liegen in den USA, Rußland und China. Große Steinkohlenreserven haben ferner Indien, Südafrika, Australien und Kazachstan, während bedeutende Braunkohlenvorräte in den USA, Rußland, China und Australien bekannt sind. Der weltweit größte Produzent und Verbraucher von Steinkohle ist China (fast 30% der Welt), gefolgt von den USA, Indien und Australien. Die größten Braunkohlenproduzenten sind Deutschland, USA, Griechenland und Australien.

Die Verbrennung von Kohle in großen Mengen bedingt den Ausstoß von Abgasen, welche CO_2, SO_2 und NO_x enthalten. Für die beiden letzteren war die Kohle noch 1980 weltweit mit über 50%

beteiligt. Der zunehmende Einsatz besserer Verbrennungsmethoden und von Abgasreinigungsanlagen hat jedoch zumindest in den Industrieländern zu einer drastischen Verminderung geführt. Unbefriedigend gelöst ist bisher das Problem mit dem Treibhausgas CO_2, das im Normalfall vom Kraftwerk an die Atmosphäre abgegeben wird. Sein Einfluß auf das Klima wird allerdings stark überschätzt (BERNER & STREIF 2000, SHAVIV & VEIZER 2003). Um diese Emissionen zu vermindern, werden unterschiedliche Wege eingeschlagen (LACKNER 2003): Großflächige Aufforstung, Einpumpen in Öl- oder Gasfelder, in tiefe salinare Grundwasserspeicher (im norwegischen Gasfeld *Sleipner* bereits praktiziert) oder in die Ozeane, Bindung in Zeolithen, Magnesitproduktion aus Serpentinit/Dunit, und andere. Kurzfristig sind effizientere Verbrennung (von durchschnittlich 33% Energieausbringen älterer Kraftwerke auf heute >50%) und Einsparungen beim Energieverbrauch wohl überwiegend realistisch. Mittelfristig ist damit zu rechnen, daß zunehmend große Mengen des Gases in tiefe geologische Formationen abgepumpt werden (Abb. 147). In Alberta, Kanada, ist bereits ein Kohlekraftwerk mit Null-Emission in Betrieb, dessen Abgase in tiefliegende Kohlenflöze eingepreßt werden, wo sie gleichzeitig Methan verdrängen, das seinerseits genutzt wird. Steigende Mengen von CO_2 werden verwendet, um die Ölgewinnungsrate in Erdölfeldern zu erhöhen (KLUSMANN 2003). Insgesamt erscheint es damit sehr wahrscheinlich, daß CO_2 -Emissionen aus Kohle- (sowie Öl- und Gas-) Kraftwerken in wenigen Jahrzehnten auf ein ähnlich unschädliches Maß reduziert werden können, wie dies bei SO_2 gelungen ist. Damit könnten fossile Brennstoffe auch langfristig als Energiebasis für die Weltwirtschaft dienen (PARSON & KEITH 1998).

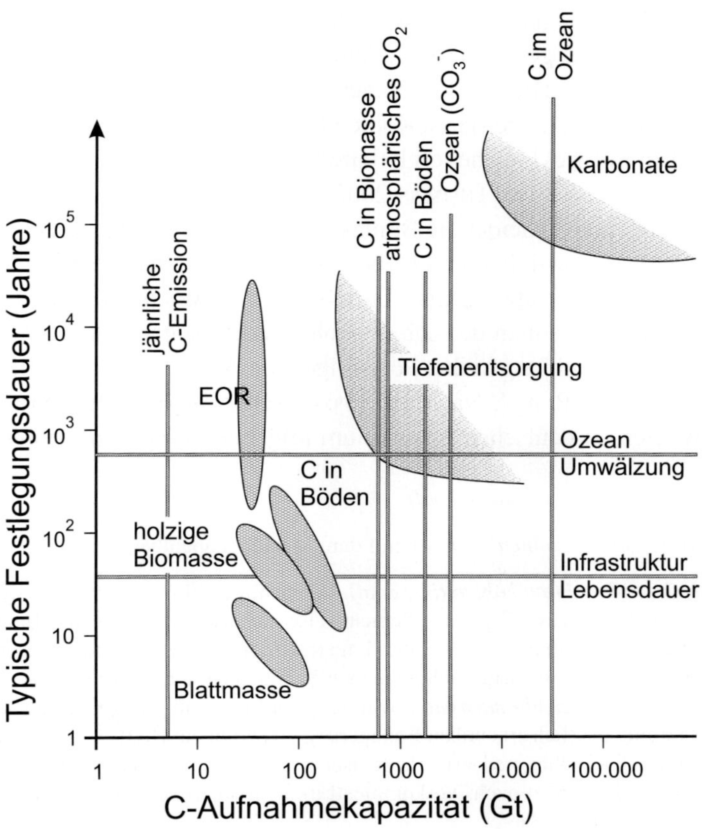

Abb. 147. Einige wichtige Möglichkeiten der Entsorgung von CO_2, geschätzte Aufnahmekapazität und Zeiträume der Festlegung, sowie andere Randbedingungen (nach LACKNER 2003). Aus dem Bild wird klar, daß die Festlegung in Karbonaten besonders langlebig wäre, jene in Biomasse zu kurzfristig. Günstig sind weiter EOR (enhanced oil recovery) und Tiefenentsorgung durch Bohrungen, letztere zudem mit großer Kapazität.

I. Die Kohlensubstanz

Kohle und Kohlearten

Kohlen sind feste, brennbare, fossile Sedimentgesteine überwiegend pflanzlichen Ursprungs, die nach ihrer Ablagerung unter Bedeckung diagenetischen Veränderungen unterworfen waren, welche unter Anreicherung von Kohlenstoff verliefen. Eine solche Definition ist nicht zuletzt aus bergrechtlichen Gründen erforderlich, weil die Kohle ein Rohstoff ist, für dessen Gewinnung in den meisten Ländern die Berechtigung von Seiten des Staates eingeholt werden muß, während manche verwandte Rohstoffe (z.B. kohleführende Tone, Torf) dem Grundeigentümer gehören.

Torf ist die Ausgangssubstanz der Kohlen, aber keine Kohle. Torfe sind für manche Länder wichtige Energierohstoffe (z.B. Finnland, wo 6–8% des Energiebedarfes durch Torf gedeckt werden), jedoch sollen Torflagerstätten hier nicht weiter behandelt werden.

Kohlige oder bituminöse Tone, die auf Bergbauhalden brennen, sind manchmal wertvolle Industrietone. Als Abgrenzung zwischen diesen und Kohle kann generell ein Gehalt >50% brennbarer Substanz gelten, bezogen auf wasserfreies Material. Allerdings sind Kohlen mit mehr als 30% nicht brennbarer Substanz nur in Ausnahmefällen von wirtschaftlichem Interesse. Die Aufbereitungstechnik kann diese Grenze verschieben, wenn der Kohleanteil leicht abgetrennt und angereichert werden kann. Moderne Gewinnungstechniken bedingen gelegentlich einen sehr hohen Anfall von Nebengestein, das die eigentliche Kohle verdünnt. Im Ruhrgebiet liegt deshalb heute der durchschnittliche Bergeanteil der Förderkohle über 50%.

Die Unterscheidung von *Braunkohlen und Steinkohlen* ging vom deutschen Sprachraum aus, sie war ursprünglich im Englischen nicht üblich. Im außeralpinen Mitteleuropa sind diese beiden Kohlenarten klar getrennt nach geologischem Alter, Vorkommen, Aussehen und technologischer Verwendbarkeit. Hier sind im wesentlichen die vortertiären, weit überwiegend paläozoischen Kohlen Steinkohlen, die tertiären Kohlen Braunkohlen. In anderen Teilen der Erde gibt es aus der geologischen Entwicklung her erklärbare Übergänge, weshalb sich dort andere Unterteilungen der Kohlen entwickelt haben (Thomas 2002).

Man unterscheidet die Braunkohlen nach ihrem Wassergehalt und der damit in Zusammenhang stehenden Festigkeit und Farbe, die Steinkohlen nach der Menge der flüchtigen Bestandteile – das sind die bei Erhitzung unter Luftabschluß entweichenden brennbaren Substanzen; wichtig ist ferner die Beschaffenheit des dabei verbleibenden, sogenannten „Verkokungsrückstandes“. Die Reihenfolge („Inkohlungsreihe“) der folgenden Aufzählung ist zugleich die Anordung nach der „Reife“ oder dem „Rang“. Nach makroskopischen Merkmalen und nach der traditionellen Verwendung werden im deutschen Sprachraum folgende *Kohlenarten* unterschieden (Abb. 148):

Braunkohlearten (brown coal)

a) *Weichbraunkohlen (lignite)*, mit dem Messer schneidbar

Erdige Weichbraunkohlen (bog coal). In mächtigen Flözen auftretend, weich, ohne Klüftung, wird als erdige oder bröckelige Masse abgebaut. Schichtweise stehen in ihr aufrechte Baumstümpfe (Stubben) oder liegen in ihr Stämme von braunem Holz. Beim Lagern an der Luft zerbröckelt sie rasch infolge Austrocknens. Die Lager liegen stets in unverfestigten, flach liegenden Sedimenten und in geringer Tiefe.

Stückige Weichbraunkohle bricht nach der Schichtung in großen bis sehr großen Stücken. Klüftung fehlt oder ist wenig deutlich erkennbar. Einlagerung von braunem Holz und Stubben sowie von Brandhorizonten (Fusain) ist häufig. Die Kohle wird an der Luft rasch rissig und zerfällt mit Ausnahme des faserigen Holzes schließlich zu Gries und dunkelt dabei nach. Vorkommend in flach lagernden oder schwach gefalteten Lockergesteinen bis wenigen hundert Metern Tiefe.

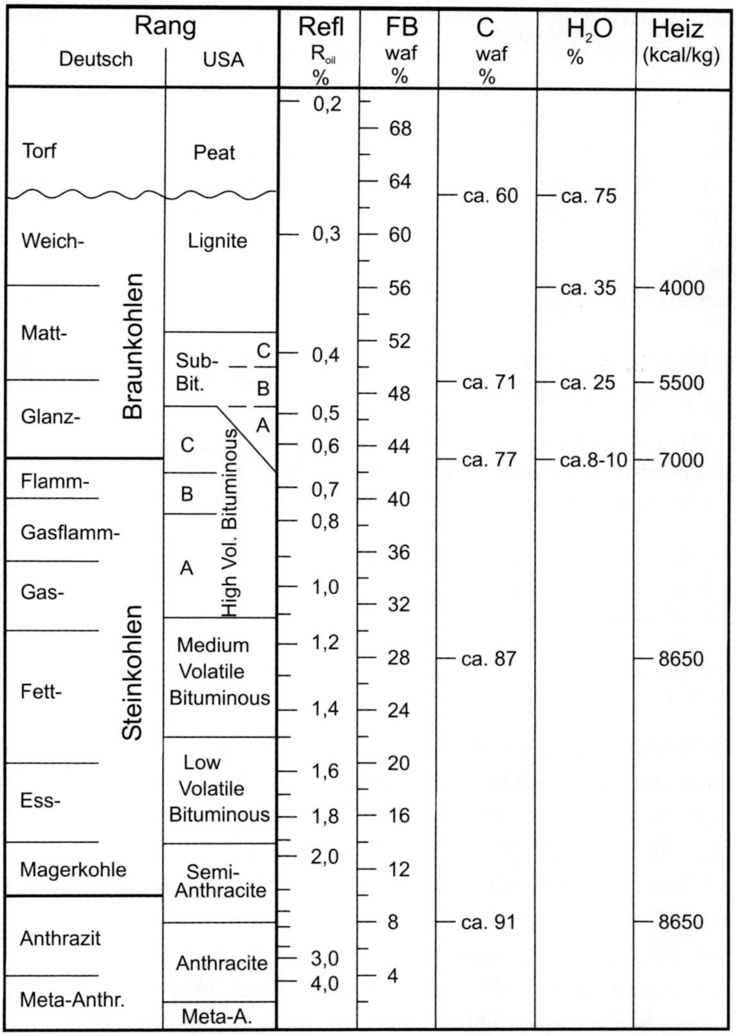

Abb. 148. Benennung von Kohlen unterschiedlicher Reife (rank) und die reifeabhängige Veränderung einiger wichtiger Eigenschaften (nach TAYLOR et al. 1998).

Beachte: Nach dem SI-System ist die Wärmemenge ("Heizwert") in *Joule* anzugeben. Umrechnung: 1 kcal = 4,1868 kJ. waf = berechnet auf wasser- und aschefreien organischen Anteil.

b) *Hartbraunkohlen (subbituminous coal)*, mit dem Messer nicht schneidbar.

Mattbraunkohle hat schwarzbraune Farbe, ist dicht und matt im Querbruch. Hölzer zeigen beginnende Vergelung; sie sind als leicht glänzende Streifen oder als schwarzes dichtes Holz eingelagert. Bricht kleinstückig bis würfelig nach Klüftung und Schichtung. Wird beim Trocknen etwas rissig, ohne aber gänzlich zu zerfallen. Splittert, wenn man mit dem Messer zu schneiden versucht.

Glanzbraunkohle (*Pechkohle*) ist eine schwarze, harte, völlig vergelte, makroskopisch den Steinkohlen nahestehende Kohle mit muscheligem und glänzendem Querbruch, stark geklüftet. Sie kann beim Lagern etwas rissig werden, zerfällt aber nicht. Sie liegt in wenig verfestigtem Gestein bis in große Tiefen und meist in gefalteten Schichten.

Steinkohlearten (black, hard, or bituminous coal)

Diese treten nur in verfestigtem Gestein auf; Nebengesteine und Kohlen sind deutlich geklüftet, mit zunehmendem Rang der Kohlen wird der Kluftabstand kleiner. Sie sind makroskopisch voneinander schwer unterscheidbar. Der Glanz nimmt mit der Reife zu, die höchsten Stufen sind härter. Für die Unterteilung maßgebend sind der Gehalt an flüchtigen Bestandteilen und das Verhalten bei der Verkokung.

Flammkohle und *Gasflammkohle* sind immer gut geschichtet, dünne, mehr oder weniger glänzende Streifen aufweisend. Oft ist auf den Schichtflächen in kleinen Bruchstücken Fusain sichtbar. Deutlich geklüftet und in großen Stücken anfallend. Das Nebengestein verwittert leicht. Die Kohle brennt mit langer, leuchtender Flamme. Verkokungsrückstand pulverig, nicht verfestigt. Diese Kohlen enthalten in der asche- und wasserfreien Substanz (awf) 35–43% flüchtige Bestandteile.

Gaskohle ist etwas dünnstreifiger und im Querbruch etwas glänzender als Flammkohle. Verkokungsrückstand zusammengesintert und stark gebläht; die Kohle brennt mit langer, leuchtender Flamme. 30–35% flüchtige Bestandteile.

Fett-, Back- oder Kokskohle ist mürber als Gaskohle, weil stärker geklüftet (Kluftabstand meist <1 cm). Schmilzt beim Erhitzen im geschlossenen Tiegel und gibt einen festen, silbergrauen, niedrigen Kokskuchen. 20–30% flüchtige Bestandteile. Die Fettkohlen sind wegen der direkten Verkokbarkeit die wertvollsten Steinkohlen.

Mager- und Eßkohlen sind stärker glänzend und härter als die vorhergehenden; matte und glänzende Streifen sind nicht mehr unterscheidbar. Nebengestein stärker verfestigt, langsam verwitternd; Sandstein ist bereits als Bausandstein verwendbar. Verkokungsrückstand gesintert. Diese Kohle brennt mit kurzer Flamme. 10–20% flüchtige Bestandteile.

Anthrazit ist stark glänzend, hart, in völlig lithifiziertem Gestein eingelagert. Kurze, nicht rauchende Flamme, Verkokungsrückstand pulverig. 4–10% flüchtige Bestandteile.

Meta-Anthrazit hat <4% flüchtige Bestandteile (awf) und bildet den Übergang zu Semigraphit und Graphit.

Besondere Kohlearten

Die oben angeführten Kohlen faßt man als *Humuskohlen* zusammen; sie sind aus Landpflanzen bzw. Torf entstanden und stellen weitaus die größte Menge der Kohlen dar. Im Zusammenhang mit ihnen, selten in isolierten Flözen, treten Kohlearten auf, die im Wasser entweder aus Algen (Boghead-Kohlen), oder durch Anreicherung von resistentem Pflanzenmaterial (z.B. Sporen, Pollen, Harz, Wachs: Liptobiolithe) entstanden sind. Ein Teil ist als schwarzer Schlamm bei stark eingeschränktem Sauerstoffzutritt abgelagert worden, das sind die Faulschlammkohlen *(Sapropelkohlen)*. Altproterozoische Äquivalente sind die karelischen *Schungite*, welche aus Cyanobakterienmatten bzw. daraus abgesondertem Bitumen entstanden sind (Medwedev et al. 2001, Melezhik et al. 2004). *Liptobiolithe* dagegen sind überwiegend Bildungen gut durchlüfteter Zonen der Mooroberfläche.

Bogheadkohle (Torbanit) besteht aus charakteristischen Algenkolonien *(Pila, Reinschia u.a.)*. Bogheadkohlen sind wie Cannelkohle Sapropelkohlen, beide sind makroskopisch sehr ähnlich. Boghead hat eher schwarzbraune bis grünlich-schwarze Farbe und braunen Strich. Er ist dünnschichtiger als Cannelkohle und bildet sowohl Einlagerungen in humosen Kohlen wie auch selbständige Flöze. Die Gehalte an flüchtigen Bestandteilen können extrem hoch sein, höher noch als in Cannelkohlen, weshalb Bogheadkohlen zur Ölproduktion geeignet sind. Die Ausbeute liegt zwischen 140 und 800 l Öl pro Tonne (s. Ölschiefer).

Dysodil (Papier- oder Pappenkohle) ist eine diatomitische Sapropelkohle in tertiären Weichbraunkohlenflözen (z.B. Rott und Erpel im Rheinischen Braunkohlenrevier). Er hat graue oder schwarze Farbe, besteht vorwiegend aus Algen, aber auch aus Pollen, humosen Substanzen etc. und enthält manchmal Chlorophyll oder Makrofossilien. Dysodil brennt übelriechend. In der Grube Messel bei Darmstadt lag er auf einem Weichbraunkohlenflöz. Auch in anderen Maaren ist Dysodil bekannt.

Liptobiolithe sind Anreicherungen bitumenreicher, schwer verweslicher Pflanzenteile. Sehr häufig ist die Schwelkohle (Pyropissit). Sie tritt in gelben, hellbraunen bis grauen Streifen oder Bänken mitteldeutscher, eozäner Erdbraunkohlenflöze auf. Schwelkohle besteht aus Blütenstaub, Wachs, Harz und Blatthäuten, welche durch selektiven Abbau der weniger erhaltungsfähigen humosen Komponenten des Torfes freigesetzt und in der Folge, oft nach Transport, als aquatisches Sediment an Beckenrändern oder im Hangenden der Kohlenflöze konzentriert wurden. Sehr wachsreiche Kohlen wurden bei Röblingen westlich Halle zur Gewinnung von Montanwachs abgebaut.

Ähnlicher Entstehung ist *Bernstein*, der aus fossilen Harzen besteht. Er wird relativ selten in kleinen seifenartigen Lagerstätten gefunden, welche gelegentlich für die Produktion von Schmuck, aber auch von speziellen Lacken und Chemikalien abgebaut werden (BOTTKE 1995). Die genannten Varietäten sind für känozoische Kohlen charakteristisch, äquivalente Bildungen im Paläozoikum sind die Cannelkohlen.

Cannelkohle wird so genannt, weil ein kleiner Splitter, einmal entzündet, wie eine Kerze weiterbrennt. Cannelkohle tritt nicht selten als oberste Bank in Steinkohlenflözen oder in selbständigen Flözen auf. Sie ist schwarz, fettigmatt, hat muscheligen Bruch und lagert in dicken Platten (Plattenkohle). Unter dem Mikroskop zeigt sie meist feine Lamination; besonders typisch ist die uniforme, kleine Korngröße der Einzelpartikel. Ihr Hauptbestandteil sind Liptinite (Sporen, Harze, etc.) neben Vitrinit, Inertinit und Alginit (HUTTON & HOWER 1999). Cannelkohle, die mit kokbaren Flözen zusammen vorkommt, ist nicht kokbar, wohl aber jene der Magerkohlenflöze. Das kommt daher, daß die Cannelkohlen besonders reich an flüchtigen Bestandteilen sind, in einer Fettkohlenserie also zu reich für eine Verkokung, innerhalb der Magerkohlenserie gerade richtig. Früher war die Cannelkohle für die Leuchtgasherstellung sehr gesucht. Infolge ihrer Homogenität und Festigkeit kann sie gedrechselt und poliert zu Zierrat verarbeitet werden. *Gagat* (engl. „jet“) ist diesbezüglich sehr ähnlich und wird seit langem als Trauerschmuck verschliffen. Er entstand jedoch aus Treibholzresten, welche in bituminösen Schiefern eingelagert und nachträglich mit Bitumen imprägniert wurden. Cannelkohlen sind aus den meisten Kohlenrevieren der Erde bekannt. Oft führen sie viel Siderit, und es gibt Übergänge zu Kohleneisensteinen (Siderit), welche z.B. im Ruhrgebiet früher als Eisenerze gewonnen wurden.

Salzkohlen nennt man Kohlen, die durch salinare Wässer mit NaCl und KCl, z.T. auch mit Gips durchtränkt wurden. Sie finden sich z.B. in norddeutschen (Unterflözgruppe bei Helmstedt) und in mitteldeutschen Braunkohlen in der Nähe permischer Salzlagerstätten. Einige Steinkohlenbergbaue nahe Krakau (Polen) müssen aus ähnlichen Gründen große Mengen salzbeladener Grubenwässer heben; die Qualität der Kohle selbst ist wegen geringerer Porosität kaum beeinträchtigt.

Kohlen sind demgemäß feste, fossile Brennstoffe, welche primär nach den drei Parametern (1) Reife, (2) Typus der organischen Vorläufer und (3) klastischen Anteilen beschrieben werden. Hohe Anteile klastischer Sedimente leiten von den sapropelischen (liptischen) Kohlen zu den Ölschiefern und den Erdölmuttergesteinen über.

Handelskohlen sind oft Gemenge verschiedener Herkunft. Zur Charakterisierung gibt es verschiedene *technisch-wirtschaftliche Klassifikationen,* bei welchen einzelnen Eigenschaften der Kohle (z.B. Heizwert, Wassergehalt, etc.) Kennziffern zugeordnet werden (GAYER & PESEK 1997). Das Resultat sind *numerische Codes,* welche Verwendbarkeit und Wert sehr exakt beschreiben.

Naturgemäß spielt die paläobotanische Untersuchung bei wissenschaftlichen Arbeiten an Kohlen und ihren Nebengesteinen eine große Rolle; besonders wichtige praktische Anwendungen betreffen die stratigraphische Einstufung, Flözparallelisierung sowie Faziesanalysen. Als Zugang zur ausgedehnten, einschlägigen Literatur soll hier der Hinweis auf die beiden Bände von KLAUS (1986, 1987) gegeben sein. Interessant ist die Möglichkeit, die CO_2-Gehalte der Atmosphäre durch Bestimmung der Stomata-Dichte fossiler Blatthäute bis in das Paläozoikum zu rekonstruieren (RETALLACK 2001).

Petrographie der Kohlen

Die meisten Kohlen sind makroskopisch und mikroskopisch äußerst heterogen. Dazu kommt der Umstand, daß die Einzelbestandteile anders als die Minerale normaler Gesteine mit zunehmender Reife eine kontinuierliche chemische Veränderung erfahren. Deshalb hat es langer Anstrengungen bedurft, bis eine internationale Übereinkunft zur petrographischen Klassifikation von Kohlenbestandteilen erreicht wurde. Die Basis ist das *Stopes-Heerlen System,* das so genannt wird, weil es auf einem Vorschlag von M.C. STOPES (1935) auf einer Tagung in Heerlen/Holland beruht. Ausführliche Beschreibungen kohlenpetrographischer Grundlagen findet man in TAYLOR et al. (1998).

*Die **Streifenarten (Lithotypen).*** An Steinkohle kann man mit freiem Auge glänzende und mattere Streifen, die Schichtung anzeigend, unterscheiden. Die ersteren sind *Vitrain* (Glanzkohle), die letzteren *Durain* (Mattkohle). Der Vitrain ist spröder als der Durain und hat infolgedessen mehr Klüfte und muscheligen Bruch. Oft sieht man auf Schichtflächen dünne Bruchstücke von mürber, samtähnlich schimmernder, holzkohlenartiger Kohle, das ist *Fusain* (Faserkohle). *Clarain* (Streifenkohle) besteht aus feinster Wechsellagerung von Vitrain und Durain.

In vielen Weichbraunkohlen liegen braune Holzstämme, Äste und Stubben (*Xylit*). Weitere Unterscheidungsmerkmale für Braunkohlen-Lithotypen sind neben dem Xylitgehalt Gewebeführung, Helligkeit (am trockenen Stoß) und Oberflächentextur nach Antrocknung, u.U. auch Bruch, Vergelungserscheinungen, Zerfallscharakteristik und akzessorische Einlagerungen.

Neben diesen vier Kohlenlithotypen enthalten Kohlenflöze mineralisches Material, das in Schichten eingelagert, oder in der Kohle verteilt, oder in Form von Konkretionen und Kluftbelägen auftreten kann. Am häufigsten ist Verunreinigung mit *Ton*, wobei nach zunehmendem Tonanteil *unreine Kohle* (<20 Vol.% Ton, D<1,5), *Brandschiefer* („Carbilite"; 20–60 Vol.% Ton, D = 1,5-2,0) und *kohlige Tone* (>60 Vol.% Ton, D>2,0) unterschieden werden.

Die makropetrographische Beschreibung von Flözen erfolgt in Form von *makropetrographischen Flözprofilen,* welche zumindest die Anteile von Glanzkohle (Xylit), Streifenkohle und Mattkohle, ergänzt durch die charakteristischen dünnen Lagen von Faserkohle und eingelagerten Sedimenten, darstellen.

Die mikroskopisch unterscheidbaren Bestandteile der Kohlen: Mazerale. Die Untersuchung von Kohlen unter dem Mikroskop begann ursprünglich mit der Dünnschlifftechnik. Erst mit der Einführung der Anschliffmethode (STACH 1925), später ergänzt durch Untersuchungen unter Ölimmersion, war die moderne Kohlenpetrographie möglich geworden. Eine wichtige Ergänzung der optischen Methoden ist die Fluoreszenzmikroskopie (mit UV- oder Blaulicht), da manche Kohlenbestandteile durch ihre Lumineszenz besser erkannt und untersucht werden können.

Die bei 25 bis 50-facher Vergrößerung nach optischen Eigenschaften, Härte und Gestalt mikroskopisch unterscheidbaren Bestandteile nennt man *Mazerale*. Diese Bezeichnung wurde von STOPES (1935) in Anlehnung an das Wort „Minerale" geprägt. Nach mannigfachen Modifikationen der Terminologie bezeichnet man heute die Mazerale mit der Endung *-inite* und unterscheidet für die Steinkohlen drei Hauptgruppen: Vitrinite – Liptinite (früher Exinite) – Inertinite. Die erste Gruppe bildet den Hauptbestandteil der Glanzkohlenstreifen, die zweite den der Mattkohlenstreifen, die dritte kommt als Beimengung der Mattkohlenstreifen und als Hauptbestandteil der Faserkohlenstreifen vor.

Die *Vitrinitgruppe* ist hochglänzend und zeigt oft Holzzellenstruktur. Dann handelt es sich um das Mazeral *Telinit.* Der wirklich strukturlose Vitrinit ist aus humosen Gelen (in Torf „Dopplerit" genannt) entstanden und heißt *Collinit*. Vitrinit ist der reinste und gleichmäßigste Bestandteil der Kohlen und wird darum als empfindlicher Gradmesser der Inkohlung benützt.

Jene Mazerale der Braunkohlen, welche bei weiterer Reifung zu Mazeralen der Vitrinitgruppe umgebildet werden (etwa im Glanzbraunkohlenstadium), heißen *Huminite* (z.B. *Humotelinit, Humocollinit*).

Die *Liptinitgruppe* (früher Exinit genannt), umfaßt eine Reihe von Mazeralen, die aus nicht humifizierbaren Pflanzenbestandteilen (Sporen, Pollen, Blatthäute, Algen, Wachse, Harze, Fette u.a.) entstanden sind. Sie bilden wesentliche Anteile der Mattkohlenstreifen. Das Reflexionsvermögen der Liptinite ist bei den weniger reifen Kohlen geringer als das des Vitrinits, ihr Gehalt an flüchtigen Bestandteilen bzw. an Wasserstoff merklich höher. Liptinite sind unter dem Mikroskop durch Fluoreszenz charakterisiert. Cannel- und Bogheadkohlen sind überwiegend liptinitische Kohlen. Im Kokskohlenstadium tritt in der progressiven Inkohlungsreihe eine Veränderung ein, indem der Wasserstoffgehalt der Liptinite durch CH_4-Abgabe rasch abnimmt und auch das Reflexionsvermögen sich mehr dem des Vitrinits angleicht. Je nach Art der im Liptinit vorliegenden pflanzlichen Komponenten unterscheidet man die Mazerale *Sporinit* (mit Sporen), *Cutinit* (Blatthäute), *Resinit* (Harzkörner), *Alginit* (Algen) und andere.

Mittels Fluoreszenzmikroskopie wurden als weitere Liptinit-Mazerale erkannt: *Fluorinit* (aus Pflanzenölen und Fetten), *Bituminit* (aus zersetzten Algen, Bakterien, Proteinen) und *Exudatinit* (diagenetisch mobilisiertes Bitumen). Liptinite sind in feuchtem Milieu, z.T. bei offenem Wasserspiegel entstanden und enthalten darum auch häufiger feine tonige Beimengungen.

Inertinite sind jene Gefügebestandteile, die sich bei der Inkohlung chemisch wenig verändern und bei der Verkokung nicht schmelzen. Gemeinsame Merkmale sind erhöhte Kohlenstoffgehalte, geringe Anteile von Wasserstoff und im Anschliff sichtbare hohe Reflexion. Die meisten Inertinite entstanden aus jenen Pflanzenteilen, die normalerweise Vitrinite bilden. Ihre besondere Ausbildung erfuhren sie durch Oxydation in einem sehr frühen Stadium der Entwicklung der Kohlen (Moore et al. 1996). Die auffälligste inertinitische Komponente ist der *Fusinit,* ein seidiggraues sprödes Material, das bereits makroskopisch an Holzkohle erinnert. Unter dem Mikroskop sind die Holzzellen oder andere anatomische Details besonders deutlich zu erkennen. Die ehemaligen Zell-Lumina können mit humosen Gelen oder mineralischer Substanz (Ton, Karbonat, Pyrit, etc.) gefüllt sein. *Semifusinite* nehmen eine Zwischenstellung zwischen Fusinit und Vitrinit ein. Fusinit ist meist fossile Holzkohle, durch Waldbrände nach Blitzschlag entstanden (Guo & Bustin 1998). Der Grad der Verkohlung ist offenbar direkt von der einwirkenden Temperatur abhängig, wie man an außen angekohlten, innen aber normal-vitrinitischen Baumstämmen erkennen kann. Kleine, rundliche Inertinitpartikel werden als *Makrinit,* sehr kleine als *Mikrinit* bezeichnet. Lagen aus Fragmenten von Inertiniten (z.B. Fusinit) heißen *Inertodetrinit.*

Ein typischer Inertinit tertiärer Braunkohlen ist neben Fusinit der *Sklerotinit,* aus rundlichen oder ovalen, hell reflektierenden Partikeln mit einem oder mehreren Hohlräumen bestehend. Es handelt sich um Pilzdauersporen (Sklerotia). Andere Pilzreste (Sporen, verschiedene Gewebe, z.B. Pilzhyphen) werden ebenfalls dem Sklerotinit zugezählt.

Die mikroskopische Quantifizierung der Mazeralanteile in einzelnen Streifen führt zur Definition von *Mikrolithotypen* (mono-, bi- und trimazeral), z.B. *Vitrit, Vitrinertit* und *Vitrinertoliptit.* Diese können in Flözprofilen eingetragen werden oder dienen der Interpretation des Bildungsraumes von Kohlenflözen. Diessel (1986) hat vorgeschlagen, den Grad der Erhaltung der pflanzlichen Gewebe (TPI = tissue preservation index = Humotelinit/Humodetrinit) und die relative Wasserbedeckung bzw. Oxydation (GI = groundwater index = Huminit/Inertinit) zur petrographischen Bestimmung von Fazies und Pflanzengesellschaft einzusetzen. Kontrolluntersuchungen an Torfen bekannter Ablagerungsfazies haben jedoch ergeben, daß zumindest pH und mikrobielle Abbauprozesse im Moor weitere Faktoren sind, die die Mazeralzusammensetzung wesentlich beeinflussen (Dehmer 1995). Aussagen zum Bildungsraum allein aus Untersuchungen der Kohlensubstanz bleiben deshalb sehr fraglich (Moore & Shearer 2003).

Die chemische Zusammensetzung der Kohlen

Kohlen sind heterogene Gemenge unterschiedlicher organischer Substanzen und anorganischen Materials, insbesondere von Wasser und mineralischen Beimengungen. Die Natur der organischen Substanzen ist vom relativen Anteil verschiedener Mazerale (Kohlentyp) und vom erreichten Diagenese-Stadium (Kohlenreife) abhängig. Eine eigentliche chemische Analyse dieser Substanzen wird nur für wissenschaftliche Zwecke vorgenommen (Bustin et al. 1997, Hatcher & Clifford 1998).

In der bergbaulich-industriellen Praxis werden große Serien von Kohlenproben durch Immediatanalysen bzw. durch Elementaranalysen nach genormten Verfahren untersucht. Dadurch ist die Bandbreite der Eigenschaften der Kohle so weit festgelegt, daß die Verwendbarkeit beurteilt werden kann. Ergänzende spezielle Untersuchungen, z.B. der chemischen Zusammensetzung der Asche, des Kornanfalls oder der Brikettierbarkeit, werden nur an wenigen Proben durchgeführt. *Immediatanalysen* geben Aufschluss über Heizwert, Wasser- und Aschegehalt sowie die Anteile flüchtiger Bestandteile bzw. des sogenannten fixen Kohlenstoffs in der Kohle. *Elementaranalysen* liefern die absoluten Gehalte der Elemente C, O, H, N und S in Kohlen.

Die organischen Baustoffe der Kohlen

Der wichtigste Baustoff der Pflanze ist die *Zellulose* ($C_6H_{10}O_5$), welche in Holz und Rinde durch das chemisch nicht uniforme Biopolymer *Lignin* begleitet bzw. versteift wird. Der Lignin-Typ und -Gehalt verschiedener Pflanzen und Pflanzenteile schwankt in weiten Grenzen (5–45% in wasserfreier Substanz). Zum Schutz der Oberfläche vegetativer Organe verwendet die Pflanze Wachse, Kutin (Kutikula = Blatthäute) und Suberin (Rinde, Kork). Pflanzliche Reservestoffe wie Zucker, Stärke, Eiweißstoffe sind sehr vergänglich und werden im Torf bakteriell abgebaut. Der Stickstoffgehalt der Kohle ist auf solche ehemalige Eiweißsubstanzen bzw. Bakterienreste zurückzuführen.

Zellulose ist in Xylit und Humotelinit der Weichbraunkohlen noch nachweisbar. In schwarzen, an der Grenze zu den Mattbraunkohlen stehenden Weichbraunkohlen sinkt der Zellulosegehalt auf ein Zehntel jenes der stückigen Weichbraunkohlen. Insgesamt ist chemisch identifizierbare Zellulose auf Kohlen geringer Reifegrade beschränkt.

Lignin ist in allen Braunkohlen nachweisbar. Es wird bei Vertorfung und Inkohlung zunehmend zu Huminstoffen umgebaut, welche die Hauptmasse der Kohlen darstellen. Üblicherweise werden die Huminstoffe nach Fulvosäuren, Huminsäuren und Huminen unterschieden (Ziechmann 1994). Es handelt sich um komplexe, dunkelgefärbte organische Kolloide, deren Bauelemente einfache und kondensierte, iso- und heterozyklische Sechser- und Fünferringe sind, mit verschiedenen Brücken und Seitengruppen.

Die gelb- bis rotbraunen, hydrophilen *Fulvosäuren* sind in Böden, Torf und Moorwässern weit verbreitet; sie haben ein niedriges Molekulargewicht (400–1500) und sind in saurem wie alkalischem Milieu wasserlöslich. Die braunen bis schwarzen *Huminsäuren* sind hydrophobe Substanzen, welche größere Gebilde aus unterschiedlichen molekularen Bausteinen darstellen; sie sind in Alkalien löslich, im sauren Milieu flocken sie jedoch aus. Sie finden sich im Torf und in Weichbraunkohlen, und zwar frei oder als Salze *(Humate)*. Der Anteil der freien Säure ist schon in Weichbraunkohlen im Vergleich zum Torf sehr gering. Dafür sind Humate und Humine vermehrt. *Humine* entstehen durch Alterung von Fulvaten und Humaten und haben den Säurecharakter fast ganz verloren. Sie haben ein hohes Molekulargewicht und sind in Säuren und in Alkalien unlöslich.

In den Braunkohlen überwiegen also Humine, Huminsäuren und ihre Salze. Alkalihumate sind im Wasser löslich, nicht aber Kalziumhumat. Dieses kommt in manchen Torfmooren als schwarzbraune, gelartige Masse (*Dopplerit*) vor, die beim Austrocknen schwindet und Brocken mit glänzend schwarzem, muscheligem Bruch bildet. In dieser Form findet man Dopplerit auch als Kluftausfüllung und auf Schichtflächen von Braunkohlenflözen. Oft sind auch Gewebeteile völlig vergelt und erscheinen dann dicht und schwarz mit charakteristischen Trocknungsrissen.

Bitumenkörper und Bitumenträger („Lipide“) sind teils makroskopisch, teils mikroskopisch (Harz, Pollen, Sporen, Algen) in Kohlen sichtbar. Die Hauptmenge ist jedoch nicht in figurierten Bestandteilen enthalten und kann zur weiteren Untersuchung nur durch Lösungsmittel extrahiert werden (z.B. Wachs durch Benzol, Wachs und Harz durch Alkohol und Benzol 1:1 gemischt). Selten sind bituminöse Exsudate in Kohlen makroskopisch sichtbar.

Farbstoffe und Lebensstoffe der Pflanzen, wie *Chlorophyll*, wurden in der Erdbraunkohle des Geiseltales als grünliche Imprägnation gefunden, die sich in Berührung mit Luft rasch bräunte, ein Fund, der umso bemerkenswerter ist, weil schon im Torf das Chlorophyll meist abgebaut ist.

Die weitere Entwicklung der Huminstoffe in den Steinkohlen ist durch zunehmende *Aromatisierung* gekennzeichnet. Dabei entstehen durch Ab- und Umbau der Ringe, Brücken und Seitengruppen immer größere Anteile geordneter Elemente („Kristallite“), welche insgesamt dem Graphitgitter immer ähnlicher werden. Gleichzeitig ordnen sich die aromatischen Cluster schichtparallel ein.

Flüchtige Bestandteile, fixer Kohlenstoff und Elementarzusammensetzung der Kohle

Rohkohle enthält Wasser und Asche. Die Bestimmung der Menge dieser beiden Komponenten erlaubt das Errechnen des Anteiles an *Reinkohle.* Deren elementare Zusammensetzung gibt wichtige chemische Kennziffern für die Kohlenarten.

Beim Erhitzen einer wasserfreien Kohlenprobe unter Luftabschluß entweichen brennbare Gase (Leuchtgas) und Dämpfe, die zu Teer kondensieren. Diese Stoffe sind die *flüchtigen Bestandteile* (FB bzw. VM = volatile matter); ihr Anteil nimmt mit dem Reifegrad der Steinkohlen ab (Abb. 148). Nach dem Entweichen der flüchtigen Kohlenwasserstoffe verbleibt der Koksrückstand (auch „Tiegelkoks" genannt); sein Anteil steigt mit dem Reifegrad. Der Kohlenstoffgehalt des Koksrückstandes heißt *„fixer Kohlenstoff"* (fixed carbon). Als Komplementärwert zum Gehalt an flüchtigen Bestandteilen wird diese Zahl in der amerikanischen Literatur als Gradmesser der Inkohlung verwendet.

Die *Elementarzusammensetzung* der Reinkohle ergibt sich aus ihrer pflanzlichen Herkunft: Kohlenstoff, Wasserstoff und Sauerstoff sind die Hauptelemente, Stickstoff und Schwefel erscheinen in wenigen Prozenten, manche Metalle können als Spurenelemente auftreten. Der Reinkohlenanteil einer Gaskohle mit 84% C hat die ungefähre Zusammensetzung $C_{10}H_7O$ (Faust„formel" für Steinkohle).

Die stetige Anreicherung des *Kohlenstoffs* in der Kohlenreihe und die Abnahme des Wasserstoffs (und des Sauerstoffs) wurde bereits früh erkannt (Abb. 149). Anfangs überwiegt Abnahme des Sauerstoffs (durch Abgabe von CO_2 und H_2O), im Bereich der Gaskohlen bis Anthrazit kommt es zu einer starken Abnahme des Wasserstoffs. Das ist jener Bereich der Inkohlung, bei dem das meiste Methan (CH_4, Grubengas) freigesetzt wird. Man nennt diesen Knick der Inkohlungslinie den Inkohlungssprung. Er drückt sich auch in physikalischen Eigenschaften aus, besonders in einer Zunahme der Reflexion und einer Abnahme der Fluoreszenz der exinitischen Mazerale.

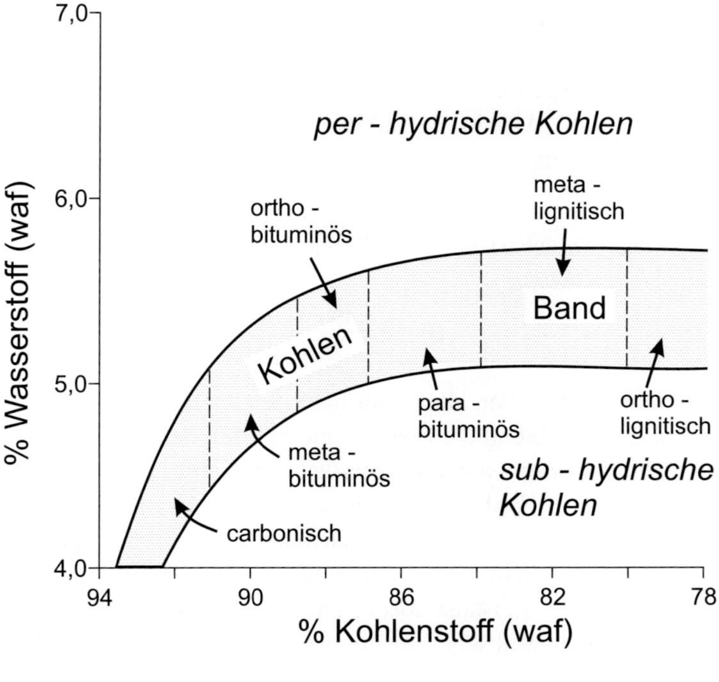

Abb. 149. Eine der frühesten Darstellungen der chemischen Klassifikation von Kohlen (nach SEYLER 1899) zeigt bereits die Zunahme des C-Gehaltes und die Abnahme des H-Gehaltes der Kohlen mit zunehmender Reife, bezogen auf wasser- und aschefreie Substanz.

Schwefel ist gewöhnlich nur zu einem kleinen Teil in organisch gebundener Form in der Kohle enthalten, nämlich dort, wo er durch Pflanzen in Form von Aminosäuren (C-S-Form) bzw. als Ester-Sulfate (C-OSO_3; in Polysacchariden, Phenolen, etc.) eingebaut wurde. Schwefelreduzierende Bakterien im Torf erzeugen H_2S, das zur Bildung von Sulfiden Anlaß geben kann. Begünstigt wird dies durch Sulfatzufuhr infolge Zutritt von Meerwasser oder sulfatischem Grundwasser. Im ersten Fall liegt die pyritreiche Kohle („Kieskohle“) eher im Hangendteil des Flözes, im zweiten nahe der Basis.

Besonders hoch ist der Gehalt an organisch gebundenem und mineralischem Schwefel in Kohlenflözen mit kalkigem Nebengestein. Die Erklärung hierfür liegt in den höheren pH-Werten, die das Gedeihen der sulfatreduzierenden Bakterien begünstigen. Kalkreiche Moore erreichen hohe pH-Werte (in den Everglades bis 8,6), weshalb in solchen Kohlen sogar kalkschalige Fossilien und Wirbeltierskelette erhalten sind (z.B. Geiseltal).

Marin beeinflußte Flöze (Ruhrgebiet, Illinois) haben höheren S-Gehalt (sowie mehr Asche und Stickstoff). Wenig Schwefel führen jene Kohlen, deren Torf durch besonders niedrigen pH-Wert (bis 3,3 gegenüber häufigen Werten von 4,8–6,5) charakterisiert war, was u.a. an kaolinitischem Liegenden erkannt werden kann. Bemerkenswert niedrige S-Gehalte, nämlich 0,06% bezogen auf lufttrockenen Zustand, hat die Flammkohle von Tanjung/Borneo. Sie wird deshalb unter dem Namen „Envirocoal“ vermarktet; die Vorräte in situ betragen über 1000 Mt.

Schwefel ist unerwünscht, weil er bei der Verbrennung der Kohle als SO_2 bevorzugt in die Rauchgase eingeht. Auch in der Kokskohle ist er für die Eisenverhüttung schädlich. Anorganisch gebundener Schwefel kann durch Aufbereitung der Kohle abgetrennt werden, nicht aber der Schwefel in der eigentlichen Kohlensubstanz. Mittlerweile gibt es jedoch mehrere technische Lösungen der Rauchgasentschwefelung, natürlich aber nicht ohne Auswirkung auf die Energiekosten.

Stickstoff ist fast ausschließlich aus Proteinen des Torfes abgeleitet. Während der Inkohlung wird er als Pyrol-N in die Makromoleküle der Kohlen eingebaut. Bei der Verkokung oder Vergasung der Kohlen bildet er Ammoniak und kann als Nebenprodukt gewonnen werden. Für die Verbrennung werden Kohlen mit niedrigem Stickstoffgehalt bevorzugt, da die „Entstickung“ von Rauchgasen (also die Reduktion von NO_x zu N^0 oder NH_4) hohe Aufwendungen erfordert.

Stickstoff und z.T. Schwefel sind also *biogene Elemente* der Kohlen. Neben den früher genannten Hauptelementen gehören dazu die in Pflanzen vorhandenen Spurenelemente Ca, N, K, P, S, Mg und Fe (weiter Na, Si, Al, Mn, B, Ba, Sr, Zn und Cu). Manche dieser Elemente werden in organischer Substanz relativ angereichert; das läßt sich durch den biologischen Speicherkoeffizienten ausdrükken:

Biologischer Speicherkoeffizient B_s als Maß der präferentiellen Anreicherung von Elementen in organischer Substanz

$$B_s = \frac{\text{\% in Asche der organischen Substanz}}{\text{\% Clarke-Krustendurchschnitt}}$$

B_s-Werte über 10 gelten allgemein für P, S, Cl, Br und I, solche von 1–10 für Ca, Na, K, Mg, Sr, Zn, B und Se, während die meisten anderen Elemente Werte unter 1 ergeben.

Gelegentliche *akzessorische Metalle* in der Kohle haben bisher keine wirtschaftliche Bedeutung, da die Gehalte im Fördergut zu sehr schwanken. Germanium z.B. kommt in der Kohle von Newcastle, besonders aber in amerikanischen und australischen Kohlen vor. Auch frühere Erwartungen, die auf den Urangehalt vieler Kohlen gesetzt worden waren, wurden nicht realisiert. Das Uran ist an die organische Substanz adsorbiert, teils schon syngenetisch mit der Torfbildung (äquivalent zum U-Gehalt schwedischer Torfmoore), teils später durch Grundwässer eingeführt (aus vulkanischen Tuffen in Dakota, aus Keupersandstein in Wackersdorf: Abb. 89). Buntmetalle, besonders Kupfer, erreichen bisweilen hohe Werte, sind aber nur sehr lokal in Flözen angereichert. Teilweise sind sie von den Pflanzen selektiv gespeichert gewesen, teilweise später aus zirkulierenden Grundwässern an Huminstoffen adsorbiert worden. Letzteres gilt vor allem für die Cu- oder U-führenden, schwachen Kohlenflöze in semiariden Schichten (red beds). Aus dem Fernen Osten Rußlands wurden große Kohlenvorräte mit SEE-Gehalten von 300–1000 ppm beschrieben, die aus bimodalen Vulkaniten in die Torfmoore eingetragen wurden (Seredin 1996). Einzigartig ist das sehr konkrete Projekt, aus Flugasche der Braunkohlenkraftwerke im Latrobe Valley (Australien) Mg-Metall zu erzeugen.

Spurenelemente in Kohlen sind demgemäß Zeugen der sedimentären und diagenetischen Randbedingungen. Zumeist ist ihre Verteilung in den Flözen ungleichmäßig, so daß sie zur Flözkorrelation in strukturell komplexen Revieren mit vielen Flözen i.A. wenig dienlich sind. Eine Ausnahme bildet möglicherweise das Verhältnis Al/La-Sc (Chyi & Medlin 1996). Die Spurenelemente können bei der Verwertung der Kohlen nicht nur technische Probleme bewirken, sondern auch die Umwelt ungünstig beeinflussen (z.B. Arsen). Deshalb ist es zweckmäßig, bereits bei der Lagerstättenuntersuchung eine ausreichende Zahl von Analysen durchzuführen, mit besonderem Augenmerk auf toxische und radioaktive Elemente. Besonders wichtig ist es auch, die Bindungsform der schädlichen Elemente festzustellen, also die Mazeralgruppe oder das Mineral, in welchem die Hauptgehalte liegen. Untersuchungen zeigen, daß viele ökologisch sensitive Elemente an die drei Minerale Pyrit, Kaolinit und Illit gebunden sind, die möglicherweise durch Aufbereitung entfernt werden können (Palmer & Lyons 1997). Auf Grund solcher Daten müssen entsprechende Vorkehrungen getroffen werden.

Aus dem oben Gesagten wird ersichtlich, daß Torfe und Kohlen sehr effektive geochemische Barrieren sind, wobei mechanische und biochemische Vorgänge sowie Reduktion, Sorption und Ionenaustausch wirksam sein können. Zufuhr von Elementen in die Torfmoore ist terrigen durch Oberflächenwasserzuflüsse möglich, im brackisch-marinen Bereich durch gelöste Stoffe des Meerwassers (dafür besonders kennzeichnend sind B, Sr, Mg; sonst auch Cl, Na, SO_4, Ca, K, Br), und schließlich durch Grundwasser (U, V, Mo und die Elemente der Salzkohlen: Na, K, Ca, Mg, Cl, B, Sr, Br, S).

Isotopenanalysen von Kohlen betreffen überwiegend die Elemente C, O, H und N. Es ergeben sich Abhängigkeiten vom Alter der Kohlen, von der geographische Breite bzw. mittleren Jahrestemperatur ihrer Bildung (D/H-Verhältnis), von der vorwiegenden Pflanzengesellschaft (C-Isotope: Cerling et al. 1993), von der Isotopie der Niederschläge (Jahren & Sternberg 2002) und schließlich von der Reife und Entgasungsgeschichte der Kohlen (Whiticar 1997). Auch die Abkunft von Stickstoff kann untersucht werden, da bei der Aufnahme von Stickstoff aus der Luft durch Pflanzen oder Bakterien nur eine geringe Isotopenfraktionierung auftritt ($\delta\,^{15}N$ von -3,1 bis -0,4‰), während die Aufnahme von Nitraten (nach Denitrifikation) deutlich schwereren Stickstoff hinterläßt. Bei der Abgabe von Methan während der Inkohlung werden zuerst die leichten Isotope freigesetzt. Dies sollte eigentlich zu einer Anreicherung der schweren C- und H-Isotope in den Kohlen führen. Infolge des großen C-Reservoirs der Flöze ist aber eine Verarmung an ^{12}C nicht nachzuweisen, während D nur gering angereichert ist (Schoell 1984).

Wasser und Gase in der Kohle

Wasser ist ein wesentlicher Bestandteil der Braunkohlen. In Weichbraunkohlen macht es 35–75% der Rohsubstanz aus (Abb. 148). Deshalb werden Brikettfabriken, Kohlentrocknungsanlagen und kalorische Kraftwerke in unmittelbarer Nähe der Bergbaue errichtet, um Transportkosten zu sparen. Der Wassergehalt nimmt in den Steinkohlen mit zunehmender Reife von ca. 9% (Flammkohlen) bis 2,5% (Anthrazit) weiter ab.

Neben Oberflächenwasser (1) unterscheidet man in Kohlen grobgebundenes, (2) in Kapillaren, und adsorptiv gebundenes Wasser (3). Die ersten beiden Arten entweichen bei der Trocknung an der Luft, das Dritte beim Erhitzen auf 105°C. Schließlich enthalten Tone und andere Minerale in den Kohlen das sogenannte Mineralwasser (4). Das Oberflächenwasser (adventitious moisture) unterliegt äußeren Bedingungen bei der Probenahme, z.B. Regen, bergbauliches Sickerwasser u. dgl.. Trotzdem sind Kohleproben am Ort der Probenahme zu versiegeln, da für Massenbestimmungen und Verwendung auch dieses Wasser eine Rolle spielt. Bei höherrangigen Kohlen wird die Oberflächenfeuchte durch Lufttrockung im Labor beseitigt, wonach der inhärente Wassergehalt bestimmt werden kann. Niedrigrangige Braunkohlen haben im Verhältnis zum inhärenten Wasser sehr wenig Oberflächenwasser; sie verlieren aber bei Lufttrocknung auch grob gebundenes und adsorptives Wasser und zerfallen dabei vielfach in geringwertigen Grus.

Die in der Kohle okkludierten oder adsorbierten *Gase* sind Methan (mit etwas Ethan und Propan), Kohlendioxid, bisweilen auch Spuren von Wasserstoff oder Helium. Praktisch von Bedeutung sind nur Methan und Kohlensäure. Methan wird bei der Kohlereifung frei, beginnend im Bereich des „Inkohlungssprunges" der Exinite, also im Stadium der Glanzbraunkohlen. Gaskohlen und Fettkohlen führen das meiste Grubengas (meist einige m^3 pro Tonne Kohle), das zu 5–14% mit Luft gemischt hochexplosiv ist („Schlagende Wetter"). Die größte Gasmenge wird aus humosen Substanzen während der weiteren Reifung bis zum Anthrazit gebildet. Infolge der stark klüftigen Nebengesteine höherrangiger Kohlen entweichen dabei aber 90–95% des gebildeten Methans. Das *in situ*-Methan der Kohlenflöze wurde früher kaum genutzt, mittlerweile jedoch wird diese Möglichkeit der Energiegewinnung immer häufiger eingesetzt (coal bed methane; Gayer & Harris 1996, s. auch Kohlenwasserstofflagerstätten). Bei geeigneter Abdichtung durch impermeable Gesteine (in Norddeutschland zumeist Zechstein-Evaporite) können nach Migration bedeutende Gaslagerstätten entstehen. Man schätzt, daß 1 kg Kohle im Verlauf der Reifung vom Flammkohlenstadium bis zum Anthrazit rund 200 l Methan produziert. Kohlen mit einer Vitrinitreflexion unter 0,5% sind gewöhnlich frei von Grubengas. Hier können allerdings CO und CO_2 zu einer Gefahr werden, welche durch langsame Oxydation der Kohle entstehen und sich in schlecht bewetterten Grubenräumen sammeln. Da Methan weit überwiegend an die organische Substanz der Kohlen gebunden ist, kann die inverse Korrelation zum Aschegehalt für die Vorhersage der Gasführung genutzt werden. Weder petrologische Zusammensetzung noch Reifegrad der Kohle erlauben jedoch eine Aussage über die tatsächlichen Gasgehalte (Bustin & Clarkson 1999).

Die *Kohlensäure* stammt nur zum kleineren Teil vom Vorgang der Kohlenreifung; zumeist ist sie zugewandert und magmatischen Ursprungs wie die der Mofetten in Vulkangebieten. Verwerfungssprünge und poröse Sandsteine sind meist die Zufuhrwege. Es gibt Bergwerke mit katastrophalen Kohlensäure- (oder Methan-) Ausbrüchen, wobei die Grubenbaue nicht nur mit dem erstickenden (explosiven) Gas, sondern auch mit großen Mengen herausgeschleuderten Kohlenstaubes gefüllt werden. Nachfolgende Kohlenstaubexplosionen sind durch die Fortpflanzung der Explosion in weitere Grubenräume besonders gefährlich. Toniges Hangendes jener Flöze, in denen die Gase okkludiert oder adsorbiert sind, verhindert die natürliche, allmähliche Entgasung. Daher sind langsamer Abbau und vorheriges Auflockern des Gebirges, eventuell auch voreilende Entgasung durch Bohrungen geboten.

Gewöhnlich aber entweichen CH_4 und CO_2 an Klüften als Bläser, bisweilen als Gasblasen in Wasserrinnen der Stollensohle erkennbar. Sehr selten gibt es Ölfelder in der Nachbarschaft von Kohlenbergbauen und dadurch verursachte Unglücksfälle (Nottinghamshire, U.K., Stevenson 1999).

Die Asche und Mineralsubstanz in der Kohle

Die sogenannte Asche wäre besser als unverbrennliche Substanz in der Kohle zu bezeichnen, da die Bestimmung durch kontrollierte Oxydation einer Probe bei 700–850°C erfolgt („high-T ash“; von der gewählten Industrienorm abhängig). Dabei gehen CO_2 (aus Karbonaten), SO_2 (aus Sulfiden) und das H_2O der Tone in die Abgase, so daß die Masse der unverbrennlichen Substanz geringer ist, als die des eigentlichen Mineralgehaltes der Kohle. Die chemische Zusammensetzung der Asche wird mit denselben analytischen Methoden untersucht, wie die üblicher Silikatgesteine. Die normative Rückrechnung auf Minerale in der Kohle ist allerdings sehr ungenau. Besser ist es, die Minerale durch Röntgendiffraktion, Neutronenaktivierungsanalyse (INAA), Thermoanalyse etc. nach vorsichtiger Trocknung und Oxydation bei niedriger Temperatur (150°C: „low-T ash“) direkt zu bestimmen.

Die Asche der Förderkohle hat mehrere Herkunftsquellen: 1. Nebengestein, das bei der Gewinnung der Kohle anfällt (Berge); 2. Mineralsubstanz, die syngenetisch in das Torfmoor gelangt ist; 3. diagenetisch in der Kohle neugebildete Minerale; 4. der ursprünglich sehr geringe, biogene Mineralanteil in manchen Pflanzen. Zur zweiten Gruppe gehören Tonpartikel und Sandkörner, die in die Moore eingeschwemmt worden sind. Die Mattkohlenstreifen sind deshalb aschereicher als die aus Holz entstandenen Vitraine. Epigenetisch wird der Aschengehalt durch hydrothermale Zufuhr gelöster Stoffe erhöht, meist in Zusammenhang mit diagenetischer Entwässerung der Nebengesteine.

Die Minerale in Steinkohlen umfassen Silikate, Karbonate, Sulphide, Sulphate und andere, z.B. Phosphate. Wenig reife Braunkohlen enthalten oft beträchtliche Anteile amorpher anorganischer Substanzen.

Quarz ist in den meisten Kohlen enthalten, z.T. detritären Ursprungs, z.T. als ehemaliges chemisches Präzipitat, beispielsweise an den verkieselten Hölzern mancher Braunkohlen erkennbar. *Kaolinit* ist ebenfalls sehr häufig; auch er ist teilweise klastisch eingeschwemmt, teilweise authigen/diagenetisch gebildet. Weitere, häufige Tonminerale sind *Montmorillonit, Illit und Mixed-Layer-Minerale.* Die Illite der Anthrazite sind durch beträchtliche Anteile (45–80 Mol-%) von NH_4 anstelle von K gekennzeichnet, da in diesem Stadium viel Stickstoff freigesetzt wird (Daniels et al. 1994). Kohlen in vulkanischer Umgebung können hohe Gehalte an *Zeolithen* führen (z.B. Beypasari/Anatolien: Querol et al. 1997). *Pyrit* (ebenso wie Sphalerit, Markasit, Galenit u.a. Sulfide) tritt in mehreren Formen auf, als Zellfüllung, Framboide, idiomorphe Kristalle, kleine Linsen, Kluftbeläge und in Gängen. Demgemäß ist z.T. eine frühdiagenetische Bildung durch mikrobielle Sulfatreduktion wahrscheinlich (Southam et al. 2001), in manchen Fällen aber auch spätere, epigenetische Zufuhr. *Karbonate* der Kohlen umfassen Siderit, Ankerit, Kalzit und Dolomit. Siderit (Kohleneisenstein) und Dolomit (Torfdolomit) sind als Bänder und konkretionäre Lager in manchen Kohlenflözen häufig. Die Erhaltung undeformierter Zellen innerhalb der Knollen belegt eine sehr frühe Bildung in den Torfmooren. Karbonate auf Klüften der Kohle und in Gängen dagegen sind später entstanden. *Sulfate* in Kohlen stehen meist in Zusammenhang mit der Oxydation von Pyrit durch zirkulierende Oberflächenwässer oder nach Freilegung der Kohle im Bergbau, nur jene der Salzkohlen sind von außen zugeführt. Authigener *Apatit* und Sr-, Ba- und Ca-Aluminophosphate schließlich sind in fast allen Kohlen in geringer Menge vorhanden (Ward et al. 1996).

Der Mineralbestand der Kohlen ist für die Verwendbarkeit von großer Bedeutung (Ward 2002). Dies betrifft sowohl die Transport- und Lagerfähigkeit, als auch Verbrennung, Verkokung und Kohleverflüssigung. Besonders kritisch ist der Einfluß des Pyrites, der bei Zutritt von Luft und Wasser oxydiert und damit im Bergbau, in der Aufbereitung und im Umkreis der Kohlen- und Bergehalden saure Wässer bedingt. Höhere Montmorillonitgehalte bewirken starken Zerfall der Kohlen bei Lagerung, aber auch Probleme im Aufbereitungskreislauf. Bei der Verbrennung ist die Schmelztemperatur der Asche besonders wichtig. Für die meisten Brennraumkonstruktionen ungünstige, niedrige Schmelztemperaturen ergeben sich durch Montmorillonit, Chlorit, Karbonate, Sulfate und durch Pyrit. Eine radikale, neue Lösung aller durch die Minerale in Kohlen verursachten Probleme ist sauer-alkalische Laugung der Rohkohle, was in einem nahezu aschefreien Produkt resultiert (UCC = ultra clean coal).

Physikalische Eigenschaften der Kohle

Die *Dichte* einer Kohle hängt vom Reifegrad und vom Aschegehalt ab. Sie steigt von 1,2 bei aschearmen Weichbraunkohlen auf 1,4 bis 1,8 beim Anthrazit; Schwelkohlen haben eine Dichte um 1. Kohlen sind deshalb leichter als klastische Nebengesteine. Das spezifische Gewicht einer Rohkohle gleichen Ranges korreliert positiv mit dem Aschegehalt. Auf diesem Dichteunterschied beruhen die meisten Aufbereitungsverfahren, welche der Verminderung von Pyrit- und Nebengesteinsanteilen sowie dem Abtrennen aschereicher Teile der Förderkohle dienen.

Die *Härte* nimmt bei Braunkohlen mit abnehmendem Wassergehalt zu. Die Zerreibbarkeit erreicht ein Maximum im Übergangsbereich Magerkohle/Anthrazit. Vitrain ist spröder als Durain und infolgedessen mehr geklüftet. Vitrinitreiche Kohlen sind deshalb zerreibbarer. Übrigens sind auch Abbaumethode und Abbauführung von Einfluß auf das Bruchverhalten der Kohle, was sich am deutlichsten am Stückkohlenanfall ausdrückt.

Die *Lichtdurchlässigkeit* der Kohle nimmt mit zunehmender Inkohlung ab, die Reflexion nimmt zu. Eine häufig angewendete Methode ist die quantitative Messung des *Reflexionsvermögens (R in % des auftreffenden Lichtes)* von Vitrinit in Anschliffen unter Ölimmersion (TAYLOR et al. 1998). Dieses nimmt mit zunehmendem Reifegrad der Kohlen proportional zu und erlaubt damit eine noch genauere Einstufung als der Gehalt an flüchtigen Bestandteilen (Abb. 148). Diese Messung kann auch an kleinen Kohlepartikeln (Phytoklasten) in klastischen Sedimenten durchgeführt werden.

Die Kohlen sind unter dem Mikroskop optisch doppelbrechend, und zwar liegen die Auslöschungsrichtungen bei gekreuzten Nikols meist parallel bzw. senkrecht zur Schichtung. Eine vergleichbare Anisotropie zeigt sich auch bei Reflexionsmessungen an Vitriniten, wobei der maximale Wert (R_{max}) parallel zur Schichtung und zu Faltenachsen liegt, der minimale (R_{min}) vertikal dazu. Beides beruht auf der Anisotropie der molekularen Struktur der Kohlen, welche durch den gewöhnlich senkrecht zur Schichtung wirkenden Belastungsdruck verursacht wurde. Bei einzelnen alpinen und südosteuropäischen Glanzbraunkohlen stellten W. & W.E. PETRASCHECK (1954) schiefe Auslöschung fest und erklärten dies durch eine horizontale tektonische Druckkomponente, welche auf schräg gestellte, noch wenig reife Flöze einwirkte. Ähnliche Befunde gibt es mittlerweile aus vielen Kohlerevieren.

Der Anstieg von Reflexion und optischer Anisotropie der Kohlen ist durch die zunehmende Ordnung der überwiegend aromatischen Kolloidpartikel („Mizellen“) bedingt. Diese können z.B. durch elektronenmikroskopische Aufnahmen sichtbar gemacht werden. Mit der zunehmenden Verdichtung sinken auch Feuchtigkeitsgehalt und *Mikroporosität,* bis etwa zum Übergang von Kokskohlen zu Esskohlen bei 20% FB. In diesem Bereich hat Steinkohle die geringste innere Oberfläche, Dichte und Härte, aber ein Maximum der Plastizität bei der Verkokung. Bei weiterer Reifung steigt die Porosität wieder etwas an, möglicherweise infolge des Abbaues von fein verteiltem Bitumen.

Der *Energieinhalt der Kohlen* ist für die Verwendung als „Kesselkohle“ (steaming coal) für Stromerzeugung und Heizung maßgebend. Ausgedrückt durch den Brennwert (früher kcal/kg, heute kJ/kg) nimmt er mit steigendem Inkohlungsgrad bis zu den Fettkohlen zu; weitere Reifung verändert ihn nicht (Abb. 148). Wasser- und Aschegehalte vermindern die anteilige nutzbare Energie, weshalb Kesselkohlen nicht nach dem Gewicht, sondern nach dem Energieinhalt bezahlt werden. Viele vergleichende Vorratsberechnungen beruhen auf einer Umrechnung unterschiedlicher

Kohlen in sogenannte Steinkohleneinheiten (SKE). Eine SKE enthält eine Wärmemenge von 29,3 GJ, entsprechend dem Brennwert einer Tonne guter Steinkohle oder von ca. 3 t einer Weichbraunkohle.

Kokbarkeit

Koks ist der feste Rückstand, welcher sich bildet, wenn z.B. Fettkohle unter Luftabschluß auf 600–1000°C erhitzt wird. Er wird zum größten Teil als Energieträger und Reduktionsmittel in der Eisen- und Stahlerzeugung gebraucht. Stückigkeit, Festigkeit und geringe Zerfallsneigung sind dabei wichtige Eigenschaften. Bei der Verkokung bilden sich neben dem Koks Gase (ca. 50% Wasserstoff, 25% Methan und weitere Kohlenwasserstoffgase, sowie 5% Kohlenmonoxyd), Benzol, Steinkohlenteer und ammoniakalische Wässer. Diese Nebenprodukte werden weiter verarbeitet und ebenfalls verwendet.

Die Kokbarkeit (Backfähigkeit) beruht auf dem Schmelzen der Kohle bei gleichzeitiger Abgabe der flüchtigen Bestandteile (bis auf einen Rest von ca. 1%), wodurch ein aufgeblähter und deshalb poröser, fester Rückstand entsteht. Wenig reife (Braunkohlen) und hochinkohlte Kohlen (Anthrazit) sind gewöhnlich für sich nicht kokbar. Neben technologischen Parametern (Korngröße, Erhitzungsrate, etc.) und dem Rang ist die Kokbarkeit einer Kohle insbesondere von Art und prozentualem Anteil der Mazerale abhängig, weshalb die kohlenpetrographische Analyse für die Eignungsbeurteilung unabdingbar ist. Exinite wirken besonders auftreibend, also günstig, in geringerem Maße auch Vitrinite. Inertinite und die meisten Minerale bleiben im wesentlichen unverändert. Da Exinite meist unter 5% der Kohlenmasse bilden, ist das Kokungsverhalten der Vitrinite ausschlaggebend. Bei hohen Inertinitgehalten ist es günstiger, wenn diese mit Vitrinit fein verteilt vorliegen, weil diese Partikel dann in die Koks-Porenwände eingebaut werden können. Guter Koks besteht ähnlich wie Beton aus einem Gemenge von inerten Komponenten, welche von den reaktiven, also erweichenden Bestandteilen gebunden werden. Für festen Koks ist deshalb ein gewisser Inertinitgehalt erwünscht.

Manche Braunkohlen und nicht-kokbare Steinkohlen werden nach Mischung mit reaktivem Material (Kokskohlen, Bitumen, etc.) und/oder inerten Zusätzen (Anthrazit, Ruß) sowie Brikettierung verkokbar. Solche Briketts finden nach kontrollierter Oxydation (Karbonisierung) in Tunnelöfen auch als raucharmer Brennstoff (smokeless fuel) Verwendung.

Schlußfolgerungen aus der Betrachtung der Kohlensubstanz

Es besteht eine geschlossene und stetige Reihe der Humuskohlen in Bezug auf fast alle ihre Merkmale wie Farbe, Lichtdurchlässigkeit, Reflexionsvermögen, Feinbau, spezifisches Gewicht, Heizwert, organische Komponenten, Elementarzusammensetzung, Wassergehalt und eine Anzahl damit zusammenhängender Eigenschaften. Diese Reihe beginnt mit Torf und endet mit der Bildung von Graphit (*Inkohlungsreihe).*

II. Torfmoore und Kohlenlager

Wenn auch Kohlen chemisch und petrographisch von anderen Sedimenten sehr verschieden sind, so sind sie doch ein integraler Bestandteil vieler sedimentärer Abfolgen. Torfmoore können in unterschiedlichem Milieu entstehen; ein volles Verständnis von Kohlenlagerstätten, auch für durchaus praktische Zwecke, kann nur durch eine Untersuchung der gesamten sedimentären Folge hinsichtlich Bildungsraum, Faziesgliederung und Tektonik, aber auch eventueller magmatischer Einflüsse erreicht werden.

Typen und Dimensionen der Kohlenflöze

Immer tritt die Kohle in Gestalt von Flözen auf. Dünne Flöze, die unter der Bauwürdigkeitsgrenze liegen, nennt man Schmitze. Nesterförmiges Auftreten von Kohle ist meist auf zusammengeschwemmtes, also allochthones Holz bzw. Torfdetritus zurückzuführen. Zwei Flöztypen sind zu unterscheiden, was bei Beschürfung und Mengenberechnung sehr wesentlich ist:

Eingelagerte Flöze liegen konkordant zwischen Schichten gleichen Alters und sind in gleichartiger Ausbildung regelmäßig, oft über sehr weite Gebiete entwickelt.

Grundflöze bilden die Basis einer transgressiven, in der Regel diskordant auflagernden Schichtenfolge. Die Mächtigkeit ist auf kurze Entfernung sehr veränderlich und kann bei höheren Auftragungen des Untergrundes auf Null gehen. Die Anlage solcher Becken kann auf Verkarstung zurückgeführt werden, auf lokale tektonische Dehnungs-/Senkungsfelder, oder auf Subrosion von Salzen (das Braunkohlenflöz von Geiseltal bei Halle: Riegel 2001). In Wackersdorf (Oberpfalz) lagen Grundflöze in sich verästelnden prämiozänen Tälern.

Die *Mächtigkeit der Flöze* beträgt bei Braunkohlen örtlich über 100 m, z.B. Niederrhein, Geiseltal und Velanje (Wöllan) in Slowenien. Das tertiäre Weichbraunkohlenflöz von Morwell/Victoria in Australien ist mit maximal 320 m Kohle das mächtigste Flöz der Erde (Abb. 150). Das Steinkohlenflöz von Fushun in China erreicht 200 m (Abb. 151). Solche extrem mächtigen Flöze sind jedoch sehr selten (Volkov 2003). Die Regel sind Mächtigkeiten von wenigen Metern bei Steinkohlen und wenigen Zehner Metern bei Braunkohlen.

Die durchschnittlich geringere Mächtigkeit von Steinkohlenflözen beruht darauf, daß mit zunehmender Reifung eine Verdichtung, also Setzung der Kohle eintritt. Als Richtzahl mag gelten, daß die Abnahme der Mächtigkeit von Torf zu Braunkohle zu Steinkohle einem Verhältnis von 6:3:1 entspricht. Dieser konventionellen Auffassung hat Nadon (1998) lebhaft widersprochen. Demnach würden verschiedene Argumente, insbesondere das Verhältnis eingelagerter Sandsteinkörper zur Kohlenmächtigkeit, belegen, daß der größte Teil der Setzung bereits im Torfmoor stattfindet, und zwar an der Torfoberfläche bis maximal in einige Meter Tiefe. Im Durchschnitt wird angenommen, daß reifer, tiefer gegenüber oberflächennahem Torf auf 0,2–0,3 m pro Meter kompaktiert ist.

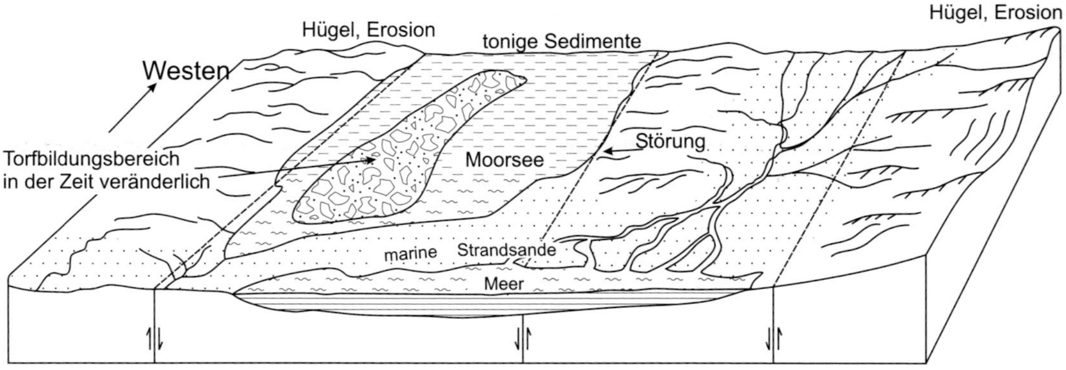

Abb. 150. Schematische Rekonstruktion der Bildung der mächtigen erdigen Weichbraunkohlenflöze von Morwell und Yallourn im Latrobe Valley, Victoria, Australien, in einem randlich marinen, tektonischen Graben (Holmes 1993).

Die gewinnbaren Reserven liegen bei 37.000 Mt mit geringem Heizwert und Aschengehalt sowie 60–70% Wasser.

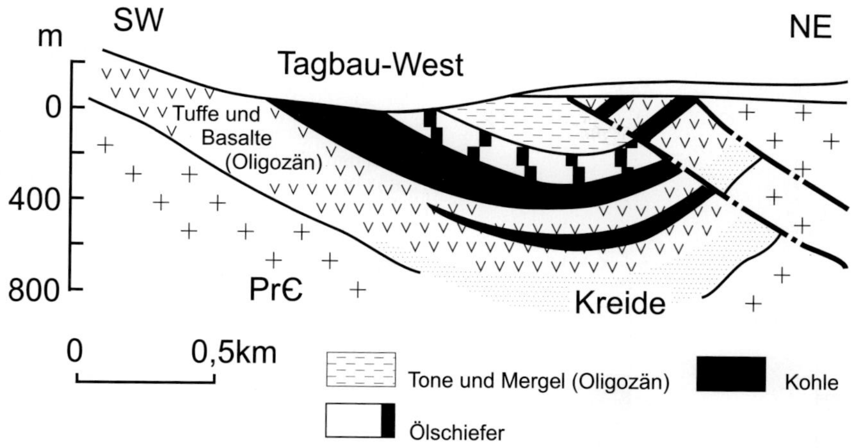

Abb. 151. Geologisches Profil durch die alttertiäre Steinkohlen- und Ölschieferlagerstätte Fushun in Liaoning/China, über präkambrischen Gneisen und Kreidesedimenten (VOLKOV 2003).

Die *Verbreitungsfläche der Flöze* ist bei Grundflözen meist klein (wenige km^2), während eingelagerte Flöze über sehr große Flächen ausgebildet sein können. Das Pittsburgflöz im appalachischen Becken, das mit Sicherheit überall als Leitflöz zu erkennen ist, bedeckt ein Areal von 18.000 km^2. Rechnet man die Antiklinalen dazu, in welchen das Flöz erodiert ist, so ergibt sich eine größte laterale Ausdehnung von 200 km. Das ebenfalls leicht erkennbare Katharinaflöz in Westfalen ist auf eine Länge von 210 km und quer dazu in einer Breite von 50 km nachgewiesen. Im Braunkohlenrevier von Sachsen-Thüringen unterlagert das Hauptflöz mehr als 750 km^2.

Flözmittel und Flözvertaubung

Konkordante Einlagerungen von klastischen Sedimenten in den Kohleflözen nennt man *Mittel.* Meist handelt es sich um Ton oder Tonstein, seltener sind Sande/Sandstein, Karbonate oder auch vulkanische Tuffe. Im Ruhrgebiet, in Schottland und in den Appalachen gibt es auch auch Kohleneisensteine und oolithische Siderite. „Leitmittel" sind solche, die auf weite Entfernung gleichmäßig anhalten oder sich durch ihre Eigenart abheben. Vulkanische Tuffe bilden weit anhaltende und petrographisch überaus kennzeichnende Mittel, die zudem sehr genaue Datierung durch radiometrische Methoden erlauben. Vertonte Tuffmittel liefern mitunter wertvolle feuerfeste Tone (fire clay). In manchen Kohleflözen liegen Tuffmittel als Bentonit vor (Fohnsdorf in der Steiermark), im Gegensatz zur Regel der kaolinitischen Ausbildung von Tonen in Torfmooren.

Die laterale Verteilung der Mittel wird in Grobstrukturkarten einzelner Flöze dargestellt (Abb. 152), woraus wissenschaftlich und bergbaulich wichtige Informationen entnommen werden können. Von praktischer Bedeutung ist die unerwünschte Verdünnung der Förderkohle durch das mitgewonnene Taubgestein, andererseits sind manche Mittel als hangende oder liegende Grenzflächen („Tonlöser") für den scheibenweisen Abbau mächtiger Flöze günstig.

Die Bildung der Flöze und der tauben Mittel hängt von der relativen Senkungsgeschwindigkeit des Torfmooruntergrundes im Verhältnis zum Grundwasserspiegel ab. Mächtige Flöze bilden sich, wenn Absenkung und Torfbildung über lange Zeit ausgeglichen sind. Erfolgt die Absenkung zu rasch, so ertrinkt das Moor – es bildet sich ein offener Wasserspiegel und minerogenes Sediment kommt zur Ablagerung. Das kann vorwiegend gegen das Innere der Becken hin eintreten, wo sich

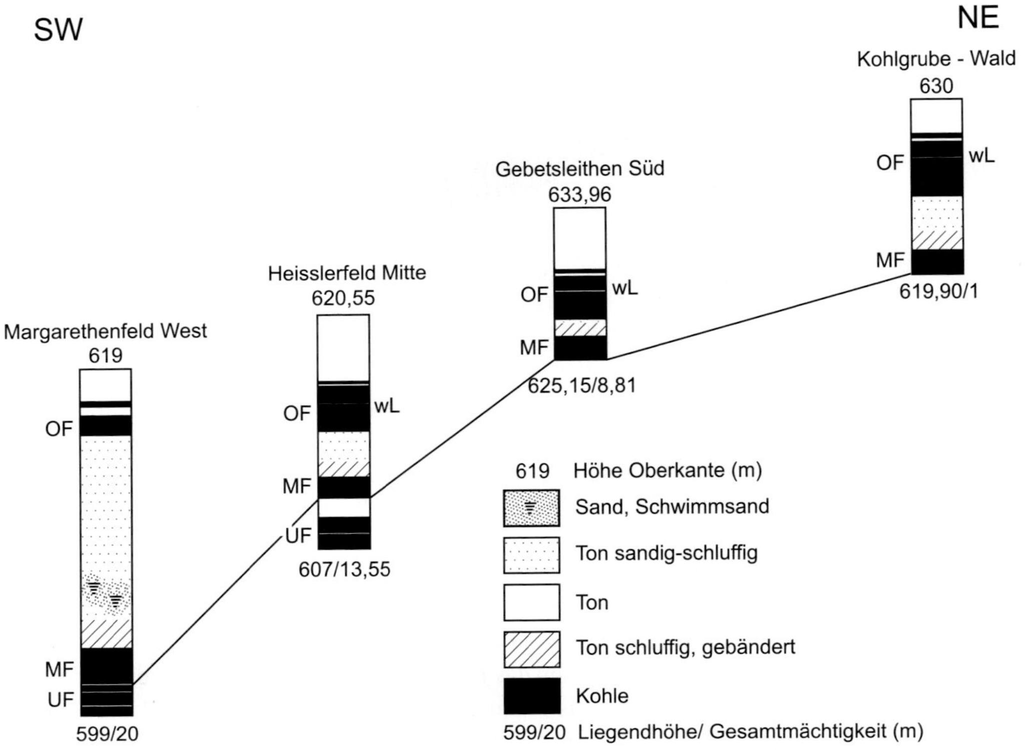

Abb. 152. Ausschnitt einer Grobstrukturkarte der Weichbraunkohlenflöze im Hausruck/Oberösterreich (POHL 1968). Mächtigkeit der Flöze (UF = Unter-, MF = Mittel- und OF = Oberflöz) sowie Fazies und Entwicklung der klastischen Einlagerungen sind von der Höhenlage im ehemaligen Becken abhängig. wL ist ein sehr dünnes, weißes, wiedererkennbares Mittel im Oberflöz (Tuff?).

damit neue Flözmittel einschieben und die Flöze vertauben (Abb. 152, 153). Bei zu geringer Absenkung vermodert die Pflanzensubstanz, da sie nicht mehr durch Wasser vor dem Sauerstoffzutritt geschützt ist. Das gibt aschereiche, geringmächtige Kohle und damit die Vertaubung am Beckenrand. Grobklastische Schuttkegel können sandige und konglomeratische Flözmittel in die Randgebiete liefern.

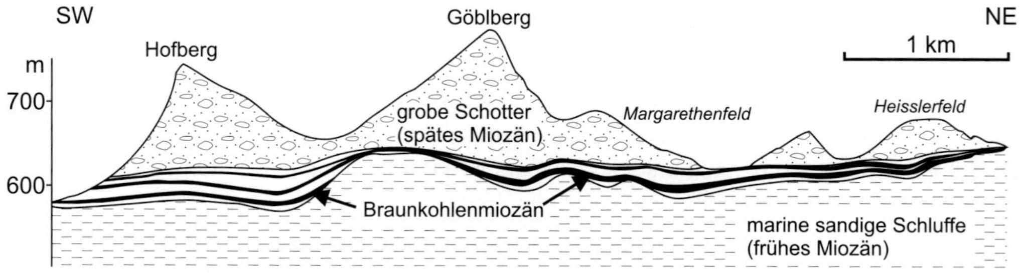

Abb. 153. Überhöhtes geologisches Profil durch die südwestlichen Braunkohlenlager im Hausruck/Oberösterreich (POHL 1968). Beachte die Zunahme der Mächtigkeit der Kohlenserie und der Mittel in Mulden gegenüber Hochlagen.

Diese Gliederung der Moore in Rand- und Beckenbereiche kann bisweilen auch durch eine Analyse der *Moorfazies* der Kohle mittels kohlenpetrographischer und paläobotanischer Methoden aufgezeigt werden. Besonders einflußreich auf die weitere wissenschaftliche Diskussion waren solche Untersuchungen durch TEICHMÜLLER (1958, 1991) in der niederrheinischen Braunkohle. Die oligozänen und untermiozänen Ablagerungen gehen dort in nordwestlicher Richtung von terrestrischer in marine Fazies über (ähnlich Abb. 150). Die Kohlenmoore lagen in einem breiten, nach Süden ins Festland eingemuldeten Becken. In den Flözen werden randliche Waldmoore, anschließend ein Riedmoor und nahe der offenen Wasserfläche der Übergang zu Sapropelkohlen (Gyttja) aus paläobotanischen, kohlenpetrographischen und chemischen Beobachtungen postuliert. Die überwiegend kohlebildenden Faziesbereiche lägen in den Flözen als dunkle (Waldmoorkohlen) und helle Schichten (Riedmoorkohlen) im vertikalen Wechsel vor. Mittlerweile werden TEICHMÜLLERS ökologische Vergleiche mit den Zypressenmooren Nordamerikas eher angezweifelt, bessere moderne Äquivalente seien in den Sumpfwäldern Südostasiens gegeben. MOOSBRUGGER et al. (1994) geben eine sehr detaillierte Beschreibung eines Waldmoorhorizontes, welcher fast ausschließlich aus Nadelholzbäumen der Familie Taxodiaceen-Cupressaceen mit einzelnen Palmen bestand. Es wurde auch vermutet, daß die hellen Schichten eher partiell oxydierten, oligotrophen Torfen, also Trockenphasen und damit Oszillationen des Grundwasserspiegels entsprächen, da eigentliche Riedmoorgesellschaften paläobotanisch nicht nachzuweisen sind. In den tropischen Torfmooren in Indonesien (ESTERLE & FERM 1994) bilden holzreiche, dunkle Lagen die Basis für aufwachsende ombrogene Dome, die aus helleren, holzarmen und eher oxydierten Torfen bestehen.

Eine makropetrographische Analyse im pliozänen Weichbraunkohlenrevier des Hausrucks in Oberösterreich (POHL 1968) hat gezeigt, daß es sich dort um xylitreiche Koniferen-Waldmoorkohlen mit vielen Brandhorizonten (Fusinit-Bänder) handelt. Im Bereich der Randvertaubung im Nordosten ist die Kohle aschereich und gering mächtig, südwärts wächst die Mächtigkeit auf 4 bis 7 m reiner Gesamtkohle. Noch weiter im SW wird die kohleführende Serie bis 30 m mächtig, aber die Flöze spalten auf und werden beckenwärts aschereich bis zur Unbauwürdigkeit. Ein charakteristisch gebänderter limnischer Ton ermöglicht die Korrelierung der Flöze (Abb. 152, 153).

Neben den gewöhnlich wenig mächtigen, weit aushaltenden Flözmitteln gibt es in manchen Kohlenflözen im Querschnitt kurzlinsige *Einlagerungen von Ton und Sand*, zum Teil mit Kohlenfragmenten, mit großer Längserstreckung. Diese sind Zeugen ehemaliger mäandrierender Flüsse oder Bäche im Torfmoor. In den Karbonkohlen von Illinois/USA kennt man einen solchen Moorfluß von 3–8 km Breite, der über 275 km Länge nachgewiesen werden konnte. Die wesentlich geringere Kompaktion minerogener Einlagerungen gegenüber Torf bewirkt manchmal Querschnittformen, die auf den ersten Blick schwer verständlich erscheinen. Auch ist an den Grenzflächen schichtparallele Gleitung häufig; ebenso treten da Störungen bevorzugt auf.

Nicht zu verwechseln mit synsedimentären Vertaubungen sind Unterbrechungen der Kohlenflöze durch spätere *Auswaschungen*. Diese können durch Flüsse bewirkt worden sein, die unmittelbar nach der Torfbildung über das Moor flossen, oder sie können auf wesentlich spätere Erosion zurückzuführen sein, wie die quartären Rinnen in den miozänen Weichbraunkohlenflözen der Lausitz (MEIER 1994). Kennzeichnend für Auswaschungen zum Unterschied von Vertaubungen ist die plötzliche Unterbrechung der Flöze, meist durch Sande oder Kiese, die in ähnlicher Form im Flözhangenden auftreten. Anders als die regionalen Vertaubungen durch Zunahme der klastischen Substanz in den Flözen beschränken sich die fluviatilen Auswaschungen auf Rinnen, hinter denen das Flöz wieder in gleicher Ausbildung erscheint. Im Hausruck gibt es auch rundliche Kolke bis 30 m Durchmesser und 10 m Tiefe, die mit fluviatilen Kiessanden gefüllt sind. Alle Auswaschungen verursachen beim untertägigen Abbau der Flöze erhebliche Schwierigkeiten.

Torfmoore und Kohlebildung

Die Bildung von Torflagern setzt voraus, daß a) reiches Wachstum höherer Pflanzen möglich ist; b) absterbendes Pflanzenmaterial ausreichend durch Wasser bedeckt ist, damit Oxydation und bakterieller Abbau behindert sind; und c) möglichst wenig anorganisches Sediment in das Moor gelangt (Göttlich 1990). Zentrale Bedeutung hat der Wasserstand. Ist das Wasser zu tief, können die höheren Pflanzen nicht überleben, fällt das Moor trocken, wird die angesammelte Substanz rasch abgebaut. Solange ein günstiger Wasserstand vorliegt, läßt zudem der dichte Pflanzenbewuchs nur wenig klastischen Sedimenteintrag zu.

Sowohl *Transgression* wie auch *Regression des Meeres* können die Bildung von Mooren begünstigen. Im ersten Fall staut das steigende Meer das Süßwasser der Küstenbereiche; das langsame Vorrücken des Meeres führt aber in der Folge zu einem Ertrinken der Moore und Überlagerung des Torfes durch marine Sedimente, z.B. Küstensande oder Seichtwasserkarbonate. Viele Flöze im Ruhrgebiet, aber auch tertiäre Braunkohlen des Mittelmeerraumes bezeugen diesen Ablauf. Die sedimentologischen Befunde wurden von Herbert (1997) am Beispiel des Sydney-Beckens sehr gut dargestellt. Regression führt dann zur Kohlebildung, wenn weite Küstenflächen freigelegt und von Sumpfwäldern besiedelt werden (z.B. im Miozän der Lausitz: Standke et al. 1993). In diesem Fall werden unter dem Flöz marine, darüber terrestrische Sedimente gefunden.

Niedermoore (fen, swamp) können sich in Hohlformen des Geländes mit stagnierendem Wasser ansiedeln, wie etwa zwischen Moränenhügeln, in abgeschnürten Flußschlingen, in Vulkankratern oder in ertrinkenden Karstdolinen. Diese Wasseraufstauung kann manchmal auf eustatischen Anstieg des Meeresspiegels zurückgeführt werden. Andere Moore entstehen in langsam sinkenden Räumen, sei es in Küstengebieten oder im kontinentalen Inland. Eher lokal entstehen Moore durch Salzablaugung (Subrosion), wie im Geiseltal, oder durch Abwanderung des Salzes in einen Salzstock (Halokinese), wie es die eozänen Braunkohlenmulden zu beiden Seiten der Salzmauer von Staßfurt-Helmstedt zeigen. Die Kohlen der Niedermoore entstehen aus minero-, rheo- oder eutrophen Torflagern. Sie sind relativ asche- und schwefelreich.

In Zonen hohen Niederschlags ist auch die Bildung von ombrogenen, oligotrophen *Hochmooren (bog)* möglich, die von der Morphologie weniger abhängig sind und auch auf Berghöhen gefunden werden. In der Regel jedoch entwickeln sich Hochmoore als flache Aufwölbungen über ursprünglichen Niedermooren (domed peat deposits, Abb. 154). Sie können beträchtliche Ausdehnung erreichen; so wurden z.B. aus Sarawaks Küstenebenen derartige pleistozän-holozäne Torflager bis 20 m Mächtigkeit und bis zu einer Fläche von 1000 km^2 beschrieben (Staub & Esterle 1994). Hochmoortorf ist im Gegensatz zu Niedermoortorf asche- und schwefelarm sowie oft weniger stark zersetzt, weshalb die Küstenmoore der indonesischen Inseln als wahrscheinlichste moderne Äquivalente der Bildungsräume schwefel- und aschearmer Kohlen gelten (Cobb & Cecil 1993). In der Nordhalbkugel ist heute ligninfreies *Sphagnum* der wichtigste Torfbildner der Hochmoore.

Die große Mehrzahl der Kohlen liegt am gleichen Ort, wo ursprünglich die Pflanzen gewachsen sind. Die Flöze sind deshalb *autochthon.* Sehr selten führt zusammengeschwemmtes Pflanzenmaterial zur Bildung von Kohlenlagern, die man als *allochthon* bezeichnet. Kennzeichen für autochthone Flöze sind aufrecht stehende Baumstümpfe und Wurzelböden im Liegenden. Solche Stubben aus der miozänen Braunkohle Schlesiens haben manchmal über 1500 Jahresringe (Kurths et al. 1993). Das ist ein Hinweis auf Perioden geringen Torfzuwachses mit langzeitlich sehr stabilen Verhältnissen. Kennzeichen für allochthone Flöze dagegen sind reichlich klastische Sedimente, also hohe Aschengehalte, gerundete Kohlenfragmente, wirr gelagertes Treibholz, rasch schwankende Flözmächtigkeit ohne große Flächenverbreitung, Erosion an Schichtflächen und Kreuzschichtung im Flöz. Allochthone Bildung ist bei Gondwana-Kohlen nicht selten (Begossi & Della Favera 2002, Glasspool 2003). Natürlich ist in allen

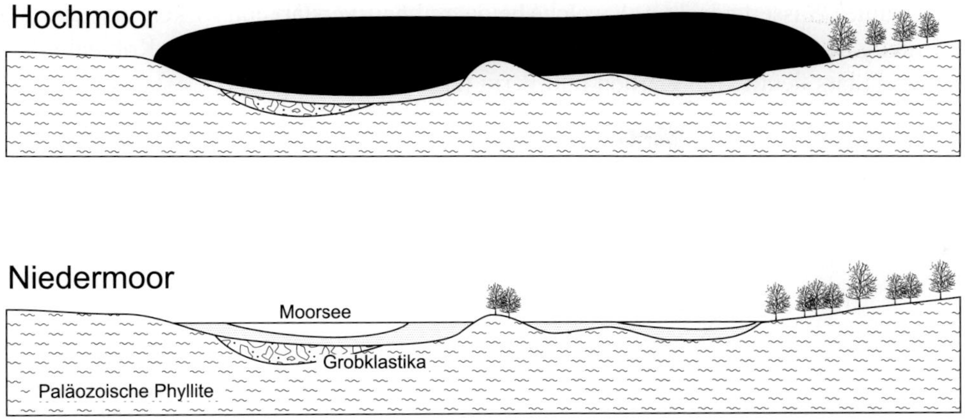

Abb. 154. Moorentwicklung in der miozänen Glanzbraunkohlenlagerstätte Leoben, mit einem anfänglichen, unbedeutenden Niedermoorstadium (aschereiche Kohle), gefolgt von einem mächtigen Hochmoor (asche- und schwefelarme Kohle; nach GRUBER & SACHSENHOFER 2001).

Mooren viel Material „par-autochthon", also über geringe Entfernung transportiert. Besonders klar ist dies für die ehemaligen Holzkohlenfragmente der Fusainbänder, die als Zeugen großer Moorbrände in vielen Flözen über große Flächen ausgebildet sind.

Für Bildung und Erhaltung von Torfmooren sind günstige klimatische, tektonische und paläogeographische Faktoren notwendig.

Das *Klima* hat besonderen Einfluß auf die Pflanzengesellschaft. Grundlegende Voraussetzung für Torfbildung ist ausreichender Niederschlag, der auch in trockenen Jahreszeiten nicht unter 40 mm/Monat liegt. Der zweite wesentliche Faktor ist die Temperatur, da produktives Pflanzenwachstum nur bei mittleren Monatstemperaturen >10°C möglich ist. In tropischen, warm-feuchten Gebieten entstehen Waldmoore mit einer hohen Produktionsrate pflanzlicher Substanz. Schon in 7–9 Jahren erreichen Bäume eine Höhe von 30 m. Dagegen ist das Wachstum in kühleren Klimabereichen sehr viel langsamer. In letzteren wird das Moorwachstum auf 0,5–1 mm/a gegenüber 3–4 mm/a in den Tropen geschätzt. Trotzdem gibt es in der geologischen Vergangenheit Kohlen nicht nur aus tropischen, sondern auch aus gemäßigten und sogar kühlen Klimazonen. Tropische Breitenlage hatten z.B. die Räume der Karbonkohlen in Europa und die oberkretazisch-tertiären Kohlen Nordamerikas. Die großen permo-karbonen Kohlenlager der Südhalbkugel dagegen, mit der typischen *Gangamopteris-Glossopteris* -Flora, wurden in kühl-humidem Klima während und nach der permo-karbonen Vereisung des Gebietes gebildet (YEMANE 1993), vielleicht aber doch mit fast tropischen Sommertemperaturen (RAYNER 1996). Anders als die europäischen Steinkohlen enthalten diese „Gondwana-Kohlen" wenig Glanzkohle, sondern sind fein-detritär und matt, oft mit hohem Inertinit- und Aschenanteil. Kohlenflöze sind demgemäß terrestrische Klimaarchive, den Torfmooren durchaus vergleichbar (LARGE et al. 2003). Bemerkenswert ist der Nachweis der Iridium-Anomalie und botanischer Extinktion durch den Chixculub-Impakt an der K/T-Grenze in einem neuseeländischen Kohlenflöz (VAJDA & MCLOUGHLIN 2004).

Torfmoore (wetlands, mires) sind jedoch nicht nur Klimazeugen, sondern auch wichtige *Steuerungsfaktoren der Klimaentwicklung*. Die heutigen Moore der Welt z.B. bedecken eine Fläche von 250–500 Mha und enthalten 110–450 Gt C_{org}. Im Vergleich dazu beträgt die $C(CO_2)$-Masse in der Atmosphäre ca. 780 Gt. Klimasteuernde Prozesse sind einerseits Entzug von Kohlenstoff aus der Atmosphäre (mit der Folge einer Tendenz zu Abkühlung), andererseits Produktion von CO_2 (durch Trockenfallen und Oxydation der Torfe) oder von CH_4 (durch bakterielle Zersetzung organischer

Substanzen unter Wasserbedeckung), welche beide treibhausverstärkend wirken, also eine Tendenz zu Erwärmung bewirken. Der erstgenannte Prozeß ist mit Zeiten bedeutender Kohlenbildung verbunden, besonders deutlich in Karbon und Perm (Abb. 155).

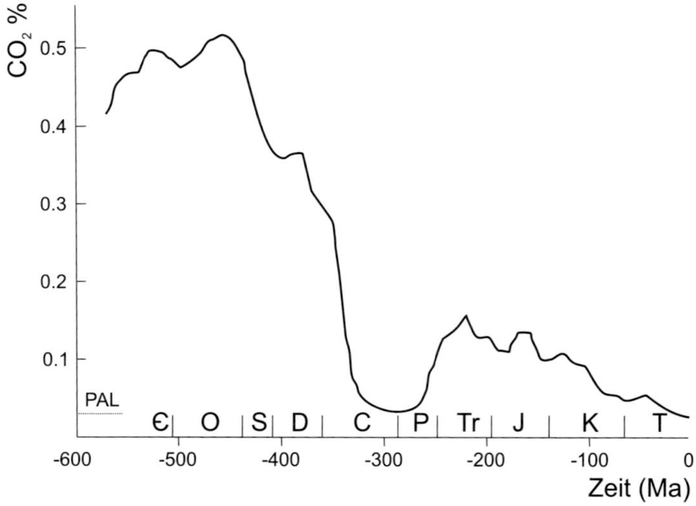

Abb. 155. Rekonstruktion des CO_2-Gehaltes der Atmosphäre vom Kambrium bis heute, beruhend auf geochemischen Modellen (z.B. BERNER & KOTHAVALA 2001) und unterschiedlichen Proxydaten (z.B. RETALLACK 2001). Der Vertrauensbereich ist hier nicht dargestellt. PAL ist der "present athmospheric level" mit 0,036%.

Tektonische Prozesse sind regional, seltener auch lokal für die Bildung großer Moore verantwortlich, indem sie die langsame Senkung bewirken, welche durch Pflanzenwachstum und Torfbildung gerade ausgeglichen werden kann. Epirogene Flexur von Plattformen und Bildung orogener Vortiefen (z.B. Molassezone in Abb. 153) sind weiträumig wirksam, Grabenbildung lokal (Abb. 150). Postorogene intramontane Becken entstehen durch Dehnung oder Zerscherung der verdickten Gebirgskörper.

Das *Saar-Nahe Becken* als eines der größten intramontanen Becken der internen Varisziden entstand als Halbgraben an der Hunsrück-Südrandstörung (HENK 1993). Die ausschließlich kontinentale Beckenfüllung erreichte 8 km Mächtigkeit, wobei die Kohlenflöze überwiegend in der frühen Riftphase (Westfal) der Beckenentwicklung in fluviatil-deltaischem Milieu gebildet wurden. Die folgende Phase der thermischen Subsidenz im Rotliegend enthält keine Kohlen. Im jurassischen Kohlenbecken *Ordos* in Zentral- und Nordchina wurden die Moore in den Mulden der weitspannigen, syn-sedimentär auflaufenden yanshanischen Falten gebildet; die Sättel führen keine Kohlen. Auch der abrupte, vertikale Wechsel zwischen weiten, geschützten Mooren und ausgedehnten klastischen Fächern im Pennsylvanian (Oberkarbon) des westlichen Appalachenvorlandes wird auf strukturelle und morphologische Wellung des Molassebeckens vor der vorrückenden Gebirgsfront zurückgeführt. Dadurch wurde die Entwässerung des Gebirges zeitweise in dessen Längsrichtung gelenkt und konnte nur an wenigen Durchbrüchen ins absinkende Vorland gelangen – das ist die Zeit der Moorbildung. Sobald die schützenden Rücken unwirksam wurden, erfolgte die klastische Schüttung auf breiter Front. Die mittelkretazischen Kohlen in British-Columbia, Kanada, wurden am Ostrand der aufsteigenden Cordilleren gebildet. Die Flöze enthalten 40–60% Fusain, der die Häufigkeit von Moorbränden widerspiegelt, vermutlich durch Trockenperioden verursacht (LAMBERSON et al. 1996).

Die *paläogeographische Rekonstruktion* der kohlenbildenden Moore der Vergangenheit wird dadurch erschwert, daß es kaum rezente Äquivalente zu den riesigen fossilen Mooren gibt. Diese wurden zu Zeiten großer mariner Ingressionen in die Kontinente gebildet, welche heute fehlen. Deshalb behilft man sich mit Faziesanalysen der Kohlen und ihrer Nebengesteine, welche zur Erstellung von Ablagerungsmodellen dienen. Weit bekannt ist das Allegheny Modell, welches ursprünglich für die Karbonkohlen des nördlichen Appalachenvorlandes/USA entwikkelt wurde.

Das *Allegheny Modell* beruht auf der Beobachtung, daß sich bestimmte Sedimentabfolgen in den Kohlenrevieren zyklisch wiederkehrend vielfach wiederholen („Zyklotheme“: Abb. 156), und daß einzelne Fazies bestimmten Ablagerungsräumen zugeordnet werden können. Die wichtigsten Ablagerungsräume sind:

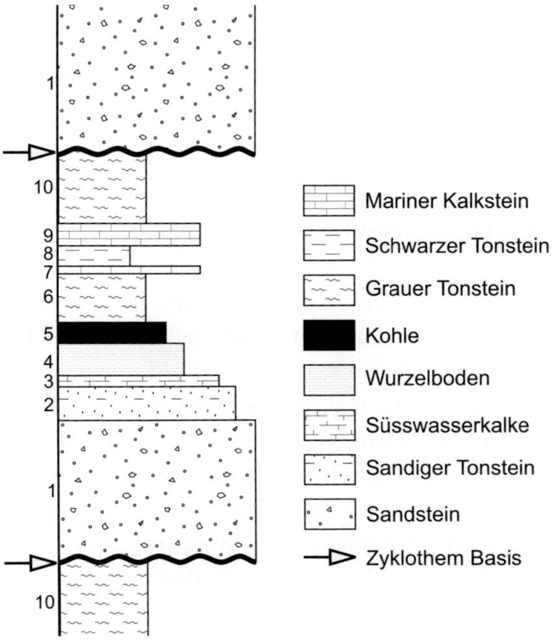

Abb. 156. Das „ideale“ Zyklothem (nach WANLESS 1957 aus WILKINSON et al. 2003). Jedoch sind nach den zweitgenannten Autoren diese scheinbar regelmäßigen Abfolgen reine Zufallsprodukte.

- Deltafront, Küstenbarrieren und brackische Lagunen (überwiegend Quarzite, welche meerwärts mit fossilreichen Kalken und Tonen, landwärts aber mit dunklen Tonen und dünnen Kohleflözen wechsellagern; der eigentliche Küstensaum wird oft durch Flint-reiche Fazies nachgezeichnet).
- Untere Deltafläche (lagunär-deltaische Tone, welche nach oben in Silt- und Sandstein übergehen; sandreiche Talfüllungen sind darin entwickelt. Eher geringmächtige, doch weit verbreitete Kohlen liegen in abgeschnittenen Flußarmen, besonders aber in ausgedehnten ehemaligen Mooren zwischen den aktiven Kanälen).
- Obere Deltafläche und breite alluviale Täler (typisch sind Zyklotheme, welche nach oben feinkörnigere Gesteine führen. Hier wurden bis 10 m mächtige Kohlenflöze in breiten Überschwemmungsflächen, verlassenen Rinnen oder verlandenden Seen gebildet. Aufspalten der Flöze durch klastische Sedimentkörper ist häufig).

Zyklotheme umfassen vermutlich Zeitspannen von 10.000 bis 100.000 Jahren, wovon die eigentliche Moorphase wohl 1.000 bis 10.000 Jahre einnimmt. Die Begründung für die vielfache Wiederholung der Zyklotheme wird heute meist in langperiodischen Veränderungen der Erdbahn gesucht, welche über eustatische Meeresspiegelschwankungen auf die Sedimentabfolge einwirkt. In manchen Fällen wird jedoch überwiegend Steuerung durch tektonische Impulse vermutet, z.B. für das Zyklothem vom Appalachen-Typ mit seiner transgressiven Basis zum regressiven Top (VALERO-GARCES et al. 1997), während gleichalte Zyklotheme in Kansas mit geringerer Kohlenführung fast ausschließlich orbital bedingt wären.

Auch die norddeutschen Kohlenflöze sind Küstenmoorwälder zyklischer mariner Regression und Transgression, welche sowohl eustatisch wie auch tektonisch (Absinken des variszischen Molassebeckens) gesteuert war (SÜSS et al. 2000). Einzelne Zyklotheme werden jedoch glazioeustatischen Ursachen zugeschrieben (HAMPSON et al. 1999, Abb. 157).

Auf Grund statistischer Untersuchungen einer großen Zahl von Aufschlüssen in Illinois belegen WILKINSON *et al. (2003) jedoch, daß das gesamte Konzept geordneter Zyklotheme sehr fragwürdig ist und besser aufgegeben werden sollte.*

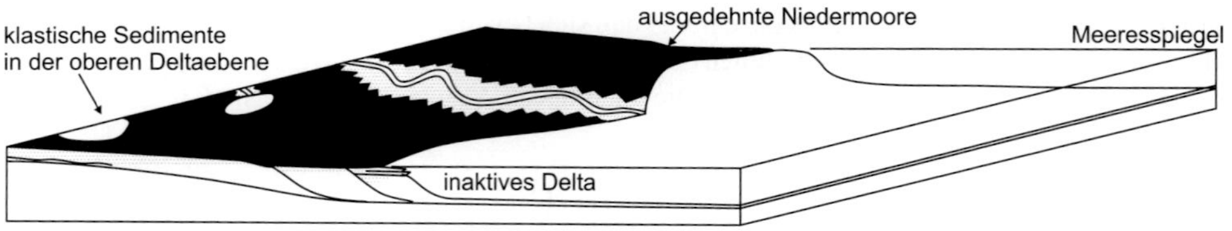

Abb. 157. Die größte Ausdehnung der paralischen oberkarbonen Moore im heutigen Ruhrgebiet wurde mit beginnender Transgression des Meeres erreicht ("early transgressive systems tract": HAMPSON et al. 1999).

Die Nebengesteine der Kohlen

Die Nebengesteine der Kohlen sind in der Regel klastische Sedimente. Kohlen in marinen Karbonatserien sind naturgemäß sehr selten. In Südchina gibt es jedoch ausgedehnte Flöze in Plattformkarbonaten des späten Perms. Ihre Entstehung wird ähnlich jener der heutigen Mangrovenmoore gedeutet (SHAO et al. 1998). Diese Kohlen sind reich an organischem S, an Na, Mg und Ca. Sie führen marine Fossilien.

Sedimentologische Untersuchungen der Nebengesteine von Kohlenflözen sind ein wichtiger Teil der wissenschaftlichen und praktischen Bewertung von Lagerstätten. Kohleführende Gesteinsfolgen sind immer grau, rote Schichten sind flözfrei. Wo es aber gelingt, den Zusammenhang zwischen den ehemaligen Mooren und ihrer terrestrischen Umgebung herzustellen, zeigt sich, daß dort sehr wohl lateritische, also rote Böden auftreten können. Ein sehr schönes Beispiel dafür sind die Oberkarbonkohlen des Sydney Beckens an der atlantischen Küste Kanadas, in welchen zwischen den paralischen Kohleflözen jeweils mächtige, alluvial umgelagerte rote Böden mit knolligen Calcrete-Horizonten auftreten (TANDON & GIBLING 1997). Die Graufärbung der Nebengesteine der Kohle ist also kein Hinweis auf das Klima, sondern nur auf die reduzierenden Bedingungen im Ablagerungsbereich. Diese sind natürlich in dem reichen Angebot an organischer Substanz begründet. Die graue Farbe der Kohlennebengesteine stammt von organischer Substanz oder feinem Pyrit.

Liegendes der Flöze. Kohlenflöze können unmittelbar über älterem Grundgebirge mit diversen Gesteinen liegen (Abb. 154), meist aber handelt es sich um begleitende klastische Sedimente. Die organischen Säuren der Torfwässer lösen Karbonate, Eisen etc., so daß das Liegende der Flöze oft gebleicht ist. Begleitend erfolgt Kaolinisierung von Tonen und eventuell vorliegender Feldspäte, wodurch einerseits Kaolinlager in Kohlenrevieren entstehen, z.B. Karlovy Vary (Karlsbad) im Tertiär, Plzen (Pilsen) im Karbon, andererseits reine Quarzsande bzw. die typischen Braunkohlenquarzite (s. dort). Auch feuerfeste illitische Tone, die ihre Qualität der Abfuhr von Eisen, Erdalkalien und Karbonaten verdanken, sind nicht selten Begleiter von Kohlenflözen.

Das Liegende der Kohlenflöze ist häufig als *Wurzelboden* – bei Karbon-Flözen auch *Stigmarienboden* genannt – ausgebildet. Das ist ein graues, tonig-siltig-sandiges Gestein, das durch seinen unregelmäßigen, stückigen Bruch entlang reichlich vorhandener Harnische auffällt, welche von den kreuz und quer durchsetzenden Wurzelfasern und Abzweigungen der Wurzeln herrühren. Die Wurzelböden können einige Dezimeter bis zwei Meter unter die Flöze hinabreichen. Zusammen mit häufigen Sideritkonkretionen im Bodenprofil ergeben diese Befunde eine Interpretation als Paläo-Gley- oder Semi-Gley-Böden. Bei Flözvertaubungen markiert bisweilen ein Wurzelboden die Fortsetzung. Tertiäre Wurzelböden geben sich oft nur durch dünne Fasern zu erkennen.

Hangendes der Flöze. Das unmittelbare Hangende der Flöze ist meist ein dünnschichtiger kohliger Ton mit wohlerhaltenen Blattabdrücken, bisweilen auch bituminöser Brandschiefer, der auf den Halden zu Selbstentzündung neigt, oder Cannelkohle. Diese Gesteine sind Ablagerungen in offenem Wasser, wenn das Moor bei steigendem Wasserspiegel ertrunken ist. Mancher Sand im Hangenden der Flöze von orogenen Vorlandbecken ist möglicherweise durch Subduktions-Erdbeben und die dadurch ausgelösten Tsunamis erklärbar. Kohlen mit marinem Hangenden sind gewöhnlich reich an Asche, Schwefel und Stickstoff; sie enthalten mehr flüchtige Bestandteile, als ihrem Reifegrad entspricht, und infolge erhöhter Bitumengehalte haben sie ein abweichendes Verkokungsverhalten. Wie die Untersuchung eines 1991 in Panama durch ein Erdbeben unter den Meeresspiegel versenkten Torfes ergeben hat, bewirkt eine kurze Einwirkungszeit des Meerwassers nur geringe Veränderungen (Phillips et al. 1994). Die oben genannten Charakteristika marin überlagerter Kohlen müssen sehr viel längere Zeiträume der Meerwasserbedeckung widerspiegeln. Bereits sehr gering mächtige Süßwassertone und Schluffe über dem Torf können offenbar die negative Auswirkung einer Meerestransgression auf die Kohlenqualität einschränken (Eble & Greb 1997).

Wichtige Leitschichten in Flözserien

Kohlenflöze sind im Maßstab von <10.000 Jahren und <10 km Entfernung grundsätzlich als *diachrone* Bildungen aufzufassen, es sei denn, daß Gleichzeitigkeit z.B. durch Tuffe nachzuweisen ist. In größerem Maßstab, sowohl Zeit wie Ausdehnung betreffend, können sie jedoch als Zeitmarke dienen. Sie eignen sich jedenfalls für *lithostratigraphische* Gliederungen (im Bergbau vielfach bewährt), sind aber für *chronostratigraphische* Einstufungen nur bedingt brauchbar.

In Kohlenrevieren mit zahlreichen Flözen, die durch Faltung, Verwerfungen und Überschiebungen aus ihrer ursprünglichen Folge gebracht worden sind, spielt die Erkennung und Aufsuchung charakteristischer Leitschichten für die stratigraphische Orientierung eine große Rolle. Als solche Leitschichten dienen neben Leitfossilhorizonten, die seltener einzelne Flöze, sondern eher Flözgruppen kennzeichnen, charakteristische Begleitgesteine oder leicht erkennbare Schichten innerhalb der Flöze (Tuffe, Paläoböden, Brandhorizonte, andere charakteristische Mikrolithotypen, etc.), die in einem weiträumigen Gebiet gleichzeitig entstanden sind.

Marine Leitschichten sind auf Meeresüberflutungen im Bereich von Küstenmooren zurückzuführen. Das Ruhrrevier mit über 40 bauwürdigen Flözen hat 18 marine Leithorizonte. Mehrere dieser Horizonte haben eine sehr weite Verbreitung. Typisch sind dunkelgraue, gebänderte Tonsteine mit reichlich Fossilien, zum Teil mit offen-marin pelagischer, z.T. artenarmer brackischer Fauna.

Sowohl in paralischen wie in intramontanen Kohlenbecken sind *Horizonte vulkanischer Tuffe die besten Leitschichten,* weil die vulkanischen Aschenfälle verbreitete momentane Ereignisse waren. Die Tonsteinschichten des Saar-Reviers sind solche umgewandelte Tufflagen, ebenso die Bentonite der inneralpinen Braunkohlen, die vermutlich aus dem miozänen andesitischen Vulkangebiet von Gleichenberg in der Südoststeiermark abzuleiten sind. Auch die Tonsteine der paralischen europäischen und nordamerikanischen Karbonkohlen sind kaolinisierte Rhyolit-Tuffe, welche durch typische Rhyolitquartze, ehemalige Glaspartikel, Sanidin, Zirkon und Ilmenit ausgezeichnet in geringer Mächtigkeit (<10 cm) über tausende Quadratkilometer verbreitet sind. Viele der kaolinitischen Tonsteine sind nachträglich in Illite umgewandelt (z.B. in Sabero/Spanien: Knight et al. 2000). Wenn eine vulkanische Tufflage im Profilschnitt schräg zu einem Kohlenflöz liegt, so ist naturgemäß der Tuff und nicht das Flöz als Zeitmarke anzusehen.

Neben anderen sedimentologischen Untersuchungen der Kohlennebengesteine haben sich Bestimmungen des *Schwermineralspektrums* als aufschlußreich erwiesen. Die unterschiedliche

Verteilung leicht verwitterbarer (z.B. Apatit, Hornblende, Granat) und resistenter Minerale (Turmalin, Zirkon) läßt Rückschlüsse auf Verwitterung, Abtragung und tektonische Vorgänge im terrestrischen Umfeld der Kohlenbecken zu.

Räume und Zeiten der Kohlebildung

Die zahlreichen Kohlenlager, die aus küstennahen Sümpfen entstanden sind, nennt man *paralisch*. Sie sind durch die marinen Horizonte als Zeugen zeitweiser Meeresüberflutungen gekennzeichnet. *Limnisch* heißen die intrakontinentalen, vielfach intramontanen Kohlenbecken, die durch Süßwasserablagerungen gefüllt sind. Die Benennung „limnisch" ist allerdings insofern nicht ganz exakt, als die Kohlen selber einer *telmatischen (Moor-) Fazies* entsprechen, während die Nebengesteine in solchen Becken limnischen und fluviatilen Charakter haben.

Beispiele für paralische Steinkohlenfelder in Deutschland sind die Reviere von Aachen und das Ruhrgebiet, unter den Braunkohlenfeldern jene des Niederrheins, der Lausitz und des Gebietes von Halle-Leipzig. Limnische Steinkohlen gibt es z.B. im Saar-Revier. Bemerkenswert ist das oben erwähnte Ordosbecken, das ca. 60% der chinesischen Kohlenressourcen in limnischer Fazies enthält. Limnisch sind unter den bekannten Braunkohlenfeldern die nordböhmischen Kohlen des Egergrabens sowie der größte Teil der Braunkohlen des österreichischen Alpenvorlandes und der inneralpinen Tertiärbecken.

Auf Grund der geotektonischen Natur der Ablagerungsräume ist eine weitere Klassifizierung der Kohlenlager möglich. Man unterscheidet:

1. *Gebirgsvorlands- bzw. Molassetröge.* Sie sind gekennzeichnet durch mächtige Schichtfolgen (1000 bis z.B. 8000 m im Karbon Norddeutschlands) kontinentaler Herkunft mit wiederholten marinen Einlagerungen. Die Flöze sind zahlreich, meist nur 1–2 m mächtig, doch von großer Ausdehnung. Die Schichten sind oft gefaltet und gestört, wobei die Faltung gegen das Vorland abklingt. Beispiele sind die Kohlenlager im Vorland der Appalachen (Abb. 45), jene der sub-variszischen Vortiefe Europas (Drozdzewski 1993), im Bowenbecken westlich des Tasmanfaltengürtels in Australien, das Karoo-Becken in Südafrika (Cadle et al. 1993), und viele andere.

2. *Intramontane Becken.* Es handelt sich um Tröge, Gräben oder Senkungsfelder, die während spät-orogener Phasen innerhalb von Gebirgsketten entstanden sind und mit kontinentalen, nur teilweise marinen Sedimenten gefüllt wurden. Die Basis bildet häufig ein Grundflöz, die Zahl der Flöze insgesamt übersteigt selten 10. In einzelnen Senkungsbecken kann die Kohlenmächtigkeit sehr groß werden und 100 m übersteigen. Bei meist mäßiger Überlagerung sind die Flöze sehr unterschiedlich intensiv tektonisch deformiert. Beispiele: Saar-Nahe Becken, Nordspanien, Grand Sillon Houiller im französischen Zentralmassiv, die Braunkohlen der Steiermark (Abb. 154), von Kroatien und Slowenien.

3. *Plattformen.* Die flözführenden Serien haben eine relativ geringe Mächtigkeit von nur einigen hundert Metern. Die Zahl der Flöze ist meist klein, aber ihre Mächtigkeit kann groß werden. Die Flöze sind regelmäßig ausgebildet und können eine sehr große Ausdehnung erreichen (bis zu mehreren 10.000 km^2). Die Lagerung ist sehr flach bis horizontal. Dieser Typ ist das Ergebnis langsamer, weiträumiger, epirogener Senkungen tektonisch stabiler Areale, besonders alter Schilde. Beispiele sind die Gondwana-Kohlen nördlich des eigentlichen Karoobeckens Südafrikas und in Indien, die Kohlen des Tunguska-Beckens in Mittelsibirien und die Braunkohlenreviere Mittel- und Ostdeutschlands.

Zwischen diesen drei Grundtypen gibt es Übergänge.

Zeiten der Kohlebildung. Die ältesten kohlenähnlichen Gesteine sind die *Carbon Leaders* der archaischen Goldseifen am Witwatersrand (s. dort), andere wurden aus dem Proterozoikum in N-Michigan und in SW-Grönland beschrieben. Es handelt sich um graphitische Pyrobitumina (Algenkohlen?). Nur nach dem ersten Auftreten von Landpflanzen im Silur wurde die Bildung von Humuskohlen möglich. Im Devon war die Ausbreitung der Gefäßpflanzen auf den Kontinenten so weit verbreitet, daß der CO_2-Gehalt der Atmosphäre rasch sank, weil die Verwitterungsrate durch die Pflanzen beschleunigt wurde (Abb. 155, BERNER 1997). Früheste Lagerstätten gibt es im Devon N-Rußlands, auf der Bäreninsel und auf Spitzbergen. Im Ems des Rheinischen Schiefergebirges sind viele Vorkommen kohliger Schiefer und von Brandschiefern bekannt, die in einzelnen Fällen lokal abgebaut wurden. Gut entwickelte devonische Wurzelböden wurden aus Quebec beschrieben (ELICK et al. 1998). Seit dem Devon sind Kohlen in allen Formationen entstanden, doch ist es unzweifelhaft, daß es zwei Zeitspannen maximaler Kohlenbildung gibt: Oberkarbon/Perm einerseits und Oberkreide/Tertiär andererseits, mit ~55 bzw. 26% der Weltvorräte. Ein Zusammenhang mit dem variszischen und dem alpidischen orogenen Zyklus ist offenbar, obwohl natürlich auch Klima und eustatische Meeresspiegelschwankungen wesentlichen Einfluß auf die hohe Torfbildungsrate hatten. Die jungpaläozoischen Kohlen Europas und Nordamerikas wurden weit überwiegend in der relativ kurzen Zeitspanne des Oberkarbons (ca. 30 Millionen Jahre) abgelagert. Dies entspricht dem Durchgang dieser Gebiete durch die tropische Regenwaldzone, während Pangäa nach Norden driftete.

III. Der Inkohlungsprozeß

Der Prozeß, der in der Natur vom Torf zur Kohle führt, wird seit GÜMBEL (1883) als *Inkohlung* bezeichnet, im Gegensatz zur *Verkohlung*, die durch Erhitzung unter Luftabschluß, z.B. im Holzkohlenmeiler eintritt. Ablauf und Produkte der Inkohlung sind vom Ausgangsmaterial (Torf) stark beeinflußt, weshalb der Inkohlungsprozeß im weiteren Sinne als zweiphasig aufgefaßt wird. Die erste Phase vollzieht sich als *Vertorfung* an der Erdoberfläche und ist ein überwiegend *biochemischer Prozeß*. Die zweite Phase, die eigentliche Inkohlung, verläuft unter Überdeckung in mehr oder weniger großer Tiefe und ist ein *geochemischer Prozeß*. Die Inkohlung entspricht der Diagenese und dem niedrigsten Grad der Metamorphose (Anchimetamorphose, very low grade metamorphism) in der Gesteinskunde.

Der biochemische Inkohlungsprozeß (Vertorfung)

In Torfmooren ist zumeist eine oberflächennahe, oxydative Zone entwickelt, unter der rasch anaerobe Verhältnisse eintreten. Bei behindertem Luftzutritt unterliegt die abgestorbene Pflanze einer Zersetzung, an der Bakterien, Actinomyceten und Pilze teilnehmen, wobei die verschiedenen pflanzlichen Baustoffe unterschiedlich schnell verändert bzw. zerstört werden. Zucker, Stärke, Pectine und Proteine werden rasch abgebaut. Freie, also nicht von Lignin geschützte Zellulose wird ebenfalls leicht angegriffen, wenn auch nicht immer völlig abgebaut. Lignin hingegen wird zwar durch Pilze bevorzugt besiedelt, oft aber unter Erhaltung der Form in humose Substanzen umgewandelt (HATCHER & CLIFFORD 1997). Kork und Tannin-imprägnierte Gewebe sind noch schwerer zersetzlich, Harze und Wachs kaum. Auch Protobitumina, wie Blütenstaub, Sporen, Kutikular-

Reste u.a. bleiben in Form und stofflich erhalten. Viele dieser Veränderungen laufen überwiegend in den obersten 50 cm des Torfprofiles ab, unter dem Einfluß aerober Bakterien. Darunter sinkt der Anteil bakterieller Umsetzung, gleichzeitig steigt die Aktivität von Pilzen. Schon nahe der Torfoberfläche ist eine Anreicherung des Kohlenstoffgehaltes bis 60% möglich; dieser ändert sich mit zunehmender Tiefe im Torf nur mehr wenig (maximal 64% C waf).

In größerer Tiefe gibt es neben Pilzen noch anaerobe Bakterien, aber schon 10 m unter der Oberfläche finden nur mehr abiotische Veränderungen statt, u.a. Kondensation, Polymerisierung und Reduktion. Auffällig ist besonders die Abnahme des Wassergehaltes infolge zunehmender Kompression (ca. 1% auf 10 m); er ist ein besonders brauchbarer Maßstab für die Reife des Torfes. Der Übergang von Torf zu erdigen Weichbraunkohlen erfolgt übergangslos in geringer Tiefe; eine genaue Grenze zwischen Torf und Kohle ist kaum festzulegen (Abb. 148).

Der wichtigste chemische Prozeß bei der Vertorfung ist die *Humifizierung* des Pflanzenmaterials, welche als langsame Oxydation aufgefaßt werden kann. Gleichzeitig beobachtet man eine Vergelung, welche zum Unterschied von ähnlichen Vorgängen bei der weiteren Inkohlung als *biogene Vergelung* bezeichnet wird. Die Vergelung äußert sich als Durchtränkung der Gewebe und des feinen Pflanzendetritus mit humosen Gelen; es entsteht sogenannter Specktorf. Besonders starke Vergelung beobachtet man in Ca-reichen Mooren (also bei pH>7), bei hoher Temperatur (in Torf tropischer Regionen) und bei erhöhter Sauerstoffverfügbarkeit. Diese Bedingungen begünstigen die Aktivität aerober Bakterien. Die Vergelung ist damit ein Hinweis auf die Moorfazies. Sehr selten sind deutlich unterschiedliche Vergelungsstadien in Kohlenflözen erhalten.

Sobald das Torfmoor durch fluviatile, limnische oder marine Sedimente überlagert wird, endet der biochemische Prozeß der Vertorfung. Nun beginnt der geochemische Inkohlungsprozeß.

Der geochemische Inkohlungsprozeß

Wie bereits dargestellt wurde, verändern sich Kohlen mit zunehmender Reife in Bezug auf petrographische, chemische und physikalische Parameter. Vom Torf bis zum Weichbraunkohlenstadium sind diese Veränderungen relativ gering; man findet z.B. noch Humussäuren und chemisch identifizierbare Zellulose. Schon in Hartbraunkohlen aber sind die organischen Bestandteile so verändert, daß man eigentlich nicht mehr die Bezeichnung Diagenese, sondern „Metamorphose der Kohle" gebrauchen sollte (z.B. Hower & Gayer 2002). Da aber gleichzeitig die Nebengesteine diagenetischen Prozessen unterworfen sind, ist ein solcher Sprachgebrauch unpraktisch.

Wie die Veränderung der Elementverhältnisse H/C und O/C bei zunehmender Inkohlung zeigt, werden bei der geochemischen Inkohlung Wasser, CH_4 und CO_2 oder CO freigesetzt (Kopp et al. 2000). Neben Methan findet man in manchen Revieren höhere Kohlenwasserstoffgase (z.B. bis 70% im Ruhrgebiet), welche dem Grubengas einen „Nassgas"-Charakter verleihen (s. Erdöl). Auch aus humosen Kohlen entstehen geringe Mengen erdölartiger Bitumina, die jedoch in der Regel in der Kohle verbleiben. Expulsion und Bildung von Öllagern aus Kohle ist selten (Wilkins & Georges 2002).

Die Bestimmung des Inkohlungsgrades

Der Reifegrad einer Kohle ist durch den geochemischen Teil des Inkohlungsprozesses bedingt. Für eine quantitative Bestimmung eignen sich Methoden, welche die chemischen oder die physikalisch-strukturellen Veränderungen bei der Inkohlung nutzen. Da diese Veränderungen in verschiedenen Reifegradbereichen unterschiedlich deutlich sind, eignen sich bestimmte Methoden in einzelnen Rangstufen besser als in anderen.

Bei *Braunkohlen* hat sich der Gehalt an *gebundenem Wasser* als brauchbares Merkmal erwiesen. In der niederrheinischen und in australischer Weichbraunkohle nimmt der Wassergehalt um 3–4% pro 100 m Tiefe ab, in der Hartbraunkohle von Borneo beträgt die Abnahme nur 1% pro 100 m. Die Verringerung des Wassergehaltes geht vor allem auf eine Verkleinerung des Porenvolumens zurück, z.T. aber auch auf chemischen Abbau von OH^- und hydrophilen organischen Seitengruppen. Bei Steinkohlen ist der Wassergehalt gering und seine Abnahme ist für Inkohlungsbestimmungen ungeeignet.

Der Gehalt an *flüchtigen Bestandteilen* ist im europäischen Betriebsalltag der übliche Maßstab des Inkohlungsgrades von *Steinkohle.* Wir hatten erwähnt, daß die verschiedenen Mazerale einen unterschiedlichen Gehalt an flüchtigen Bestandteilen haben. Um Variationen durch die wechselnde kohlenpetrographische Zusammensetzung der Flöze auszuschalten, hat man sich seit einem ersten Versuch von W. Petrascheck an Ostrauer Kohlen darauf geeinigt, die Bestimmung des Reifegrades an isolierten Glanzkohlenstreifen, also an Vitrain, vorzunehmen. In Amerika wird vielfach der zu den flüchtigen Bestandteilen gegenläufige Wert, nämlich der Gehalt an *fixem Kohlenstoff*, als Inkohlungsmaßstab verwendet. Eine Steinkohle ist umso reifer, je weniger flüchtige Bestandteile oder je mehr fixen Kohlenstoff sie enthält. Allerdings ist der C-Gehalt bei reiferen Steinkohlen wenig aussagekräftig, da er sich von der Magerkohle zum Anthrazit kaum mehr verändert. Bereits Hilt (1873) hatte erkannt, daß der Kohlenrang an einem bestimmten Ort (z.B. ein Schacht) mit zunehmender Tiefe steigt (Hilt'sche Regel). Im Durchschnitt sinkt deshalb der Gehalt an flüchtigen Bestandteilen pro 100 m Tiefenzunahme um 1,4%. Die flüchtigen Bestandteile bestehen im wesentlichen aus den nicht-aromatischen organischen funktionellen Bestandteilen der Kohle. Da diese mit zunehmender Reifung der Kohle abgebaut bzw. aromatisiert werden, ergibt sich die beschriebene Abnahme der Gehalte an flüchtigen Bestandteilen.

In jüngerer Zeit hat sich als Gradmesser der Inkohlung die quantitative, mikroskopische Bestimmung des *Reflexionsvermögens des Vitrinites* (oder homogener Telocollinite) in polierten Anschliffen mittels Photometer durchgesetzt (Taylor et al. 1998). Die Messung erfolgt unter Ölimmersion an beliebig orientierten Partikeln in nicht-polarisiertem Licht, wodurch man nach statistischer Auswertung einen durchschnittlichen Reflexionsgrad (kurz R_r oder $R_{r,o}$) erhält, der mit dem Inkohlungsgrad korreliert. Die Messung an orientierten Proben unter polarisiertem Licht ergibt in der Regel anisotrope Werte, mit richtungsgebundenen maximalen (R_{max}), mittleren und minimalen (R_{min}) Reflexionen. In wenig deformierten Kohlen liegt R_{max} gewöhnlich in der Schichtung, R_{min} senkrecht dazu. Diese Anordnung entspricht dem schwerkraftinduzierten Spannungsfeld, da sich die aromatischen Lamellen vorzugsweise quer zur größten Spannung bilden, ähnlich Graphit oder Glimmern in metamorphen Gesteinen. Abweichungen von dieser Lage parallel s_0 findet man in gefalteten Kohlen. Solche Befunde können zur Untersuchung der zeitlichen Abfolge von Inkohlung und Deformation sowie zur Rekonstruktion des tektonischen Spannungsfeldes genutzt werden. Das durchschnittliche Reflexionsvermögen wächst mit dem Reifegrad von ~0,3% (des auffallenden Lichtes) bei Weichbraunkohle auf ~3–4% bei Anthrazit (Abb. 148), allerdings nicht linear, sondern in reiferen Stadien schneller.

Auch die Veränderung der Mazerale der Exinit-Gruppe ist als Inkohlungsmaßstab geeignet. Sie enthalten hohe Anteile von aliphatischen Substanzen, weshalb sie bei Humifizierung und Vergelung in Torf und Weichbraunkohlen sehr stabil sind. Im Glanzbraunkohlenstadium scheiden die Exinite Bitumen ab, entsprechend der beginnenden Ölproduktion in Erdölmuttergesteinen. Im Bereich der Fettkohlen schließlich nähern sich die Exinite unter Abgabe von Methan in ihren chemischen und optischen Eigenschaften dem Vitrinit, so daß sie bei höherrangigen Kokskohlen von diesem mikroskopisch nicht mehr unterschieden werden können. Die Exinite fluoreszieren bei Beleuchtung mit langwelligem UV-Licht oder blauem Licht unter dem Mikroskop. Die Intensität der Fluoreszenz ist bei Torf und Braunkohlen am höchsten und sinkt mit zunehmendem Rang; gleichzeitig nimmt der Anteil langwelligen Lichts im emittierten Spektrum zu. Bis zu einem Gehalt von ca. 29% F.B. (Gaskohle) können an Exiniten mittels *quantitativer Fluoreszenzmikroskopie* Inkohlungsmessungen durchgeführt werden.

Weitere Aufschlüsse zum Vorgang der Inkohlung werden aus der Untersuchung der *physikalischen und chemischen Feinstruktur* der Kohle gewonnen. Besonders für Steinkohlen eignet sich die Bestimmung der Aromatisierung, der Ringkondensation und der zunehmenden Größe der aromatischen Cluster. Da aber diese Feinstrukturuntersuchungen mehr theoretisch als praktisch vorgenommen werden, stützt sich die angewandte Kohlengeologie zumeist auf den Wassergehalt der Braunkohlen, auf die Menge flüchtiger Bestandteile im Vitrain der Steinkohlen und auf Reflexionsmessungen an Vitriniten. Um die Inkohlung mit den geologischen Verhältnissen in eine anschauliche Beziehung setzen zu können, zeichnet man Karten und Profile, welche die Orte gleichen Inkohlungsgrades durch Linien verbinden. Diese nennt man *Isovolen bzw. Isoreflexionen*.

Die Ursachen der Inkohlung

Verschiedene Faktoren wurden für die Inkohlung verantwortlich gemacht: Die Zeit, weil ältere Kohlen zumeist reifer sind als jüngere; die Temperatur, weil in der Nähe magmatischer Gesteine die Kohlen oft veredelt sind und da der Inkohlungsgrad mit der Tiefe, also mit der Erdwärme, steigt; der Belastungsdruck, weil dieser in gleicher Weise mit der Tiefenreifung konform geht; der tektonische Druck, weil gefaltete Kohlen oft reifer sind als gleichaltrige ungefaltete; schließlich auch fazielle Verhältnisse des Ablagerungsraumes. Die langdauernde Diskussion dieser Möglichkeiten der Inkohlungsursachen und ihrer relativen Gewichtung lag daran, daß es sehr selten möglich ist, bei Vergleichen nur einen dieser Faktoren veränderlich, die anderen aber konstant zu sehen. Die dominierende Rolle der Temperatur ist zwar mittlerweile anerkannt, die Bedeutung anderer, lokal unterschiedlich wirksamer Faktoren aber wird weiterhin untersucht (Hower & Gayer 2002).

Der Einfluß der Temperatur. Die veredelnde Wirkung der Wärme ist am wenigsten umstritten, ist sie doch durch die thermische Metamorphose der Kohle am Kontakt mit magmatischen Gesteinen vielfach augenfällig belegt (s. Graphit). Die bei der Kontaktmetamorphose einwirkenden Temperaturen können durch Laborversuche und auf Grund der Schmelz- und Erstarrungstemperatur der jeweils beteiligten Magmen sowie der Wärmeleitfähigkeit der Kohlen recht gut abgeschätzt werden.

Bei Steinkohlen ist oft am Kontakt ein schmaler Saum von *Naturkoks,* manchmal auch Graphit, mit hexagonalen Klüften quer zur Kontaktfläche vorhanden. Bemerkenswert ist, daß auch Kohlen mit hohen Gehalten an flüchtigen Bestandteilen, die im Koksofen nicht kokbar sind, in verschiedenen Fällen einen festen, stengeligen Naturkoks geliefert haben. Dies verweist auf den Einfluß des Druckes. Vom Kokssaum nach außen findet man *thermal veränderte Kohle,* welche dicht, hart und matt ist und ebenfalls hexagonale Klüfte zeigen kann. Steinkohlen erleiden ab ca. 300°C sichtbare Veränderungen, die ab 500°C der industriellen Verkokung sehr ähnlich sind. Im Zwischenbereich beginnt das Schmelzen der Vitrinite und die Abgabe flüchtiger Bestandteile aus den Exiniten, welche z.T. als Teer in Klüften erhalten sind. Die Erweichung bewirkt plastisches Fließen der Kohle, wodurch die sedimentäre Bänderung zerstört wird und die Kohle gangförmig in Nebengesteinsklüfte eingepreßt werden kann. Pyrit wird oft zu Hämatit umgewandelt und das reichlich vorhandene CO_2 führt zur Neubildung von Karbonaten in den Klüften der Kohle und des häufig stark zersetzten Ganggesteins. Deshalb ist der Aschegehalt thermisch beeinflußter Kohle meist höher als im Ausgangsmaterial. Nahe am eigentlichen Kontakt kann es zur Ausbildung von Wasserdampf oder von überkritischen Fluiden kommen, wodurch hier die Vitrinit-Reifung behindert wird, so daß die Reflexion geringer ist als das weiter entfernt meßbare Maximum (Barker et al. 1998).

Braunkohlen werden im Kontaktbereich stark entwässert und deshalb klüftig. Koksbildung ist hier seltener. Anthrazite werden, da sie kaum schmelzen, ohne stärkere Veränderung der Texturen zu graphitähnlichem Meta-Anthrazit veredelt (s. Graphitlagerstätten).

Interessant sind die Fälle einer *regionalen thermischen Inkohlung* durch tiefe magmatische Intrusionen, deren Erkennung durch die Untersuchung des Reflexionsvermögens kleiner Vitrinitpartikel in Sedimentgesteinen sehr erleichtert worden ist. Aber auch aus der Verbreitung der flüchtigen Bestandteile in Flözserien sind schon früher verborgene magmatische Herde indiziert worden.

Als Ursache weiträumiger Zonierung der Kohlenreife kommen nicht nur große magmatische Intrusionen, sondern auch *heiße, metamorphe Massive* in Betracht. Dafür sprechen z. B. die Inkohlungsverhältnisse in den ostalpinen Tertiärbecken (Sachsenhofer 2000). Im Ennstal nimmt der Reifegrad der miozänen Braunkohlen von Osten (Weichbraunkohle) nach Westen (Flammkohle) zu, vor allem im Bereich Radstadt-Wagrain. Dieses regionale Inkohlungsbild wird mit dem Wärmedom des Tauernfensters in Verbindung gebracht, das im Miozän unmittelbar nach maximaler Metamorphose eine rasche Hebung erfahren hat.

Im Gegensatz zu diesen Fällen einer Inkohlung durch räumlich begrenzte Wärmequellen steht die *Inkohlung durch Versenkung,* also durch die sich bei zunehmender Überlagerung einstellende Temperaturerhöhung in Sedimentbecken. Der Wärmestrom aus dem Erdinneren bewirkt bekanntlich einen *geothermischen Gradienten,* der im Durchschnitt 30°C/km beträgt. Die regionale Variabilität ist allerdings groß, so daß jeweils versucht werden muß, den tatsächlich zutreffenden Wert zu bestimmen. Eine Möglichkeit dazu bietet der *Inkohlungsgradient*, also die Zunahme der Inkohlung mit der Tiefe. Ein hoher Inkohlungsgradient, also enge Lage der Isoreflexionen oder der Isovolen, entsteht durch einen hohen geothermischen Gradienten.

Der *Inkohlungsgradient* ist also keineswegs überall gleich. Neben der Abhängigkeit vom geothermischen Gradienten spielt auch die Wärmeleitfähigkeit der Nebengesteine eine Rolle. Durch eine Bestimmung der Überlagerung und des geothermischen Gradienten zur Zeit der Inkohlung kann man die eigentlichen *Inkohlungstemperaturen* einschätzen. Nimmt man eine lange Einwirkungszeit an, um Irrtümer auf Grund kinetischer Verzögerung des Erreichens des Gleichgewichtes zwischen Temperatur und Rang auszuschalten, lassen sich die „normalen“ Inkohlungstemperaturen auf 50–200°C (Hartbraunkohlen bis Steinkohlen) eingrenzen. Anthrazite werden erst bei 200–300°C gebildet, weshalb sie in vielen Kohlenbecken fehlen. Wie oben schon dargestellt, ist die Anthrazitisierung meist mit magmatischer Wärmezufuhr verbunden. In den Appalachen wird allerdings vermutet, daß sie dort entstanden sind, wo Kohlen durch den Abstrom unter den westwärts vorrückenden Decken tektonisch ausgepreßter heißer Formationswässer erhitzt wurden (Abb. 45, Daniels et al. 1994). Analog wird der vorlandgerichtete Abstrom heißer Beckenfluide unter einem topographischen Gradienten für die Anthrazitbildung am Nordrand des Süd-Wales Beckens verantwortlich gemacht (Gayer et al. 1998). Eine dritte Erklärungsmöglichkeit für die immer lokal begrenzten Anthrazitfelder ist synklinale Einmuldung am Anfang der tektonischen Entwicklung; durch spätere Faltung oder Inversion mag oft eine solche frühe Tieflage nicht mehr erkennbar sein (Lyons 1991).

Die Inkohlungstemperatur kann demnach aus Vitrinit-Reflexionswerten (z.B. einer Bohrung) und der Rekonstruktion des Paläo-Wärmestroms auf Grund geologischer Randbedingungen berechnet werden. Sweeny & Burnham (1990) haben auf der Basis chemisch-kinetischer Gleichungen vom Arrhenius-Typ ein heute weithin angewandtes numerisches Modell entwickelt.

Die ARRHENIUS-*Gleichung zur Beschreibung der Kinetik einer chemischen Reaktion (hier Inkohlung)*

$$k = A\ e^{-E/RT}$$

k = Reaktionsrate, A = spezifische Reaktionskonstante (Frequenzfaktor), E = Aktivierungsenergie, R = Gaskonstante und T = Temperatur.

Demnach korreliert die Reflexion (%R_o) sehr gut mit der Temperatur, während die Zeit nur eine geringe Rolle spielt (Abb. 158).

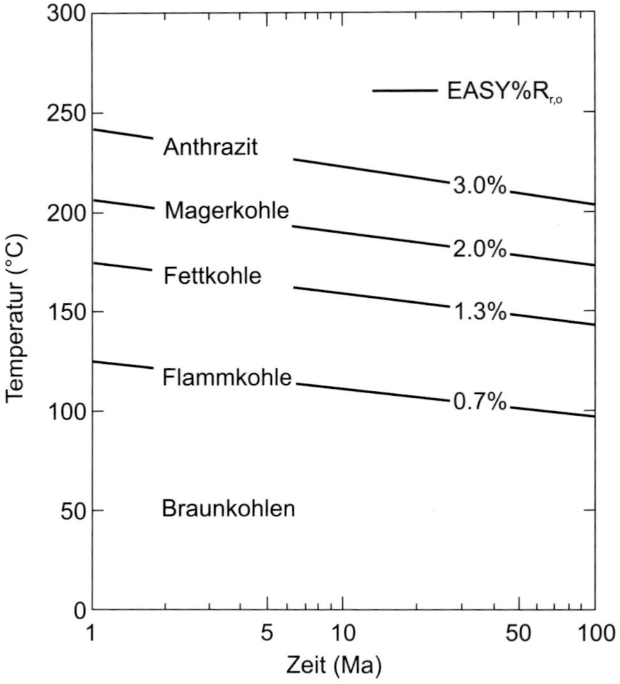

Abb. 158. Berechnung der Vitrinit-Reflexion im Temperatur-/Zeitfeld mit dem numerischen Modell EASY% nach SWEENY & BURNHAM (1990). Die Angabe von Kohlenarten dient nur der Orientierung (vergl. Abb. 147).

Der Einfluß der Zeit. Mittlerweile gibt es viele Inkohlungsuntersuchungen in geologisch jungen Sedimentbecken, in welchen Temperatur, Wärmefluß, Dauer der Erwärmung und Inkohlung mit großer Sicherheit bestimmt werden können. Daraus ist klar geworden, daß die Zeitdauer der Erwärmung und der Kohlenreifung extrem unterschiedlich sein kann. Unzweifelhaft ist die Einwirkungszeit im Falle magmatisch bedingter Erwärmung geologisch kurz (<1 Ma). Die Anthrazitbildung im östlichen Pennsylvania hingegen hat sich über 25–35 Ma erstreckt (DANIELS et al. 1994). Bis jetzt ist es unklar, wie lange das Erreichen des Gleichgewichtes bei einer bestimmten, gleichbleibenden Temperatur (effective heating time) braucht, das heißt, wie groß die *Reaktionsrate* ist. Jedenfalls aber ist nachgewiesen, daß die einmal erreichte Rangstufe auch dann kaum mehr verändert wird, wenn die Kohle danach sehr lange Zeit niedrigeren Temperaturen ausgesetzt war. Das bedeutet, daß die *Aktivationsenergie* für eine weitere Inkohlung nicht ausreichte. Als Beispiel können die Ruhrkohlen dienen, deren Inkohlungsmuster noch vor der variszischen Faltung angelegt und seither trotz relativ hoher Gebirgstemperaturen (sicherlich >50°C) nicht mehr verändert wurden (Abb. 159).

Der Einfluß von lithostatischem oder hydrostatischem Druck. Früher hatte man auf Grund der zunehmenden Reifung der Kohle mit der Tiefenlage angenommen, daß die Inkohlung vor allem durch den Überlagerungsdruck bewirkt würde. Da aber der Belastungsdruck überall auf der Erde

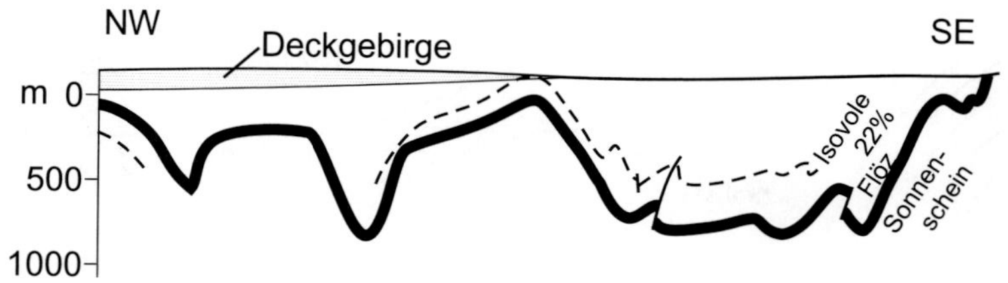

Abb. 159. Parallelität der Faltung des Flözes Sonnenschein in der Bochumer Hauptmulde und des Verlaufes der Isovole 22% F.B. belegt Inkohlung vor der tektonischen Deformation (nach M. & R. TEICHMÜLLER 1968).

in gleicher Weise mit der Tiefe zunimmt, der Inkohlungsgradient hingegen stark unterschiedlich ist, ergibt sich die Schlußfolgerung, daß die Zunahme der Kohlenreife mit der Tiefe vorwiegend auf die Temperatur zurückzuführen ist.

Die wichtige Rolle des Überlagerungsdruckes bei Kompaktion und Entwässerung der Braunkohlen, also bei der *physikalisch-strukturellen Inkohlung,* bleibt jedoch anerkannt. Die temperaturbedingte *chemische Inkohlung* der Glanzbraunkohlen und Steinkohlen aber wird vermutlich durch hohen hydrostatischen oder lithostatischen Druck eher behindert, falls in einem nahezu geschlossenen System die Reaktionsprodukte (CO_2, CH_4, etc.) nicht abströmen können.

Der Einfluß tektonischen Druckes. An zahlreichen Beispielen aus vielen Teilen der Erde scheint intensive Faltungstektonik eine Veredelung der Kohlen zu bewirken. In ungestört und flach liegenden Schichten sind die Kohlen meist niederwertiger als dort, wo sie bei gleichem Alter gefaltet und verschuppt sind. Solche Beispiele waren die Grundlage für die lange Zeit vertretene Auffassung von dem entscheidenden Einfluß des tektonischen Druckes auf die Inkohlung. Bei kritischer Betrachtung ergibt sich jedoch, daß in vielen Fällen die gefaltenen Kohlengebiete zugleich auch jene mit der mächtigeren Schichtfolge, also der stärkeren Überlagerung waren, oder daß aus anderen Gründen erhöhter Wärmestrom vorlag. Auch dies bestätigt also letztlich wieder die Erklärung der Inkohlung durch die mit der Tiefe zunehmende Erdwärme.

Oft läßt sich zudem nachweisen, daß die Inkohlung vor der Faltung bereits abgeschlossen war und daß deshalb der tektonische Druck keinen wesentlichen Einfluß auf die Inkohlung darstellen kann (z.B. im Ruhrgebiet, Abb. 159). Ausgehend von Gefügeunterschieden und Bestimmung der Raumlage der optischen Anisotropie tektonisch beanspruchter Kohlen hatte bereits W.E. PETRASCHECK (1954) eine *vortektonische, syntektonische* und *posttektonische Inkohlung* unterschieden (Abb. 160).

Die regionale Inkohlungskarte des Ruhrkohlenbeckens (JUCH 1991) läßt erkennen, daß am Südostrand des Ruhrrevieres, wo die von Südosten herandrängende Faltung am stärksten war, die Flöze geringere Inkohlung zeigen. Hier, im südlichen Teil des Beckens, war demnach die Überlagerungsmächtigkeit geringer und der Wärmestrom aus der Tiefe schwächer (LITTKE et al. 1994, NÖTH et al. 2001).

Früher wurde bereits erwähnt, daß der Druck sogar hemmend auf den Inkohlungsvorgang wirken kann, falls die Reaktionsabläufe behindert werden. Scherbeanspruchung jedoch begünstigt die Reifung von Steinkohlen und von Anthrazit ebenso wie die Graphitisierung (ROSS & BUSTIN 1997), letzteres vermutlich bereits bei Temperaturen wenig über 300°C.

In Fettkohlenflözen des Ruhrgebietes haben R. & M. TEICHMÜLLER (1966) in einer Scholle unterhalb der Sutan-Überschiebung eine Abnahme um einige Prozent FB. mitgeteilt. Diese Beobachtung wurde als Hinweis interpretiert, daß rasche tektonische Bewegungen in Einzelfällen durch *Reibungswärme* zu lokal höherer Reife führen können. Wahrscheinlicher ist wohl die Deutung von GOLYTSIN et al. (1997), daß mit Annäherung an eine Störung zunehmende Reife durch darin zirkulierende heiße Wässer bedingt sei.

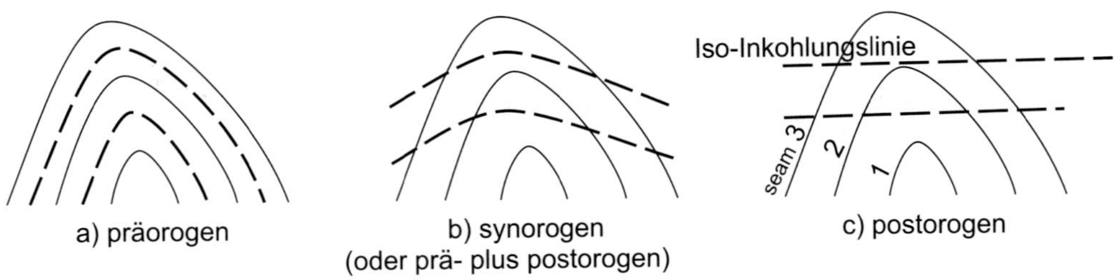

Abb. 160. Lage von Linien gleichen Inkohlunggrades (Isovolen oder Isoreflexionen) gefalteter Flöze für die Fälle prä-, syn- und postorogener Inkohlung (nach M. & R. TEICHMÜLLER 1966).

Nebeneinflüsse auf den Rang der Kohlen. Neben den Hauptfaktoren Temperatur und Zeit, welche den Reifegrad der Kohlen bestimmen, spielt auch die Moorfazies eine gewisse Rolle. Bereits W. PETRASCHECK (1952) hat Beispiele angeführt, daß ein unmittelbares marines Hangendes auf dem Flöz dessen Inkohlung befördert: Moderne Untersuchungen bestätigen diesen Befund, z.B. an Karbonkohlen der Niederlande, wo ein deutliches Inkohlungsgefälle von deltaischen zu fluviatilen Kohlen gemessen wurde (VELD et al. 1996).

Beziehungen zwischen Inkohlung und Diagenese der Nebengesteine

Regionale Studien betreffend thermische Entwicklung und Absenkungsgeschichte von Sedimentbecken werden nicht nur durch Vergleiche des Inkohlungsgrades, sondern auch durch detaillierte mineralogische Untersuchung der Diagenese und Frühmetamorphose toniger Begleitgesteine der Flöze vertieft. Es war altbekannt, daß Beziehungen zwischen dem Rang der Kohlen und der Verfestigung der Nebengesteine bestehen: Weichbraunkohlen liegen zwischen plastischen Tonen und lockeren Sanden, Glanzbraunkohlen in Schiefertonen und mürben Sandsteinen, Steinkohlen in Tonschiefern und harten Sandsteinen, Graphitflöze schließlich in Phylliten und Quarziten. Gleichzeitig verändern sich die Tonminerale: von Kaolin, Montmorillonit u.a. nahe der Oberfläche zu gut kristallisiertem Illit und schließlich Chlorit und Serizit beim Übergang zur eigentlichen Metamorphose.

Reflexionsmessungen an kohligen Partikeln (und Kerogen) in Sedimenten sind die Basis für eine exakte Bestimmung des Diagenesegrades bis in den Bereich beginnender Metamorphose. Die Anchimetamorphose beginnt etwa mit der Bildung von Meta-Anthrazit bei $R_{max}>4\%$, die Grünschieferfazies bei $R_{max}>5\%$ mit Semigraphit und Graphit.

Reflexionsmessungen an disseminierten Kohlepartikeln in Sedimenten haben eine große Bedeutung für die *Erdöl- und Erdgasexploration.* Schon WHITE (1935) hatte erkannt, daß die Erdölbildung innerhalb bestimmter Diagenesegrenzen erfolgt („Erdölfenster"), die durch den Reifegrad der Kohlepartikel markiert sind. Diese Grenzen liegen für Öl zwischen 44 und 24% flüchtiger Bestandteile in Kohlen bzw. 0,6 bis 1,4% Reflexion von Vitriniten. Höhere Kohlenreife ist mit der Bildung von Trockengaslagerstätten verbunden.

IV. Spätere Veränderungen der Kohlenlager

Torfe unterliegen nach ihrer Ablagerung unterschiedlichen endogenen Veränderungen, vor allem natürlich durch Diagenese, deren Wirkung auf die Kohlensubstanz oben schon besprochen wurde.

Diagenetische Fluide bewirken häufig epigenetische Mineralablagerung in Klüften („Schlechten" der Kohle) und Störungen der Kohlen und Nebengesteine. Tektonische Deformation der Flöze erzeugt Strukturen, welche Qualität und Abbau unterschiedlich beeinflussen. Durch Hebung und Erosion an der Oberfläche ausstreichende Kohlenflöze erfahren exogene Veränderungen, welche fast immer die Qualität abmindern.

Tektonische Deformation

Wie alle Sedimente unterliegen auch Kohlen tektonischer Verformung. Die Kohle selbst verhält sich dabei gegenüber dem Nebengestein relativ plastisch. Das führt zu Ausquetschungen der Flöze („Verdrücke"), zu Flözverdickungen und zu gangförmigen Flözabzweigungen in Spalten. Ähnlich Salz sind die Flöze in den Scheiteln enger Falten mächtiger, in den Schenkeln ausgedünnt.

Diese *tektonischen Mächtigkeitsschwankungen* sind auf eine hohe Teilbeweglichkeit (Plastizität) der Kohle zurückzuführen. Bei feuchten Weichbraunkohlen ist diese Eigenschaft leicht einzusehen. Bei den verhärteten Steinkohlen wird diese Teilbeweglichkeit durch eine Mikrobrekziierung erzielt, welche mikroskopisch nachgewiesen werden kann. Makroskopisch sind solche Kohlen oft am Zerfall zu feinem Grus erkennbar.

Frühe Dehnungsstrukturen von Kohleflözen mit wasserreichen Nebengesteinen sind manchmal durch *klastische Gänge* erkennbar. Die Füllung der Gänge ist meist sandig-toniges Material aus dem unmittelbaren Liegenden oder Hangenden, z.T. auch brekziös und mit Kohlenfragmenten. Die Bruchränder des Flözes sind unregelmäßig und sehr scharf, also von Auswaschungen klar unterschieden. Auch im Kartenbild ist die Verteilung solcher Strukturen nicht linear und weit verfolgbar, sondern sehr unregelmäßig, zuweilen auch dendritisch.

Tektonischen Ursprungs ist auch die *Klüftung der Kohle,* im Steinkohlenbergbau *Schlechten* (cleat) genannt. Glanzkohlenstreifen haben immer eine höhere Kluftdichte als Mattkohlenstreifen; diese wiederum zeigen engere Kluftabstände als die Nebengesteine der Flöze. Polygonale Klüfte flach liegender, zumeist stark vergelter Braunkohlen sind Schrumpfungsklüfte. Die regionale Orientierung der Klüftung ist für die Kohlengewinnung im Hinblick auf die Lage der Abbaufronten wichtig. Kluftdichte und Durchtrennungsgrad, also Häufigkeit und Persistenz der Schlechten, bestimmen weiter Kohlenfestigkeit, Körnungsanfall und Entgasungseigenschaften. Deshalb werden z.B. im Ruhrgebiet im Rahmen des systematischen Grubenkartenwerkes auch sogenannte Schlechten-Karten angefertigt.

Epigenetische Vererzung in Kohleflözen

Die Schlechten sind häufig mit diagenetisch entstandener Mineralsubstanz belegt (u.a. Karbonate, Tone, Sulfide; z.B. Zinkblende im Illinois-Becken). Dies ist ein wesentlicher Einfluß auf den Aschengehalt vieler Kohlen. Aus wissenschaftlicher Sicht ermöglichen Untersuchungen über Abfolge und Bildungsbedingungen dieser Minerale ein vertieftes Verständnis der Entwicklung von Kohlenlagern, naturgemäß vor allem in Bezug auf Zeitlichkeit und Natur migrierender heißer Lösungen (z.B. Daniels et al. 1994). In Einzelfällen kam es dabei zur Bildung hydrothermaler Lagerstätten, die jedoch nur vereinzelt und lokal von wirtschaftlicher Bedeutung sind (Laznicka 1985).

Im Ruhrbezirk wurden bis 1962 *Pb- und Zn-führende Gänge* (mit Pyrit, Markasit, Ankerit, Quarz, Schwerspat, Kalzit) abgebaut, welche an Querstörungen dort entwickelt sind, wo sie Sättel queren. Diese tektonische Kontrolle wird dahingehend interpretiert, daß die Bildung der Gänge noch während später Phasen der variszischen Orogenese stattfand. Eine Entstehung in Zusammenhang mit den sogenannten „variszischen Gangvererzungen" im Rheinischen Schiefergebirge ist nicht auszuschließen.

Exogene Veränderungen der Kohlen

Stauchungen durch Gletscher, viel häufiger aber Erosion und oxydierende Verwitterung, die bis zur Selbstentzündung führen kann, sind exogene Einwirkungen, welche Kohlenlager nahe der Erdoberfläche in aller Regel ungünstig verändern oder zerstören.

Glaziale Stauchungen, durch quartäres Inlandeis bedingt, sind in Norddeutschland und Polen häufig. Auf der Ilsegrube (Sachsen) war das obere Flöz mit glazialen Sanden und Moränen verfaltet, ein 20 m tiefer liegendes Flöz hingegen ungestört. Bogenförmig ist der Verlauf der engen glazialen Falten, Schuppen und Aufschiebungen im Muskauer Revier an der Neiße; diese Strukturen sind auch im Satellitenbild sichtbar (KUPETZ 1997). Im Dabrovaer Revier (Polen) zeigte sogar der Ausbiß karbonischer Steinkohlenflöze Faltung durch Eiswirkung. Im Mitteldeutschen Braunkohlenrevier sind *Braunkohlendiapire* häufig. Sie entstanden im Pleistozän durch Dichteinversion ähnlich Salzdiapiren, indem in tiefgründigen Auftauphasen nach Frost und Bodeneisbildung die leichtere, weiche Braunkohle in wassergesättigte Hangendsedimente intrudierte („Mollisoldiapire": EISSMANN 1978).

Verwitterung. Hartbraunkohlen und Steinkohlen verwittern an der Erdoberfläche unter Einfluß von Sauerstoff und Wasser zu schwarzen, rußartigen Böden. Neben den festen Oxydationsprodukten entstehen CO_2 und lösliche organische Stoffe (DOC – dissolved organic carbon: CHANG & BERNER 1999). Weichbraunkohlen vermodern und ergeben humusartige Abbauprodukte. Meist ist diese leicht erkennbare Verwitterung nur wenige Meter tief. In dieser Zone ist die Flözmächtigkeit oft stark reduziert. Eine makroskopisch nicht erkennbare Verwitterung reicht aber in vielen Fällen in wesentlich größere Tiefe, wobei die Qualität der Kohle durch Oxydation stark gemindert ist, insbesondere bezüglich Heizwert und Kokbarkeit. Die Oxydation von Sulfiden bewirkt Neubildung von Gips und anderen Sulfaten auf Klüften, oft noch weit unter der eigentlichen Oxydationszone. Leichtlösliche Sulfate (z.B. Fe) oder sulfathaltige Wässer in solchen Flözbereichen sind im Bergbaubetrieb und in der Aufbereitung besonders nachteilig. Gleichzeitig werden quellfähige Tone durch den Wasserzutritt plastisch, was ebenfalls ungünstige Auswirkungen hat.

Die qualitätsmindernde, teilweise Oxydation der Kohle unterhalb der Zone völliger Zersetzung kann durch mikropetrographische Methoden nicht erkannt werden. Die Reflexionswerte der Vitrinite bleiben dabei unverändert. Sichtbare Veränderungen im Anschliff, u.a. das Auftreten von Mikrofrakturen, deren Ränder höhere Reflexion zeigen, werden nur durch Oxydation bei deutlich erhöhter Temperatur bewirkt, welche im Experiment mindestens bei 150°C liegt (TAYLOR et al. 1998).

In noch größere Tiefen reicht eine sekundäre mikrobielle Methanbildung, welche die Ergiebigkeit der Gasproduktion aus Steinkohlen (coal bed methane) deutlich erhöht.

Flözbrände haben oft das Ausgehende der Kohlenflöze zerstört. Asche liegt an ihrer Stelle, wobei nicht immer das ganze Flöz betroffen ist. Hangendgesteine sind bis zu einer Mächtigkeit von mehreren Metern gefrittet. Tone werden ziegelrot, gelb, cremefarben, auch dunkelgrau-violett. Im letzteren Falle sind sie mitunter schlackenartig geschmolzen. Das Liegende der Flöze ist in der Regel nur wenig verändert. Die Härte des gebrannten Tones hat zur Folge, daß sich z.B. in Colorado das Erdbrandgestein eines Flözausbisses durch lange Hügelzüge verrät. Infolge der damit verbundenen Neubildung von Magnetit (z.T. auch gediegen Fe) können Flözausbisse und die betroffene Fläche nicht selten durch magnetische Anomalien auskartiert werden, auch unter jüngerer Bedeckung.

Die Ursache der *Selbstentzündung* der Kohle im natürlichen Ausbiß, im Bergbau und auf Kohlenhalden ist darin begründet, daß die Oxydation ein exothermer Prozeß ist. Pyritoxydation z.B. produziert 1546 kJ/mol und kann zu einer Erhitzung bis >100°C führen. Vitrinit- und Fusinit-reiche Kohlen sind vor allem gefährdet, besonders nach Mylonitisierung. Bei solchen Kohlen mit einer hohen inneren Oberfläche ist die Sauerstoffaufnahme begünstigt. Da Kohlen schlechte Wärmeleiter sind, kommt es zu einem Wärmestau. Die meisten Kohlen erreichen dabei Temperaturen von 30–80°C, kühlen aber danach wieder langsam ab, entweder, weil die erreichbaren Oberflächen vollständig oxydiert sind, oder weil der Sauerstoff aufgebraucht ist. Bei Kohlen mit sehr großer innerer Oberfläche steigt bei anhaltendem Sauerstoffzutritt die Temperatur bis zur Selbstentzündung, welche bei 120–250°C eintritt. Solcherart in Brand geratene Kohlen können nur durch luftdichte Versiegelung gelöscht werden; das gilt für Grubenbrände ebenso wie für Halden.

V. Anwendung der Kohlengeologie

An engineer, who has built a bridge, can strike you nearly dead with professional facts; the captain of a Ganges river steamer can, in one hour, tell legends sufficient to fill half a book, but a couple of days spent on, above and in a coal mine yields more mixed information than two engineers and three captains. RUDYARD KIPLING *(1900)*

Die Aufgaben der Kohlengeologie in der Industrie liegen zum einen in der Aufsuchung und Bestimmung der Reserven von Kohlenlagern, zum anderen in vielfältigen montangeologisch-geotechnischen Arbeiten, welche letztlich einer möglichst rationellen und wirtschaftlichen, gleichzeitig aber auch einer die Umwelt schonenden Nutzung der Lagerstätte dienen. Grundsätzlich sind die angewendeten Methoden jenen anderer Rohstoffsparten vergleichbar. Manche sind aber sind doch sehr spezifisch für den Kohlenbergbau. Einige wichtigere Aspekte der kohlengeologischen Praxis sollen deshalb im Folgenden skizziert werden.

Exploration

Die Aufsuchung verborgener Kohlenlager ist nur mittels geologischer Überlegungen möglich, wobei insbesondere Paläogeographie und Faziesräume in Zeit und Raum zu beachten sein werden (z.B. GALLOWAY & HOBDAY 1996). Es gibt keine geophysikalische Methode, die Kohlenflöze mit einiger Sicherheit direkt nachweisen ließe. Wohl aber können Seismik, Gravimetrie und Magnetik bisweilen kohlenhöffige Mulden anzeigen oder Auskünfte über den generellen Schichtaufbau und die Lagerung geben. Elektrische Widerstandsmessungen erlauben in manchen Fällen das Auskartieren von Kohlen in relativ geringer Tiefe. Zusammen mit geologischer Kartierung der Ausbißbereiche sind systematische geophysikalische Messungen besonders geeignet, um einen ersten Bohrraster zu entwerfen. Als geochemische Methode kann man Bodengasmessungen betrachten. Die Vielzahl der einwirkenden Faktoren beschränkt die Methode jedoch auf den gezielten Einsatz bei genau bekannten geologischen Verhältnissen. Ähnliches gilt für die Anwendung thermoradiometrischer Messungen, wodurch z.B. die gegenüber normalen Gesteinen etwas wärmeren Kohlenausbisse vom Helikopter aus kartierbar sein können.

Obwohl in günstigen Fällen geologische Kartierung und geophysikalische Aufnahmen recht genaue Aussagen über Kohlenflöze im Untergrund zulassen, können quantitative Erkenntnisse (Tiefe, Mächtigkeit, Qualität der Kohle, etc.) letztlich nur durch *Bohrungen* oder bergmännische Aufschlüsse gewonnen werden. Die Planung eines Bohrprogrammes wird in erster Linie von den geologischen Verhältnissen diktiert, daneben auch von technischen, gesetzlichen und physischen Randbedingungen. Der Abstand der Bohrungen voneinander, also die Auslegung des Bohrrasters, und die minimal und maximal notwendige Tiefe jeder Bohrung müssen festgelegt werden. Falls es sich um die Erweiterung eines bereits bekannten Feldes handelt, können schon für die Planung geostatistische Methoden eingesetzt werden. Andernfalls wird mit einem weiten Bohrraster begonnen, der im Laufe der Arbeiten durch Füllbohrungen verdichtet wird. Begleitende geostatistische Kontrolle gestattet dann die Überprüfung der gewählten Anordnung.

In großräumigen Kohlenlagerstätten können bereits *Bohrabstände* von 1–2 km für die erste Phase der Planung eines Untertagebergbaues genügen. Beim nachfolgenden detaillierten Abbohren der Mine Burton Downs (Westrand des Bowenbeckens/Queensland/Australien) hat man anfangs quer zum Streichen des Flözes Profile in 100 m Abstand gelegt, die Bohrabstände in den Profilen waren ca. 50 m. Nach einer ersten Auswertung der Ergebnisse wurde erkennbar, daß die große laterale Homogenität der Lagerstätte einen Profilabstand von 400 m zuläßt. Die Einsparungen waren natürlich beträchtlich.

In der Erkundungsphase ist es meist auf lange Sicht billiger, Bohrungen durchgehend zu kernen. Der aus Bohrkernen gewinnbare Reichtum an geologischer Information über die gesamte flözführende oder kohlenhöffige Serie, wie Lithologie, Stratigraphie, Lagerung und Tektonik, welche allein ein Urteil über Abbruch oder Weiterführung der Arbeiten ermöglichen, rechtfertigt fast immer die Mehrkosten. Dabei ist schließlich auch das Überbohren von Kohle ausgeschlossen. Nur bei schon bekannten Verhältnissen wird man steriles Deckgebirge voll bohren und erst in der kohleführenden Serie auf Kernen umrüsten. Zur Untersuchung und Beurteilung von Kohleflözen in allen Phasen der Untersuchung muß möglichst vollständiger Kerngewinn angestrebt werden. Dazu ist nicht selten der Einsatz von Doppel- oder sogar Dreifachkernrohren notwendig, die ein Zerreiben des Kernes während des Bohrens verhindern. Falls bei Dreifachkernrohren als Innenrohr Aluminium- oder Plastikhüllen verwendet werden, kann der Kern für Transport und Lagerung darin verbleiben. Dadurch sind nachteilige Veränderungen weitgehend ausgeschlossen, und zudem ist es ohne weitere Manipulation möglich, *Röntgenradiographien* der Kerne herzustellen. Diese Methode dokumentiert besser als Farbphotographie die Verteilung der Mineralsubstanz in der Kohle. Zur genaueren Abgrenzung von Flözen und zur Kontrolle der Teufen sowie auch qualitativer Ergebnisse (Aschen- und Wassergehalte) eignen sich vorzüglich geophysikalische Bohrlochmessungen, insbesondere radiometrische Methoden, Dichte- und Widerstandsmessungen (Abb. 134). Infolge der geringeren Kosten werden Vollbohrungen, immer aber ergänzt durch geophysikalische Logs, oft als Füllbohrungen zwischen Kernbohrungen angesetzt.

Kohlen-Kernproben sind sofort in PVC-Schläuche zu verpacken, um Wasserverluste oder Oxydation zu vermeiden, und kühl, aber frostfrei zu lagern. Die Kerne werden gewöhnlich der Länge nach gespalten oder gesägt, so daß neben den Proben für die petrographische und technologische Analyse Referenzproben für später eventuell notwendige, zusätzliche Untersuchungen verbleiben. Proben der unmittelbaren Nebengesteine der Flöze werden häufig für geotechnische Untersuchungen gebraucht und müssen deshalb ebenfalls sorgfältig konserviert werden.

Vorratsermittlung und Bauwürdigkeit

Die geologischen *Kohlenreserven* werden mit den gleichen Methoden bestimmt und klassifiziert, wie jene anderer fester mineralischer Rohstoffe (Whitchurch et al. 1990). Geologische Gewißheit und wirtschaftliche Gewinnbarkeit sind die wichtigsten Parameter.

Drei Gruppen von Faktoren beeinflussen die Gewinnbarkeit eines Kohlenlagers, nämlich die geologischen Lagerstättenverhältnisse, die Qualität der Kohle und die technisch-wirtschaftlichen Rahmenbedingungen. *Lagerstättenverhältnisse und Qualität* sind, da auf meßbaren geologischen Daten beruhend, zeitunabhängig. Sie umfassen alle Parameter der Geometrie der Lagerstätten ebenso wie die geomechanischen, hydrogeologischen, geochemischen und geothermischen Bedingungen. Die *technisch-wirtschaftlichen Faktoren* hingegen sind zeitabhängig; sie ändern sich also mit der wirtschaftlichen Entwicklung, mit neuen Technologien in Abbau, Aufbereitung und Nutzung der Kohle (BERKOWITZ 1994), was bedeutet, daß sie als Variable gelten müssen. Jede Neubewertung einer Lagerstätte wird nach einigen Jahren zu anderen Ergebnissen kommen als bei der Erstuntersuchung.

Um dies zu erläutern, sei auf die Flözmächtigkeit und auf die Tiefenlage verwiesen. Kohlenabbau erfolgt heute entweder im Tagebau, wo ein bestimmtes Verhältnis zwischen Kohle und tauber Überlagerung (t Kohle/m^3 Abraum; für Weichbraunkohlen näherungsweise etwa 1:10, bei Kokskohlen 1:30) nicht überschritten werden kann, oder im Tiefbau, wo infolge der mechanisierten Gewinnung sehr geringmächtige (bei Steinkohlen meist <70 cm, bei Braunkohlen <150 cm) Flöze überhaupt nicht gewinnbar sind, wo aber auch Flözverdickungen über ein gewisses Maß hinaus zurückgelassen werden müssen. Je nach der gewählten technischen Ausstattung des Bergbaues sind jedoch solche Grenzen im einzelnen unterschiedlich. Die Tiefenlage ist vor allem eine wirtschaftliche Grenze, da zunehmende Tiefe die Gewinnungskosten erhöht. Im Ruhrgebiet werden die Reserven bis 1500 m Tiefe angegeben, in den USA bis 300 m, in Australien bis 600 m. Dies spiegelt natürlich die geologischen Verhältnisse der meisten Kohlenlager dieser Länder wieder und verweist auf die weit divergierenden, nationalwirtschaftlichen Randbedingungen des Kohlenbergbaues.

Auch die zeitlich veränderlichen technologischen Faktoren müssen aber bei der Einschätzung von Kohlenreserven einbezogen werden, da es offensichtlich nicht sinnvoll sein kann, Steinkohlenflöze von 50 cm Mächtigkeit in 2000 m Tiefe als Reserven oder in Zukunft gewinnbare Ressourcen auszuweisen. Daraus wird einsichtig, daß eine Reservenberechnung von Kohlen ohne eine gewisse Standardisierung nicht zweckmäßig ist. Deshalb gibt es in allen kohlenproduzierenden Staaten Richtlinien für die Ermittlung von Kohlenvorräten, die befolgt werden müssen. Unter Beachtung solcher Richtlinien werden die *in situ-Reserven* ermittelt. Davon müssen die unvermeidbaren Abbauverluste abgezogen werden, die beim Tagebau 10–20%, beim Tiefbau 30–50% betragen. Es verbleiben die *gewinnbaren Reserven.* Falls die Bergeanteile der Förderkohle durch Aufbereitung entfernt werden, ergibt ihr Abzug den Anteil der *vermarktbaren Reserven.*

Aus dem bisher Gesagten wird bereits klar, daß ein beachtlicher Teil der Kohlen nicht gewinnbar im Untergrund verbleibt. Noch deutlicher zeigt dies folgendes Beispiel: Die Steinkohlenlagerstätten des Ruhrgebietes können mit konventionellen Methoden bis ca. 1500 m Tiefe abgebaut werden. Da die kohleführenden Schichten nach Norden bis unter die Nordsee reichen, allerdings bis zu 7 km tief gelegen, sind hier immense zusätzliche Energieressourcen vorhanden. Insgesamt werden die geologischen Kohlenressourcen Deutschlands auf ca. 350 Milliarden Tonnen geschätzt, wovon aber nach den derzeitigen Maßstäben nur 25 Mrd t gewinnbar sind. Ähnliches gilt für viele andere Länder.

Seit langem verfolgt man deshalb in vielen Forschungsprojekten die grundsätzlich elegante Lösung der *Kohlevergasung in situ.* Tiefliegende Flöze werden dabei mittels Bohrungen erschlossen; jeweils eine Bohrung dient für die Zuführung des Vergasungsmittels (Luft, Wasserdampf, O_2, H_2), eine zweite für den Abzug des erzeugten Gases (Methan, Kohlenmonoxyd u.a.). Vor der Zündung muß zwischen beiden Bohrungen im Flöz eine Verbindung hergestellt werden. Danach wandert eine exotherme Reaktionsfront (Trocknung-Schwelung-Vergasung) in Form eines Festbettreaktors durch das Flöz. Die Steuerung des Prozesses in der Tiefe ist allerdings sehr schwierig; immerhin aber haben Feldversuche in mehreren Ländern (Deutschland-Belgien, USA, Rußland) die technische Durchführbarkeit erwiesen. Das Energieausbringen mit der derzeitigen Technologie der in situ-Vergasung liegt zwischen 50 und 80%. Eine breite Anwendung ist jedoch noch nicht absehbar.

Eine vollständige Verwertung der immens großen, derzeit nicht nutzbaren Kohlenressourcen der Erde erfordert offenbar noch viel geowissenschaftliche und technische Forschungs- und Entwicklungsarbeit.

Kohlengeologische Aufgaben im Bergbau

Alle geologischen Daten einer Kohlenlagerstätte müssen in systematischen Karten- und Profilwerken dokumentiert werden. Im deutschen Steinkohlenbergbau spricht man vom „Flözarchiv", zu dem u.a. Karten über Inkohlung, Heizwerte, Wasser- und Aschengehalte, Gasführung und Orientierung der Schlechten gehören. Fast immer werden für die einzelnen Flöze Isohypsenkarten der Flözunterkante und Karten der Kohlenmächtigkeit (Isopachen) hergestellt. Ein „Lagerstättenarchiv" erfordert u.a. geologische und tektonische Karten und Profile. Zunehmend ist bei der Herstellung solcher Karten der Einsatz geographischer Informationssysteme (GIS), sowohl für bergbauliche Zwecke wie für die Landesplanung.

In Kohlenrevieren mit mehreren Flözen ist die *Flözidentifizierung* eine der wichtigsten Aufgaben des Geologen. Nur eine korrekte Zuordnung der oft weit entfernten Aufschlüsse oder tektonisch gestörter Flözteile ermöglicht eine zutreffende Reservenbestimmung und eine rationelle Bergbauplanung.

Weitere typische Aufgaben des Geologen im Bergbau betreffen die Vorhersage von Unterbrechungen der normalen Flözentwicklung (Störungen, Auswaschungen, magmatische Ganggesteine), die eventuelle Veränderung von Qualitätsmerkmalen im Raum, die Gas- und Wasserführung sowie boden- bzw. felsmechanische Untersuchungen. Vermutete Unterbrechungen des Kohlenflözes können vorteilhaft mit modernen *geophysikalischen Methoden* genauer lokalisiert werden (z.B. hochauflösende seismische Methoden und Radiowellentomographie – radio imaging methods).

Die unterschiedliche *Gasführung* der Flöze und Nebengesteine in den einzelnen Lagerstättenteilen muß dokumentiert werden (Grubengaskarten), um für die Bergbauplanung Voraussagen zu ermöglichen. Erhöhte Gasführung ist nicht nur ein Sicherheitsrisiko (Hargraves 1997), sondern vor allem ein wichtiger Kostenfaktor, da die notwendigen Maßnahmen (stärkere Bewetterung, voreilende Entgasungsbohrungen, etc.) den Abbau verteuern. Eine Nutzung des Methans durch Verbrennung in einem konventionellen Gas- oder einem modernen Brennstoffzellen-Kraftwerk ist jedenfalls anzustreben.

Auch das *Wasser* kann die Wirtschaftlichkeit des Bergbaus ungünstig beeinflussen. Darum muß die hydrogeologische Situation untersucht, dokumentiert und modelliert werden. Im Rheinisch-Westfälischen Steinkohlenrevier liegt auf dem flözführenden Karbon eine mächtige Abfolge flachlagernder Sedimente mit unterschiedlicher Wasserführung, zum Teil mit Salzlaugen und mit Schwimmsandhorizonten. Im allgemeinen gibt es keine hydrologischen Verbindungen zwischen dem Deckgebirgswasser und den Flözen; an einzelnen Störungen können aber solche Wegsamkeiten vorliegen. Für die Prognose der Wasserverhältnisse in der Grube und der Bedingungen für das Schachtabteufen werden lithologisch-hydrogeologische Deckgebirgskarten erstellt. Die Wässer des karbonen Stockwerkes im Ruhrrevier zeigen mit zunehmender Tiefe linear ansteigende Salzgehalte (Wedewardt 1995). Besondere Beachtung verdienen insbesondere im Braunkohlenbergbau Einlagerungen von Schwimmsand, der nicht nur aus dem Hangenden, sondern auch aus dem Liegenden der Kohle in Grubenräume einbrechen kann. Wo die Flöze muldenförmig gelagert sind, sei es durch Tektonik oder durch Eisstau, ist das Liegendwasser artesisch gespannt und führt zu Liegendwasserdurchbrüchen in Tagebauen. Braunkohlentagebaue bedingen in der Regel umfangreiche Entwässerungsmaßnahmen, um den Grundwasserspiegel unter das Arbeitsniveau abzusenken. Eventuelle Auswirkungen auf Land- und Forstwirtschaft, Oberflächengewässer, wertvolle ökologische Systeme sowie betriebsfremde Brunnenanlagen müssen in solchen Fällen durch langfristige Kontrolluntersuchungen in der weiteren Umgebung klar zugeordnet werden können, da bei Wassermangel die Schuld immer zuerst dem Bergbau angelastet wird.

Geotechnische Untersuchungen der Flöze und der Nebengesteine dienen im Tagebau überwiegend der Sicherung der Böschungen. Im Tiefbau erhöhen ungünstige Gebirgsverhältnisse die Abbaukosten und erschweren die vollständige bzw. unverdünnte Gewinnung der Kohle. Der Zusammenbruch von Hohlräumen birgt Gefahren für Gesundheit und Leben der Bergleute. Untertägiger Kohlenabbau führt weiter zu Senkungen der Erdoberfläche, eventuell auch zu Erdfällen, zur Bildung offener Spalten oder zur Instabilität von Hängen (Kratzsch 1997, Abb. 161). Zum Unterschied von ingenieurgeologischen Sicherheiten im Verkehrswegebau u.ä. Bereichen ist für Böschungen und Grubenbaue im laufenden Bergbau meist nur eine zeitlich begrenzte Standsicherheit erforderlich, dies aber nicht selten unter dynamischen Spannungsverhältnissen. Durch den untertägigen Abbau induzierte Spannungsumlagerungen werden oft kunstvoll genutzt, um das Lösen der Kohle aus dem Flöz zu erleichtern. Alle diese gebirgsmechanischen und bodenmechanischen Aspekte werden durch geologische Faktoren gesteuert; daraus resultiert die unerläßliche Mitarbeit des Montangeologen im geotechnischen Team eines Bergbaues.

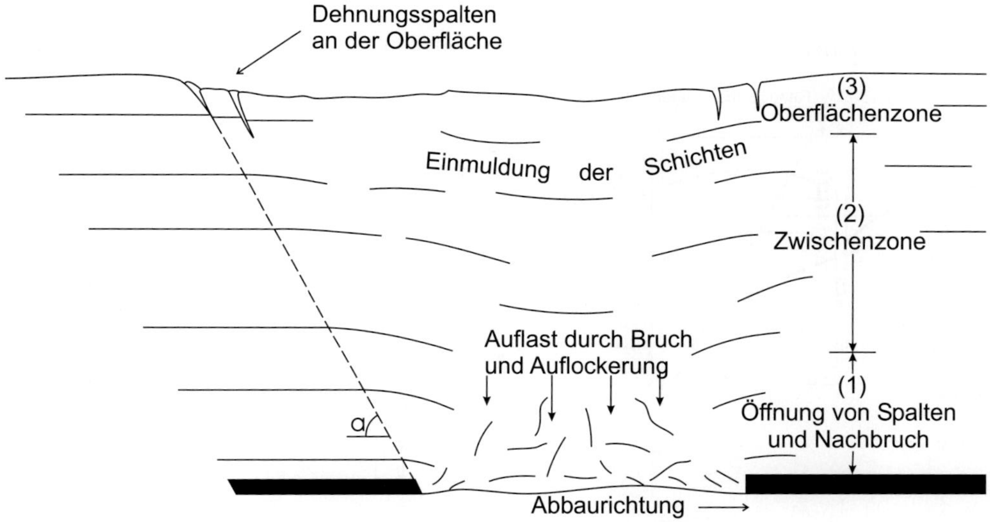

Abb. 161. Flächenhafter Abbau eines Kohlenflözes löst in der Überlagerung unterschiedliche Folgen aus: Unmittelbar über dem Hohlraum kommt es zum Verbruch bis etwa 30 m Höhe (Zone 1). Darüber erfolgt das Nachsacken eher durch Biegen unter Erhalt des Gesteinsverbandes (2). An der Oberfläche können Spalten und Brüche auftreten, Bauwerke werden zuerst tensil, dann kompressiv beansprucht, die Absenkung erreicht etwa 80% der abgebauten Kohlenmächtigkeit (3). Der Einflußbereich erreicht eine Ausdehnung, welche vom Rand des Hohlraums aus durch einen Winkel α von 55–65° begrenzt ist (abhängig von der Tiefe, vom Gestein und der Struktur; nach Kapp & Williams in Thomas 2002).

Umweltprobleme im Kohlenbergbau

Schon in der *Explorationsphase* sollte bedacht werden, welche Auswirkungen ein zukünftiger Kohlenabbau auf Landschaft und Gewässer des höffigen Gebietes haben wird, wodurch besonders empfindliche Flächen früh ausgeschieden werden können. Sobald die Resultate der Explorationsarbeiten eine gewinnbare Lagerstätte vermuten lassen, sollte eine vorläufige Umweltverträglichkeitsprüfung vorgenommen werden, u.a. mit dem Ziel, notwendige Überwachungsmaßnahmen (Kontrollbrunnen für das Grundwasser, Vermessungsnetz für die Überwachung von Senkungen oder Hangkriechen, etc.) rechtzeitig einzurichten. Spurenelementanalysen der Kohle sind erforderlich, um Probleme mit Emissionen bei der Verbrennung im Kraftwerk rechtzeitig zu erkennen und Vorkehrungen treffen zu können (Finkelman et al. 2002). Folgende Elemente (HAP's = hazardous air pollutants) werden diesbezüglich vom US Clean Air Act (1990) benannt: As, Be, Cd, Cr, Co, Hg, Mn, Ni, Pb, Sb, Se und U.

Aktiver Kohlenbergbau: Die Wasserhaltung in Tief- und Tagebau (Abb. 162) erzwingt die Einleitung des geförderten Wassers in Oberflächengewässer. Dies wird selten ohne Reinigung möglich sein, da Grubenwässer bei zumeist unzulässig niedrigem pH u.a. Schwebstoffe, SO_4^{2-} (durch Pyrit-Oxydation), Cl^- (migrierende Formations- bzw. Geothermalwässer) und hohe Lösungsfracht enthalten. In Oberschlesien führen sie zudem erhöhte Radiumgehalte (bis maximal 390 kBq/m^3), welche jedoch bereits untertage durch Präzipitation in aufgeschlämmtem Phosphogips bereinigt werden. Geologische Untersuchungen können helfen, Kohlennebengesteine mit hohem *Säurebildungspotential* zu erkennen (Morrison et al. 1990), damit sie unter Sauerstoffabschluß gelagert werden.

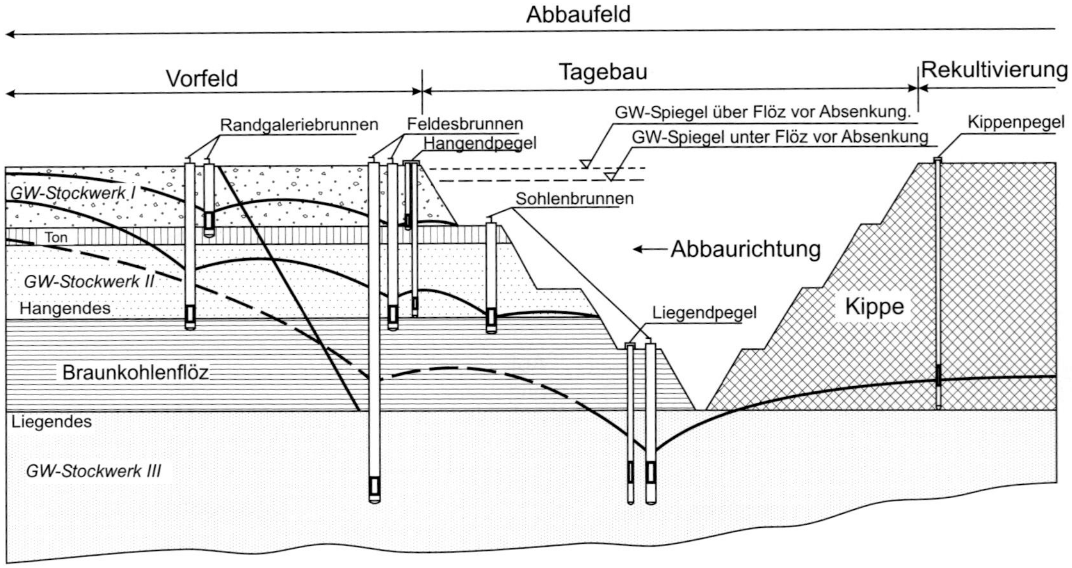

Abb. 162. Schema der Wasserhaltung in einem Braunkohlentagebau (nach Rheinbraun AG). Im Vorfeld des Abbaues wird durch Brunnengalerien das Grundwasser abgesenkt, um den Zufluß in den Tagebau zu minimieren und um die Standfestigkeit der Böschungen zu sichern. Unter der Tagebausohle wird der Druckspiegel des Liegend-Aquifers soweit vermindert, daß kein Liegendwassereinbruch möglich ist.

Methan ist im Vergleich zu CO_2 für das Klima der Erde 21mal schädlicher. Bisher wird das Methan der Kohlenbergbaue mit den Grubenwettern in die Atmosphäre ausgeblasen. Das sind etwa 10% aller anthropogenen Emissionen dieses Gases. Damit ist der Steinkohlenbergbau nach der Landwirtschaft der größte CH_4-Emittent, dicht gefolgt von Mülldeponien. Deshalb werden weltweit Wege gesucht, den Energieinhalt des Bergbau-Methans nutzbar zu machen (Preusse 1995, Thielemann et al. 2001). Am einfachsten ist das durch Verbrennung der methanführenden Abluft in Kraftwerken, z.B. zusammen mit Brandschiefer und tonreicher Kohle in Australien.

Kohlenbergbau bewegt immer große Massen (Abb. 163), die transportiert, zwischengelagert (Kohle) oder endgelagert (Bergekippen, Aufbereitungsschlämme) werden müssen. Dabei entstehen vielfältige Möglichkeiten, die Umweltverträglichkeit zu erhöhen, nicht zuletzt durch gut durchdachte *Rekultivierungsmaßnahmen* (Richards et al. 1993, Broll et al. 2000). Dabei sollte jedoch auch einer *Renaturierung* möglichst viel Raum gelassen werden, da die spontane Besiedlung wüster Flächen durch Pflanzen und Tiere oft weit höheren Umweltwert produziert.

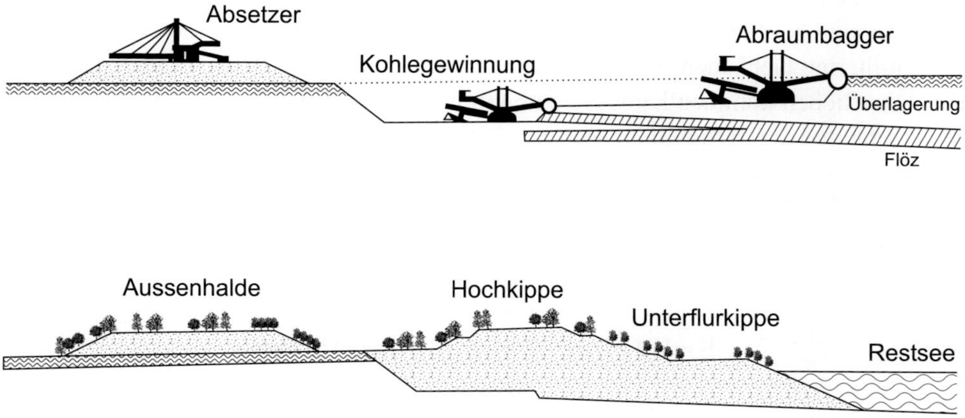

Abb. 163. Braunkohlentagebau im Betrieb (oben) und nach Rekultivierung und Wiederaufspiegelung des Grundwassers (unten, nach Rheinbraun AG).

Kraftwerksaschen, Granulate und Entschwefelungsgips werden zunehmend bei der Zementherstellung, als Versatz im Untertagebergbau (Michalski & Gray 2001) und als Drän- und Schüttgüter in der Bauindustrie eingesetzt. Sie schonen damit die Ressourcen anderer Massenrohstoffe und erbringen somit eine beträchtliche Energieeinsparung.

Bei der *Schließung von Kohlenbergbauen* sind erhebliche Investitionen notwendig, um Umweltbeeinträchtigungen zu vermeiden. Kohlenspezifische Probleme ergeben sich u.a. durch chemisch (Pyrit) oder mechanisch instabile Bergehalden und Schlammteiche, durch Halden- oder Flözbrände in Restpfeilern, durch die Wiederaufspiegelung des Grundwassers (nach oft jahrzehntelanger Absenkung, bewirkt z.T. Hebungen), durch Ausfließen von Methan oder Kohlendioxyd und durch austretende saure Wässer mit hoher Eisenfracht (Wisotzky 1996, Younger 2002). Durch den Rückgang der europäischen Kohlenförderung gibt es zwar viele Beispiele einer vorbildlichen Lösung dieser Probleme (Pflug 1998), doch leider auch eine große Zahl verbleibender Sanierungsfälle. Aus Indien wird berichtet, daß in den alten Kohlenrevieren in Bihar rund 200 km^2 Land und eine Million Menschen durch Untertagebrände bedroht sind (Michalski & Gray 2001). Manche Feuer brennen seit 1916. Einstürze und die Rauchgasentwicklung sind die Hauptgefahr. Eine Abhilfe wäre zwar technisch machbar, ist jedoch aus wirtschaftlichen Gründen nahezu unmöglich.

Ein besonders wichtiger Problemkreis betrifft die Seen, die nach der Einstellung des Tagebaubetriebes durch zufließendes Grundwasser oder durch Einleitung von Oberflächenwasser entstehen (Abb. 163). Letzteres wird gewählt, um möglichst rasch eine unbedenkliche Wasserqualität zu erreichen. Technische Maßnahmen können zusätzlich erforderlich sein, z.B. Neutralisierung durch Einbringen alkalischer Kraftwerksaschen (Loop et al. 2003). Die Böschungen der Tagebaue müssen vor der Füllung abgeflacht werden, da in vielen Fällen die kurzfristige bergbauliche Grenzstabilität langfristig für die Nachnutzung nicht ausreichen wird.

Stillgelegte tiefe Kohlenbergbaue werden zunehmend als Erdgasspeicher genutzt, wodurch etwa in Deutschland die Speicherung deutlich näher an die großen Verbraucherzentren verlagert werden könnte (die üblichen Speicher in Salzkavernen liegen überwiegend an der norddeutschen Küste). Stillgelegte Kohlenbergbaue oder Teilfelder von aktiven Bergbauen eignen sich schließlich auch als untertägige Deponien für mäßig toxische Abfälle, z.B. Kraftwerksaschen und Flugstäube (WENDLAND & HIMMELSBACH 2002).

Gasaustritte (CH_4, CO_2) aus stillgelegten, oberflächennahen Kohlegruben sind nicht selten, besonders während der Flutung der Gruben nach Einstellung. Gefährlich ist Gas-Akkumulation in schlecht ventilierten Gebäuden. Bei fallendem Luftdruck expandieren die Grubengase, so daß es zu einem Überfließen kommen kann. Seichte Grubenräume und klüftige Nebengesteine müssen deshalb versetzt und durch Injektionen abgedichtet werden. Zunehmend wird auch solches Gas in Kraftwerken einer wirtschaftlichen Verwendung zugeführt. Methan aus einem stillgelegten Bergbau wird in einer Pilotanlage in Ohio/USA mittels einer Brennstoffzelle direkt zur Stromerzeugung genutzt (2003).

Erdöl- und Erdgaslagerstätten

„The stone age did not end because the world ran out of stones, and the oil age will end long before the world runs out of oil."

Erdöl- und Erdgaslagerstätten sind natürliche Anreicherungen von Kohlenwasserstoffen in der Erdkruste. Sie können flüssig oder gasförmig, oder salbenartig bis fest auftreten. Kennzeichnend für alle ist die Löslichkeit in organischen Lösungsmitteln (unlöslich sind jedoch Pyrobitumina und Asphaltene).

Die natürlichen Kohlenwasserstoffe (Bitumina) sind vor allem als weit verbreitete, leicht transportable und vielseitige Energiequelle hohen Wirkungsgrades ein wesentlicher Pfeiler unserer Zivilisation. Daneben stellen sie einen chemischen Rohstoff dar, aus dem eine große Zahl wichtiger organisch-chemischer Grundstoffe und Endprodukte hergestellt werden. Die großen Lagerstättenprovinzen der Erde liegen allerdings in Bereichen, die nicht mit den Regionen größten Verbrauches identisch sind. Die daraus resultierende Preis- und Versorgungsunsicherheit führt zunehmend zu Anstrengungen der Hauptverbraucher, eigene, oft sehr aufwendig zu gewinnende Bitumenlagerstätten zu erschließen, beziehungsweise alternative Energiequellen zu entwickeln.

Besonders wichtig ist in diesem Zusammenhang der geplante Schritt in eine Wasserstoff-Wirtschaft. Gemeint ist damit die Produktion von Wasserstoff für die Verwendung als Treibstoff für Autos oder für Brennstoffzellen zur Erzeugung elektrischer Energie. Die Elektrolyse von Wasser zur Herstellung von Wasserstoff setzt allerdings die Verfügbarkeit großer Mengen billiger elektrischer Energie voraus, welche wohl nur durch den Ausbau von Kohle- oder Kernkraftwerken bereitgestellt werden kann.

Die *sicheren, gewinnbaren Erdölreserven* der Erde wurden 2004 mit ca. 157 Mrd. t (1148.10^9 barrels) angegeben (1983 waren es nur 783.10^9 barrels), bei einer Jahresproduktion von rund 3,6 Mrd. t (28.10^9 barrels). Ein Barrel [bbl] entspricht 158,99 Liter bzw. 42 US Gallons ($\approx$ 0,136 t Öl), seit das Öl des weltweit ersten, durch Bohrungen erschlossenen Feldes bei Titusville in Pennsylvania um 1870 in Whiskeyfässern zu den Destillationsfabriken gefahren wurde. Von den Reserven liegen 63% im Mittleren Orient, geringere Anteile in Lateinamerika (Venezuela, Mexiko), in der GUS, in Afrika (Libyen, Nigerien, Algerien), in Asien und Australien, in den USA und in Westeuropa (die Reihenfolge entspricht abnehmenden Zahlen: BP Statistical Review of World Energy 2004). Die bisherige Gesamtproduktion wird mit 110 Mrd. t Erdöl beziffert. Zusätzliche *Erdölressourcen* werden auf weitere

207 Mrd. t geschätzt, mit ähnlicher geographischer Verteilung (Schöllnberger 1998). Eine kritische Diskussion dieser Zahlen durch Campbell & Laherrere (1998) kommt allerdings zu der Schlußfolgerung, daß Ende 1996 von der Gesamtmenge konventionell gewinnbaren Erdöls der Erde rund 45% bereits verbraucht, 47% als entdeckte Reserven verblieben, und nur 8% noch unentdeckt waren. Maugeri (2004) widerspricht dieser Ansicht lebhaft und verweist auf den dominierenden Einfluß von Markt, Politik und menschlicher Erfindungsgabe, welche letztlich über die zukünftige Entwicklung von Produktion und Reserven entscheiden werden.

Im Jahre 2002 waren die größten Erdölproduzenten die Nachfolgestaaten der Sowjetunion (9 Mbbl/d), Saudi Arabien (7,5), die USA (5,8), der Iran (3,5), China (3,4) und Mexiko (3,2 Mbbl/d). Die Hauptverbraucher waren Nordamerika, das pazifische Asien und Europa.

Die heute bekannten *gewinnbaren Ergasreserven* betragen 176.10^{12} m^3 (auf einen Heizwert von 9.500 kcal/m^3 bezogen; entspricht etwa 250 Mrd. t Öläquivalent) mit zusätzlich vermuteten *Ressourcen* von 240.10^{12} m^3. Der rasch steigende Jahresverbrauch lag 2003 bei 2.620 Mrd. m^3, die bisherige Gesamtproduktion bei 60.000 Mrd. m^3. Die größten Erdgasprovinzen liegen in der GUS (38%) und im Nahen und Mittleren Osten (34%). Westeuropa hat einen Anteil von rund 5%. Um einen Vergleich der verschiedenen fossilen Energierohstoffe zu ermöglichen, wird als Basis oft der Energieinhalt einer Tonne guter Steinkohle verwendet (1 Steinkohleneinheit = 1 SKE). Danach liegen die Kohlenreserven und -ressourcen bei 7500 Mrd. t SKE, jene des Erdöls bei 400 Mrd. t SKE und jene des Erdgases um 1500 Mrd. t SKE. Sich daraus ergebende Schlußfolgerungen zur zukünftigen Energieversorgung der Erde wurden bereits in der Einleitung zum Abschnitt „Kohle" skizziert.

Man muß bei solcher Vorausschau allerdings beachten, daß die oben genannten Zahlen überwiegend sogenanntes „konventionelles" Öl und Gas betreffen, also Lagerstätten, die mit heute verfügbaren Technologien und mit vergleichbaren Kosten gefördert werden können. Da sie jedoch weniger als 5% der Gesamtmasse der Kohlenwasserstoffe in Sedimenten stellen, stehen für eine ferne Zukunft mit völlig neuen Technologien noch immense Ressourcen zur Verfügung. Der venezolanische Orinoko-Gürtel enthält ~160 Mrd. t eines heute nur beschränkt nutzbaren extrem schweren Öles. Die bisher nicht nutzbaren Gashydratvorkommen der Erde enthalten mehr als das Doppelte des Kohlenstoffinhalts sämtlicher bisher bekannter fossilen Brennstoffe (USGS). Von den submarinen Sedimentbecken >500 m Wassertiefe sind bisher nur etwa 2% der Fläche exploriert. Aus diesen Gründen ist es sehr wahrscheinlich, daß im Sinne des einleitenden Zitates nicht die Erschöpfung der Kohlenwasserstoff-Ressourcen, sondern neue Energietechnologien unsere heutige Abhängigkeit vom Öl beenden werden.

I. Arten und Eigenschaften der natürlichen Bitumina und des Kerogens

Folgende Arten natürlicher Bitumina können lagerstättenbildend auftreten:

- Erdgas (nicht von Erdöl begleitet, gasförmig in der Lagerstätte);
- Gashydrate (dzt. allerdings noch nicht genwinnbar);
- Erdölgas (in der Lagerstätte in Erdöl gelöst oder als Gaskappe über Öl);
- Erdöl (in der Lagerstätte sowie bei atmosphärischem Druck flüssig);
- Erdteer (zähflüssig);
- Erdwachs (Ozokerit; fest, weich bis spröd, gelblich-braun);
- Asphalt (fest, schwarz, spröd).
- Pyrobitumina
- Kerogen in Ölschiefern („Kerogenschiefer", s. dort); dies ist organische Substanz, aus welcher durch thermische und katalytische Umwandlung erdölähnliches Bitumen gewonnen werden kann, das „synthetisches" Öl genannt wird.

Erdöl (engl. *crude oil* oder *petroleum*, russisch *naphta*) ist im natürlichen Zustand flüssig, von gelblich-brauner bis schwarzer Farbe, unter UV-Licht mit charakteristisch grünlicher Fluoreszenz. Der Geruch ist nicht selten infolge beigemengter Schwefelverbindungen unangenehm, oft auch aromatisch. Erdöl besteht zum größten Teil aus Kohlenwasserstoffen, mit meist geringen Anteilen von Schwefel-, Sauerstoff- und Stickstoffverbindungen. Die charakteristische Elementverteilung ist der Tabelle zu entnehmen:

Durchschnittliche elementare Zusammensetzung von fossilen Brennstoffen, Asphalt und Kerogen (Gew.%).

	Erdgas	*Erdöl*	*Asphalt*	*Steinkohle*	*Kerogen*
C	76	84.5	84	83	79
H	24	13	10	5	6
S	0	1.5	3	1	5
N	0	0.5	1	1	2
O	0	0.5	2	10	8
	100	100	100	100	100

Daneben wurden in der „Asche“ von Rohölen Spuren von Si, Fe, Al, Ti, Ca, Mg, V, Mo, Ni, Ba, Sr, Mn, Pb, Cu, Cr, U (bzw. dessen Tochternuklide), Edelmetallen und anderen Elementen festgestellt. Einige dieser Spurenelemente dürften aus der organischen Muttersubstanz stammen (V, Ni u.a.), wogegen andere die geochemische Charakteristik der Nebengesteine und diagenetischer Reaktionen widerspiegeln.

Rohöl ist eine Mischung aus mehreren Hundert chemischen Verbindungen (Miles 1994, Hunt 1996). Diese umfassen u.a. normale und verzweigte Ketten-Alkane, Cyclo-Alkane, sowie mono- und polyaromatische Kohlenwasserstoffe (KW) und Olefine. Dazu kommen die sogenannten NSO-Verbindungen, welche Stickstoff, Schwefel und Sauerstoff enthalten, wie z.B. Thiol, Phenol, Pyridin und Quinolin. Sie sind meist die Ursache für Farbe und Geruch des Rohöls. Aus dieser chemischen Vielfalt sind die folgenden vier Hauptgruppen von Kohlenwasserstoffverbindungen im Rohöl ableitbar:

- *Paraffine* (Ketten-Alkane, Grenzkohlenwasserstoffe) sind die wirtschaftlich wichtigste Gruppe, da sie besonders leicht zu hochwertigen Produkten (Benzin, Kerosin) verarbeitet werden können. Von der allgemeinen Formel C_nH_{2n+2} umfassen sie bei n = 1–4 gasförmige (Methan, Äthan, Propan, Butan), bei n = 5–15 flüssige und bei n>15 feste Verbindungen (z.B. Ozokerit). Paraffine sind nach den Naphthenen die häufigste Gruppe in Rohöl. Viele der natürlichen Pflanzenwachse und Fette (Lipide) sind Paraffine.
- *Cycloparaffine* (Naphthene, Ring-Alkane) stellen mit ca. 50% den größten Anteil der KW im Rohöl. Ihr Anteil ist mit zunehmender Dichte des Öles größer. Es sind gesättigte Ringverbindungen mit der allgemeinen Formel C_nH_{2n}. Wenn höhere Anteile solcher Verbindungen im Rohöl auftreten, hat es bei der Destillation meist einen asphaltischen Rückstand.
- *Aromatische Kohlenwasserstoffe* (Benzenoide) der allgemeinen Formel C_nH_{2n-6} erreichen selten mehr als 15% Anteil am Rohöl, welcher mit zunehmender Reife abnimmt. Ihre Molekularstruktur ist durch Ringe mit Einfach- und Doppelbindungen des C charakterisiert, weshalb sie ungesättigt genannt werden. Jeder dieser Stoffe enthält zumindest einen Benzen-Ring (C_6H_6). Gemischte aromatisch-naphtenische Verbindungen ebenso wie die Kombination mit Alkanketten sind möglich. Trotz der Bezeichnung „aromatisch“ sind die Benzenoide geruchlos.
- *Asphaltene* sind die molekular schwersten Bestandteile von Rohöl. Sie bestehen aus polyaromatischen Kernen mit Alkanketten oder -ringen und weiteren funktionellen Gruppen. Asphal-

tene können Bestandteil normalen Erdöls sein oder auch durch bakterielle Degradation entstehen. Sie ermöglichen die Bestimmung der Bildungstemperatur von Rohöl (Di Primio et al. 2000).

Diamantoide (z.B. Adamantan $C_{10}H_{16}$) werden in Erdöl aus größerer Tiefe und in Zonen hoher Temperaturen bzw. im daraus entstandenen Erdgas gefunden. Es sind sehr resiliente Kohlenwasserstoffe mit Diamantgitter, die durch thermischen Zerfall („cracking“) des Öles entstehen.

Abbauprodukte von Hämoglobin und Chlorophyll („Porphyrine“) im Rohöl sind wichtige Hinweise auf die organische Herkunft der natürlichen Bitumina. Man nennt sie *„geochemische Fossilien“* (biomarkers: Waples & Machihara 1991), weil sie aus der ursprünglichen organischen Substanz des Muttergesteines stammen. Sie werden als biochemische Zeugen der Natur der beteiligten Organismen untersucht. Damit dienen sie der Rekonstruktion der Ablagerungsverhältnisse, als Korrelationsmittel (Öl-Öl oder auch Muttergestein-Öl), und auch als Indikatoren für die Reife des Öles, da sie generell mit steigender Temperatur abgebaut werden.

Der *Schwefelgehalt* steigt in Rohölen mit dem Stickstoffgehalt und mit der Dichte. Er ist weiter deutlich erhöht, wenn die Reservoirgesteine Kalk, Dolomit oder Anhydrit sind. Schwefel kann elementar oder in organischer Bindung sowie als gelöstes H_2S-Gas (oft 5–14%) vorliegen. Sicherlich stammt ein Teil aus der ursprünglichen organischen Substanz, ein anderer aus dem Nebengestein. „Süße“ Öle enthalten weniger als 0,5% S; darunter fallen heute nur mehr 30% der Förderung. Höhere Gehalte charakterisieren „saures“ Rohöl. Schwefel ist in den Öl-Produkten meist unerwünscht, weshalb Öl und Gas entschwefelt werden. Diese Raffination bedingt die Produktion großer Schwefelmengen als Nebenprodukt der Ölraffinerien bzw. der petrochemischen Industrie.

Technisch wird Rohöl vor allem durch seine *Dichte* und den Mengenanfall bei fraktionierter Destillation charakterisiert. Die Dichte liegt meist zwischen 0,7–1,06 g/cm³ (bei 20°C). Sie wird weltweit in API-Graden bei 15,6°C ausgedrückt (API = American Petroleum Institute).

Beziehung zwischen Dichte und API-Grad eines Rohöles

$$\text{API-Grad} = \frac{141{,}5}{\text{Dichte bei } 15{,}6^\circ\text{C}} - 131{,}5$$

Ein API° von 10 entpricht der Dichte reinen Wassers, zunehmende Zahlen bedeuten eine Abnahme der Dichte (z.B. 30°API ergibt D = 0,8762).

Typische konventionelle Rohöle haben API-Werte zwischen 22–35°. Man unterscheidet extrem schweres (<10°API), schweres (10–22,3°API), mittleres (22,3–31,1°API) und leichtes Öl (über 31,1°API). Kondensate („Naturbenzin“) haben API-Grade über 55; sie sind klare bis leicht strohfarbene Flüssigkeiten. Schweröl hat gegenüber normalem Erdöl (1,5–1,9) mit weniger als 1,5 ein niedriges atomares H/C-Verhältnis, was u.a. die Ausbeute an Benzin verschlechtert.

Die *fraktionierte Destillation* ist auch heute noch die wichtigste Verarbeitungstechnik für Rohöl. In Destillationstürmen der Raffinerien wird das Rohöl z.B. in Benzin, Kerosin, Gasöl, schweres Heizöl und Rückstand zerlegt. Benzin, Kerosin und Dieselöl werden allerdings bei der Weiterverarbeitung auch aus höher siedenden Ölbestandteilen durch thermisches, katalytisches bzw. Hydro-Cracken gewonnen. Folgende Siedegrenzen bei atmosphärischem Druck werden oft zur Charakterisierung von Rohölen verwendet:

Leichtbenzin	0–120°C
Schwerbenzin	120–190
Kerosin	190–260
Leichtes Gasöl (Diesel)	260–360
Schwergasöl und Schmieröle	360–530
asphaltischer Rückstand	(nicht destillierbar)

Die Verarbeitung des Rohöles zu vermarktungsfähigen Produkten umfaßt neben Destillation und Cracken eine Vielzahl zusätzlicher Prozesse. Typische Produktionsausbeuten schwanken bei Benzin von 13–22% und bei Dieselöl/Heizöl L zwischen 25 und 40% vom eingesetzten Rohöl.

Rohöle werden an Hand der Anteile der *dominierenden Kohlenwasserstoffe* als „paraffinisch", „naphthenisch" und „aromatisch" klassifiziert (Abb. 164). Der Anteil der Paraffine nimmt mit zunehmender Fördertiefe zu, die Dichte des Öles nimmt ab („Tiefenregel"). Dies ist durch die Folge der Abspaltungsreaktionen und das Cracken früh gebildeter Kohlenwasserstoffe bedingt. Ob dabei auch die autochthone Mikroflora (thermophile Bakterien und hyperthermophile Archaea) tiefer Erdöllager (z.B. im Pariser Becken: Haridon et al. 1995) eine Rolle spielt, ist zur Zeit noch unklar. Zumindest bei der Reduktion von Sulfat zu H_2S ist jedoch ihre Mitwirkung wahrscheinlich. Auch der Abbau von langkettigen Alkanen zu Methan, der in großer Tiefe vermutet wird, könnte durch anaerobe Mikroorganismen erfolgen (Zengler et al. 1999).

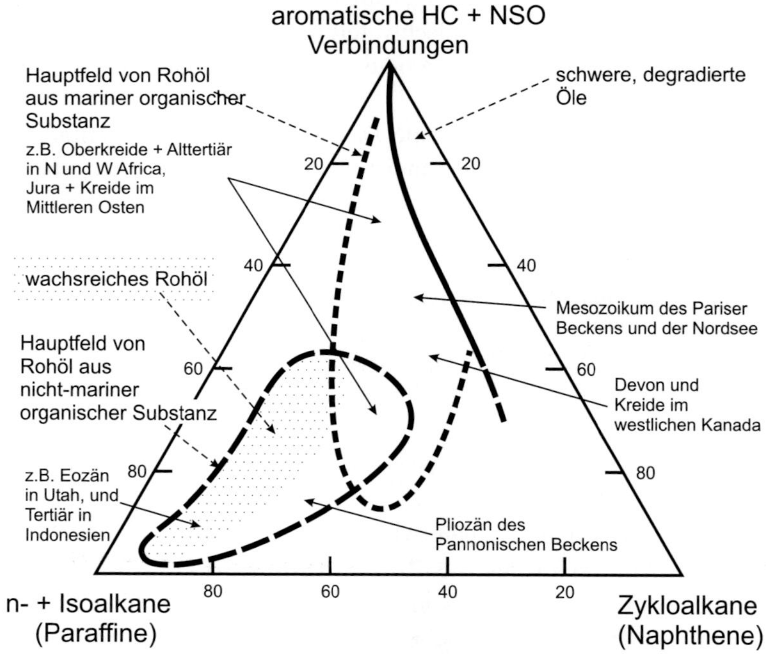

Abb. 164. Einfache Rohölklassifikation nach dem Anteil paraffinischer, naphtenischer und aromatischer Kohlenwasserstoffe (nach Miles 1994).

Ferner wurde beobachtet, daß alte und tektonisch stärker deformierte Sedimente meist Paraffinöl, junge und gering deformierte Serien eher aromatisches Öl enthalten („Altersregel"). Von beiden Regeln gibt es aber viele Ausnahmen, bedingt durch unterschiedliche Ausgangssubstanzen (z.B. ergeben lakustrine Muttergesteine auf Grund ihres Algenreichtums ein paraffinisches, wachsreiches Öl) sowie Veränderungen bei der Migration und im Speicher. So wird der hohe Asphalt- und

Harzanteil oberflächennaher Öle durch Sauerstoffeinfluß (aus meteorischen Wässern) bzw. mikrobiellen Abbau (Degradation) erklärt. Mikrobielle Degradation ist vermutlich nur bei Temperaturen <80° C möglich (WILHELMS et al. 2001).

Für die Förderung von Rohöl aus den Speichern ist die *Viskosität* von großer Bedeutung, da sie im Zusammenhang mit anderen Faktoren den möglichen Entölungsgrad kontrolliert. Sie ist von Temperatur und Druck in der Lagerstätte sowie von der Zusammensetzung des Öles abhängig. Mit zunehmender Dichte steigt die Viskosität an, so daß Schweröl und extrem schweres Öl kaum fließfähig sind. Ihre Förderung bedarf besonderer Maßnahmen.

Spezielle *geochemische Indizes* der Rohöle, wie der „carbon preference index" aus der Verteilung der n-Alkane, das Isoprenoid-Verhältnis Pristan/Phytan, isotopengeochemische u.a. Daten (z.B. das V/Ni-Verhältnis) werden in Verbindung mit ähnlichen Analysen des Kerogens bzw. der löslichen organischen Substanzen im Gestein benützt, um die Herkunft von Öl aus bestimmten Muttergesteinen nachzuweisen. Dies ermöglicht Rückschlüsse auf die gesamte potentielle Ölführung eines Horizontes oder eines ganzen Sedimentbeckens, gibt aber auch Hinweise für eine gezieltere Prospektion etwa durch die Erstellung von Migrationsmodellen. Die geochemische Charakterisierung von Rohöl erlaubt auch die Unterscheidung von *Ölfamilien*, die aus Muttergesteinen ähnlicher Fazies, jedoch durchaus unterschiedlichen Alters, abstammen können.

Zur *isotopengeochemischen Charakterisierung* von Erdöl eignen sich die Systeme $^{12}C/^{13}C$ bzw. H/D. Die organischen Ausgangssubstanzen sind durch negatives $\delta\,^{13}C$ und δ D gekennzeichnet, wobei die Lipide besonders „leicht" sind. In den aus der Biomasse entstandenen Kerogenen findet man nur gering, durch Austausch mit Formationswasser veränderte Isotopenverhältnisse (SCHIMMELMANN et al. 1999). Auch das im Laufe der Reifung aus dem Kerogen freigesetzte Erdöl erbt im wesentlichen dessen isotopische Charakteristik, weshalb Muttergesteins-Öl und Öl-Öl-Korrelationen mit dieser Methodik möglich sind. Die weiten Schwankungsbereiche verschiedener Öle, $\delta\,^{13}C$ von -20 bis -32‰ und δ D von -60 bis -180‰, reflektieren also zum größeren Teil fazielle Unterschiede bei der Bildung und Ablagerung der organischen Substanz. Eine beschränkte Anreicherung von ^{12}C in Öl gegenüber Kerogen ist jedoch nachweisbar.

Erdgas ist immer ein Gemisch verschiedener Gase. Neben den Kohlenwasserstoffen führt es wechselnde Mengen von CO_2, H_2S (toxisch) und N_2, dazu Spuren von Edelgasen (Helium etc.). Diese Beimengungen sind mit Ausnahme des Heliums qualitätsmindernd; wo sie überwiegen, kann die Gewinnung unwirtschaftlich sein. Die Kohlenwasserstoffe sind vor allem Methan und andere niedrig-molekulare Paraffine sowie deren Isomere. Temperatur und Druck bestimmen die Zusammensetzung der gasartigen Phase, da bei Druckabfall (also während der Förderung zur Oberfläche) die höheren Kohlenwasserstoffe zum Großteil kondensieren. Diese *„Kondensate"* charakterisieren „nasses" Gas, während „trockenes" Gas fast ausschließlich (meist ca. 90 Mol-%) aus Methan besteht. Schwefel- und CO_2-reiches Gas nennt man „sauer", „süßes" Erdgas hat weniger als 2% CO_2 und kein H_2S. Letzteres kann direkt der Verwendung zugeführt werden, während Sauergas einer vorgeschalteten Raffination bedarf. Der dabei anfallende Schwefel machte das Gasfeld Lacq in Südfrankreich (mit 15% H_2S und 10% CO_2) zu einem der größten Schwefelproduzenten der Erde. Erdgas führt manchmal erhöhte Spurengehalte von Hg (z.B. Polen, Altmark; im norddeutschen Rotliegendgas bis 1 mg/m^3), das naturgemäß vor der Verwendung abgetrennt werden muß.

Es gibt drei Temperaturbereiche (Tiefenstufen) der Bildung von Erdgas: 1. In oberflächennahen Sedimenten und bei niedriger Temperatur entsteht durch bakterielle Fermentierung der organischen Substanz das sehr reine *bakterielle* oder *biogene Methan.* 2. Bei höheren Temperaturen, im Bereich des Erdölfensters, entsteht aus wasserstoffreichem Kerogen neben Öl das *primäre Erdölgas.* 3. Bei noch höheren Temperaturen wird Öl zu *sekundärem Gas* und Pyrobitumen abgebaut („cracking") oder aus kohleartigem Kerogen bildet sich das *katagen-thermokatalytische Gas*. Parallel zu 2 und 3 liegt das Feld der Methanbildung aus Kohlen (Abb. 165).

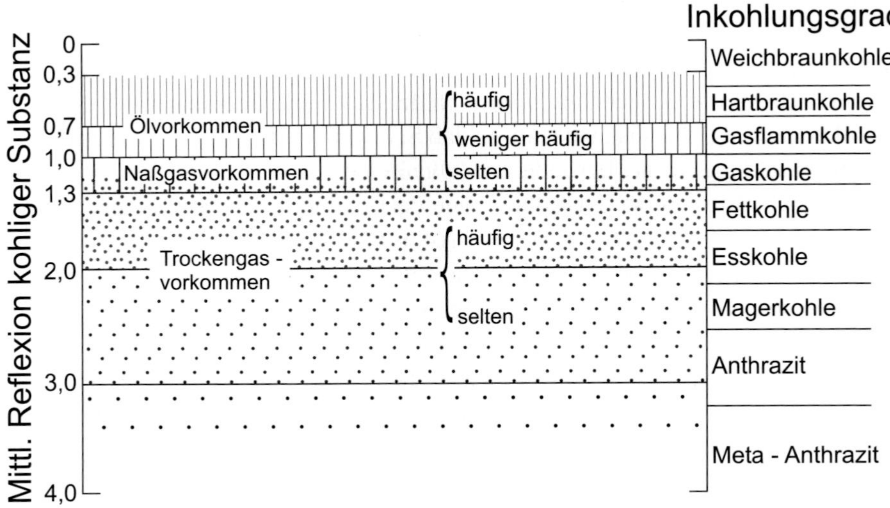

Abb. 165. Bildung von Öl- und Gaslagerstätten in Beziehung zum Inkohlungsgrad der Muttergesteine (BARTENSTEIN & TEICHMÜLLER 1971).

Assoziiertes oder Erdölgas ist ganz oder teilweise im Erdöl gelöst; sobald diese Lösung gesättigt ist, kann sich über dem Ölhorizont freies Gas in Form einer Gaskappe abtrennen. Obwohl es zur Erhaltung der Lagerstättenenergie wünschenswert ist, das Gas einer Öllagerstätte möglichst lange zu schonen, steigt bei der Förderung mit dem Öl immer etwas Gas auf. Dabei schäumt die Flüssigkeit auf, wobei unter Oberflächenbedingungen mehrere 100 m^3 Gas auf 1 m^3 Öl entfallen können. Der Gasanteil der Ölförderung wurde früher abgeflammt; heute wird er, wo immer möglich, als wertvoller Brennstoff und als chemischer Rohstoff genutzt.

Katagenes Erdgas hat gelegentlich hohen Stickstoff- (Kansas, Salzwedel: Norddeutschland) oder Kohlensäuregehalt (Kisalföld/Ungarn, Zechsteingase in Norddeutschland). Das mag oft dadurch zu erklären sein, daß diese schweren Gase bei der Wanderung des Methans gegen die Erdoberfläche eher zurückbleiben und sich deshalb in den Speichern relativ anreichern. Der Herkunft nach ist CO_2 z.T. ein Produkt der Reifung derselben organischen Substanz, aus welcher auch das Methan stammt, oft auch aus der Entgasung tiefer Magmenkörper abzuleiten (zur Unterscheidung nutzt man die $^3He/^4He$- und $CO_2/^3He$-Verhältnisse: z.B. BALLENTINE et al. 2001). Auch eine Ableitung aus tiefliegenden Mergeln und Karbonaten, welche einer Umwandlung in Kalksilikate unterliegen, konnte nachgewiesen werden (HUANG et al. 2003). Erhöhte Stickstoffgehalte, die bis zu fast reinen, natürlich nicht brennbaren N_2-Gasen überleiten, können ebenfalls z.T. aus der organischen Substanz abgeleitet werden. LITTKE et al. (1995) haben gezeigt, daß Kohle nach dem Gipfel der Methanproduktion, also bei hohen Reifegraden, in ein Stadium maximaler N_2 -Produktion gelangt. Die Anreicherung des letzteren beruht auf dem Dichteunterschied zwischen CH_4 (0,554) und N_2 (0,879), wodurch Stickstoff bei Migration und Diffusion relativ zurückbleibt. Ein beträchtlicher Teil des Stickstoffs kann auch aus Illit stammen, in dem K durch NH_4 substituiert war (FRIBERG et al. 2000), oder aus der Atmosphäre durch absinkende Grundwässer. Untersuchungen der Verteilung der Isotope ^{14}N und ^{15}N in Erdgas können zur Deutung der Herkunft von N_2 beitragen (GERLING et al. 1997, WILLIAMS et al. 1995).

Stickstoffreiche Gase können bis zu 2,5 Vol.% Helium enthalten, wie im Hugoton-Panhandle Feld (Kansas-Texas, USA: BALLENTINE & LOLLAR 2002). Geringe Heliumgehalte ebenso wie Neon, Argon und Xenon findet man jedoch in allen Gaslagerstätten. Alle sind wichtige genetische Tracer. Die Anteile von ^4He und ^3He z.B. erlauben Aussagen zur Herkunft des Heliums: Das radiogene ^4He stammt aus dem Zerfall radioaktiver Elemente (U, Th) in Gesteinen des Sedimentbeckens oder des tieferen Grundgebirges. Das „primordiale" ^3He dürfte zumeist aus dem Erdmantel stammen, doch kann es auch in evaporitischen Tonen durch radiogene Umwandlung von ^6Li entstehen, oder mit kosmischem Staub aus dem Weltall in die Beckensedimente eingetragen sein (Hiyagon & Kennedy 1992).

Schwefelwasserstoffreich, manchmal mit mehr als 90% H_2S, ist Gas aus sulfatischen oder karbonatischen Speichern. In der Regel entsteht dieses H_2S bei Temperaturen über 100°C durch thermochemische Sulfatreduktion (Anhydrit), wobei die Kohlenwasserstoffe als Reduktionsagenten wirksam sind. Nur bis ca. 100°C sind sulfatreduzierende Mikroben lebensfähig, weshalb für tiefe Gasspeicher auch schon früher eine anorganische H_2S-Bildung angenommen worden war. Da elementarer Schwefel bei 113–120° C schmilzt, hat man in tiefen karbonatisch-anhydritischen Serien gelegentlich zusammen mit H_2S flüssigen Schwefel angetroffen und gefördert (z.B. in Zechsteindolomit im Weser-Ems-Gebiet).

Große Bedeutung haben in Norddeutschland und Holland Gasfelder, deren Inhalt aus Karbon-Kohlen (und unter-karbonen Schwarzschiefern) abstammt (Bandlowa 1998). Ein Drittel der deutschen Gasförderung kommt aus solchen Lagerstätten, mit Speichern im Karbon selbst (Emsland), vor allem aber im Rotliegenden, im Zechstein und im Buntsandstein. Zumeist aber findet das bei der Inkohlung gebildete Gas keine geeigneten Speicher, sondern entweicht gegen die Erdoberfläche. Dem Gasgehalt der Kohlen selber („coal bed methane") allerdings wird für die Zukunft eine große wirtschaftliche Bedeutung zugeschrieben (Preusse 1995, Gayer & Harris 1996).

Isotopengeochemische Untersuchungen an Erdgas gestatten fundierte Aussagen zur Entstehung (Abb. 166): Bakterielle/biogene Gase sind durch sehr niedrige $\delta\ ^{13}C$-Werte charakterisiert. Durch thermische Reifung entstandene, mit Erdöl assoziierte Gase und trockene Gase haben deutlich schwereren Kohlenstoff und lassen sich zusätzlich durch unterschiedliche δ D-Werte unterscheiden. Aussagen zu den Vorläufersubstanzen sind ebenso möglich, wie zu früher bzw. später Bildung. Die schräge Lage des Feldes der thermogenen Gase verdeutlicht zunehmende Gehalte an schweren Isotopen mit der Reifung. Dies steht in Einklang mit der allgemeinen Beobachtung, daß leichte Isotope früher mobilisiert werden als schwere. Von diesem Schema abweichende, komplexe Isotopenverhältnisse können auf Mischung genetisch unterschiedlicher Gase, auf bakterielle Veränderung oder auf Migrationsphänomene zurückgeführt werden.

Gashydrate (Clathrate) sind eisähnliche Substanzen, die sich bei niedrigen Temperaturen (z.B. unter den Permafrostböden Sibiriens), bei erhöhtem Druck (>50 bar), aber auch über dem Gefrierpunkt des Wassers (bis über 10°C) durch Einschluß von Methan und anderen Gasen in ein eisähnliches Gitter von Wassermolekülen bilden (Idealformel CH_4 x 5,75 H_2O: Max 2000). Es gibt große Lager von Gashydraten in arktischen, kontinentalen und in untermeerischen Sedimenten, selten auch am Meeresboden freiliegende Vorkommen, wie im Golf von Mexiko (MacDonald et al. 1994). Die Teufe der submarinen Gashydratzone ist durch die nach unten zunehmende Temperatur der Sedimente auf etwa 200–500 m eingeschränkt (Pecher 2002). Durch Druckentlastung oder durch Erwärmung wird das Gas freigesetzt. Es gibt bis heute keine wirtschaftliche Gewinnungsmöglichkeit, trotz außerordentlich großer Ressourcen (ca. 10.000 Giga-Tonnen Kohlenstoff in Methan, das ist doppelt soviel C wie in sämtlichen fossilen Brennstoffen der Erde: USGS). Alleine das Vorkommen unter der Blake Ridge an der SE-Küste der USA (Abb. 167) enthält eine Methanmenge, die den Gasbedarf der USA für >100 Jahre sichern könnte (Dickens et al. 1997). Ein Projekt zur Erforschung der kommerziellen Nutzbarmachung läuft seit 2002 in Kanada (*Mallik*, Richards Bay Island, Beaufort Sea).

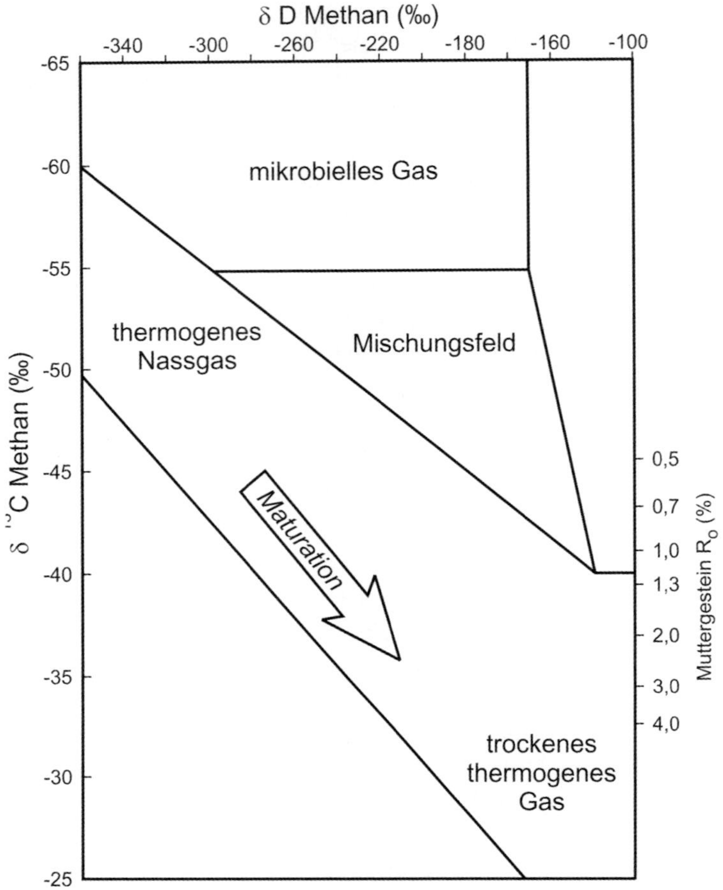

Abb. 166. Isotopengeochemische Charakterisierung von Methan nach Genese und Reifegrad der Muttergesteine (nach SCHOELL 1984). Die Skala am rechten Rand erlaubt eine ungefähre Einordnung des Maturationsgrades des Muttergesteins (R_o = Vitrinitreflexion).

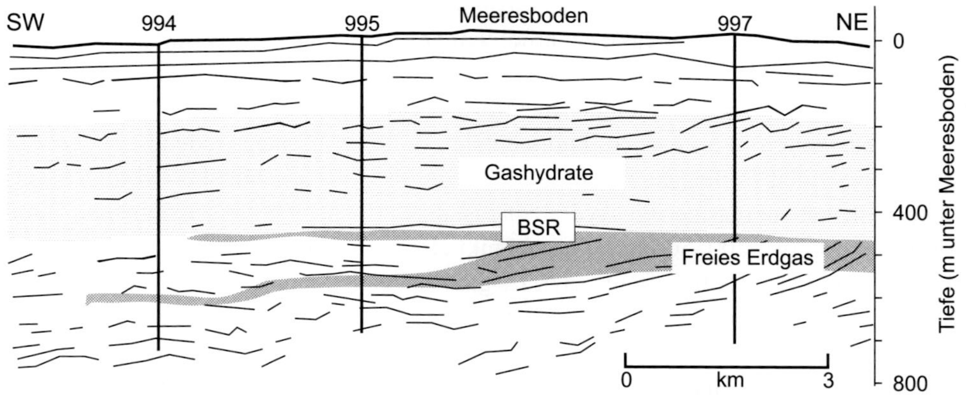

Abb. 167. Seismisches Profil der potentiellen Erdgaslagerstätte Blake Ridge, vor der Küste von North Carolina im Atlantik, in etwa 2800 m Wassertiefe (FLEMINGS et al. 2003). Bemerkenswert ist hier die Bildung einer Fallenstruktur durch gering permeable ~250 m mächtige Gashydrate. BSR = bottom simulating reflector.

Erdteer nennt man eine Gruppe von besonders schweren (6–12 API), hoch viskosen und oft schwefelreichen Rohölen, welche wegen der geringen Qualität zur Zeit nur in Ausnahmefällen gewonnen werden. Erdteer ist eigentlich ein Rückstand der Öldegradation (das ist Verarmung an leichten KW), welche mehrere Ursachen haben kann. Die großen Teerlagerstätten in Sanden („Teersande“) wurden in der Tiefe durch biogene Prozesse unter anaeroben Bedingungen und bei T<80° C gebildet (HEAD et al. 2003). Dabei werden gesättigte KW (Alkane) abgebaut und organische Säuren gebildet. Metalle sowie Asphalthene, Harze und Wachse werden angereichert und bilden als Partikel in flüssigen Kohlenwasserstoffen eine kolloidale Suspension. Ein wichtiges Nebenprodukt dieser Öldegradation ist biogenes Methan, das in geeigneten Fällen Gaslagerstätten bilden kann.

Erdwachs (Ozokerit) besteht zur Hauptsache aus hochmolekularen Paraffinen. Es kann sich aus paraffinischen Ölen in Rohrleitungen oder im Bohrloch abscheiden, ist salbenartig bis spröd, gelb bis braun (letzteres ist geringwertiger). Spez. Gew. 0,84–0,93, Schmelzpunkt 85–100° C,löslich in Öl, Benzin und organischen Lösungsmitteln. Erdwachslagerstätten liegen oberflächennahe an Austrittsstellen von Öl; ihre Form ist meist gangförmig oder stockwerkartig. Die wirtschaftliche Bedeutung von Erdwachs ist heute gering.

Naturasphalt ist ähnlich wie Erdteer ein Abbauprodukt von Erdöl, jedoch oberflächennah und unter aeroben Bedingungen entstanden. Die Bezeichnung Asphalt wird auch für ähnliche Produkte der Verarbeitung von Rohöl verwendet, das sind etwa 3 Gewichts-% der Welt-Ölförderung. Asphalt unterscheidet sich vom Teer durch noch geringeren Gehalt an leichten KW, so daß die Asphalthenkolloide zusammen mit Harzen und Wachsen ein festes, dreidimensionales Gerüst bilden. Asphalt ist braun bis schwarz, bei Normaltemperatur hart, mit muscheligem Bruch. Spez. Gew. 1–1,3. Schmelzpunkt 10–140°C. Naturasphalt führt oft beträchtliche Anteile mineralischer Substanz.

Kerogen ist jener Anteil der organischen Substanz in Sedimenten, welcher in organischen Lösungsmitteln unlöslich ist. Diese Substanz überwiegt gewöhnlich mengenmäßig bei weitem den löslichen Anteil (KW). Kerogen kann aus verschiedenen organischen Ausgangsstoffen entstehen. Dem sedimentären Milieu der Erdöllager entsprechend (vorwiegend marin im Gegensatz zur kontinental/paralischen Kohlenbildung) treten bei bituminösen Gesteinen höhere Pflanzen in den Hintergrund, und es überwiegt pflanzliches und tierisches marines Plankton. Dies ist reich an Lipiden, das sind Fette, Wachse und Öle mit erhöhtem Wasserstoffgehalt. Nach dem Gehalt an C, O und H kann man mehrere Kerogentypen unterscheiden, welche den Mazeralen der Kohlen sehr ähnlich sind (Abb. 168):

Kerogen	Typ 1 – Alginite und Bakterienreste
	Typ 2 – Liptinite und marines Plankton
	Typ 3 – Vitrinite (also holzige Landpflanzen)
	Typ 4 – Inertinite

Die Untersuchung bzw. Identifizierung der verschiedenen Kerogentypen erfolgt mit kohlenpetrographischen Methoden (besonders aufschlußreich ist die Fluoreszenzmikroskopie: TAYLOR et al. 1998), weiter durch Infrarotspektroskopie sowie mittels verschiedener Methoden der organischen Chemie (Pyrolyse, Gaschromatographie, Massenspektrometrie, u.a.). Industriestandard ist die anhydrische Pyrolyse kerogenführender Gesteine („Rock Eval“, Abb. 169).

Im Laufe der Diagenese und Katagenese der Sedimente verändern sich die Kerogene chemisch in der Richtung zum Ursprung der Achsen in Abb. 168, unter Abgabe von CO_2, H_2O, Öl und Gas, wodurch sie schließlich ihre Identität verlieren und graphitähnlich werden. Unreife Kerogene, die am Anfang dieser Entwicklung stehen, geben bei Erhitzen Kohlenwasserstoffe ab. Aus diesem Grunde werden kerogenreiche Gesteine („Kerogenschiefer“, „Ölschiefer“; s. dort) zunehmend als zukünftige, große Kohlenwasserstoffressourcen der Erde betrachtet.

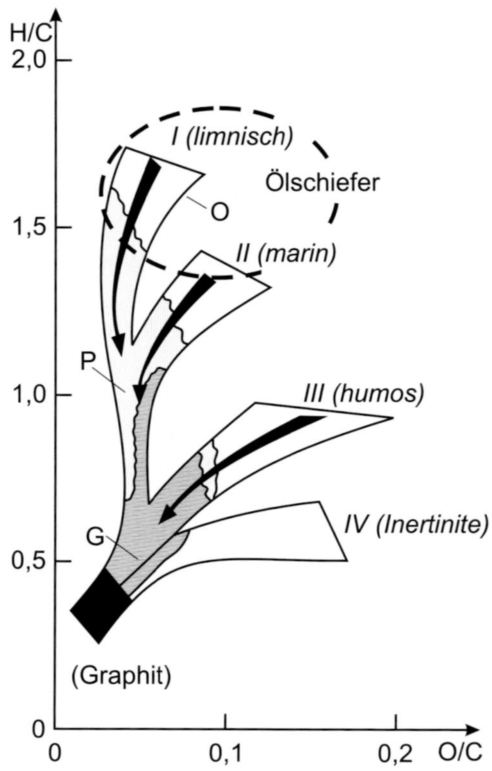

Abb. 168. Veränderung öl- und gasproduzierender Kerogentypen mit zunehmender Temperatur im Van Krevelen Diagramm mit den wichtigen Produkten (nach TISSOT & Welte 1984).

Bedeutende Ölmengen resultieren nur aus Typ I und II-Kerogen, Typ III und IV ergeben bei entsprechender Reife Erdgas. Die Pfeile zeigen die Richtung der chemischen Entwicklung bei zunehmender Reife; O = frühe Bildung von sauerstoffreichen Produkten (CO_2, H_2O); P = Ölbildung; G = Gasbildung.

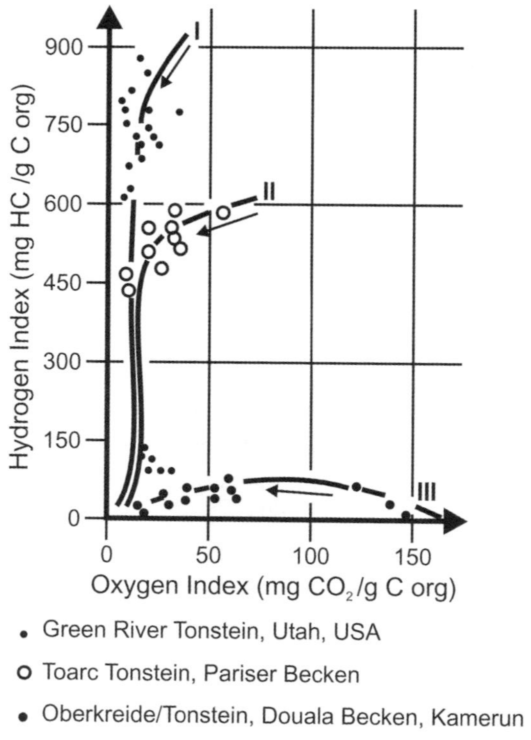

Abb. 169. Erdöl-/Erdgas-Muttergesteine mit unterschiedlichen Kerogentypen im H- und O-Index-Diagramm (resultierend aus Rock-Eval-Analysen, MILES 1994). HC sind Kohlenwasserstoffe, die bei Erhitzung abgegeben werden. Bezogen auf den Gehalt der Probe an organischem Kohlenstoff ergibt sich der Hydrogen-Index.

II. Die Entstehung von Erdöl und Erdgas

Daß Lagerstätten natürlicher Bitumina zum weit überwiegenden Teil aus organischen Substanzen in Sedimentgesteinen entstehen, ist heute allgemein anerkannt. Erdöl und damit assoziiertes Erdgas werden in der Regel durch diagenetische Reifung *(Katagenese)* lipidreicher Anteile des Kerogens gebildet, zu welchen tierische und pflanzliche Fette sowie Harze und Wachse gehören. Trockenes Erdgas dürfte eher aus ursprünglich humosen Kerogenen bzw. aus Kohlen entstehen, wie die weltweite Bindung vieler großer Gaslagerstätten an Bereiche tiefliegender Flözserien belegt (eine Ausnahme von dieser Regel sind die biogenen Gase in oberflächennahen Sedimenten).

Es ist aber durchaus möglich, daß einzelne Gasfelder sogar durch magmatische Prozesse bzw. Entgasung aus dem Erdmantel gebildet wurden. Das wird z.B. für die Gasfelder in miozänen vulkanoklastischen Gesteinen („green tuffs") Japans angenommen. Auch große Teile der gabbroischen ozeanischen Kruste sowie viele Serpentinite enthalten Methan und andere Kohlenwasserstoffe, welche abiotisch durch Reduktion des CO_2 des konvektierenden Meerwassers unter gleichzeitiger Oxydation des Fe^{2+} der Gesteine entstehen. Dieser Vorgang kann sehr gut als Nebenprodukt der Serpentinisierung der Ultramafite verstanden werden, welche große Mengen von H_2 freisetzt. Die methanbildende Reaktion zwischen gelöstem HCO_3^- und H_2 wird durch gleichzeitig entstehende Ni-Fe- oder Fe-Cr-Phasen katalytisch radikal beschleunigt (Foustoukos & Seyfried 2004). Das entstehende „katalytische" Methan hat ähnlich niedrige $\delta^{13}C$-Werte wie biogenes Erdgas (Horita & Berndt 1999).

Erdölmuttergesteine: Organische Substanz ist vor allem in feinkörnigen marinen Sedimenten ein charakteristischer Nebengemengteil. Zu ihrer Erhaltung ist ein reduzierendes Milieu notwendig, allerdings nicht unbedingt im Meerwasser über dem Sediment (euxinische Bedingungen), sondern es genügt, wenn die Grenze der Durchlüftung an der Grenzfläche Wasser/Sediment liegt. Da solche Bedingungen vor allem in ruhigen Teilbecken und in feinkörnigen Sedimenten verwirklicht sind, findet man in Tonen durchschnittlich 2,1%, in Karbonatgestein 0,29% und in Sandsteinen 0,05% C in Form organischer Substanz (TOC – total organic carbon). Faulschlammgesteine (Sapropelite und Gyttjas) sind besonders reich an organischer Substanz und bilden die wichtigsten Erdölmuttergesteine.

Ein rezentes Beispiel ist diesbezüglich der schwarze Schlamm *(Sapropel)* des Schwarzen Meeres, der 23–35% organische Substanz und bis 10% in Äther oder Benzol extrahierbares Bitumen führt. Dieser Schlamm wurde als feines, dünnschichtiges Sediment in geologisch junger Vergangenheit (>4000 Jahre) in den beiden über 2000 m tiefen, stillen Zentren dieses Meeres gebildet, die von Meeresströmungen umkreist werden. Jedes Jahr entstanden eine tonreiche und eine bituminöse Lage, abhängig vom jahreszeitlichen Klimazyklus. Die höheren Organismen leben in solchen *euxinischen Becken* in der oberen, sauerstoffreichen Schicht des Meeres. Nach dem Absterben sinkt die organische Substanz in das sauerstofffreie, H_2S-reiche Tiefenwasser und schließlich auf den Meeresboden ab.

Neben der Einlagerung organischer Partikel gibt es einen zweiten Weg der Anreicherung organischer Substanzen (C_{org}) in den Bodenschlämmen: Moderne Meeresforschung hat gezeigt, daß ein wesentlicher Anteil des C_{org} im Meer und im Porenfluid der Schlämme in gelöster Form vorliegt. Es kann durch Adsorption an Tonmineralen (besonders an Smektiten) und sogar durch Einlagerung in die Zwischenschichten von Smektiten bzw. Smektit-Illit-Mineralen festgelegt werden (Kennedy et al. 2002).

Das von SO_4-reduzierenden Bakterien produzierte H_2S ebenso wie HS^- bewirken eine frühdiagenetische „Vulkanisierung" der organischen Substanz, die dadurch vor bakteriellem Abbau geschützt, aber gleichzeitig auch an S angereichert wird. Sapropelite enthalten eine typische Gesellschaft von Spurenelementen: Ba, P und Cd reichern sich bereits in lebenden Organismen an (erhöhte Gehalte gelten als Belege für hohe organische Produktivität), Ni, Co, Cu und Zn bilden organometallische Komplexe mit abregnenden organischen Teilchen, V, Mo und Cr werden erst nach Reduktion unter Verbrauch organischer Substanz fixiert. Mn und Fe sind oft gegenüber normalen marinen Tonen verarmt, da sie im reduzierten Porenwasser gelöst werden und mit diesem im Verlauf der Diagenese abwandern. Diese Reduktion ist z.T. bakteriell und betrifft z.B. das Fe(III) der Smektite im Laufe der diagenetischen Illitbildung (Kim et al. 2004).

Erdölmuttergesteine werden jedoch nicht nur in abgeschlossenen Meeresbecken gebildet. Durch ein Überangebot an Nährstoffen (P + N_2-reiche Meeresströmungen, z.B. durch Hochströmen von kaltem Tiefenwasser: upwelling) kann organische Massenproduktion mit folgendem Massensterben ausgelöst werden, welches im Sinne einer Kettenreaktion durch H_2S-Vergiftung aus den Zersetzungsprodukten verursacht ist. Auch starke Erwärmung der Meere kann ozeanweite anoxische Phasen auslösen (z.B. Kreide). Dann entstehen von den „euxinischen" zu unterscheidende „ozeanische" Sapropelite des offenen Meeres. Algenrasen in randlich-marinen Salzlagunen können unter Salzabdeckung ebenfalls sapropelitische Gesteine (Kukersite) mit hohem Lipidanteil werden. Diese betrachtet man als Muttergestein für die nicht seltenen Öllager in salinaren Dolomiten (Silur von Michigan, Ordoviz in SE-Saskatchewan, Untereozän des westlichen Syrte-Beckens). Schließlich können auch relativ geringe Gehalte (~1,5% TOC) organischer Substanz in „normalen", feinkörnigen Sedimenten zur Bildung von KW-Lagerstätten ausreichen. Dies läßt sich auch durch Messung der mit der Reifung einhergehenden Abnahme organischen Kohlenstoffs in marinen Tonen belegen. Da in solchen Gesteinen Schwefel sehr früh durch Pyritbildung fixiert wird, kann die Verringerung des C/S-Verhältnisses als Maß für die diagenetische Mobilisierung des Kohlenstoffs dienen. *Kohlen* sind wegen der allgemein niedrigen H-Gehalte sowie der geringen Häufigkeit von Sapropelkohlen selten Erdölmuttergesteine (Law & Rice 1993). Ölfelder in NW-China werden jedoch auf jurassische, nicht einmal besonders liptinit-reiche Kohlen zurückgeführt (Shao et al. 2003).

Trotz der Vielfalt möglicher Quellen kann man heute viele Öllagerstätten bestimmten Muttergesteinen zuordnen. Die wichtigsten Erdölmuttergesteine Europas sind der Posidonienschiefer des U. Jura (Toarcien; Littke 1993), Tonsteine des Kimmeridge/O. Jura (besonders für das Nordseeöl) sowie die Blättertone der Unteren Kreide (Emsland). Die Öllagerstätten des Maracaibo-Beckens in Venezuela sind aus der oberkretazischen La Luna Formation abzuleiten (Mongenot et al. 1996). Die größte Öllagerstätte der Welt, *Ghawar* in Saudi Arabien, wird von oberjurassischen evaporitischen Sapropeliten abgeleitet (Kulke 1994). Lakustrine Muttergesteine haben wegen ihrer geringeren Häufigkeit nur lokal wirtschaftliche Bedeutung, jedoch werden 95% des Öls im festländischen China von solchen Gesteinen bezogen.

Weitere wesentliche Eigenschaften von Erdölmuttergesteinen sind neben erhöhtem Gehalt an organischer Substanz Feinkörnigkeit und damit geringe Permeabilität. Besonders häufig sind es tonige Sedimente, seltener dunkle Karbonate (Maracaibo) oder Evaporite (Katz 1994).

Muttergesteine für trockenes Erdgas sind zumeist Kohlen, klastische Sedimente mit humosen Partikeln, oder solche mit sehr reifen Kerogenen, welche bereits Erdöl und nasses Gas produziert haben (Rice & Schoell 1995). Viele europäische Gasfelder werden von oberkarbonen Kohlen (und von unterkarbonen Schwarzschiefern) abgeleitet. Kohlen beginnen bei einem Gehalt von etwa 37% flüchtigen Bestandteilen große Mengen von Methan (z.T. auch mit Äthan, Propan, Butan) abzugeben (Abb. 171), das durch Poren, Klüfte und Störungen abströmt und durch geeignete Speicher akkumuliert werden kann. Auch das in den Kohlen adsorbierte oder später biogen erzeugte Methan (coal bed methane = CBM; s. auch Grubengas) wird zunehmend wirtschaftlich wichtig, da sehr große Ressourcen vorliegen.

Diagenese und Katagenese des Kerogens: Unter Diagenese wird in der Erdölgeologie nur die frühe Kompaktion, Entwässerung und damit Lösung und Wiederausfällung verschiedener Stoffe sowie Sammelkristallisation verstanden. Unter Katagenese versteht man jene Vorgänge, die unter Überlagerung und damit erhöhten P/T-Bedingungen ablaufen, jedoch vor der eigentlichen Metamorphose (späte Diagenese). Die Muttergesteine zeigen bei zunehmender Maturation und unter Abgabe von Kohlenwasserstoffen typische Veränderungen, u.a. dunklere Färbung, Verschwinden der feinen Lamination und Auftreten von Mikro- und Makrorissen, welche mit neugebildeten Mineralen und Bitumen gefüllt sind (LITTKE 1993). Parallel dazu werden morphologische Eigenschaften der Mazerale durch den Masseverlust undeutlich. Die Gehalte an typischen Schwarzschiefer-Spurenmetallen verändern sich jedoch nicht (MONGENOT et al. 1996).

Die frühe *Diagenese* organischer Substanzen ist im wesentlichen ein biochemischer Vorgang, wobei eine anaerobe mikrobielle Gärung stattfindet, die Methan („biogenes Sumpfgas"), Wasser, CO_2 und Kerogen erzeugt (Abb. 170). Dieser Vorgang verläuft in zwei Stufen: In einem ersten Schritt werden Wasser und organische Substanz mittels enzymatischer Reaktionen zu H_2 und CO_2 umgesetzt. Danach reduzieren methanogene *Archaea* das CO_2 nach folgender Formel:

Mikrobielle Methanogenese durch Archaea unter CO_2-Reduktion

$$CO_2 + 4\,H_2 \rightarrow 2H_2O + CH_4$$

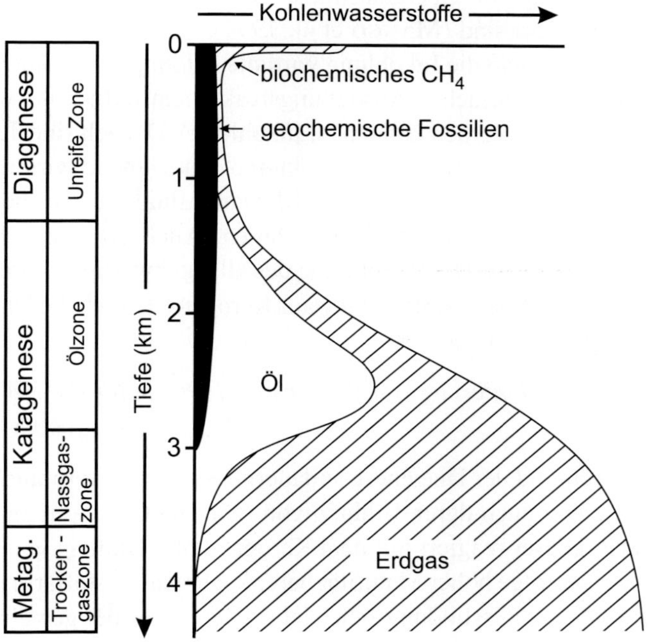

Abb. 170. Bildung von Erdöl und Erdgas aus organischer Substanz während der Diagenese, Katagenese und Metagenese des Kerogens mit ungefähren Tiefenangaben. Die Tiefe an bestimmten Orten ist jedoch von der Temperatur und weiteren lokalen Faktoren abhängig (nach TISSOT & WELTE 1984).

Isotopenanalysen belegen die Herkunft des Wasserstoffs solcher Gase aus den Formationswässern (MARTINI et al. 1996). Lagerstätten von frühdiagenetisch biogenem Methan sind eher selten, weil ein großer Teil des mikrobiell entstandenen Methans durch synbiotisches Zusammenwirken von methanoxydierenden Archaea und sulfatreduzierenden Bakterien erneut oxydiert wird (DELONG 2000). In sulfatarmer Umgebung (z.B. durch spätere Flutung kerogenreicher Gesteine mit meteorischen Wässern: MCINTOSH et al. 2004) können jedoch bedeutende Gaslagerstätten gebildet werden. Man schätzt, daß etwa 20% der weltweiten Gasressourcen mikrobiell gebildet wurden.

Ein interessantes Beispiel für biogene Methanbildung lange nach der Ablagerung der Muttergesteine ist die Gasprovinz im nördlichen Michigan/USA, wo aus dem devonischen Antrim Shale aus mehr als 5000 Bohrungen bis 600 m Tiefe täglich 1,2 x $10^7 m^3$ Gas gefördert werden. Dieser Schieferton enthält bis 20% von Algen gebildete organische Substanz geringer Reife. Er ist zugleich das Gas-Muttergestein und das Reservoir, aus dem gefördert wird. Die Methanbildung beruht auf Flutung der Beckenrandlagen mit meteorischem Wasser (MCINTOSH 2004). Sie kann mittels ^{14}C in das späte Pleistozän (<22.000 Jahre) datiert werden (MARTINI et al. 1996).

Bei ungefähr 1500 m Überlagerung (abhängig vom lokalen geothermischen Gradienten) und 50–100°C beginnt nach der Diagenese übergangslos die *Katagenese* des Kerogens, aus welchem nun in einem *geochemischen* Vorgang zunehmend Erdöl und thermogenes Erdgas abgegeben werden, möglicherweise unterstützt durch eine katalytische Wirkung der Tonminerale, vor allem Montmorillonit. Dieses nun „reife Kerogen" verliert bis etwa 3500 m Tiefe und 150–200°C seine Fähigkeit zur Abspaltung schwerer Kohlenwasserstoffe. Darunter wird nur mehr Erdgas produziert (Abb. 170). TISSOT & WELTE (1984) bezeichnen das Stadium zwischen 200 und 250°C als *Metagenese*, welche unter zunehmender Umwandlung der organischen Substanz in Graphit/Pyrobitumina und Erdgas zur eigentlichen Metamorphose überleitet. In jüngerer Zeit wurde mehrfach darauf hingewiesen, daß typisch methanreiches, trockenes Erdgas aus thermodynamischen Gründen nicht ausschließlich dadurch entstehen kann, daß lipidreiche Kerogene nach Erdölbildung weiterer Erwärmung unterliegen. Es wird unter anderem vermutet, daß diese Methanbildung durch Katalyse unter Mitwirkung von Übergangsmetallen (z.B. Ni, V) erfolgt, welche in Erdölmuttergesteinen immer angereichert sind (MANGO et al. 1994).

Ähnlich wie die Inkohlung wird die Bildung von Kohlenwasserstoffen aus Kerogen zumeist als eine Serie einfacher Abspaltungsreaktionen aufgefaßt, welche mit der ARRHENIUS-Gleichung beschrieben werden können (s. Inkohlung). Danach sind Temperatur und ihre Einwirkungszeit auf das Kerogen die wichtigsten Faktoren. Zunehmend wird nun aber erkannt, daß auch die Mineralsubstanz der Muttergesteine und die Porenfluide an den chemischen Reaktionen der Kohlenwasserstoffbildung aus Kerogen teilnehmen. Auch erhöhte Schwefelgehalte fördern diesen Vorgang (LEWAN 1998). Die Beteiligung des allgegenwärtigen Porenwassers an den chemischen Prozessen der Kohlenwasserstoffbildung aus Kerogen ist durch die Disproportionierung des Wassers nach folgender Formel bedingt:

Disproportionierung von Wasser als H-Quelle für die KW-Produktion aus Kerogen

$$H_2O_{\,(liqu)} = H_{2\,(aq)} + 0{,}5\ O_{2\,(aq)}$$

Da während der Diagenese andauernd Sauerstoff verbraucht wird, vor allem durch Oxydation von Fe^{2+}, aber auch durch Bildung von sehr viel CO_2, werden große Mengen von Wasserstoff freigesetzt. Dieser reagiert mit dem Kerogen unter Bildung von Kohlenwasserstoffen, auch dann, wenn dieses infolge hoher Maturität bereits sehr wasserstoffarm ist. Damit ist das Potential des Kerogens zur Öl- und Gasbildung sehr viel größer, als es der gewöhnlich relativ niedrige inhärente Wasserstoffgehalt zuließe (SEEWALD 1994).

Die oben angegebenen Temperatur- und Tiefenbereiche sind insofern relativ, als die Reifung des Kerogens nicht nur von seiner Zusammensetzung und der erreichten Temperatur (beeinflußt durch Tiefe und lokale geothermische Tiefenstufe), sondern auch von kinetischen Faktoren abhängt (z.B. Verzögerung der Reifung durch Überdruck: CARR 1999). Deshalb sind Tiefe und Temperatur beginnender Ölbildung in verschiedenen Provinzen sehr unterschiedlich.

Gegenüber normalen epikontinentalen Sedimentbecken erhöhter Wärmefluß tritt in marinen Rift-Trögen auf. Ein rezentes Beispiel dafür ist der *Golf von Kalifornien*, wo untermeerisch austretende Hydrothermen reichlich Erdgas und Öltropfen bis 2 cm Durchmesser fördern. Um die Austrittstellen wird Baryt abgesetzt, während die Kohlenwasserstoffe im Meerwasser rasch dispergiert werden. Das Becken enthält nur 500 m mächtige junge Sedimente, die bei entsprechend niedrigem Druck bis 200 bar aber einer starken Erwärmung bis >315°C unterliegen. Es wird vermutet, daß dies im Vergleich zur relativ trägen Versenkungsdiagenese ein besonders effizientes Milieu der Erdölbildung ist. Möglicherweise vergleichbar ist in Europa die Erdöl- und Erdgasprovinz der *Nordsee*, die ihre Entstehung einer langandauernden mesozoischen Grabentektonik verdankt, wobei sicherlich zeitweise sehr hoher Wärmefluß wirksam war (GLENNIE 1998). Im Atlantik vor der norwegischen Küste, etwa auf der Breite Islands, wurden Tausende von großen Fluidschloten (fluid escape pipes) gefunden, welche vermutlich zu Beginn des

Eozäns (vor 55 Ma) gebildet wurden. Sie werden auf weit verbreitete und mächtige Basaltsills zurückgeführt, welche in 1–3 km Tiefe TOC-reiche, kretazisch-paläozäne Sedimente intrudierten. Die plötzliche Erwärmung der Sedimente (<10.000 Jahre) induzierte die Freisetzung immenser Massen von Methan, welches die extreme globale Treibhausphase des frühen Eozäns ausgelöst haben soll (Svensen et al. 2004).

Mit 6–12 km ungewöhnlich tief hingegen liegt die Zone der Ölgeneration im südlichen Kaspi-Becken (Aserbeidschan), weil dort bis zu 10 km unterkompaktierte plio-/pleistozäne Sedimente bei außergewöhnlich geringem geothermischem Gradienten vorliegen (Feizullayev et al. 1998).

Der Reifegrad (Maturität) des Kerogens ist zu einem zentral wichtigen Kriterium bei der Suche nach neuen Kohlenwasserstofflagerstätten geworden. Die Messung des Reifegrades erfolgt durch die Bestimmung geochemischer Indizes ähnlich wie bei Rohölen (z.B. Rock Eval, Abb. 169). Weniger aufwendig ist jedoch die Messung der Fluoreszenz von Alginiten und Exiniten bzw. der Reflexion vitrinitähnlicher Partikel (Kerogen Typ III), die in fast allen Gesteinen in geringen Mengen vorkommen. Bei Reflexionswerten der Vitrinite unter Ölimmersion um 0,5%, also etwa dem Glanzbraunkohlenstadium entsprechend, beginnt die Abgabe von Öl aus Kerogen. Öl wird bis zu Reflexionswerten von etwa 1,3%, also bis zum Fettkohlenstadium, produziert (Abb. 165). Zwischen diesen beiden Werten liegt das sogenannte *Ölfenster*, das in der Erdölprospektion durch Kartieren des Maturitätsgrades aufgesucht wird. Höhere Maturität bewirkt die Abspaltung von Kondensat und danach Methan, letzteres auch aus solchen Kerogentypen, die aufgrund ihrer chemischen Eigenschaften nicht Öl erzeugen (Abb. 171). Dies ist der Grund für das weltweit beobachtete Überwiegen trockener Gaslagerstätten in tieferen Horizonten (im „*Gasfenster*") von Erdöldistrikten, schränkt aber auch die Hoffnungen auf Erdölfunde in heute technisch-wirtschaftlich nicht erschlossenen Tiefen stark ein.

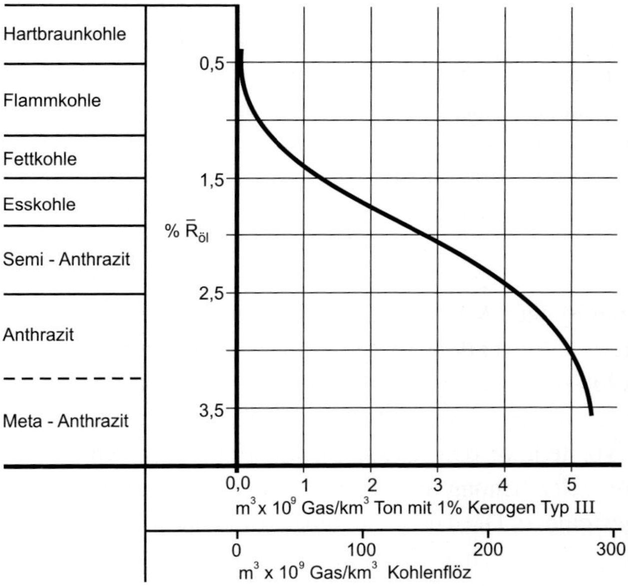

Abb. 171. Kumulative Methanproduktion aus tonigem Gestein mit 1% organischer Substanz bzw. aus Kohle mit zunehmender Reife (aus Glennie 1986). Damit ist eine Abschätzung der gesamten Gasproduktion eines Sedimentbeckens möglich, wenn die Kerogen- bzw. Kohleninhalte und der erreichte Reifegrad bekannt sind.

Aus kinetischen Gründen verlaufen allerdings zunehmende Vitrinitreflexion und Kohlenwasserstoffbildung aus Kerogen nicht genau parallel: Bei rascher Aufheizung bleibt die Reflexion hinter der Ölbildung zurück, während umgekehrte Verhältnisse eine relative Verzögerung der Kerogenmaturität bewirken (Mukhopadhyay 1992).

Eine wichtige Frage ist die untere Begrenzung des Ölfensters, vor allem für die Bewertung prognostischer Ressourcen. Generell wird postuliert, daß Erdöl bei Temperaturen um etwa 200°C instabil wird, wobei Erdgas und Pyrobitumina bzw. schließlich Graphit entstehen. Dieser thermische Abbau („cracking") geht mit der Bildung zunehmender Anteile von Diamantoiden einher. Es ist damit möglich, für einzelne Öldistrikte den Boden des Ölfensters vorherzusagen (Dahl et al. 1999).

III. Erdöl- und Erdgaslagerstätten

Die natürlichen Bitumina bilden sich im Erdölmuttergestein in disperser Form. Öl entsteht in den Kerogenpartikeln als feinste Tröpfchen, die in unmittelbar benachbarte Poren des Sedimentes abwandern. Dieses *in-situ*-Öl ist nur in wenigen Ausnahmefällen gewinnbar. Damit eine wirtschaftlich signifikante Konzentration erreicht wird, muß das Öl in der Regel aus dem Muttergestein abfließen und sich nach Wanderung (Migration) im Speichergestein einer Fallenstruktur ansammeln. Diese Wanderung wird durch die zunehmende Erwärmung, Kompaktion und Entwässerung der Muttergesteine ausgelöst und in Gang gehalten. Wie auch bei der Inkohlung muß jedoch angenommen werden, daß Freisetzung und Abwandern der Bitumina oft in relativ kurzen geologischen Zeiträumen stattfinden (Millionen bis Zehnermillionen Jahre). Interessant sind Vergleiche zwischen der berechneten Masse der in einem Becken freigesetzten Kohlenwasserstoffe und den tatsächlich bekannten Lagerstätten, welche den Wirkungsgrad des Systems widerspiegeln: Für die meisten Fälle liegt dieser bei nur 0,1–1%, selten höher (5–6% im Arabischen Golf, 10% im Becken von Maracaibo).

Somit ist die Bildung von Öl- und Gaslagerstätten das Produkt der Interaktion komplexer Systeme, bestehend aus den Einzelbereichen Muttergesteine, Diagenese, Versenkungs- und Erwärmungsgeschichte, Tektonik, Migration, Speichergesteine und Fallen (play, oder petroleum system: Magoon & Dow 1994, Abb. 172). Spätere thermische, mikrobielle oder tektonische Einwirkungen auf KW-Lager führen häufig zu nachteiligen Veränderungen der KW bis zur völligen Zerstörung der Lager (Abb. 173).

Migration

Die Wanderung der natürlichen Kohlenwasserstoffe aus den Muttergesteinen in die eigentlichen Lagerstätten wird durch die Anwendung hydrogeologischer Konzepte zunehmend besser verstanden (Verweij 1993). Geologische und geochemische Argumente belegen, daß Öl oder Gas manchmal einige 100 km weit migriert ist, während in anderen Fällen nur sehr kurze Wege nachweisbar sind. Gut begründet ist die Vorstellung, daß das auslösende Moment der Migration die zunehmende Verdichtung (Kompaktion), Erwärmung und Entwässerung der im aktiven Sedimenttrog in die Tiefe absinkenden Muttergesteine ist. Die damit zunehmende Dichte sowie die gleichzeitige Abnahme der Porosität der Gesteine sind vielfach nachgewiesen. Das aus den sich schließenden Poren ausgetriebene Wasser, in der Folge auch das aus Tonmineralen und Kerogen chemisch freigesetzte Fluid, strömt in die Richtung geringeren Druckes, also generell nach oben bzw. gegen die Beckenränder.

Die Kohlenwasserstoffe werden durch diesen Kompaktionsstrom entweder als feinste Tröpfchen in dispergierter Form, möglicherweise z.T. auch in Lösung transportiert. Neben Wasser spielt Erdgas als Transportmedium eine Rolle. Schließlich wird auch Diffusion als allerdings wenig wirksame Transportmöglichkeit genannt. Geologische Bedeutung erlangt Diffusion nur für leichte, niedrigmolekulare Kohlenwasserstoffe, also für Erdgas.

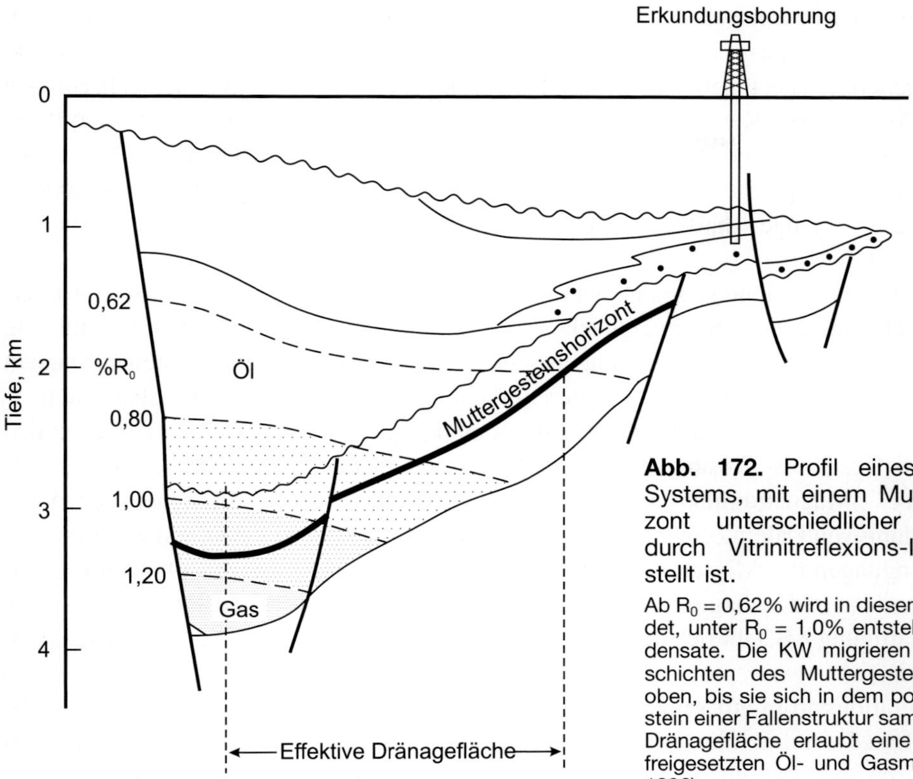

Abb. 172. Profil eines KW-bildenden Systems, mit einem Muttergesteinshorizont unterschiedlicher Reife, welche durch Vitrinitreflexions-Isolinien dargestellt ist.

Ab R_0 = 0,62% wird in diesem Beispiel Öl gebildet, unter R_0 = 1,0% entstehen Gas und Kondensate. Die KW migrieren in den Hangendschichten des Muttergesteinhorizontes nach oben, bis sie sich in dem porösen Speichergestein einer Fallenstruktur sammeln. Die effektive Dränagefläche erlaubt eine Abschätzung der freigesetzten Öl- und Gasmenge (nach HUNT 1996).

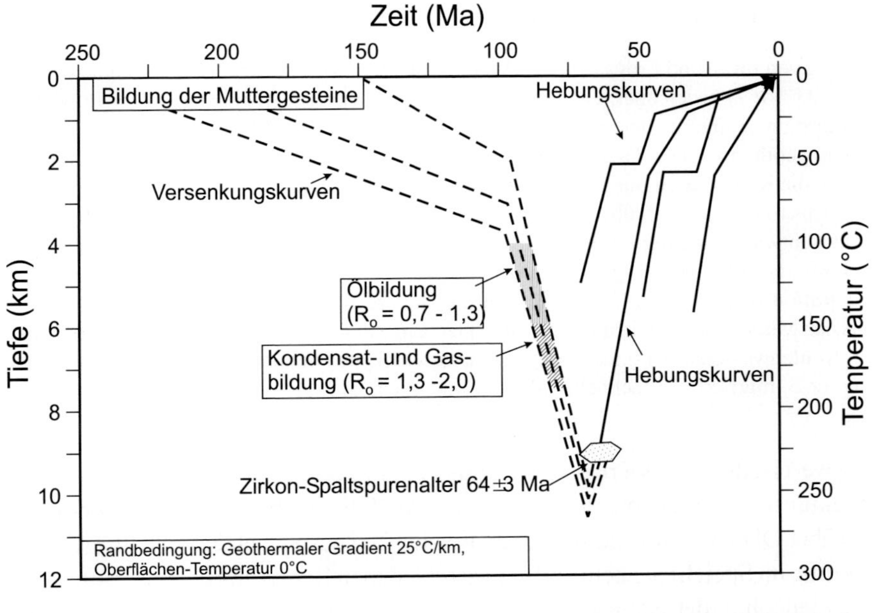

Abb. 173. Sedimentation, Absenkung, Öl- und Gasbildung im Vorland der Brooks Range/Alaska in einem Temperatur-Tiefe-Zeit-Diagramm (nach PARRIS et al. 2003).

In diesem Fall wurden Öl und Gas vor der tiefsten Versenkung (bis 10 km) und Erwärmung (250°C) der Gesteine gebildet. Es ist wenig wahrscheinlich, daß hier Gaslager erhalten blieben.

Wenn Öl einen hohen Prozentsatz des Porenvolumens füllt, kann es auch als zusammenhängende Ölphase wandern. Letzteres wird dann zutreffen, wenn bereits sehr dichte, wasserarme Gesteine in die Zone der Ölgeneration gelangen, wie z.B. feinkörnige karbonatische Muttergesteine. In solchen Gesteinen bewirken die vom Kerogen sich abspaltenden leichten Kohlenwasserstoffe einen internen Druckaufbau (generation pressure) im Gestein; auch Öl und Wasser expandieren bei Erwärmung. Die Freisetzung organischer Säuren bewirkt eine kräftige Rekristallisation (HEYDARI & WADE 2002). Diese Vorgänge schaffen eine temporäre Permeabilität, welche das Abfließen von Öl und Gas ermöglicht.

Geologische Zusammenhänge lassen manchmal belegen, daß die Migration der Kohlenwasserstoffe quer zur Schichtung eines Sedimentbeckens erfolgt sein muß, mit oder ohne Unterstützung durch Störungen. Spuren der Durchwanderung in Schichten zwischen den Muttergesteinen und den Reservoirgesteinen sind jedoch nicht ohne weiteres erkennbar. Gelegentlich nachweisbar sind thermische Einflüsse, da die Fluide aus der Tiefe wärmer sind, ebenso wie Reaktionen zwischen den Fluiden und den Gesteinen (Lösung bzw. Ausfällung verschiedener Elemente und Minerale; Reduktion von Fe^{3+}: Magnetitbildung aus Hämatit und Goethit; Entzug von CO_2 aus dem KW-Fluid durch Bildung von Calcit-Zementen). Besonders wichtige Daten zur Zeit und zu physikalischen Randbedingungen der Migration der Kohlenwasserstoffe lassen sich aus Öl- und Gaseinschlüssen in Mineralen und in diagenetischen Zementen ableiten (GOLDSTEIN & REYNOLDS 1994). Eine frühere Ölsättigung z.B. läßt sich durch die Häufigkeit von KW-Fluideinschlüssen abschätzen (LISK et al. 2002).

Trifft der Migrationsstrom auf seinem Wege durchlässige Gesteine, so reichern sich dort die Bitumina an, sofern diese durch impermeable Gesteine (Tone, dichte Sandsteine, Evaporite) nach oben abgeschlossen sind. Im einfachsten Falle kann man sich die Abtrennung der Kohlenwasserstoffe aus dem gewöhnlich wasserreichen Fluidstrom so vorstellen, daß die ersteren als leichtere Phase bevorzugt in die glockenförmig geschlossene Fallenstruktur aufsteigen, während die schweren Formationswässer darunter vorbeifließen.

Die Wanderung von Erdöl und Erdgas aus den Muttergesteinen in permeable Nebengesteine wird als *Primärmigration* (LEVORSEN 1967) bezeichnet. Oft unterscheidet man zwischen früher und später Primärmigration. Die späte Primärmigration beginnt in diesem Sinne nach einer Absenkung der Muttergesteine in eine Tiefe von >1500 m (bei normalem geothermischem Gradienten), womit gewöhnlich die Hauptphase der Ölbildung einsetzt. Da in diesen Bereichen die Kompaktion nur mehr eine geringe Rolle spielt, dürfte die Volumenzunahme der entstehenden KW-Phasen als treibende Kraft überwiegen. Die frühe Migration ist bei geringerer Überdeckung mit der starken Kompaktionsentwässerung der unreifen Sedimente verbunden. Es ist extrem selten, daß aus seichtliegenden Muttergesteinen wirtschaftliche Öllagerstätten entstehen.

Sekundärmigration (LEVORSEN 1967) beschreibt die weitere Wanderung der Kohlenwasserstoffe nach ihrem Übertreten aus den Muttergesteinen in die permeablen Nebengesteine. Während dieser Migration kann es zur Fraktionierung der Kohlenwasserstoff-Fluide kommen, da verschiedene Dichte unterschiedliche Strömungsgeschwindigkeit bedingt (z.B. migriert CH_4 schneller als N_2), oder auch zu Fraktionierung durch Entgasung (evaporative fractionation).

Bemerkenswert ist die charakteristische Trennung der Fluide im Bereich des Speichergesteins bzw. der Fallenstruktur nach der Dichte, wobei sich im Idealfall eine horizontale Schichtung von Gas im höchsten Teil über Öl in der Mitte zu Wasser im tiefsten Teil des Speichers einstellt (Abb. 174). Infolge der Kapillarkräfte im Speichergestein und der verschiedenen Benetzungseigenschaften der beteiligten Substanzen ist jedoch in der Natur eine vollständige Trennung nicht ausgebildet, so daß fast immer Gemenge von Öl, Gas und Wasser in unterschiedlichen Anteilen vorliegen. Die „Kontaktflächen" zwischen Öl, Gas und Wasser sind auch keineswegs immer horizontal ausgebildet; „geneigte" Kontakte sind unter anderem durch fließendes Porenwasser (Tiefengrundwasser) bedingt.

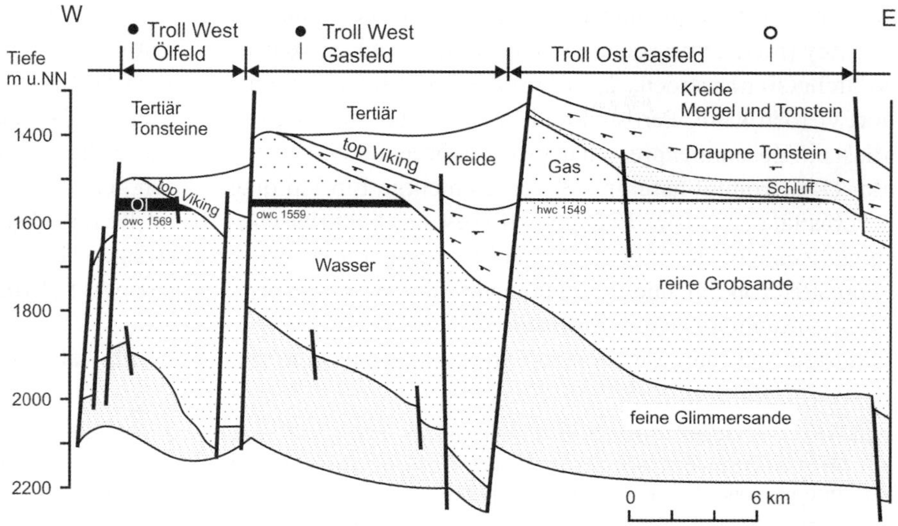

Abb. 174. Das Offshore-Gasfeld Troll ca. 80 km NW von Bergen/Norwegen enthält immens große Gas- neben beträchtlichen Ölvorräten, deren Produktion bis ins Jahr 2050 andauern wird (Bolle 1992). Es liegt am Ostrand des jurassischen Vikinggrabens in Mittel- bis Oberjura-Sanden der Viking Gruppe. Muttergesteine sind Draupne-Schiefertone des Kimmeridge, welche gegen W in tiefere Grabenbereiche abgesenkt wurden. owc = Öl/Wasserkontakt, hcw = Gas/Wasserkontakt mit 0–4 m Öl; m ss = Tiefe unter Meeresboden. Beachte den stark verkürzten horizontalen Maßstab.

Isotopengeochemische Daten erlauben es, die Migration bzw., genauer, die Platznahme bituminöser Substanzen durch Pb-Pb Datierung auch zeitlich festzulegen. Die Methode ist darauf begründet, daß fast alle Bitumina Uranspuren enthalten, deren radioaktiver Zerfall Blei hinterläßt. Weiter wurden geochemische Spurenstoffe gefunden, die es gestatten, die Migrationsentfernung zu quantifizieren („Ödometer“: Isaksen 1996). Dadurch kann die Ausdehnung des Petroleum-Systems erforscht werden.

Manchmal wird auch die Bezeichnung *Tertiärmigration* (auch „Remigration“ genannt) verwendet. Darunter versteht man das Abfließen bereits vorhandener KW-Anreicherungen in neue Speicher (Lisk et al. 2002) oder mangels geeigneter Fallen bis zur Oberfläche. Auslösend für eine solche Umlagerung sind wohl meist tektonische Vorgänge. In den Aufstiegswegen bilden sich durch Druckentlastung etc. u.U. Pyrobitumina, Asphalt- oder Ozokeritlager. Die leicht flüchtigen Kohlenwasserstoffe, vor allem Erdgas, verursachen an der Erdoberfläche zusammen mit dem begleitenden Wasser die Ausbildung von *Schlammvulkanen* („Salsen“). Auch Erdöl kann an die Oberfläche austreten; es entstehen dann die „Ölkuhlen“ (Norddeutschland) oder Asphaltseen (Trinidad). Untermeerische Austrittstellen von Öl und Gas sind im Golf von Mexiko besonders häufig. Sie sind durch Kolonien von Mytiliden und Röhrenwürmern besiedelt, stellenweise gibt es Asphalt- und Gashydratvorkommen, Öl- und Gasbläschen steigen im Wasser auf. Daher rührende natürliche Ölfilme an der Meeresoberfläche sind in Satellitenbildern zu erkennen (MacDonald et al. 1994).

Speichergesteine

Die Speichergesteine von Öl- und Gaslagerstätten müssen porös und permeabel sein, damit eine wirtschaftliche Gewinnung möglich ist. Wichtig ist die Kombination beider Eigenschaften, da eine hohe Porosität alleine kein Fließen des Lagerstätteninhaltes zur Förderbohrung gewährleistet. Die

Porosität wird oft in Volumsprozent angegeben, die Permeabilität wird in der Ölindustrie gewöhnlich in Millidarcy (mD) gemessen. Messungen müssen an ungestörten Kernproben oder noch besser in situ durchgeführt werden, da insbesondere die Kornlagerung gering verfestigter Gesteine leicht gestört werden kann. Porosität und Permeabilität nehmen mit der Tiefe ab, da die zunehmende Auflast ein Zusammenpressen der Einzelkörner und damit eine Verringerung des Porenraumes bewirkt. Dazu kommt naturgemäß der nachteilige Einfluß diagenetisch gebildeter Porenzemente. Die Porosität der meisten Erdölspeichergesteine liegt zwischen 10 und 40%, die Permeabilität von wenigen Zehnern zu einigen Tausend Millidarcy. Für gewinnbare Gaslagerstätten wird eine minimale Porosität von 7% und eine Permeabilität >0,1 mD gefordert (geringere Permeabilität definiert die sogenannten „unkonventionellen" Gasvorkommen).

Die wichtigsten Speichergesteine sind Sande und Sandsteine, daneben auch Kalke und Dolomite.

In Einzelfällen hat man Öl und Gas auch in klüftigen oder porösen magmatischen und metamorphen Gesteinen gefunden, z.B. Öl in einem Gebiet mit mehreren stark zersetzten basischen Intrusionen in Texas, in Graniten in Marokko (Zrar Inférieur und Bled Khatara) und in präkambrischen Gneisen westlich der Shetland Inseln (Rona Ölfeld). Gas gibt es in Rotliegend-Vulkaniten in Niedersachsen und in miozänen vulkanogenen Brekzien und Laven der Green Tuff Region in Japan. In tiefen Kohlenflözen gebundenes Methan (coal bed methane) stellt eine immense zukünftige Energiereserve dar, sofern die technischen Probleme der Gewinnung gelöst werden. Bisher gibt es jedoch nur wenige direkt aus Kohlen produzierende Gasfelder.

Porosität und Permeabilität von *Sanden* hängen primär von Korngröße und Korngrößenverteilung ab, daneben auch von der Kornform und von der Raumverteilung der Körner. Bei der Ablagerung haben Sande meist eine Porosität von 40–42%, die gegen die Tiefe durch zunehmende Kompaktion abnimmt (Abb. 175). Gut sortierte Sande (z.B. äolische Sande) haben eine höhere Porosität, da andernfalls die kleinen Körner Zwischenräume zwischen den größeren füllen. Die Permeabilität wird von der Größe der Verbindungen zwischen den Poren und von der inneren Oberfläche des Porenraumes beeinflußt. Die Sande des Troll-Gasfeldes in der Nordsee (Abb. 174) haben 17–36% Porosität und eine Permeabilität von 0–10 Darcy.

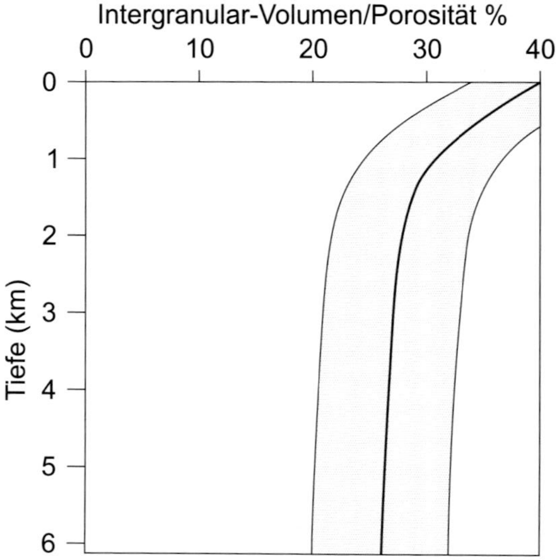

Abb. 175. Kompaktion von Quarzsanden mit zunehmender Überlagerung, in Abwesenheit von Porenzementbildung (PAXTON et al. 2002). Dargestellt ist der Mittelwert mit zwei Standardabweichungen. Die Porosität nimmt von 40–42% an der Oberfläche auf 26% in 2.500 m Tiefe ab; darunter erfolgt keine weitere Kompaktion.

Bei *Sandsteinen* ist durch kieseliges, karbonatisches, sulfatisches oder toniges Bindemittel ein Teil oder der ganze Porenraum gefüllt. Bei zu geringer verbleibender Porosität ist eine Lagerstättenbildung nicht möglich, die KW-Gehalte sind zu klein. Falls aber bei ungenügender Permeabilität genügend hohe Porosität vorliegt und die Poren mit Öl oder Gas gefüllt sind, werden technische Maßnahmen ergriffen (Säurebehandlung, hydraulic fracturing u.a.), welche eine Förderung ermöglichen. Ein Beispiel für solche Probleme mit Porenfüllungen ist der Illitzement der gasführenden, äolischen Rotliegendsande in Norddeutschland, welcher die Gewinnung bereichsweise stark beeinträchtigt. In der südlichen Nordsee sind in gleichen Gesteinen Anhydrit- und Barytzemente dort entwickelt, wo Störungen die Mischung von Lösungen aus dem überlagernden Zechstein und dem liegenden kohlenführenden Karbon ermöglichen. Innerhalb der (früh) öl- oder gasgefüllten Zone eines Sandsteins ist die Zementbildung stark behindert, im Gegensatz zu wasserführenden Bereichen.

Von den *Karbonatgesteinen* sind es besonders Riffkalke und -dolomite, welche infolge ihres primären und sekundären Hohlraumreichtums besonders günstige Speicher darstellen. Der zellige Asmarikalk des südlichen Iran, die Permriffe in Westtexas oder die Oberdevonriffe im westlichen Kanada sind wichtige Beispiele. Auch verkarstete Kalke können Öl führen, wie im submarinen Feld Rosso Mare nahe der Ostküste Italiens. Im Wealden des Emslandes sind Lumachellenbänke ölführend. Reine, massige Karbonate sind nur dann gute Speicher, wenn sie eine bedeutende Klüftung aufweisen (z.B. Oberjura-Unterkreide in Lacq, Südfrankreich; Kreide im Ekofisk-Feld, Nordsee). Im Wiener Becken sind Dolomithügel und Dolomitschutt der unter dem Tertiär begrabenen Kalkalpen wichtige Speichergesteine. Verschiedene diagenetische Prozesse in Karbonaten können zu bedeutender sekundärer Porosität Anlaß geben, z.B. Dolomitisierung oder Lösung von früh gebildeten Zementen (z.B. Oberkreidekalke vom Iraq bis Qatar: SADOONI & ALSHARHAN 2003). Lösung von Calcit-Porenzement kann durch CO_2 und Carboxylsäuren im KW-Fluid ausgelöst werden (SEEWALD 2003).

Erdöl- und Erdgasfallen

Speichergesteine erlauben die Migration der Kohlenwasserstoffe durch Auftrieb oder durch hydrodynamische Kräfte. Um die Migration aufzuhalten und damit eine Konzentration zu ermöglichen, muß der Speicher in Transportrichtung durch gering permeable Gesteine abgeschlossen sein. In den meisten Fällen werden Speicher durch feinkörnige klastische Sedimente abgedichtet, seltener durch Evaporite. Die Effizienz der Abdichtung ist naturgemäß vor allem eine Funktion der Durchlässigkeit (z.B. LUO & VASSEUR 1997, SCHLÖMER & KROOSS 1998). Die gewöhnlich nach oben geschlossenen Formen, in welchen migrierende Kohlenwasserstoffe akkumulieren können, nennt man *Öl- bzw. Gasfallen (traps) oder Strukturen (structures)*, wobei hier letzterem Wort nicht immer eine tektonische Bedeutung zukommt. Die häufigste Darstellung solcher Fallen erfolgt in Form von Höhenlinienkarten der Hangendgrenze der Speicherhorizonte („Strukturkarten"; Abb. 176). Die prinzipiell glockenförmige Struktur eines Speichers bedeutet zudem, daß nur ein bestimmtes Volumen von Öl und Gas aufgenommen werden kann. Sobald eine Struktur gefüllt ist, fließt weiter anströmendes Öl darunter vorbei und kann weitere Fallen füllen (Abb. 177). Zufließendes Gas jedoch verdrängt das Öl nach unten und verringert damit den Ölanteil einer Lagerstätte.

Nachdem in der Frühzeit der Erdölexploration fast ausschließlich Antiklinalen als Fallen erkannt und gesucht worden waren (ausnahmsweise jedoch auch heute noch: Abb. 178), wurde mittlerweile eine große Vielfalt möglicher Fallenarten bekannt. Allgemein unterteilen kann man KW-Fallen in

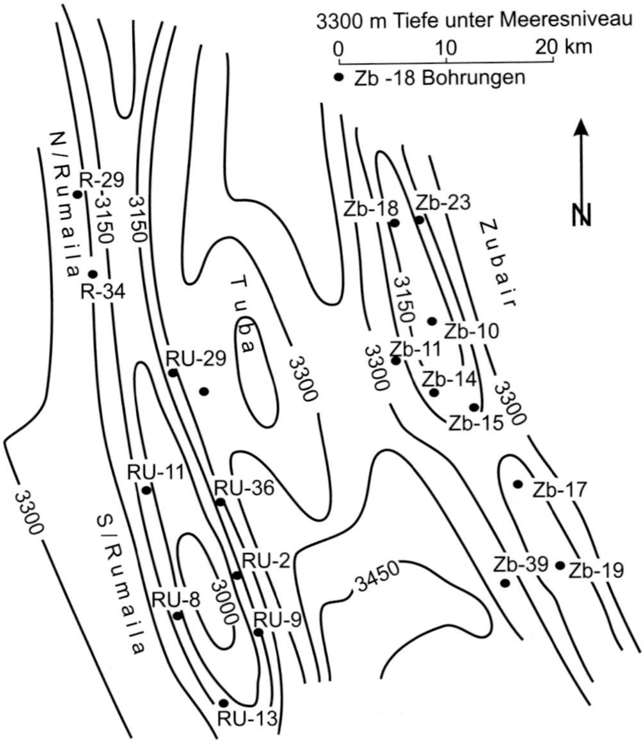

Abb. 176. Isolinien der Hangendgrenze des unterkretazischen Speicherhorizontes „Upper Sandstone Member" in den Ölfeldern Zubair und Rumaila im S-Iraq als Beispiel für eine Strukturkarte (nach Iraqi National Oil Company).

Deutlich erkennbar sind die nordnordwestlich streichenden Antiklinalen; die Produktionsbohrungen in den Hochzonen lassen die Verbreitung der Ölführung abschätzen.

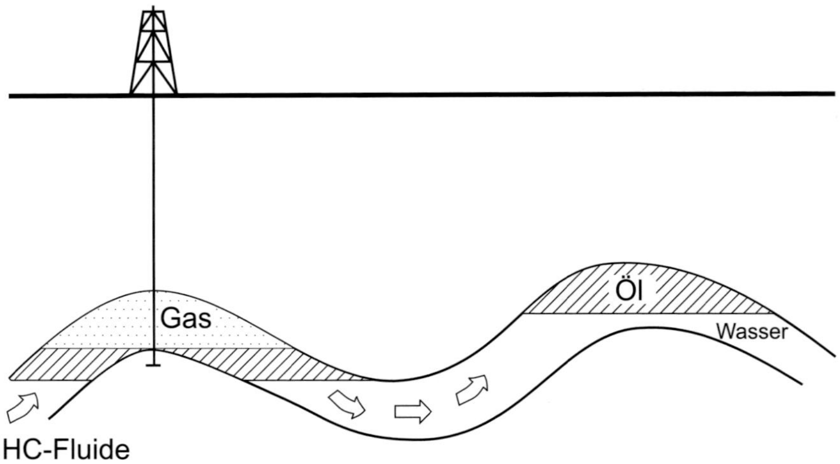

Abb. 177. Das begrenzte Volumen einer Fallenstruktur kann nach Füllung dazu führen, daß durch „Überlaufen" in Fließrichtung weitere, höherliegende Öllagerstätten gebildet werden (Lisk et al. 2002).

solche, die überwiegend durch sedimentäre Besonderheiten entstanden sind (*stratigraphische Fallen)*, und andere, die durch spätere Deformation der Gesteine bedingt sind (*tektonische Fallen)*. Daneben gibt es viele Strukturen, die gemischten Typs sind (*kombinierte Fallen)*, oder aber keiner der genannten Hauptgruppen ohne weiteres zugeordnet werden können. Einige der wichtigsten Typen von Erdölfallen sind:

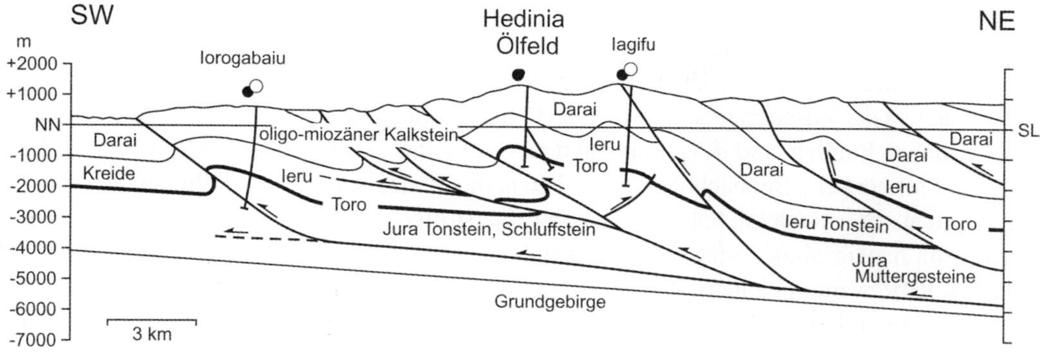

Abb. 178. Das Ölfeld Hedinia im känozoischen Faltengürtel auf Papua-Neuguinea wurde nur mittels geologischer Kartierung und KW-Austritten gefunden (MATZKE et al. 1992).
Hauptspeicher ist der tiefst-kretazische Toro-Sandstein mit 12–15% Porosität und wenigen Hundert mD Permeabilität. Muttergesteine sind Schiefertone des Jura im Orogen-Inneren, also NE des Profiles.

Stratigraphische Kohlenwasserstoff-Fallen sind im Grunde durch laterale und vertikale Permeabilitätsänderungen bedingt. Charakteristische Beispiele sind etwa Riffe, welche innerhalb feinkörniger mariner Sedimente auftreten, oder Sandlinsen in Peliten, Sande mit lateral zunehmendem Tongehalt, sowie Winkeldiskordanzen, welche Speichergesteine gegen das Einfallen abschneiden. Zunehmende Bedeutung für *offshore* Öl und Gas erlangen alte, begrabene Deltas und Massenströme, die in ein Meer vorgeschüttet wurden (Niger, Mahakam/Indonesien, etc.).

Längliche *Sandlinsen* („shoestrings") in pelitischer Umgebung sind oft die Füllung ehemaliger Flußläufe und Kanäle in Wattenmeeren bzw. in Flußdeltas, oder sie sind fossile Sandnehrungen bzw. Dünengürtel, welche parallel zur ehemaligen Küste liegen. Eine genaue Untersuchung des Sedimentinhaltes, der Morphologie und der paläogeographischen Situation der Sandkörper ermöglicht die für Exploration und Ausbeutung gleichermaßen wichtige Unterscheidung dieser Möglichkeiten. Heute werden vor allem tiefe Turbiditkanäle gesucht.

Ein fossiler Dünengürtel, der zwischen dem südlichen Rande eines großen Playasees und einem großen, überwiegend festländischen Riftsystem im Süden liegt, ist der wichtigste Gasspeicher im Rotliegenden Norddeutschlands und Hollands.

In geneigten Sandhorizonten können sich Öl oder Gas dann anreichern, wenn diese durch synsedimentären Fazieswechsel gegen die Einfallsrichtung vertonen, oder durch Zunahme des Porenzementes geringere Porosität und Permeabilität aufweisen. Die letztere Gruppe von Akkumulationsmöglichkeiten leitet zu den *diagenetischen Kohlenwasserstoffallen* über. Durch den thermischen „Kamineffekt" von Salzstöcken sind solche Bedingungen nicht selten in den Gaslagerstätten Norddeutschlands verwirklicht, wo Rotliegendsande solchen lateralen Diageneseunterschieden unterliegen.

Diskordanzen können in doppelter Weise Fallen verursachen: Unter der Diskordanzfläche, wenn Speicher gegen impermeable Gesteine ausstreichen und so abgedichtet sind, und darüber, wenn Sande in transgressiver Lagerung an einer alten Küstenlinie auskeilen.

Emersion kretazischer Karbonate und nachfolgende Überlagerung durch messinische (miozäne) Evaporite und mächtige pliozäne Ton-Siltsteine bildete den *Paläokarstspeicher* von Rospo Mare in der Adria (SOUDET et al. 1994), welcher mit einem Inhalt von 75 Mio t Öl die größte Offshore-Lagerstätte Südeuropas darstellt.

Eingelagerte *Riffe* sind infolge der hohen primären und oft auch sekundären Porosität (durch Dolomitisierung, Klüftung) besonders effektive Fallen. Wichtige, an Riffe gebundene Ölfelder gibt es unter anderem im Mittleren Osten, in Libyen, in den USA, in Kanada und in Mexiko. So wurde aus einem etwa 10 km langen und 1 km breiten, mittelkretazischen Saumriff im südlichen Mexiko über eine Milliarde bbl Öl gewonnen. Die Lagerstätten lagen im höchsten Teil des Riffes.

Interessant ist der Zusammenhang zwischen Riffwachstum, untermeerischen Austrittstellen von hydrothermalen Fluiden und KW-Lagerstätten (HOVLAND 1990, ROBERTS & CARNEY 1997). Rezente untermeerische Beobachtungen ergaben nämlich, daß Austritte von Fluiden mit SO_4, CH_4 und CO_2, nicht selten auch mit höheren Kohlenwasserstoffen diagenetischer Herkunft in Sedimentbecken, sehr häufig sind. Solche Fluide bewirken den Aufbau organismenreicher Hügel, die schließlich Riffe werden können. Sofern die Zufuhr der Beckenfluide die Überdeckung der Riffe mit impermeablen Sedimenten überdauert, ist die nahezu syn-sedimentäre Bildung einer Kohlenwasserstofflagerstätte möglich.

Selbstversiegelung eines Ölspeichers durch Bildung von Asphalt oder Teer am Ausbiß von Ölsanden nahe der Erdoberfläche wurde in Einzelfällen beschrieben (Kern River Field/Kalifornien: COBURN & GILLESPIE 2002). Im sehr großen Kern River Field liegt zudem der seltene Fall vor, daß das Öl auf freiem Tiefengrundwasser aufschwimmt, ohne lithologische Abdichtung.

Tektonische Fallen. Viele der großen Kohlenwasserstofflagerstätten der Erde liegen in antiklinalen Strukturen, flachen Aufwölbungen oder Beulen. Diese können durch Faltung oder Schleppung an Aufschiebungen entstanden sein (Abb. 178) oder an horstartigen Hochzonen in Riftzonen (Abb. 179). Dies sind tektonische Fallen im engeren Sinne. Sehr selten gibt es auch Öl- oder Gaslagerstätten in synklinaler (Becken-) Position, vor allem in nahezu wasserfreien Speichergesteinen (z.B. San Juan Feld/Utah und im Appalachen-Vorland/USA). Aufwölbungen von Speicherhorizonten können jedoch auch auf begrabene Hügel einer alten Erosionsfläche zurückzuführen sein, oder auf tiefere lakkolithische Intrusionen, oder auf Salzkissen, Salzstöcke und Tondiapire.

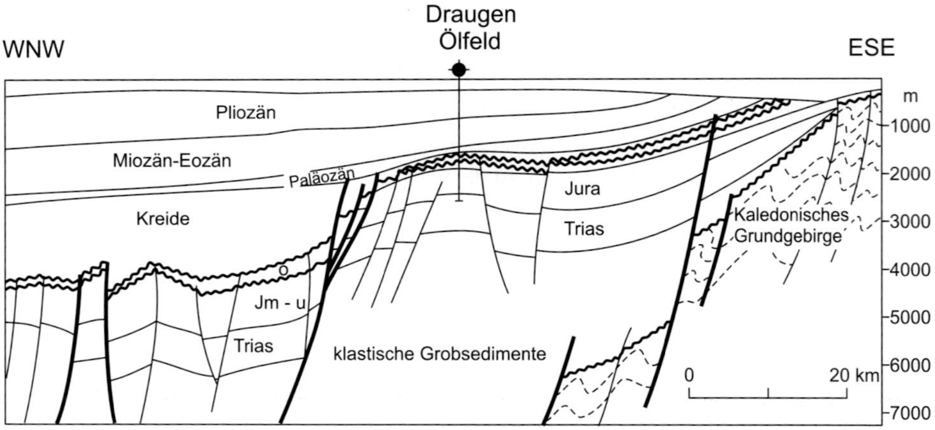

Abb. 179. Das Offshore-Ölfeld Draugen ca. 150 km westlich von Trondheim/Norwegen liegt in einem störungsbedingten Horst des Vikinggrabens in 240–280 m Meerestiefe (PROVAN 1992).

Speicher ist eine marine Sandbarre, welche Schiefertonen des oberen Jura eingelagert ist. Diese sind gleichzeitig Muttergesteine und Abdichtung. Die Speichersande haben 26–30% Porosität und 700 mD bis 10 Darcy Permeabilität.

KW-höffige Hochzonen können oft an der Lagerung der Gesteine durch geologisches Kartieren erkannt werden. In einzelnen Fällen handelt es sich sogar um morphologische Hochzonen, wie die ersten im arabischen Golf aufgefundenen Ölfelder zeigen: Die Insel Bahrain ist ein solcher über Wasser aufragender Antiklinalrücken. Heute aber hat man fast ausschließlich mit solchen Strukturen zu tun, die aus der Oberflächengeologie nicht ohne weiteres erschlossen werden können. Dies kann durch Bedeckung mit nicht oder anders deformierten Sedimenten eines jüngeren Zyklus bedingt sein, oder durch disharmonische Faltung, oder durch Überschiebungen. Das mit über 70 Mrd. Barrels gewinnbarem Inhalt größte Ölfeld der Erde, Ghawar in Saudi Arabien, liegt in einer flachen Antiklinale, die eine Länge von 250 km und eine Fläche von 2.300 km^2 erreicht.

Störungen schaffen Wegsamkeiten, durch welche Kohlenwasserstoffe an die Erdoberfläche gelangen und so in der Regel einer Nutzung verloren gehen. Wenn aber Speichergesteine durch Störungen gekappt und gegen das Einfallen in Kontakt zu impermeablen Gesteinen gebracht sind, können sie bedeutende Öl- und Gaslagerstätten enthalten. Gelegentlich kann die Abdichtung auch durch Störungstone (fault seal) bewirkt sein. In jedem Fall muß natürlich im Hangenden ein dichtes Gestein vorliegen, und das Reservoir muß im Streichen durch Wellung, Faltung oder Querstörungen geschlossen sein. Viele der Öl- und Gasfelder der ostalpinen Molassezone und des inneralpinen Wiener Beckens sind an Störungen gebunden. Die Aufsuchung solcher Lagerstätten ist sehr schwierig. Im internationalen Vergleich sind nur wenige Prozent der bekannten Kohlenwasserstoffreserven an Störungen lokalisiert.

KW-Fallen an Salzstrukturen. Öllagerstätten über nicht penetrativen Salzbeulen leiten zu jenen über, welche an durchspießende Salzstöcke gebunden sind. Hier findet man Fallen verschiedenster Natur, welche häufig äußerst kompliziert sind (Warren 1999). Ein bedeutender Anteil der Welt-Erdölproduktion stammt aus solchen Strukturen. Besonders wichtige Vertreter gibt es im Bereich des arabischen Golfes, in den USA (Golf von Mexiko, Texas, Louisiana) und im südrussischen Pricaspischen Becken (Volozh et al. 2003). Viele norddeutsche Ölfelder sind vergleichbar, wenn auch wirtschaftlich heute wenig bedeutend.

Öl und Gas können an Salzstöcken und -mauern in verschiedener Position auftreten: 1) im Hut, welcher gewöhnlich aus Anhydrit, Gips, Karbonat und Kollapsbrekzien besteht; gewöhnlich sind nur die letzteren gute Speicher; 2) in den aufgewölbten Hangendschichten über dem Salz; 3) in den aufwärts geschleppten oder am Salz abstoßenden Nebengesteinen, wobei das Salz eine äußerst effektive Abdichtung darstellt; 4) unter der Salzformation (Abb. 180). Die letztgenannten Typen von salzstockgebundenen Lagerstätten ist besonders schwierig aufzufinden. In Norddeutschland sind viele Salzstrukturen durch einengende tektonische Überprägung (Inversion) besonders kompliziert, welche vermutlich mit der oberkretazischen Kollision in den Alpen zusammenhängt (Abb. 181).

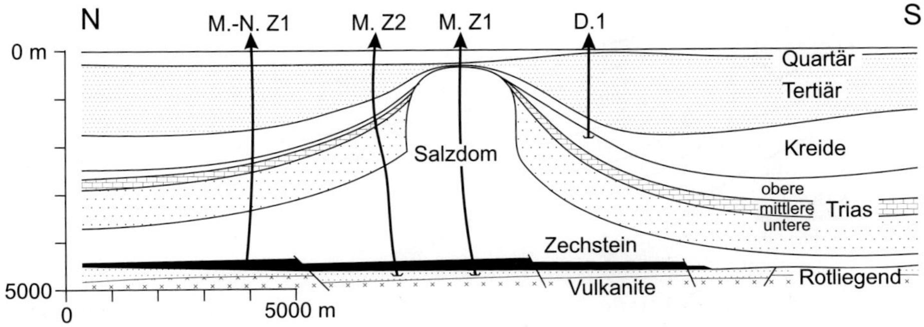

Abb. 180. Schematisches Profil einer typischen norddeutschen Gaslagerstätte im Raum Munster/Niedersachsen (Kulke 1994). Eine flache Aufwölbung der Dünensande des Rotliegend bildet Speicher und Falle (Gas = schwarz), Zechsteinsalze die Abdichtung.

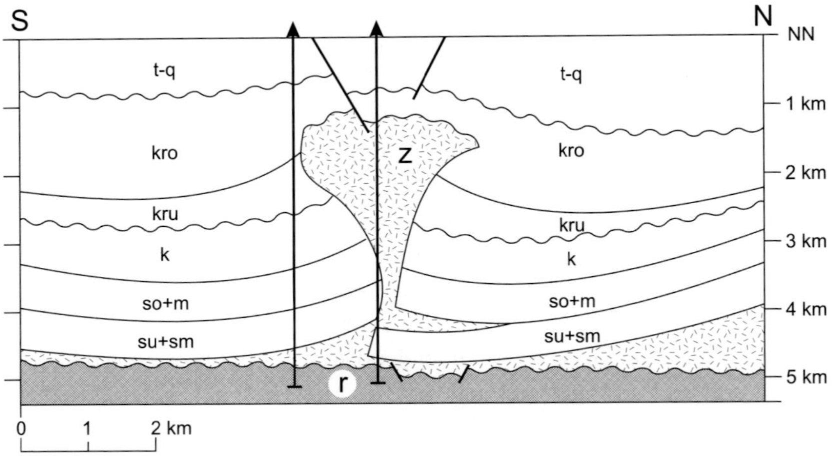

Abb. 181. Inversionsstruktur des Salzstockes Taaken im Norddeutschen Becken mit Gasfeld im Rotliegenden (BALDSCHUHN et al. 1998).

Bildung des Diapirs fand in der frühen Kreide statt. In der Oberkreide erfolgte Überprägung durch kompressive Tektonik, leicht erkennbar an der Überlappung der Buntsandsteinschollen (su + sm). Typisch für solche Strukturen ist der schmale Stamm des Diapirs und der weite Überhang, welcher möglicherweise in der Oberkreide z.T. durch submarine Salzgletscher verstärkt wurde.

Hydrodynamische Fallen sind durch strömendes Tiefengrundwasser bedingt; charakteristisch ist für sie eine geneigte Öl-/Wasser-Grenzfläche (Abb. 182). Früher wurden solche geneigte Grenzflächen als Zeugen rezenter Tektonik gedeutet, welcher die sekundäre Migration von Öl und Wasser nicht schnell genug folgen konnte. Dieser Fall dürfte aber äußerst selten sein. Eine dritte Erklärung führt diese Beobachtung auf unterschiedliche Kapillareigenschaften des Speichergesteines zurück. Meist aber sind geneigte Grenzflächen durch geneigte piezometrische Flächen bedingt (die piezometrische Fläche entspricht jenen Höhen, zu welchen das Wasser frei ansteigen würde, wenn die wasserführende Schicht angebohrt wird). Auch solche Fallen benötigen aber eine laterale bzw. hangende Abdichtung.

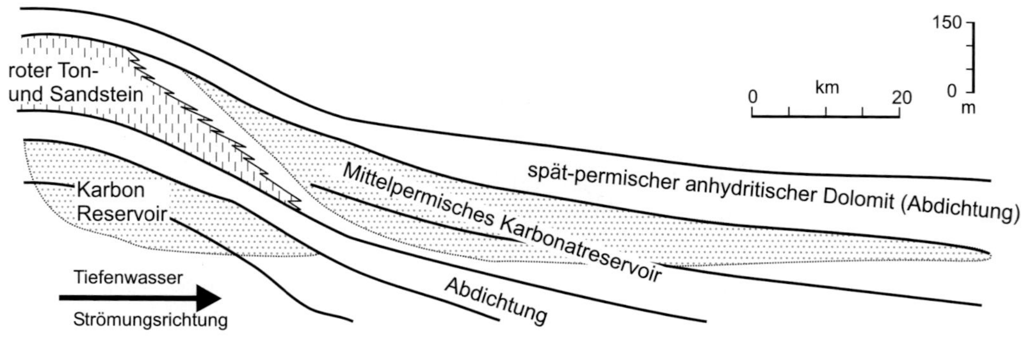

Abb. 182. Das außergewöhnlich große Gasfeld Hugoton/Kansas liegt am Westrand des paläozoischen Anadarko Beckens. Methan migrierte ca. 250 km aus dem Osten in eine stratigraphische Falle, während Stickstoff und Helium durch den Grundwasserstrom aus dem Westen herangeführt wurden (BALLENTINE & LOLLAR 2002). Hugoton galt lange als Typuslokalität einer hydrodynamischen Falle, was jedoch heute in Frage gestellt wird.

Formations- und Lagerstättenwässer

In kohlenwasserstoffführenden Sedimentbecken werden nur sehr geringe Anteile der potentiellen Speicher von Öl und Gas eingenommen. Der weit überwiegende Teil der fluiden Füllung ist Wasser (Formationswasser). Dieses kann statisch in Klüften und Poren vorkommen; ist es in Bewegung, nennt man es auch Tiefengrundwasser. Jene Wässer, die in räumlichem Zusammenhang mit Kohlenwasserstoffen auftreten, heißen Lagerstättenwässer. Man spricht von Rand- und Bodenwasser, wenn es das Öl oder Gas lateral einschließt und unterlagert. Hangend-, Zwischen- und Liegendwasser befindet sich über, zwischen oder unter produktiven Horizonten. Deren eigentlicher Inhalt umfaßt neben Gas und Öl auch immer Wasser, das infolge der Kapillarkräfte, der wechselnden petrographischen Charakteristik der Speichergesteine und unterschiedlicher gelöster Salzmengen einen mehr oder weniger großen Anteil des Porenraumes einnimmt.

Das Wasser in Sedimenten kann entweder bei der Ablagerung okkludiert worden sein (connate water), oder es ist aus anderen Teilen der Schichtfolge zugewandert, oder es stammt von absinkendem Oberflächenwasser (meteoric water) bzw. oberflächennahem Grundwasser ab. Auch Bildung und Umbildung der Kerogene sowie die Reifung der Tone erzeugen Wasser. Die ursprüngliche Herkunft des Wassers kann in manchen Fällen durch isotopengeochemische Methoden (^{14}C, H, O, Sr, Li u.a. Systeme) erkannt werden.

In den Sedimentbecken verändert sich die ursprüngliche chemische Charakteristik der verschiedenen Wässer durch Mischung und Reaktion mit den durchflossenen Gesteinen, wobei sowohl die Wässer wie auch die Gesteine einer Veränderung (Diagenese) unterliegen. Einige Aspekte dieser Prozesse haben wir bereits früher besprochen und auch auf den Zusammenhang zwischen Formationswässern und hydrothermaler Lagerstättenbildung hingewiesen (s. Diagenetische Lagerstättenbildung).

Die Untersuchung des *Druckzustandes der Formationswässer* ist für das Verständnis eines Lagerstättenfeldes bzw. des gesamten Beckens unbedingte Voraussetzung. Meist stellt man fest, daß ein oberer Bereich freibeweglicher und miteinander kommunizierender Wässer, die unter hydrostatischem Druck stehen, nach unten durch einen Bereich mit individuellen, geschlossenen Überdruckreservoirs abgelöst wird. Überdruck bedeutet hier, daß die Wässer unter höherem Druck stehen, als den hydrostatischen Bedingungen entspräche. Man kann dies u.a. dadurch erklären, daß ein Teil oder der ganze lithostatische Druck auf die Porenfluide einwirkt. Natürlich kann Überdruck nur dann bestehen, wenn der betreffende Aquifer durch gering permeable Gesteine, in der Regel sind das Tone, abgedichtet ist.

Die genaue *chemische Zusammensetzung* von Formations- und Lagerstättenwässern in situ ist schwierig festzustellen. Beprobt werden nämlich in der Regel nur Wässer, die aus dem Bohrloch gepumpt wurden. Diese können aber durch verschiedene Faktoren verändert sein, z.B. Verdünnung und Verunreinigung durch Bohrfluide, Zement oder Säuren, aber auch durch bohrlochinduzierte Veränderungen im Speicher während der Produktion. Deshalb werden chemische Analysen oft als Verhältniszahlen ausgewertet, z.B. Na/Ca bzw. Na/Cl.

Charakteristisch für Lagerstättenwässer ist fast immer ein hoher NaCl-Gehalt, welcher gegen die Tiefe oft zunimmt. Der Salzgehalt kann aber von weniger als 1000 mg/l (das ist praktisch Süßwasser) bis zu gesättigten Laugen schwanken, welche zumeist durch Lösung von Salzanteilen der Sedimentserie bedingt sind. Neben Na^+ sind die wichtigsten Kationen der Lagerstättenwässer K^+, Ca^{2+}, Mg^{2+}, Fe^{2+} und NH_4^{2+}; die wichtigsten Anionen sind Cl^-, I^-, Br^-, HCO_3^- und SO_4^{2-} in abnehmender Bedeutung. Immer sind auch Spuren von Ba, Sr, B und V vorhanden. Gegenüber dem Meerwasser oder evaporitischen Laugen, welche wohl ursprünglich den Großteil der vorwiegend marinen Sedimente sättigten, sind meist NaCl, Ca, N, Sr, Li, Br und I angereichert, Mg und Sulfat aber verarmt. Sulfat wird vermutlich frühdiagenetisch bakteriell reduziert, während das Mg durch Dolomitisierung oder Bildung von Mg-Tonen verbraucht wird; diese Reaktion setzt gleichzeitig Ca und Sr frei. Falls es zur Bildung von Calcit-

Zement kommt (z.B. durch bakterielle Methanogenese), resultieren erhöhte Mg-Gehalte im Porenwasser (McIntosh et al. 2004).

Der Chemismus der Lagerstättenwässer ist oft horizontweise verschieden, so daß Wasseranalysen gelegentlich zur lithostratigraphischen Korrelation mit verwendet werden. Sie erlauben auch Aussagen zur Fließrichtung der Fluide, was für Exploration und Förderung von großer Bedeutung sein kann. Von der Oberfläche absinkende meteorische Wässer, welche an Öllagern vorbeifließen, können auch noch in großer Tiefe *mikrobielle Degradation* des Öles bewirken (Head et al. 2003). Wo derartige Systeme meteorischer Tiefenkonvektion Öl, Kohle oder kerogenreiche Schiefer betreffen, können methanproduzierende Mikroben zur Bildung wirtschaftlich wichtiger, *biogener Gaslagerstätten* führen (McIntosh et al. 2004). Auffällig ist die resultierende Sulfatarmut dieser Wässer (Van Voast 2003). Schließlich ist eine exakte Interpretation geophysikalischer Bohrlochmessungen besser möglich, wenn Analysen der Porenwässer vorliegen. Auf Grund dieser vielfältigen Fragen ist die gründliche Untersuchung und hydraulisch-genetische Modellierung der Formations- und Lagerstättenwässer von großer Bedeutung.

Spätere Veränderungen des Erdöls in Speichern (Degradation)

Während der Füllung der Speicher, welche vermutlich während geologisch relativ kurzer Zeit erfolgt (wenige Zehner Millionen Jahre), oder danach kann es zu qualitätsmindernden Veränderungen des Erdöls kommen. Die wichtigsten Agentien sind Wasser, Bakterien und Archäa. Biodegradation von Öl ist allgegenwärtig, wo die Speicher in niedrig-temperierten Bereichen (<80°C) liegen. Auch ein Teil des Öls in konventionellen „Normal"-Lagerstätten ist oft degradiert. Deshalb ist mehr als die Hälfte der Weltölressourcen mikrobiell verändert. Vor allem wird erwartet, daß die zukünftigen Tiefwasser-Felder der kontinentalen Schelfmeere überwiegend biodegradiertes Öl liefern werden (Head et al. 2003).

Biodegradation durch anaerobe (oder seltener) aerobe Mikroorganismen bewirkt den Verlust von n-Alkanen, Isoprenoidalkanen sowie eines Teils der Cycloalkane und der Aromate. Unter anaeroben Bedingungen reduzieren bestimmte Bakterien Sulfate, um ihren Sauerstoffbedarf zu decken. Der dabei reduzierte Schwefel kann elementar auftreten (etwa im Gipshut von Salzstöcken), oder Fe-, Zn-, Pb- u.a. Sulfide bilden, oder durch Reaktion mit den Kohlenwasserstoffen im verbleibenden Residuum angereichert werden. Gleichzeitig werden Harze und Asphaltene angereichert. Wichtige Produkte der anaeroben Biodegradation sind ferner Methan und CO_2. Auch aerobe bakterielle Methanoxydation produziert CO_2 und damit oft Karbonatzemente:

Aerobe biogene Methanoxydation

$$CH_4 + 2O_2 \rightarrow 2H_2O + CO_2$$

Erdöl in Kontakt mit großen Mengen von Wasser oder Gas kann durch selektive Lösung leichter KW (water washing, gas washing) qualitätsmindernd verändert werden. Im Kontakt mit Anhydrit, entweder an Salzstrukturen, aber auch in vielen Karbonatspeichern, kommt es bei T zwischen 100–140°C zur Oxydation von Öl und Gas durch thermochemische Sulfatreduktion (s. dort). Auch Magnetit und Hämatit wirken als Oxydationsmittel für Öl (Seewald 2003).

Tektonische Position von Kohlenwasserstoffprovinzen

Kohlenwasserstofflagerstätten können in allen Sedimentationsräumen der Erde auftreten, sofern der Schichtstapel Muttergesteine einschließt und eine genügende Gesamtmächtigkeit sowie geeignete Fallenstrukturen aufweist. In folgenden großtektonischen Regionen können solche Bedingungen erwartet werden:

- In epikontinentalen Plattform- oder Schelfsedimenten (z.B. Saudi-Arabien: ALSHARHAN & NEIRN 1997; Sirte-Becken/Libyen, Westsibirien, Norddeutschland).
- In Vortiefen von Orogenen (nördlich des Kaukasus, im Iran südlich der Zagros-Ketten, Molassezone der Alpen, der Pyrenäen und der Rocky Mountains).
- In kontinental/marinen Großgräben mit mächtiger Sedimentfüllung, also in Rifts und Aulacogenen (LAMBIASE 1995; z.B. in Nigeria, Golf von Suez, Nordsee: GLENNIE 1998, Sudan).
- In intramontanen Becken von Orogenen, oft an großen Scherzonen als „transtensional, transpressional" oder „pull-apart-basins" ausgebildet (Südkalifornien, Maracaibo/Venezuela, Wiener Becken).
- An passiven Kontinentalrändern, also wo Ozeane aus Großgräben entstanden sind (NW-Australien, W-Afrika).
- In Meeresbecken zwischen Inselbögen und Kontinenten („back arc basins"; Gelbes Meer, Ochotskisches Meer).

Die beiden erstgenannten Fälle können in manchen Fällen genetisch zusammenhängen, indem unter einem vorrückenden orogenen Deckenstapel diagenetische und metamorphogene Fluide entstehen und gegen das Vorland strömen. Mit diesen *tektonischen Fluiden* (tectonic brines) können Öl, Gas und mineralische Lösungsfracht weit in die dem Orogen vorgelagerten Plattformbereiche verfrachtet werden (Abb. 45).

Naturgemäß liegen Öl- und Gaslagerstätten gewöhnlich in geologisch relativ jungen Gesteinen (Jura bis Neogen), weil ihre Konservierung über geologisch lange Zeiträume unwahrscheinlich ist. Zerstört werden sie sowohl durch Hebung, Bruchbildung und Erosion von Sedimenten, wie auch durch Absenkung, Deformation und Metamorphose. Zeugen metamorpher Kohlenwasserstofflagerstätten mögen manche Graphitlager sein (s. dort).

Geologisch sehr alte KW-Vorkommen sind deshalb selten und besonders interessant. Beispiele gibt es in Fluideinschlüssen vieler archaischer Sandsteine, ferner bei White Pine/Michigan (Ölspuren in 1000 Ma alten Sedimenten des Keweenanwan Rift) und im Roper Becken/N.T./Australien (ca. 1100 Ma: DUTKIEWICZ et al. 2003). Im Oman, in China, im Sudan, im Amadeus-Becken/Australien und im östlichen Sibirien werden Öl und Gas aus jungproterozoisch/kambrischen Gesteinen gefördert.

Eine sehr umfangreiche Übersicht zu Öl- und Gasdistrikten in aller Welt findet man in KULKE (1994, 1995).

IV. Das Aufsuchen von Kohlenwasserstofflagerstätten

Die Suche nach neuen Öl- und Gaslagerstätten findet zunehmend in den Meeren statt, überwiegend in Sedimenten passiver Kontinentalränder. Felder in Wassertiefen von >2.000 m werden bereits ausgebeutet. Da die heutigen Meere geologisch jung sind, ist das Alter der Muttergesteine und Reservoirgesteine (zunehmend häufig Turbidite) meso- bis känozoisch. Die meisten Fallen sind gemischt strukturell und stratigraphisch. Das marine Umfeld bedingt eine Weiterentwicklung der Explorationsmethoden, aufbauend auf dem hohen Stand terrestrischer Technologie (JAHN et al. 1998).

Eine möglichst umfassende Kenntnis der geologischen Entwicklung des für eine Prospektion vorgesehenen Gebietes ist die unumgängliche Grundlage jeder Aufsuchungstätigkeit. Selbst „das beste Anzeichen für Öl", nämlich Kohlenwasserstoffaustritte (seeps) an der Erdoberfläche oder am Meeresboden (MacDonald 1998), kann ohne Verständnis der geologischen Verhältnisse zu völlig falschen Schlüssen Anlaß geben. Neufunde ausschließlich aufgrund geologischer Methoden sind sehr selten geworden (eine Ausnahme sind z.B. die bedeutenden Öllager auf Papua-Neuguinea, wegen der Unzugänglichkeit der tropischen Urwaldberge; Abb. 178). In der Regel ist die geophysikalische Erkundung des Untergrundes das wichtigste Prospektionsmittel der Erdölindustrie. Zusätzlich werden viele andere wissenschaftliche und technische Arbeitsmethoden systematisch eingesetzt, unter anderem Sedimentgeologie, Paläontologie, Informatik und organische Chemie. So ist die Aufsuchung von Kohlenwasserstoffen wohl noch mehr als jene von Erzlagerstätten zu einer Teamarbeit geworden. Da aber das Objekt all dieser Arbeiten geologische Körper sind, muß die geologische Synthese in Zeit und Raum (4D) als übergeordnetes Ziel verstanden werden.

Die geologischen Voraussetzungen zur Bildung von Kohlenwasserstoff-Lagerstätten sind soweit bekannt, daß sich die Auswahl und Erstuntersuchung neuer Prospektionsgebiete auf gut definierte Kriterien stützen kann. Dazu zählen insbesondere:

- Becken mit einer über 2000 m mächtigen Sedimentfüllung;
- die Präsenz potentieller Mutter- und Speichergesteine;
- ausreichende Maturität der organischen Substanz in den Muttergesteinen; und
- das Vorhandensein von Fallenstrukturen.

Kohlenwasserstoffgeneration, Migrationsmöglichkeiten und die Bildung von Fallen müssen aber auch zeitlich im richtigen Zusammenhang auftreten (ein negatives Beispiel zeigt die Abb. 173). Die Suche richtet sich deshalb zuerst auf Beckenbereiche, in welchen dieses Zusammenwirken aller günstigen Faktoren (im Fachjargon „play" genannt) vermutet werden kann.

Die ***geologischen Untersuchungen*** in einem Explorationsprogramm umfassen immer das gründliche Durcharbeiten früherer veröffentlichter und unveröffentlichter Literatur und vor allem die Erstellung geeigneter geologischer Karten und Profile. Gewöhnlich werden dazu in einem frühen Stadium Fernerkundungsmethoden, insbesondere die Auswertung von Satellitenbildern und von Luftphotos eingesetzt. Geologische Feldarbeit wird durch paläontologische, sedimentpetrographische und organisch-chemische Laboruntersuchungen eine essentielle Unterstützung erfahren müssen. Kohlenwasserstoffaustritte und andere Ölanzeichen, wie Schwefelwasserstoffquellen, Schlammvulkane (Hovland et al. 1997), bituminöse Gesteine und Austritte von Ölfeldwasser oder Gas müssen dokumentiert werden.

Nur die chemische Untersuchung von Gas- und Ölspuren wird die sichere Bestimmung natürlicher KW ermöglichen, doch kann man schon im Feld unter UV-Licht (302–366 nm Wellenlänge) die gelblich bis bräunlich lumineszierenden Rohöle von den weißlich bis violett erscheinenden Ölraffinaten (also anthropogenen Verunreinigungen) trennen. UV-Spektren von Sickerölfilmen, die an der Meeresoberfläche durch Fernerkundung mittels Laser-Fluoreszenz-Sensoren gemessen werden, erlauben eine Korrelation mit bekannten Öltypen oder Muttergesteinen. Am Meeresboden austretendes Methan wird während der seismischen Erkundung durch bodennah mitgeführte Sensoren gemessen („sniffer", Abb. 183). Asphaltreiches Rohöl bildet an den Austritten Asphaltrückstände (auch in großer Meerestiefe: MacDonald et al. 2004), paraffinisches Erdöl hingegen gelegentlich Erdwachs. Austretendes Gas fängt man unter Wasser in einer Flasche auf; die Unterscheidung zwischen biogenem Sumpfgas, Kohlengas und Erdölgas ist durch isotopengeochemische Methoden möglich. Ölführende bzw. kerogenreiche Gesteine sind im Ausbiß oft weißlich verwittert, im frischen Bruch aber braun. Man kann durch Behandlung mit Chloroform oder mit heißem Wasser und nachfolgender Prüfung des mit Filterpapier abgeschobenen Häutchens unter UV-Licht Öl nachweisen. Diffuse Austritte von Kohlenwasserstoffen (microseeps) können sich durch Bleichungszonen in normal hämatischen Gesteinen zu erkennen geben (Hämatit → Pyrit oder Siderit), oder durch Kaolinisierung (Feldspat → Illit → Kaolinit), durch Bildung von Calcrete, Urananreicherungen, oder durch kränkelnde Vegetation (Schumacher 1996). Alle diese Anzeichen können auch mittels Fernerkundungsverfahren kartiert werden (van der Meer et al. 2002).

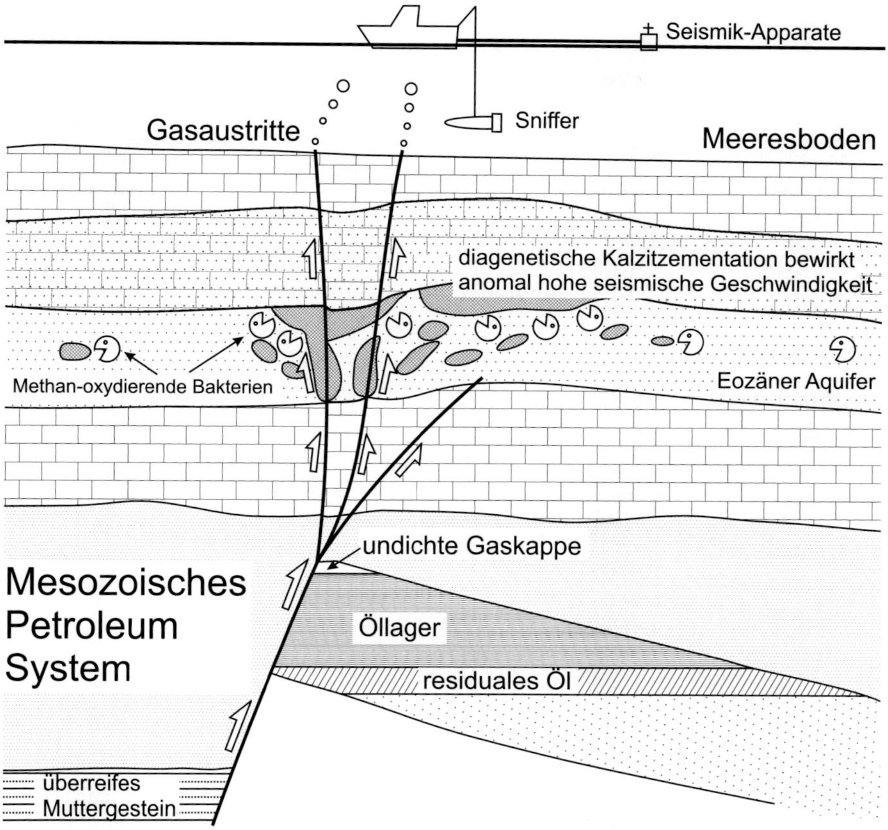

Abb. 183. Submarine Gasaustritte und seismische Aufsuchung von Calcit-zementierten Bereichen im eozänen Sandstein im Timor Meer ermöglichen die Lokalisierung tiefliegender Öllagerstätten, welche durch miozäne Kompressionstektonik partiell undicht wurden (AGSO Res. Newsl. **21**, 8–11, 1994). Die Calcit-Zementation wird durch Methan-oxydierende Bakterien bewirkt.

In wenig erforschten, als höffig beurteilten Sedimentbecken wird man die Untersuchungen primär auf die Entdeckung von tektonischen oder salzdiapirgebundenen Ölfallen ausrichten. Stratigraphische, diagenetische, hydrodynamische und kombinierte Ölfallen können in diesem Stadium noch kaum erkannt und lokalisiert werden. Erst mit zunehmend genauer Kenntnis der Entwicklung eines Beckens durch Bohrungen ist es möglich, solche Fallen mit Aussicht auf Erfolg zu suchen.

Die Ersterforschung eines höffigen Beckens wird gleichzeitig mit der geologischen Untersuchung auch die Erkundung mittels ***geophysikalischer Explorationsmethoden*** umfassen. Die wichtigste und überall eingesetzte Methode ist die relativ billige und effiziente Reflexionsseismik, wogegen Magnetik, Gravimetrie, Tellurik und Refraktionsseismik vorwiegend für erste regionale und gelegentliche Spezialuntersuchungen ergänzend verwendet werden.

Die *Reflexionsseismik* (Abb. 184) benützt künstliche, durch Sprengung, Vibration oder Preßluft (air gun) erzeugte elastische Longitudinal- (Verdichtungs-, P-) Wellen, durch deren Reflexion an Schichtgrenzen des Untergrundes der räumliche Aufbau abgebildet werden kann. Die reflektierenden Grenzen sind in der Regel lithologisch bedingt, wobei genügend große Unterschiede der Wellengeschwindigkeit (V_p) in den einzelnen Schichten vorhanden sein müssen. Die reflektierten Signale werden mit Hilfe von Geophonen gemessen und digital aufgezeichnet. Seismische Messungen werden anfangs in Profilen quer zu Hauptstrukturen durchgeführt. Die Profile werden später durch Querlinien, eventuell auch im Polygonraster verbunden. So erhält man ein räumliches geologisches Bild des Untergrundes (*3D-Seismik*). Daraus können in einfacheren Fällen z.B. tektonische KW-Fallen erkannt werden.

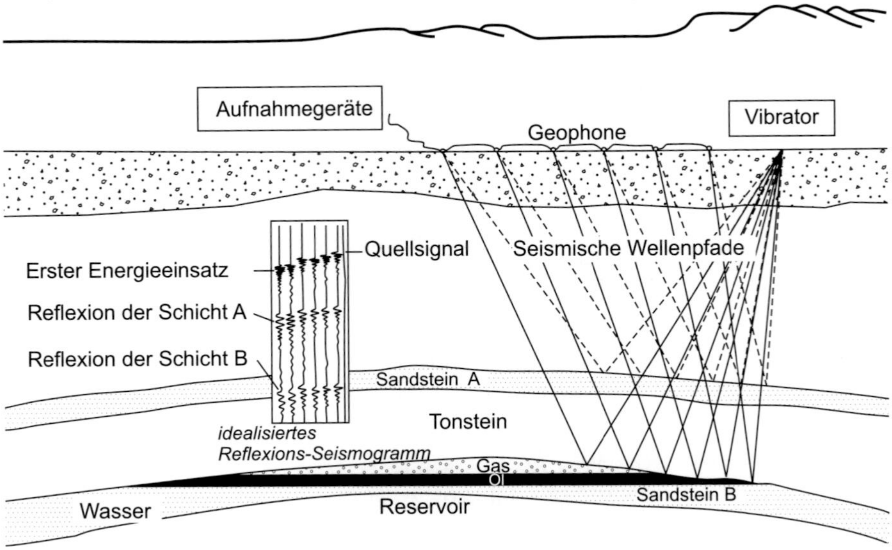

Abb. 184. Prinzipdarstellung der Reflexionsseismik (Näheres s. Text).

Andere, z. B. stratigraphische Fallen können erst dann identifiziert werden, wenn eine seismo-stratigraphische Bestimmung der Schichten im Untergrund möglich ist. Neben der Erkundung des geologischen Raumes im Untergund erlaubt die Analyse der P- und S-Wellen in vielen Fällen die Unterscheidung von KW-führenden und von tauben Speichern.

Die *Refraktionsseismik* ist durch einen besonderen Verlauf der seismischen Wellen gekennzeichnet: Der seismische Impuls wird an einer Schichtgrenze zwischen einem Gestein niedriger V_p (oben) und einem anderen höherer V_p (unten) in die Schichtfläche abgelenkt, von wo aus er nach einer jeweils fallspezifischen Mindestentfernung wieder an die Erdoberfläche refraktiert wird. Die Refraktionsseismik wird vor allem zum Aufsuchen und Abtasten von Salzstrukturen eingesetzt. Salz hat eine sehr hohe V_p von rund 5000 m/s, wogegen typische Hüllgesteine niedrige Geschwindigkeiten um 2000 m/s aufweisen.

Regionale *Magnetik* und *Gravimetrie* ermöglichen einen ersten großräumigen Überblick über ein erdölhöffiges Gebiet (Gibson & Millegan 1998). Solche regionale Messungen werden meist vom Flugzeug aus mittels Protonen-Magnetometern durchgeführt. Änderungen des geomagnetischen Feldes über Sedimentbecken sind durch wechselnde magnetische Eigenschaften der verschiedenen Gesteine im älteren Untergrund und durch deren Tiefenlage bedingt. Sie werden in Isanomalenkarten durch Linien gleicher Abweichung vom Normalfeld dargestellt. Diese spiegeln die Struktur des Untergrundes wieder und können eine Einschätzung der Sedimentmächtigkeiten ermöglichen. Neubildung von Magnetit in Sedimenten durch die reduzierenden Kohlenwasserstoff-Fluide, ebenso auch Veränderungen durch Brände von Kerogen- und KW-reichen Gesteinen im Ausbißbereich ergeben ebenfalls verwertbare magnetische Anomalien.

Die regionalen Schwereunterschiede sind durch das Vorkommen verschieden dichter Gesteine im Untergrund bedingt. Die Messungen müssen topographischen u.a. Korrekturen unterworfen und auf Meeresniveau reduziert werden. Die zur „Normalschwere" verbleibenden Differenzwerte sind die Bouguer-Anomalien, welche gewöhnlich in Isolinien-Karten (Isogammen-K.) dargestellt werden. Die geologische Auswertung der gravimetrischen Daten ist oft sehr schwierig. In Fällen deutlicher Kontraste kann aber die Interpretation recht einfach sein: So war die Aufsuchung von Salzdomen mit der Eötvös'schen Drehwaage die erste in der Erdölprospektion verwendete geophysikalische Methode. Salzdome verursachen starke negative (Abb. 128), begrabene Berge, Antiklinalen und Brüche jedoch schwache, positive Bouguer-Anomalien. Heute werden Schwere-Gradiometer verwendet.

Tellurische Ströme in der Lithosphäre werden auf Induktion durch Ionosphärenströme zurückgeführt. Sie pulsieren in Richtung und Stärke und fließen im wesentlichen parallel zur Erdoberfläche. Gemessen werden in der Praxis Spannungsänderungen zwischen Elektroden (Tellurik) oder das durch die Ströme bewirkte Magnetfeld (Magnetotellurik). Da die tellurischen Ströme sehr tief reichen, können bei günstigen Voraussetzungen Daten über den Tiefenbau und den Untergrund von Sedimentbecken erhalten werden.

Radiometrische Messungen mit der Radonsonde in seichten Bohrlöchern haben in einzelnen Fällen die Umgrenzung der Ölführung daduch erkennen lassen, daß über Reservoiren der Radongehalt der Bodenluft gegenüber der Umgebung deutlich niedriger ist. Mit seichten Öllagern können aber auch positive Radon-Anomalien verbunden sein, da flüssige Kohlenwasserstoffe neben anderen Schwermetallen auch Uran, aus dem durch radioaktiven Zerfall das ^{222}Rn entsteht, deutlich anreichern. In Anbetracht der Zielgebiete der heutigen Kohlenwasserstoff-Prospektion, die vor allem auf untermeerischen Kontinentalschelfen und in großer Tiefe liegen, ist die Radiometrie jedoch nur sehr begrenzt einsetzbar.

Geochemische Methoden beruhen auf der Messung von Gasen, welche an Bodenpartikeln adsorbiert sind oder in der Bodenluft nachgewiesen werden können (Klusman 1993). Diese Anomalien entstehen infolge Diffusion kleinster KW-Mengen aus Reservoiren gegen die Oberfläche. In günstigen Fällen können sowohl KW-Lager wie diffuse KW-Austritte durch Messung leichter KW (C_1 bis C_4) an Störungen kartiert werden (Zhang 2003).

Auch Helium ist als Pfadfinderelement brauchbar, da es in Erdgas deutlich angereichert ist und zur Oberfläche diffundiert. Ähnlich wie im Felde erkennbare Austritte von Erdöl oder Erdgas sind aber solche Anomalien keineswegs verläßliche Anzeichen für wirtschaftliche Lagerstätten. Ein beispielhafter Erfolg gelang jedoch im Stephens County, Texas, wo ausschließlich auf Grund dieser Methode ein turmförmiges Riff mit reicher Ölführung entdeckt wurde. Die Kartierung submariner Austritte von Methan und Öl ist jedoch wesentlicher Bestandteil vieler Explorationskampagnen im Offshore-Bereich (Abb. 183). Auch die Untersuchung der Eigenschaften und der Maturität des Kerogens in Gesteinen kann als geochemische, jedoch indirekte Prospektionsmethode aufgefaßt werden.

Alle diese vorgenannten Untersuchungsmethoden kulminieren im Ansetzen einer ersten ***Erkundungsbohrung*** (structure hole, wildcat). Diese wird vor allem zur Aufklärung der stratigraphischen und lithologischen Abfolge abgeteuft, erforscht aber nach Möglichkeit eine meist durch Seismik induzierte potentielle Speicherstruktur. Durch die Möglichkeit, im Bohrloch die seismischen Charakteristika der durchörterten Gesteine zu messen, dient eine solche erste Untersuchungsbohrung auch wesentlich der genaueren Auswertung der seismischen Daten.

Bereits während des Abteufens werden alle Bohrungen umfassend bearbeitet. Die laufend anfallenden Spülproben müssen qualitativ und quantitativ untersucht und beschrieben werden, insbesondere im Hinblick auf Lithologie, Fossilinhalt und KW-Spuren. Im Labor werden die im Bohrklein enthaltenen Partikel organischer Substanz (Kerogene, DOM = „disseminated organic matter") abgetrennt und in Bezug auf die Natur der Kerogene und ihren Reifegrad untersucht. Der Gehalt der Spülung an brennbaren Gasen, die Zusammensetzung der Spülung sowie der Bohrfortschritt u.a. technische Daten werden kontinuierlich aufgezeichnet und müssen geologisch gedeutet werden. Für die stratigraphische Einstufung kritischer Gesteine oder die Untersuchung KW-verdächtiger Horizonte werden Kerne gezogen, nicht zuletzt, um im Labor weitere Bestimmungen, etwa der Korngrößenverteilung, der Porosität und Permeabilität potentieller Produktionshorizonte, durchführen zu knnen. *In-situ* Ölproben dienen dem Studium der Fluideigenschaften unter Lagerstättenbedingungen (T, P). Alle Beobachtungen, Messungen und Spezialuntersuchungen müssen ebenso wie die technischen Daten in einem Schichtenverzeichnis (log) dokumentiert werden.

Geophysikalische Bohrlochmessungen haben sich nach frühen Versuchen der Brüder Schlumberger in den Jahren 1920–1930 rasch so bewährt, daß sie heute in allen Bohrungen der Ölindustrie eingesetzt werden, um

- geologische Daten,
- petrochemische und -physikalische Parameter, sowie
- technische, für Bohrung und Produktion bedeutsame Daten zu gewinnen.

Sie dienen damit seit langem Korrelationszwecken, der Bestimmung und Lokalisierung einzelner Horizonte, der Festlegung der Gas-/Öl-/Wasserkontakte, zunehmend aber auch der Analyse vieler Eigenschaften der Gesteine (z.B. diagenetische Veränderungen: MATHIS 1993) und des Inhaltes einer Lagerstätte. Man unterscheidet folgende häufiger angewandte Meßverfahren bzw. Gruppen von Meßverfahren: Elektrische und radiometrische Methoden, Kaliber-, Abweichungs- und Temperaturmessungen. Aus der Vielzahl der heute angebotenen Verfahren sollen im Folgenden einige der wichtigeren herausgegriffen und kurz beschrieben werden (s. auch Abb. 134).

Mit den *konventionellen Widerstandsmessungen* wird der scheinbare elektrische Widerstand der durchörterten Gesteine gemessen. Der wahre Widerstand hängt von mehreren Faktoren ab: Wassergehalt, Chemismus des Wassers, Gehalt an Kohle, Öl, Gas oder Sulfiden etc. Bei konventionellen Meßverfahren wird der wahre Widerstand durch die Spülflüssigkeit oder salzhaltige Formationswässer so stark verfälscht, daß diese Methoden gewöhnlich nicht mehr verwendet werden. Aussagekräftiger sind *gerichtete Widerstandsmessungen* (Laterolog u.ä. Bezeichnungen); hier wird das Stromfeld elektronisch so geregelt, daß seine Geometrie im Bereich der Meßsonden immer gleich bleibt. Da eine sehr enge horizontale Bündelung erfolgt, werden auch geringmächtige Schichten meßbar und eine hohe Eindringtiefe wird erzielt. Die Widerstandsmessungen dienen der Bestimmung von Schichtmächtigkeiten, der Korrelation mit anderen Bohrungen, sowie der Ermittlung des wahren Gesteinswiderstandes. Zudem können effektive (Makro-) und ineffektive Mikroporosität unterschieden werden (SMITH et al. 2003).

Das *Eigenpotential-Verfahren* beruht auf der Entstehung von elektromotorischen Kräften im Bohrloch, welche aus 1. der unterschiedlichen Ionenkonzentration in Spül- und Formationswasser, und 2. Fließvorgängen zwischen Spülung und Nebengestein resultieren. Die Messung wird gewöhnlich mit einer ins Bohrloch eingebrachten Meßelektrode kontinuierlich vorgenommen, wobei die Gegenelektrode stationär ist. Auch die Eigenpotentialkurve einer Bohrung kann unter anderem der Korrelation mit benachbarten Sondierungen dienen.

Leitfähigkeitsmessungen (Induktionsverfahren) werden dort angewendet, wo infolge nicht leitender Porenfüllung (Luft, Öl) die Widerstandsmethoden versagen. Es werden durch Induktion Wirbelströme in der Formation erzeugt, welche wiederum Empfängerspulen in der Sonde anregen. Die Stärke der Wirbelströme ist von der Leitfähigkeit der Gesteine abhängig. Die Aussage dieser Methode ist ähnlich jener der Widerstandsmessungen.

Schichtneigungsmessungen sind für die geologische Interpretation von Bohrungen von größter Bedeutung. Die Orientierung durchbohrter Schichten kann zwar durch das Ziehen gerichteter Kerne punktweise bestimmt werden, eine kontinuierliche Aufnahme erlaubt jedoch nur die elektrische Sondierung. Es werden hierzu an der Sonde drei gegeneinander um 120° versetzte Mikro-Widerstandselektoden angebracht. Jede Elektrode mißt dann eine bestimmte einfallende Schicht an einer anderen Stelle des Bohrlochs. Die Stellung der Sonde in Bezug auf die Nordrichtung wird gleichzeitig registriert.

Radiometrische Verfahren haben den Vorteil, unabhängig von der Spülung und z.T. sogar in verrohrten Bohrungen verwendbar zu sein. Es werden natürliche Gammastrahlen sowie induzierte Radioaktivität gemessen. Die natürliche Gammastrahlung der Gesteine hängt davon ab, wieviele und welche radioaktive Elemente sie enthalten. Die wichtigsten natürlichen Gammastrahler gehören den Zerfallsreihen von Uran und Thorium an, dazu kommt Kalium (K^{40}).Die Messungen ermöglichen somit eine lithologische Gliederung: Höhere Strahlung tritt bei Kalisalzen und bei tonreichen oder feldspatführenden Gesteinen auf (infolge des meist hohen K-Gehaltes), niedrigere bei Sanden, Salz, Anhydrit, Karbonaten und anderen tonarmen Gesteinen.

Bei der Dichtesondierung (Gamma-Gamma Log) wird im nichtverrohrten Bohrloch eine Gammastrahlen-emittierende Sonde benutzt. Die Gammastrahlen werden durch die Elektronen des Gesteins abgebremst, so daß ein etwas entfernt angebrachtes Scintillometer nur den nicht absorbierten Teil der Strahlung mißt. Da dieser der Dichte des Gesteines umgekehrt proportional ist, kann aus diesen Daten bei entsprechender Eichung die Dichte des Gesteines errechnet werden. Da Kohlen im Vergleich zu Nebengesteinen eine geringe Dichte haben, ist diese Methode auch vorzüglich zum Nachweis von Kohleflözen geeignet. Aus der Dichte des porenfreien Gesteines und der aus den Meßdaten erhaltenen tatsächlichen Dichte läßt sich in der Folge das Porenvolumen einschätzen.

Für das Neutron-Neutron Log wird eine Neutronenquelle mit der Sonde ins Bohrloch abgesenkt. Die ausgesandten schnellen Neutronen werden durch Zusammenstoß mit Atomen des Nebengesteines gebremst, wobei der größte Energieverlust bei Zusammenstoß mit Wasserstoff-Atomen eintritt. Die gebremsten Neutronen werden leicht von anderen Atomen (insbesondere H oder Cl) eingefangen, wobei eine momentane Gamma-Strahlung entsteht, welche mittels eines Zählrohres gemessen wird. Gegen die meist energieärmere natürliche Strahlung ist dieses Gerät gepanzert. Das Neutron-Neutron Log ergibt bei hohen Wasser- oder Ölgehalten niedrige Zählraten; bei hoher Porosität und geringem Wasserstoff- oder Chlorgehalt sind die Meßwerte hoch. In der Erdölindustrie wird diese Methode zur Bestimmung der Porosität herangezogen; allerdings täuscht Ton durch hohen Wassergehalt eine hohe Porosität vor. Neuerdings wird eine Weiterentwicklung dieser Methode auch zur chemischen Analyse der Gesteine eingesetzt („geochemical reservoir analyser").

Bei der *Kalibermessung* wird kontinuierlich der Bohrlochdurchmesser mittels einer mehrarmigen, gefederten Sonde gemessen. Die solcherart ermittelte Morphologie der Bohrlochwand kann zur lithologischen Interpretation wichtige Beiträge liefern, ist aber vor allem für die Bohrlochtechnik von Bedeutung. Die typisch elliptische Deformation der Bohrungen wird routinemäßig zur Bestimmung der Raumlage der Gebirgsspannungen verwendet.

Bohrlochabweichungsmessungen sind nicht nur aus technischen Gründen wichtig. Die Messungen erfolgen punktweise in regelmäßigen Abständen, wobei der Neigungswinkel der Bohrlochachse und der zugehörige Azimuth angegeben werden. Diese Daten werden oft zusammen mit Schichtneigungsmessungen geliefert. Eine besondere Bedeutung gewinnen sie durch die zunehmende Verwendung gerichtet, ja sogar bis in die Horizontale abgelenkter Bohrungen.

Temperaturmessungen im Bohrloch können Daten über Anomalien liefern, wie etwa Gasaustrittstellen, starke Wasserzutritte, Orte von Spülungsverlust etc. Außerdem werden sie zur genauen Bestimmung der Zementationsgrenzen hinter der Verrohrung eingesetzt, da das Abbinden des Zementes 8–12 Stunden nach dem Einpressen eine maximale Wärmeentwicklung bewirkt. Bei der Auswertung der Temperaturkurve ist zu beachten, daß die gemessenen Temperaturen nicht den wahren Formationstemperaturen gleich sind, da sich erfahrungsgemäß durch die Spülung ein bis zu 3 m weit reichender abgekühlter Mantel um das Bohrloch bildet.

Das *Soniclog* dient vor allem der Ermittlung der Porosität in Sanden und Sandsteinen; daneben wird es zur lithologischen Korrelation und für das frühe Erkennen von Hochdruckzonen herangezogen. Die Methode beruht auf der Messung der Schallgeschwindigkeit in Gesteinen. Dazu werden Ultraschallimpulse ins Gebirge übertragen, welche von Empfängern aufgenommen werden. Die Schallgeschwindigkeiten liegen in gering verfestigten Tonen um 1500 m/sec und können z.B. in Dolomiten Werte bis über 6000 m/sec erreichen.

Bedeutung erlangen neuerdings auch in der Kohlenwasserstoffindustrie ***geomechanische Messungen*** der Eigenschaften bzw. Spannungszustände durchbohrter Gesteine. Probleme der Bohrlochstabilität ebenso wie der kontrollierten Induktion künstlicher Porosität oder von Klüften (fracs) können damit besser gelöst werden.

Sämtliche Daten eines KW-höffigen Beckens werden im Rahmen einer ***Beckenanalyse*** integriert und zu einem quantitativen Entwicklungsmodell verarbeitet (Miall 1990, 1997). Dazu werden u.a. die Mengen an organischer Substanz und der Kerogentyp in den Muttergesteinen, der zeitliche Ablauf von Versenkung, Kompaktion und Erwärmung sowie schließlich Deformationsgeschichte und Fluidmigration herangezogen. Damit sind Aussagen über Zeit, Art und Mengen der produzierten Kohlenwasserstoffe im Verhältnis zu den bekannten Lagerstätten und über bisher unbekannte Anreicherungen möglich (z.B. van Balen et al. 2000). In der Folge können Suchmodelle zur Auffindung der „fehlenden" Mengen entwickelt werden. Vor allem in den „alten" Öllländern mit gut erforschten oder nahezu erschöpften Becken werden solche Strategien angewendet.

Besonders lehrreich ist die Entdeckung und rasche Entwicklung der Kohlenwasserstoffprovinz in der ***Nordsee,*** welche lange unerkannt geblieben war (Glennie 1998):

Kleine bis mittlere Öl- und Gasfelder waren im Umkreis der Nordsee seit über 100 Jahren sowohl in Deutschland (beginnend mit Wietze/Hannover 1859) wie in England erschlossen worden. Der eigentliche Anlaß für die Ausweitung der Exploration ins Meer hinein war die im Jahre 1963 gewonnene Erkenntnis, daß das Gasfeld Groningen/Holland zu den größten der Erde zählt. Damit war der notwendige wirtschaftliche Anreiz gegeben. Die erste Bohrung in der Nordsee (Nordsee B-1) wurde 1964 von einem deutschen Konsortium abgeteuft. Große Funde gelangen allerdings erstmals im britischen (Gasfeld Leman 1965) und im norwegischen Sektor (Ölfeld Ekofisk 1969: 200 x 10^6 m^3 Öl). Durch die politischen Ereignisse (Ölkrise) unterstützt, kam es in der Folge zu einer sich überstürzenden Erschließung. Heute (2002) sind in der Nordsee über 100 Öl- und Gasfelder mit gewinnbaren Reserven von 3000 x 10^9 m^3 Gas und 2.000 x 10^6 t Öl bekannt.

Die wichtigsten Muttergesteine sind im Süden oberkarbone Kohlen (für Gas) und Tone des Unteren Jura (Öl); für den wirtschaftlich weit überragenden nördlichen Abschnitt der Nordsee sind es Tone des obersten Jura und der untersten Kreide (Kimmeridge Clay) mit 2 bis >12% organischer Substanz, welche infolge ihres in Gamma-Logs leicht erkennbaren erhöhten Urangehaltes „hot shale" genannt werden. Speichergesteine sind devonischen bis eozänen Alters; die reichsten Lagerstätten liegen aber in Sandsteinen des Unteren und Mittleren Jura. Bildung und

Verteilung dieser Sedimente werden von einem komplexen, über 100 km breiten, mesozoischen Grabensystem kontrolliert. Nur in dessen Zentrum ist die Maturität der Muttergesteine hoch genug, um Öl und Gas zu bilden. Die Kohlenwasserstoffgeneration begann im späten Mesozoikum. Die Migrationswege sind in der Regel vertikal und sehr kurz. Letzteres gilt auch für den Südteil der Nordsee, wo allerdings Phasen tektonischer Einengung (Inversion) in Kreide und Tertiär viele frühe Kohlenwasserstofflagerstätten zerstört haben. Fallenstrukturen sind überwiegend stratigraphisch bedingt, jedoch in engem paläogeographischem Zusammenhang mit der mesozoischen Grabentektonik und Halokinese.

Die Erschließung der Öl- und Gasressourcen der Nordsee geht natürlich weiter; zunehmend müssen aber komplexere Fallen und weniger reiche Lagerstätten aufgesucht werden (Abb. 174, 179). Lager mit Schweröl und Sauergas hat man aus wirtschaftlichen Gründen bisher nicht erschlossen. Zweifellos gibt es für eine Zukunft mit höheren Erlösen für Gas und Öl noch große potentielle Ressourcen.

V. Die Exploitation von Öl- und Gaslagerstätten

Die möglichst rationelle Ausbeutung aufgefundener Kohlenwasserstofflagerstätten bedarf in vielfacher Hinsicht der Beachtung geologischer Faktoren und ist nur in enger Zusammenarbeit von Geologie, Geochemie, Lagerstättenphysik und Fördertechnik möglich. Damit haben diese Aufgaben (reservoir engineering, flow engineering etc.) mehr als früher interdisziplinären Charakter (Dake 1994).

Lagerstättenverhältnisse

Die *statischen Lagerstättenverhältnisse* bezeichnen die Zustandsbedingungen innerhalb des Reservoirs vor Aufnahme der Förderung. Das betrifft primär die physikalischen Eigenschaften der Speichergesteine und der darin befindlichen Kohlenwasserstoffe, sowie Druck und Temperatur. Zusammen mit geologischen Fakten dienen diese Daten einer Charakterisierung der Lagerstätte (reservoir characterization), welche die Voraussetzung für eine zutreffende, numerische Simulation ist (s. Vorratsberechnungen).

Porosität und Permeabilität als besonders wichtige Faktoren werden für Speichergesteine gewöhnlich unter simulierten Lagerstättenbedingungen an einer Vielzahl von Kernproben im Labor bestimmt, da beide Kennwerte von Druck, Temperatur und den Gebirgsspannungen abhängig sind. Bohrlochmessungen der Porosität können mit Hilfe dieser Meßwerte geeicht und besser interpretiert werden. Weitere wichtige Eigenschaften sind die Benetzungsfähigkeit und die Kapillardruckkurve, also Parameter der relativen Permeabilität. Nicht selten ist eine sogenannte *„doppelte Porosität“*. Damit bezeichnet man das Auftreten einer (meist geringen) Gesteinsporosität, begleitet von einer oft viel höheren Porosität, welche durch offene Trennflächen bedingt ist. Während der Förderung nimmt im Normalfall die Porosität ab, da die Fluidextraktion eine Verminderung des Drucks bedingt, wodurch der effektive Anteil der totalen Spannungen steigt (Abb. 22). Daraus resultiert eine induzierte Kompaktion des Speichers, wodurch Seismizität und/oder eine Absenkung der Oberfläche ausgelöst werden können.

Der Lagerstätteninhalt von Öllagerstätten („petroleum reservoir fluids“: Danesh 1998) besteht immer aus einem Gemisch von vielen verschiedenen Kohlenwasserstoffen sowie aus Wasser und anderen Stoffen, die unter Lagerstättenbedingungen ein Einphasen- (flüssig oder gasförmig) oder ein Zweiphasensystem bilden. Diese von Druck und Temperatur abhängigen Phasenverhältnisse werden an sorgfältig entnommenen Förderproben im Autoklaven unter simulierten Lagerstättenbedingungen sowie für förderungsbedingt fallenden Druck untersucht. In der Lagerstätte nehmen die Kohlenwasserstoffe naturgemäß geringere Volumina ein, als unter Oberflächenbedingungen. Gerechnet wird aber immer mit den Mengen unter Oberflächenbedingungen, für Öl in m^3 Tanköl, für Gas in Nm^3 (international Sm^3). Der *Formationsvolumenfaktor* gibt diese Beziehungen zwischen Lagerstätten- und normalem Volumen wieder; er ist für jede Lagerstätte verschieden und muß in Hinblick auf Vorratsberechnungen genau bestimmt werden.

Die *Viskosität* des Lagerstätteninhaltes kontrolliert wesentlich das Fließen des Öls und damit den möglichen Ausbeutefaktor. Die Viskosität des Rohöls wird durch gelöstes Gas (bei höherem Druck) und durch erhöhte Temperaturen herabgesetzt. Da die Lagerstättentemperatur im Laufe der Förderung im wesentlichen gleich bleibt (außer bei thermischen Entölungsverfahren), verringert sich die Fließfähigkeit des Öles durch Gas-Entlösung während der Förderung, bedingt durch den Druckabfall.

Die *Sättigung* des Speichers ist ein Gradmesser der Füllung der Porenräume mit Öl, Gas und Wasser. Da Kernproben beim Ziehen einem Druck- und Temperaturabfall unterliegen, kann die Sättigung dieser Proben nicht für eine Beurteilung der Porenfüllung in der Lagerstätte herangezogen werden. Messungen des Kapillardruckes und der Benetzbarkeit an Kernproben ergänzt durch Bohrlochmessungen ermöglichen jedoch eine Beurteilung der Verteilung von Wasser, Öl und Gas im Speichergestein. Ist Letzteres homogen, so bildet sich die oben vereinfacht dargestellte Saigerung von Wasser-Öl-Gas aus, wobei allerdings die gewöhnlich als Linie dargestellte Öl-/Wasser-Grenze eher eine Übergangszone ist. Immer ist aber eine zumindest minimale Wassermenge an der Porenfüllung auch in der Öl- und Gaszone beteiligt; dies ist das Haftwasser. Ist der Speicher lithologisch inhomogen, so können infolge der erhöhten Kapillarkräfte in feinkörnigen Partien auch in der Öl- und Gaszone sehr hohe Wassergehalte auftreten.

Der *Lagerstättendruck* ist jener Druck, unter welchem die Fluide des Speichers stehen. Er ist in der Regel wesentlich geringer als der Gebirgsdruck, welcher aus dem Gewicht der überlagernden Gesteine (lithostatischer Druck = vertikale Gebirgsspannung) und eventuell auftretenden tektonischen Spannungen resultiert. In der Regel ist der Lagerstättendruck gleich dem hydrostatischen Druck einer Wassersäule mit D = 1,1 (das entspricht einer Lauge mit 8% gelöstem NaCl). Davon stark abweichende, abnorm hohe und der lithostatischen Auflast nahe Drucke (overpressure) werden oft in tonig-sandigen Wechselfolgen angetroffen. In diesem Fall überträgt sich der Gebirgsdruck zum Teil oder ganz auf den Poreninhalt, weil ein gegenseitiges „Abstützen" der Feststoffteilchen nicht oder nur teilweise möglich ist. Man erklärt solche Fälle damit, daß manchmal die Entwässerung und Kompaktion von Sanden innerhalb gering permeabler toniger Gesteine mit deren rascher Versenkung nicht Schritt hält (undercompaction). Solche unter hohem Druck stehende Fluide können auch zum hydraulischen Aufbrechen von Klüften und damit zu einem fluidgefüllten Spaltensystem Anlaß geben (Grauls & Cassignol 1992). Dies kann dazu führen, daß Fluide unter Überdruck in unerwartet geringe Tiefe aufsteigen (Luo et al. 2003). Zonen oder Speicher mit unvermutetem Überdruck sind beim Bohren besonders gefährlich, da es zu Ausbrüchen (blowouts) kommen kann. Entsprechend wichtig sind Untersuchungen zur Früherkennung (Fertit et al. 1994). Kompressive tektonische Verhältnisse begünstigen die Erhaltung hoher Fluiddrucke (Sibson 2003). Abnorm niedrige Drucke, d.h. $P_{Speicher} < P_{hydrostatisch}$, sind Beweise für eine besonders effektive, geologische Zeiten überdauernde Abdichtung gegen migrierende Fluide. Möglicherweise wären solche Speicher sehr gut geeignet, um liquide toxische oder radioaktive Abfälle zu entsorgen. Derartig anomale Drucke können auf rasche Hebung oder Abkühlung, in manchen Fällen auch auf ein osmotisches Druckgefälle, zurückgeführt werden (Neuzil 2000).

Die *Lagerstättentemperatur* entspricht dem jeweiligen geothermischen Gradienten. Zahlreiche geologische Faktoren beeinflussen diesen Wert, unter anderem die Nähe vulkanischer Zentren, das Auftreten von Gas oder strömendem Tiefengrundwasser und die sehr unterschiedliche Wärmeleitfähigkeit von Gesteinen. Im Durchschnitt liegt der geothermische Gradient bei 25–30 m/°C, jedoch wurden extreme Werte von 52 und 4 m pro Grad gemessen. Salz ist ein besonders guter Wärmeleiter, weshalb über Salzdomen gegenüber der Umgebung deutlich erhöhte Temperaturen auftreten. Gebiete besonders hoher Temperaturen im seichten Untergrund sind wichtige Ziele der Prospektion für geothermale Energie.

Entwicklung eines Feldes

Nach dem Auffinden einer KW-Lagerstätte und deren Nachweis durch eine erste Bohrung muß das Feld so erschlossen werden, daß bei einem möglichst großen Ausbeutefaktor der größte wirtschaftliche Nutzen erzielt wird. Dies ist dann der Fall, wenn die Investitionen für weitere Bohrungen zum Erlös in einem günstigen Verhältnis stehen.

Das *Abbohren eines Ölfeldes* durch mehrere Sonden ist aus physikalischen Gründen prinzipiell nicht nötig, wenn es sich um einfache, homogene Lagerstätten handelt. Die Fließverhältnisse in solchen Speichern erlauben theoretisch die Gewinnung des gesamten fließfähigen Öles aus einer einzigen Bohrung, wenn bei Wassertrieb die Förderung aus dem höchsten Bereich der Struktur, bei Gas- und Schwerkrafttrieb aber aus den tieferen Teilen erfolgt. Öl und Gas bewegen sich nachweislich über große Strecken, so daß auch in der Praxis bei geeigneten Verhältnissen, etwa im mittleren Osten, sehr große Fördersondenabstände bis zu mehreren Kilometern angewendet werden (Abb. 176).

Die geologischen Verhältnisse erzwingen aber oft einen viel kleineren Abstand. Insbesondere Änderungen der Speichereigenschaften, wie Mächtigkeit, Porosität und Permeabilität, verlangen einen dichteren Aufschluß auch deshalb, weil diese Faktoren für eine rationelle Ausbeutung bekannt sein müssen. Allein für die Untersuchung der Lagerstättengeometrie und der statischen und dynamischen Lagerstättenverhältnisse ist also meist eine Mehrzahl von Bohrungen unerläßlich.

Das Ziel einer möglichst vollständigen Ausbeutung erfordert aber auch Angriffspunkte für eine Steuerung der Förderung sowie für Maßnahmen bezüglich sekundärer und tertiärer Fördermethoden. Schließlich müssen Wirtschaftlichkeitsberechnungen zeigen, wieviele Bohrungen in einer Lagerstätte zum optimalen Ergebnis führen. Zunehmend bewährt sich dabei die moderne Richtbohrtechnik, welche es erlaubt, von einer Plattform aus verschiedene Teile des Speichers zu erschließen. Nicht selten werden dazu Horizontalbohrungen verwendet.

Das *Abbohren eines konventionellen Gasfeldes* unterliegt insofern anderen Gesetzlichkeiten, als das Abteufen von Fördersonden nicht hauptsächlich in der Entwicklungsphase erfolgt, sondern sich über die gesamte Produktionsdauer eines Feldes erstreckt. Hier werden also hohe initiale Investitionskosten vermieden. Dazu kommt der Vorteil der mit durchschnittlich 60% gegenüber Öl wesentlich höheren Ausbeute des initialen Lagerstätteninhaltes.

Da viele Kohlenflöze Aquifere sind, wird die CBM- (Coal Bed Methane) Förderung durch Abpumpen des Wassers (Druckentlastung) eingeleitet (Abb. 185). Im Powder River Becken in Wyoming/Montana werden die Sondenabstände so eingerichtet, daß jeweils etwa 160 ha Fläche entgast werden. Mehrfach erreichte die Ausbeute größere Mengen, als dem ursprünglichen Gasinhalt der Kohlen entsprach. Ob dies durch Migration oder biogene Neubildung bewirkt wird, bleibt offen (Ayers 2002). Die tiefsten Gewinnungsbohrungen erreichen bereits 1.000 m.

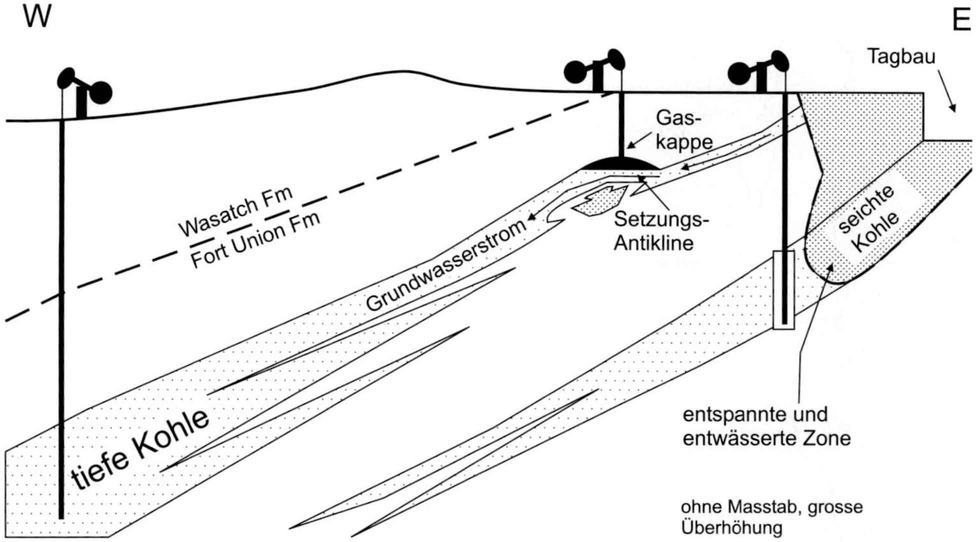

Abb. 185. Strategien zur Exploration und Gewinnung von Kohlenflözgas im paläozän-eozänen Powder River Becken, Wyoming (AYERS 2002).
Anfangs wurden die Produktionsbohrungen in druckentlasteten Bereichen nahe von Tagebauen oder in seichte Fallenstrukturen niedergebracht. Nach Westen vorrückend erreichen Bohrungen mittlerweile 1.000 m Tiefe. Die Kohlen haben geringe Reife (<0,4% R_o), das Gas ist biogen. Die Flöze sind infolge gut entwickelter Schlechten Aquifere (Permeabilität 10 mD bis ~ Darcy).

Öl- und Gasförderung

Die Ölförderung aus einer Lagerstätte ist das Ergebnis meist kombiniert auftretender *Triebmechanismen*; man unterscheidet folgende drei Hauptmechanismen, welche die *primäre Förderung* (auch eruptive Förderung genannt) einer Lagerstätte aus eigener Energie gewährleisten:

- Gastrieb („äußerer Gastrieb" aus einer Gaskappe)
- Erschöpfungstrieb („innerer Gastrieb" durch aus Lösung gehendes Gas)
- Wassertrieb

Eine zurücktretende Rolle spielen die Schwerkraft, die Verringerung des Porenraums sowie die Expansion von untersättigtem Öl/Gasgemisch.

Besonders erwünscht ist der *Wassertrieb*, da er im allgemeinen einen hohen Ausbeutungsgrad bewirkt (20–80%, durchschnittlich 52% des Ölinhaltes). Dabei wird das Öl durch nachfließendes Rand- oder Bodenwasser in die Bohrung und zur Oberfläche gedrückt. Der Wasserzufluß ist oft so kontinuierlich, daß der Lagerstättendruck über lange Zeit kaum abfällt bzw. sich bei Schließen nach einer Überproduktion wieder aufbaut. Das Wasser kann aus einem an der Oberfläche ausbeißenden Leiter dauernd ergänzt werden, meist aber werden eher Volumenvergrößerung durch Gasentlösung aus dem Wasser oder Kompression der Poren für das Fließen des Randwassers verantwortlich gemacht. Reicht der natürliche Wassertrieb nicht aus, wird aus randlichen Sonden in die Lagerstätte Wasser eingepreßt („Wasserfluten", Abb. 186).

Erschöpfungstrieb ist für Öllagerstätten mit gelöstem Gas charakteristisch, die keine Verbindung mit einem Aquifer haben. Das kann etwa bei einer Sandlinse in Peliten der Fall sein. Wenn eine bedeutende Gaskappe ausgebildet ist, verdrängt die Expansion des Gases das Öl zu den tief in der

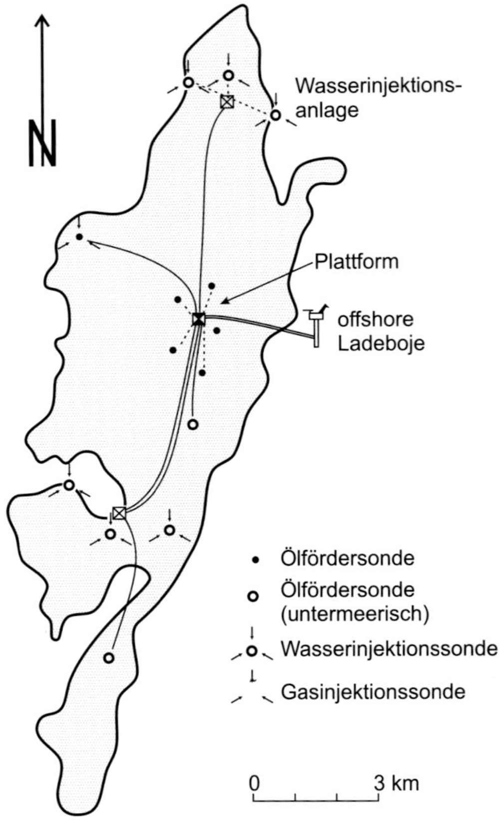

Abb. 186. Erschließungsplan des Offshore-Ölfeldes Draugen (s. Abb. 179), mit Unterstützung der Ölförderung durch Gas- und Wasserinjektionssonden (PROVAN 1992). Erforderlich ist dies wegen geringen Lagerstättendrucks und Gas-Untersättigung des Öles im Speicher.

Struktur angesetzten Bohrungen *(Gastrieb)*. Im Durchschnitt erreicht man bei Gastrieb einen Ausbeutefaktor von 33%; Einpressen von Gas kann Förderrate und Ausbeute erhöhen. Bei Erschöpfungstrieb fällt der Lagerstättendruck rasch ab, da viel Gas mitgefördert werden muß. Deshalb ist der Ausbeutefaktor ungünstig; es sind früh sekundäre und tertiäre Fördermaßnahmen (s. unten) erforderlich.

Bei günstigen geologischen Verhältnissen fließt das Öl durch *Schwerkraft* auch nach der Erschöpfung anderer treibender Kräfte zur Bohrung. Unterstützt durch Gaseinpressen ist dies oft die Förderart alter Felder mit Pumpsonden. Diese müssen dann am tiefsten Teil der Struktur angesetzt werden. Sobald auch diese Fördermethode nicht mehr wirtschaftlich ist, muß ein Feld als erschöpft angesehen werden.

Meist wechseln die Triebmechanismen im Verlauf der Ausbeutung eines Feldes. Felder solchen gemischten Triebes sind an der Produktionskurve zu erkennen. Die Abb. 187 zeigt die Förderkurve einer Sonde, welche zu Beginn wenige Monate unter Gasentlösung produzierte, danach durch Wassertrieb, bis schließlich die zuletzt geringe Förderung unwirtschaftlich wurde. Auch wurde im letzten Zeitraum bereits mehr Wasser als Öl gefördert.

Die Fließvorgänge in der Lagerstätte während der Förderung sind vom Druckgefälle zur Bohrung, von der Viskosität des Poreninhaltes und von der Durchlässigkeit des Speichergesteines abhängig. Dazu kommt eine Reihe von weiteren Faktoren, welche unter anderem geologische Inhomogenitäten und Anisotropien umfassen. Infolge der Allgegenwart von Haftwasser im Speicher ist die effektive Permeabilität für Öl und Gas nicht gleich den im Labor bestimmten Werten, sondern oft wesentlich geringer. Auch zunehmender Gas-Gehalt im Porenraum vermindert die Permeabilität für Öl. Infolge dieser mit der Zusammensetzung der Porenfüllung wechselnden Permeabili-

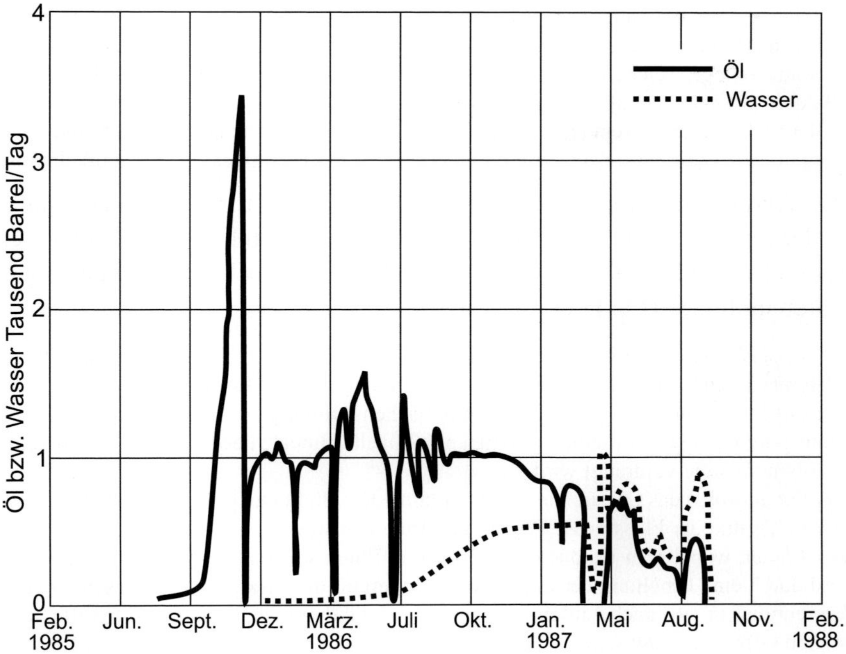

Abb. 187. Fördergeschichte einer Erdölsonde in den USA, mit wechselnden Triebmechanismen (nach Mobil Oil 1991).

täten ist in einem Öl/Wasser-System bei 10% Öl und 90% Wasser die Durchlässigkeit für Öl schon bei 20–30% Restölsättigung gleich Null. Deshalb ist eine vollständige Entölung bei Wassertrieb nicht möglich. Die meisten Förderbohrungen bewirken in ihrem Einzugsbereich komplexe, fraktale Fließstrukturen, welche oft ein unerwünschtes, frühes Vermischen von Öl, Gas und Wasser bewirken. Die Industrie hat in jüngster Zeit zur Kontrolle und zur zeitlichen Planung des Fließens die sogenannte 4D-Seismiküberwachung entwickelt.

In der unmittelbaren Umgebung von Fördersonden werden die Fließvorgänge durch technische Maßnahmen beeinflußt. Dazu zählt die „Stimulation“ durch hydromechanisches Aufbrechen oder durch Einpressen von Salzsäure/Flußsäuregemischen. Für die Gasproduktion aus den relativ „dichten“ Speichern im Rotliegenden und im Karbon Norddeutschlands hat die Behandlung mittels *Fracverfahren* eine große Bedeutung erlangt. Dabei wird das Speichergestein durch Einpressen einer Flüssigkeit unter hohem Druck aufgebrochen. Es entstehen bis zu 1000 m lange Risse, die ein besseres Fließen des Gases zur Bohrung ermöglichen.

Sekundäre Förderverfahren dienen vor allem der Ergänzung der Lagerstättenenergie, die während der Förderung abnimmt. Der Ausbeutefaktor einer Lagerstätte bei ausschließlicher Primärförderung ist in vielen Fällen sehr gering. Um die Nutzung des Inhaltes solcher bereits voll erschlossenen Lagerstätten zu verbessern, werden vielfach schon früh Wasserfluten und das Einpressen von Gas (vor allem CO_2, N_2 etc.) eingesetzt (Abb. 186). Auch diese Methoden erbringen oft nur eine geringe Ausbeute (in den 60-er Jahren lag die durchschnittliche Entölung in den USA mit primären und sekundären Förderverfahren bei nur 33%). Am häufigsten wird das Wasserfluten verwendet, worauf 75% der deutschen Ölförderung beruhen. Dabei wird durch Sonden, die im Randwasser stehen oder nach einem Raster gebohrt werden, Wasser eingepreßt. Damit wird der Abfall der Lagerstättenenergie verlangsamt, gleichzeitig dient dies der Entsorgung der bei der Ölförderung gewöhnlich anfallenden großen Mengen von Salzwasser. Die Bewegung des eingepreßten Wassers wird durch Tracer kontrolliert (Zemel 1995).

Das häufig angewandte Fluten mit Meerwasser kann trotz der üblichen Behandlung mit bioziden Reagenzien zum Einbringen von Bakterien in die Lagerstätte führen. STETTER et al. (1993) haben gezeigt, daß hyperthermophile Bakterien und Archaea, welche von Black Smokers bekannt sind, auch bei den hohen Drucken und Temperaturen in Erdölfeldern gut gedeihen und SO_4 zu H_2S reduzieren. Dies führt gleichzeitig zu einer anaeroben Biodegradation des Öles und zu unerwünscht erhöhten H_2S-Gehalten im geförderten Öl. Deshalb, und wegen der Gefahr der Barytbildung im Reservoir, wird dem zur Flutung bestimmten Meerwasser das Sulfat oft chemisch entzogen.

Tertiäre Förderverfahren erhöhen den Ausbeutungsgrad der Erdöllagerstätten um weitere 10–15%, so daß der Entölungsgrad unter Einsatz von 4D-Seismik (ebenfalls 10–15% Verbesserung) bereits heute durchschnittlich 50% erreichen dürfte. Diese z.T. noch im Forschungsstadium befindlichen Verfahren umfassen (DE HAAN 1995):

- *Chemisches Wasserfluten* zur Verbesserung des Flutwirkungsgrades durch Zusatz diverser Chemikalien. Dazu gehören „Polymerfluten", das eine gleichmäßigere Verdrängung des Öls durch die vorrückende Wasserfront bewirkt, „Tensidfluten" zur Verringerung der Grenzflächenspannung zwischen Öl und Wasser, so daß Öl aus engen Gesteinsporen gelöst und fließfähig wird, und „Mizellarfluten", bestehend aus einem Tensidpolster, der durch eine Polymerlösung verdrängt wird.
- *Mischphasenfluten*, wobei das Öl durch mischbare Flutmedien fließfähig gemacht wird; dazu werden vor allem überkritisches CO_2 und die Flüssiggase Propan und Butan verwendet.
- *Thermisches Fluten*, wobei man Heißwasser- und Dampffluten sowie in situ-Verbrennung unterscheidet. Bei ersteren wird durch eine Erhöhung der Lagerstättentemperatur die Viskosität des Öles herabgesetzt, wogegen bei der Verbrennung in situ nach Lufteinpressen und Entzündung der Kohlenwasserstoffe vor der Verbrennungsfront eine Ölfront erzeugt wird, die gegen die Fördersonde getrieben wird.
- *Injektion von Bakterien* (microbial extraction), welche durch teilweisen aeroben Abbau des Öls Erdgas und tensidähnliche Stoffe erzeugen, die das Öl fließfähiger machen.

Diese Methoden einer Erhöhung des Ausbeutefaktors von KW-Lagerstätten („reservoir management") sind wirtschaftlich äußerst bedeutsam, da eine Verbesserung der Entölung und Entgasung um wenige Prozente eine bedeutende Erhöhung der Reserven bedingt. Insbesondere handelt es sich hier ja um solche Lagerstätten, die infolge der früheren Förderung schon gut bekannt und durch bestehende Sonden erschlossen sind, so daß nur geringe zusätzliche Investitionen anfallen. Im Kern River Field erreicht man durch Dampffluten bereichsweise eine Ausbeute von 75–80% des Öles in situ (COBURN & GILLESPIE 2002).

Erdölbergbau

Bei hohen Erdölpreisen ist es denkbar, daß zukünftig die großen, im Speicher verbleibenden Ölmengen durch bergmännische Erschließung nutzbar gemacht werden (GEORGE 1998). Dabei werden Sumpfstrecken und kurze Horizontalbohrungen so ausgelegt, daß das Öl, eventuell durch Dampfbehandlung erleichtert, in die Hohlräume fließt (DEVRAN-Methode). Aus Sicherheitsgründen arbeiten neuere Konzepte mit einem Grubengebäude im Liegenden des Ölspeichers, so daß Gaszutritt vermieden wird. Speicher bis etwa 1000 m Tiefe könnten auf diese Weise ausgebeutet werden. Solche Überlegungen haben eine große wirtschaftliche Bedeutung, wenn man z.B. die Erdölressourcen der BRD betrachtet: Diese betragen einschließlich der bisherigen Förderung insgesamt 765 Mt (oil in place), wovon mit heute üblichen Techniken aber 430 Mt nicht gewonnen werden können.

Vorratsberechnung und Ressourcenabschätzung

Die Kenntnis der gewinnbaren Öl- oder Gasreserven eines Feldes oder die Abschätzung der Gesamtheit der förderbaren Kohlenwasserstoffe in einem Sedimentbecken sind für Firmen und

Nationen gleichermaßen essentiell. Obwohl die Methoden einen hohen Standard erreicht haben, sei hier ein Beispiel für die letztlich geringe Langzeitgeltung solcher Berechnungen berichtet:

Das Kern River Ölfeld in Kalifornien wurde 1899 entdeckt. Nach jahrzehntelanger Förderung wurden 1942 die verbleibenden Reserven mit 54 Mbbl berechnet. Bis zum Jahr 1986 förderte man jedoch 736 Mbbl, die weiteren gewinnbaren in situ Reserven wurden mit 970 Mbbl angegeben (MAUGERI 2004). Heute werden die mittels Dampffluten noch gewinnbaren Reserven auf über 1 Milliarde bbl geschätzt.

Diese ständige Erweiterung der Reserven wird *Feldwachstum* genannt (reserve growth, ATTANASI & ROOT 1994). Häufig steigen die Reserven während der Produktion um das 2- bis über 10-fache der initialen Vorratsangaben, statt logischerweise zu fallen. Die Zunahme beruht auf wirtschaftlichen, technischen und auf nicht-technischen Faktoren (z.B. Datenrevision). In den USA stammen >90% der Neuzugänge zu den Ölreserven aus bekannten Feldern.

Bei neu aufgeschlossenen Kohlenwasserstofflagerstätten steht die ***volumetrische Methode*** der Reservenberechnung im Vordergrund. Sobald die Lagerstättengeometrie (Mächtigkeit des Speichers, Ausdehnung der produktiven Fläche), Porosität und Sättigung bekannt sind, kann der KW-Inhalt unter Lagerstättenbedingungen (oil in place) errechnet werden. Bestimmt man weiter die Volumenveränderung des Rohöles, die während der Förderung zur Oberfläche eintritt, und setzt man den eingeschätzten Ausbeutefaktor ein, so läßt sich die zu erwartende Gesamtförderung nach folgender Formel berechnen:

Volumetrische Methode der Vorratsberechnung einer Öllagerstätte

$$N_p = A \cdot h \cdot \Phi \cdot (1\text{-}S_w)\,\frac{\rho_o}{B_o} \cdot E$$

N_p = ausbringbare Vorräte in t, A = Fläche in m^2, h = durchschnittliche Mächtigkeit des ölführenden Speichers in m, Φ = Porosität des Speichers, S_w = Anteil des Haftwassers am Poreninhalt, ρ_o = Dichte des Erdöles, E = Entölungsfaktor, und B_o = Formationsvolumenfaktor.

Die volumetrische Vorratsbestimmung ist eine *statische Methode*, ***dynamische Methoden*** beruhen auf Messungen der Vorgänge während der Förderung.

Seit langem wird der gewinnbare Teil der verbleibenden Vorräte durch die Extrapolation der Förderabfallkurve empirisch bestimmt. Wenn die treibenden Kräfte gleich bleiben, ermöglicht die Extrapolation der Kurve eine Voraussage über die zukünftige Förderrate bis zur Erreichung der Wirtschaftlichkeitsgrenze. Diese tritt dann ein, wenn der Erlös des geförderten Öles die Produktionskosten nicht mehr deckt. Aus der so erhaltenen voraussichtlichen Förderdauer und Förderrate läßt sich die ausbringbare Ölmenge abschätzen. Natürlich ist für die Anwendung dieser Methode eine genügend lange Beobachtung der Förderrate notwendig. Je länger diese dauert, umso genauer wird die Voraussage, umso geringer allerdings sind die verbleibenden Reserven. Feldwachstum wird bei dieser Methode jedoch nicht berücksichtigt.

Die wichtigste Variante der Berechnung der Ölinhaltes einer Lagerstätte während der Produktion beruht auf der Anwendung der *Stoffhaushaltsgleichung:*

Stoffhaushaltsgleichung zur Berechnung des Inhaltes einer Öllagerstätte

$$Q = N \,.\, a + We$$

Q = kumulative Produktion (Öl + Gas + Wasser) unter Lagerstättenbedingungen, N = ursprüngliche Ölmenge, bezogen auf Normal- (Oberflächen-) druck und -temperatur, a = totaler Expansionsfaktor (Öl, Gas, Haftwasser und Gestein) unter Lagerstättenbedingungen, We = kumulativer Wasserzufluß in den Speicher während der Produktion.

Die grundlegende Überlegung ist dabei, daß zu jedem Zeitpunkt zwischen dem geförderten Lagerstätteninhalt (Öl, Gas und Wasser) und dem diesen ersetzenden Stoff ein Gleichgewicht bestehen muß. Die Produktion schafft natürlich keinen leeren Porenraum. Durch den begleitenden Druckabfall dehnt sich z.T. der verbleibende Poreninhalt aus, z.T. fließt Wasser nach, oder die Poren werden komprimiert. Bestimmt man die meßbaren physikalischen Parameter (Lagerstättendruck, Porosität, Haftwasseranteil, Formationsvolumenfaktor etc.), so kann man ein Stoffhaushaltsmodell (material balance) aufstellen und die gesuchte Größe N berechnen. Gewöhnlich wird die Materialbilanzrechnung nach weiterer Förderung in zeitlichem Abstand wiederholt.

Dabei wird die Lagerstätte in Einzelblöcke geteilt und das dynamische Verhalten durch umfangreiche numerische Modelle für jeden einzelnen Block beschrieben. Diese Simulationsmodelle geben das Druckverhalten und die Sättigungsveränderungen an jedem Punkt der Lagerstätte wieder. Durch die Anpassung der Modelle an die Realität können nicht meßbare Parameter korrigiert werden. So erreicht man schließlich sehr genaue Aussagen über den gesamten Ölinhalt („oil in place") einer Lagerstätte.

Bei reinen, homogenen *Gaslagerstätten* ohne Kontakt zu einem Aquifer, also ohne Wassertrieb, ist eine Einschätzung der Reserven theoretisch auf Grund eines einzigen Bohrloches möglich. Da Gas kompressibel ist, verursacht eine Probeproduktion eine meßbare Verminderung des Lagerstättendruckes. Diese Verminderung ist von der entnommenen Menge, dem ursprünglichen Lagerstättendruck und dem Gesamtinhalt der Lagerstätte direkt abhängig. Bestimmt man die erstgenannten Parameter, läßt sich der Inhalt errechnen. Diese Rechnung ergibt gute Näherungswerte. Bei Wassertrieb und bei besserer Kenntnis der Lagerstätte und ausreichender Förderdauer werden in geigneten Situationen auch die volumetrische Methode bzw. die Bestimmung durch Stoffhaushaltsberechnungen verwendet. Gasfelder in Speichern mit geringer Permeabilität müssen durch viele Bohrungen erschlossen werden. Die gewinnbaren Reserven werden dann durch die Effizienz von hydraulischen Frac-Maßnahmen bestimmt sein (Higley et al. 2003).

Die ***Vorratskategorien*** werden auch bei den Kohlenwasserstoffen nach dem Gewißheitsgrad und der Wirtschaftlichkeit eingeteilt. Es werden wie bei den festen mineralischen Rohstoffen die Reservenkategorien „sicher" (proved, economically recoverable) und „wahrscheinlich" (*probable*) verwendet. Trotzdem ist die internationale Vergleichbarkeit der offiziellen Angaben denkbar schlecht (Campbell & Laherrere 1998). Das resultiert daraus, daß mancherorts aus politischen oder wirtschaftlichen Motiven falsche Zahlen mitgeteilt oder weil die zugrundeliegenden Fehlergrenzen großzügig variiert werden, aber eben auch aus objektiv unterschiedlichen Graden der Kenntnis eines Feldes. Campbell & Laherrere (1998) z.B. rechnen mit 90% Wahrscheinlichkeit für sichere und mit 50% für sichere plus wahrscheinliche Vorräte.

Die ***Abschätzung unentdeckter Kohlenwasserstoff-Ressourcen*** wird mit unterschiedlichen Methoden vorgenommen. Dazu zählen

- Geologische Analogien
- Vergleich mit der Produktion ähnlicher Flächen
- Geochemische Massenbilanzen
- Summenbildung aus höffigen Strukturen und KW-Systemen
- Delphi-Methode (Expertenwissen)
- Volumetrische Bilanzierung
- Zahl und Größe von erwarteten Feldern
- Extrapolation der Entdeckungsrate

Solche Methoden werden primär von Ölfirmen eingesetzt, um unterschiedliche Investitionsmöglichkeiten gegeneinander abzuwägen.

VI. Teersande, Asphalt, Pyrobitumina und Shungit

Zwei grundsätzlich unterschiedliche geologische Prozesse sind die Ursache für schwerwiegende, qualitätsmindernde Veränderungen (Degradation) des Erdöls: (1) Ölspeicher gelangen durch Absinken in einen Temperaturbereich, in dem flüssige KW nicht mehr stabil sind, und das Öl zu Gas und Pyrobitumen umgebildet wird. (2) Öl migriert im Speicher gegen die Oberfläche, oder Speicher werden tektonisch in geringe Tiefen angehoben, in welchen sie für oberflächennahes Wasser erreichbar sind. Dort wird Öl durch Oxydation, Biodegradation, Auswaschung oder Verdunstung leichtflüchtiger Bestandteile verändert. Diese Prozesse bewirken eine Zunahme des spezifischen Gewichtes, das mit der Degradationsreihe von normalem Öl zu Schweröl, Teer und schließlich Asphalt ansteigt.

Teer

Hochgradige Degradation des Erdöls im Speicher, jedenfalls aber in Oberflächennähe und beim Ausfließen an der Erdoberfläche oder am Meeresboden produziert Schweröl (Teer, „extra heavy petroleum") mit API <10 (schwerer als Wasser) und schließlich feste Bitumina.

Die größte bekannte Lagerstätte von Teer sind die „Teersande" um *Athabasca,* Alberta, Kanada. Ein am Außenrand des Molassebeckens der Rocky Mountains über 80.000 km^2 verbreiteter Sandstein kretazischen Alters ist dort mit Schweröl bis Asphalt imprägniert. Der Sandstein wurde in einem großen Flußdelta abgelagert; darunter liegt diskordant Devon, darüber ursprünglich marine Tonsteine. Im Bereich von Lake Mildred gibt es an Flußufern natürliche Ausbisse der Teersande; zum größten Teil jedoch werden sie von glazialen und fluviatilen Sedimenten von 50 bis über 80 m Mächtigkeit überlagert. Durchschnittlich ist die bitumengetränkte Schicht 50 m mächtig (maximal 275 m) und enthält neben Quarz und Ton etwa 12% Bitumen. Die Muttergesteine des ehemaligen Öles werden in Trias und Jura der Rocky Mts. im Westen vermutet.

Der Teer zementiert die Quarzkörner des Sandsteins, so daß nach Weglösen des Bitumens Quarzsand mit maximal 30% Tonanteil übrig bleibt. Verschiedene Prozesse der Extraktion des Bitumens werden angewendet bzw. sind in Entwicklung. Für die im Tagbau gewinnbaren Lagerstättenteile hat sich seit 1967 Waschen mit heißem Wasser bewährt, aus dem in der Folge das Öl abgetrennt wird. Im neuen Solvex-Prozeß soll das Bitumen durch Flotation gewonnen werden. Gleichzeitig würde aus der Tonfraktion durch Sulfatlaugung Aluminium produziert, wobei geschlossene Kreisläufe den Betrieb toxischer Schlammteiche überflüssig machen. Der Teer tieferliegender Lager wird *in situ* durch Einpressen von Dampf verflüssigt und an der Basis abgepumpt. Trotz des hohen Schwefelgehaltes von 6% im Bitumen der Lagerstätte wird in diesem Prozeß ein schwefelarmes Öl (sweet Syncrude) von etwa 40°API erzeugt. Das Ausbringen liegt zwischen 70% und 100%. Man schätzt die mit heutiger Technologie insgesamt ausbringbaren Mengen auf 300 Milliarden bbl (Faß) Öl (das ist mehr als die konventionellen Ölreserven Saudi Arabiens: George 1998). Die Menge in situ wird mit 1,7 bis 2,5 Trilliarden Barrel angegeben. Die Asche des unverwertbaren Restbitumens enthält erhöhte Gehalte von V, Sc, Ni, Mo und Ga, die man in Zukunft auch nutzbar machen möchte.

Weitere bedeutende Lagerstätten von Teersanden gibt es in den USA, in Venezuela (über 20.000 km^2 im Orinoco-Gebiet), in Madagaskar, Rumänien (Derna) und in der GUS bei Baku.

Asphalt (Abraham 1960, Yen & Chilingarian 1994, 2000) besteht aus amorphen Bitumina mit unterschiedlichen Mengen mineralischer Komponenten (Quarz, Kaolinit, etc.). Hohe Sauerstoff- und Schwefelgehalte (bis 7,5%) sind charakteristisch. Die Unterscheidung zwischen Teer und Asphalt beruht primär auf den unterschiedlichen rheologischen Eigenschaften: Asphalt ist bei Normaltemperatur eine feste, Teer eine zähflüssige Suspension von Asphaltenpartikeln in flüssigen Kohlenwasserstoffen. Asphalt ist demgemäß ein Gel.

Asphalt und vergleichbare Restprodukte der Erdölverarbeitung („Bitumen") werden weit überwiegend als Bindemittel für Straßen- und Rollbahndecken eingesetzt, weiter u.a. zur Herstellung von Dachpappe und ähnlichen Produkten, von korrosionshemmenden Rohrumhüllungen und für den Unterbodenschutz von Automobilen. Eine Emulsion von Bitumen in Wasser („Orimulsion") wird aus Venezuela für die Verbrennung in Kraftwerken weltweit exportiert. Maßgebliche Eigenschaften für die jeweilige Verwendbarkeit sind die chemische Zusammensetzung (Elemente: H, C, N, O, S, V, Ni und Fe; Kohlenwasserstoffe: Asphaltene, Paraffine, Resine und Aromate) sowie kolloidale und physikalische Eigenschaften. Besonders wichtig für den Straßenbau ist naturgemäß das thermische Verhalten von Asphalt; sowohl sprödes Brechen bei tiefen Temperaturen wie auch plastisches Fließen bei Erwärmung sind unerwünscht. Zunehmend werden Asphalte durch Beimengung von Polymeren modifiziert, um bessere Eigenschaften in Bezug auf Wasser- und Verottungsbeständigkeit, Ermüdungswiderstand und thermische sowie strukturelle Stabilität zu erreichen.

Die ältesten bekannten Asphaltgewinnungsstellen sind Teeraustritte an Euphrat und Tigris; auch am Toten Meer wurde aufschwimmender Asphalt gewonnen. Die Kir-Ablagerungen von *Balachany* auf Apscheron sind ein Gemenge von Asphalt und Ton, das von Schlammvulkanen gefördert wird. Relativ rein tritt Asphalt auf der Insel *Trinidad* in dem bekannten, etwa 1 km^2 großen See und am gegenüberliegenden Festland im größeren See von *Bermudez* auf. Dort schwimmt eine dicke Asphaltschicht auf dem Wasser. Dieser Asphalt enthält etwa 25% Wasser und bis 50% Mineralsubstanz.

Nicht selten sind Kalke, die mit Bitumen imprägniert sind. Dies kann Klüfte und Spalten füllen, oder als Matrix einer Brezie auftreten, oder in den Poren liegen. Die dalmatinischen Asphaltkalke (z.B. *Brazza*) sowie jene von *Varna* (Varin) in der Slowakei gehören zum ersten Typ. Mit bis zu 20% Bitumen imprägniert sind die braunen Kalke des *Val de Travers* bei Neuchâtel im Schweizer Jura. Ein bis zwei, maximal 10 m mächtige Bänke sind dort dem Urgonkalk konkordant eingelagert. In Italien kennt man Asphaltkalke aus den Abruzzen (*San Valentino*) und in miozänem Kalksandstein von *Ragusa* auf Sizilien. In Deutschland gibt es Vorkommen bei *Limmer* (Hannover), in der Kreide des Münsterlandes, sowie bei Vorwohle und *Holzen im Ith*. An der letzgenannten Lokalität wird der einzige europäische Tiefbau auf Asphaltkalk betrieben. Hier sind 3,5–14 m mächtige Malmkalke mit maximal 12,5% Asphalt imprägniert, der Durchschnitt des Fördergutes liegt bei 2%. Es werden besonders verschleißfeste Fußbodenplatten erzeugt.

Pyrobitumina (Asphaltite und Ozokerite) sind eine Gruppe überwiegend dunkler, fester, nichtflüchtiger, unschmelzbarer und in organischen Lösungsmitteln kaum löslicher bituminöser Substanzen. Bei Erhitzen zersetzen sie sich unter Bildung von Öl und Gas. Pyrobitumina entstehen aus Erdöl bei T>150°C, unter Abspaltung von Erdgas und Kondensaten (cracking). Sie sind deshalb Zeugen früherer Ölvorkommen (Mossman & Nagy 1996, Stasiuk 1998).

Unter dem Mikroskop zeigen die Pyrobitumina eine Reihe charakteristischer Eigenschaften: Sie bilden Porenräume nach, sind intern homogen mit muscheligem Bruch, zeigen koksähnliche Schrumpfrisse oder Poren, die beide auf Entgasungsprozesse in situ hinweisen, und sie bewahren oft Fließtexturen, die während der Erstarrung entstanden sind. Nicht selten sind kleine Einschlüsse von authigenen Mineralen, z.B. Pyrit, Illit oder von Karbonaten. Erhöhte Gehalte von Spurenmetallen (besonders V, Ni und Fe, aber auch Cd, Cr, Co, Cu, Zn) sind allgegenwärtig. Albertit von der Typlokalität (New Brunswick, USA) enthält z.B. 153 ppm Ni und 39 ppm V.

Pyrobitumina entstehen in der Regel in größerer Tiefe, wo migrierendes Erdöl unter Bedingungen der Öl-/Gastransformation (Stasiuk 1998) entlang tektonischer Strukturen ähnlich magmatischen Gängen unter hohem Druck in Nebengesteine eindringt (deshalb auch „Migrabitumen" genannt: Jacob 1989). Das Aufreißen von Spalten mit gleichzeitiger Füllung bewirkt durch Druckentlastung momentane Entgasung und damit Erstarren („Einfrieren") des Fluids. Deshalb sind Lagerstätten dieser Rohstoffe hydrothermalen Gängen sehr ähnlich; ihr Abbau erfolgt gewöhnlich mit bergmännischen Methoden untertage. Geringe Mengen von Pyrobitumina sind in vielen hydrothermalen Lagerstätten Teil der Paragenese.

Die Asphaltite umfasssen zwei chemisch unterscheidbare Entwicklungsreihen, eine naphtenische (Harze und Wachse: Wurtzilit-Albertit) und eine asphaltenische (Moleküle mit aromatischen Bauteilen: Gilsonit-Glanzpech-Grahamit). Asphalt ist unter Dauerlast zähflüssig; die festen Asphaltite nicht. Ozokerite bestehen überwiegend aus paraffinischen Kohlenwasserstoffen. Mit zunehmender Reife und beginnender Metamorphose (Flammkohlen- bis Meta-Anthrazitstadium) bilden sich aus den Pyrobitumina durch Aromatisierung Epi-, Meso- und Kata-Impsomite, welche zum Unterschied von den asphaltenischen Vorläufern in Schwefelkohlenstoff unlöslich sind (Jacob 1989). Wie bei den Kohlen steigen die Reflexionswerte der festen Kohlenwasserstoffe mit zunehmender Reife.

Pyrobitumina dienen als chemische Rohstoffe, als Dichtungsmassen, ferner zur Herstellung von Kontrollstäben in Kernreaktoren und von schwarzen Pigmenten. Pyrobitumina werden heute in Utah/USA, Argentinien und China abgebaut. In Europa gibt es nur kleinere Lagerstätten, die nicht wirtschaftlich gewinnbar sind. Mächtige Spalten füllend und anschließend lagerförmig trat reiner, tiefschwarzer, muschelig brechender Asphaltit bei *Selenica* in Albanien auf. Ozokerit wurde vor allem aus Galizien (früher Polen, heute Ukraine) bekannt. In unterkretazischen Sandsteinen des *Bentheimer Sattels* nordwestlich von Osnabrück wurden früher steile, bis 0,5 m mächtige und 900 m lange Asphaltitgänge abgebaut (Parnell et al. 1996). In altpaläozoischen Gesteinen des Tarim Beckens und der Provinz Guizhu (China) gibt es sehr große Ressourcen von Pyrobitumina, in letzterem z.T. mit Lagerstätten von Hg, As, Sb und Sn verbunden (Bing-Quan et al. 2001).

Shungit ist eine nicht-kristalline, schwarze, semi-metallische organische Substanz mit >98% C, welche im Gebiet des Onega Sees (Rußland) in vier großen Lagerstätten gewonnen wird. Innerhalb von Sedimenten und Vulkaniten eines paläoproterozoischen marinen Grabens gibt es sowohl schichtartige Lager von Shungit wie auch Diapire und Gänge, die als migriertes Öl aufgefaßt werden (Melezhik et al. 2004). Bemerkenswert ist, daß es trotz einer svekokarelischen (ca. 1,8 Ga) Grünschiefermetamorphose nicht zu Graphitisierung gekommen ist. Das Material ist nicht brennbar, wird jedoch als metallurgischer Koks-Ersatz, Absorbens und als Füllstoff verwendet.

VII. Ölschiefer

Ölschiefer werden mit der Erschöpfung der Reserven des konventionellen, relativ billigen Erdöles zunehmend wirtschaftliche Bedeutung erlangen. Sie enthalten gewaltige Energievorräte, welche allerdings nur mit großen technologischen und finanziellen Anstrengungen verfügbar gemacht werden können (Russel 1990).

Definition. Die Bezeichnung „Ölschiefer" beruht hauptsächlich auf der vermuteten technisch-wirtschaftlichen Verwertbarkeit zur Erzeugung von „synthetischem" Öl. Der Begriff umfaßt daher sehr unterschiedliche Gesteine. Die Spannweite reicht von kerogenreichen klastischen Peliten über Karbonatgesteine bis zu aschereichen Algenkohlen (Torbanit, Cannelkohle).

Verwendung. Die Verwertbarkeit der Ölschiefer beruht im wesentlichen auf ihrer Eigenschaft, bei Erhitzung auf etwa 500°C flüssige und gasförmige Kohlenwasserstoffe abzugeben, welche analog zu Erdöl und Erdgas genutzt werden. Es gibt unterschiedliche Technologien der Verwertung von Ölschiefer. Zur Ölgewinnung wird entweder Erhitzen in einer Retorte (vor allem GUS und China) oder Durchspülen mit heißem Gas (Frankreich, Brasilien) eingesetzt. Beide Methoden können kostengünstiger und mit geringeren Umweltproblemen untertage eingesetzt werden. Direkte Energiegewinnung erfolgt durch Verbrennung im Kraftwerk (Estland). Der anfallende Verbrennungsrückstand, die Asche, wird z.T. als hydraulischer Zementrohstoff weiterverwertet. Potentielle Nebenprodukte der Ölschiefergewinnung sind auch verschiedene Metalle (z.B. Vanadium).

Ölschiefer sind reich an organischer Substanz, welche nur zum geringen Teil in Form von Bitumen vorliegt und nur dann in organischen Lösungsmitteln löslich ist. Die organische Substanz in

Ölschiefer besteht zumeist überwiegend aus H-reichem Kerogen Typ I, also Alginit und Bituminit (TAYLOR et al. 1998). Beim Erhitzen gibt das Kerogen Öl ab, welches als „synthetisches Öl" oder „Schieferöl" bezeichnet wird. Der Gehalt an organischer Substanz wirtschaftlich interessanter Ölschiefer liegt zwischen 4 und 50 Masse-%, die Ölausbeute der meisten Ölschiefer wird mit 40 bis 600 l pro Tonne angegeben, wovon allerdings ein Teil für das Erhitzen aufgewendet werden muß. Als seltene Ausnahme muß der Ölschiefer („Bhazenit") mit reichlich freifließendem Öl in Westsibirien gelten, aus dem bei Salym Öl durch Pumpsonden gewonnen wird.

Kerogenreiche Gesteine sind unverwittert meist braun oder schwarz; im verwitterten Zustand fallen sie durch weiße Krusten auf. Schon im Gelände lassen sich Ölschiefer dadurch erkennen, daß sie mit dem Feuerzeug entflammbar sind oder zumindest starken Schwelgeruch ergeben. Im Labor werden Ölschiefer primär durch Schwelanalysen (nach FISCHER-SCHRADER 1920) bzw. durch Rock-Eval-Pyrolyse, z.T. auch durch Heizwertbestimmungen untersucht. Da die organische Substanz leichter ist als der Mineralanteil im Gestein, ist die Bestimmung der Dichte (nach einer genügenden Zahl von Eichproben) für Serienuntersuchungen gut geeignet, um eine erste Beurteilung der Kerogengehalte zu ermöglichen.

Lagerstätten. Ölschiefer sind unreife Erdölmuttergesteine (s. dort) oder aschereiche Sapropelkohlen. Sie sind allerdings definitionsgemäß Gesteine mit ungewöhnlich hohen Kerogengehalten, während die meisten Muttergesteine nur wenige Prozente organischer Substanz enthalten. Weiter erfuhren sie eine unterschiedliche Entwicklung: Ölmuttergesteine müssen tief genug eingemuldet und erwärmt werden, damit ihr Kerogen reift und Bitumen freigesetzt wird. Ölschiefer dürfen eine solche Versenkung und Katagenese nicht erfahren haben, in welchem Fall das Kerogen die Fähigkeit der Ölabgabe z.T. oder ganz verloren hätte. Deshalb sucht man Ölschiefer in Gesteinsserien, die im Laufe ihrer geologischen Geschichte keine erhebliche Versenkung und Erwärmung erlitten haben. Man findet sie vor allem in wenig deformierten Plattformserien und in kleineren Sedimentbecken.

Charakteristische Bildungsräume für bedeutende Ölschiefervorkommen sind:

- große Inlandseen (in eozänen Evaporitserien des Green River Beckens der westlichen USA, im Karbon von New Brunswick/Kanada, in der Trias des Kongobeckens bei Kisangani, und im Tertiär bei Alecsinac/Jugoslawien);
- seichte Schelfmeere, die durch eine bunte Folge von Karbonaten, Sandsteinen und Phosphorithorizonten gekennzeichnet sind (im Ordoviz entstand der Kukersit Estlands; Ölschiefer gibt es ferner im Devon des östlichen und zentralen Nordamerika, im Perm Brasiliens, und im europäischen Jura: z.B. Schandelah bei Braunschweig/Lias), und
- als Torbanit randlich mariner Becken in unmittelbarer Nachbarschaft von Torfmooren, die später zu Kohle wurden (Fushun/Mandschurei, zusammen mit mächtiger tertiärer Kohle: Abb. 151; Liaoning/China, sowie am Westrand des permischen Kokskohlenbeckens von New South Wales in Australien).

Kleinere Ölschiefervorkommen findet man z.B. in Kraterfüllungen von Vulkanen (Pula/Bakony in Ungarn im Oberpannon), von Impaktstrukturen (Nördlinger Ries, Miozän), in Maaren (Eozän von Messel bei Darmstadt: GOTH 1990) oder in tektonischen Gräben (Midland Valley/Schottland im Unterkarbon).

Die größten bekannten Ölschieferlagerstätten liegen in den USA, in Brasilien und in China. Weitere große Ressourcen haben Australien, Syrien, die GUS und Marokko. Aus energiepolitischer Sicht ist es bemerkenswert, daß diese potentiellen Ölressourcen nicht in OPEC-Staaten liegen. Die deutschen Vorkommen sind mit ca. 4 Mrd. t Öl in situ im internationalen Vergleich nicht bedeutend.

Die niedersächsischen Lager östlich von Braunschweig z.B. enthalten 2–2,5 Mrd. t Ölschiefer mit 150–180 Mt gewinnbarem Öl.

Die *Ölschieferressourcen* der Erde dürften beträchtlich sein, die publizierten Zahlen sind jedoch sehr variabel. Jene mit einer Ölausbeute von mehr als 42 l/t enthalten rund 700 Milliarden m^3 synthetisches Öl (oil in place). Davon ist natürlich nur ein Teil ausbringbar. Da infolge des bisher relativ geringen Anreizes zur Prospektion auf Ölschiefer wahrscheinlich bedeutende Vorkommen unentdeckt geblieben sind, dürfte das Potential bedeutend höher sein. Die Erwartung weiteren Anstiegs der Erdölpreise bewirkt weltweit hohes Interesse sowohl an der Inventarisierung potentieller Lagerstätten wie auch an der Weiterentwicklung der erforderlichen Technologien.

VIII. Umweltprobleme der Öl- und Gasgewinnung

Die konventionelle Förderung von Öl und Gas ist heute in der Regel kein Umweltproblem. Produzierende Felder sind in vielen Landschaften für den Laien kaum erkennbar. Trotzdem gibt es mögliche Umweltprobleme, gegen die Vorkehrungen getroffen werden müssen (Wilson & Richardson 1999).

Besondere öffentliche Aufmerksamkeit erregt gewöhnlich das Ausfließen von Rohöl im Förderbereich oder während des Transportes. Hier muß natürlich vor allem Vorsorge zur Vermeidung solcher Unfälle getroffen werden. Falls doch Öl an Meeresküsten, in Seen oder Flüsse, in den Boden oder ins Grundwasser gelangt, wird es oft in relativ kurzer Zeit durch überall vorkommende Mikroorganismen sehr effektiv zersetzt. Die Untersuchung natürlicher Ölaustritte belegt dies sehr klar (MacDonald 1998). Diese Biodegradation verläuft in vielen Fällen ohne menschliches Zutun. Nur bei größeren Ölmengen ist sie mangels Verfügbarkeit mineralischer Nährstoffe (vor allem P und N) für die Mikroben beschränkt. Deshalb wird der biologische Ölabbau in solchen Fällen (z.B. Auslaufen der Ladung der *Exon Valdez* im Prince William Sound, Alaska, im Jahre 1989) durch das Ausbringen von Mineraldünger beschleunigt. Im Grundwasser ist es oft zweckmässig, den KW-Abbau durch anaerobe Mikroben zu fördern, indem man Elektronenakzeptoren wie Sulfat oder Nitrat einspeist (Abb. 189).

Untermeerische Austrittstellen von Öl und Gas stellen für spezialisierte, chemotrophe Lebewesen eine reiche Nahrungs- bzw. Energiequelle dar. In 3000 m Wassertiefe im Golf von Mexiko wurde im Umkreis von Salzdomen an Ölquellen und Teerströmen (Asphalt) eine artenreiche Fauna entdeckt, die jener der „black smokers“ der Mittelozeanischen Rücken sehr ähnlich ist (MacDonald et al. 2004).

Die bislang größte Umweltkatastrophe im Ölgewinnungsbereich wurde in Kuweit durch die irakischen Truppen im Golfkrieg (1991) durch Zerstörung der Förderanlagen ausgelöst. Ein Drittel des Landes ist durch Ölseen, Asphalt und Rußablagerungen bedeckt. Wegen des Wüstenklimas gibt es kaum natürliche Degradation. Deshalb müssen neue Sanierungstechnologien entwickelt werden.

In Bezug auf die Freisetzung des *Treibhausgases* CO_2 gelten die Kohlenwasserstoffe als relativ umweltfreundlich, da sie im Vergleich zur Kohle mehr Wasserstoff enthalten. Trotzdem werden hohe Anstrengungen unternommen, um das CO_2 der Öl- und Gaskraftwerke von der Atmosphäre fernzuhalten, z.B. durch Einpumpen in erschöpfte Lagerstätten oder in salinare Tiefenaquifere. Zumindest für CO_2-Anteile des Fördergases ist dies fallweise bereits Realität (Norwegen, Indonesien). An dieser Technik wird sich vermutlich die zukünftig zu erwartende Entsorgung großer Mengen von CO_2 aus Kohle-, Öl- und Gaskraftwerken durch Versenken in tiefe geologische Formationen orientieren. Das Treibhausgas CH_4 wird als wertvolles Produkt der KW-Industrie kaum mehr abgefackelt oder in die Atmosphäre abgegeben, sondern verwertet.

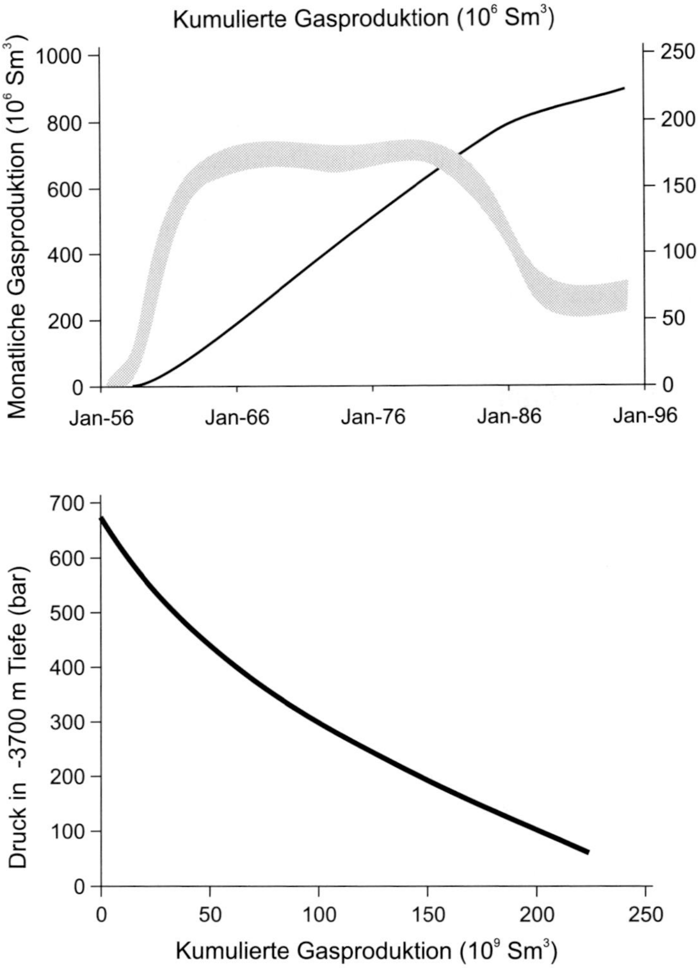

Abb. 188. Produktionsgeschichte (oben) und begleitender Druckabfall (unten) im Gasfeld Lacq Profond, bezogen auf 3.700 m Tiefe (nach Elf Aquitaine 1997).

Das Gas stand anfangs unter hohem Überdruck (der hydrostatische Druck wäre ca. 400 bar), was bei der Entdekkungsbohrung prompt zu einem Ausbruch führte. Mit der Druckabnahme korrelierend traten seit 1969 Erdbeben mit maximaler Magnitude M = 4,3 auf. Gleichzeitig senkte sich das Gelände über der Lagerstätte um 5–6 cm. Die Stabilisierung der monatlichen Produktion in den 90-er Jahren wurde durch sekundäre Fördermaßnahmen erreicht.

Die zunehmende Gasproduktion aus Kohlenflözen (coal bed methane = CBM) bedingt vor allem Probleme mit dem Wasser, das aus solchen Produktionsbohrungen während der ersten Monate oder Jahre gepumpt werden muß, bis Gas gefördert werden kann. Nachteile können sowohl das Grundwasseregime betreffen, als auch durch die Entsorgung der großen Wassermengen entstehen, welche zumeist unerwünscht hohe Lösungsfracht haben. In den USA rechnet man damit, daß eine durchschnittliche CBM-Bohrung 20 t Salz pro Jahr fördert.

Bisher wenig beachtet wurden die Gehalte von Erdöl, Gas und Lagerstättenwässern an *natürlichen radioaktiven Substanzen.* Da U und Th unter den reduzierten Bedingungen der Lagerstätten unlöslich sind, handelt es sich vor allem um deren Tochternuklide. Besonders problematisch sind ^{226}Ra und ^{228}Ra sowie ^{210}Pb, die in Lagerstättenwässern löslich sind und bei der Ölförderung mitgepumpt werden müssen. Diese Nuklide werden in der Folge in festen Absätzen der Rohrleitungen und in Schlämmen angereichert. ^{222}Rn wird sowohl in Kohlenwasserstoffen wie mit Wässern mitgefördert und reichert sich überwiegend in Flüssiggas an (Schmidt 2000).

Erdöl- und Erdgasförderung bewirken durch Fluidentzug und Druckabnahme (Verringerung des Porendruckes, Abb. 188) im Speicher einen Anstieg der effektiven Spannung. Dies induziert entweder Konsolidation (duktil), oder bruchhafte Ausgleichsbewegungen, wohl überwiegend an vorhandenen Trennflächen. Durch die Absenkung des Zentrums entstehen charakteristisch steilstehende

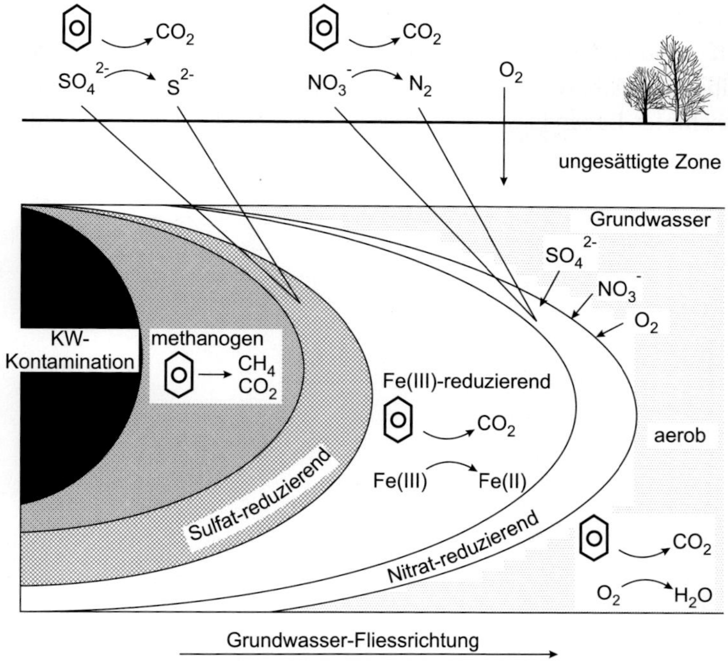

Abb. 189. *In-situ-Bioremediation:* Erdölkontamination (oder Benzin, Dieselöl) in einem Grundwasserleiter führt zur Ausbildung einer Zonierung mit spezialisierten anäroben Mikroben, welche aus Kohlenwasserstoffen die unschädlichen Abbauprodukte CO_2, N_2 und CH_4 produzieren (Lovley 2001). Aerobe Bakterien bauen zwar ebenfalls KW ab (rechts unten), es ist jedoch schwierig, in einen ölkontaminierten Grundwasserleiter ausreichend O_2 einzubringen.

inverse Störungen, also Aufschiebungen. Die Folgen sind mögliche Erdbeben und eine Absenkung der Oberfläche. Während die Absenkung sehr genau vorhergesagt werden kann und Gegenmaßnahmen für die Folgewirkungen geplant werden können, sind Erdbeben nicht vorhersagbar.

Diese *induzierte seismische Aktivität* (Segall 1989) wurde zuerst am Gasfeld Caviaga in der Po-Ebene beobachtet, mit einem Erdbeben der Magnitude 5,5 am 15. 5. 1951. In der Regel sind die Beben jedoch sehr schwach, so daß wenig gute Aufzeichnungen vorliegen. Sehr gut untersucht ist die Seismizität des Gasfeldes von Lacq im nördlichen Vorland der Pyrenäen (Maury 1997). Es gab dort viele mikroseismische Ereignisse, aber nur wenige Beben mit Magnitude 4 bis maximal 4,3. Auffallend ist der Gegensatz zu induzierter Seismizität durch Einpressen von Fluiden oder durch Talsperren, welche viel häufiger vorkommt und höhere Magnituden erreicht (maximal beobachtet bisher 6,3).

Ölbergbau: Die bergmännische Gewinnung von Teersand und Ölschiefer bewirkt potentielle Umweltprobleme, die vorsorgend entschärft werden müssen. Der geringe Anteil nutzbarer Materie bedingt große Massenbewegungen bei Abbau und Verwertung. Eine Deponierung der entölten, lokkeren Aufbereitungsabgänge bedarf ähnlicher Vorkehrungen wie bei Kohlebergen. Eine Gewinnung im Tagbau resultiert in schweren Eingriffen in die Landschaft, welche durch geeignete Rekultivierungsmaßnahmen ausgeglichen werden müssen. Nicht unbedenklich sind auch die üblichen Schwermetallgehalte der organischen Substanz, deren unkontrolliertes Austreten bei Verschwelung oder Verbrennung verhindert werden muß, am besten durch eine Gewinnung als Beiprodukt. Weniger problematisch ist möglicherweise der Weg einer in-situ-Gewinnung, bei welcher der Entölungsprozeß nach bergmännischer Erschließung der Lagerstätte untertägig verlaufen könnte; entsprechende Forschungsarbeiten sind im Gange. Vorbildlich ist die Verwertung des Ölschiefers bei Dotternhausen in der Schwäbischen Alb, wo sowohl die inhärente Energie als auch die mineralische Substanz einer Posidonienschiefer-Lagerstätte durch Einsatz in einem Zementwerk genutzt werden.

QUELLENVERZEICHNIS

ABRAHAM, A., 1960: Asphalts and allied substances. Historical review and natural raw materials. – 6th Ed., 370 pp, Van Nostrand.

ABU-JABER, N.S. & KIMBERLEY, M.M., 1992a: Origin of ultramafic-hosted magnesite on Margarita Island, Venezuela. – Mineral. Deposita **27:** 234–241.

ABU-JABER, N.S. & KIMBERLEY, M.M., 1992b: Origin of ultramafic-hosted vein magnesite deposits. – Ore Geol. Rev. **7:** 155–191.

ACKMAN, T.E., 2003: An introduction to the use of airborne technologies for watershed characterization in mined areas. – Mine Water Environment **22:** 62–68.

AGI, 1999: Dictionary of Mining, Mineral and Related Terms. – 2nd ed., 656 pp.

AGRICOLA, G., 1556: Vom Berg- und Hüttenwesen. – 610 pp, DTV München 1980 (Deutsche Übersetzung von "De re metallica libri XII").

AIRO, M.-L. & LOUKOLA-RUSKEENIEMI, K., 2004: Characterization of sulfide deposits by airborne magnetic and gamma-ray responses in eastern Finland. – Ore Geol. Rev. **24:** 67–84.

ALDERTON, D.H.M. & FALLICK, A.E., 2000: The nature and genesis of gold-silver-tellurium mineralization in the Metaliferi Mountains of western Romania. – Econom. Geol. **95:** 495–516.

ALIBERT, CH. & MCCULLOCH, M.T., 1993: Rare earth element and neodymium isotope compositions of the banded iron-formations and associated shales from Hamersley, western Australia. – Geochim. Cosmochim. Acta **57:** 187–204.

ALLOWAY, B.J., 1990: Heavy metals in soils. – 339 pp, Blackie.

ALONSO, R.N., JORDAN, T.E., TABUTT, K.T. & VANDERVOORT, D.S., 1991: Giant evaporite belts of the Neogene central Andes. – Geology **19:** 401–404.

ALPERS, C.N., JAMBOR, J.L. & NORDSTROM, D.K. (Eds.), 2000: Sulfate minerals: crystallography, geochemistry and environmental significance. – Rev. Mineral. Geochem. **40**, 531 pp.

ALSHARHAN, A.S. & NAIRN, A.E.M. (Eds.), 1997: Sedimentary basins and petroleum geology of the Middle East. – 942 pp, Elsevier.

AMES, D.E., WATKINSON, D.H. & PARRISH, R.R., 1998: Dating of a regionalhydrothermal system induced by the 1850 Ma Sudbury impact event. – Geology **26:** 447–450.

ANDERSEN, J.C.Ø., RASMUSSEN, H., NIELSEN, T.F.D. & RØNSBO, J.G., 1998: The Triple Group and the Platinova gold and palladium reefs in the Skaergaard intrusion: stratigraphic and petrographic relations. – Econom. Geol. **93:** 488–509.

ANDERSEN, T. & GRORUD, H.-F., 1998: Age and lead isotope systematics of uranium-enriched cobalt mineralization in the Modum complex, South Norway: Implications for Precambrian crustal evolution in the SW part of the Baltic Shield. – Precambr. Res. **91:** 419–432.

ANDERSON, G.M., 1996: Thermodynamics of natural systems. – 382 pp, Wiley.

ANDERSSON, K., 1995: Die Bedeutung des Tantals in der Kondensatorindustrie. – Erzmetall **48:** 430–434.

ANDRE-JEHAN, R. & FERAUD, J., 2001: Dossier: Le radon. – Géochronique **78:** 8–25.

ANDREOLI, M.A.G., SMITH, C.B., WATKEYS et al., 1994: The geology of the Steenkampskraal monazite deposit, South Africa: Implications for REE-Th-Cu mineralization in charnockite-granulite terrains. – Econom. Geol. **89:** 994–1016.

ANHÄUSSER, C.R., 1986: The geological setting of chrysotile asbestos occurrences in Southern Africa. – pp 359–375 in C.R.ANHÄUSSER & S.MASKE (1986).

ANHÄUSSER, C.R. & MASKE, S. (Eds.), 1986: Mineral deposits of Southern Africa. – 2 Vols., 2335 pp, Geol. Soc. S. Afr.

ANNELS, A.E., 1991: Mineral deposit evaluation – a practical approach. – 436 pp, Chapman & Hall.

ANNELS, A.E. & DOMINY, S.C., 2003: Core recovery and quality: important factors in mineral resource estimation. – Appl. Earth Sci. **112:** 305–312.

ANNELS, A.E. & SIMMONDS, J.R., 1984: Cobalt in the Zambian Copperbelt. – Precambr. Res. **25:** 75–98.

ANTHONY, E.Y. & TITLEY, S.R., 1994: Patterns of element mobility during hydrothermal alteration of the Sierrita porphyry copper deposit, Arizona. – Econom. Geol. **89:** 186–192.

ARAI, S. & YURIMOTO, H., 1994: Podiform chromitites of the Tari-Misaka ultramafic complex, southwestern Japan, as mantle-melt interaction products. – Econom. Geol. **89:** 1279–1288.

ARCHIBALD, S.M., MIGDISOV, A.A. & WILLIAMS-JONES, A.E., 2002: An experimental study of the stability of copper chloride complexes in water vapor at elevated temperatures and pressures. – Geochim. Cosmochim. Acta **66:** 1611–1619.

AREHART, G.B., KESLER, S.E., O'NEIL, J.R. & FOLAND, K.A., 1992: Evidence for the supergene origin of alunite in sediment-hosted micron gold deposits, Nevada. – Econom. Geol. **87:** 263–270.

ARIF, M., FALLICK, A.E. & MOON, C.J., 1996: The genesis of emeralds and their host rocks from Swat, northwestern Pakistan: a stable-isotope investigation. – Mineral. Deposita **31:** 255–268.

ARNDT, N.T., CZAMANSKE, G.K., WALKER, R.J. et al., 2003: Geochemistry and origin of the intrusive hosts of the Noril'sk-Talnakh Cu-Ni-PGE sulfide deposits. – Econom. Geol. **98:** 495–515.

ARNOLD, G.L., ANBAR, A.D., BARLING, J. & LYONS, T.W., 2004: Molybdenum isotope evidence for widespread anoxia in Mid-Proterozoic oceans. – Science **304:** 87–90.

ARRHENIUS, S. & LACHMANN, R., 1912: Die physikalisch-chemischen Bedingungen bei der Bildung der Salzlagerstätten und ihre Anwendung auf geologische Probleme. – Geol. Rdsch. **3**: 139–157.

ARRIBAS, A., CUNNINGHAM, C.G., RYTUBA, J.J. et al., 1995: Geology, geochronology, fluid inclusions, and isotope geochemistry of the Rodalquilar gold alunite deposit, Spain. – Econom. Geol. **90:** 795–822.

ASHWAL, L.D., 1993: Anorthosites. – 422 pp, Springer.

ASTON, R.L., 2001: Surface mining law and reclamation by landfilling. – 512 pp, Imperial College Press London.

ATTANASI, E.D. & ROOT, D.H., 1994: The enigma of oil and gas field growth. – Amer. Assoc. Petrol. Geol. Bull. **78:** 321–332.

ATTIA, O.E., LOWENSTEIN, T.K. & WALP, A.M.A., 1995: Middle Miocene gypsum, Gulf of Suez: marine or nonmarine? – J. Sed. Res. **A65:** 614–626.

AUDETAT, A. & PETTKE, T., 2003: The magmatic-hydrothermal evolution of two barren granites: a melt and fluid inclusion study of the Rio del Medio and Canada Pinabete plutons in northern New Mexico (USA). – Geochim. Cosmochim. Acta **67:** 97–121.

AUDETAT, A., GÜNTHER, D. & HEINRICH, C.H., 2000: Causes for large-scale metal-zonation around mineralized plutons: fluid inclusion LA-ICP-MS evidence from the Mole granite, Australia. – Econom. Geol. **95:** 1563–1581.

AUDETAT, A., GÜNTHER, D. & HEINRICH, C.A., 1998: Formation of a magmatic-hydrothermal ore deposit: insights with LA-ICP-MS analysis of fluid inclusions. – Science **279:** 2091–2094.

AusIMM, 1999: Australasian code for reporting of mineral resources and ore reserves (JORC-Code). – 16 pp, Melbourne.

AUSTIN, R.S., 1998: Origin of kaolin of the southeastern US. – Min. Eng. **50:** 52–57.

AYERS, W.B., 2002: Coalbed gas systems, resources, and production, and a review of contrasting cases from the San Juan and Powder River basins. – AAPG Bull. **86:** 1853–1890.

AYRES, R.U., AYRES, L.W. & RADE, I., 2003: The life cycle of copper, its co-products and byproducts. – 276 pp, Kluwer.

BAILEY, D.K., 1993: Carbonate magmas. – J. Geol. Soc. **150:** 637–651.

BAILLY, L., BOUCHOT, V., BENY, C. & MILESI, J.-P., 2000: Fluid inclusion study of stibnite using infrared microscopy: an example from the Brouzils antimony deposit (Vendée, Armorican Massif, France). – Econom. Geol. **95:** 221–226.

BAKER, D.R. & VAILLANCOURT, J., 1995: The low viscosities of F+H_2O-bearing granitic melts and implications for melt extraction and transport. – Earth Planet. Sci. Letters **132:** 199–211.

BAKER, E.M. & ANDREW, A.S., 1991: Geologic, fluid inclusion, and stable isotope studies of the gold-bearing breccia pipe at Kidston, Queensland, Australia. – Econom. Geol. **86:** 810–830.

BAKER, T., ACHTERBERG, E. VAN, RYAN, C.G. & LANG, J.R., 2004: Composition and evolution of ore fluids in a magmatic-hydrothermal skarn deposit. – Geology **32:** 117–120.

BAKKER, R.J. & JANSEN, J.B.H., 1991: Experimental post-entrapment water loss from synthetic CO_2-H_2O inclusions in natural quartz. – Geochim. Cosmochim. Acta **55:** 2215–2230.

BALDSCHUHN, R., FRISCH, U. & KOCKEL, F., 1998: Der Salzkeil, ein strukturelles Requisit der saxonischen Tektonik. – Z. dt. geol. Ges. **149:** 59–69.

BALEN, R.T. VAN, BERGEN, F. VAN & DE LEEUW, C. et al., 2000: Modelling the hydrocarbon generation and migration in the West Netherlands Basin, The Netherlands. – Geol. Mijnb. **79:** 29–44.

BALLENTINE, CH.J. & LOLLAR, B.S., 2002: Regional groundwater focusing of nitrogen and noble gases into the Hugoton-Panhandle giant gas field, USA. – Geochim. Cosmochim. Acta **66:** 2483–2497.

BALLENTINE, CH.J., SCHOELL, M., COLEMAN, D. & CAIN, B.A., 2001: 300-Myr-old CO_2 in natural gas reservoirs of the west Texas Permian basin. – Nature **409:** 327–331.

BALZER, D. & KRONE, B., 2000: Ergebnisse hydrogeologischer Untersuchungen im Hutgestein des Ascherslebener Salzsattels. – Z. angew. Geol. **46:** 35–48.

BANDLOWA, T., 1998: Erdgasführung im Karbon-Perm-Trias-Komplex der Mitteleuropäischen Senke. – Geol. Jb. **A151:** 1–65.

BANFIELD, J.F. & NEALSON, K.H. (Eds.), 1997: Geomicrobiology: interactions between microbes and minerals. – Mineral. Soc. Amer., Reviews in Mineral. **35**, 448 pp.

BANKS, D.A., GIULIANI, G., YARDLEY, B.W.D. & CHEILLETZ, A., 2000: Emerald mineralisation in Colombia: fluid chemistry and the role of brine mixing. – Mineral. Deposita **35:** 699–713.

BARDOSSY, G. & ALEVA, G.J.J., 1990: Lateritic bauxites. – 624 pp, Elsevier.

BARKER, C.E., BONE, Y. & LEWAN, M.D., 1998: Fluid inclusion and vitrinite reflectance geothermometry compared to heat-flow models of maximum paleotemperatures next to dykes, western onshore Gippsland Basin, Australia. – Int. J. Coal Geol. **37:** 73–111.

BARLEY, M.E. & GROVES, D.I., 1992: Supercontinent cycles and the distribution of metal deposits through time. – Geology **20:** 291–294.

BARLEY, M.E., PICKARD, A.L. & SYLVESTER, P.J., 1997: Emplacement of a large igneous province as a possible cause of banded iron formation 2,45 billion years ago. – Nature **385:** 55–58.

BARLEY, M.E., PICKARD, A.L., HAGEMANN, S.G. & FOLKERT, S.L., 1999: Hydrothermal origin for the 2 billion year old Mount Tom Price giant ore deposit, Hamersley Province, Western Australia. – Mineral. Deposita **34:** 784–789.

BARNES, H.L. & SEWARD, T.M., 1998: Geothermal systems and mercury deposits. – In: H.L. BARNES (Ed.): Geochemistry of hydrothermal ore deposits. – 3rd ed., pp 699–736, Wiley.

BARNES, H.L. (Ed.), 1998: The geochemistry of hydrothermal ore deposits. – 3rd ed., 972 pp, Wiley.

BARNES, L.C., 1990: Gypsum deposits in South Australia and Western Australia. – pp 1651–1654 in F.E. HUGHES.

BARRIGH, F.J.A.S. & CARVALHO, D. (Eds.), 1997: Geology and VMS deposits of the Iberian pyrite belt. – SEG Guidebook Ser. **27**, 192 pp.

BARTH, S., 1993: Boron isotope variations in nature: a synthesis. – Geol. Rdsch. **82:** 640–651.

BARTON, M.D. & JOHNSON, D.A., 1996: Evaporitic source model for igneous related Fe oxide-(REE-Cu-Au-U) mineralization. – Geology **24:** 259–262.

BARTOS, P.J., 2000: The pallacos of Cerro Rico de Potosi, Bolivia: a new deposit type. – Econom. Geol. **95:** 645–654.

BÄUERLE, G., BORNEMANN, O., MAUTHE, F. & MICHALZIK, D., 2000: Turbidite, Breccien und Kristallrasen am Top des Hauptanhydrits (Zechstein 3) des Salzstocks Gorleben. – Z. dt. geol. Ges. **151:** 99–125.

BAUMANN, L., KUSCHKA, E. & SEIFERT, TH., 2000: Lagerstätten des Erzgebirges. – 300 pp, Enke.

BAWDEN, T.M., EINAUDI, M.T., BOSTICK, B.C. et al., 2003: Extreme ^{34}S depletions in ZnS at the Mike gold deposit, Carlin Trend, Nevada: evidence for bacteriogenic supergene sphalerite. – Geology **31:** 913–916.

BEARD, B.L., JOHNSON, C.M., VON DAMM, K.L. & POULSON, R.L., 2003: Iron isotope constraints on Fe cycling and mass balance in oxygenated Earth oceans. – Geology **31:** 629–632.

BEAUDOIN, G. & THERRIEN, R., 1999: Sources and drains: major controls of hydrothermal fluid flow in the Kokanee Range, British Columbia, Canada. – Geology **27:** 883–886.

BEBOUT, G.E. & FOGEL, M.L., 1992: Nitrogen-isotope compositions of metasedimentary rocks in the Catalina Schist, California: Implications for metamorphic devolatilization history. – Geochim. Cosmochim. Acta **56:** 2839–2849.

BECHTEL, A. & HOERNES, S., 1993: Stable isotope variations of clay minerals: A key to the understanding of Kupferschiefer-type mineralization, Germany. – Geochim. Cosmochim. Acta **57:** 1799–1816.

Bechtel, A., Elliott, W.C. & Oszczepalski, S., 1996: Indirect age determination of Kupferschiefer-type mineralization in the Polish basin by K/Ar dating of illite: preliminary results. – Econom. Geol. **91:** 1310–1319.

Begossi, R. & della Favera, J.C., 2002: Catastrophic floods as a possible cause of organic matter accumulation giving rise to coal, Parana Basin, Brazil. – Int. J. Coal Geol. **52:** 83–89.

Bell, K. & Keller, J. (Eds.), 1995: Carbonatite volcanism – Oldoinyo Lengai and the petrogenesis of natrocarbonatites. – 210 pp, Springer.

Belocky, R., Sachsenhofer, R.F. & Pohl, W., 1991: Neue Argumente für eine miozäne epithermale Genese der Antimonerzlagerstätte Schlaining (Burgenland/Österreich): Flüssigkeitseinschlußuntersuchungen und das Inkohlungsbild der benachbarten Tertiärbecken. – Berg-hüttenmänn. Monatsh. **136:** 209–213.

Belperio, A.P. & Bluck, R.G., 1990: Coastal paleogeography and heavy mineral sand exploration targets in the western Murray Basin, South Australia. – Austral. I.M.M. Proc. **295:** 5–10.

Benda, L. & Paschen, S., 1993: Kieselgur (Diatomit) – ein vielseitig genutzter Rohstoff. – Geol. Jb. **A142:** 383–398.

Bending, J.S. & Scales, W.G., 2001: New production in the Idaho Cobalt Belt: a unique metallogenic province. – Trans. Instn. Min. Metall. B **110:** 81–87.

Bennet, P.C., Siegel, D.I., Hill, B.M. & Glaser, P.H., 1991: Fate of silicate minerals in a peat bog. – Geology **19:** 328–331.

Berkman, D.A., 2001: Field geologist's manual. – 4th ed., 430 pp, AusIMM, Parkville.

Berkowitz, N., 1994: An introduction to coal technology. – 398 pp, Academic Press.

Bernard, A.J., 1973: Metallogenic processes of intra-karstic sedimentation. – In: G.C. Amstutz & A.J. Bernard (Eds.): Ores in Sediments. – pp 43–57, Springer.

Berner, R.A., 1997: The rise of plants and their effect on weathering and atmospheric CO_2. – Science **276:** 544–545.

Berner, R.A. & Kothavala, Z., 2001: GEOCARB III: a revised model of atmospheric CO_2 over Phanerozoic time. – Amer. J. Sci. **301:** 182–204.

Berner, U. & Streif, H.-J. (Ed.), 2000: Klimafakten: Der Rückblick – ein Schlüssel für die Zukunft. – 2. Aufl., 238 pp, Schweizerbart.

Berning, J., 1986: The Rössing uranium deposit, South West Africa/Namibia. – In: C.R. Anhäusser & S. Maske (Eds.): Mineral Deposits of Southern Africa. – Vol. II, pp 1819–1832, Geol. Soc. S. Africa.

Bethke, C.M., 1996: Geochemical reaction modelling: concepts and applications. – 397 pp, Oxford Univ. Press.

Bettison-Varga, L., Varga, R.J. & Schiffman, P., 1992: Relation between ore-forming hydrothermal systems and extensional deformation in the Solea graben spreading center, Troodos ophiolite, Cyprus. – Geology **20:** 987–990.

Betts, P.G., Giles, D. & Lister, G.S., 2003: Tectonic environment of shale-hosted massive sulfide Pb-Zn-Ag deposits of Proterozoic northeastern Australia. – Econom. Geol. **98:** 557–576.

Beukes, N.J. & Dreyer, C.J.B., 1986a: Amosite asbestos deposits of the Penge area. – pp 901–910 in Anhäusser & Maske (1986).

Beukes, N.J. & Dreyer, C.J.B., 1986b: Crocidolite deposits of the Pomfret area, Griqualand West. – pp 911–921 in Anhäusser & Maske (1986).

Beukes, N.J. & Klein, C., 1992: Models for iron-formation deposition. – In: J.W. Schopf & C. Klein (Eds.): The Proterozoic Biosphere- a multidisciplinary study. – pp 147–151.

Bierlein, F.P., Arne, D.C., McKnight, S. et al., 2000: Wall-rock petrology and geochemistry in alteration halos associated with mesothermal gold mineralization, Central Victoria, Australia. – Econom. Geol. **95:** 283–312.

Bilibin, Y.A., 1938: Principles of placer geology. – 505 pp, GONTI, Moskau.

Bingen, B. & Stein, H., 2003: Molybdenite Re-Os dating of biotite dehydration melting in the Rogaland high-temperature granulites, S Norway. – Earth Planet. Sci. Letters **208:** 181–195.

Bing-Quan, Z., Jing-Lian, Z., Xiang-Yang, C. et al., 2001: Pb, Sr, and Nd isotopic features in organic matter from China and their implications for petroleum generation and migration. – Geochim. Cosmochim. Acta **65:** 2555–2570.

Birke, M., Rauch, U. & Rentzsch, J., 1995: Environmental results of a regional geochemical survey in Eastern Germany. – Geol. Jb. **D94:** 3–35.

Bish, D.L. & Ming, D.W. (Eds.), 2001: Natural zeolites: occurrence, properties, applications. – Rev. Mineral. Geochem. **45**, 654 pp, Mineral. Soc. America.

Bjerrum, C.J. & Canfield, D.E., 2002: Ocean productivity before about 1,9 Gyr ago limited by phosphorous adsorption onto iron hydroxides. – Nature **417:** 159–162.

BLANC, G. & ANSCHUTZ, P., 1995: New stratification in the hydrothermal brine system of the Atlantis II Deep, Red Sea. – Geology **23:** 543–546.

BLANCHARD, R., 1968: Interpretation of leached outcrops. – 196 pp, Nevada Bureau of Mines, Bull. 66.

BLANKENBURG, H.-J., GÖTZE, J. & SCHULZ, H., 1994: Quarzrohstoffe. – 2. Aufl., 296 pp, Dt. Verlag für Grundstoffindustrie.

BLEVIN, P.L. & CHAPPELL, B.W., 1995: Chemistry, origin, and evolution of mineralized granites in the Lachlan fold belt, Australia: The metallogeny of I- and S-type granites. – Econom. Geol. **90:** 1604–1619.

BLOWES, D., 2002: Tracking hexavalent Cr in groundwater. – Science **295:** 2024–2025.

BOLLE, L., 1992: Troll field – Norway's giant offshore gas field. – In: M.T. HALBOUTY (Ed.): Giant oil and gas fields of the decade 1978–1988. – pp 447–458, AAPG, Tulsa.

BOLTON, B.R., BERENTS, H.W. & FRAKES, L.A., 1990: Groote Eylandt manganese deposit. – In: F.E. HUGHES (Ed.): Geology of the Mineral Deposits of Australia and Papua New Guinea. – pp 1575–1579, AusIMM, Melbourne.

BORCHERT, H., 1960: Genesis of marine sedimentary iron ores. – Trans. Instn. Min. Metall. **B69:** 261–279.

BORROK, D.M., KESLER, S.E., BOER, R.H. & ESSENE, E.J., 1998: The Vergenoeg magnetite-fluorite deposit, South Africa: support for a hydrothermal model for massive iron oxide deposits. – Econom. Geol. **93:** 564–586.

BOSCHKER, H.T.S., NOLD, S.C., WELLSBURY, P. et al., 1998: Direct linking of microbial populations to specific biogeochemical processes by ^{13}C-labelling of biomarkers. – Nature **392:** 801–805.

BOTRELL, S.H., LEOSSON, M.A. & NEWTON, R.J., 1996: Origin of brine flows at Boulby potash mine, Cleveland, England. – Trans. Instn. Min. Metall. **B105:** 159–164.

BOTTKE, H., 1995: Bernstein und Gagat als Industrierohstoffe. – Erzmetall **48:** 458–462.

BOUDREAU, A.E. & MCCALLUM, I.S., 1992: Concentration of Platinum-Group Elements by magmatic fluids in layered intrusions. – Econom. Geol. **87:** 1830–1848.

BOULTER, C.A., SORIANO, C. & ZIMMAN, P., 2001: The Iberian Pyrite Belt: a mineralized system dismembered by voluminous high-level sills. – Terra Nova **13:** 99–103.

BOUZENOUNE, A. & LECOLLE, P., 1997: Petrographic and geochemical arguments for hydrothermal formation of the Ouenza siderite deposit (NE Algeria). – Mineral. Deposita **32:** 189–196.

BOWELL, R.J., GIZE, A.P. & FOSTER, R.P., 1993: The role of fulvic acid in the supergene migration of gold in tropical rain forest soils. – Geochim. Cosmochim. Acta **57:** 4179–4190.

BOWIE, S.H.U., KVALHEIM, A. & HASLAM, H.W. (Eds.), 1979: Mineral Deposits of Europe. I. Northwest Europe. – 362 pp, IMM London.

BOXER, G.L. & JAQUES, A.L., 1990: Argyle (AK1) diamond deposit. – In: F.E. HUGHES (Ed.): Geology of the mineral deposits of Australia and Papua New Guinea. – pp 697–706, Australasian Inst. Min. Metall., Melbourne.

BOYCE, A.J., LITTLE, C.T.S. & RUSSELL, M.J., 2003: A new fossil vent biota in the Ballynoe barite deposit, Silvermines, Ireland: evidence for intracratonic sea-floor hydrothermal activity about 352 Ma. – Econom. Geol. **98:** 649–656.

BRAITHWAITE, C.J.R. & RIZZI, G., 1997: The geometry and petrogenesis of hydrothermal dolomites at Navan, Ireland. – Sedimentology **44:** 421–440.

BRAITHWAITE, C.J.R. & ZEDEF, V., 1996: Hydromagnesite stromatolites and sediments in an alkaline lake, Salda Gölü, Turkey. – J. Sediment. Res. **66:** 991–1002.

BRAITSCH, O., 1971: Salt deposits, their origin and composition. – 297 pp, Springer.

BRANNON, J.C., PODOSEK, F.A. & MCLIMANS, R.K., 1992: Alleghenian age of the Upper Mississippi Valley zink-lead deposit determined by Rb-Sr dating of sphalerite. – Nature **356:** 509–511.

BRANNON, J.C., PODOSEK, F.A., VIETS, J.G. et al., 1991: Strontium isotopic constraints on the origin of ore forming fluids of the Viburnum trend, southeast Missouri. – Geochim. Cosmichim. Acta **55:** 1407–1419.

BRATHWAITE, R.L., SIMPSON, M.P., FAURE, K. & SKINNER, D.N.B., 2001: Telescoped porphyry Cu-Mo-Au mineralisation, advanced argillic alteration and quartz-sulfide-gold-anhydrite veins in the Thames District, New Zealand. – Mineral. Deposita **36:** 623–640.

BREITER, K., FÖRSTER, H.-J. & SELTMANN, R., 1999: Variscan silicic magmatism and related tin-tungsten mineralization in the Erzgebirge-Slavkovski les metallogenic province. – Mineral. Deposita **34:** 505–521.

BRISTOW, C., 1995: Kaolin – how self-sufficient is Europe? – Minerals Industry Internat. **1023:** 8–13.

BROLL, G., DUNGER, W., KEPLIN, B. & TOPP, W. (Eds.), 2000: Rekultivierung in Bergbaufolgelandschaften. – 307 pp, Springer.

BÜHN, B. & RANKIN, A.H., 1999: Composition of natural, volatile-rich Na-Ca-REE-Sr carbonatitic fluids trapped in fluid inclusions. – Geochim. Cosmochim. Acta **63:** 3781–3797.

BURNETT, W.C. & RIGGS, S.R. (Eds.), 1990: Neogene to modern phosphorites. – 484 pp, Cambridge Univ. Press.

BURNS, P.C. & FINCH, R. (Eds.), 1999: Uranium: mineralogy, geochemistry and the environment. – Rev. Mineral. Geochem. **38**, 439 pp, Mineral. Soc. America.

BUSTIN, R.M. & CLARKSON, C.R., 1999: Geological controls on coalbed methane reservoir capacity and gas content. – Int. J. Coal Geol. **38:** 3–26.

BUSTIN, R.M., MASTALERZ, M. & RAUDSEPP, M., 1997: Electron-probe microanalysis of light elements in coal and other kerogen. – Int. J. Coal Geol. **32:** 5–30.

BUSTIN, R.M., ROSS, J.V. & ROUZAUD, J.N., 1995: Mechanism of graphite formation from kerogen: experimental evidence. – Int. J. Coal Geol. **28:** 1–36.

BUTT, C.R.M., LINTERN, M.J. & ANAND, R.R., 2000: Evolution of regoliths and landscapes in deeply weathered terrain – implications for geochemical exploration. – Ore Geol. Rev. **16:** 167–183.

CABRAL, A.R., LEHMANN, B., SATTLER, C.D. et al., 2002: Hg-Tl-bearing manganese oxide from Conta Historia mangenese deposit, Quadrilatero Ferrifero, Minas Gerais, Brazil. – Trans. Instn. Min. Metall. **B111:** 123–127.

CABRI, L.J. (Ed.), 2002: The geology, geochemistry, mineralogy and mineral beneficiation of platinum group minerals. – 852 pp, Can. IMMP Calgary.

CADDEY, S.W., BACHMAN, R.L., CAMPBELL, R.J. et al., 1991: The Homestake gold mine, an Early Proterozoic iron-formation-hosted gold deposit, Lawrence County, South Dakota. – US Geol. Surv. Bull. **1857:** 1–67.

CADLE, A.B., CAIRCROSS, B., CHRISTIE, A.D.M. & ROBERTS, D.L., 1993: The Karoo Basin of South Africa: type basin for the coal-bearing deposits of southern Africa. – Int. J. Coal Geol. **23:** 117–157.

CAMERON, E., 1990: Yelirrie uranium deposit. – In: F.E.HUGHES (Ed.): Geology of the Mineral Deposits of Australia and Papua New Guinea. – pp 1625–1629, AusIMM.

CAMM, G.S., POWELL, N., GLASS, H.J. et al., 2003: Soil geochemical signature of a calciner site, Cornwall, SW England. – Appl. Earth Sci. **112:** 268–278.

CAMPBELL, C.J. & LAHERRERE, J.H., 1998: The end of cheap oil. – Sci. Amer. **278**(3): 60–65.

CAMPBELL, F.A. & ETHIER, V.G., 1983: Environment of deposition of the Sullivan orebody. – Mineral. Deposita **18:** 39–55.

CAMPBELL-MCCUAIG, T. & KERRICH, R., 1998: P-T-t-deformation-fluid characteristics of lode gold deposits: evidence of alteration systematics. – Ore Geol. Rev. **12:** 381–453.

CANFIELD, D.E. & TESKE, A., 1996: Late Proterozoic rise in atmospheric oxygen concentration inferred from phylogenetic and sulphur-isotope studies. – Nature **382:** 127–132.

CANFIELD, D.E. & THAMDRUP, B., 1994: The production of ^{34}S-depleted sulfide during bacterial disproportionation of elemental sulfur. – Science **266:** 1973–1975.

CAPDEVILA, R., ARNDT, N., LETENDRE, J. & SAUVAGE, J.-F., 1999: Diamonds in volcaniclastic komatiite from French Guiana. – Nature **399:** 456–458.

CARR, A.D., 1999: A vitrinite reflectance kinetic model incorporating overpressure retardation. – Marine Petrol. Geol. **16:** 355–377.

CARR, D. et al. (Eds.), 1994: Industrial minerals and rocks. – 6th ed., 1196 pp, Soc. Min., Met. and Explor., Littleton, Colorado.

CASAS, R., LOWENSTEIN, T.K., SPENCER, R.J. & ZHANG PENGXI, 1992: Carnallite mineralization in the nonmarine Qaidam basin, China: Evidence for the early diagenetic origin of potash evaporites. – J. Sediment. Petrol. **62:** 881–898.

CASTANIER, S., PERTHUISOT, J.-P., MATRAT, M. & MORVAN, J.-Y., 1999: The salt ooids of Berre salt works (Bouches du Rhone, France): the role of bacteria in salt crystallisation. – Sed. Geol. **125:** 9–21.

CASTOR, S.B. & HENRY, C.D., 2000: Geology, geochemistry, and origin of volcanic rock-hosted uranium deposits in northwestern Nevada and southeastern Oregon, USA. – Ore Geol. Rev. **16:**, 1–40.

CATCHPOLE, G.J. & KUCHELKA, R.A., 1993: Sanierung von Grundwasserleitern bei Urangruben mit in-situ Laugung. – Erzmetall **46:** 644–651.

CATHLES, L.M., 1993: A capless 350°C flow zone model to explain megaplumes, salinity variations, and high-temperature veins in ridge axis hydrothermal systems. – Econom. Geol. **88:** 1977–1988.

CATIGNY, P., HARRIS, J.W. & JAYOY, M., 1998: Eclogitic diamond formation at Jwaneng: no room for a recycled component. – Science **280:** 1421–1424.

CAWTHORN, R.G. (Ed.), 1996: Layered intrusions. – 544 pp, Elsevier.
CAWTHORN, R.G. & MOLYNEUX, T.G., 1986: Vanadiferous magnetite deposits of the Bushveld Complex. – In: C.R. ANHÄUSSER & S. MASKE (Eds.): Mineral Deposits of Southern Africa. – Vol. II, pp 1251–1266, Geol. Soc. S. Africa, Johannesburg.
CERLING, TH.E., YANG WANG & QUADE, J., 1993: Expansion of C4 ecosystems as an indicator of global ecological change in the late Miocene. – Nature **361:** 344–345.
CERNY, P., 1991: Fertile granites of Precambrian rare-element pegmatite fields: is geochemistry controlled by tectonic setting or source lithologies? – Precambr. Res. **51:** 429–468.
CEULENEER, G. & NICOLAS, A., 1985: Structures in podiform chromite from the Maqsad district (Sumail ophiolite, Oman). – Mineral. Deposita **20:** 177–184.
CEULENEER, G., MONNEREAU, M. & AMRI, I., 1996: Thermal structure of a fossil mantle diapir inferred from the distribution of mafic cumulates. – Nature **379:** 149–153.
CHABIRON, A., CUNEY, M. & POTY, B., 2003: Possible uranium sources for the largest uranium district associated with volcanism: the Streltsovka caldera (Transbaikalia, Russia). – Mineral. Deposita **38:** 127–140.
CHAN, L.-H., STARINSKI, A. & KATZ, A., 2002: The behaviour of lithium and its isotopes in oilfield brines: evidence from the Heletz-Kokhav field, Israel. – Geochim. Cosmochim. Acta **66:** 615–623.
CHANG, S. & BERNER, R.A., 1999: Coal weathering and the geochemical carbon cycle. – Geochim. Cosmochim. Acta **63:** 3301–3310.
CHAPMAN, L.H., 2004: Geology and mineralization styles of the George Fisher Zn-Pb-Ag deposit, Mount Isa, Australia. – Econom. Geol. **99:** 233–255.
CHAPMAN, N. & MCCOMBIE, C., 2003: Principles and standards for the disposal of long-lived radioactive wastes. – 277 pp, Pergamon.
CHAVEZ, W.X., 2000: Supergene oxidation of copper deposits: zoning and distribution of copper oxide minerals. – SEG-Newsl. **41**(1): 10–21.
CHEILLETZ, A., LEVRESSE, G., GASQUET, D. et al., 2002: The giant Imiter silver deposit: Neoproterozoic epithermal mineralization in the Anti-Atlas, Morocco. – Mineral. Deposita **37:** 772–781.
CHESLEY, J.T., HALLIDAY, A.N., SNEE, L.W. et al., 1993: Thermochronology of the Cornubian batholith in southwest England: Implications for pluton emplacement and protracted hydrothermal mineralization. – Geochim. Cosmochim. Acta **57:** 1817–1835.
CHIARADIA, M. & FONTBOTE, L., 2003: Separate lead isotope analyses of leachate and residue rock fractions: implications for metal source tracing in ore deposit studies. – Mineral. Deposita **38:** 185–195.
CHILDERS, S.E., CIUFO, S. & LOVLEY, D.R., 2002: Geobacter metallireducens accesses insoluble Fe(III) oxide by chemotaxis. – Nature **416:** 767–769.
CHOW, J., KOPP, R.J. & PORTNEY, P.R., 2003: Energy resources and global development. – Science **302:** 1528–1531.
CHRISTIDIS, G.E. & SCOTT, P., 1996: Physical and chemical properties of bentonite deposits of Milos Island, Greece. – Trans. Instn. Min. Metall. **B105:** 165–174.
CHYI, L.L. & MEDLIN, J.H., 1996: Characterizing coal beds in western Kentucky with the Al-La-Sc coherent triad. – Int. J. Coal Geol. **30:** 349–359.
CIMON, J. & MCCANN, J., 2000: Le gite d'apatite-ilménite du complexe mafique lité d'age Cambrien de Sept-Iles, Québec. – Chron. Rech. Minière **539:** 63–83.
CIOBANU, C.L., COOK, N.J. & STEIN, H., 2002: Regional setting and geochronology of the Late Cretaceous banatitic magmatic and metallogenetic belt. – Mineral. Deposita **37:** 541–567.
CIULLO, P.(Ed.), 1996: Industrial minerals and their uses – a hand book and formulary. – 632 pp, Noyes Publication, USA.
CLARK, S.H.B., GALLAGHER, M.J. & POOLE, F.G., 1990: World barite resources: a review of recent production patterns and a genetic classification. – Trans. Instn. Min. Metall. **99:** B125–132.
CLARK, S.H.B., POOLE, F.G. & WANG, Z., 2004: Comparison of some sediment-hosted, stratiform barite deposits in China, the United States, and India. – Ore Geol. Rev. **24:** 85–101.
CLARKSON, R., 1998: A comparative evaluation of drilling techniques for deposits containing free gold using radioactive gold particles as tracers. – Austral. IMM Bull. **3**: 58–63.
CLAUZON, G., SUC, J.-P., GAUTIER, F., BERGER, A. & LOUTRE, M.-F., 1996: Alternate interpretation of the Messinian salinity crisis: controversy resolved? – Geology **24:** 363–366.
CLEMENS, J.D., 2003: S-type granitic magmas – petrogenetic issues, models and evidence. – Earth Science Rev. **61:** 1–18.

Clement, C.R., Harris, J.W., Robinson, D.N. & Hawthorne, J.B., 1986: The De Beers kimberlite pipe – a historic South African diamond mine. – pp 2193–2214 in Anhäusser & Maske.

Cobb, J.C. & Cecil, C.B. (Eds.), 1993: Modern and ancient coal-forming environments. – Geol. Soc. Amer. Spec. Paper **286**, 189 pp.

Coburn, M.G. & Gillespie, J.M., 2002: A hydrologic study to optimize steamflood performance in a giant oil field: Kern River field, California. – AAPG Bull. **86:** 1489–1505.

Combes, P.J., 1984: Regards sur la géologie des bauxites; aspects récents sur la genèse de quelques gisements à substratum carbonaté. – Bull. Rech. Explor. Prod. Elf-Aquitaine **8:** 251–274.

Cook, N.D.J. & Ashley, P.M., 1992: Meta-evaporite sequence, exhalative chemical sediments and associated rocks in the Proterozoic Willyama Supergroup, South Australia: implications for metallogenesis. – Precambr. Res. **56:** 211–226.

Cook, P.J. & Harris, P.M., 1998: Reserves, resources and the UK mining industry. – Internat. Mining & Minerals 1/5: 120–135.

Cooke, D.R., Bull, S.W., Large, R.R. & McGoldrick, P.J., 2000: The importance of oxidized brines for the formation of Australian Proterozoic stratiform sediment-hosted Pb-Zn (Sedex) deposits. – Econom. Geol. **95:** 1–18.

Coppin, N.J., Bryson, F.E. & Brown, C.W., 1996: Pyrometallurgy and the environment: at what cost? – Miner. Industry Internat. **1030:** 23–32.

Cornell, D.H. & Schütte, S.S., 1995: A volcanic-exhalative origin for the world's largest (Kalahari) manganese field. – Mineral. Deposita **30:** 146–151.

Counter Benison, K., Goldstein, R.H., Wopenka, B. et al., 1998: Extremely acid Permian lakes and ground waters in North America. – Nature **392:** 911–914.

Coveney, R.M. & Nansheng, C., 1991: Ni-Mo-PGE-Au-rich ores in Chinese black shales and speculations on possible analogues in the United States. – Mineral. Deposita **26:** 83–88.

Craig, J.R. & Rimstedt, J.D., 1998: Gold production history of the United States. – Ore Geol. Rev. **13:** 407–464.

Craig, J.R. & Vaughan, D.J., 1994: Ore microscopy and ore petrography. – 2nd ed., 434 pp, Wiley.

Craig, J.R. & Vokes, F.M., 1992: Ore mineralogy of the Appalachian-Caledonian stratabound sulfide deposits. – Ore Geol. Rev. **7:** 77–123.

Craig, J.R., Vokes, F.M. & Solberg, T.N., 1998: Pyrite: physical and chemical textures. – Mineral. Deposita **34:** 82–101.

Craw, D. & Chamberlain, C.P., 1996: Meteoric incursion and oxygen fronts in the Dalradian metamorphic belt, southwest Scotland: a new hypothesis for regional gold mobility. – Mineral. Deposita **31:** 365–373.

Creaser, R.A., Price, R.C. & Wormald, R.J., 1991: A-granites revisited: Assessment of a residual source model. – Geology **19:** 163–166.

Crowe, D.E., 1994: Preservation of $\delta^{34}S$ values in greenschist to upper amphibolite volcanogenic massive sulfide deposits. – Geology **22:** 873–876.

Crowe, D.E., Riciputi, L.R., Bezenek, S. & Ignatiev, A., 2001: Oxygen isotope and trace element zoning in hydrothermal garnets: windows into large-scale fluid-flow behaviour. – Geology **29:** 479–482.

Cunningham, C.G., Zartman, R.E., McKee, E.H. et al., 1996: The age and thermal history of Cerro Rico de Potosi, Bolivia. – Mineral. Deposita **31:** 374–385.

Czernichowski-Lauriol, I. & Fouillac, C., 1991: The chemistry of geothermal waters: its effect on exploitation. – Terra Nova **3**: 477–491.

d'Argenio, B. & Mindszenty, A., 1995: Bauxites and related paleokarst: tectonic and climatic event markers at regional unconformities. – Eclog. geol. Helv. **88:** 453–499.

da Costa, M.L. & Moraes, E.L., 1998: Mineralogy, geochemistry and genesis of kaolins from the Amazon region. – Mineral. Deposita **33:** 283–297.

Dahanayake, K. & Krumbein, W.E., 1986: Microbial structures in oolitic iron formations. – Mineral. Deposita **21:** 85–94.

Dahl, J.E., Moldowan, J.M., Peters, K.E. et al., 1999: Diamondoid hydrocarbons as indicators of natural oil cracking. – Nature **399:** 54–57.

Dahlkamp, F.J., 1993: Uranium ore deposits. – 460 pp, Springer.

Dake, L.P., 1994: The practice of reservoir engineering. – 556 pp, Elsevier.

Danesh, A., 1998: PVT and phase behaviour of petroleum reservoir fluids. – 400 pp, Elsevier.

DANIELS, E.J., ARONSON, J.L., ALTANER, S.P. & CLAUER, N., 1994: Late Permian age of NH_4-bearing illite in anthracite from eastern Pennsylvania: Temporal limits on coalification in the central Appalachians. – Geol. Soc. Amer. Bull. **106:** 760–766.

DANIELS, L.R.M., GURNEY, J.J. & HARTE, B., 1996: A crustal mineral in a mantle diamond. – Nature **379:** 153–156.

D'ANS, J., 1969: Bemerkungen zu Problemen der Kalisalzlagerstätten II. – Kali u. Steinsalz **5:** 152–157.

DAROUSSIN, J.-I., PFIFFELMANN, J.-P. & RUHLMANN, F., 1998: Réaménagement de sites miniers: l'exemple du site d'extraction et de traitement de minerai d'uranium de l'Ecarpière (COGEMA, France). – Chron. Rech. Minière **533:** 31–41.

DAUBREE, A., 1887: Les eaux souterraines, aux époches anciennes et à l'époche actuelle. – 3 Vols., Dunod, Paris.

DAUDRE, B. & CLOETINGH, S., 1994: Numerical modelling of salt diapirism: influence of the tectonic regime. – Tectonophysics **240:** 59–79.

DAVIES, G.R., NIXON, P.H., PEARSON, D.G. & OBATA, M., 1993: Tectonic implications of graphitized diamonds from the Ronda peridotite massif, southern Spain. – Geology **21:** 471–474.

DAVIS, A., 2003: A screening-level laboratory method to estimate pit lake chemistry. – Mine Water Environment **22:** 194–205.

DAVIS, T., 2004: Mine-scale structural controls on the Mount Isa Zn-Pb-Ag and Cu orebodies. – Econom. Geol. **90:** 543–559.

DAVIS, D.W. & LIN, S., 2003: Unraveling the geologic history of the Hemlo Archean gold deposit, Superior Province, Canada: a U-Pb geochronological study. – Econom. Geol. **98:** 51–67.

DE HAAN, H.J. (Ed.), 1995: New developments in improved oil recovery. – Geol. Soc. Spec. Publ. 84, 294 pp, Geol. Soc. London.

DE WIT, M.C.J., 1999: Post-Gondwana drainage and the development of diamond placers in western South Africa. – Econom. Geol. **94:** 721–740.

DECHER, A. & FRIEDRICH, G., 1991: Bentonite der Cabo de Gata. – Geowiss. **9:** 305–316.

DEELMAN, J.C., 2001: Breaking Ostwald's Rule. – Chemie d. Erde **61:** 224–235.

DEHMER, J., 1995: Petrological and organic geochemical investigation of recent peats with known environments of deposition. – Internat. J. Coal Geol. **28:** 111–138.

DEJONGHE, L., 1989: Le gisement de Fleurus (Belgique): une concentration de barytine sédimentaire en milieu lacustre piegée dans un paléokarst envahi par des sédiments wealdiens. – Chron. rech. min. **494:** 25–42.

DELONG, E.F., 2000: Resolving a methane mystery. – Nature **407:** 577–578.

DI PRIMIO, R., HORSFIELD, B. & GUZMAN-VEGA, M.A., 2000: Determining the temperature of petroleum formation from the kinetic properties of petroleum asphaltenes. – Nature **406:** 173–176.

DICKENS, G.R., PAULI, C.K., WALLACE, P. & ODP Leg 164 Scientific Party, 1997: Direct measurement of in situ methane quantities in a large gas-hydrate reservoir. – Nature **385:** 426–428.

DICKIN, A.P., 1995: Radiogenic isotope geology. – 452 pp, Cambridge Univ. Press.

DIESSEL, C.F.K., 1986: On the correlation between coal facies and depositional environments. – In: Advances in the Study of the Sydney Basin. – pp 11–22, Proc. 20th Symp. Univ. of Newcastle, Australia.

DIETZ, R.S., 1964: Sudbury structure as an astrobleme. – J.Geol. **72:** 412–434.

DILEK, Y., MOORES, E., ELTHON, D. & NICOLAS, A. (Eds.), 2001: Ophiolites and oceanic crust. – 556 pp, Geol. Soc. America.

DILL, H.G. & KANTOR, W., 1997: Depositional environment, geochemical facies, and a tentative classification system of selected types of phosphate occurrences. – Geol. Jb. **D105:** 3–43.

DILL, H.G., 1998: Evolution of Sb mineralisation in modern fold belts: a comparison of the Sb mineralisation in the Central Andes (Bolivia) and the Western Carpathians (Slovakia). – Mineral. Deposita **33:** 359–378.

DING, K. & SEYFRIED, W.E., 1996: Direct pH measurement of NaCl-bearing fluid with an in situ sensor at 400°C and 40 megapascals. – Science **272:** 1634–1636.

DISTLER, V.V., YUDOVSKAYA, M.A., MITROFANOV, G.L. et al., 2004: Geology, composition, and genesis of the Sukhoi Log noble metals deposit, Russia. – Ore Geol. Rev. **24:** 7–44.

DOLD, B. & FONTBOTE, L., 2001: Element cycling and secondary mineralogy in porphyry copper tailings as a function of climate, primary mineralogy, and mineral processing. – J. Geochem. Explor. **74:** 3–55.

DOMINY, S.C. & CAMM, G.S., 1998: Geology and hydrothermal development of Bostraze-Balleswidden kaolin deposit, Cornwall, United Kingdom. – Trans. Instn. Min. Metall. B **107:** 148–157.

Dominy, S.C., Busell, M.A. & Camm, G.S., 1996: Development of complex, granite-hosted, tin-bearing fracture systems in southwest England: applications of fluid inclusion microfracture studies. – Trans. Instn. Min. Metall. B **105:** 139–144.

Dong, G., Mirrison, G. & Jaireth, S., 1995: Quartz textures in epithermal veins, Queensland – classification, origin, and implication. – Econom. Geol. **90:** 1841–1856.

Driesner, T., 1997: The effect of pressure on deuterium-hydrogen fractionation in high-temperature water. – Science **277:** 791–794.

Drozdzewski, G., 1993:The Ruhr coal basin (Germany): structural evolution of an autochthonous foreland basin. – Internat. J. Coal Geol. **23:** 231–250.

Duane, M.J., Kruger, F.J., Roberts, P.J. & Smith, C.B., 1991: Pb and Sr isotopes and origin of Proterozoic base metal (fluorite) and gold deposits, Transvaal Sequence, South Africa. – Econom. Geol. **86:** 1491–1505.

Duchesne, J.C., 1999: Fe-Ti deposits in Rogaland anorthosites (South Norway): geochemical characteristics and problems of interpretation. – Mineral. Deposita **34:** 182–198.

Duchesne, J.C., Liegeois, J.P., Vander Auwera, J. & Longhi, J., 1999: The crustal tongue melting model and the origin of massive anorthosites. – Terra Nova **11:** 100–105.

Duk-Rodkin, A., Patyk-Kara, N. & Catto, N.R. (Eds.), 2001: Quarternary placer deposits. – 127 pp, Quart. Internat. **82**/1, Spec. Issue.

Duncan, R.K. & Willet, G.C., 1990: Mt. Weld carbonatite. – In: Hughes, F.E. (Ed.): Geology of Mineral Deposits of Australia and Papua New Guinea. – pp 591–597, AusIMM, Melbourne.

Dunning, F.W. & Evans, A.M. (Eds.), 1986: Mineral Deposits of Europe. III. Central Europe. – 355 pp, IMM London.

Dunning, F.W., Garrard, D., Haslam, H.W. & Ixer, R.A. (Eds.), 1989: Mineral Deposits of Europe. IV/V. Southwest and Eastern Europe. – 460 pp, IMM London.

Dunning, F.W., Mykura, W. & Slater, D. (Eds.), 1982: Mineral Deposits of Europe. II. Southeast Europe. – 304 pp, IMM London.

Dutkiewicz, A., Volk, H., Ridley, J. & George, S., 2003: Biomarkers, brines, and oil in the Mesoproterozoic Roper Superbasin, Australia. – Geology **31:** 981–984.

Eales, A. & Cawthorn, R.G., 1996: The Bushveld Complex. – In: Cawthorn (1996), pp. 181–229.

Eastoe, C.J. & Peryt, T., 1999: Stable chlorine isotope evidence for non-marine chloride in Badenian evaporites, Carpathian mountain region. – Terra Nova **11:** 118–123.

Eastoe, C.J., Long, A. & Knauth, L.P., 1999: Stable chlorine isotopes in the Palo Duro basin, Texas: evidence for preservation of Permian evaporite brines. – Geochim. Cosmichim. Acta **63:** 1375–1382.

Eastoe, Ch.J. & Guilbert, J.M., 1992: Stable chlorine isotopes in hydrothermal processes. – Geochim. Cosmochim. Acta **56:** 4247–4255.

Eaton, G.F., Criss, R.E., Fleck, R.J. et al., 1995: Oxygen, carbon, and strontium isotope geochemistry of the Sunshine mine, Coeur d'Alene mining district, Idaho. – Econom. Geol. **90:** 2274–2286.

Eble, C.F. & Greb, S.F., 1997: Channel-fill coal beds along the western margin of the Eastern Kentucky coal field. – Internat. J. Coal Geol. **33:** 183–207.

Eby, G.N., 1992: Chemical subdivision of the A-type granitoids: Petrogenetic and tectonic implications. – Geology **20:** 641–644.

Eckert, C.A., Knutson, B.L. & Debenedetti, P.G., 1996: Supercritical fluids as solvents for chemical and materials processing. – Nature **383:** 313–318.

Edwards, A.C. (Ed.), 2001: Mineral resource and ore reserve estimation – the AusIMM guide to good practice. – AusIMM Monogr. **23**, 719 pp, Melbourne.

Edwards, K.J., Bond, P.L., Gihring, T.M. & Banfield, J.F., 2000: An archeal iron-oxidising extreme acidophile important in acid mine drainage. – Science **287:** 1796–1799.

Eggenkamp, H.G.M., 1994: δ^{37}Cl: The geochemistry of chlorine isotopes. – Geologica Ultraiectina **116:** 1–150.

Eggert, P., Hübener, J.A., Priem, J. et al. (Eds.), 1986 Steine und Erden in der Bundesrepublik Deutschland – Lagerstätten, Produktion und Verbrauch. – Geol. Jb. D **82**, 879 pp.

Eilu, P., Mikucki, E.J. & Dugdale, A.L., 2001: Alteration zoning and primary geochemical dispersion at the Bronzewing lode-gold deposit, Western Australia. – Mineral. Deposita **36:** 13–31.

Einsele, G., 2000: Sedimentary basins. Evolution, facies, and sediment budget. – 2nd Ed., 800 pp, Springer.

EISENLOHR, B.N., TOMPKINS, L.A., CATHLES, L.M. et al., 1994: Mississippi Valley-type deposits: Products of brine expulsion by eustatically induced hydrocarbon generation? An example from northwestern Australia. – Geology **22:** 315–318.

EISSMANN, L., 1978: Mollisoldiapirismus. – Z. angew. Geol. **24:** 130–138.

EL TABAKH, M., UTHA-AROON, CH. & SCHREIBER, CH., 1999: Sedimentology of the Cretaceous Maha Sarakham evaporites in the Khorat Plateau of northeastern Thailand. – Sed. Geol. **123:** 31–62.

ELAGAMI, N.L., IBRAHIM, E.H. & ODAH, H.H., 2000: Sedimentary origin of the Mn-Fe ore of Um Bogma, southwest Sinai: geochemical and paleomagnetic evidence. – Econom. Geol. **95:** 607–620.

ELDRIDGE, C.S., COMPSTON, W., WILLIAMS, C.S. et al., 1991: Isotope evidence for the involvement of recycled sediments in diamond formation. – Nature **353:** 649–653.

ELICK, J.M., DRIESE, S.G. & MORA, C.I., 1998: Very large plant and root traces from the Early to Middle Devonian: implications for early terrestrial ecosystems and atmospheric p(CO_2). – Geology **26:** 143–146.

ELIOPOULOS, D.G. & ECONOMOU-ELIOPOULOS, M., 2000: Geochemical and mineralogical characteristics of Fe-Ni and bauxitic laterite deposits of Greece. – Ore Geol. Rev. **16:** 41–58.

ELLIS, A.S., JOHNSON, T.M. & BULLEN, T.D., 2002: Chromium isotopes and the fate of hexavalent chromium in the environment. – Science **295:** 2060–2062.

ELLMIES, R., VOIGTLÄNDER, G., GERMANN, K. et al., 1999: Origin of giant stratabound deposits of magnesite and siderite in Riphean carbonate rocks of the Bashkir mega-anticline, western Urals. – Geol. Rdsch. **87:** 589–602.

EMBERGER, A., 1984 : La carte métallogénique de l'Europe et des pays limitrophes 1 : 2,500 000. – Chron.Rech.Min. **475:** 51–56.

ERIKSSON, K.A. & CHUCK, R.G., 1985: Aulacogens: sedimentological and tectonic evolution and associated mineralization. – In: WOLF, K.H. (Ed.): Handbook of Strata-Bound and Stratiform Ore Deposits. – Vol. 12, pp. 461–529, Elsevier.

ESTERLE, J.S. & FERM, J:C., 1994: Spatial variability in modern tropical peat deposits from Sarawak, Malaysia and Sumatra, Indonesia; analogues for coal. – Internat. J. Coal Geol. **26:** 1–41.

EUGSTER, H.P., HARVIE, C.E. & WEARE, J.H., 1980: Mineral equilibria in the six-component sea water system, Na-K-Mg-Ca-SO_4-Cl-H_2O, at 25°C. – Geochim. Cosmochim. Acta **44:** 1348–1355.

EVANS, A.M. (Ed.), 1993: Introduction to mineral exploration. – 408 pp, Blackwell.

EVANS, A.M., 1998, Introduction to economic geology and its environmental impact. – 376 pp, Blackwell Science.

EVENSEN, J.M. & LONDON, D., 2002: Experimental mineral/melt partition coefficients for beryllium and the crustal Be cycle from migmatite to pegmatite. – Geochim. Cosmochim. Acta **66:** 2239–2265.

EVERETT, C.E., RYE. D.M. & ELLAM, R.M., 2003: Source or sink? An assessment of the role of the Old Red Sandstone in the genesis of the Irish Zn-Pb deposits. – Econom. Geol. **98:** 31–50.

FAHLBUSCH, M., 2003: Rekultivierung von Kiesgruben und Steinbrüchen in Niedersachsen. – Erzmetall **55:** 653–662.

FALLICK, A.E., ASHTON, J.H., BOYCE, A.J. et al., 2001: Bacteria were reponsible for the magnitude of the world-class hydrothermal base metal sulfide orebody at Navan, Ireland. – Econom. Geol. **96:** 885–890.

FALLICK, A.E., ILICH, M. & RUSSELL, M.J., 1991: A stable isotope study of the magnesite deposits associated with the alpine-type ultramafic rocks of Yugoslavia. – Econom. Geol. **86:** 847–861.

FAN, D., ZHANG, T. & YE. J., 2004b: The Xikuanshan Sb deposit hosted by the Upper Devonian black shale series, Hunan, China. – Ore Geol. Rev. **24:** 121–133.

FAN, D., ZHANG, T., YE, J. et al., 2004a: Geochemistry and origin of tin-polymetallic sulfide deposits hosted by the Devonian black shale series near Dachang, Guangxi, China. – Ore Geol. Rev. **24:** 103–120.

FARQUHAR, J. & CHACKO, TH., 1991: Isotopic evidence for involvement of CO_2-bearing magmas in granulite formation. – Nature **354:** 61–63.

FAURE, K., 2003: δ D values of fluid inclusion water in quartz and calcite ejecta from active geothermal systems: do values reflect those of original hydrothermal water? – Econom. Geol. **98:** 657–660.

FAYEK, M., JANECZEK, J. & EWING, R.C., 1998: Mineral chemistry and oxygen isotopic analyses of uraninite, pitchblende and uranium alteration minerals from the Cigar Lake deposit, Saskatchewan, Canada. – Appl. Geochem. **12:** 549–565.

FEELY, R.A., GENDRON, J.F., BAKER, E.T. & LEBON, G.T., 1994: Hydrothermal plumes along the East Pacific Rise, 8°40' to 11°50'N: particle distribution and composition. – Earth Planet. Sci. Letters **128:** 19–36.

FEIN, J.B. & WILLIAMS-JONES, A.E., 1997: The role of mercury-organic interactions in the hydrothermal transport of mercury. – Econom. Geol. **92:** 20–28.

FEIN, J.B., HEMLEY, J.J., D'ANGELO, W.M. et al., 1992: Experimental study of iron-chloride complexing in hydrothermal fluids. – Geochim. Cosmochim. Acta **56:** 3179–3190.

FEIZULLAYEV, A.A., GULIEV, I.S., KULIEV, K. et al., 1998: Deep petroleum occurrences in the Lower Kura depression, South Caspian basin, Azerbaijan: an organic geochemical and basin modelling study. – Marine Petroleum Geol. **14:** 731–762.

FENK, J. & AST, W., 2004: Tagesbrüche: Geotechnische Einschätzung bruchgefährdeten Baugrundes. – Geotechnik **27:** 59–65.

FERGUSSON, J.E., 1990: The heavy elements: chemistry, environmental impact and health effects. – 614 pp, Pergamon.

FERRY, J.M. & DIPPLE, G.M., 1991: Fluid flow, mineral reactions, and metasomatism. – Geology **19:** 211–214.

FERTIT, W.H., CHAPMAN, R.E. & HOTZ, R.F. (Eds.), 1994: Studies in abnormal pressures. – 472 pp, Elsevier.

FILIPEK, L.H. & PLUMLEE, G.S. (Eds.), 1999: The environmental geochemistry of mineral deposits. – Rev. Econom. Geol. 6B, 583 pp.

FINDLAY, D., 1998: Boudinage – a key to an organizing principle for the formation of ore deposits. – Econom. Geol. **93:** 671–682.

FINKELMAN, R.B., OREM, W., CASTRANOVA, V. et al., 2002: Health impacts of coal and coal use: possible solutions. – Internat. J. Coal Geol. **50:** 425–443.

FINLOW-BATES, T. & LARGE, D., 1978: Water depth as major control on the formation of submarine exhalative ore deposits. – Geol. Jb. **D30:** 27–39.

FINLOW-BATES, T. & STUMPFL, E.F., 1979: The copper and lead-zinc-silver orebodies of Mt. Isa mine, Queensland: products of one hydrothermal system. – Ann. Soc. Géol. Belg. **102:** 497–517.

FINLOW-BATES, T., 1980: The chemical and physical controls on the genesis of submarine exhalative orebodies and their implications for formulating exploration concepts. A review. – Geol. Jb. D **40:** 131–168.

FLEET, M.E. & WU, TSAI-WAY, 1993: Volatile transport of platinum-group elements in sulfide-chloride assemblages at 1000°C. – Geochim. Cosmochim. Acta **57:** 3519–3531.

FLEMING, P.B., LIU, X. & WINTERS, W.J., 2003: Critical pressure and multiphase flow in Blake Ridge gas hydrates. – Geology **31:** 1057–1060.

FLOOD, P.G., 1991: Prospecting for natural zeolites: exploration model based on an occurrence in 300 m.y. old rocks near Werris Creek, New South Wales, Australia. – Trans. Inst. Min. Metall. B **100:** 9–13.

FONTAINE, R.C., DAVIS, A. & FENNEMORE, G.G., 2003: The comprehensive realistic yearly transient filling code CRYPTIC: a novel pit lake analytical solution. – Mine Water Environment **22:** 187–193.

FORCE, E.R., 1991: Geology of Titanium-Mineral Deposits. – Geol. Soc. America Spec. Paper **259**, 112 pp.

FÖRSTNER, U., 1981: Trace metals in fresh waters (with particular reference to mine effluents). – In: WOLF, K.H. (Ed.): Handbook of Strata-Bound and Stratiform Ore Deposits. – Vol. **9:** 271–303, Elsevier.

FOSTER, K.R., VECCHIA, P. & REPACHOLI, M.H., 2000: Science and the precautionary principle. – Science **288:** 979–981.

FOULGER, G.R. & NATLAND, J.H., 2003: Is "hotspot" volcanism a consequence of plate tectonics? – Science **300:** 921–922.

FOUQUET, Y., EISSEN, J-PH., ONDREAS, H. et al., 1999: Extensive volcaniclastic deposits at the Mid-Atlantic Ridge axis: results of deep water basaltic explosive volcanic activity? – Terra Nova **10:** 280–286.

FOUQUET, Y., KNOTT, R., CAMBON, P. et al., 1996: Formation of large sulfide mineral deposits along fast spreading ridges. Example from off-axis deposits at 12°43'N on the East Pacific Rise. – Earth Planet. Sci. Letters **144:** 147–162.

FOURNIER, R.O., 1999: Hydrothermal processes related to movement of fluid from plastic into brittle rock in the magmatic-epithermal environment. – Econom. Geol. **94:** 1183–1211.

FOUSTOUKOS, D.I. & SEYFRIED, W.E., 2004: Hydrocarbons in hydrothermal vent fluids: the role of chromium-bearing catalysts. – Science **304:** 1002–1005.

FOWLER, A.D. & ANDERSON, M.T., 1991: Geopressure zones as proximal sources of hydrothermal fluids in sedimentary basins and the origin of Mississippi Valley-type deposits in shale rich sequences. – Trans. Inst. Min. Metall. B **100:** 14–18.

FOX, J.S., 1984: Besshi type volcanogenic sulfide deposits. – Can. Inst. Min. Bull. **77:** 57–86.

FRAKES, L. & BOLTON, B., 1992: Effects of ocean chemistry, sea level, and climate on the formation of primary sedimentary manganese ore deposits. – Econom. Geol. **87:** 1207–1217.

FRANK, T.D. & FIELDING, C.R., 2003: Marine origin for Precambrian, carbonate-hosted magnesite? – Geology **31:** 1101–1104.

FREDERICKSON, L.K. & ONSTOTT, T.C., 1996: Microbes deep inside the Earth. – Sci. Amer. **275:** 42–47.

FREEMAN, C., FENNER, N., OSTLE, N.J. et al., 2004: Export of dissolved organic carbon from peatlands under elevated carbon dioxide levels. – Nature **430:** 195–198.

FRENZ, W. & KUMMERMEHR, M., 2000: Sanierung stillgelegter Bergbaubetriebe nach dem BBodSchG. – Erzmetall **53:** 172–177.

FRIBERG, L., POELCHAU, H.S., KROOS, B. & LITTKE, R., 2000: 3D-modelling of thermal history and simulation of methane and nitrogen migration along the Northeast German seismic DEKORP profile 9601. – J. Geochem. Explor. **69-70:** 263–267.

FRIETSCH, R., TUISKU, P., MARTINSSON, O. & PERDAHL, J:-A., 1997: Early Proterozoic Cu-(Au) and Fe ore deposits associated with regional Na-Cl metasomatism in northern Fennoscandia. – Ore Geol. Rev. **12:** 1–34.

FRIMMEL, H.E. & GARTZ, V.H., 1997: Witwatersrand gold particle chemistry matches model of metamorphosed, hydrothermally altered placer deposits. – Mineral. Deposita **32:** 523–530.

FRISCH, W. & GAWLICK, H.-J., 2003: The nappe structure of the central Northern Calcareous Alps and ist disintegration during Miocene tectonic extrusion – a contribution to understanding the orogenic evolution of the Eastern Alps. – Internat. J. Earth Sci. **92:** 712–727.

FRISCH, W. & LOESCHKE, J., 1993: Plattentektonik. – 3. Aufl., 200 pp, Wissenschaftl. Buchges. Darmstadt.

FYFE, W.S., PRICE, N.J. & THOMPSON, A.B., 1978: Fluids in the Earth's crust. – 383 pp, Elsevier.

GAAL, G., 1990: Tectonic styles of early Proterozoic ore deposition in the Fennoscandian Shield. – Precambrian Res. **46:** 83–114.

GABRIEL, G. & RAPPSILBER, I., 1999: Der Salzstock Arendsee bei Salzwedel – ein gravimetrischer Beitrag zur Klärung geologischer Fragestellungen. – Mitt. Geol. Sachsen-Anhalt **5:** 5–17.

GALAN, E. & CALIANI, J.C.F., 1997: Industrial properties and potential uses of some wollastonites from SW Spain. – Schriftenr. angew. Geowiss. **1:** 35–39.

GALAN, E., 1996: Properties and applications of palygorskite-sepiolite clays. – Clay Mineral. **31:** 443–453.

GALLOWAY, W.E. & HOBDAY, D.K., 1996: Terrigenous clastic depositional systems: Applications to fossil fuel and groundwater resources. – 2nd ed., 489 pp, Springer.

GALLUP, D.L., 1998: Geochemistry of geothermal fluids and well scales, and potential for mineral recovery. – Ore Geol. Rev. **12:** 225–236.

GARCIA-VEIGAS, J., ORTI, F., ROSELL, L. et al., 1995: The Messinian salt of the Mediterranean: geochemical study of the salt from the Central Sicily basin and comparison with the Lorca basin (Spain). – Bull. Soc. géol. France **166:** 699–710.

GARRETT, D.E., 1998: Borates. Handbook of Deposits, Processing, Properties, and Uses. – 483 pp, Academic Press.

GARUTI, G., PUSHKAREV, E.V., ZACCARINI, F. et al., 2003: Chromite composition and platinum-group mineral assemblage in the Uktus Uralian-Alaskan-type compex (Central Urals, Russia). – Mineral. Deposita **38:** 312–326.

GASSNER, E. & WINKELBRANDT, A., 1997: UVP – Umweltverträglichkeitsprüfung in der Praxis. – 403 pp, Rehm.

GAYER, R. & HARRIS, I. (Eds.), 1996: Coalbed methane and coal geology. – 344 pp, Geol. Soc. London Spec. Publ. 109.

GAYER, R. & PESEK, J. (Eds.), 1997: European coal geology and technology. – Geol. Soc. London Spec. Publ. **125**, 448 pp.

GAYER, R., GARVEN, G. & RICKARD, D., 1998: Fluid migration and coal-rank development in forland basins. – Geology **26:** 679–682.

GEBRE-MARIAM, M., HAGEMANN, S.G. & GROVES, D.I., 1995: A classification scheme for epigenetic Archean lode-gold deposits. – Mineral. Deposita **30:** 408–410.

GEORGE, R.L., 1998: Mining for oil. – Sci. Amer. **278** (3): 66–67.

GERDES, M.L. & VALLEY, J.W., 1994: Fluid flow and mass transport at the Valentine wollastonite deposit, Adirondack Mountains, New York State. – J. Metamorphic Geol. **12:** 589–608.

GERLING, P., IDIZ, E., EVERLEIN, G. & SOHNS, E., 1997: New aspects on the origin of nitrogen in natural gas in Northern Germany. – Geol. Jb. **D103:** 65-84.

GERMANN, A., LANG, R., WERNER, W. & FRIEDRICH, G., 1994: Zur Mineralogie und Geochemie der Erzgänge im Bergbaurevier Freiamt-Sexau (Mittlerer Schwarzwald). – Abh. geol. LA Baden-Württemberg **14:** 119–154.

GIBB, F.G.F. & ATTRILL, P.G., 2003: Granite recrystallization: the key to the nuclear waste problem? – Geology **31:** 657–660.

GIBBONS, W., 2000: Amphibole asbestos in Africa and Australia; geology, health hazard and mining legacy. – J. Geol. Soc. London **157:** 851–858.

GIBOWICZ, S.J. & KIJKO, A., 1994: An introduction to mining seismology. – 399 pp, Academic Press.

GIBSON, R.I. & MILLEGAN, P.S. (Eds.), 1998: Geologic applications of gravity and magnetics: case histories. – 162 pp, AAPG & SEG.

GIES, H. & HERBERT, H.-J., 2000: Neuere geochemische Daten zur Geothermie der Salze und des Salzaufstiegs der Asse. – Z. dt. geol. Ges. **151:** 231–245.

GIGGENBACH, W.F., 1995: Variations in the chemical and isotopic composition of fluids discharged from the Taupo Volcanic Zone, New Zealand. – J. Volcanol. Geotherm. Res. **68:** 89–115.

GILES, A.D. & MARSHALL, B., 1994: Fluid inclusion studies on a multiply deformed, metamorphosed volcanic-associated massive sulfide deposit, Joma Mine, Norway. – Econom. Geol. **89:** 803–819.

GILPIN, A., 2000: Environmental economics: a critical overview. – 334 pp, Wiley.

GIULIANI, G., BOURLES, D., MASSOT, J. & SIAME, L., 1999: Colombian emerald reserves inferred from leached beryllium of their host black shale. – Explor. Mining Geol. **8:** 109–116.

GLASSPOOL, I.J., 2003: Hypautochthonous-allochthonous coal deposition in the Permian, South African, Witbank Basin no. 2 seam; a combined approach using sedimentology, coal petrology and palaeontology. – Internat. J. Coal Geol. **53:** 81–135.

GLEESON, S.A., BUTT, C.R.M. & ELIAS, M., 2003: Nickel laterites: a review. – SEG Newsl. **54** (1): 12–17.

GLENN, C.R., FÖLLMI, K.B., RIGGS, S.R. et al., 1994: Phosphorus and phosphorites: sedimentology and environments of formation. – Eclogae geol. Helv. **87:** 747–788.

GLENNIE, K.W. (Ed.), 1998: Introduction to the petroleum geology of the North Sea. – 4th ed., 656 pp, Blackwell.

GOES, S., SPAKMAN, W. & BIJWAARD, H., 1999: A lower mantle source for Central European volcanism. – Science **286:** 1928–1931.

GOETZ, D., ROUSSEL, V. & TINCELIN, E., 1994: Cave-ins linked to mine flooding. – 5th Internat. Mine Water Congress Nottingham, 29–42.

GOKCE, A. & SPIRO, B., 1994: Stable isotope study of antimony deposits in the Muratdagi region, western Turkey. – Mineral. Deposita **29:** 361–365.

GOLDFARB, R.J., 2002: Lode gold deposits through earth history – patterns in space and time. – Trans. Inst. Miner. Metall. B **111:** 141–142.

GOLDHABER, M.B., CHURCH, S.E., DOE, B.R. et al., 1995: Lead and sulfur isotope investigation of Paleozoic sedimentary rocks from the southern midcontinent of the Unites States: implications for paleohydrology and ore genesis of the southeast Missouri lead belts. – Econom. Geol. **90:** 1875–1910.

GOLDSCHMIDT, V.M., 1958: Geochemistry. – 730 pp, Oxford Univ. Press (reprint).

GOLDSTEIN, R.H. & REYNOLDS, T.J., 1994: Systematics of fluid inclusions in diagenetic minerals. – SEPM Short Course **31**, 199 pp.

GOLYTSIN, A., COUREL, L. & DEBRIETTE, P., 1997: A fault-related coalification anomaly in the Blanzy-Montceau coal basin (Massif Central, France). – Internat. J. Coal Geol. **33:** 209–228.

GÖMMEL, R. & KÜHN, K., 1997: Forschungsbergwerk Asse – Institut für Tieflagerung toxischer Abfälle. – Bergbau **48:** 464–469, 516–523, 563–567.

GOTH, K., 1990: Der Messeler Ölschiefer – ein Algenlaminit. – Cour. Forsch.-Inst. Senckenberg **131:** 1–143.

GOTTHARDT, R., KASIG, W. & PÖPPELBAUM, F., 1996: Karbonatgesteine in Deutschland – Rohstoff, Nutzung, Umwelt. – 420 pp, Beton-Verlag.

GÖTTLICH, K. (Ed.), 1990: Moor- und Torfkunde. – 3. Aufl., 520 pp, Schweizerbart.

GRACIA, A., MEGGIOLARO, V., BAKER, J. & BITZIOS, D., 1999: Development of exploration and industrial technology to exploit new sources of wollastonite in Europe. – Trans. Inst. Min. Metall. B **108:** 183–190.

GRANGE, J.-P., 1995: Talc: innovate to survive competition. – Mineral. Industry Internat. **1023:** 17–19.

GRAULS, D. & CASSIGNOL, C., 1992: Fluid pressure-induced open fracture anomaly – characterization from well data and seismic velocities: mechanisms and major implications. – Bull. Centres Rech. Explor.-Prod. elf aquitaine **16:** 275–284.

GRAYBEAL, F.T., SMITH, D.M. & VIKRE, P.G., 1986: The geology of silver deposits. – In: WOLFF, K.H. (ed.): Handbook of Stratabound and Stratiform Ore Deposits. – Vol. **14:** 1–184, Amsterdam.

GRENNE, T., IHLEN, P.M. & VOKES, F.M., 1999: Scandinavian Caledonide metallogeny in a plate tectonic perspective. – Mineral. Deposita **34:** 422–471.

GREW, E.S. (Ed.), 2003: Beryllium: mineralogy, petrology, and geochemistry. – Rev. Mineral. Geochem. **50**, 691 pp.

GRIFFIN, W.L., O'REILLEY, S.Y. & DAVIES, R.M., 2002: Subduction-related diamond deposits? Constraints, possibilities, and new data from Eastern Australia. – In: SPRY, P.G., MARSHALL, B. & VOKES, F.M. (Eds.): Metamorphosed and metamorphogenic ore deposits. – Rev. Econom. Geol. **11:** 291–310.

GROVES, D.I. & VIELREICHER, N.M., 2001: The Phalaborwa (Palabora) carbonatite-hosted magnetite-copper sulfide deposit, South Africa: an end member of the iron-oxide copper-gold-rare earth element deposit group? – Mineral. Deposita **36:** 189–194.

GROVES, D.I., 1993: The crustal continuum model for late Archean lode gold deposits of the Yilgarn Block, Western Australia. – Mineral. Deposita **28:** 366–374.

GROVES, D.I., GOLDFARB, R.J., ROBERT, F. & HART, C.J.R., 2003: Gold deposits in metamorphic belts: overview of current understanding, outstanding problems, future research, and exploration significance. – Econom. Geol. **98:** 1–29.

GRUBB, P.L.C., 1973: High level and low level bauxitisation: a criterion for classification. – Mineral. Sci. Eng. **5:** 219–231.

GRUBER, W. & SACHSENHOFER, R.F., 2001: Coal deposition in the Noric depression (Eastern Alps): raised and low-lying mires in Miocene pull-apart basins. – Internat. J. Coal Geol. **48:** 89–114.

GU LIANXING & MCCLAY, K.R., 1992: Pyrite deformation in stratiform lead-zinc deposits of the Canadian Cordillera. – Mineral. Deposita **27:** 169–181.

GU, X., SCHULZ, O., VAVTAR, F. et al., 2002: Jungproterozoische submarine Primäranreicherung und metamorphogene Weiterentwicklung der stratiformen W-Sb-Au-Lagerstätten vom "Typ Woxi" in Hunan (Südchina). – Arch. Lagerstättenforsch. Geol. B.-A. Wien **23:** 1–204.

GUILBERT, J.M. & PARK jr., C.F., 1986: The geology of ore deposits. – 985 pp, Freeman.

GULIY, V.N., 1995: Main features of composition and origin of apatite deposits in metamorphic rocks of the Aldan Shield, Siberia, Russian Federation. – Trans. Inst. Miner. Metall. **104:** 171–178.

GÜMBEL, C.W. v., 1883: Beiträge zur Kenntnis der Texturverhältnisse der Mineralkohlen. – Sitz.-Ber. Kgl.-bayer. Akad. Wiss. München: 111–211.

GÜNTHER, W. & PAAR, W., 2000: Schatzkammer Hohe Tauern – 2000 Jahre Goldbergbau. – 405 pp, A. Pustet, Salzburg.

GUO, L., ANDREWS, J., RIDING, R., DENNIS, P. & DRESSER, Q., 1996: Possible microbial effects on stable carbon isotopes in hot-spring travertines. – J. Sed. Res. **66:** 468–473.

GUO, Y. & BUSTIN, R.M., 1998: FTIR spectroscopy and reflectance of modern charcoals and fungal decayed woods: implications for studies of inertinite in coals. – Internat. J. Coal Geol. **37:** 29–53.

GUTZMER, J. & BEUKES, N.J., 1995: Fault-controlled metasomatic alteration of early Proterozoic sedimentary manganese ores in the Kalahari manganese field, South Africa. – Econom. Geol. **90:** 823–844.

GY, P.M., 1992: Sampling of heterogeneous and dynamic material systems. – 653 pp, Elsevier.

HAACK, U.K. & ZIMMERMANN, H.D., 1996: Retrograde mineral reactions: a heat source in the continental crust? – Geol. Rdsch. **85:** 130–137.

HAEBERLIN, Y., MORITZ, R. & FONTBOTÉ, L., 2002: Paleozoic orogenic gold deposits in the eastern Central Andes and its foreland, South America. – Ore Geol. Rev. **22:** 41–59.

HAEUSSLER, P.J., BRADLEY, D., GOLDFARB, R. et al., 1995: Link between ridge subduction and gold mineralization in southern Alaska. – Geology **23:** 995–998.

HAGEMANN, S.G. & LÜDERS, V., 2003: P-T-X conditions of hydrothermal fluids and precipitation mechanism of stibnite-gold mineralization at the Wiluna lode-gold deposits, Western Australia: conventional and infrared microthermometric constraints. – Mineral. Deposita **38:** 936–952.

HAGEN, M. & LANGE, G., 1995: Der Flutungsprozeß ehemaliger Uranerzgruben in Ostdeutschland als Sanierungsschwerpunkt der Wismut GmbH. – Erzmetall **48:** 790–804.

HAGGERTY, S.E., 1999: A diamond trilogy: superplumes, supercontinents, and supernovae. – Science **285:** 851–860.

HÄHNE, R., 1995: Sicherung und Verwahrung von Bergbauhalden im Raum Ronneburg unter besonderer Berücksichtigung des Gewässerschutzes. – Z. geol. Wiss. **23:** 643–653.

HALBACH, P.E., TUNNICLIFFE, V. & HEIN, J.R. (Eds.), 2001: Energy and mass transfer in marine hydrothermal systems. – Dahlem Workshop Report **89**, 365 pp.

HALE, M. (Ed.), 2000: Geochemical remote sensing of the sub-surface. – 572 pp, Elsevier.

HALL, A. (Ed.), 1996: Zeolite deposits. – Mineral. Deposita **31:** 451–596.

HALL, A., 1998: Zeolitisation of volcaniclastic sediments: the role of temperature and pH. – J. Sed. Res. **68:** 739–745.

HALL, C.M., HIGUERAS, P.L., KESLER, S.E. et al., 1997: Dating of alteration episodes related to mercury mineralization in the Almaden district, Spain. – Earth Planet. Sci. Lett. **148:** 287–298.

HALLS, C. & ZHAO, R., 1995: Listvenite and related rocks: perspectives on terminology with reference to an occurrence at Cregganbaun, Co. Mayo, Republic of Ireland. – Mineral. Deposita **30:** 303–313.

HALTER, W.E., PETTKE, T. & HEINRICH, C.A., 2002: The origin of Cu/Au ratios in porphyry-type ore deposits. – Science **296:** 1844–1846.

HALTER, W.E., WILLIAMS-JONES, A.E. & KONTAK, D.J., 1996: The role of greisenization in cassiterite precipitation at the East Kemptville tin deposit, Nova Scotia. – Econom. Geol. **91:** 368–385.

HAMADE, T., KONHAUSER, K.O., RAISWELL, R. et al., 2003: Using Ge/Si ratios to decouple iron and silica fluxes in Precambrian banded iron formations. – Geology **31:** 35–38.

HAMILTON, W.B., 2003: An alternative earth. – GSA Today **13** (11): 4–12.

HAMMER, B. & NORSKOV, J.K., 1995: Why gold is the noblest of all the metals. – Nature **376:** 238–240.

HAMPSON, G., STOLLHOFEN, H. & FLINT, S., 1999: A sequence stratigraphic model for the Lower Coal Measures (Upper Carboniferous) of the Ruhr District, north-west Germany. – Sedimentology **46:** 1199–1231.

HANCHAR, J.M. & HOSKIN, P.W.O. (Eds.): 2003, Zircon. – Rev. Mineral. Geochem. **53**, 500 pp.

HANNINGTON, M.D., 1997: The porphyry-epithermal-VMS transition: lessons from the Iskut River area, British Columbia, and modern island arcs. – SEG Newsl. **29:** 12–13.

HANSON, R.B., 1997: Hydrodynamics of regional metamorphism due to continental collision. – Econom. Geol. **92:** 880–891.

HARBEN, P.W. & BATES. R.L., 1990: Industrial minerals: geology and world deposits. – 312 pp, Metal Bulletin London.

HARDER, H., 1989: Mineral genesis in ironstones: a model based upon laboratory experiments and petrographic observations. – In: YOUNG, T.P. & TAYLOR, W.E.G. (Eds.): Phanerozoic Ironstones. – Geol. Soc. Spec. Publ. **46:** 9–18.

HARDIE, L.A., 1996: Secular variation in seawater chemistry: An explanation for the coupled secular variations in the mineralogies of marine limestones and potash evaporites over the past 600 m.y. – Geology **24:** 279–283.

HARGRAVES, A.J., 1997: International overview of seam gas emissions and instantaneous outbursts. – AusIMM Proc. **302:** 43–60.

HARIDON, S.L., REYSENBACH, A.-L., GLENAT, P. et al., 1995: Hot subterranean biosphere in a continental oil reservoir. – Nature **377:** 223–224.

HARRIS, A.C., KAMENETSKY, V.S., WHITE, N.C. et al., 2003: Melt inclusions in veins: linking magmas and porphyry Cu deposits. – Science **302:** 2109–2111.

HARRIS, C., COMPTON, J.S. & BEVINGTON, S.A., 1999: Oxygen and hydrogen isotope composition of kaolinite deposits, Cape Peninsula, South Africa: low-temperature, meteoric origin. – Econom. Geol. **94:** 1353–1366.

HARTWIG, H.-J. & UYUMCU, M., 1998: Geotechnische und hydrologische Aspekte bei der Verwahrung von untertägigen Bergwerken. – Bergbau **49:** 166–171.

HARVIE, C.E., MOELLER-WEARE, N. & WEARE, J.H., 1984: The prediction of mineral solubilities in natural waters – The Na-K-Mg-Ca-H-Cl-SO_4-OH-HCO_3-CO_3-CO_2-H_2O system to high ionic strengths at 25°C. – Geochim. Cosmochim. Acta **48:** 723–751.

HATCHER, M.I. & CLYNICK, G., 1990: Greenbushes tin-tantalum-lithium deposit. – In: HUGHES, F.E. (Ed.): Geology of Mineral Deposits of Australia and Papua New Guinea. – pp 599–603, AusIMM, Melbourne.

HATCHER, P.G. & CLIFFORD, D.J., 1998: The organic geochemistry of coal: from plant materials to coal. – Organ. Geochem. **27:** 251–274.

HATTINGH, J. & RUST, I.C., 1993: Flood transdport and deposition of tracer heavy minerals in a gravel-bed meander bend channel. – J. Sediment. Petrology **63:** 828–834.

HATTORI, K.H. & KEITH, J.D., 2001: Contribution of mafic melt to porphyry copper mineralization: evidence from Mt. Pinatubo, Phillippines, and Bingham Canyon, Utah, USA. – Mineral. Deposita **36:** 799–806.

HATZSCH, P., 1994: Bohrlochmessungen. – 168 pp, Enke.

HAWKINS, M., 2001: Why we need cobalt. – Trans. Inst. Miner. Metall. B **110:** 66–70.

HAYWARD, C.L., REIMOLD, W.U., ROBB, L.J. & GIBSON, R.L., 2003: The Witwatersrand gold deposit, South Africa: an impact-modified metamorphosed placer. – Appl. Earth Sci. **112:** B147–149.

HEAD, I.M., JONES, D.M. & LARTER, S.R., 2003: Biological activity in the deep subsurface and the origin of heavy oil. – Nature **426:** 344–352.

HEANEY, P.J. & DAVIS, A.M., 1995: Observation and origin of self-organized textures in agates. – Science **269:** 1562–1565.

HEANEY, P.J., 1995: Moganite as an indicator for vanished evaporites: a testament reborn? – J. Sediment. Res. A **65:** 633–638.

HEBERT, R. & BEDARD, J.H., 2000: Les ophiolites d'avant-arc et leur potentiel minéral: exemple des complexes ophiolitiques du sud du Québec. – Chron. Recherche Minère **539:** 101–117.

HECHT, L. & CUNEY, M., 2000: Hydrothermal alteration of monazite in the Precambrian crystalline basement of the Athabasca Basin (Saskatchewan, Canada): implications for the formation of unconformity-related uranium deposits. – Mineral. Deposita **35:** 791–795.

HECHT, L., FREIBERGER, R., GILG, H.A., GRUNDMANN, G. & KOSTITSYN, Y.A., 1999: Rare earth element and isotope (C, O, Sr) characteristics of hydrothermal carbonates: genetic implications for dolomite hosted talc mineralization at Göpfersgrün (Fichtelgebirge, Germany). – Chem. Geol. **155:** 115–130.

HEIJLEN, W., MUCHEZ, P., BANKS, D.A. et al., 2003: Carbonate-hosted Zn-Pb deposits in Upper Silesia, Poland: origin and evolution of mineralizing fluids and constraints on genetic models. – Econom. Geol. **98:** 911–932.

HEIKOOP, J.M., TSUJITA, C.J., RISK, M.J. et al., 1996: Modern iron ooids from a shallow-marine volcanic setting: Mahengetang, Indonesia. – Geology **24:** 759–762.

HEIN, U.F., 1993: Synmetamorphic Variscan siderite mineralisation of the Rhenish Massif, Central Europe. – Mineral. Mag. **57:** 451–467.

HEINRICH, CH.A., ANDREW, A.S. & KNILL, M.D., 2000: Regional metamorphism and ore formation: evidence from stable isotopes and other fluid tracers. – In: SPRY et al. (Eds.), pp. 97–117.

HEINRICH, CH.A., 1990: The chemistry of hydrothermal tin(-tungsten) ore deposition. – Econom. Geol. **85:** 457–481.

HEINRICH, CH.A., GÜNTHER, D., AUDETAT et al., 1999: Metal fractionation between magmatic brine and vapor, determined by microanalysis of fluid inclusions. – Geology **27:** 755–758.

HEINRICH, CH.A., RYAN, CH.G., MERNAGH, P.T. & EADINGTON, P.J., 1992: Segregation of ore metals between magmatic brine and vapor: a fluid inclusion study using PIXE microanalysis. – Econom. Geol. **87:** 1566–1583.

HELBA, H., TRUMBULL, R.B., MORTEANI, G. et al., 1997: Geochemical and petrographic studies of Ta mineralization in the Nuweibi albite granite complex, Eastern Desert, Egypt. – Mineral. Deposita **32:** 164–179.

HELVACI, C. & ORTI, F., 1998: Sedimentology and diagenesis of Miocene colemanite-ulexite deposits (Western Anatolia, Turkey). – J. Sed. Res. **68:** 1021–1033.

HELVACI, C., 1995: Stratigraphy, mineralogy, and genesis of the Bigadiç borate deposits, Western Turkey. – Econom. Geol. **90:** 1237–1260.

HENK, A., 1993: Subsidenz und Tektonik des Saar-Nahe Beckens (SW-Deutschland). – Geol. Rdsch. **82:** 3–19.

HENRY, CH. & BODEN, D.R., 1998: Eocene magmatism: The heat source for Carlin-type gold deposits of northern Nevada. – Geology **26:** 1067–1070.

HENTSCHEL, TH. & PRIESTER, M., 1990: Quecksilberbelastungen in Entwicklungsländern durch Goldamalgamation im Kleinbergbau und aufbereitungstechnische Alternativen. – Erzmetall **43:** 331–336.

HERBERT, CH., 1997: Relative sea level control of deposition in the Late Permian Newcastle coal measures of the Sydney basin, Australia. – Sed. Geol. **107:** 167–187.

HERNANDEZ, A., JEBRAK, M., HIGUERAS, P. et al., 1999: The Almaden mercury mining district, Spain. – Mineral. Deposita **34:** 539–548.

HEROUX, Y., CHAGNON, A. & SAVARD, M., 1996: Organic matter and clay anomalies associated with base-metal sulfide deposits. – Ore Geol. Rev. **11:** 157–173.

HERRINGTON, R., YAKUBCHUK, A. & PUCHKOV, V., 2003: Uralide orogenic evolution through the Paleozoic and the link to metallogeny: an updated model. – Appl. Earth Sci. **112:** B118–120.

HERRMANN, A.G. & KNIPPING, G., 1993: Waste disposal and evaporites. – 193 pp, Springer.

HERZIG, P.M. & HANNINGTON, M.D., 1995: Polymetallic massive sulfides at the modern seafloor: a review. – Ore Geol. Rev. **10:** 95–115.

HERZIG, P.M., HANNINGTON, M.D. & ARRIBAS Jr, A., 1998: Sulfur isotopic composition of hydrothermal precipitates from the Lau back-arc: implications for magmatic contributions to seafloor hydrothermal systems. – Mineral. Deposita **33:** 226–237.

HETTLER, J., IRION, G. & LEHMANN, B., 1997: Environmental impact of mining waste disposal on a tropical lowland river system: a case study on the Ok Tedi mine, Papua New Guinea. – Mineral. Deposita **32:** 280–291.

HEWLETT, P.C., 1997: Lea's chemistry of cement and concrete. – 4th ed., 1080 pp, Arnold Publishers.

HEYDARI, E. & WADE, W.J., 2002: Massive recrystallization of low-Mg calcite at high temperatures in hydrocarbon source rocks: implications for organic acids as factors in diagenesis. – AAPG Bull. **86:** 1285–1303.

HIESSLEITNER, G., 1951/52: Serpentin- und Chromerzgeologie der Balkanhalbinsel. – Jb. Geol. B.-A. Wien, Sonderband 1, 2 Bde.

HIGLEY, D.K., COX, D.O. & WEIMER, R.J., 2003: Petroleum system and production characteristics of the Muddy (J) sandstone (Lower Cretaceous) Wattenberg continuous gas field, Denver basin, Colorado. – AAPG Bull. **87:** 15–37.

HILDENBRAND, T.G., BERGER, B., JACHENS, R.C. & LUDINGTON, S., 2000: Regional crustal structures and their relationship to the distribution of ore deposits in the Western United States, based on magnetic and gravity data. – Econom. Geol. **95:** 1583–1603.

HILT, C., 1873: Die Beziehungen zwischen der Zusammensetzung und den technischen Eigenschaften der Steinkohle. – Z. Verein. Dt. Ing. **17:** 194–202.

HITZMAN, M.W., 1999: Routine staining of drill core to determine carbonate mineralogy and distinguish carbonate alteration textures. – Mineral. Deposita **34:** 794–798.

HITZMAN, M.W., ORESKES, N. & EINAUDI, M.T., 1992: Geological characteristics and tectonic setting of Proterozoic iron oxide (Cu-U-Au-REE) deposits. – Precambrian Res. **58:** 241–287.

HIYAGON, H. & KENNEDY, B.M., 1992: Noble gases in CH_4-rich gas fields, Alberta, Canada. – Geochim. Cosmochim. Acta **56:** 1569–1589.

HOEFEL, F. & ELGAR, S., 2003: Wave-induced sediment transport and sandbar migration. – Science **299:** 1885–1887.

HOEFS, J., 2003: Stable isotope geochemistry. – 5th Ed., 244 pp., Springer.

HOEK, E. & BRAY, J.W., 1981: Rock slope engineering. – 3rd ed., 358 pp, Inst. Min. Metall., London.

HOEK, E. & BROWN, E.T., 1982: Underground excavations in rock. – Revised 1st ed., 527 pp, Inst. Min. Metall., London.

HOFFMAN, P.F., KAUFMAN, A.J., HALVERSON, G.P. & SCHRAG, D.P., 1998: A Neoproterozoic Snowball Earth. – Science **281:** 1342–1346.

HOFSTRA, A.H. & CLINE, J.S., 2000: Characteristics and models for Carlin-type gold deposits. – Rev. Econom. Geol. **13:** 163–220.

HÖLL, R. & EICHHORN, R., 2000: Tungsten mineralization and metamorphic remobilization in the Felbertal scheelite deposit, Central Alps, Austria. – In: SPRY et al., pp. 233–264.

HOLLAND, H.D., 2002: Volcanic gases, black smokers, and the great oxidation event. – Geochim. Cosmochim. Acta **66:** 3811–3826.

HOLLAND, H.D. & TUREKIAN, K.K. (Eds.), 2003: Treatise on Geochemistry. – 10 Vols., Elsevier.

HOLLISTER, C.D. & NADIS, S., 1998: Burial of radioactive waste under the seabed. – Scient. Amer. **278**, 40–45.

HOLMES, D.S., 1993: Brown coal in the Latrobe Valley. – In: HARGRAVES, A.J. & MARTIN, C.H. (Eds.): Australasian coal mining practice. – AusIMM Monograph **12:** 243–259, Parkville.

HORITA, J. & BERNDT, M.W., 1999: Abiogenic methane formation and isotopic fractionation under hydrothermal conditions. – Science **285:** 1055–1057.

HORITA, J., DRIESNER, TH. & COLE, D.R., 1999: Pressure effect on hydrogen isotope fractionation between brucite and water at elevated temperatures. – Science **286:** 1545–1547.

HORITA, J., WEINBERG, A., DAS, N. & HOLLAND, H., 1996: Brine inclusions in halite and the origin of the Middle Devonian Prairie evaporites of Western Canada. – J. Sed. Res. **66**, 956–964.

HORITA, J., WESOLOWSKI, D.J. & COLE, D.R., 1993: The acticity-composition relationship of oxygen and hydrogen isotopes in aqueous salt solutions: I. Vapor-liquid water equilibration of single salt solutions from 50-100°C. – Geochim. Cosmochim. Acta **57:** 2797–2817.

HORITA, J., ZIMMERMANN, H. & HOLLAND, H.D., 2002: Chemical evolution of seawater during the Phanerozoic: implications from the record of marine evaporites. – Geochim. Cosmochim. Acta **66:** 3733–3756.

HOSTERMANN, J.W., PATTERSON, S.H. & GOOD, E.E., 1990: World non-bauxite aluminium resources excluding alunite. – USGS Prof. Paper **1076**-C, 73 pp.

HOVLAND, M., 1990: Do carbonate reefs form due to fluid seepage? – Terra Nova **2**: 8–18.

HOVLAND, M., HILL, A. & STOKES, D., 1997: The structure and geomorphology of the Dashgil mud volcano, Azerbaijan. – Geomorphology **21:** 1–15.

HOWER, J.C. & GAYER, R.A., 2002: Mechanisms of coal metamorphism: case studies from Paleozoic coalfields. – Internat. J. Coal Geol. **50:** 215–245.

HSÜ, K.J., 1972: When the Mediterranean dried up. – Scient. Amer. **227:** 26–36.

HUANG, B.J., XIAO, X.M. & DONG, W.L., 2003: Multiphase natural gas migration and accumulation and its relationship to diapir structures in the DF1-1 gas field, South China Sea. – Marine Petrol. Geol. **19:** 861–872.

HUAN-ZHANG, L., YIMAO, L., CHANGLIE, W. et al., 2003: Mineralization and fluid inclusion study of the Shizhuyuan W-Sn-Bi-Mo-F skarn deposit, Hunan province, China. – Econom. Geol. **98:** 955–974.

HUGHES, F.E. (Ed.), 1990: Geology of the mineral deposits of Australia and Papua New Guinea. – 2 Vols., 1828 pp, Australasian Inst. Min. Metallurgy, Parkville.

HUNSCHE, U. & HAMPEL, A., 1999: Rock salt – the mechanical properties of the host rock material for a radioactive waste repository. – Engin. Geol. **52:** 271–291.

HUNT, J.M., 1996: Petroleum geochemistry and geology. – 743 pp, Freeman.

HUTTON, A.C. & HOWER, J.C., 1999: Cannel coals: implications for classifications and terminology. – Internat. J. Coal Geol. **41:** 157–188.

IHINGER, P.D. & ZINK, S.I., 2000: Determination of relative growth rates of natural quartz crystals. – Nature **404:** 865–869.

IIZASA, K., FISKE, R.S., ISHIZUKA, O. et al., 1999: A Kuroko-type polymetallic sulfide deposit in a submarine silicic caldera. – Science **283:** 975–977.

INGEBRITSEN, S.E. & MANNING, C.E., 1999: Geological implications of a permeability-depth curve for the continental crust. – Geology **27:** 1107–1110.

IRELAND, T., BULL, S.W. & LARGE, R., 2004: Mass flow sedimentology within the HYC Zn-Pb-Ag deposit, Northern Territory, Australia: evidence for syn-sedimentary ore genesis. – Mineral. Deposita **39:** 143–158.

IRVINE, T.N., 1965: Chromian spinel as a petrogenetic indicator. Part I: Theory. – Canad. J. Earth Sci. **2:** 648–672.

IRVINE, T.N., 1967: Chromian spinel as a petrogenetic indicator. Part II: Petrologic applications. – Canadian J. Earth Sci. **4:** 71–104.

ISAAKS, E.H. & SRIVASTAVA, R.M., 1990: An introduction to applied geostatistics. – 561 pp, Oxford Univ. Press.

ISAKSEN, G.H., 1996: Oedometers for crude oil migration. – Nature **383:** 573–574.

JACKSON, J.A. & BATES, R.L. (Eds.), 1997: Glossary of Geology. – 4th Ed., 769 pp, AGI.

JACKSON, M.P.A., CORNELIUS, R.R., CRAIG, C.H. et al., 1991: Salt diapirs of the Great Kavir, Central Iran. – Geol. Soc. Amer. Mem. **177**, 139 pp.

JACKSON, M.P.A., SCHULTZ-ELA, D.D., HUDEC, M.R. et al., 1998: Structure and evolution of Upheaval Dome: A pinched-off salt diapir. – GSA Bull. **110:** 1547–1573.

JACOB, H., 1989: Classification, structure, genesis and practical importance of natural solid oil bitumen ("migrabitumen"). – Internat. J. Coal Geol. **11:** 65–79.

JAHN, F., COOK, M. & GRAHAM, M., 1998: Hydrocarbon exploration and production. – 394 pp, Elsevier.

JAHREN, A.H. & STERNBERG, L.S.L., 2002: Eocene meridional weather patterns reflected in the oxygen isotopes of Arctic fossil wood. – GSA Today **12:** 4–9.

JAMBOUR, J.L., BLOWES, D.W. & RITCHIE, A.I.M. (Eds.), 2003: Environmental aspects of mines wastes. – Mineral. Ass. Canada Short Course Ser. **31**, 430 pp.

JAMES, C.S. & MINTER, W.E.L., 1999: Experimental flume study of the deposition of heavy minerals in a simulated Witwatersrand sandstone unconformity. – Econom. Geol. **94:** 671–688.

JAMES, H.L. & TRENDALL, A.F., 1992: Banded iron formation: distribution in time and paleoenvironmental significance. – In: HOLLAND, H.D. & SCHIDLOWSKI, M. (Eds.): Mineral Deposits and the Evolution of the Biosphere. – Dahlem Konferenzen, Berlin.

JAMIESON, B.W. & SPROSS. J., 2000: The exploration and development of the high grade McArthur River Uranium orebody. – Erzmetall **53:** 457–469.

JAMTVEIT, B. & YARDLEY, B.W.D.(Eds.), 1997: Fluid flow and transport in rocks: mechanisms and effects. – 319 pp, Chapman and Hall.

JANKOVIC, S., 1997: The Carpatho-Balkanides and adjacent area: a sector of the Tethyan Eurasian metallogenic belt. – Mineral. Deposita **32:** 426–433.

JEBRAK, M., 1997: Hydrothermal breccias in vein-type ore deposits: a review of mechanisms, morphology and size distribution. – Ore Geol. Rev. **12:** 114–134.

JEBRAK, M., HIGUERAS, P.L., MARCOUX, E. & LORENZO, S., 2002: Geology and geochemistry of high-grade, volcanic rock-hosted, mercury mineralisation in the Nuevo Entredicho deposit, Almaden district, Spain. – Mineral. Deposita **37:** 421–432.

JENNINGS, S.R., DOLLHOPF, D.J. & INSKEEP, W.P., 2000: Acid production from sulfide minerals using hydrogen peroxide weathering. – Appl. Geochem. **15:** 247–255.

JENSEN, K.A. & EWING, R.C., 2001: The Okelobondo natural fission reactor, southeast Gabon: Geology, mineralogy, and retardation of nuclear-reaction products. – GSA Bull. **113:** 32–62.

JEREMICS, M.L., 1994: Rock mechanics in salt mining. – 544 pp., Balkema.

JIA, Y. & KERRICH, R., 1999: Nitrogen isotope systematics of mesothermal lode gold deposits: metamorphic, granitic, meteoric water, or mantle origin? – Geology **27:** 1051–1054.

JIA, Y., KERRICH, R. & GOLDFARB, R., 2003: Metamorphic origin of ore-forming fluids for orogenic gold-bearing quartz vein systems in the North American cordillera: constraints from a reconnaissance study of $\delta^{15}N$, δD, and $\delta^{18}O$. – Econom. Geol. **98:** 109–123.

JIA, Y., LI, X. & KERRICH, R., 2000: A fluid inclusion study of Au-bearing quartz vein systems in the Central and North Deborah deposits of the Bendigo gold field, Central Victoria, Australia. – Econom. Geol. **95:** 467–494.

JOCHUM, J., 2000: Variscan and post-Variscan lead-zinc mineralization, Rhenish Massif, Germany: evidence for sulfide precipitation via thermochemical sulfate reduction. – Mineral. Deposita **35:** 451–464.

JOCHUM, K.P., HOFMANN, A.W. & SEUFERT, H.M., 1993: Tin in mantle-derived rocks: Constraints on Earth evolution. – Geochim. Cosmochim. Acta **57:** 3585–3595.

JOHNSON, H.P., HUTNAK, M., DZIAK, R.P. et al., 2000: Earthquake-induced changes in a hydrothermal system on the Juan de Fuca mid-ocean ridge. – Nature **407:** 174–177.

JOWETT, E.C., 1992: Role of organics and methane in sulfide ore formation, exemplified by Kupferschiefer Cu-Ag deposits, Poland. – Chem. Geol. **99:** 51–63.

JOWETT, E.C., CATHLES, L.M. & DAVIS, B.W., 1993: Predicting depths of gypsum dehydration in evaporitic sedimentary basins. – Amer. Ass. Petrol. Geol. Bull. **77:** 402–413.

JOWETT, E.C., ROTH, T., RYDZEWSKI, A. & OSZCZEPALSKI, S., 1991: "Background" $\delta^{34}S$ values of Kupferschiefer sulphides in Poland: pyrite-marcasite nodules. – Mineral. Deposita **26:** 89–98.

JUCH, D., 1991: Das Inkohlungsbild des Ruhrkarbons – Ergebnisse einer Übersichtsauswertung. – Glückauf-FH **52:** 37–47.

KÄDING, K.-CH., 1995: Kali- und Steinsalzvorkommen – Verbreitung, Vorräte, Bergbau. – Kali u. Steinsalz **11:** 319–325.

KANE, A.B., 1993: Epidemiology and pathology of asbestos-related diseases. – Rev. Mineral. **28:** 347–359.

KAPRAL, R. & SHOWATER, K. (Eds.), 1995: Chemical waves and patterns. – 641 pp., Kluwer.

KÄRKKÄINEN, N.K. & BORNHORST, T.J., 2003: The Svecofennian gabbro-hosted Koivusaarenneva magmatic ilmenite deposit, Kälviä, Finland. – Mineral. Deposita **38:** 169–184.

KASPRZYK, A. & ORTI, F., 1998: Paleogeographic and burial controls on anhydrite genesis: the Badenian basin in the Carpathian Foredeep (southern Poland, western Ukraine). – Sedimentology **45:** 889–907.

KASTING, J.F., 2001: The rise of athmospheric oxygen. – Science **293:** 819–820.

KATSUHIKO-SUZUKI, QUI-LU, HIROSHI-SHIMIZU & AKIMASA MASUDA, 1993: Reliable Re-Os age for molybdenite. – Geochim. Cosmochim. Acta **57:** 1625–1628.

KATZ, B. (Ed.), 1994: Petroleum source rocks. – 327 pp, Springer.

KAUFHOLD, S. & DECHER, A., 2003: Natural acidic bentonites from the island of Milos, Greece. – Z. Angew. Geol. **49** (2): 7–12.

KAUSCH, P. & RUHRMANN, G., 2001: Enviromental management – environmental impact assessment of mining operations. – 133 pp, Logabook.

KEARY, P., BROOKS, M. & HILL, I., 2002: An Introduction to Geophysical Exploration. – 3rd Ed., 280 pp, Blackwell.

KEAYS, R.R., 1995: The role of komatiitic and picritic magmatism and S-saturation in the formation of ore deposits. – Lithos **34:** 1–18.

KELLERBAUER, S., 1996: Geologie und Geomechanik der Salzlagerstätte Berchtesgaden. – Münchner Geol. H. B2, 101 pp.

KELLERBAUER, S., 1998: Einaxiale Druckfestigkeit, Verformungsverhalten und Gebirgsklassifikation von Haselgebirge und Nebengesteinen im alpinen Salzbergbau. – Münchner Geol. H. B7: 148–158.

KENDALL, T., 1996: Attapulgite. Absorbents and gellants. – In: Industrial Clays. – 2nd ed., pp 36–37, Industrial Minerals, London.

KENDRICK, M.A., BURGESS, R., LEACH, D. & PATTRICK, R.A.D., 2002: Hydrothermal fluid origins in Mississippi Valley Type ore districts: Combined noble gas (He, Ar, Kr) and halogen (Cl, Br, I) analysis of fluid inclusions from the Illinois-Kentucky fluorspar district, Viburnum trend, and Tri-State districts, Midcontinent United States. – Econom. Geol. **97:** 453–469.

KENDRICK, M.A., BURGESS, R., PATTRICK, R.A.D. & TURNER, G., 2001: Noble gas and halogen evidence on the origin of Cu-porphyry mineralising fluids. – Geochim. Cosmochim. Acta **65:** 2651–2668.

KENNEDY, M.J., PEVEAR, D.R. & HILL, R.J., 2002: Mineral surface control of organic carbon in black shale. – Science **295:** 657–660.

KEPPLER, H. & WYLLIE, P.J., 1990: Role of fluids in transport and fractionation of uranium and thorium in magmatic processes. – Nature **348:** 531–533.

KERRICH, R. & CASSIDY, K.F., 1994: Temporal relationships of lode gold mineralization to accretion, magmatism, metamorphism and deformation – Archean to present: A review. – Ore Geol. Rev. **9:** 263–310.

KERRICH, R., 1999: Nature's gold factory. – Science **284:** 2101–2102.

KESLER, S.E., RUSSELL, N. & MCCURDY, K., 2003: Trace-metal content of the Pueblo Viejo precious metal deposits and their relation to other high-sulfidation epithermal systems. – Mineral. Deposita **38:** 668–682.

KIEHL, J.R., DÖRING, T. & ERICHSEN, C., 1998: Ein räumliches Stoffgesetz für Steinsalz unter Berücksichtigung von primärem, sekundärem und tertiärem Kriechen, Dilatanz, Kriech- und Zugbruch sowie Nachbruchverhalten. – Geotechnik **21:** 254–258.

KIM, J., DONG, H., SEABAUGH, J. et al., 2004: Role of microbes in the smectite-to-illite reaction. – Science **303:** 830–832.

KIMBERLEY, M.M., 1989: Exhalative origins of iron formations. – Ore Geol. Rev. **5:** 13–145.

KIMBERLEY, M.M., 1994: Debate about ironstone: has solute supply been surficial weathering, hydrothermal convection, or exhalation of deep fluids? – Terra Nova **6**: 116–132.

KINNAIRD, J.A. & BOWDEN, P., 1991: Magmatism and mineralization associated with Phanerozoic anorogenic plutonic complexes of the African plate. – In: KAMPUNZU, A.B. & LUBALA, R.T. (Eds.): Magmatism in Extensional Structural Settings. – 637 pp, Springer.

KINNAIRD, J.A., KRUGER, F.J., NEX, P.A.M. & CAWTHORN, R.G., 2002: Chromitite formation – a key to understanding processes of platinum enrichment. – Trans. Inst. Miner. Metall. B111: 23–35.

KIRK, J., RUIZ, J., CHESLEY, J. et al., 2002: A major Archean, gold- and crust-forming event in the Kapvaal Craton, South Africa. – Science **297:** 1856–1858.

KIRKLAND, D.W., 2003: An explanation for the varves of the Castile evaporites (Upper Permian), Texas and New Mexico, USA. – Sedimentology **50:** 899–920.

KLAUS, W., Einführung in die Paläobotanik – Fossile Pflanzenwelt und Rohstoffbildung. – Bd. I, 304 pp, 1987; Bd. II, 207 pp, 1986; Deuticke.

KLEIN, C. & LADEIRA, E.A., 2000: Geochemistry and petrology of some Proterozoic banded iron formations of the Quadrilatero Ferrifero, Minas Gerais, Brazil. – Econom. Geol. **95:** 405–428.

KLINGE, H., KÖTHE, A., LUDWIG, R.-R. & ZWIRNER, R., 2002: Geologie und Hydrogeologie des Deckgebirges über dem Salzstock Gorleben. – Z. Angew. Geol. **48** (2): 7–15.

KLUSMAN, R.W., 1993: Soil gas and related methods for natural resource exploration. – 483 pp, Wiley.

KLUSMAN, R.W., 2003: A geochemical perspective and assessment of leakage potential for a mature carbon dioxide-enhanced oil recovery project and as a prototype for carbon dioxide sequestration; Rangely field, Colorado. – AAPG Bull. **87:** 1485–1507.

KNAUTH, L.P., 1998: Salinity history of the Earth's early ocean. – Nature **395:** 554–555.

KNIGHT, J.A., BURGER, K. & BIEG, G., 2000: The pyroclastic tonsteins of the Sabero Coalfield, north-western Spain, and their relationship to the stratigraphy and structural geology. – Internat. J. Coal Geol. **44:** 187–226.

Knight, J.B., Mortensen, J.K. & Morison, S.R., 1999: Lode and placer gold composition in the Klondike District, Yukon Territory, Canada: implications for the nature and genesis of Klondike placer and lode gold deposits. – Econom. Geol. **94:** 649–664.

Knissel, W., 1999: Entsorgungsbergbau in Deutschland. – Erzmetall **52:** 666–672.

Koch, J., 1997: Organic petrographic investigations of the Kupferschiefer in northern Germany. – Internat. J. Coal Geol. **33:** 301–316.

Köhler, M. & Völsgen, F., 1998: Geomikrobiologie. – 316 pp, Wiley-VCH.

Köhler, R., 1999: Abdeckung und Rekultivierung der Kalirückstandshalde Friedrichshall. – Glückauf **135:** 832–837.

Kohn, M.J., Rakovan, J. & Hughes, J. (Eds.), 2002: Phosphates: geochemical, geobiological, and materials importance. – Rev. Mineral. Geochem. **48**, 742 pp.

Kojima, S., Takeda, S. & Kogita, S., 1994: Chemical factors controlling the solubility of uraninite and their significance in the genesis of unconformity-related uranium deposits. – Mineral. Deposita **29:** 353–360.

Komninou, A. & Sverjensky, D.A., 1996: Geochemical modelling of the formation of an unconformity-type uranium deposit. – Econom. Geol. **91:** 590–606.

Konhauser, K.O., 1998: Diversity of bacterial iron mineralization. – Earth-Science Rev. **43:** 91–121.

Kontak, D.J. & Clark, A.H., 2001: Genesis of the giant, bonanza San Rafael lode tin deposit, Peru: origin and significance of pervasive alteration. – Econom. Geol. **97:** 1741–1777.

Koons, P.O., Craw, D., Cox, S.C. et al., 1998: Fluid flow during active oblique convergence: a Southern Alps model from mechanical and geochemical observations. – Geology **26:** 159–162.

Kopp, O.C., Bennett, M.E. & Clark, C.E., 2000: Volatiles lost during coalification. – Internat. J. Coal Geol. **44:** 69–84.

Korzhinskii, D.S., 1970: Theory of metasomatic zoning. – Clarendon Press, Oxford.

Korzhinsky, A.M., Tkachenko, S.I., Shmulovich, K.I. et al., 1994: Discovery of a pure rhenium mineral at Kudriavy volcano. – Nature **369:** 51–52.

Kossow, D., Krawczyk, Ch., McCann, T. et al., 2000: Style and evolution of salt pillows and related structures in the northern part of the Northeast German Basin. – Internat. J. Earth Sci. **89:** 652–664.

Koyi, H.A., 2001: Modeling the influence of sinking anhydrite blocks on salt diapirs targeted for hazardous waste disposal. – Geology **29:** 387–390.

Krapez, B., Barley, M.E. & Pickard, A.L., 2003: Hydrothermal and resedimented origins of the precursor sediments to banded iron formation: sedimentological evidence from the Early Proterozoic Brockman Supersequence of Western Australia. – Sedimentology **50:** 979–1011.

Kratzsch, H., 1997: Bergschadenkunde. – 3. Aufl., 579 pp, Springer.

Krige, D.G., 1981: Lognormal de Wijsian geostatistics for ore evaluation. – 2. Aufl., 51 pp., South African Inst. Min. Metall., Johannesburg.

Krijgsman, W., Hilgen, F.J., Raffi, I. et al., 1999: Chronology, causes and progression of the Messinian salinity crisis. – Nature **400:** 652–655.

Krouse, H.R., Viau, C., Eliuk, L. et al., 1988: Chemical and isotopic evidence of thermochemical sulphate reduction by light hydrocarbon gases in deep carbonate reservoirs. – Nature **333:** 415–419.

Kulke, H. (Ed.), 1994: Regional petroleum geology of the world: Europe and Asia. – Beitr. region. Geol. Erde 21, 931 pp, Borntraeger.

Kulke, H. (Ed.), 1995: Regional petroleum geology of the world: Africa, America, Australia and Antarctica. – Beitr. region. Geol. Erde 22, 729 pp, Borntraeger.

Kunzendorf, H. & Glasby, G.P., 1992: Tungsten accumulation in Pacific ferromanganese deposits. – Mineral. Deposita **27:** 147–152.

Kupetz, M., 1997: Geologischer Bau und Genese der Stauchendmoräne Muskauer Faltenbogen. – Brandenburg. Geowiss. Beitr. **4:** 1–20.

Kurths, J., Spiering, Ch., Müller-Stoll, W. & Striegler, U., 1993: Search for solar periodicities in Miocene tree ring widths. – Terra Nova **5:** 359–363.

Kyle, J.R. & Ning, Li, 2002: Jinding: A giant Tertiary sandstone-hosted Zn-Pb deposit, Yunnan, China. – SEG Newsl. **50** (1): 9–16.

Kyle, J.R. & Price, P.E., 1986: Metallic sulfide mineralization in salt-dome cap-rocks, Gulf Coast, USA. – Trans. Inst. Miner. Metall. B **95**: 6–15.

LABRENZ, M., DRUSCHEL, G.K., THOMSEN-EBERT, T. et al., 2000: Formation of sphalerite (ZnS) deposits in natural biofilms of sulfate-reducing bacteria. – Science **290:** 1744–1747.

LACKNER, K.S., 2003: A guide to CO_2 sequestration. – Science **300:** 1677–1678.

LAMBERSON, M.N., BUSTIN, R.M., KALKREUTH, W.D. & PRATT, K.C., 1996: The formation of inertinite-rich peats in the mid-Cretaceous Gates Formation: implications for the interpretation of mid-Albian history of paleowildfire. – Paleogeogr. Paleoclimat. Paleoecol. **120:** 235–260.

LAMBIASE, J.J. (Ed.), 1995: Hydrocarbon habitat in rift basins. – Geol. Soc. Spec. Publ. **80:** 392 pp, Geol. Soc. London.

LANE, K.F., 1997: The economic definition of ore. – 2nd Ed., Mining Journal Books, London.

LANG, J.R. & BAKER, T., 2001: Intrusion-related gold systems: the present level of understanding. – Mineral. Deposita **36:** 477–489.

LANGE, G., 1995: Die Uranlagerstätte Ronneburg. – Z. geol. Wiss. **23:** 517–526.

LANGER, A. & STEIN, V., 1998: Die Versorgung mit Kies und Sand in der Bundesrepublik Deutschland. – Erzmetall **51:** 39–47.

LARGE, D., 2001: The geology of non-sulfide zinc deposits – an overview. – Erzmetall **54:** 264–274.

LARGE, D. & WALCHER, E., 1999: The Rammelsberg massive sulphide Cu-Zn-Pb-Ba-deposit, Germany: an example of sediment-hosted, massive sulphide mineralisation. – Mineral. Deposita **34:** 522–538.

LARGE, D.J., JONES, T.F., SOMERFIELD, C. et al., 2003: High-resolution record of orbital climate forcing in coal. – Geology **31:** 303–306.

LASKY, S.G., 1950: How tonnage and grade relations help predict ore reserves. – Eng. Mining J. **151:** 81–85.

LAUBE, N., FRIMMEL, H.E. & HOERNES, S., 1995: Oxygen and carbon isotopic study on the genesis of the Steirischer Erzberg siderite deposit (Austria). – Mineral. Deposita **30:** 285–293.

LAVRIC, J.V. & SPANGENBERG, J.E., 2003: Stable isotope (C, O, S) systematics of the mercury mineralization at Idrija, Slovenia: constraints on fluid source and alteration processes. – Mineral. Deposita **38:** 886–889.

LAW, B.E. & RICE, D.D. (Eds.), 1993: Hydrocarbons from coal. – AAPG Stud. Geol. **38**, 400 pp.

LAZNICKA, P., 1985: Empirical Metallogeny. Vol. 1: Phanerozoic environments, associations and deposits. – 1002 pp, Elsevier.

LAZNICKA, P., 1993: Precambrian Empirical Metallogeny. Vol. 2: Precambrian lithologic associations and ore deposits. – 1622 pp, Elsevier.

LEACH, D.L. & SANGSTER, D.F., 1993: Mississippi Valley-type lead-zinc deposits. – In: KIRKHAM, R.V. et al. (Eds.): Mineral Deposit Modelling. – Geol. Assoc. Canada Spec. Paper **40:** 289–314.

LEACH, D.L., HOFSTRA, A.H., CHURCH, S.E. et al., 1998: Evidence for Proterozoic and late Cretaceous-early Tertiary ore-forming events in the Coeur d'Alene district, Idaho and Montana. – Econom. Geol. **93:** 347–359.

LECA, X., 1990: Discovery of concealed massive sulfide bodies at Neves-Corvo, southern Portugal – a case history. – Transact. Inst. Miner. Metall. **99:** B139–152.

LEKAE, R.C., BLAND, D.J. & COOPER, C., 1993: Source characterization of alluvial gold from mineral inclusions and internal compositional variation. – Trans. Inst. Miner. Metall. B **102:** 65–82.

LEBLANC, M., MORALES, J.A., BORREGO, J. & ELBAZ-POULICHET, F., 2000: 4500-year-old mining pollution in southwestern Spain: long-term implications for modern mining pollution. – Econom. Geol. **95:** 655–662.

LECKIE, D.A., KJARSGAARD, B.A., BLOCH, J. et al., 1997: Emplacement and reworking of Cretaceous, diamond-bearing, crater facies kimberlite of central Saskatchewan, Canada. – GSA Bull. **109:** 1000–1020.

LEDIN, M. & PEDERSEN, K., 1996: The environmental impact of mine wastes – roles of microorganisms and their significance in treatment of mine wastes. – Earth Sci. Rev. **41:** 67–108.

LEHMANN, B., 1990: Metallogeny of tin. – 211 pp, Springer.

LEHMANN, B., DIETRICH, A., HEINHORST, J. et al., 2000: Boron in the Bolivian tin belt. – Mineral. Deposita **35:** 223–232.

LEHMANN, B., MAO, J., LIS, S. et al, 2003: Re-Os dating of polymetallic Ni-Mo-PGE-Au mineralization in Lower Cambrian black shales of South China and ist geological significance – a reply. – Econom. Geol. **98:** 663–665.

LEHNE, R.W., 1990: Nephelin und Baddeleyit – Rohstoffprofile zweier typischer Mineralien der Kolahalbinsel. – Erzmetall **43:** 152–155.

LEISTEL, J.M., MARCOUX, E., THIEBLEMONT, D. et al., 1997: The volcanic-hosted massive sulfide deposits of the Iberian Pyrite Belt. – Mineral. Deposita **33:** 2–30.

LENOBLE, J.-P., 1996: Les nodules polymétalliques: bilan de 30 ans de travaux dans le monde. – Chron. rech. min. **524:** 15–39.

Lentz, D., 1996: U, Mo, and REE mineralization in late-tectonic granitic pegmatites, southwestern Grenville Province, Canada. – Ore Geol. Rev. **11:** 197–227.

Lentz, D.R. (Ed.), 1994: Alteration and alteration processes associated with ore forming systems. – Geol. Ass. Canada Short Course Notes **11**, 467 pp.

Lentz, D.R. (Ed.), 1998: Mineralized intrusion-related skarn systems. – Mineral. Ass. Canada Short Course Vol. **26**, 664 pp.

Lentz, D.R., 1998: Petrogenetic evolution of felsic volcanic sequences associated with Phanerozoic volcanic-hosted massive sulphide systems: the role of extensional geodynamics. – Ore Geol. Rev. **12:** 289–327.

Lesher, C.M. & Campbell, I.H., 1993: Geochemical and fluid dynamic modelling of compositional variations in Archean komatiite-hosted nickel sulfide ores in Western Australia. – Econom. Geol. **88:** 804–816.

Leventhal, J., 1990: Comparative geochemistry of metals and rare earth elements from the Cambrian alum shale and kolm of Sweden. – Spec. Publ. Internat. Ass. Sedim. **11:** 203–216.

Levorsen, A.I., 1967: Geology of petroleum. – 2nd ed., Freeman.

Lewan, M.D., 1998: Sulphur-radical control on petroleum formation rates. – Nature **391:** 164–166.

Li, C. & Naldrett, A.J., 1999: Geology and petrology of the Voisey's Bay intrusion: reaction of olivine with sulfide and silicate liquids. – Lithos **47:** 131.

Li, C., Xu, Z., de Waal, S.A. et al., 2004: Compositional variations of olivine from the Jinchuan Ni-Cu sulfide deposit, western China: implications for ore genesis. – Mineral. Deposita **39:** 159–172.

Linderström-Lang, S., Rönholt, K., Hansen, S. & Christiansen, C., 1995: $CaCO_3$ – the competitive choice. – Miner. Industry Internat. **1023:** 13–16.

Lindgren, W., 1933: Mineral Deposits. – 930 pp, McGraw-Hill, New York.

Linnen, R.L., Pichavant, L. & Holtz, F., 1996: The combined effects of f_{O2} and melt composition on SnO_2 solubility and tin diffusivity in haplogranitic melts. – Geochim. Cosmochim. Acta **60:** 4965–4976.

Lisk, M., O'Brien, G.W. & Eadington, P.J., 2002: Quantitative evaluation of the oil leg potential in the Oliver gas field, Timor Sea, Australia. – AAGP Bull. **86:** 1531–1542.

Littke, R., 1993: Deposition, diagenesis and weathering of organic matter-rich sediments. – 216 pp, Springer.

Littke, R., Büker, C., Lückge, A. et al., 1994: A new evaluation of paleo-heat flows and eroded thicknesses for the Carboniferous Ruhr basin, western Germany. – Internat. J. Coal Geol. **26:** 155–183.

Littke, R., Kroos, B., Idiz, E. & Frielingsdorf, J., 1995: Molecular nitrogen in natural gas accumulations: generation from sedimentary organic matter at high temperatures. – Amer. Ass. Petrol. Geol. Bull. **79:** 410–430.

Little, C.T.S., Cann, J.R., Herrington, R.J. & Morisseau, M., 1999: Late Cretaceous hydrothermal vent communities from the Troodos ophiolite, Cyprus. – Geology **27:** 1027–1030.

Lobato, L.M., Ribeiro-Rodriguez, L.C. & Vieira, F.W.R., 2001: Brazil's premier gold province. Part II: Geology and genesis of gold deposits in the Archean Rio das Velhas greenstone belt, Quadrilatero Ferrifero. – Mineral. Deposita **36:** 249–277.

Locke, A., 1921: The profession of ore hunting. – Econom. Geol. **16:** 243–278.

Loen, J.S., 1992: Mass balance constraints on gold placers: possible solutions to "source area problems". – Econom. Geol. **87:** 1624–1634.

Lombaard, A.F., Günzel, A., Innes, J. & Krüger, T.L., 1986: The Tsumeb lead-copper-zinc-silver deposit, South West Africa/Namibia. – In: Anhäusser, C.R. & Maske, S. (Eds.): Mineral Deposits of Southern Africa. – pp 1761–1787, Geol. Soc. S. Africa, Johannesburg.

Long, D.G.F., McDonald, A.M., Yi Facheng et al., 1997: Palygorskite in paleosols from the Miocene Xiacaowan Formation of Jiangsu and Anhui provinces, P.R. China. – Sediment. Geol. **112:** 281–295.

Loop, C.M., Scheetz, B.E. & White, W.B., 2003: Geochemical evolution of a surface mine lake with alkaline ash addition: field observations vs. laboratory predictions. – Mine Water Environment **22:** 206–213.

Lord, R.A. & Prichard, H.M., 1997: Exploration and origin of stratigraphically controlled platinum-group element mineralization in crustal-sequence ultramafics, Shetland ophiolite complex. – Trans. Inst. Miner. Metall. B **106:** 179–193.

Lorenz, W. & Gwosdz, W., 1997: Bewertungskriterien für Industrieminerale, Steine und Erden. Teil 1: Tone. – Geol. Jb. H **2**, 108 pp.

Lorenz, W. & Gwosdz, W., 1998: Bewertungskriterien für Industrieminerale, Steine und Erden. Teil 2: Karbonat- und Sulfatgesteine. – Geol. Jb. H **4**, 98 pp.

Lorenz, W. & Gwosdz, W., 1999: Bewertungskriterien für Industrieminerale, Steine und Erden. Teil 3: Quarzrohstoffe. – Geol. Jb. H **6**: 3–119.

LORENZ, W. & GWOSDZ, W., 2000: Bewertungskriterien für Industrieminerale, Steine und Erden. Teil 4: Vulkanische Gesteine und Leichtzuschläge. – Geol. Jb. H **7**, 111 pp.

LORENZ, W. & GWOSDZ, W., 2002: Bewertungskriterien für Industrieminerale, Steine und Erden. Teil 5: Gesteinskörnungen – Kies, Sand und gebrochener Naturstein. – Geol. Jb. H **8**, 247 pp.

LORENZ, W. & GWOSDZ, W., 2003: Bewertungskriterien für Industrieminerale, Steine und Erden. Teil 7: Feldspäte und andere Flussmittel. – Geol. Jb. H **10**, 125 pp.

LOTTERMOSER, B.G., 1992: Rare earth elements and hydrothermal ore formation processes. – Ore Geol. Rev. **7** (1): 25–41.

LOTTERMOSER, B.G., 1995: Ore minerals of Mt. Weld rare-earth element deposit. – Trans. Inst. Miner. Metall. **104:** B203–209.

LOUKS, R.R. & MAVROGENES, J.A., 1999: Gold solubility in supercritical hydrothermal brines measured in synthetic fluid inclusions. – Science **284:** 2159–2163.

LOVELEY, D., 2001: Anaerobes to the rescue. – Science **293:** 1444–1446.

LOVLEY, D.R., PHILLIPS, E.J.P., GORBY, Y.A. & LANDA, E.R., 1991: Microbial reduction of uranium. – Nature **350:** 413–416.

LOWE, C., THOMAS, M.D. & MORRIS, W.A. (Eds.), 1999: Geophysics in mineral exploration: Fundamentals and case histories. – Geol. Assoc. Canada Short Course Notes **14**, 175 pp.

LOWELL, J.D. & GUILBERT, J.M., 1970: Lateral and vertical alteration-mineralisation zoning in porphyry ore deposits. – Econom. Geol. **65:** 343–408.

LOWENSTEIN, T.K., HARDIE, L.A., TIMOFEEV, M.N. & DEMICCO, R.V., 2003: Secular variation in seawater chemistry and the origin of calcium chloride basinal brines. – Geology **31:** 857–860.

LOWENSTEIN, T.K., TIMOFEEFF, M.N., BRENNAN, S.T. et al., 2001: Oscillations in Phanerozoic seawater chemistry: evidence from fluid inclusions. – Science **294:** 1086–1088.

LOWENSTERN, J.B., 2001: Carbon dioxide in magmas and implications for hydrothermal systems. – Mineral. Deposita **36:** 490–502.

LUGLI, S., TORRES-RUIZ, J., GARUTI, G. & OLMEDO, F., 2000: Petrography and geochemistry of the Eugui magnesite deposit (Western Pyrenees, Spain): evidence for the development of a peculiar zebra banding by dolomite replacement. – Econom. Geol. **95:** 1775–1791.

LUO, X. & VASSEUR, G., 1997: Sealing effiency of shales. – Terra Nova **9**: 71–74.

LUO, X., DONG, W., YANG, J. & YANG, W., 2003: Overpressuring mechanisms in the Yinggehai basin, South China Sea. – AAPG Bull. **87:** 629–645.

LUQUE, F.J., PASTERIS, J.D., WOPENKA, B. et al., 1998: Natural fluid-deposited graphite: mineralogical characteristics and mechanisms of formation. – Amer. J. Sci. **298:** 471–498.

LUQUE, F.J., RODAS, M. & GALAN, E., 1992: Graphite vein mineralization in the ultramafic rocks of southern Spain: mineralogy and genetic relationships. – Mineral. Deposita **27:** 226–233.

LUSK, J., SCOTT, S.D. & FORD, C.E., 1993: Phase relations in the Fe-Zn-S system to 5 Kbars and temperatures between 325 and 150°C. – Econom. Geol. **88:** 1880–1903.

LYONS, J.I., 1988: Volcanogenic iron oxide deposits, Cerro de Mercado and vicinity, Durango. – Econom. Geol. **83:** 1886–1906.

LYONS, P.C., 1991: Comment to: Hydrothermal alteration in anthracite from eastern Pennsylvania: Implications for mechanisms of anthracite formation. – Geology **19** (2): 188.

MACDONALD, I.R. et al., 1994: Gas hydrate that breaches the sea floor on the continental slope of the Gulf of Mexico. – Geology **22:** 699–702.

MACDONALD, I.R., 1998: Natural oil spills. – Scient. Amer. **279:** 31–35.

MACDONALD, I.R., BOHRMANN, G., ESCOBAR, E. et al., 2004: Asphalt volcanism and chemosynthetic life in the Campeche Knolls, Gulf of Mexico. – Science **304:** 999–1002.

MACLEAN, W.H., BONAVIA, F.F. & SANNA, G., 1997: Argillite debris converted to bauxite during karst weathering: evidence from immobile element geochemistry at the Olmedo deposit, Sardinia. – Mineral. Deposita **32:** 607–616.

MADDOX, J., 2000: Positioning the goalposts – the best environmental policy depends on how you frame the question. – Nature **403:** 139.

MADHUKAR, B.B.L. & SRIVASTAVA, S.N., 1995: Mica and mica industry. – 212 pp, Balkema.

MAGOON, L.B. & DOW, W.G. (Eds.), 1994: The petroleum system from source to trap. – AAPG Memoir **60**, 655 pp.

MAIER, W.D. & EALES, H.V., 1994: Facies model for the interval between UG2 and Merensky Reef, western Bushveld Complex, South Africa. – Trans. Inst. Miner. Metall. B **103:** 22–30.

MAIER, W.D., BARNES, S.-J., GARTZ, V. & ANDREWS, G., 2003: Pt-Pd reefs in magnetites of the Stella layered intrusion, South Africa: a world of new exploration opportunities for platinum group elements. – Geology **31:** 885–888.

MAINERI, C., BENVENUTI, M., COSTAGLIOLA, P. et al., 2003: Sericitic alteration at the La Crocetta deposit (Elba island, Italy): interplay between magmatism, tectonics, and hydrothermal activity. – Mineral. Deposita **38:** 67–86.

MANGO, F.D., HIGHTOWER, J.W. & JAMES, A.T., 1994: Role of transition-metal catalysis in the formation of natural gas. – Nature **368:** 536–538.

MANGO, H., ZANTOP, H. & ORESKES, N., 1991: A fluid inclusion and isotope study of the Rayas Ag-Au-Cu-Pb-Zn mine, Guanajuato, Mexico. – Econom. Geol. **86:** 1554–1561.

MARCILLAC, P. DE, CORON, N., DAMBIER, G. et al., 2003: Experimental detection of α-particles from the radioactive decay of natural bismuth. – Nature **422:** 876–878.

MARCOUX, E. & JEBRAK, M., 1999: Butte, Montana, Etats Unies: un exemple de télescopage et de district métallogénique stationnaire. – Chron. Rech. Minière **535:** 45–58.

MARIGNAC, C. & CUNEY, M., 1999: Ore deposits of the French Massif Central: insight into the metallogenesis of the Variscan collision belt. – Mineral. Deposita **34:** 472–504.

MARJORIBANKS, R., 1997: Geological methods in mineral exploration and mining. – 115 pp, Chapman & Hall.

MARKL, G. & BUCHER, K., 1998: Composition of fluids in the lower crust inferred from metamorphic salt in lower crustal rocks. – Nature **391:** 781–783.

MARRETT, R., ORTEGA, O.J. & KELSEY, C.M., 1999: Extent of power law scaling for natural fractures in rock. – Geology **27:** 799–802.

MARSHALL, D.D., DIAMOND, L.W. & SKIPPEN, G.B., 1993: Silver transport and deposition at Cobalt, Ontario, Canada: Fluid inclusion evidence. – Econom. Geol. **88:** 837–854.

MARTIN, R.F. & CERNY, P. (Eds.), 1992: Granitic Pegmatites. – Canad. Mineral. **30** (3): 499–954.

MARTINI, A.M., BUDAI, J.M., WALTER, L.M. & SCHOELL, M., 1996: Microbial generation of economic accumulations of methane within a shallow organic-rich shale. – Nature **383:** 155–157.

MATHERON, G., 1971: The theory of regionalized variables and its applications. – Cah. Centre Morph. Math. Fontainebleau 5, Ecole Nat. Sup. Mines Paris.

MATHIS, B., 1993: Well logging and diagenesis: case studies and new means of research. – Bull. Centres Rech. Explor.-Prod. Elf Aquitaine **17:** 385–393.

MATTHÄI, S.K., HEINRICH, C.A. & DRIESNER, T., 2004: Is the Mt. Isa copper deposit the product of forced brine convection in the footwall of a major reverse fault? – Geology **32:** 357–360.

MATTHÄI, S.K., HENLEY, R.W. & HEINRICH, C.A., 1995: Gold precipitation by fluid mixing in bedding-parallel fractures near carbonaceous slates at the Cosmopolitan Howley gold deposit, Northern Australia. – Econom. Geol. **90:** 2123–2142.

MATVEEV, S. & BALLHAUS, C., 2002: Role of water in the origin of podiform chromitite deposits. – Earth Planet. Sci. Letters **203:** 235–243.

MATZKE, R.H., SMITH, J.G. & FOO, W.K., 1992: Iagifu/Hedinia field – first oil from the Papuan fold and thrust belt. – In: HALBOUTY, M.T. (Ed.): Giant oil and gas fields of the decade 1978–1988. pp 471–483, AAPG, Tulsa.

MAUCHER, A., 1965: Die Antimon-Wolfram-Quecksilber-Formation und ihre Beziehungen zu Magmatismus und Geotektonik. – Freiberger Forsch.-H. C **186:** 173–187, Leipzig.

MAUGERI, L., 2004: Oil: never cry wolf – why the petroleum age is far from over. – Science **304:** 1114–1115.

MAUGHAN, D.T., KEITH, J.D., CHRISTIANSEN, E.H. et al., 2002: Contributions from mafic alkaline magmas to the Bingham porphyry Cu-Au-Mo deposit, Utah, USA. – Mineral. Deposita **37:** 14–37.

MAURY, V., 1997: Effets de la décompression du champs de Lacq – point recapitulatif à fin 1989 sur l'activité sismique et l'affaisement. – Bull. Centre Rech. Elf Explor. Prod. **21:** 303–322.

MAVROGENES, J.A., BODNAR, R.J., GRANEY, J.R. et al., 1995: Comparison of decrepitation, microthermometric and compositional characteristics of fluid inclusions in barren and auriferous mesothermal quartz veins of the Cowra Creek gold district, New South Wales, Australia. – J. Geochem. Explor. **54:** 167–175.

MAVROGENES, J.A., MACINTOSH, I.W. & ELLIS, D.J., 2001: Partial melting of the Broken Hill galena-sphalerite ore: experimental studies in the system PbS-FeS-ZnS-(Ag_2S). – Econom. Geol. **96:** 205–210.

MAX, M.D., 2000: Natural gas hydrate in oceanic and permafrost environments. – 432 pp, Kluwer.

MAY, F., 1998: Thermodynamic modelling of hydrothermal alteration and geoindicators for CO_2 -rich waters. – Z. dt. geol. Ges. **149:** 449–464.

MAYNARD, J.B., MORTON, J., VALDES-NODARSE, E.L. & DIAZ-CARMONA, A., 1995: Sr isotopes of bedded barites: guide to distinguishing basins with Pb-Zn mineralization. – Econom. Geol. **90:** 2058–2064.

MCCAMMON, C., 2001: Deep diamond mysteries. – Science **293:** 813–814.

MCCANN, T., 1998: Sandstone composition and provenance of the Rotliegend of the NE German basin. – Sedim. Geol. **116:** 177–198.

MCCREADY, A.J., PARNELL, J. & CASTRO, L., 2003: Crystalline placer gold from the Rio Neuquen, Argentina: implications for the gold budget in placer gold formation. – Econom. Geol. **98:** 623–633.

MCGOWAN, R.R., ROBERTS, S., FOSTER, R.P. et al., 2003: Origin of the copper-cobalt deposits of the Zambian Copperbelt: an epigenetic view from Nchanga. – Geology **31:** 497–500.

MCINNES, B.I.A., MCBRIDE, J.S., EVANS, N.J. et al., 1999: Osmium isotope constraints on ore metal recycling in subduction zones. – Science **286:** 512–516.

MCINTOSH, J.C., WALTER, L.M. & MARTINI, A.M., 2004: Extensive microbial modification of formation water geochemistry: case study from a Midcontinent sedimentary basin, United States. – GSA Bull. **116:** 743–759.

MCKELVEY, V.A., 1973: Mineral resource estimates and public policy. – Prof. Paper USGS 820.

MCKIBBEN, M.A., WILLIAMS, A.E. & HALL, G.E.M., 1990: Solubility and transport of platinum-group elements and Au in saline hydrothermal fluids: constraints from geothermal brine data. – Econom. Geol. **85:** 1926–1934.

MCKINSTRY, H.E., 1948: Mining geology. – 680 pp, Prentice Hall.

MEADOWS, D., 1974: The limits to growth. A report for the Club of Rome's project on the predicament of mankind. – 2. Aufl., 205 pp, Universe Books, New York.

MEDWEDEV, P., PHILIPPOV, M., ROMASHKIN, A. & VAVRA, N., 2001: Primary organic matter and lithofacies of siliceous shungite rocks from Karelia. – N. Jb. Geol. Paläont. Mh. **2001 (**11): 641–658.

MEER, R. VAN DER, VAN DIJK, P., VAN DER WERFF, H. & YANG, H., 2002: Remote sensing and petroleum seepage: a review and case study. – Terra Nova **14:** 1–17.

MEIER, J., 1994: Ein Beitrag zur Nomenklatur tiefer pleistozäner Rinnen – Beispiel Lausitz. – Z. angew. Geol. **40:** 92–94.

MELCHER, G., GRUM, W., THALHAMMER, T.V. & THALHAMMER, O.A.R., 1999: The giant chromite deposits at Kempirsai, Urals: constraints from trace element (PGE, REE) and isotope data. – Mineral. Deposita **34:** 250–272.

MELCHIORRE, E.B. & ENDERS, M.S., 2003: Stable isotope geochemistry of copper carbonates at the northwest extension deposit, Morenci district, Arizona: implications for conditions of supergene oxidation and related mineralization. – Econom. Geol. **98:** 607–662.

MELCHIORRE, E.B. & WILLIAMS, P.A., 2001: Stable isotope characterization of the thermal profile and subsurface biological activity during oxidation of the Great Australia deposit, Cloncurry, Queensland, Australia. – Econom. Geol. **96:** 1685–1693.

MELEZHIK, V.A., FALLICK, A.E., MEDVEDEV, P.V. & MAKARIKHIN, V.V., 2001: Paleoproterozoic magnesite: lithological and isotopic evidence for playa/sabkha environments. – Sedimentology **48:** 379–397.

MELEZHIK, V.A., FILIPPOV, M.M. & ROMASHKIN, A.E., 2004: A giant Paleoproterozoic deposit of shungite in NW Russia: genesis and practical applications. – Ore Geol. Rev. **24** 135–154.

MELVIN, J.L. (Ed.), 1991: Evaporites, petroleum and mineral resources. – 556 pp, Elsevier.

MENARD, J.-J., 1995: Relationship between altered pyroxene diorite and the magnetite mineralization in the Chilean Iron Belt, with emphasis on the El Algarrobo iron deposits (Atacama region, Chile). – Mineral. Deposita **30:** 268–274.

MENNING, A., 2000: Stratigraphische Nomenklatur für die Germanische Trias (VON ALBERTI 1834) und die Dyas (MARCOU 1859, GEINITZ 1861). – Z. geol. Wiss. **28:** 281–290.

MERKEL, B.J., PLANER-FRIEDRICH, B. & WOLKERSDORFER, C. (Eds.), 2002: Uranium in the aquatic environment. – 1112 pp + CD, Springer.

MEYER, M., BROCKAMP. P., CLAUER, N. et al., 2000: Further evidence for a Jurassic mineralizing event in central Europe: K-Ar dating of hydrothermal alteration and fluid inclusions systematics in wall rocks of the Käfersteige fluorite vein deposit in the northern Black Forest, Germany. – Mineral. Deposita **35:** 754–761.

MIALL, A.D., 1990: Principles of basin analysis. – 2. Aufl., 626 pp, Springer.

MIALL, A.D., 1996: The geology of fluvial deposits. – 586 pp, Springer.

MIALL, A.D., 1997: The geology of stratigraphic sequence. – 433 pp, Springer.

MICHALSKI, S.R. & GRAY, R.E., 2001: Ash disposal – mine fires – environment: an Indian dilemma. – Bull. Eng. Env. **60:** 23–29.

MICHEL, J.-P., 1996: Guides et méthodes de l'exploration diamantifère. – Chronique rech. min. **522:** 29–38.

MIDDELAAR, VAN, W.T. & KEITH, J.D., 1990: Mica chemistry as an indicator of oxygen and halogen fugacities in the CanTung and other W-related granitoids in the North American Cordillera. – GSA Spec. Paper **246:** 205–220.

MIGDISOV, A.A., WILLIAMS-JONES, A.E. & SULEIMENOV, O.M., 1999: Solubility of chlorargyrite (AgCl) in water vapor at elevated temperatures and pressures. – Geochim. Cosmochim. Acta **63:** 3817–3827.

MIGUEL, M.-C., VESPIGNANI, A., ZAPPERI, S. et al., 2001: Intermittent dislocation flow in viscoplastic deformation. – Nature **410:** 667–671.

MILES, J.A., 1994: Illustrated glossary of petroleum geochemistry. – 137 pp, Oxford University Press.

MINTER, W.E.L., HILL, W.C.N., KIDGER, R.J. et al., 1986: The Welkom gold field. – In: ANHÄUSSER, C.R. & MASKE, S. (Eds.): Mineral Deposits of Southern Africa. – pp. 497–539, Geol. Soc. S.A., Johannesburg.

MINTOVA, S., OLSON, N.H., VALTCHEV, V. & BEIN, TH., 1999: Mechanism of zeolite A nanocrystal growth from colloids at room temperature. – Science **283:** 958–960.

MIRANDA-GASCA, M.A., GOMEZ-CABALLERO, J.A. & EASTOE, C.J., 1998: Borate deposits of northern Sonora, Mexico: stratigraphy, tectonics, stable isotopes, and fluid inclusions. – Econom. Geol. **93:** 510–523.

MISTRY, M., GOETZ, H. & MEYER, F.M., 1999: Compilation of Key Lake's ore reserve models during exploration, development and mining. – Erzmetall **52:** 653–658.

MITCHELL, R.H., 1991: Kimberlites and lamproites: primary sources of diamond. – Geosci. Canad. **18:** 1–16.

MLYNARCZYK, M.S.J., SHERLOCK, R.L. & WILLIAMS-JONES, A.E., 2003: San Rafael, Peru: geology and structure of the worlds richest tin lode. – Mineral. Deposita **38:** 555–567.

MOHR, K., 1993: Geologie und Minerallagerstätten des Harzes. – 2. Aufl., 496 pp, Schweizerbart.

MOINE, B., FORTUNE, J.P., MOREAU, PH. & VIGUIER, F., 1989: Comparative mineralogy, geochemistry, and conditions of formation of two metasomatic talc and chlorite deposits: Trimouns (Pyrenees, France) and Rabenwald (Eastern Alps, Austria). – Econom. Geol. **84:** 1398–1416.

MÖLLER, P., CERNY, P. & SAUPE, F. (Eds.), 1989: Lanthanides, Tantalum and Niobium. – SGA Spec. Publ. **7**, 380 pp, Springer.

MONGENOT, T., TRIBOVILLARD, N.-P., DESPRAIRIES, A. et al., 1996: Trace elements as paleoenvironmental markers in strongly mature hydrocarbon source rocks: the Cretaceous La Luna formation of Venezuela. – Sediment. Geol. **103:** 23–27.

MOORE, J.N., POWELL, TH.S., HEIZLER, M.T. & NORMAN, D.I., 2000: Mineralization and hydrothermal history of the Tiwi geothermal system, Philippines. – Econom. Geol. **95:** 1001–1023.

MOORE, T.A. & SHEARER, J.C., 2003: Peat/coal type and depositional environment – are they related? – Internat. J. Coal Geol. **56:** 233–252.

MOORE, T.A., SHEARER, J.C. & MILLER, S.L., 1996: Fungal origin of oxidised plant material in the Palankaraya peat deposit, Kalimantan Tengah, Indonesia: Implications for "inertinite" formation in coal. – Internat. J. Coal Geol. **30:** 1–23.

MOOSBRUGGER, V., GEE, C.T., BELZ, G. & ASHRAF, A.T., 1994: Three-dimensional reconstruction of an in-situ Miocene peat forest from the Lower Rhine embayment, northwestern Germany – new methods in paleovegetation analysis. – Paleogeogr. Paleoclimat. Paleoecol. **110:** 295–317.

MOREY, G.B., 1992: Chemical composition of the Eastern Biwabik iron-formation (Early Proterozoic), Mesabi Range, Minnesota. – Econom. Geol. **87:** 1649–1658.

MORRIS, R.C., 1985: Genesis of iron ore in banded iron-formation by supergene and supergene-metamorphic processes – a conceptual model. – In: WOLF, K.H. (Ed.): Handbook of Stratabound and Stratiform Ore Deposits. – Vol. **13:** 73–235, Elsevier.

MORRIS, R.C., 1993: Genetic modelling for banded iron-formation of the Hamersley Group, Pilbara Craton, Western Australia. – Prec. Res. **60:** 243–286.

MORRIS, R.C., 2003: Iron ore genesis and post-ore metasomatism at Mount Tom Price. – Appl. Earth Sci. **112:** 56–67.

MORRISON, G.W., ROSE, W.J. & JAIRETH, S., 1991: Geological and geochemical controls on the silver content (fineness) of gold in gold-silver deposits. – Ore Geol. Rev. **6:** 333–364.

MORRISON, J.L., SCHEETZ, B.E., STRICKLER, D.W. et al., 1990: Predicting the occurrence of acid mine drainage in the Alleghenian coal-bearing strata of western Pennsylvania; an assessment by simulated weathering (leaching) experiments and overburden characterization. – Geol. Soc. Amer. Spec. Paper **248:** 87–99.

MORSE, S.A., RHODES, J.M. & NOLAN, K.M., 1991: Redox effect on the partitioning of nickel in olivine. – Geochim. Cosmochim. Acta **55:** 2273–2378.

MORTEANI, G., PREINFALK, C. & HORN, A.H., 2000: Classification and mineralization potential of the pegmatites of the Eastern Brazilian pegmatite province. – Mineral. Deposita **35:** 638–655.

MOSSMAN, D.J. & NAGY, B., 1996: Solid bitumens: an assessment of their characteristics, genesis, and role in geological processes. – Terra Nova **8**: 114–128.

MOUNTAIN, B.W. & SEWARD, T.M., 1999: The hydrosulfide/sulfide complexes of copper(I): Experimental determination of stoichiometry and stability at 22°C and reassessment of high temperature data. – Geochim. Cosmochim. Acta **63:** 11–29.

MÜCKE, A., 1989: Anleitung zur Erzmikroskopie. – 187 pp, Enke.

MÜCKE, A. & CHAUDHURI, J.N.B., 1991: The continuous alteration of ilmenite through pseudorutile to leukoxene. – Ore Geol. Rev. **6**: 25–44.

MÜCKE, A., DZIGBODI-ADJIMAH, K. & ANNOR, A., 1999: Mineralogy, petrography, geochemistry and genesis of the Paleoproterozoic Birimian manganese formation of Nsuta/Ghana. – Mineral. Deposita **34:** 297–311.

MÜCKE, A., KECK, E. & HAASE, J., 1990: Die genetische Entwicklung des Pegmatits von Hagendorf-Süd/Oberpfalz. – Aufschluss **41:** 33–51.

MUGGERIDGE, M.T., 1995: Pathfinder sampling techniques for locating primary sources of diamond: recovery of indicator minerals, diamonds, and geochemical signatures. – J. Geochem. Explor. **53:** 182–204.

MUKHOPADHYAY, P.K., 1992: Maturation of organic matter as revealed by microscopic methods: applications and limitations of vitrinite reflectance, and continuous spectral and pulsed laser fluorescence spectroscopy. – In: WOLF, K.H. & CHILINGARIAN, G.V. (Eds.): Diagenesis III. – Developm. Sediment. **47:** 435–510, Elsevier.

MÜLLER, D., KAMINSKI, K., UHLIG, S. et al., 2002: The transition from porphyry to epithermal-style gold mineralization at Ladolam, Lihir island, Papua New Guinea: a reconnaissance study. – Mineral. Deposita **37:** 61–74.

MULLIS, J., 1996: P-T-t path of quartz formation in extensional veins of the Central Alps. – Schweiz. Mineral. Petrogr. Mitt. **76:** 159–164.

MUNGALL, J.E., 2002: Roasting the mantle: slab melting and the genesis of major Au and Au-rich Cu deposits. – Geology **30:** 915–918.

MUNOZ, M., COURJAULT-RADE, P. & TOLLON, P., 1992: The massive stibnite veins of the French Paleozoic basement: a metallogenic marker of Late Variscan brittle extension. – Terra Nova **4** (2): 171–177.

MUNTEAN, J.L. & EINAUDI, M.T., 2000: Porphyry gold deposits of the Refugio district, Maricunga belt, northern Chile. – Econom. Geol. **95:** 1445–1472.

MUZIKAR, P., ELMORE, D. & GRANGER, D.E., 2003: Accelerator mass spectroscopy in geologic research. – GSA Bull. **115:** 643–654.

N.N. 1992: The Berlin Guidelines: Mining and the Environment. – 180 pp, Mining Journal Books.

NABELEK, P.I., 1997: Quartz-sillimanite leucosomes in high-grade schists, Black Hills, South Dakota: a perspective on the mobility of Al in high-grade metamorphic rocks. – Geology **25:** 995–998.

NADON, G.C., 1998: Magnitude and timing of peat-to-coal compaction. – Geology **26:** 727–730.

NAKASHIMA, S., DISNAR, J.-R. & PERRUCHOT, A., 1999: Precipitation kinetics of uranium by sedimentary organic matter under diagenetic and hydrothermal conditions. – Econom. Geol. **94:** 993–1006.

NALDRETT, A.J., 1999: World-class Ni-Cu-PGE deposits: key factors in their genesis. – Mineral. Deposita **34:** 227–240.

NALDRETT, A.J. & CH. LI (Eds.), 2000: A special issue on Voisey's Bay Ni-Cu-Co deposit. – Econom. Geology **95** (4), 915 pp.

NALPAS, T. & BRUN, J.-P., 1993: Salt flow and diapirism related to extension at crustal scale. – Tectonophysics **228:** 349–362.

NAWROCKI, J., 2000: Clay mineralogy, crystallinity, and K-Ar ages of illites within the Polish Zechstein basin: implications for the age of Kupferschiefer mineralization – a discussion. – Econom. Geol. **95:** 241–242.

NESBITT, B.E., 1996: Applications of oxygen and hydrogen isotopes to exploration for hydrothermal mineralization. – SEG Newsl. **27**, p 1 & 8–13.

NEUZIL, C.E., 2000: Osmotic generation of "anomalous" fluid pressures in geological environments. – Nature **403:** 182–184.

NICHOLSON, K., 1992: Contrasting mineralogical-geochemical signatures of manganese oxides: guides to metallogenesis. – Econom. Geol. **87:** 1253–1264.

Nicolescu, S., Cornell, D.H. & Bojar, A.-V., 1999: Age and tectonic setting of Bocsa and Ocna de Fier-Dognecea granodiorites (SW Romania) and of associated skarn mineralisation. – Mineral. Deposita **34:** 743–753.

Niggli, P., 1948: Gesteine und Minerallagerstätten. – Bd. I, 540 pp, Birkhäuser.

Nironen, M., 1997: The Svekofennian orogen: a tectonic model. – Precambr. Res. **86:** 21–44.

Noble, E.A., 1963: Formation of ore deposits by water of compaction. – Econom. Geol. **58:** 1145–1156.

Nordstrom, D.K., 2002, Worldwide occurrences of arsenic in groundwater. – Science **296:** 2143–2145.

Nordstrom, D.K. & Southam, G., 1997: Geomicrobiology of sulfide mineral oxydation. – In: Banfield & Nealsen (1997), pp. 361–390.

Nöth, S., Karg, H. & Littke, R., 2001: Reconstruction of Late Paleozoic heat flows and burial histories at the Rhenohercynian-Subvariscan boundary, Germany. – Internat. J. Earth Sci. **90:** 234–256.

Notholt, A.J.G., Highley, D.E. & Deans, T., 1990: Economic minerals in carbonatites and associated alkaline igneous rocks. – Transact. Inst. Miner. Metall. B **99:** 59–80.

Nriagou, J.O. & Nieboer, E., 1988: Chromium in the natural and human environments. – 496 pp, Wiley, New York.

Nyobe, J.B., 1991: Application of normative calculations in quantitative comparative mineralogical studies of bauxite. – Ore Geol. Rev. **6** (1): 45–50.

Nyström, J.O. & Henriquez, F., 1994: Magmatic features of iron ores of the Kiruna type in Chile and Sweden: ore textures and magnetite geochemistry. – Econom. Geol. **89:** 820–839.

Oates, J.A.H., 1998: Lime and limestone: chemistry and technology, production and uses. – 455 pp, Wiley-VCH.

Oberthür, T., Weiser, T.W. & Gast, L., 2003: Geochemistry and mineralogy of platinum-group elements at Hartley platinum mine, Zimbabwe. – Mineral. Deposita **38:** 344–355.

Obradovic, J., Stamatakis, M.G., Anicic, St. & Economou, G., 1992: Borate and borosilicate deposits in the miocene Jarandol basin, Serbia, Yugoslavia. – Econom. Geol. **87:** 2169–2174.

Ochs, F.A. & Lange, R.A., 1999: The density of hydrous magmatic liquids. – Science **283:** 1314–1317.

Ochsenius, C., 1877: Die Bildung der Steinsalzlager und ihrer Mutterlaugensalze unter spezifischer Berücksichtigung der Flöze von Douglashall in der Egeln'schen Mulde. – 173 pp, Pfeffer, Halle.

O'Connor, P.J., Högelsberger, H., Feely, M. & Rex, D.C., 1993: Fluid inclusion studies, rare-earth element chemistry and age of hydrothermal fluorite mineralization in western Ireland – a link with continental rifting? – Trans. Inst. Miner. Metall. B **102:** 141–148.

Oelkers, E.H. & Helgeson, H.C., 1993: Calculation of dissociation constants and the relative stability of polynuclear clusters of 1:1 electrolytes in hydrothermal solutions at supercritical pressures and temperatures. – Geochim. Cosmochim. Acta **57:** 2673–269

Oen, I.S. & Lustenhouwer, W.J., 1992: Cl-rich biotite, Cl-K hornblende, and Cl-rich scapolite in meta-exhalites: Nora, Bergslagen, Sweden. – Econom. Geol. **87:** 1638–1648.

Oftedahl, C., 1958: A theory of exhalative-sedimentary ores. – Geol. Foren. Stockholm Forh. **80:** 1–19.

Ohmoto, H., 1996: Formation of volcanogenic massive sulfide deposits: the Kuroko perspective. – Ore Geol. Rev. **10:** 135–177.

Ohmoto, H., 2003a: Banded iron formations and the evolution of the atmosphere, hydrosphere, biosphere and lithosphere. – Appl. Earth Sci. **112:** B161–162.

Ohmoto, H., 2003b: Nonredox transformation of magnetite-hematite in hydrothermal systems. – Econom. Geol. **98:** 157–161.

Ohnenstetter, M., Johan, Z., Cocherie, A. et al., 1999: New exploration methods for platinum and rhodium deposits poor in base-metal sulphides – Nextprim. – Trans. Inst. Miner. Metall. B **108:** 119–150.

Oliver, J., 1986: Fluids expelled tectonically from orogenic belts: their role in hydrocarbon migration and other geologic phenomena. – Geology **14:** 99–102.

Olsen, P.E., 1999: Giant lava flows, mass extinctions, and mantle plumes. – Science **284:** 604–605.

Onasch, C.M. & Vennemann, T.W., 1995: Disequilibrium partitioning of oxygen isotopes associated with sector zoning in quartz. – Geology **23:** 1103–1106.

Oppliger, G.L., Murphy, J.B. & Brimhall, G.H., 1997: Is the ancestral Yellowstone hotspot responsible for the Tertiary "Carlin" mineralization in the Great Basin of Nevada? – Geology **25:** 627–630.

Oremland, R.S. & Stolz, J.F., 2003: The ecology of arsenic. – Science **300:** 939–943.

Oreskes, N., Shrader-Frechette, K. & Belitz, K., 1994: Verification, validation, and confirmation of numerical models in the earth sciences. – Science **263:** 641–646.

Oszczepalski, S., 2000: Origin of the Kupferschiefer polymetallic mineralization in Poland. – Mineral. Deposita **34:** 599–613.

Oyarzun, R., Oyarzun, J., Menard, J.J. & Lillo, J., 2003: The Cretaceous iron belt of northern Chile: role of oceanic plates, a superplume vent, and a major shear zone. – Mineral. Deposita **38:** 640–646.

Palmer, C.A. & Lyons, P.C., 1997: Selected elements in major minerals from bituminous coal as determined by INAA: implications for removing environmentally sensitive elements from coal. – Internat. J. Coal Geol. **32:** 151–166.

Palmer, D.A.S. & Williams-Jones, A.E., 1996: Genesis of the carbonatite-hosted fluorite deposit at Amba Dongar, India: evidence from fluid inclusions, stable isotopes, and whole-rock-mineral geochemistry. – Econom. Geol. **91:** 934–950.

Palmer, M.R. & Ernst, G.G.J., 1998: Generation of hydrothermal megaplumes by cooling of pillow basalts at mid-ocean ridges. – Nature **393:** 643–647.

Pan, Y. & Dong, P., 1999: The Lower Changjiang (Yangzi/Yangtze River) metallogenic belt, east central China: intrusion and wall-rock hosted Cu-Fe-Au, Mo, Zn. Pb, Ag deposits. – Ore Geol. Rev. **15:** 177–242.

Pape, T., Michalzik, D. & Bornemann, O., 2002: Chevronkristalle im Kristallbrockensalz (Zechstein 2) des Salzstocks Gorleben – Primärgefüge salinarer Flachwassersedimentation im Zechsteinbecken. – Z. dt. geol. Ges. **153:** 115–129.

Paradis, S. & Lavoie, 1996: Multiple-stage diagenetic alteration and fluid history of Ordovician carbonate-hosted barite mineralization, Southern Quebec Appalachians. – Sed. Geol. **107:** 121–139.

Parafiniuk, J., Kowalski, W. & Halas, S., 1994: Stable isotope geochemistry and the genesis of the Polish native sulphur deposits – a review. – Geol. Quart. (Warsaw) **38:** 473–496.

Parnell, J., 1996: Phanerozoic analogues for carbonaceous matter in Witwatersrand ore deposits. – Econom. Geol. **91:** 55–62.

Parnell, J., Ruffell, A.H., Monson, B. & Mutterlose, J., 1996: Petrography and origin of deposits at the Bentheim bitumen mine, north western Germany. – Mineral. Deposita **31:** 104–112.

Parr, J.M., Stevens, B.P.J., Carr, G.R. & Page, R.W., 2004: Subseafloor origin for Broken Hill Pb-Zn-Ag mineralization, New South Wales, Australia. – Geology **32:** 589–592.

Parris, T.M., Burrus, R.C. & O'Sullivan, P.B., 2003: Deformation and the timing of gas generation and migration in the eastern Brooks Range foothills, Arctic National Wildlife Refuge, Alaska. – AAPG Bull. **87:** 1823–1846.

Parson, E.A. & Keith, D.W., 1998: Fossil fuels without CO_2 emissions. – Science **282:** 1053–1054.

Partington, G.A., McNaughton, N.J. & Williams, I.S., 1995: A review of the geology, mineralization, and geochronology of the Greenbushes pegmatite, Western Australia. – Econom. Geol. **90:** 616–635.

Pasava, J., Kribek, B., Dobes, P. et al., 2003: Tin-polymetallic sulfide deposits in the eastern part of the Dachang tin field (South China) and the role of black shales in their origin. – Mineral. Deposita **38:** 39–66.

Patrier, P., Beaufort, D., Bril, H. et al., 1997, Alteration-mineralization at the Bernardan U deposit (Western Marche, France): the contribution of alteration petrology and crystal chemistry of secondary phases to a new genetic model. – Econom. Geol. **92:** 448–467.

Paxton, S.T., Szabo, J.O., Adjukiewicz, J.M. & Klimentidis, R.E., 2002: Construction of an intragranular volume compaction curve for evaluating and predicting compaction and porosity loss in rigid-grain sandstone reservoirs. – AAPG Bull. **86:** 2047–2067.

Paytan, A., Kastner, M., Campbell, D. & Thiemens, M.H., 2004: Seawater sulfur isotope fluctuations in the Cretaceous. – Science **304:** 1636–1665.

Paytan, A., Mearon, S., Cobb, K. & Kastner, M., 2002: Origin of marine barite deposits: Sr and S isotope characterization. – Geology **30:** 747–750.

Peabody, C.E. & Einaudi, M.T., 1992: Origin of petroleum and mercury in the Culver-Baer cinnabar deposit, Mayacmas District, California. – Econom. Geol. **87:** 1078–1103.

Peach, C.J., 1991: Influence of deformation on the fluid transport properties of salt rocks. – Geol. Ultraiectina **77,** 238 pp, Utrecht.

Peach, C.L., Mathez, E.A. & Keays, R.R., 1990: Sulfide melt – silicate melt distribution coefficients for noble metals and other chalcophile elements as deduced from MORB: implications for partial melting. – Geochim. Cosmochim. Acta **54:** 3379–3389.

PEARTON, T.N. & VILJOEN, M.J., 1986: Antimony mineralization in the Murchison Greenstone Belt – an overview. – In: ANHÄUSSER, C.R. & MASKE, S. (Eds.): Mineral Deposits of Southern Africa. – Vol. I: 293–320, Geol. Soc. S.A., Johannesburg.

PECCERILLO, A., 1992: Potassic and ultrapotassic rocks: Compositional characteristics, petrogenesis, and geological significance. – Episodes **15:** 243–251.

PECHER, I.A., 2002: Gas hydrates on the brink. – Nature **420:** 622–623.

PENG, Q.M. & PALMER, M.R., 1995: The Paleoproterozoic boron deposits in eastern Liaoning, China: a metamorphosed evaporite. – Precambr. Res. **72:** 185–197.

PERTHUISOT, V. & ROUVIER, H., 1992: Les diapirs du Maghreb central et oriental: des appareils variés, résultats d'une évolution structurale et pétrogénétique complexe. – Bull. Soc. géol. France **163:** 751–760.

PERYT, T.M., 1996: Sedimentology of Badenian (middle Miocene) gypsum in eastern Galicia, Podolia and Bukovina (West Ukraine). – Sedimentology **43:** 571–588.

PETERS, E.K., 1991: Gold-bearing hot springs systems of the Northern Coast Ranges, California. – Econom. Geol. **86:** 1519–1528.

PETERSEN, S., HERZIG, P.M. & HANNINGTON, M.D., 2000: Third dimension of a presently forming VMS deposit: TAG hydrothermal mound, Mid-Atlantic Ridge, 26°N. – Mineral. Deposita **35:** 233–259.

PETRASCHECK, W., 1952: Der Einfluß der Fazies der Flözablagerung auf die Eigenschaften der Kohle. – Z. dt. geol. Ges. **104:** 1–9.

PETRASCHECK, W.E., 1954: Zur optischen Regelung tektonisch beanspruchter Kohlen. – Tschermaks Miner. Petr. Mitt. **4**: 232–239.

PETRASCHECK, W.E., 1965: Typical features of metallogenic provinces. – Econom. Geol. **60:** 1620–1634.

PETTKE, T., DIAMOND, L.W. & VILLA, I.M., 1999: Mesothermal gold veins and metamorphic devolatilization in the northwestern Alps: the temporal link. – Geology **27:** 641–644.

PETTS, G.E., COATS, J.S. & HUGHES, N., 1991: Freeze-sampling method of collecting drainage sediments for gold exploration. – Trans. Inst. Miner. Metall. B **100:** 28–32.

PFLUG, W. (Ed.), 1998: Braunkohlentagebau und Rekultivierung: Landschaftsökologie, Folgenutzung, Naturschutz. – 1068 pp, Springer.

PHILIPSBORN, H.v., 1990: Radon und Radonmessung. – Geowiss. **8**: 220–228.

PHILLIPS, G.H. & EVANS, K.A., 2004: Role of CO_2 in the formation of gold deposits. – Nature **429:** 860–863.

PHILLIPS, G.N. & HUGHES, M.J., 1996: The geology and gold deposits of the Victorian gold province. – Ore Geol. Rev. **11:** 255–302.

PHILLIPS, G.N. & LAW, J.D.M., 2000: Witwatersrand goldfields: geology, genesis and exploration. – In: HAGEMANN, S.G. & BROWN, P.E. (Eds.): Gold in 2000. – Reviews in Econom. Geol. **13:** 439–500, SEG.

PHILLIPS, S., BUSTIN, R.M. & LOWE, R.E., 1994: Earthquake-induced flooding of a tropical coastal peat swamp: A modern analogue for high-sulfur coals? – Geology **22:** 929–932.

PIESTRZYNSKI, A., 1990: Uranium and thorium in the Kupferschiefer formation, Lower Zechstein, Poland. – Mineral. Deposita **25:** 146–151.

PIESTRZYNSKI, A., PIECZONKA, J. & GLUSZEK, A., 2002: Red-bed type gold mineralisation, Kupferschiefer, south-west Poland. – Mineral. Deposita **37:** 512–528.

PINE, R.J. & GREEN, A.S.P., 1996: Geothermal energy – a review of current and potential activity and research. – Minerals Industry Internat. **1030:** 15–22.

PIPER, D.Z. & LINK, P.K.: 2002, An upwelling model for the Phosphoria sea: A Permian, ocean-margin sea in the northwest United States. – AAPG Bull. **86:** 1217–1235.

PITARD, F.F., 1989: Pierre Gy's sampling theory and sampling practice. Vol. I: Heterogeneity and sampling. 214 pp; Vol. II: Sampling correctness and sampling practice. 247 pp, CRC Press Inc., Boca Raton.

PITARD, F.F., 1993: Pierre Gy's sampling theory and sampling practice. – 2nd Ed., 488 pp, RC Press.

PITCHER, W.S., 1997: The nature and origin of granite. – 2nd Ed., 387 pp, Chapman & Hall.

PLANT, J.A., STONE, P., FLIGHT, D.M.A. et al., 1997: Geochemistry of the British Caledonides: the setting for metallogeny. – Trans. Inst. Miner. Metall. B **106:** 67–78.

PLIMER, I.R., 1985: Broken Hill Pb-Zn-Ag deposit – a product of mantle metasomatism. – Mineral. Deposita **20** (3): 147–153.

PLUMLEE, G.S. & LOGSDON, M.J. (Eds.), 1999a: The environmental geochemistry of mineral deposits. – Reviews in Econom. Geol. **6**, 583 pp.

PLUMLEE, G.S. & LOGSDON, M.J., 1999b: An earth-system science toolkit for environmentally friendly mineral resource development. – In: PLUMLEE & LOGSDON (Eds.), 1999, pp 1–27.

PLUMLEE, G.S., GOLDHABER, M.B. & ROWAN, E.L., 1995: The potential role of magmatic gases in the genesis of Illinois-Kentucky fluorspar deposits: implications from chemical reaction path modelling. – Econom. Geol. **90:** 999–1011.

PLUMLEE, G.S., LEACH, D.L., HOFSTRA, A.H. et al., 1994: Chemical reaction path modeling of ore deposition in Mississippi Valley type Pb-Zn deposits of the Ozark region, US midcontinent. – Econom. Geol. **89:** 1361–1381.

POHL, W., 1968: Zur Geologie und Paläogeographie der Kohlenmulden des Hausruck (Oberösterreich). – 70 pp, Notring, Wien.

POHL, W., 1976: Zur Geologie des Braunkohlenbeckens von Köflach-Voitsberg (Steiermark). – Berg. Hüttenm. Monatsh. **121:** 420–427.

POHL, W., 1988: Metasomatische Sideritlagerstätten heute. – Mitt. Österr. Miner. Ges. **133:** 113–118.

POHL, W., 1990: Genesis of magnesite deposits – models and trends. – Geol. Rdsch. **79** (2): 291–299.

POHL, W., 1992: Defining metamorphogenic mineral deposits – an introduction. – Miner. Petrol. **45:** 145–152.

POHL, W., 1994: Metallogeny of the northeastern Kibara belt, Central Africa – recent perspectives. – Ore Geol. Rev. **9:** 105–130.

POHL, W. & BELOCKY, R., 1994: Alpidic metamorphic fluids and metallogenesis in the Eastern Alps. – Mitt. Österr. Geol. Ges. **86:** 141–152.

POHL, W. & BELOCKY, R., 1999: Metamorphism and metallogeny in the Eastern Alps. – Mineral. Deposita **34:** 614–629.

POHL, W. & SIEGL, W., 1986: Sediment-hosted magnesite deposits. – In: WOLF, K.H. (Ed.): Handbook of Strata-Bound and Stratiform Ore Deposits. – Vol. **14:** 223–310, Elsevier.

POHL, W., AMOURI, M., KOLLI, O. et al., 1986: A new genetic model for the North African metasomatic siderite deposits. – Mineral. Deposita **21:** 228–233.

POKROVSKI, G.S., ZAKIROV, I.V., ROUX, J. et al., 2002: Experimental study of arsenic speciation in vapor phase to 500°C: implications for As transport and fractionation in low-density crustal fluids and volcanic gases. – Geochim. Cosmochim. Acta **66:** 3453–3480.

POLGARI, M., OKITA, P.M. & HEIN, J.R., 1991: Stable isotope evidence for the origin of the Urkut manganese ore deposit, Hungary. – J. Sedim. Petrol. **61** (3): 384–393.

POLYAK, V.J., MCINTOSH, W.C., GÜVEN, N. & PROVENCIO, P., 1998: Age and origin of Carlsbad cavern and related caves from $^{40}Ar/^{39}Ar$ of alunite. – Science **279:** 1919–1921.

PORRENGA, D.H., 1967: Glauconite and chamosite as depth indicators in the marine environment. – Marine Geol. **5:** 495–501.

POTTER, J., SIEMANN, M.G. & TSYPUKOV, M., 2004: Large-scale carbon isotope factionation in evaporites and the generation of extremely ^{13}C-enriched methane. – Geology **32:** 533–536.

POTTER, M., 2002: Palladium soil geochemistry, Baronskoye Pd-Au prospect, Sverdlowsk oblast, Russia. – Transact. IMM London **111:** B58–64.

PRENDERGAST, M.D., 2003: The nickeliferous late Archean Reliance komatiitic event in the Zimbabwe craton – magmatic architecture, physical volcanology, and ore genesis. – Econom. Geol. **98:** 865–891.

PRENDERGAST, M., BENNET, M. & HENICKE, G., 1998: Platinum exploration in the Rincon del Tigre Complex, eastern Bolivia. – Transact. IMM London **107:** B39–47.

PREUSSE, A., 1995, Die Flözgasgewinnung – eine zusätzliche Nutzung von Steinkohlenlagerstätten. – Erzmetall **48:** 647–659.

PRIMEL, L. & TOURENQ, C., 2000: Aggregates – Geology, Prospection, Environment, Testing, Extraction, Specifications, Processing Plants, Equipment, Quality. – 516 pp, Balkema.

PROCHASKA, W., 1999: Die Bedeutung der chemischen Zusammensetzung von Einschlußfluiden und laugbaren Salzen für die Genese von hydrothermalen und sedimentären Karbonatgesteinen der Ostalpen. – Mitt. Österr. Geol. Ges. **90:** 175–183.

PROCHASKA, W., HUBER, M. & BECHTEL, A., 1997: Die alpidische Leukophyllitbildung am Alpenostrand. – Arch. Lagerstättenforsch. Geol. B.-A. Wien **20:** 37–52.

PROVAN, D.M.J., 1992: Draugen oil field, Haltenbanken province, offshore Norway. – In: HALBOUTY, M.T. (Ed.): Giant oil and gas fields of the decade 1978–1988. – pp 371–382, AAPG, Tulsa.

PUEYO, J.J., CHONG, G. & JENSEN, A., 2001: Neogene evaporites in desert volcanic environments: Atacama desert, northern Chile. – Sedimentology **48:** 1411–1431.

Pusch, R., 1994: Waste disposal in rock. – 510 pp, Elsevier.

Querol, X., Whateley, M.K.G., Fernandez-Turiel, J.L. & Tuncall, W., 1997: Geological controls on the mineralogy and geochemistry of the Beypazari lignite, central Anatolia, Turkey. – Internat. J. Coal Geol. **33:** 255–271.

Railsback, L.B., 2003: An earth scientist's periodic table of the elements and their ions. – Geology **31:** 737–740.

Raimbault, L., Cuney, M., Azancott, C. et al., 1995: Geochemical evidence for a multistage magmatic genesis of Ta-Sn-Li mineralization in the granite at Beauvoir, French Massif Central. – Econom. Geol. **90:** 548–576.

Ramdohr, P., 1980: The ore minerals and their intergrowths. – 2. Aufl., 1205 pp, Pergamon.

Ray, G.E., Webster, I.C.L. & Ettlinger, A.D., 1995: The distribution of skarns in British Columbia and the chemistry and ages of their related plutonic rocks. – Econom. Geol. **90:** 920–937.

Rayner, R.J., 1996: The paleoclimate of the Karroo: evidence from plant fossils. – Paleogeogr. Paleoclimat. Paleoecol. **119:** 385–394.

Reed, C.P. & Wallace, M.W., 2004: Zn-Pb mineralisation in the Silvermines district, Ireland: a product of burial diagenesis. – Mineral. Deposita **39:** 87–102.

Rendu, J.-M. & Miskelly, N., 2001: Mineral resources and mineral reserves: progress on international definitions and reporting standards. – Trans. Inst. Miner. Metall. A **110:** 133–138.

Rentzsch, J., Franzke, H.J. & Friedrich, G., 1997: Die laterale Verbreitung der Erzmineralassoziationen im deutschen Kupferschiefer. – Z. geol. Wiss. **25:** 141–149.

Retallack, G.J., 2001: A 300-million-year record of atmospheric carbon dioxide from fossil plant cuticles. – Nature **411:** 287–290.

Reynolds, B.C., Wasserburg, G.J. & Baskaran, M., 2003: The transport of U- and Th-series nuclides in sandy confined aquifers. – Geochim. Cosmochim. Acta **67:** 1955–1972.

Rice, A. & von Gruenewaldt, G., 1994: Convective scavenging and cascade enrichment in Bushveld Complex melts: possible mechanism for concentration of platinum-group elements and chromite in mineralized layers. – Trans. Inst. Miner. Metall. B **103:** 31–38.

Rice, D.D. & Schoell, M. (Eds.), 1995: Processes of natural gas formation. – Special Issue of Chem. Geol. **126**, no. 3-4.

Richards, D.G. & Sides, E.J., 1991: Evolution of ore-reserve estimation strategy and methodology at Neves-Corvo copper-tin mine, Portugal. – Trans. Inst. Miner. Metall. **100:** B192–208.

Richards, F.C. & Bourg, A.C., 1991: Aqueous geochemistry of chromium: a review. – Water Res. **27:** 807–816.

Richards, I.G., Palmer, J.P. & Barratt, P.A., 1993: The reclamation of former coal mines and steel works. – 718 pp, Elsevier.

Richards, J.P., 2003: Tectono-magmatic precursors for porphyry Cu-(Mo-Au) deposit formation. – Econom. Geol. **98:** 1515–1533.

Richardson, S.H., Harris, J.W. & Gurney, J.J., 1993: Three generations of Diamonds from old continental mantle. – Nature **366:** 256–258.

Richter, W., 2001: Salzgewinnung und Umweltbelastung. – Hallesches Jahrb. Geowiss. B **23:** 137–153.

Ridge, J.D., 1990: Annotated bibliographies of mineral deposits in Europe, including selected deposits in the USSR. – 2 Vols., 1285 pp, Pergamon.

Riegel, W., 2001: Die Geiseltalkohle im Rahmen der Braunkohlenlagerstätten des mitteleuropäischen Tertiärs. – Hallesches Jahrb. Geowiss. B **13:** 41–47.

Rimoldi, B., Alexander, J. & Morris, S., 1996: Experimental turbidity currents entering density-stratified water: analogues for turbidites in Mediterranean hypersaline basins. – Sedimentology **43:** 527–540.

Rimstidt, J.D. & Vaughan, D.J., 2003: Pyrite oxidation: a state-of-the-art assessment of the reaction mechanism. – Geochim. Cosmochim. Acta **67:** 873–880.

Ritcey, G.M., 1990: Tailings management. – 1000 pp, Elsevier.

Robb, L.J. & Meyer, F.M., 1995: The Witwatersrand Basin, South Africa: Geological framework and mineralization processes. – Ore Geol. Rev. **10:** 67–94.

Roberts, H.H. & Carney, R.S., 1997: Evidence of episodic fluid, gas, and sediment venting on the northern Gulf of Mexico continental slope. – Econom. Geol. **92:** 863–879.

Roberts, M.D., Oliver, N.H.S., Fairclough, M.C. et al., 2003: Geochemical and oxygen isotope signature of seafloor alteration associated with a polydeformed and highly metamorphosed massive sulfide deposit, Ruostesuo, Central Finland. – Econom. Geol. **98**.

Roberts, S., Sanderson, D.J. & Gumiel, P., 1998: Fractal analysis of Sn-W mineralization from Central Iberia: insights into the role of fracture connectivity in the formation of an ore deposit. – Econom. Geol. **93:** 360–365.

Roberts, S.M. & Spencer, R.J., 1995: Paleotemperatures preserved in fluid inclusions in halite. – Geochim. Cosmochim. Acta **59:** 3929–3942.

Roedder, E., 1984: Fluid inclusions. – Reviews in Mineral. **12,** 644 pp, Mineral. Soc. America, Washington.

Rollinson, H., 1997: The Archean komatiite-related Inyala chromitite, Southern Zimbabwe. – Econom. Geol. **92:** 98–107.

Rombouts, L., 2003: Assessing the diamond potential of kimberlites from discovery to evaluation bulk sampling. – Mineral. Deposita **38:** 496–504.

Romer, R.L., Martinsson, O. & Perdahl, J.-A., 1994: Geochronology of Kiruna iron ores and hydrothermal alterations. – Econom. Geol. **89:** 1249–1261.

Rona, P.A., 2003: Resources of the sea floor. – Science **299:** 673–674.

Ross, J.V. & Bustin, R.M., 1997: Vitrinite anisotropy resulting from simple shear experiments at high temperature and high confining pressure. – Internat. J. Coal Geol. **33:** 153–168.

Rouchy, J.-M. & Saint Martin, J.-P., 1992: Late Miocene events in the Mediterranean as recorded by carbonate-evaporite relations. – Geology **20:** 629–632.

Routhier, P., 1963: Les gisements métallifères. Géologie et principes de recherche. – Masson.

Routhier, P., 1980: Oú sont les métaux pour l'avenir? Essai d'une métallogénie globale. – Mém. BRGM **105**, 408 pp, Orléans.

Rouvier, H., Perthuisot, V. & Mansouri, A., 1985: Pb-Zn deposits and salt-bearing diapirs in Southern Europe and North Africa. – Econom. Geol. **80:** 666–687.

Rowan, E.L., Goldhaber, M.B. & Hatch, J.R., 2002: Regional fluid flow as a factor in the thermal history of the Illinois basin: constraints from fluid inclusions and the maturity of Pennsylvanian coals. – AAGP Bull. **86:** 257–277.

Roy, P.S., Whitehouse, J., Cowell, P.J. & Oakes, G., 2000: Mineral sands occurrences in the Murray Basin, Southeastern Australia. – Econom. Geol. **95:** 1107–1128.

Roy, S., 1992: Environments and processes of manganese deposition. – Econom. Geol. **87:** 1218–1236.

Rudenno, V., 1999: The mining valuation handbook. – 247 pp, Wrightbooks.

Ruffell, A.H., Moles, N.R. & Parnell, J., 1998: Characterisation and prediction of sediment-hosted ore deposits using sequence stratigraphy. – Ore Geol. Rev. **12:** 207–223.

Rusk, B. & Reed, M., 2002: Scanning electron microcope-cathodoluminescence analysis of quartz reveals complex growth histories in veins from the Butte porphyry copper deposit, Montana. – Geology **30:** 727–730.

Russell, P.L., 1990: Oil shales of the world – their origin, occurrence and exploitation. – Pergamon.

Sabins, F.F., 1999: Remote sensing for mineral exploration. – Ore Geol. Rev. **14:** 157–183.

Sachsenhofer, R.F., 2000: Geodynamic controls on deposition and maturation of coal in the Eastern Alps. – Mitt. österr. geol. Ges. **92:** 185–194.

Sadooni, F.N. & Alsharhan, A.S., 2003: Stratigraphy, microfacies, and petroleum potential of the Mauddud Formation (Albian-Cenomanian) in the Arabian Gulf basin. – AAPG Bull. **87:** 1653–1680.

Samson, I., Anderson, A. & Marshall, D. (Eds.), 2003: Fluid inclusions – analysis and interpretation. – Mineral. Assoc. Canada Short Course **32**, 374 pp.

Sanford, R.F., 1990: Hydrogeology of an ancient arid closed basin; implications for tabular sandstone-hosted uranium deposits. – Geology **18:** 1099–1102.

Sangster, D.F., 2002: The role of dense brines in the formation of vent-distal sedimentary-exhalative (SEDEX) lead-zinc deposits: field and laboratory evidence. – Mineral. Deposita **37:** 149–157.

Sass-Gustkiewicz, M., 1996: Internal sediments as a key to understanding the hydrothermal karst origin of the Upper Silesian Zn-Pb ore deposits. – Econom. Geol. Spec. Publ. **4:** 171–181.

Sato, M., 1992: Persistency-field Eh-pH diagrams for sulfides and their application to supergene oxydation and enrichement of sulfide ore bodies. – Geochim. Cosmochim. Acta **56:** 3133–3156.

Sawkins, F.J., 1990: Integrated tectonic-genetic model for volcanic-hosted massive sulfide deposits. – Geology **18:** 1061–1064.

Sawkins, F.J., 1990: Metal deposits in relation to plate tectonics. – 2. Aufl., 461 pp, Springer.

Schaad, W., 1995: Die Entstehung von Rauhwacken durch die Verkarstung von Gips. – Eclogae geol. Helv. **88:** 59–90.

SCHAAP, A.D., 1990: Weipa kaolin and bauxite deposits. – In: HUGHES, F.E.: Mineral Deposits of Australia and Papua New Guinea. – pp 1699–1773, Austral. IMM, Melbourne.

SCHADE, H., 2000: Der Beitrag des deutschen Bergbaues zu der nach europäischem und deutschen Recht gebotenen Abfallverwertung. – Erzmetall **53:** 147–158.

SCHÄRER, U., DE PARSEVAL, PH., POLVE, M. & DE SAINT BLANQUAT, M., 1999: Formation of the Trimouns talc-chlorite deposit (Pyrenees) from persistent hydrothermal activity between 112 and 97 Ma. – Terra Nova **11:** 30–37.

SCHAUBERGER, O., 1986: Bau und Bildung der Salzlagerstätten des ostalpinen Salinars. – Arch. Lagerstättenforsch. Geol. B.-A. **7:** 217–254.

SCHIMMELMANN, A., LEWAN, M.D. & WINTCH, R.P., 1999: D/H isotope ratios of kerogen, bitumen, oil and water in hydrous pyrolysis of source rocks containing kerogen types I, II, IIS, and III. – Geochim. Cosmochim. Acta **63:** 3751–3766.

SCHLEPP, L., LANDAIS, P., ELIE M. & FAURE, P., 2001: Influence of paleoenvironment and radiolytic alteration on the geochemistry of organic matter from Autunian shales of the Lodève uranium deposit, France. – Bull. Soc. géol. France **172:** 99–109.

SCHLÖMER, S. & KROOSS, B.M., 1998: Experimental characterisation of the hydrocarbon sealing efficiency of cap rocks. – Marine Petrol. Geol. **14:** 565–580.

SCHMIDT, A.P., 2000: Naturally occurring radioactive materials in the gas and oil industry. – Geol. Ultraiectina **195**, 144 pp.

SCHMIDT-MUMM, A., OBERTHÜR, T., VETTER, U. & BLENKINSOP, T.G., 1997: High CO_2 content of fluid inclusions in gold mineralisations in the Ashanti Belt, Ghana: a new category of ore forming fluids? – Mineral. Deposita **32:** 107–118.

SCHNEIDER, J., HAACK, U. & STEDINGK, K., 2003: Rb-Sr dating of epithermal vein mineralization stages in the eastern Harz Mountains (Germany) by paleomixing lines. – Geochim. Cosmochim. Acta **67:** 1803–1819.

SCHNEIDERHÖHN, H., 1961: Die Erzlagerstätten der Erde, Bd. 2: Die Pegmatite. – Stuttgart.

SCHNEIDERHÖHN, H., 1962: Erzlagerstätten (Kurzvorlesungen). – 4.Aufl., 371 pp, Fischer, Jena.

SCHOELL, M., 1984: Wasserstoff- und Kohlenstoffisotope in organischen Substanzen, Erdölen und Erdgasen. – Geol. Jb. D **67**, 161 pp.

SCHÖLLNBERGER, W.E., 1998: Gedanken über die Kohlenwasserstoffreserven der Erde. Wie lange können sie vorhalten? – Österr. Akad. Wiss. Schriftenr. Erdwiss. Komm. **12:** 75–126.

SCHOLZ, C.H., & CONTERAS, J.C., 1998: Mechanics of continental rift architecture. – Geology **26:** 967–970.

SCHÖNENBERG, R. & NEUGEBAUER, J., 1998: Einführung in die Geologie Europas. – 7. Aufl., 360 pp, Rombach.

SCHREIBER, C. & TABAKH, M., 2000: Deposition and early alteration of evaporites. – Sedimentology **47:** 215–238.

SCHRENK, M.O., EDWARDS, K.J., GOODMAN, R.M. et al., 1998: Distribution of *Thiobacillus ferrooxidans* and *Leptospirillum ferrooxidans*: implications for generation of acid mine drainage. – Science **279:** 1519–1521.

SCHULZ, O., VAVTAR, F. & DIEBER, K., 1997: Die Siderit-Erzlagerstätte Steirischer Erzberg: Eine geowissenschaftliche Studie, mit wirtschaftlicher und geschichtlicher Betrachtung. – Arch. Lagerstättenforsch. Geol. B.-A. Wien **20:** 65–178.

SCHUMACHER, D., 1996: Hydrocarbon-induced alteration of soils and sediments, hydrocarbon migration and its near-surface expression. – In: SCHUMACHER, D. & ABRAMS, M.A. (Eds.): Hydrocarbon migration and its near-surface expression. – Mem. Amer. Ass. Petrol. Geol. **66:** 71–89.

SCHWARTZ, M.O., 1992: Geochemical criteria for distinguishing magmatic and metasomatic albite-enrichement in granitoids – examples from the Ta-Li granite Yichun (China) and the Sn-W deposit Tikus (Indonesia). – Mineral. Deposita **27:** 101–108.

SCHWARTZ, M.O., RAJAH, S.S., ASKURY, A.K. et al., 1995: The south-east Asian tin belt. – Earth Sci. Rev. **38:** 95–290.

SCHWARZ-SCHAMPERA, U. & HERZIG, P., 1999: Indium: Geology, mineralogy and economics. – Z. Angew. Geol. **45:** 164–169.

SCHWERTER, R., 1992: Die Bekämpfung von Salzlösungszuflüssen. – Kali u. Steinsalz **11:** 32–43.

SCOATES, J.S. & MITCHELL, J.N., 2000: The evolution of troctolitic and high Al basaltic magmas in Proterozoic anorthosite plutonic suites and implications for the Voisey's Bay massive Ni-Cu deposit. – Econom. Geol. **95:** 677–701.

SCOTT, P.W., 1993: Distribution of flint and chert in Quarternary and recent gravel aggregates in the United Kingdom. – Inst. Miner. Metall. Transact. **102:** 1–8.

SEEWALD, J.S., 1994: Evidence for metastable equilibrium between hydrocarbons under hydrothermal conditions. – Nature **370:** 285–287.

SEEWALD, J.S., 2003: Organic-inorganic interactions in petroleum-producing sedimentary basins. – Nature **426:** 327–333.

SEGAL, P., 1989: Earthquakes triggered by fluid extraction. – Geology **17:** 942–946.

SELBY, D. & CREASER, R.A., 2001: Re-Os geochronology and systematics in molybdenite from the Endako porphyry molybdenum deposit, British Columbia, Canada. – Econom. Geol. **96:** 197–204.

SELBY, D., CREASER, R.A., HART, C.G.R. et al., 2002: Absolute timing of sulfide and gold mineralization: a comparison of Re-Os molybdenite and Ar-Ar mica methods from the Tintina gold belt, Alaska. – Geology **30:** 791–794.

SELBY, D., NESBITT, B.E., MUEHLENBACHS, K. & PROCHASKA, W., 2000: Hydrothermal alteration and fluid chemistry of the Endako porphyry Molybdenum deposit, British Columbia. – Econom. Geol. **95:** 183–202.

SENGUPTA, M., 1993: Environmental impacts of mining – monitoring, restoration, and control. – 494 pp, Lewis Publishers.

SEREDIN, V.V., 1996: Rare earth element-bearing coals from the Russian Far East deposits. – Internat. J. Coal Geol. **30:** 101–129.

SEYFRIED, W.E. & DING, K., 1993: The effect of redox on the relative solubilities of copper and iron in Cl-bearing aqueous fluids at elevated temperatures and pressures: An experimental study with application to subseafloor hydrothermal processes. – Geochim. Cosmochim. Acta **57:** 1905–1917.

SHACKLEY, D. & ALLEN, M.J., 1992: Perlite and the perlite industry. – Minerals Industry Internat. **1008:** 13–22, IMM London.

SHAIL, R.K., STUART, F.M., WILKINSON, J.J. & BOYCE, A.J., 2003: The role of post-Variscan extensional tectonics and mantle melting in the generation of the lower Permian granites and the giant W-As-Sn-Cu-Zn-Pb orefield of SW England. – Appl. Earth Sci. **112:** B127–129.

SHAO, L., ZHANG, P., HILTON, J. et al., 2003: Paleoenvironments and paleogeography of the Lower and lower Middle Jurassic coal measures in the Turpan-Hami oil-prone coal basin, northwestern China. – AAPG Bull. **87:** 335–355.

SHAO, L., ZHANG, P., REN, D. & LEI, J., 1998, Late Permian coal-bearing carbonate successions in southern China: coal accumulation on carbonate platforms. – Internat. J. Coal Geol. **37:** 235–256.

SHAVIV, N.J. & VEIZER, J., 2003: Celestial driver of Phanerozoic climate? – GSA Today **13** (7): 4–10.

SHEARER, CH.K., PAPIKE, J.J. & JOLLIF, B.L., 1992: Petrogenetic links among granites and pegmatites in the Harney Peak rare-element granite-pegmatite system, Black Hills, South Dakota. – Canad. Mineral. **30:** 785–809.

SHEN, Y., BUICK, R. & CANFIELD, D.E., 2001: Isotopic evidence for microbial sulphate reduction in the early Archean era. – Nature **410:** 77–81.

SHIN, D. & LEE, I., 2002: Carbonate-hosted talc deposits in the contact aureole of an igneous intrusion (Hwanggangri mineralized zone, South Korea): geochemistry, phase relationships, and stable isotope studies. – Ore Geol. Rev. **22:** 17–39.

SHINOHARA, H., KAZAHAYA, K. & LOWENSTERN, J.B., 1995: Volatile transport in a convecting magma column: implications for porphyry Mo mineralization. – Geology **23:** 1091–1094.

SHORE, M. & FOWLER, A.D., 1999: The origin of spinifex texture in komatiites. – Nature **397:** 691–694.

SHRIVER, N.A. & MAC LEAN, W.H., 1993: Mass, volume and chemical changes in the alteration zone at the Norbec mine, Noranda, Quebec. – Mineral. Deposita **28:** 157–166.

SIBSON, R.H., 1990: Faulting and fluid flow. – In: NESBITT, B.E. (Ed.): Fluids in tectonically active regimes of the continental crust. – Mineral. Ass. Canada Short Course Handbook **18:** 93–132.

SIBSON, R.H., 2003: Brittle-failure controls on maximum sustainable overpressure in different tectonic regimes. – AAPG Bull. **87:** 901–908.

SIEGERS, A. & LANGE, S.P., 1991: The Hoogenoeg mine in NE Transvaal/RSA – a producer of high grade andalusite. – Erzmetall **44:** 384–391.

SIEGL, W., 1956: Zur Vererzung der Pb-Zn-Lagerstätten von Bleiberg. – Berg. Hüttenmänn. Monatsh. **101:** 108–111.

SIEMANN, M.G. & SCHRAMM, M., 2002: Henry's and non-Henry's law behaviour of Br in simple marine systems. – Geochim. Cosmochim. Acta **66:** 1387–1399.

SIKKA, D.B., PETRUK, W., NEHRU, CH.E. & ZHANG, Z., 1991: Geochemistry of secondary copper minerals from Proterozoic porphyry copper deposit Malanjkhand, India. – Ore Geol. Rev. **6:** 257–290.

SILLITOE, R.H., 1994: Erosion and collapse of volcanoes: causes of telescoping in intrusion-centered ore deposits. – Geology **22:** 945–948.

SILLITOE, R.H., 1995: Exploration and discovery of base- and precious-metal deposits in the circum-Pacific region during the last 25 years. – Resource Geology Spec. Issue **19**, 119 pp., Tokyo.

SILLITOE, R.H., 2003: Iron oxide-copper-gold deposits: an Andean view. – Mineral. Deposita **38:** 787–812.

SILLITOE, R.H., FOLK, R.L. & SARIC, N., 1996: Bacteria as mediators of copper sulfide enrichment during weathering. – Science **272:** 1153–1155.

SILLITOE, R.H. & BURROWS, D.R., 2002: New field evidence bearing on the origin of the El Laco magnetite deposit, northern Chile. – Econom. Geol. **97:** 1101–1109.

SILLITOE, R.H. & BURROWS, D.R., 2003: New field evidence bearing on the origin of the El Laco magnetite deposit, Northern Chile – a reply. – Econom. Geol. **98:** 1501–1502.

SILLITOE, R.H., HANNINGTON, M.D. & THOMPSON, J.F. H., 1996: High sulfidation deposits in the volcanogenic massive sulfide environment. – Econom. Geol. **91:** 204–212.

SILLITOE, R.H., STEELE, G.B., THOMPSON, J.F.H. & LANG, J.R., 1998: Advanced argillic lithocaps in the Bolivian tin-silver belt. – Mineral. Deposita **33:** 539–546.

SIMANDL, G.J. & HANCOCK, K.D., 1996: Magnesite in British Columbia, Canada: a neglected resource. – Minerals Industry Internat. **1030:** 33–44.

SIMMONS, S.F. & BROWNE, P.R.L., 2000: Hydrothermal minerals and precious metals in the Broadlands-Ohaaki geothermal system: implications for understanding low-sulfidation epithermal environments. – Econom. Geol. **95:** 971–999.

SIMON, G., KESLER, S.E. & ESSENE, E.J., 1997: Phase relations among selenides, sulfides, tellurides and oxides: II. Applications to selenide-bearing ore deposits. – Econom. Geol. **92:** 468–484.

SINCLAIR, A.J. & BLACKWELL, G.H., 2002: Applied mineral inventory estimation. – 400 pp, Cambridge Univ. Press.

SLACK, J.F., TURNER, R.J.W. & WARE, P.L.G., 1998: Boron-rich mud volcanoes of the Black Sea region: Modern analogues to ancient sea-floor tourmalinites associated with Sullivan-type Pb-Zn deposits? – Geology **26:** 439–442.

SLEEP, N.H., 2001: Oxygenating the atmosphere. – Nature **410:** 317–318.

SMIL, V., 2003: Energy at the crossroads: global perspectives and uncertainties. – 448 pp, MIT Press.

SMITH, A. & MUDDER, T., 1995: Chemistry and treatment of cyanidation wastes. – 350 pp, Mining Journal Books.

SMITH, C.G., 2001: Always the bridesmaid, never the bride: cobalt geology and resources. – Trans. Inst. Miner. Metall. B **110:** 75–80.

SMITH, L.B., EBERLI, G.P., MASAFERRO, J.L. & AL-DHABAB, S., 2003: Discrimination of effective from ineffective porosity in heterogeneous Cretaceous carbonates, Al Ghubar field, Oman. – AAPG Bull. **87:** 1509–1529.

SMITH, M.P. & HENDERSON, P., 2000: Preliminary fluid inclusion constraints on fluid evolution in the Bayan Obo Fe-REE-Nb deposit, Inner Mongolia, China. – Econom. Geol. **95:** 1371–1388.

SMITH, R.E., ANAND, R.R. & ALLEY, N.F., 2000: Use and implications of paleoweathering surfaces in mineral exploration in Australia. – Ore Geol. Rev. **16:** 185–204.

SOLOMON, M., TORNOS, F. & GASPAR, O.C., 2002: Explanation for many of the unusual features of the massive sulfide deposits of the Iberian pyrite belt. – Geology **30:** 87–90.

SONNENFELD, P., 1991: Evaporite basin analysis. – Rev. Econom. Geol. **5:** 159–169.

SONNENFELD, P., 1995: The color of rock salt – a review. – Sediment. Geol. **94:** 267–276.

SORBY, H.C., 1857: On the origin of the Cleveland Hill ironstone. – Geol. Polytechn. Soc. West Riding Yorkshire Proc. **3:** 457–461.

SOUDET, H.-J., SORRIAUX, P. & ROLANDO, J.-P., 1994: Liaison fracturation-karstification. Le paléokarst petrolier de Rospo Mare (Italie). – Bull. Centres Rech. Explor.-Prod. Elf Aquitaine **18:** 257–297.

SOUTHAM, G., DONALD, R., RÖSTAD, A. & BROCK, C., 2001: Pyrite disks in coal: evidence for fossilized bacterial colonies. – Geology **29:** 47–50.

SPARKS, R.S., HUPPERT, H.E., KOYAGUCHI, T. & HALLWORTH, M.A., 1993: Origin of modal and rhythmic layering by sedimentation in a convecting magma chamber. – Nature **361:** 246–249.

SPIRAKIS, C.S., 1996: The roles of organic matter in the formation of Uranium deposits in sedimentary rocks. – Ore Geol. Rev. **11:** 53–69.

SPIRAKIS, C.S. & HEYL, A.V., 1995: Evaluation of proposed precipitation mechanisms for Mississippi Valley-type ore deposits. – Ore Geol. Rev. **10:** 1–17.

SPÖTL, CH., 1989: The Alpine Haselgebirge Formation, Northern Calcareous Alps (Austria): Permo-Skythian evaporites in an alpine thrust system. – Sediment. Geol. **65:** 113–125.

SPÖTL, CH. & PAK, E., 1996: A strontium and sulfur isotopic study of Permo-Triassic evaporites in the Northern Calcareous Alps, Austria. – Chem. Geol. **131:** 219–234.

SPRY, P.G., MARSHALL, B. & VOKES, F.M. (Eds.), 2000: Metamorphosed and metamorphogenic ore deposits. – Reviews Econom. Geol. **11**, 310 pp.

SPRY, P.G., PETER, J.M. & SLACK, J.F., 2000: Meta-exhalites as exploration guides to ore? – In: SPRY, P.G. et al (Eds.), pp. 163–201.

ST. JOHN, D.A., POOLE, A.B. & SIMS, I., 1998: Concrete Petrography. – 488 pp, Arnold Publishers.

STAMATAKIS, M.G., 1995: Occurrence and genesis of huntite-hydromagnesite assemblages, Kozani, Greece – important new white fillers and extenders. – Trans. Inst. Miner. Metall. **104:** 179–186.

STANDKE, G., RASCHER, J. & STRAUSS, C., 1993: Relative sea-level fluctuations and brown coal formation around the Early-Middle Miocene boundary in the Lusatian Brown Coal District. – Geol. Rdsch. **82:** 295–305.

STANTON, R.L., 1972: Ore petrology. – 713 pp, McGraw-Hill.

STANTON, R.L., 1994: Ore elements in arc lavas. – 391 pp, Clarendon.

STASIUK, L.D., 1998: The origin of pyrobitumens in Upper Devonian Leduc Formation gas reservoirs, Alberta, Canada: an optical and EDS study of oil to gas transformation. – Marine Petrol. Geol. **14:** 914–929.

STAUB, J.R. & ESTERLE, J.S., 1994: Peat-accumulating depositional systems of Sarawak, East Malaysia. – Sediment. Geol. **89:** 91–106.

STEFANSSON, A. & SEWARD, T.M., 2003: Experimental determination of the stability and stoichiometry of sulfide complexes of silver (I) in hydrothermal solutions to 400°C. – Geochim. Cosmochim. Acta **67:** 1395–1413.

STEIN, H.J., MARKEY, R.J., MORGAN, J.W. et al., 1997: Highly precise and accurate Re-Os ages for molybdenite from the East Qinling molybdenum belt, Shaanxi Province, China. – Econom. Geol. **92:** 827–835.

STEIN, H.J., MARKEY, R.J., MORGAN, J.W. et al., 2001: The remarkable Re-Os chronometer in molybdenite: how and why it works. – Terra Nova **13:** 479–486.

STEIN, V., 2000: Kies und Sand – Rekultivierung – Renaturierung. – 164 pp, Bundesverband Kies- und Sandindustrie, Duisburg.

STEMPROK, M. & SELTMANN, R., 1994: The metallogeny of the Erzgebirge (Krusne Hory). – In: SELTMANN, KÄMPF & MÖLLER (Eds.): Metallogeny of Collisional Orogens. – pp. 61–69, Czech Geol. Survey, Prag.

STETTER, K.O., HUBER, R., BLÖCHL, E. et al., 1993: Hyperthermophilic archaea are thriving in deep North Sea and Alaskan oil reservoirs. – Nature **365:** 743–745.

STEVENSON, R., 1999: Thoresby colliery outburst: a lesson learned. – Internat. Mining Minerals 2/20: 211–222.

STIX, J., KENNEDY, B., HANNINGTON, H. et al., 2003: Caldera-forming processes and the origin of submarine volcanogenic massive sulfide deposits. – Geology **31:** 375–378.

STOBER, I. & BUCHER, K., 1999: Origin of salinity in deep groundwater in crystalline rocks. – Terra Nova **11:** 181–185.

STOFFERS, P., HANNINGTON, M., WRIGHT, I. et al., 1999: Elemental mercury at submarine hydrothermal vents in the Bay of Plenty, Taupo volcanic zone, New Zealand. – Geology **27:** 931–934.

STONE, M.S., GEORGE, A.D., KNEESHAW, M. & BARLEY, M.E., 2002: Stratigraphy and sedimentary features of the Tertiary Yandi channel iron deposits, Hamersley Province, Western Australia. – AusIMM Bull. **2002** (6): 36–41.

STOPPEL, D., GUNDLACH, H., HEBERLING, E. et al., 1983: Schwer- und Flußspatlagerstätten des Südwestharzes. – Geol. Jb. D **54**, 269 pp, Hannover.

STOWE, C.W., 1994: Compositions and tectonic settings of chromite deposits through time. – Econom. Geol. **89:** 528–546.

STRECK, M.J. & DILLES, J.H., 1998: Sulfur evolution of oxidised arc magmas as recorded in apatite from a porphyry copper batholith. – Geology **26:** 523–526.

STRIBRNY, B., WELLMER, F.-W., BURGATH, K.-P. et al., 2000: Unconventional PGE occurrences and PGE mineralization in the Great Dyke: metallogenic and economic aspects. – Mineral. Deposita **35:** 260–281.

STROHMENGER, C., ANTONINI, M., JÄGER, G. et al., 1996: Zechstein 2 carbonate reservoir facies distribution in relation to Zechstein sequence stratigraphy (Upper Permian, Northwest Germany): an integrated approach. – Bull. Centres Rech. Explor.-Prod. elf aquitaine **20** (1): 1–35.

STUMPFL, E.F., 1979: Manganese haloes surrounding metamorphic stratabound base metal deposits. – Mineral. Deposita **14:** 207–217.

Stumpfl, E.F., 1986: Distribution, transport and concentration of platinum group elements. – In: Metallogeny of basic and ultrabasic rocks. – pp 379–394, IMM London.

Sturesson, U., Heikoop, J.M. & Risk, M.J., 2000: Modern and Paleozoic iron ooids – a similar volcanic origin. – Sediment. Geol. **136:** 137–146.

Sun, Y. & Püttmann, W., 1998: Metal accumulation during and after deposition of the Kupferschiefer from the Sangerhausen basin, Germany. – Appl. Geochem. **12:** 577–592.

Sundblad, K., 2003: Metallogeny of gold in the Precambrian of Northern Europe. – Econom. Geol. **98:** 1271–1290.

Sundblad, K. & Parr, J.M. (Eds.), 1994: Swedish svecofennian ore deposits. – Mineral. Deposita **29** (2): 109–205.

Süss, M.P., Drozdzewski, G. & Schäfer, A., 2000: Sequenzstratigraphie des kohleführenden Oberkarbons im Ruhrbecken. – Geol. Jb. A **156:** 45–106.

Svensen, H., Jamtveit, B., Yardley, B. et al., 1999: Lead and bromine enrichment in eclogite-facies fluids: extreme fractionation during lower-crustal hydration. – Geology **27:** 467–470.

Svensen, H., Planke, S., Malthe-Soerenssen, A. et al., 2004: Release of methane from a volcanic basin as a mechanism for initial Eocene global warming. – Nature **429:** 542–545.

Swain, H.D., 1997: Due diligence – a proposal. – AusIMM Bulletin **7:** 15–17.

Swanson, E.R., Keizer, R.P., Lyons, J.L. & Clabaugh, S.E., 1978: Tertiary volcanism and caldera development near Durango City, Sierra Madre Occidental, Mexico. – Geol. Soc. Amer. Bull. **89:** 1000–1012.

Sweeney, M.A., Binda, P.L. & Vaughan, D.Y., 1991: Genesis of the ores of the Zambian Copperbelt. – Ore Geol. Rev. **6** (1): 51–76.

Sweeny, J.J. & Burnham, A.K., 1990: Evaluation of a simple model of vitrinite reflectance based on chemical kinetics. – Amer. Ass. Petrol. Geol. Bull. **74:** 1559–1570.

Sweetapple, M.T., 2000: Characteristics of Sn-Ta-Be-Li-industrial mineral deposits of the Archean Pilbara craton, Western Australia. – AGSO Record **2000** (44), 54 pp.

Sweetapple, M.T. & Collins, P.L.F., 2002: Genetic framework for the classification and distribution of Archean rare metal pegmatites in the North Pilbara Craton, Western Australia. – Econom. Geol. **97:** 873–895.

Swenson, J.B. & Person, M., 2000: The role of basin-scale transgression and sediment compaction in stratiform copper mineralization: implications from White Pine, Michigan, USA. – J. Geochem. Explor. 69-70: 239–243.

Swift, G.M., Reddish, D.J., Lloyd, P.W. & Dunham, R.K., 2001: Numerical modelling of time-dependent deformation around an underground mine in rock salt. – Trans. Inst. Miner. Metall. A **110:** 107–113.

Swihart, G.H., McBay, E.H., Smith, D.H. & Siefke, J.W., 1996: A boron isotopic study of a mineralogically zoned lacustrine borate deposit: the Kramer deposit, California, U.S.A. – Chem. Geol. **127:** 241–250.

Tackley, P.J., 2000: Mantle convection and plate tectonics: toward an integrated physical and chemical theory. – Science **288:** 2002–2007.

Tait, J.A., Bachtadse, V., Franke, W. & Soffel, H.C., 1997: Geodynamic evolution of the European Variscan fold belt: paleomagnetic and geological constraints. – Geol. Rdsch. **86:** 585–598.

Talbot, C.J., Stanley, W., Soub, R. & Al-Sadoun, N., 1996: Epitaxial salt reefs and mushrooms in the southern Dead Sea. – Sedimentology **43:** 1025–1047.

Tandon, S.K. & Gibling, M.R., 1997: Calcretes at sequence boundaries in Upper Carboniferous cyclothems of the Sydney basin, Atlantic Canada. – Sedim. Geol. **112:** 43–67.

Tarkian, M. & Stribnry, B., 1999: Platinum-group elements in porphyry copper deposits: a reconnaissance study. – Mineral. Petrol. **65:** 161–183.

Taylor, C.D. & Wirsen, C.O., 1997: Microbiology and ecology of filamentous sulfur formation. – Science **277:** 1483–1485.

Taylor, D., Dalstra, H.J., Harding, A.E. et al., 2001: Genesis of high-grade hematite orebodies of the Hamersley Province, Western Australia. – Econom. Geol. **96:** 837–873.

Taylor, G.H., Teichmüller, M., Davis, A. et al., 1998: Organic Petrology. – 704 pp, Borntraeger.

Taylor, H.P. jun., 1967: The zoned ultramafic complexes of southern Alaska. – In: Wyllie, P.J. (Ed.): Ultramafic and related rocks. – pp 97–121, Wiley.

Taylor, J.R. & Wall, V.J., 1992: The behaviour of tin in granitoid magmas. – Econom. Geol. **87:** 403–420.

Taylor, R.P. & Fallick, A.E., 1997: The evolution of fluorine-rich felsic magmas: source dichotomy, magmatic convergence and the origins of topaz granite. – Terra Nova **9:** 105–108.

TEGETHOFF, F.W., 2001: Calciumcarbonat – Von der Kreidezeit bis ins 21. Jahrhundert. – 342 pp, Birkhäuser.

TEICHMÜLLER, M., 1958: Rekonstruktion verschiedener Moortypen des Hauptflözes der Niederrheinischen Braunkohle. – Fortschr. Geol. Rheinld. Westf. **2:** 599–612.

TEICHMÜLLER, M., 1991: Rekonstruktionen verschiedener Moortypen des Hauptflözes der niederrheinischen Braunkohle. – 31 pp, Geol. LA Nordrhein-Westf.

TEICHMÜLLER, M. & TEICHMÜLLER, R., 1981: The significance of coalification studies to geology – a review. – Bull. Centres Rech. Explor.-Prod. Elf-Aquitaine **5:** 491–534.

TEIXEIRA, J.B.G., DE SOUZA, J.A.B., DA SILVA, M.D.G. et al., 2001: Gold mineralization in the Serra de Jacobina region, Bahia, Brazil: tectonic framework and metallogenesis. – Mineral. Deposita **36:** 332–344.

TEMPLETON, A.S., CHAMBERLAIN, C.P., KOONS, P.O. & CRAW, D., 1997: Stable isotopic evidence for mixing between metamorphic fluids and surface-derived waters during recent uplift of the Southern Alps, New Zealand. – Earth Planet. Sci. Lett. **154:** 73–92.

THAYER, T.P., 1969: Gravity differentiation and magmatic replacement of podiform chromite deposits. – Econom. Geol. Monogr. **4:** 132–146.

THERRIAULT, A.M., FOWLER, A.D. & GRIEVE, R.A.F., 2002: The Sudbury Igneous Complex: a differentiated impact melt sheet. – Econom. Geol. **97:** 1521–1540.

THIELEMANN, TH., KROOS, B.M. & LITTKE, R., 2001: Induziert der Steinkohlenbergbau im Ruhrbecken Methanemissionen? – Z. dt. geol. Ges. **152:** 61–76.

THOMAS, L., 2002: Coal geology. – 396 pp, Wiley.

THOMAS, R. & WEBSTER, J.D., 2000: Strong tin enrichment in a pegmatite forming melt. – Mineral. Deposita **35:** 570–582.

THOMPSON, A.J.B. & THOMPSON, J.F.H., 1997: Atlas of alteration – a field and petrographic guide to hydrothermal alteration minerals. – 119 pp, Geol. Assoc. Canada.

THOMSEN, R.O. & LERCHE, I., 1991: Salt diapir velocity assessment from temperature and thermal indicator anomalies: application to Lulu-1, Danish North Sea. – Terra Nova **3:** 500–509.

THORNTON, J., 2000: Pandora's poison: on chlorine, health, and a new environmental strategy. – 611 pp., MIT Press.

TISSOT, B.P. & WELTE, D.H., 1984: Petroleum formation and occurrence: a new approach to oil and gas formation. – 2. Aufl., 699 pp, Springer.

TISTL, M., 1994: Geochemistry of Platinum-group elements of the zoned ultramafic Alto Condoto complex, Northwest Colombia. – Econom. Geol. **89:** 158–167.

TOCHTROP, E.F., VOGT, V. & GOCK, E., 1997: Modifizierung der Flußspataufbereitung der Grube Mato Preto/Brasilien. – Erzmetall **50:** 310–318.

TOLSTYKH, N., KRIVENKO, A., SIDOROV, E., LAAJOKI, K. & PODLIPSKY, M., 2002: Ore mineralogy of PGM placers in Siberia and the Russian Far East. – Ore Geol. Rev. **20:** 1–25.

TOMKINS, A.G. & MAVROGENES, J.A., 2002: Mobilization of gold as a polymetallic melt during pelite anatexis at the Challenger deposit, South Australia: a metamorphosed Archean gold deposit. – Econom. Geol. **97:** 1249–1272.

TOMKINS, A.G. & MAVROGENES, J.A., 2003: Generation of metal-rich felsic magmas during crustal anatexis. – Geology **31:** 765–768.

TORNOS, F. & SPIRO, B.F., 2000: The geology and isotope geochemistry of the talc deposits of Puebla de Lillo (Cantabrian Zone, Northern Spain). – Econom. Geol. **95:** 1277–1296.

TORREALDAY, H.I., HITZMAN, M.W., STEIN, H.J. et al., 2000: Re-Os and U-Pb dating of the vein-hosted mineralization at the Kansanshi copper deposit, northern Zambia. – Econom. Geol. **95:** 1165–1170.

TORRES, M.E., BOHRMANN, G., DUBE, T.E. & POOLE, F.G., 2003: Formation of modern and Paleozoic stratiform barite at cold methane seeps on continental margins. – Geology **31:** 897–900.

TRUSHEIM, F., 1957: Über Halokinese und ihre Bedeutung für die strukturelle Entwicklung Norddeutschlands. – Z. dt. geol. Ges. **109:** 111–159.

TSIKOS, H. & MOORE, J.M., 1997: Petrography and geochemistry of the Paleoproterozoic Hotazel iron formation, Kalahari manganese field, South Africa: implications for Precambrian manganese metallogeny. – Econom. Geol. **92:** 87–97.

TSIKOS, H., BEUKES, N.J., MOORE, J.M. & HARRIS, C., 2003: Deposition, diagenesis, and secondary enrichment of metals in the Paleoproterozoic Hotazel Iron Formation, Kalahari manganese field, South Africa. – Econom. Geol. **98:** 1449–1462.

TURCOTTE, D.L., 1997: Fractals and chaos in geology and geophysics. – 2nd ed., 398 pp., Cambridge Univ. Press.

Turner, S., Sandiford, M. & Foden, J., 1992: Some geodynamic and compositional constraints on "postorogenic" magmatism. – Geology **20:** 931–934.

Ulrich, T., Günther, D. & Heinrich, C.A., 1999: Gold concentrations of magmatic brines and the metal budget of porphyry copper deposits. – Nature **399:** 676–679.

Unger, H.J., Fiest, W. & Niemeyer, A., 1990: Die Bentonite der ostbayerischen Molasse und ihre Beziehungen zu den Vulkaniten des Pannonischen Beckens. – Geol. Jb. D **96:** 67–112.

Ustrich, E., 1991: Geochemische Untersuchungen zur Bewertung der Dauerbeständigkeit mineralischer Abdichtungen in Altlasten und Deponien. – Geol. Jb. C **57:** 5–137.

Vajda, V. & McLoughlin, S., 2004: Fungal profileration at the Cretaceous-Tertiary boundary. – Science **303:** 1489.

Valenza, K., Moritz, R., Mouttaqi, A. et al., 2000: Vein and karst barite deposits in the western Jebilet of Morocco: fluid inclusion and isotope (S, O, Sr) evidence for regional fluid mixing related to Central Atlantic rifting. – Econom. Geol. **95:** 587–606.

Valero-Garces, B.L., Gierlowski-Kordesch, E. & Bragonier, W.A., 1997: Pennsylvanian continental cyclothem development: no evidence of direct climatic control in the Upper Freeport Formation (Allegheny Group) of Pennsylvania (northern Appalachian basin). – Sed. Geol. **109:** 305–319.

Valeton, I., 1999: Saprolite-bauxite facies of ferralitic duricrusts on paleosurfaces of former Pangea. – Spec. Publs. Internat. Ass. Sediment. **27:** 153–188.

Valley, J.W. & Cole, D.R. (Eds.), 2001: Stable isotope geochemistry. – Rev. in Mineral. Geochem. **43**, 570 pp, Mineral. Soc. America.

Van Dover, C.L., 2000: The ecology of deep-sea hydrothermal vents. – 444 pp, Princeton Univ. Press.

Van Geen, A., Adkins, J.F., Boyle, E.A. et al., 1997: A 120 yr record of widespread contamination from mining of the Iberian pyrite belt. – Geology **25:** 291–294.

Van Voast, W.A., 2003: Geochemical signature of formation waters associated with coalbed methane. – AAPG Bull. **87:** 667–676.

Varentsov, I.M. & Muzylev, N.G., 2001: Manganese ore giants of the eastern Paratethys; genesis in context of geological events at the Eocene-Oligocene boundary. – Dokl. Earth Sci. **376:** 118–122.

Vasconcelos, C. & McKenzie, J.A., 2000: Sulfate reducers – dominant players in a low-oxygen world? – Science **290:** 1711–1712.

Vasconcelos, C., McKenzie, J.A., Bernasconi, S. et al., 1995: Microbial mediation as a possible mechanism for natural dolomite formation at low temperatures. – Nature **377:** 220–222.

Vearncombe, J.R., 1998: Shear zones, fault networks, and Archean gold. – Geology **26:** 855–858.

Velasco, F., Herrero, J.M., Yusta, Y. et al., 2003: Geology and geochemistry of the Reocin zinc-lead deposit, Basque-Cantabrian basin, northern Spain. – Econom. Geol. **98:** 1371–1396.

Veld, H., Fermont, W.J.J., David, P. et al., 1996: Environmental influence on maturity parameters in Carboniferous coals of The Netherlands. – Internat. J. Coal Geol. **30:** 37–64.

Velde, B., 1992: Introduction to clay minerals. – 198 pp, Chapman & Hall.

Vengosh, A., Starinsky, A., Kolodny, Y. et al., 1992: Boron isotope variations during fractional evaporation of sea water: New constraints on the marine vs. nonmarine debate. – Geology **20:** 799–802.

Vermaak, C.F. & van der Merwe, M.J., 2000: The platinum mines and deposits of the Bushveld complex, South Africa. – 200 pp, Mintek.

Vermaak, C.F. & von Gruenewaldt, G., 1986: Introduction to the Bushveld Complex. – In: Anhäusser, C.R. & Maske, S. (eds.): Mineral Deposits of Southern Africa. – Vol. II, pp 1021–1029, Geol. Soc. S. Africa, Johannesburg.

Vermaak, C.F., 1986: Summary aspects of the economics of chromium with special reference to Southern Africa. – In: Anhäusser, C.R. & Maske, S. (Eds.): Mineral Deposits of Southern Africa. – Vol. II, pp 1155–1181.

Verweij, J.M., 1993: Hydrocarbon migration systems analysis. – 276 pp, Elsevier.

Verwoerd, W.J., 1986: Mineral deposits associated with carbonatites and alkaline rocks. – In: Anhäusser, C.R. & Maske, S. (Eds.): Mineral Deposits of Southern Africa. – Vol. II, pp 2173–2191, Geol. Soc. S.A.

Viets, J.G., Hopkins, R.T. & Miller, B.M., 1992: Variations in minor and trace metals in sphalerite from Mississippi Valley-type deposits of the Ozark Region: genetic implications. – Econom. Geol. **87:** 1897–1905.

Vokes, F.M., 2000: Ores and metamorphism: Introduction and historical perspectives. – In: Spry, P.G. et al (Eds.), pp 1–18.

VOLKOV, V.N., 2003: Phenomenon of the formation of very thick coal beds. – Lithology Mineral Res. **38:** 223–232.

VOLOZH, Y., TALBOT, C. & ISMAIL-ZADEH, A., 2003: Salt structures and hydrocarbons in the Pricaspian basin. – AAPG Bull. **87:** 313–334.

VREELAND, R.H., ROSENZWEIG, W.D. & POWERS, D.W., 2000: Isolation of a 250 million-year-old halotolerant bacterium from a primary salt crystal. – Nature **407:** 897–900.

WAESER. B., 1923/1926: Verfahren zur Herstellung von Magnesiumcarbonat unter gleichzeitiger Gewinnung von Ammoniumsalzen. – Deutsches Reich Patentschrift 431.618.

WAGNER, T. & COOK, N.J., 2000: Late Variscan antimony mineralisation in the Rheinisches Schiefergebirge, NW Germany: evidence for stibnite precipitation by drastic cooling of high temperature fluid systems. – Mineral. Deposita **35:** 206–222.

WALTERS, S.G. & BAILEY, A., 1998: Geology and mineralisation of the Cannington Ag-Pb-Zn deposit: an example of Broken Hill-type mineralisation in the Eastern Succession, Mount Isa Inlier, Australia. – Econom. Geol. **93:** 1307–1329.

WALTHER, H.W., 1983: The Alpidic metallogenetic epoch in Central Europe north of the Alps. – In: SCHNEIDER, H.-J. (Ed.): Mineral Deposits of the Alps. – pp 313–328, Springer.

WALTHER, H.W. & VON GEHLEN, K., 1999: Lagerstättenkundliches Wörterbuch. – 688 pp, GDMB Clausthal-Zellerfeld.

WALVOORD, M.A., PHILLIPS, F.M., STONESTROM, D.A. et al., 2003: A reservoir of nitrate beneath desert soils. – Science **302:** 1021–1024.

WANTY, R.B. & GOLDHABER, M.B., 1992: Thermodynamics and kinetics involving vanadium in natural systems: accumulation of vanadium in sedimentary rocks. – Geochim. Cosmochim. Acta **56:** 1771–1784.

WAPLES, D.W. & MACHIHARA, T., 1991: Biomarkers for geologists. – AAPG, Methods in Exploration **9**, 91 pp.

WARD, C.R., 2002: Analysis and significance of mineral matter in coal seams. – Internat. J. Coal Geol. **50:** 135–168.

WARD, C.R., CORCORAN, J.F., SAXBY, J.D. & READ, H.W., 1996: Occurrence of phosphorus minerals in Australian coal seams. – Internat. J. Coal Geol. **30:** 185–210.

WARHURST, A. & NORONHA, L., 1999: Ecological management of mining. – 560 pp, Springer.

WARREN, J., 1999: Evaporites – their evolution and economics. – 432 pp, Blackwell.

WATANABE, M., HOSHINO, K., KAGAMI, H: et al., 1998: Rb-Sr, Sm-Nd and K-Ar systematics of metamorphosed pillowed basalts and associated Besshi-type deposits in the Sanbagawa Belt, Japan. – Mineral. Deposita **34:** 113–120.

WATTERSON, J.R., 1992: Preliminary evidence for the involvement of budding bacteria in the origin of Alaskan placer gold. – Geology **20:** 315–318.

WAVRA, C.S., BOND, W.D. & REID, R.R., 1994: Evidence from the Sunshine Mine for dip-slip movement during Coeur d'Alene district mineralization. – Econom. Geol. **89:** 515–527.

WEBER, J.R., BORNEMANN, O. & MINGERZAHN, G., 1998: Lösungen und Gase in Salzstrukturen – Beurteilung der Bedeutung für Untertagedeponien. – Geotechnik **21:** 229–233.

WEBER, L. (Ed.), 1997: Handbuch der Lagerstätten der Erze, Industrieminerale und Energierohstoffe Österreichs. – Arch. Lagerstättenforsch. Geol. B.-A. Wien **19**, 607 pp (mit Metallogenetischer Karte Österreichs 1:500.000).

WEDEHARDT, M., 1995: Hydrochemie und Genese der Tiefenwässer im Ruhr-Revier. – DMT-Ber. Forsch. Entwickl. **39**, 250 pp, Bochum.

WEDEPOHL, K.H., 1995: The composition of the continental crust. – Geochim. Cosmochim. Acta **59:** 1217–1232.

WEINBERG, R.F., HODKIEWICZ, P.F. & GROVES, D.I., 2004: What controls gold distribution in Archean terranes? – Geology **32:** 545–548.

WELCH, B.K., SOUFOULIS, J. & FITZGERALD, A.J.F., 1975: Mineral sand deposits of the Capel area W.A. – In: KNIGHT, C.L. (Ed.): Economic Geology of Australia and Papua New Guinea. 1. Metals. – pp 1070–1088, Austral. I.M.M. Parkville.

WELLMER, F.-W., 1998: Statistical evaluations in exploration for mineral deposits. – 379 pp, Springer.

WELLMER, F.-W., 2003: Mineral and energy resources: economic factor and motor for research and development. – Z. dt. geol. Ges. **154:** 1–22.

WELLMER, F.-W. & BECKER-PLATEN, J.D., 2002: Sustainable development and the exploitation of mineral and energy resources: a review. – Internat. J. Earth Sci. **91:** 723–745.

Wendland, E. & Himmelsbach, Th., 2002: Underground waste repositories in exhausted coal mines – recent developments. – Mine Water Environm. **21:** 160–167.

Whitchurch, K.D., Gillies, A.D.S. & Just, G.D., 1990: Coal resource classification and geostatistics. – Austral. I.M.M. Proc. **295:** 7–17.

White, D., 1935: Metamorphism of organic sediments and derived oils. – Bull. Amer. Assoc. Petrol. Geol. **18:** 589–617.

White, N.C. & Hedenquist, J.W., 1995: Epithermal gold deposits: styles, characteristics and exploration. – SEG Newsl. **23** (1): 9–13.

Whiticar, M.J., 1997: Stable isotope geochemistry of coals, humic kerogens and related natural gases. – Internat. J. Coal Geol. **32:** 191–215.

Whiting, S.N., Reeves, R.D. & Baker, A.J.M., 2002: Conserving biodiversity – mining metallophytes and land reclamation. – Mining Env. Managem. **10:** 11–16.

Wiechert, U.H., 2002: Earth's early atmosphere. – Science **298:** 2341–2342.

Wiesheu, R., Lenczowski, B. & Morteani, G., 1997: Scandium – a current review of its deposits, production and technical use. – Erzmetall **50:** 631–639.

Wilcock, S., 2000: Kunwarara magnesite deposit. – In: 4th Int. Mining Geol. Conf. Proc., pp 129–133, AusIMM, Carlton, Victoria.

Wilhelms, A., Larter, S.R., Head, I. et al., 2001: Biodegradation of oil in uplifted basins prevented by deep-burial sterilization. – Nature **411:** 1034–1037.

Wilkins, R.W.T. & George, 2002: Coal as a source rock for oil: a review. – Internat. J. Coal Geol. **50:** 317–361.

Wilkinson, B.H., Merrill, G.K. & Kivett, S.J., 2003: Stratal order in Pensylvanian cyclothems. – GSA Bull. **115:** 1068–1087.

Wilkinson, J.J., Nolan, J. & Rankin, A.H., 1996: Silicothermal fluid: a novel medium for mass transport in the lithosphere. – Geology **24:** 1059–1062.

Williams, L.B., Ferrel, R.E., Hutcheon, I. et al., 1995: Nitrogen isotope geochemistry of organic matter and minerals during diagenesis and hydrocarbon migration. – Geochim. Cosmochim. Acta **54:** 765–799.

Williams, P.J., 1998: An introduction to the metallogeny of the McArthur River-Mt. Isa-Cloncurry minerals province. – Econom. Geol. **93:** 1120–1131.

Williams-Jones, A.E., Samson, I.M. & Olivo, G.R., 2000: The genesis of hydrothermal fluorite-REE deposits in the Gallinas Mountains, New Mexico. – Econom. Geol. **95:** 327–342.

Wilson, A.H., Lee, C.A. & Brown, R.T., 1999: Geochemistry of the Merensky Reef, Rustenburg Section, Bushveld Complex: controls on the silicate framework and distribution of trace elements. – Mineral. Deposita **34:** 657–672.

Wilson, A.M., Sanford, W., Whitaker, F. & Smart, P., 2000: Geothermal convection: a mechanism for dolomitization at Enewetak Atoll? – J. Geochem. Explor. 69-70: 41–45.

Wilson, M.J. & Richardson, J.D.F. (Eds.), 1999: Evironmental engineering for exploration and production facilities. – Monograph **18**, 114 pp, Society of Petroleum Engineers.

Wilson, P.D. (Ed.), 1996: The nuclear fuel cycle. – 323 pp, Oxford University Press.

Windh, J., 1995: Saddle reef and related gold mineralization, Hill End gold field, Australia: evolution of an auriferous vein system during progressive deformation. – Econom. Geol. **90:** 1764–1775.

Windley, B.F., 1995: The evolving continents. – 3. Aufl., 526 pp, Wiley.

Wise, D.U., Belt, E.S. & Lyons, P.C., 1991: Clastic diversion by fold salients and blind thrust ridges in coal-swamp development. – Geology **19:** 514–517.

Wisotzky, F., 1996: Hydrogeochemische Reaktionen im Sicker- und Grundwasserbereich von Braunkohlentagebaukippen. – Grundwasser **1:** 129–136.

Witt, W.K., Knight, J.T. & Mikucki, E.J., 1997: A synmetamorphic lateral fluid flow model for gold mineralization in the Archean Southern Kalgoorlie and Norseman terranes, Western Australia. – Econom. Geol. **92:** 407–437.

Wittke, W., 1990: Rock mechanics. – 1075 pp, Springer.

Wodzicki, A. & Piestrzynski, A., 1994: An ore genetic model for the Lubin-Sieroszowice mining district, Poland. – Mineral. Deposita **29:** 30–43.

Wohlrab, B., Ehlers, M., Günnewig, D. & Söhngen, H.-H., 1995: Oberflächennahe Rohstoffe – Abbau, Rekultivierung, Folgenutzung. – 304 pp, Fischer/Jena.

Wood, S.A., 1996: The role of humic substances in the transport and fixation of metals of economic interest (Au, Pt, Pd, U, V). – Ore Geol. Rev. **11:** 1–31.

WOOD, S.A. & SAMSON, I.M., 2000: The hydrothermal geochemistry of tungsten in granitoid environments. I. Relative solubilities of ferberite and scheelite as a function of T, P, pH, and m_{NaCl}. – Econom. Geol. **95:** 143–182.
WOOD, W.W., SANFORD, W.E. & AL HABSHI, A.R., 2002: Source of solutes to the coastal sabkha of Abu Dhabi. – GSA Bulletin **114:** 259–268.
WRIGHT, V.P., 1992: A revised classification of limestones. – Sediment. Geol. **76:** 177–185.
WU, C.Y., BAI, G. & XU, L.M., 1993: Types and distribution of silver ore deposits in China. – Mineral. Deposita **28:** 223–239.

XIONG, Y., 2003: Predicted equilibrium constants for solid and aqueous selenium species to 300°C: applications to selenium-rich mineral deposits. – Ore Geol. Rev. **23:** 259–276.
XIONG, Y. & WOOD, S.A., 2000: Experimental quantification of hydrothermal solubility of platinum-group elements with special reference to porphyry copper systems. – Mineral. Petrol. **68:** 1–28.

YAGMURLU, F. & HELVACI, C., 1994: Sedimentological characteristics and facies of the evaporite-bearing Kirmir Formation (Neogene), Beypazari basin, central Anatolia, Turkey. – Sedimentology **41:** 847–860.
YAKUBCHUK, A. & NIKISHIN, A., 2004: Noril'sk-Talnakh Cu-Ni-PGE deposits: a revised tectonic model. – Mineral. Deposita **39:** 125–142.
YANG, K. & SCOTT, S.D., 1996: Possible contribution of a metal-rich magmatic fluid to a sea-floor hydrothermal system. – Nature **383:** 420–423.
YARDLEY, B., GLEESON, S., BRUCE, S. & BANKS, D., 2000: Origin of retrograde fluids in metamorphic rocks. – J. Geochem. Explor. 69-70: 281–285.
YARDLEY, B.W.D. & LLOYD, G.E., 1995: Why metasomatic fronts are really metasomatic sides. – Geology **23:** 53–56.
YEMANE, K., 1993: Contribution of Late Permian palaeogeography in maintaining a temperate climate in Gondwana. – Nature **361:** 51–54.
YEN, T.F. & CHILINGARIAN, G.V. (Eds.), 1994: Asphaltenes and Asphalts. – 1, 476 pp, Elsevier.
YEN, T.F. & CHILINGARIAN, G.V. (Eds.), 2000: Asphaltenes and Asphalts. – 2, 450 pp, Elsevier.
YIN, L., POLLARD, P.J., SHOUXI, H. & TAYLOR, R.G., 1995: Geologic and geochemical characteristics of the Yichun Ta-Nb-Li deposit, Jiangxi Province, South China. – Econom. Geol. **90:** 577–585.
YOUNG, T.P., 1992: Ooidal ironstones from Ordovician Gondwana: a review. – Palaeogeogr. Palaeoclimat. Palaeoecol. **99:** 321–347.
YOUNGER, P.L., 2000: The adoption and adaptation of passive treatment technologies for mine waters in the United Kingdom. – Mine Water and the Environment **19:** 84–97.
YOUNGER, P.L., 2002: Coalfield closure and the water environment in Europe. – Trans. Inst. Min. Metall. A **111:** 201–209.
YOUNGER, P.L. & ROBINS, N.S. (Eds.), 2002: Mine water hydrology and geochemistry. – 408 pp, Geol. Soc. London.
YOUNGER, P.L. & WOLKERSDORFER, CH. (Eds.), 2004: Mining impact on the fresh water environment: technical and managerial guidelines for catchment scale management. – Mine Water and the Environment **23**, Suppl. **1:** 2–80.
YOUNGSON, J.H. & CRAW, D., 1993: Gold nugget growth during tectonically induced sedimentary recycling, Otago, New Zealand. – Sediment. Geol. **84:** 71–88.

ZARTMAN, R.E. & DOE, B.R., 1981: Plumbotectonics – the model. – Tectonophysics **75:** 135–162.
ZAW, L. & SINGOYI, B., 2000: Formation of magnetite-scheelite skarn mineralization at Kara, northwestern Tasmania: evidence from mineral chemistry and stable isotopes. – Econom. Geol. **95:** 1215–1230.
ZEDEEF, V., RUSSELL, M.J., FALLICK, A.E. & HALL, A.J., 2000: Genesis of vein stockwork and sedimentary magnesite and hydromagnesite deposits in the ultramafic terranes of southwestern Turkey: a stable isotope study. – Econom. Geol. **95:** 429–446.
ZEMEL, B., 1995: Tracers in the oil field. – 514 pp, Elsevier.
ZENGLER, K., RICHNOW, H.H., ROSELLO-MORA, R. et al., 1999: Methane formation from long-chain alkanes by anaerobic microorganisms. – Nature **401:** 266–269.
ZHANG, L., 2003: Vacuum desorption of light hydrocarbons adsorbed on soil particles: a new method in geochemical exploration for petroleum. – AAPG Bull. **87:** 89–97.

ZHAO, Y., DONG, Y., LI, D. & BI, CH., 2003: Geology, mineralogy, geochemistry, and zonation of the Bajiazi dolostone-hosted Zn-Pb-Ag skarn deposit, Liaoning Province, China. – Ore Geol. Rev. **23:** 153–182.

ZHENG, Y.-F., 1991: Sulphur isotopic fractionation between sulphate and sulphide in hydrothermal ore deposits: disequilibrium vs. equilibrium processes. – Terra Nova **3:** 510–516.

ZHOU, M.-F. & ROBINSON, P.T., 1997: Origin and tectonic environment of podiform chromite deposits. – Econom. Geol. **92:** 259–262.

ZHOU, M.-F., ROBINSON, P.T. & BAI, W.-J., 1994: Formation of podiform chromitites by melt/rock interaction in the upper mantle. – Mineral. Deposita **29:** 98–101.

ZHU, J.-CH., LI, R.-K., LI, F.-CH., XIONG, X.-L. et al., 2001: Topaz-albite granites and rare-metal mineralization in the Limu District, Guangxi Province, southeast China. – Mineral. Deposita **36:** 393–405.

ZHU, Y., MERKEL, B.J., STOBER, I. & BUCHER, K., 2003: The hydrochemistry of Arsenic in the Clara mine, Germany. – Mine Water Environm. **22:** 110–117.

ZIECHMANN, W., 1994: Humic substances. – 225 pp, BI-Wissenschaft.

ZIEHR, H., 1961: Uranhaltige Kohlen in Europa. – Glückauf **97:** 1370–1383.

ZIEHRENBERG, R.A., FOUQUET, Y., MILLER, D.J. et al., 1998: The deep structure of a sea-floor hydrothermal deposit. – Nature **392:** 485–488.

ZIMMERMANN, H., 2001: On the origin of fluids included in Phanerozoic marine halite – basic interpretation strategies. – Geochim. Cosmochim. Acta **65:** 35–46.

ZIRNGAST, M., 1991: Die Entwicklungsgeschichte des Salzstocks Gorleben – Ergebnis einer strukturgeologischen Bearbeitung. – Geol. Jb. A **132**, 31 pp.

ZISERMAN, A., 1980: Les gisements de Chaillac (Indre): la barytine des Redoutières, la fluorine du Rossignol. Association d'un gite stratiforme de couverture et d'un gite filonien du socle. – 46 pp, 26th Internat. Geol. Congr. Paris, E3.

ZUFFARDI, P., 1976: Karst and economic mineral deposits. – In: WOLF, K.H. (Ed.): Handbook of Stratabound and Stratiform Ore Deposits. – Vol. 3, pp 175–211, Elsevier.

REGISTER